(Conserver la Couverture) 1311

ENCYCLOPÉDIE THÉORIQUE & PRATIQUE DES CONNAISSANCES CIVILES & MILITAIRES

(Publiée sous le patronage de la Réunion des officiers)

PARTIE CIVILE

COURS DE CONSTRUCTION

Publié sous la direction de

G. OSLET, INGÉNIEUR DES ARTS ET MANUFACTURES

QUATRIÈME PARTIE

TRAITÉ DE CHARPENTE EN FER

PAR

GUSTAVE OSLET

Ingénieur des Arts et Manufactures, Chef des travaux graphiques à l'École centrale

PARIS

FANCHON ET ARTUS, ÉDITEURS

25, RUE DE GRENELLE, 25

Droits de traduction et de reproduction réservés.

TRAITÉ

DE

CHARPENTE EN FER

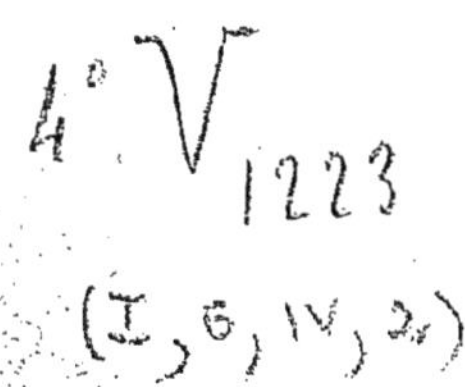
4° V 1223
(I, 6, IV, 2)

TOURS. IMPRIMERIE DESLIS FRÈRES, RUE GAMBETTA, 6

ENCYCLOPÉDIE THÉORIQUE & PRATIQUE DES CONNAISSANCES CIVILES & MILITAIRES

(Publiée sous le patronage de la Réunion des officiers)

PARTIE CIVILE

COURS DE CONSTRUCTION

Publié sous la direction de :

G. OSLET, INGÉNIEUR DES ARTS ET MANUFACTURES

QUATRIÈME PARTIE

TRAITÉ
DE
CHARPENTE EN FER

PAR

GUSTAVE OSLET

Ingénieur des Arts et Manufactures, Chef des travaux graphiques à l'École centrale.

PARIS

FANCHON ET ARTUS, ÉDITEURS

25, RUE DE GRENELLE, 25

Droits de traduction et de reproduction réservés.

TRAITÉ DE CHARPENTE

EN BOIS ET EN FER

II. — CHARPENTE EN FER

INTRODUCTION

L'ouvrier constructeur de charpentes métalliques, ou *chaudronnier*, met, en œuvre, la tôle, les fers plats et larges-plats, les fers cornières, les fers carrés et ronds, les fers à profils en forme de simple T, de double I, en U, etc., ainsi que les aciers de mêmes profils.

Ces fers, qui sont les matières premières du chaudronnier, lui sont livrés par les *Forges* et les *Aciéries*, ou usines productrices du fer et de l'acier. Ils sont au chaudronnier ce que les bois sont au charpentier, les fers de forge remplaçant les bois en grume et les fers laminés remplaçant les bois débités.

Comme le charpentier, le chaudronnier coupe, perce, façonne ses matériaux et, à l'aide d'assemblages convenablement conçus et judicieusement répartis, les transforme en poutres, en planchers, en escaliers, en charpentes proprement dites, en ponts, en appareils divers, mais avec cet avantage immense que le fer et l'acier étant, à poids égal, doués d'une résistance bien supérieure à celle du bois, le chaudronnier peut être plus audacieux que le charpentier, donner à ses ouvrages une plus grande portée, une légéreté et, par suite, une élégance qu'on ne peut réaliser dans les constructions en bois.

Pour n'en puiser des exemples que tout près de nous, nous rappellerons seulement le viaduc du Garabit, construit par M. Eiffel, la tour que ce même constructeur édifie au Champ-de-Mars et les fermes gigantesques qui abriteront, en 1889, l'exposition des machines (1).

L'industrie des constructions métalliques est toute contemporaine. Le premier pont métallique exécuté en France (2) date à peine de 85 ans et, déjà, le fer et l'acier se dressent partout. La qualifica-

(1) L'arc formant la travée centrale du Viaduc du Garabit a 165 mètres d'ouverture et 117 mètres de hauteur à la clef. — La tour Eiffel aura 300 mètres de hauteur et reposera sur le sol par 4 piliers placés aux sommets d'un carré de 100 mètres de côté. — Les fermes de la halle des machines à l'exposition de 1889, conçues et calculées par MM. Formigé, architecte, et Coutamin, ingénieur, auront 110 mètres d'ouverture et 45 mètres de hauteur à la clef.

(2) Le pont des Arts, à Paris, a été construit d'abord en fonte, en 1803.

tion de *siècle du fer et de l'acier* donnée au XIXe siècle est bien justifiée.

Le métal s'est successivement substitué à la pierre et au bois dans la presque totalité de leurs applications. Les ponts, les portes d'écluses, les ascenseurs, les chevalements de puits de mines se font en métal. Les châssis et les ossatures des caisses des wagons sont métalliques. Dans les constructions civiles, même envahissement du métal. Les industriels et les compagnies de chemins de fer savent, depuis longtemps, lui demander les combles à grandes portées et les charpentes économiques. Les architectes, après en avoir longtemps repoussé ou dissimulé l'emploi, l'accusent franchement aujourd'hui et s'en servent, même comme moyen décoratif : telles, l'église de la Sainte-Trinité et la façade des magasins du Printemps, à Paris, sur la rue de Provence.

Les raisons qui ont motivé cette expansion sont nombreuses :

Un ouvrage d'art en maçonnerie est très long à appareiller et à mettre en place ; de plus, les portées qu'il permet de franchir sont limitées. — Les frères Pontifes, au moyen âge, n'ont pas dépassé, dans leurs ponts, la portée de 54 mètres et nos ingénieurs n'ont pas fait mieux. Or, le viaduc métallique du Douro a 160 mètres de portée et cette portée n'est pas un maximum (1).

Les travaux en bois sont d'une exécution longue et compliquée et ils exigent des matériaux secs sous peine de se fendre et de se déformer. Or, la production des forêts ne répond plus aux besoins. Les bois, les bois secs surtout, deviennent rares et, par suite, très chers. Mais là ne se bornent pas les inconvénients du bois dans les constructions. Les insectes et les végétaux cryptogamiques lui vouent une guerre de tous les moments, guerre de laquelle ils sortent toujours vainqueurs. L'état hygrométrique de l'air, par ses alternatives d'humidité et de sècheresse, déforme et décompose les charpentes. Enfin, et surtout, le bois est éminemment combustible.

Les travaux en fer s'exécutent plus facilement ; les assemblages de leurs éléments sont simples et rapides. Tandis que le bois de construction, devenant plus rare à mesure que l'industrie en demandait davantage, est devenu de plus en plus cher, le fer, au contraire, s'est fabriqué à des prix allant sans cesse en diminuant.

Il n'est plus permis de douter aujourd'hui de la stabilité des constructions métalliques. Il est vrai que, si elles n'ont rien à craindre des insectes et des cryptogames, elles peuvent devenir la proie d'un rongeur implacable, la rouille ; mais l'ennemi est connu et le moyen de le paralyser est des plus faciles et des plus simples : isoler le métal du contact de l'air en le recouvrant d'une couche de peinture, qu'on renouvelle de temps en temps.

Le fer est incombustible. On lui a reproché de perdre toute résistance sous l'action de la chaleur développée dans un incendie, de céder alors sous la moindre charge, entrainant dans sa chute les murs dans lesquels il est encastré. Cela est vrai, mais il est vrai aussi que le bois ne résiste pas d'avantage à l'incendie. Il est vrai encore que le bois favorise l'éclosion de l'incendie, tandis que le fer la rend impossible. La cause supprimée, le danger l'est également.

Une raison économique se joint, en outre, à toutes les raisons qui ont plaidé en faveur de la substitution du métal au bois et à la pierre. Non seulement l'ouvrage métallique en lui-même est moins cher que celui (bois ou pierre) qu'il a remplacé, mais plus léger. Il permet de réduire les dimensions des appuis (culées ou piles dans les ponts, murs dans les charpentes) et de réaliser, de ce chef, une nouvelle économie. Dans les maisons et dans les entrepôts, il permet de donner aux planchers une moindre épaisseur et de réduire d'autant les hauteurs des murs.

(1) On construit sur le Firth of forth, près d'Edimbourg, un viaduc comprenant deux travées centrales de 518 mètres d'ouverture chacune. L'ouvrage complet avec ses abords, aura plus de 2 kilomètres de longueur.

CHAPITRE PREMIER

§ 1. — *DÉFINITIONS ET NOTIONS GÉNÉRALES*

Classification des fers employés dans le commerce.

1. *Fer fondu.* — Avant d'indiquer la classification des fers ordinairement employés dans le commerce, nous dirons quelques mots d'un métal qui, tout nouveau, s'est déjà, par ses qualités, imposé dans un grand nombre de cas et finira, nous n'en doutons pas, par se substituer au fer ordinaire dans la plupart de ses usages. Nous voulons parler du *fer fondu*, connu aussi sous les noms de *métal homogène* et d'*acier extradoux*. Produit de l'affinage de la fonte et des riblons dans un four Martin-Siemens à sole basique, il possède, à la fois, les qualités du fer et la résistance de l'acier. Son grain est fin comme celui de l'acier; il se soude à lui-même et ne se trempe pas. Sa résistance à la traction atteint 45 kilos par millimètre carré de section. La pièce essayée présente, après rupture, un allongement de 27 à 30 pour cent et elle atteint sa limite d'élasticité sous une traction de 28 à 32 kilos par millimètre carré.

2. Les caractères moyens de résistance du fer fondu sont :

Charge de rupture. . .	40	kil. par mil. car.
Charge de rupture à la limite d'élasticité . .	29	id,
Allongement après rupture.	30	pour cent.

3. La société anonyme de Commentry-Fourchambault s'est fait, dans ses forges de Fourchambault, une spécialité de la production de ce métal. Elle a produit du métal présentant un allongement de 34 pour cent sous une charge de rupture de 34 kilos par millimètre carré de section.

Ce métal peut travailler dans les constructions à une charge de 9 à 10 kilos par millimètre carré. Les Compagnies de chemins de fer l'emploient dans la construction des wagons, des essieux et des ponts. L'artillerie l'utilise dans la fabrication de ses ferrures.

4. Cette plus grande résistance du fer fondu permettant de diminuer le poids des ouvrages dans la composition desquels il entre, a été mise à profit par le service des ponts et chaussées du Rhône dans la reconstruction des ponts de Lyon. Ces ponts sont à poutres en arcs de 60 mètres d'ouverture, surbaissés à 1/18. Cette faible flèche, imposée par l'état des abords, ne pouvait être obtenue qu'à l'aide d'un métal dont la résistance supérieure permettait de réduire le poids de l'ouvrage et sa pression sur les appuis.

5. Les fers employés dans le commerce sont classés de la manière suivante :

1° *Fers marchands* comprenant les fers plats jusqu'à $0^m,165$ de largeur, les fers ronds et les fers carrés.

2° *Larges plats* dont la largeur varie de $0^m,170$ à 0,600.

3° *Fers à planchers.*

4° *Fers spéciaux* comprenant les cornières, les fers en U, les fers à T, les fers à vitrage, les fers pour main-courante, etc.

5° *Tôles diverses* comprenant les tôles unies, les tôles striées, les tôles ondulées.

Le classement des fers varie quelque peu avec chaque usine.

La densité généralement adoptée pour le calcul du poids des fers est celle de 7,7.

6. *Fers plats.* — Ce sont des fers à section rectangulaire. Comme on en fait un fréquent usage, on aura, dans le tableau suivant, le poids de ces fers jusqu'à $0^m,019$ d'épaisseur et $0^m,100$ de largeur. A l'aide de ce tableau, il sera toujours facile d'obtenir très rapidement le poids du mètre linéaire de fers plats et de tôles d'une épaisseur et d'une largeur quelconques.

SECTIONS ET POIDS DES FERS PLATS

Largeurs en millimètres	Épaisseurs en millimètres																	
	1	2	3	4	5	6	7	8	9	11	12	13	14	15	16	17	18	19
10	0k08	0k15	0k23	0k31	0k39	0k47	0k54	0k62	0k70	0k86	0k93	1k01	1k09	1k17	1k25	1k32	1k40	1 48
11	0 08	0 17	0 26	0 34	0 43	0 51	0 60	0 68	0 77	0 94	1 03	1 11	1 20	1 28	1 37	1 46	1 54	1 63
12	0 09	0 19	0 28	0 37	0 47	0 56	0 65	0 75	0 84	1 03	1 12	1 21	1 31	1 40	1 49	1 59	1 68	1 78
13	0 10	0 20	0 30	0 40	0 51	0 61	0 71	0 81	0 91	1 11	1 21	1 32	1 42	1 52	1 62	1 72	1 82	1 92
14	0 11	0 22	0 33	0 44	0 54	0 65	0,76	0 87	0 98	1 20	1 31	1 42	1 53	1 63	1 74	1 85	1 96	2 07
15	0 12	0 23	0 35	0 47	0 58	0 70	0 82	0 93	1 05	1 28	1 40	1 52	1 63	1 75	1 87	1 99	2 10	2 22
16	0 12	0 25	0 37	0 50	0 62	0 75	0 87	1 »»	1 12	1 37	1 49	1 62	1 74	1 87	1 99	2 12	2 24	2 37
17	0 13	0 26	0 40	0 53	0 66	0 79	0 93	1 05	1 19	1 46	1 59	1 72	1 85	1 99	2 12	2 25	2 38	2 52
18	0 14	0 28	0 42	0 56	0 70	0 84	0 98	1 12	1 26	1 54	1 68	1 82	1 96	2 10	2 24	2 38	2 52	2 66
19	0 15	0 30	0 44	0 59	0 74	0 89	1 04	1 18	1 33	1 63	1 78	1 92	2 07	2 22	2 37	2 52	2 66	2 81
20	0 15	0 31	0 47	0 62	0 78	0 93	1 09	1 25	1 40	1 71	1 87	2 02	2 18	2 34	2 49	2 65	2 80	2 96
21	0 16	0 33	0 49	0 65	0 82	0 98	1 14	1 31	1 47	1 80	1 96	2 13	2 29	2 45	2 62	2 78	2 94	3 11
22	0 17	0 34	0 51	0 68	0 86	1 03	1 19	1 37	1 54	1 88	2 06	2 23	2 40	2 57	2 74	2 91	3 08	3 26
23	0 18	0 36	0 54	0 72	0 89	1 07	1 25	1 43	1 61	1 97	2 15	2 33	2 51	2 69	2 87	3 05	3 22	3 40
24	0 19	0 37	0 56	0 75	0 93	1 12	1 30	1 49	1 68	2 05	2 24	2 43	2 62	2 80	2 99	3 18	3 36	3 55
25	0 19	0 39	0 58	0 78	0 97	1 17	1 36	1 56	1 75	2 14	2 34	2 53	2 73	2 92	3 12	3 31	3 50	3 70
26	0 20	0 40	0 61	0 81	1 01	1 21	1 42	1 62	1 82	2 23	2 43	2 63	2 83	3 04	3 24	3 44	3 64	3 85
27	0 21	0 42	0 63	0 84	1 05	1 26	1 47	1 68	1 89	2 31	2 52	2 73	2 94	3 15	3 36	3 57	3 78	4 »»
28	0 21	0 44	0 65	0 87	1 09	1 31	1 53	1 74	1 96	2 40	2 62	2 83	3 05	3 27	3 49	3 71	3 93	4 14
29	0 22	0 45	0 68	0 90	1 13	1 35	1 58	1 81	2 03	2 48	2 71	2 93	3 16	3 38	3 61	3 84	4 07	4 29
30	0 23	0 47	0 70	0 93	1 17	1 40	1 63	1 87	2 10	2 57	2 80	3 04	3 27	3 50	3 74	3 97	4 21	4 44
31	0 24	0 48	0 72	0 96	1 21	1 45	1 69	1 93	2 17	2 66	2 90	3 14	3 38	3 62	3 86	4 10	4 35	4 59
32	0 25	0 50	0 75	1 »»	1 25	1 49	1 74	1 99	2 24	2 74	2 99	3 24	3 49	3 74	3 99	4 24	4 49	4 74
33	0 26	0 51	0 77	1 03	1 28	1 54	1 80	2 06	2 31	2 83	3 08	3 34	3 60	3 86	4 11	4 37	4 63	4 88
34	0 26	0 53	0 79	1 06	1 32	1 59	1 85	2 12	2 38	2 91	3 18	3 44	3 71	3 97	4 24	4 50	4 77	5k03
35	0 27	0 54	0 82	1 09	1 36	1 63	1 91	2 18	2 45	3 »»	3 27	3 54	3 82	4 09	4 36	4 63	4 91	5 18
36	0 28	0 56	0 84	1 12	1 40	1 68	1 96	2 24	2 52	3 08	3 36	3 64	3 93	4 21	4 49	4 77	5 05	5 33
37	0 29	0 58	0 86	1 15	1 44	1 73	2 01	2 30	2 59	3 17	3 46	3 75	4 03	4 32	4 61	4 90	5 19	5 48
38	0 30	0 59	0 89	1 18	1 48	1 78	2 07	2 37	2 66	3 26	3 55	3 85	4 14	4 44	4 74	5 03	5 33	5 62
39	0 30	0 61	0 91	1 21	1 52	1 82	2 13	2 43	2 73	3 34	3 64	3 95	4 25	4 56	4 86	5 16	5 47	5 77
40	0k31	0k62	0k93	1k25	1k56	1k87	2k18	2k49	2k80	3k43	3k74	4k05	4k36	4k67	4k98	5k29	5k61	5 92
41	0 32	0 64	0 96	1 28	1 60	1 91	2 23	2 55	2 87	3 51	3 83	4 15	4 47	4 79	5 11	5 43	5 75	6 07
42	0 33	0 65	0 98	1 31	1 63	1 96	2 29	2 62	2 94	3 60	3 93	4 25	4 58	4 91	5 23	5 56	5 89	6 22
43	0 33	0 67	1 »»	1 34	1 67	2 01	2 34	2 68	3 01	3 68	4 02	4 35	4 69	5 02	5 36	5 70	6 03	6 36
44	0 34	0 68	1 03	1 37	1 71	2 06	2 40	2.74	3 08	3 77	4 11	4 45	4 80	5 14	5 49	5 83	6 17	6 51
45	0 35	0 70	1 05	1 40	1 75	2 10	2 45	2 80	3 15	3 86	4 21	4 56	4 91	5 26	5 61	5 96	6 31	6 66
46	0 36	0 72	1 07	1 43	1 79	2 15	2 51	2 87	3 22	3 94	4 30	4 66	5 02	5 37	5 73	6 09	6 45	6 81
47	0 37	0 73	1 10	1 46	1 83	2 20	2 56	2 93	3 29	4 03	4 39	4 76	5 12	5 49	5 86	6 22	6 59	6 96
48	0 37	0 75	1 12	1 49	1 87	2 24	2 62	2 99	3 36	4 11	4 49	4 86	5 23	5 61	5 98	6 37	6 73	7 10
49	0 38	0 76	1 14	1 53	1 91	2 29	2 67	3 05	3 43	4 20	4 58	4 96	5 34	5 72	6 11	6 49	6 87	7 25
50	0 39	0 78	1 17	1 56	1 95	2 34	2 73	3 12	3 50	4 28	4 67	5 06	5 45	5 84	6 23	6 62	7 01	7 40
51	0 40	0 79	1 19	1 59	1 99	2 38	2 78	3 18	3 57	4 37	4 77	5 16	5 56	5 96	6 36	6 75	7 15	7 55
52	0 40	0 81	1 21	1 62	2 02	2 43	2 83	3 24	3 64	4 45	4 86	5 27	5 67	6 08	6 48	6 89	7 29	7 70
53	0 41	0 82	1 24	1 65	2 06	2 48	2 89	3 30	3 71	4 54	4 95	5 37	5 78	6 19	6 60	7 01	7 43	7 84
54	0 42	0 84	1 26	1 68	2 10	2 52	2 91	3 36	3 78	4 63	5 05	5 46	5 89	6 31	6 73	7 15	7 57	7 99
55	0 43	0 86	1 28	1 71	2 14	2 57	3 »»	3 43	3 86	4 71	5 14	5 57	6 »»	6 43	6 86	7 28	7 71	8 14
56	0 44	0 87	1 31	1 74	2 18	2 62	3 05	3 49	3 93	4 80	5 23	5 67	6 11	6 54	6 98	7 42	7 85	8 29
57	0 44	0 89	1 33	1 78	2 22	2 66	3 11	3 55	4 »»	4 88	5 33	5 77	6 22	6 66	7 10	7 55	7 99	8 44
58	0 45	0 90	1 35	1 81	2 26	2 71	3 16	3 61	4 07	4 97	5 42	5 87	6 32	6 78	7 23	7 68	8 13	8 58
59	0 46	0 92	1 38	1 84	2 30	2 76	3 22	3 68	4 14	5 06	5 51	5 97	6 43	6 89	7 35	7 81	8 27	8 73
60	0 47	0 93	1 40	1 87	2 34	2 80	3 27	3 74	4 21	5 14	5 61	6 08	6 54	7 01	7 48	7 94	8 41	8 88
61	0 47	0 95	1 42	1 90	2 37	2 85	3 33	3 80	4 28	5 23	5 70	6 18	6 66	7 13	7 60	8 08	8 55	9 03
62	0 48	0 96	1 45	1 93	2 41	2 90	3 38	3 86	4 35	5 31	5 79	6 28	6 76	7 24	7 73	8 21	8 69	9 18
63	0 49	0 98	1 47	1 96	2 45	2 94	3 43	3 93	4 42	5 40	5 89	6 38	6 87	7 38	7 85	8 34	8 85	9 32
64	0 50	1 »»	1 49	1 99	2 49	2 99	3 49	3 99	4 49	5 48	5 98	6 48	6 98	7 48	7 98	8 47	8 97	9 47
65	0 51	1 01	1 52	2 03	2 53	3 04	3 54	4 05	4 56	5 57	6 08	6 58	7 08	7 59	8 10	8 61	9 11	9 62
66	0 51	1 03	1 54	2 06	2 57	3 08	3 60	4 11	4 63	5 65	6 17	6 68	7 20	7 71	8 23	8 74	9 25	9 77
67	0 52	1 04	1 56	2 09	2 61	3 13	3 65	4 17	4 70	5 74	6 26	6 79	7 31	7 83	8 35	8 87	9 39	9 93
68	0 53	1 06	1 59	2 12	2 65	3 18	3 71	4 24	4 77	5 83	6 36	6 89	7 42	7 94	8 47	9 »»	9 53	10 06
69	0 54	1 07	1 61	2 15	2 69	3 22	3 76	4 30	4 84	5 91	6 45	6 99	7 53	8 06	8 60	9 14	9 67	10 21
70	0k55	1k09	1k63	2k18	2k73	3k27	3k82	4k36	4k91	6k »»	6k55	7k09	7k63	8k18	8k72	9k27	9k81	[illegible]
71	0 55	1 11	1 66	2 21	2,76	3 32	3 87	4 42	4 98	6 09	6 64	7 19	7 74	8 30	8 85	9 40	9 97	10 51
72	0 56	1 12	1 68	2 24	2 80	3 36	3 93	4 49	5 05	6 17	6 73	7 29	7 85	8 41	8 97	9 53	10 09	10 66
73	0 57	1 14	1 71	2 27	2 84	3 41	3 98	4 55	5 12	6 25	6 82	7 39	7 96	8 53	9 10	9 67	10 24	10 80
74	0 58	1 15	1 73	2 30	2 88	3 45	4 03	4 61	5 19	6 34	6 92	7 49	8 07	8 65	9 22	9 80	10 38	10 96
75	0 58	1 17	1 75	2 34	2 92	3 50	4 09	4 67	5 26	6 43	7 01	7 59	8 18	8 75	9 35	9 93	10 50	11 10
76	0 59	1 18	1 78	2 37	2 96	3 55	4 14	4 74	5 33	6 51	7 10	7 70	8 29	8 88	9 47	10 06	10 66	11 25
77	0 60	1 20	1 80	2 40	3 »»	3 60	4 20	4 80	5 40	6 60	7 20	7 80	8 40	9 »»	9 60	10 20	10 80	11 40
78	0 61	1 21	1 82	2.43	3 01	3 64	4 25	4 86	5 47	6 68	7 29	7 90	8 51	9 11	9 72	10 33	10 94	11 55
79	0 61	1 23	1 85	2 46	3 08	3 69	4 31	4 92	5 54	6 77	7 38	8 »»	8 61	9 23	9 85	10 46	11 08	11 70
80	0 62	1 25	1 87	2 49	3 12	3 74	4 36	4 98	5 61	6 85	7 48	8 10	8 72	9 35	9 97	10 59	11 22	11 84
81	0 63	1 26	1 89	2 52	3 15	3 78	4 42	5 05	5 68	6 94	7 57	8 20	8 84	9 48	10 08	10 72	11 36	11 99
82	0 64	1 28	1 92	2 55	3 19	3 83	4 47	5 11	5 75	7 03	7 66	8 30	8 94	9 58	10 22	10 86	11 50	12 14
83	0 65	1 29	1 94	2 59	3 23	3 88	4 53	5 17	5 83	7 11	7 76	8 40	9 05	9 70	10 31	10 99	11 64	12 28
84	0 65	1 31	1 96	2 62	3 27	3 93	4 58	5 23	5 89	7 20	7 85	8 51	9 16	9 81	10 47	11 12	11 78	12 43
85	0 66	1 32	1 90	2 65	3 31	3 97	4 63	5 30	5 96	7 28	7 94	8 01	9 27	0 02	10 59	11 26	11 92	12 58
86	0 67	1 34	2 01	2 68	3 35	4 02	4 69	5 36	6 03	7 37	8 04	8 71	9 38	10 03	10 72	11 39	12 06	12 73
87	0 68	1 35	2 03	2 71	3 39	4 07	4 74	5 42	6 10	7 45	8 13	8 81	9 49	10 17	10 85	11 52	12 20	12 88
88	0 68	1 37	2 06	2 74	3 42	4 11	4 80	5 48	6 17	7 54	8 23	8 91	9 00	10 28	10 97	11 65	12 34	13 02
89	0 69	1 39	2 08	2 77	3 47	4 16	4 85	5 55	6 24	7 63	8 32	9 01	9 71	10 10	11 09	11 78	12 48	13 17
90	0 70	1 40	2 10	2 80	3 50	4 21	4 91	5 61	6 31	7 71	8 41	9 11	9 81	10 52	11 22	11 92	12 62	13 32
91	0 71	1 42	2 13	2 83	3 54	4 25	4 96	5 67	6 38	7 80	8 51	9 21	9 92	10 63	11 34	12 05	12 76	13 47
92	0 72	1 43	2 15	2 87	3 58	4 30	5 02	5 73	6 45	7 88	8 60	9 32	10 03	10 75	11 47	12 18	12 90	13 61
93	0 72	1 45	2 17	2 90	3 62	4 35	5 07	5 79	6 52	7 97	8 69	9 42	10 14	10 87	11 59	12 31	13 04	13 76
94	0 73	1 46	2 20	2 93	3 66	4,30	5 12	3 66	6 59	8 05	8 79	9 52	10 25	10 98	11 71	12 45	13 18	13 91
95	0 74	1 48	2 22	2 96	3 70	4 44	5 18	5 92	6 66	8 14	8 89	7 63	10 36	11 10	11 84	12 58	13 32	14 06
96	0 75	1 49	2 24	2 99	3 74	4 49	5 23	5 98	6 73	8 23	8 97	9 72	10 47	11 22	11 96	12 71	13 46	14 21
97	0 75	1 51	2 27	3 02	3 78	4 55	5 29	6 04	6 80	8 31	9 07	9 82	10 58	11 33	12 09	12 84	13 60	14 36
98	0 76	1 53	2,29	3 05	3 82	4 58	5 34	6 11	6 87	8 40	9 16	9 92	10 69	11 45	12 21	12 98	13 74	14 50
99	0 77	1 54	2 31	3 08	3 86	4 63	5 40	6 17	6 94	8 48	9 25	10 02	10 80	11 57	12 34	13 11	13 88	14 65
100	0 78	1 56	2 34	3 12	3 90	4 67	5 45	6 23	7 01	8 57	9 35	10 13	10 91	11 66	12 46	13 24	14 03	14 80

SECTIONS ET POIDS DES FERS RONDS ET CARRÉS

Diamètre ou cote en millim.	Ronds		Carrés		Diamètre ou cote en millim.	Ronds		Carrés	
	Section en m/m	Poids du mètre	Section en m/m	Poids du mètre		Section en m/m	Poids du mètre	Section en m/m	Poids du mètre
5	20	0k15	25	0k19	31	754	5 88	961	7 49
6	28	0 22	36	0 28	32	804	6 26	1024	7 98
7	38	0 30	49	0 38	33	855	6 66	1089	8 49
8	50	0 39	64	0 50	34	908	7 07	1156	9 »
9	64	0 50	81	0 63	35	962	7 49	1225	9 54
10	79	0 61	100	0 78	36	1018	7 93	1296	10 10
11	95	0 74	121	0 94	37	1075	8 38	1369	10 66
12	113	0 88	144	1 12	38	1134	8 83	1444	11 25
13	133	1 03	169	1 32	39	1194	9 31	1521	11 85
14	154	1 20	196	1 53	40	1256	9 79	1600	12 46
15	177	1 38	225	1 75	41	1320	10 29	1681	13 09
16	201	1 57	256	1 99	42	1385	10 79	1764	13 74
17	227	1 77	289	2 25	43	1452	11 31	1849	14 40
18	254	1 98	324	2 52	44	1520	11k84	1936	15k08
19	283	2 21	361	2 81	45	1590	12 39	2025	15 77
20	314	2 45	400	3 12	46	1661	12 94	2116	16 48
21	346	2 70	441	3 43	47	1735	13 51	2209	17 21
22	380	2 96	484	3 77	48	1809	14 10	2304	17 95
23	415	3 24	529	4 12	49	1886	14 69	2401	18 70
24	452	3 52	576	4 49	50	1963	15 30	2500	19 47
25	491	3 83	625	4 87	51	2043	15 91	2601	20 26
26	531	4 14	676	5 27	52	2124	16 54	2704	21 06
27	573	4 46	729	5 68	53	2206	17 19	2809	21 88
28	616	4 80	784	6 11	54	2290	17 84	2916	22 72
29	660	5 14	841	6 55	55	2375	18 51	3025	23 56
30	707	5 51	900	7 01	56	2463	19 18	3136	24 43

SECTIONS ET POIDS DES FERS RONDS ET CARRÉS

DIAMÈTRE ou côté en millim.	RONDS Section en m/m	RONDS Poids du mètre	CARRÉS Section en m/m	CARRÉS Poids du mètre	DIAMÈTRE ou côté en millim.	RONDS Section en m/m	RONDS Poids du mètre	CARRÉS Section en m/m	CARRÉS Poids du mètre
57	2551	19 88	3249	25 34	110	9503	74 03	12100	94 26
58	2642	20 58	3364	26 24	111	9676	75 38	12321	95 98
59	2731	21 30	3481	27 12	112	9852	76 75	12544	97 72
60	2827	22 03	3600	28 01	113	10028	78 13	12769	99 47
61	2922	22 77	3721	28 96	114	10207	79 51	12996	101 24
62	3019	23 52	3844	29 94	115	10387	80 91	13225	103 02
63	3117	24 28	3969	30 92	116	10568	82 32	13456	104 82
64	3217	25 06	4096	31 91	117	10751	83 75	13689	106 64
65	3318	25 85	4225	32 91	118	10935	85 19	13924	108 47
66	3421	26 65	4356	33 93	119	11122	86 64	14161	110 31
67	3526	27 46	4489	34 97	120	11310	88 10	14400	112 18
68	3631	28 29	4624	36 02	121	11499	89 58	14641	114 05
69	3739	29 13	4761	37 09	122	11690	91 06	14884	115 93
70	3848	29 98	4900	38 17	123	11882	92 56	15129	117 85
71	3959	30 84	5041	39 27	124	12076	94 07	15376	119 78
72	4071	31 72	5184	40 38	125	12271	95 60	15625	121 72
73	4185	32 60	5329	41 51	126	12469	97 13	15876	123 67
74	4300	33 50	5476	42 66	127	12667	98 68	16129	125 64
75	4418	34 41	5625	43 82	128	12868	100 24	16384	127 63
76	4536	35 34	5776	44 99	129	13069	101 81	16641	129 63
77	4656	36 27	5929	46 19	130	13273	103 40	16900	131 65
78	4778	37 22	6084	47 39	131	13478	104 99	17161	133 68
79	4901	38 18	6241	48 62	132	13684	106 61	17424	135 73
80	5026	39 16	6400	49 86	133	13892	108 23	17689	137 80
81	5153	40 14	6561	51 11	134	14102	109 86	17956	139 88
82	5281	41 14	6724	52 38	135	14313	111 51	18225	141 97
83	5410	42 15	6889	53 66	136	14526	113 16	18496	144 08
84	5541	43 17	7056	54 97	137	14741	114 83	18769	146 21
85	5674	44 20	7225	56 28	138	14957	116 51	19044	148 35
86	5808	45 25	7396	57 61	139	15174	118 21	19321	150 51
87	5944	46 31	7569	58 96	140	15393	119 92	19600	152 68
88	6082	47 38	7744	60 33	141	15614	121 64	19881	154 87
89	6221	48 46	7921	61 70	142	15836	123 37	20164	157 08
90	6362	49 56	8100	63 10	143	16060	125 11	20449	159 30
91	6503	50 66	8281	64 51	144	16286	126 87	20736	161 53
92	6647	51 78	8464	65 93	145	16513	128 64	21025	163 78
93	6792	52 92	8649	67 38	146	16741	130 42	21316	166 05
94	6939	54 05	8836	68 83	147	16971	132 21	21609	168 33
95	7088	55 22	9025	70 30	148	17203	134 01	21904	170 63
96	7238	56 39	9216	71 79	149	17436	135 83	22201	172 94
97	7389	57 57	9409	73 30	150	17671	137 66	22500	175 27
98	7543	58 76	9604	74 81	151	17907	139 50	22801	177 62
99	7697	59 96	9801	76 35	152	18145	141 35	23104	179 98
100	7854	61 18	10000	77 90	153	18385	143 22	23409	182 36
101	8011	62 41	10201	79 47	154	18626	145 10	23716	184 75
102	8171	63 65	10404	81 05	155	18869	146 99	24025	187 15
103	8332	64 91	10609	82 64	156	19113	148 89	24336	189 53
104	8494	66 19	10816	84 29	157	19359	150 81	24649	192 02
105	8659	67 45	11025	85 88	158	19606	152 73	24964	194 47
106	8824	68 75	11236	87 53	159	19855	154 67	25281	196 94
107	8992	70 05	11449	89 19	160	20106	156 63	25600	199 42
108	9160	71 36	11664	90 86					
109	9331	72 69	11881	92 55					

7. *Fers ronds et fers carrés.* — On aura, dans le tableau précédent, le poids de ces fers jusqu'à $0^m,160$ de diamètre ou de côté.

8. *Fers à planchers.* — Ce sont des fers dont la section est celle indiquée (*fig.* 1) comprenant une partie verticale, appelée *âme*, et deux parties horizontales, appelées *ailes*.

On les désigne de la manière suivante:

Fer I de $\frac{a \times b}{c}$ pesant $0^k,0$ le mètre linéaire.

a — hauteur du fer.
b — largeur des ailes.
c — épaisseur de l'âme.

En écartant légèrement d'une quantité, d les cylindres qui ont servi à laminer un fer I d'une certaine section *minima* $\frac{a \times b}{c}$, on obtient alors des fers qui ont, pour épaisseur d'âme: $c + d = c'$;

Pour largeur d'ailes: $b + d = b'$

Et dont la désignation est, par suite,

$$\frac{a \times b'}{c'}$$

Pour chaque échantillon, les forges fabriquent des fers de dimension *minima* et de dimension *maxima* qui sont indiquées dans leurs albums. Elles peuvent aussi exécuter des fers d'épaisseur et de poids intermédiaires.

Les fers I étant employés couramment dans les planchers, l'auteur a donné (pages 268, 269, 270 et 271 de la première partie du Cours de construction, intitulée *matériaux de construction et leur emploi*), les poids par mètre courant, les sections et les charges maximum uniformément réparties que peuvent supporter les fers I reposant librement, par leurs extrémités, sur des appuis espacés de 2 à 8 mètres, pour des résistances de 6, 8 et 10 kilos par millimètre carré de section.

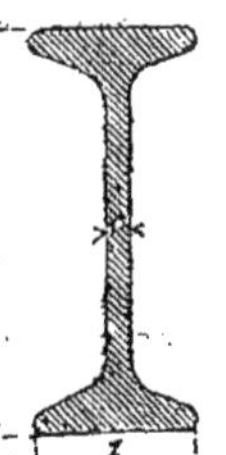

Fig. 1.

Nota. — Dans le cas de charges placées au milieu de la longueur, il ne faudra prendre que la moitié des nombres indiqués.

Cela résulte des formules bien connues de résistance d'une pièce de portée l, chargée uniformément d'un poids p par mètre linéaire et dont le moment de résistance a pour valeur

$$\frac{pl^2}{8},$$

tandis que, si la charge est placée au milieu de la pièce et est exprimée par **P**, le moment de résistance, devient

$$\frac{Pl}{4}$$

Si l'on veut que la pièce résiste dans les mêmes conditions dans les deux cas, il faut que

$$\frac{Pl}{4} = \frac{pl^2}{8}$$

ou $$P = \frac{pl}{2}$$

$p\,l$ est la charge maxima uniformément répartie à laquelle peut résister un fer I dans le tableau. On voit donc qu'il faut diviser cette charge par 2 pour avoir la charge P à laquelle ce même fer peut également résister quand celle-ci est placée au milieu de sa longueur.

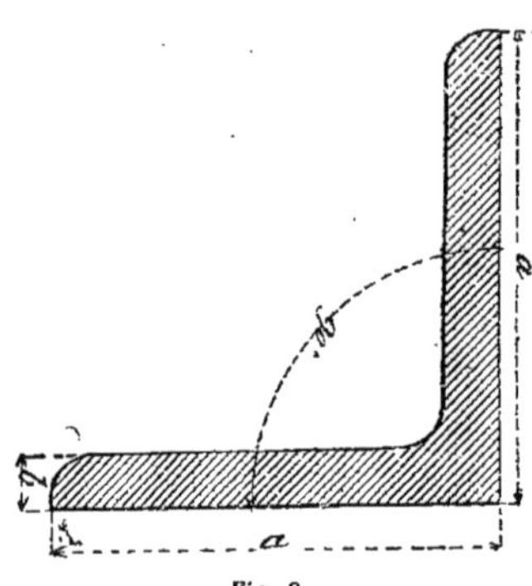

Fig. 2.

9. *Cornières.* — Ce sont des fers dont la section est celle indiquée par la figure 2, formée de deux parties perpendiculaires entre elles, appelées *branches*. On les désigne de la manière suivante :

Cornière de $\frac{a \times a}{b}$ pesant $0^{kg}0$ le mètre linéaire.

a — largeur des branches.
b — épaisseur id.

Avec des cylindres déterminés qu'on écarte plus ou moins, on peut obtenir différents échantillons de cornières qui ont toujours la même largeur de branches, mais dont l'épaisseur est variable.

Il importe beaucoup, dans un projet, d'adopter des cornières d'un échantillon courant. Le tableau suivant donne la section, le poids par mètre linéaire et la provenance des cornières les plus usitées et désignées seulement par la largeur de leurs branches, ainsi que par leur épaisseur.

Les usines du Creusot sont situées dans le département de Saône-et-Loire ; celles de Montataire, dans l'Oise (près de Creil) ; celle de Châtillon-Commentry, dans l'Allier ; celles de la Providence, à Haumont près Maubeuge (Nord) ; celles de M. Coutant à Ivry (Seine) ; celles de Petin-Gaudet (aujourd'hui Forges et Aciéries de la marine et des chemins de fer), à St-Chamond (Loire).

Les cornières ne se font pas seulement à branches égales, mais aussi à branches *inégales*. Sous cette forme, elles sont parfois très avantageusement employées, mais elles coûtent plus cher que les cornières à branches égales et sont d'un usage moins courant. On en fait différents échantillons depuis $\frac{40 \times 25}{4}$ jusqu'à $\frac{250 \times 80}{13}$.

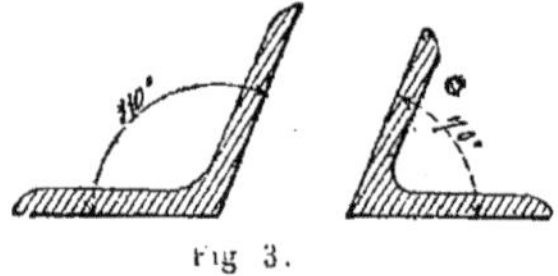

Fig. 3.

Les cornières à branches égales se font aussi, comme l'indique la figure 3, avec un angle de branches plus grand ou plus petit que 90°. — On dit alors que les cornières sont à branches *ouvertes* ou *fermées*. Généralement, les cornières ouvertes se font aux angles de 110°, 120° et 130°.

10. *Fers en* U. — Ce sont des fers dont la section est celle indiquée par la figure 4, comprenant une partie verticale, appelée *âme*, et deux parties horizontales, appelées *ailes*.

On les désigne de la manière suivante :

Fer en U de $\frac{a \times b}{c}$ pesant $0^k,0$ le mètre linéaire.

a — hauteur du fer.
b — largeur des ailes.
c — épaisseur de l'âme.

CORNIÈRES A BRANCHES ÉGALES

DÉSIGNATION	Section en mil. car.	Poids en kil.	PROVENANCES
20 × 3	111	0.85	Creuzot, Coûtant.
20 × 4	144	1.11	Creuzot, Providence, Montataire, Châtillon, Coûtant.
20 × 5	175	1.35	Creuzot, Providence, Châtillon.
20 × 6	204	1.57	Providence.
25 × 3	141	1.09	Montataire, Coûtant.
25 × 4	184	1.42	Creuzot, Providence, Coûtant.
25 × 5	225	1.73	Creuzot, Providence, Châtillon.
25 × 6	264	2.03	Châtillon.
30 × 4	224	1.72	Creuzot, Montataire, Coûtant.
30 × 5	275	2.12	Creuzot, Pétin-Gaudet, Châtillon, Providence, Coûtant.
30 × 6	324	2.49	Pétin-Gaudet, Providence.
35 × 4	264	2.03	
35 × 5	325	2.50	Creuzot, Providence, Montataire, Châtillon, Coûtant.
35 × 6	384	2.96	Creuzot, Providence, Coûtant.
40 × 5	375	2.89	Creuzot, Pétin-Gaudet, Montataire, Châtillon
40 × 6	444	3.42	Creuzot, Pétin-Gaudet, Providence, Coûtant.
40 × 7	511	3.93	Providence, Coûtant.
45 × 5	425	3.27	Châtillon, Coûtant.
45 × 6	504	3.88	Pétin-Gaudet, Montataire, Coûtant.
45 × 7	581	4.47	Pétin-Gaudet, Provid., Coûtant.
45 × 8	656	5.05	Pétin-Gaudet, Providence.
50 × 5	475	3.66	Châtillon.
50 × 6	564	4.34	Creuzot, Montataire, Châtillon, Coûtant.
50 × 7	651	5.01	Creuzot, Pétin-Gaudet, Providence, Coûtant.
50 × 8	736	5.67	Creuzot, Pétin-Gaudet, Providence, Coûtant,
50 × 9	819	6.31	Providence, Coûtant.
50 × 10	900	6 93	Coûtant.
55 × 6	624	4.81	Coûtant.
55 × 7	721	5.55	Creuzot, Pétin-Gaudet, Providence, Montataire, Châtillon, Coûtant.
55 × 8	816	6.28	Creuzot, Pétin-Gaudet, Providence, Coûtant.
55 × 9	909	7.00	Pétin-Gaudet, Provid., Coûtant.
55 × 10	1000	7.70	Coûtant.
55 × 11	1089	8.39	Coûtant.
55 × 12	1176	9.06	Coûtant.
60 × 6	684	5.27	Montataire.
60 × 7	791	6.09	Creuzot, Coûtant.
60 × 8	896	6.90	Creuzot, Pétin-Gaudet, Châtillon, Coûtant, Providence.
60 × 9	999	7.69	Creuzot, Pétin-Gaudet, Coûtant, Providence.
60 × 10	1100	8.47	Pétin-Gaudet, Coûtant, Providence.
60 × 11	1199	9.23	Coûtant.
60 × 12	1296	9.98	Coûtant.
65 × 7	861	6.63	Creuzot, Montataire.
65 × 8	976	7.62	Creuzot.
65 × 9	1089	8.39	Creuzot, Pétin-Gaudet, Providence, Châtillon, Coûtant.
64 × 10	1200	9.24	Pétin-Gaudet, Provid., Coûtant.
65 × 11	1309	10.08	Pétin-Gaudet, Coûtant.
65 × 12	1416	10.90	Pétin-Gaudet.
70 × 7	931	7.17	Creuzot, Montataire.
70 × 8	1056	8.13	Creuzot, Montataire.
70 × 9	1179	9.08	Creuzot, Pétin-Gaudet, Providence, Montataire, Châtillon, Coûtant.
70 × 10	1300	10.01	Creuzot, Pétin-Gaudet, Providence, Montataire, Châtillon, Coûtant.
70 × 11	1419	10.93	Creuzot, Pétin-Gaudet, Providence, Châtillon, Coûtant.
70 × 12	1536	11.83	Pétin-Gaudet, Providence, Châtillon, Coûtant.
70 × 13	1651	12.71	Châtillon, Coûtant.
75 × 8	1136	8.75	Creuzot, Montataire.
75 × 9	1269	9.77	Creuzot, Montataire, Châtillon, Coûtant.
75 × 10	1400	10.78	Creuzot, Pétin-Gaudet, Providence, Montataire, Châtillon, Coûtant.
75 × 11	1529	11.77	Pétin-Gaudet, Providence, Châtillon, Coûtant.
75 × 12	1656	12.75	Pétin-Gaudet, Providence, Châtillon, Coûtant.
75 × 13	1781	13.71	Pétin-Gaudet, Provid., Coûtant.
80 × 8	1216	9.36	Creuzot.
80 × 9	1359	10.46	Creuzot.
80 × 10	1500	11.55	Creuzot, Montataire, Coûtant
80 × 11	1639	12.62	Creuzot, Pétin-Gaudet, Providence, Montataire, Châtillon, Coûtant.
80 × 12	1776	13.68	Pétin-Gaudet. Providence, Montataire, Châtillon, Coûtant.
80 × 13	1911	14.72	Pétin-Gaudet, Providence, Montataire, Châtillon, Coûtant.
80 × 14	2044	15.74	Pétin-Gaudet, Providence, Montataire, Châtillon, Coûtant.
85 × 9	1449	11.16	Montataire.
85 × 10	1600	12.32	Montataire. Châtillon.
85 × 11	1749	13.47	Provid., Montataire, Coûtant.
85 × 12	1896	14.60	Montataire, Coûtant.
85 × 13	2041	15.72	Coûtant.
85 × 14	2184	16.82	Coûtant.
85 × 15	2325	17.90	Coûtant.
90 × 10	1700	13.09	Creuzot, Montataire, Châtillon.
90 × 11	1859	14.31	Creuzot, Providence, Montataire, Châtillon, Coûtant.
90 × 12	2016	15.52	Creuzot, Pétin-Gaudet, Providence, Montataire, Châtillon, Coûtant.
90 × 13	2171	16.72	Pétin-Gaudet, Providence, Montataire, Châtillon, Coûtant.
90 × 14	2324	17.90	Pétin-Gaudet, Providence, Montataire, Châtillon, Coûtant.
90 × 15	2465	18.98	Pétin-Gaudet, Providence, Montataire, Châtillon, Coûtant.
90 × 16	2624	20.53	Pétin-Gaudet, Montataire, Châtillon, Coûtant.
95 × 11	1969	15.32	Coûtant.
95 × 12	2136	16.45	Coûtant.
95 × 13	2301	17.72	Coûtant.
95 × 14	2464	18.97	Coûtant.
95 × 15	2625	20.27	Coûtant.
95 × 16	2784	21.44	Coûtant.
95 × 17	2941	22.65	Coûtant.
100 × 11	2079	16.01	Pétin-Gaudet, Châtillo
100 × 12	2256	17.33	Creuzot, Pétin-Gaudet, [illegible] dence, Châtillon, Coûtant.
100 × 13	2431	18.72	Creuzot, Pétin-Gaudet, Providence, Montataire, Châtillon, Coûtant.
100 × 14	2604	20.05	Creuzot, Pétin-Gaudet, Providence, Montataire, Châtillon, Coûtant.
100 × 15	2775	21.37	Creuzot, Pétin-Gaudet, Providence, Montataire, Coûtant.
100 × 16	2944	22.66	Creuzot, Providence, Montataire, Coûtant.
100 × 17	3111	23.96	Coûtant.
100 × 18	3276	25.23	Coûtant.
110 × 12	2496	19.22	Creuzot.
110 × 13	2691	20.72	Creuzot, Coûtant.
110 × 14	2884	22.21	Creuzot, Coûtant.
110 × 15	3075	23.68	Creuzot. Coûtant.
110 × 16	3264	25.13	Coûtant.
120 × 12	2736	21.07	Châtillon, Coûtant.
120 × 13	2951	22.72	Providence, Châtillon, Coûtant.
120 × 14	3164	24.36	Châtillon, Coûtant.
120 × 15	3375	25.99	Pétin-Gaudet, Châtillon, Coûtant.
120 × 16	3584	27.60	Pétin-Gaudet, Châtillon.
120 × 17	3791	29.19	Pétin-Gaudet, Châtillon.
120 × 18	3996	30.77	Châtillon.

11. Comme pour les fers à ⌶, on peut, pour un échantillons donné de fer en U obtenir des sections variables dans lesquelles l'épaisseur de l'âme et la largeur des ailes augmentent de la même quantité.

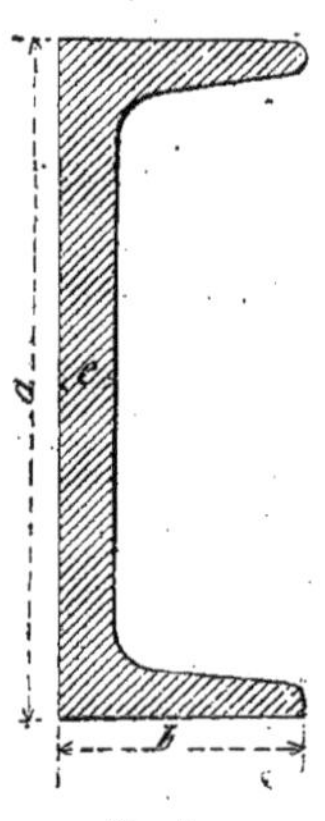

Fig. 4.

Les fers en U étant aussi d'un usage assez fréquent, nous engageons le lecteur à se reporter à la plus récente édition de l'album des usines du Creuzot (pages XXVI, XXVII, XXVIII et XXIX). Il y trouvera les profils, les poids par mètre courant, les sections et les charges maximum uniformément réparties que peuvent supporter les fers en U, reposant librement, par leurs extrémités, sur des appuis espacés de 2 à 8 mètres, pour des résistances de 6, 8 et 10 kilos par millimètre carrés de section.

Nota. Dans le cas de charges placées au milieu de la longueur, il ne faudra prendre que la moitié des nombres indiqués dans l'album.

12. *Fers zozés.* — Ces fers ont les sections indiquées par la figure 5. Ils se fabriquent dans les usines de Franche-Comté, à Besançon (Doubs). Ils ont été, dans un temps, très employés pour les planchers et, à cause de leur forme, ils sont encore utilisés dans des cas particuliers.

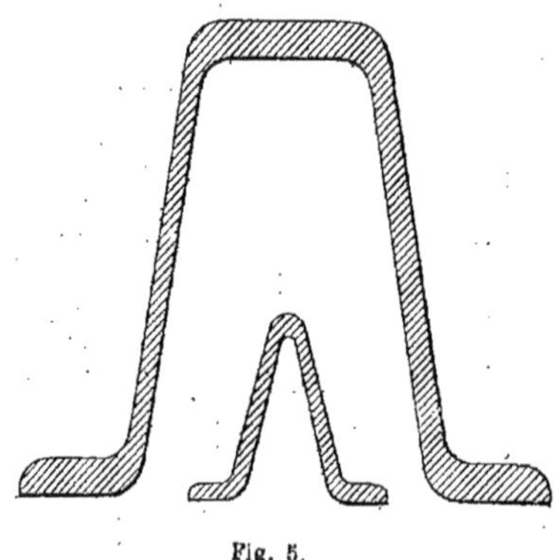
Fig. 5.

13. *Fers à ⌶ à vitrage pour main-courante etc.* — Les sections de ces fers, (*fig.* 6) sont très variées. Nous aurons occasion dans la construction des charpentes métalliques de les étudier plus en détail.

14. *Tôles unies.* — Elles sont à section rectangulaire. Par suite des exigences de la fabrication, on doit se renfermer, pour ces tôles, entre certaines limites de longueur, de largeur et d'épaisseur. Il ne faudra pas perdre de vue cette considération dans la rédaction d'un projet. Les tableaux (pages XVI et XVII) de l'album des usines du Creuzot donnent le classement de ces différentes tôles et indique, pour une tôle de section donnée, quelle est la longueur qu'il ne faut pas dépasser pour que le prix n'en soit pas majoré.

15. *Tôles striées.* — Ces tôles sont représentées (*fig.* 7 et 8). Elles sont très fréquemment employées dans les planchers de ponts métalliques pour chemins de fer où elles assurent la sécurité de la marche des agents chargés de la surveillance de la voie. Elles ont, sur les planchers en bois, l'avantage d'une plus grande durée et celui de former un contreventement énergique des différentes parties du tablier métallique.

Les tôles striées, généralement usitées dans ce cas, ont environ 8 millimètres d'épaisseur, des stries de 2 millimètres de profondeur et pèsent 55 kilos le mètre superficiel. Les tôles striées se laminent aux épaisseurs de 7 à 12 millimètres. Dans ces conditions, on peut les obtenir à $4^m,000$ de longueur pour des largeurs de $0^m,700$ et $0^m,800$; à $3^m,500$, pour une largeur de $0^m,900$; à $3^m,000$, pour une largeur de 1 mètre ; à $2^m,500$, pour une largeur de $1^m,100$ qui est celle qu'on ne dépasse pas.

16. *Tôles ondulées.* — Les tôles ondulées de la fabrication des forges de Châtillon et Commentry sont indiquées (*fig.* 9) comme sections et comme dimensions qu'on peut exécuter. On les utilise surtout pour les couvertures où elles procurent, à la fois, légèreté et grande

FERS À MAINS-COURANTES
FERS MOULURÉS
Fers a vitrage
pour devanture de magasin
Fers a T simples
Ech 1/8

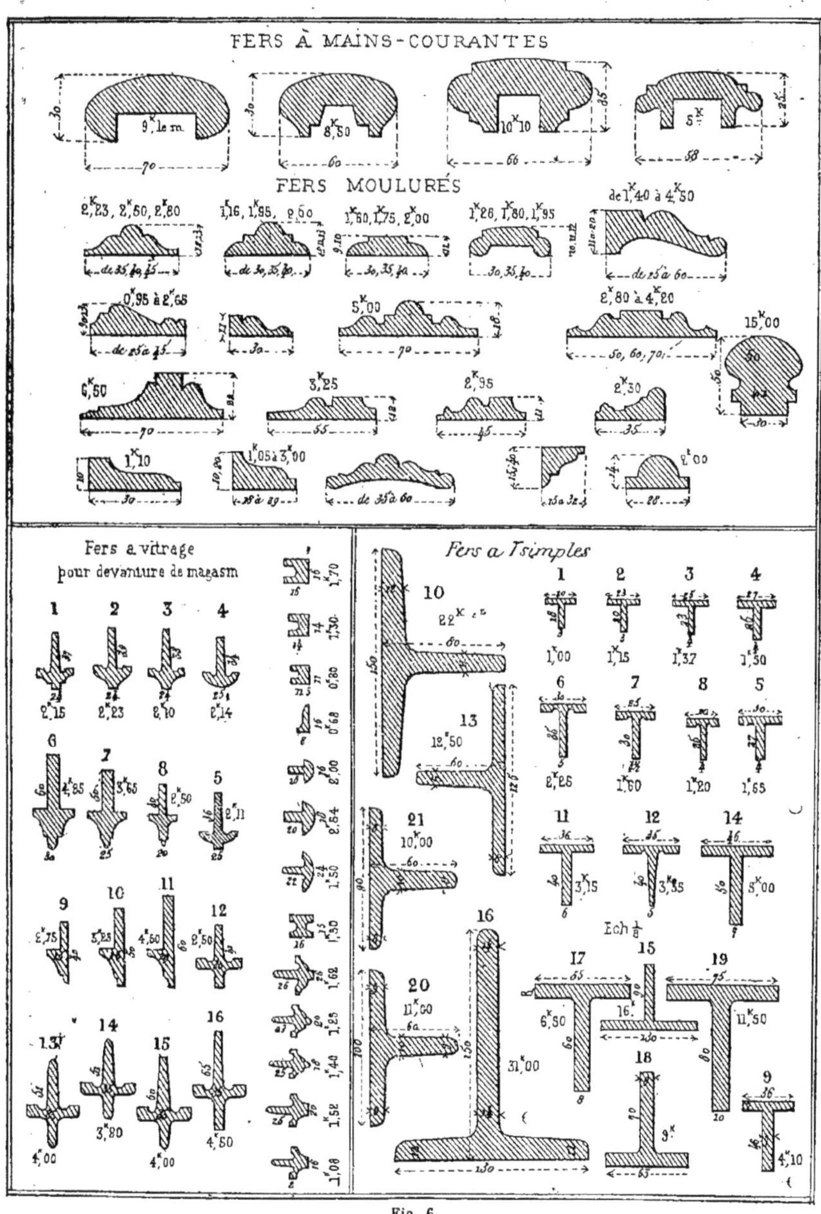

Fig. 6.

résistance. Mais on ne saurait, dans ce cas, attacher une trop grande importance à une excellente galvanisation de ces tôles, sans quoi la rouille les attaque promptement et, vu leur faible épaisseur, elles cessent bien vite d'être complètement étanches. Leur assemblage doit se faire à l'aide de petits rivets galvanisés et si l'on est conduit à employer des boulons, il faut avoir soin de placer,

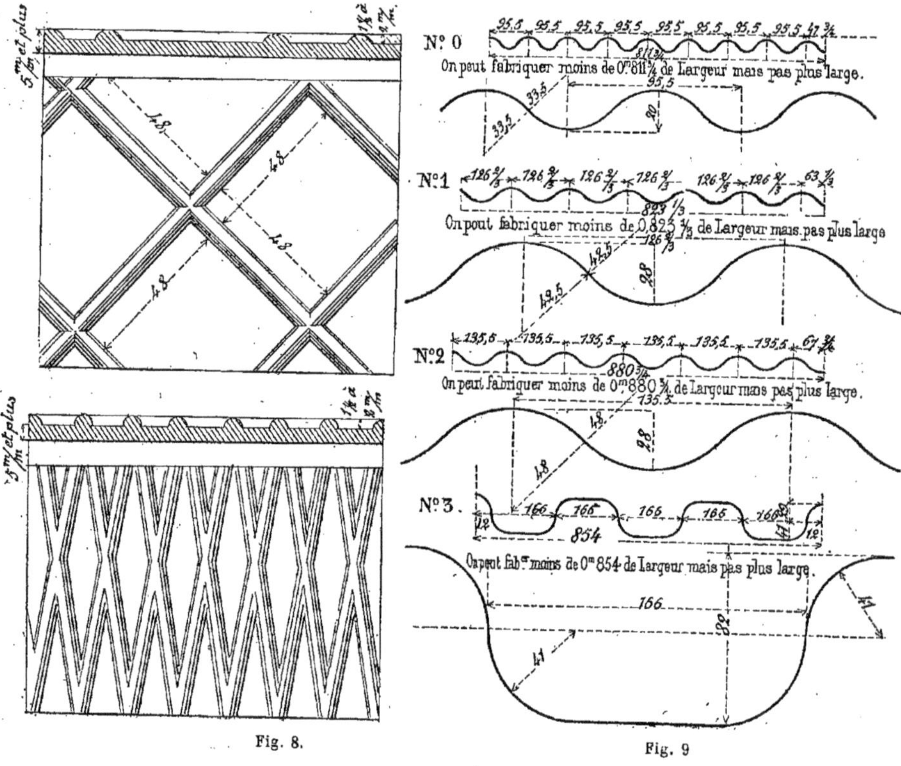

Fig. 8.

Fig. 9

entre la tête du boulon et la tôle, une rondelle en plomb. De la sorte, on évite le contact direct du fer et du zinc qui, avec l'eau, donnerait un élément de pile auquel la tôle ondulée ne résisterait pas longtemps.

17. *Prix des fers du commerce.* — Ces prix sont essentiellement variables. On les a d'une façon très détaillée dans le Moniteur général du cours des matériaux de construction.

18. *Qualité et épreuves des fers.* — Les fers employés dans les travaux importants sont soumis à certains essais pour en apprécier la qualité et la résistance. Dans les marchés que les Compagnies de chemins de fer passent avec leurs constructeurs, les conditions imposées sont les suivantes :

Toutes les matières employées seront de bonne qualité marchande et de premier choix. Elles seront soumises, avant l'emploi, aux essais que les agents de la Compagnie du chemin de fer jugeront nécessaires.

DIMENSIONS DES TOLES ONDULÉES QU'ON PEUT EXÉCUTER.

NUMÉROS des ONDES	ÉPAISSEUR de la FEUILLE	NOMBRE D'ONDES	LARGEUR DÉVELOPPÉE	LARGEUR ONDULÉE	LONGUEUR	POIDS de la FEUILLE	POIDS du mètre carré NON DÉVELOPPÉ
N° 0	0 m/m 4	6 ondes 1/2	0m 69	0m 62	1m 66	3 Kil 57	3 Kil 47
	0 » 6	7 » 1/2	0 79	0 72	»	6 14	5 14
	0 » 8	8 » 1/2	0 90	0 61	1 80	10 11	9 93
	0 » 9	»	»	»	2 »	12 63	7 79
	1 »	»	»	»	2 25	15 79	8 66
	1 » 2	»	»	»	2 50	21 06	10 40
	1 » 4	»	»	»	»	24 57	12 13
	1 » 5	»	»	»	2 75	28 96	13 »
N° 1	0 » 4	4 » 1/2	0 64	0 57	1 66	3 57	3 50
	0 » 7	5 » 1/2	0 78	0 70	»	6 06	5 21
	0 » 8	6 » 1/2	0 92	0 82	1 80	10 33	7 »
	0 » 9	»	»	»	2 »	12 91	7 87
	1 »	»	»	»	2 25	16 14	8 74
	1 » 2	»	»	»	2 50	21 52	10 49
	1 » 4	»	»	»	»	25 11	12 24
	1 » 5	»	»	»	2 75	29 60	13 12
N° 2	0 » 4	4 » 1/2	0 67	0 61	1 66	3 47	3 42
	0 » 6	5 » 1/2	0 82	0 74	»	6 37	5 18
	0 » 8	6 » 1/2	0 97	0 88	1 80	10 90	6 88
	0 » 9	»	»	»	2 »	13 97	7 94
	1 »	»	»	»	2 25	17 02	8 59
	1 » 2	»	»	»	2 50	22 70	10 31
	1 » 4	»	»	»	»	26 48	12 03
	1 » 5	»	»	»	2 75	31 20	12 90
N 3	1 » 25	5 »	1 12	0 85	1 75	19 11	12 85
	1 » 5	»	»	»	2 »	26 21	15 42
	1 » 5	»	»	»	2 25	29 49	15 42
	2 »	»	»	»	2 30	43 68	20 55
	2 » 5	»	»	»	2 75	60 06	25 25
	3 »	»	»	»	3 »	78 62	30 83

Le zingage augmente le poids du mètre superficiel développé de 1000 k. à 1500 k. de la plus faible à la plus forte épaisseur.

En onde n° 3, on ne peut dépasser en tôles galvanisées 2m 50 de longueur.

Toutes dimensions non comprises au présent tableau sont traitées de gré à gré.

Fontes.

19. La fonte sera de deuxième fusion, à grain gris et serré, très résistante au choc et à la flexion, parfaitement moulée, sans soufflures, gouttes froides, gravelures et autres défauts. Les fontes devront résister aux épreuves suivantes, au choc et à la flexion :

20. *Première épreuve.* — Un barreau de quatre centimètres (0m,04) d'équarrissage placé horizontalement sur deux couteaux espacés de seize centimètres (0m,16) devra supporter, sans se rompre, le choc d'un mouton de douze kilogrammes (12 kilos) tombant librement sur le barreau de quarante centimètres (0m,40) de hauteur, au milieu de l'intervalle des points d'appui.

L'enclume supportant les couteaux présentera un poids d'au moins huit cents kilogrammes (800 kilos).

21. *Deuxième épreuve.* — Un lingot de quatre centimètres (0m,04) d'équarrissage, soumis, par l'appareil de Monge, à un effort de flexion, supportera, sans se rompre, l'action d'un poids de cent soixante kilogrammes (160 kilos) agissant sur le levier à une distance de un mètre cinquante centimètres ($1^m,50$) du point d'appui le plus voisin des poids.

Les poids du levier, du plateau et des accessoires, ramenés à la même distance de un mètre cinquante centimètres ($1^m,50$) seront compris dans le poids de cent soixante kilogrammes (160 kilos) indiqué ci-dessus.

Si l'une des pièces est brisée dans l'épreuve qui lui est relative, toutes les pièces provenant de la même coulée seront refusées sans autre examen.

Tôles et barres profilées.

22. Les tôles, les plats et profilés, soit en fer misé, soit en fer fondu ou acier extra-doux, devront être bien laminés et soudés, ni aigres, ni cassants, malléables, exempts de pailles, stries, fissures, soufflures, gerçures, etc... Les tranches, après cisaillage, seront grasses, unies, sans aucun arrachement.

Les tôles, les plats et les profilés, suivant la catégorie à laquelle ils appartiennent, seront soumis à des essais à la traction, sous forme de barrettes découpées à froid dans les tôles ou barres soumises à la réception.

Le tableau suivant indique les cœfficients de résistance et les allongements correspondants pour chaque nature de métal employé dans l'exécution de l'ouvrage et pour les différents échantillons laminés.

DÉSIGNATION DES FERS ET ACIERS	Charges en kil par $^m/_m{}^2$ de la section primitive au minimum		Allong. en fonct. de la barre de 100 $^m/_m$ de long^r au minimum		Charges en kil. par $^m/_m{}^2$ pour la limite d'élasticité au minimum	
	en long	en travers	en long	en travers	en long	en travers
FER MISÉ						
Barres profilées, Tôles communes, Tôles striées et tôles galvanisées en fer ordinaire...........	32	26	8	3	16	14
Tôles, fers et barres profilées en fer fort, Goussets.	36	28	12	8	18	16
Fer supérieur pour pièces de forge et pour rivets.	36	»	22	»	18	»
FER FONDU OU ACIER EXTRA-DOUX						
Tôles, barres profilées et plats.................	42 ± 2	42 ± 2	25	18	24	22
Rivets en fer fondu soudant....................	36	»	30	»	18	»

Dimensions des barreaux à éprouver.

23. Les barreaux d'épreuves en fer ou en métal homogène auront 100^{mm} de longueur libre, à section circulaire constante, de $0^m,013^{mm}8$ de diamètre, non compris les parties destinées à l'attache de la pièce.

Pour la tôle, les barreaux à section rectangulaire devront avoir l'épaisseur de la tôle à essayer. La largeur sera déterminée d'après la section totale du barreau, qui devra être de 150^{mm}, environ.

Deux traits au crayon, tracés avant l'épreuve, fixeront exactement, sur le

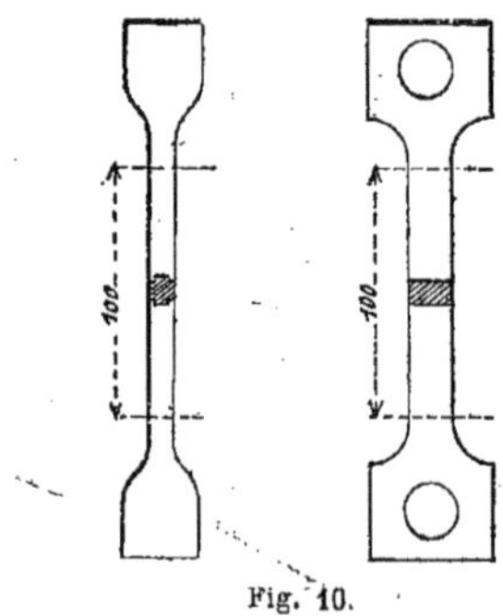

Fig. 10.

barreau, la longueur de $0^m,100$ ci-dessus

indiquée (*fig.* 10). Ces traits serviront de repères pour mesurer les allongements.

En outre des essais de traction ci-dessus indiqués, il sera fait des essais à froid et à chaud sur les tôles, les plats et les profilés, dans les conditions suivantes:

Fer misé.

ÉPREUVES A CHAUD

24. *Tôle en fer ordinaire.* — On prendra un morceau de dimensions convenables, découpé dans une feuille de tôle prise au hasard, pour en faire un cylindre dont la hauteur et le diamètre intérieur auront 25 fois l'épaisseur de la tôle.

Ce cylindre, exécuté avec le soin convenable, ne devra présenter ni fentes ni gerçures.

25. *Tôle en fer fort supérieur.* — On fera une épreuve semblable à la précédente, en formant un cylindre dont le diamètre intérieur sera 15 fois l'épaisseur de la tôle.

Les plats de 250 et au-dessus seront assimilés aux tôles.

Cornière en fer ordinaire.

26. *Première épreuve.* — On fera, avec un bout de cornière coupé dans une barre prise au hasard dans chaque livraison, un manchon cylindrique, tel qu'une des lames

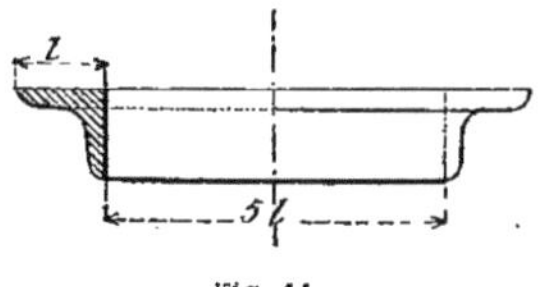

Fig. 11.

de la cornière reste dans le plan perpendiculaire à l'axe du cylindre formé par l'autre lame. Le diamètre intérieur de ce cylindre sera égal à cinq fois la largeur de la lame restée plane (*fig.* 11).

27. *Deuxième épreuve.* — Un autre bout coupé dans une autre barre sera ouvert jusqu'à ce que l'angle formé par les deux faces extérieures des lames soit de 135° (*fig.* 12).

28. *Troisième épreuve.* — Un troisième bout coupé dans une troisième barre sera fermé jusqu'à ce que l'angle formé par les deux faces extérieures des lames soit de 45° (*fig.* 13).

Les morceaux ainsi essayés ne devront présenter ni gerçures, ni déchirures, ni fentes longitudinales indiquant un corroyage imparfait.

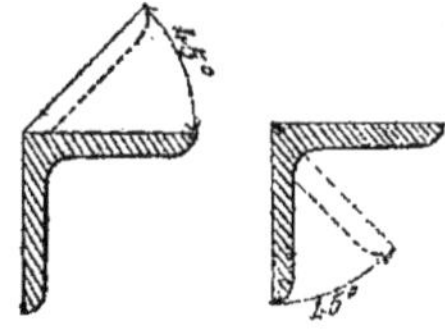

Fig. 12. Fig. 13.

Cornière en fer fort supérieur.

29. *Première épreuve.* — Le manchon cylindrique aura un diamètre intérieur égal à deux fois et demie la largeur de la lame restée plane.

30. *Deuxième épreuve.* — Les deux branches seront ouvertes jusqu'à ce que les faces extérieures soient dans le même plan.

31. *Troisième épreuve.* — Les deux branches seront fermées jusqu'au contact.

Barre à T en fer ordinaire.

32. On cintrera l'extrémité de la barre en laissant la lame verticale dans son plan, de manière à former le quart d'un

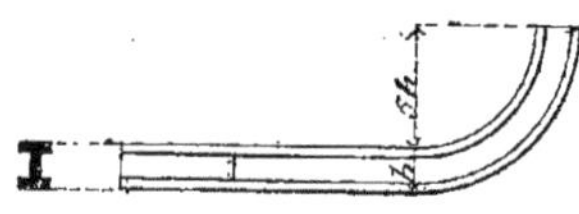

Fig. 14.

cylindre de rayon égal à cinq fois la hauteur du fer à T (*fig.* 14).

Barre à I en fer fort supérieur.

33. On fera une épreuve semblable à la précédente, le rayon du cylindre étant égal à 3 fois la hauteur du T.

Barre à double ⌶ à U en fer ordinaire.

34. On commencera par fendre à froid, au moyen de la cisaille, l'extrémité d'une barre prise au hasard dans la livraison, de manière que la fente divise longitudinalement la lame verticale en deux parties égales sur une longueur égale à 3 fois la hauteur du fer et on percera un trou à l'extrémité de cette fente pour l'empêcher de s'étendre; puis, à chaud, on cintrera régulièrement l'une des moitiés ainsi séparées de l'autre moitié, jusqu'à ce que la distance entre les deux extrémités de la lame soit égale à la hauteur même du fer à double ⌶ (*fig.* 15).

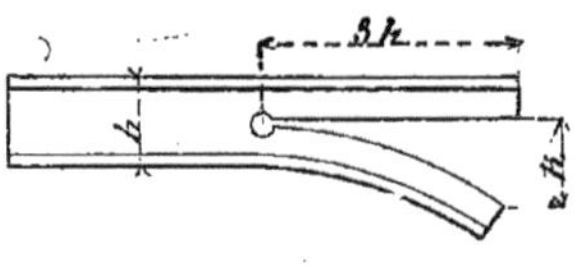

Fig. 15.

Barre à double T, à U en fer fort supérieur.

35. On fera une épreuve semblable à la précédente, la distance entre les deux extrémités de la partie fendue étant égale à une fois et demie la hauteur.

Fers de Forge

comprenant les fers ronds, carrés ou rectangulaires.

FER ORDINAIRE ET FER FORT SUPÉRIEUR POUR PIÈCES DE FORGE.

36. *Première épreuve.* — L'extrémité des barres à essayer sera forgée sur une longueur d'environ $0^m,200$ en un rondin de $0^m,022$ de diamètre. Ce rondin sera ensuite chauffé à la chaleur blanche, puis on le rabattra de manière à former, à un décimètre de l'extrémité, un crochet à angle droit à arête vive. Ce crochet sera redressé et on en formera un second analogue dans le sens opposé. On le redressera et ainsi de suite, jusqu'à ce que le bout tombe. Toutes ces opérations réunies seront faites d'une seule chaude. Le bout de la barre ne devra se détacher qu'après un nombre de redressements de 8 pour le fer supérieur et de 4 pour le fer fort ordinaire.

37. *Deuxième épreuve.* — Les fers plats chauffés au blanc seront percés avec un poinçon conique et, dans la même chaude, de 2 trous espacés de $0^m,010$ et dont les diamètres seront égaux à 3/4 de la largeur de la barre pour les fers forts supérieurs et 1/2 seulement pour le fer fort ordinaire (*fig.* 16).

Les fers ronds seront soumis à la même épreuve, mais après avoir été préalablement ramenés, à la forge, à une section rectangulaire dont l'épaisseur aura le tiers du diamètre primitif du fer.

Le percement des deux trous ne devra produire ni fentes, ni gerçures, bien que le deuxième trou ne soit achevé qu'au rouge sombre.

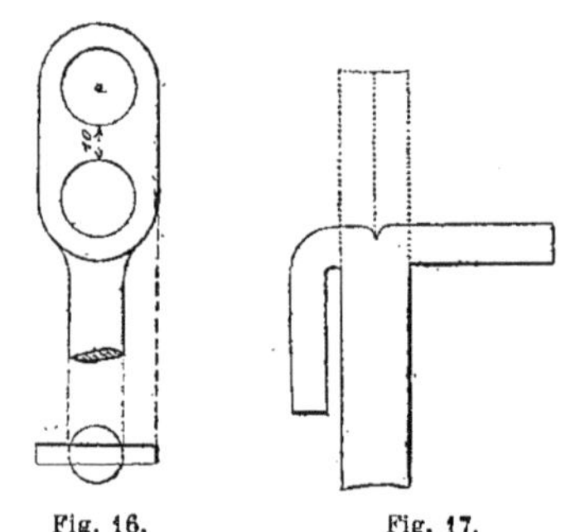

Fig. 16. Fig. 17.

38. *Troisième épreuve.* — Les fers carrés ou plats, chauffés au blanc, seront fendus à la tranche à une extrémité sur une longueur d'environ $0^m,100$. Les deux moitiés seront ensuite, de la même chaude, renversées au marteau (*fig.* 17).

Pour les fers forts supérieurs, le renversement devra être prolongé jusqu'à ce que les bords extérieurs viennent s'appliquer sur le corps de la barre pour les fers ordinaires. Les bouts fendus seront seulement rabattus à angle droit sur la barre.

Dans les deux cas, la fente pratiquée à la tranche ne devra pas se prolonger pendant l'opération.

Fer fondu ou acier extra-doux

39. *Épreuves sur chaque coulée.* — Il sera fait à l'usine, sur toutes les coulées sans exception, l'essai d'une barrette provenant de la coulée d'un petit lingot.

L'usine devra communiquer, à titre de renseignements, aux agents du Contrôle, les résultats des essais mécaniques et ceux des essais chimiques, ces derniers en ce qui concerne, du moins, la teneur en carbone et la teneur en phosphore. On devra essayer environ 2 0/0 de chaque type de barres présentées à la réception.

40. *Épreuves de pliage et de trempe.* — Des barrettes de $0^m,150$ de longueur et de $0^m,040$ de largeur ayant l'épaisseur de la tôle ou de la barre profilée soumises à l'essai seront chauffées au rouge cerise clair et plongées dans un courant d'eau

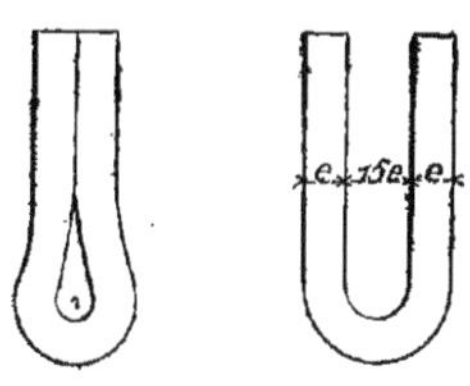

Fig. 18.

vive à 28° au maximum. Après refroidissement, les barrettes devront être pliées en deux en ramenant les deux extrémités dans des plans parallèles et à une distance égale à une fois et demie l'épaisseur de la barrette considérée. Cette opération devra se faire sans qu'il y ait aucune fissure dans la partie courbée (*fig.* 18).

Des barrettes de mêmes dimensions qui n'auront subi ni recuit, ni trempe, devront être pliées en deux, de manière à rapprocher les deux moitiés et à les appliquer complètement l'une sur l'autre, sans qu'il y ait aucune fissure dans la partie courbée.

41. *Épreuves à froid par poinçonnage.* — Les tôles et barres profilées devront supporter, à froid, le poinçonnage de trous de 20 à 25 mill. de diamètre, dont le centre sera placé à 15^{mm} de l'extrémité pour les trous de 25^{mm} et cela sans qu'il y ait aucune trace de fente.

Les débouchures du poinçonnage devront pouvoir être aplaties à froid, au marteau, jusqu'à ce qu'elles soient rédui-

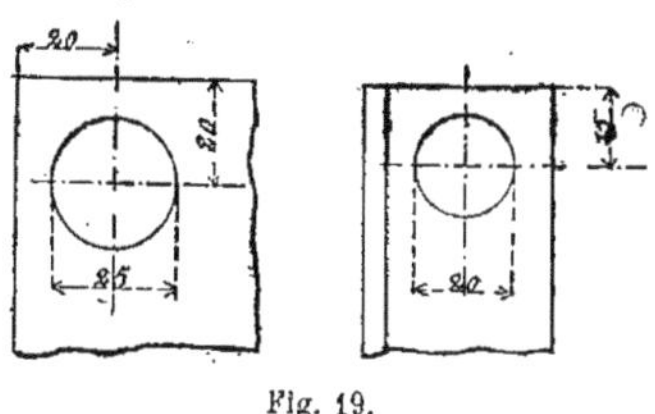

Fig. 19.

tes au tiers de leur épaisseur primitive sans présenter de criques sur le pourtour (*fig.* 19 et 20).

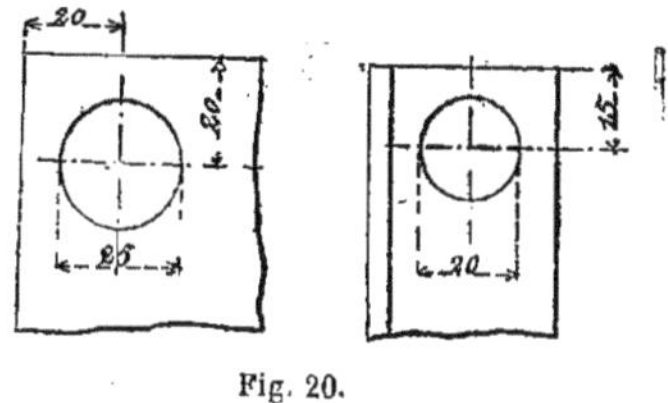

Fig. 20.

Rivets.

42. Les fers fondus destinés à la fabrication des rivets devront être facilement soudables.

Pour constater si le métal se soude bien, on coupera, en leur milieu, un certain nombre de barres (environ un demi pour cent) et on réunira les deux fragments par soudure. Des barreaux d'épreuve seront découpés de manière à comprendre la partie soudée et soumis à un effort de traction. Ils devront donner, pour la résistance et l'allongement, des résultats équivalents, à 5 pour 100 près, aux résultats exigés pour le fer fondu à l'état naturel.

Les barrettes ne seront pas recuites avant l'épreuve.

Les rivets, pris dans des mâchoires *ad hoc*, seront pliés et redressés à l'aide d'un levier à douille manœuvré à la main.

Lorsque les rivets seront en fer supérieur, l'angle de pliage sera de 45°.

Lorsqu'ils seront en métal homogène, l'angle de pliage sera de 90°.

Le pliage et le redressage à 45° ou 90° devront être effectués sans qu'il y ait trace de gerçures, quels que soient le le diamètre et la longueur de la tige.

On essaiera au moins deux pour cent (2 °/₀) de chaque catégorie de tôles ou barres profilées soumises à la réception. Si l'une quelconque des épreuves ne donne pas les résultats prescrits, tout le lot de fers ou aciers présenté sera refusé.

En ce qui concerne les rivets, il en sera essayé un pour cent (1 °/₀) environ, sans que le nombre soit inférieur à vingt. Si plus du vingtième des rivets soumis à l'épreuve casse ou présente des criques ou autres détériorations, la totalité de la fourniture sera refusée.

43. *Conditions d'exécution.* — Les tôles et barres profilées présenteront des surfaces parfaitement planes et coupées régulièrement.

44. *Dressage et planage.* — Les tranches et les faces d'assemblage ou d'appui seront dressées au rabot ou au burin et à la lime, de manière à présenter des surfaces régulières.

Le dressage et le planage des tôles d'acier devront être exécutés avec précautions, soit à la machine à rouleau, soit au marteau. Dans ce dernier cas, on évitera de frapper avec la panne du marteau.

Toutes les pièces en contact seront parfaitement jointives.

La rivure devra être faite de manière à donner un serrage parfait. Les têtes de rivet devront être bien nourries et non excentrées.

45. *Rivure à l'atelier.* — La rivure à l'atelier sera faite exclusivement à l'aide d'une machine à river Il ne sera fait exception que pour les quelques rivets que la machine ne pourrait atteindre.

Les trous destinés à recevoir les rivets seront alésés et devront se correspondre avec précision. Leur diamètre sera égal à celui des rivets, augmenté de un millimètre ($0^{m},001$).

Le brochage des trous est interdit. Lorsque, après l'assemblage des tôles cornières et couvre-joints, les trous ne se correspondront pas très exactement, ils seront alésés à la main.

Avant la rivure, les pièces seront réunies et serrées à leur place respective avec des boulons de montage de même diamètre que les rivets définitifs, après avoir été dressées et ajustées de façon à n'exercer aucune tension et à ne présenter aucun gondolement.

Les couvre-joints de cornières devront, dans l'intervalle des rivets, être parfaitement appliqués sur les tôles qu'ils recouvrent.

Il sera accordé une tolérance de un quart de millimètre ($0^{m},00025$) en plus ou en moins sur les dimensions de la section droite des pièces entrant dans la composition du tablier métallique.

Lors de la pose, les rivets en acier ou fer fondu soudant devront être chauffés uniformément au blanc orange, puis écrasés et bouterollés aussi rapidement que possible, de manière à bien remplir le trou.

On aura soin de renvoyer les rivets au four, lorsque la température ne sera pas celle du blanc orange.

§ II. — *OUTILLAGE DU CHARPENTIER ET DU SERRURIER*

46. Nous ne nous occuperons pas de la serrurerie d'art et d'ornement. Cette industrie trouvera sa place naturelle dans la seconde partie du traité d'architecture. Nous entendons ici, *par serrurerie*, la construction des travaux légers de charpente en fer, tels que : escaliers, barrières, planchers, combles légers; les ponts, les combles à grandes portées, les ponts de fer restant le monopole du charpentier en fer proprement dit.

Nous réserverons, pour l'étude de l'outillage employé par le chaudronnier, la suite des transformations qu'il fait supporter au fer pendant son travail.

Quoique les fers et les aciers subissent dans les Forges, à leur sortie des laminoirs, un premier dressage à froid, il est rare qu'ils puissent être employés par le chaudronnier sans qu'un second dressage à froid soit encore nécessaire. Les fers et les aciers dressés sont ensuite tracés, puis usinés et montés.

Nous étudierons donc successivement le *forgeage*, le *dressage*, le *traçage*, l'*usinage* et le *montage*.

Le chaudronnier a souvent à fabriquer des pièces de forge simples, telles que : chapes, bielles, tirants, équerres d'assemblage, etc. Cela nous conduit à faire précéder l'étude du dressage d'une étude du *forgeage*, tel que le chaudronnier peut avoir à le pratiquer.

I. — Forgeage.

47. Les pièces de forge que fait le chaudronnier n'exigent, ni matriçage, ni matelage et s'exécutent presque entièrement à la forge à bras. Il suffit, pour ce travail, d'un feu de forge et de ses accessoires et d'un très petit nombre de machines-outils.

Une équipe de forge à bras se compose de deux hommes : le *forgeur* et son aide, ou le *frappeur*.

48. *Feu de forges.* — Le feu de forge se compose :

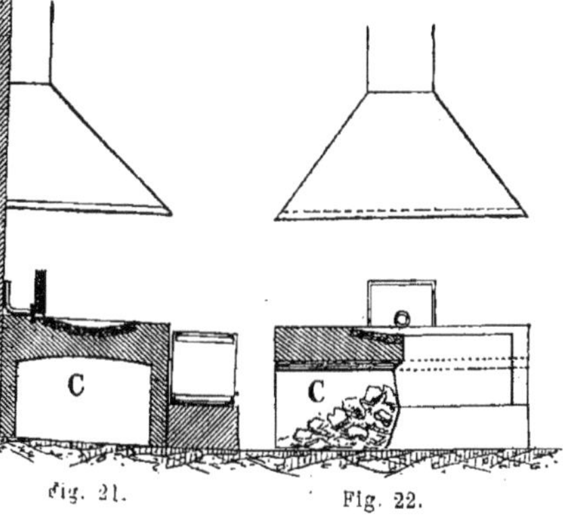

Fig. 21. Fig. 22.

1° Du feu de forge proprement dit ;

2° De l'appareil producteur du vent qui, insufflé dans le foyer, y active la combustion de la houille ou du coke ;

3° Du bac à eau dans lequel l'ouvrier refroidit ses outils ;

4° D'un petit approvisionnement de combustible.

Le feu de forge proprement dit (*fig.* 21 et 22) est une plate-forme de briques supportée par deux murettes également en briques. La partie centrale de la plate-forme est légèrement concave et reçoit un revêtement en briques réfractaires. C'est dans cette cavité que le forgeur fait son feu

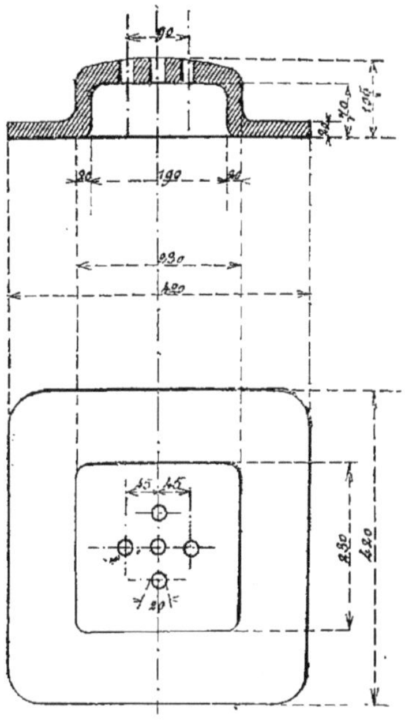

Fig. 23.

Le *tuyet*, orifice par lequel le vent arrive dans le foyer, est placé au bord et légèrement au-dessus de la partie concave de la plate-forme, encastré dans un petit mur vertical en briques réfractaires ou *contre feu*. Le tuyet, qui est en fonte, serait vite brûlé si on laissait la combustion de la houille se faire trop près de lui. Le forgeur, lorsqu'il allume son feu, prolonge le tuyet jusqu'au milieu de la partie concave de la plate-forme par une voûte en charbon, maintenue d'abord par des copeaux. La houille *maréchale* est grasse. La combustion des copeaux l'agglutine et la voûte subsiste, amenant l'air froid jusqu'au centre du foyer.

Le tuyet horizontal a l'inconvénient de projeter sur les mains du forgeur des fragments de charbon enflammés. Aussi, le remplace-t on généralement par une disposition spéciale. La tuyère en fonte ou mieux en fer embouti (*fig.* 23), percée de quatre ou cinq petits trous verticaux, est placée au centre de la plate-forme. Le vent ne projette plus le charbon enflammé sur les mains du forgeur et, de plus, la

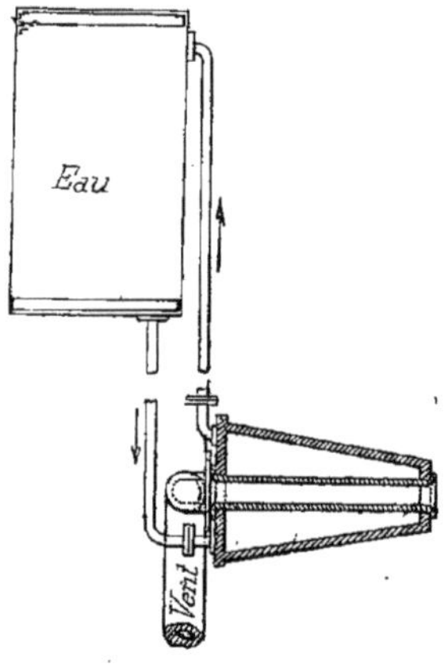

Fig. 24.

tuyère, placée *sous* le feu, est suffisamment refroidie par le vent qui la traverse pour ne pas être brûlée.

Les cendres et les machefers qui tombent par les trous de la tuyère sont retirés tous les mois.

Pour avoir une température plus régulière quand on forge de l'acier, par exemple, ou pour ne pas salir les pièces qu'on forge lorsqu'on a des soudures délicates à faire, on remplace la houille par du coke.

Dans le feu de forge (*fig.* 21 et 22), le coke se consumerait immédiatement contre la tuyère et la brûlerait. On est alors conduit à placer le tuyet de $0^m,12$ à $0^m,15$ centimètres plus bas et à le refroidir par une circulation d'eau froide, comme l'indique la figure 24. L'enveloppe de la tuyère est en fonte et le tuyau central en cuivre rouge. La circulation d'eau s'établit d'elle-même.

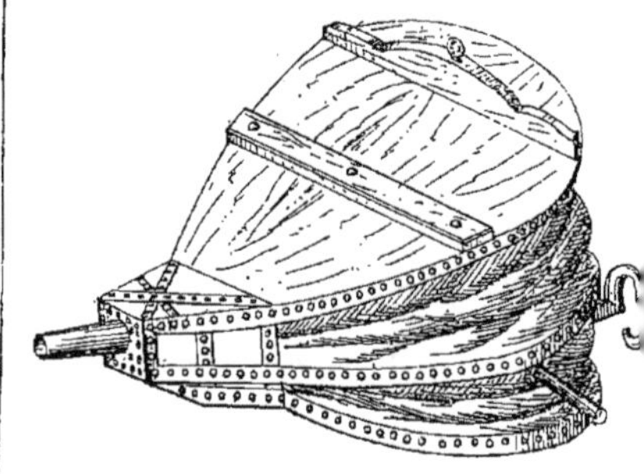

Fig. 25.

Le vent qui active la combustion au foyer vient d'un soufflet de forge ou d'un ventilateur. Le soufflet ne peut desservir qu'un feu et exige un homme pour sa manœuvre, tandis qu'un ventilateur, mû par le moteur de l'atelier, peut souffler jusqu'à quarante feux.

La figure 25 représente un soufflet à deux vents. Une cloison médiane le divise en deux compartiments. Le compartiment supérieur est un réservoir d'air. Le compartiment inférieur est un soufflet. La cloison médiane est fixe. Ses deux

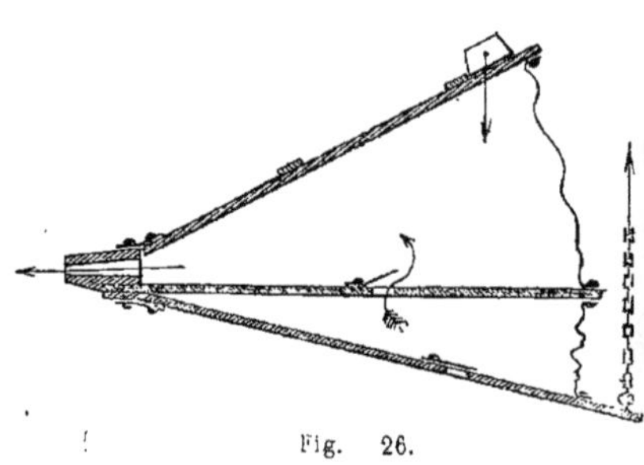

Fig. 26.

faces, supérieure et inférieure, sont mobiles autour de charnières placées près du *muffle*. La face inférieure, en s'abaissant, emmagasine de l'air dans le compartiment inférieur et le refoule, en s'élevant, dans le compartiment supérieur. Des poids, placés sur la face supérieure, donnent au vent la pression désirée. Il suffit d'une pression de 10 à 15 centimètres d'eau.

Fig. 27.

Le diagramme de la figure 26 montre la disposition et le fonctionnement des soupapes pendant le mouvement ascendant de la face inférieure du soufflet. C'est le frappeur qui fait mouvoir le soufflet.

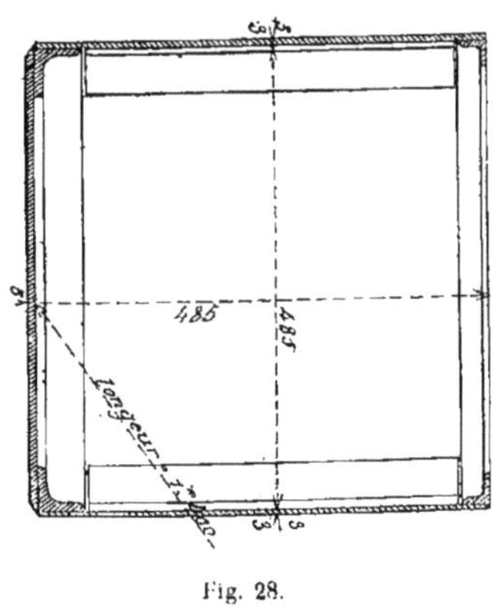

Fig. 28.

Le soufflet a le double inconvénient d'exiger un homme pour sa manœuvre et de donner un vent irrégulier. Aussi est-il remplacé aujourd'hui par le ventilateur dans tous les ateliers possédant un moteur et quelquefois même par le ventilateur mû à bras (*fig.* 27). Le ventilateur est une caisse cylindrique en tôle à

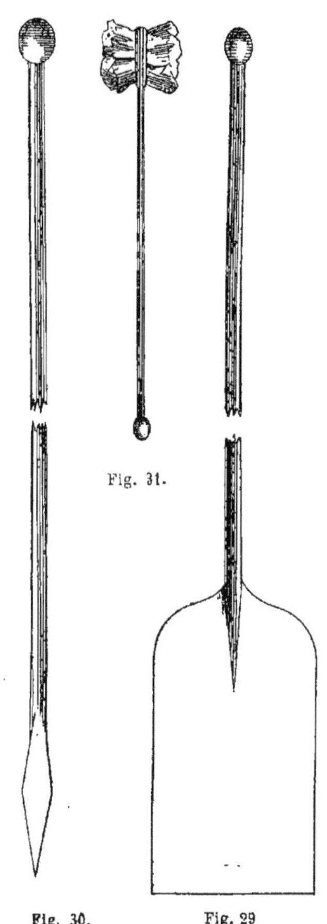

Fig. 31.

Fig. 30. Fig. 29

l'intérieur de laquelle tournent, avec une grande rapidité (1 500 à 4 000 tours par minute), des ailettes tantôt planes, tantôt incurvées. L'air aspiré par l'axe du cylindre, ou *tympan* du ventilateur, est projeté, par la force centrifuge, vers la circonférence et s'en échappe par un orifice pour aller, par un conduit qui parcourt l'atelier, alimenter les feux de forge.

Les outils, tenailles, poinçons, etc., s'échauffent vite au contact du fer rouge. Le forgeur les refroidit en les plongeant dans l'eau d'un petit réservoir parallélipipédique placé devant et contre le feu de forge. Un réservoir de 1^{m},400 de longueur, 0^{m},425 de largeur et 0^{m},425 de profondeur, peut desservir deux feux. Ce réservoir est en tôle mince, raidi à la partie supérieure par une cornière (*fig.* 28). Le fond est fait en tôle plus épaisse pour résister aux chocs des outils jetés sans précaution par l'ouvrier.

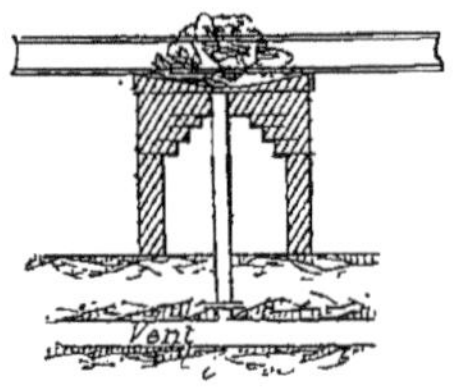

Fig. 32.

49. Le forgeur doit avoir de la houille près de lui pour une journée de travail au moins; il la place sous la plate-forme de son feu, en C (*fig.* 21). Il se sert, pour la jeter sur son feu, d'une *pelle* tout en fer (*fig.* 29). Le *tisonnier* (*fig.* 30) lui sert à attiser le feu et à le soulever pour voir la pièce qu'il chauffe; enfin, il le modère en l'aspergeant à l'aide de la *manillette* (*fig.* 31). Les manches de ces trois outils sont en fer rond de 10 à 16 millimètres de diamètre. Le tisonnier lui sert, en outre, à *écrasser* le feu, c'est-à-dire à en extraire les machefers.

50. Quand le forgeur doit travailler une pièce dont la longueur ne lui permet pas de la chauffer au feu de forge ordinaire, il construit un feu spécial. Dans un endroit convenablement choisi, il élève une petite tour en briques et dispose, par dessus, une plate forme (*fig.* 32). Il va sans que cette forge volante doit être établie au-dessus d'une prise de vent, sur la conduite des ventilateurs.

51. *Accessoires au feu de forge. — Enclume.* — L'enclume est une masse en fer affectant l'une des formes représentées par les figures 33 et 34, plus généralement, celle de la figure 34. La partie supérieure de l'enclume, ou *table*, est terminée, d'un côté, par une partie conique, *bigorne conique;* de l'autre, par une partie pyramidale, *bigorne carrée*. La table est percée, à l'un de ses angles, d'un trou vertical carré qui vient déboucher dans la face verticale de l'enclume par un second trou carré en retour d'équerre sur le premier. La table et les parties supérieures des bigornes sont aciérées par cémentation.

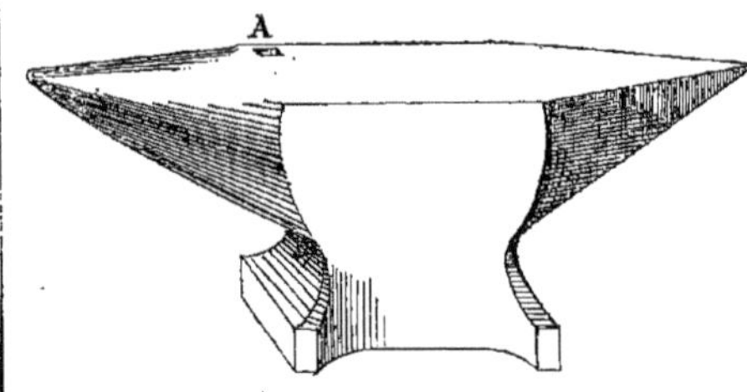

Fig. 33.

La table de l'enclume doit être placée au-dessus du sol à la hauteur de la ceinture de l'ouvrier, position qui correspond à la moindre fatigue et à la meilleure utilisation de la force de l'homme. Elle sert à forger, dresser, planer les pièces de forge. La bigorne carrée remplit le même but pour les pièces de petites dimensions. La bigorne ronde sert à étirer le fer.

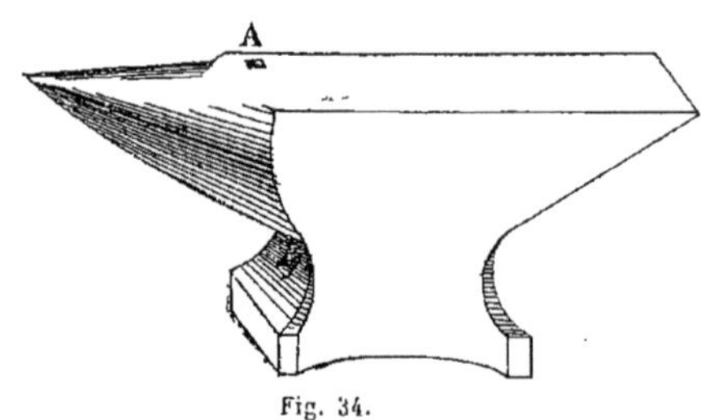

Fig. 34.

Enfin, on fixe, dans le trou carré A, existant à l'un des angles de la table, les étampes dont nous parlerons plus loin et le trou en retour d'équerre aide à enlever les étampes quand, par suite de l'échauffement ou de toute autre cause, elles adhèrent à l'enclume.

Une enclume de forgeron pèse de 200 à 300 kilogr. ; elle est placée sur un billot et son immobilité est assurée à l'aide de chevilles en fer, enfoncées dans le billot entre les pieds de l'enclume.

On a fait des enclumes en fonte. C'est évidemment mauvais, la fonte éclatant sous les coups de marteau. On en fait aujourd'hui en acier coulé.

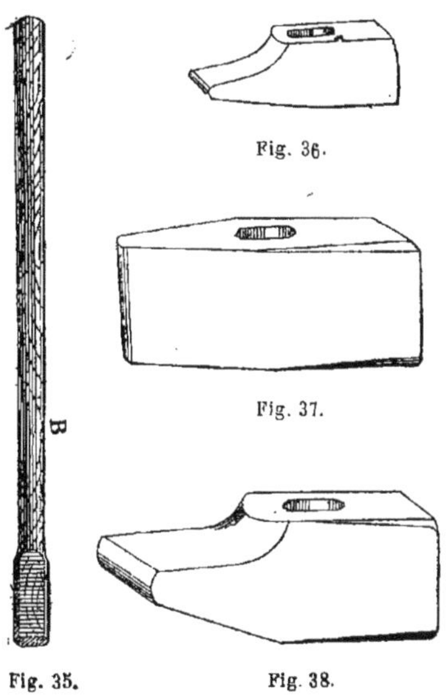

Fig. 36. Fig. 37. Fig. 35. Fig. 38.

L'enclume doit être placée assez loin du feu de forge pour ne pas gêner le forgeur, assez près pour ne pas le fatiguer inutilement, lorsqu'il porte la pièce à forger du fer sur l'enclume et de l'enclume au feu : $1^m,200$ à $1^m,500$ est une bonne distance.

52. *Marteaux.* — Le marteau est une masse en fer aciérée, ou, mieux, en acier, fixée à l'extrémité d'une pièce en bois, appelée manche (*fig.* 35). La longueur et la grosseur du manche varient suivant le genre de marteau employé. Les bois généralement en usage pour la confection des manches de marteaux et de tous autres outils sont le châtaigner, le frêne et le cornouiller ; ils doivent être légers et résistants. Le manche doit être débité à la hache, et non scié, afin que ses fibres ne soient point coupées et conservent toute leur force. Il est indispensable que le manche soit parfaitement droit pour que l'ouvrier puisse *assurer* son coup, et que ce manche pénètre dans le marteau suivant l'axe de ce dernier pour qu'il ne tourne pas dans la main.

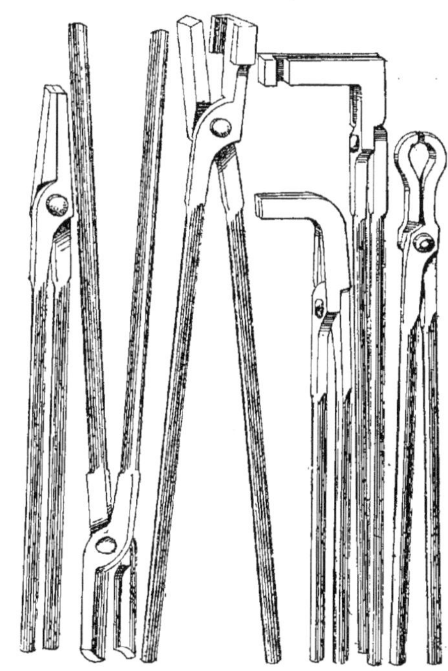

Fig. 39. Fig. 40. Fig. 41. Fig. 42. Fig. 43. Fig. 44.

Dans tout marteau, on distingue la *panne*, face avec laquelle on frappe et la *tête*, extrémité opposée à la panne.

Le forgeron emploie deux sortes de marteaux : le marteau *à main* et le marteau *à devant* (à frapper devant).

Le marteau à main pèse de $1^k,500$ à

2 kilos (*fig.* 36). La tête est perpendiculaire à la direction du manche. La longueur de ce dernier est de 0m,450 environ. Le forgeur tient ce marteau dans la main droite et s'en sert pour frapper sur la pièce à forger qu'il tient dans sa main gauche à l'aide de tenailles.

Le marteau *à devant* (*fig.* 37 et 38) pèse de 6 à 10 kilogrammes, plus généralement de 8 à 10 kilogrammes. Sa tête est ordinairement orientée dans le sens du manche (*fig.* 37), dont la longueur est de 0m,700 à 0m,800. Le frappeur tient ce marteau à

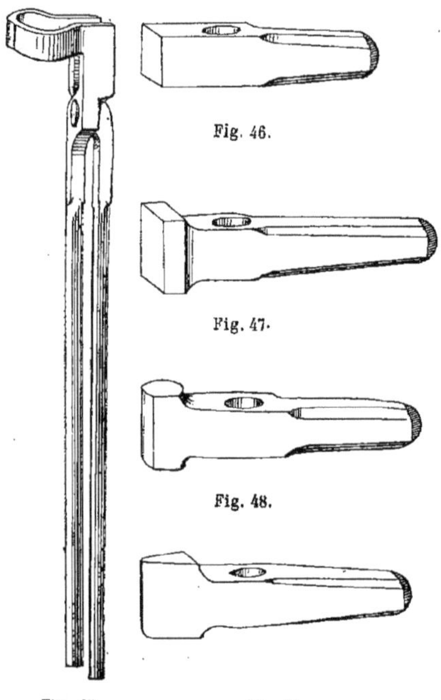

Fig. 45. Fig. 46. Fig. 47. Fig. 48. Fig. 49.

deux mains pour frapper sur la pièce que le forgeur lui présente sur l'enclume. Après chaque coup donné par le frappeur, le forgeur en donne un pour régulariser la surface dénivelée par le coup du frappeur et aussi pour indiquer à ce dernier le point sur lequel il doit frapper. On dit que le frappeur *frappe* et que le forgeur *rabat*. Le forgeur parle à son aide par la façon dont il donne ses coups. S'il rabat avec force, l'aide doit frapper plus fort. S'il rabat rapidement, l'aide doit frapper plus vite. S'il donne deux ou trois petits coups sur l'enclume, à côté de la pièce, le frappeur doit cesser de frapper pour laisser le forgeur terminer le forgeage au marteau à main.

53. *Tenailles.* — Les tenailles servent à saisir les pièces à forger; elles sont composées de deux branches articulées, formant un levier dans lequel le point d'appui est à l'articulation, la force à l'extrémité des branches, dans la main de l'ouvrier, et la résistance dans les mâchoires. La forme des mâchoires dépend de celle de la pièce à saisir; elle varie à l'infini. Nous indiquons ci-après, (*fig.* 39 à 45), les

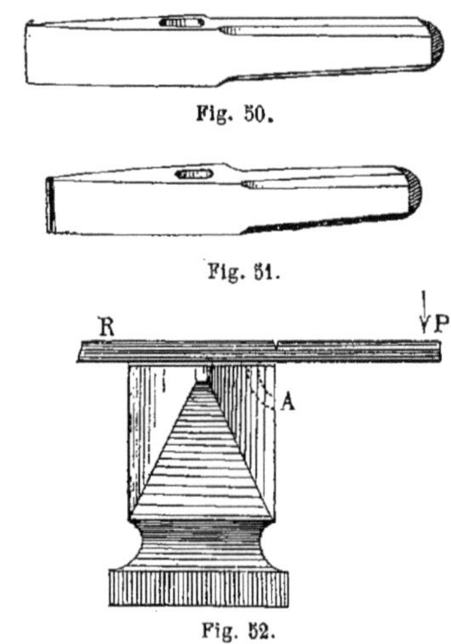

Fig. 50. Fig. 51. Fig. 52.

formes les plus simples et les plus usuelles. Les tenailles se font en fer.

54. *Chasses.* — La *chasse carrée* (*fig.* 46) sert à former les angles rentrants, les épaulements, etc. Le forgeur la tient de sa main droite, sur la partie qu'il veut façonner et le frappeur frappe dessus.

55. La *chasse à parer* (*fig.* 47) a une panne plus grande que celle de la chasse carrée; elle sert à dresser, à *parer* les surfaces des pièces, à en faire disparaître les irrégularités laissées par le marteau. Pour rendre les surfaces des pièces très propres, le forgeur trempe la chasse dans l'eau avant de la poser sur l'endroit à parer. Sous le coup de marteau du frappeur, l'eau, restée adhérente à la panne de la chasse et subitement vaporisée au contact du fer rouge, est projetée avec violence et elle détache et entraîne avec elle les crasses qui recouvraient la pièce. devient polie et reluisante.

56. La *chasse ronde* (*fig.* 48) sert à raccorder, par un congé, deux surfaces placées à des niveaux différents. Elle prend le nom de *dégorgeoir* quand sa panne est arrondie suivant un rayon plus faible (*fig.* 49).

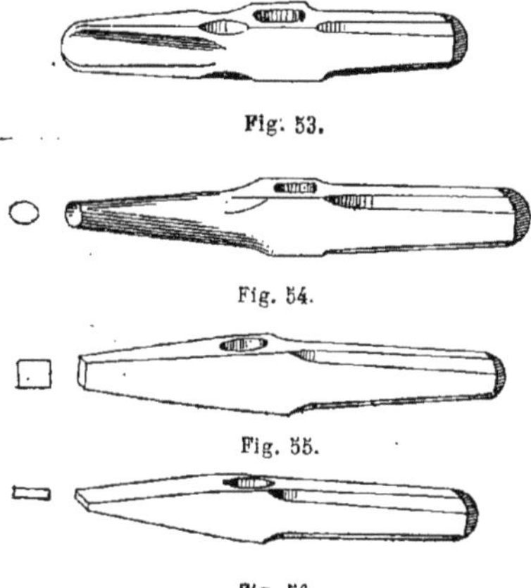

Fig. 53.

Fig. 54.

Fig. 55.

Fig. 56.

Ce sont là les chasses les plus fréquemment employées en chaudronnerie. Elles varient à l'infini pour des travaux de forge moins simples que ceux abandonnés au chaudronnier.

57. Les *tranches* servent à couper le fer. Le tranchant de la tranche à chaud (à couper le fer à chaud) (*fig.* 50) est plus aigu que celui de la tranche à froid (à couper le fer froid) (*fig.* 51). — Pour casser une barre de fer à froid, on pratique une saignée à l'endroit choisi, à l'aide de la tranche à froid. On place la barre sur une enclume, comme l'indique la figure 52 et on frappe en P, tout en maintenant la barre en R. La cassure ainsi faite révèle la texture du métal; elle est à nerfs ou à grains. Un fer à grains se casse facilement. Un fer à nerfs plie avant de se rompre.

58. La *gouge* (*fig.* 53) est une tranche à chaud dont le tranchant est en forme d'arc de cercle.

59. Les *poinçons* ronds (*fig.* 54), carrés (*fig.* 55) ou méplats (*fig.* 56) servent à percer à chaud. Quand la pièce à percer est épaisse, il faut mouiller souvent le poinçon pour l'empêcher de perdre sa trempe. Quand le trou commence à s'approfondir, on le soupoudre d'un peu de charbon après en avoir retiré le poinçon. Les gaz, produits de la combustion du charbon au contact du fer rouge, empêchent le poinçon d'adhérer à la pièce, de *gripper*.

60. Les *étampes* (*fig.* 57 et 58) affectent des formes diverses suivant celles des pièces à forger. Elles se fixent sur l'enclume par le trou carré pratiqué dans l'un des angles de la table.

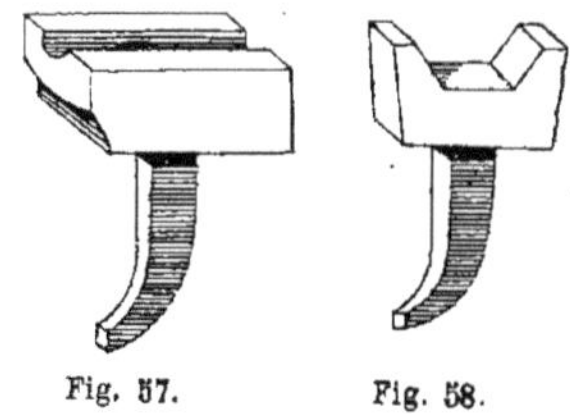

Fig. 57. Fig. 58.

Le forgeur place la pièce rouge sur l'étampe, pose sur la pièce une *contre-étampe* (*fig.* 60) dont la forme correspond à celle de l'étampe et fait frapper son aide en amenant successivement, sous les coups, les différentes parties de la pièce à étamper.

Tous les outils que nous venons de décrire se font en fer aciéré ou, plus ordinairement aujourd'hui, en acier fondu.

61. Pour vérifier les dimensions des pièces qu'il forge, le chaudronnier-forgeron se sert d'un *mètre* divisé en millimètres et d'un *pied à coulisse* (*fig.* 59) également divisé en millimètres ; le mètre, pour les longueurs; le pied à coulisse, pour les épaisseurs et les diamètres. Lorsqu'il a à forger une série de pièces semblables, il fait un gabarit sur lequel il réunit toutes les dimensions de la pièce à faire. Soit à forger une série de cales comme celle que représente la figure 61. Le forgeron se confectionnera une jauge semblable à celle indiquée à la figure 62. Il aura soin de reproduire, sur sa jauge, les dimensions de la pièce au rouge. La

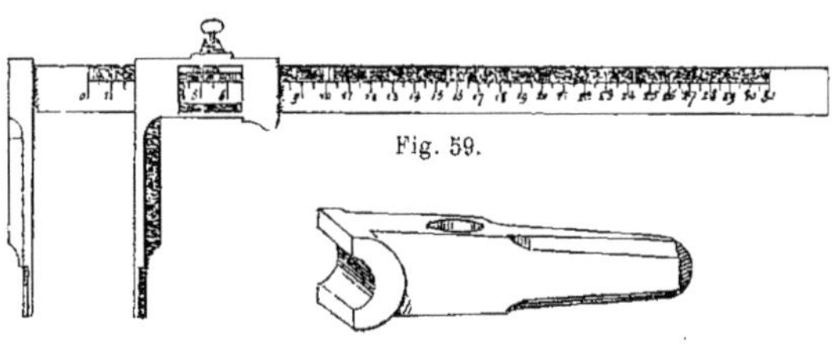

Fig. 59.

Fig. 60.

pièce est généralement au rouge sombre quand on en termine le forgeage. Les dimensions l, L..... de la jauge devront donc avoir pour valeur,

$$l_1 = l\,(1 + 0{,}0000123 \times 700^\circ) = l \times 1,00861$$

$$L_1 = L\,(1 + 0{,}0000123 \times 700^\circ) = L \times 1,00861$$

. . . .

$0^m{,}0000123$ étant la quantité dont s'allonge une barre de fer de 1 mètre de longueur, quand on élève sa température de un degré centigrade et 700 étant, approxi-

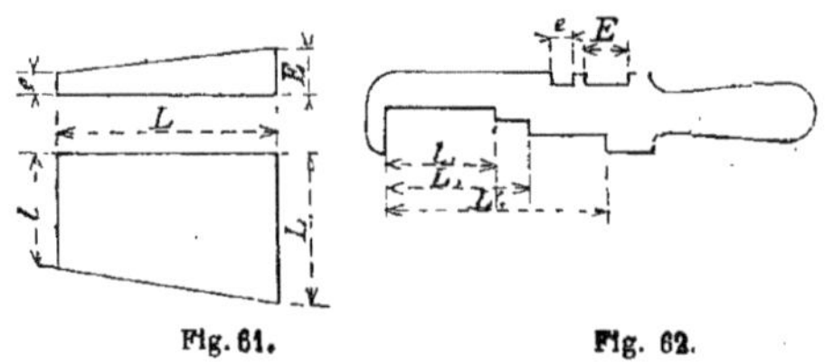

Fig. 61. Fig. 62.

mativement, le nombre de degrés dont la température de la pièce forgée s'abaissera pour se mettre en équilibre avec la température ambiante.

Quand le petit nombre ou le peu d'importance des pièces à forger ne mérite pas la confection de jauges spéciales, le forgeron a un ou plusieurs compas d'épaisseur (*fig.* 63) qu'il règle aux dimensions de la pièce à obtenir.

62. Nous avons vu que le forgeur coupe les fers à l'aide de la tranche. Ce moyen serait trop long et trop pénible pour des fers de grandes dimensions; ces derniers sont coupés avec la *scie à chaud*.

Enfin, le forgeur s'aide du *marteau-pilon* pour étirer le fer. Il lui faut, pour ce travail, des marteaux d'un faible poids, mais animés d'une grande vitesse de percussion. Deux classes de marteaux-pilons réalisent également bien ces conditions:

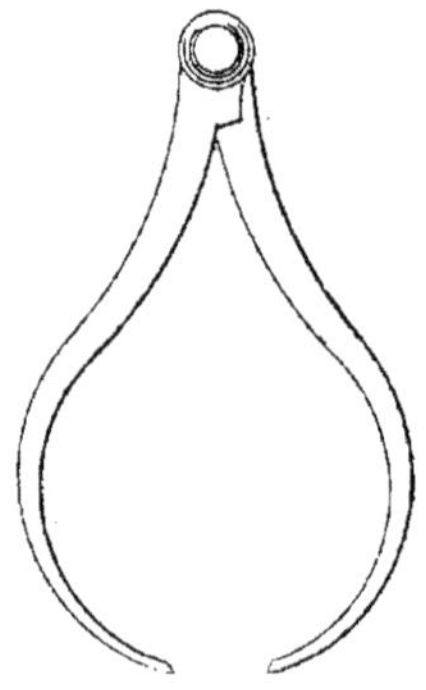

Fig. 63.

les marteaux-pilons à vapeur et à mouvement automatique et les marteaux-pilons mus par courroie.

63. La figure 64 représente un marteau-pilon à vapeur automatique construit par MM. Chouanard et fils, à Paris

Les pilons mus par courroies se subdivisent encore en deux catégories: les marteaux-pilons à ressorts ou américains et les marteaux-pilons atmosphériques français, dus à M. Chenot. Nous donnons (*fig.* 65 et 66), une vue de chacun de ces appareils.

II. — Dressage.

64. Les fers, à leur sortie des laminoirs, sont étendus sur des soles formées de plaques en fonte ou de rails juxtaposés et des enfants les dressent en frappant successivement, avec des marteaux en bois, sur chacune de leurs faces.

Ce dressage est souvent mal fait, les soles sont quelquefois irrégulières; enfin, le retrait au refroidissement, en se faisant successivement dans les diverses parties d'un même profil, cause souvent lui-même

Fig. 54. Fig. 65

le gauchissement des barres. Deux exemples simples rendront évident ce dernier effet.

Dans une cornière (*fig.* 67), la partie hachurée se refroidira moins vite que les deux ailes qui, pour une même masse, rayonnent par une plus grande surface. Cette partie sera donc encore rouge alors que les deux ailes auront déjà pris la plus grande part de leur retrait : c'est le moment où l'on dresse la cornière sur la sole Le sommet se contractant encore quand les ailes auront déjà pris tout leur retrait, la cornière se cintrera. On combat partiel lement ce défaut en plaçant la cornière comme l'indique de croquis (*fig.* 67). Le poids de la cornière s'oppose ainsi à son cintrage.

Pour des rails Vignole, l'effet est plus sensible encore et l'on est conduit, pour le combattre, à étendre les barres laminées sur une sole cintrée en sens inverse de la courbure que prendrait le rail, en se refroidissant, sur une sole plane et suivant un même rayon de courbure.

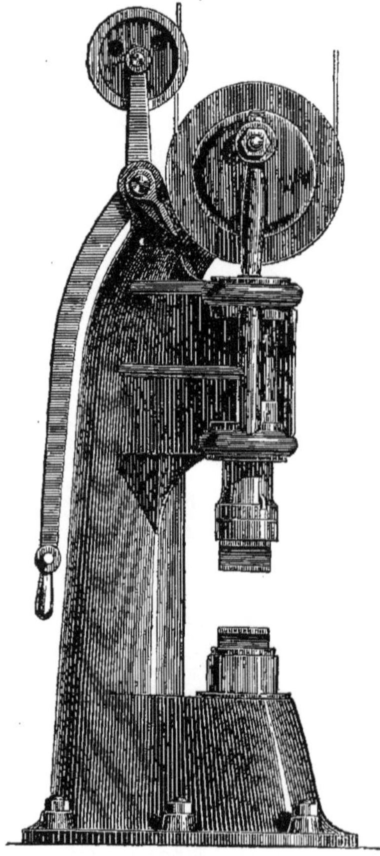

Fig. 66.

65. *Dressage à la main.* — Quand les pièces à dresser sont de faibles dimensions transversales, on les dresse à la main sur un *tas* en fonte, s'il s'agit de fers profilés et sur un *marbre*, s'il s'agit de tôles ou de fers plats.

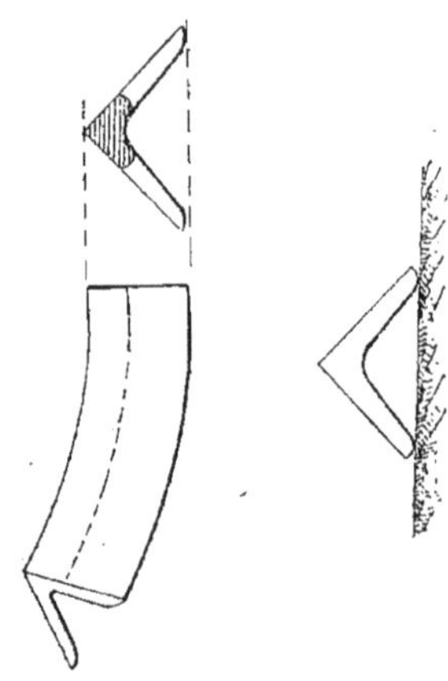

Fig. 67.

66. *Dressage sur le tas.* — Un ouvrier tient la barre à dresser par l'une de ses

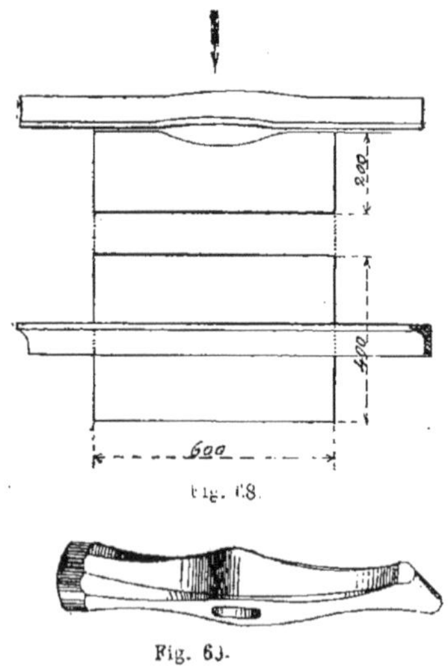

Fig. 68.

Fig. 69.

extrémités; il l'élève, en l'inclinant, à la hauteur de l'œil et voit, en la regardant en bout, les parties qui doivent être dressées. Il amène ces parties au-dessus de la portion échancrée du tas et un second ouvrier frappe à l'endroit voulu, comme l'indique la flèche dans la figure 68. Le frappeur se sert, pour ce travail, soit d'un marteau à devant, soit d'un marteau de chaudronnier (*fig.* 69) dont le poids est de 6 à 8 kilos. Le tas est placé sur un billot en bois qui l'élève à la hauteur de la ceinture de l'ouvrier. Ses dimensions sont variables. Celles indiquées par la figure 68 sont une bonne moyenne.

67. *Dressage sur le marbre.* — Les fers plats et les tôles sont dressés sur le *marbre*. Le marbre est une table en fonte dont la face supérieure est parfaitement dressée à la machine à raboter (*fig.* 70). Ses dimensions, extrêmement variables, dépendent de celles des pièces à dresser. Les dimensions reproduites par la figure 70 sont acceptables dans la grande majorité des cas. S'il s'agit d'un fer plat, deux hommes suffisent, comme pour le dressage d'un profilé de faibles dimensions ; pour un large-plat ou une tôle, le nombre

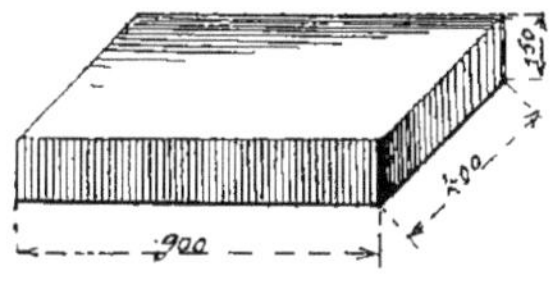

Fig. 70.

des frappeurs peut atteindre quatre et même six. La charpente métallique emploie souvent des larges-plats de 5 à 6 mètres de longueur. Il faut alors plus

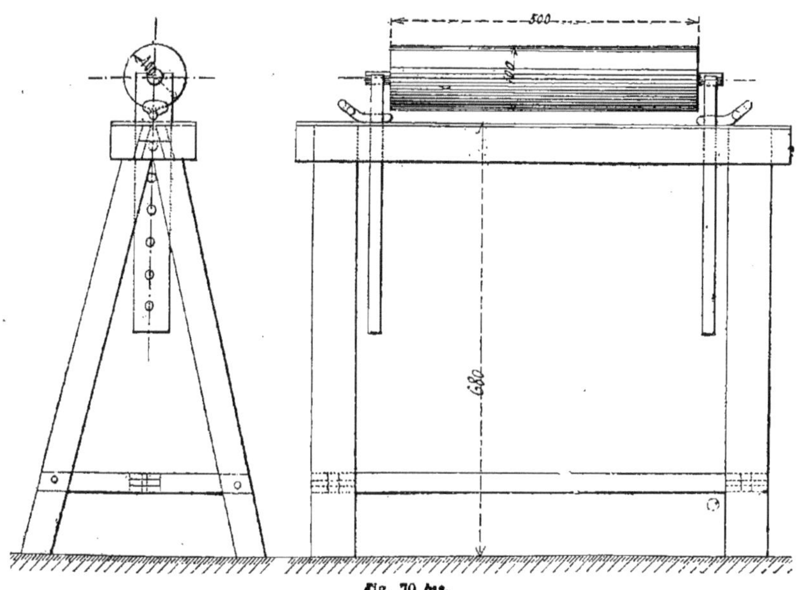

Fig. 70 *bis*.

d'un homme pour les faire avancer sur le marbre et ils sont soutenus, en dehors du marbre, par des chevalets à rouleau (*fig.* 70 *bis*).

Une équipe, composée d'un chef et de trois aides, peut dresser 100 mètres carrés de tôle en dix heures. Le dressage des fers spéciaux est plus long.

68. *Dressage à la machine.* — Les rails et les fers profilés qui, par leur poids, cessent d'être maniables, sont dressés à la *presse*. Le principe de cette machine est représenté par la figure 71. Elle se compose d'une vis V à laquelle on communique un mouvement d'avance et de recul à l'aide d'un pignon P, actionné lui-même par une roue à main R formant volant. Le tout est monté sur une table en fonte. Cette table est elle-même boulonnée sur un appui qui la maintient à une hauteur de $0^m,800$ à $0^m,900$ au-dessus du sol. La barre à dresser est appuyée contre les deux arêtes A, A et la vis V agit sur elle à la façon du marteau dans le cas du dressage à la main sur un tas échancré.

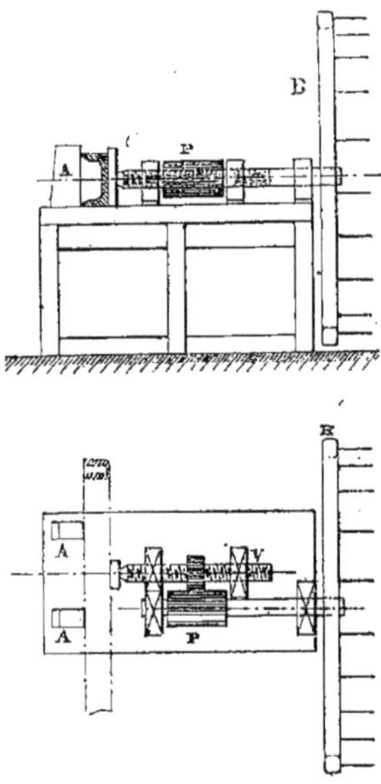

Fig. 71.

Le chef d'équipe, avec un ou deux aides, place la barre devant la vis; deux ou trois hommes sont à la roue. Ces derniers font tourner la roue avec la plus grande vitesse possible pour produire un choc sur la barre à dresser. Ils maintiennent ensuite la pression de la vis sur la barre en montant sur les échelons dont la jante du volant est armée et en agissant ainsi par tout leur poids.

Les larges-plats sont généralement dressés comme nous venons de le voir. Cependant, quand les fers sont d'une forte épaisseur (15 millimètres et plus), on les dresse quelquefois au marteau-pilon. Il faut posséder alors un marteau-pilon puissant (6 000 kilos au moins de masse frappante) et dont l'enclume et le marteau présentent une grande surface. Ce moyen n'est praticable que dans les ateliers auxquels une forge est adjointe, car un marteau-pilon de six tonnes n'est plus un outil de chaudronnier.

Si les fers à dresser sont, au contraire, très minces (3 millimètres au plus), on les dresse assez rapidement à la machine à cintrer dont nous donnerons la description à l'article *Usinage*. La pièce est cintrée faiblement dans un sens d'abord, puis en sens inverse. Elle est enfin redressée en réglant convenablement l'écartement des cylindres. Il faut évidemment, pour pouvoir appliquer ce moyen, que la pièce à dresser soit d'une faible longueur.

Il est prudent, surtout en hiver, de chauffer légèrement les fers qu'on va dresser à la machine. Il suffit de les tiédir en allumant sur eux un feu de broussailles. Ils se casseraient assez fréquemment si l'on négligeait cette précaution.

68 *bis*. M. Bouhey, à Paris, construit des machines à planer les tôles dont le principe est celui que nous venons d'indiquer. Ces machines sont composées de sept cylindres (*fig.* 72) réalisant trois machines à cintrer successives. La tôle, alternativement cintrée dans un sens, puis dans un autre, par les cinq premiers cylindres, est redressée par les deux derniers. La machine est disposée pour marcher dans les deux sens au moyen de deux courroies, dont l'une est droite et l'autre croisée. Avant que la tôle soit sortie de la machine, on la fait revenir sur elle-même autant de fois qu'il est nécessaire pour faire disparaître toutes les irrégularités. A l'entrée et à la sortie de la machine, la tôle est supportée par les chevalets à rouleaux (*fig.* 70 *bis*).

Les cylindres supérieurs (*fig.* 72) sont fous; ils sont entraînés par la tôle. Les cylindres inférieurs, actionnés par une série d'engrenage, tournent tous dans le même sens, avec la même vitesse. Leurs axes sont à une hauteur invariable. Les axes des cylindres supérieurs peuvent, au contraire, être élevés ou abaissés selon que la tôle est épaisse ou mince ou qu'on veut accentuer plus ou moins les sinusoïdes qu'on lui fait décrire dans son passage entre les rouleaux. Les cylindres supérieurs extrêmes peuvent être réglés indépendamment des cylindres intermédiaires, tous les cylindres supérieurs pouvant,

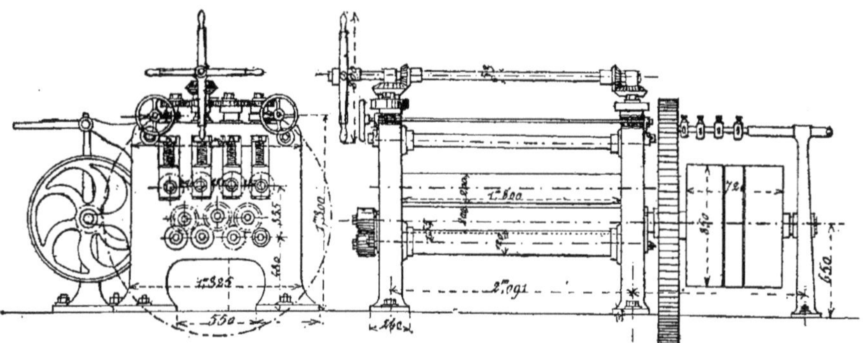

Fig. 72. — Machine à planer les tôles de 3 à 12 millimètres d'épaisseur.

d'ailleurs, être élevés ou abaissés simultanément d'une même quantité.

La machine dont nous avons donné le dessin (*fig.* 72) peut dresser des tôles de 1m,800 de largeur ayant jusqu'à 12 millimètres d'épaisseur. La marine a, dans ses ateliers, des appareils plus puissants encore.

III. — Traçage.

69. Le traçage consiste à déterminer directement, sur les fers à usiner, les contours suivant lesquels ils doivent être découpés et les trous dont ils doivent être percés pour pouvoir entrer dans la composition des appareils : planchers, charpentes, ponts etc., prévus par l'ingénieur.

Le chaudronnier exécute ses travaux à l'aide de dessins faits généralement à une échelle réduite. Un dessin, pour être complet, doit donner, à côté d'un *dessin d'ensemble* montrant l'assemblage des pièces les unes avec les autres, les représentations à plus grande échelle de chacune des pièces séparément.

L'échelle d'un dessin est presque toujours imposée par les dimensions du travail qu'il doit représenter. Il faut que ce dessin soit contenu dans une feuille de papier d'un format limité sous peine de devenir encombrant et de se déchirer facilement dans les ateliers. On dépasse rarement le format *grand-aigle* et encore est-il bon de ne s'en servir que quand cela est indispensable.

Les échelles ordinairement employées sont :

Pour les ensembles : $^1/_{100}$, $^1/_{50}$, $^1/_{20}$, $^1/_{10}$.
Pour les détails : $^1/_{10}$, $^1/_5$, $^1/_4$, $^1/_2$, $^1/_1$.

Pour le chaudronnier, comme pour le

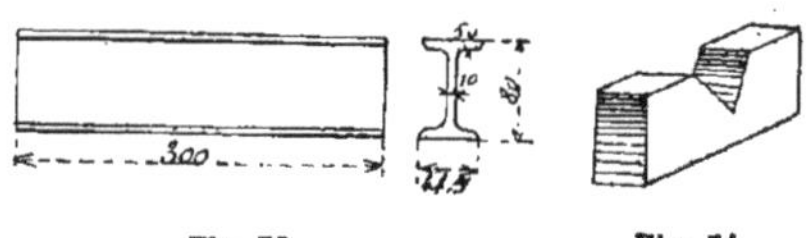

Fig. 73. Fig. 74.

mécanicien, l'unité de longueur est le millimètre : tous ses dessins sont cotés en millimètres.

On appelle *cote*, un chiffre exprimant, en unités de convention, une dimension quelconque : longueur, largeur, etc., d'une pièce ou d'un ensemble. Dans la figure 73, les nombres 308, 80, 44, 5, 10, 5 sont les cotes de longueur, de hauteur, de largeur d'ailes, d'épaisseur d'âme et d'épaisseur moyenne d'ailes du fer à double **I** représenté.

Quand, par exception, on cote une dimension en mètres, on en fait mention et on écrit 3 825,4 ou bien 3m,8254 pour la cote de longueur d'une barre de 3 mètres 825 millimètres et 4 dixièmes de millimètre de longueur.

70. *Outils employés par le chaudronnier-traceur. — Marbre.* — Le marbre du traceur est de dimensions variables ; il doit être fixé suivant une horizontalité parfaite. Les marbres de dimensions ordinaires sont élevés, par une charpente en bois ou un massif en maçonnerie, à 0m,900 ou 1m,00 au-dessus du sol. Quand ils doivent servir au traçage de pièces très grandes et très lourdes, ils sont eux-mêmes très grands. On les fixe alors à hauteur du sol ou très peu au-dessous.

Les V (*fig.* 74) servent à élever au-dessus du marbre la pièce qu'on veut tracer.

71. *Trusquins.* — La figure 75 représente un trusquin simple. La tige d'un trusquin parfaitement calibré, doit être exactement verticale quand le trusquin repose sur le marbre. Le trusquin sert à tracer des lignes horizontales sur les faces des pièces posées sur le marbre. On fait glisser le trusquin en maintenant son pied appliqué sur le marbre et sa pointe horizontale appuyée contre la face à tracer. Souvent, le support de la pointe étant fixé par sa vis de pression sur la tige du trusquin, la pointe peut être déplacée verticalement d'une petite quantité, pour la mettre au point, à l'aide d'une vis de rappel. Le trusquin représenté par la figure 76 possède ce perfectionnement.

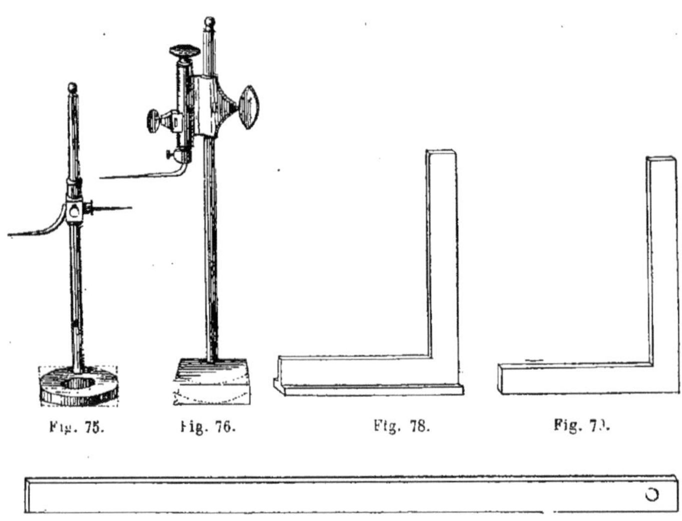

Fig. 75. Fig. 76. Fig. 78. Fig. 79.

Fig. 77.

72. *Règles.* — Les règles (*fig.* 77), dont les dimensions sont variables, sont en acier. Elles sont parfaitement dressées sur toutes leurs faces et assez épaisses pour ne jamais fléchir, ni se voiler sous leur propre poids. Une règle de 1m,000 de longueur, par exemple, aura 100 millimètres de largeur et 20 millimètres d'épaisseur.

73. *Équerres.* — Destinées, comme les règles, à permettre de tracer des lignes droites sur les surfaces des pièces, elles prennent les formes représentées par les figures 78 à 81. La figure 79 représente une *équerre simple;* la figure 78, une *équerre à chapeau* (sert à mener des perpendiculaires à l'arête d'une surface en la faisant glisser le long de cette arête à la

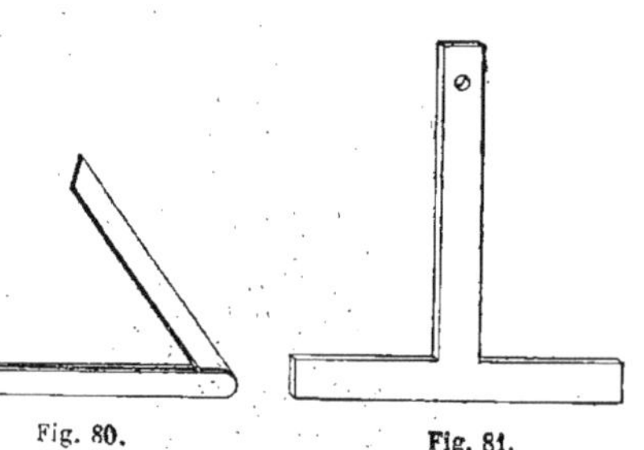

Fig. 80. Fig. 81.

façon d'un T de dessinateur); la figure 81, une *équerre à* **I**; la figure 80, une *fausse équerre.*

74. *Pointe à tracer.* — La pointe à tracer (*fig.* 82) est une tige en acier terminée à chaque extrémité par une pointe. L'une des deux pointes est en retour d'équerre sur la tige. La pointe à tracer est le crayon du traceur. En enlevant le blanc de céruse dont la pièce à tracer est recouverte et en mettant ainsi le fer à nu, partout où on le promène en l'appuyant, la pointe détermine un trait noir d'autant plus fin qu'elle est elle-même plus aiguë. La pointe en retour d'équerre sert à tracer dans les angles, à l'intérieur des tubes, etc.

75. *Pointeaux* (*fig.* 83). — Le blanc de céruse est peu adhérent à la surface des pièces tracées et sa disparition entraînerait celle des lignes tracées au trusquin et à la pointe. On évite cet inconvénient en donnant, sur les traits, des coups de

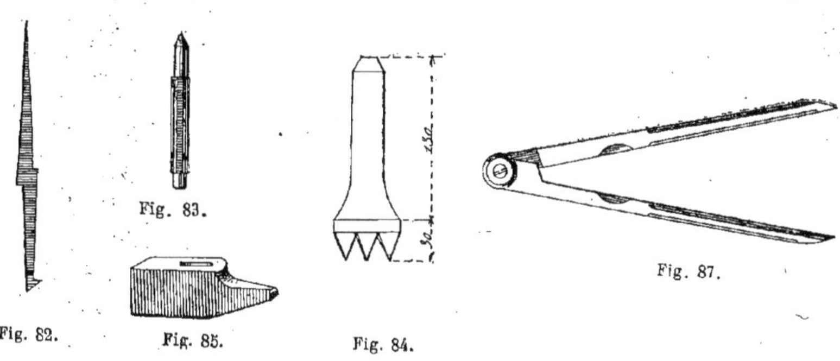

Fig. 82. Fig. 83. Fig. 84. Fig. 85. Fig. 86. Fig. 87.

pointeau d'autant plus rapprochés que le tracé est plus irrégulier. Les traits se trouvent ainsi remplacés par un pointillé qui ne s'efface plus. — Un trou est généralement tracé par cinq coups de pointeau : un au centre et quatre aux extrémités de deux diamètres perpendiculaires l'un à l'autre. Les quatre derniers sont tracés en deux coups de marteau à l'aide du pointeau à trois pointes (*fig.* 84). Il faut évidemment autant de pointeaux qu'il y a de trous de diamètres différents.

76. *Marteau.* — Le marteau du traceur a la même forme que le marteau à main du forgeron, mais un peu plus léger (*fig.* 85). Son poids atteint rarement 1 kilogramme.

Le traçage s'exécute, soit directement à l'aide de dessins, soit à l'aide de gabarits. Quand le traceur ne se sert que des dessins, il porte, sur la pièce à tracer, les dimensions qu'ils indiquent à l'aide de règles graduées et de compas.

77. Les *règles graduées* sont en acier et divisées en millimètres; elles ont $0^m,500$, $1^m,000$ et quelquefois plusieurs mètres de longueur (*fig.* 86). Elles sont prises dans des rubans d'acier de 0m,0005 et 0m,001 d'épaisseur.

78. Les *compas* affectent l'une des formes représentées par les figures 87, 88 et 89. La figure 87 représente le compas ordinaire. Les compas représentés par les figures 88 et 89 servent à porter des longueurs égales sur le prolongement les unes des autres ou en différents points.

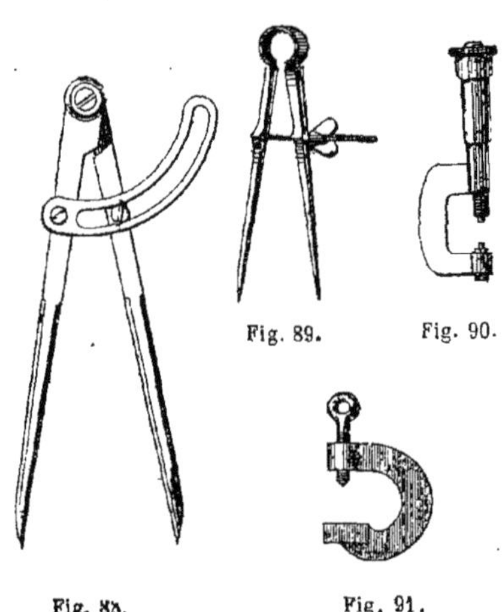

Fig. 88. Fig. 89. Fig. 90. Fig. 91.

79. Le traceur vérifie ou mesure les épaisseurs des fers à l'aide du *palmer* (*fig.* 90). Le palmer est généralement muni d'un vernier, comme celui dont nous donnons le dessin, et permet d'évaluer les épaisseurs à un dixième de millimètre près.

80. Les *calibres* ou *gabarits* sont des feuilles en zinc ou en tôle mince découpées suivant les contours que devront présenter les pièces à usiner. Le traceur place ces gabarits sur la tôle à découper, les fixe à l'aide de *presse à vis* (*fig.* 91) et en reproduit le contour sur la tôle avec la pointe à tracer. Les gabarits du traceur remplissent les mêmes buts que les *patrons* du tailleur d'habits.

Quand le travail à exécuter est simple ou quand le nombre des pièces semblables est restreint, l'ouvrier trace les pièces directement à l'aide du dessin.

Soit à tracer l'âme de la poutre composée représentée par la figure 92. L'âme est une tôle de 700 largeur et de 8m,000 de longueur. Excutée en un seul morceau, elle serait chère (les forges demandant une majoration sur les prix ordinaires pour les pièces dont la longueur est trop grande) et, en outre, le prix de son transport par chemin de fer serait très élevé, parce que sa longueur dépassant celle des wagons les plus longs (6m,500). Les compagnies de chemins de fer exigeraient le prix du transport d'un chargement complet de wagon (10 000 kilos). Ces deux raisons conduisent à exécuter l'âme en deux tronçons réunis par deux couvre-joints. Nous aurons donc à tracer, sur chaque tronçon, deux files de trous destinés à recevoir les rivets fixant les cornières supérieures et inférieures et deux autres files de trous destinés à recevoir les rivets pour les couvre-joints; puis, sur chacun des deux couvre-joints, quatre rangées de trous pour les rivets réunissent les couvre-joints à l'âme.

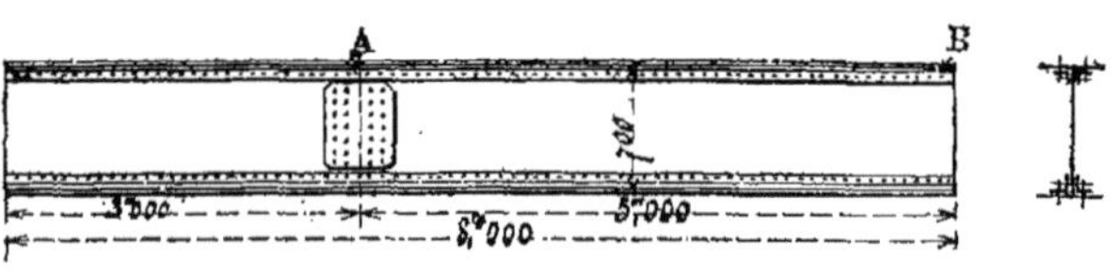

Fig. 92.

Un dessin d'ensemble de la poutre suffira évidemment pour tracer cette âme, pourvu qu'il indique les diamètres des trous et leurs distances entre eux et aux bords de la tôle.

Nous supposons que la tôle a été dressée. Après avoir recouvert l'une de ses faces d'une couche de blanc de céruse, nous déterminons d'abord, à l'aide de l'équerre, de la règle et du compas, son contour extérieur, puis la position des deux trous extrêmes A et B. Nous tracerons la ligne passant par les centres de tous les trous (ligne des centres) en nous servant d'un cordeau enduit de rouge ou de noir, comme celui qu'emploient les charpentiers pour tracer le bois à débiter. Les trous étant équidistants, un compas (*fig.* 88 ou 89), dont les branches seront écartées d'une quantité égale à la distance constante des trous, nous servira à déterminer les centres des autres trous. Nous tracerons de la même façon les trous de la ligne inférieure. La ligne des trous de couvre-joint étant moins longue, nous la tracerons avec la règle et la pointe à tracer, après avoir déterminé la position des deux trous extrêmes de chaque ligne, comme nous l'avons fait pour A et pour B.

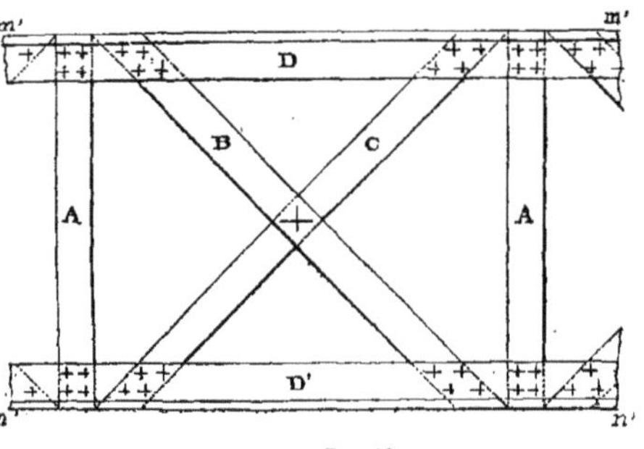

Fig. 93.

Le centre de chaque trou se trouve ainsi déterminé par l'intersection d'une ligne droite et d'un arc de cercle. On donne un coup de pointeau à chaque intersection pour que le centre reste visible après la disparition du blanc de céruse.

Généralement, le traçage est plus compliqué et exige d'abord le tracé en vraie grandeur du travail à exécuter. Sur ce dessin, on relève les gabarits de chaque élément séparé et c'est enfin à l'aide de ces gabarits que chaque élément est tracé. Expliquons, sur un exemple simple, ce traçage le plus généralement employé.

Nous admettons que la poutre à tracer (*fig.* 93) est composée sur toute sa longueur de croisillons identiques; il nous suffira de faire le tracé en vraie grandenr d'un tronçon *mn*, *m'n'* seulement, sur un marbre de dimensions ordinaires. Sur cette épure de la poutre, nous relèverons successivement les patrons des pièces A, B, C et d'un tronçon de cornières D et D'. Mais nous remarquons que la cornière D' est identique à la cornière D retournée bout pour bout et que le gabarit C n'est autre que le gabarit B aussi retourné. Il

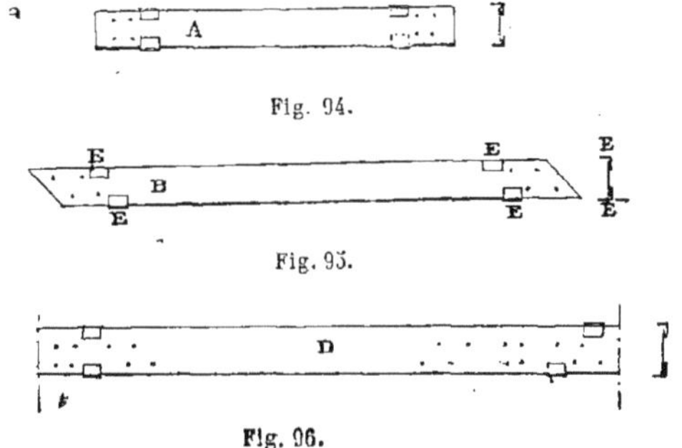

Fig. 96.

nous suffira donc de faire les trois gabarits A, B et D (*fig.* 94, 95, 96). A chaque centre de trou, ils sont percés d'un trou de 3 à 4 millimètres de diamètre, par lequel passera la pointe du pointeau. Chaque gabarit, à ses extrémités, portera deux petites équerres E,E destinées à le maintenir transversalement quand on l'appliquera sur les barres à tracer. Une ou plusieurs presses à vis l'empêcheront de glisser dans le sens de la longueur.

IV. — Usinage.

81. Nous comprenons, sous la dénomination d'*usinage*, toutes les opérations qu'on fait subir aux pièces entrant dans la composition d'un ouvrage, depuis le traçage jusqu'au montage exclusivement. Ces opérations sont les suivantes :

1° Le cisaillage;
2° Le poinçonnage;
3° Le perçage;
4° Le cintrage;

5° L'emboutissage;
6° Le meulage;
7° L'ajustage.

I. — CISAILLAGE OU DÉCOUPAGE

82. Le cisaillage a pour but de donner aux fers (1) les contours extérieurs déter-

Fig. 97. Fig. 98.

minés par le traçage. Lorsque le contour est simple et que le nombre des pièces semblables est grand, les fers arrivent

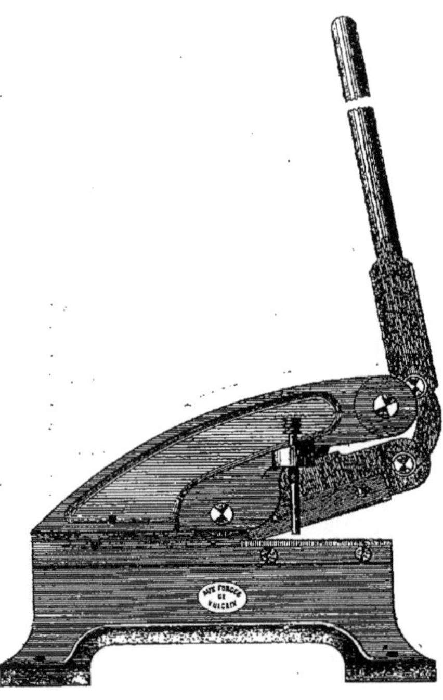

Fig. 99.

des forges tout découpés. Le plus généralement, le découpage est fait à la chaudronnerie. Les tôles très minces sont cisaillées à la main. La cisaille employée est représentée par la figure 97. Sa longueur totale est de $0^m,25$ à $0^m,30$. Les branches de la cisaille à main sont recourbées et viennent se toucher par leurs extrémités seulement pour limiter la course des lames. Il reste toujours ainsi, entre les deux branches, un espace suffisant pour que l'ouvrier puisse y laisser ses doigts sans les blesser. Cette cisaille devient insuffisante dès que l'épaisseur de la feuille à couper atteint 3/4 de millimètres. Il faut recourir alors à la cisaille d'établi (*fig.* 98). La grande branche de la cisaille est fixée par sa partie recourbée à l'établi ou à l'étau (nous donnons plus loin la description de ces deux appareils) et l'ouvrier agit avec les deux mains en pesant de tout son poids sur la branche supérieure. La cisaille d'établi a de $0^m,40$ à $1^m,00$ de longueur et permet de couper des feuilles de 1^{mm} d'épaisseur. Les lames de cette cisaille sont quelquefois rapportées comme on l'a supposé (*fig.* 98). On peut ainsi les affûter plus facilement et les changer quand elles sont usées, sans que la cisaille soit mise hors d'usage. La cisaille à levier dont la figure 99 représente un des types les plus répandus, permet de cisailler des feuilles de tôle de 5 millimètres d'épaisseur. On lui donne souvent la disposition plus simple indiquée par la figure 100. Dans l'un et dans l'autre cas, les lames sont rapportées. En modifiant le levier de la cisaille représentée par la figure 100, de façon à permettre à plusieurs ouvriers d'agir à la fois, on peut, avec cet outil, cisailler jusqu'à une épaisseur de 12^{mm} ; mais il est évidemment plus économique de recourir aux cisailles mécaniques lorsque l'épaisseur de la pièce à couper dépasse 5^{mm}. Quand on se sert d'une cisaille à levier, on doit, cela va sans dire, rapprocher la feuille qu'on veut couper du point d'articulation du levier, autant que possible, afin de diminuer le bras de levier de la résistance.

On emploie aussi, pour cisailler les tôles minces, les cisailles circulaires mues à la main (*fig.* 101) ou mécaniquemment (*fig* 102). On peut cisailler, avec ces machines, des épaisseurs de 7^{mm}. Ce genre de ma-

(1) Le mot *fer* doit être considéré ici comme terme générique désignant les tôles et les barres de tous profils, soit en fer, soit en acier.

chines a l'avantage de donner un travail continu et de permettre de découper suivant des contours courbes, mais il présente aussi de sérieux inconvénients.

Fig. 100.

Les lames se gauchissent facilement à la trempe, et, partant, s'obtiennent difficilement planes; leur affûtage est difficile. Enfin, si le tranchant se casse en un

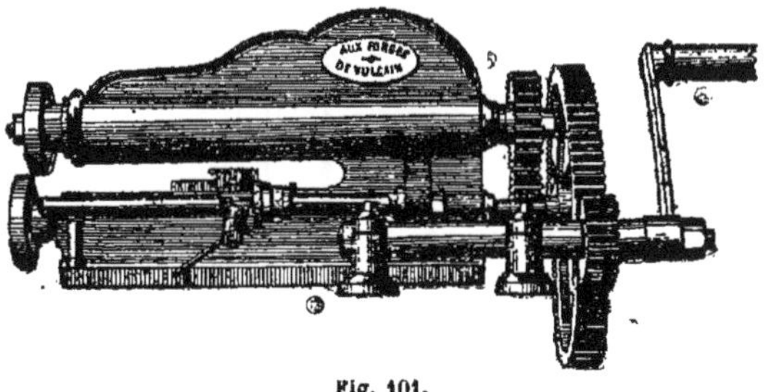

Fig. 101.

point, il faut diminuer le diamètre de la lame du double de la profondeur de la cassure.

La cisaille circulaire mécanique est souvent munie d'un appareil permettant de découper suivant une circonférence.

La cisaille représentée de la figure 108 possède ce perfectionnement. Les deux lames doivent être légèrement en contact l'une avec l'autre et se croiser d'une quantité proportionnelle à l'épaisseur de la tôle à couper. Leur diamètre varie avec l'épaisseur à couper et est très grand par rapport à celle-ci :

$$D = 80 \times 8 \text{ en moyenne.}$$

Fig. 102.

Les deux lames tournent en sens contraire (*fig.* 103), de sorte qu'il suffit d'amener la feuille à couper à leur contact pour qu'elle soit entraînée automatiquement ; on n'a plus, dès lors, qu'à guider son mouvement. Il ne faut pas que l'angle α, formé par les deux lames à leur point de rencontre, soit trop grand ; il

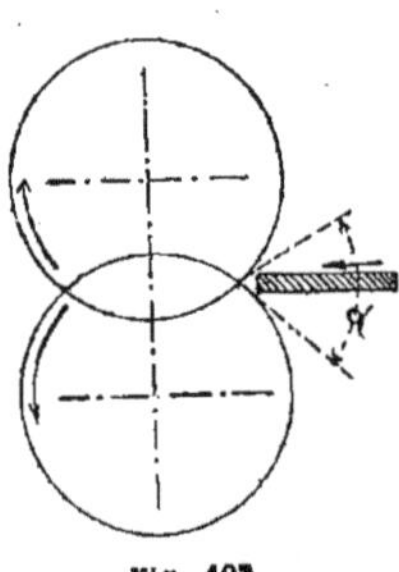

Fig. 103.

y aurait glissement des lames au contact de la tôle et on serait obligé de la pousser pour obtenir son entraînemeent. C'est cette raison qui conduit à proportionner le diamètre des lames à l'épaisseur à couper et à munir quelques machines de disques entraîneurs.

Toutes les cisailles que nous venons de passer en revue ne permettent de couper que des tôles minces. Une épaisseur de 7 millimètres est pour elles une limite au delà de laquelle il faut recourir à des

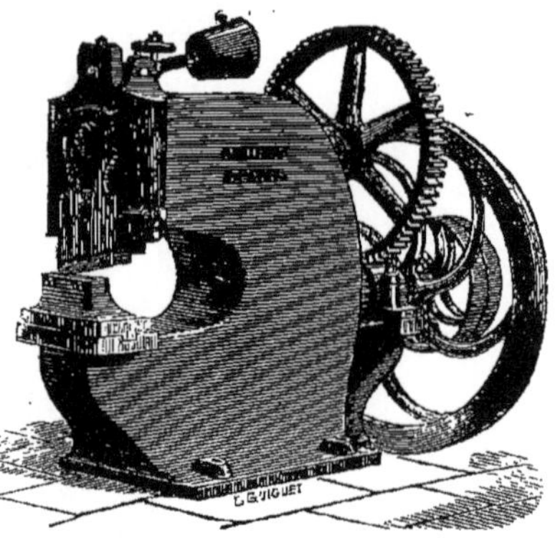

Fig. 104.

machines plus puissantes. Ces machines se divisent en deux catégories : les cisailles à excentrique et les cisailles à levier.

83. *Cisailles à excentrique.* — Les cisailles à excentrique construites par M. Bouhey (*fig.* 104) peuvent être données comme types des cisailles de la première catégorie. Elles agissent comme

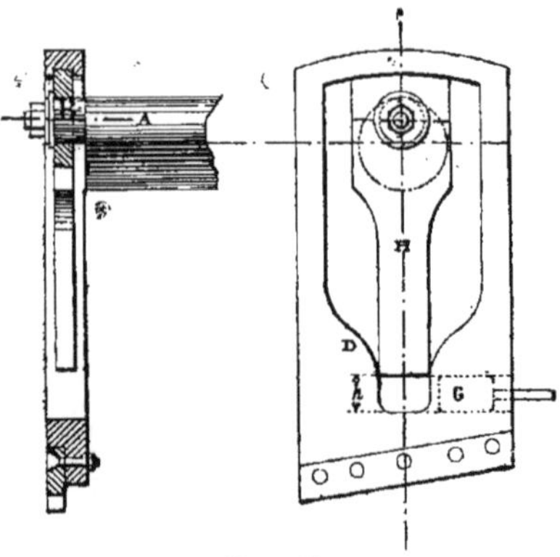

Fig. 105.

les cisailles à main. Une lame est fixée au bâti et reste immobile; l'autre, boulonnée à un porte-outil, est animée d'un mouvement vertical de va-et-vient. Ce mouvement est donné au porte-outil, par un arbre horizontal A (*fig.* 105), à l'extrémité duquel il est fixé sur une portion cylindrique excentrée B. A l'autre extrémité de ce même arbre, est clavetée la roue d'engrenage par l'intermédiaire de laquelle l'arbre reçoit un mouvement de rotation de la transmission générale de l'atelier. Le porte-outil est équilibré par un contrepoids placé à la partie supérieure du bâti. L'arbre A, en tournant, imprime à la bielle H un mouvement vertical de montée et de descente. La bielle transmet ce mouvement au cadre D sur lequel la lame

Fig. 106.

supérieure de la cisaille est boulonnée. Le cadre est guidé dans le bâti. La figure 105 montre que la bielle a été faite trop courte d'une longueur h telle que, lorsque la bielle descend, le cadre porte-outil descend en vertu de son poids et ne peut exercer d'autre pression que celle qui résulte de ce poids. La cisaille n'est pas embrayée. Mais si l'on introduit, au-dessous de la bielle H, une cale C dont la hauteur est précisément égale à h, le cadre descendra en vertu de son propre poids et de toute la pression que la bielle H pourra exercer sur lui. La cisaille est embrayée.

L'ouvrier place d'abord la feuille à couper sous la lame de la cisaille; il laisse descendre la lame une première fois sans embrayer, pour voir si sa tôle est bien placée, puis il embraye et le cisaillage se produit. On ne peut évidemment cisailler que suivant une ligne droite. Le cisaillage une fois commencé, on peut se dispenser de débrayer pourvu qu'on ne coupe qu'avec une partie de la lame en appuyant, contre la lame fixe, la partie de la tôle déjà coupée.

Il existe un grand nombre de cisailles

Fig. 107.

à excentrique, mais elles ne diffèrent généralement les unes des autres que par les formes de leur bâti et le système de l'embrayage.

La cisaille représentée par la figure 104 est disposée pour couper de la tôle. Quand on veut couper des fers carrés, plats, ronds ou cornières, les lames sont orientées parallèlement à l'arbre et ont des formes correspondant à celles des barres à cisailler. La figure 106 représente une cisaille disposée pour couper des cornières. Il suffirait de changer les lames pour lui faire couper des fers à cheval, ronds, etc.

84. *Cisailles à levier.* — Les cisailles à levier sont construites, soit avec lames dans le sens du levier, soit avec lames perpendiculaires au levier. Les premières ne sont employées que dans les forges. Nous donnons (*fig.* 107) le dessin des secondes qui se composent essentiellement d'un levier à branches très inégales. La plus longue branche est terminée par un galet qui repose sur une came. La plus courte porte un cran qui presse à volonté sur le porte-lame, lorsqu'on interpose entre le porte-lame et lui une cale dont les dimensions sont établies en conséquence.

Cette machine est d'une construction simple et robuste et d'un rendement économique.

Deux incidents se produisent pendant le cisaillage. La tôle cisaillée peut rester adhérente à la lame supérieure et remonter avec elle, ou bien la lame supérieure, serrée par la pièce coupée, peut rester prise entre cette dernière et la lame fixe. Un butoir, fixé au bâti, empêche le premier inconvénient. Ce butoir est à vis et peut être monté ou descendu suivant l'épaisseur de la pièce à couper. Le second inconvénient, qui n'existe qu'avec les cisailles à levier, est évité en reliant, à l'aide de deux bielles pendantes, le galet du levier à un second galet en contact avec le dessous de la lame. Ce second galet rappelle le grand bras du levier quand son poids ne suffit pas pour dégager la lame.

Quoique d'une invention plus récente que celle des cisailles à levier, les cisailles à excentrique ne justifient pas la préférence qu'on leur a donnée sur les premières. En voici les raisons. On ne peut cisailler des barres à une cisaille à excentrique montée pour cisailler des tôles qu'en changeant complètement le porte-outil de chacune des deux lames qui doivent être orientées différemment. Il en résulte un excès de dépenses (achat de deux séries de porte-outils) et une perte de temps (montage et démontage des porte-outils) Dans une cisaille à levier, au contraire, les lames seules sont à changer.

La cisaille à excentrique doit vaincre le maximum de résistance opposée par la pièce coupée au moment où la manivelle excentrique est horizontale et, par conséquent, au moment où le bras du levier de la résistance est maximum. Dans la cisaille à levier, les bras de la puissance et de la résistance sont invariables.

Enfin, il est facile de donner à la lame de la cisaille à levier une forme produisant le relèvement rapide de la lame supérieure au moment où elle ne travaille pas. On a atteint ce résultat, il est vrai, dans les cisailles à excentrique, mais d'une façon moins simple.

Il faut reconnaître, toutefois, qu'un même arbre de cisaille à excentrique peut actionner deux et souvent trois outils, sans que les dimensions du bâti soient, pour cela, beaucoup augmentées. Les trois manivelles font des angles de 60° les unes avec les autres, de telle sorte qu'il n'y a jamais plus d'un outil travaillant à la fois, résultat qu'on ne saurait obtenir avec la cisaille à levier.

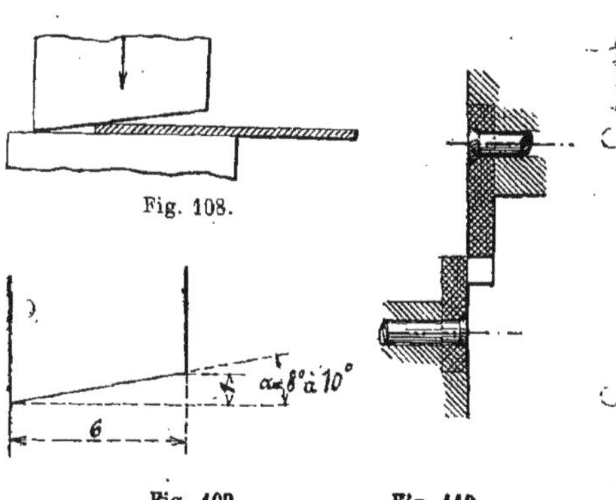

Fig. 108.

Fig. 109. Fig. 110.

Les cisailles à excentrique et les cisailles à levier permettent de couper des tôles de 5 à 35 millimètres d'épaisseur avec des lames de 450 à 100 millimètres de longueur.

Les lames des cisailles sont en acier trempé; elles doivent se rencontrer sous un certain angle, afin de n'attaquer la tôle qu'en un point à la fois (*fig.* 108). La lame fixe est horizontale et on donne à la lame supérieure une inclinaison de 1/6 environ, ce qui correspond à un angle de 8 à 10° (*fig.* 109).

Les deux lames sont affectées d'équerre (*fig.* 110).

II. — POINÇONNAGE

85. L'opération du poinçonnage consiste à percer à l'emporte-pièce les trous tracés sur les tôles et fers divers. Les machines qui remplissent ce but portent le nom de *poinçonneuses*.

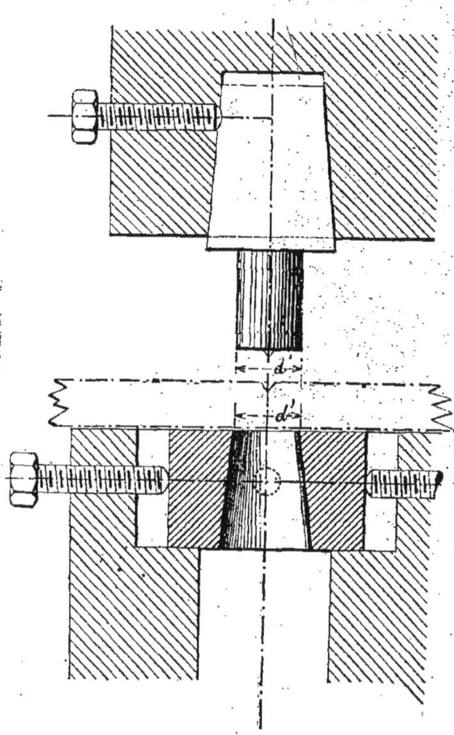

Fig. 111.

Les organes essentiels de toute poinçonneuse sont le *poinçon* et la *matrice*.

Le poinçon (*fig.* 111) est un cylindre en acier trempé ayant exactement le diamètre du trou qu'on veut percer. Il est raccordé avec une partie tronconique par laquelle il est fixé dans le porte-outil de la machine. Au-dessous du poinçon, et suivant son axe, se trouve un petit cône. Lorsqu'on présente la tôle au poinçon pour la percer, on engage ce petit cône dans le coup de pointeau qui marque le centre du trou. On est sûr, de cette façon, que le trou sera bien percé à la place voulue. Le poinçon est tourné avant la trempe.

La matrice est un parallélipipède en acier trempé, percé suivant l'un de ses axes d'un trou tronconique. Le plus petit diamètre de ce trou, le diamètre supérieur, est légèrement plus grand que le diamètre du poinçon. Soient d le diamètre du poinçon et d' celui de la matrice. On a :

$$d' = 1{,}05\ d.$$

La pièce à poinçonner est placée sur la matrice de telle façon que l'axe de celle-ci se confonde avec celui du trou à percer. On pose le poinçon, son axe dans le prolongement des deux précédents, sur la pièce à poinçonner et, par une pression énergique, on l'oblige à pénétrer dans la matrice en passant au travers de la pièce à poinçonner. Il découpe dans cette pièce un cylindre dont le diamètre est égal au sien et dont la hauteur est égale à l'épaisseur de la pièce poinçonnée. Ce cylindre est appelé une *débouchure* dans les ateliers. C'est pour faciliter la sortie de cette débouchure que le trou de la matrice est fait en forme de tronc de cône. Par suite de la différence entre le diamètre du poinçon et celui de la matrice, le trou percé n'est pas rigoureusement cylindrique, mais tronconique, sa plus grande base étant du côté de la matrice et les diamètres de ses deux bases étant d et d'.

Les poinçonneuses ne diffèrent les unes des autres que par la façon dont le mouvement est donné au poinçon. Nous allons passer en revue les principaux types de poinçonneuses en usage.

Nous ne citerons que comme mémoire le poinçonnage à l'emporte-pièce sur une feuille de plomb, procédé par lequel on ne peut obtenir que des trous de faible diamètre dans des tôles excessivement minces.

86. *Poinçonneuses à vis.* — La figure 112 représente ce genre de machine d'une simplicité extrême. La pénétration du poinçon est obtenue en faisant tourner et descendre la vis à laquelle il est fixé à l'aide d'un levier qu'on engage dans la tête de la vis. On peut, par ce moyen, percer des trous de 20 millimètres de diamètre dans des fers de 16 millimètres d'épaisseur, mais l'opération est lente et pénible.

Fig. 112.

87. Avec la *poinçonneuse au marteau* (*fig.* 113), l'opération est plus rapide. On place la pièce à poinçonner sur la matrice après avoir relevé le poinçon et un coup de marteau donné sur le porte-poinçon produit la *débouchure*. On perce ainsi des trous de 15mm de diamètre sur 10mm de profondeur.

88. *Poinçonneuses à lévier à main.* — Les poinçonneuses de ce type sont excessivement nombreuses ; nous en indiquons (*fig.* 114 et 115) deux variantes à l'aide desquelles on peut percer, dans des pièces de 12mm d'épaisseur, des trous de 15mm de diamètre. Les poinçonneuses sont très souvent, et en même temps, des machines à cisailler. La figure 114 en donne un exemple. On peut cisailler avec une lame fixée sur le levier et une contre-lame portée par le bâti à sa partie supérieure, ou bien poinçonner dans la partie inférieure de la machine.

M. Bouhey construit, sur le même modèle que ses cisailles, des *poinçonneuses à levier mécanique* (*fig.* 116). Elles ne diffèrent des cisailles qu'en ce que la lame et la contre-lame sont remplacées par un poinçon et une matrice. Elles peuvent poinçonner des trous de 30mm de diamètre dans des tôles de 23mm dépaisseur.

89. Les *poinçonneuses à excentrique* du même constructeur (*fig.* 117) sont, comme construction, identiques aux cisailles à excentrique. Poinçon et matrice ont seulement été substitués aux lames. Elles sont aussi puissantes que les poinçonneuses à levier et peuvent, comme elles, être transformées en cisailles par le seul changement des outils.

On a souvent besoin de poinçonner des trous à une grande distance des bords des tôles. On donne alors aux bâtis des machines la forme spéciale indiquée par la figure 118. On poinçonne avec ce genre de machines, à une distance de 0m,600 des bords. Elles permettent donc l'usinage de tôles de 1m,200 de largeur.

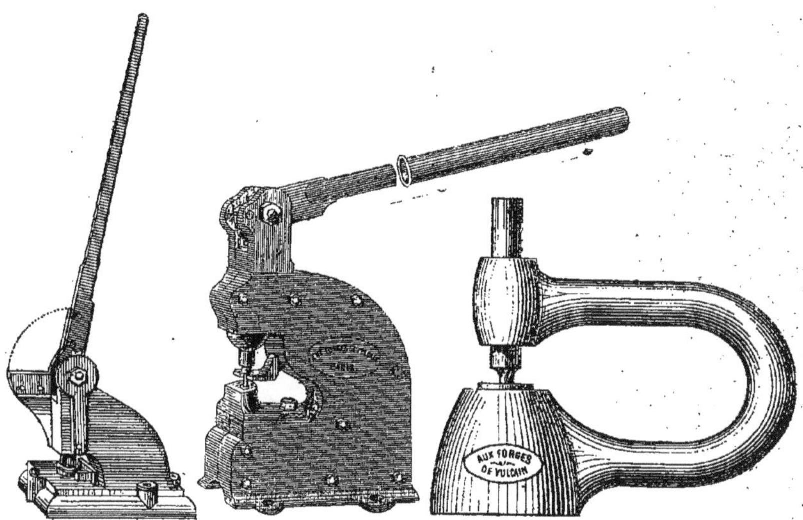

Fig. 113. Fig. 114. Fig. 115.

Fig. 116.

Enfin, avec une poinçonneuse à excentrique à poinçon horizontal (*fig.* 119), on peut percer des trous dans des cornières ou tout autres profils cintrés.

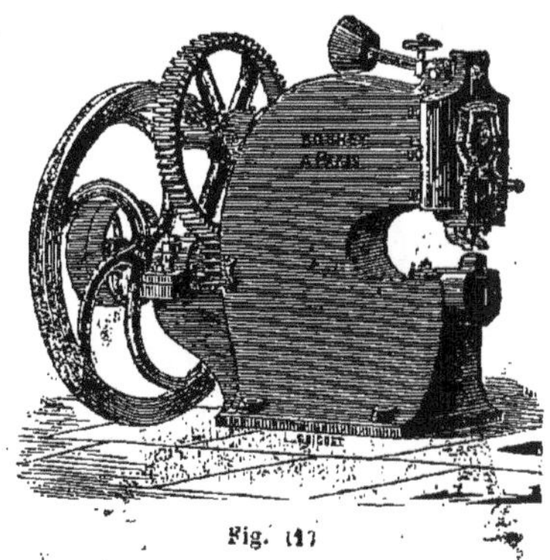
Fig. 117

Les poinçonneuses à excentrique travaillent d'une façon moins économique que les poinçonneuses à levier ; mais elles se prêtent infiniment mieux que celles-ci aux modifications de formes et de dispositions qu'exigent les travaux à exécuter. Leur emploi est donc mieux justifié que celui des cisailles à excentrique.

Le cisaillage et le poinçonnage sont deux opérations complémentaires l'une de l'autre. Les deux machines qui servent à les effectuer doivent donc se trouver dans un même atelier, l'une à côté de l'autre. Cette considération, jointe à une raison d'économie, a conduit à la construction des cisailles-poinçonneuses obtenues très simplement en disposant les porte-outils de façon à pouvoir recevoir indifféremment une lame ou un poinçon; ou, d'une façon moins simple, mais beaucoup plus commode, en montant sur un même bâti une cisaille et une poinçonneuse : solution représentée par la figure 120.

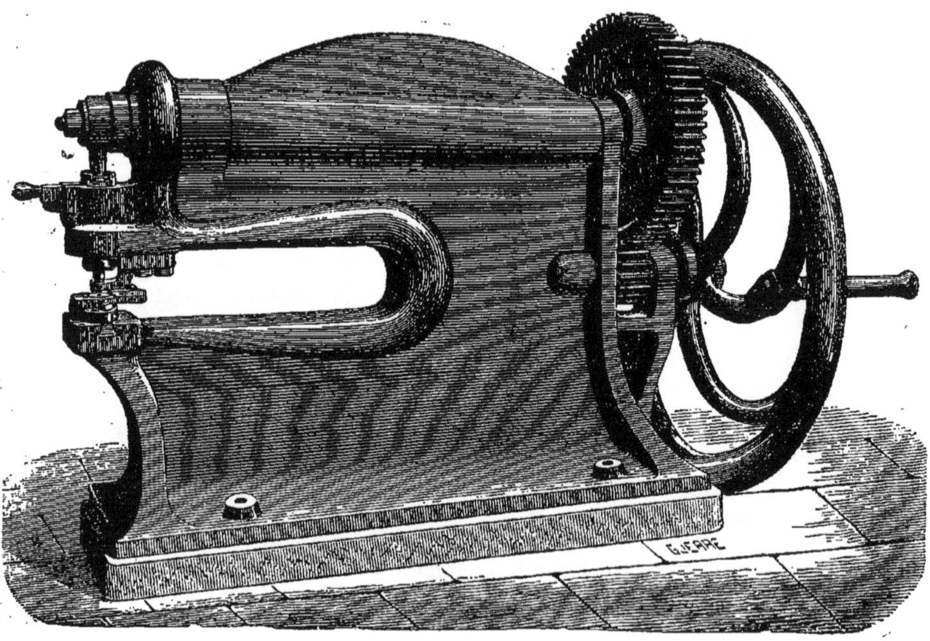

Fig. 118.

Fig. 119.

On construit beaucoup des machines plus complètes encore. Elles sont à excentrique et portent trois outils actionnés par le même arbre. Deux sont placés aux extrémités de l'arbre : ce sont la cisaille et la poinçonneuse ordinaires. L'arbre porte, en son milieu, un coude ou manivelle qui actionne une cisaille à barres plates ou profilées.

Une addition très simple aux machines précédentes permet de poinçonner, sans traçage préalable, des trous équidistants et situés sur une même ligne droite. La figure 121 permet de faire comprendre le principe de ce perfectionnement.

On conçoit que chaque fois que le poinçon remonte, la tringle A puisse recevoir un mouvement de descente corrélatif de celui du poinçon et qu'elle remonte quand le poinçon descendra. Ce mouvement de la tringle A fera osciller l'équerre COB autour du point O et le cliquet à contrepoids C′ fera avancer la crémaillère D d'une quantité égale à chaque oscillation.

Fig. 120.

La crémaillère D est fixée à une table sur laquelle est montée la pièce à poinçonner. Il suffira de régler les deux leviers OB et OC pour que la quantité dont la table avance à chaque allée et venue du poinçon soit précisément égale à l'écartement des trous à poinçonner.

90. La poinçonneuse fixe, que nous représentons à la figure 122, est construite d'après le principe que nous venons de décrire. Elle permet d'atteindre l'épaisseur de 30 millimètres pour des trous de 35 millimètres de diamètre.

Toutes les machines que nous décrirons plus loin sous le nom de riveuses, peuvent être utilisées comme poinçonneuses en remplaçant leurs bouterolles et contre-bouterolles par des poinçons et des matrices.

On peut avoir à découper un très grand nombre de fourrures ou de goussets identiques les uns aux autres. C'est le cas des goussets G qu'on met dans une poutre aux croisements des barres du treillis pour remplacer l'épaisseur des portions d'âme A sur lesquelles les barres du treillis B sont rivées à leurs extrémités (*fig.* 123). Les goussets G seront des fers

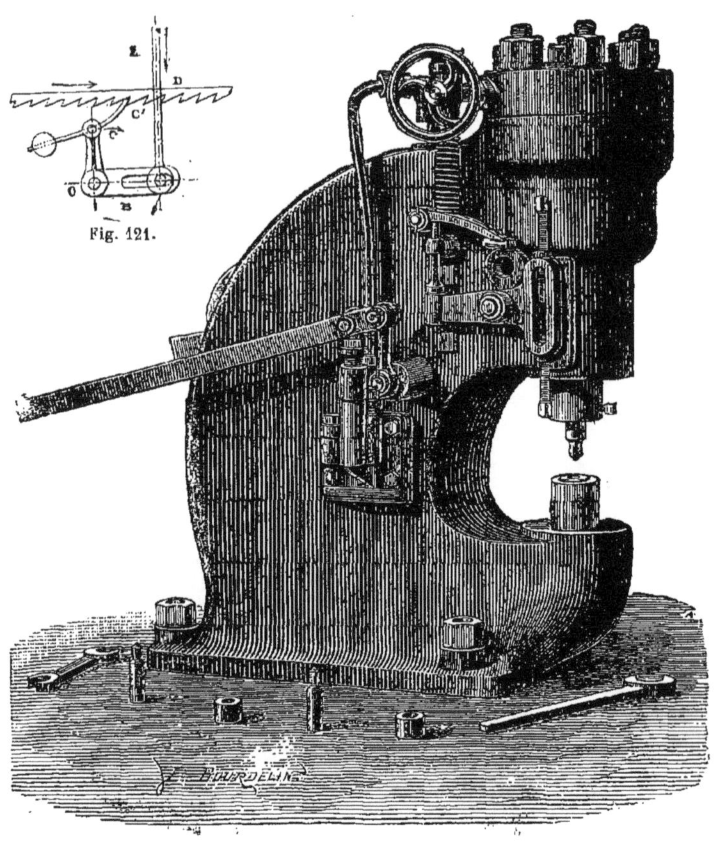

Fig. 121.

Fig. 122.

plats ayant l'épaisseur des portions d'âme et le contour repésenté par la figure 124.

La fabrication ordinaire de ces goussets consisterait à les cisailler. On les fera beaucoup plus rapidement en les poinçonnant. Le poinçon est remplacé par un bloc en acier ayant une section identique à la forme du gousset et la matrice est évidée d'une façon correspondante. Il est évident que peu de machines seraient assez puissantes pour poinçonner à froid suivant un contour aussi considérable. On tourne la difficulté en chauffant au rouge le large plat dans laquelle on découpe le gousset.

III. — PERÇAGE

91. Le perçage s'opère à l'aide de

mèches mises en action, soit à la main, soit mécaniquement. Le perceur se sert de deux genres de mèches : la *mèche à langue d'aspic* et la *mèche américaine*. La figure 124 *bis* indique la forme et les angles qu'il convient de donner à la mèche à langue d'aspic, pour qu'elle éprouve le minimum de résistance pendant le perçage du fer, de l'acier et de la fonte. Les figures 125 et 126 donnent les mêmes renseignements pour la mèche américaine. Cette dernière est employée beaucoup plus rarement par

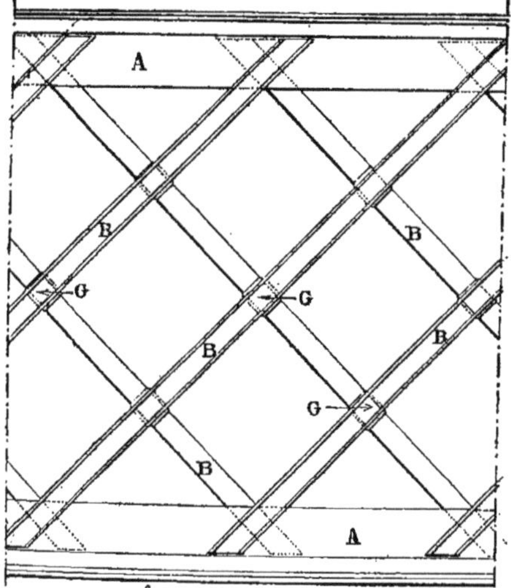

Fig. 123.

le chaudronnier que par l'ajusteur. En effet, elle est surtout destinée au perçage des trous qu'on veut obtenir, très droits et très réguliers du premier coup dans des pièces épaisses. Or, le chaudronnier n'a qu'accidentellement des pièces épaisses à percer.

Les mèches travaillent par rotation sur elles-mêmes en même temps qu'une pression raisonnable exercée suivant leur axe longitudinal les force à pénétrer dans le métal. Les machines à percer diffèrent les unes des autres par la façon dont elles donnent à la mèche son mouvement de rotation et sa pression.

La perceuse la plus simple est le *vilebrequin* (*fig.* 127). L'ouvrier donne par la main un mouvement de rotation continue à la mèche, en même temps qu'il l'appuie avec la poitrine contre la pièce à percer.

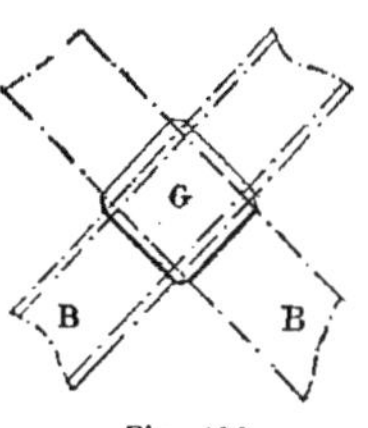

Fig. 124

On ne peut évidemment percer ainsi que des trous de très petit diamètre. Aussi, le vilebrequin est-il surtout employé pour ébarber les trous percés à la machine. Il reçoit, dans ce but, soit une mèche de la forme indiquée par la figure 129, soit une fraise (*fig.* 128).

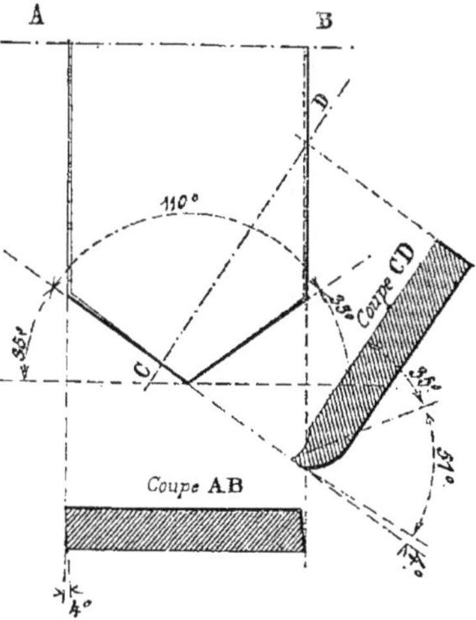

Fig. 124 *bis*.

Quand les trous à percer sont d'un très petit diamètre, l'ouvrier les perce à la main à l'aide de l'archet. Une *corde* (*fig.* 132), *fixée* par ses deux extrémités à un archet (*fig.* 130 et 131), s'enroule une fois sur la partie G d'un porte foret (*fig.* 133). L'ouvrier fixe le foret en B et l'appuie sur la pièce à percer en poussant la pointe A avec sa poitrine par l'intermédiaire d'un plastron (*fig.* 134). En manœuvrant son archet comme le violoniste le fait du sien, l'ouvrier imprime au porte-foret et au foret un mouvement de rotation alternativement dans un sens et dans l'autre.

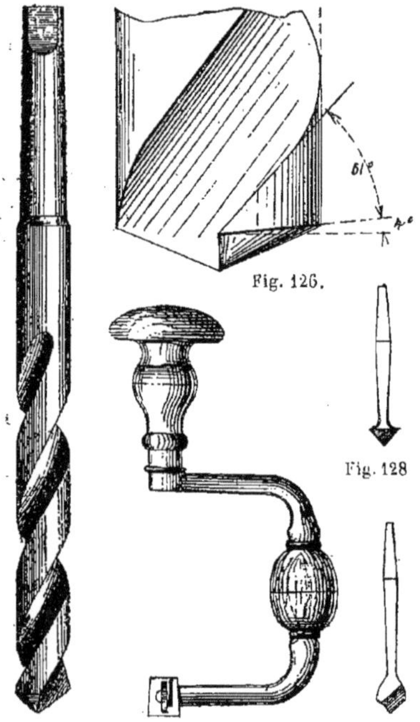

Fig. 126.

Fig. 128

Fig. 125. Fig. 127. Fig. 129.

92. *Foreries portatives.* — Ces appareils se composent d'un bâti (*fig.* 136 et 137), qu'on fixe, soit à l'aide de boulons, soit au moyen d'une mâchoire, sur la pièce à percer. Le bâti porte une vis de pression à sa partie supérieure. Dans l'intervalle existant entre la vis de pression et la pièce, on place un vilebrequin (*fig.* 135), lequel reçoit la mèche (*fig.* 138). L'ouvrier fait tourner le vilebrequin avec la main droite, en même temps que, de la gauche, il fait descendre la vis de pression.

On substitue souvent un cliquet au vilebrequin, dont la force est très limitée (*fig.* 139 et 140).

La figure 141 représente une forerie portative qui se rapproche déjà d'une machine à percer proprement dite.

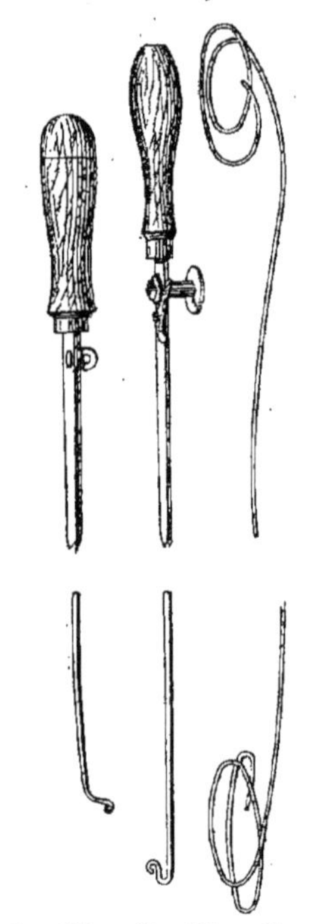

Fig. 130. Fig. 131. Fig. 132.

Tous ces appareils ont l'inconvénient de nécessiter un démontage après chaque trou percé. Aussi, ne les emploie-t-on qu'au moment du montage, sur le chantier, pour percer les trous qui ne peuvent être pratiqués que sur place.

93. *Machine à percer proprement dites.* Dans ces machines, l'axe de l'outil, qui est vertical, est fixe ou mobile. Les machines à percer, à axe de l'outil mobile, appelées machines à percer *radiales*, ne sont pas employées par le chaudronnier ; nous ne les citons que pour mémoire. Les machines dont l'axe de l'outil est fixe sont mues, soit à la main, à l'aide d'une manivelle, soit au moteur par courroie.

Nous donnons (*fig.* 142 et 143) deux vues de ces machines qui nous dispensent d'en faire la description.

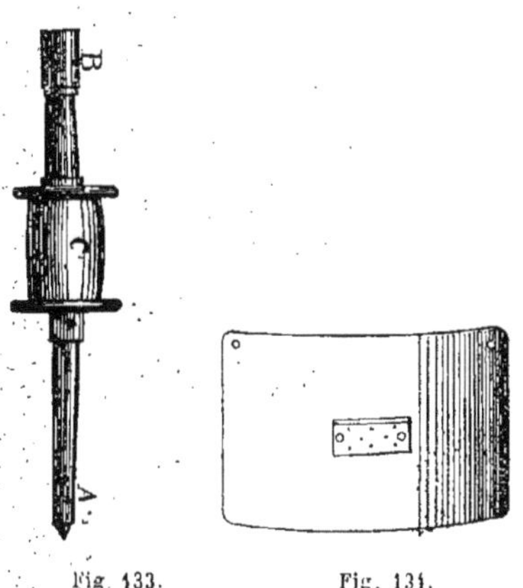

Fig. 133. Fig. 134.

L'outil est animé simultanément ou séparément d'un mouvement de rotation et

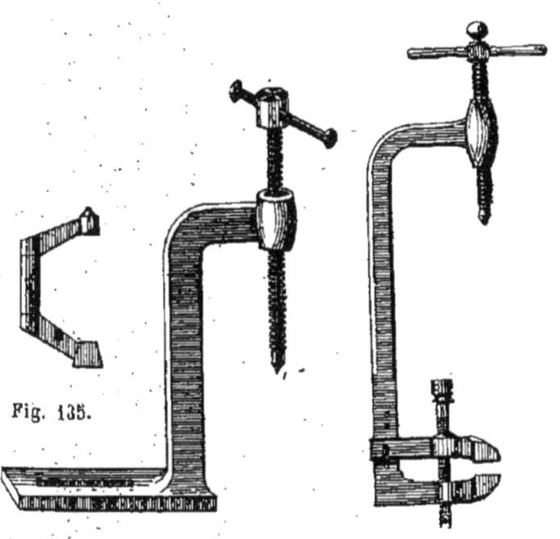

Fig. 135. Fig. 136. Fig. 137.

d'un mouvement de descente. Le plateau circulaire sur lequel sont posées les pièces à percer pour tourner autour de son axe; on le bloque à l'aide d'une vis de pression. L'ensemble du plateau et de l'étau est mobile autour du pied de la machine, entraînant, dans sa rotation, la crémaillère qui sert à l'élever et à l'abaisser ; on

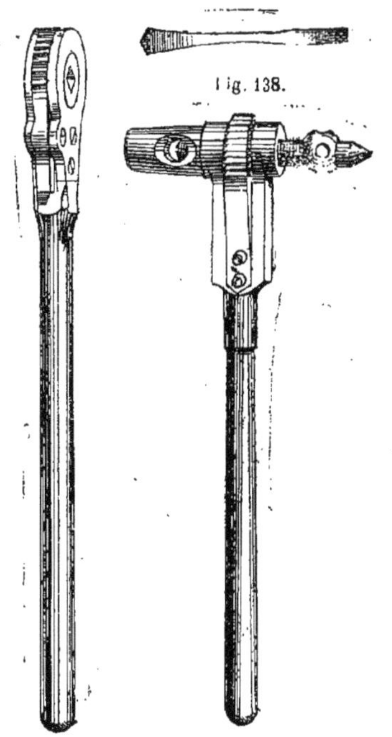

Fig. 138.

Fig. 139. Fig. 140.

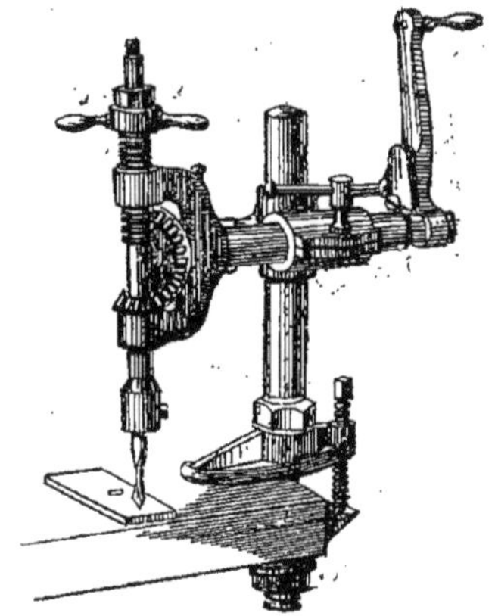

Fig. 141.

le bloque également à l'aide d'une vis de pression.

Ce qui caractérise et différencie surtout

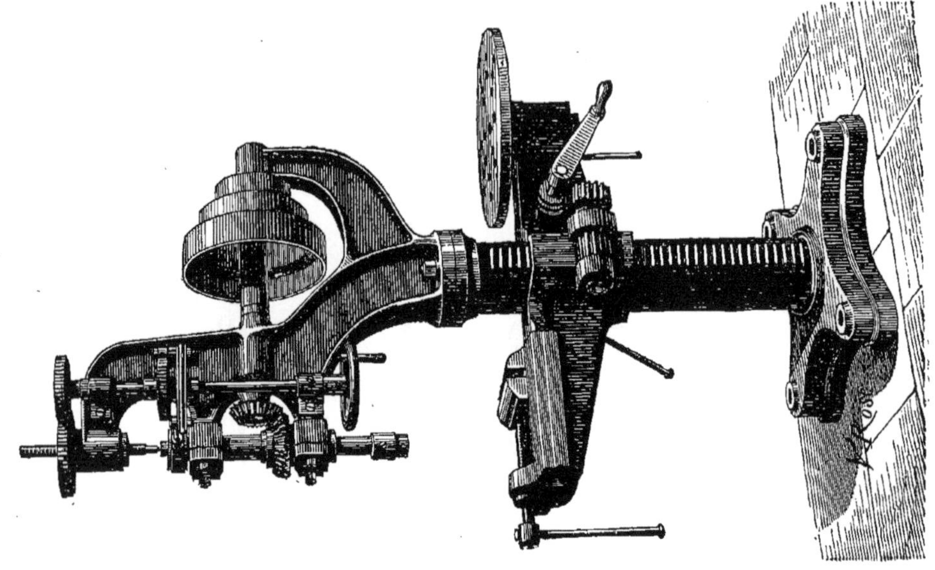

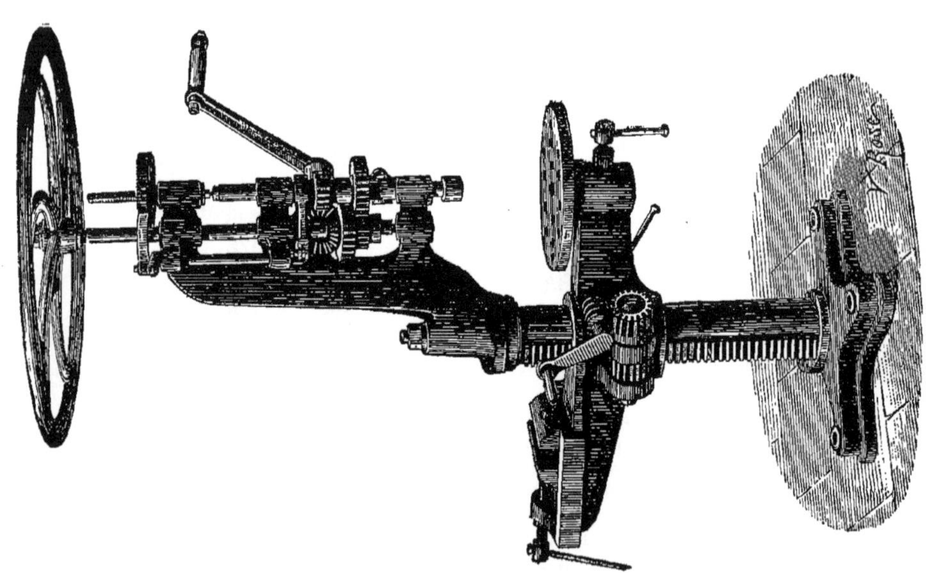

les nombreuses machines à percer, c'est la façon dont elles réalisent le mouvement de descente de l'outil. Ce mouvement devrait être variable avec la vitesse de rotation de la mèche et avec la dureté du métal à percer, deux conditions qui sont assez difficiles à réaliser mécaniquement.

La pression de l'outil est obtenue, dans quelques machines qui deviennent rares,

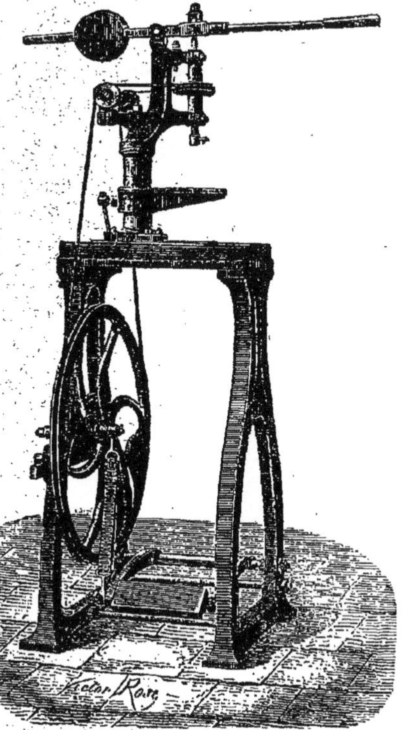

Fig. 14.

par un poids qu'on peut fixer en un point quelconque d'un levier. Le levier s'appuie sur le sommet de l'arbre porte-foret. On augmente la pression en éloignant le poids du point d'appui du levier. Une fois fixé, sa pression est constante et, si l'outil rencontre une partie plus dure dans l'épaisseur de la pièce percée, il s'émousse.

Le poids est souvent remplacé par la main de l'ouvrier. Dans ce cas, la longueur du levier est constante. L'ouvrier proportionne la pression à la résistance éprouvée par la mèche (*fig.* 144).

Le levier est fréquemment relié à une pédale placée au bas de la machine, à la portée du pied de l'ouvrier qui appuie avec son pied sur la pédale et provoque la descente de l'outil. Ces deux dernières solutions satisfont aux deux conditions que nous avons posées plus haut ; mais elles fatiguent l'ouvrier qui, d'ailleurs, ne peut conduire ainsi qu'une seule machine à la fois.

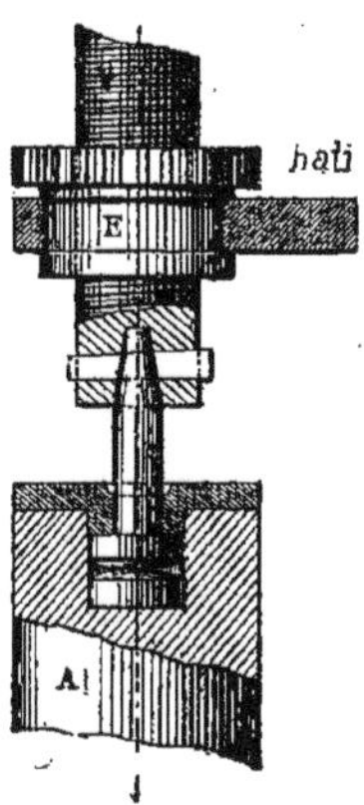

Fig. 145.

Aujourd'hui, les machines réalisent à peu près toutes la descente automatique de l'outil. Voici comment :

L'arbre porte-foret A est relié à sa partie supérieure, comme l'indique la figure 145, avec une vis V. Cette vis peut descendre, mais elle ne peut pas tourner sur elle-même. Elle traverse un écrou E qui, au contraire, peut tourner sur lui-même, mais est fixé verticalement. On communique à l'écrou un mouvement de rotation qui provoque la descente de la vis. La vis, en descendant, pousse l'arbre porte-foret et, par conséquent, appuie le foret sur la pièce à percer. Reste à donner à l'écrou E son mouvement de rotation. Cet écrou est venu de fonte avec une couronne dentée qui engrène avec une roue d'engrenage

Fig. 146.

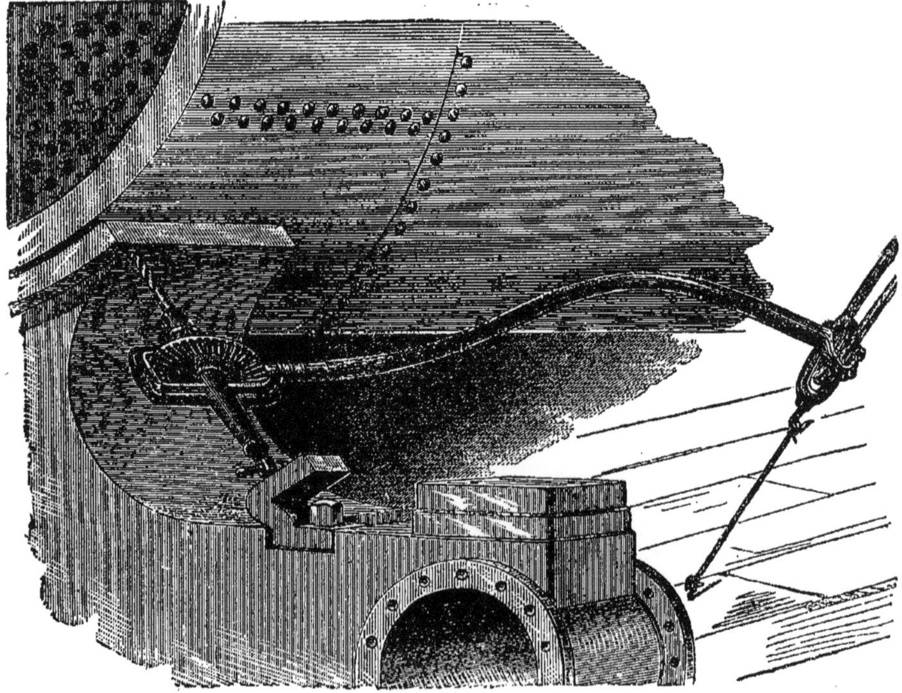

Fig. 147.

calée sur un arbre parallèle à l'arbre porte-foret. Cet arbre auxiliaire peut être mu à la main exclusivement. Généralement, il peut être mu, à volonté, soit à la main, soit mécaniquement.

Pour le mouvement à la main, un petit volant-manivelle est calé à sa partie inférieure.

Pour le mouvement mécanique, il porte une roue d'engrenage commandée, soit par une ou plusieurs autres roues d'engrenage calées sur l'arbre porte-foret et sur des arbres intermédiaires, soit par un cliquet que commande un excentrique également calé sur l'arbre porte-foret. Dans le premier cas, la vitesse de descente est constante pour une même vitesse de rotation de l'arbre porte-foret. On ne peut la proportionner à la dureté du métal à percer qu'en changeant le rapport des diamètres des engrenages. Dans le second cas, en variant la longueur du bras du cliquet, on fait varier, dans de faibles proportions, la descente du foret pour une même vitesse de rotation.

D'autres fois enfin, le mouvement est transmis de l'arbre porte-foret à l'arbre auxiliaire par courroies, poulies et cônes. Les cônes permettent, pour une même vitesse de rotation, de faire varier la descente de la mèche avec la dureté du métal. Toutefois, si la vitesse de descente devient trop grande et que la mèche éprouve une résistance trop considérable de la part du métal, les courroies glissent sur les poulies et les cônes et la mèche tournent en descendant moins vite ou même en ne descendant pas du tout.

La vis V est parfois remplacée par une crémaillère. On substitue alors à l'écrou E un pignon qu'on fait tourner avec une vis sans fin, clavetée sur l'arbre auxiliaire, et engrenant avec une roue d'engrenage hélicoïdale fixée sur le même arbre que le pignon.

94. *Machines à percer portatives.* — Les figures 146 et 147 représentent deux genres différents de perceuses portatives très utiles dans les chantiers et les ateliers pour le perçage des pièces que leurs formes ou leurs dimensions ne permettent pas de monter sur les plateaux des machines à percer ordinaires.

Le fonctionnement de la perceuse représentée par la figure 146 se comprend à la seule inspection de la figure.

Dans la machine représentée par la figure 147, le mouvement est transmis de la poulie à l'engrenage de la perceuse par un arbre *flexible* qui permet d'éloigner ou de rapprocher l'outil et de le placer dans les endroits les plus difficiles à atteindre.

IV. — CINTRAGE

95. Le cintrage consiste à donner aux feuilles de tôles des formes cylindriques, coniques ou toutes autres formes développables et, aux barres de fer quelconques, une courbure quelle qu'elle soit.

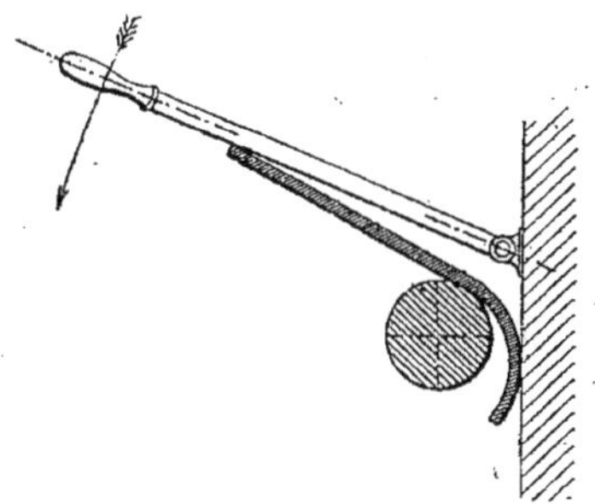

Fig. 148.

96. *Cintrage des tôles.* — La figure 148 reproduit une installation très simple permettant de cintrer les tôles. Un rouleau de 100 à 150 millimètres de diamètre est fixé près d'un mur. Un peu au-dessus de lui sont placés deux leviers. Après avoir chauffé au rouge la tôle qu'on veut cintrer, on l'introduit entre le mur et le rouleau, puis on abaisse les leviers. Ce procédé ne permet pas de cintrer très régulièrement, mais il est simple, économique et réalisable dans les plus modestes ateliers.

Quand le cintrage doit être fait avec une plus grande précision, on a recours à une machine à cintrer à trois rouleaux. Souvent, les deux rouleaux inférieurs sont fixes et le rouleau supérieur peut en être rapproché ou éloigné.

Dans la figure 149, le cylindre supérieur, au contraire, est fixe et ce sont les deux cylindres inférieurs qui sont mobiles, soit simultanément, soit séparément. Le cylindre supérieur peut cependant se retirer latéralement pour le cas où l'on cintre des viroles fermées.

On donnera à la tôle une courbure conique en inclinant les deux cylindres inférieurs.

On dispose quelquefois les trois cylindres comme le montre la figure 150. Les deux grands cylindres sont à une distance très peu variable et ne laissent entre eux que l'épaisseur de la tôle à cintrer. On varie le rayon de courbure en déplaçant le cylindre C.

Le cintrage à la machine se fait à froid

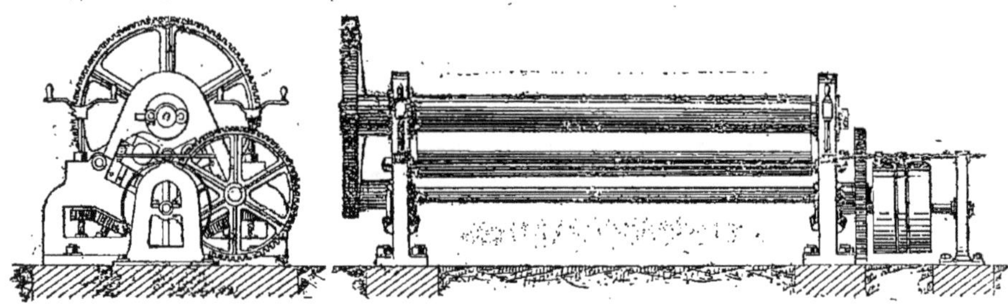

Fig. 149.

en plusieurs passages. On arrive au rayon de courbure définitif en rapprochant graduellement les cylindres après chaque passage de la tôle.

Les cylindres mobiles sont d'un diamètre plus faible que ceux des cylindres fixes et se font en fer, tandis que les premiers se font en fonte. On leur donne généralement les dimensions suivantes :

Pour une longueur de table de	$2^m,000$;	$2^m,500$;	$3^m,000$
On donne aux cylindres en fer un diamètre de. .	150;	200;	210
Et aux cylindres en fonte. . . .	250;	300;	320

On peut cintrer la tôle suivant un diamètre intérieur qui est, à très peu près, égal au diamètre des rouleaux mobiles.

97. *Cintrage des barres.* — Cette opération se fait à l'aide de machines établies sur le principe de celles que nous venons d'étudier pour le cintrage des tôles. La figure 151 représente une machine construite par la « Société alsacienne de constructions mécaniques » et permettant de cintrer des rails ou des barres d'un profil quelconque. Les cylindres doivent évidemment être changés quand on passe d'une barre à une autre barre d'un profil différent.

Le chaudronnier a rarement à se servir

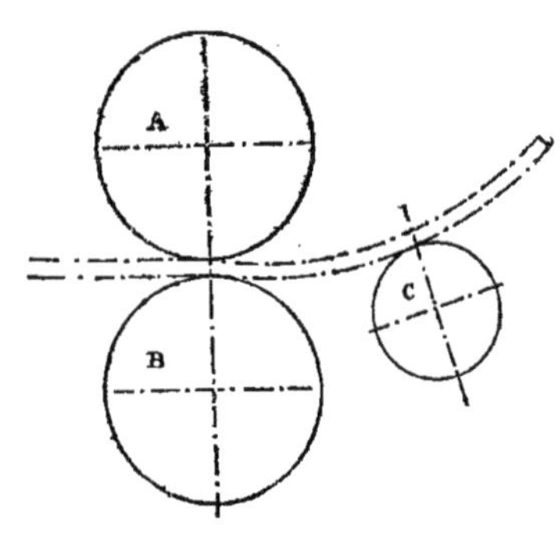

Fig. 150.

des machines à cintrer pour la construction des charpentes proprement dites. Il les emploie souvent, au contraire, lorsqu'il fabrique des chaudières, des réservoirs, des cheminées en tôle, des chemins de roulement, des ponts tournants, etc.

V. — EMBOUTISSAGE

98. L'emboutissage donne aux tôles toutes les formes qui ne peuvent pas être obtenues par simple enroulement. Telles sont, par exemple, les tôles qui entrent dans la composition des fonds sphériques des réservoirs cylindriques, les fonds des

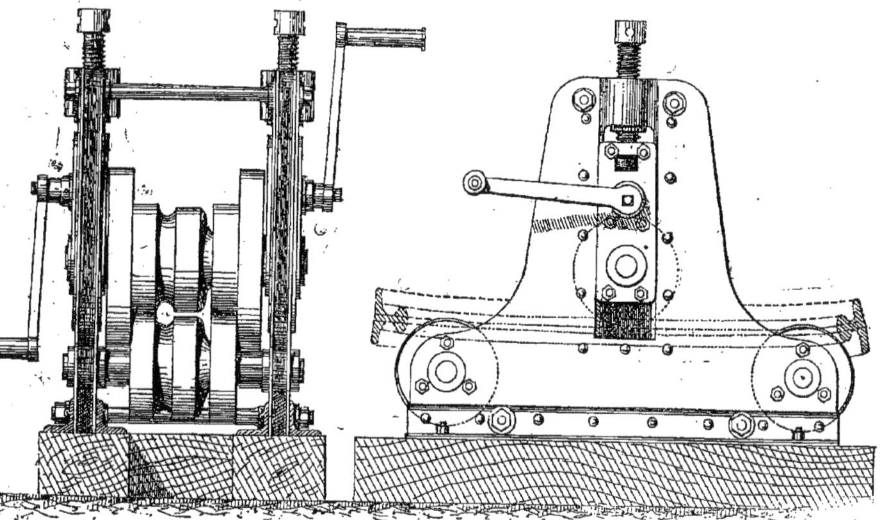

Fig 151. — Machine à cintrer les rails.

corps cylindriques des chaudières à vapeur, etc.

Soit à emboutir le fond d'un corps de chaudière cylindrique (*fig.* 152). On fait d'abord une *forme* ou *matrice* en fonte ayant, en creux, les dimensions extérieures du fond à obtenir, puis un *mandrin* ou *poinçon* ayant, en relief, la forme antérieure du fond. On chauffe la tôle au rouge. On la pose sur la matrice et, à l'aide du poinçon qu'on comprime vigoureusement, on l'oblige à s'emboutir et à se loger dans l'espace qui lui est réservé entre la matrice et le poinçon, quand ce dernier est arrivé à fond de course (*fig.* 153).

On a construit des machines très puissantes pour exécuter rapidement et régulièrement ce travail d'emboutissage. Le moteur est généralement l'eau sous pression. Nous ne faisons que les citer pour ne pas sortir du cadre que nous nous sommes tracé.

Dans les ateliers plus modestes, l'emboutissage se fait à la main, au marteau. Donnons-nous à emboutir le même fond

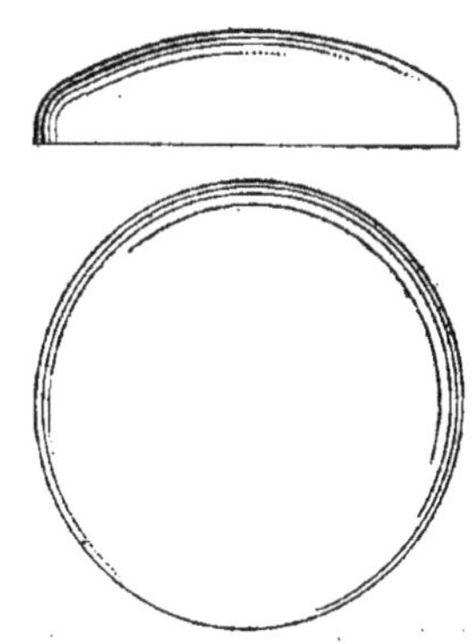

Fig. 152.

de chaudière. On fera exécuter une partie seulement du poinçon qu'on placera comme l'indique la figure 154. On percera au milieu du disque destiné à la confection du fond un trou par lequel on le fixera

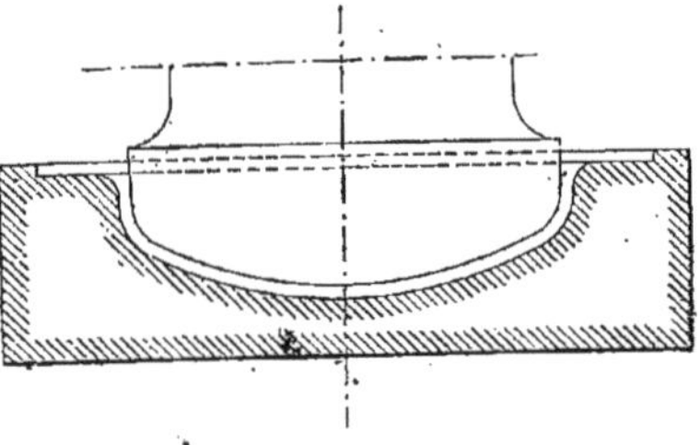

Fig. 153.

sur le poinçon (*fig.* 155), après l'avoir porté au rouge sur l'une de ses parties. Plusieurs ouvriers viendront alors frapper avec des maillets en bois sur la partie chauffée pour l'appliquer sur la forme afin d'en *tomber les bords*, dit le chaudronnier. On chauffera la partie voisine qu'on

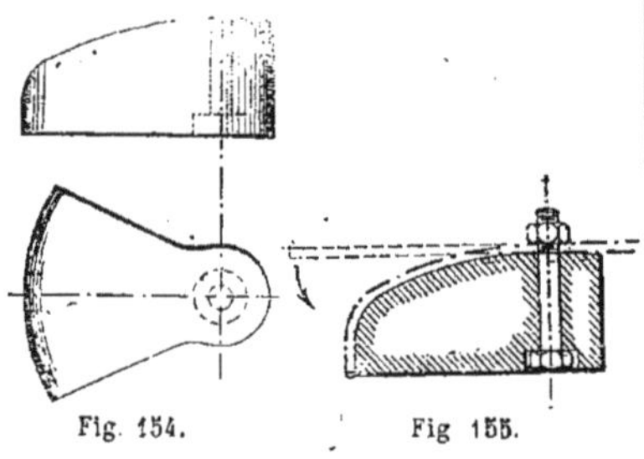

Fig. 154. Fig 155.

emboutira comme la précédente, jusqu'à ce que tout le disque soit embouti. On termine à l'aide de la chasse à parer et on bouche par un rivet le trou qui a servi à fixer le disque sur la forme.

Ce procédé est évidemment long, pénible et dispendieux, mais il est encore fort en usage dans les petits ateliers où l'on ne peut pas se permettre la dépense de l'acquisition d'une presse à emboutir.

VI. — MEULAGE

99. Le cisaillage laisse toujours des bavures et des irrégularités dans les contours des tôles ou des sections des barres. Quand on cisaille suivant un contour courbe, par exemple, avec une cisaille à lames droites, on découpe la tôle suivant un polygone circonscrit à la courbe. La figure 156 montre, en l'exagérant, ce que nous entendons dire. On abat les angles

Fig. 156

du polygone, on régularise les contours, on enlève les bavures à l'aide de la meule.

Les meules se font en grès ou en émeri. Les meules en grès tournent avec une vitesse de 10 mètres par seconde à la circon-

Fig. 157.

férence ; elles ont, lorsqu'elles sont neuves, un diamètre de 2 mètres. Ce diamètre diminue par l'usure. On augmente alors la vitesse angulaire de la meule de façon à lui conserver toujours à peu près une vitesse de 10 mètres à la circonférence.

Les meules en grès sont montées sur un

arbre et serrées entre deux plateaux de 0m,500 de diamètre environ ; elles tournent sur deux paliers situés à 0m,500 à 0m,600 au-dessus du sol. L'ouvrier appuie la pièce à meuler sur un support placé à hauteur du centre et la pousse contre la meule, soit avec le genou, soit avec un levier. Un courant d'eau coule constamment sur la meule.

La figure 157 représente une meule et un lapidaire en émeri montés sur un même bâti. Les meules en émeri tournent avec une vitesse qui peut atteindre 25 mètres

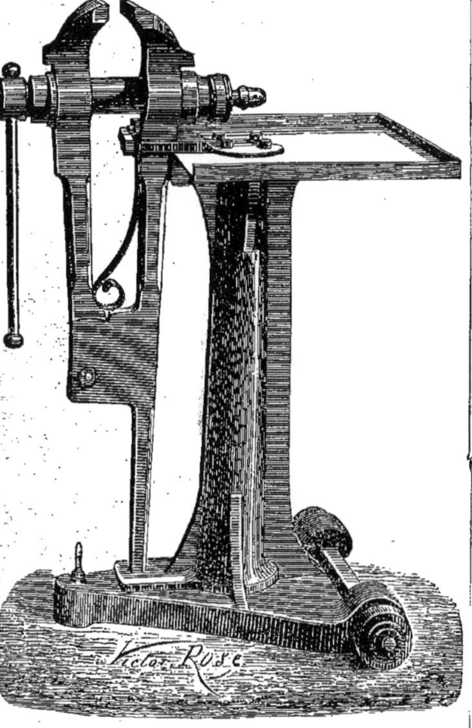

Fig. 158.

par seconde à la circonférence. Le diamètre d'une meule en émeri ne dépasse généralement pas 0m,800.

Le travail de la meule en grès est moins rapide que celui de la meule en émeri, mais il est plus fin et il écrouit moins les pièces qui sont sans cesse maintenues froides par l'eau qui recouvre la surface frottante de la meule.

VI. — AJUSTAGE

100. L'ajustage fait par le chaudronnier est presque nul; il se borne à l'ébarbage à la main de quelques trous, au burinage des parties qui ne peuvent pas être meulées et à l'affleurage des pièces montées.

Il ébarbe les trous à l'aide d'une fraise et d'un vilebrequin. La pièce à ajuster, lorsqu'elle est portative, est prise entre les *mordaches* d'un étau. L'étau est ordinairement fixé à une table ou établi situé à 0m,800 au-dessus du sol et ayant environ 0m,500 de largeur. L'établi (*fig.* 158) est boulonné à un établi roulant, ce qui arrive le plus souvent en chaudronnerie, l'ajustage se faisant en majeure partie sur le chantier au moment du montage des pièces.

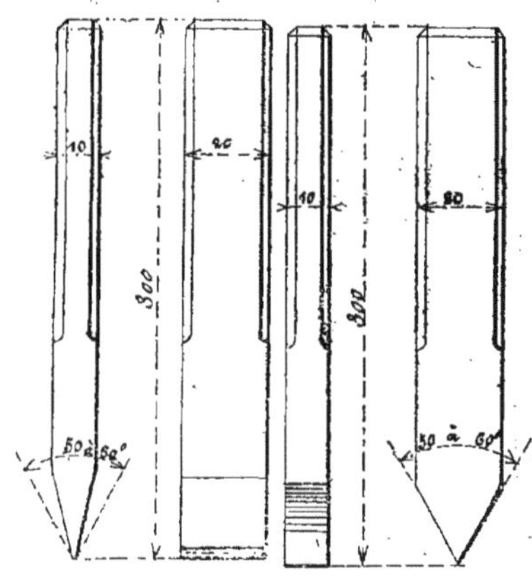

Fig. 159. — Burin. Fig. 160. — Bédane.

Le burinage se fait à l'aide du *burin* et du *bédane*, outils représentés par les figures 159 et 160, avec tiges en acier de 300mm de longueur et trempées. Dans le bédane, le tranchant est dans le sens de l'épaisseur et dans le sens perpendiculaire pour le burin. L'angle du tranchant, dans l'un et l'autre cas, est de 50° à 60°. L'ouvrier tient l'outil incliné à 45° sur la surface à buriner et frappe dessus avec un marteau à main. Quand il a une grande épaisseur de matière à enlever, il pratique d'abord des rainures avec le bédane, comme l'indique la figure 161. Il enlève la matière entre les rainures avec le burin et régularise enfin la surface avec une *lime* ayant l'une des formes des figures 162 et 163. Les limes sont en acier et trempées. Leurs surfaces sont entaillées par des stries croisées. L'ouvrier tient la lime par son manche dans la main droite et l'appuie avec la main

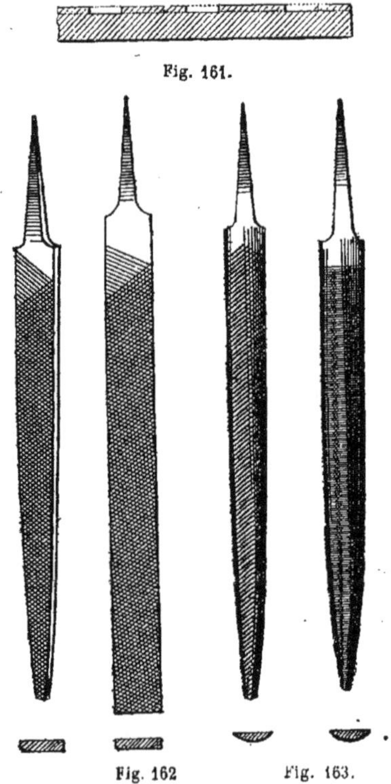

Fig. 161.

Fig. 162 Fig. 163.

gauche sur la pièce à limer en la poussant, non dans le sens de sa longueur, mais dans le sens perpendiculaire à la direction d'une série des stries.

L'affleurage se fait, comme le burinage, avec le burin et la lime.

Il ne faut pas que le burin soit trop dur, car il se casserait sous le coup de marteau. On le trempe fortement, puis on le recuit au jaune paille. On l'affute après la trempe à une meule en grès (*fig.* 164), tournant avec une vitesse de 5 mètres par seconde à sa circonférence. L'auge dans laquelle tourne la meule contient de l'eau. Un burin peut être affûté quinze fois en moyenne avant d'être reforgé.

Montage.

101. Avant de monter les différentes pièces qui, toutes réunies, doivent réaliser l'ouvrage qu'on se propose d'établir, on assemble d'abord les unes avec les autres certaines pièces dont la réunion formera un *élément* de l'ouvrage définitif. Ces pièces sont assemblées provisoirement

Fig. 164

d'abord, à l'aide de boulons de montage; puis, définitivement, à l'aide de rivets ou de boulons. La réunion des éléments entre eux constituera le montage proprement dit de l'ouvrage.

Un tablier métallique se compose, par exemple, de deux *poutres de rive* supportant une chaussée par l'intermédiaire d'un certain nombre de *pièces de pont* ; poutres et pièces de pont sont ici ce que nous avons appelé plus haut les éléments de l'ouvrage:

1° On assemblera les tôles, cornières, larges plats, etc., entrant dans la composition des poutres et des pièces de pont ;

2° On rivera ces pièces les unes aux autres quand on aura rivé, d'une part, les poutres et, d'autre part, les pièces de pont;

3° On montera le tablier en fixant les pièces de pont aux poutres.

Nous distinguerons donc, dans le montage : l'*assemblage*, le *rivetage*, le *boulonnage* et le *montage proprement dit*.

I. — ASSEMBLAGE

102. Nous n'avons plus à définir l'assemblage. Nous en suivrons les opérations sur un exemple simple. Nous supposons que nous avons à construire un tablier métallique dans la composition duquel entrent des pièces de pont comme celle dont nous donnons un dessin (*fig.* 165).

Ames, plates-bandes, cornières, goussets et couvre-joint arrivent des machines complètement dressés, cisaillés, percés et ajustés. On les assemble, comme l'indique la figure 166, à l'aide de boulons de montage, boulons d'un diamètre plus faible que celui des trous, pour qu'ils entrent plus facilement, et accompagnés de plusieurs rondelles, pour qu'un même boulon puisse assembler des épaisseurs différentes. On met de ces boulons le nombre strictement suffisant pour assurer l'immobilité des pièces pendant le rivetage. Quatre boulons, par exemple, suffiront pour assembler chacun des couvre-joints C (*fig.* 165). Un boulon sur cinq trous de rivets assemblera les cornières aux âmes et aux plates-bandes.

Quelque soin qu'on prenne pendant le traçage et le poinçonnage des trous, il y a rarement coïncidence parfaite des trous des pièces superposées qu'un même rivet doit réunir les unes aux autres (*fig.* 167). Si les axes des trous sont, à très peu près, sur le prolongement les uns des autres, on les amène à coïncider à l'aide d'une broche (*fig.* 168) qu'on force à coups de marteau à passer dans les trous. La broche ovalise un peu les trous en utilisant la malléabilité du métal et fait glisser légèrement les tôles les unes par rapport aux autres. Ces deux causes en s'ajoutant produisent l'effet cherché. On appelle cette opération *faire venir* les trous en coïncidence les uns avec les autres. On profite du moment où la broche occupe dans un trou

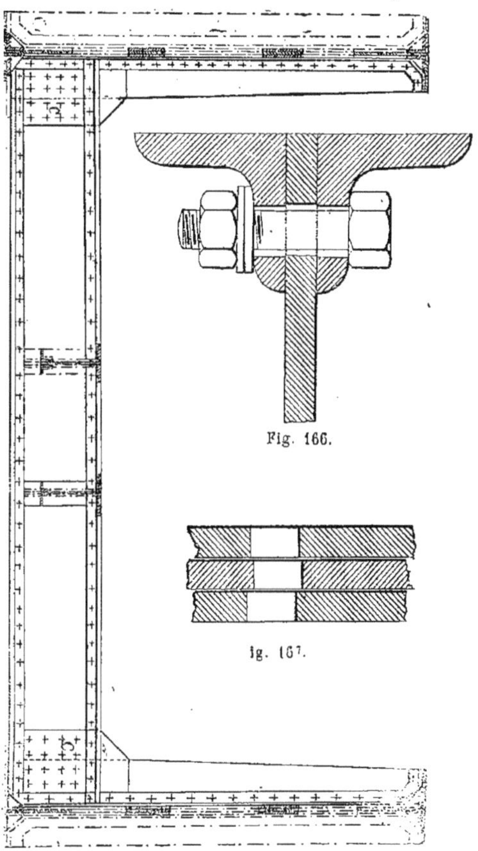

Fig. 166.

Fig. 167.

Fig. 165.

la position indiquée dans la figure 168 pour mettre un boulon de montage dans le trou voisin. Quand il y a une grande discordance dans les axes des trous, la broche ne suffit plus pour les *faire venir*. On corrige alors le défaut à l'aide d'un alésoir (*fig.* 169 et 170). Ces alésoirs en acier trempé, comme les mèches, sont simplement montés dans un cliquet à l'aide duquel l'ouvrier les fait tourner dans le trou. Ils sont de forme conique. L'ouvrier les fait descendre dans le trou jusqu'à ce qu'ils traversent entièrement ce trou en les enfonçant à petits coups de marteau à mesure qu'il les fait tourner. L'alésage des trous a l'inconvénient d'augmenter leur diamètre. Il faut alors, si l'on veut que le rivetage soit convenablement fait, employer, pour les trous alésés, des rivets d'un diamètre un peu plus fort.

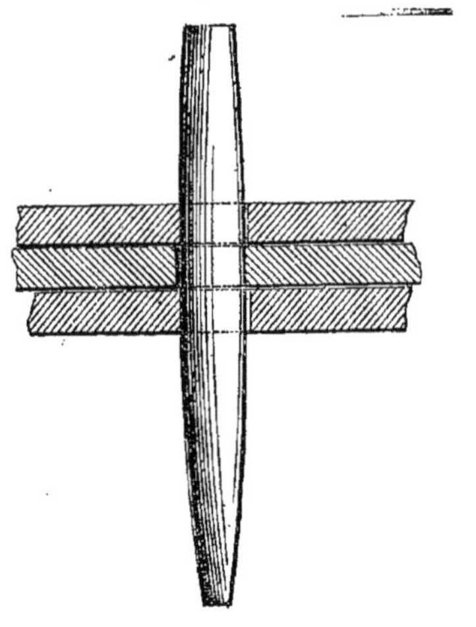

Fig. 168.

Dans l'exécution des travaux importants, on défend rigoureusement l'emploi de la broche. On fixe un maximum d'excentricité des trous (généralement $1^m/^m$ pour des trous de $20^m/^m$ en moyenne) et on prescrit l'emploi de l'alésoir et de rivets de diamètres différents.

Nous ne parlerons que pour le blâmer de l'emploi du burin pour corriger l'excentricité des trous les uns par rapport aux autres : il suppose une excentricité très grande, un traçage et un perçage très mal faits.

II. — RIVETAGE ET BOULONNAGE

103. Les pièces assemblées sont fixées définitivement les unes aux autres à l'aide de boulons et de rivets.

104. Un *boulon* est une tige généralement en fer cylindrique, terminée à l'une de ces extrémités (*fig.* 171) par une tête, à l'autre par une partie filetée sur laquelle se visse un écrou. Tête et écrou sont le plus souvent à section hexagonale et ont, comme hauteur, le diamètre du boulon. Quand on veut réunir plusieurs épaisseurs par un boulon, on engage la tige du boulon dans les trous correspondants des

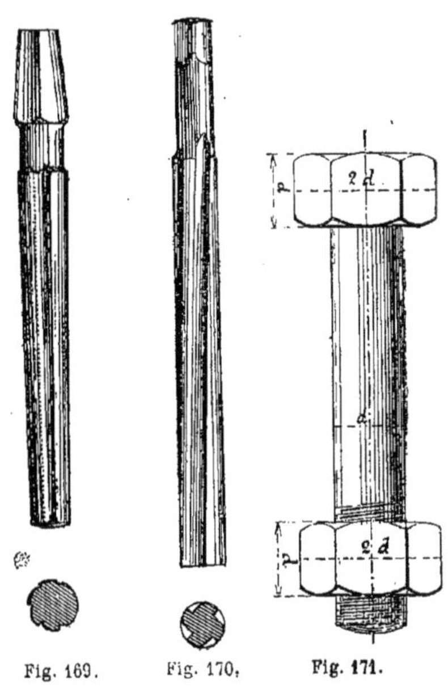

Fig. 169. Fig. 170. Fig. 171.

pièces à assembler et, à l'aide d'une des *clés* représentées par les figures 172 à 177, on visse l'écrou sur la tige jusqu'à ce que le frottement, développé entre l'écrou et la première tôle, résiste à l'effort exercé par l'ouvrier à l'extrémité de la clé et rende impossible la continuation du serrage. Un boulon doit avoir, à quelques dixièmes de milimètre près, exactement le diamètre du trou. Il faut donc que les trous soient percés à la mèche et bien percés sur le prolongement les uns des autres. Les écrous des boulons sont sujets à se desserrer, surtout s'ils réunissent les pièces d'un système en vibrations continues ou accidentelles ; en outre, ils ne permettent qu'un serrage limité. Nous verrons comment on est néanmoins conduit à en conserver l'emploi, lorsque nous parlerons du montage proprement dit.

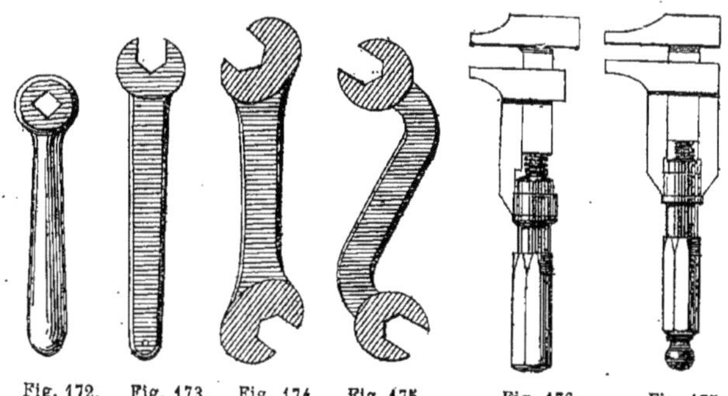

Fig. 172. Fig. 173. Fig. 174. Fig. 175. Fig. 176. Fig. 177.

105. Les clés fermées (*fig.* 172) sont solides, mais d'un maniement long et difficile. Les clés ont à peu près toujours une des formes (*fig.* 174 et 175) ; elles permettent de serrer des écrous de diamètres différents. Enfin, elles sont inclinées par rapport à leur tige pour rendre possible le serrage des écrous peu abordables. La figure 178 montre que, avec ce genre de clé, on peut serrer un écrou pourvu qu'on puisse lui faire faire à la fois $^{1}/_{12}^{e}$ de tour. En effet, on place d'abord la clé dans la position 1 (tracé plein), puis on l'amène, en serrant l'écrou, dans la position 2 (tracé pointillé). On retourne la clé (position 3, tracé mixte) et on l'amène dans la position 4 (tracé ponctué). L'écrou a fait, en deux fois, 2 douzièmes de tour. On peut replacer la clé dans la position 1 et recommencer.

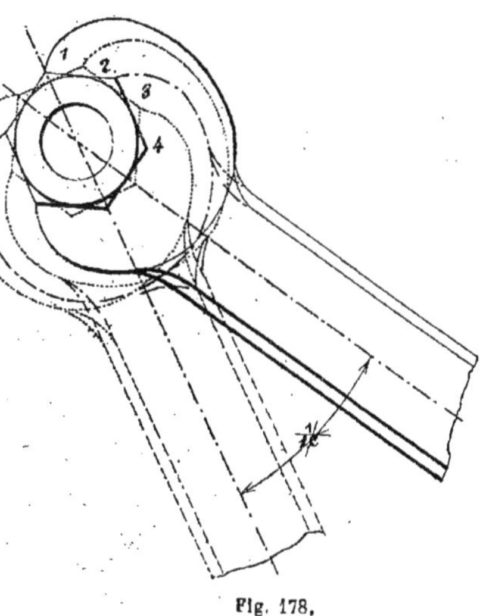

Fig. 178.

106. Un *rivet* est une tige en fer ou en acier doux portant, à l'une de ses extrémités, une tête généralement à peu près hémisphérique. La figure 179 indique les dimensions relatives de la tige et de la tête des rivets. Pour river deux ou plusieurs pièces assemblées les unes aux autres, on chauffe d'abord la tige du rivet, surtout vers son extrémité.

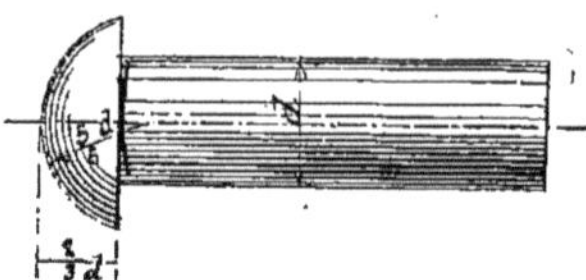

Fig. 179.

On l'introduit dans le trou des pièces à river et on forme, à l'extrémité de la tige, une seconde tête identique à la première.

Il faut quatre hommes pour former une équipe de riveurs : le *chef riveur*, *l'aide*

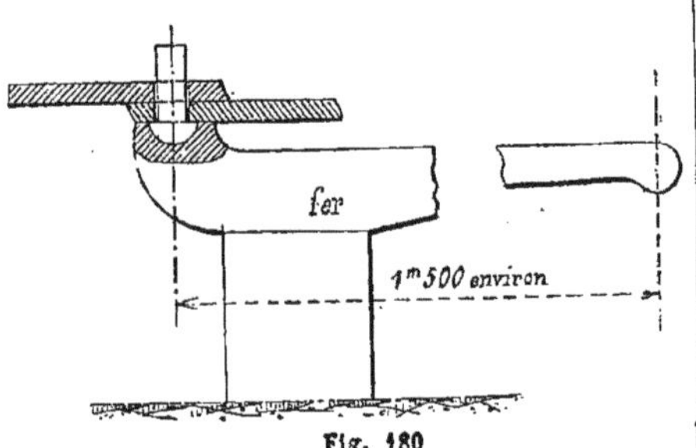

Fig. 180

riveur, le *teneur d'abattage* et le *chauffeur de rivets*, qui est toujours un enfant.

Le teneur d'abattage maintient le rivet en place à l'aide du levier d'abattage (*fig.* 180), pendant que le riveur et l'aide-riveur forment la seconde tête du rivet. Aussitôt que le rivet est engagé dans son logement, le riveur et son aide frappent sur l'extrémité de sa tige pour l'écraser à petits coups rapides, avec un marteau pesant de 1 kilo à 1k,500, ayant la forme représentée par la figure 181 et qu'ils manœuvrent à deux mains. Dès que la tige est écrasée, le riveur s'arme d'une bouterolle (*fig.* 182) montée à l'extrémité d'un manche et dont la panne porte en creux la forme qu'on veut donner à la tête du rivet. L'aide-riveur frappe sur la bouterolle avec un marteau ayant la même forme que celui représenté par la figure 181 mais pesant de 4 à 6 kilos. Cette opération doit être conduite très rapidement, de telle façon que la tête du rivet soit achevée alors qu'elle est encore au rouge sombre. Dès ce moment, la contraction de la tige du rivet, due à son refroidissement, serre énergiquement les unes contre les autres les différentes épaisseurs réunies, de sorte que le frottement des épaisseurs les unes sur les autres résiste par lui-même aux efforts supportés par le système et diminuent dans de grandes proportions, quand il ne l'annule pas tout à fait, la cisaillement du rivet. Ce serrage sera d'autant plus énergique que les pièces rivées étaient mieux en contact les unes avec les autres

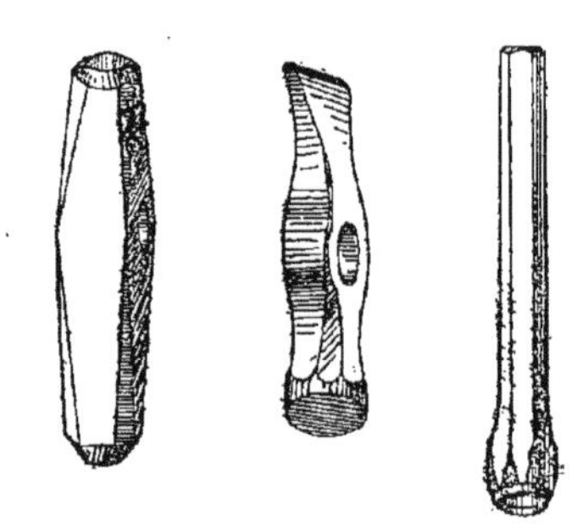

Fig. 181. Fig. 182. Fig. 183.

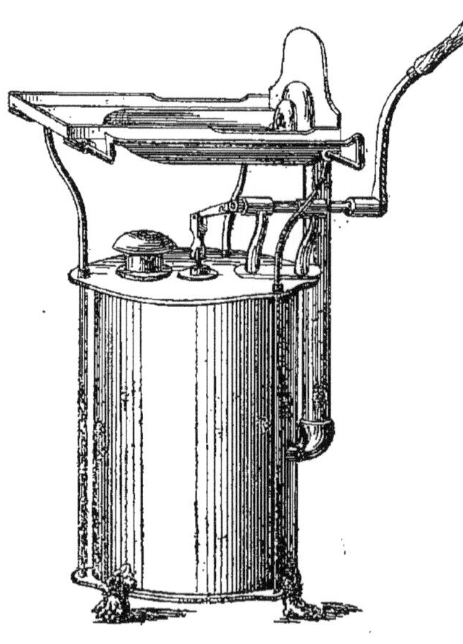

Fig. 184.

au moment où la tête du rivet a été formée. Pour arriver à ce résultat, le riveur et son aide donnent plusieurs coups de marteau sur les tôles autour du rivet, en mêmetemps qu'ils en écrasent la tige.

Le chauffeur de rivets se sert d'une forge portative (*fig.* 184) qu'il place à l'endroit le plus convenable du chantier. Il peut desservir 4 ou 5 équiques. Une bonne équipe peut placer, par journée de dix heures, 300 rivets de 18 à 25 millimètres de diamètre. Ce nombre peut être considéré comme un très bon résultat.

Quand le diamètre du rivet est faible, le riveur forme seul la tête. Il tient alors, dans sa main gauche, une bouterolle semblable à celle représentée par la figure 184 et il frappe dessus avec le marteau de chaudronnier (*fig.* 181) qu'il tient dans sa main droite. Il incline successivement la bouterolle dans tous les sens pour bien parer la tête.

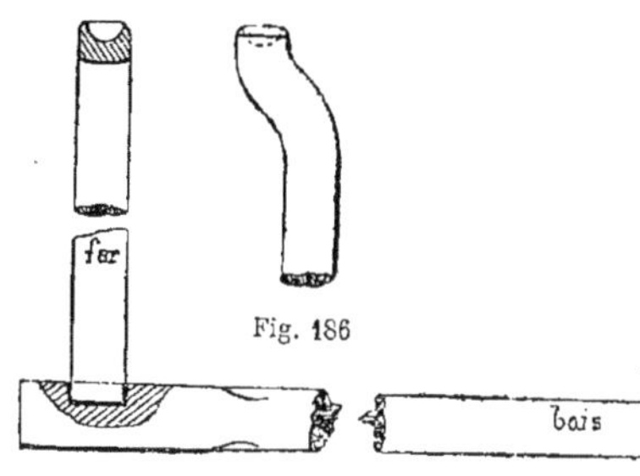

Fig. 186

Fig. 185.

Il n'est pas toujours possible d'employer le levier d'abattage indiqué (*fig.* 186). Très souvent, le plus souvent même, les ouvriers emploient un levier en bois et une contre-bouterolle (*fig.* 185), à laquelle ils donnent la forme exigée par l'endroit où se trouve située la tête du rivet à maintenir. Le teneur d'abattage s'assied à l'extrémité du levier pour *tenir coup*.

Quand les pièces à rivet sont légères et portatives, c'est la contre-bouterolle qui est fixe. Elle est plantée en terre ou enfoncée dans un billot et on pose dessus le rivet qu'on a préalablement introduit dans son logement. La contre-bouterolle résiste alors beaucoup mieux aux chocs des marteaux. La tête s'écrase et se forme beaucoup plus facilement et beaucoup plus vite. Il faut prendre garde de trop chauffer le rivet. Terminé alors qu il se trouve encore à une température très élevée, il acquerrait, par le refroidissement, une tension qui pourrait dépasser sa limite pratique de résistance et causer sa rupture.

On pose quelquefois, à froid, les rivets de petits diamètres; ils sont alors en fer très doux et ne travaillent qu'au cisaillement dans les pièces mises en place. On emploie aussi, dans la fabrication des chaudières, des rivets en cuivre.

Avant d'étudier le rivetage mécanique, dont l'application est devenue générale et est même imposée par la plupart des cahiers des charges, nous dirons, en quelques mots, comment sont fabriqués les boulons et les rivets.

Fabrication des boulons et des rivets.

107. Les boulons et les rivets se forgent de la même façon. Supposons que nous voulions faire un rivet. Un bloc d'acier, appelé *dessous*, est percé suivant son axe d'un trou dont le diamètre est égal à celui du rivet que nous voulons obtenir (*fig* 187). Un second bloc d'acier appelé *dessus*, même figure, porte, suivant son axe, un évidement ayant en creux la forme de la tête du rivet. Le *dessous* est fixe. Le *dessus* se meut verticalement (son axe étant dans le prolongement de l'axe du *dessous*) et peut venir frapper le *dessous* avec une certaine force. Nous choisissons un morceau de fer rond ayant le diamètre désiré et, comme longueur, l'épaisseur totale des pièces à réunir, augmentée de la quantité nécessaire pour former les deux têtes (3 fois le diamètre environ). Après avoir chauffé au rouge l'une des extrémités de cette tige cylindrique, on l'introduit dans le *dessous*, la partie rouge restant dehors. Une butée B maintient hors du *dessous* la quantité de tige nécessaire pour former la première tête. On fait alors descendre vivement le *dessus* et la tête, par l'écrasement de l'extrémité chauffée au rouge, se moule dans l'évidement qui lui a été réservé. La butée B repose sur une bascule que l'ouvrier manœuvre avec le pied. En appuyant sur la bascule, il fait monter la butée qui chasse le rivet fabriqué pour faire place à un autre.

Il suffit évidemment de changer le *dessus* pour faire un boulon à la place d'une rivet.

Le *dessus* est ordinairement fixé à l'extrémité inférieure d'une vis passant dans un écrou. Le mouvement de descente est donné à la vis, par suite au *dessus*, soit à la main dans la machine à balancier, soit mécaniquement dans la machine à plateau. La figure 188 représente une machine à balancier. Le balancier porte, à chaque extrémité, un poids qui augmente la

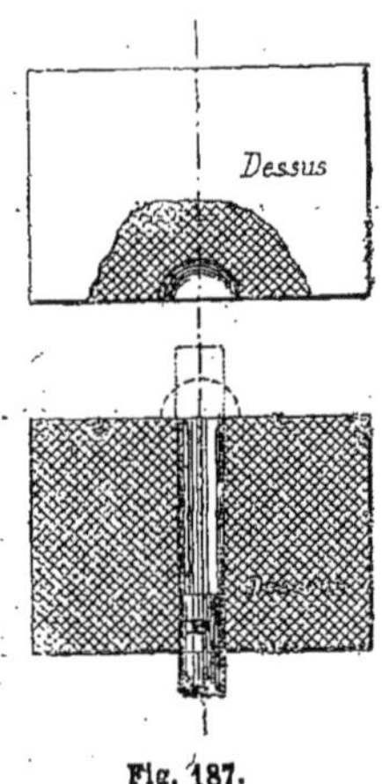

Fig. 187.

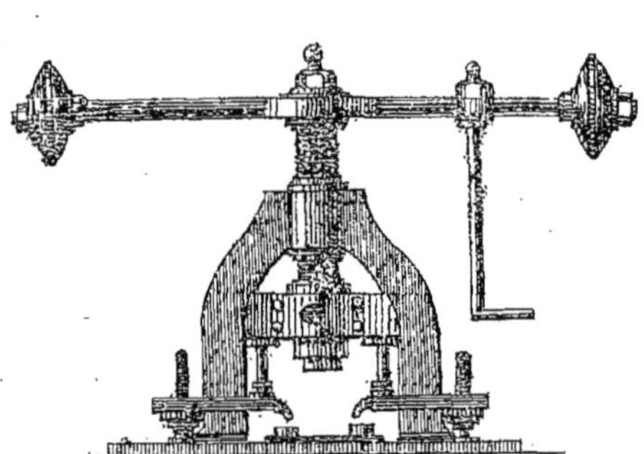

Fig. 188.

masse en mouvement et joint sa force vive à celle de la vis pour écraser la tête du rivet par le choc produit au moment où le *dessus* arrive à fin de course.

Dans la machine à plateau, le balancier est remplacé par un plateau dont la jante est garnie d'une bande de caoutchouc. Ce plateau horizontal est mis en mouvement par le frottement d'un plateau vertical tournant très vite. Un second plateau vertical, diamétralement opposé au premier, fait, à volonté, remonter le plateau horizontal et la vis.

Quand on veut faire un rivet à tête fraisée, le *dessous* porte l'empreinte de la tête ; ; le *dessus* est plein (*fig.* 189).

Le rivet est fini, mais le boulon doit encore être muni de son écrou et taraudé. L'écrou est fait par enroulement et soudure ou par étampage à la machine qui vient de nous servir à forger le boulon.

Le taraudage est fait à la main ou à la machine.

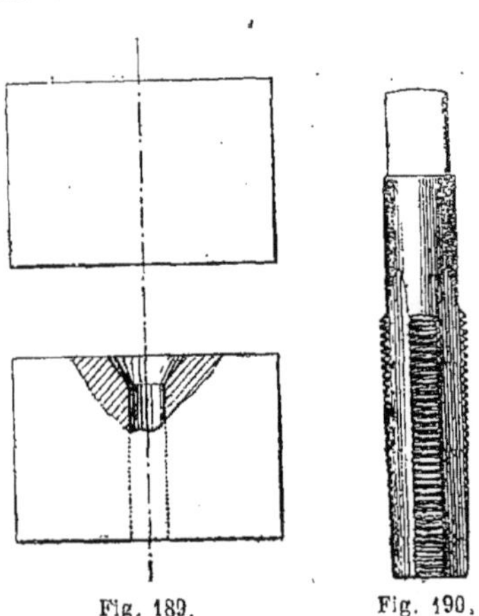

Fig. 189. Fig. 190.

Le taraudage à la main est fait, pour

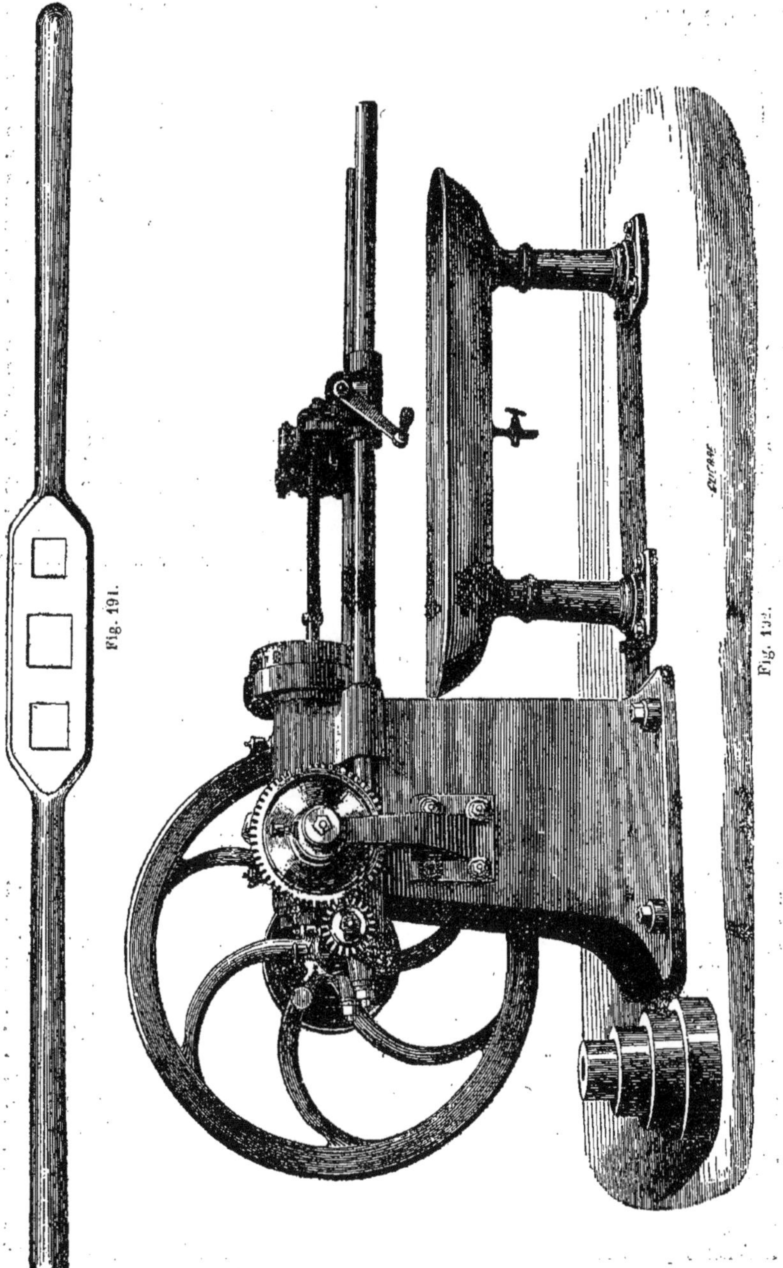

Fig. 191.

Fig. 192.

l'écrou, à l'aide d'un *tourne-à-gauche* et d'un *taraud* (*fig.* 190 et 191); pour le boulon, à l'aide d'une *filière* et d'un tourne-à-gauche un peu différent du précédent.

Le taraudage se fait beaucoup plus rapidement à la machine (*fig.* 192) Le boulon est animé mécaniquement d'un mouvement de rotation. La filière est montée sur un support qui peut avancer ou reculer dans la direction de l'axe du boulon. On pousse d'abord le support contre le boulon pour engager ce dernier dans la filière. Le mouvement d'avance de la filière se continue ensuite de lui-même. La même machine sert à tarauder les écrous. L'écrou est monté à la place de la filière et le taraud est placé à l'endroit où l'on avait fixé le boulon. La machine de la figure 192 représente le taraudage d'un écrou.

108. *Rivetage mécanique.* — Le rivetage à la main est très lent. Nous savons qu'une équipe de quatre hommes peut arriver à placer par jour 300 rivets. C'est là un maximum qui suppose d'excellents ouvriers et un travail rendu facile par la disposition des pièces. Au montage, quand les rivets sont à placer dans des endroits difficiles à atteindre, ou simplement sur des parois verticales, on n'en peut plus poser que 150 à 200 par jour. Le rivetage devient alors très cher.

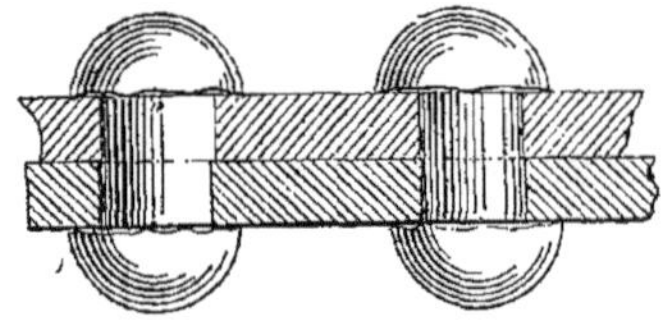

Fig. 193.

Le rivetage à la main présente d'autres inconvénients graves. L'ouvrier qui appuie de tout son poids sur le levier d'abattage ne résiste, malgré cela, qu'imparfaitement aux coups de marteau du riveur et de son aide. Le rivet, mal soutenu, fuit sous le coup de marteau et sa tête ne serre pas les tôles ; dès lors, pas de frottement des tôles les unes sur les autres. Il s'ensuit que le rivet ne travaille qu'au cisaillement. Pour que le rivet ne se refroidisse pas trop rapidement, il faut qu'il entre facilement dans le trou qui doit le recevoir. Il est donc nécessaire qu'il soit même chauffé au rouge, d'un diamètre un peu inférieur ; mais la raison qui a empêché la tête de se former en serrant les pièces rivées les unes contre les autres empêchera aussi que la tige soit refoulée et vienne remplir son logement (*fig.* 193). Quand une pièce fixée par plusieurs rivets sera soumise à un effort de traction ou de compression, les rivets, mal refoulés, rempliront inégalement leurs trous et le cisaillement se répartira entre eux d'une façon très variable. L'un d'eux pourra, comme on l'a supposé (*fig.* 193), résister seul à tout l'effort avant que les autres ne subissent encore aucun cisaillement

Enfin, la tige du rivet, par son contact constant avec les pièces réunies, se refroidit très vite; elle est déjà noire alors qu'on frappe encore sur la tête pour l'achever. Il s'ensuit un écrouissage qui diminue dans de grandes proportions la résistance du rivet Souvent, un rivet se rompt sous l'ébranlement produit par la pose du rivet voisin. L'écrouissage a causé à peu près toujours cette rupture.

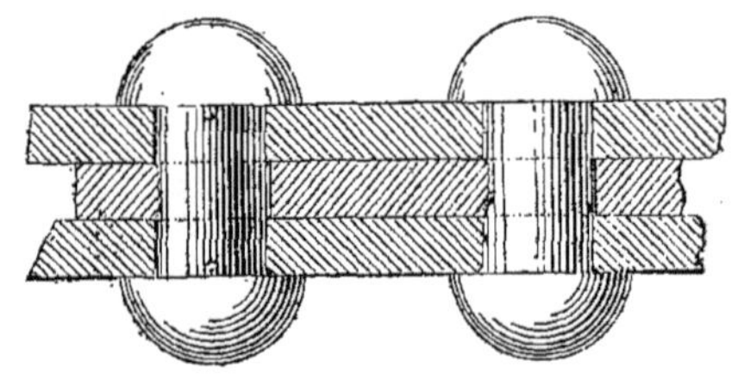

Fig. 194.

Ces différents défauts sont évités par la rivure mécanique. Elle permet d'atteindre le chiffre de mille huit cents rivets posés en une journée de dix heures. Par les pressions énormes qu'elle permet de réaliser, les tôles sont fortement serrées les unes contre les autres. Les rivets sont refoulés sur toute leur longueur et viennent parfaitement remplir le vide, quelque irrégulier qu'il soit (*fig.* 194). L'expérience a prouvé que les rivets d'un même assemblage remplissant tous également bien leur logement, travaillent tous également au cisaillement suivant deux sections, ce cisaillement étant d'ailleurs notablement réduit par le frottement, conséquence du serrage énergique des tôles les unes contre les autres. Enfin, la pose du rivet est tellement rapide qu'elle est terminée avant que le rivet ait eu le temps de se refroidir et l'écrouissage n'est plus à craindre.

Il existe un très grand nombre de riveuses : les unes à vapeur, les autres à excentrique, à levier, hydrauliques. Les riveuses hydrauliques sont les meilleures jusqu'à ce jour. Nous les décrirons avec quelques détails, nous contentant, pour les autres, de renseignements sommaires.

Les riveuses « *Lemaître* » et « *Gôuin* » sont des riveuses à vapeur. La première permet de poser huit cents rivets par jour ; la seconde, mille huit cents à deux mille. L'une et l'autre commencent par serrer

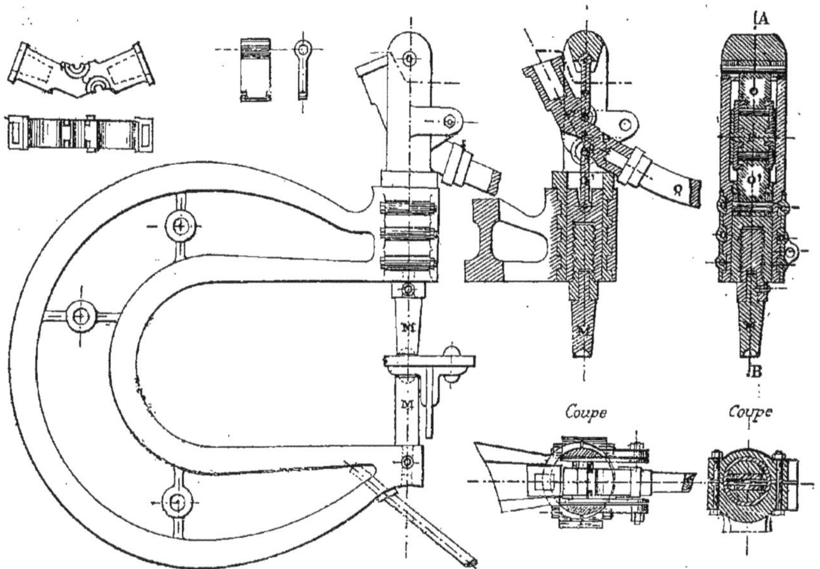

Fig. 195. — Machine à river

les tôles à l'aide d'un fourreau qui entoure la bouterolle et avance le premier avant d'écraser le rivet.

La riveuse à excentrique de « *Bergue* » peut réaliser une pression totale de 100 000 kilos et poser deux mille rivets par journée de dix heures.

Ces machines sont encombrantes. On leur préfère aujourd'hui les riveuses portatives et, pour les pièces lourdes, épaisses, exigeant une pression considérable, les machines hydrauliques fixes.

M. Bouhex construit en ce moment une nouvelle machine portative à levier, qui nous paraît intéressante (*fig.* 195).

La bouterolle M est suspendue à un point fixe N par l'intermédiaire de deux bielles et d'une noix P. La noix peut recevoir, à l'une ou l'autre de ses extrémités, un levier à contre poids. L'appareil se trouvant dans la position indiquée par la coupe AB, on soulèvera la bouterolle M en élevant le levier Q qui se trouve à droite, et l'on rapprochera la bouterolle M de la contre-bouterolle M′ en abaissant ce levier. Au moment où le levier Q arrive à fin de course en bas, l'arc décrit par l'articulation R de la bielle inférieure s'approche de l'horizontale. Le chemin parcouru verticalement par la bouterolle devient très faible en même temps que le levier Q, prenant une position horizontale, le bras du contre-poids qu'il porte arrive à son maximum. Le travail réalisé par la chute du contre-poids est donc maximum à ce moment; il est transmis intégralement à la bouterolle. Or, le chemin parcouru par la bouterolle étant très petit, sa pression sur la tête du rivet devient très grande et le serrage du rivet très énergique.

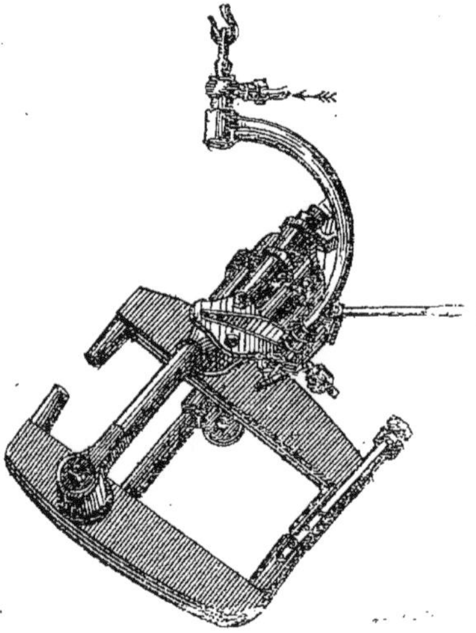

Fig. 196.

Soit à river une plate-bande de poutre composée sur ses cornières (*fig.* 195). On règle d'abord l'écartement des bouterolles.

La bouterolle M est vissée sur son porte-outil. On l'amène à fond de course en bas, puis on la visse ou on la dévisse de façon à l'écarter de la contre-bouterolle d'une quantité exactement égale à l'épaisseur de la cornière, augmentée de celle de la plate-bande. Ceci fait, on élève la bouterolle. On introduit le rivet dans son emplacement en appuyant la tête déjà formée sur la contre-bouterolle, puis on abandonne subitement le levier à l'action de son contre-poids en le projetant même, si cela est nécessaire.

L'instantanéité du rivetage est absolue. Le rivet se refoule très bien et remplit parfaitement les trous des pièces à réunir. L'inventeur affirme qu'un ouvrier peut poser, avec cette machine et sans se fatiguer plus que de raison, cent cinquante rivets de 18 à 20 millimètres de diamètre par heure. — La pratique dira son mot; elle est le meilleur juge. Nous craignons, dès à présent, que le choc produit par la chute du contre-poids n'occasionne des ébranlenents qui excentrent les têtes des rivets par rapport à leurs tiges et rendent difficile le rivetage à l'aide d'une machine suspendue.

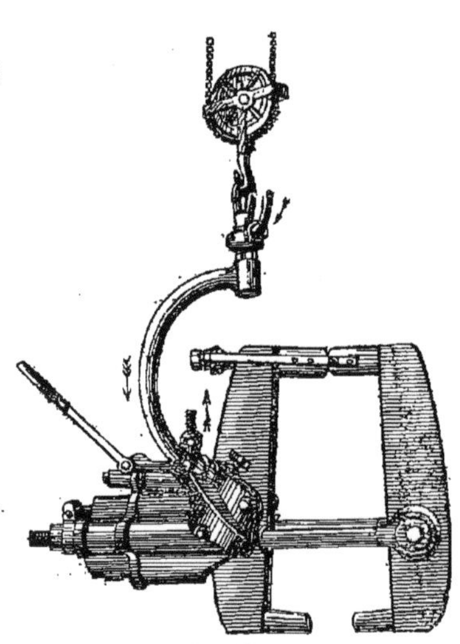

Fig. 197.

109. ***Riveuses hydrauliques.*** — On produit, à l'aide des riveuses hydrauliques, sur les têtes des rivets qu'on écrase, des pressions variant de 20 000 à 80 000 kilos suffisantes pour écraser des rivets de 12 à 30 millimètres de diamètre.

« Sous l'énorme pression exercée par la riveuse hydraulique, le fer du rivet est refoulé sur toute sa longueur et vient remplir exactement le vide, quelle que soit sa forme, tout en serrant très fortement les tôles qu'il s'agit de réunir, même lorsque ces tôles sont d'une épaisseur considérable et en nombre notable.

Le serrage est tellement énergique que les bavures disparaissent et, après l'achèvement de la rivure, toutes les parties assemblées, plates-bandes, cornières et rivets ne semblent faire qu'une seule pièce. Les écrous des boulons de serrage peuvent s'enlever à la main (1). »

« MM. Greig et Lith, en 1879, présentaient d'ailleurs à l'*Institution of mechanical Engineers* un cahier d'expériences comparatives entre les différents systèmes de rivure dont nous extrayons ce qui suit :

Rapport de la résistance des assemblages à celle des plaques.

Rivure à la main...........	0.405
— par machine à vapeur	0.509
— par machine hydraulique...............	0.539 » (2)

D'autre part, il résulte d'expériences comparatives répétées à l'usine de Sclessin, sur un grand nombre d'éprouvettes, que la résistance au cisaillement d'un rivet posé à l'aide de la riveuse hydraulique est les 0,73 de la résistance à la traction de la tige qui a servi à faire le rivet. Ce rapport tombe à 0,71 pour un rivet posé à la main.

Les riveuses hydrauliques à peu près uniquement employées jusqu'à ce jour sont les riveuses de M. Twedell. Leur mode d'action est facile à saisir à l'aide des figures 196 et 197.

La riveuse représentée (*fig.* 196 et 197) se compose de deux leviers articulés à une extrémité et portant, à l'autre, deux bouterolles destinées à former la tête du rivet. Sur l'un de ses leviers, repose l'extrémité d'un cylindre dans lequel se meut un piston plongeur portant une traverse munie de tirants qui, après avoir passé à travers deux guides placés de chaque côté du cylindre, viennent se fixer à l'autre levier, formant ainsi un levier du troisième genre dans lequel la puissance est appliquée à peu près aux deux tiers de sa longueur à partir du point d'appui. Le point d'appui peut être pris à l'une ou à l'autre extrémité des leviers. Les bouterolles sont placées à l'extrémité opposée. Le point d'application de la force divisant les leviers en deux parties qui sont entre elles dans le rapport de 1 à 2, on peut, en mettant les bouterolles du côté le plus long des leviers, placer des rivets à une plus grande distance des bords de la tôle; mais sans dire que la section des rivets qu'on placera avec cette disposition des bouterolles ne pourra être que la moitié de celle qu'on pourra placer dans l'hypothèse des figures 196 et 197.

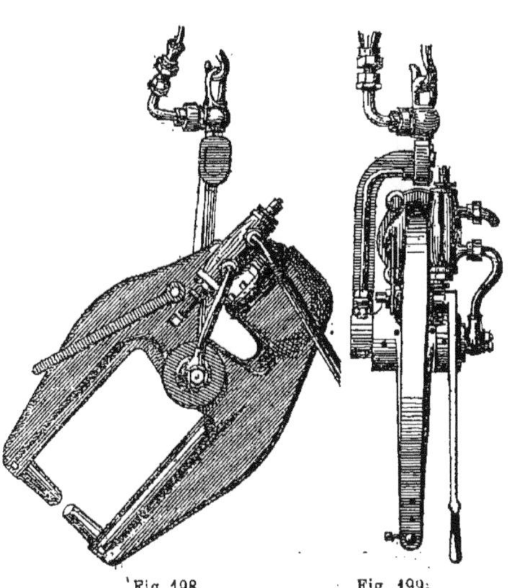

Fig. 198. Fig. 199.

M. Twedell a donné à sa machine la disposition indiquée par les figures 198 et 199 pour mieux dégager les mâchoires et permettre ainsi d'atteindre des rivets qui seraient inaccessibles avec son premier type de riveuse.

Ces machines sont suspendues par leur centre de gravité et peuvent tourner autour de deux articulations dont les axes sont perpendiculaires l'un à l'autre. Un seul ouvrier peut ainsi, quel que soit d'ailleurs leur poids, leur donner l'orien-

(1) Rapport de M. Hallopeau publié à l'occasion de l'Exposition universelle de 1878.

(2) *Génie civil*, tome II, n° 13.

tation qu'il désire. La figure 200 représente[1] l'une des nombreuses manières dont ces machines peuvent être installées en un point quelconque d'un atelier, après avoir été reliées à la conduite générale de l'eau sous pression par un tuyau articulé ou à spirales. Il va sans dire que, au lieu d'être suspendue par un palan hydraulique, comme le suppose la figure 200, la riveuse peut l'être à l'aide d'un palan ordinaire; c'est même le cas le plus général.

M. Twedell a créé, pour les ateliers importants, des riveuses fixes à l'aide desquelles on pose des rivets de forts diamètres à de grandes distances des bords des tôles. La figure 201 représente une riveuse de ce genre.

La riveuse fixe du Creusot permet de poser des rangées de rivets à 2ᵐ,00 des bords des tôles. La pression exercée sur le rivet peut atteindre 80 000 kilos; elle correspond à une pression de l'eau dans les conduits de 105 kilos par centimètre carré.

La manœuvre des machines Twedell est excessivement simple et n'exige de

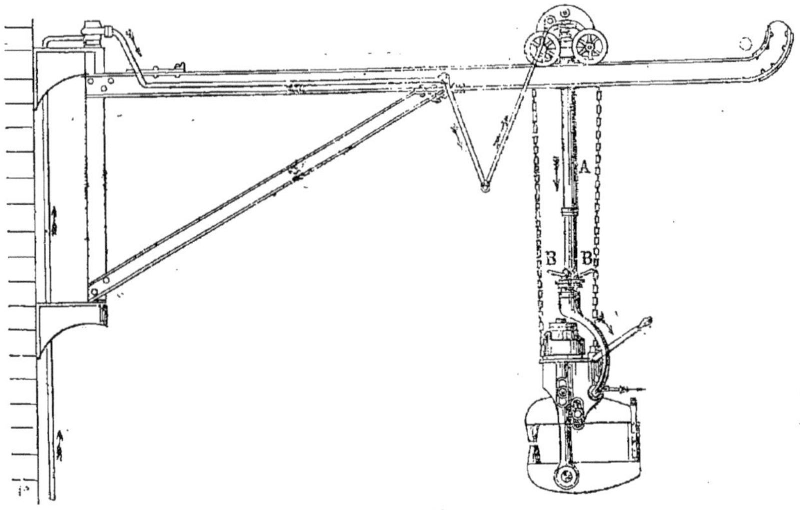

Fig. 200.

l'ouvrier qu'un effort presque nul. Elle consiste à élever et à abaisser un levier à came. La came soulève la soupape de l'admission ou celle de l'évacuation. Le nombre des rivets posé est limité par le temps nécessaire pour chauffer les rivets et les engager dans les trous destinés à les recevoir, car l'écrasement du rivet par la machine dure à peine dix secondes.

Si les pièces à river ne sont ni trop lourdes, ni trop encombrantes, deux hommes (le riveur et le chauffeur de rivets qui est un enfant) mettent, presque sans fatigue, 1 800 rivets en place en une journée de dix heures.

L'écrasement se faisant sans choc et instantanément, il n'y a pas à craindre qu'un ébranlement excentre la tête du rivet ou que l'écrouissage vienne diminuer sa résistance.

A côté de ces avantages, se rangent malheureusement de sérieux inconvénients, inhérents au système des machines. Il faut, en effet, se procurer l'eau sous pression et, pour comprimer le liquide, il faut un moteur à vapeur avec sa chaudière ou un récepteur hydraulique, des pompes qui aspirent l'eau et la refoulent en la comprimant, un accumulateur qui emmagasine l'eau comprimée d'une façon continue par les pompes, pour la restituer aux riveuses dans leur travail intermittent, des tuyaux qui conduisent l'eau de l'accumulateur aux machines. Nous ne décrirons pas tout ce matériel. Nous remarquerons seulement qu'il est important, encombrant et cher; que les conduits ont souvent des fuites qu'il faut découvrir et réparer de suite sous peine de faire dépenser aux pompes beaucoup de travail en pure perte; que le frottement de l'eau dans les conduits absorbe, pour peu que les machines soient éloignées des pompes, une fraction notable du travail dépensé; que la gelée, pendant l'hiver, a le grave inconvénient de rendre tout travail impossible. L'eau, en se congelant, fait même quelquefois éclater les conduits. Il est vrai que les machines hydrauliques ont, sur les machines mues par courroies ou par engrenage, l'avantage de n'absorber absolument aucun travail pendant qu'elles ne travaillent pas elles-mêmes, tandis que la transmission générale d'un atelier actionné par courroies doit toujours tourner, même lorsqu'aucune des machines ne travaille; mais il est vrai aussi que les machines hydrauliques absorbent, pendant leur marche, beaucoup plus de force qu'elles n'en utilisent pour l'effet qu'elles ont à produire. Suivons, en effet, la marche d'une riveuse. La descente de la bouterolle est occasionnée par l'admission, derrière le piston de la machine, d'un volume d'eau sous pression constant pour une même course de la bouterolle, que cette dernière ait ou non un travail à effectuer. Or, dans une riveuse ayant, par exemple, 12 centimètres de course, le travail à effectuer est tout entier compris dans les trois derniers centimètres de la course (depuis le moment où la bouterolle rencontre l'extrémité de la tige des rivets jusqu'à celui où la tête se trouve formée). Pendant les 9 premiers centimètres de la course, la puissante pression donnée par l'accumulateur a été dépensée en pure perte. La riveuse n'a utilisé que les 3/12 = 25 0/0 de la force qui lui a été distribuée.

Fig. 201.

Malgré les progrès considérables que la machine Twedell a fait faire au rivetage mécanique, elle ne satisfait pas encore, comme on le voit, tous les desiderata. Voici, en effet, d'après M. Marc Bernier Fontaine, ingénieur de la marine française, quelles devraient être les qualités d'une machine à river rationnelle.

« Quand la bouterolle vient appuyer sur un rivet chaud et le refouler devant elle, elle n'a, dans les premiers instants de sa course, qu'une résistance très faible à vaincre; mais, à mesure qu'elle avance, la résistance du rivet devient à chaque instant plus grande, non seulement parce que le feu de celui-ci perd de sa malléabilité par le refroidissement, mais encore parce que, l'écrasement se prononçant, il ne suffit plus de refouler la tige du rivet sur elle-même, il faut encore la comprimer dans les cavités plus ou moins irrégulières des tôles à joindre, la mouler dans tous leurs interstices en comprimant devant elle la matière des tôles elles-mêmes qui résiste à ce refoulement. *Dans une machine à river tout à fait rationnelle, la bouterolle doit donc arriver au contact du rivet chaud sans aucune pression, puis exercer sur celui-ci une pression croissante, égale à chaque instant à l'effort strictement nécessaire pour pousser plus loin le refoulement du rivet; enfin, lorsque la rivure est à peu près terminée et remplit déjà les cavités des tôles, une compression finale plus énergique est nécessaire pour forcer la matière du rivet dans les moindres fissures des tôles.*

Ces conditions d'une rivure rationnelle se trouvent réalisées dans la riveuse française Delaloe (*fig.* 202). Le bâti en forme de C de cette machine est en acier coulé, *comme ceux des riveuses Twedell.* Il porte un cylindre J dans lequel se meuvent deux pistons; l'un inférieur, O, qui porte la bouterolle B; l'autre supérieur, A, dont la tige est terminée par un filet de vis interrompu (ainsi que le montrent les coupes F et G) comme le filet de vis d'une culasse mobile de canon. Un écrou, manœuvré par le levier P, est, comme la tige du piston A, à filet de vis interrompu.

Le rivet à écraser étant placé comme le

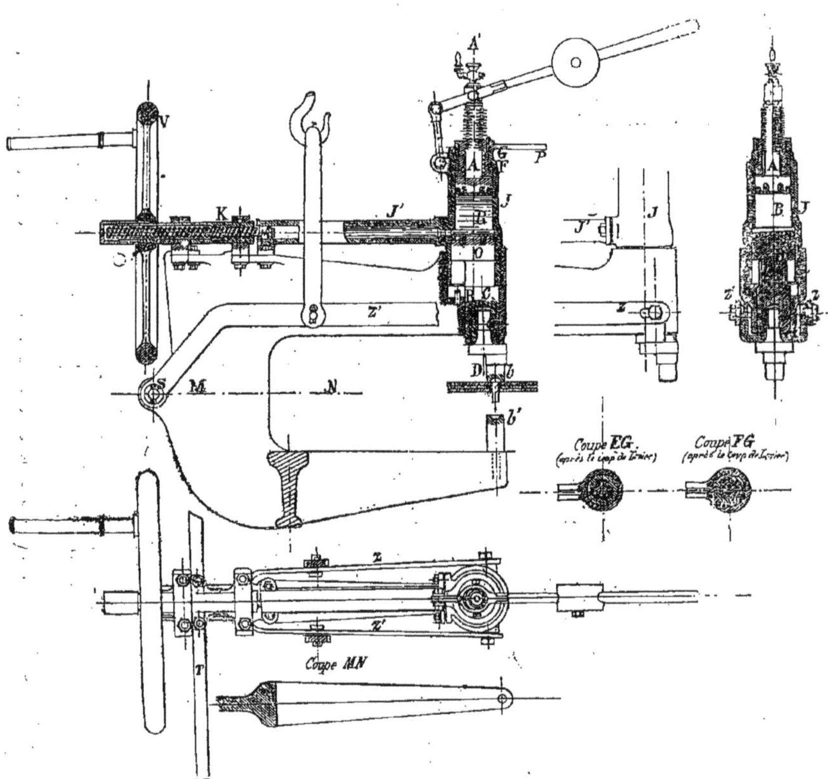

Fig 202. — Riveuse hydraulique à main (système Delaloe).

représente la figure 202 et l'écrou étant dans la position indiquée par la coupe FG avant le coup de levier, le contre-poids Q appuie sur le piston A, refoule le liquide B et fait descendre le piston O jusqu'à ce que la tige du rivet vienne toucher la bouterolle *b'*. Le riveur, placé devant la riveuse, fait alors effectuer au levier P un sixième de tour, pour amener dans la position donnée par la coupe FG, après le coup de levier. Les filets de l'écrou sont engagés dans ceux du piston A et le piston A est bloqué. A ce moment, l'aide-riveur, placé à l'arrière de la machine, fait tourner le volant V, claveté sur un écrou K, qui ne peut que tourner sur lui-même sans avancer. La rotation de cet écrou fait avancer une vis à deux filets carrés dont l'extrémité antérieure, armée d'un piston, refoule le liquide B dans le cylindre J. Le piston A étant bloqué, le piston O descend en écrasant le rivet.

L'aide-riveur maintient le rivet serré pendant quelques secondes pour le laisser se refroidir, puis il tourne le volant V en sens inverse et la pression atmosphérique fait remonter le piston O. Le riveur, à son tour, dégage le piston A en faisant tourner le levier P d'un sixième de tour, soulève, à l'aide du levier L, le piston A qui appelle le piston O et la bouterolle (par la pression atmosphérique qui s'exerce sous le piston O), bloque le piston A et se trouve prête à recommencer.

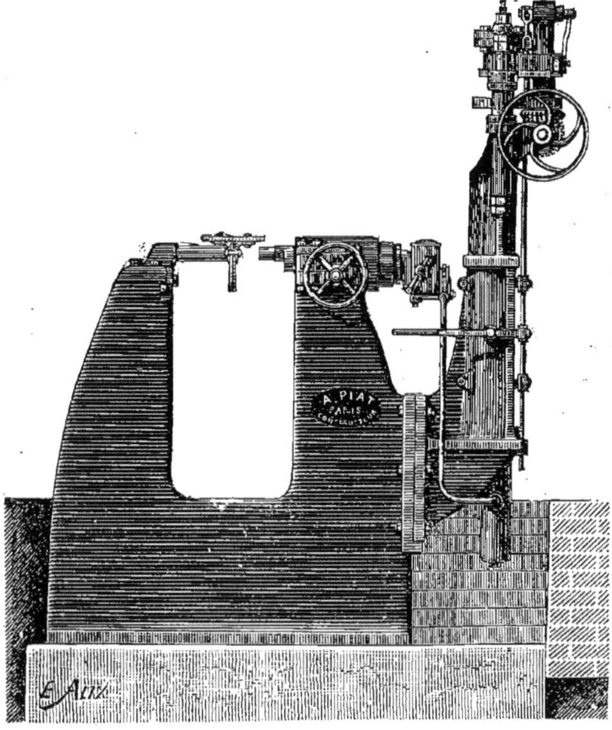

Fig. 203.

L'action de cette riveuse est bien rationnelle. La bouterolle vient s'appuyer sur le rivet avec une pression nulle. L'aide-riveur la fait descendre avec une pression croissante à mesure qu'il accélère la vitesse du volant V, jusqu'à ce que l'arrêt brusque du volant, par l'arrivée à fond de course de la bouterolle, produise la pression définitive énergique qui force la matière du rivet dans les moindres fissures et parachève la tête en l'appliquant parfaitement sur la pièce rivée.

Deux hommes et un chauffeur de rivets placent 100 à 120 rivets par heure avec cette machine.

M. Piat construit sur ce système des machines marchant par courroie et automatiques. Quand le rivet est prêt à être écrasé, il suffit d'embrayer. La bouterolle fait son aller et son retour et la machine débraie d'elle-même. La figure 203 représente une de ces machines.

La pression obtenue par un ouvrier de moyenne force est de 25 000 kilos, suffisante pour écraser des rivets de 25 millimètres.

En introduisant de l'huile ou de l'eau glycérinée au lieu d'eau pure dans le cylindre, on met la machine à l'abri de la gelée pendant l'hiver.

Transformée en poinçonneuse, elle permet de percer les trous mathématiquement, à l'endroit voulu, par la facilité qu'on a de descendre le poinçon, sans pression aucune, pour voir si la pièce à percer est bien placée avant de produire la pression nécessaire pour emporter la débouchure. Les riveuses hydrauliques n'ont pas cet avantage.

On reproche à la riveuse Delaloe la lenteur de son fonctionnement. La manœuvre, en effet, n'est pas des plus simples. Le riveur, après avoir introduit le rivet rouge dans son trou, doit dégager le piston A (*fig.* 202), l'abaisser à l'aide du levier L, le bloquer avant que l'aide puisse manœuvrer le volant ou déplacer la courroie qui produiront la rivure. L'aide doit, en outre, dépenser une force assez considérable. Nous sommes loin de la simplicité de manœuvre de la riveuse Twedell : abaisser, puis élever, sans fatigue, un simple levier et la rivure est effectuée. Cette lenteur, il est vrai, est compensée.

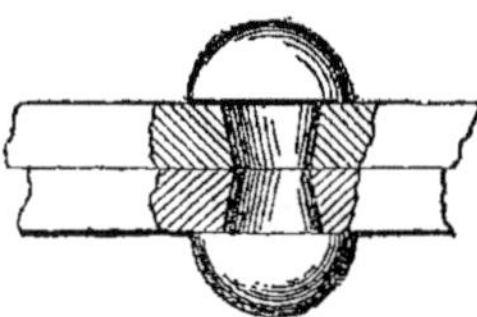

Fig. 204.

1° Par une économie notable dans la force dépensée : une riveuse Twedell absorbe 4 chevaux-vapeur et 1/2 cheval suffit pour actionner une riveuse Delaloe.

2° Par l'économie de l'installation qui ne se compose plus que de la riveuse proprement dite n'exigeant ni moteur, ni pompes, ni accumulateur, ni conduits.

Nous terminerons le paragraphe du rivetage par une considération pratique sur l'assemblage par la rivure de deux pièces poinçonnées. Nous savons que la poinçonneuse forme un trou qui est tronconique. Le traceur doit prévoir l'assemblage des pièces et les tracer de telle façon que, une fois assemblées, elles se présentent comme l'indique la figure 204, c'est-à-dire que les trous soient opposés par leur plus petite base. Les trous sont mieux remplis au moment de l'écrasement et leur évasement, qui constitue un véritable fraisage, vient en aide à la tête pour produire le serrage des tôles.

III. — MONTAGE PROPREMENT DIT

110. Le montage proprement dit est *provisoire* ou *définitif*.

A moins que l'ouvrage à exécuter ne soit excessivement simple, à moins que sa construction n'exige aucun soin particulier, le montage définitif au lieu d'emploi sera toujours précédé d'un montage provisoire à l'atelier.

Montage provisoire.

111. Ce montage provisoire peut se faire *à plat* ou *en élévation.*

Quand l'ouvrage à construire est, par exemple, une ferme de charpente métallique, le montage provisoire à plat est suffisant ; il consiste à monter la ferme couchée sur un sol bien plan. Les différents éléments de la ferme sont réunis les uns aux autres par des boulons de montage. On s'assure que ces éléments s'adaptent bien les uns aux autres et que les dimensions générales qui résultent de leur assemblage pour l'ensemble de l'ouvrage sont bien celles qui ont été prévues aux dessins du projet.

Le montage à plat ne permet de vérifier l'exactitude que d'une seule ferme séparée, sans montrer si elle se comporte bien dans l'ensemble de la charpente. Cela est généralement insuffisant. Souvent, d'ailleurs, le montage à plat est impossible et c'est ce qui arrive lorsqu'il s'agit d'un pont. Le montage se fait alors à l'atelier, absolument comme il devra l'être sur le chantier.

Les ouvrages une fois ainsi montés, on en vérifie soigneusement toutes les dimensions. On corrige les erreurs de traçage ou de perçage et on trace les trous dont la difficulté du montage ou la grande précision exigée rendaient difficile le traçage avant l'usinage. Ainsi, dans un pont en fonte, à poutres en arcs composées de voussoirs, on fera venir au moulage les trous qui doivent réunir les voussoirs les uns aux autres d'un côté seulement du voussoir. On montera les arcs sur échafaudages et on fixera les voussoirs les uns aux autres à l'aide de fortes presses. On tracera alors les trous sur les nervures de telle façon qu'ils correspondent exactement aux trous des nervures, ou, plus simplement, on les percera directement à l'aide de foreries portatives en se servant des trous pour guider la mèche ; puis, on remplacera les presses par des boulons.

Avant de démonter l'ouvrage pour en peindre les pièces et les transporter au lieu où elles doivent être montées définitivement, on les repère soigneusement les unes par rapport aux autres.

Le repérage consiste à marquer chaque élément d'un ouvrage d'un signe apparent qui, au moment du montage définitif, indique rapidement, et sans erreur possible, la place et l'orientation de l'élément dans l'ensemble de l'ouvrage. Les signes employés sont, tantôt des coups de pointeau, tantôt des chiffres ou des lettres et souvent les deux réunis.

Montage définitif.

112. Le montage définitif sur le chantier ne diffère du montage provisoire, que nous venons de décrire, que par la substitution des rivets aux boulons de montage. Si le montage provisoire a été consciencieusement fait, le montage définitif sera facile et rapide.

Il est important de placer à l'atelier le plus grand nombre possible de rivets. Sur le chantier, les rivets doivent, dans la grande majorité des cas, être placés à la main. Or, nous avons vu que, même lorsqu'ils sont mis à l'atelier, les rivets écrasés à la main laissent souvent à désirer. La main-d'œuvre de leur mise en place est d'ailleurs toujours onéreuse, surtout sur les chantiers où les pièces à river sont souvent verticales et les rivets difficiles à atteindre.

Malheureusement, pour la bonne et économique exécution du travail, il est rare qu'un ouvrage puisse partir de l'atelier entièrement et définitivement monté et rivé. Les dimensions, presque toujours, dépasseraient celles que les compagnies de chemins de fer peuvent transporter et les poids, ceux que leurs wagons peuvent recevoir. C'est alors affaire à l'ingénieur de prévoir les assemblages qui devront

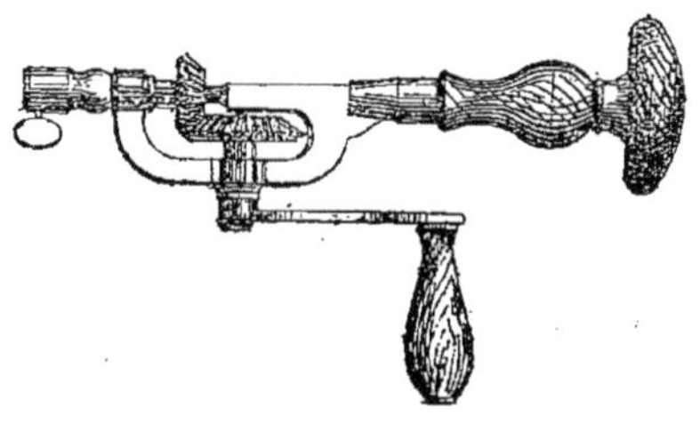

Fig. 205.

être faits sur le chantier et de les rendre accessibles et faciles pour une bonne exécution.

Dans le but d'arriver à un montage définitif plus expéditif et plus facile, on substitue quelquefois les boulons aux rivets. On le fait aussi quand l'ouvrage peut, par la suite, être susceptible d'un montage et quand l'assemblage est situé en un point où il serait difficile de bien placer des rivets. L'assemblage des pannes sur les arbalétriers d'une ferme se fait très fréquemment au moyen de boulons et d'équerres d'assemblage. Ces équerres sont rivées à l'atelier sur les pannes, puis boulonnées sur les arbalétriers au moment du montage.

113. *Outils et engins de montage.* — Le monteur emploie tous les outils du traceur décrits précédemment. Il alèse les trous déjà percés ; il perce ceux qui n'ont pas pu l'être avant le montage avec les outils que nous connaissons. Il se sert, surtout, pour le perçage, de foreries portatives manœuvrées à la main et quelquefois mises en mouvement par transmission à l'aide d'arbres flexibles.

Nous donnons (*fig.* 205) la vue d'un vilebrequin qui permet de percer rapidement et facilement des trous de petits diamètres dans des endroits inaccessibles par les vilebrequins ordinaires.

114. La *pince* (*fig.* 206) sert au monteur à soulever légèrement une pièce pour la mettre horizontale ou d'aplomb, ou pour la déplacer latéralement d'une petite quantité. C'est, dans ses mains, un levier du premier genre dont le point d'appui est au talon de la pince.

115. Les *chevalets* permettent d'élever les pièces au-dessus du sol. Ils trouvent leur emploi dans le montage à plat et dans le montage d'ouvrages, comme des ponts, qui doivent être inclinés une fois mis en place et qu'on monte provisoirement à l'atelier avec l'inclinaison qu'ils auront définitivement. Les ouvriers s'en font souvent un échafaudage en jetant quelques planches dessus. Ils ont des formes et des dimensions variables.

Appareils de levage.

116. Les appareils de levage sont très nombreux. Nous passerons en revue les principaux seulement.

117. *Cric.* — Le cric se compose d'une crémaillère en fer terminée à son extrémité supérieure par une griffe et à sa partie inférieure par un crochet. La griffe peut tourner. La crémaillère reçoit un mouvement de montée et de descente au moyen d'une manivelle et par l'intermédiaire d'un ou de deux engrenages. Un cliquet peut maintenir la crémaillère arrêtée en un point quelconque de sa course. Les figures 207 et 208 représentent : la première, un cric à flasques en tôle et à simple engrenage ; la seconde, un cric à flasques en bois cerclés, de fer et à double engrenage. La hauteur des crics varie de $0^m,60$ à $1^m,10$; ils permettent de soulever des charges atteignant 10 000 kilogr., mais leur rendement est très faible à cause des frottements énormes développés dans les engrenages dont le diamètre est très petit.

F. 206.

118. *Vérins.* — Les figures 209 et 210 représentent deux vérins ordinaires à vis. Il suffit de les examiner pour en comprendre le fonctionnement. L'un et l'autre sont mus par cliquet. Le second peut recevoir un déplacement latéral en même temps qu'un mouvement d'élévation ou de descente.

119. *Vérin hydraulique de M. Paris* (*fig.* 211). — Un réservoir supérieur renferme de l'eau. Un piston plongeur, ma-

Fig. 207. Fig. 208.

nœuvré par un levier à main, aspire cette eau et la refoule dans un cylindre inférieur. Le cylindre inférieur est fermé par un piston fixe qui repose sur le sol et forme le pied du vérin. L'eau, refoulée dans le cylindre, soulève, en s'appuyant sur le piston, toute la partie supérieure du vérin. Quand on veut faire descendre le vérin, on met en communication le cylindre inférieur avec le réservoir supérieur à l'aide d'une soupape à vis manœuvrée de l'extérieur. La charge fait remonter l'eau dans le réservoir. Un taquet, vissé à la partie inférieure de la paroi intérieure du cylindre et coulissant dans une rainure du piston, empêche l'ensemble du vérin de tourner sur le piston.

Le vérin hydraulique de M. Paris permet à un homme de soulever des charges atteignant 20 000 kilos et de descendre des charges allant jusqu'à 60 tonnes.

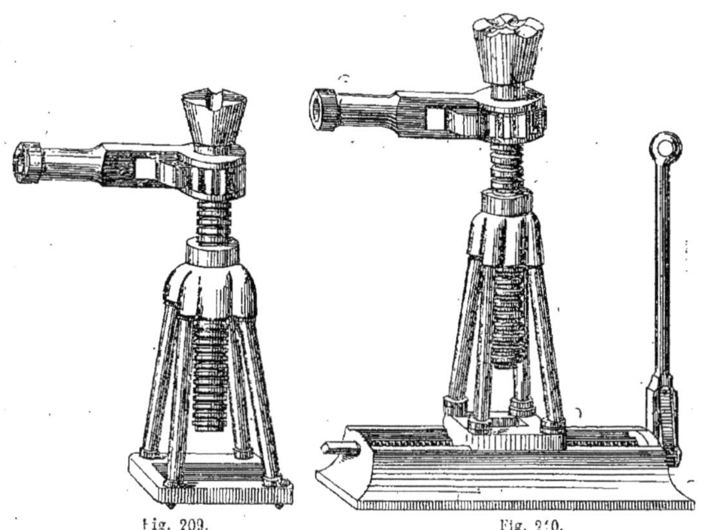

Fig. 209. Fig. 210.

120. *Moufles.* — La figure 212 montre assez clairement la composition de cet appareil de levage pour que nous nous dispensions d'en faire la description. L'un des crochets de la moufle est relié à un point fixe. L'autre reçoit la charge à soulever. L'ouvrier agit sur le brin pendant de la corde. L'effort qu'il exerce sur ce brin est multiplié par le nombre de brins allant de l'un à l'autre support des poulies. Dans l'hypothèse de la figure, un ouvrier produisant sur le brin libre une traction de 50 kilos ferait équilibre à une charge de $50 \times 6 = 300$.

121. *Palans.* — Il y a une très grande variété de palans. Nous décrirons les deux types principaux seulement.

122. *Palan à poulies différentielles* (*fig.* 213). — Théoriquement, cet appareil permet à un seul homme de soulever un poids quelconque. Deux poulies à empreintes, de diamètres un peu différents en fonte très dure, sont coulées adhérentes l'une à l'autre. Elles sont folles sur un axe relié par une chape et un crochet à un point fixe de l'atelier. Une chaine sans

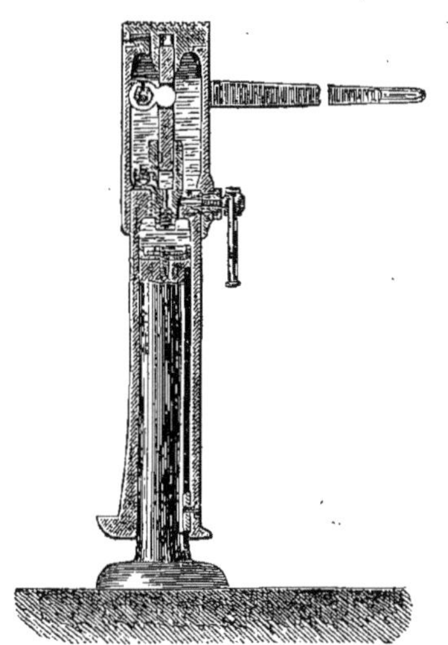

Fig. 211.

fin, parfaitement calibrée, s'enroule successivement dans les deux gorges de la poulie double, formant ainsi deux boucles

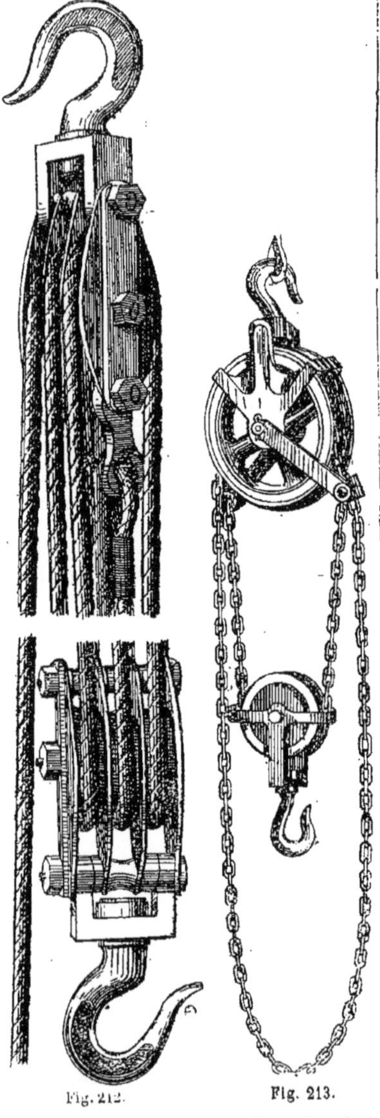

Fig. 212. Fig. 213.

pendantes. On place, dans l'une des deux boucles, une poulie mobile portant un crochet qui reçoit la charge à soulever. L'autre boucle reste libre. En tirant sur l'un ou l'autre brin de cette seconde boucle, on fait monter ou descendre la charge. En effet, supposons (*fig.* 214) que, en tirant sur le brin 1, on ait fait opérer un tour com-

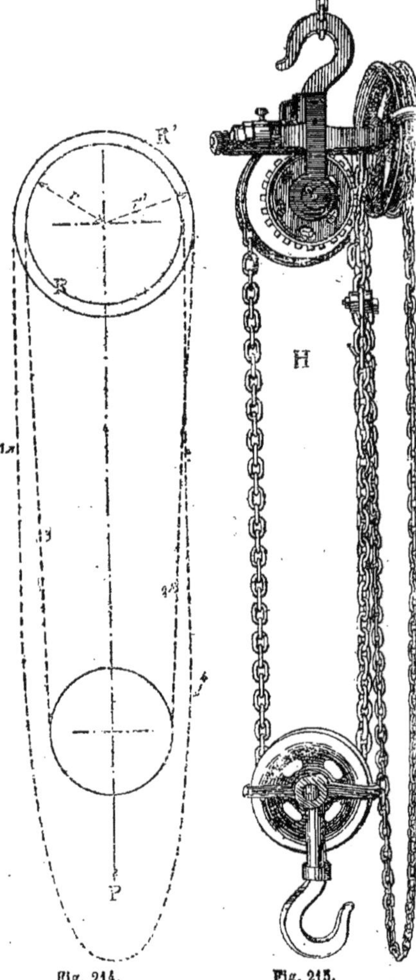

Fig. 214. Fig. 215.

plet à la poulie double. Le brin 2, en s'enroulant sur la gorge R', s'est raccourci d'une longueur :

$$a' = 2\pi r'.$$

En même temps, le brin 3, en se déroulant de la gorge R s'est allongé de :

$$a = 2\pi r$$

L'ensemble des deux brins 2 + 3 s'est donc raccourci de:

$$b = a' - a = 2\pi (r' - r).$$

Si l'on admet (ce qui est sensiblement vrai) que les deux brins 2 et 3 sont parallèles, le poids P a été élevé d'une quantité :

$$h = \frac{b}{2} = \pi (r' - r).$$

P $\times$ h représente le travail produit. Il est égal au produit dépensé par l'ouvrier qui tire sur le brin A pour faire tourner les poulies, diminué du travail absorbé par les frottements:

$$F \times 2\pi r' - Tf = A$$

$$A = P \times h$$

A est une quantité limitée par le poids de l'ouvrier. Si donc, on veut élever une charge très lourde, il faudra diminuer h pour conserver l'égalité A = P $\times$ h, ce qui revient à diminuer $r' - r$, ou à donner aux gorges de la poulie double deux diamètres peu différents l'un de l'autre. Moins ces diamètres seront différents,

Fig. 216.

plus grande sera la charge qu'un homme pourra soulever. Cette charge reste en équilibre dans toutes ses positions.

123. *Palan à vis sans fin et à roue héliçoïdale.* — La figure 215 représente un palan de ce système. La charge est accrochée à une poulie mobile. La chaîne qui la supporte s'enroule sur une poulie à empreintes, calée sur le même axe qu'une roue à dents héliçoïdales. Cette dernière engrène avec une vis sans fin montée sur le même axe qu'une grande poulie à empreintes qu'on fait tourner du sol avec une chaîne pendante. Pratiquement, on construit des palans permettant de soulever jusqu'à 12 000 kilogrammes.

124. *Treuil.* — Le treuil est un appareil très fréquemment employé, soit seul, soit comme complément d'un autre appareil (grue d'atelier, roulante ou à portique).

Le treuil est à tambour, à noix ou à chaîne de galle.

125. *Treuil à tambour.* — Il se compose, dans sa forme la plus simplifiée, d'un cylindre ou *tambour* en bois ou en métal, autour duquel s'enroule une corde ou une chaîne dont l'extrémité libre supporte la charge à soulever. Le tambour reçoit son mouvement de rotation d'une manivelle fixée directement sur lui ou le commandant par l'intermédiaire d'une ou de

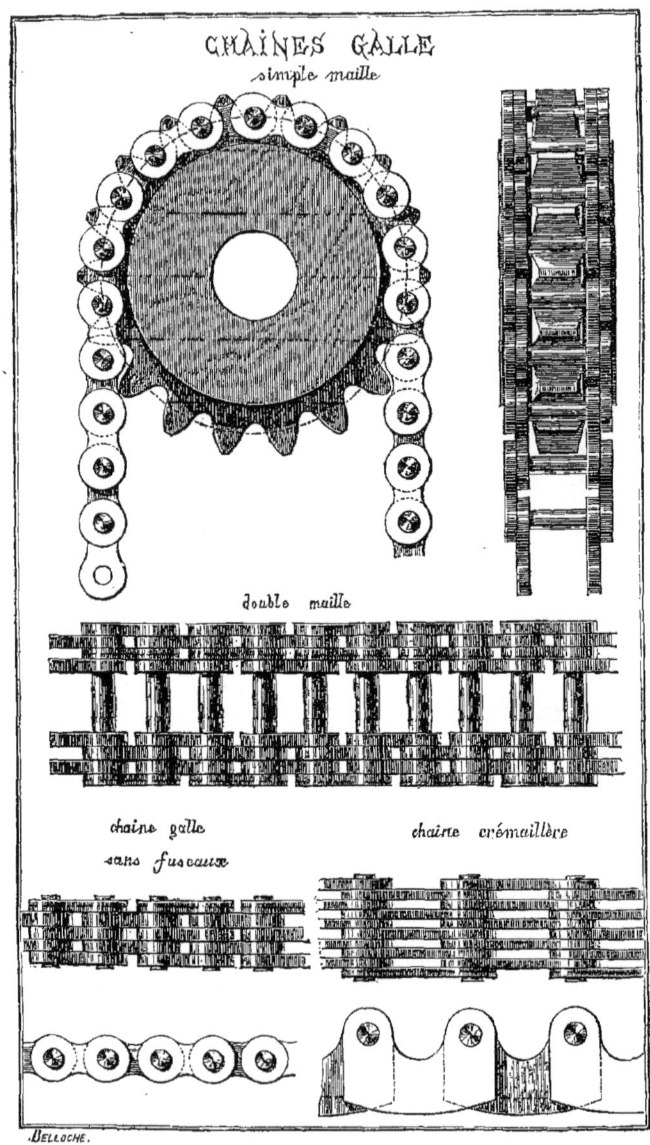

Fig. 217.

plusieurs paires d'engrenages. Sous cette disposition, il sert à tirer l'eau des puits ou à lever les matériaux lorsqu'il est fixé sur une chèvre ou directement sur le sol.

Pour élever des charges considérables, on est conduit à multiplier la force des ouvriers agissant sur les manivelles en augmentant le nombre des engrenages. On adjoint au système un cliquet pour arrêter la charge en un point quelconque de sa course et un frein permettant de faire équilibre à la charge suspendue ou de la descendre avec une vitesse quelconque modérable à volonté. On obtient ainsi des treuils qui permettent à quatre hommes de soulever une charge de 10 tonnes (*fig.* 216).

126. *Treuil à noix.* — Dans le treuil à noix, le tambour est remplacé par une noix portant l'empreinte des maillons de chaîne. La chaîne ne s'enroule plus; elle est simplement entraînée par les empreintes de la noix, puis elle s'emmagasine dans un coffre. La noix est mise en mouvement comme l'était le tambour dans le treuil à tambour. Ce système de treuil exige une chaîne dont les maillons soient parfaitement réguliers, une chaîne *calibrée*.

127. *Treuil à chaîne de Galle.* — La figure 217 nous dispense de faire la description d'une chaîne galle. Cette chaîne à laquelle la charge est suspendue passe sur une roue, véritable roue d'engrenage, dont la chaîne de galle est la crémaillère. Cette roue remplace le tambour ou la noix des deux variétés de treuil que nous venons d'examiner. Un coffre reçoit la chaîne après son passage sur la roue.

128. *Grue d'atelier.* — La description de cette machine eût été mieux à sa place au paragraphe de l'usinage. Nous l'avons réservée, afin de ne pas la séparer de la description des autres appareils de levage.

La grue d'atelier (*fig.* 218) sert à prendre une pièce sur la table d'une machine pour l'apporter sur la table de la machine voisine, ou à la transporter d'un wagonnet qui l'amène dans l'atelier sur une machine. Elle est placée en un point de l'atelier choisi de façon à lui permettre de desservir le plus grand nombre possible de machines-outils. Elle est pivotante et sa volée peut décrire une circonférence complète ou une fraction notable de la circonférence. La charge, suspendue à une poulie mobile, peut être éloignée et rapprochée du pivot de la grue. Le mouvement d'élévation de la charge se fait au moyen d'un treuil fixé sur la grue. Les deux mouvements d'élévation et de translation de la charge s'effectuent du sol,

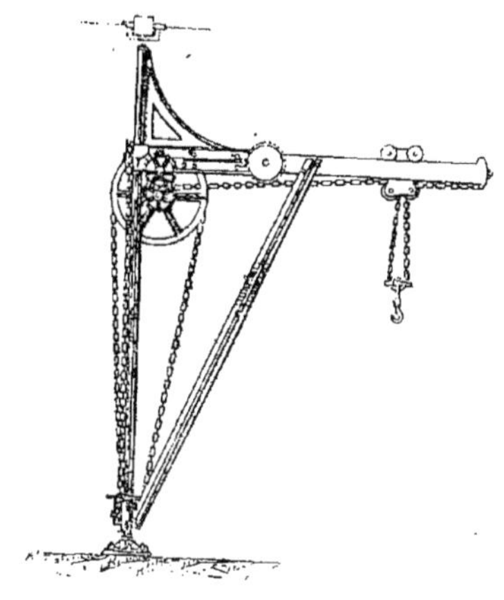

Fig. 218

tantôt directement à l'aide de manivelles, tantôt (c'est le cas de la figure 218) par l'intermédiaire de chaînes pendantes.

129. *Grue roulante.* — On emploie dans les ateliers et dans les chantiers de montage, pour la manutention et le montage des pièces, des grues roulantes qui sont à pivot ou à portique.

La figure 219 représente une grue roulante à pivot d'une force de 6 000 kilogrammes à treuil à double engrenage et à frein; elle roule sur une voie qu'on aura dû établir préalablement à l'endroit le plus convenable du chantier. Souvent, ces grues sont actionnées par la vapeur et se meuvent mécaniquement sur leur chemin de roulement. Elles portent aux quatre angles de leur châssis, et à l'aplomb des rails, quatre griffes d'amarrage par lesquelles on les accroche à la voie afin de pouvoir soulever une charge plus grande sans compromettre leur stabilité.

130. *Les grues à portique* se composent (*fig.* 220) d'une charpente ou pont en bois ou métallique sur laquelle se meut un treuil. La translation de la grue sur son chemin de roulement est obtenue à l'aide de volants à main actionnant directement, par pignons et engrenages, les galets de la grue. Le treuil est mû de la même façon. Il est toujours à engrenages multiples et à frein. Une grue à portique peut prendre,

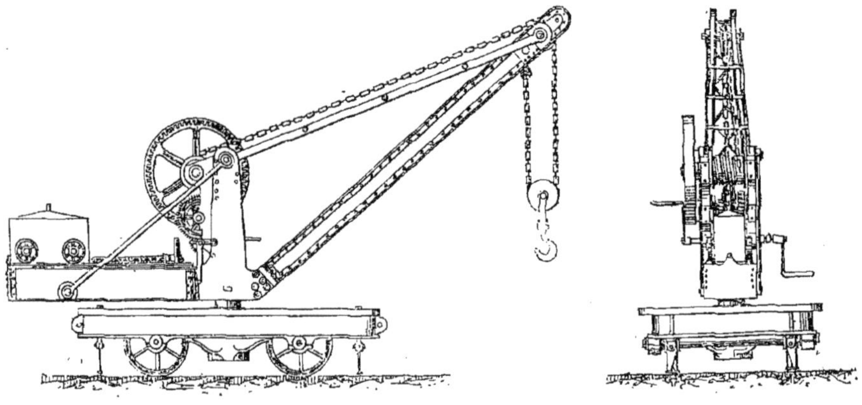

Fig 219.

transporter et déposer une charge en un point quelconque situé à l'intérieur de son chemin de roulement.

Tous les appareils de levage doivent être solidement et consciencieusement construits pour prévenir les accidents qu'occasionnerait la rupture d'un quelconque de leurs organes. Les compagnies

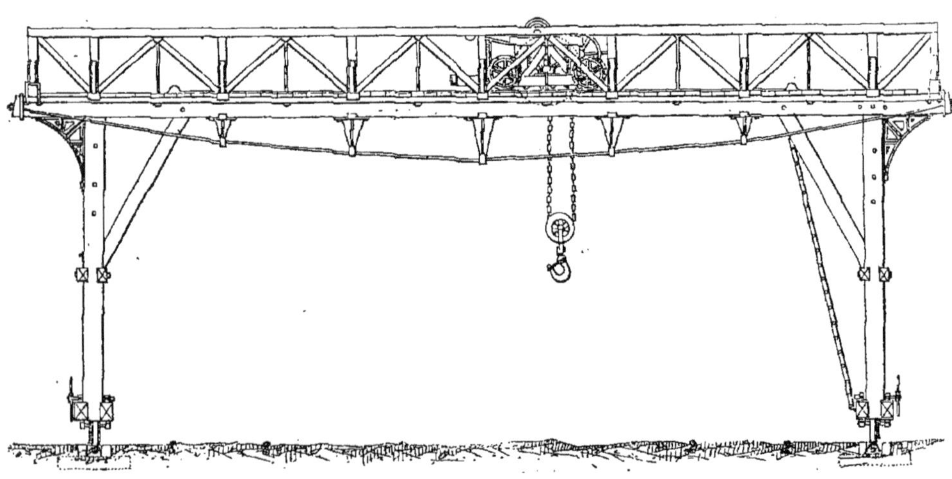

Fig. 220.

de chemins de fer ne les mettent en service qu'après leur avoir fait subir de sérieuses épreuves. Voici celles qu'impose la compagnie des chemins de fer de Paris-Lyon-Méditerranée.

On fait d'abord une manœuvre à vide

de l'appareil pour s'assurer de son bon fonctionnement.

Ensuite, on fait deux épreuves sous charges :

La première sous une charge égale à la puissance nominale de la grue, la seconde sous une charge égale au *double* de cette puissance nominale (dans cette dernière épreuve, les charges sont ajoutées progressivement à partir de la charge simple jusqu'à la charge double).

Pendant les épreuves, aucune variation ne doit se manifester dans l'ensemble de l'appareil (charpente, treuil, fondation etc.).

Le frein doit arrêter la charge simple dans la descente de la charge et faire équilibre à la charge double.

La descente de la charge simple se fait à l'aide du frein et celle de la charge double au moyen des manivelles.

En outre de ces conditions générales applicables à tous les types, certaines conditions spéciales sont exigées à l'essai des grues suivant leur genre, savoir :

131. *Grue fixe à treuil roulant.* — On doit faire parcourir sous les charges simple et double au treuil roulant toute la longueur du chemin de roulement, avec des arrêts en différents points sous la charge simple et sans arrêts sous la charge double.

Les poutres qui fléchiraient sous charge doivent, après déchargement, reprendre leur position normale et ne garder aucune flèche permanente de déformation.

132. *Grues roulantes à treuil roulant.* — Mêmes conditions que pour les grues fixes à treuil roulant en ce qui concerne le treuil et la charpente. On doit, en outre, faire parcourir à la grue, sous la charge simple, toute la longueur du chemin de roulement et il ne doit se produire aucun tassement dans ce chemin de roulement.

133. *Echafaudages.* — Les échafaudages servent à la fois :

1° De plancher pour les ouvriers monteurs ;

2° De point d'appui pour les treuils et les grues servant à élever les matériaux du sol au point où ils doivent être mis en place ;

3° De soutien de l'ouvrage jusqu'au moment où toutes ses parties étant parfaitement réunies les unes aux autres, il se tient debout de lui-même, sans avoir besoin d'appui.

On peut dire qu'il y a autant de types d'échafaudages que d'ouvrages différents à monter. C'est une simple palée en rivière ou seulement une console élargissant une pile ou une culée, lorsqu'il s'agit de la mise en place d'un pont par voie de lancement. C'est, au contraire, un cintre robuste et reposant sur le sol par une forêt de pieux, quand ce pont, à poutres en arcs, doit être monté par voussoirs comme un ouvrage en maçonnerie. Ce sont deux ou trois échelles ordinaires, lorsqu'il s'agit du montage d'une ferme très légère. Ce sont des charpentes très considérables, lorsqu'il faut mettre en place des fermes, comme celles qui recouvrent les voies dans nos grandes gares terminus de Paris ou comme celles de la grande halle des machines de l'Exposition de 1889. Entre ces extrêmes, il y a une infinité d'intermédiaires.

CHAPITRE II

DES ASSEMBLAGES

I. — Définitions et notions générales.

134. Les assemblages des pièces métalliques sont moins nombreux et moins variés que les assemblages des pièces de bois. Dans l'étude de ces derniers nous avons pu remarquer que, par suite des entailles faites pour les exécuter, la résistance est notablement affaiblie. Dans les assemblages métalliques, grâce à la rigidité et à la solidité de la matière, les pièces assemblées sont presque aussi résistantes et aussi invariables que les pièces composantes.

Deux pièces métalliques peuvent s'assembler par *soudure*, *brasure* ou encore, comme on le fait pour certaines pièces de fonte, en interposant entre les deux parties à réunir, du mastic de limaille. On peut également réunir les pièces métalliques au moyen de *boulons*, de *rivets*, de *vis* et de *clavettes*.

Nous pouvons donc diviser l'étude des assemblages en deux parties :

1° Assemblages fixes des pièces par soudure, brasure, etc. ;

2° Assemblages des pièces à l'aide de boulons, rivets, vis, clavettes etc.

On se sert des rivets pour rendre étroitement solidaires des pièces qui ne doivent jamais se séparer. Les boulons s'emploient lorsque les pièces s'assemblent avec d'autres déjà posées ; lorsqu'on désire avoir de la mobilité dans les assemblages ou lorsque la commodité du travail oblige à sacrifier un peu de solidité pour faciliter les manœuvres. Les vis sont réservées pour les assemblages dans les petits travaux, marquises, chassis vitrés etc..., les goujons et les goupilles, qu'on emploie dans les travaux analogues, ont le plus souvent leurs têtes mattées, ce qui peut les faire rentrer dans la catégorie des rivets. Les clavettes sont employées pour les chaînages, plus rarement pour les tirants de comble.

Dans les constructions métalliques ou l'on cherche à économiser la matière en donnant aux pièces les dimensions calculées, il est très important d'apporter une très grande précision et un très grand soin à l'étude et à l'exécution des assemblages.

II. — Assemblages des pièces métalliques par soudure, brasure, etc...

Différents types de soudure les plus employés.

135. I. — Soudure. — Le meilleur procédé pour assembler deux pièces de fer, c'est évidemment de les *souder* ce qui se fait le plus souvent en taillant en sifflet les extrémités des pièces à assembler ; en chauffant ces deux extrémités à la chaleur blanche, puis en les martelant à plat et de champ. C'est ce qu'on nomme *souder à blanc*.

136. On distingue plusieurs espèces de soudure des fers :

1° Soudure par amorce ;

2° Soudure en bout ;

3° Soudure par encolage :

4° Soudure en coins ;

5° Soudure en gueule de loup.

137. 1° *Soudure par amorce*. — Cette soudure se fait, comme le montre le croquis (*fig.* 221), en refoulant l'extrémité de chaque pièce de manière à obtenir pour chacune un angle aigu. Les deux morceaux séparés sont rapprochés l'un de l'autre, en prenant la position indiquée par la figure, et un ouvrier commence à frapper dessus verticalement puis il les met sur champ et frappe de nouveau.

On donne aux deux *amorces* A et B (*fig.* 221) une inclinaison convenable pour faciliter l'enlèvement des scories interposées. Le creux laissé entre les deux amorces permettant, dans certains cas, d'emmagasiner des scories, les constructeurs ont adopté la disposition (*fig.* 222), présentant

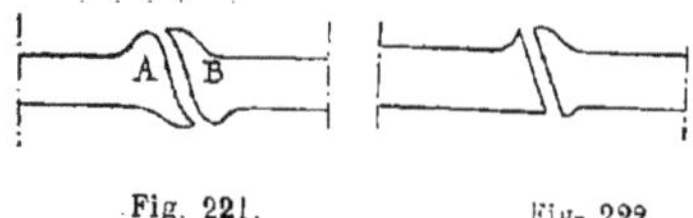

Fig. 221. Fig. 222.

des plans inclinés parallèles et permettant un écoulement beaucoup plus facile des scories. Dans ce dernier cas, la soudure se fait moins bien et l'apparence des pièces soudées est moins belle.

La soudure par amorce porte aussi le nom de *soudure à chaude portée.*

138. 2° *Soudure en bout.* — Pour exécuter la soudure en bout, on refoule l'extrémité de chaque pièce, comme le montre la (*fig.* 223), puis on fait des *stries* à chaud sur le plan vertical, terminant cette partie ainsi préparée. Ces stries

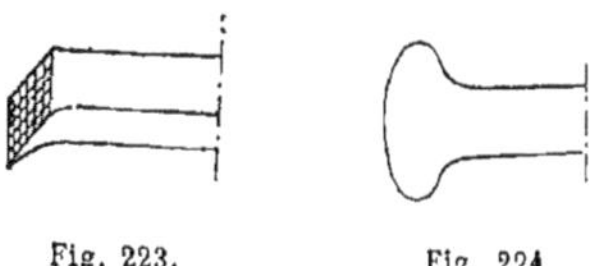

Fig. 223. Fig. 224.

permettent de chauffer la pièce assez vite mais elles ont l'inconvénient de retenir des scories. On peut, comme l'indique le croquis (*fig.* 224), terminer les extrémités de chaque pièce par des parties convexes; la soudure est meilleure, mais demande beaucoup plus de temps.

139. 3° *Soudure par encolage.* — Lorsqu'on désire souder deux pièces de fer à angle droit (*fig.* 225), on refoule la pièce verticale et on renfle la pièce horizontale. On peut, comme dans le cas précédent, faire des stries sur chaque pièce. On emploie quelquefois la disposition (*fig.* 226), dans ce cas, la soudure commence à se faire par le centre.

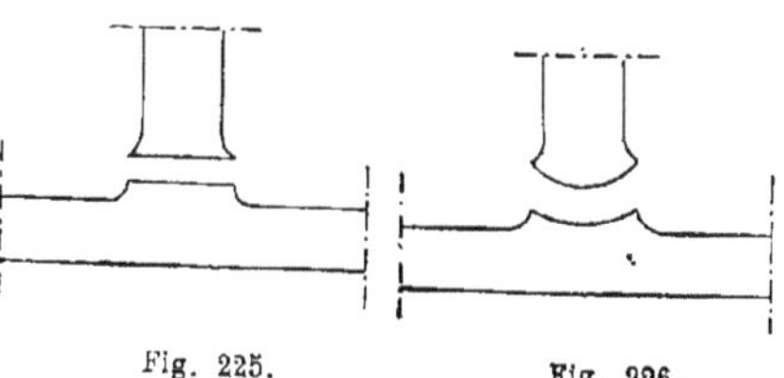

Fig. 225. Fig. 226.

140. 4° *Soudure en forme de coins.* — Ce procédé de soudure, dont nous donnous un croquis (*fig.* 227), est employé par les compagnies de chemins de fer, pour souder les bandages des roues de wagons. Supposons en plan (*fig.* 227) les deux extrémités de la jante d'une roue,

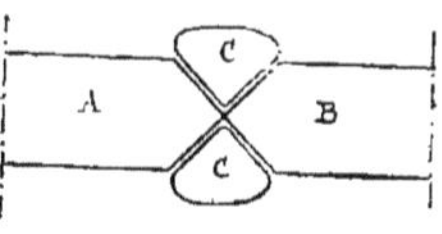

Fig. 227.

on les taille en forme de coins puis, dans l'espace vide ainsi formé, on ajoute de véritables coins en fer C, on chauffe le tout au rouge blanc, puis on fait le martelage.

141. 5° *Soudure en gueule de loup.* — Ce mode de soudure convient pour souder le fer avec l'acier ou pour souder des fers de différentes qualités. On termine, comme le montre le croquis (*fig.* 228), l'extrémité du fer de première qualité par un angle rentrant et le fer de deuxième qualité ou l'acier, en pointe. Chauffée à une haute température la soudure s'opère en frappant sur les deux pièces.

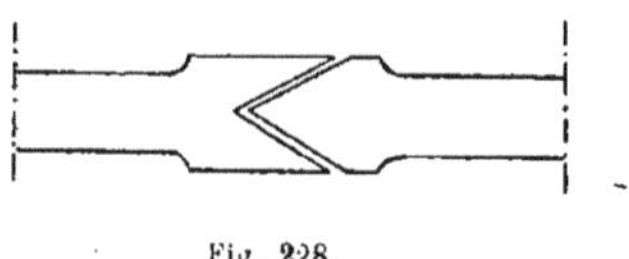

Fig. 228.

Cette soudure est souvent imparfaite,

il reste des scories interposées. On a proposé, comme amélioration, de donner des inclinaisons différentes aux angles des deux pièces.

Lorsqu'une soudure est bien faite, les pièces assemblées doivent conserver les dimensions primitives de chacune des parties soudées. Il arrive quelquefois que la partie soudée est plus mince; on est alors obligé, comme nous l'indiquons (*fig.* 229), d'ouvrir le milieu O de la soudure, d'ajouter en cet endroit un morceau de fer nommé *lardon* et d'opérer la soudure de ce lardon avec la pièce.

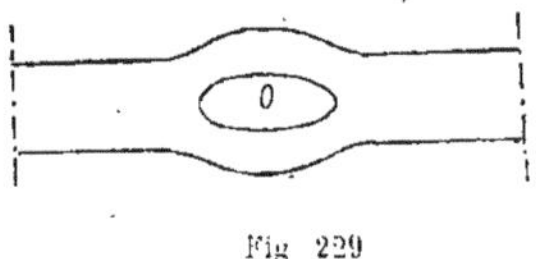

Fig 229

Dans la soudure par encolage, on est quelquefois obligé de faire ce qu'on nomme un *rechargement*, opération qui consiste à ajouter en A (*fig.* 230), une certaine quantité de métal pour permettre de faire une bonne soudure.

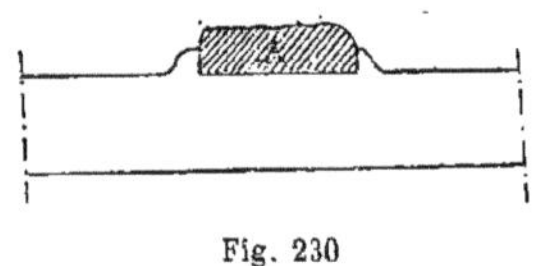

Fig. 230

142. II. — Brasuré. — Pour souder les pièces de petites dimensions on emploie souvent la soudure au laiton, ou *brasure*, qui exige une température moins élevée, dispense du martelage, mais aussi donne une solidité beaucoup moindre.

143. III. — Mastic de fonte ou mastic de limaille. — Enfin les pièces de fer et surtout les pièces de fonte peuvent se souder avec un mastic composé de 20 kilogrammes de limaille de fer ou de tournure de fonte non rouillée, de 1 kilogramme de sel ammoniac en dissolution et de 1 kilogramme de fleur de soufre. On mouille le mélange au moment de l'emploi.

Ce mastic fait prise en deux ou cinq jours et devient dur comme la pierre. On l'emploi souvent pour garnir les joints des pièces de fonte assemblées à demeure; il devient souvent tellement dur qu'il fait corps avec les pièces assemblées.

III. — Assemblages proprement dits par boulons, rivets, etc.

144. I. Boulons. *Définitions et notions générales.* — Le boulon, dont nous donnons un croquis (*fig.* 231), se compose le plus généralement d'une tête A, d'un corps B, d'un écrou C et d'une partie filetée D. La tête, comme nous le verrons plus loin en parlant des divers types de boulons, peut prendre plusieurs formes dont les principales sont : *carrée*, à *six pans*, *sphérique* ou en *goutte de suif*. Les écrous peuvent aussi être *carrés*, à *six pans*, à *chapeau*, etc.

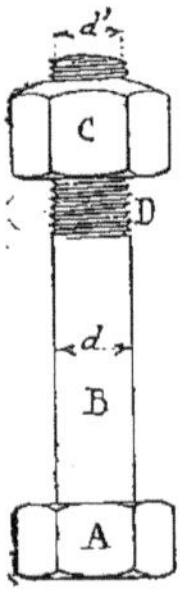

Fig. 231.

Le diamètre d'un boulon est toujours désigné par celui qui est donné au corps ou partie lisse du boulon. Si le corps d'un boulon a 15, 20, 25 millimètres de diamètre on dit, en pratique, un boulon de 15, un boulon de 20, un boulon de 25 etc.

Si d est le diamètre du corps d'un boulon et d' celui du *noyau* ou partie filetée, on adopte presque toujours la proportion suivante entre ces deux quantités :

$$d' = 0{,}8\ d.$$

Dans les boulons, les filets de la partie filetée sont presque toujours triangulaires, cependant, lorsque le diamètre du boulon est grand, on adopte aussi les filets carrés.

On fait généralement le diamètre du trou qui doit recevoir un boulon un peu plus grand que celui du boulon, ce dernier devant entrer et sortir librement. Pour certaines pièces de machines, les fonds des cylindres de locomotives par exemple, les boulons doivent entrer de force dans les trous disposés pour les recevoir. Lorsqu'on désire que le boulon travaille à la traction simple il faut alors employer les *goujons*, les *ergots*, etc.

Les boulons étant mis en place, on les serre au moyen de clés qui, comme nous l'indiquons plus loin, peuvent prendre diverses formes. Il faut que l'effort d'un seul homme appliqué sur la clé ne puisse pas arracher le boulon, ce qui exige une certaine relation entre la longueur de la clé et le diamètre du boulon à serrer. Avant d'indiquer les proportions à donner aux différentes parties d'un boulon, il est bon de rappeler les qualités à exiger pour les boulons et les soins à prendre pour leur pose :

1° La longueur des boulons est déterminée par l'épaisseur des pièces à réunir et leur diamètre proportionné aux efforts qu'ils doivent supporter ;

2° Les boulons doivent, autant que possible, être fabriqués avec du fer au bois ;

3° Il est indispensable, avant de mettre les boulons en place, soit de les graisser, soit de les peindre au minium; il faut aussi graisser les parties filetées et les écrous ;

4° Les trous à travers lesquels les boulons doivent passer doivent être percés avec grand soin, très droits et exactement dans la direction que les boulons doivent prendre ;

5° Lorsque la tête d'un boulon est fixé sur la tige, il faut exiger du fabricant que cette tête soit soudée ou refoulée et non pas simplement rivée ou retenue par des goupilles ;

6° Les filets doivent être taillés à froid avec de bonnes filières ;

7° L'écrou doit être foré à froid et non à chaud. Son taraudage doit être fait avec autant de soin que celui du boulon lui-même.

145. II. — ÉTUDE ET CALCULS DE RÉSISTANCE DES DIFFÉRENTES PARTIES D'UN BOULON. 1° *Corps du boulon, calcul du diamètre à lui donner.* — Un boulon peut être soumis : soit à un effort de traction F (*fig.* 232) qui tend à arracher l'écrou ; soit (*fig.* 233) à un effort perpendiculaire à sa direction qui tend à le cisailler, cas le plus général.

Pour un boulon se trouvant dans le premier cas (*fig.* 232) il sera facile, connaissant la force F, de calculer la section à donner au boulon en supposant que la résistance permanente par millimètre carré donnée par l'expérience ne dépasse pas $2^k,5$ à 3 kilogrammes.

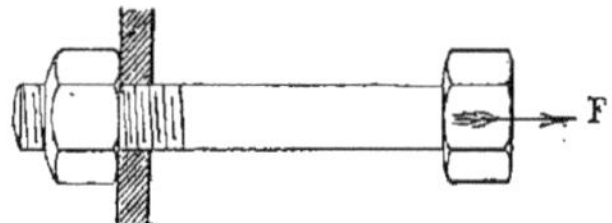

Fig. 232.

Soit F la force de traction, d le diamètre du boulon ; on aura, entre ces deux quantités la relation :

$$\frac{\pi d^2}{4} \times 3^k = F$$

d'où $$d = 0,66 \sqrt{F}$$

formule dans laquelle d est exprimé en millimètres.

On peut donner à la tête et à l'écrou une épaisseur égale au diamètre du boulon et en largeur $\frac{3}{2}$ à 2 fois ce même diamètre. Dans ce cas, la résistance seule du boulon est donnée par celle que les filets de vis opposent à l'arrachement, donc, plus la résistance sera grande, plus il faudra augmenter la hauteur de l'écrou.

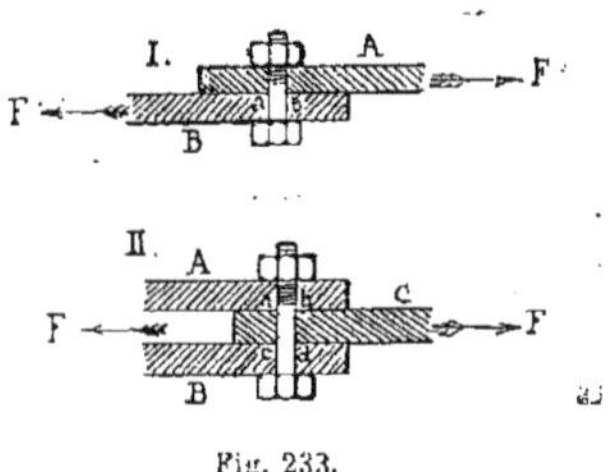

Fig. 233.

Dans le second exemple (*fig.* 233), le boulon travaille au cisaillement dans les mêmes conditions qu'un rivet. Si nous supposons du bon fer, nous pourrons admettre un coefficient de résistance de 5 à 6 kilos par millimètre carré de section, valeur que l'expérience a montré être celle de la résistance du fer à l'effort tranchant.

Le boulon peut être placé pour réunir deux plaques de tôle tirées en sens inverse par une force égale F. Pour que la séparation ait lieu il suffit que la section *ab* (*fig.* 233) du boulon soit cisaillée.

Soit *d* le diamètre cherché du boulon et adoptons, pour ce cas, le coefficient $R = 5^k$ par millimètre carré, nous aurons :

$$\frac{\pi d^2}{4} \times 5^k = F$$

d'où $$d = 0{,}505\sqrt{F}.$$

Cette valeur suppose l'emploi du coefficient de résistance $R = 5^k$ mais, ce coefficient pouvant varier suivant la nature des fers employés pour la confection des boulons, nous pouvons, d'une manière générale, mettre la formule précédente sous la forme :

$$d = K\sqrt{F}$$

en employant pour le coefficient K les valeurs suivantes :

146. *Tableau des valeurs du coefficient* K *adoptées dans beaucoup d'ateliers et au chemin de fer du Nord.*

DESIGNATION	QUALITÉ DU MÉTAL EMPLOYÉ	VALEUR DU COEFFICIENT K
Boulons pour bâtiments	Fer de qualité ordinaire	$K = 0{,}7$
Boulons pour machines	Fer de bonne qualité.	0,6
» »	Acier corroyé	0,5
» »	Acier cémenté	0,45
» »	Acier fondu et trempé	0,4

D'après le cours de résistance appliquée, professé à l'École centrale, par M. Contamin.

Pour les boulons de bâtiments :

$$R = 3^k \quad K = 0{,}813.$$

Pour les boulons de machines, (fer de bonne qualité) :

$$R = 4^k \quad K = 0{,}705.$$

Pour les boulons de machines, (fer de très bonne qualité) :

$$R = 6^k \quad K = 0{,}575.$$

Si nous supposons (*fig.* 233), deux plaques A et B assemblées à une troisième D, ces plaques étant tirées avec un effort F, il faudra évidemment, pour que la plaque C se sépare des deux autres, que le boulon soit cisaillé en deux endroits, en *ab* et en *cd*.

Soit donc, comme précédemment, *d* le diamètre du boulon, en prenant toujours $R = 5^k$ par millimètre carré, on pourra écrire :

$$2\frac{\pi d^2}{4} \times 5^k = F$$

d'où $$d = 0{,}356\sqrt{F}$$

147. 2° *Proportions d'un boulon, longueur de la partie filetée.* — Prenons comme exemple un boulon à filet triangulaire ; dans ce cas, le profil le plus souvent adopté, est un triangle équilatéral à angles arrondis comme le montre le croquis (*fig.* 234) et les relations qui existent alors entre les diverses parties de la portion filetée sont,

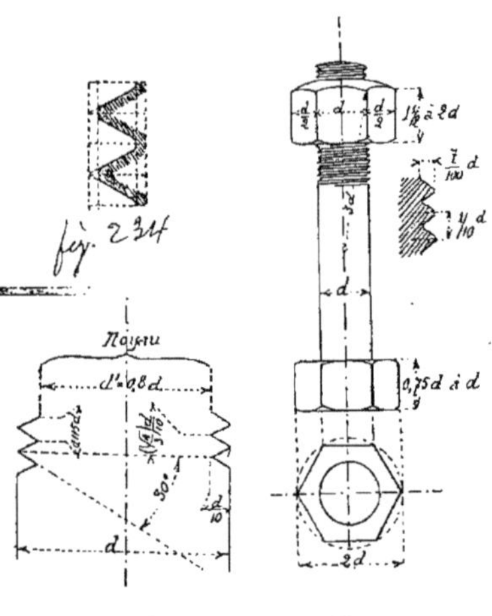

Fig. 235. Fig. 236.

d'après M. Contamin, indiquées par le croquis (*fig.* 235).

En pratique, on prend généralement les dimensions données par le croquis (*fig.* 236), pour les diverses parties d'un boulon.

La longueur de la partie filetée dépend du nombre n de filets qu'on doit engager dans l'écrou. Il faut dans tous les cas que ce nombre soit tel, qu'au moment où le boulon est soumis à la tension F, la plus grande pression rapportée à l'unité de surface entre l'écrou et la partie filetée, ne dépasse pas une valeur N, déterminée par la condition que le corps lubréfiant interposé entre les surfaces ne soit pas expulsé et que, par suite, le coefficient de frottement entre ces mêmes surfaces, ne dépasse pas la valeur f qui répond au mode de graissage adopté.

En admettant pour un boulon les proportions données par la figure 235 et, pour que le graissage soit possible, en ne donnant pas à N une valeur plus grande que 600 000^k par unité de surface, on obtient pour calculer le nombre de filets, qu'il faut engager dans l'écrou la formule suivante :

$$n = 0{,}00000296 \times R.$$

Ce nombre étant connu, il sera facile d'obtenir la hauteur de l'écrou en le multipliant par le pas $0{,}1154\ d$.

En désignant cette hauteur par h, on a :
$h = 0{,}1154 \times n \times d = 0{,}000000341\ R \times d$.

En résumé, on prend, suivant les cas, pour R, n et h, les valeurs suivantes :

DÉSIGNATION des espèces de boulons	VALEURS DE		
	R	n	h
Boulons de bâtiment	3×10^6	8,88	1,023d
Boulons ordinaires p. machines	4×10^6	11.84	1,364d
Boulons supérieurs p. machines.	6×10^6	17,76	2,046d

On admet généralement 0,12 pour la valeur du coefficient de frottement entre les filets de l'écrou et ceux du boulon, ainsi que pour le coefficient de frottement de l'écrou, sur sa portée qui doit être tournée.

148. 3° *Tête du boulon, ses dimensions.* — La tête d'un boulon peut être faite soit par enroulement, soit par refoulement. Quel que soit le procédé de fabrication, la hauteur h de cette tête (*fig.* 237) doit être telle que la force qui tend à faire glisser par arrachement le corps du boulon dans la tête, ne dépasse pas 1^k par millimètre carré, soit $\pi dh \times 1^k$ pour toute la surface.

Au maximum on doit avoir :

$$\pi dh = \frac{0{,}64\ \pi d^2}{4} R$$

d'où $h = 0{,}16\ Rd$

si $R = 4 \times 10^6$ on trouve, $h = 0{,}64\ d$

si $R = 6 \times 10^6$ on trouve, $h = 0{,}96 d.$

Le plus souvent en pratique on fait $h = d$.

Il faut que les diverses parties d'un boulon soient bien proportionnées, ainsi, la tête à six pans, doit avoir une surface de contact égale à la section du boulon. On peut donc écrire :

$$\frac{\pi}{4}(l^2 - d^2) = \frac{\pi}{4} d^2$$

d'où l on tire :

$$l = d\sqrt{2} = 0{,}8 d\sqrt{2} = 1{,}15 d.$$

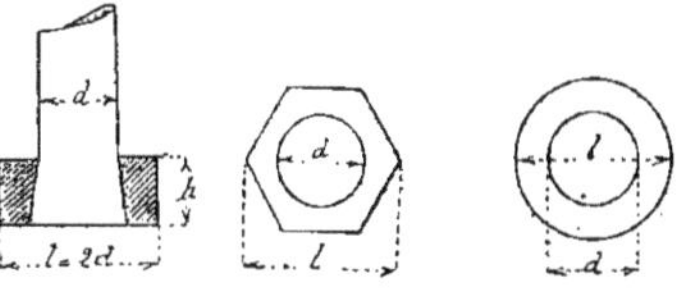

Fig. 237. Fig. 238. Fig. 239.

Cette valeur de l est un minimum et comme dans les applications on n'est jamais assuré du contact sur les éléments extrêmes de la tête, on fait ordinairement :

Tête de boulons à 6 pans (*fig.* 238) $l = 2\ d$.

Tête de boulons circulaires (*fig.* 239) $l = 1{,}5\ d$ au moins.

149. 4° *Écrou, ses dimensions.* — La hauteur de l'écrou d'un boulon dépend évidemment du nombre de filets qui doivent s'y trouver engagés.

Les dimensions généralement adoptées sont, si h est la hauteur de l'écrou et d le diamètre du boulon :

Ecrous bas. . . . . $h = \frac{d}{2}$;

Ecrous ordinaires. $h = d$;

Ecrous hauts . . . $h = 1{,}25 d$.

La surface de contact de l'écrou, contre la portée, est ordinairement limitée à l'extérieur par la circonférence inscrite à l'hexagone ou au carré, suivant lesquels l'écrou se projette et l'intérieur par la circonférence du trou du boulon.

Du côté de la tête, le trou à cause du léger congé qui s'y trouve, a un diamètre égal à 1,1 d et du côté de l'écrou, ce diamètre ne doit pas dépasser 1,05 d.

Si R = 3[k] on a pour les boulons de bâtiment :

DÉSIGNATION	DIAMÈTRE du cercle circonscrit en fonction du diamètre du boulon	DIAMÈTRE du cercle inscrit en fonction du diamètre du boulon	COTÉ de l'hexagone ou du carré
Ecrous à six pans.	2.388d	2,068d	1,194d
Ecrous carrés.	2,926d	2,068d	2 068d

Si R = 4[k] on a pour les boulons de machines qui sont toujours à six pans :

Diamètre du cercle circonscrit à l'hexagone . . . . 2 665 d

Diamètre du cercle inscrit à l'hexagone . . . . 2 307 d

Côté de l'hexagone . . . . 1 332 d

150. 5° *Mise en place des boulons, clés, divers types.* — La mise en place des boulons se fait, comme nous l'avons déjà vu, à l'aide de clés dont nous avons montré

Fig. 240.

quelques exemples dans l'outillage de la charpente en fer et dont les plus employées sont encore les clés simples, droites, ou en forme d'S (*fig.* 240) et

Fig. 241.

(*fig.* 241) et la clé anglaise (*fig.* 242). Pour les gros écrous on se sert souvent de la clé représentée (*fig.* 243.)

Les clés simples se font en fer forgé avec têtes trempées et calibrées. On les vend ordinairement par séries suivant les dimensions des écrous qu'on doit serrer ou desserrer.

On fait aussi des clés en fonte malléable mais qui sont moins estimées.

Clé anglaise. On fait à la clé anglaise plusieurs reproches qu'il est bon de signaler pour comprendre le grand nombre de modifications que les constructeurs ont cherché à lui faire subir.

On reproche à la clé anglaise :

1° Que le temps perdu, lorsqu'il s'agit de changer l'ouverture de la clé pour passer d'un petit écrou à un très grand, ou inversement, est relativement considérable ;

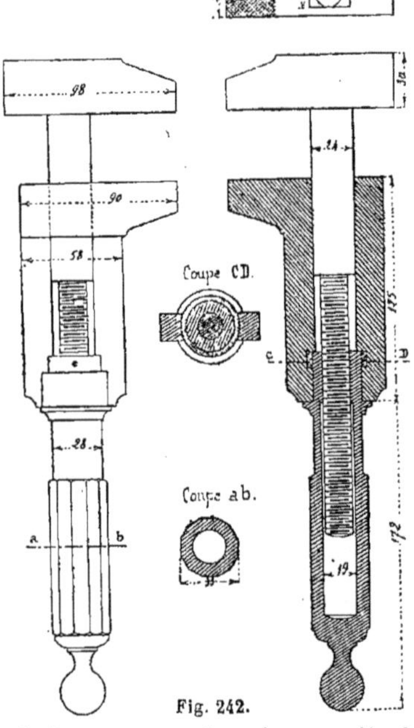

Fig. 242.

2° Que pour ouvrir ou fermer cette clé il faut faire faire autant de tours au manche que la vis de rappel à de pas, car c'est cette vis qui règle la marche de la mâchoire mobile ;

3° Que la vis de rappel est souvent très

dure à tourner, la main n'ayant que la grosseur du manche pour levier ;

4° Que cette vis de rappel, étant enfermée dans l'intérieur du manche, ne peut facilement être lubréfiée par les corps gras et ne peut être nettoyée, lorsqu'elle est encrassée, sans qu'on soit obligé de démontrer l'instrument.

Fig. 243.

On peut, avec le temps, remédier à tous ces reproches, mais l'inconvénient le plus grave et qui constitue pour la clé anglaise un véritable vice c'est la mobilité de la mâchoire supérieure. Il résulte de cette conformation que plus l'écrou à saisir est grand et plus par conséquent il doit être dur à tourner, plus l'instrument s'affaiblit sans que la longueur du levier en soit augmentée.

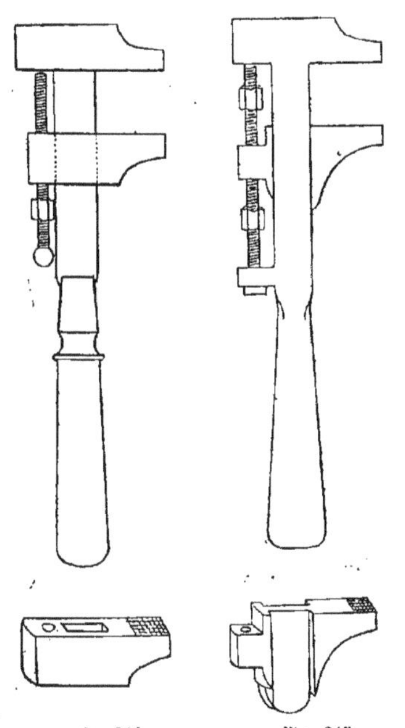

Fig. 244. Fig. 245.

Pour parer à ces divers inconvénients les constructeurs ont proposé les deux types de clés représentés (*fig.* 244 et 245).

Quelle que soit la forme de la clé employée le plus souvent, le serrage est produit en n'agissant que sur une partie de l'écrou.

Les clés sont manœuvrées par un homme produisant un effort $F = 15^k$ ou, plus rarement, par deux hommes, donnant un effort double $F = 30^k$

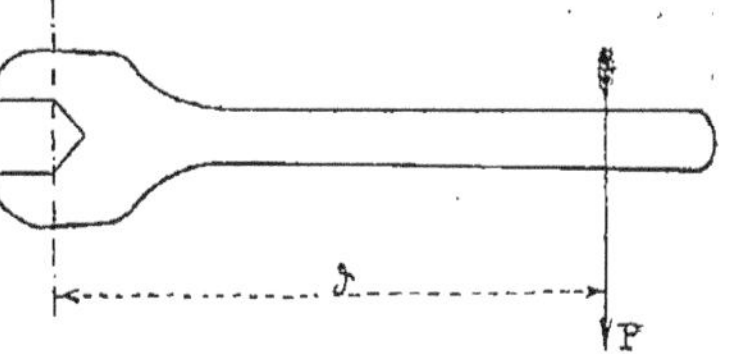

Fig. 246.

En désignant par δ (*fig.* 246) le bras de levier de la force F le moment de cette force est $F\,\delta$ et l'on a :

$$F\,\delta = 0{,}1795\,P\,d$$

d étant le diamètre du boulon et P l'action exercée à l'extrémité de la clé.

151. 6° *Différents types de boulons les plus employés.* — Le boulon le plus simple et de beaucoup le plus employé est formé (*fig.* 247) d'une tige T taraudée à ses deux extrémités et recevant deux écrous E dont la forme est représentée en croquis (*fig.* 248).

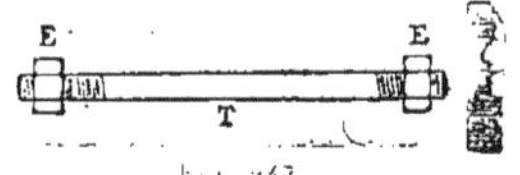

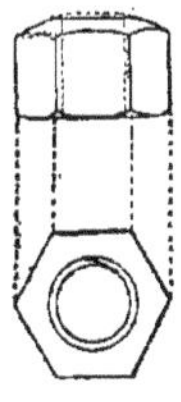

Fig. 247

Fig. 248

Fig. 249

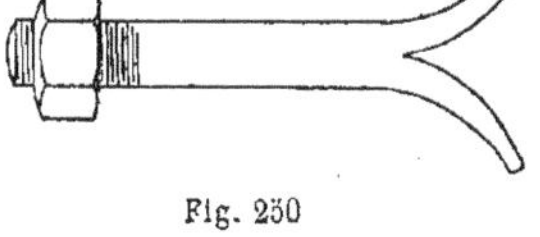

Fig. 250

L'une des extrémités peut, comme le montre le croquis (*fig.* 249) être, terminée

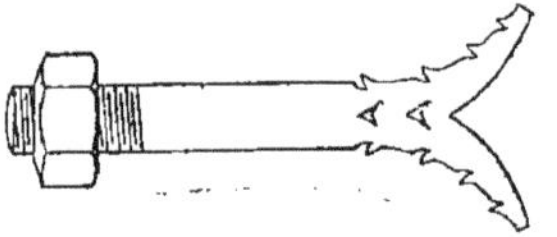

Fig. 251.

par une *clavette* reposant, ainsi que l'écrou, sur une bague en fonte *f*.

Pour fixer les pièces sur de la maçonnerie et principalement sur de la pierre, on se sert de boulons à scèllement (*fig* 250), dont l'extrémité est fendue en queue de carpe et porte souvent des entailles barbelées. Lorsque le scellement doit se faire

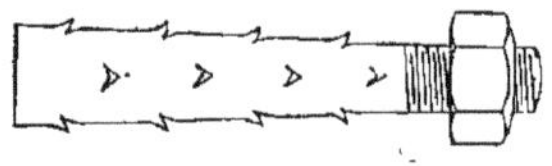

Fig. 252.

dans le plâtre, on se contente de disposer l'extrémité du boulon comme nous l'indiquons (*fig.* 250) en supprimant les barbelures. Enfin, pour les boulons qui doivent

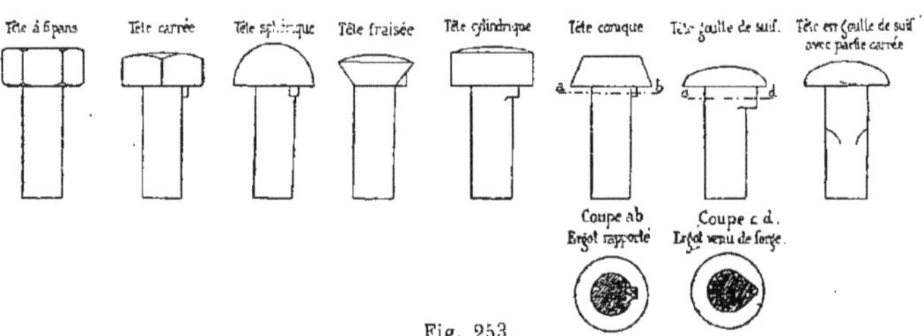

Fig. 253.

être scellés au soufre ou au plomb on adopte la forme représentée (*fig.* 252).

Dans les boulons employés pour métaux, l'une des extrémités est souvent fixée sur la tige (fait, comme disent les ouvriers, corps avec la tige) et forme la *tête du boulon*, l'autre extrémité est terminée par une partie filetée sur laquelle se meut l'écrou.

Les têtes de boulons peuvent prendre plusieurs formes, représentées (*fig.* 253) et dont l'énumération est la suivante:

1° Tête de boulon à six pans;
2° — carrée;
3° — sphérique;
4° — fraisée;
5° — cylindrique;
9° — conique;
7° — goutte de suif;
8° — goutte de suif avec partie carrée.

Ergot. Afin d'empêcher certains écrous de tourner dans l'espace qui leur est réservé, on y place souvent une petite saillie nommée ergot, dont nous donnons deux types (*fig.* 253), ergot rapporté et ergot venu de forge en fabricant la tige du boulon.

Contre-écrou, goupille d'arrêt, clavette d'arrêt. — Afin d'empêcher le desserage des écrous, occasionné souvent par un mouvement de rotation rétrograde dû à une cause quelconque, on ajoute

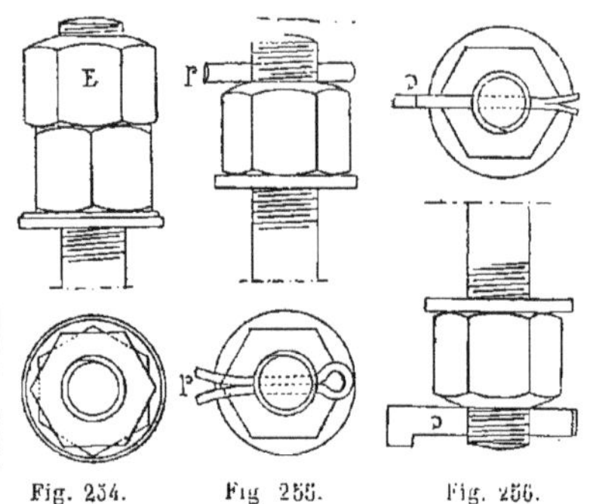

Fig. 254. Fig. 255. Fig. 256.

comme le montre la (*fig.* 251), un deuxième écrou sur le premier. Ce deuxième écrou, qu'on nomme *contre-écrou*, serré fortement sur le premier, produit une très forte pression entre les filets de la vis et ceux de l'écrou; il est alors presque impossible de faire mouvoir le premier écrou.

On emploie également pour le même usage, soit une *goupille* p (*fig.* 255), soit une *clavette* d'arrêt C (*fig.* 256).

Ce sont les trois procédés les plus employés pour empêcher les écrous de se desserrer.

152. 7° *Tableau des différentes dimensions des boulons, écrous, rondelles, goupilles, ergot.* — Pour terminer ce qui est relatif aux boulons et leurs accessoires nous donnons, ci-après, sous forme de tableau, les principales dimensions et proportions des boulons, écrous, rondelles, goupilles, ergots les plus employés en construction.

Diamètre de la tige du boulon.		8	9	10	12	15	18	20	22	23	25	28	30	35	40
Têtes goutte de suif sur le bois.	Diamètre a	20	22	24	29	36	35	40	»	»	»	»	»	»	»
	Hauteur b	4	4	5	5	6	7	8	»	»	»	»	»	»	»
	Hauteur c	1	1	2	2	2	2	2	»	»	»	»	»	»	»
	Longueur de l'ergot d	7	7	8	9	10	10	10	»	»	»	»	»	»	»
	Largeur de l'ergot	5	5	6	7	8	9	9	»	»	»	»	»	»	»
Pas.		1,3	1.3	1.5	1.5	2	2	2	2,5	2.5	3	3	3	3.5	4
Profondeur des filets.		1	1	1,5	1.5	2	2	2.5	2.5	2.5	2.5	2.5	3	3.5	4
Écrous à 6 pans.	Largeur a	14	16	17.5	21	26	31	35	38	40	42	48.5	52	60.5	69
	Hauteur b Forte	12	14.5	15	18	22	27	30	33	34	37	42	45	52	60
	Hauteur b ordinaire	8	9	10	12	15	18	20	22	25	25	28	30	35	40
	Hauteur b Faible (Convient pour les contre-écroux)	5	6	7	8	10	12	13	15	16	17	19	20	23	27
Rondelles.	Diamètre a	9	10	11	13	16	20	22	24	25	27	30	32	37	42
	Diamètre b sur fer	16	18	20	24	30	36	40	44	46	50	56	60	70	80
	Diamètre b sur bois	20	22	24	29	36	43	48	53	56	60	67	72	84	96
	Épaisseur c sur fer	2	2	2	3	3	4	4	4	5	5	6	7	7	8
	Épaisseur c sur bois	3	3	3	4	4	5	5	5	6	6	7	8	8	9
Goupilles.	Diamètre a	3	3	3	3	4	4	5	5	5	5	6	6	7	8
	Longueur b	30	30	30	30	40	40	55	55	55	55	60	60	75	80
Ergots.	Longueur	4	4	5	6	7	9	10	11	11	12	14	15	17	20
	Largeur	4	4	5	5	6	7	8	9	9	10	11	12	14	16

Diamètre de la tige du boulon.		8	9	10	12	15	18	20	22	23	25	28	30	35	40
Têtes à six pans.	Largeur a	14	16	17.5	21	26	31	35	38	40	42	48.5	52	60.5	69
	Hauteur b	6	7	8	10	12	14	16	17	18	20	22	24	28	32
Têtes carrées encastrées dans le fer.	Hauteur a	5	6	6	7	9	11	12	13	14	15	17	18	21	24
	Largeur b	14	15	16	20	24	28	32	34	36	40	44	48	56	64
Têtes carrées reposant sur le fer.	Largeur a	14	15	16	20	24	28	32	34	36	40	44	48	56	64
	Hauteur b	5	6	6	7	9	11	12	13	14	15	16	17	20	23
	Hauteur c	6	7	7	8	10	12	14	15	16	17	18	19	22	26
Têtes cylindriques.	Diamètre a	14	15	16	20	24	28	32	34	36	40	44	48	56	64
	Hauteur b	5	6	6	7	9	11	12	13	14	15	17	18	21	24
	Hauteur c	1	1	1	1	2	2	2	3	3	3	4	5	5	6
Têtes demi-sphériques.	Diamètre a	14	15	16	20	24	28	32	34	36	40	44	48	56	64
	Hauteur b	7	7.5	8	10	12	14	16	17	18	20	22	24	28	32
Têtes goutte de suif sur le fer.	Diamètre a	14	15	16	20	24	28	32	34	36	40	44	48	56	64
	Hauteur b	5	5	6	7	8	10	11	12	13	14	15	17	20	22
Têtes fraisées.	Diamètre a	14	16	17	20	25	30	34	37	39	42	47	51	55	68
	Hauteur b	4	4	5	6	7	9	10	11	11	12	14	15	17	20
Têtes à T.	Longueur a	18	20	22	26	33	40	44	48	50	55	62	66	77	87
	Largeur b	8	9	10	12	15	16	20	22	23	25	28	30	35	40
	Hauteur c	7	8	9	10	13	15	17	18	19	21	23	25	29	33
	Rayon R	5	6	7	8	10	12	14	15	16	17	19	20	23	26
Têtes carrées reposant sur le bois.	Largeur a	18	20	22	26	33	40	44	48	50	55	62	66	77	87
	Hauteur b	6	7	8	10	12	14	16	18	19	20	22	24	28	32
	Longueur rectangulaire c	8	9	10	12	15	18	20	22	23	25	28	30	35	40
	Diamètre de la tête d	9	10	11	13	16	19	20	23	24	26	30	32	37	48

2° RIVETS

152. *Définitions et notions générales.* — On donne, comme nous le savons le nom de rivet à une sorte de cheville en fer qui sert à assembler les feuilles de tôle. C'est un véritable clou à tête ordinairement ronde dont l'extrémité a été aplatie de façon à former une seconde tête. Ce rivet, dont nous donnons un croquis (*fig* 257), se compose d'un corps cylindrique C, d'une tête T qui peut, comme nous le verrons plus loin, prendre plusieurs formes.

Le rivet, tel qu'il est représenté (*fig.* 257) est prêt à être posé; lorsqu'il est terminé il présente deux têtes, l'une T et l'autre T'

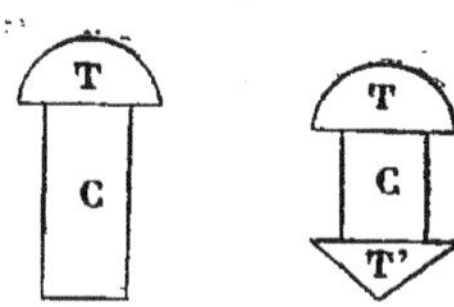

Fig. 257. Fig. 258.

nommée aussi rivure (*fig.* 258) qui peuvent être semblables ou différentes.

On distingue donc dans un rivet la tête et la rivure.

Il existe plusieurs espèces de rivures :

1° La *rivure d'assemblage*, employée pour les poutres, etc.

2° La *rivure étanche* qui peut être *mattée* pour vases destinés à contenir des liquides non oxydants (huiles, alcalis, alcools, cyanures, etc.) ou non *mattée*, pour les réservoirs devant renfermer de l'eau.

3° La rivure à la fois étanche et d'assemblage, employée pour les appareils recevant des liquides sous pression, les chaudières à vapeur par exemple.

Les rivets les plus usuels sont en fer, cependant on se sert aussi des rivets en cuivre, il est même possible de river des tôles de fer avec des rivets en cuivre en les prenant d'un diamètre plus fort. Dans ce cas, il ne faut pas compter sur l'étanchéité, la différence de dilatation et d'élasticité des deux métaux ne permettant pas d'en faire une bonne rivure d'assemblage.

Les rivets doivent se faire de bon fer forgé (fin à grain) ou de métal fondu acier Bessemer ou Martin, le plus doux, ne prenant pas la trempe.

Dans la rivure ordinaire, pour les poutres, les plates-bandes et les cornières on adopte comme écartement maximum, entre les rivets, la distance de 0,m100 ou 0,m125 d'axe en axe, soit 8 à 10 rivets par mètre.

L'écartement longitudinal des rivets varie aussi suivant leur diamètre et la nature des pièces qu'ils relient ; dans les constructions ordinaires on admet un écartement moyen de 6 fois le diamètre.

La rivure se fait presque toujours à chaud ; la pose à froid étant une exception, est réservée pour les petits travaux exécutés avec des tôles de 3 à 4 millimètres

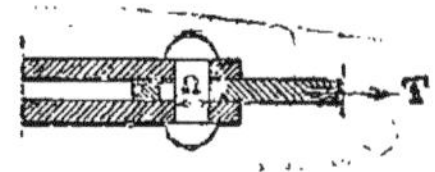

Fig. 259.

d'épaisseur. On ne rive ordinairement à froid que les petits rivets en fer jusqu'à un maximum de 12 à 14 millimètres de diamètre. Les cuves de gazomètre se rivent à froid avec des rivets de 6 à 8 millimètres écartés de 25 millimètres de centre à centre avec 26 millimètres de recouvrement. On assure l'étanchéité, en interposant sous la pince, formée par les deux tôles, une corde molle ou une bande de toile imprégnée de mastic au minium (composé par moitié de minium et de céruse dissoute dans de l'huile de lin.)

Le rivet s'introduit à chaud dans des trous cylindriques pratiqués dans les feuilles qu'on veut assembler, il doit remplir exactement le trou préparé pour le recevoir. Ce trou devra être le plus cylindrique possible. Les rivets se posent au *rouge clair* et la tête doit être formée au moment ou le fer redevient noir.

La rivure étant faite à chaud, on ne doit pas discontinuer de frapper tant que l'excès de la température du rivet sur celle de la tête n'est pas inférieure à 250 degrés, sans quoi la contraction peut briser le rivet.

Ordinairement l'excès de température est de 150 degrés environ. La contraction produit théoriquement, sur le rivet, une traction de 23^k, 4 par millimètre carré de section, ce qui est loin de la traction de rupture.

Le rivet résiste de deux manières;

1° A un effort de cisaillement exercé par les tôles dans le sens perpendiculaire à son axe;

2° A un glissement qui tend à se produire entre l'une des feuilles et la tête du rivet, quand il reste du jeu entre le corps et le trou dans lequel il a pénétré.

Il faut, autant que possible, que le rivet ne résiste pas au cisaillement, car il exerce dans ce cas, sur les bords des trous pratiqués dans les tôles des efforts locaux qui tendent à arracher ces dernières. Son rôle est au contraire de produire entre les tôles une adhérence qui les empêche de glisser. Cette même adhérence doit exister entre la tôle et la tête du rivet, afin de transmettre dans celle-ci les efforts de traction et à la faire résister au lieu et place de la tôle qu'on pourrait considérer comme supprimée.

Lorsque des pièces réunies par des rivets sont soumises à la compression, il est évident que le percement des trous ne les affaiblit pas, le corps du rivet remplaçant la matière enlevée. Lorsqu'elles sont soumises à l'extension, l'expérience a montré que le frottement énergique terminé par la contraction et le serrage des rivets, compense l'affaiblissement, de sorte qu'il n'y a pas lieu d'en tenir compte.

On a cherché expérimentalement qu'elle était la résistance au glissement produite par des rivets. Les expériences ont été faites sur des plaques de tôle, dont celle du milieu (*fig* 259), était percée d'un trou allongé de façon qu'elle put glisser avant de porter sur le rivet. On a ensuite déterminé l'effort T nécessaire pour la faire glisser et la valeur $\frac{T}{2\Omega}$ est l'adhérence produite par l'unité de section du rivet.

La force nécessaire pour produire le glissement a été, en moyenne, de 15 kilogrammes par millimètre carré de section du rivet.

Les tôles étant soumises à un effort de traction et le rivet tendant à se cisailler, on a déterminé expérimentalement cette nature de résistance et on a trouvé, la résistance du fer à la traction étant $R = 40^k$, que la résistance du fer au cisaillement est:

$$R' = 0,8\,R.$$

153. II. — *Proportions à donner aux rivets.* — Les proportions des rivets s'établissent en fonction du diamètre du corps du rivet. Prenons, comme exemple, un rivet dont la rivure a la même forme et le même volume que la tête; cette tête et cette rivure étant un segment de sphère. Dans ces conditions, le diamètre de la tige du rivet étant représenté par 100, la tête est un segment sphérique à une base (*fig* 260), dont la hauteur est 66 et le diamètre de la base 167, le rayon de la sphère étant 86.

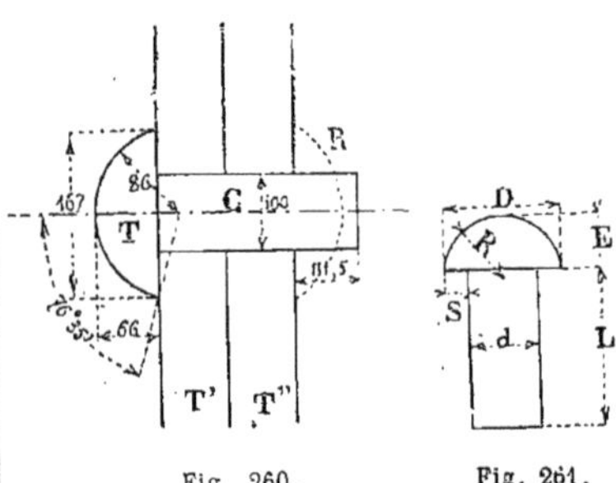

Fig. 260. Fig. 261.

Pour que la rivure soit égale à la tête, la tige du rivet droit faire une saillie de 111, 5 sur la face de la tôle.

On doit observer ces dimensions dans la rivure exécutée à la *bouterolle* où il ne faut pas d'excès de fer.

D'une manière générale, on donne dans les ateliers, aux rivets dont la tête est une calotte sphérique (*fig* 261), les proportions suivantes en fonction du diamètre:

$$S = 1/3\,d \text{ ou } 0,33\,d;$$
$$D = 1,67\,d;$$
$$E = 0,66\,d;$$
$$R = 0,86\,d;$$

Avec ces dimensions le volume de la tête est environ 0,868 d^3.

Dans les ateliers on obtient la longueur L (*fig* 261) sous tête d'un rivet en ajoutant la somme des épaisseurs à serrer, plus un petit excédant pour tenir compte de l'adhérence incomplète des tôles; une longueur additionnelle pour former une tête nourrie, déduction faite des bavures. Il suffira d'ajouter à l'épaisseur totale une fois et demie le diamètre du rivet. Exemple: soit à réunir quatre tôles de 12 millimètres avec un rivet de 20 millimètres de diamètre. On aura la longueur L sous la tête (*fig.* 261) par l'expression suivante :

$$L = 4 \times 12 + 1{,}5 \times 20 = 48 + 30 = 0^m{,}078$$

154. III. — *Calcul du diamètre et nombre de rivets à employer.* — Comme nous l'avons déjà vu pour les boulons et,

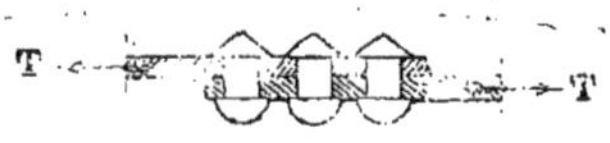

Fig. 262.

en donnant à la résistance permanente la valeur de 5^k par millimètre carré il nous sera facile de trouver le nombre de rivets nécessaires pour assembler des tôles en opérant comme suit :

Appelons S la surface totale de section de tous les rivets, on aura : suivant la disposition des pièces de tôle des figures 262 et 263.

$$S.\ 5 = T \text{ ou } 2\ S.\ 5 = T.$$

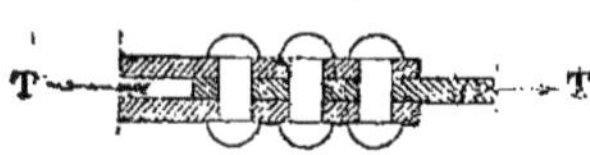

Fig. 263.

En se donnant, suivant l'expérience acquise ou en comparant avec des pièces analogues déjà établies, le diamètre des rivets, on aura leur nombre n par l'expression suivante:

$$n \frac{\pi d^2}{4} = S \qquad (1)$$

ou inversement, en se donnant leur nombre on pourra déduire leur diamètre de la même expression (1).

Si nous avions un plus grand nombre de tôles, placées comme le montrent les figures 264 et 265, le nombre des sections de rivets à cisailler serait égal au nombre de tôles moins une.

Dans le cas de charpentes en tôle, l'adhérence produite entre les tôles est de 14 à 16 kilos par millimètre carré de section des rivets ; utilement on ne prend que le 1/4 de ces chiffres soit $3^k{,}5$ à 4 kilos.

Donc, si nous supposons que la tôle travaille par exemple à 7 kilos par millimètre carré de section nous aurons la formule :

$$7\ el = 3{,}5 \frac{\pi d^2}{4} n \qquad (2)$$

dans laquelle :

d est le diamètre des rivets ;
e l'épaisseur de la tôle ;
l la largeur de la tôle ;
n le nombre de rivets.

En pratique, on fait ordinairement, $d = 2e$, la formule (2) devient alors :

$$7\ el = 3{,}5 \frac{\pi \times 4e^2}{4} n$$

d'où
$$n = \frac{2l}{\pi e} \qquad (3)$$

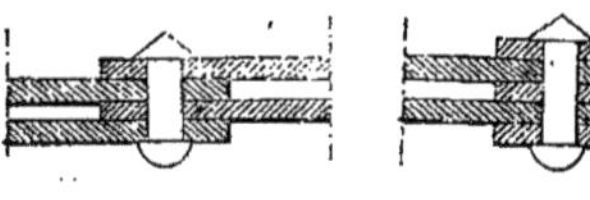

Fig. 264.  Fig. 265.

Le nombre de rivets obtenus par cette formule est un maximum, on prend souvent en pratique 7 kilos au lieu de 3,5, alors la résistance du fer, prise dans ce cas égale à 7 kilos, est égale à l'adhérence due aux rivets et la formule (3) peut alors s'écrire :

$$n = \frac{l}{\pi e} \qquad (4)$$

Dans l'établissement des poutres en tôle, les semelles comportent généralement plusieurs feuilles de tôle superposées, il faut, dans la formule donnant le nombre de rivets, tenir compte du nombre de feuilles interrompues. Si N est ce nombre la section résistante de la tôle est elN et l'équation (2) devient :

$$7\ elN = 3.5 \frac{\pi d^2}{4} n$$

en faisant $d = 2e$ comme précédemment on a pour valeur de n.

$$n = \frac{2lN}{\pi e}. \quad (5)$$

En pratique, on détermine ordinairement la grosseur des rivets d'après l'épaisseur des tôles à réunir et la résistance qu'on se propose d'obtenir.

On admet : pour des diamètres de rivets, compris entre 8 et 20 millimètres, les épaisseurs à serrer en totalité variant de une à trois fois le diamètre. Les rivets de 25 millimètres qui sont les plus forts en usage, servent pour assembler des épaisseurs égales à quatre et six fois leur diamètre.

155. IV. — *Disposition des rivets sur les tôles, en ligne droite, en quinconce. Emploi des couvre-joints.* — Les rivets se placent le plus généralement suivant des files parallèles à la longueur des pièces qu'il s'agit de réunir. On les dispose tantôt en carré, tantôt en quinconce.

Afin d'indiquer la disposition des rivets sur les feuilles de tôle, supposons qu'il s'agit de river deux tôles de 10 millimètres d'épaisseur et de 400 millimètres de largeur. La première question à résoudre, c'est de trouver le nombre de rivets à employer.

En appliquant la formule (4) $n = \frac{l}{\pi e}$

nous trouvons :

$$n = \frac{400}{\pi\, 10} = \frac{400}{3.1416 \times 10} = 13 \text{ rivets};$$

en les mettant sur une seule ligne, l'entraxe serait :

$$\frac{400}{13} = 30 \text{ millimètres.}$$

Or, la tôle ayant 10 millimètres d'épaisseur l'entraxe ne peut être plus petit que $4 \times 10 = 40$ millimètres. (Cas d'une rivure étanche ou les rivets sont le plus rapprochés et pour laquelle la pratique donne comme valeur de a, écartement entre deux rivets $a = 4e$, e étant l'épaisseur des tôles).

Il faudra donc mettre les rivets en *quinconce* comme l'indique le croquis (*fig.* 266) il y en aura, dans ce cas, sept sur une rangée et six sur l'autre. L'entraxe sera alors :

$$\frac{400}{7} = 57 \text{ millimètres.}$$

Les deux modes de rivure en carré (*fig.* 267), ou en quinconce (*fig.* 268), paraissent équivalentes sous le rapport de la solidité.

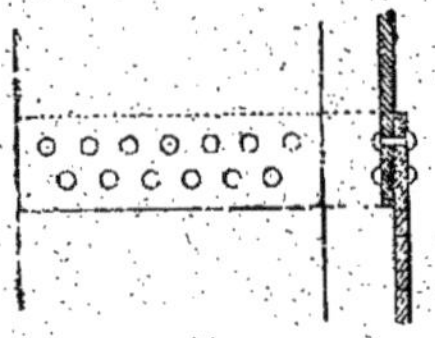

Fig. 266.

Au lieu de mettre les deux tôles placées à plat l'une sur l'autre comme le montre la coupe du croquis (*fig.* 266), on relève

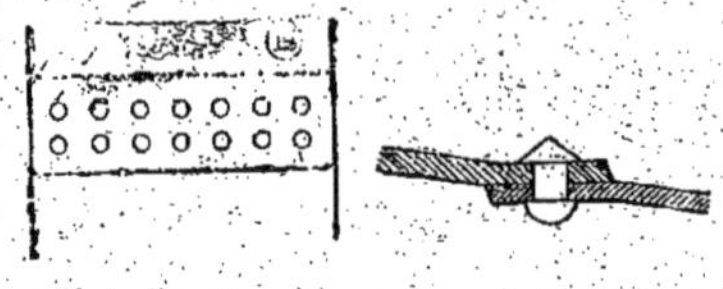

Fig. 267. Fig. 268.

quelquefois les bords des tôles comme nous l'indiquons (*fig.* 268).

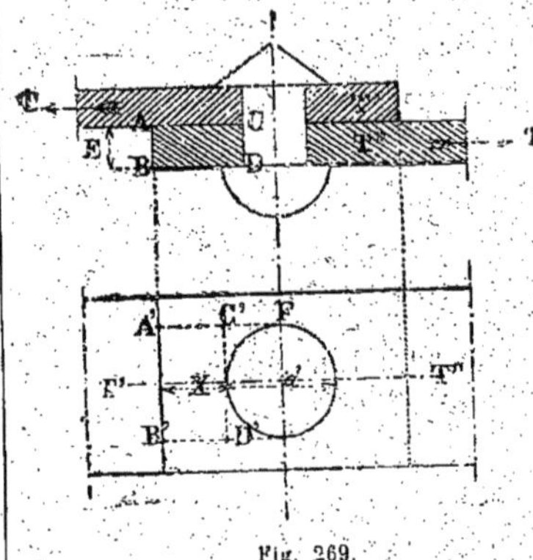

Fig. 269.

Dans la pose des rivets, il est important de se rendre compte à quelle distance X (*fig.* 269), il faut poser le premier rivet du bord de la feuille de tôle. Cette distance doit être telle, que la tôle offre au cisaillement autant de résistance que le rivet. Supposons (*fig.* 269) deux plaques de tôle T′ et T″ tirées en sens contraire par une force T ; soit d le diamètre du rivet qui assemble ces deux tôles ; X la distance du bord du rivet au bord de la tôle ; E l'épaisseur des tôles. Pour que la tôle T″ se sépare de la tôle T′ il faut, ou que la section du rivet $\frac{\pi d^2}{4}$ soit cisaillée, ou que la portion ABCD, A′B′C′D′ soit arrachée, c'est-à-dire qu'il faut qu'il y ait cisaillement de la face projetée en A′C′, on aura donc :

$$2XE = \frac{\pi d^2}{4} \qquad \text{d'où } X = \frac{\pi d^2}{8E}.$$

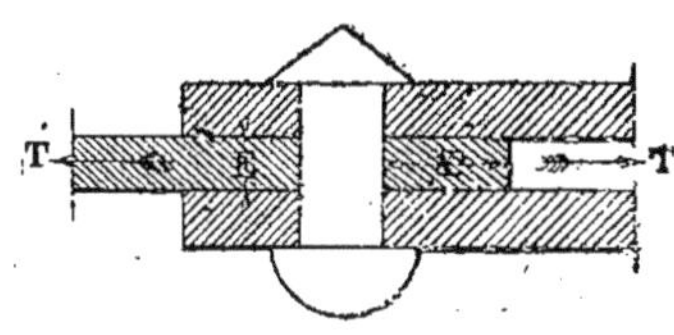

Fig. 270.

Pour plus d'exactitude il faudrait prendre la distance A′F au lieu de A′C′ alors X deviendrait $X + \frac{d}{2}$.

Dans le cas de deux tôles d'un côté (*fig.* 270), comme il y a deux sections de rivets à cisailler la formule devient :

$$2XE = \frac{2\pi d^2}{4} \qquad \text{d'où } X = \frac{\pi d^2}{4E}.$$

Couvre-joints. Nous avons supposé, dans ce qui précède, les deux tôles posées l'une sur l'autre; disposition qui tend à

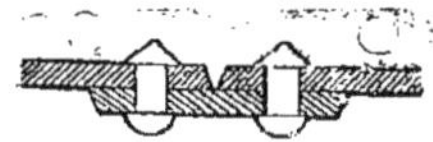

Fig. 271.

produire l'arrachement du rivet; il est préférable, pour éviter cet inconvénient, d'employer les *couvre-joints.*

Ayant une pièce composée d'une seule épaisseur de tôle, comme le montre le croquis (*fig.* 271), la première idée a été de ne mettre qu'un seul couvre-joint, cette disposition est mauvaise, il faut évidemment un couvre-joint sur chaque face, comme le montre le croquis (*fig.* 272).

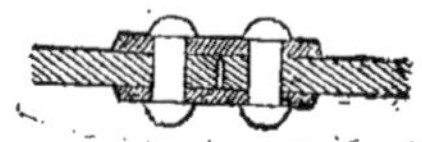

Fig. 272.

Dans ce cas, on donne ordinairement à chaque plaque de couvre-joint une épaisseur égale à la moitié de l'épaisseur de la tôle.

Lorsqu'il y a deux épaisseurs de tôle (*fig.* 273) on a eu l'idée de ne mettre qu'un

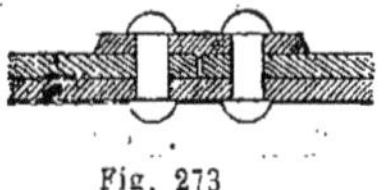

Fig. 273

seul couvre-joint du côté de la tôle interrompue ; alors, le couvre-joint supportait la moitié de la tension de la lame interrompue ou 1/4 de la tension totale et la lame non interrompue les 3/4 de cette tension totale, il y a donc nécessité d'ajouter un deuxième couvre-joint, comme l'indique le croquis (*fig.* 274).

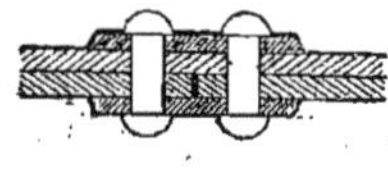

Fig. 274.

Quand le nombre de tôles augmente, il faut avoir soin qu'en un même point il n'y ait qu'une lame interrompue, la sur-

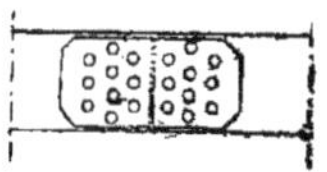

Fig. 275.

charge infligée aux lames non interrompues diminue rapidement, on peut donc, dans certains cas, ne mettre qu'un seul couvre-joint.

Disposition des rivets sur les couvre-joints. Nous donnons (*fig.* 275 et 276), deux dispositions possibles pour placer les rivets sur les couvre-joints, il en

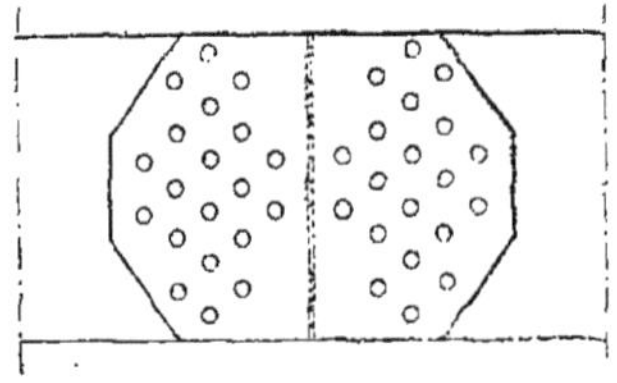

Fig. 276.

existe bien d'autres qui seront étudiées en même temps que les poutres.

Les couvre-joints entrant pour un poids notable dans la construction des ponts il sera utile de les étudier spécialement en parlant des ponts métalliques.

156. V· — *Différents types de rivets les plus employés.* Nous résumons (*fig.* 277) les principaux types de rivets, posés et terminés, les plus employés pour réunir deux ou plusieurs tôles.

Les têtes des rivets sont supposées placées sur la tôle T' et les rivures sont faites sur la tôle T. Les noms adoptés pour ces différentes formes sont :

A — Rivet à tête et rivure sphérique;

B — Rivet à tête cylindrique et rivure conique;

C — Rivet à tête cylindrique et rivure sphérique;

D — Rivet à tête sphérique et rivure en goutte de suif;

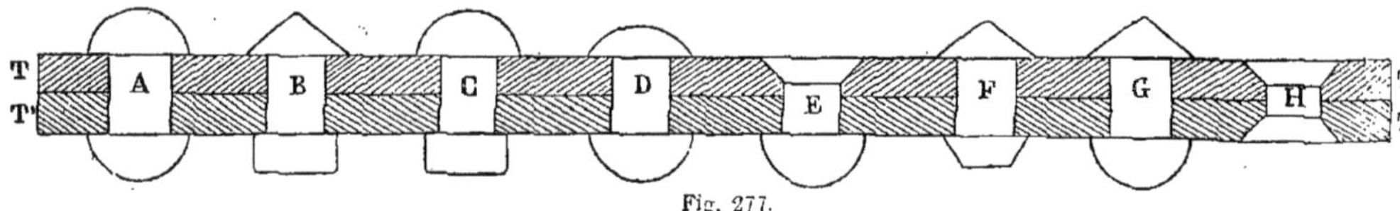

Fig. 277.

E — Rivet à tête sphérique et rivure fraisée;

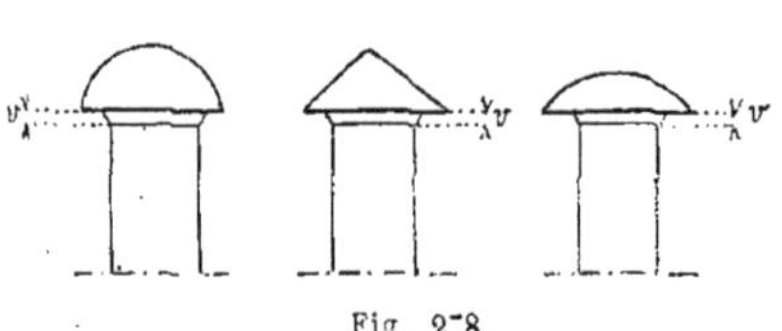

Fig. 278.

F — Rivet à tête, tronc conique et rivure conique;

G — Rivet à tête sphérique et rivure conique;

H — Rivet à tête et à rivure fraisées.

Dans certains cas, on ajoute aux rivets une petite *fraisure v* (*fig.* 278), qui augmente la solidité des têtes. On donne alors à cette fraisure une hauteur égale à 1/8 du diamètre du rivet.

Nous avons donné précédemment les dimensions généralement adoptées pour les rivets ayant la forme de calottes sphériques, nous donnons ci-après, comme

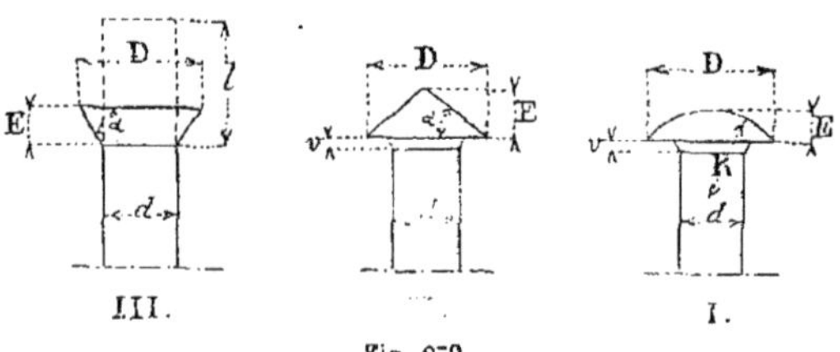

Fig. 279.

simple renseignement, les proportions que les constructeurs pourront admettre pour les trois autres formes de rivets représentés par les croquis (*fig.* 279) et qui sont beaucoup moins employés.

RIVET I.	RIVET II.	RIVET III.
$D = 1,7\,d$	$D = 2d$	$D = 1.7d$ à $2d$
$E = 0,5$ à $0,6d$	$E = {}^2/_3 d$ à $0,8d$	$E = {}^1/_3 d$ à $0,4d$
$R = d$		
$l = 1,25d$	$l = 1,8d$	$l = 0,7d$
$v = {}^1/_8\,d$	$\alpha = 33$ degrés	$\alpha = 33$ degrés.

l indique la longueur nécessaire pour former la tête.

157. VI. — 1° *Pose des rivets. Perçagé.* — Lorsqu'on rive ensemble des fers ou des pièces métalliques quelconques, les trous pour le passage des rivets peuvent, comme nous le savons, se percer, soit à la méche, soit au poinçon. En employant la mèche, on peut donner aux trous tel diamètre qu'on désire mais le procédé est couteux ; au poinçon, le diamètre ne peut descendre au-dessous d'une certaine limite donnée par le calcul.

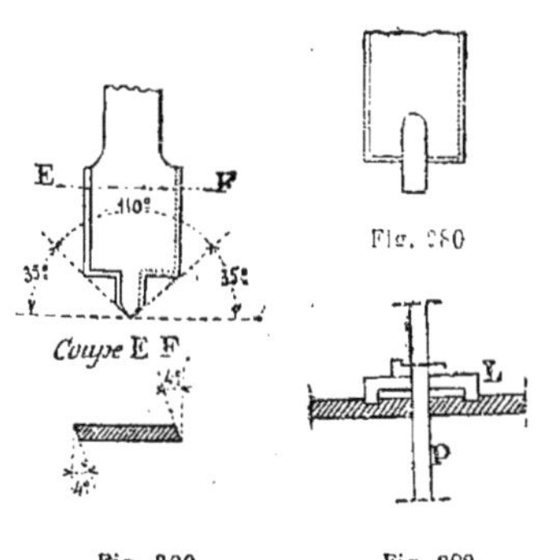

Fig. 280. Fig. 282.

Le poinçon est toujours fabriqué avec une matière plus résistante que celle qui compose l'objet qu'il s'agit de percer ; pour la tôle de fer, par exemple, le poinçon se fera en acier fondu.

Pour les épaisseurs de tôle généralement admises, la résistance moyenne à l'arrachement est de 30 kilogrammes par millimètre carré. L'effort de compression, limite que le poinçon peut supporter étant, $R = 80 \times 10^6$, d étant le diamètre de ce poinçon et e l'épaisseur de la tôle à percer il faut approximativement que l'on ait :

$$d > 1\,5\,e.$$

On a cherché longtemps l'angle le plus convenable à donner à la mèche à la langue d'aspic et on est arrivé, comme le montre le croquis (*fig* 124 *bis*) à un angle de 110 degrés. Uu angle plus aigu serait mauvais et un angle plus obtus ferait descendre l'outil trop lentement.

Lorsque le perçage doit être fait avec précision, on emploie (*fig* 280), une mèche terminée en pointe de diamant ; on peut remplacer la pointe de diamant par une partie cylindrique (*fig* 281).

Quand, dans les pièces métalliques, on doit percer des trous de grandes dimensions, on se sert de lames ayant d'autres formes, c'est *l'alésage*. On perce un premier trou au forêt pour laisser passer le porte-lame P (*fig.* 282, 283) et on augmente le diamètre du trou en se servant d'une lame L pouvant prendre plusieurs formes.

Dans certains cas, pour les rivets fraisés par exemple, on est obligé de faire des ouvertures coniques ; on donne alors à la

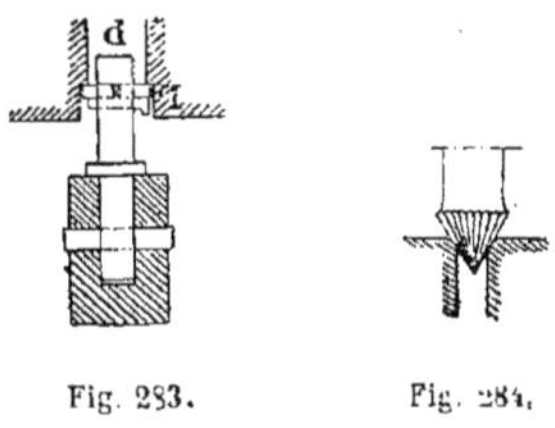

Fig. 283. Fig. 284.

lame de l'outil, l'inclinaison nécessaire. Au lieu de se servir de lames, on peut faire usage d'instruments connus sous le nom de *fraises*. Ce sont des cônes (*fig.* 284) présentant une série de lames tranchantes.

Pour remédier aux inconvénients des foreries portatives signalés précédemment page 46, n° 92, M. Bouhey, constructeur, a perfectionné cette machine simple et la figure 285 nous la montre telle qu'elle est employée aujourd'hui. Une machoire A permet de pincer la pièce à percer et la maintient solidement, cette machoire opère sur la pièce une pression à l'aide d'un écrou E pouvant se manœuvrer sur sur une tige B. Une douille double pouvant glisser sur la tige B permet de placer l'outil à telle hauteur qu'on le désire. La

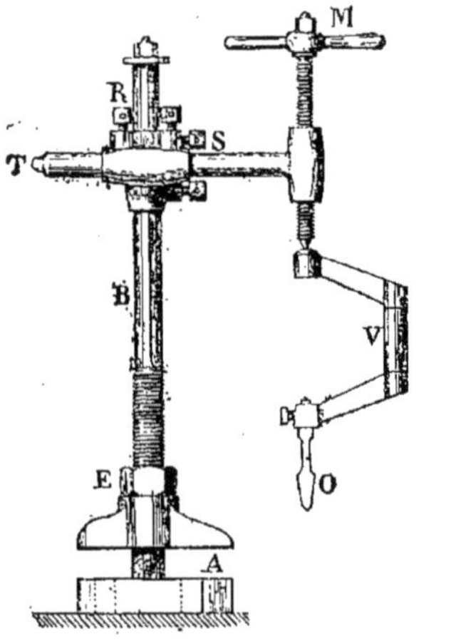

Fig. 285.

tige T pouvant se mouvoir horizontalement dans cette douille on pourra, par ce simple mouvement, percer une série de trous les uns à côté des autres. Les vis R et S servent à fixer la douille sur la tige B et la tige T sur la douille. Le reste de l'appareil existe comme dans les autre exemples : une manette M, un vilebrequin V et un foret O.

158. 2° *Rivure.* — La rivure a été longuement étudiée précédemment, il nous suffira de rappeler quelques observations pratiques qui doivent trouver leur place ici.

Lorsqu'on rive au petit marteau il faut,

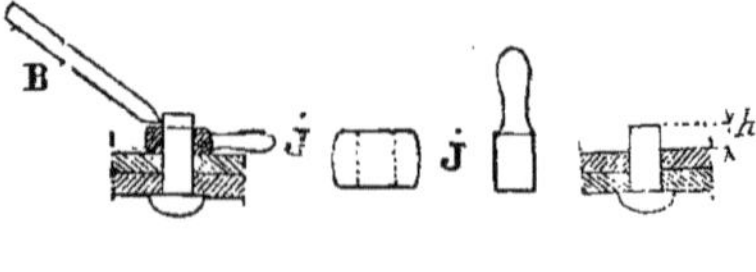

Fig. 286. Fig. 287. Fig. 288.

après coup, resserrer la rivure et matter tout le tour du rivet. La rivure à la bouterolle est préférable. Les rivets en forme de goutte de suif se font ordinairement à la bouterolle et les rivets coniques s'exécutent plus facilement au petit marteau.

Ayant mis le rivet en place avant la rivure, comme l'indique le croquis (*fig.* 286), il faut s'assurer si la hauteur h n'est pas trop grande pour faire la deuxième tête ou rivure, car, dans la rivure à la bouterolle, on doit observer strictement les dimensions pour ne pas avoir d'excès de fer. Les rivets reconnus trop longs à l'aide d'une *jauge* J (*fig.* 287) sont coupés par un burin B (*fig.* 288).

La bouterolle, dont nous avons donné l'une des formes (*fig.* 184) peut aussi se faire comme nous l'indiquons (*fig.* 289); c'est, comme le montrent les croquis, un

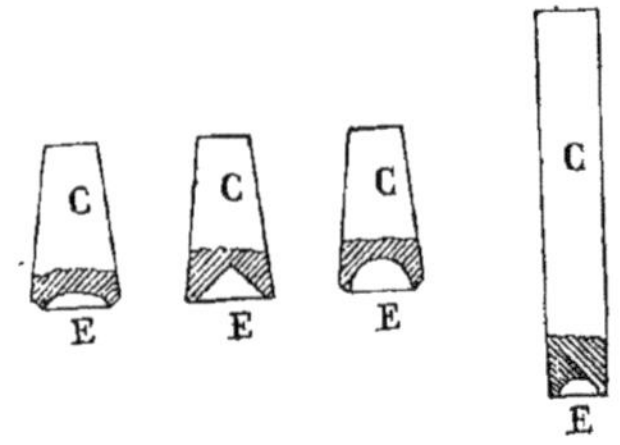

Fig. 289.

poinçon C ayant la forme cylindrique ou tronconique et présentant à la partie inférieure E la forme exacte de la rivure qu'on désire obtenir. La bouterolle sert non seulement à faire la deuxième tête des rivets ou rivure, mais aussi à terminer et à donner une plus belle forme à la rivure faite à la main.

Obervations. Il est très important de donner à la bouterolle le profil bien exact que doit avoir la rivure. Si, par exemple, son volume en creux est plus grand que celui de la rivure, il en résulte forcément que celle-ci n'appuie pas exactement par toute sa surface sur la tôle d'où des inconvénients. Il est préférable que la flèche donnée à la bouterolle soit un peu plus petite que celle de la tête, dans ce cas, la matière expulsée au pourtour de la bouterolle forme quelques bavures qu'il est facile d'enlever. Par suite, comme ces bavures ne peuvent se produire, que lorsque toute la matière qui était sous la bouterolle a été appliquée contre la tôle, il en résulte qu'on peut la considérer comme une garantie de bon contact.

Pour éviter les fuites, les ouvriers emploient souvent le moyen suivant : ils font rouiller les têtes des rivets en versant dessus un acide étendu d'eau ; c'est un très mauvais système dont il faut empêcher la pratique.

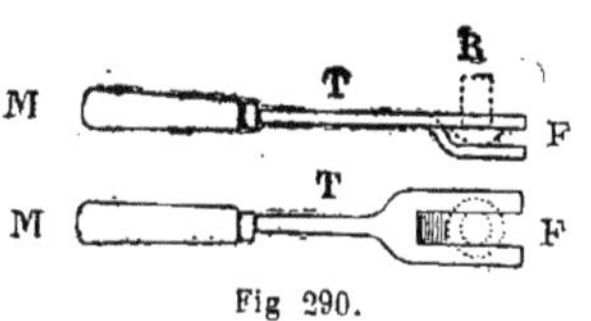

Fig 290.

Dans la rivure à chaud, les rivets ne pouvant plus se placer à la main dans les tôles à réunir, on se sert, pour les apporter de la forge, d'une main en fer dont nous donnons (*fig.* 290) les deux projections.

Le levier d'abattage, décrit précédemment, que l'on maintient souvent,

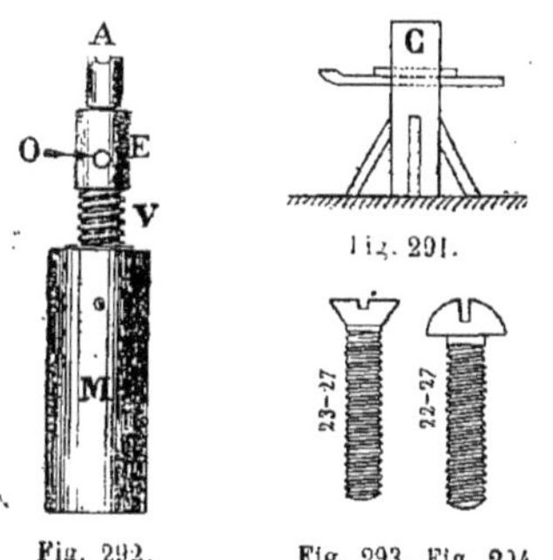

Fig. 292. Fig. 291. Fig. 293. Fig. 294

comme le montre le croquis (*fig.* 291), sur un chevalet C, ne suffisant plus pour les rivets un peu gros on le remplace par un autre appareil dont nous donnons le croquis (*fig.* 292) et qui est connu sous le nom de *turc*. Il se compose d'un bloc de fonte M formant écrou et à la partie supérieure duquel se trouve une vis V. Une barre placée dans l'ouverture O permet de faire varier la position de la partie supérieure E de l'appareil. La tête du rivet est placée en A dans une encoche.

159. 3° *Vis.* — Les vis à métaux les plus employées sont :

1° Les vis à *tête plate* (*fig.* 293) ;

2° Les vis à *tête ronde* (*fig.* 294). Dans le commerce leurs dimensons sont désignées par deux numéros : le premier

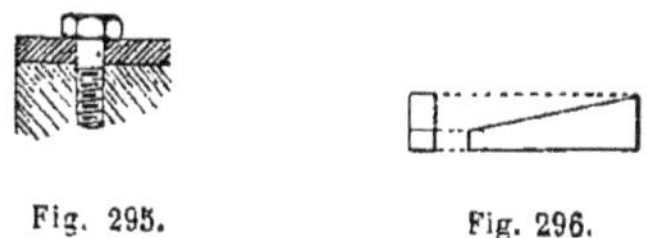

Fig. 295. Fig. 296.

indique le numéro de la jauge décimale auquel correspond le diamètre; le second la longueur de la pièce en millimètres.

Il est indispensable, avant la pose, de graisser les vis pour prévenir la rouille et en faciliter la pose et l'extraction. Les vis se mettent en place à l'aide d'un instrument bien connu nommé *tournevis*.

Les *vis d'assemblage* sont de véritables boulons sans écrous, elles servent à faire les assemblages qui ont besoin d'être démontés de temps en temps. Il ne faut pas, comme nous l'indiquons (*fig.* 295), que la vis d'assemblage rencontre des filets de vis dans la pièce supérieure, il ne faut donc tarauder que la partie inférieure de la vis.

160. 4° *Clavettes.* — On désigne sous le nom de *clavettes*, des coins généralement en fer; la partie la plus large (*fig.* 296) s'appelle la *tête* et l'autre partie se nomme le *bout* de la clavette. La différence, entre les dimensions des deux extrémités, se nomme le *tirage de la clavette*. On distingue deux espèces de clavettes, la *clavette d'arrêt* et la *clavette de serrage*. La première est utilisée quand on ne démonte pas souvent les pièces. La deuxième sert lorsqu'on doit manœuvrer l'assemblage souvent. Les clavettes sont peu employées dans la charpente en fer; elles le sont beaucoup plus dans la construction des machines. Nous aurons l'occasion, dans ce qui va suivre, d'en étudier, suivant les besoins, les différentes formes.

§ II. — DIFFÉRENTS TYPES D'ASSEMBLAGES MÉTALLIQUES

Assemblage des pièces en fer.

DÉFINITIONS ET NOTIONS GÉNÉRALES.

161. Comme pour les assemblages étudiés dans la charpente en bois, les pièces métalliques peuvent être assemblées à tenons et mortaises, simples ou doubles, avec ou sans embrèvement ; en queue d'hironde ; par entailles ; placées bout à bout, elles peuvent être réunies par des entures comme on le ferait pour des pièces de bois ; elles peuvent aussi être moisées, jumellées, etc...

Comme le fer permet de renfler les pièces en certains endroits, de les courber ou de les plier sous des angles quelconques, on profite de ces propriétés pour modifier un peu la forme des assemblages métalliques.

Les assemblages à tenons et mortaises sont peu employés et sont souvent remplacés par des assemblages à plat joint dont nous donnerons quelques exemples dans ce qui va suivre, les pièces sont, dans ce cas, maintenues l'une sur l'autre par des goupilles rivées ou par des boulons.

Généralement, au point où deux pièces s'assemblent, on ménage sur l'une et sur l'autre des renflements tels que la résistance de ces pièces ne soit pas modifiée par les entailles, trous de goupilles ou de boulons.

Le fer pouvant facilement se refouler à froid, on profite de cette propriété pour river à froid les extrémités des tenons passants des chevilles, etc., la tête de cette rivure peut être apparente ou logée dans l'épaisseur du métal.

Lorsque dans la charpente en fer on se sert de l'assemblage à tenons et mortaises on donne souvent au tenon et à la mortaise la forme circulaire pour obtenir plus de précision. Pour empêcher les pièces ainsi assemblées de tourner l'une sur l'autre on met un ergot ou une clavette.

Le fer pouvant facilement se fileter on profite encore de cette propriété pour faire beaucoup d'assemblages à vis et à écrous ; ce sont des assemblages très usités et très solides. Dans certains cas, l'écrou est percé dans la pièce elle-même qui reçoit le tenon transformé en vis ; dans d'autres exemples le tenon rectangulaire ou cylindrique est, passant et terminé par un bout fileté sur lequel se serre l'écrou.

Pour les assemblages d'angle on évite, autant que possible les coudés d'un seul morceau.

D'une manière générale, lorsqu'on doit assembler deux pièces de fer il faut se rendre compte de la direction et de l'intensité des efforts qui tendent à les séparer et choisir le mode d'assemblage qui offre le plus de résistance à cette séparation. Il faut que la résistance à l'endroit des pièces assemblées ne soit pas moindre que celle de chacune des pièces séparées. On doit surtout choisir de préférence les assemblages simples et ne recourir aux combinaisons compliquées que lorsqu'il est impossible de faire autrement.

Les ingénieurs ou toutes personnes chargées de grands travaux de charpente en fer ou de serrurerie devront veiller avec le plus grand soin à la bonne exécution des assemblages et exiger une très grande précision.

Nous ne donnerons, dans ce qui va suivre, que les types principaux des assemblages métalliques, nous réservant de les étudier plus en détails dans les nombreux cas particuliers que nous aurons à examiner.

Classification des assemblages métalliques.

162. Nous commencerons l'étude des assemblages métalliques par les plus importants, c'est-à-dire par ceux des tôles, des fers à T et à I ; des poutres composées, et nous terminerons par les principaux types d'assemblages employés en serrurerie.

La classification des assemblages en fer peut donc se faire comme suit :

1° Assemblages des tôles ;

2° Assemblages des cornières et des fers à T;

3° Assemblages des fers à ⌶ entre eux et assemblages des fers en U ;

4° Assemblages des poutres en tôles et cornières — Principaux types de poutres à âme pleine — Principaux types de poutres en treillis ;

5° Assemblages de fers à ⌶ et des fers en U avec les poutres en tôles et cornières ;

6° Assemblages droits ou de pièces placées en prolongement les unes des autres ;

7° Assemblages d'angles;

8° Assemblages à mi-fer ;

9° Assemblages des pièces qui se croisent ;

10° Entures ;

11° Pièces jumellées et moisées ;

12° Ancres et tirants — Ancrages divers.

1° ASSEMBLAGES DES TOLES

163. Les tôles à assembler peuvent être placées : bout à bout ; l'une sur l'autre ; perpendiculairement ou parallèlement.

Tôles placées bout à bout. S'il s'agit de tôles à réunir bout à bout on peut, si

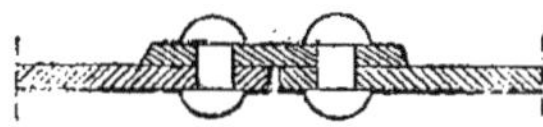

Fig. 297.

l'assemblage ne fatigue pas, prendre la disposition donné en croquis (*fig.* 297) ; mais nous avons vu précédemment qu'il

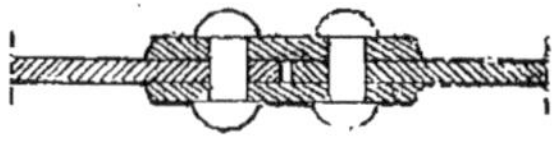

Fig 298.

était préférable de mettre deux couvre-joints comme le montre le croquis (*fig* 298). Ce dernier mode de jonction est évidemment préférable puisqu'il exige pour la séparation des deux tôles le cisaillement d'une double section de rivets.

Lorsque l'assemblage réclame une plus grande résistance on remplace les tôles formant couvre-joints par des fers à T et on obtient la disposition de la figure 299.

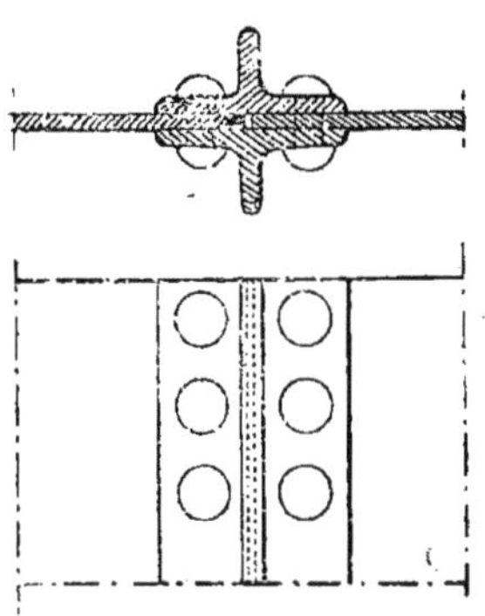

Fig. 299.

164. *Tôles placées l'une sur l'autre.* — L'assemblage de deux tôles placées l'une sur l'autre est très simple et se comprend à la seule inspection du croquis (*fig.* 300).

165. *Tôles placées perpendiculairement l'une sur l'autre.* — Si les tôles sont perpendiculaires entre elles, les assemblages

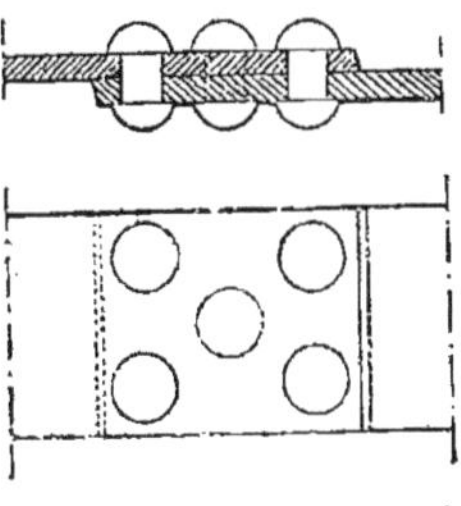

Fig. 300.

peuvent varier suivant que les tôles se traversent ou ne se traversent pas. Si les tôles ne se traversent pas on peut les assembler simplement comme le montre le croquis (*fig.* 301), par deux cornières ; on fait aussi usage des couvre-joints en fer plat (*fig.* 302) ou en fer à T (*fig.* 303), suivant la résistance qu'on désire obtenir.

Fig. 301.

Si les tôles se traversent de part en part on se sert alors de la disposition indiquée

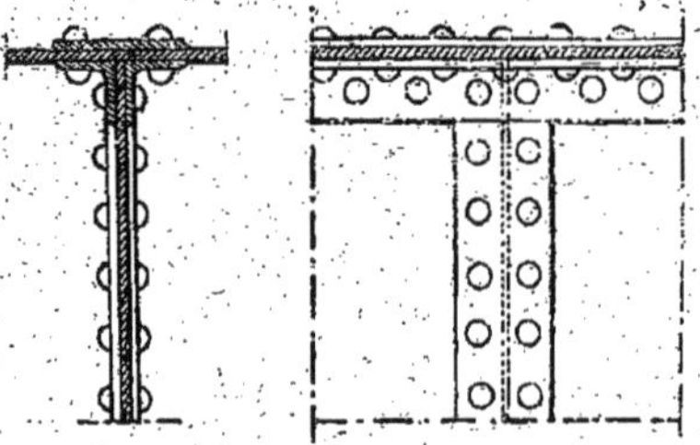

Fig. 302.

(*fig.* 304), qui consiste en quatre cornières et des couvre-joints en fer plat.

On peut aussi, pour assembler perpendiculairement plusieurs tôles, se servir

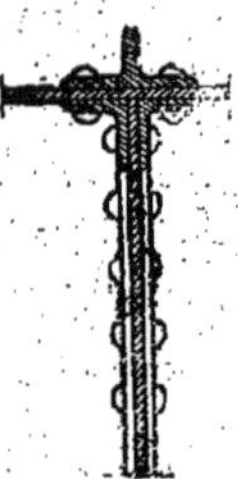

Fig. 303.

de fers spéciaux comme le montre le croquis (*fig.* 305). On emploie également ces fers spéciaux pour raidir les tôles en certains endroits réclamant une plus grande résistance (*fig.* 306).

Enfin (*fig.* 307) les tôles peuvent être

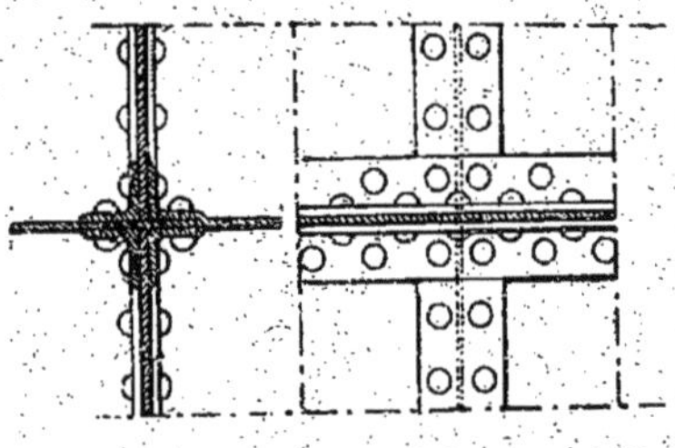

Fig. 304.

perpendiculaires l'une sur l'autre et se terminer à leur jonction ; on les assemble

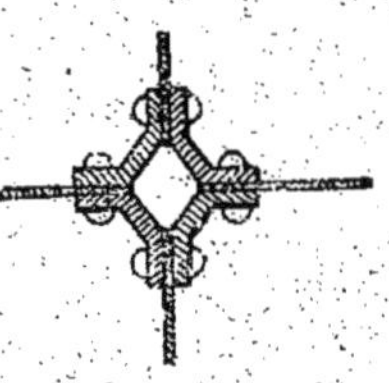

Fig. 305.

alors au moyen d'une cornière rivée d'avance en attente sur l'une des tôles.

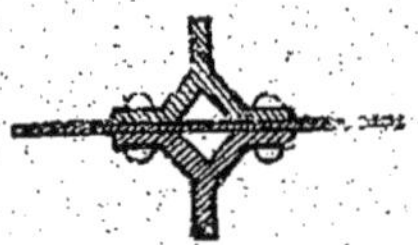

Fig. 306.

Cet assemblage se nomme assemblage à cornière

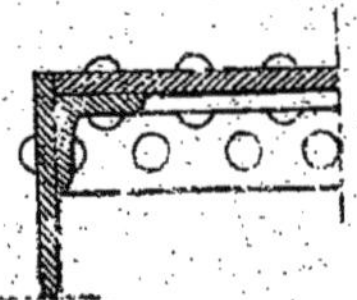

Fig. 307.

166. *Tôles placées parallèlement.* — L'assemblage de tôles placées parallèlement peut se faire de trois manières comme l'indiquent les figures. 308, 309 et 310. Dans le premier exemple (*fig.* 308) on se sert d'un rivet à la partie inférieure et d'une tige filetée en haut placée comme un rivet. Pour maintenir l'écartement des tôles on place (*fig.* 309) un fourreau ou tube en fer creux T dans lequel passe le rivet; la partie inférieure est terminée par une pièce coudée P. Enfin (*fig.* 310) on peut se servir de deux cornières renversées.

Lorsqu'on doit faire la jonction de plusieurs feuilles de tôle en un même point, quatre feuilles par exemple, on est obligé, comme le montre le croquis (*fig.* 311), d'amincir deux des tôles pour ne pas avoir une épaisseur trop grande.

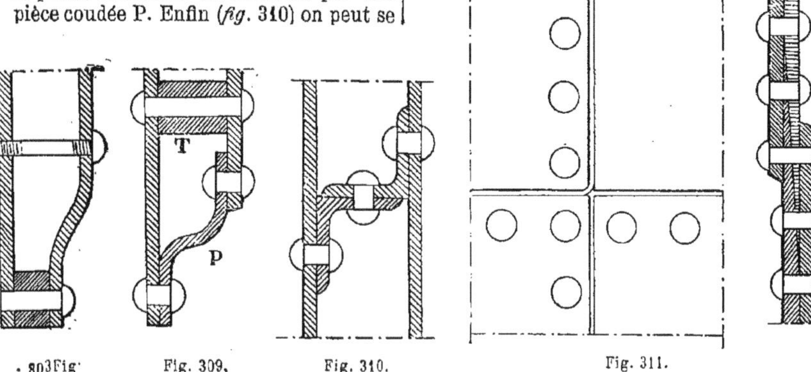

Fig. 308. Fig. 309. Fig. 310. Fig. 311.

2° ASSEMBLAGE DES CORNIÈRES ET DES FERS A T

167. Les fers à T ou les cornières peuvent se plier à chaud en refoulant la matière de l'âme ou de l'une des côtes des cornières ; mais lorsque l'angle à obtenir est trop aigu, il est préférable d'entailler l'âme comme le montre le croquis (*fig.* 312) et de mettre une équerre.

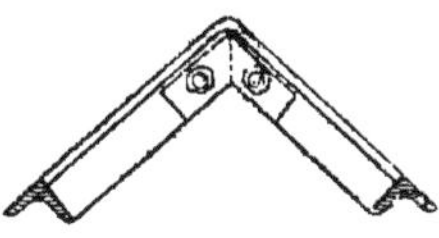

Fig. 312.

Le plus souvent, pour les petits travaux, on ne se sert pas d'équerres et on se contente, comme nous l'indiquons (*fig.* 313 et 314), de couper à la forge la nervure supérieure du fer à T ou l'une des côtes de la cornière et on coude l'autre à la longueur suffisante pour pouvoir l'assembler et y placer un rivet ou un boulon.

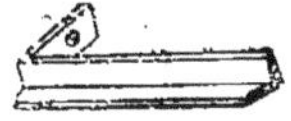

Fig. 313.

Pour les fers plats il suffit de les couder à angle droit ce qui est très facile.

Fig. 314.

Si, avec une cornière, nous voulons faire un coude d'équerre, nous pouvons employer le procédé suivant : découper (*fig.* 315) à l'endroit du coude dans une des côtes de la cornière un triangle rectangle isocèle ABC puis relever le côté CD' en CD. On soude alors le côté BC pour renforcer l'assemblage ou, ce qui est préférable, on y place (*fig.* 316) une

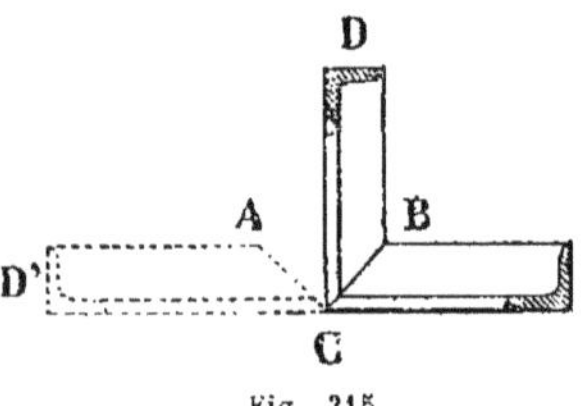

Fig. 315.

équerre simple maintenant l'assemblage à l'aide de deux rivets.

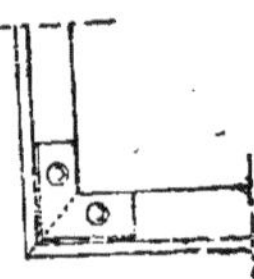
Fig. 316.

Lorsqu'on veut fortifier d'une manière très rigide l'assemblage d'angle de deux cornières ou de deux fers à T (*fig.* 317) on remplace l'équerre simple de la

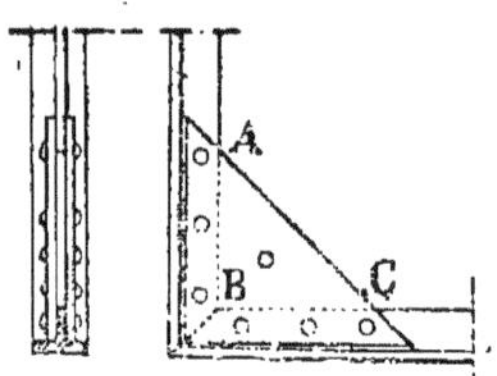

Fig. 317.

figure 316 par une équerre d'angle double

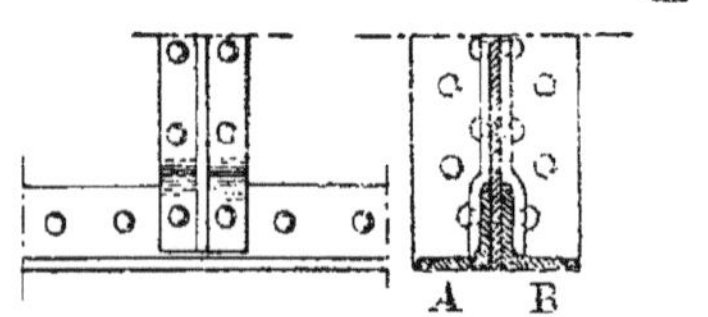

Fig. 318.

avec fourrure rapportée intérieurement dans le triangle ABC.

Dans une poutre où l'on fixe une cornière ou un fer à T sur l'âme pour la raidir on profite, pour assembler cette cornière ou ce fer à T à la partie inférieure de la poutre sur les deux cornières A et B (*fig.* 318), de la propriété que possède le fer de prendre à chaud toutes les formes qu'on désire pour infléchir les pièces et leur donner des ressauts nécessaires de manière à bien les ajuster.

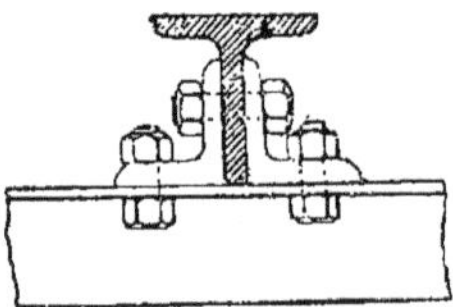
Fig. 319.

La figure 319 nous montre l'assemblage d'un fer à T sur un autre au moyen de deux cornières.

Si les deux fers à T sont perpendiculaires l'un sur l'autre et doivent s'affleurer on entaille l'un de ces fers comme le

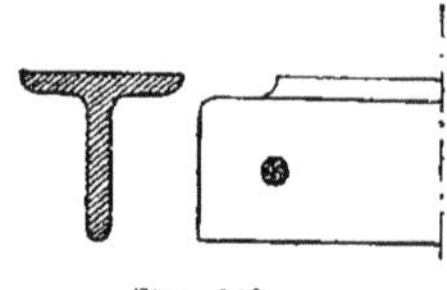
Fig. 320.

montre la figure 320 et l'assemblage se fait ensuite à l'aide de simples cornières (*fig.* 321).

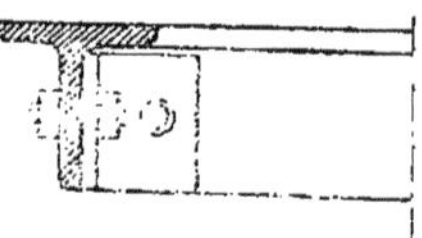
Fig. 321.

Lorsque deux fers T, A et B s'assemblent sur un troisième C, on peut prendre la disposition indiquée (*fig.* 322) qui consiste à traverser le fer C par une plaque d'assemblage servant à boulonner solidement les deux fers A et B. On peut aussi, lorsque le fer à T C est remplacé

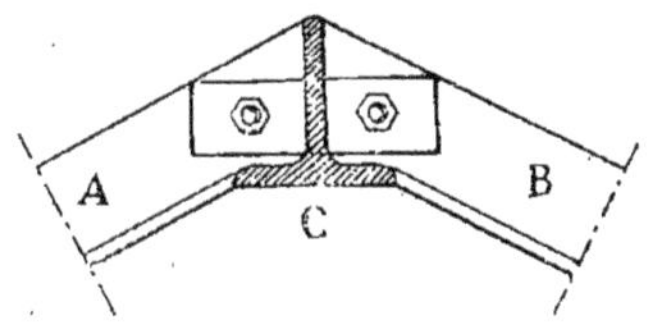

Fig. 322.

par une poutre en tôle et cornières,

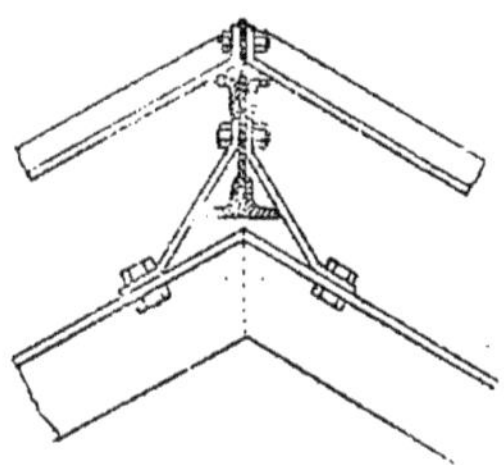

Fig. 323.

prendre les deux dispositions indiquées (*fig.* 323 et 324).

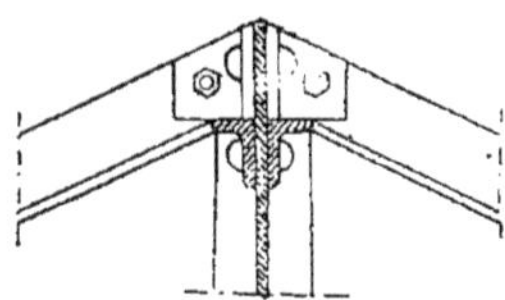

Fig. 324.

Lorsqu'un fer à T ou une cornière viennent se fixer en biais sur une cornière,

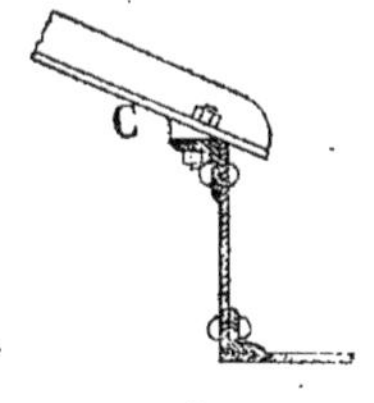

Fig. 325.

comme cela arrive avec les petits fers à vitrages venant se fixer sur les chéneaux, on interpose (*fig.* 325), pour rattraper le biais, une cale C.

La figure 326 nous montre l'assemblage d'un fer à T avec un fer à I au moyen de boulons.

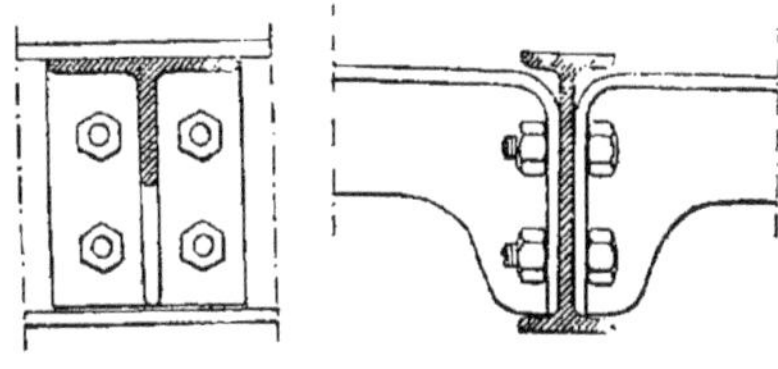

Fig. 326.

Les figures 327 et 328 nous montrent comment on peut (*fig.* 327) assembler les cornières C d'une poutre avec un fer à T placé parallèlement au moyen de deux cornières renversées, assemblage analogue à celui de deux tôles placées parallèlement; la figure 328 nous montre l'assemblage

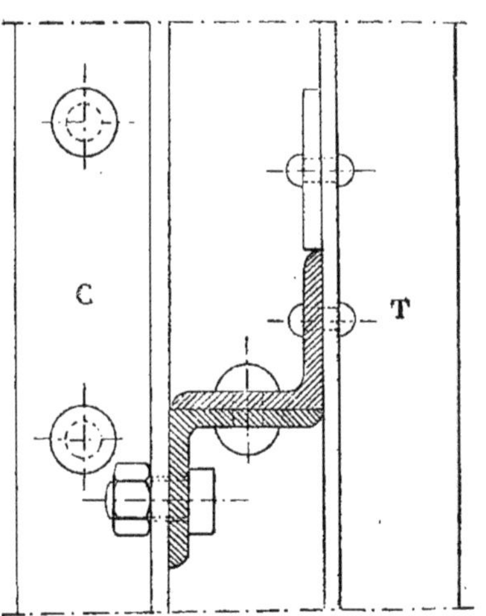

Fig. 327.

d'un fer à T avec un fer à I en se servant d'une pièce spéciale P. Cette pièce spéciale P peut, suivant les cas, prendre plusieurs formes dont nous indiquerons encore deux exemples (*fig.* 329 et 330).

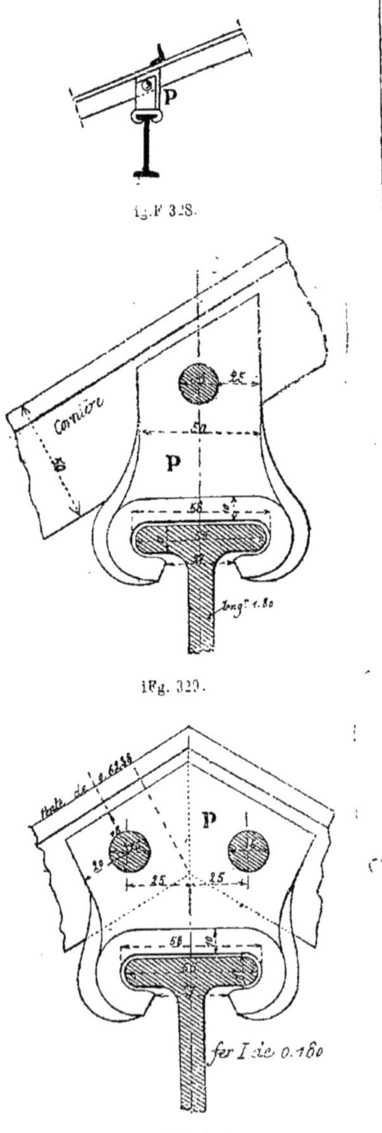

Fig. 328.

Fig. 329.

Fig. 330.

Les figures 331 et 332 nous montrent deux assemblages de fers à T ou des cornières avec des fers à I.

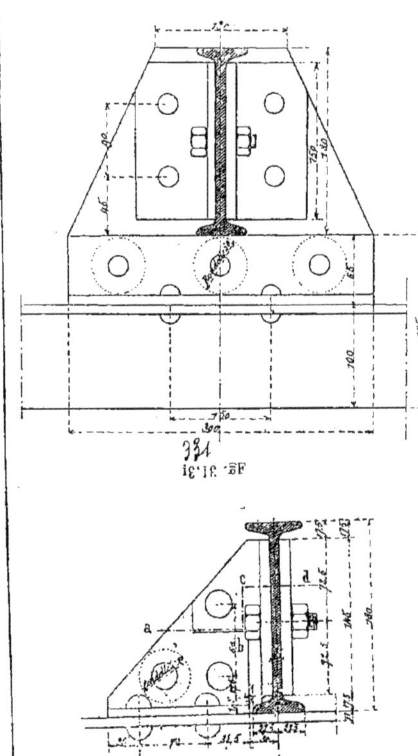

Fig. 331.

Fig. 332.

La figure 333 montre comment on peut assembler un fer à I avec une cornière verticale en faisnt reposer ce fer I sur une cornière horizontale.

La figure 334 nous montre l'asssemblage de deux cornières placées perpendiculairement.

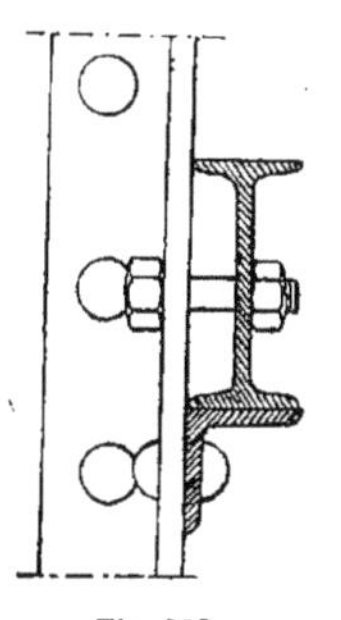

Fig. 333.

Enfin pour terminer nous donnons (*fig.* 335) l'assemblage de deux fers à T qui se croisent avec l'indication des entailles à faire dans chacun d'eux.

Certains constructeurs prétendent avec raison que les entailles affaiblissent notablement la résistance de ces fers et, dans ce but, ont proposé la disposition indiquée en croquis (*fig.* 336) pour l'un des fers, l'autre n'étant nullement entaillé et venant se fixer dans le logement qui lui est réservé.

168. 3° *Assemblages des fers à* I *entre eux — Assemblages des fers en* U. — Les assemblages des fers à I entre eux se font à l'aide d'équerres ou de cornières rivées ou boulonnées en ayant soin de faire sur ces fers les entailles nécessaires pour permettre aux âmes de se rencontrer. — Les cornières, pour assemblages ordinaires des fers I, se vendent dans le commerce

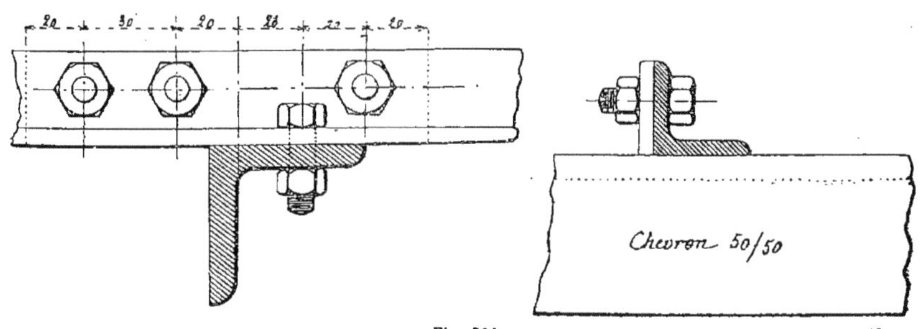

Fig. 334.

toutes préparées, coupées de longueur et percées de trous pour le passage des boulons. Elles ont ordinairement les dimensions résumées dans le tableau ci-après.

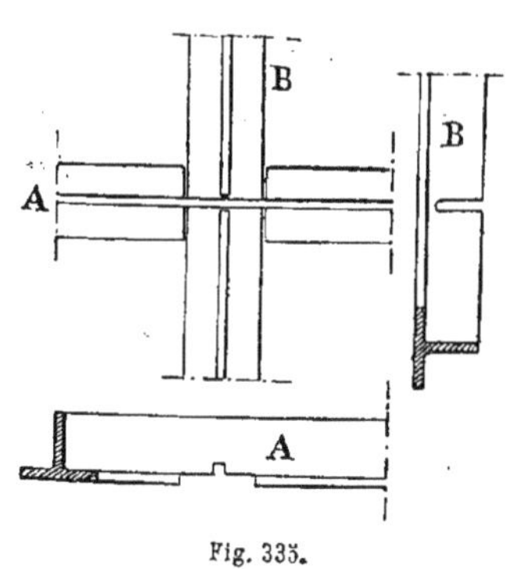

Fig. 335.

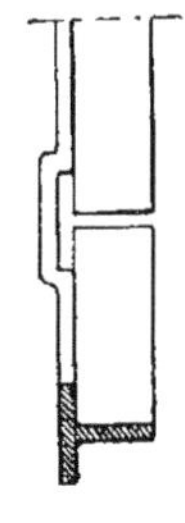

Fig. 336.

DÉSIGNATION	LONGUEUR des cornières	POIDS des cornières	DIMENSIONS des boulons d'assemblage	POIDS des boulons d'assemblage	DIAMÈTRE des trous percés
	m.	kil.		kil.	m.
Cornières de $\frac{60-60}{7}$ percées d'un trou sur chaque côté.	0.06 0.07 0.08 0.09	0.36 0.45 0.50 0.60	Diamètre..... 0m,012 Longueur de tige 0,035 Serrage maxim. 0m,023	0.080	0.014
Cornières de $\frac{70-70}{8}$ percées d'un trou d'un côté et de deux trous de l'autre.	0.100 0.110 0.120 0.130	0.80 0.85 0.95 1.15	Diamètre..... 0m,014 Longueur de tige 0,040 Serrage maxim. 0m,0[illegible]6	0.130	0.016
Cornières de $\frac{80-80}{9}$ percées de deux trous de chaque côté.	0.140 0.150 0.160 0.180	1.60 1.75 1.95 2.38	Diamètre..... 0m,016 Longueur de tige 0,0[illegible]0 Serrage maxim. 0m,034	0.200	0.0175

Les cornières ayant d'autres dimensions doivent être commandées spécialement.

Le prix moyen des cornières est de 40 francs les cent kilos, et les boulons 60 francs les cent kilos.

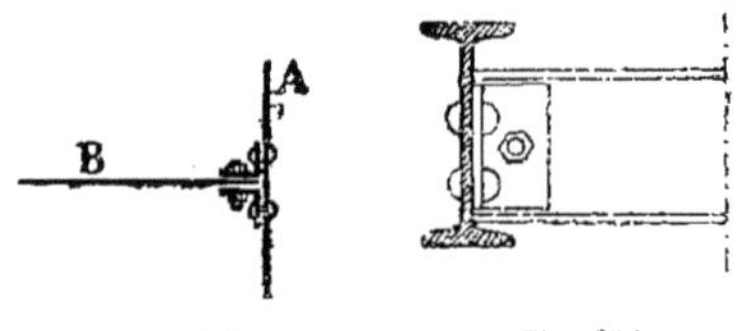

Fig. 337. Fig. 338.

Pour faciliter le montage il est indispensable de mettre, pour fixer les équerres sur les fers I, des rivets d'un côté et des boulons de l'autre. Si par exemple nous voulons assembler deux fers I A et B dont nous ne représentons en plan que les âmes (*fig.* 337), il faudra, pour faciliter le montage, fixer les deux équerres en attente avec des rivets sur le fer A et les boulonner avec le fer B. On peut aussi mettre des boulons des deux côtés.

169. *Assemblages des fers I perpendiculaires entre eux.* — Les assemblages des fers I entre eux sont très simples : Supposons le cas le plus ordinaire de deux fers assemblés perpendiculairement et dont l'un est plus petit que l'autre, il est alors très facile, comme le montre le croquis (*fig.* 338), de les assembler sans entailles, les deux âmes pouvant se toucher facilement.

Si les deux fers, doivent s'affleurer à la partie supérieure ou à la partie inférieure, il faut alors faire sur l'un de ces fers l'entaille nécessaire, pour permettre aux deux âmes de se rencontrer (*fig* 339 et 340).

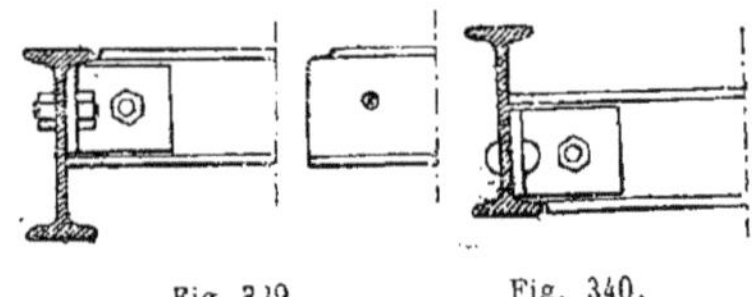
Fig. 339. Fig. 340.

Enfin, si les fers à assembler ont même hauteur, il faut, comme le montre le croquis (*fig.* 341), entailler l'un des fers des deux côtés.

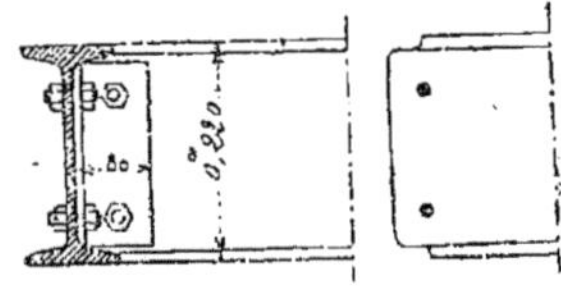

Fig. 341.

Si, pour une raison quelconque, les fers étant placés perpendiculairement entre eux l'un de ces fers doit dépasser l'autre, il faut alors, comme nous l'indiquons (*fig.* 342), employer des équerres spéciales. L'assemblage dans ces conditions exige beaucoup de main-d'œuvre

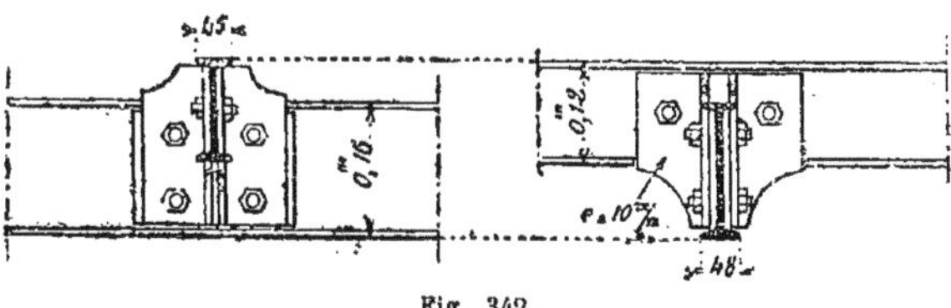

Fig. 342.

La figure 343 donne un exemple d'assemblage de deux fers I, souvent employé pour fixer les *pannes* d'un comble sur *l'arbalétrier*.

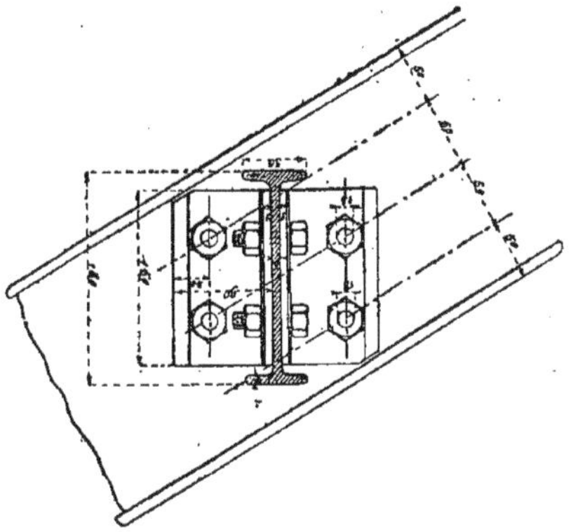

Fig. 343.

Les assemblages des fers en U soit entre eux, soit avec des cornières ou des fers à I ressemblent beaucoup à ceux

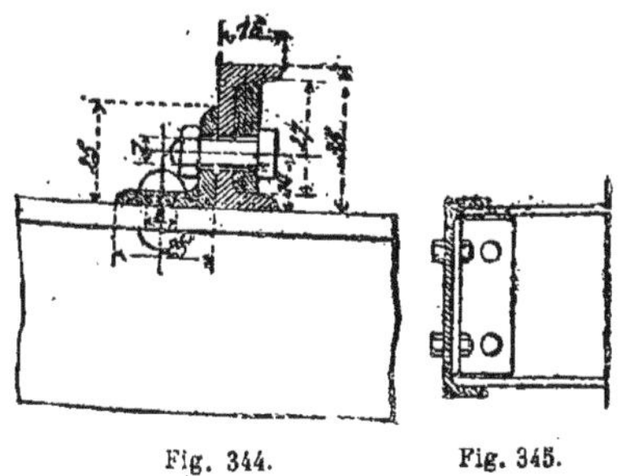

Fig. 344. Fig. 345.

que nous venons de décrire pour les fers à I; nous en donnons (*fig.* 344, 345 et 346) trois exemples pour fixer les idées.

On peut avoir à assembler des fers H sur d'autres fers I comme nous l'indi-

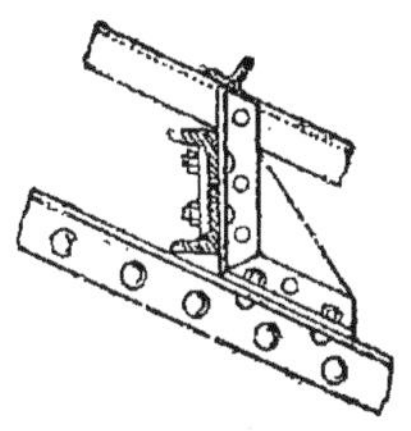

Fig. 346.

quons (*fig.* 347, soit à l'aide d'une cale C, et d'une cornière, soit à l'aide d'un fer spécial F ayant la forme d'une cornière évidée pour laisser passer l'aile.

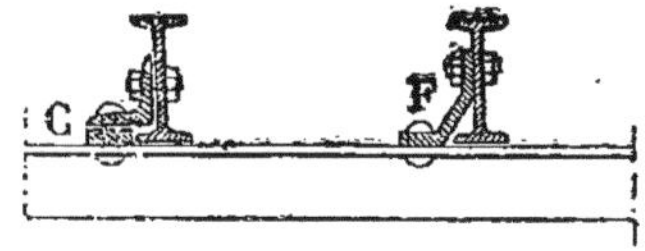

Fig. 347.

170. *Assemblages des fers I placés parallèlement. Poitrails.* — Les assemblages des fers I placés parallèlement sont presque exclusivement employés pour faire des *poitrails*. Ces poitrails sont ordinairement des pièces horizontales destinées à supporter des murs au-dessus d'une grande ouverture. Ils se font avec des fers à I ou avec des poutres en tôle et cornières suivant l'importance du travail et du poids qu'ils ont à supporter.

Il y a différentes manières de construire les poitrails; la plus simple, comme le montre le croquis (*fig.* 348), consiste à réunir les deux fers à I à l'aide de brides B en fer plat placées à 1 mètre ou 1^m,25 les unes des autres et à serrer l'ensemble à l'aide de deux croisillons en fer carré placés en diagonale à l'intérieur et au droit des brides. Ces croisillons sont entrés de force à coups de marteau.

Fig. 348.

Lorsque dans un bâtiment il y a beaucoup de poitrails à faire, on peut, sans trop de frais, faire mouler des entretoises

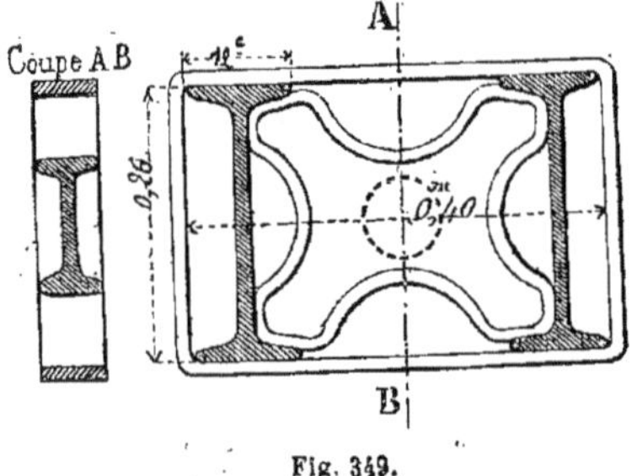

Fig. 349.

ou fourrures en fonte dont nous donnons (*fig.* 349 et 350) les deux principales formes. Dans le premier exemple l'entre-

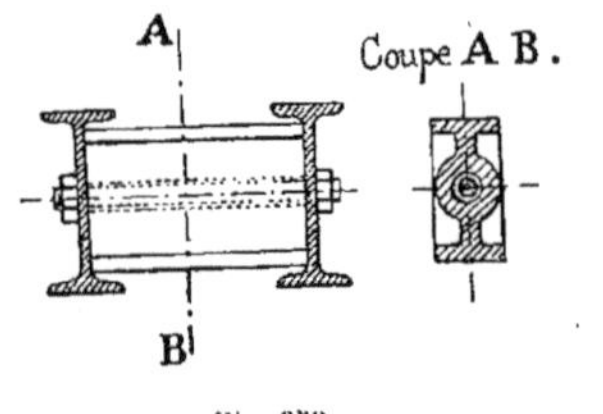

Fig. 350.

toise en fonte est placée entre les deux fers (cette entretoise peut être rendue plus légère en évidant la partie milieu comme l'indique le cercle pointillé dans la figure 349), et le tout est, comme précédemment, maintenu en place à l'aide d'une bride en fer plat ; dans le deuxième exemple (*fig.* 350) on place entre les deux fers une fourrure spéciale percée en son milieu d'un trou permettant le passage d'un boulon de serrage remplaçant la bride en fer plat.

Lorsque les deux fers sont très rapprochés, pour la construction des petits

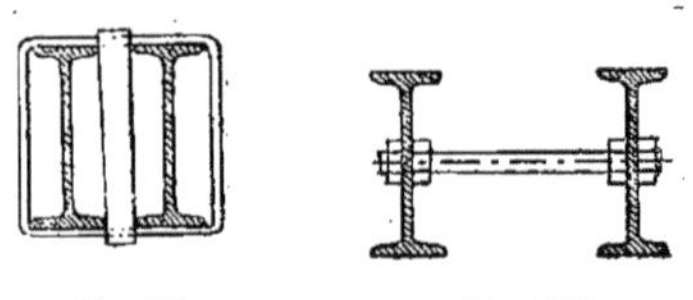

Fig. 351. Fig. 352.

poitrails nommés *filets* ou *linteaux* placés au-dessus des petites baies ou sous les cloisons légères, par exemple, on simplifie encore les dispositions. Les fers (*fig.* 351) ne laissant entre leurs ailes que quelques

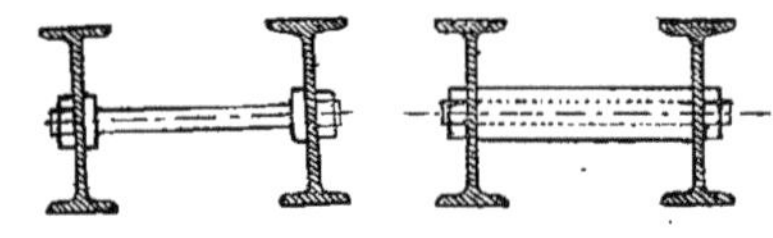

Fig. 353. Fig. 354.

centimètres de jour, on emploie comme serrage des rognures de fer carré ou de fer méplat enfoncées verticalement et des-

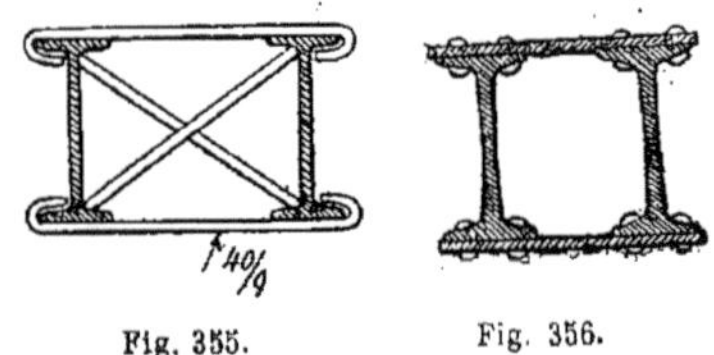

Fig. 355. Fig. 356.

tinées à former le serrage. On se sert aussi de boulons à embase (*fig.* 352) ou de boulons à quatre écrous (*fig.* 353), ou enfin d'un tube ou manchon en fer creux (*fig.* 354) maintenant les deux fers à une distance invariable.

Certains constructeurs emploient aussi pour les poitrails ou les linteaux la disposition indiquée (*fig.* 355 et 356).

Enfin le poitrail ou le linteau peut être

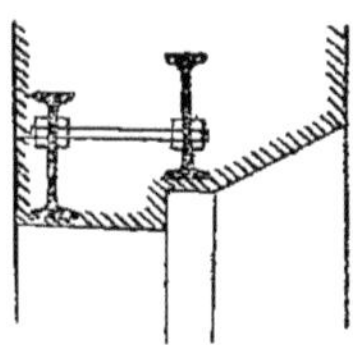

Fig. 357.

composé de deux fers réunis par des boulons à quatre écrous et ces deux fers n'étant pas dans un même plan (*fig.* 357) (Tableau et feuillure d'une baie).

4° ASSEMBLAGES DES POUTRES EN TÔLE ET CORNIÈRES

171. *Diverses formes des poutres en tôle et cornières.* — Quand le poids à supporter est grand et que la portée de la poutre dépasse 8 mètres (longueur ordinaire des fers à ⌶ du commerce), le calcul conduit à une section dont les dimensions dépassent celles des fers ⌶ habituellement employés en construction. Or, à partir d'une certaine hauteur (maximum pour ler fers ⌶ (0m,26 à 0m,30) le prix de ces fers augmentant d'une manière très sensible il y a intérêt, dans ce cas, comme résistance et comme prix, à ne pas employer ces fers et à les remplacer par des poutres à âme pleine.

La hauteur de ces poutres à âme pleine, qui sont très employées dans les constructions civiles, varie du $^1/_{12}$ au $^1/_{15}$ de la longueur suivant la charge. Il y a avantage, lorsque les conditions particulières de la construction n'imposent pas une hauteur restreinte, de prendre le rapport le plus élevé.

Dans la construction des ponts on adopte généralement le rapport de $^1/_8$ à $^1/_{10}$ de la longueur.

172. POUTRES A AME PLEINE. — Une poutre à âme pleine se compose le plus souvent, comme nous le savons: d'une tôle verticale A appelée âme (*fig.* 358) ; de quatre cornières horizontales C ; enfin, de deux ou plusieurs *tables*, *plates-bandes* ou *semelles* B rivées sur les cornières. Ces poutres peuvent, à l'aide de combinaisons simples, prendre plusieurs formes que nous allons examiner.

Les constructeurs ayant à leur disposition les fers ⌶ ont pensé qu'il était facile d'en former des poutres plus résistantes en y ajoutant haut et bas des tables comme nous le montre le croquis (*fig.* 359). Cette disposition, qu'il n'est facile de prendre qu'avec les fers ⌶ larges ailes

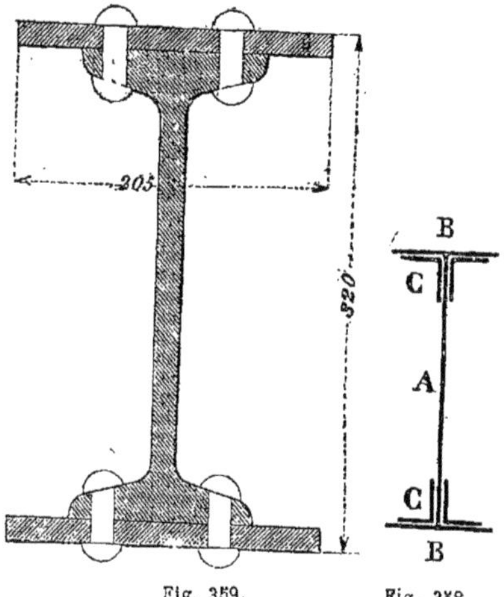

Fig. 359. Fig. 358.

permettant de placer des rivets ou des boulons, peut rendre des services lorsqu'un fer a besoin d'être renforcé et que l'emploi d'une poutre en tôle et cornières serait dispendieux.

On peut aussi par ce même procédé composer, comme le montre le croquis (*fig.* 360), une poutre assez haute en superposant deux fers ⌶, l'un sur l'autre, mais l'emploi de poutres composées est préférable.

La poutre composée la plus simple indiquée (*fig.* 361) est formée d'une âme et de quatre cornières sans tables ; elle est employée quand les fers ⌶ du commerce sont insuffisants.

La figure 362 nous montre le croquis d'une poutre en tôle et cornières dont les tables affleurent les cornières mais, le plus souvent, il n'en est pas ainsi et le véritable type de poutre complète en tôle et cornières est celui qui est représenté (*fig.* 363).

Lorsqu'on est gêné par la hauteur et qu'il y a nécessité d'avoir de larges tables on emploie alors la disposition indiquée (*fig.* 364). Les tables très larges sont quelquefois raidies par des cornières longitudinales placées sur les rives (pont de la place de l'Europe à Paris), mais le plus souvent on met deux rangées de rivets supplémentaires.

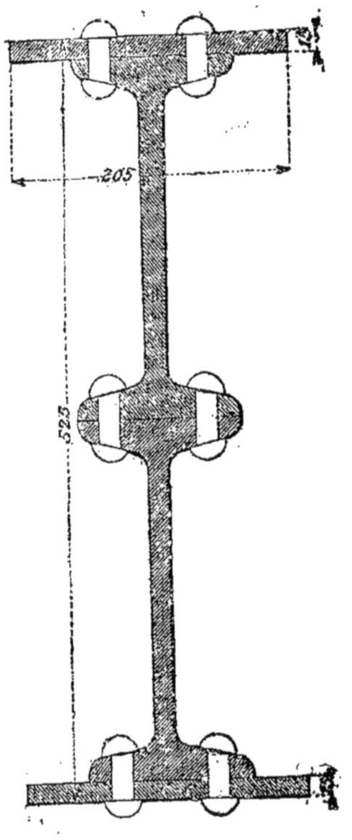

Fig. 360.

Les poutres en tôle et cornières peuvent, comme le montrent les croquis (*fig.* 365 et 366), avoir plusieurs tables.

Dans certains cas, pour rendre les poutres plus rigides, on donne (*fig.* 367) une forme courbe à leurs tables. Cette disposition assez coûteuse a été employée

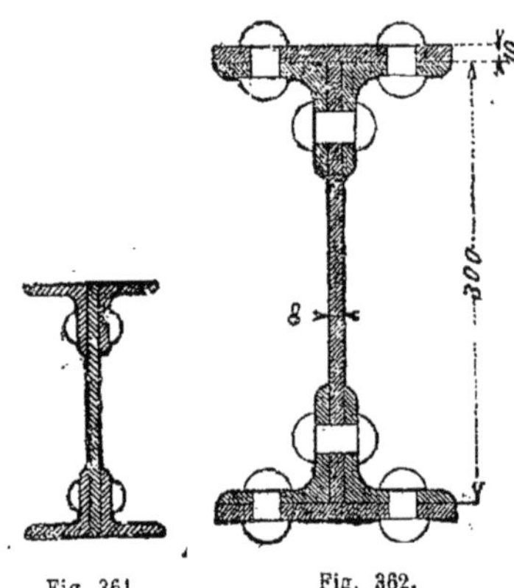

Fig 361. Fig. 362.

pour le passage du chemin de fer de

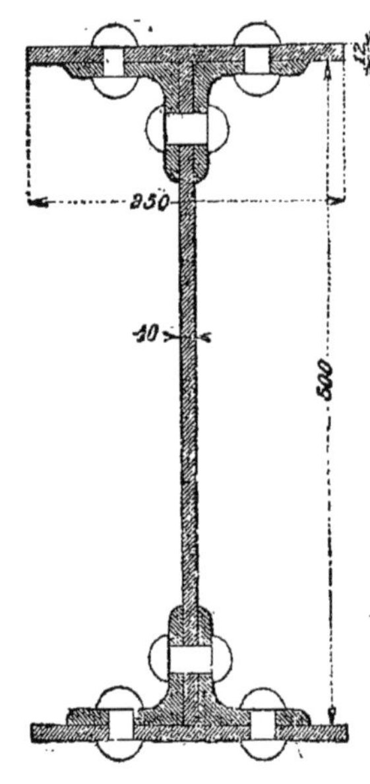

Fig. 363.

Saint-Germain, sur la grande route, avant

d'arriver au Pont d'Asnières. En cet endroit, le chemin de fer fait avec la route un angle de 25 degrés environ. Les poutres de tête ont 33^{m},72 et supportent quatre voies. Ces poutres ont la forme indiquée par la figure 367. La tôle verticale n'a que 0^{m},006 d'épaisseur. La lame horizontale inférieure a 0^{m},015 d'épaisseur et

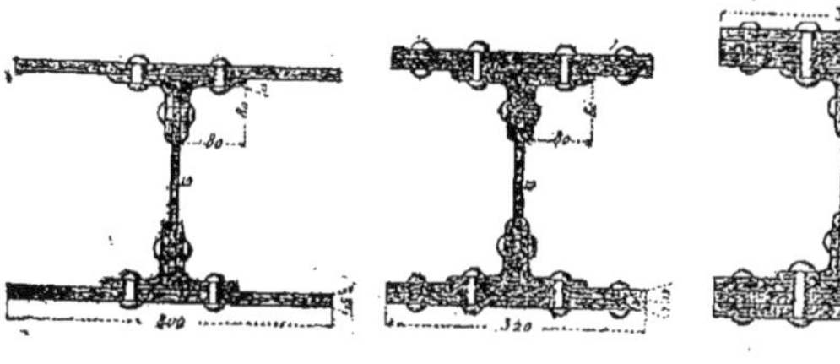

Fig. 364. Fig. 365.

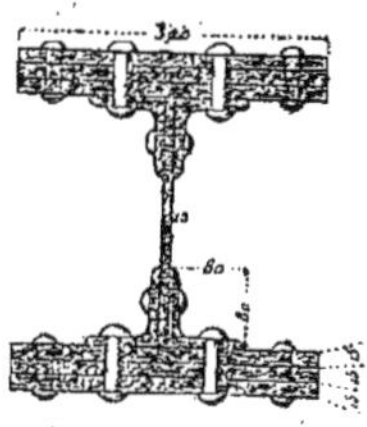

Fig. 366.

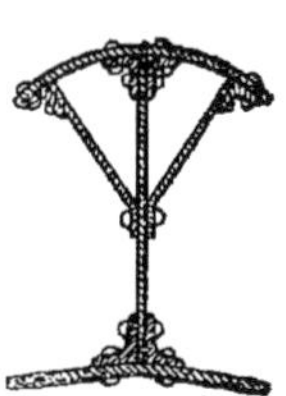

Fig. 367

la lame courbe supérieure 0^{m},008. Au droit des pièces de pont, la poutre est contreventée par une lame verticale, garnie de cornières comme le montre le croquis.

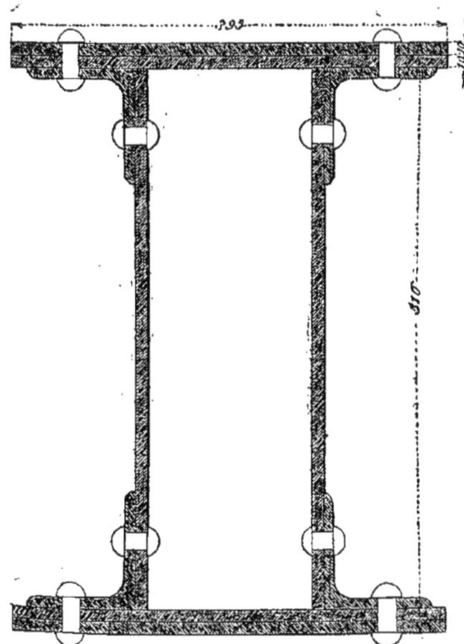

Fig. 368.

Cette forme de poutre est plus employée en Angleterre qu'en France.

On a encore donné aux poutres diverses formes, cellulaires, rectangulaires, trapézoïdales, etc., réunies par une ou plusieurs âmes pleines, mais au lieu de ces formes compliquées il est bien préférable de s'arrêter à la section ordinaire en I convenablement nervée.

Lorsqu'on désire obtenir une grande résistance, on assemble deux poutres pleines (*fig.* 368) ou même trois (*fig.* 369) côte à côte de manière à former de véritables coffres dans lesquels on peut mettre de la maçonnerie.

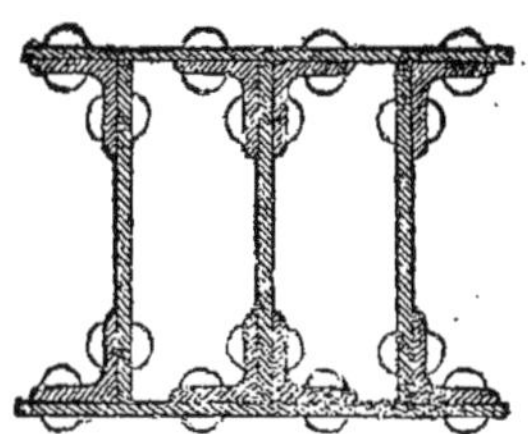

Fig. 369.

173. *Observations.*— Lorsqu'on étudie un plancher ou toute autre charpente nécessitant l'emploi de poutres en tôles et cornières il est souvent et même indispensable de se rendre compte du poids par mètre courant de la poutre donnée par le calcul, soit pour la comparer comme résistance aux fers du commerce soit pour l'établissement d'un devis.

Le poids de l'âme et des tables pourrait

se trouver facilement en multipliant leur volume par la densité du fer.

Ame. Pour former l'âme d'une poutre on prend des tôles ou des fers plats de la plus grande longueur possible pour ne pas multiplier le nombre des joints. Suivant l'épaisseur et la largeur de la tôle ($1^m,50$ au maximum pour les travaux ordinaires) les constructeurs ne dépassent pas souvent 3 à 4 mètres pour la longueur ; au-delà le prix en serait sensiblement augmenté.

Lorsque la largeur des tôles atteint 2 mètres, la longueur limite est de 2 mètres à $2^m,25$. Dans tous les cas, le poids maximum des tôles courantes est de 300 kilogrammes, au-dessus de ce poids le prix subit une majoration sensible.

L'épaisseur des tôles varie de 5 à 20 millimètres; les épaisseurs les plus généralement en usage varient de 8 à 10 millimètres.

Pour fixer les idées et permettre au constructeur d'établir facilement le poids de l'âme d'une poutre, nous donnons ci-après, tableau n° 1, le poids par mètre carré des tôles ayant les épaisseurs généralement admises.

Le tableau n° 2 résume les dimensions des tôles les plus employées dans les constructions ordinaires.

Le tableau n° 3, donne les dimensions des tôles fabriquées à l'usine du Creuzot, ces tôles ayant des dimensions spéciales se font sur commande.

TABLEAU N° 1

POIDS DES TÔLES A EMPLOYER POUR LA CONSTRUCTION DES POUTRES.

ÉPAISSEUR DES TOLES en millimètres	POIDS PAR MÈTRE CARRÉ en kilogrammes
millim.	kilog.
1	7.78
3	23.34
5	38.90
6	46.58
7	54.46
8	62.24
9	70.02
10	77.80
11	85.58
12	93.36
13	101.14
14	108.92
15	116.70

TABLEAU N° 2

DIMENSIONS ET ÉPAISSEUR DES TÔLES DE CONSTRUCTION ET DE COMMERCE.

LARGEUR	LONGUEUR	ÉPAISSEUR OU POIDS
m.	m.	
0.650	1.650	3k à 40 kil. la feuille.
0.800	1.650	5k à 50 —
0 800	2.000	10 à 10 mil. d'épaiss
1.000	2.000	1/2 à 15 —
1.000	3.000	2 à 10 —
1.100	2 100	2 à 10 —
1.200	2.200	2 à 10 —
1.300	2.300	2 à 10 —
1.300	3.000	3 à 6 —
1.500	3.000	4 à 6 —

TABLEAU N° 3

DIMENSIONS DES TÔLES FABRIQUÉES A L'USINE DU CREUSOT.

DIMENSIONS COURANTES			ÉPAISSEURS	DIMENSIONS EXCEPTIONNELLES		
Largeur maxima	Longueur maxima	Poids minimum		Largeur maxima	Longueur maxima	Poids minimum
m.	m.	k.	mil.	m.	m.	k.
1.000	2.500	15	1	1.100	2.750	18
1.100	3.000	35	2	1.200	3.250	40
1.150	3.250	60	3	1.250	3.500	70
1.200	3.750	90	4	1.300	4 000	100
1.200	4.250	130	5	1.325	4.500	150
1.250	4.750	170	6	1.350	5.000	200
1.250	5.000	200	7	1.375	5.500	250
1.275	5.000	225	8	1.400	6.000	275
1.275	5.000	250	9	1.425	6.500	300
1.275	5.000	275	10	1.450	7.000	325
1.300	5.000	300	11	1.475	7.500	350
1.300	5.500	325	12	1.500	8.000	375
1.325	5.500	350	13	1.525	8.000	400
1.325	6.000	375	14	1.550	8.000	425
1.350	6.000	400	15	1.575	8.000	45
1.350	6.000	400	16	1.600	8.000	47
1.375	6.000	400	17	1.600	8.000	500
1.375	6.000	400	18	1.600	8.000	500
1.400	6.000	400	19	1.600	8.000	500
1.400	6.000	400	20	1.600	8.000	500

NOTA. — L'usine exécute à la volonté du demandeur les tôles ayant des dimensions plus petites que les maxima désignés ci-dessus à la condition que ces tôles atteignent les poids minimum indiqués dans la troisième colonne.

174. *Tables ou plates-bandes.* — Les tables ou plates-bandes d'une poutre ayant une largeur relativement restreinte on peut employer, pour les exécuter, les fers plats et larges plats du commerce. Les épaisseurs de ces plates-bandes varient de 6 à 15 millimètres. Pour les poutres à grande portée, on forme les plates-bandes en deux ou même trois tôles superposées comme nous l'avons déjà indiqué.

Nous donnons ci-après, tableau n° 4, le

poids et les dimensions des fers plats du commerce dont les largeurs sont suffisantes pour faire des tables de poutre, et tableau n° 5 les dimensions des fers larges plats du commerce les plus employés.

TABLEAU N° 4

TABLEAU DES FERS PLATS DU COMMERCE POUVANT ÊTRE EMPLOYÉS POUR TABLES OU PLATES-BANDES DE POUTRES

DIMENSIONS	POIDS au mètre	DIMENSIONS	POIDS au mètre
m/m.	kil.	m/m.	kil.
80 × 6	3.740	108 × 40	33.644
» 7	4.360	120 × 7	6.542
» 9	5.675	» 9	8.411
» 11	6.935	» 11	9.346
» 14	8.830	» 14	13.114
» 16	10.085	» 16	14.976
» 18	11.350	125 × 9	8.775
» 20	12.610	» 11	10.725
» 23	14.500	» 14	13.650
» 25	15.760	» 16	15.600
» 27	17.020	» 18	17.550
» 29	18.280	» 20	19.500
» 32	20.190	130 × 7	7.100
» 34	21.430	» 9	9.120
» 36	22.700	» 11	11.154
» 38	23.960	» 14	14.200
» 40	25.213	» 16	16.224
90 × 6	4.130	» 18	18.251
» 7	4.810	» 20	20.280
» 9	6.320	135 × 25	26.285
» 11	7.722	» 30	31.590
» 14	9.828	» 32	32.710
» 16	11.232	» 34	35.747
» 18	12.640	» 36	37.850
» 20	14.040	» 38	39.952
» 27	18.9 0	» 40	42.055
» 29	20.360	150 × 15	17.523
» 32	22.460	» 20	23.364
» 34	23.868	160 × 12	14.960
100 × 6	4.673	» 15	18.700
» 7	5.450	» 16	19.938
» 9	7.010	» 18	22.430
» 11	8.567	» 20	24.922
» 14	10.903	» 25	31.152
» 16	12.460	180 × 7	9.828
» 18	14.018	» 9	12.630
» 20	15.577	» 12	16.840
» 23	17.910	» 15	21.028
» 25	19.470	» 18	25.260
» 27	21.028	» 20	28.037
» 29	22.585	» 25	35.100
» 32	24.922	200 × 6	9.350
» 34	26.500	» 7	10.920
108 × 7	5.890	» 9	14.025
» 9	7.570	» 11	17.134
» 11	9.252	220 × 6	10.290
» 14	11.775	» 7	11.912
» 16	13.458	» 9	15.430
» 18	15.140	» 11	18.875
» 20	16.822	250 × 6	11.700
» 23	19.345	» 7	13.650
» 25	21.028	» 9	17.550
» 27	22.710	» 11	21.418
» 29	24.392	300 × 6	14.000
» 32	26.915	» 7	16.380
» 34	28.600	» 9	21.000
» 36	30.280	» 11	25.700
» 38	31.962		

TABLEAU N° 5

DIMENSIONS DES FERS LARGES PLATS DU COMMERCE POUVANT ÊTRE EMPLOYÉS POUR TABLES OU PLATES-BANDES DE POUTRES

LARGES PLATS		
LARGEUR	ÉPAISSEUR	LONGUEUR
m/m.	m/m.	m.
de 170 à 220	sur 11 et plus	7
de 170 à 220	sur 8 à 10	»
de 221 à 300	sur 11 et plus	»
de 221 à 300	sur 8 à 10	»
de 301 à 400	sur 11 et plus	»
de 301 à 450	sur 8 à 10	6
de 500	sur 8 et plus	»

175. *Cornières.* — Les cornières forment, comme nous le savons, la liaison entre l'âme et les plates-bandes, elles sont en réalité après l'âme la partie la plus importante d'une poutre.

Les cornières employées, pour la construction des poutres, peuvent avoir leurs côtés égaux ou inégaux. A part quelques types de cornières ouvertes ou fermées, peu utilisées dans les travaux, les côtés des cornières ordinaires forment entre eux un angle droit.

Dans l'exécution des poutres à âme pleine les côtés des cornières égales varient de 30 à 150 millimètres Les épaisseurs varient de 4 à 20 millimètres et la longueur des cornières de 8 à 10 mètres.

Pour les dimensions des cornières à côtés inégaux la variété est encore plus grande. Ces cornières sont employées, mais plus rarement que les précédentes. Lorsque dans la construction d'une poutre on se sert de cornières à ailes inégales, il faut avoir soin de mettre l'aile la plus longue contre l'âme de la poutre.

Afin de faciliter les recherches et les calculs, nous donnons ci-après, tableau n° 6 et tableau n° 7, le poids par mètre courant de chaque cornière et le poids par mètre courant de quatre cornières à ailes égales ou inégales les plus usitées dans la confection des poutres.

TABLEAU N° 6

POIDS DES CORNIÈRES A AILES ÉGALES LES PLUS EMPLOYÉES POUR LA CONSTRUCTION DES POUTRES.

DIMENSIONS des CORNIÈRES	POIDS par mètre linéaire pour une seule cornière	POIDS par mètre linéaire pour l'ensemble des quatre cornières d'une poutre
	kil.	kil.
30 — 30 / 4.5	2.00	8.00
30 — 30 / 6.5	2.40	9.60
35 — 35 / 4	2.00	8.00
35 — 35 / 5	2.60	10.40
35 — 35 / 6.5	3.00	12.00
40 — 40 / 5.5	3.30	13.20
40 — 40 / 7.5	4.30	17.20
45 — 45 / [illegible]	4.00	16.00
45 — 45 / 8	5.25	21.00
50 — 50 / 6	4.56	18.24
50 — 50 / 9	6.50	26.00
55 — 55 / 7.5	5.80	23.20
60 — 60 / 7.5	6.64	26.56
60 — 60 / 8	7.00	28.00
60 — 60 / 10	8.80	35.20
65 — 65 / 8.5	7.80	31.20
70 — 70 / 8.5	9.02	36.08
70 — 70 / 9	9.35	37.40
70 — 70 / 12	12.00	48.00
75 — 75 / 10	11.00	44.00
75 — 75 / 13	14.00	56.00
80 — 80 / 9	11.50	46.00
80 — 80 / 11	12.00	48.00
80 — 80 / 14	16.50	66.00
90 — 90 / 9	11.82	47.28
90 — 90 / 10	13.50	54.00
90 — 90 / 11	14.00	56.00
90 — 90 / 15	19.00	76.00

TABLEAU N° 6 (Suite)

DIMENSIONS des CORNIÈRES	POIDS par mètre linéaire pour une seule cornière	POIDS par mètre linéaire pour l'ensemble des quatre cornières d'une poutre
	kil	kil.
90 — 90 / 16	23.00	92.00
100 — 100 / 10	14.62	58.48
100 — 100 / 12	17.00	68.00
100 — 100 / 13	19.00	76.00
100 — 100 / 16	23.00	92.00
100 — 100 / 17	24.00	96.00
110 — 110 / 12	17.75	71.00
120 — 120 / 12	21.00	84.00
120 — 120 / 14	25.00	100.00
120 — 120 / 16	28.14	112.56
125 — 125 / 13	25.50	102.00
125 — 125 / 15	26.50	106.00
125 — 125 / 17	33.50	134.00
125 — 125 / 19	35.00	140.00
130 — 130 / 12	24.00	96.00
130 — 130 / 14	29.00	116.00
140 — 140 / 12	27.00	108.00
150 — 150 / 12	27.70	110.80
150 — 150 / 15	34.20	136.80

NOTA. — Ces poids sont approximatifs et donnés comme simple renseignement.

TABLEAU N° 7

POIDS DES CORNIÈRES A AILES INÉGALES LES PLUS EMPLOYÉES POUR LA CONSTRUCTION DES POUTRES.

DIMENSIONS des CORNIÈRES	POIDS par mètre linéaire pour une seule cornière	POIDS par mètre linéaire pour l'ensemble des quatre cornières d'une poutre
	kil.	kil.
30 — 20 / 3	1.25	5.00
35 — 20 / 3	1.44	5.76
40 — 20 / 3.5	1.51	6.04
40 — 30 / 4	1.25	9.00

TABLEAU N° 7 (suite).

DIMENSIONS des CORNIÈRES	POIDS par mètre linéaire pour une seule cornière	POIDS par mètre linéaire pour l'ensemble des quatre cornières d'une poutre
	kil.	kil.
45 — 20 / 4	1.50	6.00
45 — 30 / 4	2.30	9.20
45 — 40 / 4.5	3.00	12.00
50 — 30 / 5	3.00	17.60
50 — 40 / 5	3.50	12.80
54 — 40 / 5	3.47	12.00
55 — 30 / 5	3.20	14.00
55 — 35 / 5	4.40	13.88
55 — 35 / 7	5.00	20.00
55 — 40 / 5	3.60	14.40
60 — 40 / 5	4.10	16.40
60 — 45 / 6	4.80	19.20
60 — 50 / 7	5.00	20.00
65 — 45 / 6	5.10	20.40
65 — 50 / 5	5.30	21.20
70 — 35 / 6	4.00	16.00
70 — 40 / 7	5.00	20.00
70 — 50 / 6	5.50	22.00
75 — 50 / 8	7.50	30.00
75 — 60 / 8	8.20	32.80
80 — 40 / 8	7.20	28.80
80 — 50 / 6	6.10	24.40
80 — 50 / 8	8.50	34.00
80 — 60 / 8	9.10	36.40
90 — 50 / 9	9.50	38.00
90 — 60 / 9	10.00	40.00
90 — 70 / 9	10.75	43.00
90 — 70 / 10	12.00	48.00
95 — 60 / 8	9.40	37.60
100 — 40 / 5	6.00	24.00
100 — 45 / 6	6.20	24.80
100 — 60 / 9	11.60	46.40
100 — 70 / 10	12.60	50.40
100 — 80 / 9	12.00	48.00
100 — 80 / 10	13.60	54.40
100 — 80 / 11	14.70	58.80
110 — 65 / 10	13.10	52.40
110 — 80 / 10	14.50	58.00
110 — 90 / 12	18.10	72.40
115 — 60 / 5.5	8.65	34.60
115 — 60 / 6.5	8.80	35.20
115 — 80 / 7	10.90	43.60
120 — 70 / 12	15.50	62.00
120 — 75 / 7	12.50	50.00
120 — 80 / 10.5	18.10	72.40
120 — 90 / 14	22.00	88.00
125 — 80 / 7.5	13.20	52.80
125 — 80 / 10	15.58	62.32
125 — 90 / 11	17.75	71.00
125 — 90 / 14	18.25	73.00
130 — 80 / 14	22.00	88.00
130 — 90 / 14	23.00	92.00
135 — 60 / 8	12.39	49.56
140 — 80 / 14	22.00	88.00
140 — 90 / 10	16.70	66.80
140 — 90 / 12.5	21.00	84.00
150 — 70 / 14	21.00	84.00
150 — 90 / 12	22.00	88.00
165 — 100 / 15	30.00	120.00
200 — 110 / 15	34.00	136.00

176. *Rivets, boulons, etc.* — Pour les rivets et boulons d'une poutre on ajoute souvent le 1/10 (c'est un maximum) du poids trouvé pour la poutre. Dans ce poids additionnel sont évidemment compris les couvre-joints, fourrures et toutes petites pièces accessoires employées dans la construction des poutres métalliques.

177. Poutres en treillis. — Les poutres en treillis, qu'on nomme aussi *poutres évidées*, présentent moins d'uniformité que les poutres à âme pleine. Dans ces poutres, le treillis remplace l'âme pleine ; leur emploi est souvent motivé par des raisons d'apparence et de décoration.

Les poutres en treillis les plus simples (*fig.* 370) sont formées de deux cornières haut et bas, laissant entre elles un espace suffisant pour loger le treillis. On peut

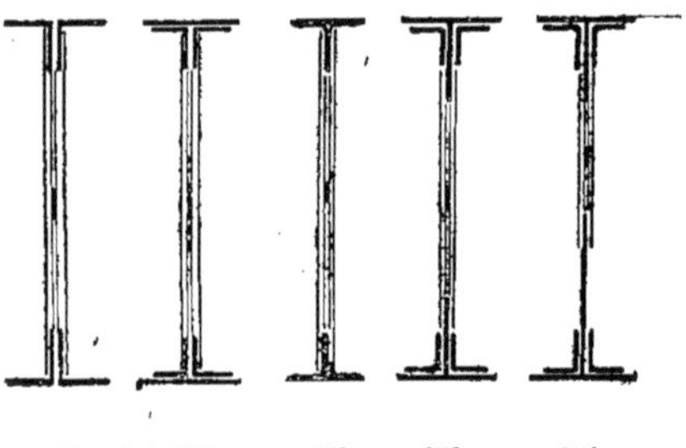

Fig. 370, 371, 372, 373 374.

augmenter la résistance en ajoutant à cette forme de poutre une ou plusieurs plates-bandes (*fig.* 371).

Dans certains cas, et pour éviter la main-d'œuvre, on a établi des poutres en treillis en se servant de fers à simple T (*fig.* 372). Une autre forme de poutre en treillis est indiquée (*fig.* 373) ; elle se compose de deux tables et de quatre cornières entre lesquelles on place deux âmes pleines en fer plat de même hauteur laissant entre elles un espace suffisant pour y placer un treillis. Ce treillis est alors rivé sur les deux bouts d'âmes placés à cet effet. La hauteur de ces petites âmes interposées entre les deux cornières dépend du nombre de rivets nécessaires pour fixer les barres du treillis.

On se sert aussi de poutres qu'on nomme poutres mixtes; elles sont formées (*fig.* 374) d'une partie inférieure pleine tandis que la partie supérieure est évidée pour recevoir un treillis. Ces poutres ne sont pa symétriques autour de l'axe, elles offrent cependant plus de résistance que les poutres en treillis ordinaires.

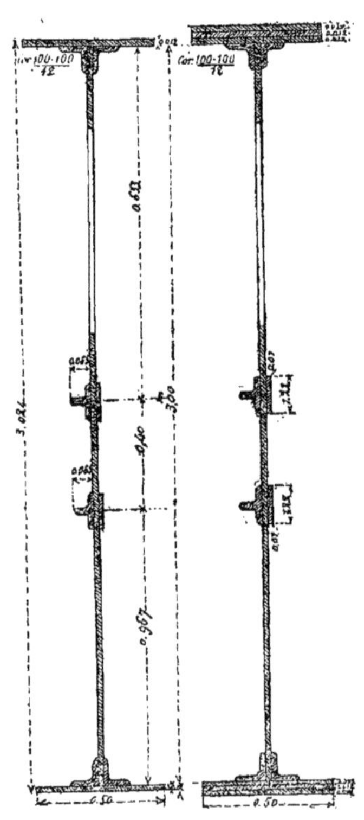

Fig. 375.

Elles sont employées pour les grandes hauteurs, dans ce cas, comme le montre le croquis (*fig.* 375), l'âme placée à la partie inférieure est souvent composée de deux ou trois tôles, superposées et réunies par des couvre-joints en fers à T d'un côté et en fer plat de l'autre.

178. *Différentes formes de treillis.* — Les barres qui forment le treillis des poutres et qu'on nomme aussi *croisillons* sont, le plus souvent, inclinés à 45 degrés

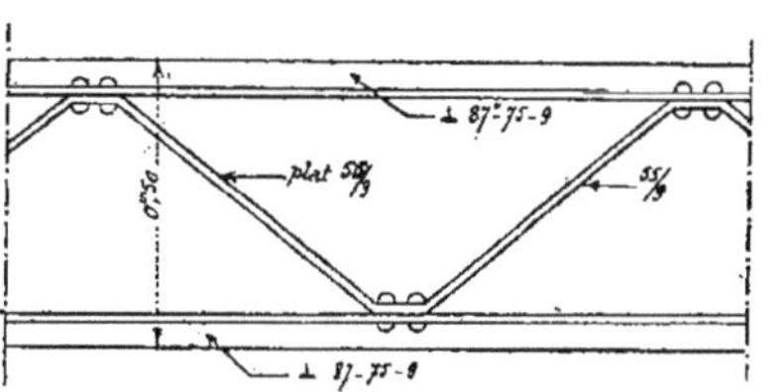

Fig. 376.

et, plus le treillis est serré, plus il est solide.

On se sert, pour former les barres de treillis, de fers plats; de fers à T; de cor-

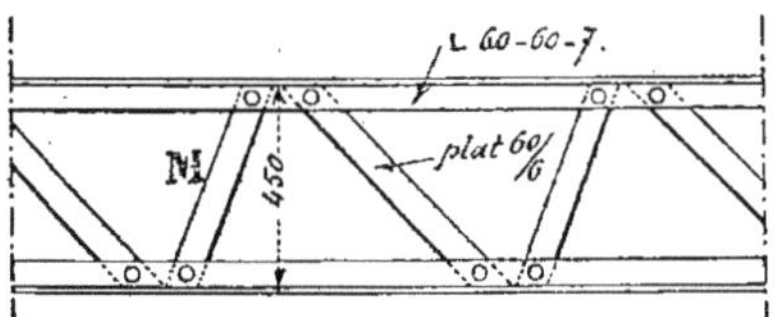

Fig. 377.

nières ou de fers en U. Le fer plat est le moins résistant mais il est le plus facile à poser.

Pour les poutres légères, souvent employées pour les petits combles, la disposition du treillis est bien simple: deux fers à T comme le montre le croquis (*fig.* 376), sont reliés de distance en distance par un fer plat ayant la forme d'un V.

Une autre disposition (*fig,* 377) aussi très employée pour la construction des combles légers consiste à réunir les deux

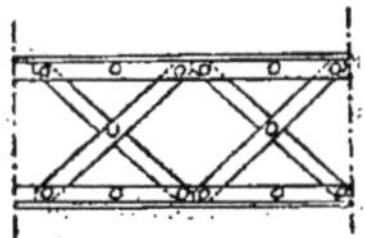

Fig. 378.

cornières hautes aux deux cornières basses à l'aide de fers plats disposés en forme d'N;

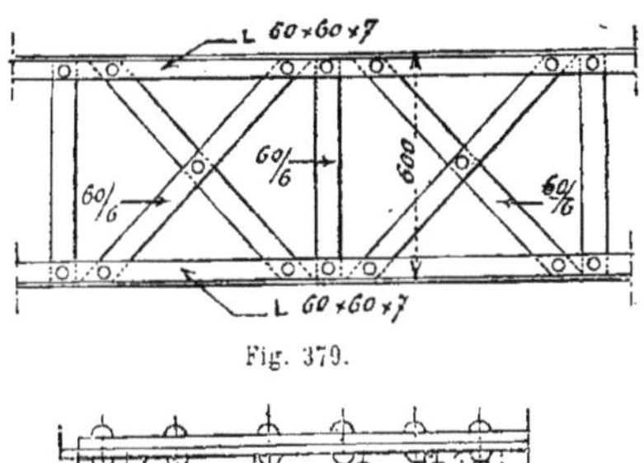

Fig. 379.

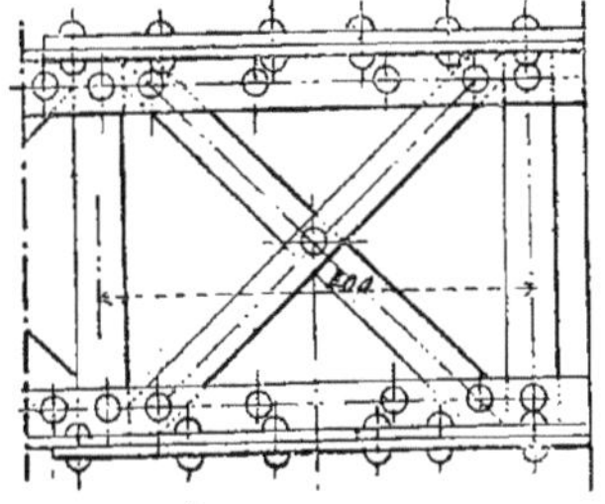

Fig. 380.

les montants M étant placés verticalement.

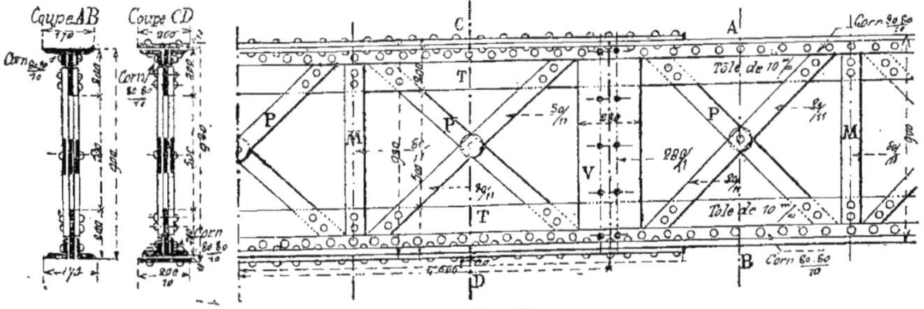

Fig. 381.

La figure 378 nous montre la disposition la plus simple de l'emploi des *croisillons;* quatre cornières disposées comme dans l'exemple précédent sont réunies par des Croix-de-Saint-André en fer plat. Pour donner à ces Croix-de-Saint-André une plus grande rigidité on intercale entre chacune d'elles un montant vertical en fer plat comme le montrent les figures 379 et 380.

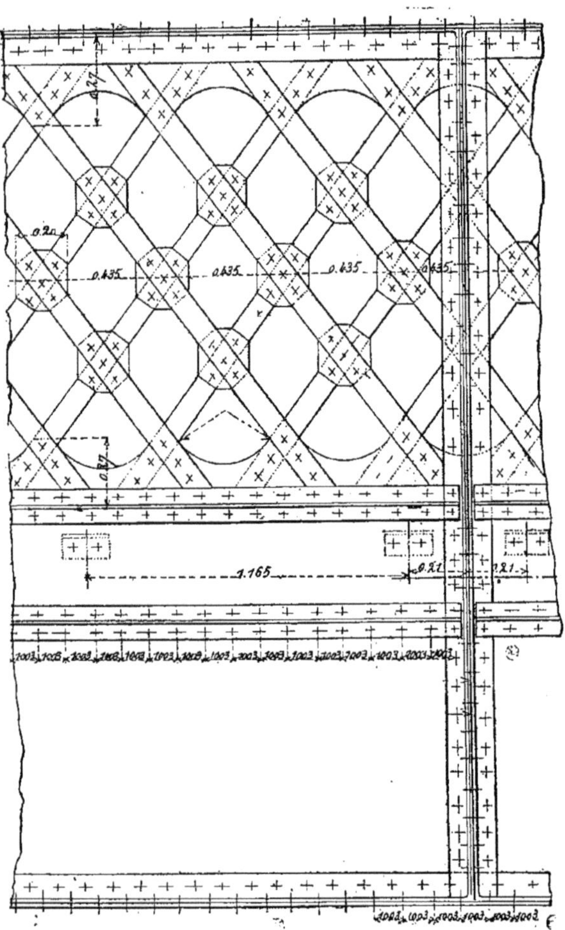

Fig. 382.

La figure 381 nous montre, en croquis, la disposition d'un treillis en fer plat attaché sur de petites tables T fixées entre les cornières de la poutre. Les croisillons P, sont réunis en leur milieu sur une rondelle ayant la même épaisseur que la tôle T. En V, se trouve une plaque de tôle devant recevoir une poutre placée perpendiculairement à la première.

Pour terminer les treillis en fer plat

nous donnons (*fig.* 382) la disposition d'un treillis beaucoup plus important et souvent employé pour les poutres de pont.

Les deux coupes verticales de cette grande poutre mixte ont été données (*fig.* 375).

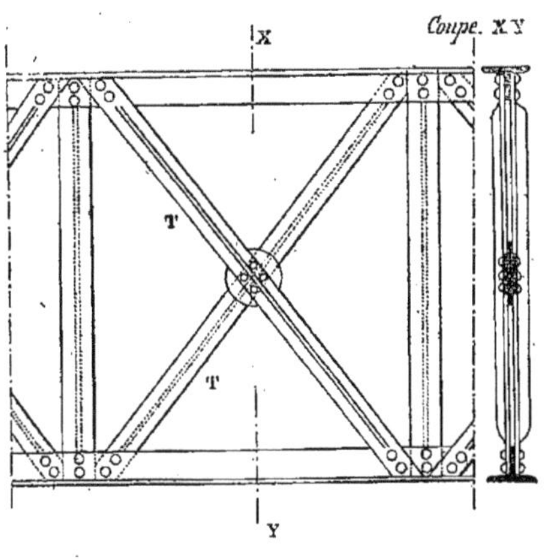

Fig. 383.

Enfin, la figure 383 nous montre un autre exemple de treillis pour une poutre composée entièrement avec des fers à T; la figure en fait facilement comprendre les détails.

Il existe encore d'autres variétés de treillis que nous aurons l'occasion d'examiner dans l'étude des combles et d'autres charpentes métalliques.

III. — Assemblages des poutres en tôles et cornières.

179. Dans l'assemblage de deux poutres entre elles, nous avons à distinguer deux cas :

1° Les poutres à assembler ont même hauteur ;

2° Les poutres à assembler ont des hauteurs différentes.

1° *Poutres de même hauteur.* La figure 384 nous montre l'assemblage de deux poutres ayant même hauteur. Les semelles et les cornières de la poutre B sont les mêmes que celles de la poutre A. Sur la poutre A sont rivées, en attente. deux cornières C sous lesquelles on a placé des fourrures, indiquées par de lé-

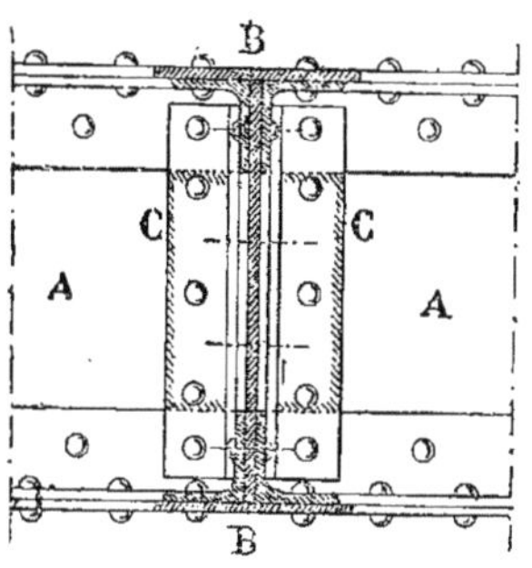

Fig. 384.

gères hachures, afin de rattraper l'épaisseur des cornières de cette poutre.

Il faut également, entre les deux cor-

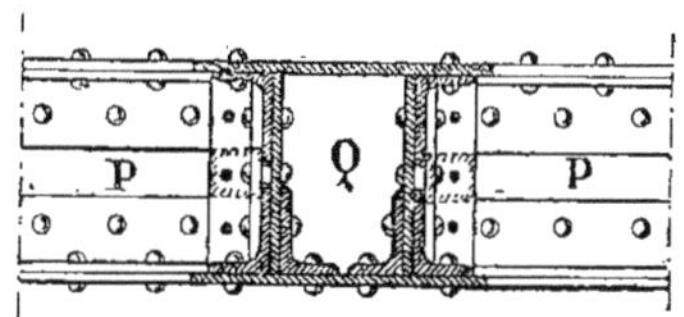

Fig. 385.

nières de la poutre B, placer des fourrures pour permettre de boulonner ensemble l'âme de cette poutre avec les cornières C.

La figure 385 donne un exemple d'assemblage d'une poutre P avec une autre poutre tubulaire Q. Cette dernière nous montre aussi comment on peut exécuter des poutres avec des cornières inégales en plaçant la grande branche de la cornière sur l'âme de la poutre. Les fourrures indispensables pour un bon assemblage sont, dans ce deuxième exemple, indiquées comme précédemment par des hachures légères.

2° *Poutres de hauteurs différentes.* Le plus souvent les poutres à assembler ont des hauteurs différentes; on peut, dans ce cas, leur donner les dispositions indiquées par les figures 386, 387, 388, 389 et 390.

Dans la figure 386 les cornières inférieures de la poutre Q reposent sur les

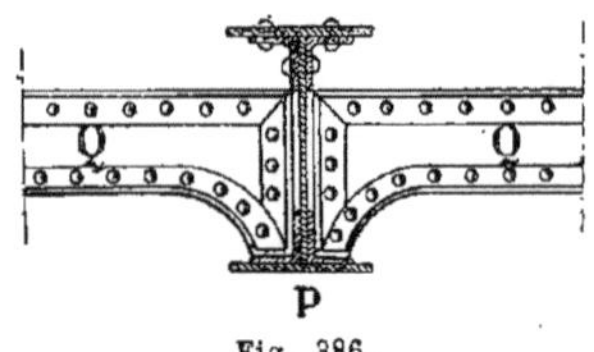

Fig. 386.

cornières inférieures de la poutre P; on obtient ainsi une plus grande surface de fixation et un très bon assemblage.

Dans la figure 387 l'une des poutres Q

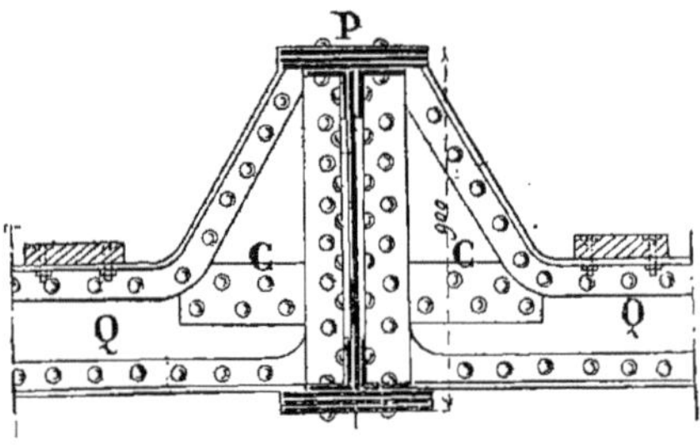

Fig. 387.

est beaucoup plus petite que l'autre, dans ce cas on retourne alors les cor-

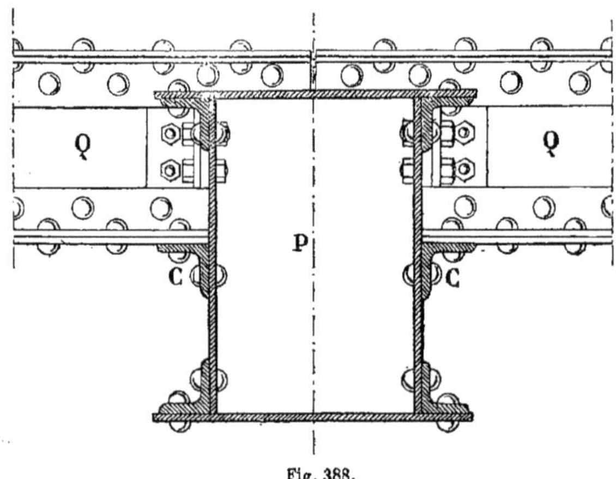

Fig. 388.

nières supérieures de cette poutre en forme de gousset pour les faire aboutir sous les tables de la poutre P. L'âme de la poutre Q est continuée dans cette hauteur par une tôle de forme triangulaire; des plaques C servent de couvre-joints pour relier ces deux âmes.

La figure 388 nous donne un troisième exemple de l'assemblage de poutres ayant des hauteurs différentes; nous avons choisi comme types, deux poutres ordinaires Q venant s'assembler dans une poutre tubulaire P. Afin de soulager les boulons d'assemblage on place souvent en pratique sous la poutre Q des cornières C rivées d'un côté avec les âmes et de l'autre rivées ou boulonnées avec les cornières des poutres Q.

La figure 389 représente l'assemblage: soit de deux poutres entre elles; soit d'un fer T ou d'un fer Zorès Z avec une poutre P. Ce fer est assemblé avec deux *goussets* G qui reportent bien la pression sur la poutre P.

Enfin la figure 390 nous montre comment se fait l'assemblage de deux poutres ayant des disproportions très grandes comme celles qui sont employées dans les ponts par exemple ; comme ce type de poutres sera étudié dans le traité des Ponts nous n'insisterons pas plus longuement.

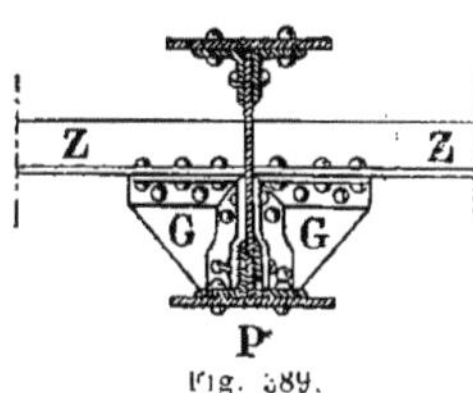

Fig. 389.

Lorsqu'une poutre en tôle et cornières est très haute ou que par suite d'une disposition spéciale et d'une forte charge on est obligé de donner aux semelles une grande largeur comme nous l'indiquons (*fig.* 391), il y a nécessité, pour empêcher l'âme et les tables de se voiler, de les main-

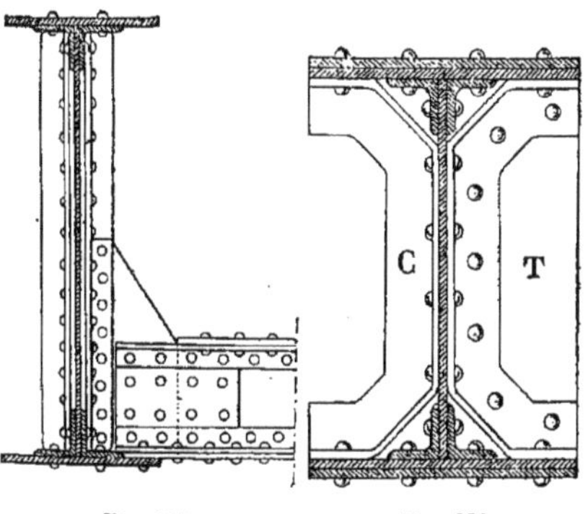

Fig. 390. Fig. 391.

tenir par une cornière C ou mieux par un fer T plié à chaud. On prend souvent aussi la disposition indiquée dans la partie droite de la figure; ce sont deux cornières qui maintiennent entre leurs ailes une tôle T. Par ce dernier moyen, on augmente beaucoup la résistance de l'âme et des plates-bandes.

Dans certains cas (*fig.* 392), on assemble deux poutres en plaçant en haut et en bas des tôles rivées sur les tables de ces poutres ; on forme ainsi un véritable poitrail en tôle et cornières.

180. *Des couvre-joints dans les poutres.* — Dans la construction d'une poutre d'une certaine longueur il est évident que les cornières sont en plusieurs morceaux; il est donc, le plus souvent, indispensable de placer des couvre-joints à la jonction de deux bouts de cornières.

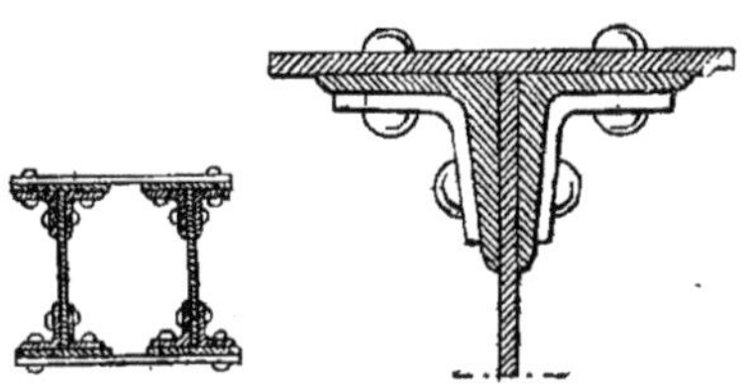
Fig. 392. Fig. 393.

Les couvre-joints des cornières sont difficiles à placer, on leur donne presque toujours des sections moindres que les cornières elles-mêmes comme nous l'indiquons (*fig.* 393) ; par suite, dans le calcul des poutres, on ne doit compter les cornières que suivant la section donnée à leurs couvre-joints.

Dans les poutres de faibles dimensions et peu chargées on ne met pas ordinairement de couvre-joints aux cornières.

Ce que nous venons de dire des cornières s'applique aux tables ou semelles des poutres ; il est évident que les semelles des poutres ne sont pas d'un seul morceau.

Dans les petites poutres, on ne met pas de couvre-joints aux extrémités des se-

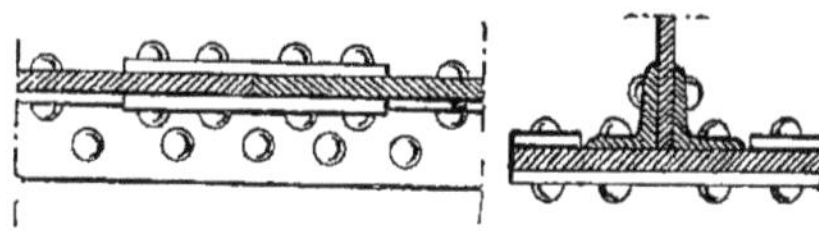
Fig. 394.

melles, mais dans les grandes poutres il y a obligation de ne pas les oublier. La disposition généralement adoptée est indiquée (*fig.* 394).

L'âme des poutres n'étant pas d'un seul morceau dans toute la longueur de ces poutres il y a, comme nous le savons, on devra y mettre des couvre-joints dont nous avons parlé précédemment.

Souvent en pratique, dans la construction ordinaire des poutres, on donne aux couvre-joints d'âme jusqu'à 1m,00 de longueur ; on dispose les rivets sur ces couvre-joints à l'écartement le plus voisin de celui des rivets courants.

Dans les grandes poutres il faut calculer bien exactement le nombre de rivets nécessaires, car il est très important d'assurer l'égalité de résistance entre les rivets d'un joint et les feuilles de tôles qu'ils réunissent. Souvent, pour ne pas affaiblir les tôles, on augmente le diamètre des rivets à placer sur les couvre-joints afin d'obtenir le plus de section possible avec le minimum de trous à percer.

181. 5° *Assemblages des fers* ⌶ *et des fers en* U *avec les poutres en tôle et cornières.*

L'assemblage le plus simple des fers à ⌶ et d'une poutre en tôle et cornières est représenté (*fig.* 395). Les fers se fixent directement sur l'âme de la poutre sans aucune entaille en ayant soin de mettre, pour faciliter le montage, des rivets d'un côté et des boulons de l'autre.

La figure 396 représente l'assemblage de deux fers ⌶ à la partie haute d'une poutre ; une fourrure placée sous les

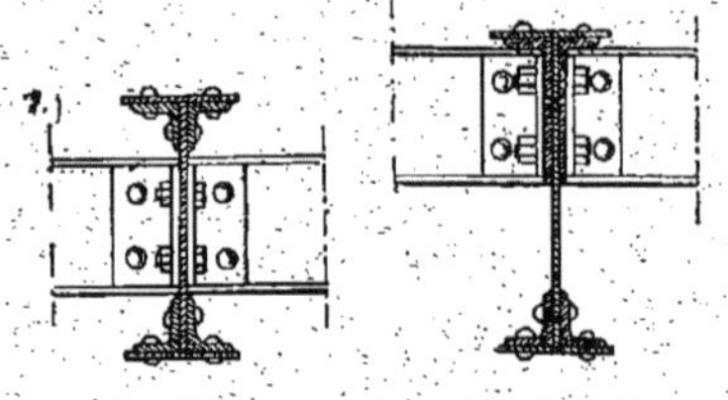

Fig. 395. Fig. 396.

cornières permet la pose facile des boulons inférieurs. Dans ce dernier exemple tout le poids est reporté sur les boulons

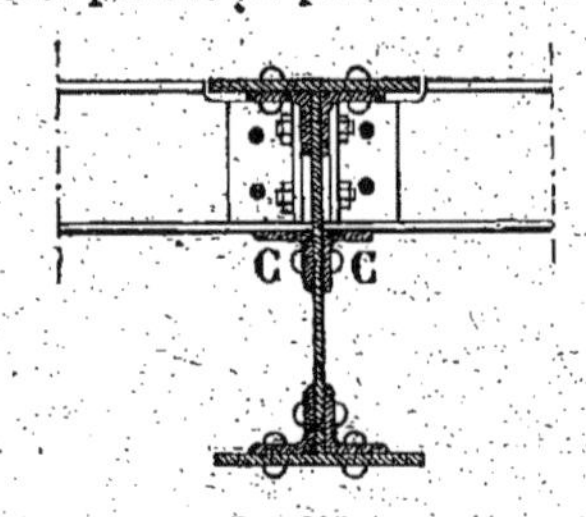

Fig. 397.

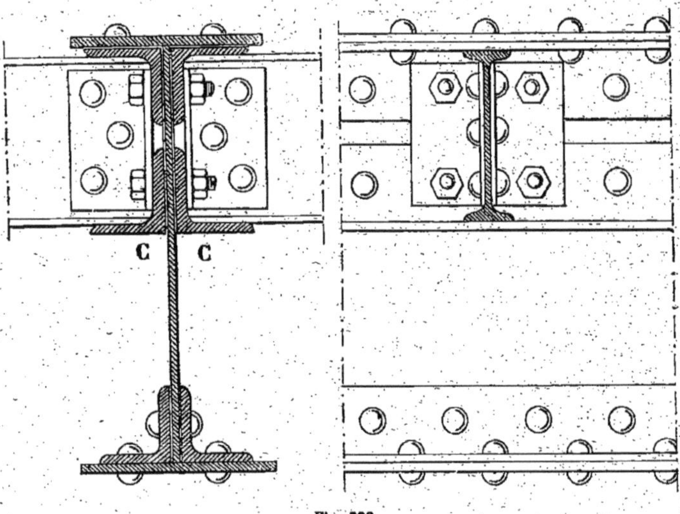

Fig. 398.

d'assemblage ; il est préférable, comme nous l'indiquons (*fig.* 397), de placer sous les fers, soit sur toute la longueur de la poutre soit simplement sous chacun des fers, une cornière C. Cette figure nous montre aussi le cas de fers ⌶ entaillés et affleurant la partie haute de la poutre.

Certains constructeurs préfèrent adopter la disposition de la figure 398 dans laquelle les branches des cornières C placées en haut servent de fourrure.

Nous venons d'examiner le cas de fers ⌶ placés au milieu ou en haut des poutres ; la figure 399 nous donne un exemple, éga-

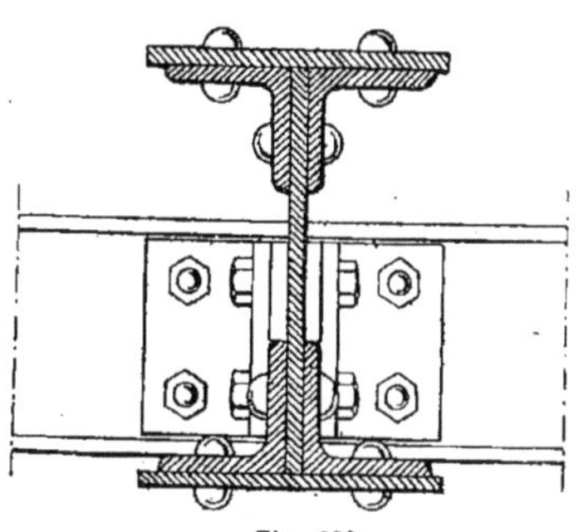

Fig. 399.

lement très simple, de fers ⌶ placés à la partie inférieure de la poutre.

Il peut arriver que nous ayons à assembler une poutre en tôle et cornières avec un fer ⌶, ce fer ⌶ étant moins haut que la poutre. Dans ce cas, comme le

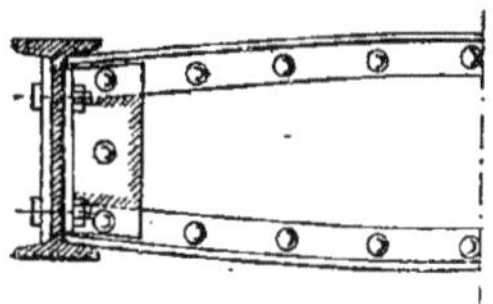

Fig. 400.

montre le croquis (*fig.* 400), on infléchit un peu les cornières de la poutre de manière à les faire entrer sous les ailes du fer.

Lorsqu'on prend comme poutre des fers ⌶ de $0^m,30$ de hauteur par exemple et assez espacés, il y a souvent nécessité de bien les entretoiser entre eux ; on se sert alors, comme entretoise, d'une poutre en tôle et cornières composée d'une âme et de deux cornières comme le montre en élévation et en coupe la figure 401.

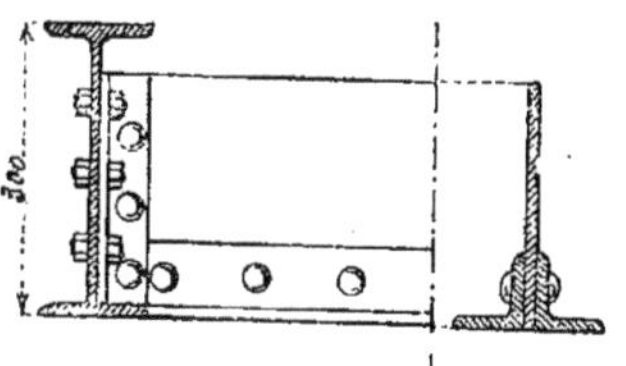

Fig. 401.

La figure 402 nous indique comment on peut augmenter la surface de fixation d'un fer ⌶ sur une poutre ; les cornières d'assemblage passent dans ce cas au-dessous de l'aile inférieure du fer.

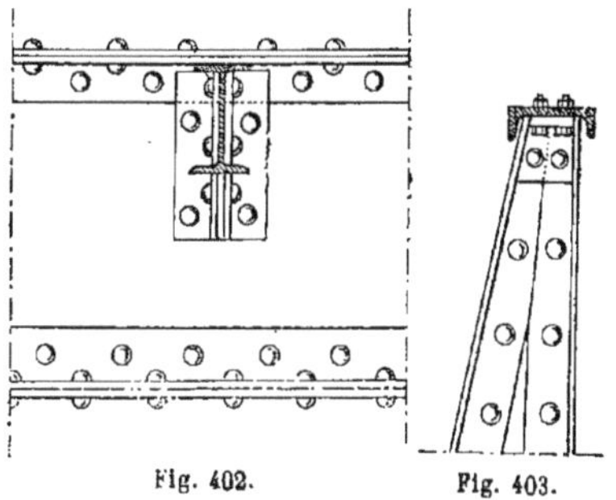

Fig. 402. Fig. 403.

Enfin, la figure 403, nous montre l'assemblage d'un fer en U avec une poutre en tôles et cornières, la poutre étant plus haute que le fer.

Ce que nous venons de dire des assemblages des fers ⌶ avec les poutres, peut également s'appliquer aux fers en U dont ils diffèrent très peu.

182. 6° *Assemblages droits ou de pièces placées en prolongement les unes des autres.* — Les pièces placées en prolongement

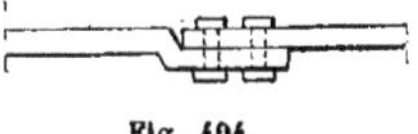

Fig. 404.

peuvent s'assembler sans laisser entre elles d'espace vide ou, comme nous allons le voir, l'assemblage devant permettre un certain jeu à un moment donné les pièces peuvent laisser entre elles un intervalle avec ou sans serrage.

Les assemblages que nous allons décrire sont très simples et, le plus souvent, la seule inspection des figures en fera comprendre la disposition.

Les plus simples des assemblages de pièces en prolongement sont indiqués (*fig.* 404 et 405), ce sont de véritables *entures* à plat joint.

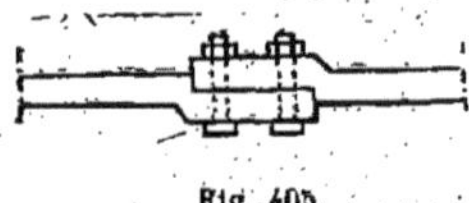

Fig. 405.

Les figures 406 et 407 représentent des entures à enfourchement ou en moufle.

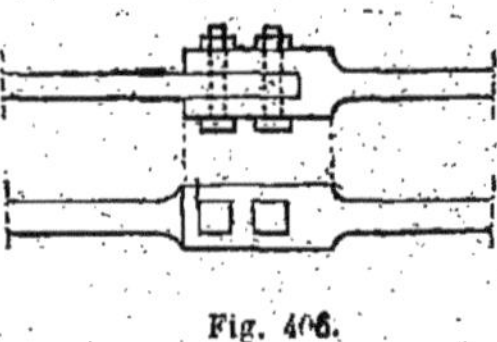

Fig. 406.

On peut, comme le montre le croquis (*fig.* 408) employer, pour remplacer

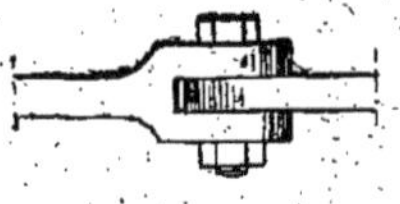

Fig. 407.

le boulon, une clavette et une contre-clavette.

Viennent ensuite les assemblages divers en traits de Jupiter ayant beaucoup

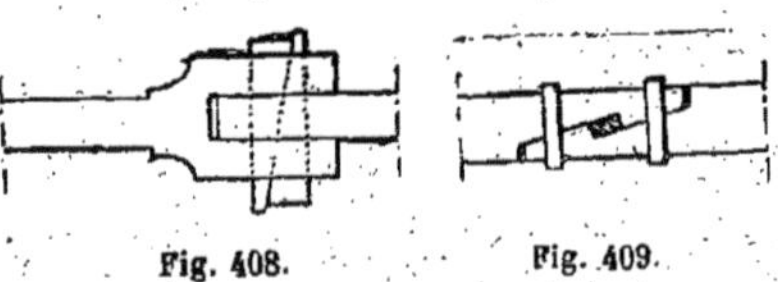

Fig. 408. Fig. 409.

d'analogie avec ceux qui ont été décrits dans la charpente en bois. Les plus simples (*fig.* 409, 410, 411, 412 et 413, se comprennent à la seule inspection des figures. Dans certains cas (*fig.* 414), on

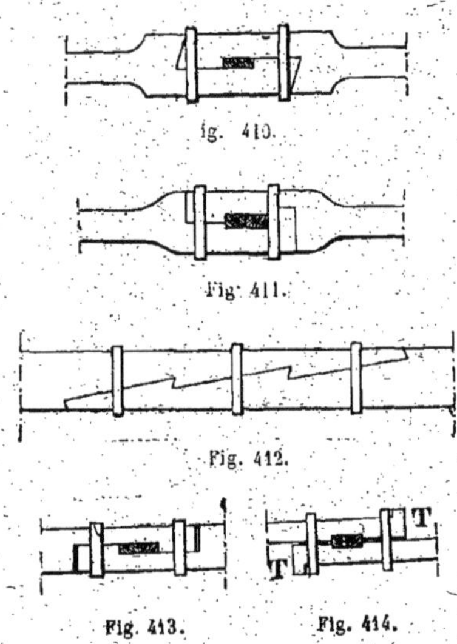

Fig. 410.

Fig. 411.

Fig. 412.

Fig. 413. Fig. 414.

termine chaque pièce par un talon T contre lequel viennent s'arrêter les brides.

La figure 415 donne un exemple d'assemblage de ce genre permettant un certain jeu.

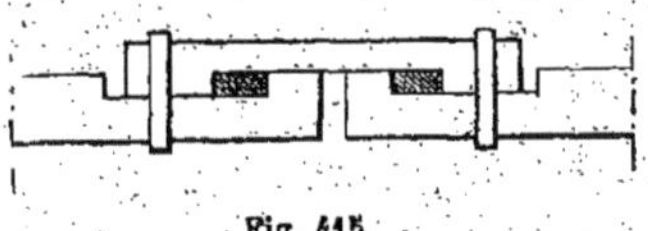

Fig. 415.

La figure 416 nous montre un assemblage très employé pour le chaînage des bâtiments; on peut régler la tension de cet assemblage à l'aide d'un petit coin.

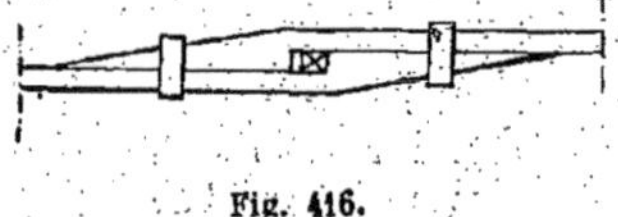

Fig. 416.

Les figures 417 et 418 nous donnent deux exemples d'assemblages à vis et écrou.

La figure 419 nous montre une enture

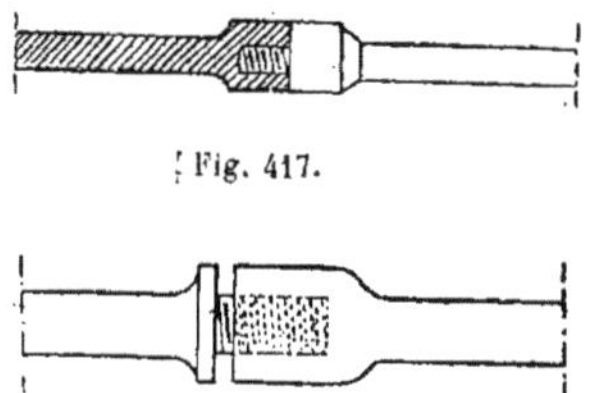

Fig. 417.

Fig. 418.

à vis employée pour l'assemblage des pieux métalliques et des tiges de sonde.

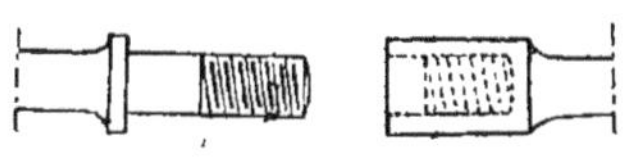

Fig. 419.

La figure 420 représente un assemblage à oreille simple et à vis.

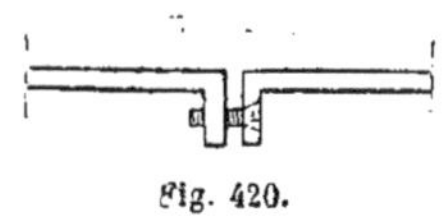

Fig. 420.

La figure 421 montre un assemblage à oreille double.

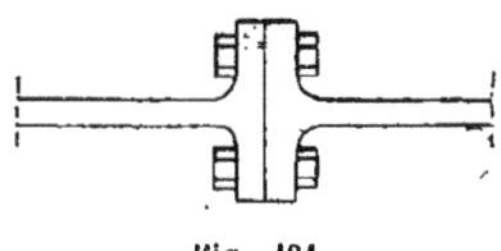

Fig. 421.

Les assemblages suivants donnent beaucoup plus de latitude pour le règlement

Fig. 422.

des tensions, ce qui est d'autant plus nécessaire que les pièces à réunir sont plus longues. Les plus simples de ces assemblages sont représentés (*fig.* 422 et 423), ils sont aussi connus sous le nom d'assemblages à verrin : assemblages à manchons taraudés.

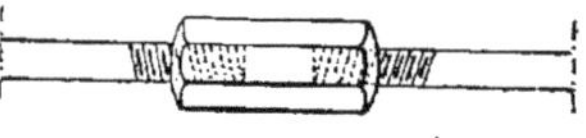

Fig. 423.

La figure 424 est un assemblage à doubles vis filetées en sens inverse.

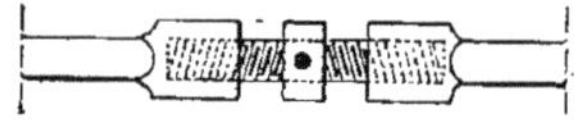

Fig. 424.

Les assemblages à double écrou fileté en sens contraire dont nous donnons un exemple (*fig.* 425), sont employés lorsqu'il s'agit de tendre fortement un tirant de comble par exemple.

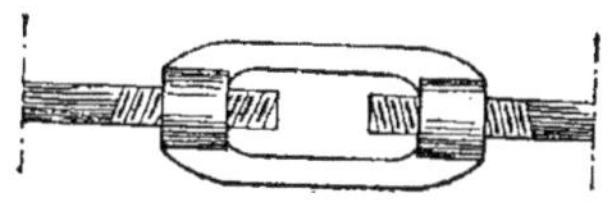

Fig. 425.

La figure 426 donne un exemple avec tension d'un seul côté.

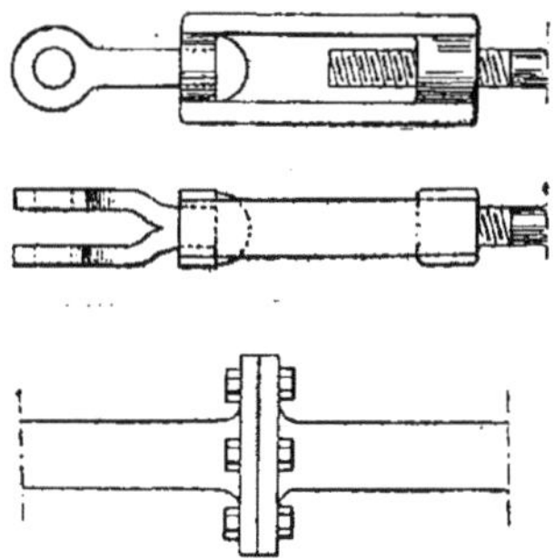

Fig. 427.

L'assemblage à collier est indiqué (*fig* 427).

Enfin, deux pièces placées bout à bout peuvent s'assembler avec des *éclisses* (*fig.* 428), disposition employée dans les chemins de fer pour assembler deux bouts de rails.

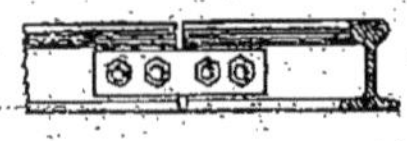

Fig. 428.

183. 7° *Assemblages d'angle.* — Nous avons, dans les assemblages d'angle, à distinguer deux cas :

1° Assemblages de deux pièces dont l'une rencontre l'autre à angle droit en un point quelconque de sa longueur ;

2° Assemblages d'angle proprement dits.

1° Le plus simple des assemblages de pièces de fer qui se rencontrent à angle droit est indiqué (*fig.* 429); c'est un assemblage à tenon et mortaise ordinaire.

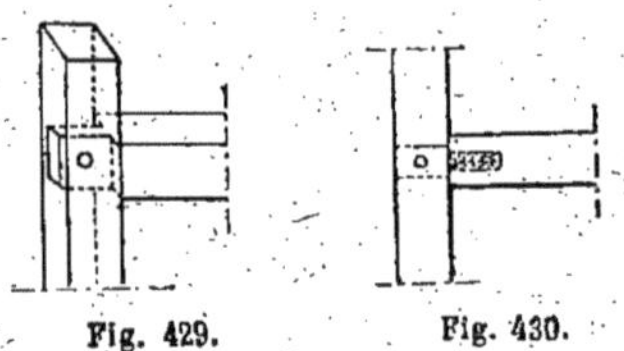

Fig. 429. Fig. 430.

Les deux parties de cet assemblage sont rendues solidaires, soit par un boulon, soit, ce qui est plus simple, par une goupille en fer rivée ou non.

Dans certains cas (*fig.* 430) le tenon est rapporté et vissé dans l'une des pièces.

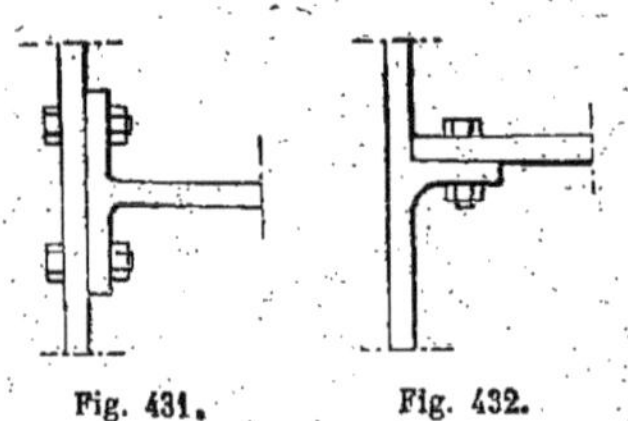

Fig. 431. Fig. 432.

Les figures 431, 432, 433 et 434 donnent les exemples d'assemblages à plat-joint maintenus par des rivets ou par de petits boulons.

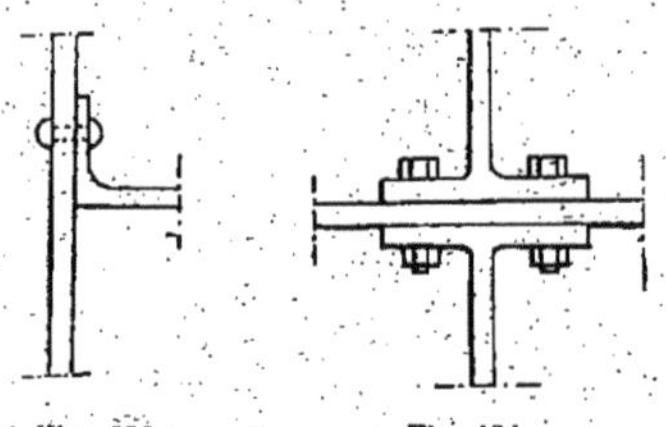

Fig. 433. Fig. 434

Les figures 435 et 436 représentent des assemblages à vis et écrous.

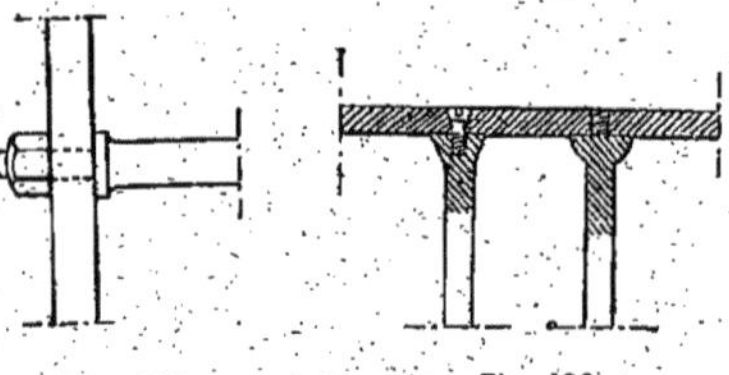

Fig. 435. Fig. 436.

Les figures 437, 438, 439 et 440 montrent les principaux types d'assemblages à enfourchement ou à renflement.

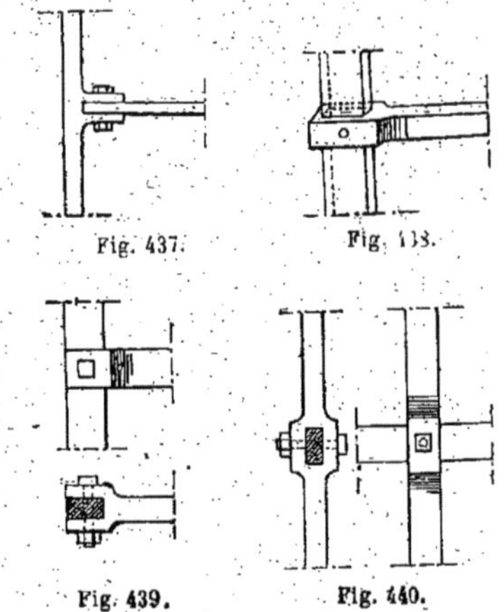

Fig. 437. Fig. 438.

Fig. 439. Fig. 440.

La figure 441 donne un croquis d'assemblage à collier.

Enfin, les figures 442 et 443, nous

montrent des assemblages plus compliqués, le premier (*fig.* 442) est un assemblage avec renfort et rivure ; le second

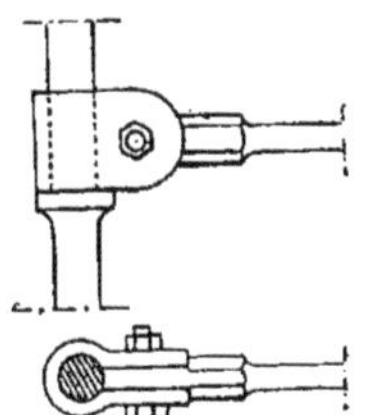

Fig. 441.

(*fig.* 443) est un assemblage à tenon passant avec clef et renfort.

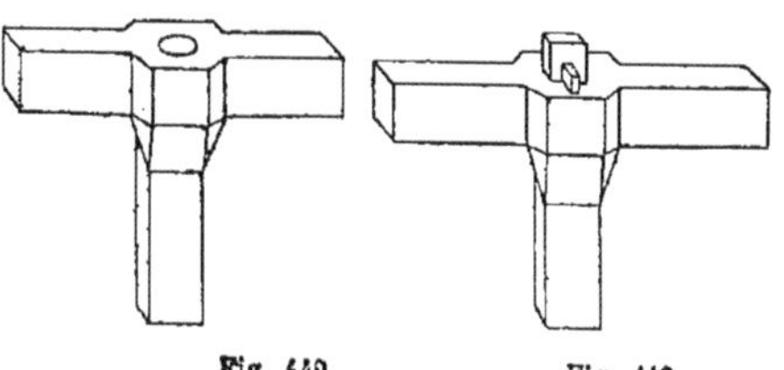

Fig. 442. Fig. 443.

2° Les assemblages d'angle proprement dits sont, le plus souvent, comme le mon-

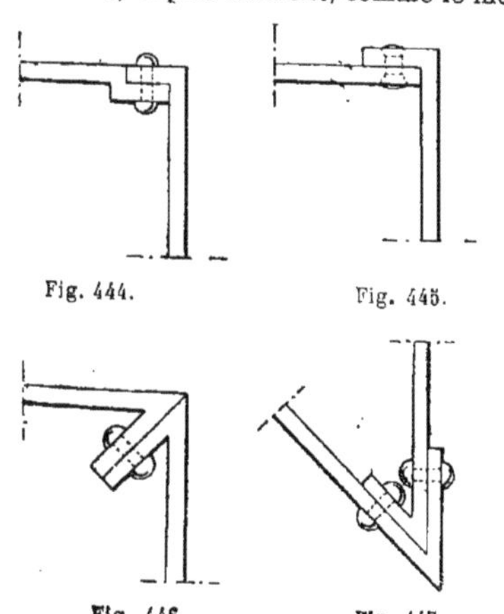

Fig. 444. Fig. 445. Fig. 446. Fig. 447.

trent les croquis (*fig.* 444, 445, 446 et 447), des assemblages à plats-joints, réunis par des rivets ou par des boulons.

On peut aussi, comme nous l'indiquons

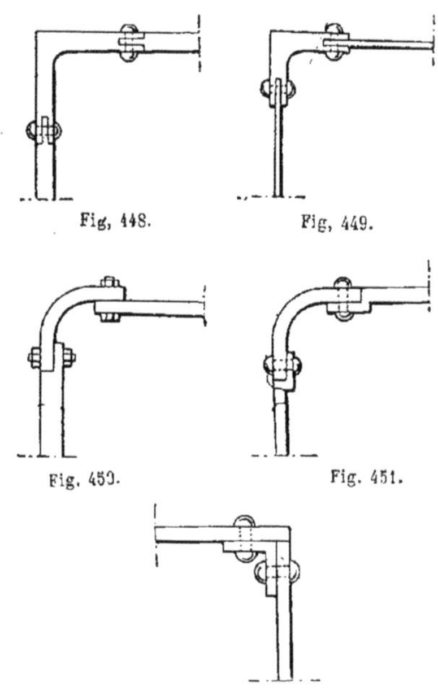

Fig. 448. Fig. 449. Fig. 450. Fig. 451. Fig. 452.

(*fig.* 448, 449, 450, 451 et 452), les former au moyen de coudes ou de fers d'angles.

184. 8° *Assemblages à mi-fer.* — Les assemblages à mi-fer peuvent se disposer de bien des manières différentes, nous

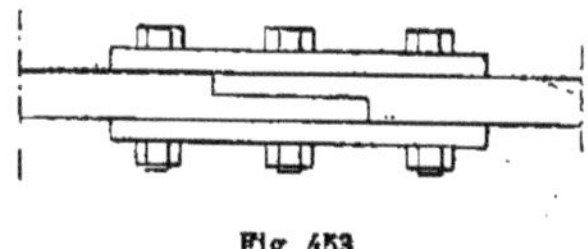

Fig. 453.

en donnons les trois principaux types (*fig.* 453, 454 et 455).

185. 9° *Assemblages des pièces qui se croisent.* — Les figures 456 et 457 montrent comment on peut supporter un tirant de comble : ce tirant étant en fer rond ou en fer carré.

Enfin les figures 458, 459, 460, 461, 462, 463 et 464 donnent les moyens d'assembler

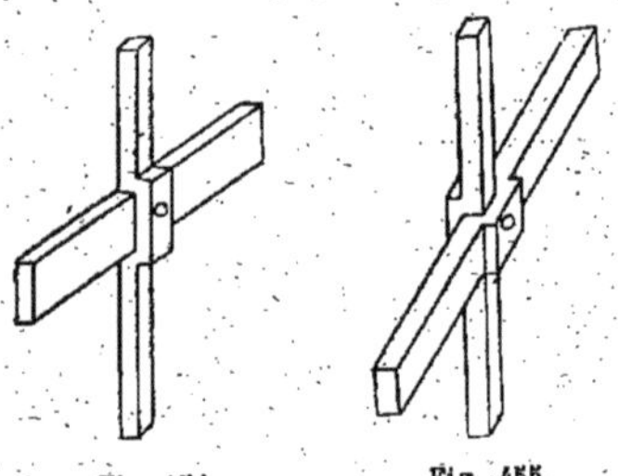
Fig. 454. Fig. 455.

plusieurs pièces qui se croisent ou l'assemblage de plusieurs pièces sur une seule.

186. 10° *Entures.* — Les assemblages connus sous le nom *d'entures* sont identiques

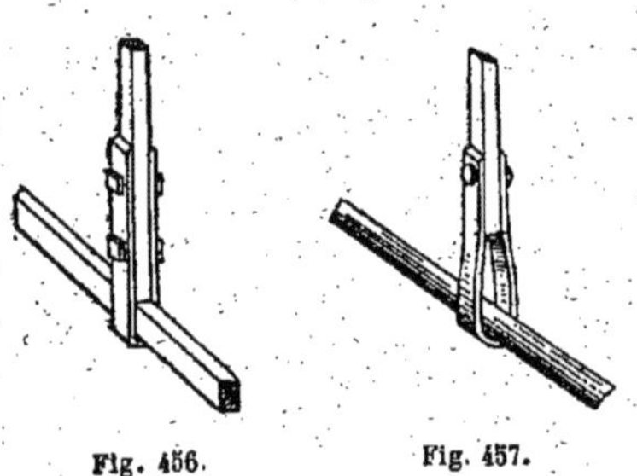
Fig. 456. Fig. 457.

à presque tous les assemblages des pièces placées en prolongement les unes des autres, il est donc inutile de nous y arrêter.

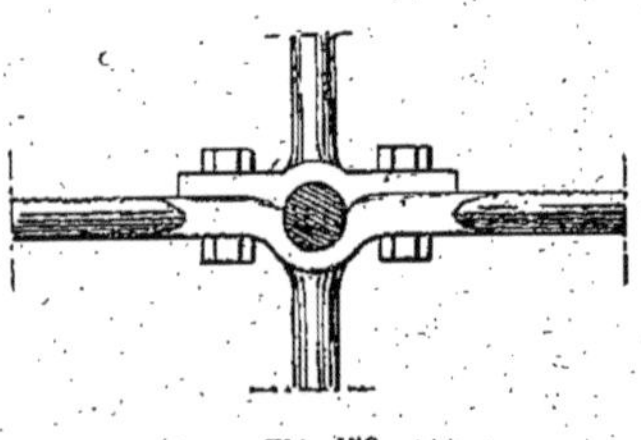
Fig. 458.

187. 11° *Pièces jumellées et moisées.* — Les pièces jumellées sont beaucoup moins employées dans la charpente en fer que dans la charpente en bois car, avec le fer, il est toujours facile de composer une pièce unique assez forte pour supporter à elle seule le poids total. Si cependant on

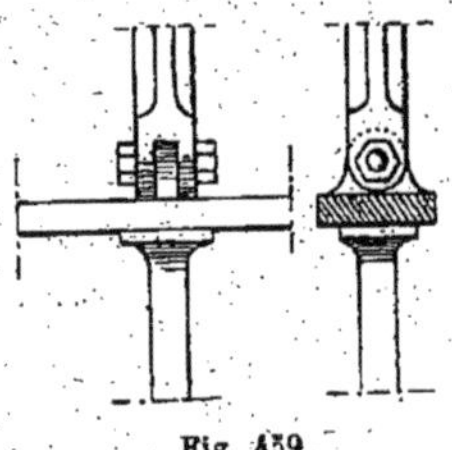
Fig. 459.

doit y recourir on pourra s'inspirer des combinaisons don-nées dans la charpente en bois en y apportant les modifications dépendant de la nature des matériaux employés.

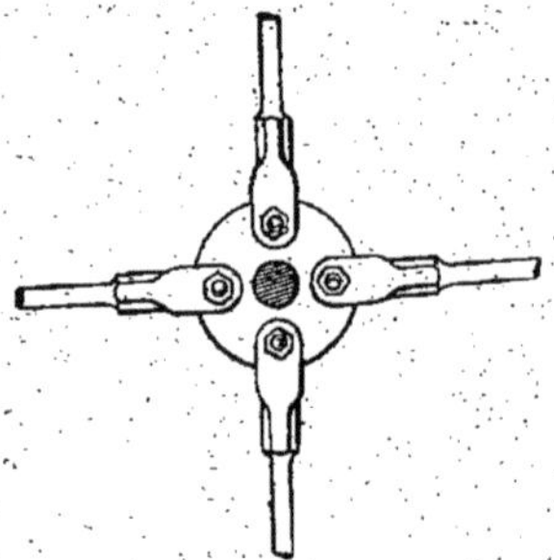
Fig. 460.

Les pièces jumellées sont plus souvent utilisées avec la fonte et surtout dans la construction des machines.

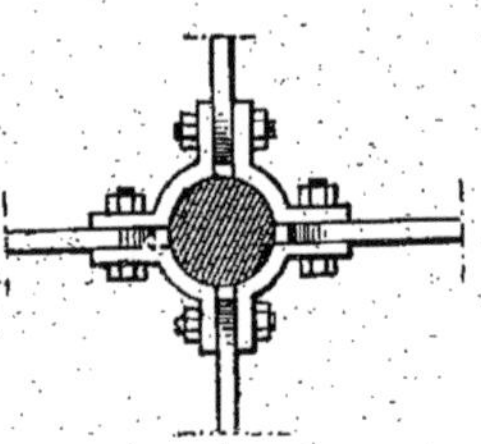
Fig. 461.

Les moises se disposent en charpente

en fer comme en charpente en bois en y

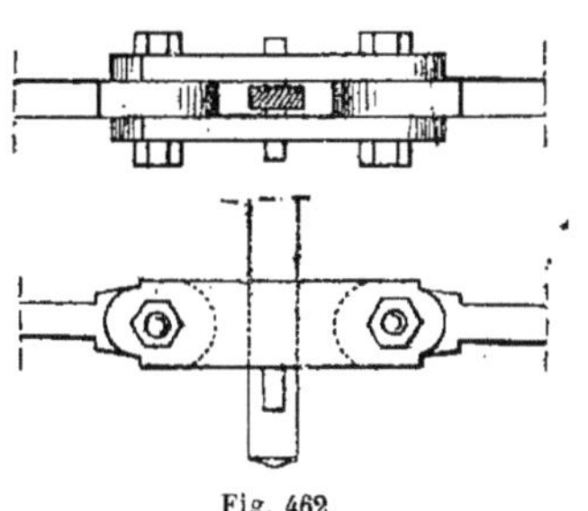

Fig. 462.

faisant, bien entendu, quelques modifications motivées par l'emploi du métal.

Il existe encore beaucoup d'assemblages dérivés des assemblages à tenon et mortaise, en queue d'hironde, par embrèvement, par entailles, etc..., mais il serait trop long de les répéter tous car ils ressemblent beaucoup aux assemblages de la charpente en bois.

188. 12° *Ancres et tirants.* — *Ancrages divers.* On donne le nom d'*ancre* à une barre de fer (carré ou rond) qu'on fait passer dans l'œil d'un *tirant*, ou *chaîne en fer* et qui sert à empêcher l'écartement des murs, la poussée des voûtes, le déversement d'une cheminée ou à relier une solive ou un chaînage à un mur.

Les ancres sont le plus souvent, cachées dans les murs, ce sont alors de simples

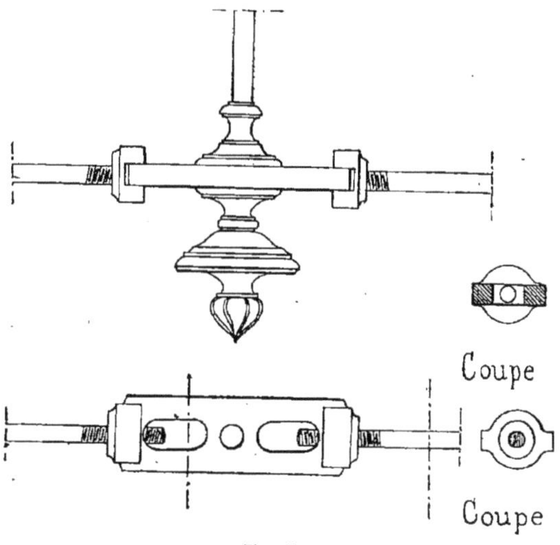

Fig. 463.

barres de fer carré ou rond, on ne les met apparentes à l'extérieur d'un bâtiment que lorsqu'elles sont disposées bien symétriquement; elles peuvent alors être en fer forgé ou en fonte et prendre différentes formes en harmonie avec l'architecture de la construction.

On donne le nom général d'*ancrage* aux systèmes d'attache des extrémités des solives ou des poutres en fer sur les murs qui les supportent.

Le mot *ancrure* désigne à la fois l'œil du tirant et l'ancre qu'on y place.

On fabrique commercialement des tirants, des ancres et des chaînes. Les tirants (*fig.* 465) qui se relient aux chaînes à l'aide de rivets et qui se trouvent dans le commerce sont fabriqués en fer plat de 40/7, 40/9, 45/9, etc., avec des longueurs de $0^m,40$, $0^m,45$ et $0^m,50$. Les ancres ont 25 millimètres carrés et $0^m,60$ de longueur au minimum.

Les chaînes dont la figure 466 nous donne le croquis, se font en fer plat de 40/7, 40/9, 45/9, etc., un œil à chaque bout pour ancres de 25 millimètres carrés; la réunion de deux bouts de chaîne se fait au moyen de deux boulons offrant plus de sécurité qu'une soudure quelquefois mal faite. Ces chaînes étant exécutées à lon-

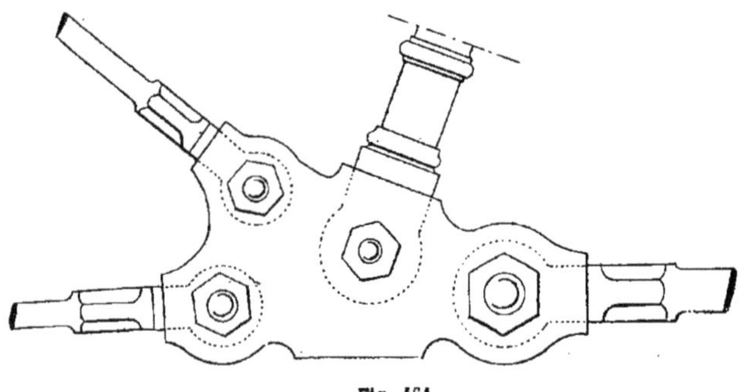

Fig. 464.

gueurs fixes ne présentent aucun moyen de serrage.

Fig. 465.

Fig. 466.

189. *Ancrages des extrémités des solives.* — Suivant la longueur des solives, celles-ci servent elles-mêmes de chaînage en prenant un point d'attache sur leurs extrémités par l'un des moyens suivants:

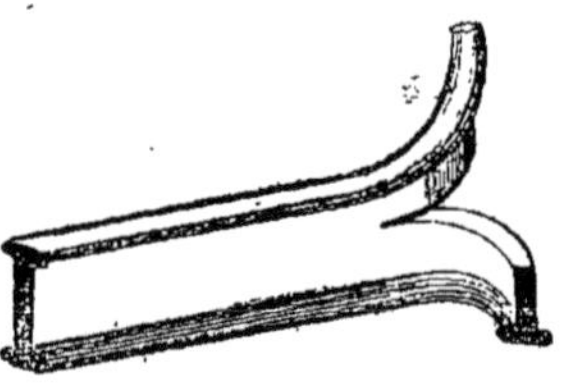

Fig. 467.

On fend, par le milieu, l'extrémité de la solive sur une longueur d'environ $0^m,15$, et l'on plie à chaud et d'équerre avec ce fer une des moitiés dans un sens et l'autre dans le sens contraire, comme l'indique la figure 467. On peut aussi, après avoir coupé les ailes de la solive S, sur une cer-

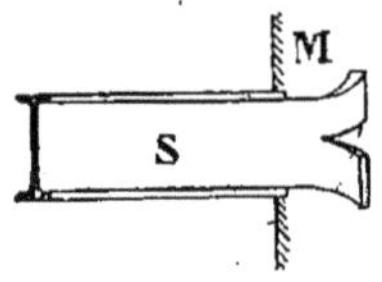

Fig. 468.

taine longueur (*fig.* 468), fendre en deux l'extrémité de l'âme et la terminer en forme de queue de carpe.

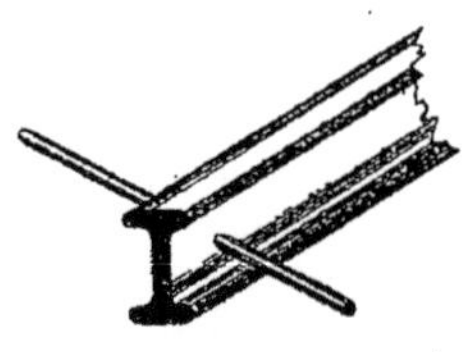

Fig. 469.

Parfois on perfore l'extrémité de la solive et l'on y passe une tige en fer rond (*fig.* 469). Un moyen également usité, même à recommander, comme offrant plus de sécurité, consiste à river à l'extrémité de la solive une pièce de fer et à passer dans l'œillet réservé une tige en fer rond (*fig.* 470).

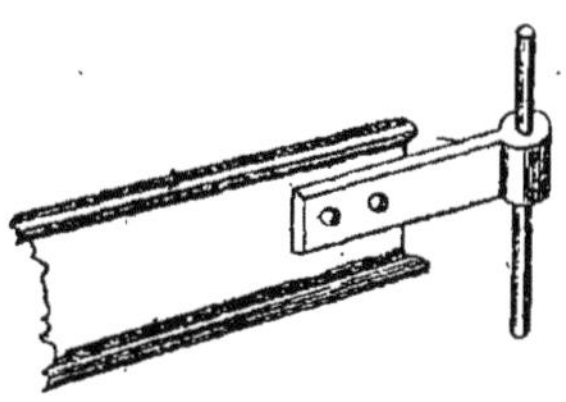

Fig. 470.

Aujourd'hui, les ancrages aux extrémités des solives se font couramment comme nous allons l'indiquer. Le premier moyen pour ancrer les solives dans les trumeaux en maçonnerie, consiste à prendre (*fig.* 471) une bande de fer plat T de 60/9 (fixée sur la solive à l'aide de deux boulons) à la chantourner convenable-

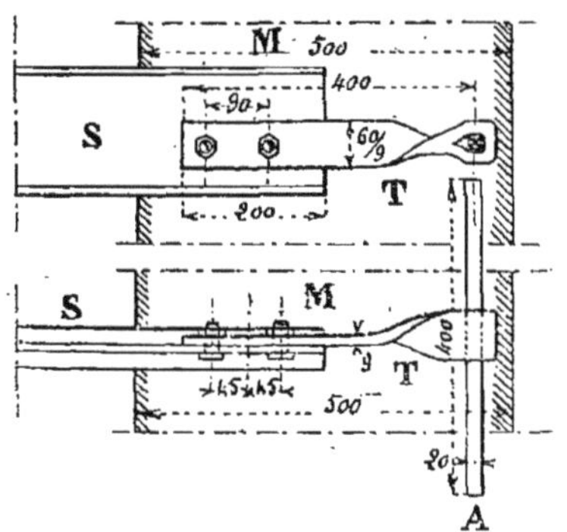

Fig. 471.

ment de manière à former à l'une de ses extrémités un trou ou œil dans lequel on place une tige de fer carré de 0m,020 de côté et ayant au moins 0m,40 à 0m,50 de longueur ; le tout étant complètement noyé dans la maçonnerie.

Un deuxième moyen représenté en croquis (*fig.* 472) consiste à faire, avec le même fer plat de 60/9 un véritable étrier T fixé sur la solive à l'aide de deux boulons. Cet étrier reçoit une tige en fer rond de 25 millimètres de diamètre et ayant au moins 0m,40 à 0m,50 de longueur.

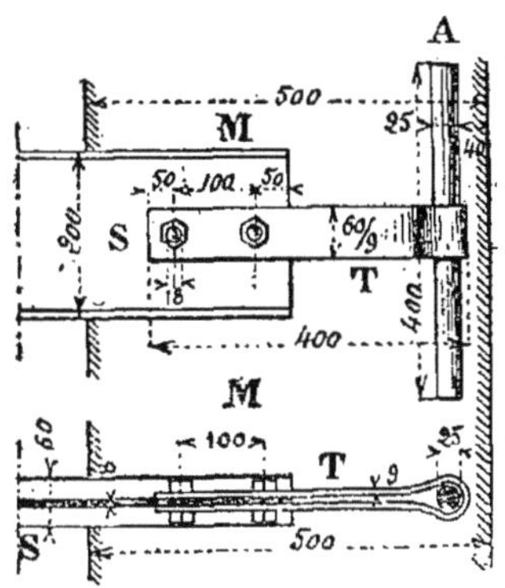

Fig. 472.

Lorsque la largeur d'un bâtiment est assez grande pour comporter deux longueurs de solives reposant sur les murs de face d'une part et sur un mur de refend d'autre part et qu'on désire ancrer les deux extrémités de ces solives, placées sur les murs de face, pour former chaînage, il faut alors réunir les deux bouts situés sur le mur de refend au moyen d'une éclisse P (*fig.* 473) fixée sur chaque solive

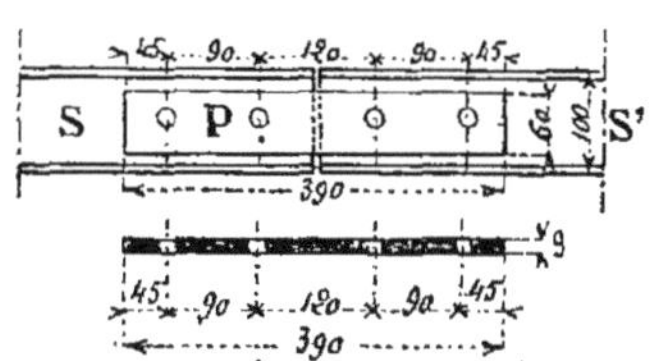

Fig. 473.

S et S' à l'aide de deux boulons. On forme ainsi un seul tirant ancré des deux bouts dans les murs de face et un chaînage très résistant.

On peut employer les dispositions décrites ci-dessus pour les poutres en tôle et cornières en augmentant un peu les dimensions.

190. *Ancrages des extrémités des pou-*

tres. — On emploie pour les maîtresses poutres formées, soit de deux fers **I**, soit de deux poutres en tôle et cornières, les procédés suivants :

A l'extrémité de deux solives ou poutres S (*fig.* 474) on place un boulon à quatre écrous destiné à maintenir l'écartement des deux pièces métalliques, ce boulon sert également à maintenir un fer plat convenablement chantourné et à l'extré-

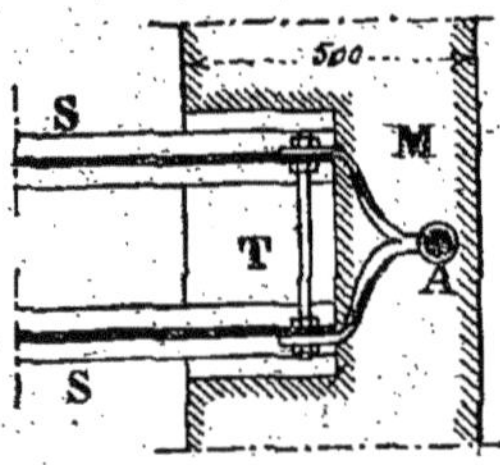

Fig. 474.

mité duquel on place une ancre A. Les deux pièces S reposent sur une tôle T servant d'assiette pour reporter les pressions sur une plus grande surface.

On peut également se servir d'une pièce de fonte P (*fig.* 475) fixée sur les solives S

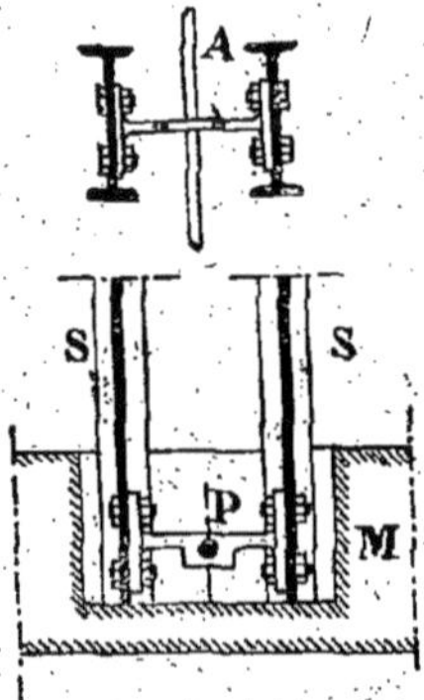

Fig. 475.

à l'aide de boulons et traversée par une ancre A.

Un procédé très économique consiste, comme le montre le croquis (*fig.* 476), à se servir d'une rognure de fer **I**, de l'assembler à l'extrémité des deux solives à ancrer et de traverser ce fer V, placé à plat, par une ancre A.

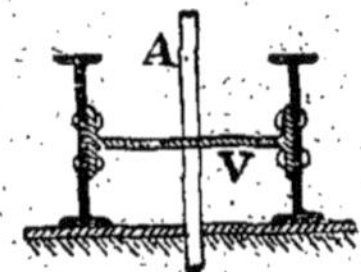

Fig. 476.

On peut aussi (*fig.* 477) se servir d'un boulon à quatre écrous renflé, en son milieu, de manière à former œil pour le passage d'une ancre B.

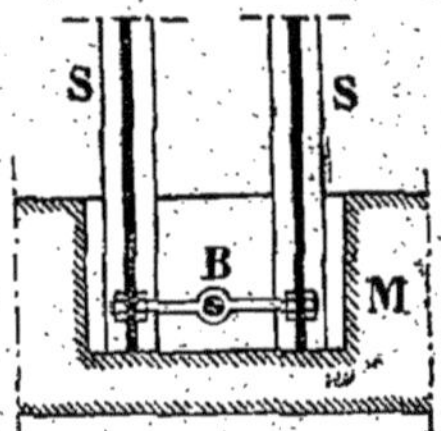

Fig. 477.

Dans certains cas, on profite de l'ancrage d'une solive S (*fig.* 478) pour placer sur la même ancre deux chaînes C et C′ servant à l'ancrage des maçonneries.

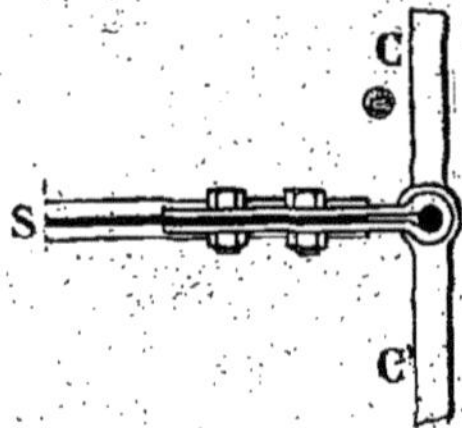

Fig. 478

191. *Chaînage et ancrage dans les murs.* — Généralement les maçonneries demandent à être reliées par des ancrages qui rendent solidaires les diverses parties d'un édifice. Il y a nécessité d'établir dans un bâtiment et souvent à tous les étages, un chaînage général destiné à empêcher l'écartement des murs.

Ce chaînage est ordinairement formé par des barres de fer méplat de 7 à 15 millimètres d'épaisseur sur 4 à 6 centimètres de largeur, noyées dans l'épaisseur des murs.

De distance en distance on met de fortes ancres en fer carré ou en fer rond de 25 à 40 millimètres de côté ou de diamètre et de 0m,50 à 1 mètre de longueur placées verticalement et qui relient les chaînages aux maçonneries.

Ces chaînages étant complètement enfermés dans les maçonneries il n'y a pas à tenir compte de la dilatation qui, dans ce cas, joue un faible rôle.

Nous avons pour le chaînage dans les murs, à distinguer deux cas :

1° Les murs à chaîner sont construits en petits matériaux ;

2° Les murs à chaîner sont construits en pierre de taille.

Dans le premier exemple, murs formés de petits matériaux ou limousinerie, la disposition adoptée est indiquée en

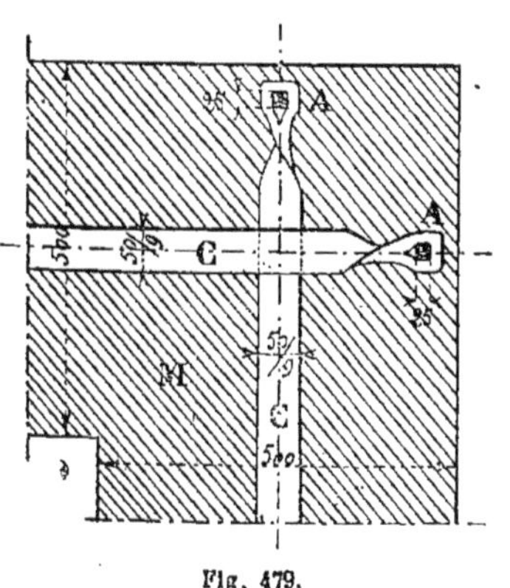

Fig. 479.

croquis (*fig.* 479). Ce sont deux chaînes C en fer plat de 50/9, chantournées à leurs extrémités pour former œil et traversées par des ancres A en fer carré de 25 millimètres de côté et de 0m,50 de longueur minima. Les deux extrémités des chaînes sont ainsi formées.

Lorsque la longueur est grande, la chaîne n'est pas d'un seul morceau, il a donc fallu chercher comment on pourrait réunir les deux extrémités en se réservant un moyen de serrage. La solution est indiquée (*fig.* 480) : c'est un trait de Jupiter serré par une double clef C (clavette et contre-clavette) et arrêté par deux bagues B.

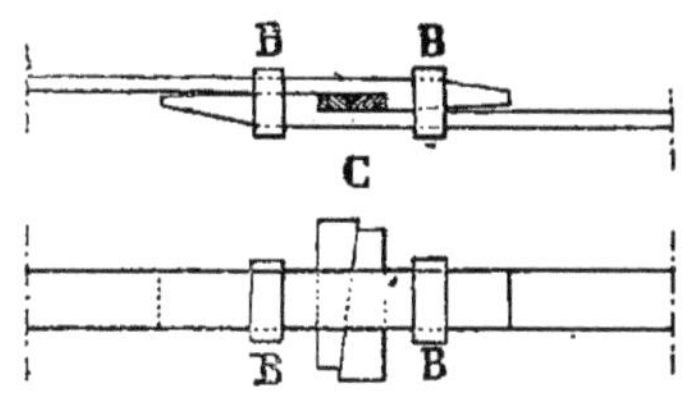

Fig. 480.

Il faut dans les bâtiments avoir soin de bien contrôler le serrage des chaînages posés par les ouvriers.

Dans le cas de murs en pierre de taille, dont nous donnons un exemple (*fig.* 481)

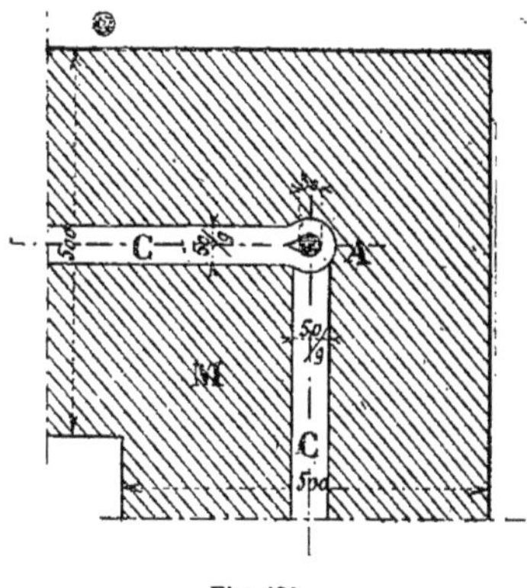

Fig. 481.

il y a avantage à ne percer dans la pierre qu'un seul trou et à mettre les deux chaînes de l'encoignure de deux murs sur une même ancre en fer rond de 30 millimètres. Le trou de l'ancre se fait sur place en battant le beurre, comme disent les ouvriers. Dans ce deuxième exemple on emploie encore des fers plats de 50/9 renflés à plat à leurs extrémités pour former l'œil de l'ancre.

Les chaînages dans les murs se placent ordinairement au-dessous de chaque plancher, il est bon, dans ce cas, de faire poser directement les solives de ce plancher sur la chaîne, en fer plat qui sert en même temps de platine de niveau pour répartir la charge sur la maçonnerie.

Les chaînages dans les monuments sont un peu différents, ils ont été étudiés en détail par Rondelet dans son *Art de bâtir.*

Assemblages de la fonte.

192. Les assemblages des pièces de fonte entre elles sont beaucoup moins nombreux que les assemblages des pièces de fer, nous nous contenterons d'en indiquer quelques exemples.

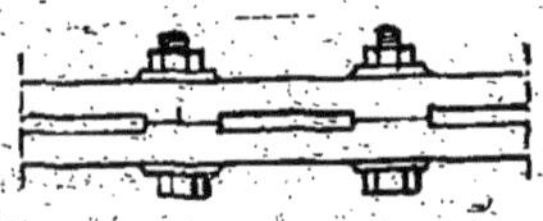

Fig. 482.

Les assemblages à tenons et mortaises avec goupille en fer ou en acier sont réservés pour les petites pièces (rampes, balcons, etc); pour les plus importantes les assemblages se font par le contact de deux surfaces limées réunies par des *boulons* et non *par des rivets*, dont la pose entraînerait des fractures.

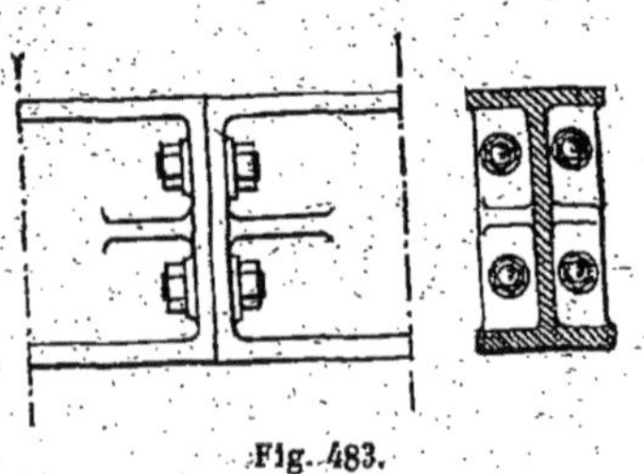

Fig. 483.

En général, la surface de la fonte étant plus ou moins rugueuse, on ménage des plans en saillie qu'on dresse avec soin, soit à la lime, soit à la machine à raboter et sur lesquelles ont lieu les contacts.

Ces plans reçoivent le nom de *portée.* La figure 482 nous en montre un exemple.

Dans les pièces de faible épaisseur comme celle en I (*fig.* 483) on fait venir à la fonte des renforts latéraux pour augmenter le contact et donner la place nécessaire aux boulons d'assemblage; des nervures saillantes rattachent ces renforts à l'âme.

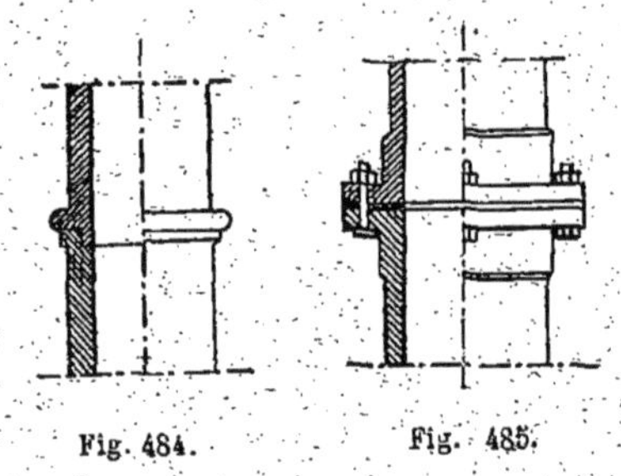

Fig. 484. Fig. 485.

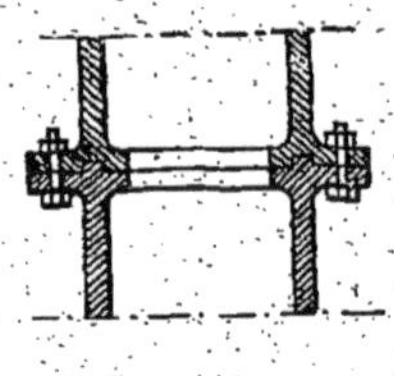

Fig. 486.

Les pièces creuses, comme les colonnes en fonte, les tuyaux, etc., dont nous donnons des exemples (*fig.* 484, 485, et 486), s'emboîtent les unes dans les autres ou portent quelquefois un renfort au collet. Ces pièces sont boulonnées.

CHAPITRE III

PLANCHERS EN FER ET PANS DE FER

I. — PLANCHERS EN FER

I. — Définitions et notions générales.

193. Les planchers en fer, de plus en plus répandus dans les constructions, doivent leur préférence aux planchers en bois par suite de la solidité que le fer permet de réaliser pour toutes les parties et surtout par les garanties qu'il donne contre l'incendie.

Avec l'emploi du fer, les dangers d'incendie provenant de la proximité d'une poutre en bois, du passage d'une cheminée contre les solives disparaissent. Partout où doivent passer des corps de cheminée, on les installe sans avoir à s'occuper de la proximité d'une poutre ou d'une solive.

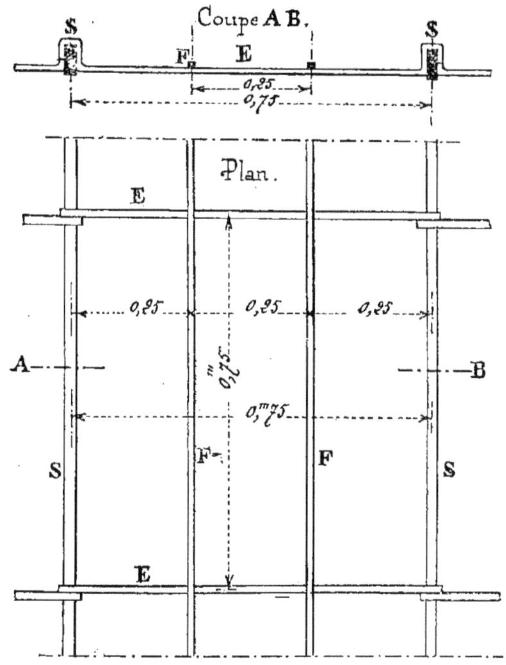

Fig. 487.

Depuis plus de *quarante ans* qu'on exécute des planchers en fer, de nombreuses expériences ont été faites; le prix qui, d'abord, en était relativement très élevé par rapport aux planchers en bois, a aujourd'hui baissé de moitié, ce qui permet d'expliquer pourquoi l'emploi de ce métal se généralise pour la construction des planchers, et peut même (comme *économie* et vu le bas prix des fers) se *comparer* aux planchers en bois.

Les poutres en bois, scellées dans les murs, quelle qu'en soit la qualité et les précautions prises finissent par pourrir, les poutres en fer bien peintes et *scellées au ciment* dans un mur peuvent certainement résister un nombre d'années illimité (le fer scellé dans du ciment et non au contact de l'air ne se rouillant pas).

Les planchers en fer sont plus minces que les planchers en bois, et peuvent par des hourdis bien raisonnés être rendus aussi peu sonores.

La pose des planchers en fer est très facile, et les ouvriers les moins expérimentés à ce genre de travail arrivent très bien aujourd'hui à en faire la pose.

Primitivement les fers ⌶ très employés aujourd'hui, n'étaient pas connus; les forges ne fabriquaient qu'un nombre restreint de profils très simples et les planchers étaient alors construits comme le montre le croquis (*fig.* 487) au moyen de solives en fer plat posées de champ. Ces solives étaient espacées d'environ 0m,750 d'axe en axe, et reliées entre elles par d'autres petits fers, ou *entretoises coudées* à la demande et formées par des fers carrés de 0m,016, espacés de 0m,750 d'axe en axe. Sur ces entretoises, et perpendiculairement à leur direction, on plaçait des *fentons* en fer carré de 0m,011 espacés de 0m,25 d'axe en axe.

La figure 488 montre en perspective la position de chacun des fers et le mode de scellement dans les murs.

Avec cette disposition, on employait des poutres de 9 millimètres d'épaisseur, et on leur donnait une largeur sur champ de un pouce par trois pieds de portée, c'est-à-dire de 0m,03 par mètre de longueur.

Afin de diminuer le poids du fer employé dans les planchers, on a imaginé les fers à ⌶ dont le moment d'inertie à section égale est plus grand que celui des *fers rectangulaires* et dont la fabrication est aujourd'hui très facile et très courante.

Le profil en ⌶, à ailes ou semelles égales, présente les particularités suivantes :

1° La ligne des fibres moyennes se trouve au milieu de la hauteur du solide;

2° La résistance par rapport aux actions perpendiculaires au plan de flexion est plus grande que pour le profil rectangulaire de faible épaisseur ;

3° Une grande partie de *la section étant* reportée à une certaine distance du centre de gravité, le moment d'inertie est plus grand que pour le solide rectangulaire de même section.

Ces avantages *sont tels* que ce profil doit être exclusivement employé pour les pièces de fer soumises à la flexion; ils sont mis complètement en évidence par la comparaison entre le fer rectangulaire à 1/5 de base, et le fer ⌶ de même section que l'on en peut obtenir par une simple

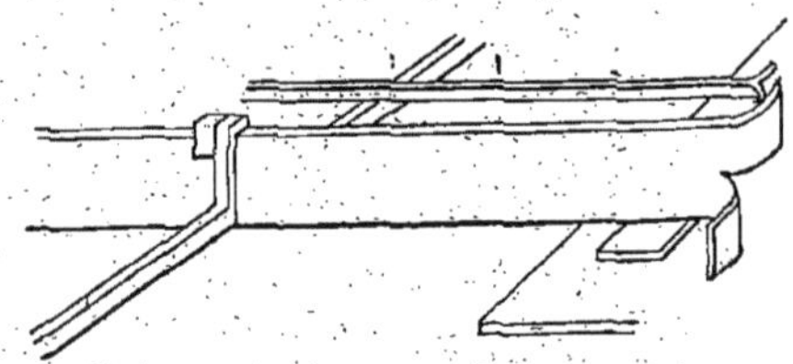

Fig. 488

transformation *géométrique*.

Soit (*fig.* 489) la coupe d'un fer rectangulaire; pour l'amener au profil à ⌶ (*fig.* 490), il suffit de réduire à moitié l'épaisseur du premier fer, de partager en *quatre* parties égales la partie supprimée, et de disposer ces parties de part et d'autre, en forme d'ailes ou nervures horizontales, aux extrémités de la partie restante.

La substitution d'un fer ⌶ à un fer rectangulaire permet de réduire presque à moitié la section du fer ⌶ équivalent à celle du fer rectangulaire à un cinquième de base. Quant aux avantages relatifs à la plus grande stabilité et à la plus grande résistance aux actions transversales, l'examen seul des deux figures ci-dessous équivaut à une démonstration.

Les fers à ⌶ du commerce sont figurés dans des albums publiés par les différentes usines; dans quelques-uns de ces

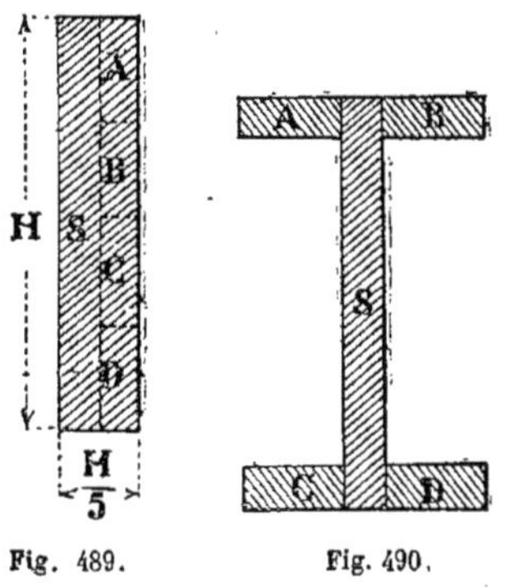

Fig. 489. Fig. 490.

albums, on trouve en même temps l'indication de la valeur de $\frac{I}{V}$, celle du poids par mètre courant et la charge totale, supposée uniformément répartie, que ce fer peut supporter sans que le coefficient de résistance R dépasse 6, 8 ou 10 kilogrammes par millimètre carré.

Les solives en fer sortant des usines reçoivent, en vue d'augmenter leur résistance et de contrebalancer la flexion, une *flèche* ou courbure de $^1/_{200}$, soit $0^m,005$ par mètre de longueur. Cette faible courbure représente à peu près la quantité dont les solives fléchissent lorsqu'elles sont soumises à leur charge maxima.

Dans la pose il faut faire en sorte que la concavité soit dirigée vers le vide à couvrir il faut, comme disent les ouvriers, poser la solive sur son raide.

Lorsqu'on désire, pour les planchers hourdés en briques ou en poteries, les fers devant rester apparents, des solives droites et ne présentant pas ce léger cintre il faut le mentionner dans la commande. Si, au contraire, on désire des solives ayant un cintre plus fort que le cintre normal précédemment cité il faut, dans la commande à l'usine, fixer le rayon ou la flèche du cintre à donner aux barres.

Les fers du commerce sont : à *ailes égales*, à *ailes inégales* ou à *larges ailes*. Il est très important, pour une commande de fers de bien indiquer : l'espèce de fer qu'on désire, sa longueur et son poids par mètre courant.

Exemples : pour les solives à ailes égales on écrira :

1 solive ⌶ de $0^m,16$. *a. o.* de 5 mètres pesant 20 kilogrammes le mètre courant ;

pour les solives à ailes inégales :

1 solive ⌶ de $0^m,16$. A. I. de 5 mètres pesant 25 kilogrammes le mètre courant ;

pour les solives à larges ailes :

1 solive ⌶ de $0^m,16$. L. A. de 5 mètres pesant 25 kilogrammes le mètre courant.

Lorsqu'une commande de fers faite à l'usine est assez importante on peut, sans augmentation de prix, demander les barres coupées à longueurs fixes. Ordinairement les longueurs des barres varient par fractions de $0^m,25$.

Les longueurs qui se trouvent dans les dépôts ou dans les magasins sont :

Fers ⌶ de $0^m,08$ et $0^m,10$ jusqu'à 9 mètres de longueur.

Fers ⌶ de $0^m,12$, $0^m,14$, $0^m,16$ jusqu'à $9^m,50$ de longueur.

Fers ⌶ de $0^m,18$, $0^m,20$, $0^m,22$ et $0^m,26$ jusqu'à 10 mètres de longueur.

On peut, sur commande spéciale, obtenir des barres d'une plus grande longueur.

La longueur la plus ordinaire des solives est de 8 mètres, il y a intérêt, surtout pour une petite commande, à ne pas dépasser cette longueur car, au-dessus de 8 mètres, les fers subissent une plus-value de 1 franc par 100 kilogrammes pour chaque mètre ou fraction de mètre. De plus, le transport par chemin de fer et par wagon incomplet (charges inférieures à 10 000 kilogrammes) pour des fers dépassant 6 mètres à $6^m,50$ exigeant une combinaison spéciale dans le matériel coûte un prix relativement élevé ; il y a donc intérêt, autant que cela est possible, à employer des fers de longueurs moyennes.

Les fers ⌶ ailes ordinaires ; les plus couramment employés sont les suivants :

Fers I de 0^m,08 et 0^m,10 de hauteur, utilisés pour linteaux de petites baies, soupiraux de caves, etc...; ils sont, dans ce cas, formés de deux lames réunies par des boulons. Les fers I de 0^m,10 sont plus avantageux à employer que les fers I de 0^m,08; car vu le peu de différence de poids avec les fers de 0^m,08 ils résistent beaucoup plus.

Fers I de 0^m,120 de hauteur; ils s'emploient pour des longueurs ne dépassant pas 4 mètres, y compris les *portées* sur les murs qu'on désigne aussi sous le nom de *scellements*.

Fers I de 0^m,140 de hauteur, employés pour longueurs ne dépassant pas 5 mètres, scellements compris.

Fers I de 0^m,160 de hauteur, employés pour longueurs ne dépassant pas 5^m,50, scellements compris.

Fers I de 0^m,180 de hauteur, employés pour longueurs ne dépassant pas 6 mètres, scellements compris.

Fers I de 0^m,200 de hauteur, employés pour longueurs ne dépassant pas 6^m,50, scellements compris.

Fers I de 0^m,220 de hauteur, employés pour longueurs ne dépassant pas 7^m,50, scellements compris.

Fers I de 0^m,260 de hauteur, employés pour longueurs ne dépassant pas 8 mètres, scellements compris.

En accouplant deux fers I au moyen de boulons à quatre écrous ou de toute autre manière, on forme ce qu'on nomme un *poitrail*.

Les fers I de 0^m,18, 0^m,20, 0^m,22 et 0^m,26 sont ceux qui, le plus communément, servent à construire les poitrails.

Les fers I de 0^m,18 servent pour poitrails ne dépassant pas 5 mètres, scellements compris.

Les fers I de 0^m,20 servent pour poitrails ne dépassant pas 6 mètres, scellements compris.

Les fers I de 0^m,22 servent pour poitrails ne dépassant pas 7 mètres, scellements compris.

Les fers I de 0^m,26 servent pour poitrails ne dépassant pas 7^m,50, scellements compris.

Quand les solives dépassent les longueurs ci-dessus ou que les charges à supporter par les poitrails sont très fortes il est préférable et plus économique de diviser en deux les portées en faisant passer sous le plancher un poitrail soulagé par une ou plusieurs colonnes en fonte.

Le prix du poitrail et de la ou des colonnes ajoutés est largement compensé par celui du plancher qui, par suite des portées moins grandes, exige des fers moins lourds. Il en est de même des poitrails eux-mêmes soulagés par des colonnes en fonte ou par des piles en maçonnerie.

Le scellement des solives dans les murs doit être au minimum de 0^m,20 à 0^m,25 et même 0^m,30; il ne faut pas craindre, autant que possible, de donner un fort scellement.

Les écartements ordinaires d'axe en axe des solives en fer sont les suivants: 0^m,60, 0^m,65, 0^m,70, 0^m,75 et 0^m,80. On peut, si besoin est, prendre des intermédiaires. L'écartement le plus usité pour des charges ordinaires est 0^m,70 environ.

Dès que les planchers auront à supporter des poids dépassant ceux qui sont généralement adoptés pour les planchers ordinaires, pour les planchers de salles de réception, de greniers à grains, de chambres à farines, magasins, etc., par exemple, on peut descendre à 0^m,60 et même 0^m,50 d'écartement d'axe en axe des solives.

Lorsqu'une cloison légère doit être placée sur un plancher il est d'usage, comme nous le verrons plus loin, de placer sous cette cloison et *à chaque étage* si cette cloison se répète, deux barres I accouplées ayant, à moins de charges spéciales, les mêmes dimensions que les solives ordinaires du plancher.

Ce que nous venons de dire s'applique aux fers I à ailes ordinaires. Les fers I à larges ailes sont beaucoup moins employés et par suite on les trouve moins facilement dans les magasins. Pour les obtenir il faut, le plus souvent lorsque le nombre en est grand, donner aux forges un délai de fabrication de vingt à trente jours. Les poids de ces fers étant plus forts que ceux des fers correspondants à ailes ordinaires, il en résulte une dépense supplémentaire de 15 à 20 0/0 à laquelle il faut encore ajouter la plus-value du prix par cent kilogrammes pour fers à larges ailes. Ces fers sont avantageusement utilisés lorsque la charge à supporter est grande et qu'on dispose de peu de hauteur. Lorsqu'il faut prendre les échantillons lourds il y a plus d'avantage à employer les poutres composées.

Les fers à ailes inégales ne sont presque jamais employés.

En examinant plusieurs albums des fers du commerce on trouve, pour un même échantillon, des poids présentant une certaine variation, ce fait s'explique par la facilité que les forges ont de donner à l'âme du fer une épaisseur variant du minimum au maximum en écartant plus ou moins les cylindres du laminoir. Nous croyons utile, pour l'établissement des devis, de donner ci-après les poids moyens à admettre pour les différents types les plus en usage.

Poids des fers par mètre courant

AILES ORDINAIRES		LARGES AILES	
m.	k.	m.	k.
Fers I de 0.08 —	8.00	Fers I de 0.08 —	9.00
— 0.10 —	9.00	— 0.10 —	12.00
— 0.12 —	10.00	— 0.12 —	17.00
— 0.14 —	12.00	— 0.14 —	23.00
— 0.16 —	15.00	— 0.16 —	25.00
— 0.18 —	20.00	— 0.18 —	30.00
— 0.20 —	22.00	— 0.20 —	33.00
— 0.22 —	25.00	— 0.22 —	35.00
— 0.26 —	32.00	— 0.26 —	45.00
		— 0.30 —	65.00

194. *Observation.* — Dans les devis descriptifs quelques architectes se contentent de dire : on emploiera pour les planchers des fers I de 0m,16. *a. o.* sans indiquer le poids par mètre courant que doivent avoir ces fers, c'est là une grave erreur car l'entrepreneur, s'il fait un forfait, aura intérêt à prendre l'échantillon le plus léger et cet échantillon pourra ne pas répondre, comme résistance ou calcul fait pour le plancher, d'où des mécomptes et des ennuis. Il faudra donc indiquer dans tous les cas : fer I de 0m,16. *a.o.* pesant par exemple 15 kilogrammes le mètre courant.

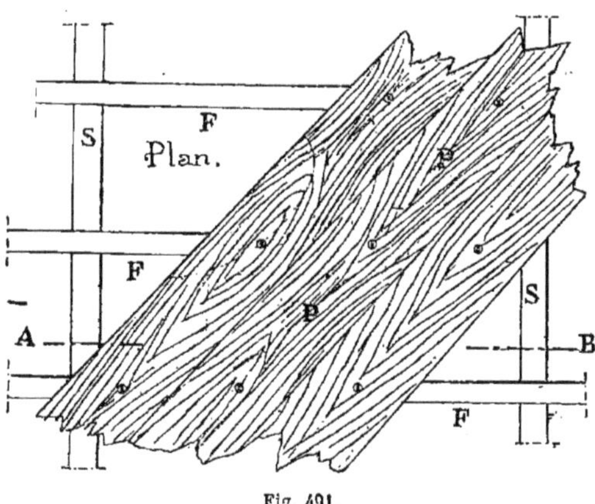

Fig. 491.

Les solives en fonte, dont on a essayé l'emploi il y a longtemps, sont aujourd'hui totalement supprimées pour les planchers parce que la fonte résiste mal à la flexion et qu'elle donne pour les solives un poids presque triple de celui du fer laminé présentant la même résistance.

II. — Différents moyens employés pour entretoiser les solives en fer I.

195. Les solives étant placées sur les murs à l'écartement voulu, il faut les maintenir à l'aide d'entretoises qui peuvent être différemment disposées.

Si le plancher ne doit pas comporter

de hourdis; la manière la plus simple d'entretoiser consiste à placer sur les solives S (*fig.* 491 et 492) des fers à T entaillés au passage de chaque fer I et vissés sur ces derniers. Un plancher P formé de planches simplement juxtaposées et vissées sur les fers T complète cette simple installation.

Un autre entretoisement également très simple et employé lorsque le hourdis est fait en briques est représenté (*fig.* 493 et 494). Il consiste en un fer plat E placé dans un joint et fixé sur les solives S à l'aide de deux boulons.

Les figures 495 et 496 donnent deux moyens d'entretoiser des solives en fer à l'aide d'un fer T relié aux solives par des goussets.

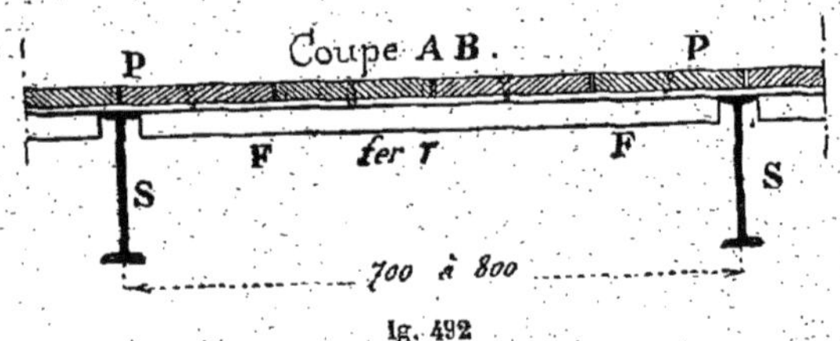

Fig. 492

La figure 497 montre un exemple d'entretoises doubles en fer plat boulonnées sur les solives. Ce système a l'inconvénient d'affaiblir l'âme des solives en des points éloignés de la fibre neutre.

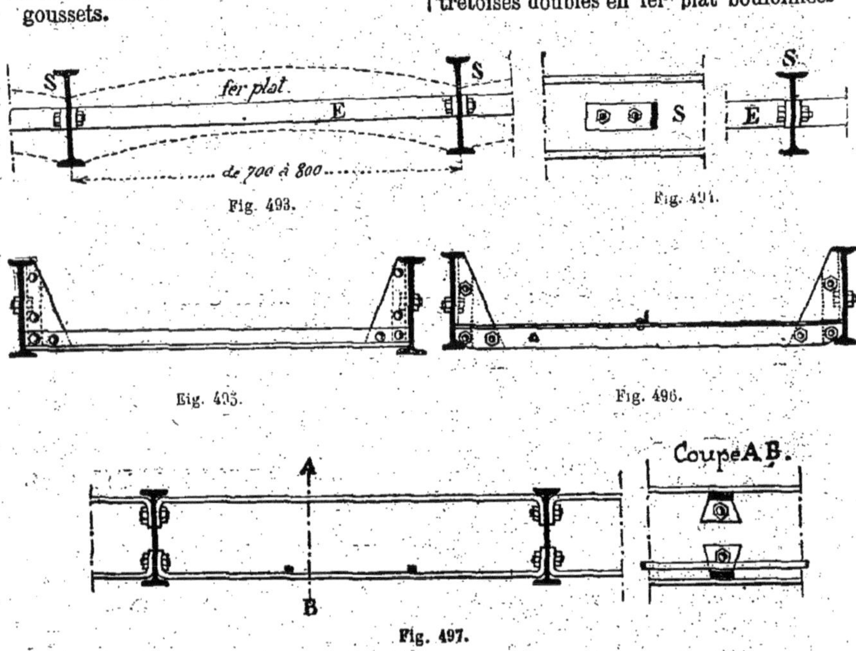

Fig. 493.

Fig. 494.

Fig. 495.

Fig. 496.

Fig. 497.

La figure 498 représente un exemple d'entretoises doubles supprimant l'inconvénient du système précédent mais beaucoup plus compliqué. On emploie encore dans ce cas les fers plats.

Lorsque les écartements ordinaires entre deux solives sont dépassés, les systèmes d'entretoises décrits ci-dessus ne sont plus suffisants ; il faut alors entre-

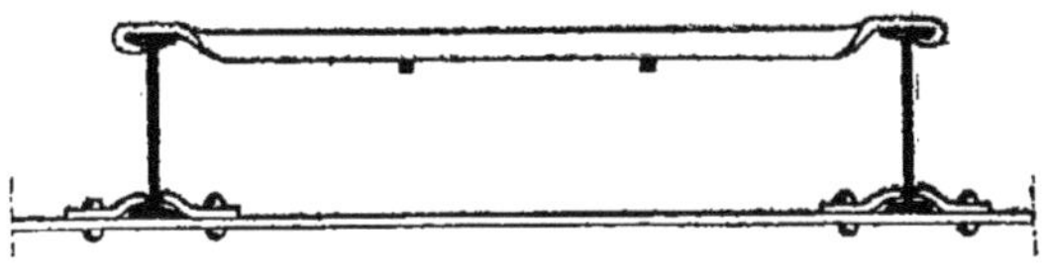

Fig. 498.

toiser les solives, qui deviennent de véritables petites poutres, par d'autres petits fers I.

La figure 499 montre un exemple de solives I de $0^m,260$, espacées de $1^m,50$, d'axe en axe et entretoisées par des fers I de $0^m,08$, écartés entre eux de $0^m,70$ à $0^m,80$ d'axe en axe. Ces fers de $0^m,08$,

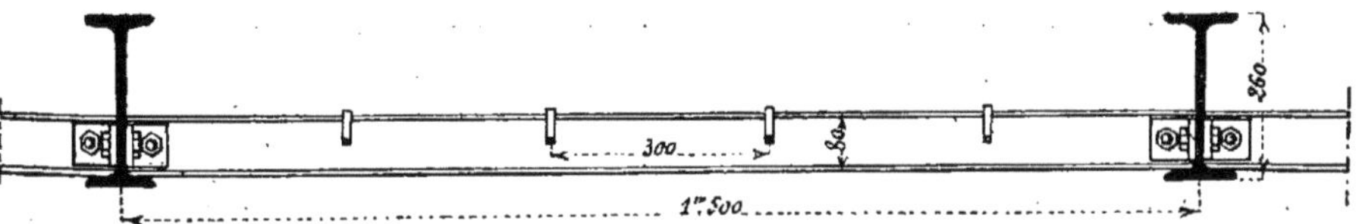

Fig. 499.

fixés sur les fers de $0^m,26$ à l'aide d'équerre et de boulons, reçoivent des entretoises en fer carré espacées de $0^m,30$ d'axe en axe.

La figure 500 donne le même exemple d'entretoisement mais avec l'emploi de boulons à quatre écrous, comme entretoises et des goussets en tôle et cornières

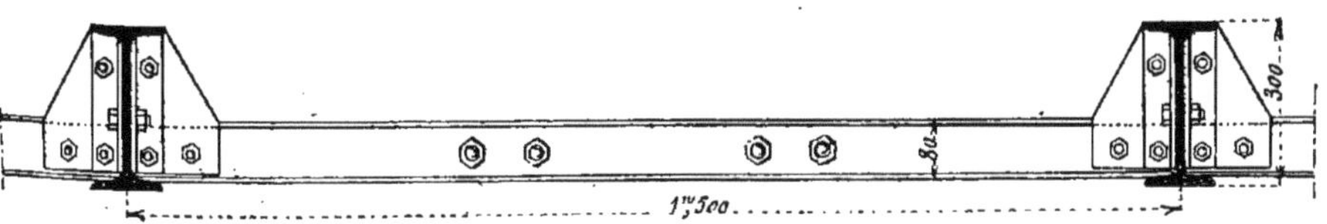

Fig. 500.

pour relier les fers I de $0^m,08$ aux solives de $0^m,300$ de hauteur.

Les deux systèmes d'entretoisement les plus en usage aujourd'hui sont ceux qui sont indiqués (*fig.* 501 et 502). Le premier (*fig.* 501), connu sous le nom *d'entretoises à crochets*, est employé pour presque tous les planchers ordinaires de nos habitations ; le second (*fig.* 502), entretoisement avec boulons à quatre écrous, est plus résistant et plus souvent réservé pour les planchers chargés nécessitant un hourdis plein.

Nous donnerons sur ces deux types d'entretoisement plus de détails que sur les précédents qui sont moins souvent utilisés.

196. *Entretoises à crochets.* — Dans ce

système (*fig.* 501) les fers I employés pour les planchers une fois scellés dans les murs sont reliés entre eux par des *entretoises ou fers carillons* de formes spéciales coudées et contre-coudées, qui maintiennent le roulement des planchers.

Ces entretoises espacées de 0m,80 à 0m,90 d'axe en axe sont composées le plus ordinairement avec des fers carrés de 14, 15, 16, 18, et plus rarement 20 millimètres. Dans l'intervalle de deux fers I elles supportent, perpendiculairement à leur direction des fers refendus nommés aussi *fentons* ou *côtes de vache*, en fers carrés

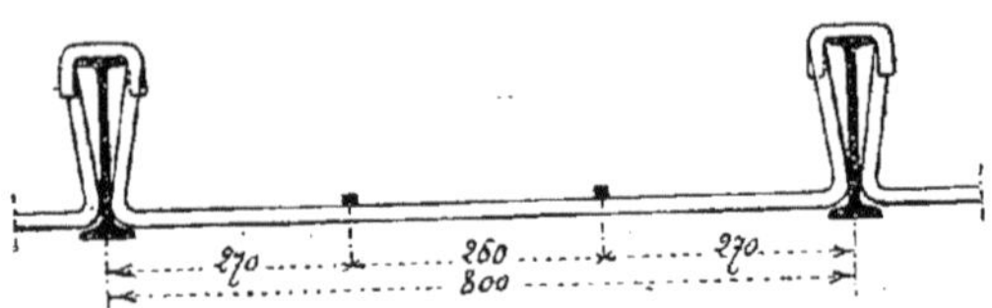

Fig. 501

de 0m,008 à 0m,012 environ de grosseur et ayant la longueur, dans œuvre des fers I. Ces fentons sont ordinairement espacés de 0m,25 d'axe en axe.

Au droit des murs, on place des entretoises à un crochet seulement l'autre bout restant droit est scellé dans le mur. L'ensemble des entretoises E (*fig.* 503) et des fentons F forme une paillasse qu'on maçonne en augets avec des matériaux les plus légers qu'on trouve, de façon à ne pas surcharger inutilement le plancher.

Les mesures des entretoises se donnent d'axe en axe des solives, c'est-à-dire du milieu des ailes des fers à planchers.

Connaissant l'écartement d'axe en axe

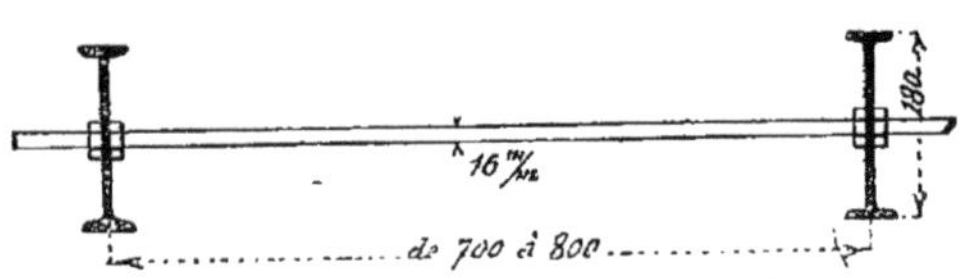

Fig. 502.

de ces fers, leur hauteur et la grosseur du fer carré à employer pour les entretoises il peut être intéressant, pour l'établissement des devis, de connaître le développement et le poids d'une entretoise.

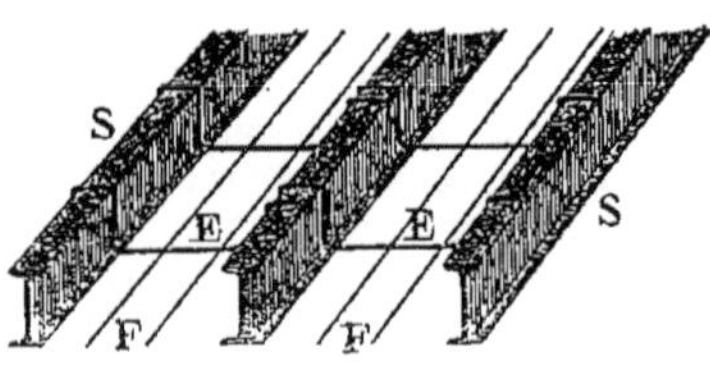

Fig. 503.

Pour avoir le développement et par suite le poids d'une entretoise, il suffit d'ajouter à la longueur d'axe en axe des fers les nombres compris dans la deuxième colonne du tableau suivant :

DÉSIGNATION DES FERS	NOMBRE A AJOUTER pour OBTENIR EN CENTIMÈTRES la longueur des entretoises
m.	m.
Fers I de 0.100	0.28
— 0.120	0.34
— 0.140	0.38
— 0.160	0.42
— 0.180	0.44
— 0.200	0.52
— 0.220	0.58

197. Exemple : Une entretoise de 60 centimètres (Distance d'axe en axe de deux fers I) pour un fer I de $0^m,120$ de hauteur développera d'après ce qui précède :

$$0^m,60 + 0^m,34 = 0^m,94.$$

Si nous supposons qu'on emploie pour l'exécuter le fer carré de $0^m,015$ on aura le poids de cette entretoise en multipliant sa longueur développée $0^m,94$ par $1^k,750$, poids du mètre courant du fer carré de 15 millimètres soit :

$$0,94 \times 1,750 = 1^k,65.$$

Les écartements ordinaires entre deux fers à planchers étant, comme nous le savons, $0^m,60$, $0^m,65$, $0^m,70$, $0^m,75$ et $0^m,80$, il nous sera facile de dresser le tableau suivant résumant les longueurs d'entretoises pour ces divers écartements.

DÉSIGNATION DES FERS	LONGUEURS DÉVELOPPÉES DES ENTRETOISES pour les écartements suivants :				
	$0^m,60$	$0^m,65$	$0^m,70$	$0^m,75$	$0^m,80$
Fers I de $0^m,100$	$0^m,88$	$0^m,93$	$0^m,98$	$1^m,03$	$1^m,08$
— 0 120	0 94	0 99	1 04	1 09	1 14
— 0 140	0 98	1 03	1 08	1 13	1 18
— 0 160	1 02	1 07	1 12	1 17	1 22
— 0 180	1 04	1 09	1 14	1 19	1 24
— 0 200	1 12	1 17	1 22	1 27	1 32
— 0 220	1 18	1 23	1 28	1 33	1 38

En admettant pour les fers carrés suivants, employés pour entretoises, les poids moyens de :

				k.
Fers carrés de	0.014	poids	par mètre courant	1.520
—	0.015	—	—	1.750
—	0.016	—	—	2.000
—	0.018	—	—	2.520
—	0.020	—	—	3.080

nous obtiendrons le tableau ci-dessous nous donnant, pour les différents écartements d'axe en axe des fers, le poids de chaque entretoise.

DÉSIGNATION des fers I AILES ORDINAIRES	ENTRETOISES en FER CARRÉ DE	POIDS DES ENTRETOISES POUR LES LONGUEURS SUIVANTES D'AXE EN AXE DES FERS				
		$0^m,60$	$0^m,65$	$0^m,70$	$0^m,75$	$0^m,80$
m.	m.	kil.	kil.	kil.	kil.	kil.
Fers I de 0.100.........	0.014	1.34	1.41	1.49	1.57	1.64
	0.015	1.54	1.63	1.72	1.80	1.89
	0.016	1.76	1.86	1.96	2.06	2.16
	0.018	2.22	2.34	2.47	2.60	2.72
	0.020	2.71	2.86	3.02	3.17	3.33
Fers I de 0.120....... ..	0.014	1.43	1.50	1.58	1.66	1.73
	0.015	1.65	1.73	1.82	1.91	2.00
	0.016	1.88	1.98	2.08	2.18	2.28
	0.018	2.37	2.49	2.62	2.75	2.87
	0.020	2.90	3.05	3.20	3.36	3.51
Fers I de 0.140.........	0.014	1.49	1.57	1.64	1.72	1.79
	0.015	1.72	1.80	1.89	1.98	2.07
	0.016	1.96	2.06	2.16	2.26	2.36
	0.018	2.47	2.60	1.64	2.85	2.97
	0.020	3.02	3.17	3.33	3.48	3.63
Fers I de 0.160.........	0.014	1.55	1.63	1.70	1.78	1.85
	0.015	1.79	1.87	1.96	2.05	2.14
	0.016	2.04	2.14	2.24	2.34	2.44
	0.018	2.57	2.70	2.82	2.95	3.07
	0.020	3.14	3.30	3.45	3.60	3.76
Fers I de 0.180.........	0.014	1.58	1.66	1.73	1.81	1.88
	0.015	1.82	1.91	2.00	2.08	2.17
	0.016	2.08	2.18	2.28	2.38	2.48
	0.018	2.62	2.75	2.87	3.00	3.12
	0.020	3.20	3.36	3.51	3.67	3.82
Fers I de 0.200.........	0.014	1.70	1.78	1.85	1.93	2.01
	0.015	1.96	2.05	2.14	2.22	2.31
	0.016	2.24	2.34	2.44	2.54	2.64
	0.018	2.82	2.95	3.07	3.20	3.33
	0.020	3.45	3.60	3.76	3.91	4.07
Fers I de 0.220.........	0.014	1.79	1.87	1.95	2.02	2.10
	0.015	2.07	2.15	2.24	2.33	2.42
	0.016	2.36	2.46	2.56	2.66	2.76
	0.018	2.97	3.10	3.23	3.35	3.48
	0.020	3.63	3.79	3.94	4.10	4.25

Lorsque les planchers, au lieu d'être hourdés en platras et plâtre, sont voûtés en briques, on donne aux entretoises, sui-

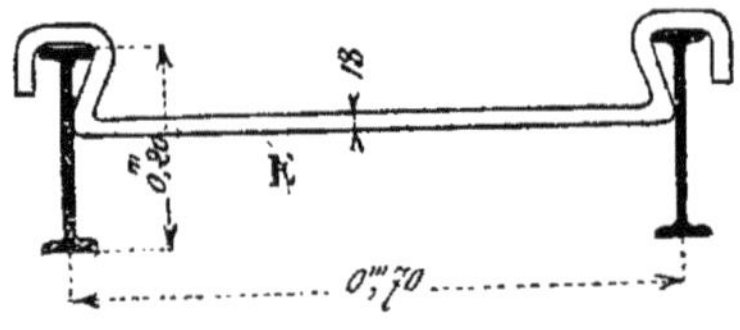

Fig. 504.

vant les cas, les deux dispositions représentées en croquis (*fig.* 504 et 505).

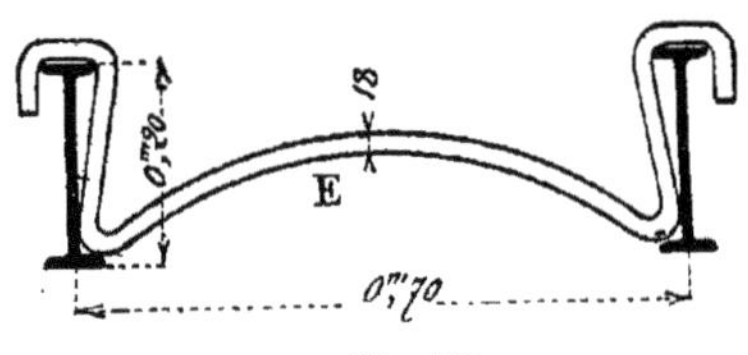

Fig. 505.

198. *Observation.* — Le système des entretoises n'est bon qu'autant que ces dernières sont, comme le montre le croquis (*fig.* 501), bien appliquées à la partie inférieure des fers, de manière à bien les maintenir.

Malheureusement, le plus souvent les ouvriers négligent ces petites précautions et posent les entretoises comme nous l'indiquons (*fig.* 506) les parties infé-

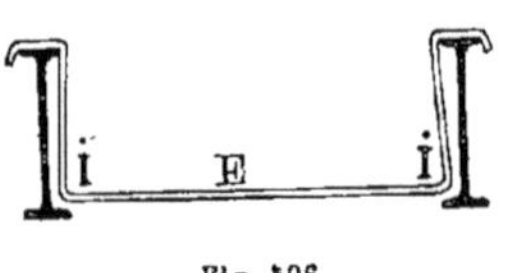

Fig. 506.

rieures I de l'entretoise E ne touchant même pas le bas des solives. On obtient ainsi de très mauvais résultats ; il y a donc nécessité, avant de laisser faire le hourdis, de bien examiner comment sont posees les entretoises, et de refuser toutes celles qui ne maintiennent pas très bien les fers.

199. *Boulons d'entretoises.* — Les boulons à quatre écrous (*fig.* 502) employés comme entretoises ont ordinairement, suivant la hauteur des fers à relier, 0m,016, 0m,018 et même 0m,020 de diamètre.

On peut les placer au milieu de la hauteur des fers ou, comme le font certains constructeurs un peu au-dessous. Par exemple (*fig.* 507) pour un fer I de 0m,16,

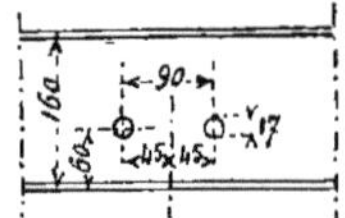

Fig. 507.

ailes ordinaires, on placera les trous des boulons à 90 millimètres d'écartement et le centre de ces trous à 60 millimètres de l'aile inférieure du fer.

Dans certains cas, lorsqu'on doit faire un hourdis avec des voûtes en briques, on est obligé de placer les boulons d'écartement soit dans l'épaisseur même de la voûte, soit au-dessus de ces voûtes comme nous le verrons plus loin.

Le tracé des trous pour les boulons formant entretoises est une opération très délicate que nous indiquerons et qui doit

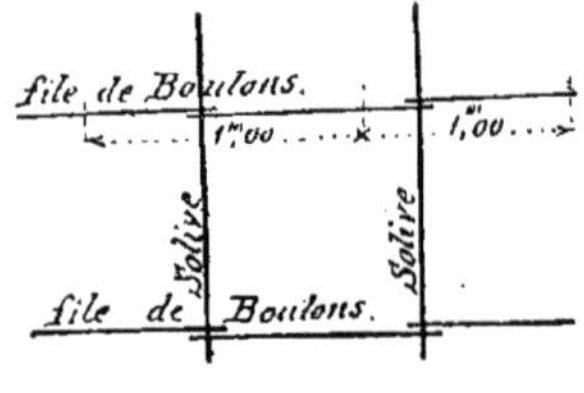

Fig. 508.

être faite avec beaucoup d'exactitude. Ces trous sont toujours un peu plus grands que le diamètre du boulon qui doit y entrer (trous de 0m,017 pour boulons de 0m,016).

On compte ordinairement dans les devis un poids de 2 kilogrammes par mètre de longueur de file de boulon (*fig.* 508) ;

ces boulons ayant 0m,016 de diamètre. Ce poids de 2 kilogrammes, qui est une moyenne prise sur un très grand nombre de boulons à quatre écrous pesés un à un, comprend les tiges et les écrous.

Pour les boulons de 0m,018 de diamètre on pourra admettre une moyenne de 2k,50 par mètre de longueur et pour les boulons de 0m,020 prendre 3 kilogrammes.

Les boulons à quatre écrous servant d'entretoises sont, comme nous l'avons déjà dit le plus souvent réservés pour les hourdis lourds affleurant haut et bas la hauteur des fers ; on peut cependant employer ce système d'entretoises en faisant des hourdis légers. Pour cela, comme l'indique la figure 509, on place d'un boulon à l'autre des fentons à crochets

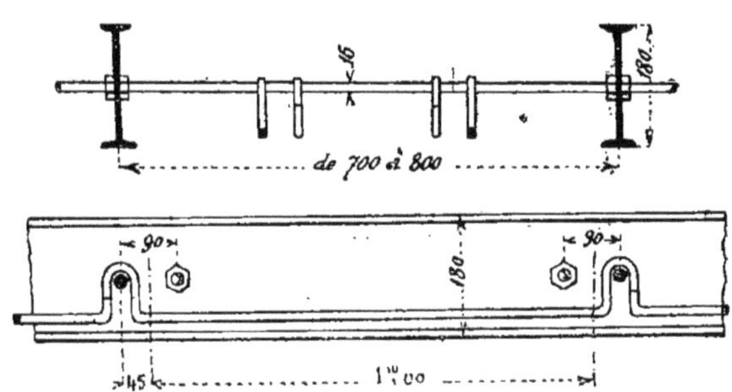

Fig. 509.

ayant de 0m,010 à 0m,013 de côté, et le hourdis en auget peut se faire sur la paillasse ainsi formée.

III. — Différentes manières de faire les hourdis entre les solives.

200. 1° *Hourdis en poteries creuses ou pots.* — La figure 510, nous montre un exemple de l'emploi de pots P (ayant la forme d'un pot à fleur légèrement conique,

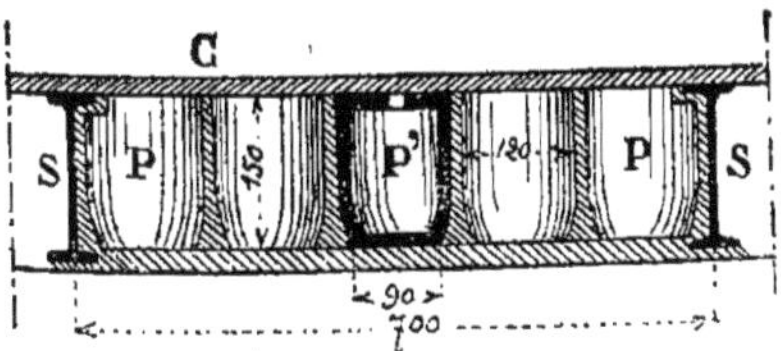

Fig. 510

fermé des deux bouts et un peu aplati sur les quatre faces) pour faire les hourdis. La forme conique permet aussi de les employer dans les petites voûtes pour planchers.

Ces pots présentent sur leurs faces des stries permettant au plâtre de bien adhérer. L'un de ces pots P' est indiqué en coupe.

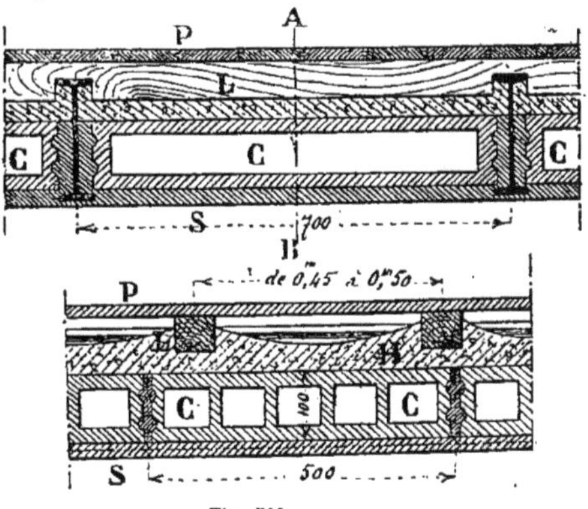

Fig 511.

Ce système de hourdis est aujourd'hui peu employé.

201. 2° *Hourdis en carreaux de plâtre.* — Les hourdis en carreaux de plâtre dont nous donnons un croquis (*fig.* 511) sont plus légers que les hourdis en platras et plâtre, les vides C occupant de 30 à 40 °/₀ du volume total. Ils sont aussi sourds et se posent plus rapidement que ces derniers.

Les carreaux de plâtre employés comme hourdis ont généralement la forme de prismes creux ; ils se fabriquent de toutes hauteurs depuis 0m,08 jusqu'à 0m,22 et de toutes largeurs.

Ils peuvent même remplir exactement l'intervalle entre les deux solives qu'ils entretoisent dans toute leur hauteur, ce

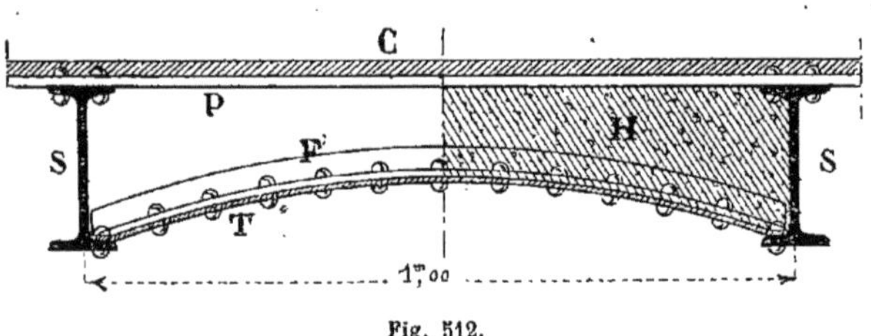

Fig. 512.

qui permet d'économiser, dans une certaine mesure, les fentons et les entretoises. C'est un système de remplissage très solide et en même temps très économique.

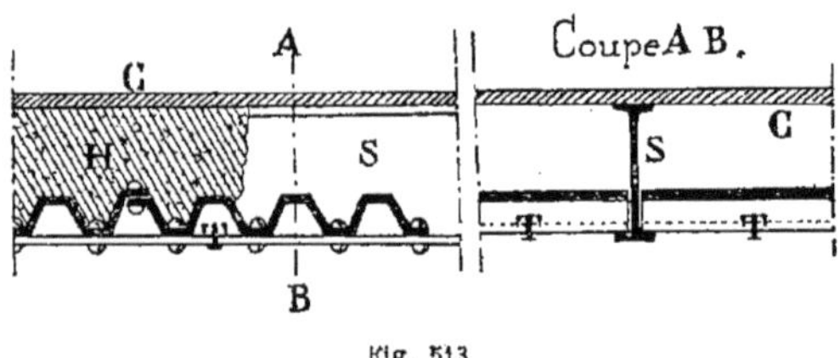

Fig. 513

Dans l'exemple représenté (*fig.* 511) le parquet est indiqué par la lettre P, les lambourdes par la lettre L, le hourdis servant à sceller les lambourdes par la lettre H et le plafond par la lettre S.

202. 3° *Hourdis en béton.* — Les hourdis en béton dont nous donnons trois exemples (*fig.* 512, 513 et 514) sont rarement employés en France ; ils le sont beaucoup plus en Angleterre.

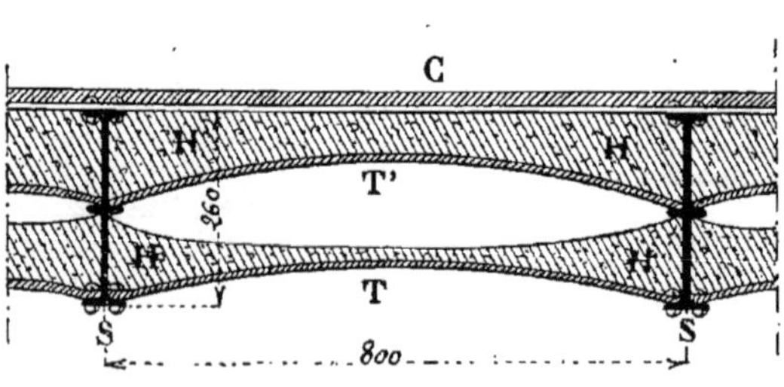

Fig. 514.

Ils ont l'inconvénient d'être très lourds et d'exiger des fers de gros échantillons.

Dans le premier exemple (*fig.* 512), les solives S sont entretoisées en bas par une tôle cintrée T quelquefois raidie par une cornière F, et en haut par un fer plat P, rivé sur les ailes des fers I. Au-dessus des solives, se trouve un carrelage C.

La figure 513 nous montre un exemple de remplissage en béton sur tôle ondulée T allant d'une solive à l'autre et fixée au moyen de rivets.

Enfin, la figure 514 donne un exemple de hourdis double, compris entre les ailes d'un fer à triple nervure. L'emploi de

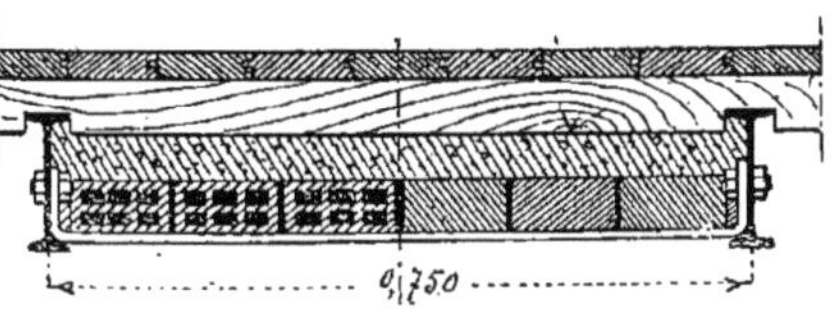

Fig. 515.

ces fers à triple nervure ou à triple T est aujourd'hui presque abandonné; ils ne servent que très rarement pour des cas tout à fait particuliers. La nervure du milieu ajoute à ce fer une résistance insignifiante; ces fers ont l'inconvénient d'être très lourds.

Le béton est maintenu sur les ailes soit par des tôles cintrées T, soit par des entretoises en terre cuite T'.

203. 4° *Hourdis en briques.* — Les hourdis en briques se font de deux manières : en briques pleines et en briques creuses. Les hourdis en briques pleines sont lourds et le plus souvent, réservés pour les planchers devant supporter de lourdes charges. Les briques creuses étant actuellement d'une fabrication courante, se prêtent facilement à la confection des hourdis droits ou courbes.

Le hourdis de ce genre le plus en usage est celui qui est formé, côté gauche de la figure 515, au moyen de briques creuses posées suivant un plan horizontal; il est préférable au hourdis en poteries creuses en ce qu'il exige moins de mortier pour les joints.

Il existe, comme nous le savons, une très grande variété de briques creuses, ce qui permet de donner au hourdis l'épais-

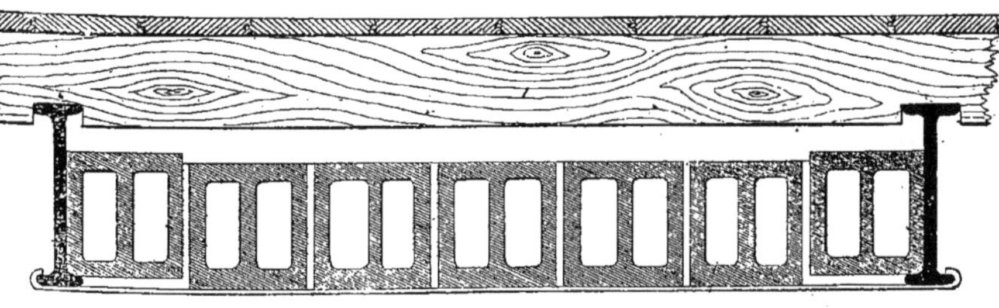

Fig. 516.

seur qu'on veut. Le plus mince aura 55 ou 65 millimètres d'épaisseur, et le plus épais sera formé de briques ayant (*fig.* 516) presque la hauteur totale des fers.

Le plus généralement, on pose les briques de champ de façon à obtenir $0^m,11$ d'épaisseur.

L'entretoisement entre deux solives consécutives est obtenu à la partie basse par un fer plat (*fig.* 515 et 516), boulonné sur l'âme des solives, ou accroché sur les ailes des fers et à la partie haute par les lambourdes entaillées et au besoin vissées sur les ailes des fers. Ces lambourdes sont scellées avec des platras et du plâtre.

Ce genre de hourdis est peu sonore, prend moins l'humidité que celui en platras, et convient bien pour les rez-de-chaussée et les lieux exposés à l'humidité. Son poids est à peu près le même que le hourdis en platras et plâtre. Il reçoit comme ce dernier un enduit en plâtre sans l'intermédiaire de lattes.

Les briques pleines ou creuses sont aussi employées, comme le montrent les figures 517, 518 et 519, pour exécuter des hourdis ayant la forme de petites voûtes. On peut, dans certains cas, se dispenser d'entretoises, mais le plus souvent, elles sont nécessaires. Ces entretoises sont formées par des boulons à quatre écrous placés soit au-dessus de la voûte (*fig.* 517) soit dans la voûte même (*fig.* 518). Dans quelques cas, on se sert d'entretoises en fer plat E (*fig.* 519).

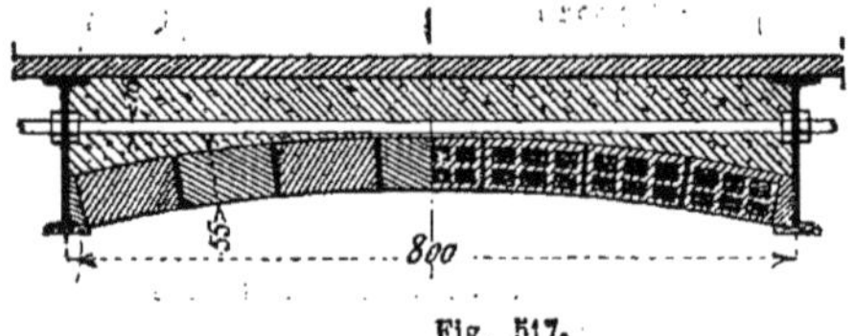

Fig. 517.

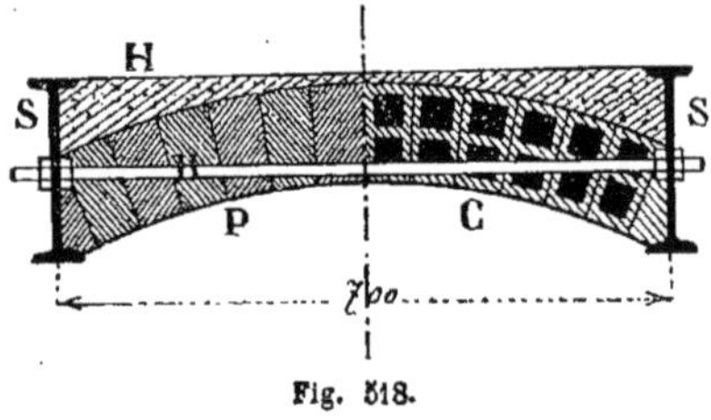

Fig. 518.

Ces voûtes, le plus souvent employées pour les hourdis des rez-de-chaussée, présentent plus de résistance que les hourdis plats en briques et permettent de charger plus fortement les planchers.

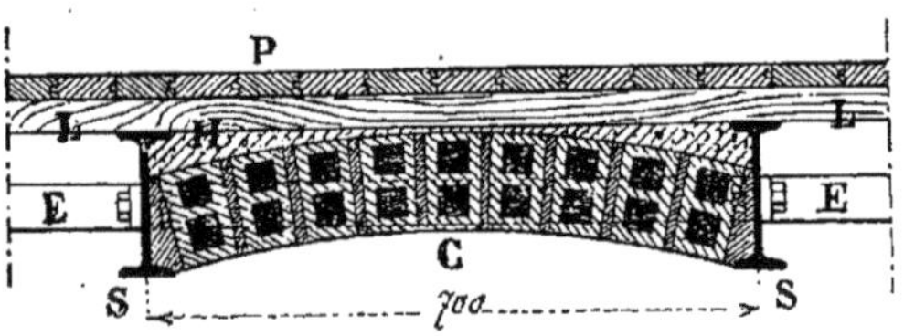

Fig 519.

Les fers restent apparents en dessous et les briques également : ces dernières doivent être soigneusement rejointoyées au ciment.

Fig. 520

204. 5° *Hourdis décoratifs en terre cuite.* — Les hourdis en terre cuite sont aujourd'hui très répandus; ils sont, en effet, très solides et très décoratifs. Nous en donnons (*fig.* 520, 521, 522, 523, 524, 525, 526, 527 et 528) les principaux emplois. Ces croquis sont extraits de l'album des produits céramiques de l'usine d'Ivry, appartenant à M. Emile Muller, ingénieur distingué.

La figure 520 donne un exemple de panneaux plats en terre cuite placés entre deux fers I. Ces panneaux ont été étudiés par M. Hugé, architecte, pour la décoration du plafond et la salle d'exposition des phares à Paris. Le poids du mètre carré est de 60 kilogrammes.

La figure 521 nous montre en coupe des terres cuites occupant toute la hauteur des fers et à employer pour des écartements entre les fers de $0^m,80$ et au-dessus.

Les figures 522, 523 et 524 nous montrent les différents emplois des poteries creuses et cintrées. L'exemple de la figure 523 a été étudié par M. Saulnier, architecte, pour l'usine de Noisiel.

Les figures 525 et 526 sont dues à M. Demimuid, architecte. Nous y voyons l'emploi d'entretoises surélevées dont

Fig. 521.

nous avons parlé précédemment et qui sont indiquées en croquis (*fig.* 504).

La figure 525 est une coupe du plafond de la grande salle de la Société des Ingénieurs civils à Paris.

Enfin les figures 527 et 528 nous donnent deux exemples réclamant des pièces en terre cuite plus compliquées mais très décoratives.

Fig. 522.

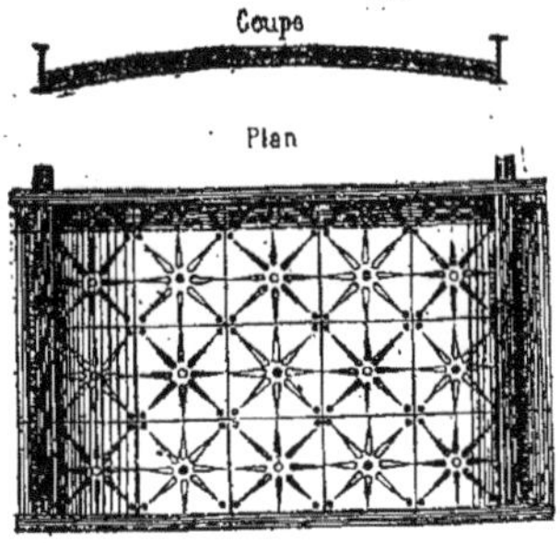

Fig. 523.

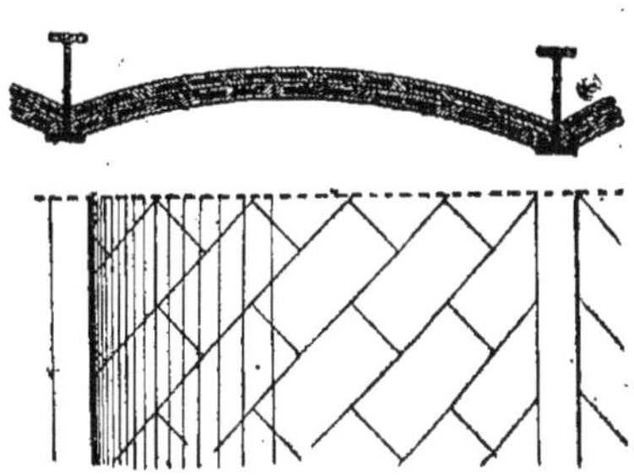

Fig. 524.

Au-dessus de ces différentes parties en terre cuite, le hourdis et le scellement des lambourdes se fait comme pour les autres types de hourdis.

205. 6° *Hourdis en platras et plâtre cintrés en augets.* — Le hourdis employé le plus généralement pour les planchers de tous les étages de nos habitations, est celui qui est exécuté en platras et plâtre.

Les platras, provenant des démolitions, doivent être choisis bien blancs, et non bistrés, afin de ne pas produire de taches dans les plafonds ; dans certains cas on se sert aussi de déchets ou d'éclats de moellons tendres.

Les figures 529 et 530 donnent en coupe transversale et en coupe longitudinale la disposition d'un hourdis en auget en platras et plâtre.

Dans ces deux coupes, les différentes lettres désignent :

E, chevêtres ou entretoises en fer carré de 0m,018 de côté recourbées à leurs extrémités de façon à s'accrocher sur les ailes supérieures des solives et à s'appuyer sur les ailes inférieures.

F, fentons ou carillons en fer carré

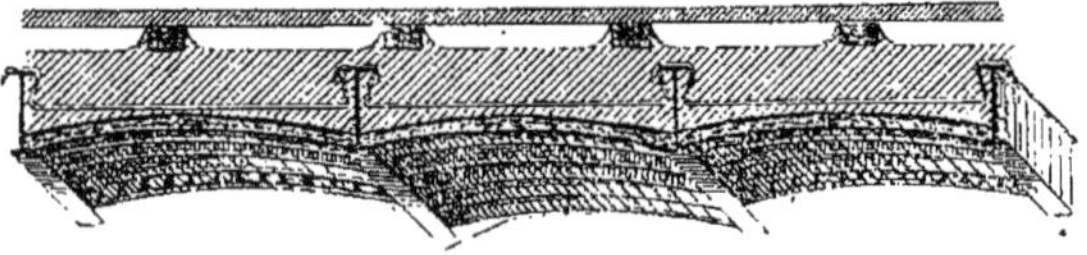

Fig. 525.

de 0m,011 de côté espacés de 0m,25 environ d'axe en axe. Pour bien les maintenir en place, ces fentons sont, dans certains cas et de distance en distance, reliés aux entretoises et à leur croisement avec ces dernières à l'aide de fil de fer.

H, hourdis en platras et plâtre, cintrés en augets.

L, lambourdes en chêne espacées de 0m,45 à 0m,50 d'axe en axe, lardées de

S, enduit en plâtre de 0m,020 à 0m,025 d'épaisseur formant plafond.

Les solives ou fers I sont indiquées en noir ; elles sont, dans cet exemple espacées de 0m,70 d'axe en axe.

On donne ordinairement à la partie milieu du hourdis une épaisseur de 0m,11 à 0m,12 et une forme concave à la partie supérieure à la manière des augets. Ces augets sont relevés jusqu'à la partie haute des solives pour bien les maintenir.

Fig. 526.

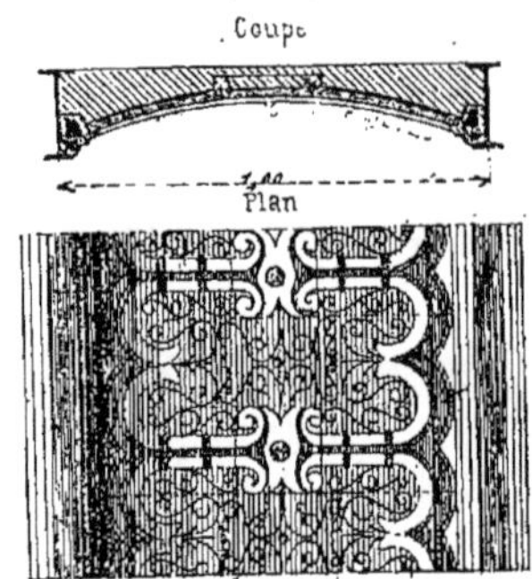

Fig. 527.

clous à bateaux (enfoncés dans le bois de la moitié de leur longueur, et scellées au moyen de petites murettes en platras et plâtre situées sous chaque lambourde et reposant sur le hourdis. Ces lambourdes ont ordinairement 80 millimètres de largeur sur une hauteur variable depuis 34 millimètres jusqu'à 80.

P, parquet en chêne, assemblé à rainures et languettes, de 0m,27 à 0m,34 d'épaisseur; lames de 0m,07 à 0m,11 de largeur.

Pour faire ce hourdis on exécute sous les ailes inférieures des solives un plancher provisoire en planches brutes sur lequel on place à sec les platras rangés comme le montre la figure, puis, avec du plâtre gâché dans une auge et assez liquide on noie tous ces platras dans ce plâtre en ayant soin, avant la prise, de donner grossièrement à la truelle la forme cintrée à la partie supérieure de l'auget. Le plâtre ayant fait prise, on retire le plancher provisoire et on trouve arasé au niveau inférieur des solives. le hourdis qui

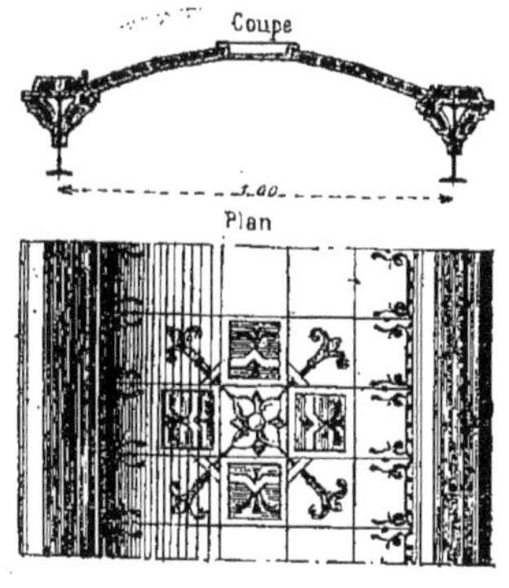

Fig. 528.

quoique présentant quelques aspérités favorables est assez régulier et assez propre pour recevoir, sans lattes, l'enduit du plafond.

Le plafond se compose le plus souvent de deux enduits, l'un en gros plâtre, l'autre en plâtre fin. Leur épaisseur totale maxima ne dépasse jamais 3 centimètres.

Ce système de hourdis est très employé parce qu'il est assez économique, qu'il pèse relativement peu (1,400^k à 1,600^k le mètre cube) qu'il est sourd, peu combustible et peu vibrant.

Pour résumer et bien faire comprendre la disposition d'un hourdis en auget nous donnons (*fig.* 531) une perspective cavalière de ce hourdis terminé avant la pose des lambourdes et du parquet. Comme le montre cette figure, on ne voit des entretoises, que le crochet supérieur, le reste étant noyé dans le hourdis.

La figure 532 nous montre la disposition du hourdis le long d'un mur. La première solive placée près de ce mur doit toujours avoir un écartement moitié de

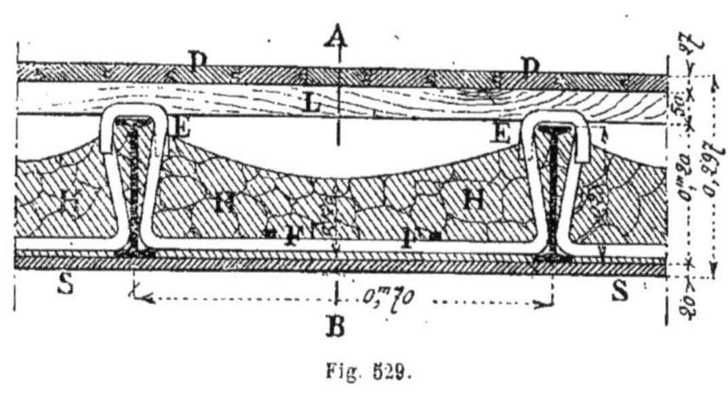

Fig. 529.

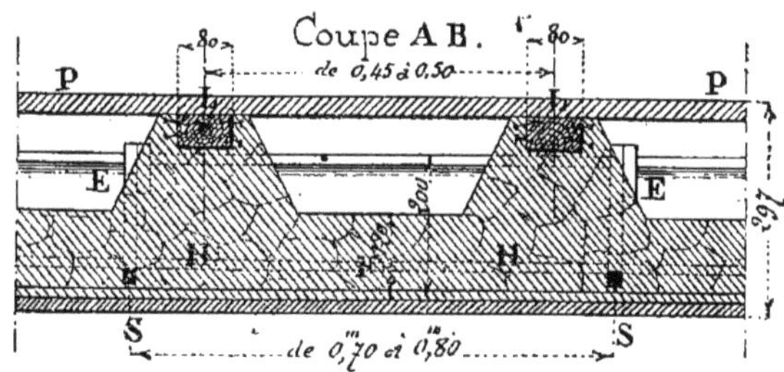

Fig. 530.

lécartement choisi pour l'entraxe des solives. L'entretoise a dans ce cas une forme spéciale, coudée et contre-coudée d'un côté, elle se termine de l'autre, par un scellement K pénétrant dans le mur de $0^m,10$ à $0^m,15$ environ.

Le hourdis, sur les $0^m,35$ de distance

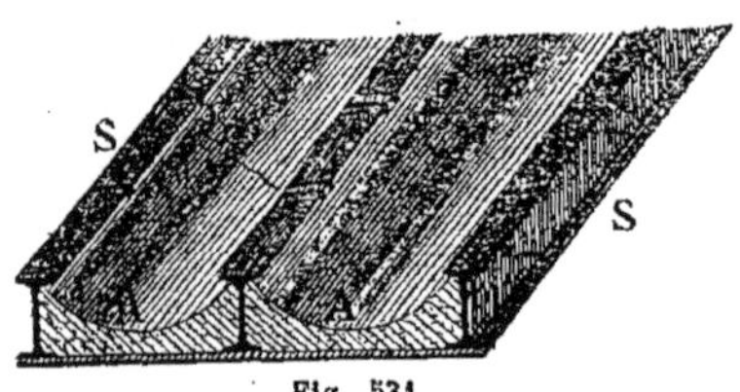

Fig. 531.

(*fig.* 532) qui sépare la première solive du mur peut se faire en auget comme nous l'indiquons en pointillé ou le plus ordinairement en plein comme le montre la figure. Pour cacher le joint du parquet contre le mur, on place une plinthe R le long de ce mur et reposant sur la dernière lame de parquet.

L'épaisseur totale d'un plancher en fer ainsi composé dépend, de la hauteur des solives. Cette hauteur étant déterminée,

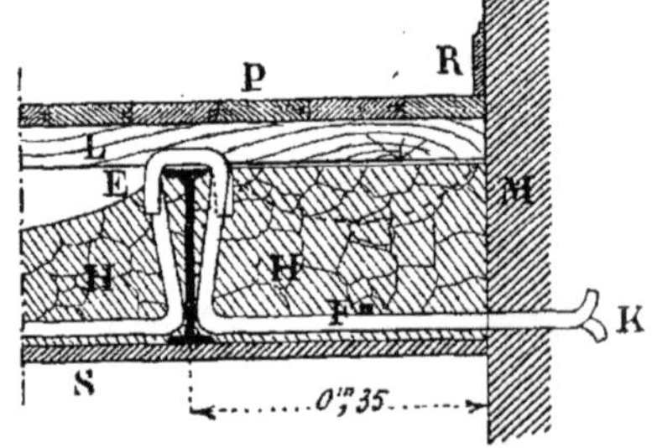

Fig. 532.

il suffira d'y ajouter : $0^m,02$ pour l'épaisseur du plafond, plus l'épaisseur des lambourdes et celle du parquet.

Si nous prenons un plancher formé avec

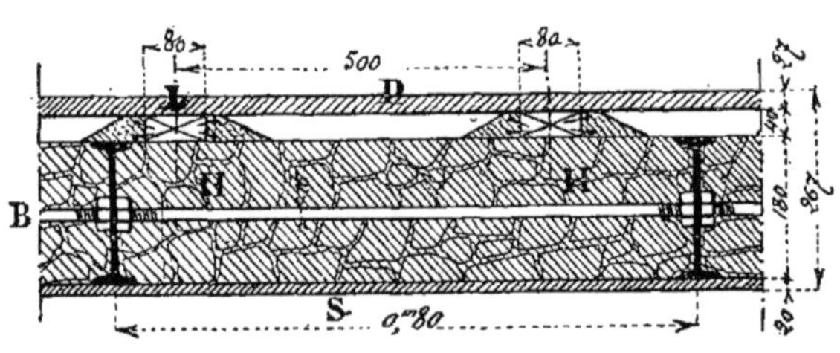

Fig. 533.

des fers I de $0^m,14$, par exemple, nous aurons comme épaisseur totale :

Fer	$0^m,140$	de hauteur
Lambourde.	$0^m,034$	—
Parquet.	$0^m,027$	d'épaisseur
Plafond	$0^m,020$	—
	$0^m,221$	épaisseur totale du plancher.

C'est évidemment un minimum pour les planchers en fer.

206. 7° *Hourdis pleins en maçonnerie.* — Le hourdis plein, c'est-à-dire sur toute la hauteur des fers est représenté (*fig.* 533 et *fig.* 534).

Il est employé pour les planchers du rez-de-chaussée placés au dessus des caves et exposés à l'humidité de ces caves ou des sous-sols ; il sert aussi pour les divers

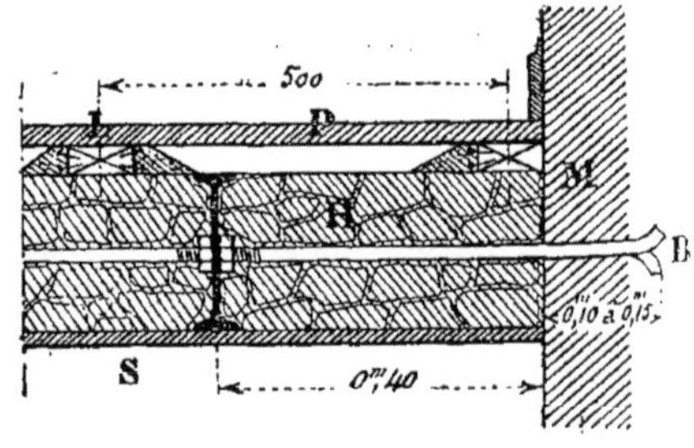

Fig. 534.

planchers d'usines et de magasins réclamant une très grande solidité.

Dans ces conditions, après avoir bien mis en place les boulons à quatre écrous et bien réglé tous les écartements on fait comme nous l'avons indiqué précédemment, un plancher provisoire sous les ailes inférieures des solives. Sur ce plancher on exécute, de préférence aux platras et au plâtre qui prennent plus ou moins l'humidité, une véritable maçonnerie de meulières et mortier de ciment bien arasée à la partie supérieure des fers. Puis, quand on est certain que le ciment a fait prise au bout de quelques jours, on enlève le plancher provisoire et on fait un enduit en ciment de $0^m,020$ à $0^m,025$ d'épaisseur.

L'enduit terminé et le hourdis bien sec on scelle les lambourdes (le plus souvent dans une aire générale ou chape en bitume pour empêcher l'humidité au rez-de-chaussée d'atteindre le parquet) et on place le parquet.

Près d'un mur M (*fig.* 534), la première solive est placée à $0^m,40$, moitié de l'écartement d'axe en axe des solives courantes. Les boulons B employés dans ce cas sont des boulons à scellement. Ce hourdis pèse de 2000 à 2200 kilogrammes le mètre cube.

207. 8° *Emploi des fers Zorès et des rails pour la construction des planchers.* — Indépendamment des planchers en fers I que nous venons d'examiner, on s'est servi et on se sert encore quelquefois des fers Zorès (ayant la forme d'un V) et de vieux rails hors de service pour confectionner des planchers.

Fig. 535.

Les figures 535, 536, 537 et 538, nous donnent quelques exemples de ces applications sur lesquelles nous n'insisterons pas longuement.

Les figures 535 et 536 nous montrent l'application de petites voûtes en briques pleines et creuses venant se loger dans deux fers Zorès ; l'écartement de ces fers peut être maintenu invariable à l'aide de boulons.

Si l'on désire un hourdis plan on place, d'un fer Zorès à l'autre, des fers à T

Fig. 536.

(*fig.* 537) sur lesquels on met des fentons. Sur la paillasse ainsi formée on peut exécuter un hourdis en platras et plâtre.

Le vide laissé entre les deux côtés d'un fer Zorès étant souvent rempli de poussières difficiles à enlever on a pensé, pour boucher ce vide, à placer à la partie inférieure

Fig. 537.

(*fig.* 537) une semelle formée d'une tôle rivée sur les deux saillies de ces fers ce qui donne à ces derniers l'apparence de petites poutres.

Les vieux rails (*fig.* 538) sont maintenus à écartement fixe à l'aide de boulons

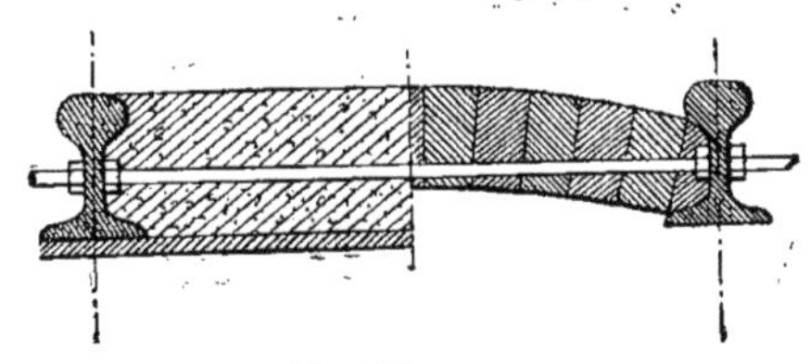

Fig. 538

à quatre écrous ; le hourdis est fait soit avec du béton, soit avec de petites voûtes en briques pleines ou creuses.

IV. — Dispositions diverses des planchers en fer.

208. Nous aurons, dans l'étude des différents types de planchers en fer, à distinguer plusieurs cas, mais, avant de les examiner, il est indispensable de placer en tête de ce paragraphe quelques observations d'une importance capitale pour leur bonne exécution.

209. 1° *Nécessité de placer une demi-travée le long des murs.* — Il faut, dans un plancher en fer, placer la première solive près des murs à une distance égale à la moitié de l'écartement admis pour les solives courantes.

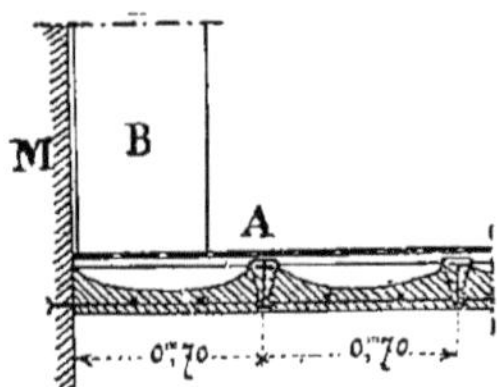

Fig. 539.

La raison de cet écartement restreint est la suivante : contre les murs on place souvent des meubles très lourds, buffets, bibliothèques. etc... ; or, ces meubles ayant en général une épaisseur de 0m,40, 0m,50 et 0m,60, il en résulte (*fig.* 539) qu'en adoptant pour la première solive le même écartement que pour les autres, 0m,70 par

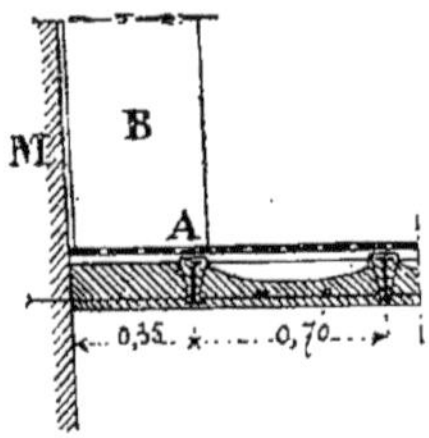

Fig. 540.

exemple, tout le poids du meuble B portera sur le hourdis et pourra à un moment donné, occasionner des lézardes dans le plafond inférieur et peut-être d'autres inconvénients plus graves.

Si au contraire (*fig.* 540) nous mettons une solive à $\frac{0^m,70}{2} = 0^m,35$ du mur, nous sommes certains que le meuble B portera au moins, sur la première solive et nous éviterons ainsi bien des désagréments. La deuxième raison pour mettre une demi-travée le long des murs c'est la difficulté de bien faire tenir un hourdis lorsqu'il vient butter sur la partie presque lisse d'un mur au lieu de reposer sur l'aile inférieure d'un fer.

Nous insistons sur la nécessité d'observer cette disposition car elle est peu adoptée par les constructeurs et encore moins par les ouvriers qui font la pose des planchers. Lorsqu'on fait un hourdis plein contre le mur, comme nous l'indiquons (*fig.* 540) il faut bien se rappeler que le plâtre a la propriété de gonfler après l'emploi puis de se retraiter d'une quantité assez considérable ; il sera donc bon de laisser entre le hourdis et le mur un petit vide qu'on viendra boucher après coup lorsque le plâtre aura fait son effet

Contre une cloison, il n'y a pas la même

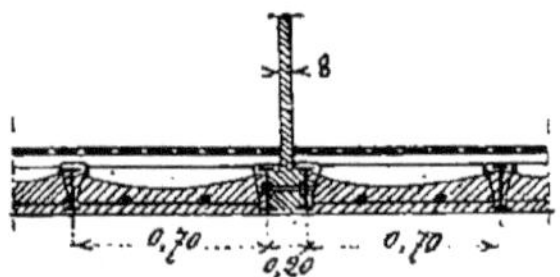

Fig. 541.

raison de mettre une demi-travée car, les fers placés sous cette cloison (*fig.* 541) étant espacés d'au moins 0m,20 d'axe en axe, chacun d'eux reçoit une partie de la charge des meubles placés contre la cloison.

210. 2° *Calage des solives en fer. Mise de niveau.* — Une autre observation qui a aussi son importance, c'est la manière de caler les solives en fer pour les mettre de niveau. On trouve dans les chantiers des ouvriers qui n'hésitent pas à mettre sous les solives en fer des cales en bois. Bien des lézardes et des fendillements dans les plafonds sont dus à cette cause. Au bout d'un certain temps la cale en bois, au contact du plâtre humide, se pourrit et la solive descend en produisant l'ébranlement du plâtre du plafond inférieur.

D'un autre côté il est vicieux de faire

reposer directement les solives sur les matériaux qui ont servi à construire les murs car ces solives, agissant comme des lames tendent à couper et à désagréger ces matériaux. Il y a donc nécessité d'interposer entre le dessous de ces solives et le mur, non pas des cales en bois, mais des plaques de métal, *fonte* ou *fer*, de manière à répartir la pression sur une plus grande surface.

Le plus ordinairement on met, sous chaque solive en fer, des cales formées par des rognures de fers plats ayant au moins 0m,20 à 0m,25 de longueur.

Pour les poutres on met, soit de larges plaques de tôle, soit des plaques de retombée en fonte moulées spécialement.

Il serait préférable, si la question d'économie ne devait pas intervenir, de placer une semelle générale bien de niveau, sur laquelle reposeraient toutes les ailes inférieures des fers. Lorsqu'il existe un chaînage au niveau du plancher on peut s'en servir pour poser dessus les ailes inférieures des solives et obtenir approximativement l'effet d'une semelle générale.

211. 3° *Scellement des solives.* — Le scellement des solives dans les murs est aussi un travail à bien surveiller, une solive mal placée et mal scellée peut s'incliner, recevoir des pressions obliques et travailler ainsi dans de mauvaises conditions.

Dans la construction des planchers, la longueur de pénétration des solives dans les murs étant de 0m,30 au maximum et de 0m,50 dans des cas tout à fait particuliers. (Pour les bâtiments d'usines exposés aux vibrations on donne souvent au scellement des solives toute l'épaisseur du mur). Ces longueurs ne suffisent pas pour assurer complètement l'encastrement, c'est pourquoi les constructeurs considèrent les barres scellées dans les murs comme si elles étaient simplement posées sur deux points d'appui.

212. 4° *Observations sur l'encastrement.* — Pour qu'une barre soit encastrée dans un mur, il faut que l'extrémité qui y pénètre y soit maintenue de manière à n'éprouver aucun mouvement quelle que soit la charge qu'on applique sur l'autre partie de la barre.

Dans les constructions ordinaires on ne cherche presque jamais à obtenir l'encastrement complet. Lorsque les barres sont placées avec soin et ont une longue portée sur les murs et de plus qu'elles sont scellées très consciencieusement dans la maçonnerie, certains constructeurs admettent alors un encastrement partiel qui permet d'augmenter d'un quart la charge que peut supporter chaque solive.

D'autres constructeurs ont proposé : pour bien maintenir les solives, éviter

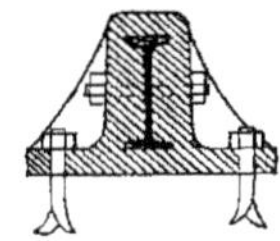

Fig. 542.

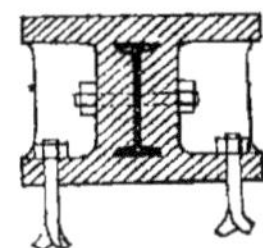

Fig. 543.

leur déversement, s'opposer aux pressions obliques et obtenir l'encastrement complet de ces solives afin d'augmenter de moitié leur résistance à la flexion, de se servir de coussinets en fonte dont nous donnons deux exemples (*fig.* 542 et 543).

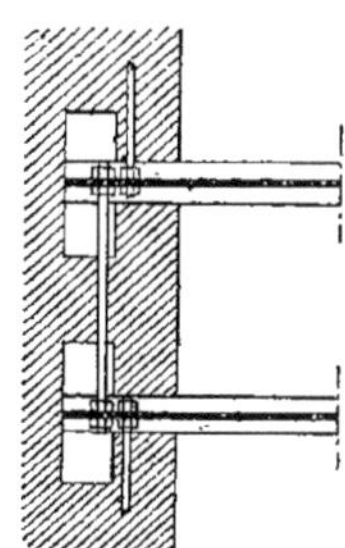

Fig. 544.

Ces coussinets, comme le montrent les figures sont des masses de fonte présentant en creux la forme exacte du fer employé. Ils sont solidement maintenus sur le mur à l'aide de boulons à scellement. Le fer, placé dans l'alvéole qui lui est réservé, est relié au sabot en fonte à l'aide de boulons.

Il est évident que ce procédé ne peut être

employé que pour des constructions importantes et *fortement chargées*.

Pour les constructions ordinaires, où l'encastrement complet n'est pas recherché, on peut empêcher le déversement des solives en les maintenant dans les murs à l'aide de boulons à quatre écrous, comme nous l'indiquons (*fig*. 544).

213. 5° *Dispositions des fers sous les cloisons*. — Certains constructeurs, lorsqu'ils ont à porter une cloison sur un plancher en fer se contentent de placer, sous cette cloison, un seul fer comme le montre le croquis (*fig*. 545). C'est une dis-

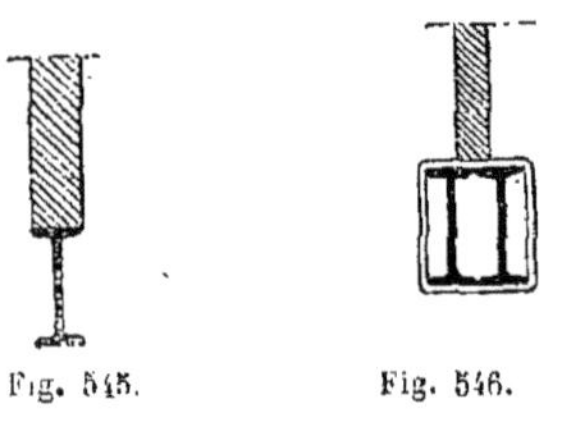

Fig. 545. Fig. 546.

position à ne pas recommander. D'autres constructeurs mettent deux fers mais dont les ailes se touchent (*fig*. 546) et maintenus par des frettes.

Toutes les fois qu'on doit supporter une cloison sur un plancher, cette cloison étant placée dans le sens des solives, il faut mettre en dessous deux fers et de plus, comme nous l'avons déjà indiqué, ces deux fers doivent être assez espacés pour permettre de faire un hourdis dans l'espace qui les sépare. Quand la cloison est placée perpendiculairement aux fers nous verrons plus loin la disposition à prendre.

214. 6° *Moyens rapides de tracer les solives sur les plans*. — Les plans étudiés dans les bureaux et sur lesquels on trace ordinairement les solives des planchers, sont exécutés : soit à l'échelle de 0m,01 pour mètre, soit, ce qui est plus facile, à l'échelle de 0m,02 pour mètre.

Soit (*fig*. 547) un bâtiment rectangulaire OPQR ayant 5 mètres de largeur sur 10 mètres de longueur sur lequel on ait à tracer un plancher en fer. Le procédé le plus expéditif est le suivant :

Sur des bandes de papier C et C' (*fig*. 548).

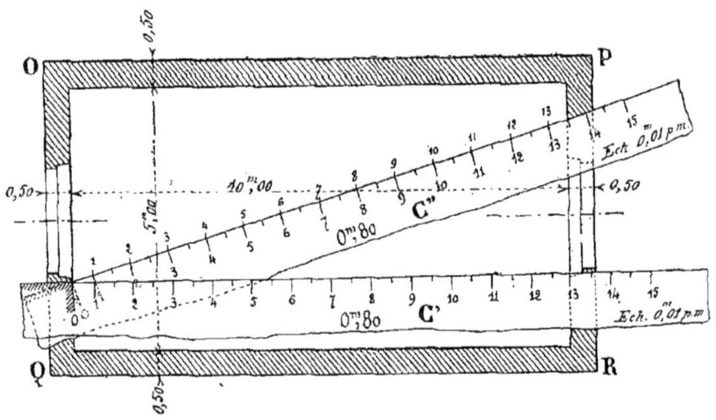

Fig. 547.

dont l'un des côtés AB est parfaitement droit, on trace à l'échelle du dessin (0m,01 pour mètre par exemple), un certain nombre de divisions représentant les écartements qu'on désire donner aux solives. Supposons, pour fixer les idées, que nous choisissions les deux écartements généralement adoptés : 0m,70 et 0m 80 ; les divisions de la première bande C seront, de 7 en 7 millimètres, celles de la seconde de 8 en 8 millimètres.

Comme nous savons qu'il faut toujours

placer une demi-travée, le long des murs nous portons dans les deux cas de 0 en 1 la largeur d'une demi-travée, soit, $0^m,0035$ pour la bande C et 0^m004 pour la bande C′, puis après ce chiffre 1, une série de divisions égales 1, 2, 3, 4, etc., en marquant leur milieu par un trait plus petit.

Sur ces bandes de papier, qui peuvent servir un certain nombre de fois, on indique l'écartement choisi, $0^m,70$ ou $0^m,80$, puis à l'extrémité l'échelle à laquelle est faite la division.

Si nous désirons, par exemple, mettre dans le plan OPQR (*fig.* 547) les solives à

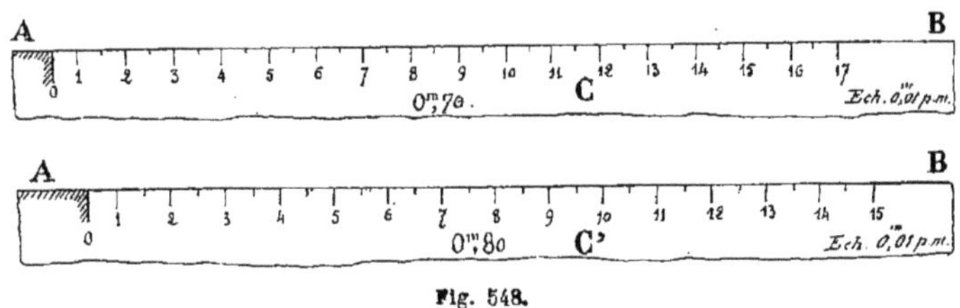

Fig. 548.

un écartement approximatif de $0^m,80$, il faudra alors nous servir de l'échelle C′ (*fig.* 548).

Tracé sur plan rectangulaire. — Transportant cette échelle sur le plan OPQR (*fig.* 547) et la plaçant parallèlement aux côtés OP et QR de manière que le point *o* coïncide avec la ligne intérieure du mur OQ,

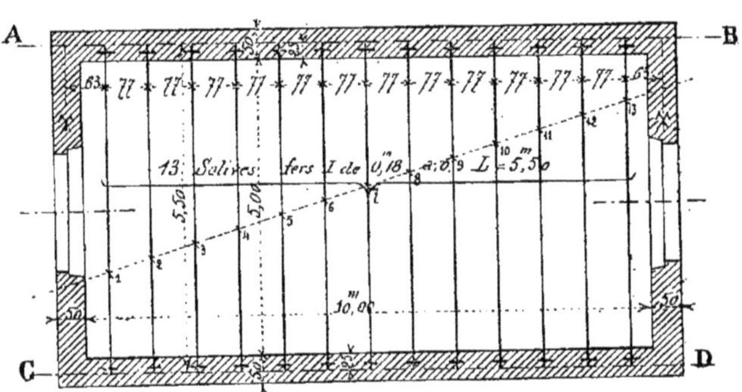

Fig. 549.

nous remarquons que le nombre 13, qui marque la division d'une solive, tombe exactement sur la ligne intérieure du mur PR. Or, nous savons que nous devons avoir le long de ce mur une demi-travée; afin de l'obtenir il nous suffira, en laissant toujours le *o* à la même place, de remonter un peu l'échelle C′ et de lui faire prendre la direction C″ pour laquelle la demi-division, après le nombre 13, coïncide avec la ligne intérieure du mur PR.

Cette échelle ainsi placée, il nous suffira, pour avoir exactement la position des solives sur le plan, de reporter les divisions sur ce dernier à l'aide d'un crayon bien taillé.

Nous obtiendrons alors en 1, 2, 3... etc. (*fig.* 549) le nombre des solives et les points par lesquels elles doivent passer.

Pour que ces solives soient complètement déterminées, il est utile de fixer leurs scellements dans les murs. Si ce scellement est de $0^m,25$, moitié de l'épaisseur des murs par exemple, menons (*fig.* 549) les deux lignes pointillées AB et CD qui ne sont autres que les axes des dits murs et contre lesquelles nous arrêterons les extrémités des solives.

Par les points de division 1, 2, 3, etc. (*fig.* 549), menons des parallèles aux murs pignons et continuons ces parallèles jusqu'à leur rencontre avec les lignes AB et CD, nous aurons ainsi tracé dans le plan les solives en fer du plancher.

Sous les extrémités de chacune des solives nous avons marqué de petits traits perpendiculaires à leur direction, ces petits traits indiquent au poseur qu'il doit mettre sous chacune des solives des cales en fer pour bien répartir la pression sur les maçonneries.

215. 7° *Moyen de coter les solives sur les plans. Leur écartement.* — Toutes ces solives ayant, même charge, même longueur et même écartement entre elles, seront évidemment du même échantillon, on marque cela sur les plans en mettant, comme nous l'indiquons (*fig.* 549) une accolade comprenant les treize solives et sur laquelle on écrit : 13 solives fers I de $0^m,18$. a. o. L = $5^m,50$, ce qui désigne, le nombre de solives, leurs dimensions et leur portée L, scellements compris.

Il est utile, pour que l'ouvrier qui exécute la pose soit bien fixé, de lui coter l'écartement d'axe en axe des solives. Pour cela, l'écartement choisi étant $0^m,80$, les deux demi-travées d'extrémité doivent avoir chacune $0^m,40$ soit, pour les deux 0^m 80 à retrancher de 10 mètres, longueur intérieure :

$$10 \text{ mètres} - 0^m,80 = 9^m,20.$$

Nous avons donc $9^m,20$ à partager en douze intervalles :

$$\text{soit } \frac{9,20}{12} = 0^m,7666.$$

L'écartement trouvé pour les solives est donc de $0^m,7666$, nombre peu facile à tracer exactement par des ouvriers ; il est préférable de leur donner un nombre exact de centimètres ; on fait alors, comme nous allons le voir, porter cette légère différence sur l'écartement des deux demi-travées d'extrémité.

Prenons donc comme écartement entre les solives le nombre $0^m,77$. Ce nombre multiplié par 12 (nombre d'intervalles entre les solives) donne :

$$0^m,77 \times 12 = 9^m,24$$

retranchons $9^m,24$ de 10 mètres, nous aurons :

$$10 \text{ mètres} - 9^m,24 = 0^m,76.$$

Ce nombre $0^m,76$ représentera la somme des écartements des deux demi-travées d'extrémité, en le divisant par 2 on aura $\frac{0,76}{2} = 0,38$ pour l'écartement des travées placées contre les murs.

Nous aurons alors pour ce plancher :

Écartement courant entre deux solives consécutives $0^m,77$.

Écartement des demi-travées le long des murs $0^m,38$.

Lorsqu'un mur est en construction, il est difficile, le ravalement intérieur des plâtres n'étant pas fait, de compter cette longueur $0^m,38$ du nu intérieur du mur, on prend, dans ce cas, l'habitude de coter l'écartement des demi-travées placées le long des murs de l'axe de ces derniers ; cet axe étant presque toujours tracé et, dans les cas, facile à déterminer.

Donc, les murs ayant $0^m,50$ d'épaisseur la demi-travée de plancher placée contre ces murs cotée de l'axe sera :

$$0^m,25 + 0^m,38 = 0^m,63$$

ce que nous avons indiqué (*fig.* 549).

Nous venons d'examiner le cas de murs parallèles et à angles droits, voyons maintenant comment il faudrait opérer avec un plan offrant des murs biais.

Tracé sur plan biais. Soit (*fig.* 550) un plan avec des murs biais et sur lequel on ait à tracer un plancher en fer. La première chose à faire c'est de placer les deux solives S et S' à environ $0^m,20$ de l'angle formé par les murs afin de permettre leur scellement facile. Ces deux solives posées le plan est divisé en un rectangle et deux triangles T et T' dont nous nous occuperons ensuite.

Admettons pour écartement des solives $0^m,70$ par exemple, nous prendrons alors (*fig.* 548) l'échelle C que nous porterons sur le plan (*fig* 550) en mettant le 1 sur la solive S' et en plaçant cette échelle parallèlement aux murs longitudinaux.

Nous remarquons alors que le chiffre 11

coïncidant avec la solive S la division se trouve faite exactement.

Si nous n'avions pas eu sur la solive S une division exacte, il aurait fallu opérer comme nous l'avons indiqué précédemment pour le plan (*fig.* 547).

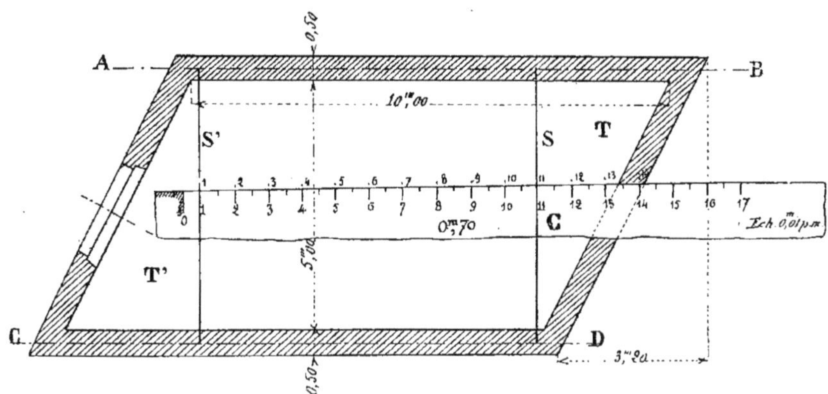

Fig. 550.

Le tracé des fers entre les solives S et S' (*fig.* 551) se fera donc bien facilement, comme nous l'avons déjà vu ; la cote entre ces deux solives étant de 7 mètres et comme il y a dix intervalles, la distance d'axe en axe des solives sera bien exactement 0m,70 centimètres, écartement primitivement choisi.

Il nous reste à indiquer le tracé des solives pour les deux triangles T et T'. Deux dispositions sont possibles : soit celle du triangle T (*fig.* 551) dans laquelle les

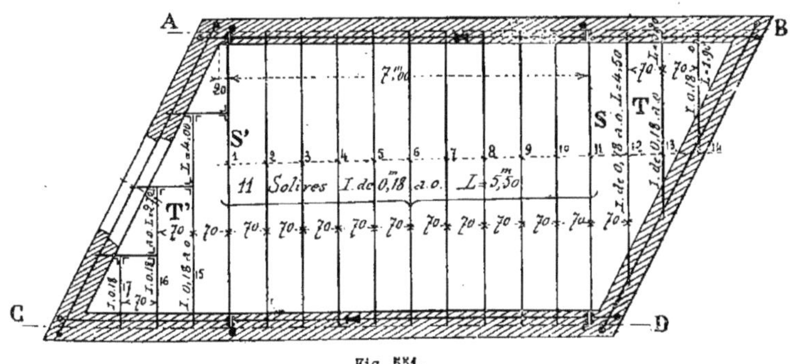

Fig. 551.

solives sont directement scellées dans le mur oblique, soit celle du triangle T' dans laquelle on place de petits chevêtres avec lesquels on assemble les solives. Cette dernière disposition est tout indiquée lorsque le biais du mur est très prononcé.

On continue dans les triangles T et T le même écartement que celui qui est adopté pour les autres solives.

Comme précédemment, nous aurons des solives semblables indiquées dans le plan (*fig.* 551) par la désignation suivante :

11 solives I de 0m,18 a. o. L = 5m,50.

Les autres solives ayant des longueurs différentes il faut indiquer sur chacune d'elles les renseignements complets pour bien les désigner.

Dans ce plan (*fig.* 551), nous montrons comment s'indique le chaînage des murs, ce chaînage servant de platine de niveau pour les ailes inférieures des solives.

Nous indiquons également dans ce plan un chaînage entre les deux murs longitudinaux, fait à l'aide des deux solives *S* et *S'*.

216. *Indication et position des diverses pièces métalliques, des lambourdes et du parquet dans un plancher.* — 1° *Plancher avec entretoises et fentons.* — Dans les études des planchers à petite échelle on a l'habitude, pour plus de simplicité, d'indiquer les solives comme nous venons de le faire par un gros trait noir représentant l'âme de ces solives.

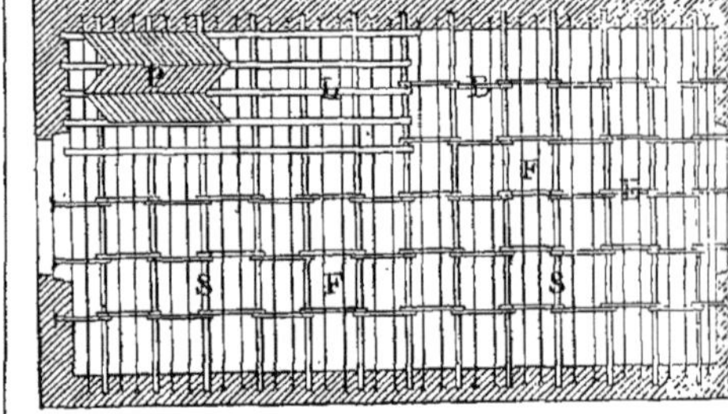

Fig. 552.

La figure 552 nous représente le plancher en fer avec entretoises et fentons tel

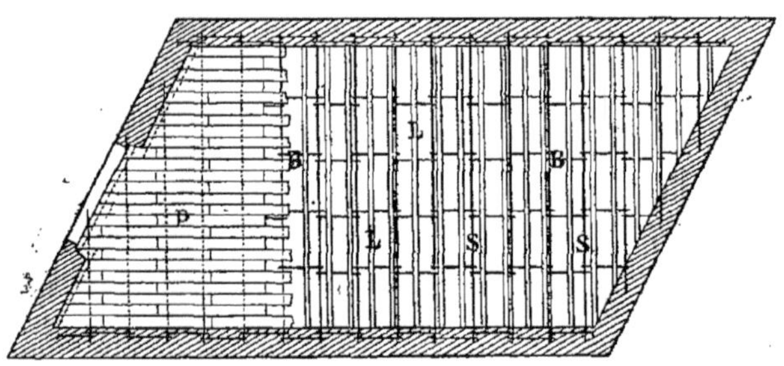

Fig. 553.

qu'il serait exécuté sur le rectangle OPQR de la figure 547. Dans cet exemple, pour mieux montrer en position les différentes parties constituant ce plancher, nous avons supposé le hourdis enlevé.

Les solives en fer sont indiquées par la lettre S, les entretoises par la lettre E, les fentons par la lettre F, les lambourdes placées perpendiculairement aux solives S, la première posée directement contre le mur et les autres étant espacées de 0m,40 d'axe en axe, sont indiquées par la lettre L. Ces lambourdes sont quelquefois à leurs extrémités scellées de quelques centimètres dans le mur pour bien les maintenir.

Enfin le parquet, qui est ici un parquet à feuilles de fougères, est indiqué par la lettre P.

Le tracé des entretoises est facile à faire. Si nous supposons qu'elles sont espacées de 0m,80 d'axe en axe, il nous suffira de prendre l'échelle de 0m,80 (*fig.* 548), de placer le chiffre 1 de cette échelle sur la ligne représentant le nu intérieur du mur longitudinal placé au bas du plan et de faire coïncider le nu intérieur du mur du haut avec une division exacte de l'échelle. Ce tracé se fera alors comme celui de la division des solives et avec la même facilité.

2° *Plancher avec boulons d'écartement à quatre écrous.* — La figure 553 nous représente le plancher en fer avec boulons d'écartement à quatre écrous tel qu'il serait exécuté sur le plan (*fig.* 550). Comme précédemment nous avons supposé le hourdis enlevé pour mieux montrer les différentes parties de ce plancher.

Dans cet exemple, les solives en fer sont indiquées par la lettre S, les boulons d'écartement à quatre écrous par la lettre B. Dans certains cas et dans un but d'économie les boulons B au lieu de se

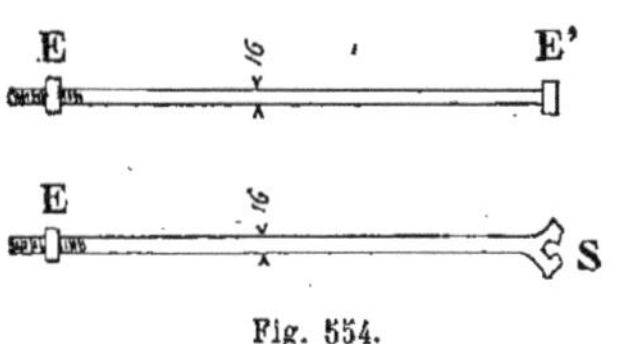

Fig. 554.

faire avec une tige de fer rond taraudée aux deux extrémités et sur laquelle on place quatre *écrous à six pans*, se font, comme le montre le croquis (*fig.* 554), comme les boulons ordinaires employés dans la charpente en bois. Ils sont alors formés (boulons de travées courantes) d'une tige de fer rond de 0m,016 de diamètre filetée d'un côté seulement et sur laquelle on place deux *écrous carrés* E et E' dont l'un E, est mobile et l'autre E', aussi nommé tête carrée, est fixé à l'extrémité de la tige.

Pour les boulons à scellement, il n'y a qu'un écrou E, l'extrémité S étant terminée de manière à se sceller facilement dans le mur. Ce système est moins bon que celui que nous avons déjà décrit et doit être réservé pour les planchers de caves n'ayant pas de fortes charges à supporter.

Dans la figure 553 les lambourdes indiquées par la lettre L sont placées dans le sens même des solives; elles reçoivent, perpendiculairement à leur direction, un parquet P connu sous le nom de parquet à l'anglaise.

Pour soutenir les extrémités des lames de ce parquet on est obligé, dans l'ébrasement de la fenêtre et le long des murs

Fig. 555.

biais de placer des lambourdes, comme nous l'indiquons en pointillé, côté gauche de la figure.

217. 9° *Tracé des trous pour les boulons d'écartement.* — Les solives S du plancher (*fig.* 553) doivent être percées de trous pour recevoir les boulons d'écartement. Ce tracé doit être exécuté avec beaucoup de soin. La figure 555 nous donne un exemple coté du tracé des trous de boulons pour une solive de 5 mètres de portée et ayant à chaque extrémité un scellement de 0m,25 dans les murs.

Les files de boulons sont espacées de 1 mètre d'axe en axe, sauf les deux dernières travées le long des murs qui sont un peu plus espacées à cause des scellements.

La cote d'axe en axe des trous de boulons est de 90 millimètres et les trous ont 17 millimètres de diamètre pour boulons de 16. La figure faisant comprendre très facilement ce tracé, nous n'insisterons pas davantage.

218. 10° *Tracé des files de boulons dans un plan.* — Le tracé des files de boulons dans un plan se fait très simplement à l'aide du décimètre. Soit, en effet (*fig.* 556) un plan ABCD dessiné à l'échelle de 0m,01 pour mètre et sur lequel les solives sont indiquées par des lignes noires il s'agit, sur ce plan, de tracer les files de boulons. Pour cela, plaçons le 0 d'un décimètre sur la ligne intérieure du mur CD et faisant coïncider une division exacte de ce décimètre, 5 par exemple, avec la ligne intérieure du mur AB il suffira de reporter sur ce plan les points de division 1, 2, 3, 4 espacés entre eux de $0^m,01$ puisque

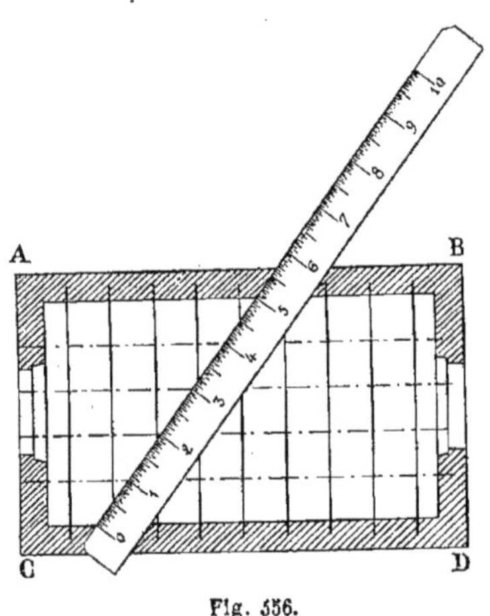

Fig. 556.

l'échelle du dessin est de $0^m,01$ par mètre pour obtenir les axes des files de boulons. Portant (*fig.* 557) de chaque côté de ces axes une distance de $0^m,045$ nous obtiendrons les axes des files de boulons dont les trous seront distants entre eux de 90 millimètres d'axe en axe.

Si l'échelle du plan était $0^m,02$ par mètre, il suffirait de marquer un point sur le papier toutes les deux divisions et ainsi de suite pour d'autres échelles.

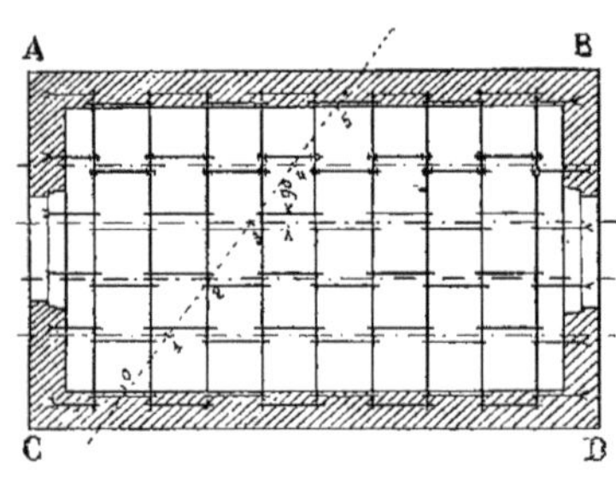

Fig. 557.

219. 11° *Observations sur la disposition des solives lorsque le bâtiment comporte des murs de refend ou des piles intermédiaires.* — La travée J (*fig.* 558) nous montre la disposition de solives placées parallèlement et reposant sur deux murs de face M et M' et sur un mur de refend R.

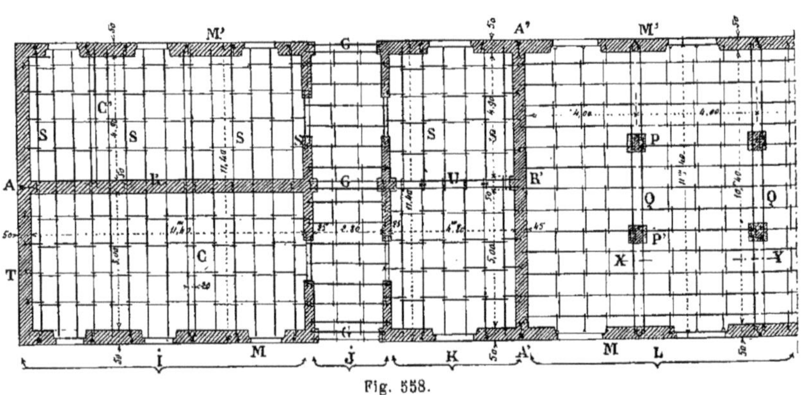

Fig. 558.

Les solives S, placées à droite et à gauche des baies, sont ancrées dans les murs M et M' et réunies sur le mur R par des éclisses dont nous avons donné le croquis (*fig.* 473). On obtient ainsi, à l'aide de ces solives, un très bon chaînage des murs M, M' et R. Rien de particulier dans la disposition des fers, le tracé des trous de boulons se fera comme nous l'avons indiqué précédemment (*fig.* 555).

Pour mieux assurer la liaison soit d'un mur de refend R′ avec un mur de face M ou M′, soit d'un mur de refend R et d'un mur pignon T, on place souvent, dans la maçonnerie du mur de refend, une barre de fer plat F (*fig.* 559) bifurquée en queue de carpe S. L'extrémité de cette barre est armée d'un œil traversé par une ancre A.

Cette solution est appliquée en A et A′ (*fig.* 558).

La travée I de la figure 558 nous montre encore la position des fers pour supporter une cloison. Dans le premier exemple, la cloison C existe dans toute la largeur du bâtiment, les deux fers qui la supportent sont espacés de $0^m,20$ d'axe en axe; ils sont reliés entre eux de manière à former chaînage.

Dans le deuxième exemple la cloison C n'existe que sur la moitié de l'épaisseur

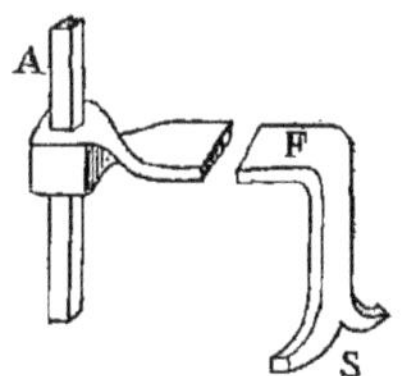

Fig. 559.

du bâtiment; dans ce cas, nous avons supposé que l'écartement ordinaire des solives n'a pas été changé, une solive courante a été simplement doublée à l'endroit de la cloison.

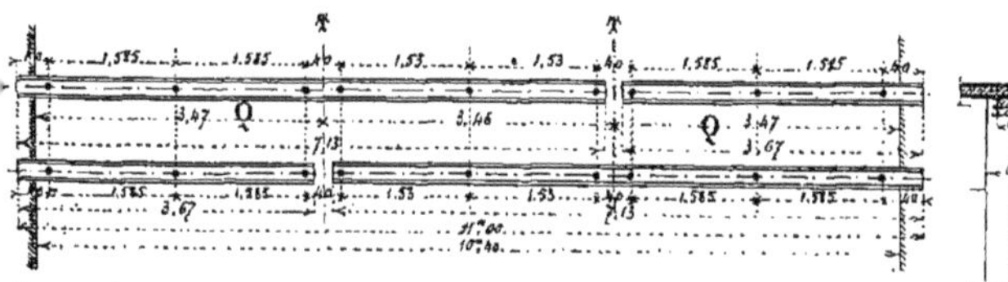

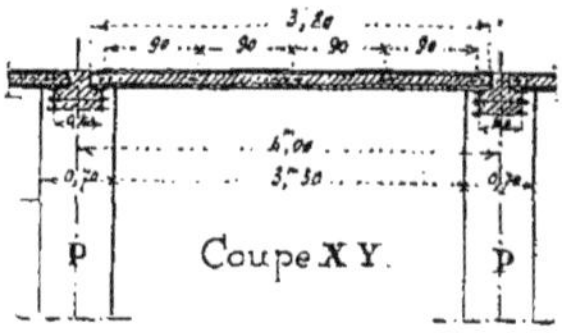

Fig. 560.

Coupe X Y.

Fig. 561.

La coupe transversale sur ces cloisons a déjà été indiquée (*fig.* 541).

La travée J (*fig.* 558) nous donne un exemple de la disposition des solives lorsqu'il existe deux murs de refend à peu de distance l'un de l'autre. Il y a alors avantage à prendre des solives courtes et à les placer perpendiculairement aux murs de refend. En G sont indiqués des filets pouvant former soffites au-dessous du plancher.

La travée K de la même figure nous indique la disposition lorsque le mur de refend est remplacé par un filet U composé de deux fers; ce filet U forme soffite et les fers se posent simplement dessus.

Pour augmenter la portée des solives, au lieu de les placer bout à bout, on les croise sur le filet U. Comme précédemment, les solives S sont reliées pour former chaînage.

Enfin, la travée L (*fig.* 558) donne la disposition des fers lorsqu'au lieu de murs de refend il existe des piles en maçonnerie. Pour exécuter un plancher dans ces conditions on place sur les murs M et M′ et sur les piles P et P′ deux fers jumeaux Q qui, lorsque la distance entre les murs M et M′ n'est pas trop grande, peuvent être demandés à l'usine, d'une seule pièce droits et affranchis de longueur.

Nous supposerons ici que ces fers, formant poutre, sont en deux parties; il faut alors les disposer comme le montre le croquis, de manière à faire chevaucher les joints. Par exemple, le premier fer sera composé de deux morceaux, le joint étant sur la pile P′, et le deuxième aura également deux morceaux, le joint étant sur la pile P.

Ces fers Q sont fortement et double-

ment éclissés puis ancrés dans les mus M et M' pour former chaînage.

La figure 560 nous donne le tracé des boulons des fers Q : *les trous de ces boulons* sont percés à la moitié de la hauteur des fers, leur diamètre est de 17 millimètres pour recevoir des boulons de 16 millimètres.

La figure 561 *représente* une coupe transversale du plancher. Comme nous pouvons le voir dans cette coupe les solives du plancher sont simplement posées sur les fers Q sans assemblage. L'espace *laissé vide entre* les fers Q est rempli par un hourdis, composé comme celui qui est indiqué entre les solives courantes, de déchets de moellons durs ou de meulières et mortier, formé d'une partie de ciment romain ordinaire avec une partie et demie de sable.

220. 12° *Ouvertures à réserver dans les planchers en fer.* — 1° *Disposition spéciale des solives pour l'installation d'un W. C.* Lorsqu'on exécute un plancher en fer il

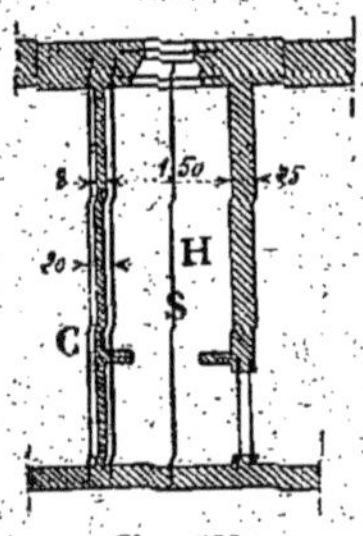

Fig. 562.

faut aussi se préoccuper du travail ultérieur *qui doit être fait par d'autres corps* d'état.

Supposons, par exemple, l'installation d'un W. C. ; il y a quelques précautions à prendre, que nous allons indiquer.

Si le W. C. est assez large, $1^{m},50$ par exemple, pour nécessiter une solive S en son milieu (*fig.* 562) on a l'habitude de l'indiquer comme elle est tracée sur la figure. En opérant ainsi, le plombier qui doit faire l'installation intérieure, se trouve très embarrassé pour placer son appareil, il est parfois obligé de faire couper sur place *la solive* S, *d'où ébranlement* du hourdis et toutes ses conséquences. Il est bien préférable, dans ce cas, d'adopter la disposition (*fig.* 563), qui consiste à placer un chevêtre à $0^{m},50$ du mur ce qui permet de réserver un espace V dans lequel le plombier viendra poser son appareil sans *la moindre difficulté.*

De plus, les W. C. pouvant exiger d'assez fréquentes réparations, le hourdis H

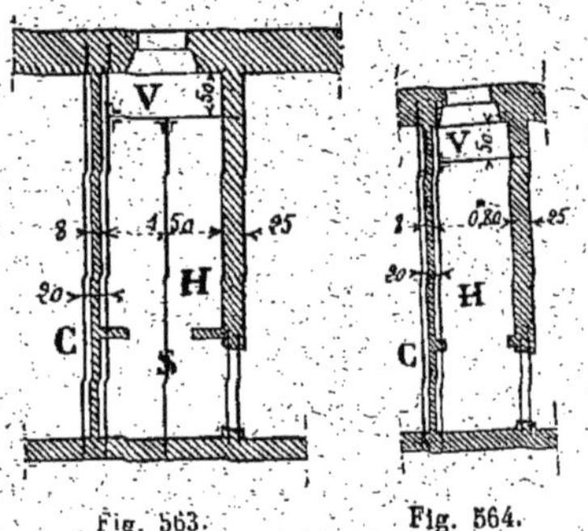

Fig. 563. Fig. 564.

(*fig.* 563) ne sera jamais inquiété et tout le travail du plombier se fera dans l'espace V *qui lui est réservé.*

Lors même que le cabinet aurait en largeur la dimension minimum de $0^{m},80$ (*fig.* 564) nous conseillons encore de placer un petit chevêtre pour bien maintenir le hourdis H et permettre les réparations avec le moins possible de dégradations.

2° *Disposition spéciale des planchers en fer pour le passage des tuyaux de fumée.* Il peut se produire deux cas. Les tuyaux

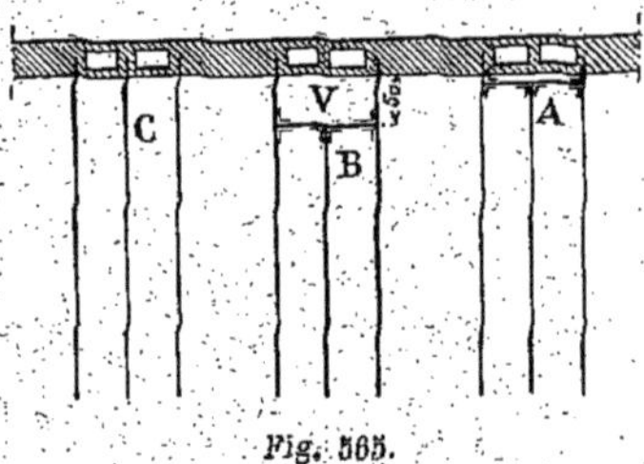

Fig. 565.

de fumée peuvent être, soit dans les murs de face, soit dans les murs de refend.

En général il faut éviter, autant que possible, de placer les tuyaux de fumée dans les murs de face car, ils deviennent bien gênants à la partie haute des constructions et peuvent causer bien des complications pour les chéneaux, etc.

Lorsque les tuyaux de fumée sont dans les murs de face on peut prendre la disposition A (*fig.* 565), c'est-à-dire mettre un chevêtre contre le mur. Cette disposition a l'inconvénient de laisser un petit espace vide entre le chevêtre et le mur, espace où il est le plus souvent impossible de faire tenir le hourdis; il est préférable de reculer un peu ce chevêtre, comme nous l'indiquons en B, et de réserver un vide plus grand V permettant de faire facilement le hourdis.

Lorsque les tuyaux de fumée peuvent s'écarter un peu comme nous l'indiquons en C (*fig.* 565) on les place alors dans l'intervalle de deux solives.

Si les tuyaux sont adossés aux murs, les mêmes dispositions sont applicables.

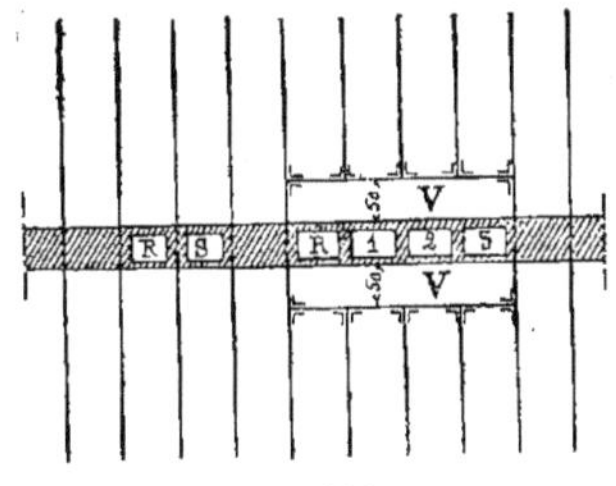

Fig. 566.

Lorsque ces tuyaux sont placés dans les murs de refend on met un chevêtre de chaque côté, comme le montre la figure 566 en réservant, comme précédemment pour permettre de faire un hourdis, un espace V.

On peut aussi placer les tuyaux entre les solives comme le montre la partie gauche de la figure.

3° *Disposition spéciale des planchers en fer en face des baies.* Quand, dans une construction, les planchers sont en fer, le plus souvent on place, à la partie supérieure d'une baie (porte ou fenêtre), un linteau également en fer ou un appareillage en maçonnerie.

Lorsqu'il existe un linteau en fer au-dessus des baies, comme nous l'indiquons en C (*fig.* 567), on se sert de ce linteau pour porter les solives. Lorsqu'il n'y a pas de linteau mais un appareillage en maçonnerie on emploie les deux disposition A et B (*fig.* 567) ; la seconde B est la meilleure comme nous le savons.

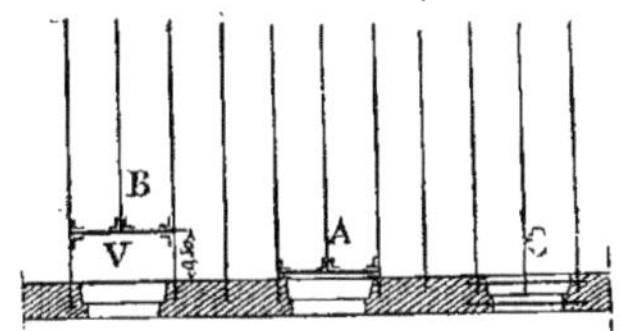

Fig. 567

Quand il existe une grande baie avec appareillage en pierre et qu'on désire ne pas percer de nombreux trous de scellements dans les différents voussoirs on prend encore la disposition avec chevêtre C comme le montre le croquis (*fig.* 568.)

Pour maintenir l'écartement des murs on ancre chaque extrémité du chevêtre dans les murs. En F de la même figure nous voyons un filet composé de trois lames de fer ; ce système est employé lorsqu'on dispose d'une faible hauteur et que la charge à supporter est grande.

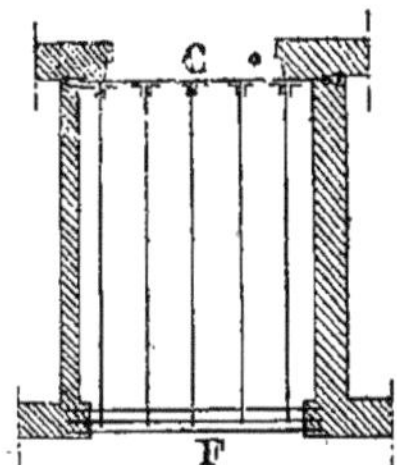

Fig. 568.

4° *Disposition spéciale d'un plancher pour l'éclairage des sous-sols.* La figure 569 nous montre la disposition que doivent avoir les solives d'un plancher, lorsqu'il s'agit d'éclairer un sous-sol, c'est le cas le plus ordinaire de l'éclairage des sous-sols des boutiques de Paris. On place, comme le montre la figure, un chevêtre à une distance de $0^m,50$ du nu intérieur du mur. On forme ainsi une véritable trémie V permettant à la lumière de pénétrer dans

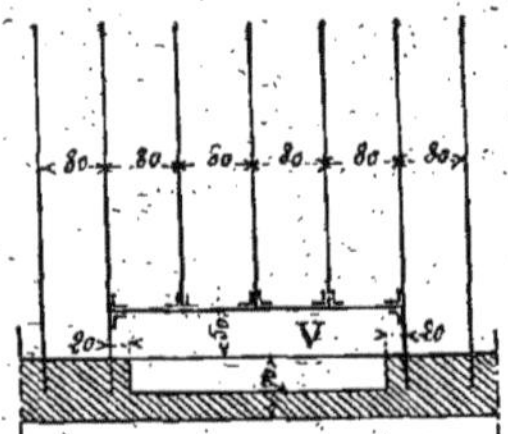

Fig. 569.

ce sous-sol. Au-dessus de ce vide, on met un caisson en bois recevant les objets exposés à l'étalage.

5° *Disposition des planches en fer à l'endroit d'une cheminée.* Nous n'avons, dans le cas de planchers en fer, aucune précau-

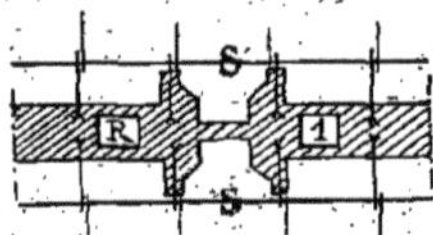

Fig. 570.

tion à observer pour le passage des cheminées. Les deux dispositions possibles sont indiquées (*fig.* 570 et 571). Dans la figure 570 la solive S, placée à une demi-travée, soutiendra la construction des jambages des cheminées.

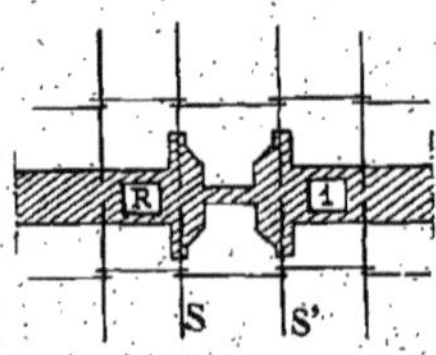

Fig. 571.

Dans la figure 571, si cela est possible, on pourra placer les deux solives S et S' de manière qu'elles supportent les montants ou jambages des cheminées.

6° *Dispositions spéciales des planchers en fer pour le passage des escaliers.* Nous avons à examiner trois cas. Le premier indiqué (*fig.* 572) représente un escalier courant comme ils sont le plus généralement ins-

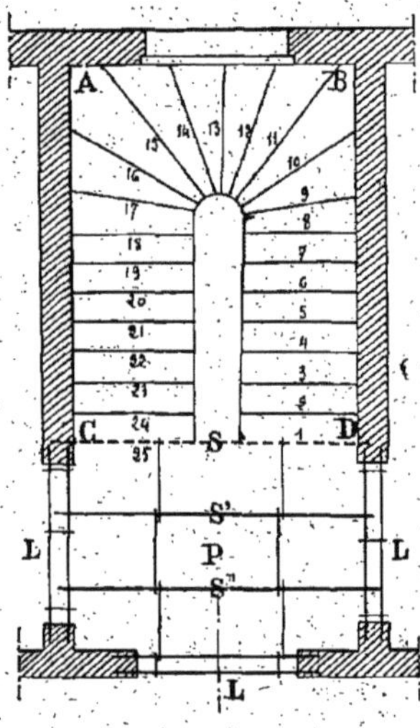

Fig. 572.

tallés dans nos habitations. Le charpentier en fer n'a, dans ce cas, à exécuter que le palier P de cet escalier en laissant une cage ABCD complètement vide pour l'installation ultérieure de l'escalier. Il devra donc placer à écartement convenable les

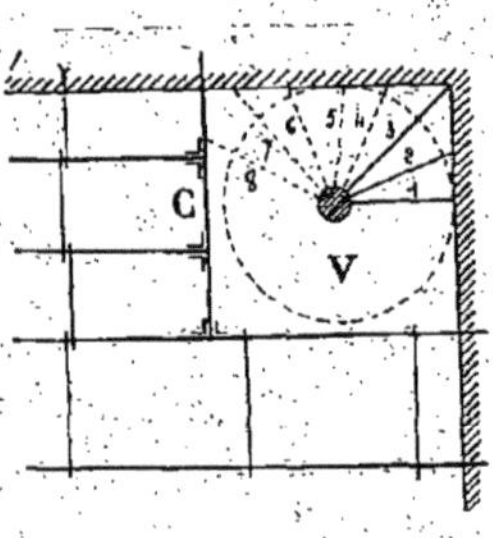

Fig. 573.

solives S' et S", puis les linteaux des baies L.

Lorsque l'escalier est mixte (bois et fer), la solive S, indiquée en pointillé, est en fer ; elle doit être posée par l'entrepreneur spécial chargé de la construction des escaliers, car il y percera les trous dont il aura besoin et disposera cette solive comme bon lui semble.

Lorsque l'escalier est en bois, cette pièce S, nommée marche palière est également en bois et sa forme a été indiquée dans la charpente en bois.

Le deuxième exemple de vide à laisser dans un plancher pour le passage d'un escalier est indiqué (*fig.* 573). Un espace V, carré ou rectangulaire, suivant la forme et les dimensions de l'escalier, est réservé dans le plancher.

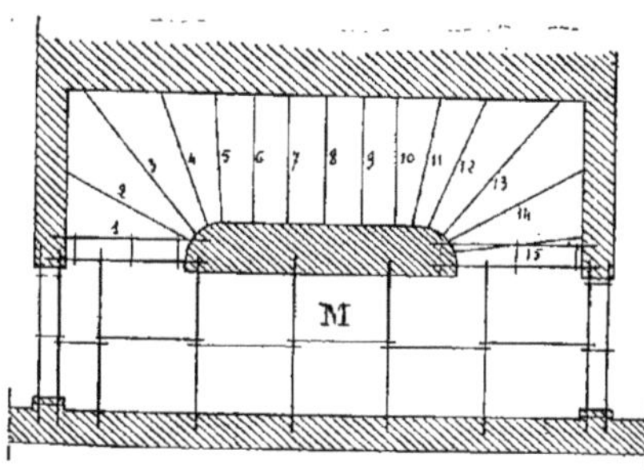

Fig. 674.

Enfin le troisième exemple (*fig.* 574) est celui d'un escalier descendant à un sous-sol ou à une cave. Dans ce cas, comme le montre la figure, on peut boucher avec des solives en fer la moitié M de la cage de l'escalier courant placé au dessus et desservant les étages.

Ces trois dispositions se comprennent facilement à la seule inspection des figures.

221. 13° *Linteaux.* — On donne, en général, le nom de *linteaux* aux barres de fer placées en travers et au sommet d'une baie de porte, de fenêtre ou de tout autre ouverture de dimensions restreintes.

Les linteaux métalliques sont des barres de fer à section carrée, plus rarement en fers à T ; ces derniers se posent à plat. Le plus souvent, on forme les linteaux de deux fers I reliés entre eux, soit, par des brides et des croisillons, soit, comme on le fait presque toujours aujourd'hui pour simplifier, par des boulons à quatre écrous.

Les linteaux en fer sont d'un aspect moins décoratif que les linteaux monolithes en pierre, mais ils ont l'avantage de permettre de plus grandes portées. Lorsqu'ils sont reliés par des boulons, les écrous extérieurs de ces boulons placés en façade sont souvent remplacés par des rosaces métalliques.

Les linteaux en fers carrés de 30 à 40 millimètres de côté sont réservés pour les petites ouvertures, par exemple, les soupiraux de caves et, comme le montre le croquis (*fig.* 575) pour soutenir la maçonnerie placée au-dessus d'une ouverture O nécessaire pour l'installation d'une cheminée.

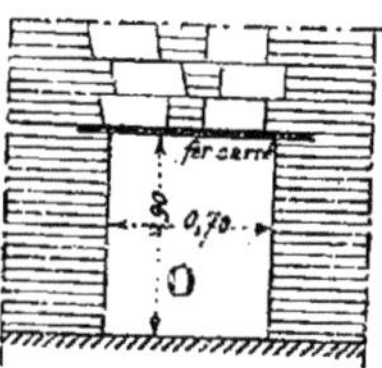

Fig. 575.

Au-dessus des baies, portes ou fenêtres de nos habitations, on se sert de linteaux formés de deux fers I réunis par des brides et des croisillons (*fig.* 576) ou, ce que nous conseillons pour éviter la main-d'œuvre, par deux ou trois boulons à quatre écrous suivant la portée du linteau. Dans ce dernier cas les linteaux seront

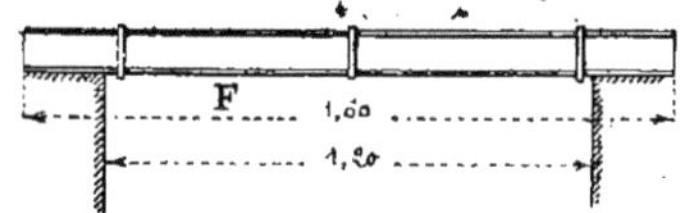

Fig. 576.

formés de deux fers jumeaux F (*fig.* 577) dont l'écartement est maintenu au moyen de boulons à quatre écrous de 16 millimètres de diamètre (Les trous devront avoir 17 millimètres).

Pour 1 mètre et au-dessous de portée du linteau, deux boulons suffisent, au-dessus et jusqu'à 1^m,80 à 2 mètres, portée maxima des linteaux, on met trois boulons.

Pour des murs de $0^m,50$ d'épaisseur un écartement convenable d'axe en axe des âmes des fers est de $0^m,40$ à $0^m,42$ suivant la largeur de l'aile du fer choisi.

On donne aux linteaux un scellement minimum de $0^m,20$ à chaque **extrémité**. Lorsque ces linteaux sont très chargés et que la portée est assez grande, il est prudent de les ancrer à chaque extrémité pour bien les relier aux murs; ils prennent souvent, dans ce cas, le nom de *filets* dont nous allons parler.

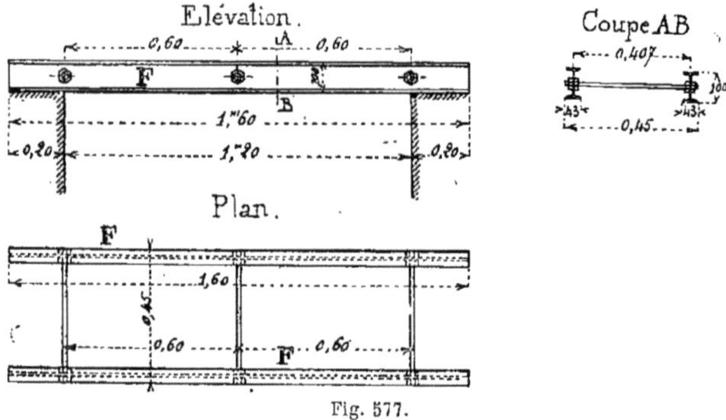

Fig. 577.

L'intervalle entre les deux âmes d'un linteau reçoit ordinairement un hourdis de même limousinerie que le mur dans lequel on les pose, ou, lorsqu'ils doivent rester apparents au-dessous et qu'on désire accuser la construction, on fait ce hourdis avec des briques bien rejointoyées au fer.

222. 14° *Filets.* — Le nom de *filet* est donné à une poutre de petites dimensions

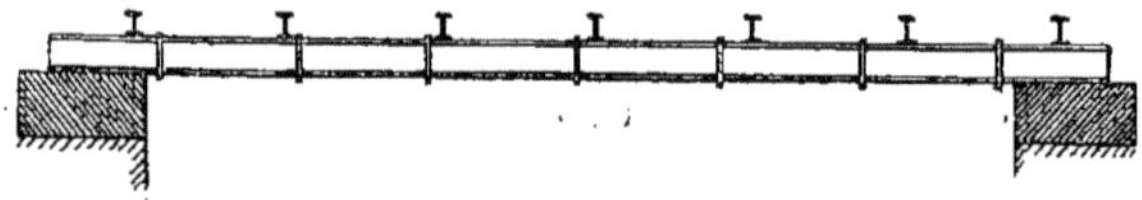

Fig. 578.

qu'on glisse, pour le soulager, sous un plancher qui fléchit. Cette expression, *passer un filet sous un plancher*, se dit journellement et se comprend de tous les ouvriers du bâtiment.

On désigne aussi sous le nom de filets des poutres en fer posées entre deux murs parallèles pour diminuer la portée des solives d'un plancher. Ces filets sont composés de deux fers I réunis par des brides

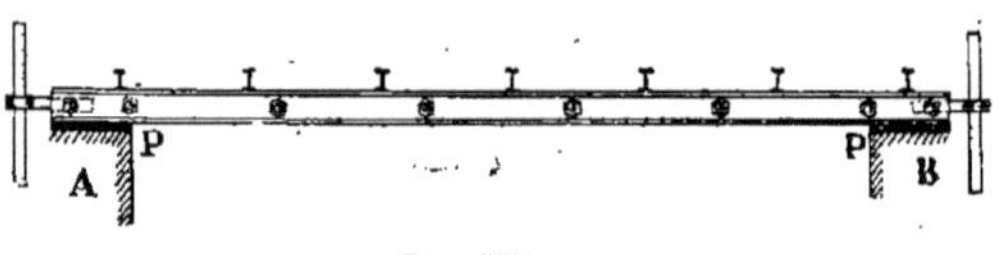

Fig. 579.

et maintenus par des croisillons (*fig.* 578) ou (*fig.* 579), par des boulons à quatre écrous. Il est souvent utile de les ancrer solidement dans les murs A et B (*fig.* 579) et de les faire reposer sur des plaques de tôle P répartissant bien la pression sur les murs.

On donne souvent à ces filets le nom de *poitrails de refend.* Il arrive quelquefois qu'un tuyau de fumée doit traverser un poitrail de refend ; dans ce cas, on donne aux fers de ce poitrail un écartement suffisant pour laisser passer ce tuyau.

223. 15° *Poitrails.* — On donne le nom de *poitrail* à une poutre en fer formée d'une ou de plusieurs pièces pour servir de linteau à des baies de grandes dimensions. L'emploi des poitrails permet, en divisant leur portée au moyen de supports ou colonnes en fonte, d'obtenir des ouvertures d'une très grande surface indispensable pour les remises, hangars, magasins et boutiques du rez-de-chaussée.

Lorsque la portée d'un poitrail dépasse 3 mètres, les colonnes qu'on emploie pour les soulager ne doivent pas être espacées entre elles de plus de 2 mètres à 2m,50 et disposées, autant que possible, sous les trumeaux à soutenir.

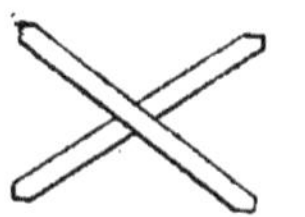

Fig. 580.

Fig. 581.

Ces poitrails, remplaçant des parties de murs, portent le plus souvent des charges considérables (solives du plancher placé immédiatement au-dessus et trumeaux en pierre de taille ou en limousinerie); ils sont généralement formés de poutres composées de deux et quelquefois trois fers I reliés entre eux et rendus solidaires par des croisillons en fer carré de 20 à 25 millimètres de côté et par des brides ou *frettes* en fer plat de 60 millimètres de largeur sur 11 à 12 millimètres d'épaisseur placées à peu près de mètre en mètre (certains constructeurs vont jusqu'à 1m,50 d'écartement entre deux brides).

Les croisillons peuvent être formés de de deux pièces indépendantes se touchant en leur milieu (*fig.* 580) ou mieux, lorsqu'il y a un assez grand nombre de poitrails, d'une croix de Saint-André (*fig.* 581), faite d'avance et servant pour tous les poitrails ayant même écartement.

Les frettes se posent à chaud, afin qu'après leur refroidissement, elles produisent le serrage énergique des fers les uns contre les autres.

Le poitrail ainsi construit est hourdé ou rempli le plus souvent d'une maçonnerie de briques B, comme le montre le croquis (*fig.* 582), qui repose sur les semelles inférieures des fers à I et se prolonge au-dessus en plusieurs assises. Cette maçonnerie prolongée sert, comme le montre le croquis, d'assiette à la corniche en pierre A du rez-de-chaussée et de plus elle reçoit les nombreux scellements des devantures de boutiques.

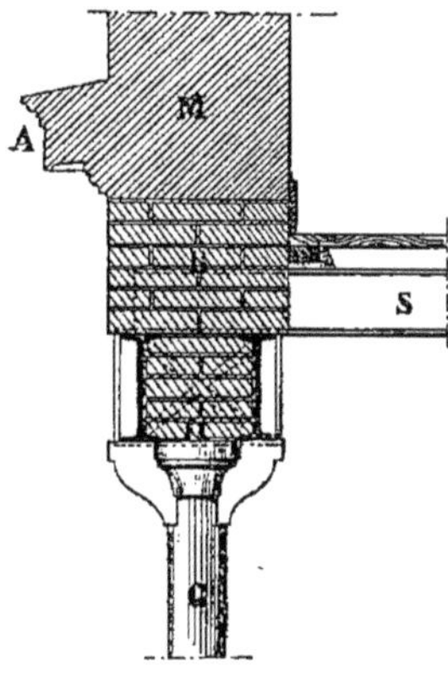

Fig. 582.

Lorsqu'on fait reposer un mur sur une poutre formée de deux solives ou même sur une poutre en tôle et cornières il est bon que le mur dépasse de chaque côté (*fig.* 582) de 0m,03 à 0m,04 l'aile du fer.

Autant que possible, si les fers à I ont assez de longueur il faut les faire régner, sans interruption, sur toute la longueur des poitrails; mais, le plus souvent, les poitrails employés pour nos maisons d'habitation sont placés les uns à la suite des autres, il est alors indispensable, comme le montre le croquis (*fig.* 583), de les réunir entre eux par des bandes de fer plat

F boulonnées sur chacun des fers S. Il est aussi très bon (*fig.* 584) de les ancrer dans

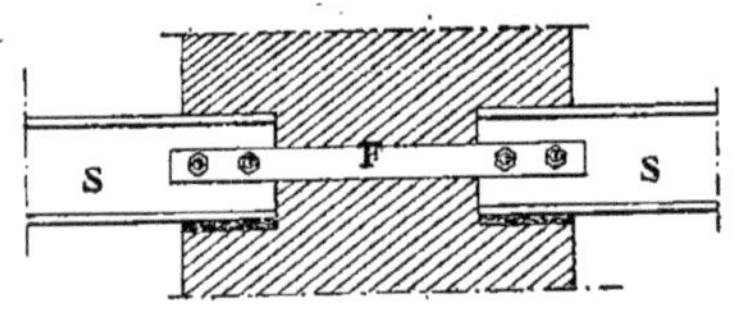

Fig. 583.

la maçonnerie des piles afin d'opérer un chainage efficace et de les faire reposer, pour bien répartir la pression, sur des semelles en tôle S.

La figure 585 nous montre en élévation et en plan, la disposition des poitrails tel qu'on les place aujourd'hui au-dessus des boutiques ou magasins du rez-de-chaussée à Paris. Les solives du plancher haut du rez-de-chaussée reposent directement et sans aucun assemblage sur les fers du poitrail ; elles sont scellées dans le petit muret en briques qu'on élève au-dessus de ce poitrail, comme le montre la coupe verticale (*fig.* 582).

Au lieu de frettes et de croisillons, qui en réalité est une disposition compliquée,

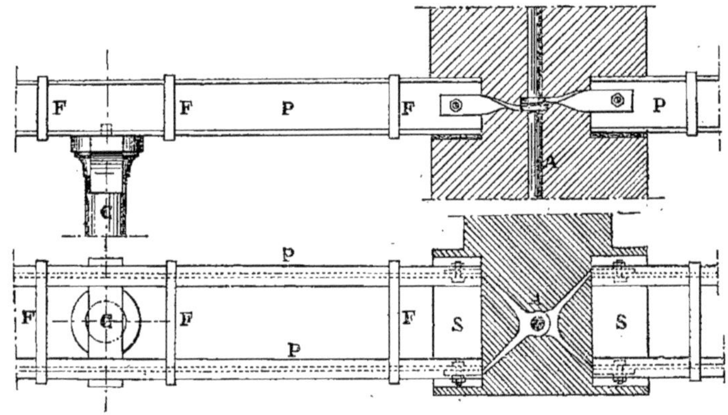

Fig. 584.

on emploie pour simplifier, les boulons à quatre écrous. Le poitrail se dispose alors comme nous l'avons déjà indiqué pour un linteau (*fig.* 577).

Lorsque les charges à supporter sont très grandes on exécute les poitrails en tôle et cornières, ces derniers deviennent de véritables poutres composées, formées d'une seule âme ou en forme de caisson. Dans les deux cas, la semelle supérieure doit avoir, à quelques centimètres près, la même largeur que celle du mur qu'elle doit supporter.

224. 16° *Poutres.* — Précédemment, nous avons parlé assez longuement des poutres, il nous reste à dire quelques mots sur les précautions à prendre pour leurs scellements dans les murs.

Lorsqu'une poutre doit se sceller dans un mur en limousinerie ordinaire, on met, sous la portée de cette poutre, une pierre de taille noyée dans cette limousinerie et destinée à répartir la charge sur une plus grande surface.

On se sert également, pour répartir la pression sur les murs, de plaques de scellement en fonte qui peuvent être disposées de différentes manières, suivant que les poutres sont simples ou jumellées.

Pour une seule poutre la plaque de scellement est, comme le montrent les croquis (*fig.* 586 et 587), très simple. C'est une plaque de fonte P de 3 à 4 centimètres d'épaisseur arasée au nu du mur (*fig.* 586) ou présentant (*fig.* 587) sur sa face F en saillie sur le mur, le même profil que les colonnes qui sont employées pour soutenir la poutre en différents points de sa longueur. La portée P′ devant recevoir la poutre est parfaitement dressée; on trace ordinairement l'axe de la poutre par trois petits traits r, r' et r''; traits qui servent à faciliter le montage.

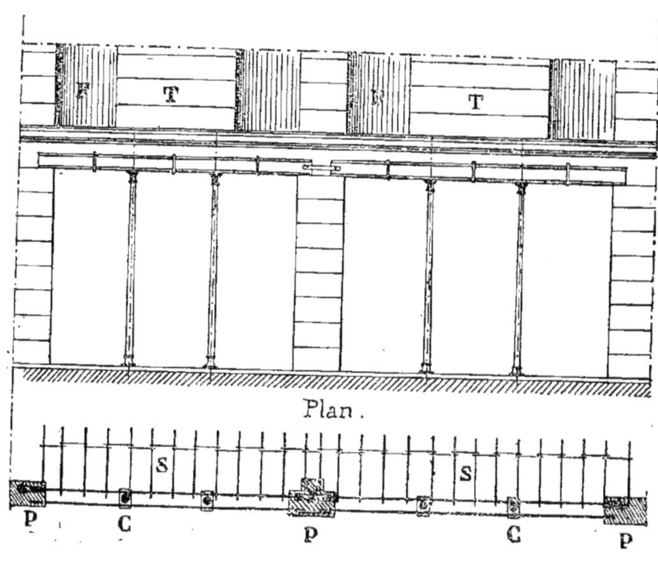

Fig. 585.

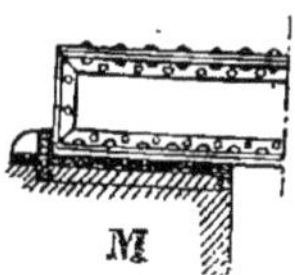

Fig. 586.

Pour deux poutres jumellées on se sert d'une disposition analogue dont nous donnons un croquis (*fig.* 588).

Les poutres présentant des rivets en saillie à la partie inférieure il faut, au droit des scellements, prendre des dispositions spéciales. La plus simple consiste à mettre des rivets fraisés (*fig.* 589) sur toute la longueur du scellement. D'autres constructeurs préfèrent laisser les rivets tels qu'ils sont et pratiquer dans la plaque

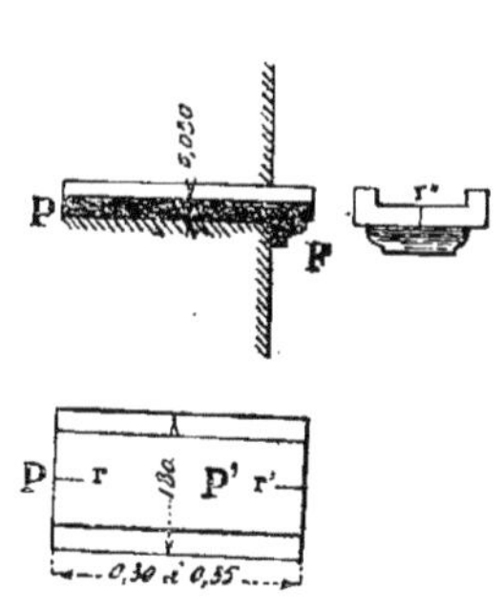

Fig. 587.

de scellement (*fig.* 590) des rainures servant de logement aux têtes des rivets.

225. 17° *Poutres armées.* — On donne le nom de poutres armées aux poutres en fer à la Polonçeau, c'est-à-dire à des poutres dont les extrémités A et B (*fig.* 591) sont reliées par des tirants AC et BC à un

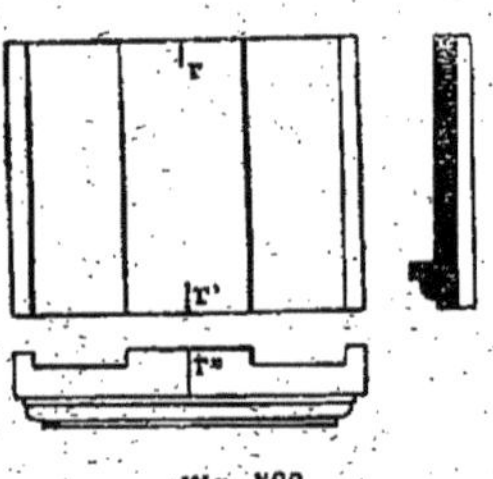

Fig. 588.

poinçon ou à une bielle CD placée perpendiculairement à la poutre en son milieu D.

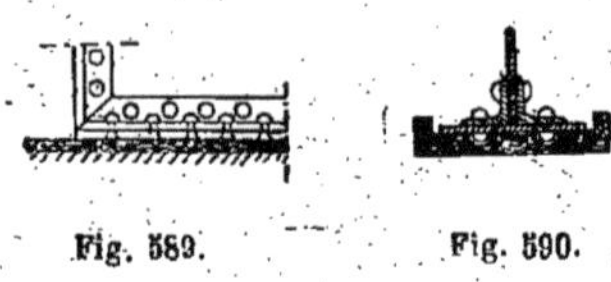

Fig. 589. Fig. 590.

Ces poutres offrent une résistance beaucoup plus grande que les poutres simples et présentent, par conséquent, comparativement à celles-ci une économie notable surtout lorsque la portée est grande.

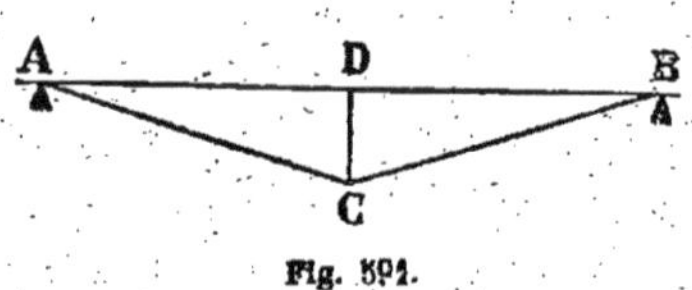

Fig. 591.

Les tirants doivent avoir pour effet de maintenir le point D sur la ligne droite qui passe par les points A et B lorsque la

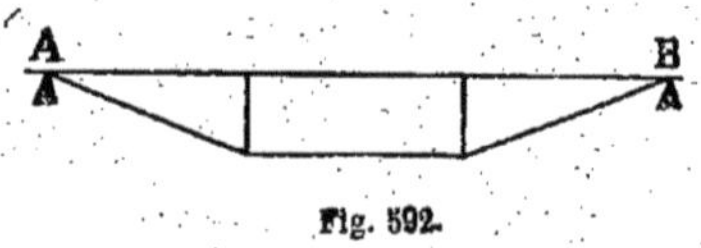

Fig. 592.

poutre est chargée. On conçoit facilement tout l'avantage de cette disposition qui permet ainsi de réduire de moitié la portée de cette pièce principale par la transformation d'une poutre simple en une poutre armée formant deux travées de longueurs moitié moindres.

On peut aussi, comme le montrent les croquis (*fig.* 592 et 593) et lorsque les circonstances l'exigent, transformer une poutre, à une seule travée en une poutre à trois ou quatre travées par l'emploi d'un nombre convenable de tirants et de contrefiches. Nous aurons l'occasion de revenir sur l'étude des poutres armées et de les étudier plus complètement.

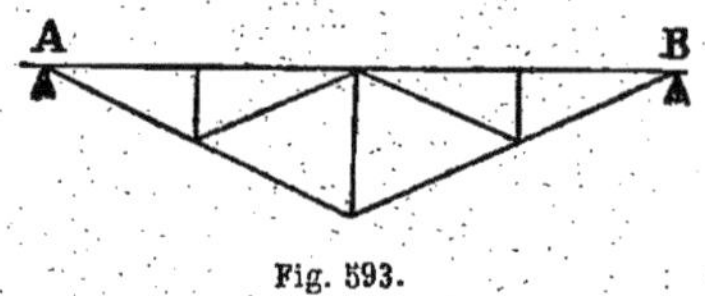

Fig. 593.

226. 18° *Planchers assemblés.* — Pour terminer ces quelques observations, il nous reste à dire quelques mots sur les planchers assemblés.

Dans les planchers assemblés composés (*fig.* 594) d'une seule poutre P en fer I ou en tôle et cornières et recevant, de chaque côté, des solives S et S' il faut disposer ces solives pour que les trous percés dans l'âme de la poutre P servent en même temps pour l'assemblage des fers S et S' placées de part et d'autre de l'âme de la poutre P.

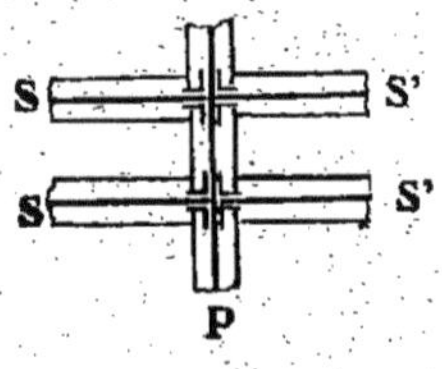

Fig. 594.

Lorsque cette poutre est haute il y a avantage (*fig* 595) à placer les solives S et S' à la partie supérieure pour ne pas trop augmenter l'épaisseur du hourdis

Ce hourdis s'exécute en plein dans la hauteur des solives S et S'.

Les lambourdes L espacées de 0m,400 d'axe en axe sont scellées sur ce hourdis et peuvent affleurer le dessus de la poutre P ou le dépasser. Dans cet exemple, la partie inférieure de la poutre P est apparente au plafond de la pièce du dessous

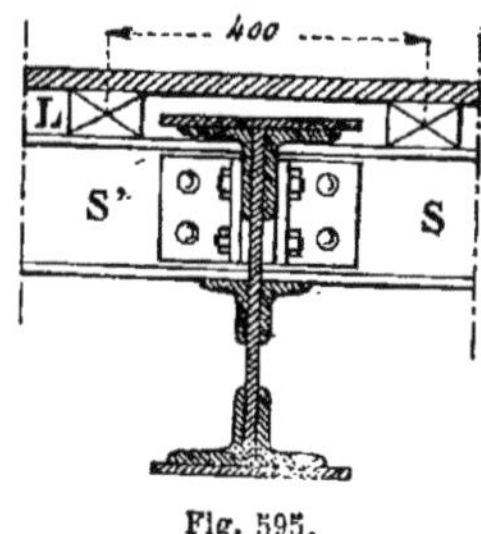

Fig. 595.

Lorsque les poutres ont peu de hauteur et sont formées de deux fers I du commerce de 0m,30 L. A. par exemple (*fig.* 596), l'assemblage des solives avec ces fers s'exécute comme l'indique la figure. On fait, dans ce cas, un hourdis général de 0m,30 d'épaisseur, l'enduit affleurant les poutres à la partie inférieure et les lambourdes étant noyées dans la partie supérieure du hourdis.

Dans cet exemple, les équerres d'assemblage sont supposées rivées d'avance avec les solives et boulonnées avec les poutres lors du montage.

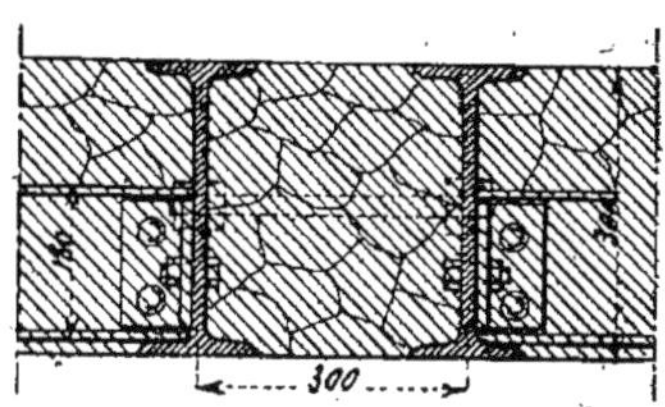

Fig. 596.

Tracé des trous de boulons d'une poutre en fer L. A. *de* 0m,30 *pour planchers assemblés.* — Dans cet exemple le tracé des

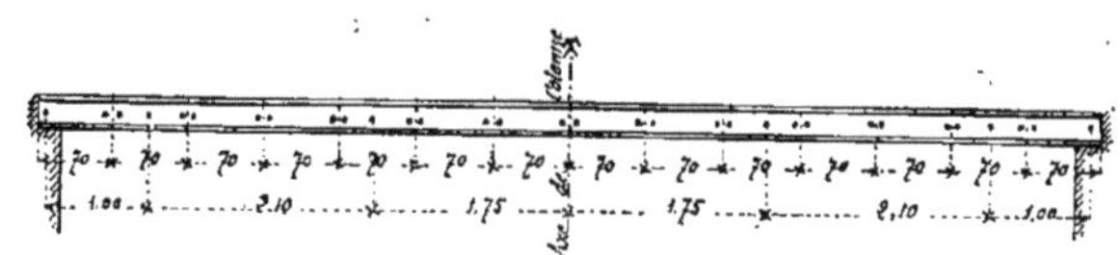

Fig. 597.

trous de boulons comprend deux opérations :

1° Tracé des trous de boulons destinés à entretoiser les deux fers I de 0m,30 formant poutre ;

2° Tracé des trous de boulons destinés à recevoir les assemblages des solives.

Pour que les assemblages soient bien faits et le tracé bien exact il faut que les deux fers I de 0m,30 L. A. formant poutre soient bien droits et affranchis de longueur, ce qu'on peut obtenir facilement en le demandant à l'usine lors de la commande.

La figure 597 nous donne l'épure du tracé des trous de boulons d'entretoises ; ces trous ont 20 millimètres de diamètre pour des boulons de 18 millimètres. Cette épure nous montre également le tracé des trous pour l'assemblage des solives ; ces trous ont 17 millimètres de diamètre pour boulons de 16 millimètres.

§ V. — DIFFÉRENTS TYPES DE PLANCHERS EN FER

227. 1° *Étude de plancher en fer pour un petit bâtiment.* — Nous commencerons l'étude détaillée des planchers en fer par un exemple très simple ; une maison de garde comprenant un rez-de-chaussée sur terre-plein (*fig.* 598) et un premier étage (*fig.* 599).

Le bâtiment étant sur terre-plein, nous n'avons pas de plancher bas du rez-de-chaussée à étudier ; de plus le plancher haut du premier étage est, dans presque tous les exemples de ce genre, exécuté en bois. C'est ce que nous avons appelé, dans la charpente en bois, un *faux plancher* construit le plus souvent avec des bastaings ou des madriers lorsque la portée est grande.

Si donc, dans ce petit bâtiment, nous voulons placer un plancher en fer il se trouvera entre le rez-de-chaussée et le premier étage ; ce sera, le plancher bas du premier étage ou le plancher haut du rez-de-chaussée.

Dans tous les cas, le plancher bas du premier étage se trace sur le plan du rez-de-chaussée en ayant soin d'avoir près de soi, pour le consulter facilement, le plan du premier étage pour bien voir ce qu'il y a à supporter.

Dans cet exemple simple, en examinant le plan du premier étage, on remarque qu'il est identique, comme distribution, à celui du rez-de-chaussée sauf cependant les cabinets d'aisances qui n'existent qu'au rez-de-chaussée.

Il n'y a en effet au premier étage aucune cloison de division ne portant directement, sur un mur ou sur une cloison correspondante du rez-de-chaussée.

Le problème à résoudre est donc le suivant : Tracer sur le plan du rez-de-chaussée les solives nécessaires pour supporter le plancher de la grande chambre, de la petite chambre et du palier du premier étage, la cage d'escalier devant, comme nous le savons, rester entièrement libre.

Tracé des solives pour le plancher de la grande chambre. La première chose à examiner, c'est le sens dans lequel on doit placer les solives ; ici, ce sens est tout indiqué ; la chambre ayant 4 mètres sur 4m,50 nous choisirons la plus petite portée pour les solives et nous les ferons reposer d'une part sur le mur pignon M et d'autre part sur le mur de refend M'.

Au-dessus des deux baies, placées dans le mur de refend il faudra mettre un linteau L' formé, comme nous le savons, de deux fers I reliés par des boulons à quatre écrous. Au-dessus de la baie, dans le mur pignon M, il faudra mettre également un linteau L''.

Le tracé des solives S, celui des entretoises E et des fentons F se fera comme nous l'avons indiqué dans les observations qui précèdent.

Tracé des solives pour le plancher de la petite chambre. Le tracé des fers de la petite chambre se fera aussi très simplement mais, dans ce cas, ne pouvant faire reposer les solives sur une cloison de 0m,15 d'épaisseur, nous sommes obligés de les placer dans le sens de la longueur même de la pièce ; la portée des solives S sera donc la même que celle des solives S.

Tracé des solives du palier. Pour le palier, nous placerons deux solives S'' comme nous l'indiquons (*fig.* 598) ; ces solives, ne pouvant reposer avec sécurité sur un mur de 0m,15 d'épaisseur nous les prolongerons juqu'à leur rencontre avec la première solive S' et nous les assemblerons avec cette dernière. De cette manière, les solives S'' se trouveront soulagées par le muret de 0m,15, mais si ce muret vient à manquer, le plancher n'en souffrira pas, la charge reçue par les solives S'' étant transmise sur la première solive S'.

N'ayant pas encore étudié le calcul des solives d'un plancher nous prendrons dans cet exemple, le plancher n'ayant pas de fortes charges à supporter, des solives

3 fers I. 0,14 a.o. L=4,50
Salle Commune.
6 Solives fer I de 0,14 a.o. L= 4,50
I. 0,12 a.o. S" L=2,80
I. 0,12 a.o. S" L=2,80
5,20
9,07

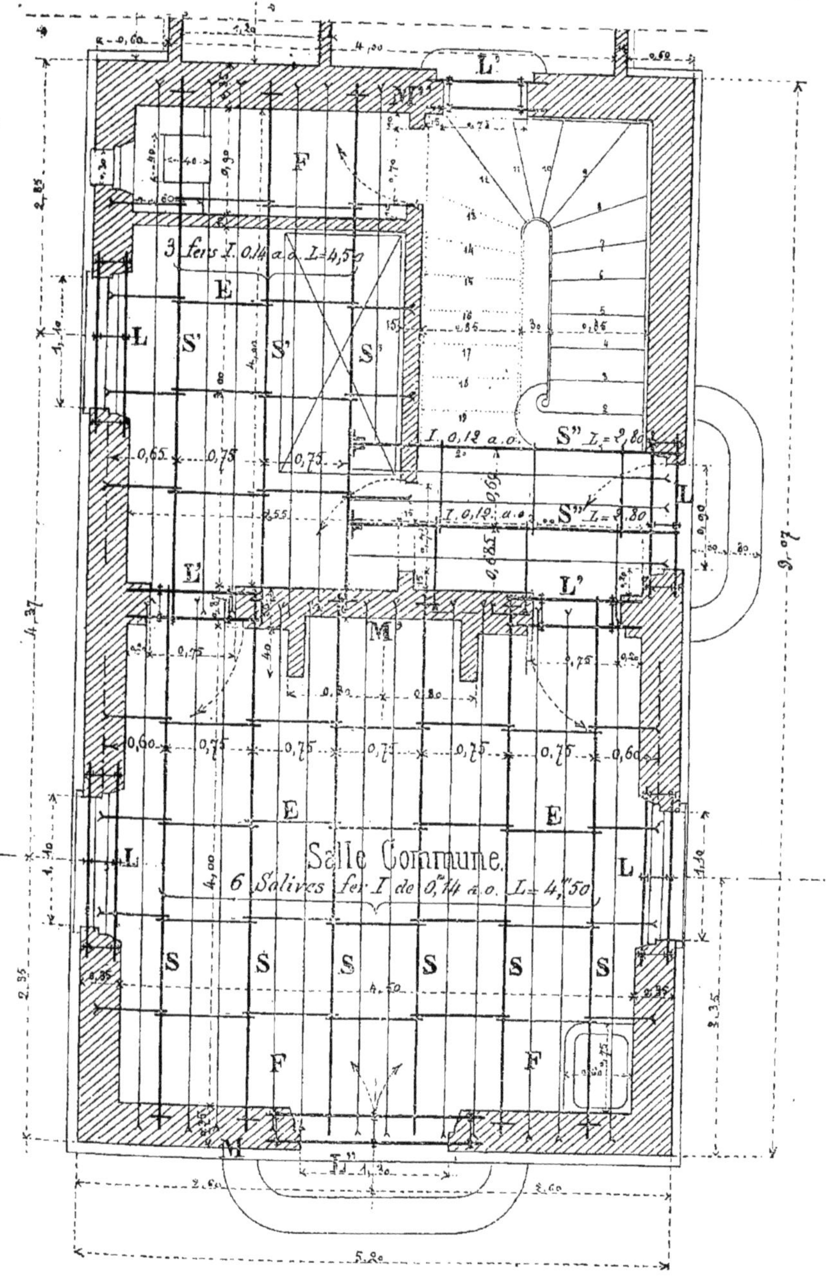

Fig. 598.

poterie spéciale de 0,20 sur 0,20.
Petite
Chambre.
Palier.
Grande Chambre

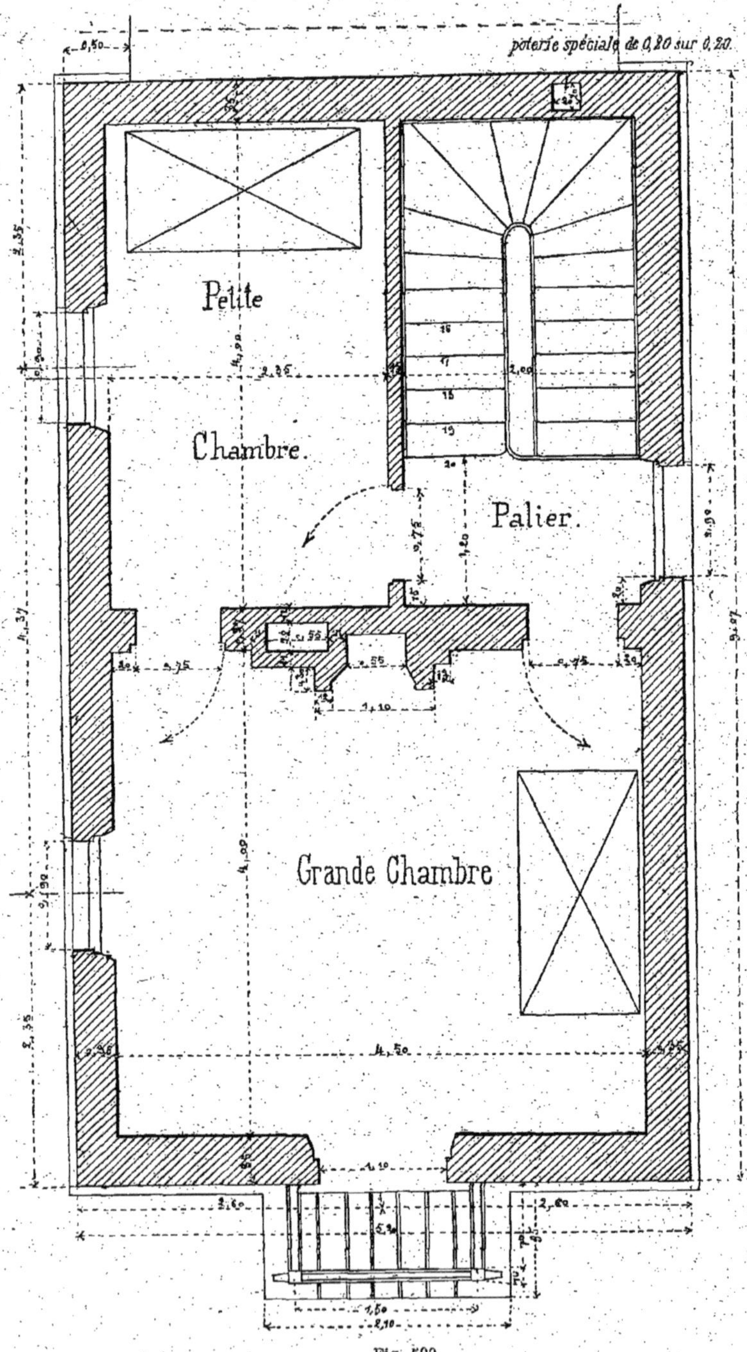

Fig. 599.

de $0^m,14$ a. o. pour la grande et la petite chambre et des solives de $0^m,12$ a. o pour le palier.

Les linteaux L ayant $0^m,90$ et $1^m,10$ de portée seront en fer I $0^m,12$ a. o.

Les linteaux L′ ayant $0^m,75$ de portee seront en fer I $0^m,10$ a o.

Enfin le linteau L″ ayant $1^m,30$ de portée sera en fer I $0^m,14$ a. o

Les entretoises seront en fer carré de $0^m,016$.

Les fentons seront en fer carré de $0^m,010$.

POIDS DES FERS ENTRANT DANS CE PLANCHER. Il peut être intéressant de montrer comment on peut trouver facilement le poids total des fers entrant dans ce plancher.

Les fers assemblés subissant une plus value sur les fers non assemblés, il y a lieu de les compter à part.

Fers non assemblés.

6 solives S fers I de $0^m,14$ a o, de $4^m,50$ de longueur.

2 solives S′ fers I de $0^m,14$ a, o de $4^m,50$ de longueur.

En tout huit solives fers I de $0^m,14$ a. o. de $4^m,50$.

Le fer I de $0^m,14$ pesant en moyenne 12 k. le mètre courant (Tableau page 143).

Nous aurons pour la longueur totale des solives :

$$8 \times 4^m,50 = 36^m,00$$

Poids total de ces solives :

$$36^m \times 12^k = 432^k 00$$

Fers assemblés.

solive S′ fer I de $0^m,14$, a. o. de $4^m,50$ de longueur.

2 solives S″ fer I de $0^m,12$, a. o. de $2^m,80$ de longueur.

Le fer I de $0^m,14$ pesant 12^k et le fer de $0^m,12$ pesant 10^k le mètre courant.

Nous aurons pour la solive :

S′ de $0^m,14$ a. o. $4^m,50 \times 12^k = 54^k,00$

Pour les 2 solives de $0^m,12$:

$$2 \times 2^m,80 \times 10^k = 56^k,00$$

Ensemble : $110^k,00$

Linteaux.

En admettant pour chacun de ces linteaux un portée de $0^m,20$ à chaque extrémité nous avons :

Linteaux L. — 2 B/ (1) I de $0^m,12$ a. o de $1^m,30$ de longueur ;

Linteaux L. — 6 B/ I de $0^m,12$ a. o, de $1^m,50$ de longueur ;

Linteaux L′. — 6 B/ I de $0^m,10$ a. o. de $1^m,15$ de longueur ;

Linteaux L″. — 2 B/ I de $0^m,14$ a. o. de $1^m,70$ de longueur.

Les poids de ces linteaux seront les suivants en prenant dans le tableau page 143 les poids moyens de chaque échantillon.

$$2 \times 1,30 \times 10^k = 26^k,00$$
$$6 \times 1,50 \times 10 = 90,00$$
$$6 \times 1,15 \times 9 = 62,10$$
$$2 \times 1,70 \times 12 = 40,80$$

Poids total des linteaux $218^k,90$

Boulons.

Prenons, pour la réunion des linteaux, des boulons de $0^m,014$ de diamètre. Ces boulons étant à quatre écrous. Cherchons :

1° Le poids des quatre écrous ;

2° Celui de la tige que nous ajouterons.

Dans le tableau de la page 110 nous trouvons qu'un boulon de $0^m,014$ de diamètre à deux écrous et ayant $0^m,04$ de longueur de tige pèse $0^k,130$, en déduisant de ce chiffre le poids de la tige nous aurons le poids des deux écrous.

Or, le fer rond de $0^m,014$ de diamètre pèse $1^k,185$ le mètre courant, donc le poids d'une tige de $0^m,04$ de longueur, sera :

$1^k,185 \times 0^m,04 = 0^k,047$. Retranchons ce poids de $0^k,130$ nous aurons :

$0^k,130 - 0^k,047 = 0^k,083$ pour le poids des deux écrous.

Le poids de chaque écrou employé pour les linteaux sera donc :

$$\frac{0^k,083}{2} = 0^k,041.$$

Les linteaux L, L′, L″ sont, pour des murs de $0^m,35$ d'épaisseur les fers seront espacés de $0^m,25$ d'axe en axe. Pour avoir la longueur des tiges des boulons ajoutons $0^m,05$ nous aurons $0^m,30$. Cherchons donc le poids d'une tige en fer rond de $0^m,014$ de diamètre et de $0^m,30$ de longueur, pour cela nous devons, comme nous l'avons déjà fait, multiplier $1^k,185$, poids du mètre

(1) Souvent dans les devis au lieu d'écrire *solives* on se contente de mettre le signe B/ qui veut dire *barres*

courant du fer rond de $0^m,014$, par $0^m,30$, ce qui donne :

$$1,184 \times 0,30 = 0^k,36.$$

Par suite, le poids total d'un boulon à quatre écrous pour les linteaux ci-dessus sera :

tige	$0^k,36$
4 écrous ($4 \times 0^k,041$) . . .	0, 164
Ensemble. .	$0^k,524.$

Il nous suffit maintenant, dans le plan (*fig.* 598), de compter le nombre de boulons servant à assembler les linteaux et de multiplier ce nombre par $0^k,524$.

Or, il y a vingt et un boulons d'assemblage ce qui donne :

$$21 \times 0^k,524 = 11^k,00.$$

Pour les boulons, servant à assembler les deux solives en S″ avec la première solive S′, nous les trouvons dans le tableau de la page 110.

Les plus petits fers à assembler ayant $0^m,12$ de hauteur, prenons des cornières de $\frac{60-60}{7}$ ayant $0^m,08$ de longueur pour les assembler ; les boulons d'assemblage auront alors, d'après le tableau ci-dessus, $0^m,012$ de diamètre et pèseront $0^k,08$ l'un. Comme il en faut six pour assembler les deux fers **I**. S″ à la solive S′ nous aurons :

$$6 \times 0^k,08 = 0^k,480$$

à ajouter au nombre précédent $11^k,00$ pour avoir le poids total des boulons utilisés dans ce plancher, soit :

$$11^k + 0^k,480 = 11^k,480 \text{ soit net } 11^k,500.$$

Entretoises.

Pour les entretoises nous prenons du fer carré de $0^m,016$ et nous admettons que les entretoises à scellements dans les murs pèsent autant que les entretoises courantes.

Cherchons, pour un écartement de $0^m,75$ et pour des fers **I** de $0^m,14$ a. o, le poids de chaque entretoise.

Le tableau de la page 147 nous donne immédiatement la solution en cherchant : dans la première colonne, fers **I** de $0^m,14$; dans la seconde, entretoise en fer carré de $0^m,016$; enfin, dans la colonne $0^m,75$ et en regard du nombre 0,016 de la deuxième colonne nous trouvons un poids de $2^k,26$ pour chaque entretoise.

En comptant dans le plan (*fig.* 598), le nombre des entretoises nous en trouvons quarante-quatre.

Leur poids sera : $44 \times 2^k,26 = 99^k,44$.

Pour la travée du palier de l'escalier, l'écartement peut-être pris égal à $0^m,70$, nous avons six entretoises, leur poids d'après le même tableau sera :

$$6 \times 2^k,16 = 12^k,96.$$

Le poids total des entretoises est donc :

$$99^k,44 + 12^k,96 = 112^k,40.$$

Fentons.

Les fentons sont en fer carré de $0^m,010$ dont le poids par mètre courant est de 0^k 77. Or, nous savons que ces fentons étant dirigés parallèlement aux solives, ont la même longueur que ces solives, nous aurons donc :

Grande chambre. .	$12 \times 4^m,50 =$	$54^m,00$
Petite chambre. . .	$6 \times 4\ ,50 =$	27 ,00
» » . . .	$1 \times 3\ ,00 =$	3 ,00
Palier.	$3 \times 2\ ,80 =$	8 ,40
Longueur totale des fentons. . .		$92^m,40$

En multipliant cette longueur par $0^k,77$ nous aurons le poids total des fentons soit :

$$92^m,40 \times 0^k,77 = 71^k,148$$

Cornières d'assemblage.

Dans ce plancher nous avons quatre cornières d'assemblage. Or, ces cornières ont $\frac{60\text{-}60}{7}$ et une longueur de $0^m,08$; leur poids, $0^k,50$ nous est donné dans le tableau de la page 110, comme nous en avons quatre, le poids total sera :

$$4 \times 0,50 = 2^k,00$$

Fers plats pour le calage des solives.

Ces fers plats servant à caler les solives sont indiqués dans le plan (*fig.* 598) par de petits traits perpendiculaires aux solives. Admettons, sous chacune des solives placées directement sur le mur, une cale pesant $1^k,00$, nous avons dans ce plan onze solives qui reposent directement sur les murs. Admettons 9 kilos de cales pour les linteaux éclisses et autres besoins, nous aurons pour ce petit plancher un poids total de 11 + 9 = 20 kilos de fers plats pour cales, etc...

En résumé, le plancher en fer étudié (*fig.* 598) comporte :

Fers non assemblés	432k,000
Fers assemblés.	110 ,000
Fers pour linteaux.	218 ,900
Boulons.	11 ,500
Entretoises.	112 ,400
Fentons.	71 ,148
Cornières.	2 ,000
Cales en fer plat.	20 ,000

Prix du plancher.

Il suffira donc, pour avoir le prix total de ce plancher, de multiplier chacun des nombres ci-dessus par les prix de série ci-dessous que nous admettrons comme simple renseignement et qui peuvent, suivant l'importance du travail et le cours des fers, subir un assez fort rabais. Ils peuvent aussi varier suivant les localités et les séries de prix de chaque pays.

Nous admettrons donc :

Fers non assemblés. .	37 fr.	les 100 kilos
Fers assemblés. . . .	44	»
Fers pour linteaux. .	44	»
Boulons.	60	»
Entretoises	44	»
Fentons:	30	»
Cornières.	40	»
Cales en fer plat . . .	35	»

D'après cela le prix total du plancher sera le suivant :

Fers non assemblés.	432k,00	× 37f.	=	159f.80
Fers assemblés.	110 ,00	× 44	=	48 40
Fers pour linteaux.	218 ,90	× 44	=	96 35
Boulons.	11 ,50	× 60	=	6 90
Entretoises. . .	112 ,40	× 44	=	49 45
Fentons.	71 ,148	× 30	=	21 35
Cales en fer plat	20 ,00	× 35	=	7 00
Prix total du plancher				389f.25

228. 2° *Étude du plancher haut des caves d'un hôtel particulier. — Emploi des boulons à quatre écrous.* — Comme deuxième exemple de plancher simple en fer, nous étudierons (*fig.* 600) le plancher bas du rez-de-chaussée ou plancher haut des caves d'un hôtel particulier, en admettant que l'une de ces caves est réservée pour l'installation d'un calorifère.

Du dessous de ce plancher et venant du calorifère partent une série de tuyaux servant à distribuer la chaleur aux différentes pièces de l'hôtel ; or ces tuyaux étant fixés directement au plafond des caves il ne doit pas y avoir, dans ce plancher, de linteaux en saillie pouvant gêner leur libre circulation.

Nous avons donc à étudier un plancher dont toutes les semelles inférieures des solives et des linteaux où passent des tuyaux se trouvent arasées sur un même plan horizontal. Ce plancher exigera, pour arriver à ce résultat, un certain nombre de solives assemblées, comme l'indique le croquis (*fig.* 600).

La disposition du rez-de-chaussée de l'hôtel est très simple, et sauf une cloison soutenue pas les deux solives C, le reste des divisions intérieures correspond aux murs tracés dans le plan des caves.

Ce plancher étant sur caves, nous adopterons, pour sa construction, le hourdis plein avec boulons d'écartement à quatre écrous.

Le tracé des solives et celui des boulons d'écartement ayant déjà été indiqué et étant très simple nous croyons inutile d'y revenir.

La fosse et son extraction étant voûtées, ce qu'on indique dans les plans par des cercles pointillés X et X', il n'y a pas de plancher à étudier en cet endroit.

En V le plan (*fig.* 600) indique le solivage nécessaire pour supporter une terrasse placée à 1 mètre de hauteur du sol extérieur.

Comme nous l'avons indiqué précédemment pour un petit plancher avec entretoises et fentons, nous donnerons, pour ce deuxième type de plancher, le poids total des fers et le prix approximatif du plancher en admettant ; pour les fers les dimensions cotées au plan ; pour les boulons à quatre écrous un diamètre de 0m,016 et pour les cornières d'assemblage les dimensions du commerce en rapport avec la hauteur des fers.

Pour plus de clarté nous mettrons tous

les détails des fers sous forme de tableau, ce qui nous permettra de collationner et au besoin **de vérifier très facilement tous les calculs.**

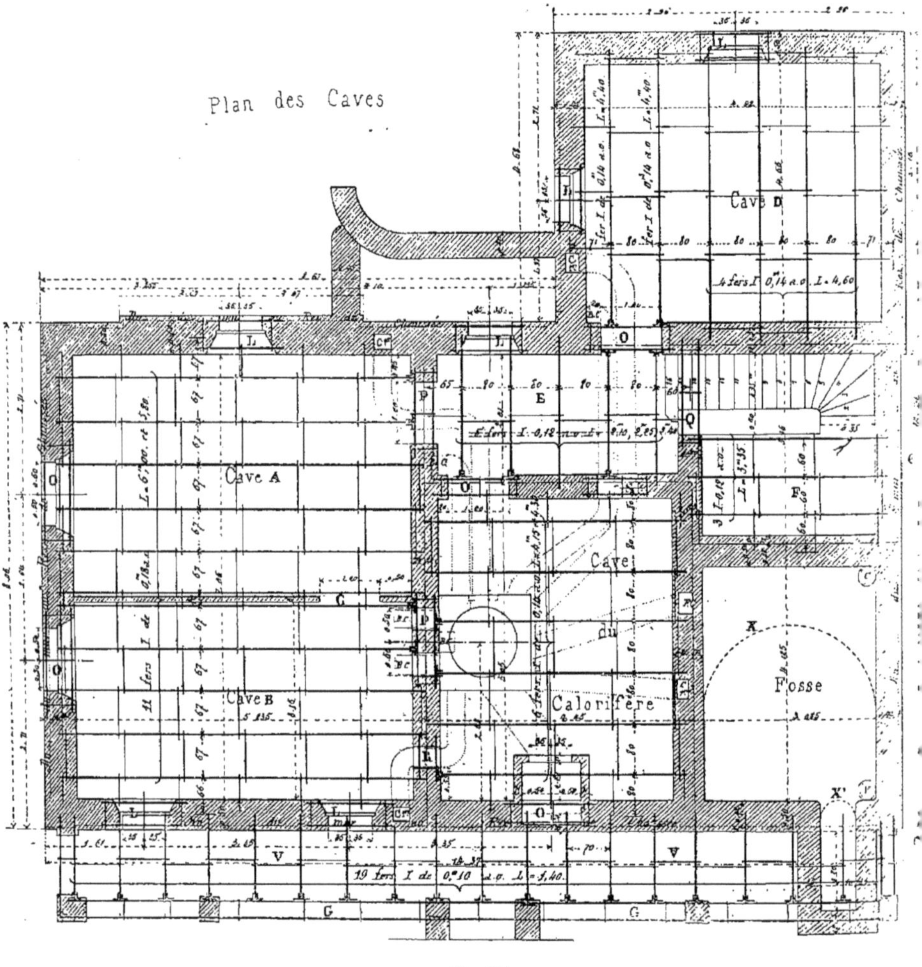

Plan des Caves

Fig. 600.

229. 3° *Plancher haut du rez-de-chaussée et plancher haut du premier étage d'un hôtel particulier. — Emploi des entretoises et des fentons.*

La figure 601 représente le plan du rez-de-chaussée d'un petit hôtel; sur ce plan, se trouvent tracées les solives du plancher bas du premier étage. Afin de ne pas trop compliquer les figures nous évitons de mettre des cotes ayant simplement pour but dans ce croquis et dans celui qui est représenté (*fig.* 602) (plan du 1er étage), d'indiquer les dispositions spéciales des solives dans les cas particuliers qui se pré-

TABLEAU DES FERS EMPLOYÉS DANS LE PLANCHER (*fig.* 600)

DÉSIGNATION	ÉCHANTILLON des FERS	NOMBRE DE SOLIVES	LONGUEUR DE CHAQUE BARRE	LONGUEUR TOTALE	POIDS au mètre courant DE L'ÉCHANTILLON CHOISI	POIDS TOTAL DES SOLIVES — AILES ORDINAIRES — non assemblées	POIDS TOTAL DES SOLIVES — AILES ORDINAIRES — assemblées	POIDS TOTAL DES SOLIVES — LARGES AILES — non assemblées	POIDS TOTAL DES SOLIVES — LARGES AILES — assemblées	LINTEAUX	BOULONS	CORNIÈRES D'ASSEMBLAGES	CALES, ÉCLISSES, etc.
	m.		m.	m.	k.	k.	k.		k.	k.	m.		k.
Caves A et B du plan	0.18 *a.o*	7	6.00	42.00	20.00	840.00					52.50	68 Cornières de 60 — 60 / 7 pesant chaque 0k.60	Ev. 50
Cave D	0.14 »	4	4.60	18.40	12.00	220.80					26.50		
Travée E	0.12 »	1	2.40	2.40	10.00	24.00					4.30		
Travée F	0.12 »	3	3.35	10.05	10.00	100.50					8.00		
Cave du calorifère	0.14 »	3	4.30	12.90	12.00	154.80					23.00		
Caves A et B	0.18 »	4	5.80	23.20	20.00		464.00						
Cave D	0.14 »	2	4.40	8.80	12.00		105.60						
Travée E	0.12 »	3	2.25	6.75	10.00		67.50						
»	0.12 »	1	2.10	2.10	10.00		21.00						
Cave du calorifère	0.14 »	3	4.15	12.45	12.00		149.40						
Travée V	0.10 »	19	1.40	26.60	9.00		239.40				13.60		
Filet G, retours	0.14 L.A	2	1.70	3.40	23.00				78.20				
Filet G en façade	0.14 »	2	7.60	15.20	23.00				349.60		4.55		
»	0.14 »	1	6.25	6.25	23.00				143.75				
»	0.14 »	1	6.00	6.00	23.00				138.00				
Linteaux L	0.10 *a.o*	12	1.40	16.80	9.00					151.20	9.00		
» O	0.14 »	10	1.50	15.00	12.00					180.00	7.50		
» P	0.14 »	4	1.50	6.00	12.00					72.00	3.00		
» Q	0.14 »	2	1.70	3.40	12.00					40.80	1.50		
» R	0.10 »	2	0.70	1.40	9.00					12.60	0.70		
» S	0.12 »	2	1.10	2.20	10.00					22.00	0.90		
Totaux		88				1340.10	1046.90		709.55	478.60	155.05	40k.80	50.00

PRIX TOTAL DU PLANCHER

DÉSIGNATION		NOMBRE TOTAL DE KILOS	PRIX AUX 0/0 KILOS	TOTAUX
		kil.	fr.	fr.
RÉSUMÉ..	Fers non assemblés a. o.	1 340.10	37.00	495.85
	Fers assemblés a. o.	1 046.90	44.00	460.60
	Fers assemblés L. A	709.55	48.00	340.60
	Fers pour linteaux a. o.	478.60	44.00	210.60
	Boulons d'écartement de 0m,016 de diamètre (155m,05 à 2 kilos le mètre).	310.10	60.00	186.00
	100 boulons d'assemblage pesant chaque 0k,08	8.00	70.00	56.00
	Cornières d'assemblage	40.80	40.00	16.30
	Cales, éclisses, etc.	50.00	35.00	17.50
		Prix total du plancher		1 783.45

sentent. Dans le plan (*fig.* 602) les fentons ne sont pas indiqués ; ils auraient une disposition analogue à ceux du plancher haut du rez-de-chaussée.

Nota : Il est très important de ne pas oublier que pour tracer le plancher de la figure 601, il faut toujours avoir devant soi le plan de l'étage placé immédiatement

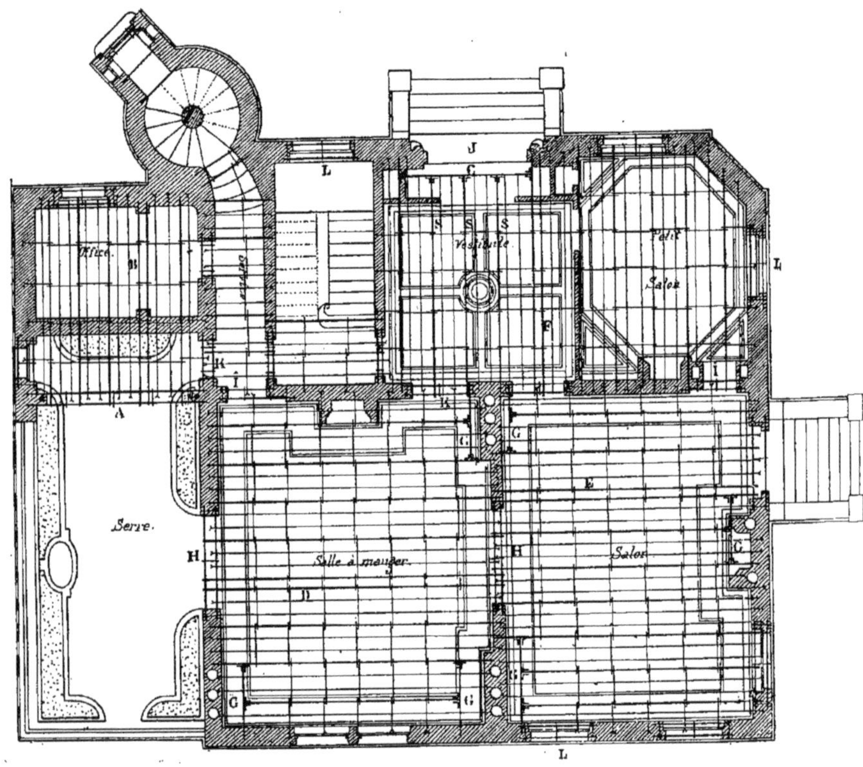

Fig. 601.

au-dessus (*fig.* 602), afin de bien voir quels sont les murs ou cloisons à porter sur des fers.

Les tracés des planchers que nous étudions paraissent souvent compliqués parce que les lignes du plan et des divisions intérieures se confondent quelquefois avec les lignes du plancher lui-même; pour rendre ce tracé très clair, nous engageons les constructeurs à faire sur un plan en noir, autographié ou dessiné, le tracé des solives en *rouge* ou en *bleu*. Il n'y aura alors, pour l'ouvrier chargé de la pose, aucune ambiguité.

Nous savons que commercialement les fers se trouvent en longueurs variant de $0^m,25$ en $0^m,25$. Si, par exemple, un fer a, d'après le calcul des cotes du plan, une longueur de $4^m,21$, il est évident qu'il faut laisser mettre au constructeur $4^m,25$, dimension qui lui sera comptée sur sa commande à l'usine. C'est le scellement dans le mur qui sera un peu augmenté. La coupe pour avoir le fer de longueur exacte, étant plus coûteuse que le morceau de fer mis en trop, il y a lieu dans bien des cas d'adopter cet excédent de longueur.

Dans le plan (*fig.* 601) le filet A est disposé pour recevoir le mur A' (*fig.* 602) placé immédiatement au-dessus ; les doubles solives B, D, E et F reçoivent également les murs ou cloisons B'D'E'F' de l'étage supérieur. Ces doubles solives sont réunies par des boulons.

Par la lettre G nous indiquons les chevêtres à poser pour que les solives ne tombent pas dans les tuyaux de fumée.

La lettre H nous montre des linteaux sur larges baies.

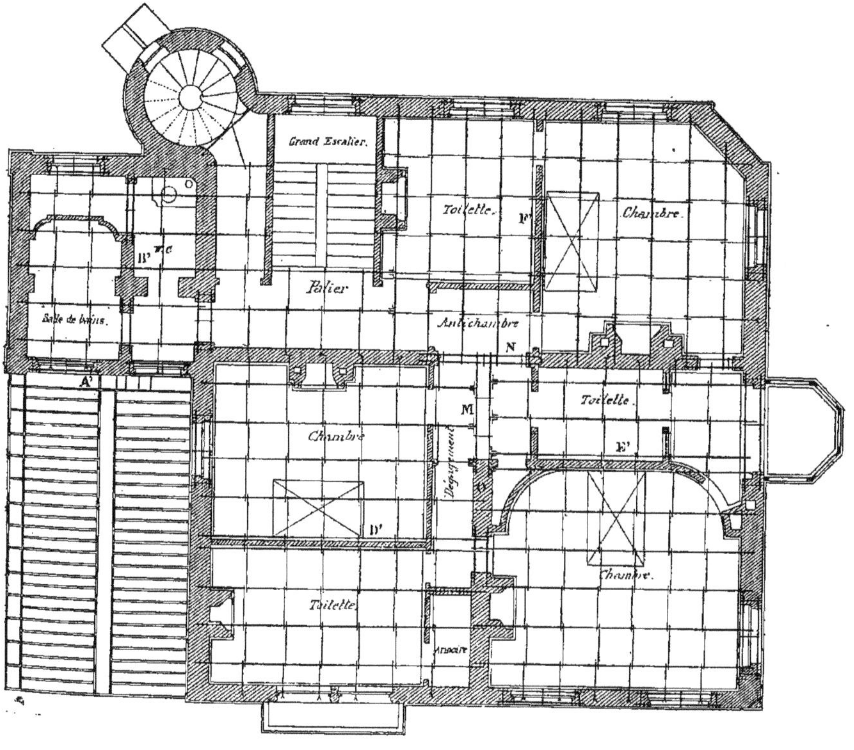

Fig. 602.

La lettre I nous donne un exemple d'un cas particulier de linteau où l'un des fers est plus long que l'autre.

En J nous avons une baie voûtée en pierre de taille dans laquelle il ne doit pas y avoir de scellement de fer, on est alors obligé de placer à une certaine distance du mur un chevêtre C recevant les solives S. Le détail de l'assemblage de ce chevêtre C avec les solives S est indiqué (*fig.* 603).

La lettre K nous indique des linteaux courants pour petites baies.

La lettre L montre les linteaux de croisées.

Dans le plan (*fig.* 602) en M nous avons

un filet reposant d'une part sur le mur O et d'autre part sur le linteau N.

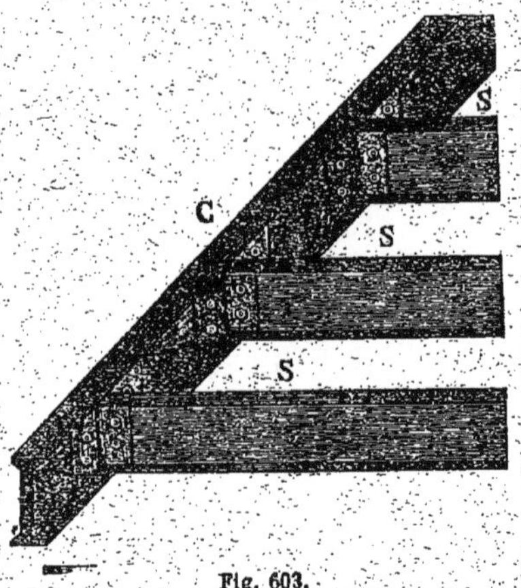

Fig. 603.

Le reste de l'installation de ces planchers n'offre rien de particulier et peut rentrer dans les exemples déjà examinés.

230. 4° *Planchers des maisons à loyers.* — L'étude des planchers d'une maison à loyers réclamant souvent des dispositions spéciales qu'on ne trouve pas dans les planchers simples des maisons de campagne et des hôtels, il est utile d'étudier complètement un type de ces planchers.

La figure 604 représente le plan des caves d'une maison à loyers construite à Paris. Sur ce plan, comprenant des sous-sols largement éclairés et les caves nécessaires pour les différentes locations, proposons-nous de tracer et d'étudier le plancher bas du rez-de-chaussée.

Nous indiquons dans cette figure les murs en limousinerie ordinaire, moellons ou meulières de préférence, par des hachures larges; partout où un point résistant est nécessaire nous avons placé des piles P en pierre représentées par des hachures plus serrées.

Les divisions des caves sont faites par des cloisons minces en briques creuses.

Dans les maisons à loyers de Paris, les sous-sols prenant beaucoup de place, il en résulte que le nombre des caves se trouve insuffisant; on est alors obligé, soit de faire un deuxième étage de caves, soit, comme nous l'avons fait ici dans la travée 9, d'établir des caves sous la cour *k* de la figure 605 représentant le plan du rez-de-chaussée de la maison à loyers que nous étudions.

TRACÉ DES SOLIVES DU PLANCHER BAS DU REZ-DE-CHAUSSÉE

Le plan (*fig.* 604) indique le tracé de ces solives; et nous avons désigné par des chiffres les différentes travées de ce plancher. Ces chiffres seront d'une très grande utilité pour l'ouvrier poseur, car, en les répétant à la craie sur les solives de chaque travée, cet ouvrier, muni d'un plan analogue à celui que nous indiquons en croquis et qu'on nomme souvent *plan de pose*, n'aura pas à hésiter.

Le tracé (*fig.* 604) comprend seulement les côtés indispensables pour la pose du plancher; les échantillons des fers et leurs longueurs étant, comme nous allons le faire, résumés dans un tableau annexé à ce plan.

Avant d'établir ce tableau voyons ce qu'il y a de particulier dans l'installation de chaque travée de ce plancher.

Travée 1.

Cette travée couvre un sous-sol dépendant de la boutique placée immédiatement au-dessus et ne comporte aucune communication avec le reste des caves; il est donc indispensable de réserver en O une ou deux ouvertures permettant d'établir dans l'une ou dans l'autre, au choix du locataire, un petit escalier donnant accès au sous-sol.

En V nous avons indiqué les larges trémies destinées à l'éclairage des sous-sols.

Travée 2.

Cette travée, placée au droit de l'entrée de la maison, ne présente rien de particulier à signaler.

Travée 3.

Dans cette travée nous avons encore une ouverture O destinée à l'installation d'un escalier et de larges trémies V servant à l'éclairage.

La disposition des solives est un peu différente des cas ordinaires; une première série de solives placées parallèlement aux murs de face et dont nous donnons les écartements, puis une seconde série, dont nous ne pouvons coter l'écartement, se trouve

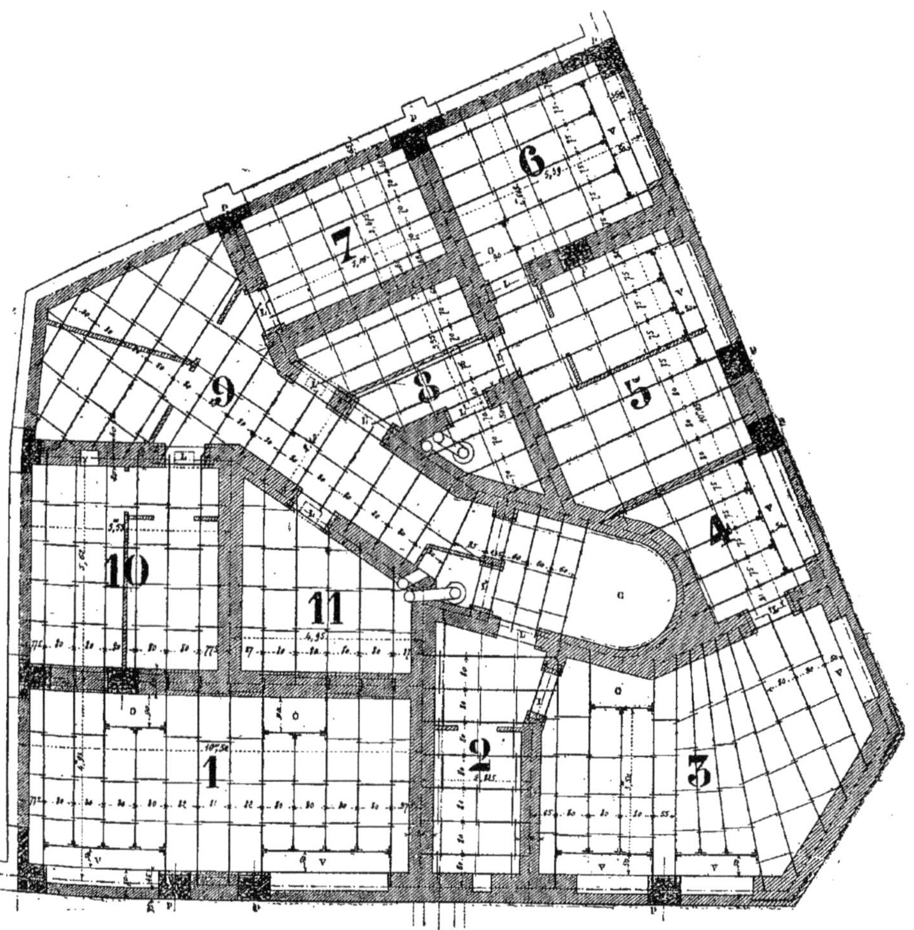

Fig. 604. — Plan du sous-sol. — Plancher bas du rez-de-chaussée.

disposée en éventail à cause du pan coupé. L'ouvrier poseur est, dans ce cas, chargé de faire convenablement la répartition des fers.

Travée 4.

Cette travée couvre un petit sous-sol annexé au grand sous-sol de la travée 3 et n'offre rien de particulier.

Travée 5.

Cette travée est occupée par deux caves, on y a placé une trémie V en prévision d'un agrandissement des sous-sol. Tant que les caves existeront cette trémie sera bouchée.

Travée 6.

Rien de particulier dans cette travée, elle peut indifféremment servir de sous-sol ou de cave ayant accès directement aux couloirs des caves.

Travées 7 et 8.

Ces deux travées, placées au-dessus de caves, de passage et de chambre à tinettes, n'offrent rien de particulier.

Travée 9.

Cette travée doit soutenir le pavage ou le bitume de la cour, rien de particulier dans la disposition des fers. La cage d'escalier C est complètement libre, sauf les quelques solives destinées à soutenir le palier.

Travées 10 et 11.

La travée 10 au-dessus de laquelle se trouve une arrière-boutique et la travée 11 recevant la loge du concierge nous montrent une disposition courante de solives placées parallèlement.

Nota.

Les planchers hauts des sous-sols des maisons à loyers doivent être étudiés avec soin car ils ont souvent de fortes charges à supporter. Un mercier peut en effet, dans la location d'une boutique, être remplacé par un constructeur de machines ; pour l'un, peu ou presque pas de charges sur les planchers, pour l'autre, les fortes charges de machines-outils ou autres appareils.

Il faut donc : calculer les planchers hauts des sous-sols, au minimum à 800 kilogrammes par mètre carré ; les hourder, non pas en platras et plâtres, mais en briques ou en meulières et ciment; de plus, employer pour maintenir l'écartement des fers, les boulons à quatre écrous.

Lorsque deux solives se rencontrent, bout à bout sur un mur de refend il faut en profiter pour les éclisser et les employer comme chainage, c'est ce que nous avons indiqué pour plusieurs solives des travées 1, 10 et 11.

Dans certaines travées, quelle que soit la longueur des barres, on conserve pour toutes le même échantillon en vue d'assez fortes charges.

Ayant trouvé, dans le tableau suivant le poids total des fers employés dans le plancher (*fig.* 604), nous pourrions, en opérant comme nous l'avons indiqué précédemment, trouver le prix de ce plancher.

Tracé des solives du plancher haut du rez-de-chaussée d'une maison a loyers.

La figure 605 nous donne en croquis le plan du rez-de-chaussée de la maison à loyers que nous étudions.

Dans ce plan nous avons :

En *d*, le couloir d'entrée de la maison ;

En *a*, *d'*, *f*, *g*, des boutiques en façade sur la rue ;

En *b* et *i*, des arrière-boutiques ;

En *h*, une cuisine pour l'une des boutiques *f* ou *g* et des WC, pour le rez-de-chaussée ;

En *c*, la loge du concierge ;

En *e*, la cage de l'escalier desservant les étages ;

En *k*, la cour.

Le plancher haut du rez-de-chaussée doit supporter ce qui se trouve au premier étage, il faut donc, pour le tracer, avoir devant soit le croquis (*fig.* 606) du plan des étages de cette maison. Le plan des divers étages est partout le même, il n'y a de modifications que pour l'étage des combles.

La première chose à faire c'est de tracer sur le plan, les poitrails de façade P, reposant sur des piles en pierre, indiquées comme dans le plan précédent par des hâchures serrées, et sur des colonnes en fonte C marquées par des cercles noirs. On place souvent en façade deux colonnes jumellées afin d'augmenter la stabilité et d'éviter les trop larges chapiteaux.

Les deux lames de ces poitrails sont, comme le montre la figure, rendues solidaires par des boulons à quatre écrous et fortement ancrées dans les piles en pierre de taille de la façade.

Les poitrails de refend P' sont traités

TABLEAU DES FERS DU PLANCHER HAUT DES CAVES D'UNE MAISON A LOYERS

DÉSIGNATION	ÉCHANTILLON DES FERS	NOMBRE DE SOLIVES	LONGUEUR de CHAQUE BARRE	LONGUEUR TOTALE	POIDS du MÈTRE COURANT	POIDS TOTAL DES SOLIVES AILES ORDINAIRES		LINTEAUX	BOULONS	CORNIÈRES D'ASSEMBLAGE	CALES, ÉCLISSES FOURRURES
						non assemblées	assemblées				
	m.		m.	m.	k.	k.	k.	k.	m.		k.
Travée n° 1.....	0.18 a.o.	2	4.75	9.50	20.00	190					
	»	4	4.75	19.00	»		380				
	»	4	4.00	16 00	»		320				
	»	2	2.85	5.70	»		114				
	»	2	3.20	6.40	»		128				
	»	2	1.60	3.20	»		64		28	32	50
Travée n° 2.....	0.12 a.o.	5	2.70	13.50	10.00	135					
	»	2	3.25	6.50	»	65					
	»	4	1.40	5.60	»			56	20		
Travée n° 3.....	0.22 a.o.	1	6.25	6.25	25.00		156				
	»	1	6.25	6.25	»	156					
	0.20 a.o.	1	5.25	5.25	22.00	116					
	»	1	4.75	4.75	»	105					
	»	1	4.25	4.25	»	94					
	»	3	5.50	16.50	»		363				
	»	1	4.80	4.80	»		106				
	»	2	5.10	10.20	»		225				
	»	1	3.60	3.60	»		79				
	»	1	2.40	2.40	»		53				
	»	1	2.05	2.05	»		45				
	»	1	1.60	1.60	»		35		30	22	65
Travée n° 4.....	0.14 a.o.	1	4.30	4.30	12.00		52				
	»	2	2.50	5.00	»		60				
	»	1	3.25	3.25	»		39				
	»	1	2.90	2.90	»		35				
	»	1	3.00	3.00	»		36				
	0.12 a.o.	2	1.40	2.80	10.00			28	7	10	20
Travée n° 5.....	0.18 a.o.	2	5.25	10.50	20.00	210					
	»	2	5.25	10.50	»		210				
	»	3	4.50	13.50	»		270				
	»	1	3.00	3.00	»		60				
	0.12 a.o.	2	1.40	2.80	10.00			28	21	10	25
Travée n° 6.....	0.16 a.o.	3	4.40	13.20	15.00		198				
	0.20 a.o.	1	5.25	5.25	22.00		116				
	0.16 a.o	1	4.00	4.00	15.00		60				
	»	1	3.00	3.00	15.00		45				
	0.14 a.o.	1	1.50	1.50	12.00		18		12	14	15
Travée n° 7.....	0.18 a.o.	4	5.00	20.00	20.00	400					
	0.12 a.o.	2	1.40	2.80	10.00			28	13		
Travée n° 8.....	0.18 a.o.	1	5.00	5.00	20.00	100					
	0.16 a.o.	1	4.30	4.30	15.00	65					
	»	1	4.00	4.00	»	60					
	»	1	3.50	3.50	»	53					
	0.14 a.o.	1	2.50	2 50	12.00	30					
	»	1	2.00	2.00	»	24					
	»	1	1.00	1.00	»	12					
	0.12 a.o.	6	1.40	8.40	10.00			84	14		25
Travée n° 9.....	0.14 a.o.	8	2.50	20.00	12.00	240					
	»	1	3.25	3.25	»	39					
	0.16 a.o.	1	4.25	4.25	15.00	64					
	0.18 a.o.	1	5.25	5 25	20.00	105					
	0.20 a.o.	2	6.00	12.00	22.00	264					
	0.18 a.o.	1	5.00	5.00	20.00	100					
	0.14 a.o.	1	2.25	2.25	12.00	27					
	»	5	2.75	13.75	»	165					
	0.12 a.o.	4	1.40	5.60	10.00			56	32		70
Travée n° 10.....	0.20 a.o.	6	5.40	32.40	22.00	713			20		15
Travée n° 11.....	0.16 a.o.	1	4.75	4.75	15.00	71					
	»	1	4.50	4.50	»	68					
	»	1	3.80	3.80	»	57					
	»	1	3.30	3.30	»	50					
	»	1	2.75	2.75	»	41			13		25
TOTAUX......		121				3 819	3 267	280	210	88	310

de la même manière ; lorsqu'ils ont une portée trop grande ils sont soutenus par une colonne C'. Dans certains cas, on loge des colonnes dans les murs comme nous le montrons en C''.

Ayant indiqué les poitrails, on trace ensuite tous les linteaux L et L' des baies. Lorsque deux baies sont placées très près l'une de l'autre on leur met, comme nous l'indiquons en L', un linteau commun.

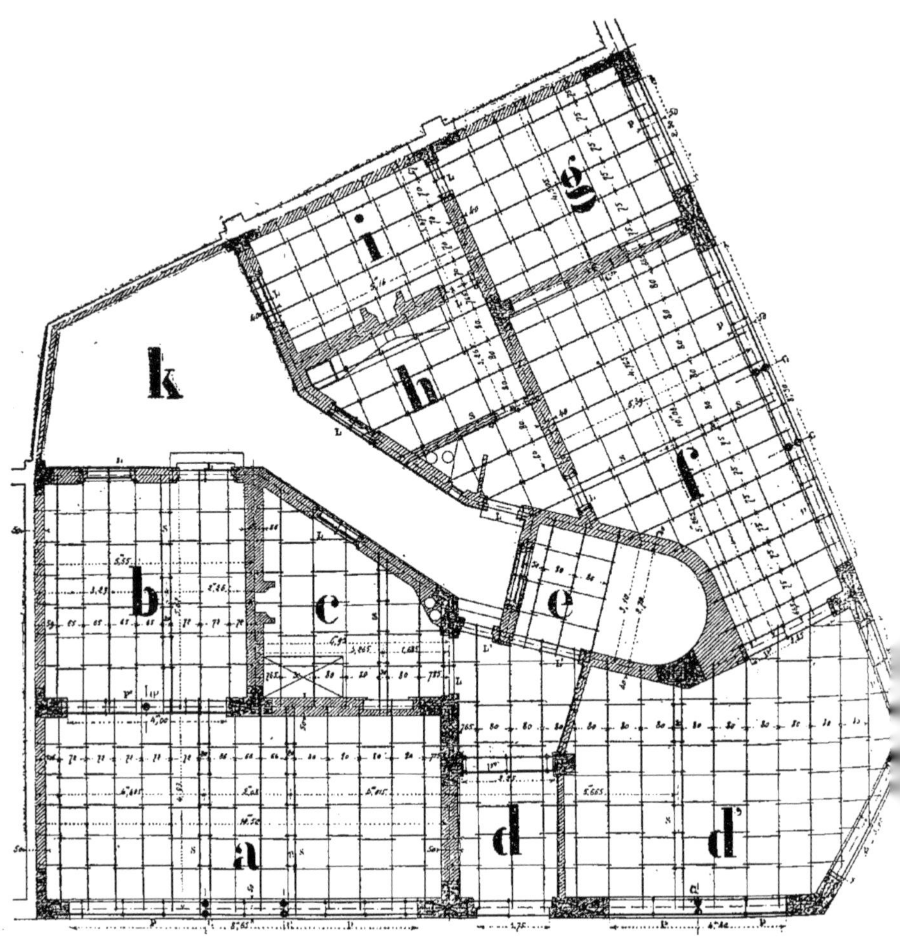

Fig. 605. — Plan du rez-de-chaussée. — Plancher bas du 1er étage.

Pour faire le tracé du plancher proprement dit, on commence par placer, sous chaque cloison à supporter, deux fers S espacés de $0^m,20$ d'axe en axe, puis on fait la division des autres solives une fois les fers des cloisons posés, car ce sont les plus importants.

On mettra toujours, comme nous le savons, une demi-travée le long des murs.

Nous résumons dans le tableau suivant les fers employés dans ce plancher.

TABLEAU DES FERS DU PLANCHER HAUT DU REZ-DE-CHAUSSÉE D'UNE MAISON A LOYERS

DÉSIGNATION	ÉCHANTILLON DES FERS	NOMBRE DE SOLIVES	LONGUEUR DE CHAQUE BARRE	LONGUEUR TOTALE	POIDS DU MÈTRE COURANT	POIDS TOTAL DES SOLIVES				LINTEAUX DE BAIES	NOMBRE OU LONGUEUR DE BOULONS d'assemblage ou d'écartement	CALES, ÉCLISSES FOURRURES
						AILES ORDINAIRES		LARGES AILES				
						non assemblées	assemblées	non assemblées	assemblées			
	m.		m.	m.	k.	k.			k.			k.
Travée *a*	0.16 a.o. 0.16 L.A. »	15 2 2	5.00 9.25 4.60	75.00 18.50 9.20	15.00 25.00 »	1 125			463 230		19	10.00
Travée *b*	0.18 a.o. 0.14 a.o. »	8 2 2	5.50 1.75 1.75	44.00 3.50 3.50	20.00 12.00 »	880				42 42	16	15.00
Travée *c*	0.16 a.o. » 0.14 a.o. » » » » »	1 1 1 2 1 1 2 2	5.50 4.70 4.20 3.75 3.00 1.50 1.75 1.85	5.50 4.70 4.20 7.50 3.00 1.50 3.50 3.70	15.00 » 12.00 » » » » »	83 71 51 90 36				18 42 45	10	25.00
Travée *d*	0.14 a.o. 0 20 L.A. 0.14 a.o. »	3 2 2 2	6.50 2.75 3.50 2.50	19.50 5.50 7.00 5.00	12.00 33.00 12.00 »	234			182	84 60	3	20.00
Travée *d'*	0.20 a.o. » » » » » » » » 0.20 L.A. » »	1 1 3 1 1 1 1 1 1 2 2 2	6.25 6.00 5.60 6.[illegible]0 6.25 6.50 7.00 6.30 5.00 5.25 3.60 2.80	6.25 6.00 16.80 6.00 6.25 6.50 7.00 6.30 5.00 10.50 7.20 5.60	22.00 » » » » » » » » 33.00 » »	138 132 370 132 1[illegible]8 143 154 139 110			347 238 185		17	50.00
Travée *e*	0.14 a.o. »	3 2	3.20 1.70	9.60 3.40	12.00 »	115				41	3	15.00
Travée *f*	0.20 L.A. 0.16 L.A. 0.18 a.o. 0.16 a.o. 0.12 a.o. »	2 2 8 5 2 2	9.00 3.00 5.50 3.60 1.50 1.70	18.00 6.00 44.00 18.00 3.00 3.40	33.00 25.00 20.00 15.00 10.00 »	880 270			594 150	30 34	19	12.00
Travée *g*	0.18 a.o. 0.20 L.A. 0.12 a.o.	5 2 2	5.50 3.40 1.50	27.50 6.80 3.00	20.00 33.00 10.00	550			225	30		15.00
Travée *h*	0.16 a.o. » » 0.14 a.o. » » »	1 1 1 2 1 1 4	5.20 4.50 4.25 3.50 3.00 2.50 1.70	5.20 4.50 4.25 7.00 3.00 2.50 6.80	15.00 » » 12.00 » » »	78 68 64 84 36 30				82	16m00 3	30.00
Travée *i*	0.16 a.o. 0.14 a.o. 0.10 a.o.	4 2 2	5.25 1.70 1.00	21.00 3.40 2.00	15.00 12.00 9.00	315				41 18		10.00
TOTAUX		122				6 516			2 614	609	90 boulons 16m00 de file de boulons 4 écrous	202.00

Les solives de ce plancher reposent simplement sur les poitrails P et P'.

Pour la construction de ce plancher, nous adoptons les entretoises et les *fentons, cependant,* pour réunir les deux fers S des cloisons on met des boulons à quatre écrous.

Dans les cuisines et les WC où il y a souvent de l'eau, on fait ordinairement, en ces endroits, un hourdis plein dans toute la hauteur des fers (meulières et ciment de préférence) on emploie alors, comme nous l'avons indiqué dans la travée *h* les boulons à quatre écrous pour remplacer les entretoises et les fentons.

Le reste du tracé des solives n'a rien de bien spécial et se comprend à la seule inspection de la figure.

Les cotes données dans ce plan sont celles qui sont indispensables pour la pose des solives; les lettres indiquant les travées serviront, comme précédemment, de repère à *l'ouvrier poseur.*

Dans cet exemple nous avons compté les poitrails comme fers larges ailes assemblés. Il nous resterait pour compléter ce tableau, à calculer le poids des entretoises et des fentons employés; ce calcul est très simple et a déjà été indiqué. Il faudrait aussi y ajouter le poids total du chaînage des murs qui, comme nous le savons, se fait avec des fers plats.

On obtiendrait aussi très facilement le prix de ce plancher en appliquant aux totaux ci-dessus les prix donnés précédemment pour d'autres planchers.

TRACÉ DES SOLIVES DES PLANCHERS DES ÉTAGES

Le plus généralement, dans les maisons à *loyers, les plans des* 1er, 2e, 3e, 4e et 5e étages sont identiques; le plan du 6e étage comprenant de petits logements et des chambres de bonnes est un peu différent.

Il nous suffira donc d'étudier un de ces planchers, celui du premier étage par exemple, pour connaître la disposition à adopter pour les autres.

La figure 606 nous indique en détails le tracé du plancher haut du premier étage de la maison à loyer que nous étudions.

Ce plan d'étage comprend deux appartements dont les différentes pièces sont *indiquées comme suit:*

A — Antichambres;
B — Salles à manger;
C — Salons;
D — Chambres à coucher;
E — *Cuisines;*
F — Cabinets d'aisances;
G — Cabinet de toilette;
H — Couloirs et dégagements;
I — Chambre de bonne;
J — Palier de l'escalier commun;
K — Cage de l'escalier.

Comme nous l'avons fait précédemment, nous avons divisé ce plancher en un certain nombre de travées pour les résumer facilement dans le tableau des fers qui va suivre. Mais, avant de tracer ce tableau, voyons les quelques particularités qui peuvent se présenter.

Nous adoptons pour ce plancher les entretoises et les fentons dans toute la surface en indiquant cependant pour l'une des cuisines et pour l'un des cabinets d'aisances *(travée 8) la solution* avec boulons à quatre écrous que nous conseillons. Mais, cette disposition n'étant pas toujours adoptée par les constructeurs, nous avons conservé pour l'autre cuisine et l'autre cabinet d'aisances de la travée 3, l'indication des entretoises et des fentons; on pourrait, aussi, faire le tracé, comme pour la travée 8, si on adoptait les boulons à quatre écrous.

Dans les baies de fenêtre sur rue, la façade étant en pierre de taille, nous avons indiqué un seul linteau N en fer ⌶ pour ne pas avoir à trop *entailler la* pierre. Le plus souvent, on y met deux petits linteaux en fer carré et les solives du plancher viennent se sceller directement dans la pierre.

Pour indiquer *le tracé de ce plancher* la première chose à faire, c'est de mettre bien en place les solives qui doivent, à chaque étage, soulager les cloisons. Or, dans ce plan, nous avons deux cas à examiner:

1° Les cloisons sont placées parallèlement aux solives;

2° Les cloisons sont placées perpendiculairement aux solives.

Dans le premier cas, nous savons qu'il suffit de placer sous les cloisons O (*fig.* 606) deux fers ⌶ espacés de 0m,20 d'axe en axe ; ces deux fers étant solidement réunis par des boulons à quatre écrous.

Ces cloisons, se répétant dans toute la hauteur des étages et se superposant, doivent néanmoins être soulagées, à chacun des différents étages, par deux fers ⌶, car, dans un bâtiment, une cloison légère

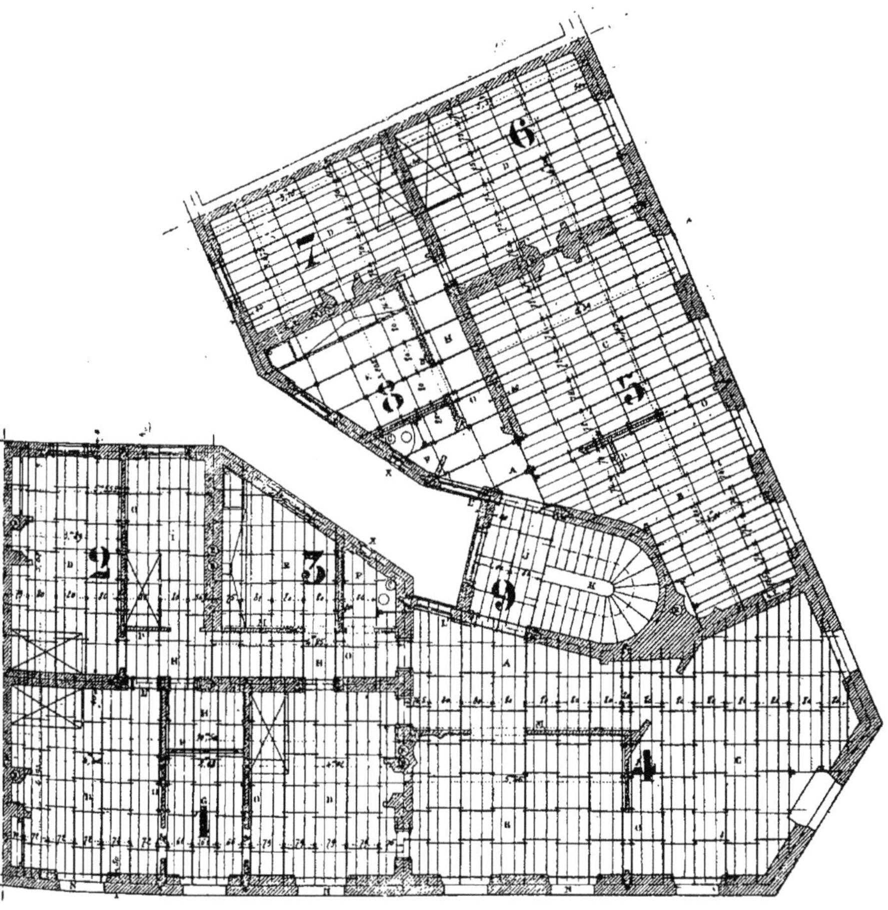

Fig. 606. — Plan des étages. — Planchers des étages.

doit pouvoir se supprimer sans altérer en rien ni la solidité des planchers ni celle de la construction. Le constructeur doit, en étudiant un plancher, supposer qu'à un moment donné et suivant les exigences des différents locataires, toutes les cloisons légères auront ou à se supprimer ou à changer de place.

TABLEAU DES FERS EMPLOYÉS DANS LES PLANCHERS (*fig.* 606).

DÉSIGNATION	ÉCHANTILLON DES FERS	NOMBRE DE SOLIVES	LONGUEUR de CHAQUE BARRE	LONGUEUR TOTALE	POIDS au mètre courant DE L'ÉCHANTILLON choisi	POIDS TOTAL des solives A AILES ORDINAIRES non assemblées	POIDS TOTAL des solives A AILES ORDINAIRES assemblées	LINTEAUX	BOULONS D'ÉCARTEMENT petits	BOULONS D'ÉCARTEMENT grands	CORNIÈRES D'ASSEMBLAGE	CALES ÉCLISSES etc.	ENTRETOISES DE 0.75	ENTRETOISES DE 0.80	FENTONS	FERS en U SOUS-CLOISON	ANCRES ET CHAINAGE
	m.		m.	m.	k.	k.	k.	k.		m.		k.			m.	k.	m.
Travée n° 1	0.16 a.o.	15	4.95	74.25	15.00	1 113.75											
	0.14 a.o.	3	1.75	5.25	12.00	63.00											
	»	2	2.25	4.50	»			54.00									
	»	6	1.25	7.50	»			90.00	18			20.00	45	25	130		25.00
Travée n° 2	0.18 a.o.	7	5.70	39.90	20.00	798.00											
	0.14 a.o.	1	1.50	1.50	12.00	18.00											
	»	4	1.50	6.00	»			72.00	10			5.00		42	70		16.00
Travée n° 3	0.18 a.o.	1	5.25	5.25	20.00	105.00											
	0.16 a.o.	1	4.75	4.75	15.00	71.25											
	»	1	4.25	4.25	»	64.00											
	0.14 a.o.	2	3.75	7.50	12.00	90.00											
	»	1	3.10	3.00	»		36.00										
	0.12 a.o.	1	1.25	1.25	10.00		12.50										
	0.10 a.o.	1	4.40	4.40	12.00											53.00	
	0.14 a.o.	2	1.50	3.00	12.00			36.00									
	0.08 a.o.	2	0.60	1.20	8.00			9.60									
	0.14 a.o.	2	1.25	2.50	12.00			30.00	8		2	15.00		25	40		8.00
Travée n° 4	0.20 a.o.	1	6.70	6.70	22.00												
	»	1	6.50	6.50	»												
	»	1	6.40	6.40	»												
	»	1	6.20	6.20	»	1 022 50											
	»	1	6.00	6.00	»												
	»	5	5.75	28.75	»												
	»	1	6.50	6.50	»												
	»	1	6.70	6.70	»		137.50										
	»	1	6.25	6.25	»		81.40										
	»	1	3.70	3.70	»												
	»	1	1.75	1.75	»	38.50											
	0.14 a.o.	4	1.75	7.00	12.00			84.00									
	0.16 a.o.	2	3.70	7.40	15.00			111.00									
	0.10 a.o.	1	5.50	5.50	12.00				12		4	25.00		82	150	66.00	24.00
Travée n° 5	0.18 a.o.	4	5.35	21.40	20.00	428.00											
	»	4	5.35	21.40	»	»	428.00										
	0.16 a.o.	1	4.50	4.50	15.00	68.00											
	»	1	3.75	3.75	»	56.75											
	0.14 a.o.	1	3.50	3.50	12.00	42.00											
	»	1	3.50	3.50	»		42.00										
	»	1	3.00	3.00	»		36.00										
	»	1	1.40	1.40	»		17.00										
	»	1	2.40	2.40	»		20.00										
	»	4	1.75	7.00	»			84.00	20		11	15.00		53	115		25.00
Travée n° 6	0.18 a.o.	5	5.35	26.75	20.00	535.00											
	0.12 a.o.	2	1.20	2.40	10.00			24.00									
	0.14 a.o.	1	1.70	1.70	12.00			20.40				5.00		30	54		15.00
Travée n° 7	0.18 a.o.	4	5.35	21.40	20.00	428.00		41.00									
	0.14 a.o.	2	1.70	3.40	12.00												
	»	1	1.50	1.50	»	18 00			2			5.00		25	45		15.00
Travée n° 8	0.10 a.o.	1	3.75	3.75	12.00											45.00	
	0.18 a.o.	1	5.10	5.10	20.00	102.00											
	0.16 a.o.	1	4.70	4.70	15.00	71.00											
	»	1	4.20	4.20	»	63.00											
	»	1	3.70	3.70	»	56.00											
	»	1	3.70	3.70	»		56.00										
	»	1	3.00	3.00	»		45.00										
	0.10 a.o.	1	0.80	0.80	9.00		7.00										
	0.12 a.o.	1	2.50	2.50	10.00		25.00										
	»	1	1.35	1.35	»		13.50										
	0.14 a.o.	2	1.70	3.40	12.00			41.00									
	0.16 a.o.	2	3.80	7.60	15.00			114.00									
	0.08 a.o.	2	0.60	1.20	8.00			10.00	18	16.00	8	10.00					15.00
Travée n° 9	0.14 a.o.	2	3.25	6.50	12.00	78 00											
	»	2	1.80	3.60	»			43.00	2			5.00		6			13.00
TOTAUX		127				6 929.75	965.90	864.00	90	16.00	25	105.00	45	288	719	164.00	156.00

PRIX TOTAL DU PLANCHER

DÉSIGNATION	NOMBRE TOTAL DE KILOS	PRIX AUX 0/0 KILOS	TOTAUX
	kil.	fr.	fr.
Fers non assemblés a.o.	5 929.75	37.00	2 194.00
Fers assemblés a.o.	965.90	44.00	425.00
Fers pour linteaux	864.00	44.00	380.00
Boulons d'écartement petits (90 à 0k50 en moyenne l'un)	45.00	70.00	31.50
Boulons d'écartement grands (16 mètres à 2k le mètre)	32.00	60.00	19.20
Cornières d'assemblage (25 à 0k60 l'une en moyenne)	15.00	40.00	6.00
Cales, éclisses, fourrures, etc.	105.00	35.00	36.75
Entretoises de 0.75 — 45 pesant en moyenne 2k30	104.00	44.00	45.75
Entretoises de 0.80 — 288 pesant en moyenne 2k50	720.00	44.00	31[illegible]
Fers en U sous cloison	164.00	38.00	6[illegible]
Fentons 719 mètres à 0 kil. 77 le mètre courant	554.00	30.00	16[illegible]
Ancres et chaînage, 156 mètres à 3 kil. 80 le mètre courant	893.00	44.00	260.[illegible]
		Prix total du plancher	1 964f 40

Dans le deuxième cas, les cloisons étant placées perpendiculairement aux solives, on peut opérer de deux manières; si la cloison est peu longue comme celles que nous indiquons en P (*fig.* 606) on se contente de les poser directement sur les fers et sur le hourdis; si, au contraire, la cloison est longue comme celles que nous indiquons en M (*fig.* 606), il faut alors, pour bien répartir la charge sur les solives, employer l'un des procédés suivants:

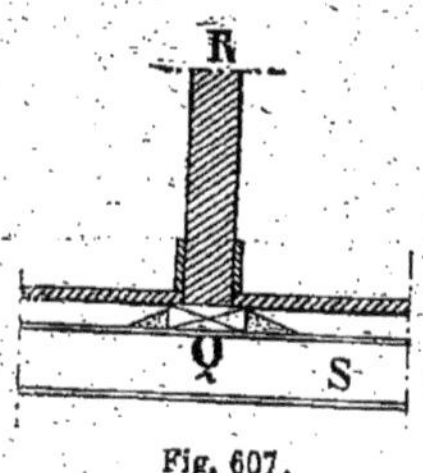

Fig. 607.

Placer sous la cloison R (*fig.* 607) et à plat sur les solives S, une semelle en bois Q sur laquelle on construira la cloison; cette semelle servira en même temps de lambourde pour la pose du parquet.

On peut aussi, lorsque les charges sont plus grandes, employer la disposition suivante: placer à plat sur les solives S (*fig.* 608), un fer en ∪ entre les ailes duquel on construira la cloison V.

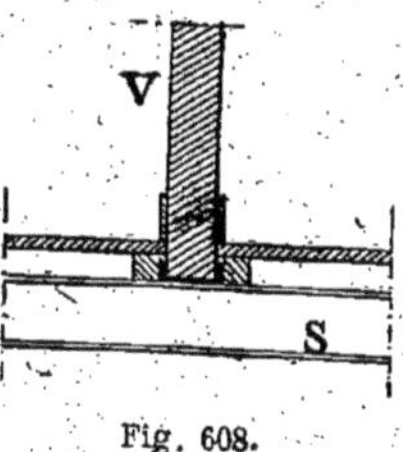

Fig. 608.

Le reste de la construction de ce plancher ne présente rien de bien particulier, il faut prévoir à chaque étage et dans chaque plancher, un chaînage général des murs, ce chaînage, dont nous avons décrit précédemment le principe, n'a pas été indiqué sur le plan (*fig.* 606) pour ne pas trop compliquer le tracé.

Les linteaux L' comprenant deux baies seront ancrés solidement à chaque extrémité et serviront de lien entre les deux murs sur lesquels ils reposent.

Toutes les fois que cela sera possible, on se servira des deux fers I soutenant les cloisons O pour relier les deux murs qui les supportent à l'aide d'ancrages. Il sera aussi très bon d'ancrer quelques solives courantes pour bien relier les murs.

Les petits linteaux X sur les baies des WC se font souvent en fers carrés de 40 millimètres au lieu de fer I.

TABLEAU DES FERS DES DIFFÉRENTS ÉTAGES D'UNE MAISON A LOYERS

Le tableau précédent nous donne le résumé complet et le prix des fers qui entrent dans un plancher courant de maisons à loyers ordinaires.

TRACÉ DU PLANCHER HAUT DU 5e ÉTAGE

Le plancher haut du 5e étage que nous indiquons (*fig.* 609) est un peu différent du plancher des étages courants, car il doit supporter le sixième étage, représenté en croquis (*fig.* 610) et dans lequel il existe un certain nombre de cloisons de distribution réclamées par les petits logements et les chambres de bonne.

Il comporte, en outre, tous les tuyaux de fumée des étages inférieurs, ce qui oblige souvent à prendre des dispositions spéciales.

Voyons, comme précédemment, ce qu'il y a de particulier dans ce plancher

Travée 1.

Les deux cloisons O' placées dans la travée 1 du plan (*fig.* 610) sont supportées en dessous par deux fers I espacés de $0^m,20$ d'axe en axe et indiqués en O dans le plan (*fig.* 609); le reste de la disposition des fers ne présente rien de particulier.

Travée 2.

Même disposition que pour le plancher des autres étages.

Travée 3.

Le plan du sixième indiquant deux cabinets d'aisances, il a fallu mettre quatre fers O' pour supporter les deux cloisons.

Travée 4.

Cette travée doit, à cause de la cloison Y' du plan (*fig.* 610), et du grand nombre de tuyaux de fumée placés dans le mur Z, nécessiter une disposition spéciale que nous indiquons (*fig.* 609).

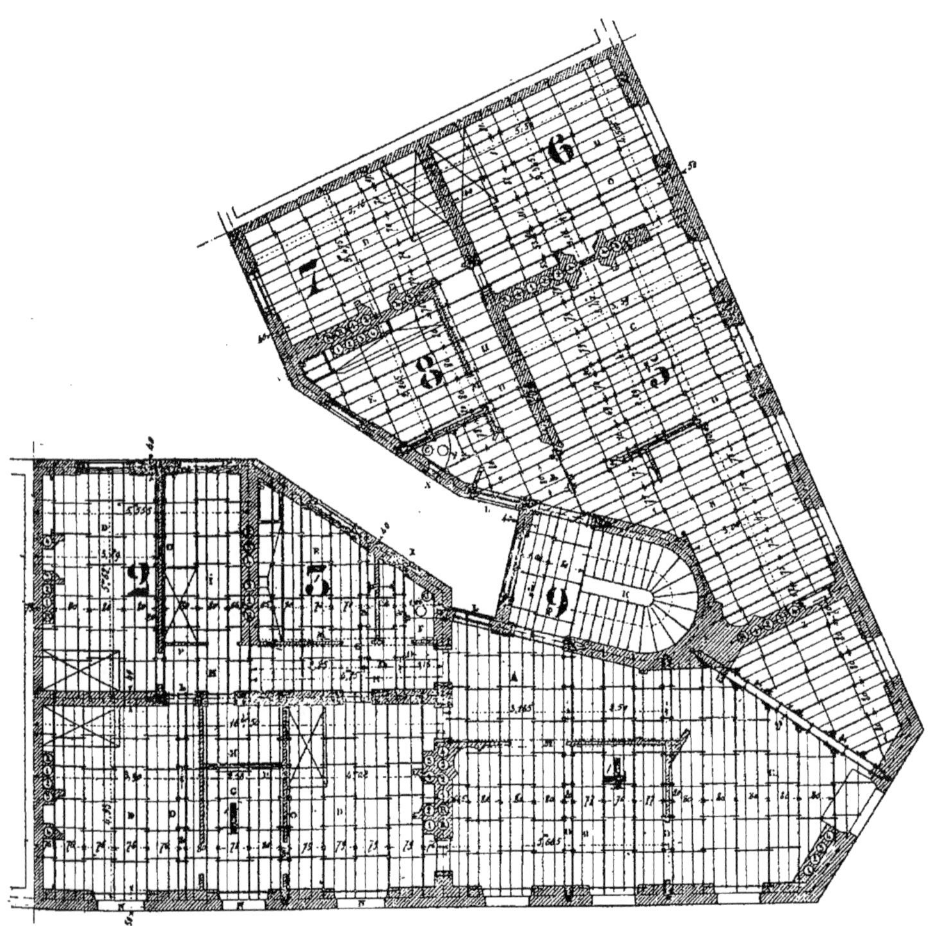

Fig. 609. — Plan du 5e étage. — Plancher bas du 6e étage.

Deux solives Y espacées de 0m,20 d'axe en axe et solidement ancrées dans le mur de face et dans le mur de la cage d'escalier soutiennent la cloison Y' du plan du sixième étage. Sur ces solives viennent s'assembler les solives couvrant le pan coupé. Le reste de la disposition ne présente rien de particulier à signaler.

Travées 5, 6, 7, 8, 9.

Ces travées, à part quelques doubles fers supportant des cloisons, sont identiques à celles des étages courants, il est donc inutile d'y revenir.

Le tableau des fers de ce plancher ayant beaucoup d'analogie avec celui qui vient d'être étudié n'offrirait pas d'intérêt à être indiqué.

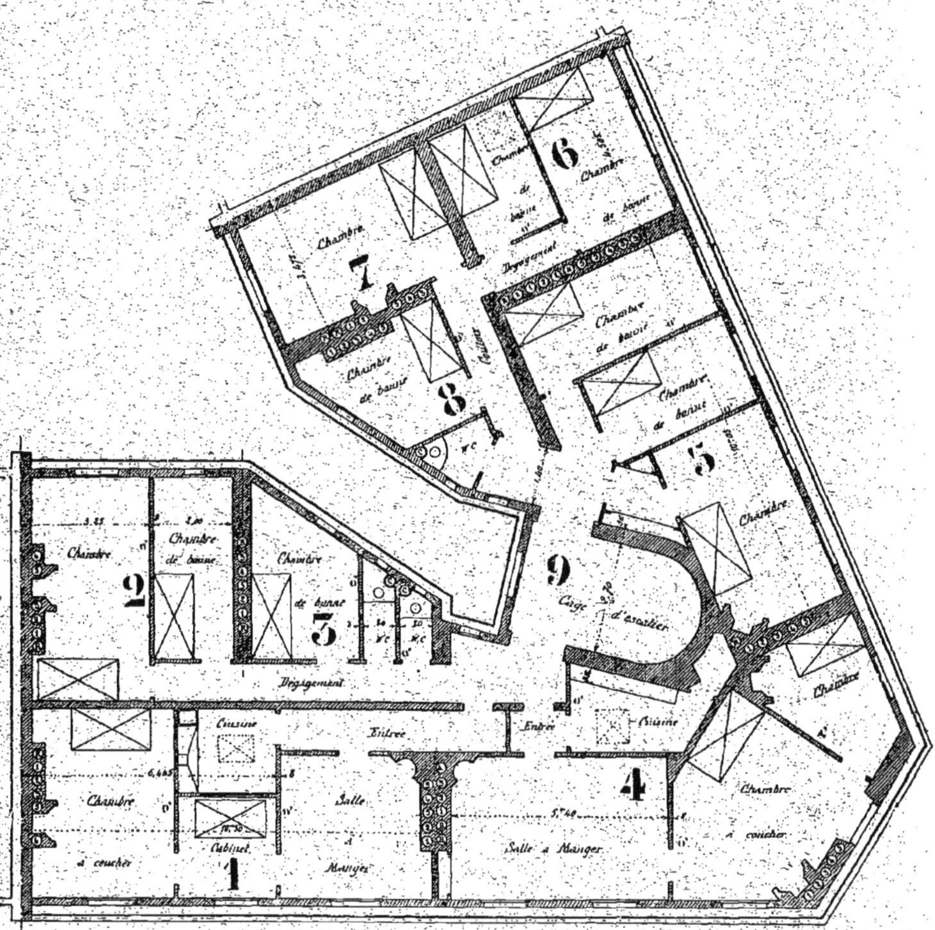

Fig. 610. — Plan du 6e étage.

PLAN DU SIXIÈME ÉTAGE

Le plan du sixième étage se comprend facilement à la seule inspection de la figure 610. Nous n'avons pas à nous occuper du plancher haut de cet étage qui s'exécute presque toujours en bois et qui s'étudie par le charpentier en même temps que le comble du bâtiment.

VI. — Planchers en fer composés de poutres et de solives.

231. Nous avons examiné précédemment les différentes dispositions de planchers simples le plus souvent formés de solives placées parallèlement et reposant librement à leurs deux extrémités, soit sur des murs, soit sur des poitrails ; proposons-nous maintenant, la distance dans œuvre entre les murs étant trop grande pour nous servir avantageusenent des solives du commerce, d'étudier des planchers composés de poutres et de solives.

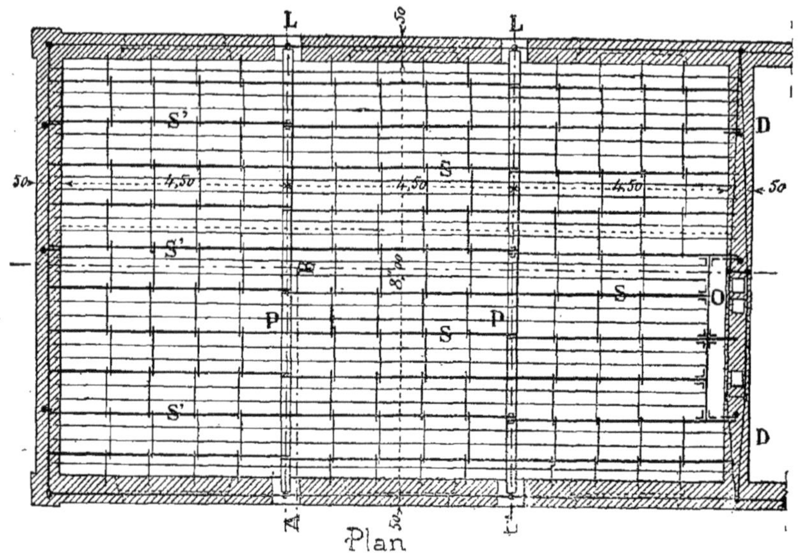

Fig. 611.

Suivant la disposition des solives par rapport aux poutres, nous avons à examiner les deux cas principaux désignés ci-après :

1° Planchers en fer composés de poutres et de solives, ces dernières étant simplement posées sur les poutres ;

2° Planchers en fers composés de poutres et de solives, ces dernières étant assemblées avec les poutres.

1° Le premier exemple est indiqué en plan (*fig.* 611); une grande salle de 8 mètres de largeur dans-œuvre et de 13m,50 de longueur doit recevoir un plancher en fer n'ayant aucun support intermédiaire. Pour construire ce plancher, divisons la longueur totale en trois parties égales ; ces divisions formant des travées de 4m,50 d'axe en axe représentent ainsi l'écartement entre deux poutres et, par suite la portée des solives qui, dans cet exemple, sont placées perpendiculairement aux poutres.

Le plus ordinairement, dans ces espèces de planchers, on admet un écartement de 4 mètres à 4m,50 d'axe en axe des poutres, ce qui permet d'employer des fers I de 0m,14 ou de 0m,16.a.o. du commerce espacés de 0m,75 à 0m,80, ces fers travaillant dans de bonnes conditions.

Dans le croquis (*fig.* 611), les poutres sont indiquées par la lettre P. Ces poutres qui, par l'intermédiaire d'une semelle en fonte, reposent sur des pierres de taille L noyées dans la limousinerie ordinaire reçoivent, perpendiculairement à leur direction, une série de solives S espacées de 0m,80 d'axe en axe et maintenues à l'écartement régulier par une série d'entretoises, comme celles que nous avons déjà eu l'occasion de décrire.

En O se trouve l'indication de la disposition à prendre pour éviter la rencontre de tuyaux de fumée.

Comme l'indique le croquis, les solives reposent simplement sur les poutres et comme ces solives ne peuvent avoir, d'une seule pièce, la longueur du bâtiment il est bon, comme nous l'avons indiqué, de faire chevaucher les parties interrompues ; les solives auront alors, tantôt 9 mètres de longueur d'un seul morceau et tantôt 4m,50 seulement.

CHAINAGE DU BATIMENT

Le chaînage du bâtiment est complètement indiqué dans le plan (*fig.* 611). Le chaînage des murs est très simple, il consiste à placer sur tout le développement de ces murs des fers plats de $^{55}/_{9}$ ancrés au passage des poutres et aux quatre angles des murs. Le chaînage spécial du mur D nous montre la disposition à prendre lorsqu'un mur comporte des tuyaux de fumée.

La chaîne est alors divisée en deux parties se plaçant à droite et à gauche des tuyaux de fumée, disposition qu'il sera toujours facile d'obtenir.

Le plancher lui-même nous permet

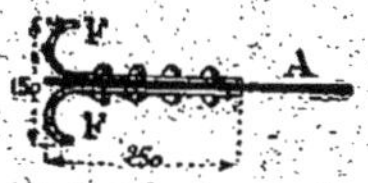

Fig. 612.

aussi d'établir un chaînage très sérieux en nous servant des poutres et des solives, Le chaînage transversal est obtenu par l'ancrage dans les murs de chaque extrémité de poutre. Le chaînage longitudinal est obtenu par la réunion de quelques solives telles que S' ancrées à leurs extrémités dans les murs et reliées ensemble à leur passage sur les poutres.

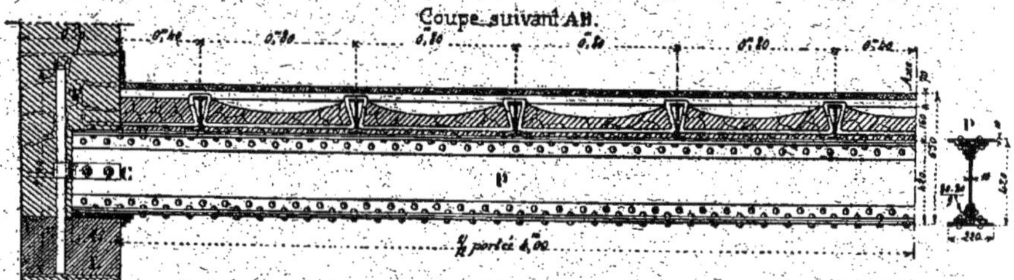

Fig. 613.

Lorsque les solives ont une assez grande hauteur, ou même pour les poutres en tôle et cornières, certains constructeurs emploient l'ancrage indiqué par la figure 612, qui consiste à fixer, à l'aide de rivets, sur l'âme A de la solive ou de la poutre, deux fers plats F coudés en forme de queue de carpe et qu'on noie dans la maçonnerie.

La figure 613 nous indique à grande échelle la demi-coupe transversale suivant AB du plancher (*fig.* 611). Cette coupe montre bien clairement le scellement et l'ancrage de chaque extrémité de la poutre P dans le mur. Cet ancrage, composé d'une tige T et d'un fer plat C formant collier a déjà été décrit, nous n'y reviendrons pas.

Dans cet exemple nous avons supposé le cas ordinaire d'un plancher avec entretoises, fentons et hourdis en augets ; les solives ne sont pas apparentes, la poutre seule fait soffite.

Comme deuxième disposition, nous indiquons (*fig.* 614) le cas d'un plancher avec petites voûtes en briques, les solives et les poutres devant rester apparentes en dessous. Pour adopter cette disposition, les solives doivent avoir entre elles une division bien régulière, aussi est-il indispensable de placer la première solive S contre le mur, de manière que son aile inférieure soit visible au plafond de la pièce du dessous.

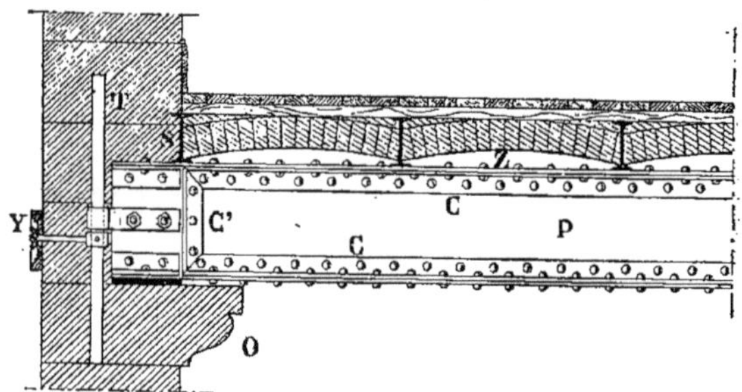

Fig. 614.

Avec ce mode de construction il reste entre la partie haute de la voûte et le dessus de la poutre, un espace vide Z généralement rempli de maçonnerie ou bouché par une petite tôle fixée sur la plate-bande supérieure de la poutre.

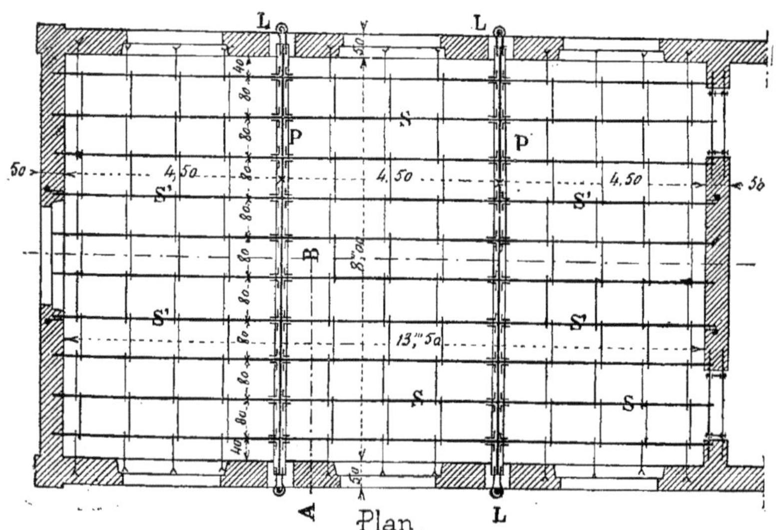

Fig. 615.

La poutre devant former décoration dans la grande salle, il sera bon de mettre un corbeau en pierre O sur lequel elle semblera reposer et de retourner les cornières C en C′ pour former encadrement.

En Y nous indiquons la possibilité de mettre des ancres visibles, à l'extérieur du bâtiment. Le reste de la disposition donnée par cette coupe se comprend à la seule inspection de la figure. Au lieu de petites voûtes en briques on aurait pu également employer les terres cuites du commerce, décrites précédemment.

2° Le deuxième exemple, indiqué en croquis (*fig.* 615) nous montre également

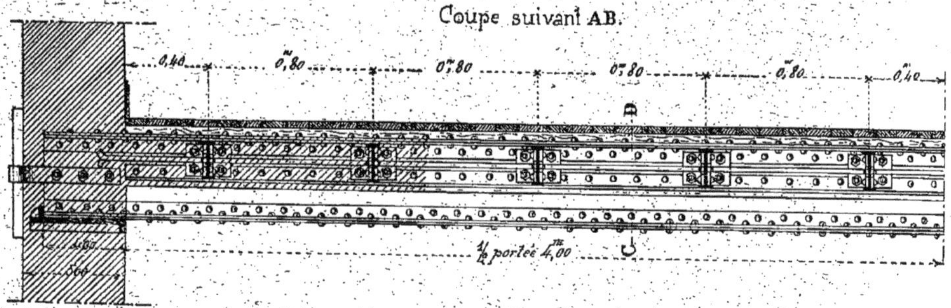

Fig. 616.

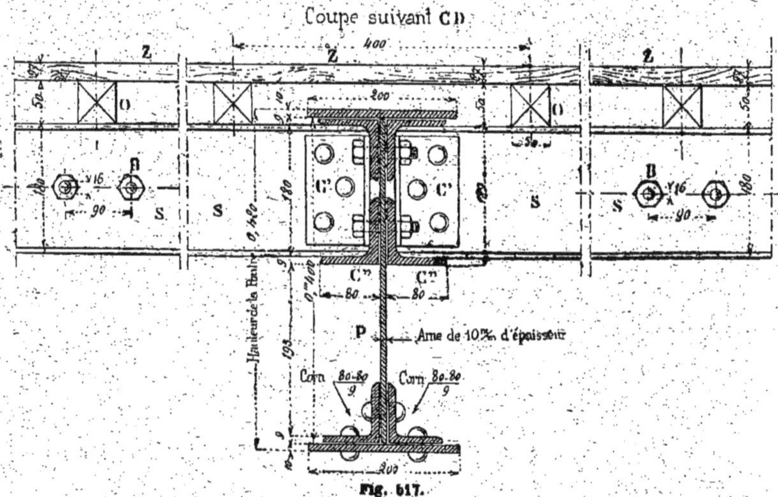

Fig. 617.

une grande salle ayant les mêmes dimensions que la précédente.

Le plancher de cette grande salle est encore formé de poutres et de solives, ces dernières étant assemblées avec les poutres.

Les poutres et un certain nombre de solives S′ sont utilisées comme moyen de chaînage. Les ancres, placées à chaque extrémité des poutres, ont été supposées apparentes extérieurement, devant servir d motif décoratif.

L'écartement fixe entre les solives est assuré par des boulons à quatre écrous noyés dans un hourdis plein.

La figure 616 donne, à plus grande échelle, la coupe transversale du plancher indiqué (*fig.* 615).

La figure 617 donne également à grande échelle la coupe longitudinale du plancher montrant la section des poutres.

Afin de rendre le dessin plus net nous avons supposé le hourdis enlevé.

Dans cette figure, la poutre est indiquée par la lettre P, elle a 0^m,420 de hauteur totale et elle est composée d'une âme de $^{400}/_{10}$, de quatre cornières de $\frac{80-80}{9}$ et de deux tables horizontales de $^{200}/_{10}$.

Comme le montre cette figure, les solives S du plancher sont assemblées à la partie haute de la poutre de manière à diminuer la hauteur du hourdis, dans ce cas, la partie inférieure de la poutre sera seule visible dans la pièce du dessous.

Les cornières C′ sont fixées sur les

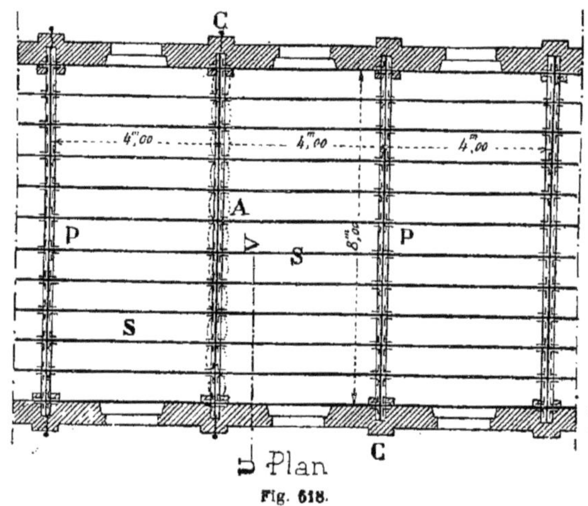

Fig. 618.

solives par trois rivets et sur l'âme de la poutre par deux boulons.

Les solives S reposent par leur partie inférieure sur des cornières C″ de $\frac{80-80}{9}$ fixées sur l'âme de la poutre.

Les lambourdes O soutenant le parquet ont $^{50}/_{50}$ millimètres de section ; elles sont espacées de 0^m,40 d'axe en axe. Sur ces lambourdes on fixe un parquet en chêne Z de 27 millimètres d'épaisseur.

Les boulons B, servant à maintenir l'écartement des solives, sont indiqués dans cette coupe ; ils ont 0^m,016 de diamètre et sont espacés de 90 millimètres d'axe en axe.

Comme variante de ce deuxième exemple de planchers assemblés nous donnons (*fig.* 618, 619 et 620, trois croquis de plancher en fer composé de poutres et de solives, ces dernières étant assemblées au milieu de la hauteur de la poutre.

Comme nous supposons un hourdis apparent en dessous et formé, soit de petites voûtes en briques, soit avec des terres cuites, il est nécessaire, comme nous le savons, de placer une solive au nu du mur, comme le montre la coupe transversale (*fig.* 619).

Dans cette coupe, nous avons montré la position des lambourdes L qui, dans ce cas particulier, devront avoir un équarrissage suffisant pour araser la partie haute des rivets de la plate bande supérieure. Lorsque la hauteur des lambourdes devient exagérée il est préférable de continuer le hourdis un peu au dessus des solives S et d'adopter les lambourdes ordinaires.

Dans cet exemple, nous avons supposé, sous les poutres P, des contreforts C qui peuvent exister, soit intérieurement, soit extérieurement et, dans certains cas, des deux côtés.

Dans le plan (*fig.* 618), afin de montrer que le hourdis sera fait par de petites voûtes, on indique comme nous l'avons fait en A, de petits arcs de cercle en pointillé.

La figure 620 nous donne à grande

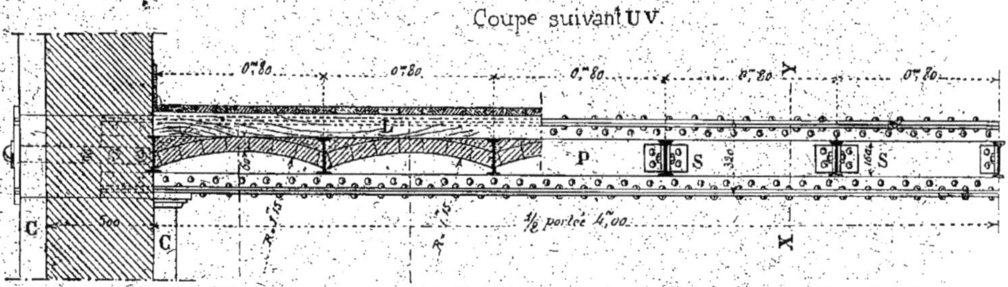

Fig. 619.

échelle les dimensions de la poutre P, et le moyen employé pour assembler les solives S.

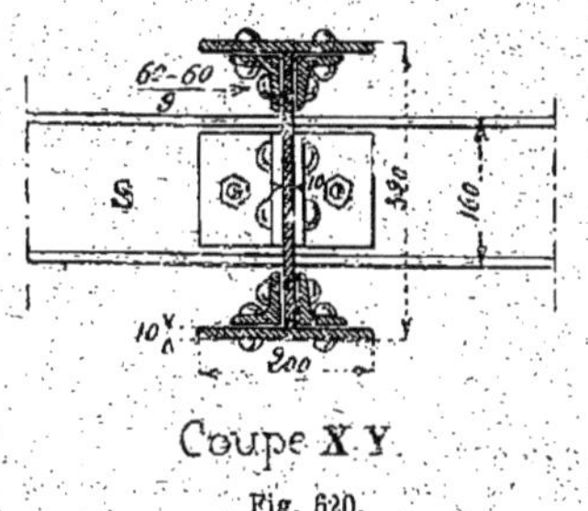

Coupe X Y

Fig. 620.

VII. — Planchers d'usines et de bâtiments industriels.

232. Dans l'étude de ces planchers il faut tenir compte :

1° Des lourdes charges, souvent accumulées en divers points des planchers ;

2° De la possibilité d'établir des arbres de transmission de mouvement ;

3° De la nécessité de faire une installation à la fois solide et économique.

Ces diverses raisons conduisent le constructeur à employer des points d'appui assez rapprochés ; les arbres de transmission exigent en effet des supports tous les 4 mètres environ, nous devrons donc nous rapprocher de ce chiffre pour l'écartement d'axe en axe des poutres. Dans l'autre sens, qui fixera la portée des solives, il

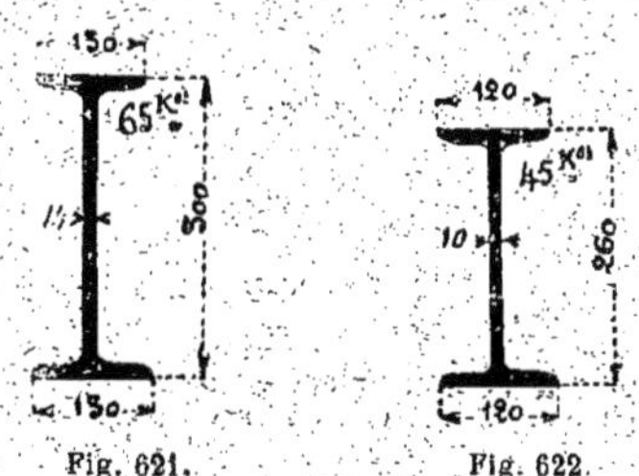

Fig. 621. Fig. 622.

sera bon de ne pas dépasser 4 mètres à 4^m,50 d'axe en axe des points d'appui, qui le plus souvent seront des colonnes en fonte.

L'économie devant entrer en ligne de compte, le constructeur devra, autant qu'il sera possible, composer les planchers d'usines avec des fers I du commerce.

On se sert généralement comme poutres, des fers laminés de 0^m,26 et de 0^m,30, L. A du commerce dont les sections et les dimensions sont données (*fig.* 621 et 622). Ces fers pèsent 45 kilogrammes environ le mètre courant pour le fer de 0^m,26 et

65 kilogrammes pour le fer de $0^m,30$. Si le calcul conduisait à prendre pour ces deux fers les échantillons lourds soit 51 kilogrammes pour le fer I de $0^m,26$ et 85 kilogrammes pour le fer I de $0^m,30$, il y aurait lieu alors de voir si une poutre en tôle et cornières ne serait pas plus avantageuse. Car nous savons qu'aujourd'hui les poutres en tôle et cornières s'obstiennent à très bon compte.

Le fer I de $0^m,26$ L. A. pesant de 43 à 45 kilogrammes le mètre courant est très souvent employé dans la construction des planchers d'usines où il donne de très

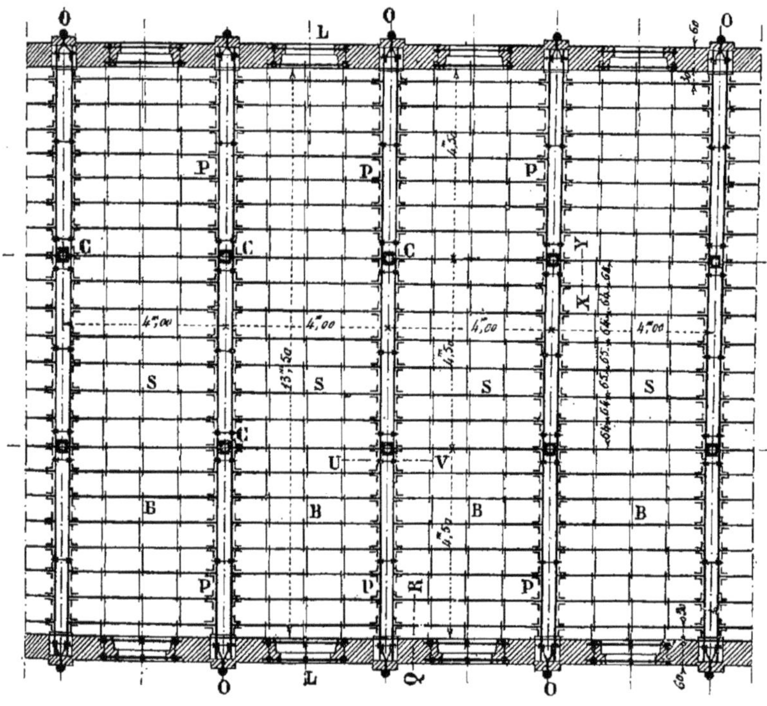

PLAN.

Fig. 623.

bons résultats tant au point de vue économique qu'au point de vue de la résistance. Si en effet nous cherchons dans les tableaux des fers I larges ailes, donnés dans la première partie du *Cours de construction* ce que porte un fer I larges ailes de $0^m,26$ à 8 mètres de portée, nous trouvons 2883 kilogrammes, le coefficient de résistance étant pris égal à 6 kilogrammes.

Si nous le comparons, en prenant le même coefficient de résistance, à un fer I de $0^m,20$ ailes ordinaires qui, à 8 mètres ne porte que 873 kilogrammes, ce fer pesant 22 kilogrammes le mètre courant, nous remarquons qu'il faudrait mettre trois fers I de $0^m,20$, a. o. pour obtenir à peu près la même résistance. Or, un fer I de $0^m,26$ L. A. pèse 43 kilogrammes le mètre courant et trois fers I de $0^m,20$ a. o. pèsent $3 \times 22 = 66$ kilogrammes, différence 23 kilogrammes par mètre courant en faveur du fer de $0^m,26$. Il y a donc intérêt à employer ce fer autant qu'on le pourra. Le fer ⌶ de $0^m,30$ sert aussi dans bien des cas, mais son poids de 65 kilogrammes est déjà un peu fort et souvent il peut être avantageux de le remplacer par une poutre en tôle et cornières.

D'une manière générale, lorsque le calcul d'un plancher amène le constructeur à employer l'échantillon lourd des fers ⌶ du commerce, il devra toujours rechercher s'il n'y a pas avantage, comme prix et comme résistance, à les remplacer par une poutre en tôle et cornières.

Les figures 623, 624, 625 et 626 nous

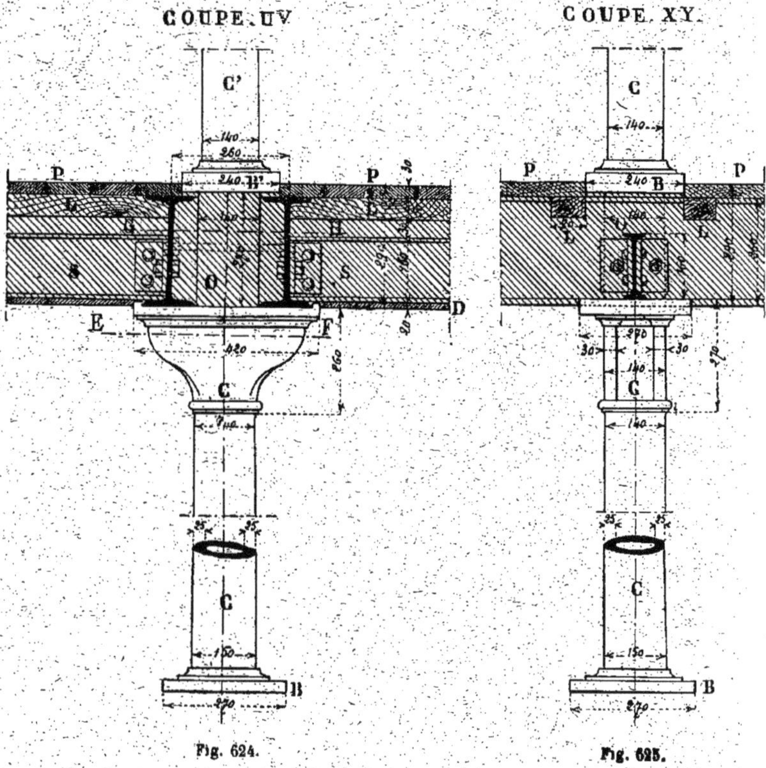

Fig. 624. Fig. 625.

donnent en croquis un exemple de l'emploi des fers ⌶ de $0^m,26$ L. A. pour planchers d'usines.

La figure 623 représente le plan d'une série de travées toutes semblables.

La portée, dans-œuvre du bâtiment, est de $13^m,50$; les murs ont $0^m,60$ d'épaisseur avec contreforts extérieurs au point où la charge est la plus forte c'est-à-dire où les poutres reposent sur les murs.

Une série de colonnes C supportent les poutres P tous les $4^m,50$. Ces poutres, formées de deux fers ⌶ de $0^m,26$ L. A., solidement maintenus à un écartement fixe de $0^m,26$ d'axe en axe par des boulons à quatre écrous, reçoivent, assemblées sur leurs âmes, des solives S ayant une portée de 4 mètres. Les fers I de $0^m,26$ scellés dans les murs reposent sur une platine de niveau et sont solidement ancrés à leurs deux extrémités.

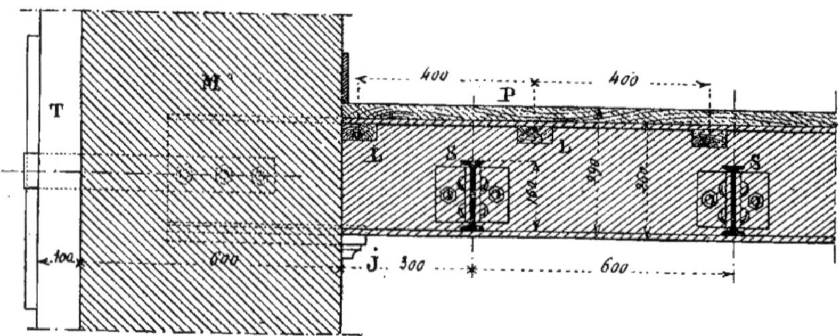

Fig. 626. — Coupe suivant QR.

Pour faire l'assemblage des solives S avec les poutres P on se sert d'équerres de $\frac{70-70}{9}$ rivées d'avance sur les solives

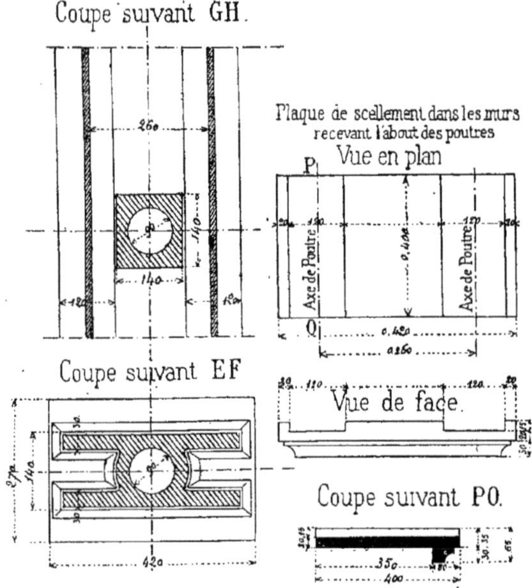

Fig. 627 628, 629.

et boulonnées avec les poutres lors du montage. Comme nous le verrons plus loin, les poutres P sont d'une seule pièce.

Pour bien maintenir l'écartement

entre les solives on se sert de boulons à quatre écrous B ayant 16 millimètres de diamètre.

Au-dessus de chaque baie on place un linteau L formé de deux fers I solidement reliés par des boulons à quatre écrous.

Les figures 624, 625 et 626 qui représentent les coupes suivant UV, XY et QR de la figure 623, nous montrent la position des fers I de 0m,26 L. A. sur les colonnes C et la coupe du plancher à grande échelle. Le hourdis de ce plancher, exécuté en meulières et ciment, est fait dans toute la hauteur des fers de 0m,26. Les lambourdes L sont noyées dans ce hourdis et leur partie supérieure affleure le dessus des poutres. Sur ces lambourdes on place un parquet P en chêne, en sapin ou en peuplier lorsque les ouvriers doivent marcher dessus nu-pieds.

Les colonnes en fonte C sont creuses et ont 0m,025 d'épaisseur, leur base B est carrée et le fût O, prolongé pour passer entre les deux fers I de 0m,26 est également à section carrée pour faciliter le montage. Ce fût doit avoir en hauteur au moins 0m,01 de plus que la hauteur des fers afin que la colonne C' de l'étage supérieur porte bien sur ce fût et en aucune façon ne repose sur les deux fers ce qui serait très mauvais.

Pour raidir les colonnes creuses et pour augmenter leur résistance on peut, après la pose, les remplir de ciment de Portland ou autre.

COUPE . QR

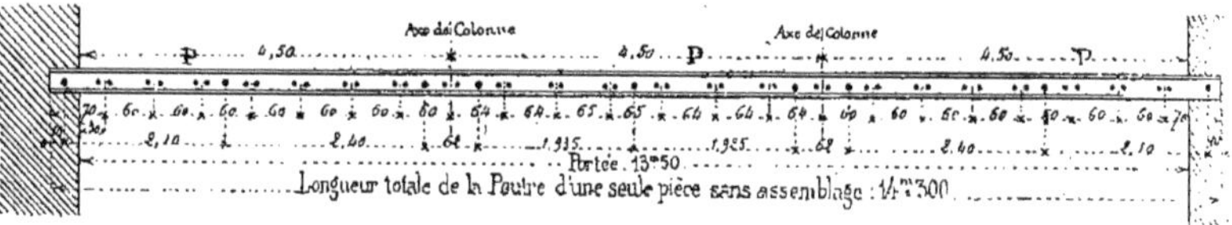

Fig. 630.

La base B' de la colonne C' est également carrée et repose directement sur le fût O. Cette base est un peu haute afin d'être visible au-dessus du parquet.

La figure 626 nous montre la disposition des fers I de 0m,26 lorsqu'ils viennent se sceller dans les murs et l'indication de la plaque de scellement chargée de les recevoir. Cette figure nous montre également l'assemblage des solives S sur les poutres, la première de ces solives étant à une demi-travée du nu du mur.

Les figures 627, 628 et 629 nous donnent les détails de la colonne en fonte et de la plaque de scellement J (*fig.* 626) recevant les abouts des poutres; cette plaque est solidement scellée dans le mur.

Les portées des poutres sur les plaques de scellement doivent être parfaitement dressées. Le profil vu de ces plaques est le même que celui des colonnes C.

La figure 630 représente l'épure ou le tracé des trous à faire dans chacun des fers I de 0m,26 L.-A. pour recevoir les solives S du plancher (*fig.* 623).

Comme le montre ce croquis nous avons deux tracés de trous de boulons à faire :

1° Les trous pour les boulons d'écartement entre les deux fers de 0m,26 ;

2° Les trous servant à l'assemblage des solives.

Les deux lignes de côtes bien distinctes de la figure font facilement comprendre ces deux tracés.

Les fers de 0m,26 qui sont employés comme poutres dans cet exemple doivent être commandés à l'usine droits et en une seule barre de 14m,30 de longueur.

Les boulons reliant ces fers entre eux auront 0m,020 de diamètre ; les boulons d'assemblage, auront 0m,018 et les boulons d'écartement pour les solives 0m,016 de diamètre.

Dans les sous-sols des usines on ne met pas toujours des colonnes en fonte pour supporter les poutres, lorsque ces sous-sols sont simplement utilisés comme dépôt de caisses ou de matières premières et qu'il n'y a pas nécessité absolue de donner du jour dans les parties éloignées des façades, il peut n'y avoir aucun inconvénient à mettre des piliers en maçonnerie. Cette disposition avec piliers en maçonnerie étant un peu différente, nous allons l'indiquer.

La figure 631 représente le plan du sous-sol du plancher courant que nous avons indiqué (*fig.* 623). Les fers I de 0m,26 au lieu d'être soutenus par des colonnes, portent sur des piliers T en bonne maçonnerie de meulières et ciment ou de pierre de taille. Supposons, dans cet exemple, que nous employons la limousinerie de meulière et ciment pour la construction des piles ou piliers.

Dans ce plancher haut du sous-sol on se contente souvent, par économie, de poser les solives sur les poutres sans les assembler comme le montre le plan (*fig.* 631) et les détails que nous allons étudier.

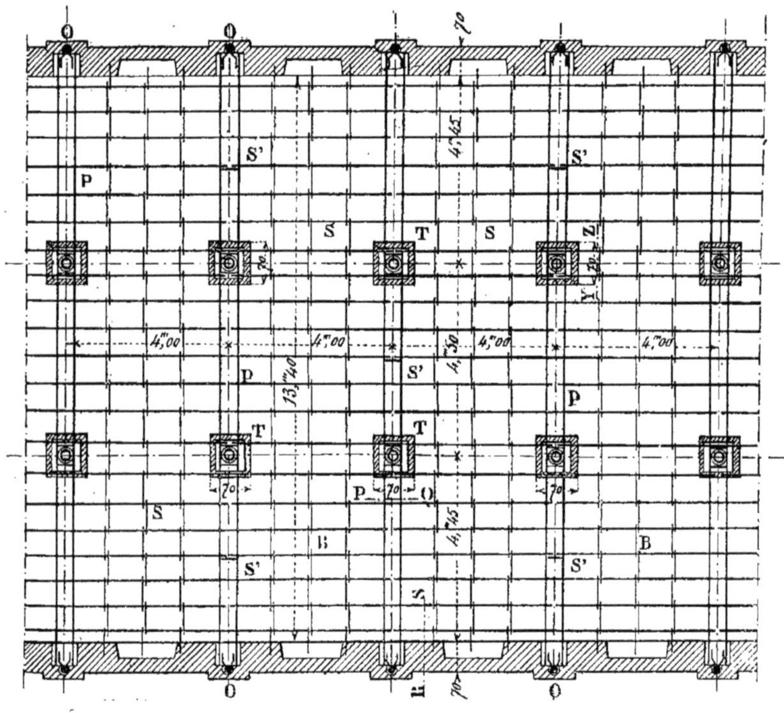

Fig. 631.

Le chainage de ce plancher haut du sous-sol est obtenu, dans le sens transversal, par l'ancrage dans les murs des extrémités des poutres P et, dans le sens longitudinal, par la réunion d'une série de solives S' à l'aide d'éclisses.

Les piles en maçonnerie placées dans le sous-sol ont 0m,70 × 0m,70 et les murs de face ont également 0m,70 d'épaisseur plus les contreforts.

Les figures 632, 633 et 634, nous donnent les diverses coupes et les détails de ce plancher.

La figure 632 représente en M la maçonnerie des piliers T de la figure 631. Cette maçonnerie de meulières et ciment est terminée à sa partie supérieure par un enduit G en ciment de 30 millimètres d'épaisseur afin d'avoir une surface bien unie en haut des piliers T. Cet enduit reçoit une plaque de fondation F dont nous donnerons plus loin les détails. On remplace avantageusement cet enduit lorsque les charges à supporter sont grandes, par une pierre de taille arasée bien horizontalement et terminant à la partie haute la maçonnerie en limousinerie ordinaire. Ce dé en pierre peut également recevoir une plaque de fondation en fonte sur laquelle repose la base de la colonne.

Cette plaque, présentant une partie milieu bien dressée, sert :

1° A recevoir la base carrée de la colonne C ;

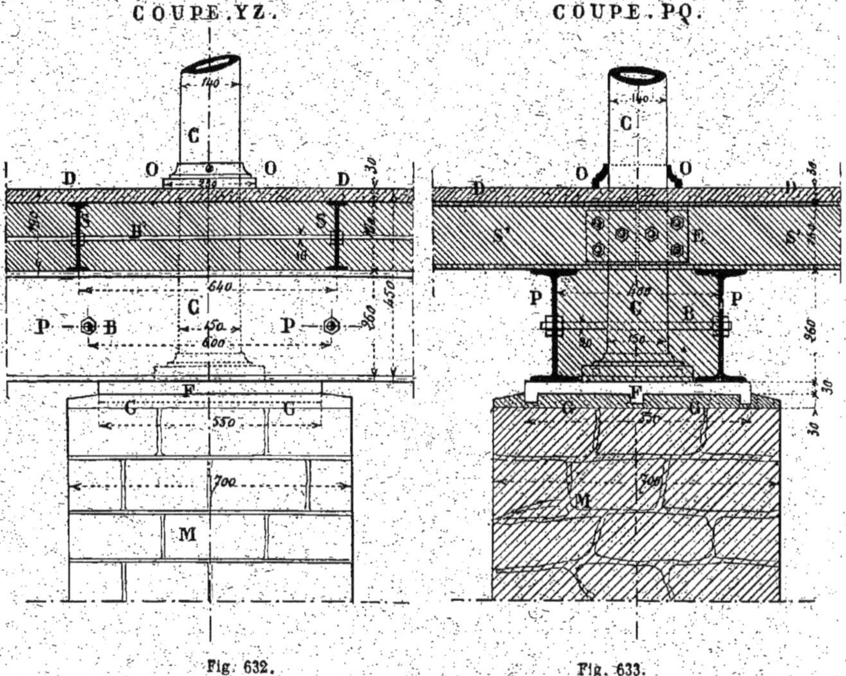

Fig. 632. Fig. 633.

2° A recevoir les portées des poutres P en fer I de $0^m,26$ L. A.

Ces fers, dont l'écartement d'axe en axe est de $0^m,40$, sont solidement maintenus par des boulons de 20 millimètres de diamètre. Les solives S' devant servir de chaînage reposent sur les ailes supérieures des fers I de $0^m,26$ et sont assemblées par une éclisse E.

Le hourdis en meulières et ciment est fait dans la hauteur des fers de $0^m,16$ et dans l'espace laissé libre entre les deux poutres P, au-dessus de ce hourdis, nous avons supposé comme sol du rez-de-chaussée, un enduit en ciment de 30 millimètres d'épaisseur.

Dans cet exemple, la colonne traverse complètement le hourdis ; pour lui donner un bon aspect au rez-de-chaussée on ajoute souvent, comme nous l'indiquons en O, une fausse base en fonte composée de deux morceaux vissés sur la colonne.

La figure 633 nous montre cette fausse base en élévation.

Dans cette figure nous voyons aussi en B′ les boulons d'écartement des solives S et la disposition du boulon B servant à maintenir rigides les deux poutres P.

La figure 634 nous donne la coupe du plancher près d'un mur de face avec l'indication des plaques de scellement J; cette coupe se comprend facilement à la seule inspection de la figure.

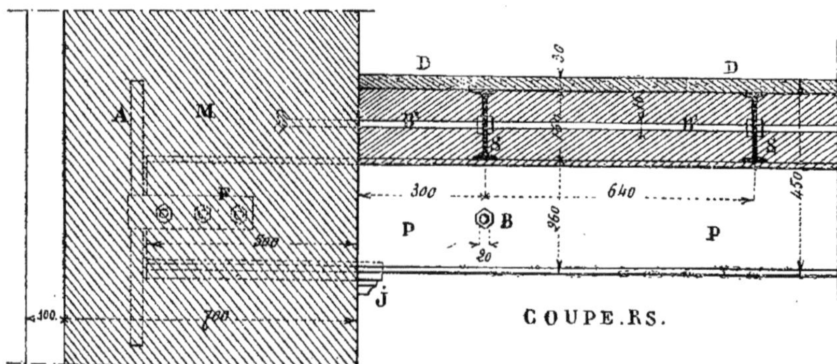

Fig. 634.

La figure 635 indique en croquis la disposition de la plaque de fondation F de

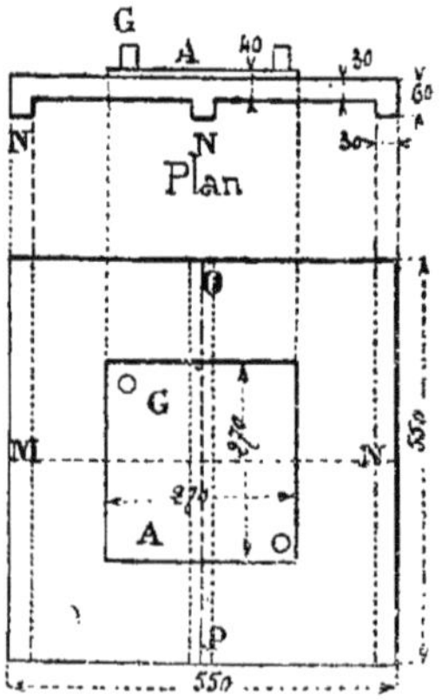

Fig. 635.

la figure 632. Cette plaque en fonte a 550 × 550 de surface et une épaisseur moyenne de 30 millimètres. La partie milieu A un peu plus épaisse a 0m,27 × 0m,27 de surface, elle est parfaitement dressée pour recevoir la base de la colonne C (*fig.* 632). Deux goujons G placés sur cette partie dressée servent de repère pour placer la base de la colonne, cette dernière porte les trous nécessaires pour recevoir ces goujons.

Deux axes rectangulaires MN, OP tracés sur cette plaque servent à faciliter le montage. Trois nervures N noyées dans le ciment augmentent la solidité de cette plaque de fondation.

On peut aussi exécuter des planchers d'usines comme nous l'indiquons (*fig.* 636). Deux fers I de 0m,30 L.-A. espacés entre eux de 1m,50 à 2 mètres d'axe en axe sont reliés par un ou deux boulons O à quatre écrous placés dans la hauteur du fer. Entre ces deux fers, on exécute une voûte en briques B de 0m,11 d'épaisseur et de 0m,150 de flèche. Les reins de cette voûte sont ordinairement remplis, par un béton H; au-dessus de ce béton on met une couche de ciment d'au moins 30 à 40 millimètres d'épaisseur formant le sol du rez-de-chaussée.

. Afin de bien maintenir l'écartement des poutres on place, entre deux colonnes par exemple ou au droit même des deux colonnes des entretoises T (*fig.* 637) composées comme le montre la coupe (*fig.* 638) d'une tôle T de $^{250}/_{10}$ et de deux cornières du commerce de $\frac{80 - 80.}{9}$ On forme ainsi

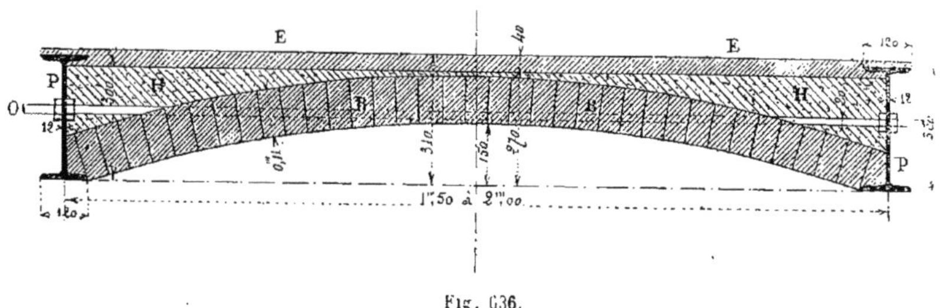

Fig. 636.

un tout d'une rigidité parfaite et un plancher assez économique et très résistant.

Une autre disposition de plancher d'usines est indiquée en coupe (*fig.* 639). Des fers I de 0m,26 L. A. reposent sur des colonnes en fonte pleine C espacées de 3 à 4 mètres d'axe en axe. Entre les fers I de 0m,26 L. A., on place une série de solives S

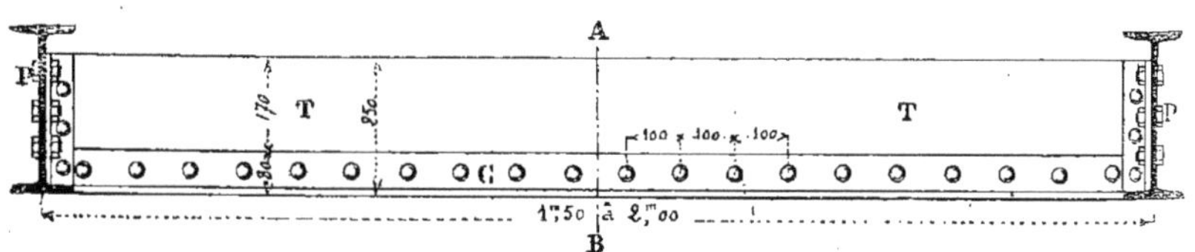

Fig. 637.

cintrées à l'usine même suivant gabarit donné par le constructeur et reliées entre elles par une série de boulons à quatre écrous.

Un enduit en ciment D forme le sol du rez-de-chaussée ou des différents étages. Cette disposition permet de construire

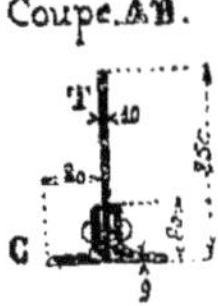

Fig. 638.

des planchers peu épais et très résistants.

Les planchers d'usines, lorsque les charges deviennent très fortes ou les portées relativement grandes, peuvent aussi s'exécuter avec des poutres en tôle et cornières; ils rentrent alors dans les exemples examinés précédemment.

OBSERVATIONS RELATIVES AUX PLANCHERS ET AUX COLONNES

Dans la construction d'un plancher composé de poutres et de solives le constructeur peut avoir deux cas à considérer: 1° l'épaisseur des planchers n'est pas limitée; 2° cette épaisseur doit être réduite au minimum pour conserver aux étages le plus de hauteur possible.

Dans le premier cas, on dispose les poutres en soffite au-dessous du plancher proprement dit et les solives de ce plancher sont, le plus souvent, simplement posées directement sur ces poutres, sans assemblage.

Dans le second, les poutres, qu'elles soient formées de fers I du commerce ou de poutres en tôle et cornières, reçoivent assemblées sur leurs âmes les solives du plancher.

Dans les deux cas, lorsqu'on se sert de colonnes en fonte, il y a nécessité absolue d'entretoiser ces colonnes dans les

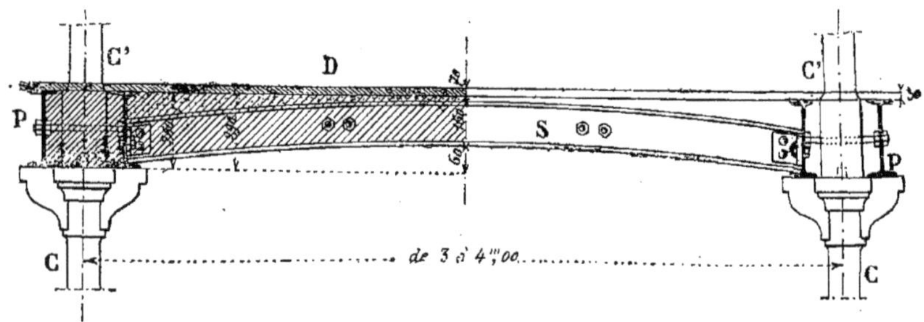

Fig. 639.

deux sens, transversalement et longitudinalement.

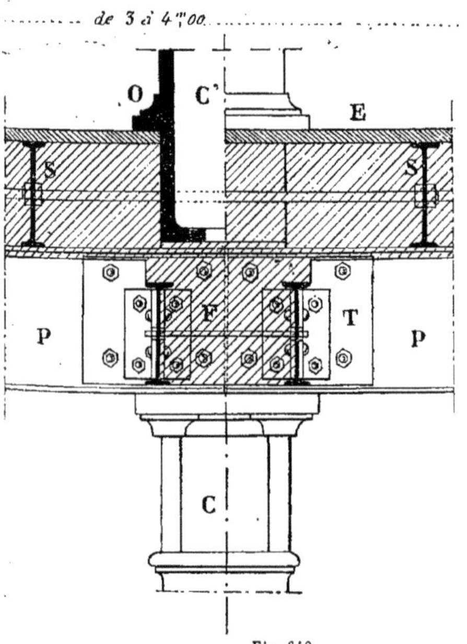

Fig. 640.

Dans un sens, elles le sont par les poutres elles-mêmes ; dans l'autre elles doiven l'être, soit par les solives mêmes des planchers, soit, par de faux-filets placés perpendiculairement aux poutres.

Nous donnons (*fig.* 640 et 641) deux dispositions qu'on pourra adopter pour entretoiser les colonnes.

Dans le premier exemple (*fig.* **640**), sur la colonne C sont placées deux poutres P en fer I de $0^m,26$ ou de $0^m,30$ L.-A. dont les extrémités sont réunies, lorsque les fers sont en plusieurs morceaux, par une plaque de tôle T fixée avec des boulons.

Au-dessus de ces poutres se trouvent, comme nous le savons une série de solives S réunies par des boulons à quatre écrous et formant le plancher proprement dit. La colonne C' repose directement sur la colonne C un peu au-dessus des poutres P. Dans cet exemple nous avons supposé une base O venue de fonte avec la colonne et visible au rez-de-chaussée au-dessus de la couche de ciment E.

En F se trouvent deux fers I du commerce réunis de distance en distance par des boulons à quatre écrous; ces fers servent à maintenir l'écartement entre les colonnes; ils sont fixés sur la plaque de tôle T à l'aide de boulons. Le houdis du plancher peut être continué entre ces deux fers ; on peut aussi comme pour l'espace compris entre les deux poutres P y mettre des terres cuites décoratives.

Dans le deuxième exemple (*fig.* 641), les poutres P reposent sur une colonne T munie de larges nervures N assurant la parfaite stabilité ; ces poutres reçoivent, assemblées avec elles, une série de solives S entre lesquelles nous avons supposé, comme hourdis, de petites voûtes en briques V. Le faux-filet F placé comme dans le cas précédent sert à entretoiser les colonnes dans le sens perpendiculaire aux poutres.

Pour maintenir les voûtes, exécutées avant le hourdis général, on fixe sur l'aile supérieure des fers F, des cornières C à ailes inégales.

La colonne T′ repose sur la colonne T à l'aide d'une base carré O s'emboîtant dans le fût prolongé de la colonne inférieure.

Un enduit en ciment E forme le sol de l'étage, on pourrait aussi employer les lambourdes scellées et du parquet.

NÉCESSITÉ DE FAIRE RABOTER OU TOURNER LES EXTRÉMITÉS DES COLONNES EN FONTE

Lorsque pour une raison quelconque, on est obligé d'admettre les colonnes en

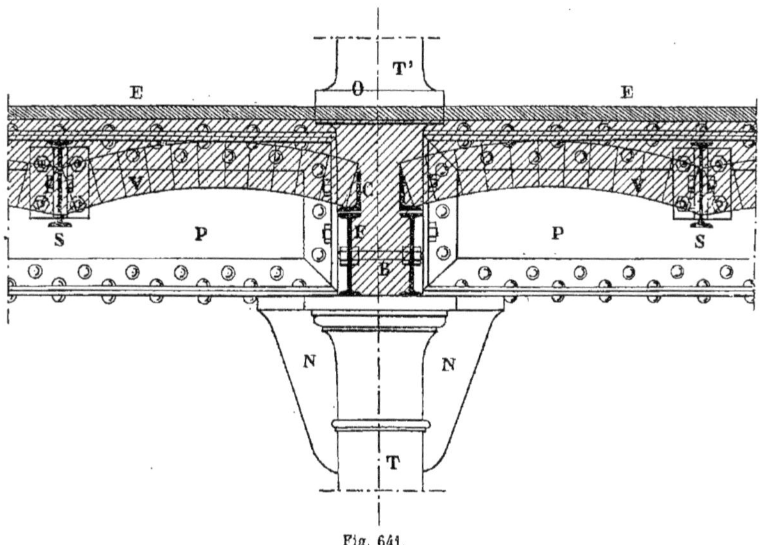

Fig. 641.

fonte dans les sous-sols, il faut comme nous l'indiquons (*fig.* 642), les faire reposer sur des dés D en pierre de taille dure.

Ces dés sont le plus souvent noyés dans le sol ; ils reposent sur un massif de béton B, dont les dimensions sont fixées par la charge à supporter.

La colonne C, porte à sa partie inférieure un goujon G destiné à faciliter le montage. Ce goujon se place dans un trou tracé au milieu du dé en pierre.

Ces dés posés par le tailleur de pierre, doivent être dressés avec soin et recevoir, dans le cas de fortes charges, une plaque de fondation en fonte F également bien dressée. Sa surface dans le plan AB (*fig.* 643), où se place la base de la première colonne sera rabotée au tour de manière à ne présenter aucune aspérité. La base carrée B′ de cette colonne doit aussi être rabotée de manière à s'appliquer bien exactement sur le dé en pierre ou sur la plaque de fondation.

Au lieu de prendre toutes ces précautions, les dés sont posés à peu près, l'ouvrier monteur étant marchandeur et intéressé à aller vite, monte directement sur ces dés l'étage inférieur des colonnes et, comme la plupart du temps, la base de ces colonnes reste brute de fonte il règle la hauteur en introduisant entre cette base et le dé en pierre des plaques de fer et des coins répartis très inégalement sur la surface et enfoncés à coups de marteau.

Par suite de la charge énorme transmise au dé par l'intermédiaire des coins et des plaques de fer occupant le tiers ou même la moitié de la surface il en résulte, au bout d'un certain temps, des tassements très préjudiciables à la solidité de la construction. On a étudié la base de la colonne pour avoir une large surface de répartition des charges sur la pierre et on ne l'utilise pas.

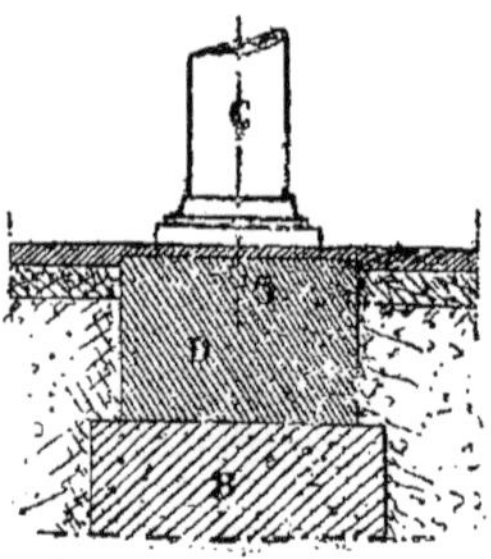

Fig. 642.

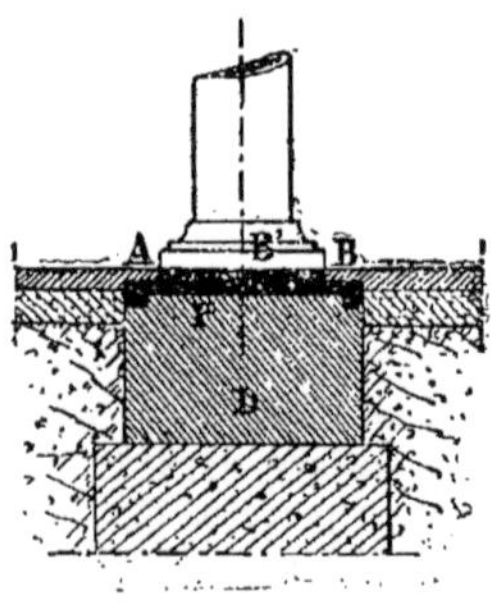

Fig. 643.

Il en est de même pour le joint entre deux colonnes d'étages, certains constructeurs adoptent le système suivant (*fig.* 644); ils terminent la base de la colonne supérieure C' par un plateau carré P' et le haut ou prolongement du fût de la colonne du dessous par un plateau carré P; les deux plateaux étant bruts de fonte ils interposent entre eux une plaque de plomb *p* puis ils réunissent le tout avec des boulons de serrage B. On se sert même de ces plaques de plomb pour régler la hauteur des colonnes en modifiant plus ou moins leur épaisseur.

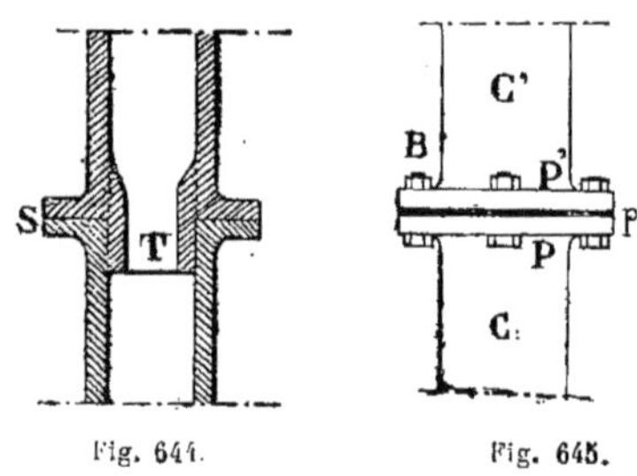

Fig. 644. Fig. 645.

Il en résulte avec des charges assez fortes et après la pose de toutes les colonnes un écrasement plus ou moins sensible des plaques de plomb et par suite des fissures, des lézardes et tous les inconvénients d'une mauvaise disposition.

Pour remédier à ces inconvénients il est préférable de tourner les extrémités des colonnes et même de mettre sous la base d'une colonne d'étage une tubulure

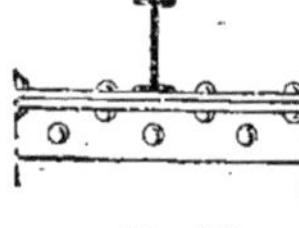
Fig. 646.

tournée T (*fig.* 645) venant s'emboîter dans l'extrémité alésée de la colonne inférieure. Les surfaces de contact horizontales S des deux colonnes seront également tournées bien uniformément.

Les premières colonnes reposant sur les dés doivent aussi être tournées aux deux extrémités. Pour les poser, on dérase les dés au même niveau, la surface de chaque dé étant parfaitement horizontale on vient poser les colonnes dessus sans l'intermédiaire de cales.

Si la pierre n'est pas très dure ou si les charges sont très fortes, on aura recours à la plaque de fondation en fonte dont nous avons déjà parlé.

Nous conseillons donc aux constructeurs lorsqu'ils emploient des colonnes en fonte de bien indiquer sur leur commande que les extrémités de ces colonnes seront tournées, et parfaitement dressées au tour ou à la machine à raboter : ils éviteront ainsi, en payant une petite plus value, bien des désagréments pour la suite. Toutes les fonderies un peu importantes sont aujourd'hui pourvues des appareils nécessaires pour le tournage des pièces de fonte.

Lorsque dans un plancher composé de poutres et de solives, on étudie les poutres

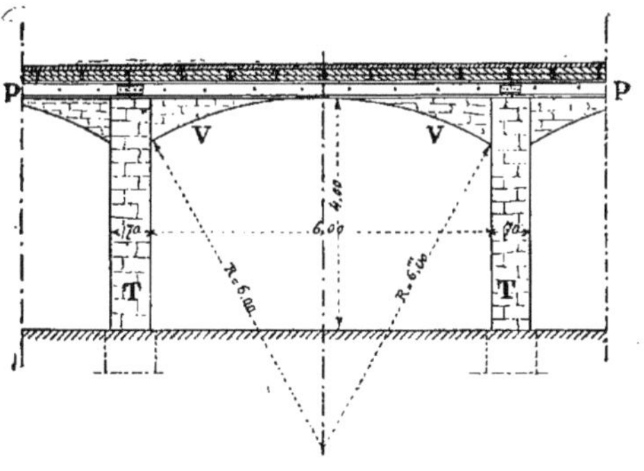

Fig. 647.

il faut avoir soin de s'arranger pour que les divisions des solives tombent entre les têtes de rivets (*fig.* 646); si l'on oubliait ce détail, les ouvriers monteurs n'hésiteraient pas à faire sauter celles qui gêneraient et à diminuer ainsi la solidité des poutres.

Lorsque les poutres en tôle et cornières sont noyées dans le hourdis, il faut mettre sous la poutre ainsi placée une charge de plâtre de 45 à 50 millimètres de telle sorte qu'il reste sous les têtes des rivets la charge ordinaire des plafonds soit 20 à 30 millimètres; c'est nécessaire si on veut éviter que la rouille des rivets traverse les plâtres et forme dans les plafonds de longues files de tâches rougeâtres.

Dans les sous-sols, lorsqu'on emploie les piliers T (*fig.* 647) recevant les poutres P des planchers on relie souvent ces piliers entre eux en prolongeant le hourdis exécuté entre les poutres et en leur donnant la forme de petites voûtes V ; on augmente ainsi de beaucoup la résistance des poutres.

VIII. Planchers avec poutres en forme de caissons.

233. Pour la décoration d'un plafond il arrive souvent qu'il soit indispensable d'avoir des poutres de peu de hauteur, ne dépassant même pas la hauteur des solives; il y a alors nécessité, si la portée est grande, d'employer des poutres jumelles ayant peu de hauteur mais de larges semelles.

Dans ce cas, on est presque toujours conduit à employer la poutre que nous avons indiquée (*fig.* 385) qui forme un véritable caisson en tôle et cornières.

L'inconvénient de ces poutres en forme de caisson c'est l'impossibilité une fois posées de pouvoir les repeindre intérieurement; on peut obvier à cet inconvénient en les remplissant de ciment, matière qui garantira, comme nous le savons, le fer contre la rouille.

Une autre difficulté qui restreint beaucoup l'emploi de ces poutres, c'est l'impossibilité de placer, en certains endroits des rivets ou des boulons, difficulté qu'on ne peut résoudre, comme nous le verrons plus loin, qu'en affaiblissant la poutre.

Comme les poutres en forme de caisson peuvent trouver quelques applications, notamment pour les planchers hauts des grands vestibules, des salles de pas perdus etc..., il est utile d'en donner au moins un exemple.

Supposons (*fig.* 648), que nous ayons à couvrir par un plancher une grande salle de 10 à 12 mètres de côté, les poutres et les solives de ce plancher devant servir à la décoration en formant des panneaux régulièrement disposés; c'est ici le cas de se servir des poutres en forme de caissons.

Dans ce plancher nous aurons deux types de poutres à étudier:

1° Les poutres P, d'une seule pièce, ce sont les poutres véritablement chargées et devant porter une grande partie du poids total du plancher.

2° Les poutres Q composées de trois parties assemblées avec les poutres P.

Ces poutres Q portent la même charge qu'une solive courante de plancher, mais, comme aspect, elles doivent représenter la même forme que les poutres P.

Les figures 649 et 650 nous montrent deux coupes du plan (*fig* 648), et nous indiquent la section de chacune des poutres P et Q.

La poutre Q est, comme le montre la coupe AB (*fig.* 649) formée de deux âmes; sur chacune d'elles, on fixe des cornières à branches égales ou inégales suivant les

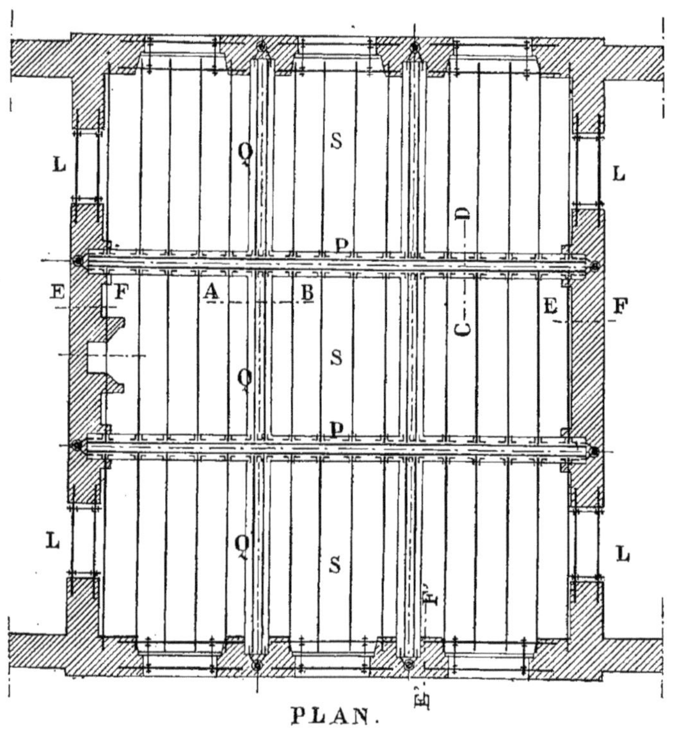

PLAN.

Fig. 648

cas et, pour terminer la poutre, on met deux larges plates-bandes. Dans cette poutre, les rivets R ne servent à rien, ce sont de faux rivets ainsi placés pour que la semelle inférieure de la poutre Q ressemble en tous points à la semelle inférieure de la poutre P.

La poutre P, indiquée en croquis (*fig.* 650), dans la coupe CD du plan (*fig* 648), se compose des mêmes éléments que la poutre Q, plus deux fortes cornières intérieures indispensables pour donner à cette poutre la résistance dont elle a besoin. On pourrait doubler ces deux dernières cor-

COUPE . AB.

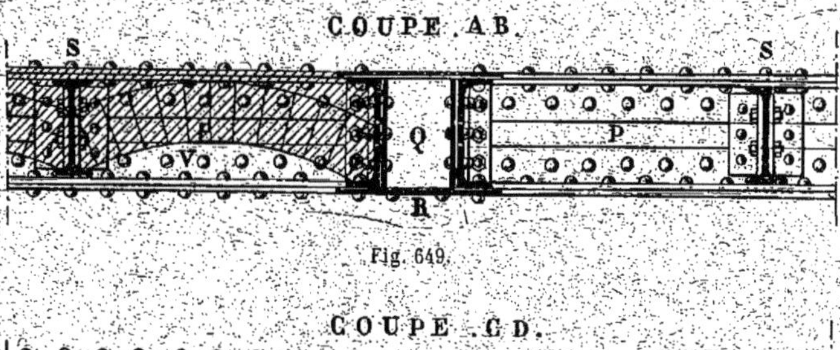

Fig. 649.

COUPE . CD.

Fig. 650.

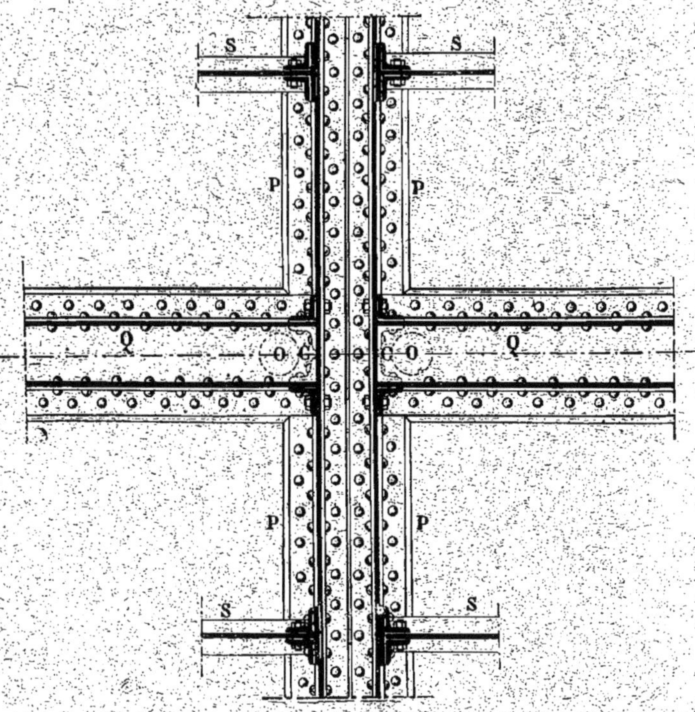

PLAN.

Fig. 651.

nières intérieures à la partie haute de la poutre, comme nous l'indiquons en poin-

COUPE. EF.

PLAN.

Fig. 652.

tillé dans la poutre P (*fig.* 650), mais elles ne peuvent à cause de la forme même de la poutre en caisson, être rivées avec la plate-bande supérieure.

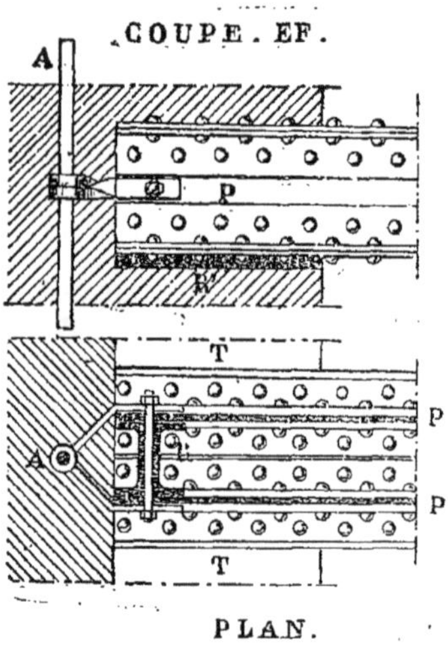

La figure 648 nous donne la disposition à adopter pour les solives de ce plancher. Ces solives sont assemblées sur les poutres P, à l'aide de deux cornières du commerce. La division doit en être très régulière, les ailes inférieures des fers devant rester apparentes en dessous et former décorations.

On peut, entre les ailes de deux solives consécutives, placer des terres cuites ou, comme nous l'indiquons dans la coupe (*fig.* 649), de petites voûtes V en briques, dont la face vue peut être émaillée.

La figure 651 nous donne en plan le détail de la rencontre des poutres P et Q et la disposition des solives courantes S par rapport à ces poutres.

Les poutres Q sont, comme le montre ce croquis, assemblées sur les âmes de la poutre P à l'aide de cornières extérieures ; on pourrait, afin d'augmenter la solidité de cette attache, mettre des cornières intérieures C indiquées en pointillé dans ce plan mais, si nous supposons ces cornières C rivées d'avance sur la poutre P, il faudra dans la plate-bande supérieure des poutres Q, laisser un vide O pour que

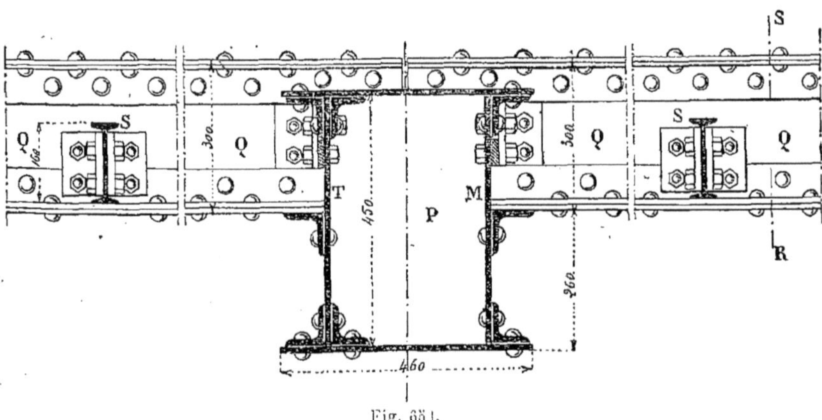

Fig. 651.

l'ouvrier puisse passer la main et fixer ces cornières avec des rivets ou mieux avec des boulons.

En perçant ainsi des trous dans une poutre, on affaiblit sa résistance. Cet affaiblissement n'est pas préjudiciable dans l'exemple que nous donnons, parce que les poutres Q ne portent presque rien mais, dans bien d'autres exemples, on ne pourrait pas le faire.

Le chaînage longitudinal et transversal du plancher (*fig.* 648), est obtenu par l'ancrage dans les murs de chaque extrémité des poutres P et Q.

La figure 652 nous donnant la coupe EF du plan (*fig.* 648), représente l'ancrage à l'extrémité des poutres P par exemple.

Entre les deux âmes de cette poutre, on place une pièce de fonte R destinée à bien maintenir l'écartement des âmes. Cette pièce est traversée par un boulon qui sert à fixer le fer plat chantourné qui doit recevoir l'ancre A solidement scellée dans le mur. Chaque extrémité des poutres P,

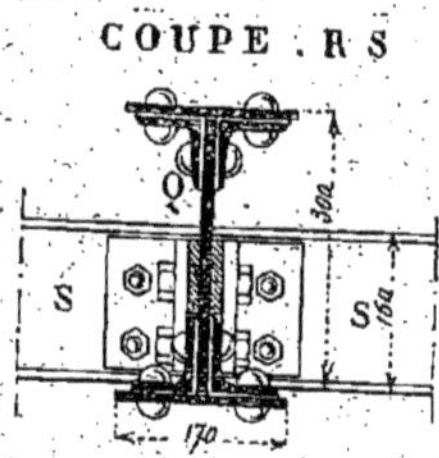

Fig. 654.

repose sur une plaque de tôle T représentée en coupe en R' et destinée à bien répartir la pression sur les murs.

AUTRE DISPOSITION DES POUTRES CAISSON. Lorsque la poutre formant caisson peut être apparente en dessous en formant soffite, on peut adopter la disposition indiquée en croquis (*fig.* 653).

Dans cet exemple, la poutre P est une poutre caisson, les autres poutres Q peuvent être aussi en forme de caisson ou, comme le montre la figure 654, avoir la forme d'une poutre simple en tôle et cornières.

Les poutres P peuvent être espacées de 7 à 8 mètres d'axe en axe avec une portée de 12 à 15 mètres ; les poutres Q recevant les solives S, sont généralement espacées de 3 à 4 mètres, portée ordinaire des solives du commerce.

La poutre P dont la coupe est donnée (*fig.* 653) peut prendre, suivant la charge à porter, deux formes différentes ; celle de gauche T avec quatre cornières, deux extérieures et deux intérieures, ou celle de droite M, avec simplement deux cornières placées extérieurement.

Les cornières extérieures placées au milieu des âmes de la poutre P, servent simplement à soulager la portée des poutres Q. Cette disposition très simple se comprend facilement à la seule inspection de la figure. Les solives S viennent se fixer sur les poutres Q par l'intermédiaire de cornières ou d'équerres du commerce ; une fourrure, indiquée par des hachures dans la figure 654, est indispensable afin de pouvoir placer facilement les boulons d'assemblage.

Observation.

Dans les planchers avec poutres et solives, tels qu'ils ont été étudiés figures 611 et suivantes, il arrive souvent qu'une seule poutre ne suffit pas où, il faudrait lui donner une hauteur exagérée, on adopte alors la disposition représentée en croquis (*fig.* 655). Cette nouvelle disposition consiste à employer deux poutres P entièrement semblables réunies de distance en distance, suivant la hauteur de ces poutres, par un ou deux boulons B à quatre écrous.

Si nous supposons que ces poutres forment soffite dans la pièce du dessous nous assemblerons alors les solives S à leur partie supérieure.

Dans l'espace laissé libre entre ces poutres on place souvent, comme motif décoratif des terres cuites T reposant sur les ailes inférieures des poutres P ; sur ces terres cuites on fait un hourdis général H fexécuté soit avec des briques, soit avec de la limousinerie ordinaire.

Cette disposition de poutres doubles est réquemment employée et donne de bons résultats.

IX. — Planchers en fer sur plan octogonal.

234. Les plans sur lesquels on doit établir des planchers ne sont pas toujours de forme rectangulaire on peut avoir à faire un plancher sur plan circulaire, hexagonal, octogonal, etc...; supposons (*fig.* 656) que nous ayons à tracer le plancher d'un pavillon octogonal. Si la portée

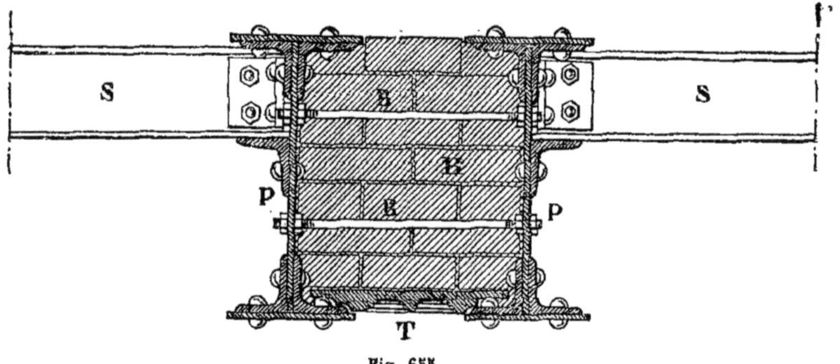

Fig. 655.

n'est pas très grande on pourra, comme pour un plan rectangulaire, placer une

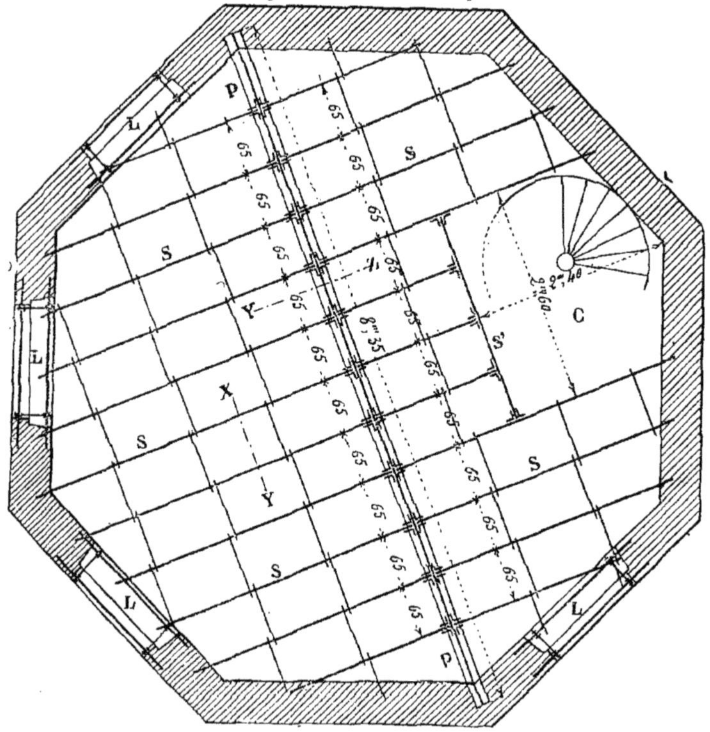

Fig. 656.

série de solives parallèles entre elles, les entretoiser par l'un des procédés connus et faire très simplement le hourdis de ce plancher.

Si les charges sont assez fortes et la

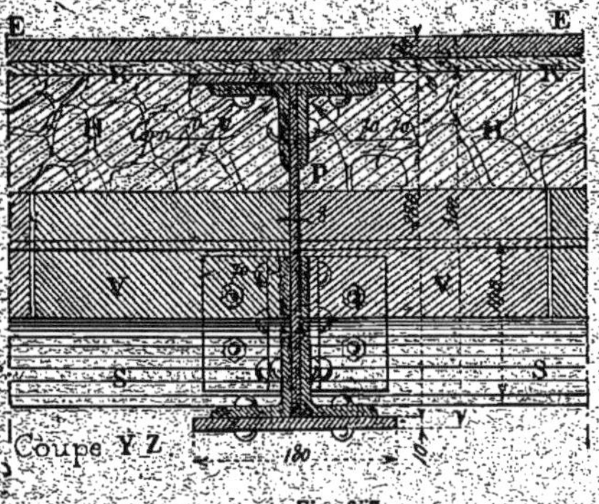

Fig. 657

portée relativement grande il faut alors employer le système de plancher avec poutre et solives.

La solution la plus simple consiste donc à placer (*fig.* 656) d'un angle à l'autre, afin de permettre d'établir des ouvertures dans chacun des pans coupés, une poutre P sur laquelle viendront s'assembler une série de solives S qui, par suite de leur peu de portée, seront de faible section. Ces solives seront réunies par des boulons à quatre écrous par exemple ou de tout autre manière.

Le plan (*fig.* 656) donne la disposition complète d'un tel plancher avec l'installation d'un escalier tournant C permettant de desservir l'étage. Pour installer la cage de cet escalier il suffit de placer un chevêtre S' à une distance convenable des murs.

La figure 657 représente une coupe du plancher suivant YZ ; elle nous montre la section de la poutre P et l'assemblage des solives S sur cette poutre.

La figure 658 nous donne une coupe du plancher suivant XY. Dans cette coupe nous voyons que le hourdis entre deux solives est exécuté avec de petites voûtes V en briques ayant une assez forte flèche.

Les solives S sont maintenues à écar-

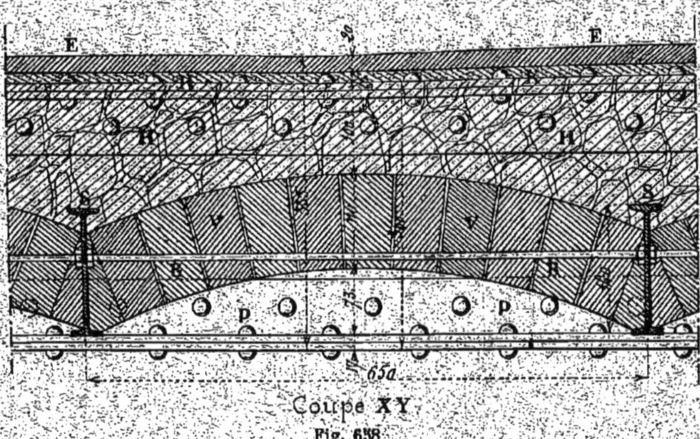

Fig. 658

tement invariable par une série de boulons B à quatre écrous. Au-dessus des voûtes V on fait un remplissage ou hourdis H en plâtras et plâtre puis, sur ce hourdis, on met une forme en poussier ou une couche K de mortier sur lequel on peut exécuter un carrelage mosaïque E.

Cette coupe nous montre en partie l'élévation de la poutre P.

Dans cet exemple, au lieu de placer les solives immédiatement sur l'aile inférieure de la poutre P, disposition qui exige une forte épaisseur de hourdis et qui augmente inutilement le poids du plancher on aurait pu prendre l'une des dispositions indiquées en coupe (*fig.* 614 ou 617), la poutre étant tout entière ou en partie en soffite dans la pièce du dessous.

La disposition d'un tel plancher est simple, il est donc inutile d'insister davantage.

X. — Planchers pour réservoirs.

235. Nous aurons l'occasion d'étudier les réservoirs en tôle et leurs planchers dans un autre chapitre, nous nous contenterons donc de donner seulement deux types de ce genre de planchers.

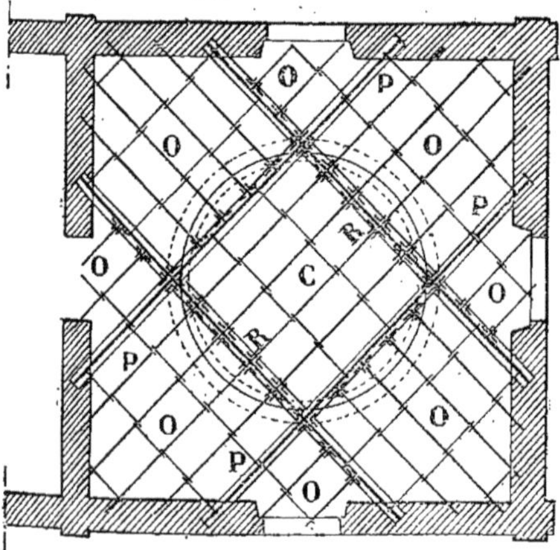

Fig. 659.

Soit (*fig.* 659), à installer un réservoir à fond plat sur un plancher tracé à l'extrémité d'un bâtiment dans un pavillon de forme carrée en admettant qu'il y ait des baies dans chacun des côtés de ce pavillon carré. La disposition la plus simple, dans ce cas, consiste à placer deux poutres P d'une seule longueur reposant en biais sur les murs du pavillon.

Perpendiculairement à ces poutres en placer d'autres R composées de trois parties assemblées sur les poutres P. Ces dernières à elles seules reçoivent toute la charge du plancher.

Le reste de ce plancher s'exécute au moyen d'une série de solives de longueurs différentes venant s'assembler soit sur les poutres P soit sur les poutres R. L'entretoisement des solives se fait à l'aide de boulons à quatre écrous. Les travées O seront hourdées, la travée centrale C, recevant directement le fond du réservoir ne sera pas hourdée, afin de s'apercevoir s'il se produit des fuites et permettre de repeindre facilement le fond du réservoir.

Si le réservoir au lieu d'être à fond plat est à fond sphérique il faut alors dans ce cas, exécuter une murette circulaire dont l'épaisseur est indiquée en pointillé dans le plan (*fig.* 659).

Cette murette reposera directement sur le plancher et recevra la couronne en fonte chargée de porter le réservoir. Dans ce cas, les solives de la partie milieu, peuvent être supprimées.

La figure 660 nous donne une autre disposition de plancher de réservoir beaucoup plus important que le précédent. Dans cet exemple, le réservoir R est supposé placé partie dans le comble VXV d'un bâtiment et partie en dehors de ce comble.

Le plancher de l'étage du comble se trouve renforcé à l'endroit où doit se placer le réservoir. Ce plancher est formé par quatre fortes poutres P solidement entretoisées et reposant sur des colonnes O.

L'entretoisement des colonnes dans le sens perpendiculaire aux poutres se fait à l'aide de deux solives S'. Parallèlement à ces solives S' se trouvent une série d'autres solives S du même échantillon assemblées dans les poutres P et servant à supporter la partie inférieure du réservoir. Les solives S et S' sont des fers I de $0^m,26$ LA du commerce espacés de $0^m,50$ d'axe en axe et reliés entre eux par des boulons à quatre écrous de $0^m,020$ de diamètre.

Comme dans le cas précédent ces fers ne sont pas hourdés sous le réservoir.

Ce réservoir est couvert par une charpente légère formée par quatre potelets M, et une série de lisses en bois recevant des planches de $0^m,027$ d'épaisseur. Le tout est abrité par un petit comble en bois très léger recouvert en zinc.

Elevation
Plan
Coupe suivant AB
Fers I 0,m36 I.A.
6,m40
4,m80
6,m20

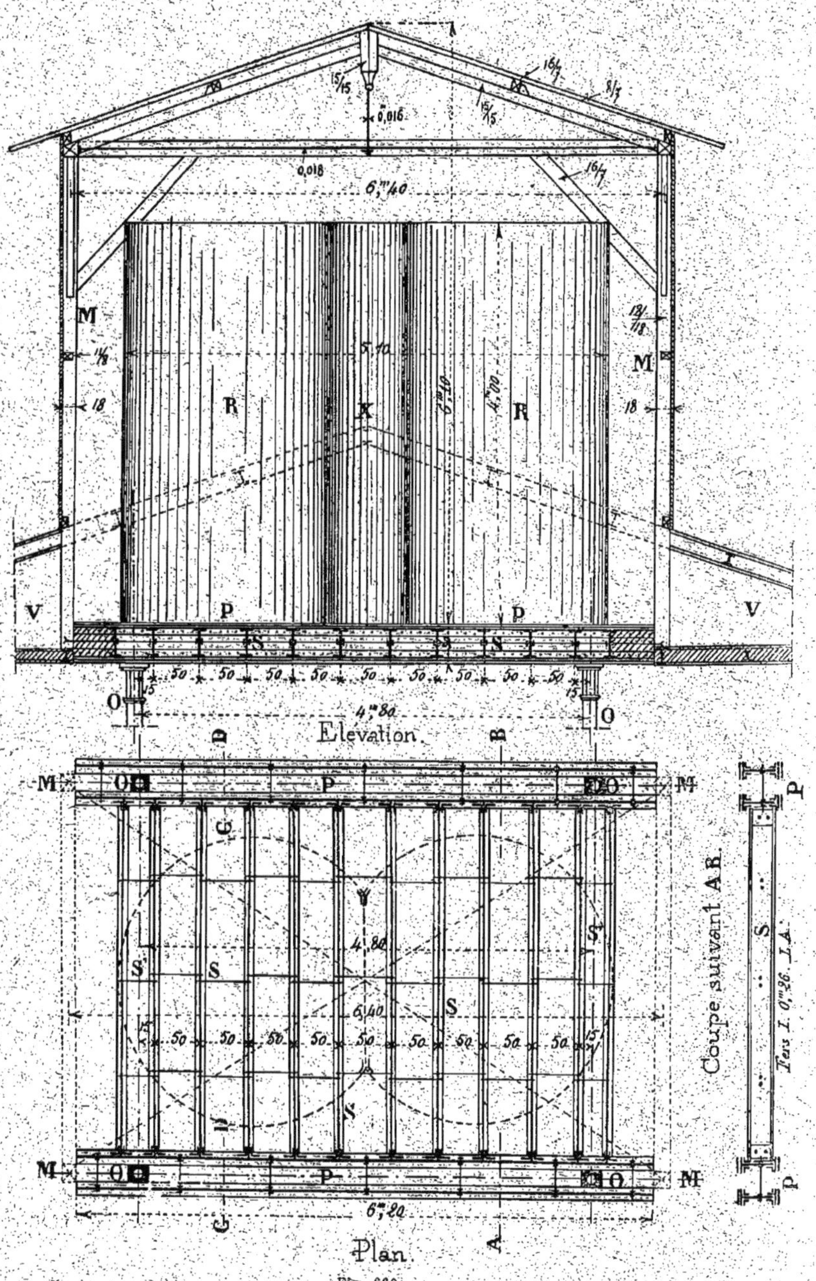

Fig. 660.

La coupe suivant AB de la figure 660 et le détail des poutres donné (*fig.* 661) complètent les détails très simples de cette disposition.

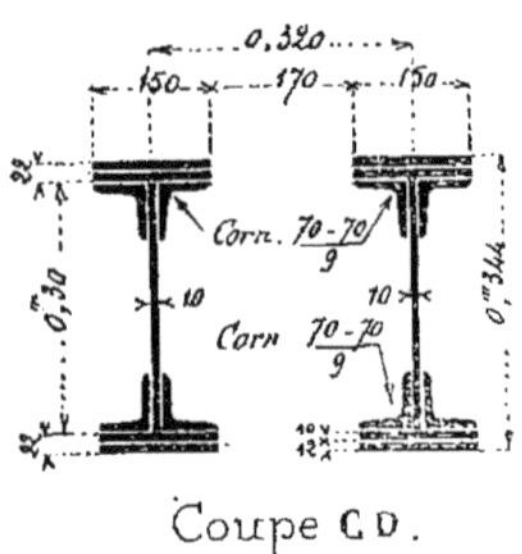

Fig. 661.

Par suite de charges assez fortes sur les poutres P, ces dernières ont nécessité l'emploi de deux plates-bandes ayant une épaisseur totale de 22 millimètres.

XI. — Disposition des planchers en fer dans un terrain irrégulier.

236. Quand le plan sur lequel on doit construire un plancher n'a pas une forme régulière il faut, suivant les cas, prendre des dispositions spéciales pour assurer la solidité et la facilité d'exécution du plancher.

Ces dispositions pouvant varier à l'infini nous nous contenterons (*fig.* 662) de donner, en croquis, un exemple de plancher en fer dans un terrain irrégulier.

Il faut, autant que possible, mettre les solives parallèles entre elles, cependant il peut arriver, comme nous l'indiquons dans la travée A et dans la travée B, que une ou plusieurs des solives d'une travée soient disposées en éventail. Il arrive aussi quelquefois, travée C, que les solives S prolongées ne rencontrent pas un mur sur lequel elles puissent s'appuyer, il faut alors placer comme nous l'indiquons en P deux

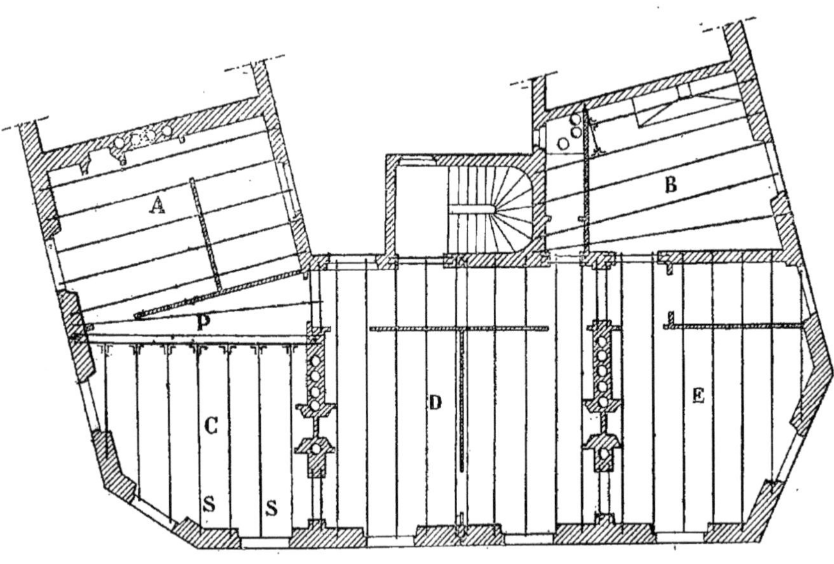

Fig. 662.

fers H (larges ailes pour ne pas leur donner trop de hauteur) qui recevront les solives du plancher à l'aide d'assemblages simples avec des équerres.

Les travées D et E sont formées par des solives parallèles comme dans les conditions ordinaires de la pratique.

En résumé, quelle que soit la forme du terrain, on pourra toujours avec des chevêtres habilement disposés pour recevoir les solives, obtenir une solution satisfaisante, tant au point de vue de la disposition qu'au point de vue de la résistance.

XII. — Détails de la pose d'un parquet ou d'un carrelage sur un plancher en fer.

Parquets.

237. On donne le nom de *parquet* à une série de lames de bois de peu d'épaisseur assemblées de diverses manières. Ces lames, le plus souvent posées sur des lambourdes ou sortes de petites solives horizontales, sont destinées à revêtir le sol de nos habitations et des édifices publics.

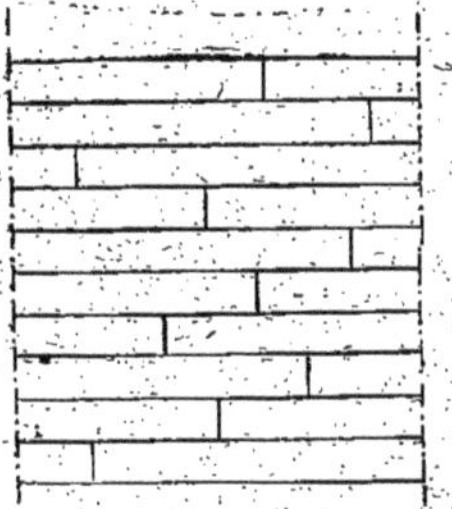

Fig. 663.

On confond souvent les deux mots *parquet* et *plancher* ; il est donc utile de les distinguer. On distingue les parquets des planchers en ce que ces derniers sont des assemblages à plats joints ou parquets en bois grossiers formés, le plus souvent, de planches de $0^{m},22$ de largeur, tandis que les parquets sont composés de lames de bois jointes à rainures et languettes, et larges de $0^{m},07$ jusqu'à $0^{m},12$.

Les bois employés pour exécuter les parquets ordinaires et courants sont le sapin, le chêne et le peuplier. Ce dernier remplace avantageusement le sapin dans les planchers d'usines où les hommes doivent marcher nu-pieds, il n'a pas, comme le sapin, l'inconvénient de produire facilement des *échardes* entrant dans la chair.

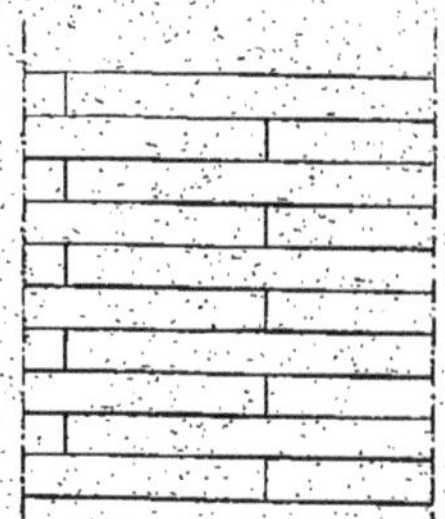

Fig. 664.

Pour les parquets ou planchers ordinaires on se sert du sapin par économie mais il est préférable d'utiliser le chêne. Il est d'usage d'employer, pour les feuilles de parquet, du *merrain*, bois d'échantillon qui a été refendu et non débité à la scie.

L'épaisseur ordinaire des parquets varie de $0^{m},027$ à $0^{m},034$.

Il existe plusieurs sortes de parquets qui, suivant la largeur des lames et suivant leur disposition, prennent différents noms :

1° Le parquet à *frises à l'anglaise* ou formé de longues lames (*fig.* 663) ;

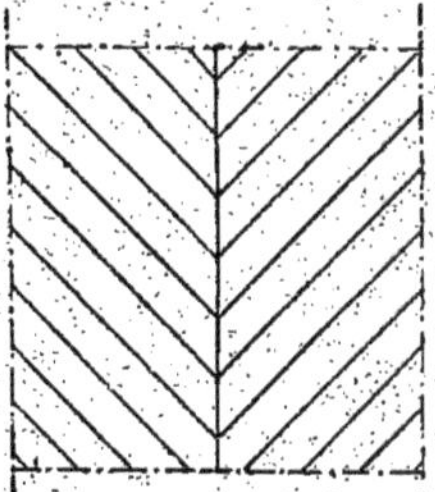

Fig. 665.

2° Le parquet à *frises à coupe de pierre* (*fig.* 664) ;

3° Le parquet à *frises à fougère* ou

point de Hongrie, lorsque les lames sont posées (*fig.* 665), comme des chevrons de blason ;

4° Le parquet à *frises à bâtons rompus*, (*fig.* 666), c'est-à-dire en forme de che-

Fig. 666.

vrons dont les côtés sont perpendiculaires. Une autre disposition simple de parquetage qui est aussi employée est représentée en croquis (*fig.* 667) ; elle consiste à couper d'onglet les abouts des frises ;

5° Les *parquets d'assemblage* et à *compartiments* lorsque les lames sont croisées en tous sens, laissant entre elles des vides carrés, des espaces triangulaires, qui sont remplis par de petits morceaux

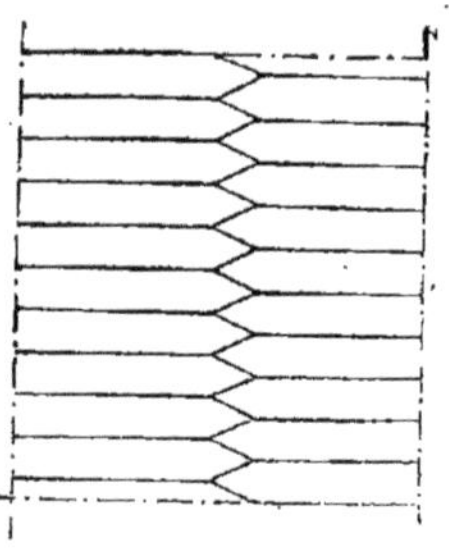

Fig. 667.

soigneusement ajustés. Enfin on exécute aussi des *parquets en marqueterie* avec des incrustations de bois diversement colorés, qui sont parfois d'un grand effet décoratif.

Pour ces deux derniers types de parquets, dont les dispositions peuvent être variées à l'infini et dont nous nous occuperons dans une autre partie du cours de construction, on emploie presque toutes les essences de bois, chêne, noyer, acajou, érable, mérisier, palissandre, citronnier, etc.

Voyons maintenant pour les parquets ordinaires les précautions à prendre pour obtenir de bons résultats.

Conditions de bon établissement d'un parquet.

Pour qu'un parquet soit bien exécuté il est nécessaire de tenir compte d'une série de petites remarques que le constructeur ne doit pas oublier sous peine de se créer des ennuis ; nous allons, dans ce qui va suivre, résumer les principales.

Pour les frises ou feuilles des parquets il faut toujours choisir du bois dur, sain, autant que possible sans nœuds, sans fentes ni gerçures et surtout ne jamais souffrir d'aubier ; voir si les fibres sont bien entières ce qui permet au bois de conserver sa force et de bien résister aux charges qu'il doit supporter et aux frottements qu'il doit subir.

Les planches ou frises doivent être bien dressées, leurs arêtes franches et vives, leurs faces bien d'équerre entre elles et les bouts bien à angle droit dans la longueur de la frise.

La taille des onglets doit être faite bien exactement à 45° afin d'éviter les intervalles entre les pièces juxtaposées.

Le travail de la pose des lambourdes doit être exécuté avec une très grande perfection pour obtenir de bons parquets. La surface supérieure de ces lambourdes, devant recevoir directement les frises des parquets, doit être parfaitement de niveau ; cependant dans un bâtiment neuf lorsque la pièce à parqueter présente de grandes dimensions, on fait quelquefois poser des lambourdes un peu *bouges*, c'est-à-dire un peu relevées vers le milieu de la pièce, afin que, lorsque les planchers viennent à faire leur effet, ils soient toujours droits et de niveau.

Il faut éviter, autant que cela sera possible l'emploi de *cales* ou de *fourrures* placées sous les lambourdes pour racheter un défaut de niveau.

Le local à parqueter doit être bien

dépourvu d'humidité. Il faut avoir soin de l'aérer lorsque la construction est récente, et attendre, dans tous les cas, que les plâtres des murs ainsi que ceux du scellement des lambourdes soient parfaitement secs si on désire éviter des mécomptes.

La bonne conservation d'un parquet dépend surtout des conditions dans lesquelles on le place. On ne doit poser les parquets dans les bâtiments neufs que lorsque ces derniers sont déjà pourvus de volets ou de persiennes. Il serait même préférable, afin d'éviter l'influence des courants d'air ainsi que les mauvais effets des variations de température, de ne poser les parquets qu'après la mise en place des fenêtres.

La pose d'un parquet doit de préférence se faire en été ou dans un temps sec. L'hiver, les molécules du bois se ramollissent, absorbent l'humidité et donnent au bois un développement qui est détruit ensuite par l'action de la sécheresse du printemps ou de l'été.

Plus les bois sont secs et plus ils s'approprient facilement l'humidité qui les fait gonfler et déjeter. Il faut donc apporter la plus grande attention à préparer convenablement le posage soit en faisant mettre pour les rez-de-chaussée un faux plancher, soit en faisant pour ces endroits exposés à l'humidité, sceller les lambourdes dans un bain de bitume.

Quand la pose du plancher est terminée on le nivelle en le rabotant ou en le replanissant avec soin. Ce travail est exécuté par des ouvriers spéciaux qui sont payés au mètre carré de surface rabotée. Ce travail terminé, il sera très bon de couvrir le parquet d'une épaisse couche de copeaux ou de tout autre matière empêchant le parquet d'être trop subitement exposé aux rayons du soleil et au contact de l'air toujours très abondant et très actif dans les bâtiments neufs.

Pose des parquets ordinaires.

1° Parquets à frises à l'anglaise.

Les parquets exécutés avec des planches refendues en *frises* ou en *alaises* et qu'on nomme parquets à frises sont préférables aux planchers faits de planches d'une assez grande largeur, parce que, moins le bois est large moins l'action de la sécheresse ou de l'humidité le fait travailler.

Les frises F de parquet ont de $0^m,08$ à $0^m,11$ de largeur environ ; elles se placent les unes à côté des autres et s'assemblent à *rainures* et *languettes*. La rainure R (*fig.* 668) est une petite entaille rectangulaire rappelant la forme de la mortaise mais existant sur toute la longueur de la frise ; la languette L, de la même figure, rappelle la forme d'un tenon rectangu-

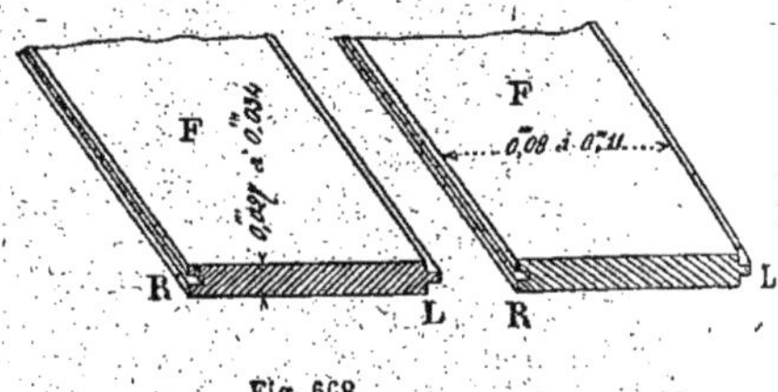

Fig. 668.

laire mais existant également sur toute la longueur de la frise et venant se placer bien exactement dans la rainure R.

Dans les planchers en fer les frises sont clouées directement sur les lambourdes. Ces lambourdes peuvent, comme nous l'avons indiqué (*fig.* 552 et 553), se poser sur les solives ou entre les solives mais, dans tous les cas, elles sont lardées de clous à bateaux et solidement retenues sur le hourdis plein du plancher ou sur les augets par des solins en plâtre ; disposition qui a déjà été indiquée.

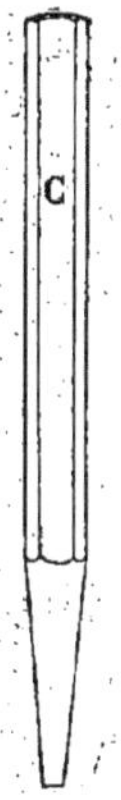

On emploie, pour fixer les frises sur les lambourdes, des *pointes* ou *clous* sans tête qui se posent inclinés dans les joints, afin de n'être pas apparents. Les extrémités de ces clous sont invisibles car ils doivent être enfoncés ou chassés dans l'épaisseur des frises ou planches à l'aide d'un *chasse-pointes* C (*fig.* 669).

C

Fig. 669.

Quand les planches ou frise de parquets

n'ont pas, d'un seul morceau, toute la longueur de la pièce à parqueter on en met plusieurs bout à bout en observant bien que les extrémités des planches ou frises F doivent être chevauchées et répondre aux milieux des lambourdes L (*fig*. 670).

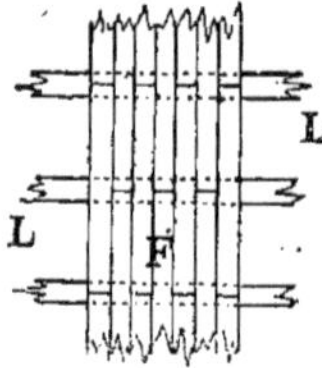

Fig. 670.

La jonction bout à bout de deux frises se fait également à rainures et languettes.

Certains constructeurs désirant obtenir une plus grande solidité divisent la surface du parquet par travées suivant la longueur des bois à employer et placent, perpendiculairement aux lames courantes une frise dans laquelle viennent s'assembler les extrémités des alaises ou frises courantes.

2°. Parquets en points de Hongrie ou en fougères.

Les parquets à points de Hongrie sont formés de planches F également jointes à rainures et languettes et clouées, dans leur épaisseur sur les lambourdes L

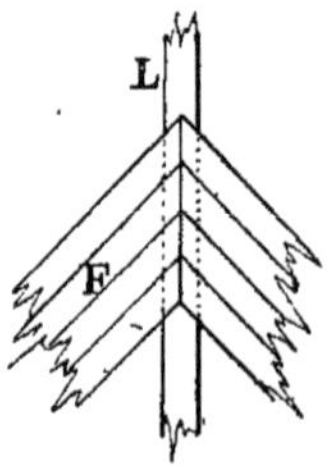

Fig. 671

(*fig*. 671) qui doivent se trouver au droit des joints longitudinaux.

Pour parqueter une pièce avec du parquet en points de Hongrie, on commence quelquefois à faire au pourtour de cette pièce et le long des murs un encadrement dans lequel viennent s'assembler à rainures et languettes les frises du parquet. Puis on divise l'espace compris entre les deux frises longitudinales en un nombre impair de parties égales, dont la largeur peut varier de $0^m,45$ à $0^m,92$ afin d'obtenir des diagonales de $0^m,70$ à $1^m,30$ de longueur.

Ordinairement, la longueur des planches ou feuilles et l'angle sous lequel elles se rencontrent (l'angle droit est généralement adopté) sont réglés d'après les dimensions de la pièce à parqueter. La largeur qu'on leur donne est $0^m,08$ quand elles ont 1 mètre et moins de longueur et $0^m,10$ à $0^m,11$ lorsqu'elles ont davantage.

Aujourd'hui on ne place pas de frises sur le pourtour des parquets ordinaires de nos habitations, c'est la *plinthe* ou le *stylobate* qui recouvre les abouts des frises placées contre les murs.

La figure 552 nous donne un exemple de parquet sans frises au pourtour.

Toutefois il est indispensable de poser autour du foyer en marbre d'une cheminée un encadrement en frises d'une largeur égale à celles des frises du parquet et dans lequel les lames courantes viennent s'assembler à rainures et languettes.

Lorsque dans un parquet on a soin de bien choisir son bois et de contrarier le fil de ce bois, on peut obtenir comme motif décoratif, les effets d'une étoffe de moire.

3°. Parquets à bâtons rompus.

Dans les parquets à bâtons rompus les abouts des frises au lieu d'être coupés d'onglet, sont coupés carrément; sauf cette petite variante, tout ce qui a été dit des parquets en points de Hongrie est applicable.

Observation.

Pour obtenir un effet agréable par la lumière venant frapper la surface des parquets il faut les disposer, par rapport aux fenêtres, comme nous l'indiquons (*fig*. 672) pour le parquet à l'anglaise et (*fig.* 673) pour le parquet en points de Hongrie ou à

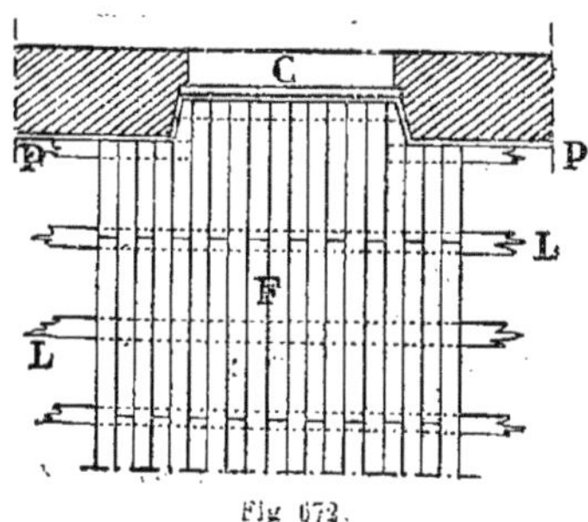

Fig 672.

bâtons rompus. Dans ces figures nous désignons par la lettre F les frises du parquet; par la lettre L les lambourdes;

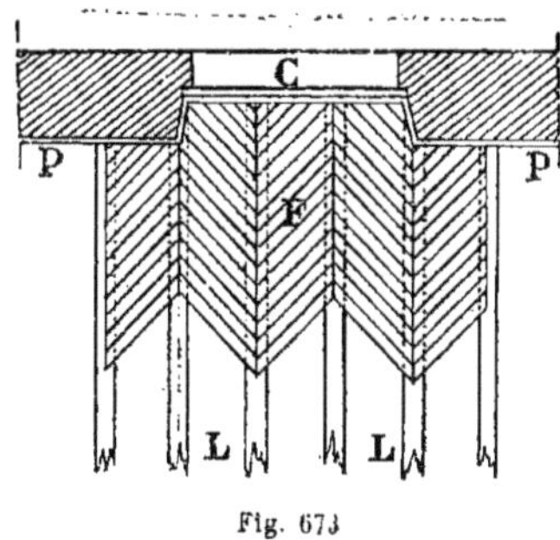

Fig. 673

par la lettre P la plinthe ou le stylobate, et par la lettre C la baie en plan.

Carrelages.

238. On donne le nom de *carreaux* à des plaques de marbre, de pierre ou de céramique, décorées ou unies, à l'aide desquelles on exécute des revêtements sur murs, des carrelages, des pavages, des dallages, etc.

On désigne sous le nom de *carrelage* le pavage ou le revêtement exécuté à l'aide de carreaux. Nous ne parlerons dans ce qui va suivre que des carrelages ordinaires posés sur les planchers en fer.

Dans les constructions modernes les carrelages sont réservés pour les vestibules, certaines pièces du rez-de-chaussée devant rester fraîches, les cuisines, les chambres de l'étage des combles et les âtres des cheminées.

Les carreaux ordinairement les plus employés pour ces différents usages sont les carreaux carrés et les carreaux à six pans en terre cuite préparée comme pour les briques mais avec une pâte plus fine.

Les carreaux carrés ont de $0^m,15$ à à $0^m,22$ de côté et une épaisseur variable de $0^m,018$ à $0^m,023$. Ceux de $0^m,16$ sont souvent utilisés pour la construction du carrelage des cuisines et des âtres des cheminées; dans ce dernier cas, on les raccorde avec le carrelage de la pièce par un joint droit qui se trouve dans l'alignement du devant des jambages de la cheminée.

Les carreaux hexagonaux ou à six pans sont employés pour le carrelage des chambres, des cuisines, etc.; ils ont ordinairement une épaisseur variable de $0^m,027$ à $0^m,033$ et peuvent s'inscrire dans des cercles variant de $0^m,14$ à $0^m,22$ de diamètre.

Pour les vestibules et les pièces à rez-de-chaussée on se sert beaucoup aujourd'hui, de carreaux en marbre de différentes couleurs, de carreaux en grès cérame dont il existe une grande quantité de fabriques et enfin du carrelage mosaïque fait avec de très petits cubes de marbre et que les Italiens exécutent très bien.

Dans les grandes villes et notamment à Paris, le carrelage est fait par des ouvriers spéciaux nommés *ouvriers carreleurs*. Cependant, lorsque le travail de carrelage est peu important, les maçons le font eux-mêmes.

En province, ce sont les maçons qui se chargent de faire les carrelages.

Pour obtenir un bon carrelage, il faut avoir soin de n'employer que des carreaux bien droits, non gauchis par la cuisson et résistant bien à l'usure et à l'humidité. Il faut aussi employer des carreaux provenant des meilleures fabriques, tels que les carreaux de Bourgogne, de Beauvais, de Massy, etc.

Les qualités et les défauts des carreaux sont les mêmes que pour les briques et ils proviennent également du plus ou moins de soins apportés à la préparation de la terre et à la cuisson. Le peu d'épaisseur des carreaux les fait souvent gauchir au feu au point de les rendre impropres à faire des carrelages sans *balèvres*, qu'on est obligé d'enlever et de dresser au grès, ce qui augmente beaucoup le prix du carrelage.

Pose des carreaux.

Il faut, avant de commencer la pose du carrelage d'une pièce d'un étage quelconque d'une maison, s'assurer du niveau de son sol et régulariser convenablement la *forme* sur laquelle les carreaux doivent être posés en répandant sur l'aire, en plâtre ou en autre matière, de la poussière provenant de démolitions d'ouvrages en plâtre par exemple, ou de recoupes de pierres qu'on a eu soin de faire passer au panier. Le niveau des pièces est pris par rapport au dessus de la marche palière de l'étage correspondant.

Pour les carrelages à rez-de-chaussée, qui le plus souvent sont exécutés avec des carreaux de marbre ou de liais qu'on scelle avec de mortier de chaux ou de ciment, on commence par établir une aire en mortier de chaux et de sable de 0^m,15 à 0^m,20 d'épaisseur et on la dresse avec soin en prenant pour niveau le dessus du seuil des portes préalablement bien réglé de niveau.

Le scellement des carreaux se fait, soit au mortier de chaux ou de ciment (pour les pièces qui doivent recevoir souvent de l'eau), soit simplement au plâtre pour les chambres offices, etc... Lorsqu'il emploie le plâtre pour sceller les carreaux, l'ouvrier carreleur ajoute à ce plâtre une certaine quantité de suie afin de retarder sa prise et lui donner le temps d'arranger ses carreaux sur la couche de plâtre qu'il étend au fur et à mesure de la pose.

La pose des carreaux est une opération délicate qu'il faut faire avec beaucoup de

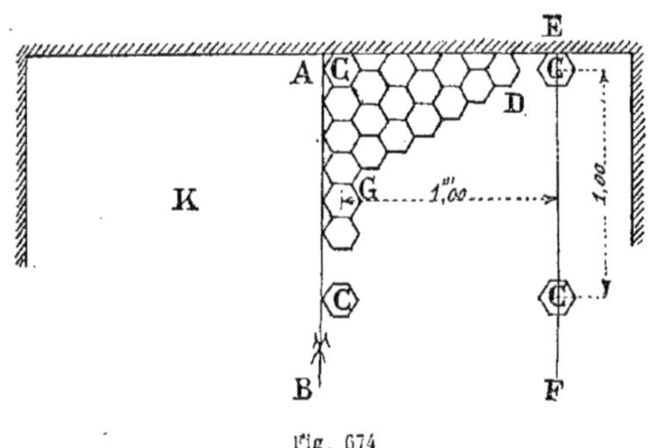

Fig. 674

soin. Le carreleur, après avoir parfaitement arrêté le niveau de la forme à l'aide de carreaux C placés de distance en distance, et servant de repères (*fig.* 674) met un cordeau AB au milieu de la largeur de la pièce K et dans le sens de sa longueur suivant les repères qu'il a posés. Il fait alors gâcher du plâtre puis il pose un premier rang de carreaux contre le cordeau AB. Une règle en chêne R (*fig.* 675) d'environ 0^m,12 de largeur, 0^m,03 d'épaisseur et 1^m,20 de longueur qu'on nomme *batte à carreler* sert, en frappant avec son plat, sur la surface des carreaux à les amener tous au niveau des repères ou des carreaux déjà posés.

Quand le rang suivant AB est terminé, l'ouvrier carreleur continue sont travail en procédant par bandes obliques GD qu'il frappe toujours avec sa batte en la faisant glisser sur les carreaux déja posés jusqu'à un autre cordeau EF placé à 1^m,00 environ du premier rang sur les repères C.

Il continue ainsi à poser les autres

bandes en se tenant toujours à genoux devant son ouvrage et en faisant au fur et à mesure, sa forme à la main afin d'éviter, l'emploi d'une trop grande quantité de plâtre.

Dans son travail, l'ouvrier carreleur doit éviter de faire de trop grands joints, des balèvres ou de barbouiller ses carreaux de plâtre.

Tous les carreaux d'une pièce étant posés, l'ouvrier termine sa tâche en faisant les raccords le long des murs en se ser-

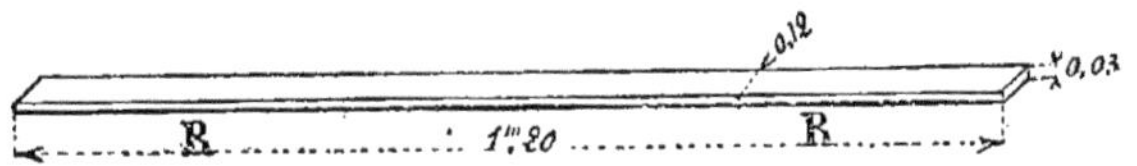

Fig. 675.

vant, pour cela, de morceaux de carreaux qu'on nomme *pièce* lorsqu'ils ont la forme représentée en croquis (*fig.* 676) et qu'ils proviennent de carreaux coupés parallèlement à une de leurs arêtes; et *pointe*

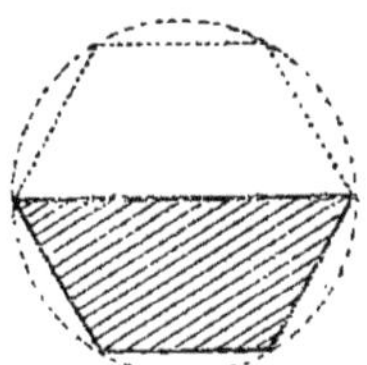

Fig. 676.

lorsqu'ils proviennent (*fig.* 677) de carreaux coupés perpendiculairement à l'une de leurs arêtes.

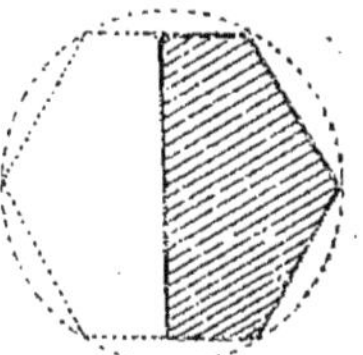

Fig. 677.

Avec un simple carreau de forme carrée on peut obtenir plusieurs combinaisons :

1° En alternant les joints (*fig.* 678);

2° En faisant suivre les joints dans les deux sens (*fig.* 679);

3° Enfin en posant les carreaux en quinconce ou en échiquier (*fig.* 680) c'est-à-dire les joints diagonalement aux faces de la pièce.

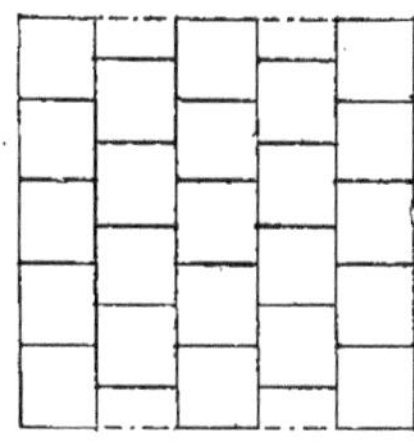

Fig. 678.

On obtient avec les carreaux en grès cérame et la mosaïque de très belles combinaisons étudiées par les spécialistes

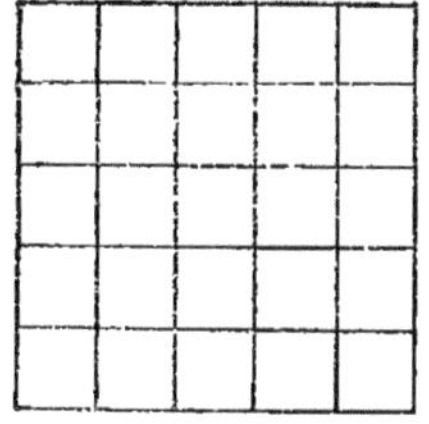

Fig. 679.

pour ce genre de travail, mais que nous ne pouvons indiquer ici.

Le prix de règlement des carreaux se compte au mètre superficiel, compris une forme d'une épaisseur maxima de 0m,50;

au-delà de cette épaisseur la forme se paie au mètre cube et à part

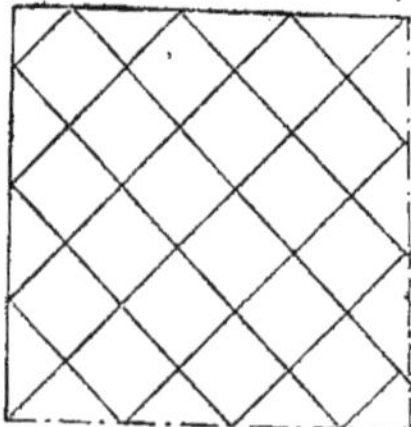

Fig 680.

XIII. — Ferrures employées dans les planchers en fers.

239. Nous désignons sous le nom de ferrures ou ferrements des planchers en fer, les différentes pièces utilisées pour la confection de ces planchers tant pour leurs assemblages que pour leur consolidation.

Ces pièces ayant, pour la plupart, été étudiées précédemment nous nous bornerons à les énumérer et à les définir.

1° Différentes pièces servant au chaînage des planchers et des murs.

Ces différentes pièces sont : les *ancres*, les *chaînes* et les *tirants*.

On désigne sous le nom d'*ancre* une pièce de fer le plus souvent en S, parfois aussi en forme de chiffre ou de rinceau, et qui, appliquée verticalement sur la paroi d'une muraille, est reliée par un tirant à des pièces de charpente horizontales. L'ancre sert à combattre la poussée au vide.

La *chaîne* est la bande de fer plat qui sert à chaîner les planchers ou les murs.

Les *tirants* servent à relier l'ancre à la pièce métallique qu'il s'agit de chaîner.

2° Pièces servant à réunir les fers entre eux et à maintenir leur écartement.

Ces pièces sont assez nombreuses, les principales sont : les *boulons*, les *rivets*, les *équerres*, les *cornières*, les *éclisses*, les *entretoises*, les *fentons*, les *frettes*, les *croisillons*.

Les *boulons* ont été étudiés en détails nous connaissons leur destination ; il nous suffira de rappeler les différents noms qu'ils portent dans la charpenterie en fer et qui sont : les *boulons d'écartement* ; les *boulons d'assemblages* ; les *boulons à scellement* ; les *boulons d'éclisses*.

Les *rivets*, que nous plaçons ici simplement comme mémoire, ont été assez longuement étudiés précédemment.

Les *équerres* sont des pièces de fer plat ou de tôles coudées, formant angle droit et destinées à consolider ou à relier des assemblages ; elles se distinguent des cornières, dont nous allons parler, en ce que le raccord entre les deux branches ne présente pas un fort congé souvent gênant pour la pose des rivets ou des boulons d'assemblage.

Les *cornières* sont des barres de fer laminées auxquelles on donne la forme d'un V et dont les faces extérieures se rencontrent le plus souvent à angle droit. Elles servent beaucoup pour la confection des poutres, on les emploie aussi pour consolider les angles formés par des pièces de fer faisant entre elles un angle droit ou un angle quelconque.

On distingue, dans le commerce plusieurs sortes de cornières : les cornières à *branches égales* ou à *branches inégales* dont les branches forment entre elles un angle droit ; les *cornières ouvertes*, dont les branches forment entre elles un angle obtus ; enfin les *cornières fermées*, dont les branches forment entre elles un angle aigu.

Les *éclisses*, nom qu'on donne à des lames de fer formant un système d'attache employé à la consolidation des joints dans les rails de chemin de fer, ces lames sont jumelles et placées de chaque côté de l'âme des rails s'appuyant sur les champignons haut et bas et serrées par deux ou quatre boulons. On désigne quelquefois sous le même nom les *plaques d'assemblage* qui servent à relier bout à bout deux pièces métalliques quelconques.

Les *entretoises*, nom général donné à une pièce de fer qui en relie deux autres et les maintient dans une position invariable. Les entretoises ont été étudiées très longuement, nous n'y reviendrons pas.

Les *fentons* ou *fantons* sont des tringles à section carrée qu'on noie dans les ouvrages en plâtre pour les empêcher de se fendre ; ils servent particulièrement dans les hourdis des planchers en fer.

Les *frettes* qui sont des bandes de fer plat assez larges et assez épaisses servent, comme nous le savons, à assembler deux fers pour en faire un poitrail.

Les *croisillons* sont des morceaux de fer carré disposés diagonalement pour maintenir l'écartement des deux fers qui composent un poitrail en fer ou des tôles qui forment une poutre armée.

Les croisillons servent aussi de remplissage dans divers ouvrages de serrurerie tels que grilles, balustrades, etc.

3° Pièces servant à assurer le scellement le niveau des poutres ou des solives d'un plancher en fer.

Ces pièces comprennent : les *plaques de fondation*, les *plaques de scellement*, les *cales*, les *coins*, les *semelles* ou *platines de niveau* qui ne sont autre que des plaques de tôle découpées à longueur suffisante pour recevoir l'about des poutres ou des solives.

4° Pièces diverses.

Sous le nom de pièces diverses nous comprenons toutes les petites pièces telles que *vis*, *clous*, *chevilles*, *clous de bâtiment*, qu'on emploie pour fixer les gros fers en place, *clous à bateau*, qui sont utilisés pour faciliter le scellement des lambourdes.

§ *XIII. — STABILITÉ DES PLANCHERS EN FER.*

I. Définitions et notions générales.

240. Toutes les formules de résistance sont des relations entre les forces extérieures, les aires des sections des pièces et les moments d'inertie de ces sections, c'est-à-dire leur forme.

Ces trois quantités étant toujours entre elles dans certains rapports exprimés par des coefficients, on est invariablement conduit à étudier :

1° La détermination de ces coefficients;

2° La décomposition des forces extérieures dans les différents cas des applications;

3° La détermination des sections des pièces et de leur forme.

Nous savons, qu'un corps solide soumis à l'action de forces extérieures, subit des déformations variables avec l'intensité de ces forces et avec la manière dont elles sont appliquées. Nous savons aussi qu'il se produit dans l'intérieur de ce corps des réactions moléculaires s'opposant à sa déformation et que, lorsqu'il y a équilibre entre les forces intérieures et extérieures on dit que le corps résiste.

Il y a, suivant les divers moyens d'appliquer les forces, différents genres de résistances : la résistance à la *traction* ou à l'*extension*; la résistance à la *compression;* la résistance au *cisaillement* ou *effort tranchant;* la résistance à la *torsion;* enfin, celle qui nous occupera le plus, la résistance à la *flexion*.

1° Résistance a la traction ou a l'extension.

241. On désigne sous le nom de résistance à la traction ou à l'extension l'effort qu'opposent les molécules d'une tige, par exemple, à une force longitudinale qui tend à l'allonger.

Les lois de l'extension ont été étudiées expérimentalement par un grand nombre de physiciens et de constructeurs et en premier lieu par Coulomb. Ne pouvant ici rappeler les différentes méthodes, nous nous contenterons de résumer les quelques observations relatives à ces expériences.

Les corps soumis à l'extension se comportent de bien des manières différentes ; les uns, comme l'acier trempé, la fonte dure, s'allongent fort peu, chez eux la limite d'élasticité est très voisine de la rupture ; d'autres au contraire, comme le fer doux, s'allongent beaucoup et les déformations deviennent permanentes longtemps avant la rupture.

Les différents arrangements moléculaires modifient l'élasticité et la résistance; ainsi, l'étirage du fer à froid et à travers une filière montre un exemple d'une traction dépassant la limite d'élasticité, accompagnée d'une compression énergique dans le sens transversal triplant presque la résistance de ce métal.

Le refroidissement lent ou recuit rend les métaux plus ductiles et plus faciles à s'allonger; la trempe produit l'effet contraire.

Le martelage et le laminage font passer le fer de l'état grenu à l'état fibreux, en augmentant sinon l'élasticité du moins l'amplitude possible des déformations.

L'application brusque de la charge diminue la résistance dans une certaine mesure.

La fonte résiste beaucoup moins à l'extension que le fer.

Il ne faut employer la fonte malléable qu'avec une épaisseur minima de 7 à 8 millimètres si l'on veut se rapprocher de la résistance du fer.

Nous avons donné dans la première partie du *Cours de Construction*, page 289, quelques renseignements pratiques sur le travail du fer à l'extension, il nous suffira pour les compléter, d'indiquer qu'elle est la formule généralement employée pour cette sorte de résistance.

Lorsque la charge appliquée agit bien suivant l'axe de la pièce, l'expérience montre que la résistance totale est indépendante de la forme, de la section et est proportionnelle à la surface; on peut alors admettre que l'effort se répartit uniformément.

En désignant par R, la tension moléculaire ou l'effort résistant par unité de section qu'oppose la tige aux forces extérieures, par P la charge totale normale à la section de la tige exprimée en kilogrammes et par S la surface de la section (1) exprimée en millimètres carrés, on peut écrire:

$$R = \frac{P}{S}$$

formule qui représente la loi de résistance à la traction pour un solide quelconque.

Le plus souvent, on connait P, on se donne R (pression que la matière peut subir avec sécurité par unité de surface), et on déduit la section S par la formule suivante:

$$S = \frac{P}{R}.$$

Éléments principaux à considérer dans la résistance à l'extension.

Les éléments principaux à considérer dans la résistance à l'extension sont :

1° Le coefficient d'élasticité ;

2° La charge pratique par mètre carré qu'on ne doit pas dépasser dans les applications ;

3° La charge par mètre carré qui amène le corps à sa limite d'élasticité ;

4° La charge par mètre carré qui produit la rupture;

5° Les allongements par mètre de longueur correspondants à ces charges.

Nous résumons, dans le tableau suivant les valeurs de ces différents éléments pour les trois corps, *fer*, *fonte* et *acier* les plus employés dans la charpente en fer.

242. TABLEAU DES COEFFICIENTS RELATIFS A LA RÉSISTANCE A L'EXTENSION

DÉSIGNATION	FER	FONTE	ACIER
Coefficient d'élasticité	20.10^9	10.10^9	20.10^9
Charge pratique	6.10^6	$2,5.10^6$	15.10^6
Allongement correspondant	0.0003	0.00025	0.00075
Charge limite d'élasticité	12.10^6	8.10^6	30.10^6
Allongement correspondant	0.0006	0.0008	0.0015
Charge de rupture	40.10^6	12.10^6	70.10^6

D'après les expériences d'Hodgkinson, savant anglais, on peut admettre que tant que la charge n'excède pas 15 kilo-

(1) Si cette section ne comporte qu'une dimension comme le cercle et le carré, elle est parfaitement déterminée. Si, au contraire, elle comporte deux dimensions comme le rectangle on s'en donne une à priori.

grammes par millimètre carré de section, l'*allongement permanent* (augmentation de longueur subie par la tige tendue après la suppression totale de la charge ; la fraction de l'*allongement total* qui a disparu après l'enlèvement de la charge reçoit le nom d'*allongement élastique*), est peu sensible puisqu'il est seulement environ le $^1/_{100}$ de l'allongement total.

Au-delà de 15 kilogrammes, à mesure que la charge augmente, l'allongement permanent devient une partie de plus en plus grande de l'allongement total.

Par exemple, pour une charge de 22k,5 par millimètre carré, l'allongement permanent est environ moitié de l'allongement total c'est-à-dire égal à l'allongement élastique. Jusqu'à 30 kilogrammes par millimètre carré, l'allongement élastique reste, à très peu près, proportionnel à la charge.

En résumé, on peut admettre pratiquement, que jusqu'à la charge de 15 kilogrammes par millimètre carré de section, le métal est élastique et l'allongement permanent nul et que au-dessus de cette limite l'élasticité du métal s'altère de plus en plus.

Détermination de l'allongement d'une tige.

Pour une tige prismatique de section S, de longueur L et soumise à une charge P, l'allongement A serait :

$$A = \frac{PL}{ES}. \quad (1)$$

Exemple.

Déterminer l'allongement A d'une barre de fer de section S = 400 millimètres carrés, d'une longueur L = 6 mètres, la traction P étant 4 000 kilogrammes ; E, coefficient d'élasticité de la matière dont la tige est formée, nous est donné par le tableau précédent E = 20 000 par millimètre carré.

En remplaçant dans la formule (1) les lettres par les valeurs ci-dessus, nous trouvons :

$$A = \frac{4000 \times 6,00}{20000 \times 400} = 0^m,003.$$

Effort de rupture par traction.

L'effort qui peut produire la rupture d'une pièce, en agissant dans le sens de sa longueur, est : P = SR

S, section transversale de la pièce ;

R, effort nécessaire pour rompre une tige de même matière que la pièce et dont la section est l'unité prise pour exprimer S.

Dans la pratique, il convient que la charge permanente des fers ne dépasse, dans aucun cas, le $^1/_3$ de la charge de rupture, et qu'elle n'en soit que le $^1/_4$ ou le $^1/_5$ et même le plus souvent le $^1/_6$ quand les constructions sont de longue durée, et que l'on est pas suffisamment fixé sur la qualité et sur l'homogénéité des fers.

Pour la fonte, la charge permanente ne doit jamais dépasser le $^1/_4$ de la charge de rupture, et encore doit-on éviter son emploi dans les constructions exposées à des chocs.

2° Résistance a la compression

243. Les phénomènes de la compression sont bien plus difficiles à observer que ceux de l'extension. Les colonnes en fer ou en fonte et les poteaux en fer chargés verticalement, nous donnent des exemples de pièces soumises à la compression et tendant à se raccourcir par la charge.

Si le corps sur lequel on opère a une grande longueur il fléchit au lieu de se comprimer, le phénomène est alors plus complexe et on ne peut plus appliquer la formule de la compression simple.

Si, au contraire, le corps est court, les raccourcissements deviennent trop petits pour être mesurés avec le degré de précision convenable.

Dans le cas de prismes très courts comprimés il y a analogie entre la compression et l'extension ; on observe les mêmes lois que pour l'extension, les phénomènes sont les mêmes, raccourcissement élastique, limite d'élasticité, raccourcissement permanent, rupture. On peut alors employer la même formule $R = \frac{P}{S}$ en supposant la charge bien centrée de manière à se répartir uniformément. Il est alors facile de vérifier cette loi importante que la résistance totale des prismes est proportionnelle à leur surface de section.

En général si le corps est long (en longueur plus de quatre à cinq fois la largeur) il fléchit quand la charge atteint une certaine grandeur et il périt par flexion ; s'il est court il périt par glissement transversal ou diagonal.

Un solide prismatique de section ω et dont la matière répond au coefficient pratique R résistera à un effort de compression $N = R\,\omega$, à condition que le rapport de la longueur du solide à la plus petite des autres dimensions ne soit pas trop considérable.

Lorsque ce rapport dépasse les nombres du tableau ci-dessous, le solide tend à fléchir et à se rompre dans les sections dangereuses S marquées dans les figures par un petit trait pointillé.

Ce tableau donne les formules par lesquelles on obtient la charge de rupture P. Pour avoir la charge pratique on remplacera, dans les formules, E par $\frac{E}{4}$ à $\frac{E}{5}$ pour le fer et par $\frac{E}{5}$ à $\frac{E}{6}$ pour la fonte.

244. TABLEAU DE LA RÉSISTANCE A LA RUPTURE DES PRISMES CHARGÉS DEBOUT

Disposition des prismes (La lettre S indique les sections dangereuses)		P libre, l, S, encastré		P libre, l, S, libre		P libre, l, S, S, encastré		P, encas, S, l, S, S, encastré	
Charge de rupture.		$P = \frac{\pi^2}{4} \frac{EI}{l^2}$		$P = \pi^2 \frac{EI}{l^2}$		$P = 2\pi^2 \frac{EI}{l^2}$		$P = 4\pi^2 \frac{EI}{l^2}$	
Valeurs de l	Pour le Fer	12 d	14 h	24 d	28 h	33 d	38 h	48 d	56 h
	Pour la Fonte	5 d	5,75 h	10 d	11,5 h	14 d	16 h	20 d	23 h

Dans ce tableau :

E, désigne le coefficient d'élasticité;

I, le moment d'inertie de la section transversale ;

d, le diamètre dans le cas d'une section circulaire;

h, la plus petite dimension dans le cas d'une section rectangulaire.

Dans le tableau suivant nous résumons les résultats d'expériences sur la compression.

245. TABLEAU DES COEFFICIENTS RELATIFS A LA RÉSISTANCE A LA COMPRESSION

DÉSIGNATION	FER	FONTE
Coefficient d'élasticité	16.10^9	8.10^9
Coefficient limite d'élasticité par mètre carré	18.10^6	23.10^6
Charge pratique par mètre carré	6.10^6	10.10^6
Charge de rupture par mètre carré	25.10^6	75.10^6

On voit qu'entre certaines limites les coefficients d'élasticité sont sensiblement les mêmes pour l'extension et pour la compression.

La limite d'élasticité se produit pour la fonte plus tard que pour le fer, les molécules du premier métal résistent donc mieux à la poussée au vide, ce qui peut tenir aux différences de constitution des deux métaux. La fonte bien coulée, est un métal homogène de même résistance dans tous les sens tandis que le fer est composé de parties fibreuses mais souvent moins bien reliées dans le sens transversal.

D'après les expériences d'Hodgkinson, il résulte que jusque vers la charge de 1 400 à 1 800 kilogrammes par centimètre carré, la compression du fer est proportionnelle à la charge et que jusqu'à cette limite d'élasticité, le coefficient d'élasticité est en moyenne E = 16 295 000 000.

Cette valeur de E diffère peu de celle relative à l'extension qui en moyenne est de 19 359 458 500 et, comme pour la fonte, on pourra les supposer égales lorsqu'il s'agira de la résistance à la flexion. Cette valeur est presque double de celle trouvée par la fonte et qui est :

$$E = 8\,950\,417\,000$$

Ainsi, dans les limites de la non altération de l'élasticité, 14 kilogrammes par millimètre carré de section pour le fer, la fonte se comprime près de deux fois autant que le fer, à part le prix il y a donc lieu, dans ce cas, de donner la préférence au fer sur la fonte.

Au delà de la limite d'élasticité, le fer se déforme beaucoup plus rapidement que la fonte et il s'écrase sous des charges qui ne sont que la moitié et quelquefois le $^1/_3$ de celles qui écrasent la fonte.

Relativement à la rupture on admet que des prismes courts en bon fer et en barres laminées s'écrasent sous des charges de 4000 kilogrammes par centimètre carré de section; pour les colonnes en fer qui sont d'un fort échantillon on a trouvé le chiffre de 3 600 kilogrammes; enfin, pour la tôle de bonne qualité à cassure fibreuse ou cristalline, d'une épaisseur de $^1/_2$ à 15 millimètres, on a trouvé le chiffre de 3 800 kilogrammes.

D'après les expériences d'Hodgkinson des supports en fer, disposés de manière qu'ils ne puissent fléchir, comme par exemple ceux formés de tôles épaisses réunies par des cornières et formant des caissons rectangulaires, s'écrasent sous des charges de 2 500 kilogrammes par centimètre carré de section.

En les faisant travailler de $^1/_6$ à $^1/_4$, soit en moyenne à $^1/_5$ de la charge de rupture on pourra donc les charger, comme pour la traction, d'environ 600 kilogrammes par centimètre carré de section. Certains constructeurs adoptent aussi ce chiffre pour les colonnes pleines en bon fer.

3° RÉSISTANCE AU CISAILLEMENT EFFORT TRANCHANT

246. On désigne ainsi l'effort qu'opposent les diverses molécules d'une pièce à l'action des forces parallèles à ses sections transversales, c'est-à-dire à un effort qui tend à couper une pièce prismatique suivant une section droite.

Soit une pièce AB (*fig.* 681) soutenue sur une partie de sa longueur par un support quelconque S, on dit qu'il y a cisaillement quand la partie BD de cette pièce

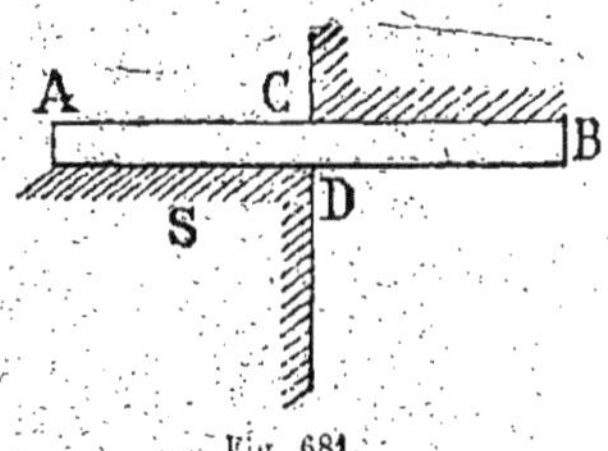

Fig 681.

est séparée de la partie AD suivant la section transversale CD.

Dans l'opération du poinçonnage il y a cisaillement au pourtour du poinçon à partir du moment ou la débouchure commence à apparaître sur la face inférieure du bloc poinçonné.

C'est surtout pour la résistance des rivets que le cisaillement doit être pris en considération; en effet, dans les poutres en tôle et cornières, il arrive parfois que certains rivets se guillotinent, cela prouve que ces rivets n'offrent pas assez de section ou qu'ils sont trop écartés pour résister convenablement à l'effort transversal ou de cisaillement auquel ils sont soumis; on dit qu'ils sont *cisaillés*.

L'expérience démontre que cette résistance au cisaillement est, comme les résistances à la traction et à la compression, proportionnelle à l'aire de la section et peut être représentée par la relation :

$$SR = T$$

en appelant T l'effort parallèle à la section S et R la résistance au cisaillement par unité de section.

On admet le plus souvent que l'effort tranchant T se répartit uniformément dans toute l'étendue de chaque section; alors, si comme précédemment S est la surface et T l'effort tranchant, l'intensité R de la pression moléculaire qui en résulte est donnée par la formule :

$$R = \frac{T}{S}$$

et réciproquement, si on connaît T et si on se donne la pression R qu'il ne faut pas dépasser, on calculera la section au moyen de la formule :

$$S = \frac{T}{R}.$$

Pour le fer, la résistance au cisaillement est sensiblement la même que la résistance à la rupture, c'est-à-dire environ 30 kilogrammes par millimètre carré ; elle est plus grande pour l'acier, plus de 50 kilogrammes.

En général on ne doit pas faire supporter au métal plus du $^1/_5$ de l'effort tranchant qui produirait la rupture par cisaillement, c'est-à-dire que pour le fer on prendra R égal à 6 kilos par millimètre carré de section, soit R = 6 000 000 par mètre carré et pour l'acier 10 kilos par millimètre carré de section, soit R = 10 000 000 par mètre carré.

Définition de l'effort tranchant. — Poutres droites.

Soit (*fig.* 682) une poutre droite AB, le plus souvent, dans l'étude de ces poutres

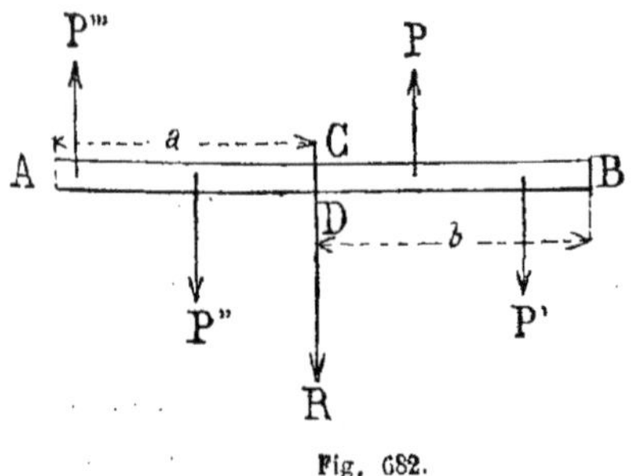

Fig. 682.

on ne rencontre que des charges ou des réactions verticales P, P', P'', P''' etc... ; coupons la poutre par un plan quelconque perpendiculaire à sa direction et supposons que nous supprimons la partie de droite *b* de la poutre à la condition de transporter dans la section CD toutes les forces qui agissent sur cette partie et d'y joindre un couple de moment égal à la somme des moments de ces forces.

A part ce couple, qui regarde la résistance à la flexion, les forces transportées dans la section considérée se composeront en une seule résultante R égale à leur somme algébrique, c'est à dire égale à la somme de celles qui agissent dans un même sens, diminuées de la somme de celles agissant en sens contraire.

Or, cette résultante R qui tend a faire glisser, suivant CD, la partie *b* sur la partie *a*, c'est la force tangentielle ou l'*effort tranchant*.

On peut alors dire que lorsqu'une poutre est soumise à des forces parallèles, l'*effort tranchant* est la somme algébrique de toutes les forces d'un même côté de la section considérée.

Toutes les forces qui agissent sur AB sont en équilibre, celles de gauche P''P''' ont une somme égale et de signe contraire à celles de droite P et P'. Il en résulte que l'effort tranchant conserve la même valeur, mais change de signe suivant le côté de la section que l'on considère.

D'une manière générale, que la pièce soit droite ou courbe, on peut dire que : l'effort tranchant est la somme algébrique des projections des forces extérieures situées d'un même côté de la section considérée sur le plan de cette section.

La compression ou l'extension est la somme algébrique des projections des forces extérieures, situées d'un même côté de la section considérée, sur la tangente à la pièce en ce point.

La déformation produite par l'effort tranchant est un glissement relatif de deux sections voisines. Si nous désignons ce glissement par la lettre *g*, l'expérience prouve qu'il est proportionnel à l'effort tranchant T et inversement proportionnel à l'aire de la section S et à un certain coefficient K qui dépend de la matière du corps, on peut donc écrire :

$$g = \frac{T}{KS} \quad \text{ou} \quad T = KSg.$$

En prenant, dans cette formule, pour K la valeur $K = \frac{2}{5} E$.

E étant le coefficient d'élasticité de la matière considérée.

4° Résistance a la torsion

247. La résistance à la torsion est celle qu'un solide de forme prismatique oppose à un effort transversal qui tend à faire tourner une de ses sections droites autour d'un axe intérieur au prisme et parallèle à sa longueur.

Nous n'aurons pas, dans ce qui va suivre, à tenir compte de la torsion, c'est pourquoi nous nous contentons de ne donner que la définition.

5° Résistance a la flexion

248. On désigne sous le nom de *flexion plane* la résistance qu'un solide de forme prismatique oppose à un effort qui tend à le fléchir sans le tordre.

Ce mode de résistance diffère essentiellement des autres en ce que les diverses fibres qui composent une même section sont soumises à des efforts différents résultant de la courbure de la pièce. Ces différents efforts ne peuvent se représenter aussi simplement que dans les résistances examinées précédemment.

Si on considère une partie de solide AB*ab* (*fig.* 683) comme formée d'un faisceau de fibres parallèles, la flexion plane est un mode de déformation dans lequel toutes les fibres se courbent en restant parallèles à un même plan.

Presque toujours cette flexion des fibres s'opère parallèlement à un plan de symétrie du prisme, lequel prend alors le nom de *plan de flexion.*

Si, par exemple, une poutre rectangulaire est placée horizontalement, le plan de flexion sera, le plus souvent, le plan vertical de symétrie de la poutre mené dans le sens de sa longueur.

Supposons (*fig.* 683) la partie AB*ab* d'un solide sollicité par des forces extérieures désignées ici par leur résultante R dirigée d'une façon quelconque dans le plan qui contient l'axe longitudinal du solide.

Sous l'action de ces forces et pour que l'équilibre existe, il faut que le solide primitivement droit, se courbe.

On admet, la courbure que prennent les fibres étant relativement très faible, que les molécules qui avant la flexion étaient dans une même section transversale sont encore après la flexion dans une même section transversale.

AB et *ab* (*fig.* 683) étant les traces sur le plan de flexion de deux sections voisines, les fibres qui se projetaient suivant A*a* et B*b* se sont courbées et se projettent suivant les arcs A*a'* et B*b'*; la section *ab* est donc venue en *a'b'*, ligne placée normalement aux arcs A*a'* et B*b'*.

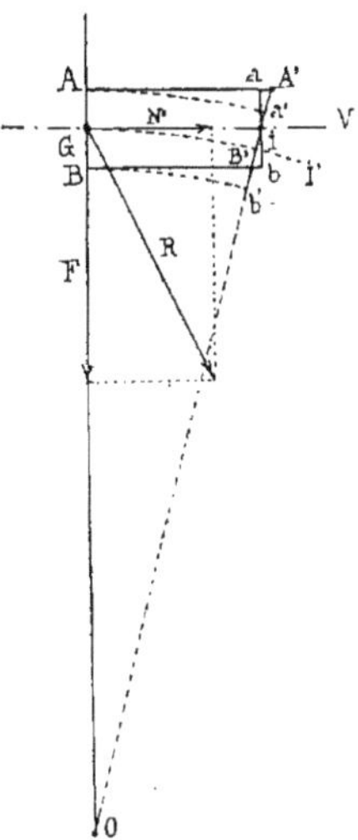

Fig. 683.

En prolongeant *a'b'* jusqu'en O, ce point O sera le centre de courbure des arcs considérés. Les arcs A*a'* et B*b'* étant très petits, on peut leur substituer leurs tangentes AA' et BB', et dire alors que la ligne A'B' est la nouvelle position de la section *ab*.

Dans ce mouvement, nous voyons, à la seule inspection de la figure, que toutes les fibres ne se comportent pas de la même manière; celles de la partie supérieure, par exemple, se sont allongées;

celles de la partie inférieure se sont raccourcies, tandis que les fibres situées dans une position intermédiaire suivant le plan GI ne se sont ni allongées ni raccourcies.

On donne, pour cette raison, à cette ligne GI le nom de *ligne des fibres invariables* ou *ligne des fibres neutres* qui, en général, est différente de la ligne de fibre moyenne. On nomme fibres moyennes celles qui passent par le centre de gravité des sections transversales du solide.

Le plan GI lui-même est dit *plan des fibres neutres*.

En considérant la portion du prisme comprise entre une section quelconque AB et l'extrémité droite de la pièce, on voit qu'elle ne peut se maintenir fléchie sous l'action des forces extérieures qui la sollicitent, que parce que la flexion même fait naître dans la section AB, des forces dites *forces élastiques*, exercées par la partie du prisme à gauche de AB sur la partie située à droite; et que l'équilibre finit par s'établir entre les forces élastiques et les forces extérieures qui agissent sur la partie droite du prisme.

Ces forces élastiques ou réactions moléculaires, peuvent être décomposées en forces parallèles au plan ABO et en forces perpendiculaires à ce plan.

Prenons donc deux axes rectangulaires GO et GV passant par le centre de gravité G de la section AB; la composante F des forces R devra être égale et de signe contraire à la résultante des forces élastiques parallèles à la section et se nomme *effort tranchant* ou de cisaillement; l'autre composante N devra être égale à la résultante des forces élastiques perpendiculaires à la section et se nommera *force longitudinale*, *tension* ou *pression* suivant le sens dans lequel elle agit.

Enfin, la somme des moments des forces élastiques autour de l'axe projeté en G ou le moment de *résistance* ou *d'élasticité* de la pièce devra être égal à la somme des moments des forces R autour du même axe ou au *moment fléchissant* de ces forces, que nous désignerons, suivant l'usage, par la lettre μ, et qui a encore reçu le nom de *moment de rupture*.

ÉTABLISSEMENT DES FORMULES SIMPLES DE LA FLEXION PLANE

249. Dans certains cas particuliers, par exemple, lorsque les forces extérieures ont leur résultante R parallèle à l'axe GO, la force longitudinale N est nulle; il ne reste alors à tenir compte que du moment fléchissant et de l'effort tranchant.

Le moment de résistance de la pièce en fonction du plus grand effort auquel on veut soumettre les fibres les plus tendues ou les plus comprimées de la pièce, est facile à déterminer.

Soit R ce plus grand effort, auquel doit résister la fibre la plus fatiguée et v, la distance de cette fibre à l'axe neutre; soit R_1, l'effort exercé sur une fibre élémentaire placée à une distance v_1 du même axe neutre, on a, entre ces quantités, la relation suivante :

$$\frac{R_1}{R} = \frac{v_1}{v} \quad \text{d'ou} \quad R_1 = \frac{Rv_1}{v}.$$

Ce qui permet d'écrire que la résistance pour un élément de surface ω sera :

$$R\frac{v_1}{v} \times \omega.$$

Le moment de cette résistance élémentaire devient :

$$R\frac{v_1^2}{v} \times \omega.$$

Le moment de résistance totale étant la somme de toutes les résistances élémentaires on peut écrire :

$$\frac{R}{v}\,\Sigma\, v_1^2\, \omega \qquad (1)$$

Or, la somme des moments élémentaires de la section considérée est désignée par les praticiens sous le nom de *moment d'inertie;* en l'indiquant, suivant l'usage, par la lettre I l'expression (1) peut s'écrire:

$$\frac{RI}{v}.$$

La relation d'équilibre entre le moment fléchissant μ et le moment de résistance pourra se mettre sous la forme suivante qui est généralement adoptée par les constructeurs:

$$(2) \quad \mu = \frac{RI}{v} \quad \text{ou} \quad R = \frac{v\mu}{I}. \quad (3)$$

On se sert aussi de la proportion mise sous la forme $\frac{I}{v} = \frac{\mu}{R}$.

On voit que la résistance d'une fibre quelconque est proportionnelle à sa distance v au plan des fibres neutres; et par conséquent la fibre la plus fatiguée, celle qui a à supporter la plus grande tension ou la plus grande compression est la fibre la plus éloignée du plan des fibres neutres.

Les efforts auxquels le prisme est soumis doivent être réglés, de telle sorte que, même pour cette fibre la plus fatiguée, la résistance R ne dépasse pas la limite d'élasticité.

Effort tranchant et force longitudinale.

250. Comme nous l'avons déjà dit la force N (*fig.* 683) peut être une pression ou une tension.

De la formule précédemment indiquée

$$N = R\,\omega \text{ on tire } R = \frac{N}{\omega} \qquad (4)$$

En retranchant (4) de (3) on obtient :

$$R = \frac{v\mu}{I} - \frac{N}{\omega}$$

mais il faut remarquer que quels que soient les signes de μ et de N il y a toujours, dans chaque section, une série de valeurs de v, soit en dessus soit en dessous de la ligne moyenne qui donne à $\frac{v\mu}{I}$ le signe de $\frac{N}{\omega}$; il y a donc aussi dans chaque section, une série de valeurs de R dont chacune est, en valeur absolue, de la forme :

$$R = \frac{v\mu}{I} + \frac{N}{\omega}$$

et c'est le maximum de cette somme qui devra toujours intervenir dans les calculs relatifs à la détermination des dimensions d'un solide soumis à la flexion.

251. Nous résumons, dans le tableau suivant, les coefficients d'élasticité, la pression par mètre carré correspondant à la limite d'élasticité, la charge de rupture par mètre carré, enfin, la charge de sécurité qu'on peut faire supporter aux différents métaux, fer, fonte et acier, employés dans la charpente en fer.

DÉSIGNATION		COEFFICIENT d'élasticité par MÈTRE CARRÉ	PRESSION par mètre carré correspondant à la limite d'élasticité	CHARGE DE RUPTURE par mètre carré	CHARGE DE SÉCURITÉ par mètre carré
Extension	Fer laminé....	18 à 20 000 000 000	15 à 20 000 000	35 à 45 000 000	6 à 10 000 000
	Fonte.........	5 à 14 000 000 000	4 à 8 000 000	6 à 20 000 000	2 à 4 000 000
	Acier trempé.	20 à 28 000 000 000	70 à 90 000 000	100 à 269 000 000	50 à 80 000 000
	Acier fondu..	20 à 28 000 000 000	35 à 40 000 000	45 à 80 000 000	50 à 80 000 000
Compression (prismes courts)	Fer.......		14 à 18 000 000	25 à 40 000 000	6 000 000
	Fonte.....		17 000 000	45 à 100 000 000	12 000 000
	Acier.....		16 à 37 000 000	100 à 200 000 000	12 à 20 000 000
Effort tranchant ou cisaillement		(Glissement, valeur du coefficient K)			
	Fer.....	6 500 000 000		28 à 34 000 000	5 à 7 000 000
	Fonte...	2 000 000 000		6 à 19 000 000	2 à 3 000 000
	Acier...	8 000 000 000		36 à 50 000 000	8 à 10 000 000
Flexion	Fer..............	17 à 22 000 000 000	23 à 30 000 000		6 à 10 000 000
	Fonte...........	6 à 16 000 000 000		19 à 40 000 000	2 a 4 000 000
	Acier trempé...	18 à 22 000 000 000	80 à 100 000 000	140 à 190 000 000	50 à 80 000 000
	Acier fondu....	19 à 22 000 000 000	25 à 51 000 000		12 à 20 000 000

II. — Centres de gravité.

Définition.

252. Le centre de gravité est le centre des forces parallèles dues à la pesanteur.

Les poids des molécules qui composent un même corps solide sont des forces verticales dirigées de haut en bas; leur résistance est le poids total du corps; et le centre des forces parallèles prend le nom de *centre de gravité.*

L'axe neutre d'un solide, passant, dans

les cas les plus ordinaires de la pratique, par le centre de gravité de la section, on conçoit l'importance qui s'attache à la recherche de ce point.

On ne peut pas faire varier la direction commune des forces; mais on peut, ce qui revient au même, faire varier la position du corps par rapport à la verticale; et le centre de gravité est le point par lequel passe constamment la résultante du poids de toutes les molécules, quelle que soit la position que l'on donne au corps.

Si le centre de gravité est un des points du corps solide, on peut concevoir qu'on remplace les poids de toutes les molécules par une force verticale unique, égale à leur somme et appliquée au centre de gravité.

Si le centre de gravité est situé hors du corps, cette substitution ne peut plus se concevoir qu'en supposant le point invariablement lié au système, ce n'est qu'un moyen de simplifier les démonstrations, les données ou les formules, mais à laquelle on ne doit attacher aucune idée de réalité.

C'est aussi pour simplifier les énoncés et les formules qu'on étend quelquefois la notion du centre de gravité à un système qui n'est pas solide; il n'existe dans ce cas aucune force capable de produire à elle seule l'effet des poids des diverses molécules qui composent le système; mais il est souvent commode d'introduire dans les calculs la résultante qu'auraient ces poids si le système devenait instantanément solide et par suite de considérer le point par lequel elle passerait constamment si le système, sans changer de forme, venait à changer de position par rapport à la verticale, c'est-à-dire le centre de gravité de ce système.

Les corps sont composés en réalité de molécules séparées les unes des autres; mais, dans la recherche du centre de gravité on les considère comme formés d'une matière continue; cette manière de voir n'a d'autre effet que de déplacer de quantités infiniment petites les points d'application des forces verticales considérées et les résultats n'en sont pas altérés.

Nous savons qu'en mécanique, le produit d'une surface par sa distance à un axe fixe, a reçu le nom de moment de la surface par rapport à l'axe et que le centre de gravité de la surface est un point tel que le produit de sa distance à l'axe des moments par la surface totale est égal à la somme des moments des surfaces élémentaires.

Si nous désignons par S les surfaces élémentaires composant la surface totale et par M les moments de ces surfaces élémentaires par rapport à l'axe choisi, la distance v du centre de gravité à cet axe sera donnée par la relation :

$$v = \frac{\Sigma M}{\Sigma S}.$$

Observation.

Cette formule générale conduit souvent à des calculs très longs que nous ne pouvons étudier ici et pour lesquels nous renvoyons nos lecteurs au *Cours de mécanique*. Nous nous contenterons, dans ce qui va suivre, de donner des définitions et d'indiquer les procédés simples de la recherche graphique du centre de gravité de quelques figures.

Lorsque le corps que l'on considère est homogène, c'est-à-dire quand ses parties, quelque petites qu'on les suppose, ont des poids proportionnels à leur volume, la position du centre de gravité dans le corps devient indépendante de la nature de ce corps; et sa recherche n'est plus qu'une question de géométrie.

Afin de simplifier la recherche du centre de gravité des corps homogènes, on s'appuie souvent sur les propositions suivantes :

Si le corps peut se décomposer en diverses parties dont les centres de gravité soient sur un même plan ou sur une même droite, le centre de gravité du corps entier sera aussi sur ce plan ou sur cette droite.

Si le corps a un plan de symétrie, le centre de gravité est dans ce plan.

Si le corps a un axe de symétrie, son centre de gravité est sur cet axe.

Si le corps a un centre de figure, son centre de gravité est en ce point.

On peut remplacer les éléments de volume, d'aire ou de longueur, qui composent le système considéré, par d'autres éléments de volume, d'aire, ou de longueur qui lui soient proportionnels, pourvu qu'ils aient leurs centres de gravité aux mêmes points.

CENTRE DE GRAVITÉ DES PRINCIPALES FIGURES DONT NOUS AURONS A NOUS OCCUPER.

Ligne droite.

253. Le centre de gravité d'une ligne droite est en son milieu; car ce milieu est dans le plan de symétrie perpendiculaire à la droite.

Ligne brisée régulière.

Soit (*fig.* 684) ACB, une ligne brisée régulière, AB sa corde, O, le centre de la circonférence inscrite, OC, son axe de symétrie.

Le centre de gravité cherché G sera sur OC; il reste à trouver la distance GO. Menons par le centre O une parallèle

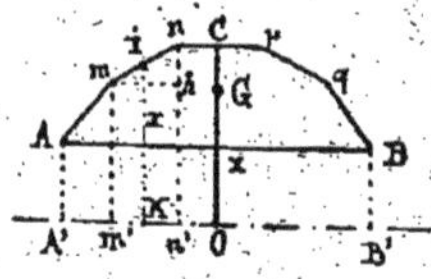

Fig. 684.

à la corde AB et projetons sur cette parallèle les sommets de la ligne brisée à l'aide de perpendiculaires telles que AA', mm', nn',... BB'.

Soit I le milieu d'un côté quelconque mn; supposons joints les deux points I et O; menons IK perpendiculaire à A'B' et mh parallèle à A'B'.

Soit x la distance IK du centre de gravité I du côté mn à la droite A'B' et X la distance OG.

En prenant les moments par rapport à un plan mené suivant A'B perpendiculairement au plan de la ligne brisée, nous aurons :

$$X = \frac{\Sigma vx}{V} \quad \text{ou} \quad X = \frac{\Sigma mn\text{IK}}{V}.$$

Or, les triangles semblables IKO et mhn donnent :

$$mn : \text{IO} = mh : i\text{K}$$

d'où

$$mn : \text{IK} = \text{IO} : mh$$

par conséquent :

$$X = \frac{\Sigma\, \text{IO}\; mh}{V};$$

ou, attendu que IO, rayon de la circonférence inscrite, est un facteur commun à tous les termes du numérateur, et que mh peut être remplacé par $m'n'$.

$$X = \frac{\text{IO}\;\Sigma m'n'}{V}.$$

Mais $\Sigma m'n'$, ou la somme des projections des côtés de la ligne brisée sur A'B', n'est autre chose que AB; et V est ici la longueur A$mnpq$B de la ligne brisée; on peut donc écrire :

$$\text{OG} = \frac{\text{IO.AB}}{\text{A}mnpq\text{B}},$$

c'est-à-dire que, la distance du centre de gravité d'une ligne brisée à son centre est une quatrième proportionnelle à la longueur de cette ligne brisée, à sa corde, et au rayon de la circonférence inscrite.

Arc de cercle.

En augmentant indéfiniment le nombre des côtés de la ligne brisée précédente, on arriverait à un arc de cercle. Si donc L est la longueur développée de l'arc, C sa corde et R son rayon on aurait par analogie avec ce qui précède :

$$X = \frac{\text{RC}}{\text{L}}$$

c'est-à-dire que, le centre de gravité d'un arc de cercle est sur son axe de symétrie, et sa distance au centre est une quatrième proportionnelle à l'arc, à sa corde, et au rayon.

Pour une demi-circonférence on aurait :

$$X = \frac{R\;2\,R}{\pi\,R} = \frac{2}{\pi}R.$$

CENTRE DE GRAVITÉ DES FIGURES PLANES

1° Rectangle.

254. Le centre de gravité d'un rectangle ABCD (*fig.* 685) est son centre de figure, c'est-à-dire le point d'intersection de ses médianes, qui sont des axes de symétrie.

2° Parallélogramme.

Le centre de gravité G du parallélogramme ABCD (*fig.* 686) se détermine très facilement par l'intersection des deux diagonales AD, BC ; il se trouve aussi sur la moitié de la hauteur h.

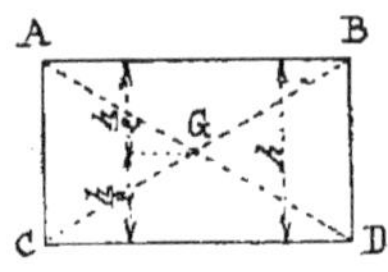

Fig. 685.

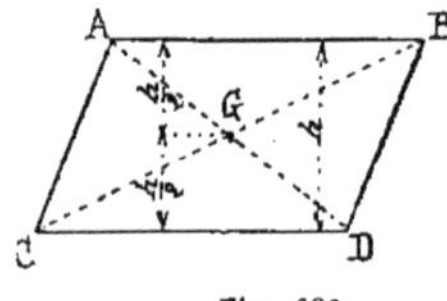

Fig. 686.

3° Triangle.

Le centre de gravité d'un triangle est au point de rencontre de ses trois médianes.

Soit (*fig.* 687) ABC un triangle quelconque, les trois médianes se coupent en un point G qui est le centre de gravité

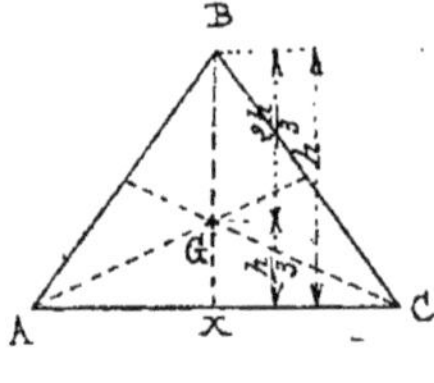

Fig. 687.

cherché. On peut le trouver directement en plaçant ce point G sur la médiane BX aux $^2/_3$ de la hauteur h du triangle à partir du sommet B.

Le centre de gravité d'un triangle peut être regardé comme le point d'application de la résultante, de trois forces égales, parallèles et de même sens appliquées respectivement aux trois sommets.

4° Trapèze.

Le moyen le plus simple de trouver le centre de gravité d'un trapèze ABCD consiste (*fig.* 688) à porter de D en D' la longueur de la petite base AB ; de A en A' la longueur de la grande base DC, de joindre

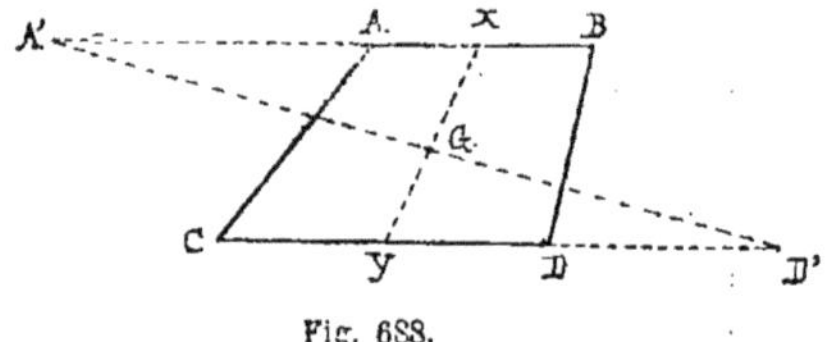

Fig. 688.

A'D' et le point G où cette droite coupe la ligne XY qui joint le milieu des deux bases, est le centre de gravité du trapèze.

5° Quadrilatère quelconque.

Pour trouver le centre de gravité d'un quadrilatère quelconque ABCD (*fig.* 689) on mène les deux diagonales AC et BD qui se coupent au point E; on prend ensuite sur l'une d'elles la longueur

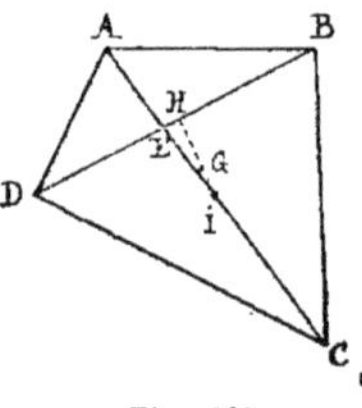

Fig. 689.

BH = DE, on obtient un point H que l'on joint au point I, milieu de la diagonale AC. Le point G ou centre de gravité du quadrilatère se trouve sur la droite IH et à une distance

$$IG = \frac{IH}{3}.$$

On peut aussi trouver le centre de gravité d'un quadrilatère quelconque en le décomposant en triangles.

6° Polygone quelconque.

Pour obtenir le centre de gravité d'un polygone quelconque, on le divise en triangles; on détermine l'aire et le centre de gravité de chacun d'eux et on applique la construction qui donne le centre des forces parallèles.

7° Polygone régulier.

Le centre de gravité d'un polygone régulier est son centre de figure.

8° Cercle.

Le centre de gravité d'un cercle est son centre.

9° Secteur circulaire.

Pour obtenir le centre de gravité d'un secteur circulaire, il suffit de déterminer le centre de gravité de l'arc qui lui sert de base, de joindre ce point au centre et de prendre les deux tiers de la ligne de jonction, à partir du centre.

Nous terminerons ces quelques notions sur les centres de gravité en cherchant le centre de gravité d'un fer à simple T et d'une cornière, profils dont nous parlerons souvent dans la charpenterie en fer.

10° Fer à simple T.

Nous ne donnerons ici que la construction graphique simple, qui consiste comme le montre la figure 690 à prendre les centres de gravité partiels g et g' des deux rectangles ABCD, EFHI et à les composer

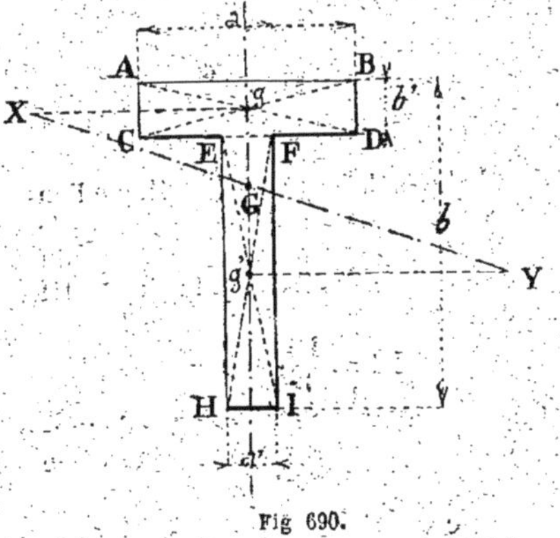

Fig 690.

comme nous l'avons montré pour un quadrilatère, nous réservant d'indiquer la recherche exacte du centre de gravité par le calcul, en parlant du moment d'inertie d'un fer à simple T.

11° Cornière.

Pour une cornière (*fig.* 691) on suit absolument la même marche, seulement il faut distinguer deux cas :

1° Cornière à branches égales ;
2° Cornière à branches inégales.

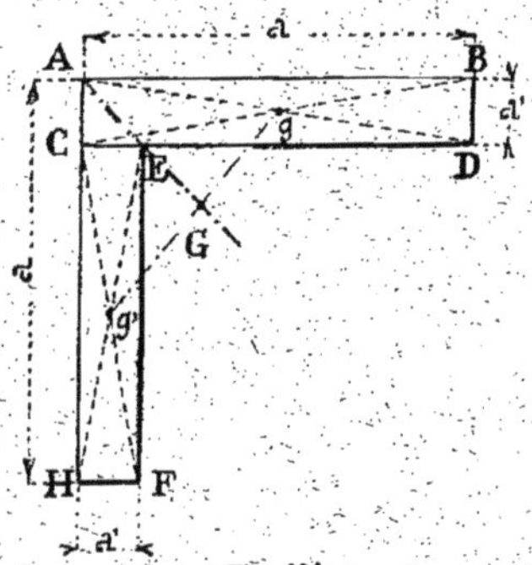

Fig. 691.

La cornière (*fig.* 691) étant à branches égales possède un axe de symétrie qui est la bissectrice de l'angle droit des deux branches; il suffit alors pour obtenir le centre de gravité, de chercher séparément ceux des rectangles ABCD, CEHF ce qui

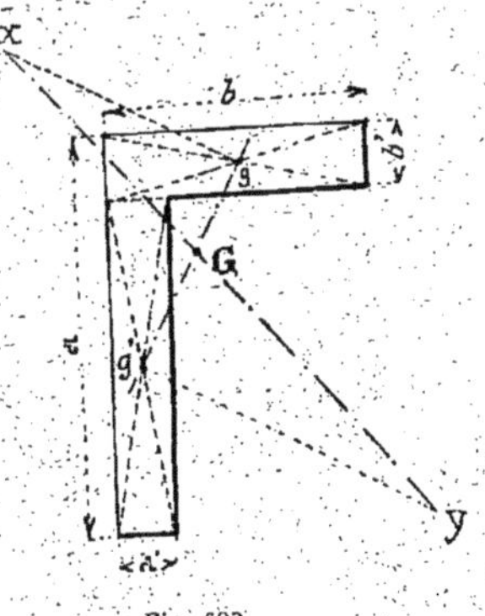

Fig. 692.

donne les points, g et g'. En joignant ces deux points la ligne gg' coupe la bissectrice en un point G qui est le centre de gravité cherché.

2° La cornière (*fig.* 692) étant à branches

inégales on cherche encore les centres de gravité g et g', puis, sur des perpendiculaires gX et $g'y$ à la ligne gg' on porte les distances a et $b - b'$; il suffit alors de joindre X et y pour obtenir en G le centre de gravité cherché.

III. — Moments d'inertie.

255. Nous venons de voir comment on peut trouver le centre de gravité des diverses sections les plus usuelles; par suite, la distance de ce centre de gravité à l'extrémité la plus éloignée de la section nous donnera v, distance de la fibre la plus fatiguée à l'axe neutre; nous connaissons R, il ne nous reste plus qu'à trouver la valeur de I pour avoir tous les éléments du moment de résistance.

Définition.

On nomme *moment d'inertie* la somme des produits qu'on obtient en multipliant la masse de chacun des points matériels qui composent un système, animé d'un mouvement de rotation autour d'un axe, par le carré de sa distance à cet axe.

Si m désigne la masse de l'un de ces points et r sa distance à l'axe considéré, le moment d'inertie, qu'on représente ordinairement, par la lettre I, a pour expression :

$$I = \Sigma\, mr^2$$

Ayant déterminé le moment d'inertie d'un système par rapport à un axe, il est facile, comme nous allons le voir, de trouver son moment d'inertie par rapport à un axe parallèle au premier.

Prenons pour axe des z le premier axe nous aurons :

$$r^2 = x^2 + y^2$$

et, en remplaçant r^2 par cette valeur dans formule précédente, on peut écrire :

$$I = \Sigma\, m\,(x^2 + y^2)$$

Faisons passer le plan des zx par le second axe que nous supposons distant du premier de la quantité d ; la distance du point qui a pour coordonnées x et y à ce nouvel axe sera exprimée par :

$$(x - d)^2 + y^2.$$

En désignant par I' le moment d'inertie par rapport au deuxième axe on aura :

$$I' = \Sigma[(x - d)^2 + y^2] \quad \text{ou}$$

$$I' = \Sigma m\,(x^2 + y^2) + \Sigma md^2 - 2\Sigma mdx$$

où, en appelant M la masse totale.

$$I' = I + Md^2 - 2d\Sigma mx.$$

Si le premier axe passe par le centre de gravité du système, on aura, en prenant les moments des masses partielles par rapport au plan zy :

$$\Sigma mx = 0$$

il reste donc :

$$I' = I + Md^2$$

c'est-à-dire que le moment d'inertie, par rapport à un axe quelconque, est égal au moment d'inertie par rapport à un axe parallèle, passant au centre de gravité du système, augmenté du produit de la masse totale par le carré de la distance des deux axes.

De tous les axes parallèles à une direction donnée, celui pour lequel le moment d'inertie d'un système est le plus petit, est celui qui passe par le centre de gravité.

Nous avons vu dans la *Charpente en bois*, page 143 et suivantes, comment on obtenait le moment d'inertie et par suite la valeur de $\frac{I}{v}$ du *rectangle*, du *carré* et du *cercle*, nous n'y reviendrons pas et nous nous occuperons des moments d'inertie et de la valeur de $\frac{I}{v}$ des autres profils usuels les plus employés dans la charpente en fer.

1° MOMENT D'INERTIE ET VALEUR DE $\frac{I}{v}$ D'UN FER A SIMPLE T

Recherche par le calcul du centre de gravité.

256. Soit (*fig.* 693) un fer à simple T dont nous nous proposons de trouver le centre de gravité. Ce fer est, comme le montre la figure, formé de deux rectangles ABCD et EFGH.

Le centre de gravité se trouve sur une ligne XY, située à une distance n de la base GH du fer, c'est cette distance n que nous devons calculer.

Désignons par s et s_1 les surfaces des deux rectangles, la surface totale étant $S = s + s_1$, nous aurons :

$$s = bh'$$

$$\text{et } s_1 = b'(h - h').$$

En prenant les moments de chacun des rectangles par rapport à leurs centres de

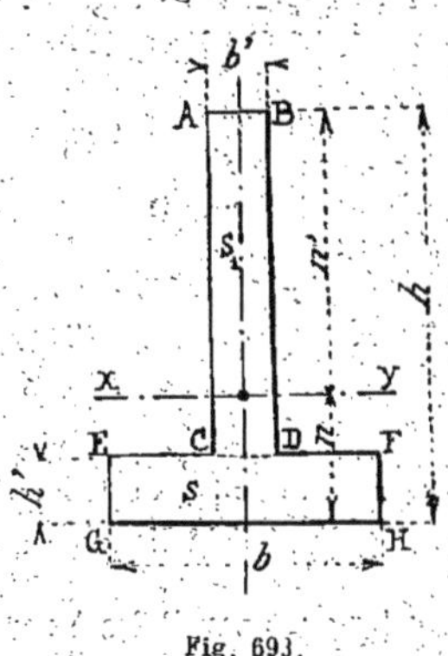

Fig. 693.

gravité, nous aurons, en les désignant par m et m_1 :

$$m = bh' \times \frac{h'}{2}$$

et $$m_1 = b'(h - h') \times \frac{h - h'}{2}$$

la somme de ces moments ou le moment total M sera :

$$m + m_1 = \mathrm{M} = \frac{1}{2} bh'^2 + \frac{1}{2} b'(h - h')^2.$$

En prenant le rapport $\frac{\mathrm{M}}{\mathrm{S}}$ nous aurons :

$$\frac{\mathrm{M}}{\mathrm{S}} = \frac{\frac{1}{2} bh'^2 + \frac{1}{2} b'h^2 + b'h'^2 - b'hh'}{bh' + b'(h - h')}$$

Mais $\frac{\mathrm{M}}{\mathrm{S}} = n$, nous pouvons donc mettre cette expression sous la forme simplifiée suivante qui nous donnera la valeur cherchée de n.

$$n = \frac{1}{2} \frac{bh'^2 - b'h'^2 + b'h^2}{bh' - b'h' + b'h} \qquad (1)$$

par suite nous aurons d'après la figure même :

$$n' = h - n.$$

Ces deux valeurs de n et de n' étant connues, nous aurons pour valeur de I l'expression suivante :

$$\mathrm{I} = \frac{1}{3}[bn^3 - (b - b')(n - h')^3 + b'(h - n)^3] \qquad (2)$$

Connaissant cette valeur de I, pour avoir le moment de résistance, il nous suffira de le diviser par n' en supposant $n' > n$.

Application à un fer simple T du commerce.

Trouver la valeur de I, et par suite la valeur de $\frac{\mathrm{I}}{v}$ d'un fer à T simple du commerce, ayant les dimensions données par le croquis (*fig.* 694), c'est-à-dire 50 millimètres de hauteur, 46 millimètres de largeur et 7 millimètres d'épaisseur.

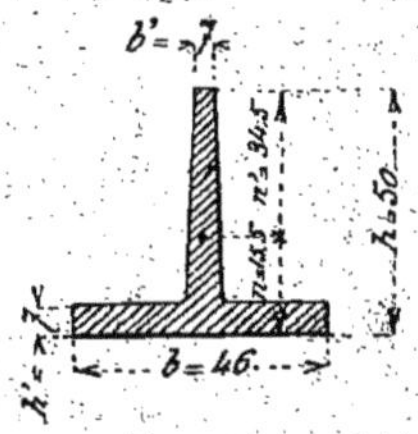

Fig. 694.

En remplaçant dans la formule (1) les lettres par leurs valeurs, nous aurons :

$$n = \frac{(0{,}046 \times \overline{0{,}007}^2) - (0{,}007 \times \overline{0{,}007}^2) + (0{,}007 \times \overline{0{,}050}^2)}{0{,}046 \times 0{,}007 - 0{,}007 \times 0{,}007 + 0{,}007 \times 0{,}050}$$

En faisant les calculs nous arrivons à :

$$n = \frac{0{,}031}{2} = 0{,}0155$$

par suite la valeur de n' sera :

$$n' = h - n = 0{,}050 - 0{,}0155 = 0{,}0345.$$

Connaissant ces deux valeurs nous aurons pour la valeur de I d'après l'expression (2) en remplaçant les lettres par leurs valeurs :

$$\mathrm{I} = \frac{1}{3}\Big[\Big(0{,}046 \times \overline{0{,}0155}^3\Big) - (0{,}039 \times \overline{0{,}0085}^3) + (0{,}007 \times \overline{0{,}0345}^3)\Big]$$

en effectuant les calculs nous trouvons :

$$\mathrm{I} = 0{,}0000001449$$

par suite le moment de résistance sera donné par l'expression :

$$\frac{\mathrm{I}}{n'} = \frac{0{,}1449}{0{,}0345} = 4{,}220$$

qui peut s'écrire en prenant la forme ordinaire :

$$\frac{I}{v} = 0{,}000004220,$$

valeur que nous retrouverons dans le tableau des moments d'inertie des fers à T simples donné plus loin.

2° MOMENT D'INERTIE DES POUTRES EN TOLE ET CORNIÈRES

La valeur du moment d'inertie d'un profil en tôle et cornières, indiqué en croquis (*fig.* 695), s'obtient en considérant

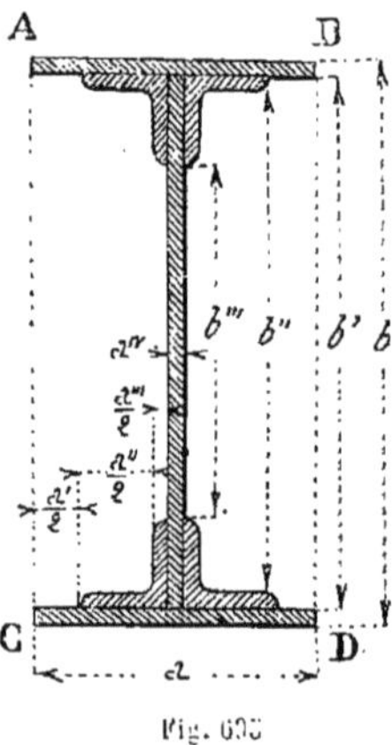

Fig. 695

la poutre composée comme un rectangle ABCD ayant a de base et b de hauteur.

Il suffit donc, pour avoir le moment d'inertie de la poutre, de prendre le moment du rectangle qui est $\frac{ab^3}{12}$ et d'en déduire les parties vides entre les cornières l'âme et les tables.

Comme la poutre est symétrique par rapport à l'axe, désignons par :

$$\frac{a'}{2}, \ \frac{a''}{2} \ \text{et} \ \frac{a'''}{2}$$

les largeurs des rectangles de gauche, par exemple a', a'' et a''', étant les bases de la somme des deux rectangles de droite et de gauche ; les hauteurs correspondantes seront b', b'' et b'''.

Nous aurons alors pour la valeur du moment d'inertie :

$$I = \frac{ab^3 - (a'b'^3 + a''b''^3 + a'''b'''^3)}{12}$$

et par suite pour avoir $\frac{I}{v}$ il suffit de remarquer que la pièce étant symétrique

$$v = \frac{b}{2}$$

ce qui donne :

$$\frac{I}{v} = \frac{\frac{1}{12}[ab^3 - (a'b'^3 + a''b''^3 + a'''b'''^3)]}{\frac{b}{2}}$$

d'où $$\frac{I}{v} = \frac{ab^3 - a'b'^3 - a''b''^3 - a'''b'''^3}{6b}$$

Si la poutre était en treillis, il y aurait un terme soustractif de plus à introduire dans la formule précédente $a^{\text{v}}b^{\text{iv}3}$ par exemple, pour tenir compte de l'évidement de l'âme. Si la poutre n'est plus symétrique (*fig.* 696), il faut alors chercher le centre de gravité de la section, soit par une construction graphique, soit en exprimant que le produit de la surface totale par la distance inconnue de ce centre à une droite quelconque, la base, par exemple, est égale à la somme des produits des surfaces de chacun des rectangles hachés par la distance de leurs milieux à la base, ce que nous pouvons indiquer en écrivant :

Fig. 696

$$\Omega X = \Sigma \omega x$$

d'où $$X = \frac{\Sigma \omega x}{\Omega}.$$

Le centre de gravité connu, on opère comme précédemment, successivement au-dessus et au-dessous de l'axe, et on ajoute les résultats. Au lieu du chiffre 12, c'est le chiffre 3 qu'il faut alors prendre comme dénominateur de la valeur de I.

Les poutres dissymétriques sont très peu employées pour la construction des planchers, on en trouve des exemples dans l'étude des ponts et des passerelles en fer.

3° MOMENT D'INERTIE D'UN FER A I.

Comme nous venons de le faire pour une poutre composée, considérons le rec-

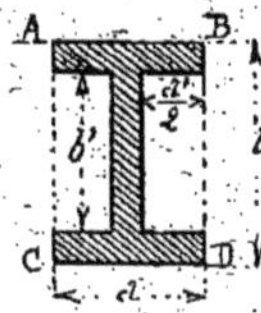

Fig. 697.

tangle ABCD (*fig.* 697) qui a pour moment d'inertie $I = \frac{ab^3}{12}$ et déduisons les deux parties évidées ayant pour base $\frac{a'}{2}$ et pour hauteur b'.

Nous aurons alors :

$$I = \frac{ab^3 - a'b'^3}{12}.$$

Le fer étant symétrique par rapport à l'axe nous savons que $v = \frac{b}{2}$ donc :

$$\frac{I}{v} = \frac{ab^3 - a'b'^3}{6b}$$

sera la valeur de $\frac{I}{v}$ cherchée.

4° MOMENT D'INERTIE D'UN PROFIL EN CROIX

Le moment d'inertie d'un profil en croix (*fig.* 698) est égal à celui d'un rectangle ABCD c'est-à-dire $\frac{ab^3}{12}$ plus ceux des deux

Fig. 698.

Fig. 699.

rectangles horizontaux ayant comme dimensions $\frac{a'}{2}$ et b'. Nous aurons donc pour valeur de I;

$$I = \frac{ab^3 + a'b'^3}{12}$$

comme $v = \frac{b}{2}$ on aura pour valeur de $\frac{I}{v}$,

$$\frac{I}{v} = \frac{ab^3 + a'b'^3}{6b}$$

Si le profil en croix était plus compliqué et formé de tôle et cornières comme l'indique la (*fig.* 699), la forme de $\frac{I}{v}$ est la même mais un peu plus compliquée.

On aurait, en supposant toujours $v = \frac{b}{2}$,

$$I = \frac{ab^3 + a'b'^3 + a''b''^3 + a'''b'''^3}{12}$$

et par suite :

$$\frac{I}{v} = \frac{ab^3 + a'b'^3 + a''b''^3 + a'''b'''^3}{6b}.$$

TABLEAUX DES MOMENTS D'INERTIE DES PROFILS LES PLUS USUELS DE LA CHARPENTE EN FER.

257. Les moments d'inertie sont très longs à calculer, or il arrive presque toujours que le constructeur est pressé et qu'il a besoin de savoir de suite la valeur de $\frac{I}{v}$ d'un profil connu et souvent adopté. C'est pour faciliter les calculs et en augmenter la rapidité que nous avons résumé ci-après, sous forme de tableaux les moments d'inertie des profils les plus usuels employés en charpente en fer.

Les valeurs de $\frac{I}{v}$ des fers I du commerce se trouvent dans presque tous les albums, mais ceux des cornières, des fers carrés, etc... s'y trouvant très rarement, nous avons cru combler une lacune en les indiquant ici.

Tableau n° 1.

Ce tableau nous donne les dimensions en millimètres des fers carrés les plus employés ; la surface de leur section transversale qui peut être très utile lorsqu'on doit calculer un fer à l'extension ; le poids de chaque fer par mètre courant, enfin la valeur de $\frac{I}{v}$.

Tableau n° 2.

Le tableau n° 2 nous donne, pour les fers ronds du commerce les plus employés, les mêmes renseignements que pour les fers carrés.

Tableau n° 3.

Ce tableau nous donne les renseignements relatifs aux fers à simple T les plus

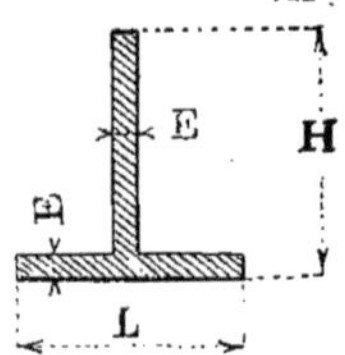

Fig. 700.

employés et dont la forme la plus ordinaire est représentée en croquis (*fig.* 700).

Nous avons vu précédemment que le calcul de la valeur de $\frac{I}{v}$ d'un fer à T est assez long, ce tableau pourra donc, dans bien des cas, rendre de grands services.

Tableaux n° 4 et n° 5.

Les tableaux n°s 4 et 5 nous donnent les valeurs de $\frac{I}{v}$ des cornières à branches égales et à branches inégales du commerce.

Tableau n° 6 et n° 7.

Ces deux tableaux nous résument les moments d'inertie des fers à I les plus employés pour la construction des planchers, soit à ailes ordinaires, tableau n° 6, soit à larges ailes, tableau n° 7.

Le profil de ces fers est rappelé (*fig* 701) avec les lettres nécessaires comme repère pour les indications des tableaux.

Tableau n° 8.

Enfin, nous donnons, tableau n° 8, les valeurs de $\frac{I}{v}$ des poutres en tôle et cornières les plus généralement adoptées pour la construction des poitrails ou des poutres des planchers.

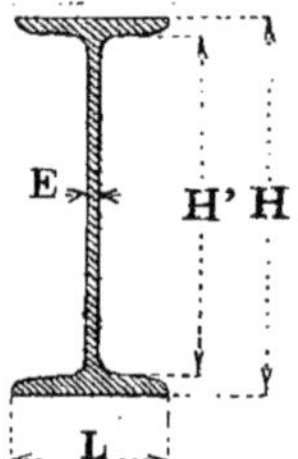

Fig. 701.

Le profil de ces poutres a presque toujours la forme indiquée par le croquis (*fig.* 702) ; dans certains cas cependant, et nous en avons donné quelques exemples dans le tableau n° 8, on supprime les tables, la poutre est alors formée de quatre cornières et d'une âme.

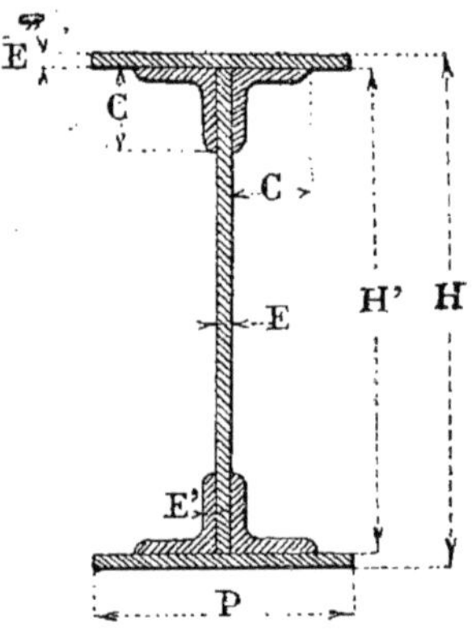

Fig. 702.

Tableau n° 9.

Enfin, pour terminer ce qui est relatif aux moments d'inertie, nous avons résumé sous forme de tableau, afin de faciliter les recherches, les moments d'inertie les plus couramment en usage avec les observations se rapportant à chacun des profils.

N° 1. — Tableau des valeurs de $\frac{I}{v}$ des fers carrés du commerce les plus employés

COTÉS en milli-mètres	SURFACE de la SECTION transversale en millimètres	POIDS du mètre courant	VALEURS DE $\frac{I}{v}$	COTÉS en milli-mètres	SURFACE de la SECTION transversale en millimètres	POIDS du mètre courant	VALEURS DE $\frac{I}{v}$
		kil.				kil.	
6	36	0.277	0.000000036	34	1156	8.901	0.000006550
7	49	0.377	0.000000057	36	1296	9.979	0.000007776
8	64	0.492	0.000000085	38	1444	11.118	0.000009145
9	81	0.623	0.000000121	40	1600	12.320	0.000010666
10	100	0.770	0.000000166	44	1936	14.907	0.000014197
11	121	0.931	0.000000222	47	2209	17.009	0.000017304
12	144	1.108	0.000000288	50	2500	19.250	0.000020833
14	196	1.509	0.000000457	54	2916	22.453	0.000026244
16	256	1.971	0.000000682	61	3721	28.651	0.000037830
18	324	2.494	0.000000972	68	4624	35.604	0.000052405
20	400	3.080	0.000001333	75	5625	43.312	0.000070312
23	529	4.073	0.000002028	81	6561	50.519	0.000088573
25	625	4.812	0.000002604	88	7744	59.628	0.000113578
27	729	5.613	0.000003280	95	9025	69.492	0.000142896
29	841	6.475	0.000004065	102	10404	80.110	0.000176868
32	1024	7.884	0.000005461	108	11664	89.812	0.000209952

N° 2. — Tableau des valeurs de $\frac{I}{v}$ des fers ronds du commerce les plus employés

DIAMÈTRES en milli-mètres	SURFACE de la SECTION transversale en millimètres	POIDS du mètre courant	VALEURS DE $\frac{I}{v}$	DIAMÈTRES en milli-mètres	SURFACE de la SECTION transversale en millimètres	POIDS du mètre courant	VALEURS DE $\frac{I}{v}$
		kil.				kil.	
5	20	0.151	0.000000012	63	3117	24.002	0.000024548
6	28	0.217	0.000000021	65	3318	25.550	0.000026961
7	38	0.296	0.000000033	67	3526	27.147	0.000029626
8	50	0.387	0.000000050	70	3848	29.633	0.000033673
9	64	0.489	0.000000071	72	4071	31.350	0.000036643
10	79	0.604	0.000000098	75	4418	34.017	0.000041417
11	95	0.731	0.000000130	78	4778	36.793	0.000046589
12	113	0.870	0.000000169	81	5153	39.678	0.000052171
13	133	1.022	0.000000215	83	5411	41.661	0.000056134
14	154	1.185	0.000000269	88	6082	46.832	0.000066903
15	177	1.360	0.000000331	90	6362	49.062	0.000071569
16	201	1.548	0.000000402	92	6648	51.186	0.000076487
18	254	1.959	0.000000572	95	7088	54.578	0.000084172
20	314	2.418	0.000000785	100	7854	60.475	0.000098174
21	346	2.666	0.000000908	102	8171	62.919	0.000104184
23	415	3.199	0.000001194	107	8992	69.238	0.000120268
25	491	3.780	0.000001533	110	9503	73.175	0.000130695
27	573	4.408	0.000001930	113	10029	77.221	0.000141656
29	661	5.086	0.000002394	115	10387	79.979	0.000149311
32	804	6.192	0.000003216	120	11310	87.084	0.000169646
34	908	6.996	0.000003858	125	12271	94.486	0.000194734
36	1018	7.837	0.000004577	130	13273	102.202	0.000215675
38	1134	8.732	0.000005386	135	14313	110.210	0.000241531
41	1320	10.165	0.000006765	140	15393	118.526	0.000269377
43	1452	11.181	0.000007804	145	16513	127.150	0.000299298
45	1590	12.246	0.000008943	150	17671	136.066	0.000331331
47	1735	13.359	0.000010192	155	18869	145.291	0.000365586
50	1963	15.118	0.000012272	160	20106	154.816	0.000402120
52	2124	16.352	0.000013804	165	21382	164.641	0.000441003
54	2290	17.634	0.000015456	170	22698	174.774	0.000482332
57	2552	19.648	0.000018181	175	24052	185.200	0.000526137
59	2734	21.151	0.000020163	180	25446	195.934	0.000572535
61	2922	22.502	0.000022258	200	31416	241.903	0.000785400

N° 3. — Tableau des valeurs de $\frac{I}{v}$ des fers a simple T du commerce les plus employés

Dimensions des fers T en millimètres			Poids du mètre courant	Valeurs de $\frac{I}{v}$	Observations
Hauteur H	Largeur L	Épaisseur E			
			kil.		
15	15	3	0.60	0.000000 160	Les calculs de ce tableau ne se rapportent qu'aux positions des modèles T et ⊥.
17	20	4	1.10	0.000000 280	
17	23	4	1.20	0.000000 300	
17	26	5	1.40	0.000000 350	
20	17	3	0.85	0.000000 290	
25	20	4	1.20	0.000000 580	
26	24	5	1.70	0.000000 780	
30	25	5	1.60	0.00000 1010	
30	30	5.5	2.25	0.00000 1300	
35	30	5	2.10	0.00000 1440	
40	30	6	2.75	0.00000 2210	
40	35	6	3.35	0.00000 2660	
50	46	7	5.00	0.00000 4220	
60	55	8	6.60	0.00000 7000	
60	100	10	12.10	0.00000 9220	
65	55	10	9.30	0.00000 9800	
75	125	13	19.00	0.00002 0000	
81	125	14	21.30	0.00002 6000	
85	75	9	13.00	0.00001 9500	
89	75	13	15.00	0.00002 1100	
90	17	13	24.50	0.00002 6000	
100	150	13	23.15	0.00003 1000	
160	135	20	37.00	0.00011 6600	

N° 4. — Tableau des valeurs de $\frac{I}{v}$ des cornières a ailes égales du commerce

Dimensions des cornières en millimètres	Poids par mètre courant	Valeurs de $\frac{I}{v}$	Observations	Dimensions des cornières en millimètres	Poids par mètre courant	Valeurs de $\frac{I}{v}$	Observations
	kil.				kil.		
20 — 20 / 4	1.00	0.000000300	Dans ces calculs l'un des côtés des cornières est supposé placé horizontalement	60 — 60 / 7.5	6.64	0.000007000	Dans ces calculs l'un des côtés des cornières est supposé placé horizontalement
25 — 25 / 4	1.50	0.000000650		65 — 65 / 8.5	7.80	0.000008200	
30 — 30 / 5	2.00	0.000001100		67 — 67 / 7	6.25	0.000007000	
35 — 35 / 5	2.50	0.000001500		70 — 70 / 8.5	9.02	0.000010800	
40 — 40 / 5	3.35	0.000002200		75 — 75 / 10	11.00	0.000013700	
45 — 45 / 6	4.00	0.000002800		80 — 80 / 10	11.34	0.000015000	
50 — 50 / 6	4.56	0.000003800		85 — 85 / 10.5	12.90	0.000018500	
52 — 52 / 10	7.25	0.000006300		90 — 90 / 11	14.03	0.000021000	
55 — 55 / 7.5	5.80	0.000005300		100 — 100 / 14	19.00	0.000033000	

N° 5. — Tableau des valeurs de $\frac{I}{v}$ des cornières inégales du commerce

Dimensions des cornières en millimètres	Poids par mètre courant	Valeurs de $\frac{I}{v}$ — Les grandes branches des cornières étant verticales	Valeurs de $\frac{I}{v}$ — Les grandes branches des cornières étant horizontales	Dimensions des cornières en millimètres	Poids par mètre courant	Valeurs de $\frac{I}{v}$ — Les grandes branches des cornières étant verticales	Valeurs de $\frac{I}{v}$ — Les grandes branches des cornières étant horizontales
$\frac{20 - 13}{3}$	k. 0.680	0.000000250	0.000000110	$\frac{83 - 76}{10}$	k. 11.900	0.000016700	0.000014200
$\frac{25 - 15}{3}$	0.840	0.000000420	0.000000160	$\frac{89 - 76}{10}$	12.400	0.000019000	0.000014350
$\frac{20 - 14}{4}$	0.880	0.000000340	0.000000180	$\frac{90 - 70}{9}$	10.000	0.000016000	0.000010000
$\frac{25 - 16}{5}$	1.370	0.000000650	0.000000280	$\frac{100 - 65}{13}$	15.785	0.000030000	0.000013000
$\frac{30 - 16}{3}$	0.980	0.000000610	0.000000190	$\frac{100 - 80}{12.5}$	15.000	0.000026000	0.000017000
$\frac{30 - 18}{5}$	1.640	0.000000900	0.000000370	$\frac{102 - 51}{11}$	12.000	0.000024000	0.000006000
$\frac{30 - 16}{4}$	1.000	0.000000610	0.000000190	$\frac{102 - 76}{11}$	14.000	0.000026000	0.000015000
$\frac{35 - 18}{4}$	1.650	0.000001200	0.000000350	$\frac{110 - 65}{11}$	13.000	0.000028000	0.000010000
$\frac{35 - 20}{6}$	2.240	0.000001500	0.000000560	$\frac{120 - 80}{15}$	22.000	0.000049000	0.000022500
$\frac{40 - 18}{5}$	2.020	0.000001600	0.000000380	$\frac{120 - 80}{13}$	19.000	0.000043000	0.000019500
$\frac{40 - 20}{7}$	2.830	0.000002200	0.000000640	$\frac{120 - 90}{15}$	23.000	0.000050000	0.000029000
$\frac{50 - 45}{8}$	5.500	0.000004600	0.000003800	$\frac{127 - 76}{13}$	19.500	0.000047000	0.000018000
$\frac{54 - 40}{6}$	4.040	0.000004000	0.000002300	$\frac{140 - 70}{10}$	20.500	0.000054000	0.000015000
$\frac{54 - 40}{7}$	4.660	0.000004500	0.000002600	$\frac{140 - 80}{14}$	22.000	0.000061000	0.000021000
$\frac{55 - 45}{7}$	4.800	0.000004520	0.000003200	$\frac{140 - 114}{15}$	28.000	0.000070000	0.000048000
$\frac{63 - 50}{10}$	8.000	0.000009000	0.000005900	$\frac{150 - 70}{14}$	21.000	0.000063000	0.000015000
$\frac{70 - 35}{5}$	3.850	0.000005500	0.000001600	$\frac{152 - 63}{15}$	24.000	0.000074000	0.000014000
$\frac{76 - 63}{10}$	10.200	0.000013600	0.000009650	$\frac{177 - 76}{13}$	25.000	0.000091000	0.000019000
$\frac{80 - 50}{5}$	5.000	0.000008000	0.000003300	$\frac{200 - 110}{15}$	34.000	0.000134000	0.000045000
$\frac{80 - 50}{7}$	6.600	0.000010300	0.000004400	$\frac{205 - 115}{20}$	46.000	0.000225000	0.000064000

N° 6. — Tableau des valeurs de $\frac{I}{v}$ des fers I ailes ordinaires du commerce

HAUTEUR TOTALE DU FER H	HAUTEUR ENTRE LES AILES H'	LARGEUR DES AILES en millimètres L	ÉPAISSEUR DE L'AME en millimètres E	POIDS par MÈTRE COURANT	VALEURS DE $\frac{I}{v}$
m.	m.	mill.	mill.	kil.	
0.08	0.786	40	3.5	6.50	0.000019703
0.08	0.786	46.5	10	11.00	0.000028697
0.10	0.088	43	5	8.25	0.000029075
0.10	0.086	48	10	12.45	0.000040694
0.12	0.108	45	4.5	9.20	0.000038010
0.12	0.106	52.5	12.5	17.00	0.000065333
0.14	0.126	47	5.5	11.80	0.000055896
0.14	0.124	54.5	13.5	21.30	0.000099153
0.16	0.146	48	6.5	14.10	0.000082292
0.16	0.144	57.5	16	26.70	0.000118252
0.18	0.162	55	7	18.10	0.000110011
0.18	0.160	63.5	16	31.00	0.000167400
0.20	0.182	60	8	22.00	0.000145515
0.20	0.176	68	16	37.50	0.000225111
0.22	0.200	64	8.5	25.20	0.000182933
0.22	0.196	72	16	40.50	0.000265180
0.26	0.234	69	10	31.50	0.000282265
0.26	0.234	79	20	50.00	0.000396789

N° 7. — Tableau des valeurs de $\frac{I}{v}$ des fers I larges ailes du commerce

HAUTEUR TOTALE DU FER H	HAUTEUR ENTRE LES AILES H'	LARGEUR DES AILES en millimètres L	ÉPAISSEUR DE L'AME en millimètres E	POIDS par MÈTRE COURANT	VALEURS DE $\frac{I}{v}$
m.	m.	mill.	mill.	kil.	
0.08	0.064	60	8.5	10.50	0.000033220
0.10	0.082	60	4	10.00	0.000046804
0.10	0.082	65	9	14.00	0.000054853
0.12	0.100	70	7	16.00	0.000084196
0.12	0.109	77	14	22.50	0.000102256
0.14	0.114	80	8	22.24	0.000136622
0.14	0.114	84	12	26.52	0.000145070
0.16	0.138	80	8	22.00	0.000149335
0.16	0.138	84	12	27.00	0.000168913
0.18	0.154	100	8	29.00	0.000219963
0.18	0.154	104	12	34.50	0.000250050
0.20	0.174	110	10	38.00	0.000306869
0.20	0.174	117	17	50.00	0.000342345
0.22	0.192	95	9	33.60	0.000314321
0.22	0.192	100	14	40.50	0.000346275
0.26	0.230	117	9	43.00	0.000485190
0.26	0.230	122	14	51.00	0.000536000
0.30	0.266	120	12	65.00	0.000732142

N° 8. — Tableau des valeurs de $\frac{I}{v}$ des poutres en tôle et cornières les plus employées

HAUTEUR totale des POUTRES H	DIMENSIONS de L'AME H' — E	DIMENSIONS des PLATES-BANDES ou tables P — E''	DIMENSIONS des CORNIÈRES $\frac{C - C}{E'}$	POIDS des POUTRES par mètre courant	VALEURS DE $\frac{I}{v}$
m. 0.200	200 × 6	»	$\frac{50 - 50}{8}$	kil. 32,50	0.00025726
0.216	200 × 7	135 × 8	$\frac{60 - 60}{9}$	53.00	0.00052317
0.220	200 × 8	150 × 10	$\frac{60 - 60}{9}$	57.00	0.00059832
0.220	200 × 9	160 × 10	$\frac{70 - 70}{10}$	68.00	0.00069054
0.220	200 × 10	180 × 10	$\frac{70 - 70}{10}$	84.60	0.00073672
0.220	200 × 10	180 × 11	$\frac{80 \times 80}{11}$	85,00	0.00083429
0.240	240 × 6	»	$\frac{60 - 60}{8}$	39.20	0.00041709
0.250	225 × 7	150 × 12,5	$\frac{60 - 60}{8}$	69.50	0.00074247
0.268	250 × 8	150 × 9	$\frac{60 - 60}{9}$	69.00	0.00076525
0.268	250 × 9	160 × 9	$\frac{70 - 70}{10}$	83.00	0.00088399
0.270	250 × 10	180 × 10	$\frac{75 - 75}{10}$	93.00	0.00010053
0.270	250 × 10	200 × 10	$\frac{80 - 80}{11}$	100.00	0.00011202
0·280	260 × 7	180 × 10	$\frac{60 - 60}{8}$	60.20	0,00087210
0.300	300 × 6	»	$\frac{70 - 70}{9}$	51.40	0.00062912
0.302	270 × 12	200 × 16	$\frac{90 - 90}{11}$	137.10	0,00161490
0.320	300 × 8	160 × 10	$\frac{70 - 70}{10}$	85,00	0.00011472
0.320	300 × 9	180 × 10	$\frac{80 - 80}{11}$	98.00	0.00013416
0.320	300 × 10	200 × 10	$\frac{90 - 90}{12}$	123.00	0 00015428
0.320	320 × 6	»	$\frac{60 - 60}{8}$	43.00	0.00056197
0.322	300 × 10	250 × 11	$\frac{100 - 100}{13}$	143.00	0.00018974
0.340	320 × 6	180 × 10	$\frac{60 - 60}{8}$	71.00	0.00110562
0.350	350 × 6	»	$\frac{70 - 70}{9}$	53.00	0.00093055
0.350	320 × 10	190 × 15	$\frac{90 - 90}{11}$	125.50	0.00185454
0.360	340 × 8	180 × 10	$\frac{60 - 60}{8}$	77.20	0,00119380
0.370	350 × 8	150 × 10	$\frac{60 - 60}{9}$	77,00	0.00012181

SUITE DU TABLEAU N° 8 DES VALEURS DE $\frac{I}{v}$ DES POUTRES EN TÔLE ET CORNIÈRES LES PLUS EMPLOYÉES

HAUTEUR totale des POUTRES H	DIMENSIONS de L'AME H' — E	DIMENSIONS des PLATES-BANDES ou tables P — E"	DIMENSIONS des CORNIÈRES $\frac{C - C}{E'}$	POIDS des POUTRES par mètre courant	VALEURS DE $\frac{I}{v}$
m. 0.370	350 × 9	160 × 10	$\frac{70 - 70}{10}$	kil. 91.00	0.00014122
0.370	350 × 10	180 × 10	$\frac{80 - 80}{11}$	105.00	0.00016524
0.370	350 × 10	200 × 10	$\frac{90 - 90}{12}$	122.00	0.00018826
0.380	320 × 15	155 × 30	$\frac{70 - 70}{12}$	157.80	0.00235210
0.400	370 × 8	200 × 15	$\frac{80 - 80}{12}$	126.00	0.00221812
0.420	400 × 8	160 × 10	$\frac{70 - 70}{10}$	91.00	0.00015175
0.420	400 × 8	180 × 10	$\frac{80 - 80}{11}$	102.00	0.00190880
0.422	400 × 9	200 × 11	$\frac{90 - 90}{12}$	126.00	0.00267710
0.422	400 × 10	250 × 11	$\frac{100 - 100}{13}$	150.00	0.00273190
0.432	400 × 8	200 × 16	$\frac{90 - 90}{11}$	131.00	0.00254184
0.450	410 × 10	220 × 20	$\frac{100 - 100}{14}$	181.00	0.00352266
0.450	400 × 20	280 × 25	$\frac{120 - 120}{19}$	301.50	0.00536918
0.460	440 × 8	150 × 10	$\frac{50 - 50}{8}$	74.00	0.00144598
0.470	450 × 8	160 × 10	$\frac{70 - 70}{10}$	93.00	0.00191890
0.470	450 × 9	180 × 10	$\frac{80 - 80}{11}$	110.00	0.00224470
0.470	450 × 10	200 × 10	$\frac{90 - 90}{12}$	130.00	0.00259640
0.472	450 × 10	250 × 11	$\frac{100 - 100}{13}$	155.00	0.00316666
0.480	440 × 10	150 × 20	$\frac{50 - 50}{8}$	104.00	0.00213530
0.490	440 × 10	150 × 25	$\frac{50 - 50}{8}$	116.00	0.00245177
0.500	450 × 20	300 × 25	$\frac{120 - 120}{16}$	299.00	0.00621848
0.520	500 × 8	160 × 10	$\frac{70 - 70}{10}$	98.00	0.00217730
0.520	500 × 9	180 × 10	$\frac{80 - 80}{11}$	113.00	0.00257390
0.520	500 × 10	200 × 10	$\frac{90 - 90}{12}$	135.00	0.00296800
0.522	500 × 10	250 × 11	$\frac{100 - 100}{13}$	159.00	0.00361640
0.532	500 × 12	300 × 16	$\frac{100 - 100}{12}$	199.00	0.00455543

SUITE DU TABLEAU N° 8 DES VALEURS DE $\frac{I}{v}$ DES POUTRES EN TÔLE ET CORNIÈRES LES PLUS EMPLOYÉES.

HAUTEUR totale des POUTRES H	DIMENSIONS de L'AME H — E	DIMENSIONS des PLATES-BANDES ou tables P — E'	DIMENSIONS des CORNIÈRES $\frac{C - C}{E'}$	POIDS des POUTRES par mètre courant	VALEURS DE $\frac{I}{v}$
m. 0.550	520 × 10	300 × 15	$\frac{100-100}{12}$	kil. 179.00	0.00454397
0.570	550 × 8	160 × 10	$\frac{70-70}{10}$	102 00	0.00245610
0.570	550 × 9	180 × 10	$\frac{80-80}{11}$	117.00	0.00289080
0.570	550 × 10	200 × 10	$\frac{90-90}{12}$	138.00	0.00334980
0.572	550 × 10	250 × 11	$\frac{100-100}{13}$	163.00	0.00407420
0.600	560 × 12	300 × 20	$\frac{100-100}{12}$	214.00	0.00586769
0.620	600 × 8	160 × 10	$\frac{70-70}{10}$	105.00	0.00273660
0.644	600 × 14	300 × 22	$\frac{100-100}{12}$	236.00	0.00682734
0.650	628 × 9	400 × 11	$\frac{70-70}{9}$	135.00	0.00293800
0.680	620 × 15	350 × 30	$\frac{100-100}{12}$	304.00	0.00951913
0.700	670 × 10	360 × 15	$\frac{100-100}{11}$	202.30	0.00658286
0.730	700 × 15	400 × 15	$\frac{100-100}{11}$	241.30	0.00774550
0.760	700 × 15	400 × 30	$\frac{100-100}{11}$	335.00	0.01181993
0.780	700 × 15	400 × 40	$\frac{100-100}{11}$	397.00	0.01455967
0.800	750 × 12	400 × 25	$\frac{100-100}{14}$	308.00	0.01168624
0.900	850 × 15	400 × 25	$\frac{100-100}{14}$	337.00	0.01384564
1.000	950 × 15	400 × 25	$\frac{100-100}{14}$	349.00	0.01579390
1.060	1 000 × 12	400 × 30	$\frac{100-100}{11}$	346.50	0.01739525
1.090	1 000 × 15	400 × 45	$\frac{100-100}{11}$	463.20	0.02373838
1.150	1 100 × 15	500 × 25	$\frac{100-100}{14}$	405.20	0.02173903
1.200	1 150 × 15	500 × 25	$\frac{100-100}{14}$	411.00	0.02272217
1.250	1 200 × 15	500 × 25	$\frac{100-100}{14}$	417.00	0.02389133
1.300	1 250 × 15	500 × 25	$\frac{100-100}{14}$	423.00	0.02507455

N° 9. Tableau des valeurs de I, de v et de $\frac{I}{v}$ des profils les plus souvent employés

PROFILS	VALEURS DE I	VALEURS de v	VALEUR DU MOMENT DE RÉSISTANCE $\frac{I}{v}$	OBSERVATIONS
Section rectangulaire 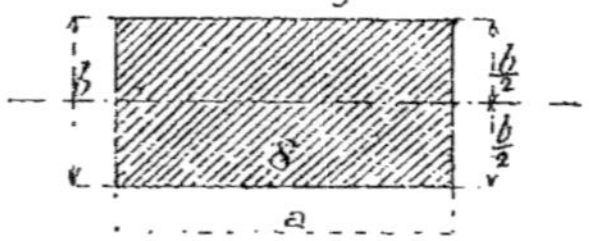	$I = \frac{ab^3}{12}$	$v = \frac{b}{2}$	$\frac{I}{v} = \frac{ab^2}{6}$	Moment d'inertie du rectangle par rapport à la ligne parallèle à ses cotés passant par le centre de gravité. Le côté a est perpendiculaire à la direction des efforts; le côté b est parallèle à cette direction. En désignant par S la surface du rectangle on a : $S = ab$ et $\frac{I}{v} = \frac{Sb}{6}$.
Section carrée 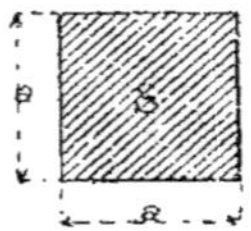	$I = \frac{a^4}{12}$	$v = \frac{a}{2}$	$\frac{I}{v} = \frac{a^3}{6}$	Si la section carrée était disposée de manière que la charge agisse dans le sens de la diagonale on aurait aussi. $I = \frac{a^4}{12}$ mais $v = a\frac{\sqrt{2}}{2}$ la valeur de $\frac{I}{v}$ devient : $\frac{I}{v} = \frac{a^3}{6\sqrt{2}}$. En désignant par S la surface du carré on a : $S = b^2$ et $\frac{I}{v} = \frac{Sb}{6}$.
Section triangulaire 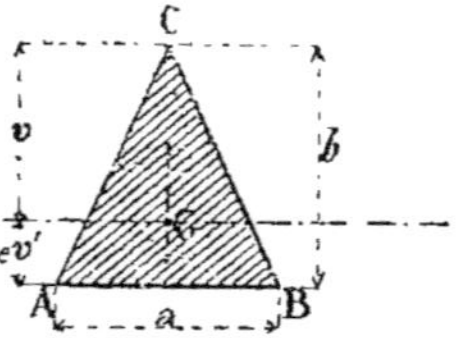	$I = \frac{ab^3}{36}$	$v' = \frac{b}{3}$ $v = \frac{2b}{3}$	$\frac{I}{v} = \frac{ab^2}{24}$	Valeur de $\frac{I}{v}$ par rapport à l'axe neutre passant par le centre de gravité G. Par rapport à la base AB supposée horizontale et prise comme axe provisoire d'inertie on aurait : $I = \frac{ab^3}{12}$. Par rapport au sommet on aurait : $I = \frac{ab^3}{4}$. Le profil triangulaire n'est pas adopté en construction mais il peut servir à déterminer les moments d'inertie d'autres profils usuels, c'est pourquoi nous le donnons.
Section en losange 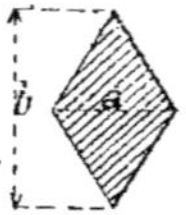	$I = \frac{ab^3}{48}$	$v = \frac{b}{2}$	$\frac{I}{v} = \frac{ab^2}{24}$	Forme rarement employée mais qui peut servir à déterminer les moments d'inertie d'autres profils usuels.

SUITE DU TABLEAU N° 9. — VALEURS DE I, DE v ET DE $\frac{I}{v}$ DES PROFILS LES PLUS SOUVENT EMPLOYÉS

PROFILS	VALEURS DE I	VALEURS de v	VALEUR DU MOMENT DE RÉSISTANCE $\frac{I}{v}$	OBSERVATIONS
Sections circulaires. Cercle plein	$I = \frac{\pi r^4}{4}$	$v = r$	$\frac{I}{v} = \frac{\pi r^3}{4}$	Si nous désignons par S la surface du cercle nous aurons : $S = \pi r^2$ et par suite : $\frac{I}{v} = \frac{Sr}{4}$ ou $\frac{I}{v} = \frac{Sd}{8}$. Si la section circulaire était évidée, r' étant le rayon de l'évidement la valeur totale de I sera à la différence des valeurs partielles pour les cercles de rayon r et r', c'est-à-dire : $I = \frac{\pi}{4}(r'^4 - r^4)$ et comme $v = r'$ on peut écrire : $\frac{I}{v} = \frac{\pi(r'^4 - r^4)}{4r'}$
Cercle évidé	$I = \frac{\pi}{4}(r'^4 - r^4)$	$v = r'$	$\frac{I}{v} = \frac{\pi(r'^4 - r^4)}{4r'}$	
Sections Elliptiques. Ellipse pleine	$I = \frac{\pi a^3 b}{4}$		$\frac{I}{v} = \frac{\pi a^2 b}{4}$	Le moment d'inertie de l'ellipse se déduit facilement de celui du cercle et avec ce dernier une grande analogie.
Ellipse évidée	$I = \frac{\pi}{4}[a^3 b - a'^3 b']$		$\frac{I}{v} = \frac{\pi(a^3 b - a'^3 b')}{4a}$	On prend, dans le cas d'une ellipse évidée, la différence des moments d'inertie des ellipses extérieure et intérieure.
Sections rectangulaires évidées. Profil des fers I et des fers en ⊔	$I = \frac{ab^3 - a'b'^3}{12}$	$v = \frac{b}{2}$	$\frac{I}{v} = \frac{ab^3 - a'b'^3}{6b}$	Le moment d'inertie de ces quatre figures est le même, il est égal à la différence des moments des rectangles qui les constituent. Dans un profil, on ne tient pas compte, dans le calcul, des angles arrondis.
Sections en cornière, en fer simple T et fer en ⊔	$I = \frac{an^3 - a_1 n_1^3 + a'n'^3}{3}$		$\frac{I}{v} = \frac{an^3 - a_1 n_1^3 + a'n'^3}{3n'}$	Le moment d'inertie de ces trois figures est le même. On suppose $n' > n$. Le moment d'inertie total est la somme des moments d'inertie des deux surfaces séparées par l'axe neutre et la partie supérieure est la différence des deux rectangles an et $a_1 n_1$. On prend comme dénominateur de $\frac{I}{v}$ celle des fractions n' de la hauteur qui est la plus grande. En pratique, on simplifie souvent la valeur de $\frac{I}{v}$ les fers T et des cornières, valeur qui est assez longue à établir et on la remplace par une formule très simple présentant une approximation assez grossière mais presque toujours suffisante dans la pratique. On suppose, ce qui est le cas le plus ordinaire, que $a = b$ et que l'épaisseur e des branches est la même partout on a alors pour $\frac{I}{v}$ la valeur simple $\frac{I}{v} = \frac{b^2 e}{4}$.
Section en croix et I posé en forme d'H	$I = \frac{ab^3 + a'b'^3}{12}$	$v = \frac{b}{2}$	$\frac{I}{v} = \frac{ab^3 + a'b'^3}{6b}$	Ces deux profils ont le même moment d'inertie. Dans cet exemple, les moments des deux surfaces rectangulaires s'ajoutent.
Section en croix composée	$I = \frac{ab^3 + a'b'^3 + a''b''^3 + a'''b'''^3}{12}$	$v = \frac{b}{2}$	$\frac{I}{v} = \frac{ab^3 + a'b'^3 + a''b''^3 + a'''b'''^3}{6b}$	Même forme que dans le cas précédent mais un peu plus compliquée.
Section en fer triple T.	$I = \frac{ab^3 - (a - a_2) b_1^3 + a_1 b_2^3}{12}$		$\frac{I}{v} = \frac{ab^3 - (a - a_2) b_1^3 + a_1 b_2^3}{6b}$	Ce profil n'est presque plus employé cependant certaines forges ont encore conservé ce fer dans leurs albums.
Section rectangulaire en forme de poutre symétrique. Poutre composée tôle et cornières	$I = \frac{ab^3 - (a'b'^3 + a''b''^3 + a'''b'''^3)}{12}$	$v = \frac{b}{2}$	$\frac{I}{v} = \frac{ab^3 - (a'b'^3 + a''b''^3 + a'''b'''^3)}{6b}$	Si la poutre au lieu d'être à âme pleine était en treillis il y aurait un terme soustractif de plus à introduire dans la parenthèse pour tenir compte de l'évidement de l'âme.

IV. — Valeurs du coefficient R à introduire dans les calculs.

258. Le coefficient de résistance R, dont on se sert souvent dans les formules, peut, suivant le métal employé, prendre différentes valeurs. Il n'y a rien d'absolu dans le choix de ce coefficient mais il faut avant tout avoir égard à la nature de travail auquel les pièces à calculer doivent être soumises et, tout en se préoccupant de la qualité du métal sur lequel on opère, adopter un coefficient de sécurité qui, comme nous le savons est généralement le sixième de la charge de rupture.

Or, pour le fer, l'expérience montre qu'au-delà de 36 kilogrammes de charge par unité de section une tige soumise à un effort de traction se romprait. Il sera donc bon d'employer pour ce métal une valeur de R égale à $R = \frac{36}{6} = 6$ kilogrammes par millimètre carré ou $R = 6\,000\,000$ par mètre carré.

Les tableaux de résistance des fers I du commerce, donnés dans les albums des différentes usines, renferment toujours les trois valeurs suivantes de R :

$$R = 6^k;\ R = 8^k \text{ et } R = 10^k.$$

Pour les planchers, si le constructeur désire avoir une sécurité absolue, il fera dans ses calculs, R = 6 kilogrammes par millimètre carré de section ; cependant, s'il admet soit par raison d'économie, soit pour tenir compte dans une certaine mesure de la position mixte des solives en fer qui en réalité ne sont pas encastrées mais ne sont pas non plus simplement posées, ou bien s'il veut tenir compte des assemblages, il pourra admettre pour les travaux ordinaires les coefficients :

$$R = 8^k \text{ ou } R = 10^k.$$

Dans tous les cas, nous pouvons regarder le coefficient R = 10 kilogrammes par millimètre carré comme un maximum et le coefficient R = 6 kilogrammes par millimètre carré comme un minimum qu'on peut appliquer également à la compression.

Dans les cas ordinaires de la pratique on fait la résistance au cisaillement égale aux 4/5 de la résistance à la traction.

Nous résumons dans le tableau ci-dessous, les principales valeurs pratiques du coefficient R pour le *fer*, la *fonte* et l'*acier* qui sont les trois métaux les plus usuels de la charpenterie en fer.

259. Valeurs pratiques du coefficient R pour une section de un millimètre carré.

Désignation			Valeurs moyennes de R en kilogrammes
			Kil.
Fer	Constructions devant offrir une très grande solidité. (Valeur peu employée)		R = 4,00
	Constructions moyennes, coefficient le plus généralement employé		R = 6,00
	Constructions légères ou temporaires, matière de bonne qualité pour travaux moyens		R = 8,00
	Constructions peu importantes subissant des efforts momentanés		R = 10,00
	Constructions peu importantes subissant des efforts momentanés se produisant à de longs intervalles (coefficient à employer avec une très grande réserve vu la mauvaise qualité de certains fers du commerce)		R = 12,00
Fonte	Grande pièce	Constructions fortes	R = 2 à 3,00
		Constructions moyennes	R = 3 à 4,00
	Petites pièces	Constructions fortes	R = 5,00
		Constructions ordinaires	R = 6,00
Acier	Acier de qualité faible		R = 12,00
	Acier de qualité moyenne		R = 16,00
	Acier de bonne qualité		R = 20,00

260. POIDS APPROXIMATIFS DES DIFFÉRENTS MATÉRIAUX QUI ENTRENT DANS LA COMPOSITION D'UN PLANCHER EN FER.

NUMÉROS D'ORDRE	DÉSIGNATION	POIDS MOYEN par MÈTRE CUBE	POIDS DU MÈTRE CARRÉ pour LES ÉPAISSEURS SUIVANTES :	
			ÉPAISSEUR	POIDS
			m	kil.
1°	Hourdis pleins en platras et plâtre, (compris enduit en plâtre du plafond.)	de 1400 k. à 1500 k.	0.10 0.12 0.14 0.16 0.18 0.20	140 168 196 204 252 280
2°	Hourdis creux en plâtre, évalués en moyenne aux 2/3 des hourdis pleins		0.10 0.12 0.14 0.16 0.18 0.20	95 112 130 136 168 186
3°	Hourdis en poteries et plâtre, compris aire et plafond		0.10 0.15 0.20	136 140 150
4°	Hourdis en briques pleines de 0m,11 d'épaisseur	1800 k.	0.11	198
5°	Hourdis en briques pleines de 0,m22 d'épaisseur	1800 k.	0.22	396
6°	Augets en plâtre, peu épais, pour planchers de greniers et faux-planchers, compris crépi et enduit du plafond		0.025 0.050	35 70
7°	Aire en plâtre		0.025 0.050	35 70
8°	Caissons moulures des plafonds, ornements, lustres, etc.		petits grands	40 80
9°	Carrelages ordinaires		légers lourds	65 100
10°	Parquets... { Sapin ordinaire Sapin lourd			13 15
11°	Parquets... { Chêne ordinaire Chêne lourd			18 20
12°	Parquet avec faux-plancher			50
13°	Scellement en plâtre des lambourdes		petites grandes	30 60
14°	Poids moyen des lambourdes en chêne			6 à 10
15°	Cloisons en briques creuses		0.08	90 à 100
16°	Cloisons en carreaux de plâtre		0.08	100
17°	Cloisons en briques pleines crépi et enduit aux deux parements		0.08	145
18°	Cloisons en briques creuses et plâtre		0.12 0.16	145 200
19°	Entretoises, fentons, cales, etc			6, 5 à 7
20°	Boulons d'entretoisement compris écrous			4 à 6
21°	Poids propre des fers à introduire dans les calculs			30 à 60

Poids des différents matériaux qui composent ordinairement les planchers en fer.

261. Avant de calculer un plancher en fer, il faut se rendre compte du poids mort qui agit d'une manière permanente et des surcharges réparties sur ce plancher.

Les différentes parties constituantes de ce poids mort et de ces surcharges sont :

1° L'enduit en plâtre du plafond ;

2° Le poids des solives ;

2° Le poids des entretoises, fentons, boulons, etc... ;

4° Le poids du hourdis (hourdis en augets ou hourdis plein) ;

5° Le poids des lambourdes y compris le plâtre et les clous qui sont employés pour leur scellement ;

6° Le poids du parquet ou du carrelage compris forme, suivant les cas ;

7° Enfin les surcharges permanentes telles que cloisons, divisions intérieures, etc...

Afin de faciliter les recherches de ces différents éléments nous les groupons ci-dessus sous forme de tableau.

Poids à compter par mètre carré de plancher suivant les principaux cas de la pratique.

262. Nous donnons, dans le tableau suivant, les poids qui servent le plus souvent dans les calculs de résistance.

Ces poids sont établis d'après le mode de construction le plus généralement adopté à Paris, c'est-à-dire en supposant que le hourdis du plancher est fait en plâtras et plâtre et en tenant compte d'une surcharge accidentelle provenant des personnes, des meubles ou des marchandises qui peuvent être réunies sur le plancher à calculer.

Dans ce tableau, le poids moyen d'une personne a été supposé de 75 kilogrammes.

NUMÉROS D'ORDRE	DÉSIGNATION des PIÈCES	ÉPAISSEURS moyennes DES PLANCHERS	ÉCARTEMENT d'axe en axe DES SOLIVES	POIDS MOYENS par mètre carré			CHARGE TOTALE par mètre carré DE PLANCHER	
				DU HOURDIS en auget	DU HOURDIS plein	des SURCHARGES	Hourdis en auget	Hourdis plein
				kil.	kil.	kil.	kil.	kil.
1°	Pièces ordinaires, chambres cabinets, etc., des maisons d'habitation	0^m25 à 0^m30	0^m70 à 0^m80	180	250	80 à 100	280	350
2°	Pièces de réception de petites dimensions, bureaux, salles de travail, salons ordinaires	0^m30	0^m60 à 0^m75	150 à 200	275	150 à 200	350	475
3°	Grands salons et pièces de réception de plus grandes dimensions	0^m30 à 0^m35	0^m50 à 0^m70	150	300	280 à 300	450	600
4°	Salles de réunion, d'assemblées	0^m35 à 0^m40	0^m40 à 0^m60	200	300	300	500	600
5°	Salons pour grandes réunions	0^m35 à 0^m40	0^m35 à 0^m60	200	350	420	620	770
6°	Magasins de marchandises encombrantes mais de peu de poids	0^m35 à 0^m40	0^m45 à 0^m70	50 à 75	150	350 à 450	525	600
7°	Magasins avec marchandises lourdes	0^m40 à 0^m45	0^m45 à 0^m70	180	300	600	780	900
8°	Docks et entrepôts : Marchandises encombrantes peu lourdes Marchandises lourdes	0^m40 0^m40 à 0^m45	0^m50 à 0^m70 0^m30 à 0^m60	200 300	350 400	450 900	650 1 200	1 000 1 300

263. En comprenant dans le poids total du plancher, le poids propre des fers, des entretoises, des fentons, des boulons, etc., le constructeur, pourra, pour les planchers ordinaires de nos habitations ne dépassant pas 6 mètres de portée adopter les chiffres suivants :

DÉSIGNATION	NOMS DES DIFFÉRENTES PIÈCES			
	SALONS	PETITS SALONS salles à manger	CHAMBRES A COUCHER et pièces ordinaires	PETITES CHAMBRES cabinets, etc.
	kil.	kil.	kil.	kil.
Charges accidentelles	150	100	80	60
Hourdis	150	150	150	140
Scellement des lambourdes	65	55	45	35
Parquet et lambourdes	30	25	25	25
Solives ou poutres etc.	55	50	45	40
Poids total à admettre par mètre carré de plancher	kil. 450	kil. 380	kil. 345	kil. 300

V. — Valeurs diverses des moments fléchissants μ des pièces droites.

I. — Poutres posées sur deux appuis de niveau

1° — La poutre étant posée sur deux appuis de niveau est chargée uniformément.

264. Le cas d'une poutre posée sur deux appuis de niveau et chargée uniformément est celui qui se présente le plus fréquemment dans l'étude d'un plancher, c'est pourquoi nous allons chercher et détailler les calculs de la valeur de μ.

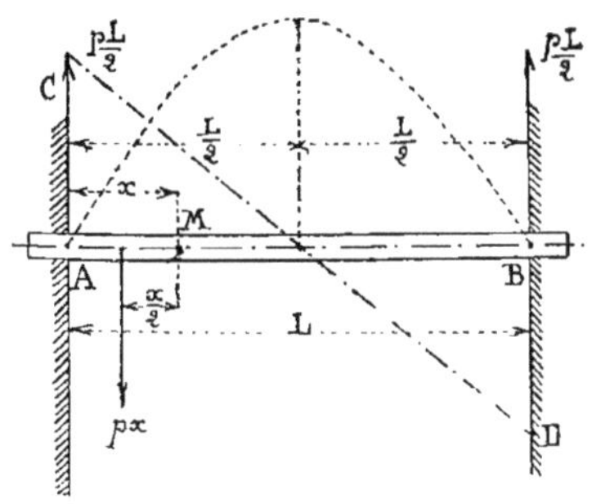

Fig. 703.

Soit *fig.* (703) une poutre AB posée sur deux appuis de niveau et chargée d'un poids uniformément réparti.

En désignant par p la charge par unité de longueur ou charge constante par mètre courant, la charge, uniformément répartie sera pL et, à cause de la symétrie, chacune des réactions P′ et P″ sera égale à $\frac{pL}{2}$.

En un point quelconque M le moment de flexion se composera du produit de la réaction $\frac{pL}{2}$ par sa distance au point A ou son bras de levier x, moins le produit de la charge px, comprise entre A et M par son bras de levier $\frac{x}{2}$, nous aurons :

$$\mu = \frac{pL}{2}x - \frac{p}{2}x^2 \qquad (1)$$

expression qui représente une courbe parabolique passant par les points A et B. pour lesquels $x = o$ et $x = L$. Le sommet de la parabole correspond à $x = \frac{L}{2}$, milieu de la portée de la poutre.

Le moment est nul aux appuis A et B et maximum au milieu de la poutre. Si donc nous faisons $x = \frac{L}{2}$ dans la formule (1) la valeur maxima de μ sera :

$$\mu = \frac{pL^2}{8}.$$

Dans la section M la valeur de l'effort tranchant T sera :

$$T = \frac{pL}{2} - px.$$

Tableau N° 1. — Charges uniformément réparties

DIAGRAMMES DES MOMENTS DE FLEXION	POSITION DU SOLIDE	RÉACTIONS des APPUIS	MOMENT DE FLEXION	OBSERVATIONS
P' P" L pL A B	Poutre posée sur deux appuis de niveau et chargée d'un poids uniformément réparti.	$P' = P'' = \frac{pL}{2}$	$\frac{RI}{v} = \frac{1}{8} p L^2$	Charge p par unité de longueur. pL Charge uniformément répartie.
P' P" L $\frac{L}{2}$ $\frac{L}{2}$ A B $P + \frac{1}{2} pL$	Charge pL uniformément répartie et effort P agissant au milieu de la longueur de la pièce.	$P' = P'' = \frac{1}{2} P + \frac{1}{2} pL.$	$\frac{RI}{v} = \frac{L}{4} \left(P + \frac{1}{2} pL \right)$ $= \frac{PL}{4} + \frac{pL^2}{8}$	
L l l' X M M' A B P $p\frac{L}{2}$ $\frac{L}{2}$	Charge pL uniformément répartie et d'un effort P agissant à un point quelconque de la longueur du solide.		(1) $\frac{RI}{v} = \left(P + \frac{1}{2} pL \right) \frac{ll'}{L}$ (2) $\frac{RI}{v} = \frac{PL}{2} + \frac{1}{8} pL^2$ (3) $\frac{RI}{v} = X \left[\frac{Pl}{L} + \frac{1}{2} p \, (L-X) \right]$	Pour le cas général o se sert de la formule (1). Lorsque la charge uni formément répartie a un grande valeur relativ c'est-à-dire lorsqu'ell est environ le double o plus de l'effort P, on s sert de la formule (2). Entre ces limites e lorsqu'on désire une so lution exacte, on cherch la plus grande valeur d l'expression. $X. \left[\frac{Pl}{L} + \frac{1}{2} p \, (L-X) \right]$ de l'équation (3) po diverses sections com prises entre M et M' on prend la plus grande
	Charge pL uniformément répartie venant s'ajouter à plusieurs efforts P, Q, etc., agissant à différents points de la longueur du solide.	Si la charge pL uniformément répartie est faible elle aura peu d'influence sur le lieu de la section de rupture ; on peut alors, après l'avoir convertie en une charge agissant au milieu l'ajouter à l'effor le plus voisin du lieu de cette charge pour simplifier la question. Si cette charge à une valeur plus importante on l'introduit dans la formule comme une force $\frac{pL}{2}$ agissant au milieu de la longueur du solide.		
P' P" l' l' M M' L P P	Charge pL uniformément répartie et deux forces P égales et à une même distance l' des points d'appui.	$P' = P'' = \frac{pL}{2} + P$	$\frac{RI}{v} = -\left(\frac{pL^2}{8} + Pl' \right)$	l' est le bras de levier commun des deux forces P.

TABLEAU N° 2. — CHARGES QUELCONQUES APPLIQUÉES SUR DIVERS POINTS DU SOLIDE

DIAGRAMMES DES MOMENTS DE FLEXION	POSITION DU SOLIDE	RÉACTIONS des APPUIS	MOMENT DE FLEXION	OBSERVATIONS
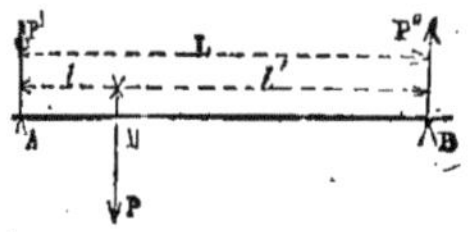	Effort vertical P appliqué en un point quelconque de la longueur L du solide.	$P' = \frac{Pl'}{L}$ $P'' = \frac{Pl}{L}$	$\frac{RI}{v} = \frac{Pll'}{L}$	
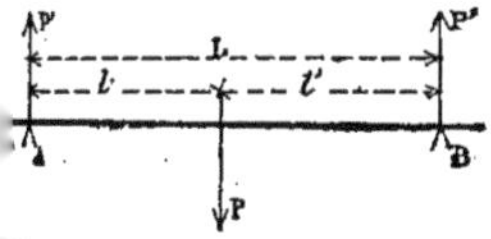	Effort vertical P appliqué au milieu de la longueur du solide.	$P' = P'' = \frac{P}{2}$	$\frac{RI}{v} = \frac{1}{4} PL.$	Dans ce cas : $l = l' = \frac{L}{2}$.
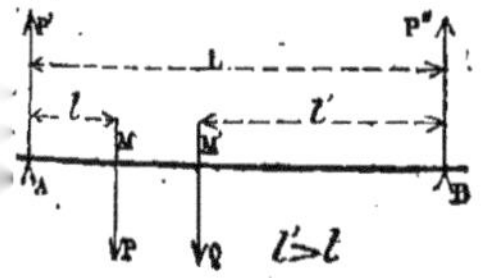 $l' > l$	Cas de deux efforts P et Q appliqués aux points M et M' du solide. On suppose $l' > l$.	$P' = \frac{P(L-l) + Ql'}{L}$ $P'' = \frac{Pl + Q(L-l')}{L}$	En M : $\frac{RI}{v} = l\left(P - \frac{Pl - Ql'}{L}\right)$ En M' : $\frac{RI}{v} = l'\left(Q - \frac{Ql' - Pl}{L}\right)$	Le lieu de la section de rupture est indéterminé. Il faut calculer les moments μ des efforts extérieurs pour les deux points M et M' et égaler le moment des résistances de la pièce au plus fort de ces deux moments.
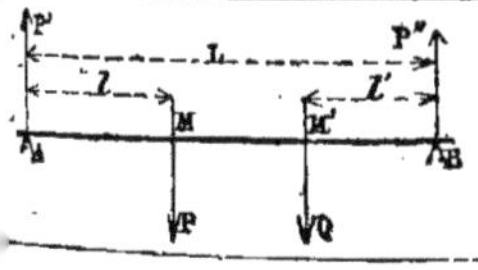	Cas de deux efforts P et Q appliqués aux points M et M' du solide.		$\frac{RI}{v} = Pl'\left(1 - \frac{l' - l}{L}\right)$	Dans ce cas nous supposons : $P = Q$ et $l < l'$ la section de rupture est en M'.
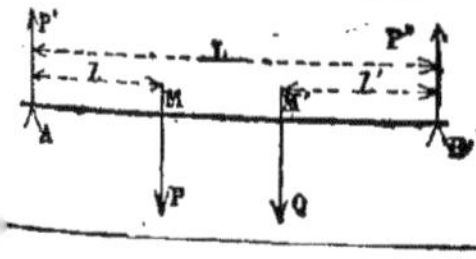	Cas de deux efforts P et Q appliqués aux points M et M' du solide.		$\frac{RI}{v} = Pl.$	Dans ce cas particulier nous supposons : $P = Q$ et $l = l'$.
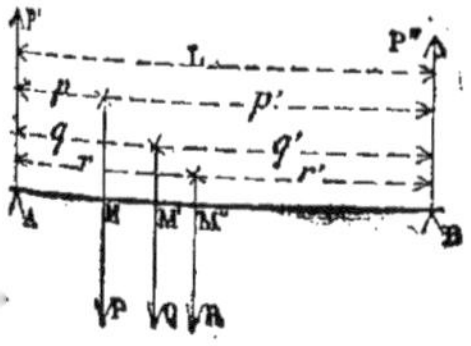	Cas de trois efforts P, Q, R agissant en des points quelconques M, M', M'' de la longueur L du solide.	$P' = \frac{Pp' + Qq' + Rr'}{L}$ $P'' = \frac{Pp + Qq + Rr}{L}$	En M : $\frac{RI}{v} = (P'' - Q - R)\,p' + Qq' + Rr'$ En M' : $\frac{RI}{v} = (P'' - R)\,q' + Rr'$ En M'' : $\mu = \frac{RI}{v} = Pr'$	Nous savons que : $P' = (P + Q + R) - P''$ et $P'' = (P + Q + R) - P'$. Pour obtenir les dimensions de la pièce de bois, il faut égaler le moment de ses résistances naturelles à la plus grande valeur des moments des efforts extérieurs en M, M', M''.
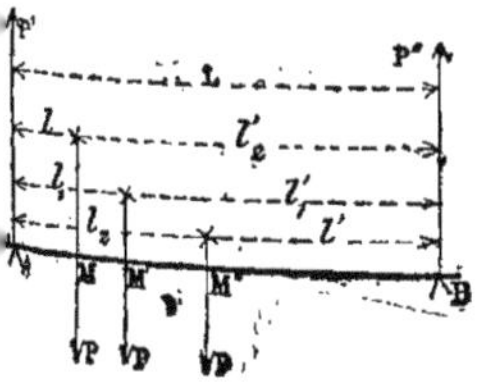	Cas de trois efforts égaux P agissant en des points quelconques M, M', M'' de la longueur L du solide.	$P' = 3P - P''$ $P'' = P\left(3 - \frac{l' + l'_1 + l'_2}{L}\right)$	En M : $\frac{RI}{v} = P(l' + l'_1) + Pl'_2\left(1 - \frac{l' + l'_1 + l'_2}{L}\right)$ En M' : $\frac{RI}{v} = Pl' + Pl'_1\left(2 - \frac{l' + l'_1 + l'_2}{L}\right)$ En M'' : $\frac{RI}{v} = Pl'\left(3 - \frac{l' + l'_1 + l'_2}{L}\right)$	Nous savons que : $P'' = P\frac{p + q + r}{L}$, ou en désignant p, q, r par l, l_1, l_2, $P'' = P\frac{l + l_1 + l_2}{L}$, ou pour simplifier $P'' = P\left[\frac{3L - (l' + l'_1 + l'_2)}{L}\right]$

TABLEAU N° 2 (*suite*). — CHARGES QUELCONQUES APPLIQUÉES SUR DIVERS POINTS DU SOLIDE

DIAGRAMMES DES MOMENTS DE FLEXION	POSITION DU SOLIDE	RÉACTIONS DES APPUIS	MOMENT DE FLEXION	OBSERVATIONS
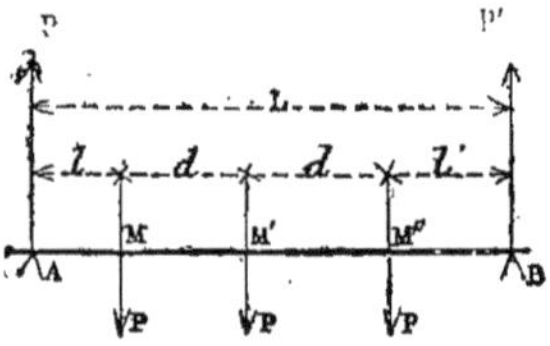	Cas de trois efforts égaux également espacés entre eux mais dont les extrêmes sont à des distances l et l' des points d'appui A et B.	$P' = 3P - P''$ $P'' = \frac{3}{2} P \left(1 - \frac{l' - l}{L}\right)$	En M : $\frac{RI}{v} = \frac{3}{2} Pl \left(1 + \frac{l' - l}{L}\right)$ En M' : $\frac{RI}{v} = P\left[L + 2l' - l - \frac{3}{4} \frac{(L + l' - l)^2}{L}\right]$ En M'' : $\frac{RI}{v} = \frac{3}{2} Pl' \left(1 - \frac{l' - l}{L}\right)$	
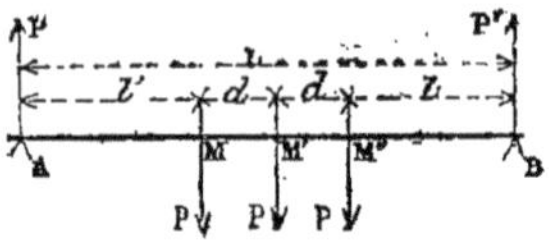	Cas de trois efforts égaux P également espacés entre eux et les distances l et l' étant égales entre elles.		$\frac{RI}{v} = P\left(\frac{1}{4} L + l\right)$	Dans ce cas la se[ction] de rupture est au [point] M' milieu de la long[ueur] de la pièce.
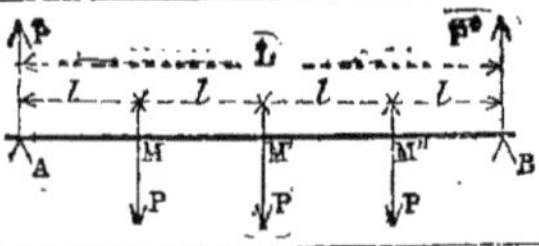	Cas de trois efforts égaux P distribués à des distances égales l sur la longueur de la pièce.		$\frac{RI}{v} = 2Pl$	Pour l'équilibre [des] deux points M et M['' on] aurait on raison [de la] symétrie : $\frac{RI}{v} = 1,5Pl.$
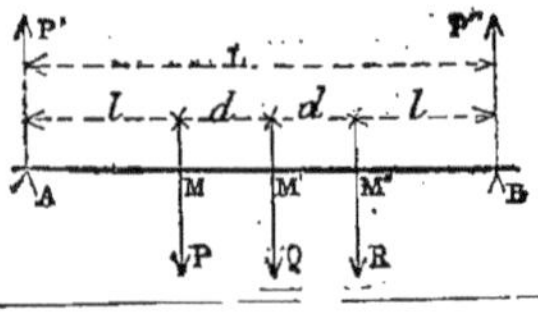	Cas de trois efforts dont deux égaux P, R situés à des distances égales l des appuis et le troisième effort Q appliqué au milieu de la longueur L du solide.		$\frac{RI}{v} = \frac{1}{4} QL + Pl$	La section de ru[pture] est au point M'.
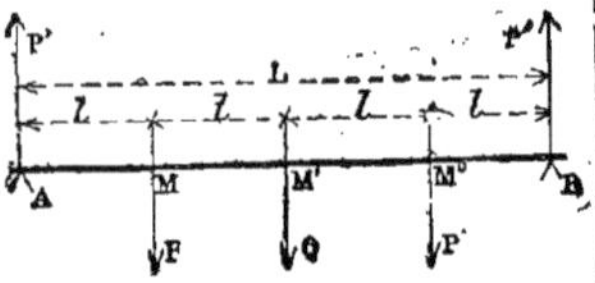	Cas de trois efforts P, Q, P distribués à des distances égales l et agissant en des points M, M', M'' de la longueur du solide.		$\frac{RI}{v} = (Q + P)\, l.$	
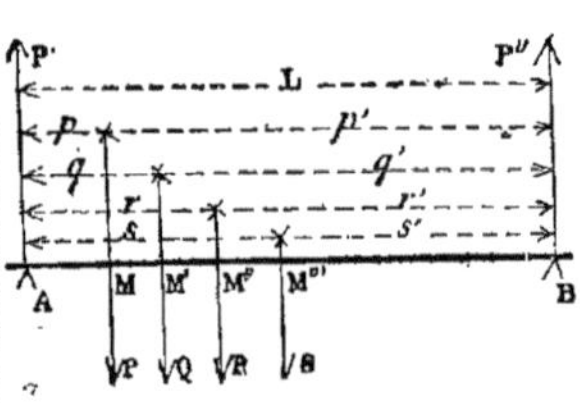	Cas de quatre efforts P, Q, R, S, agissant en des points quelconques M, M', M'', M''' de la longueur L du solide.	$P' = (P + Q + R + S) - P''$ $P'' = \frac{Pp + Qq + Rr + Ss}{L}$	En M : $\frac{RI}{v} = (P'' - Q - R - S)p' + Qq' + Rr' +$ … En M' : $\frac{RI}{v} = (P'' - R - S)q' + Rr' + Ss'$ En M'' : $\frac{RI}{v} = (P'' - S)r' + Ss'$ En M''' : $\frac{RI}{v} = P''s'.$	

TABLEAU N° 2 (*suite*). — CHARGES QUELCONQUES APPLIQUÉES SUR DIVERS POINTS DU SOLIDE

DIAGRAMME DES MOMENTS DE FLEXION	POSITION DU SOLIDE	RÉACTION DES APPUIS	MOMENT DE FLEXION	OBSERVATIONS
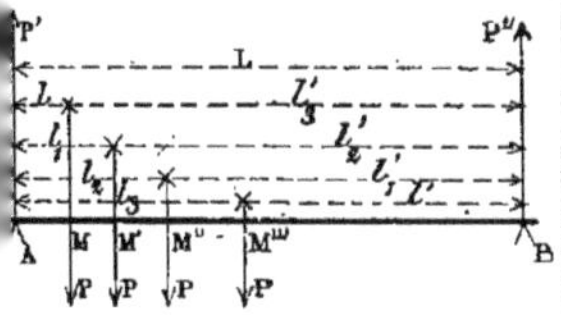	Cas de quatre efforts égaux P agissant en des points quelconques M, M', M'', M''' de la longueur L du solide.	$P' = 4P - P''$ $P'' = P\left(4 - \frac{l' + l'_1 + l'_2 + l'_3}{L}\right)$	En M : $\frac{RI}{v} = P(l' + l'_1 + l'_2) + Pl'_3\left(1 - \frac{l' + l'_1 + l'_2 + l'_3}{L}\right)$ En M' : $\frac{RI}{v} = P(l' + l'_1) + Pl'_2\left(2 - \frac{l' + l'_1 + l'_2 + l'_3}{L}\right)$ En M''' : $\frac{RI}{v} = Pl' + Pl'_1\left(3 - \frac{l' + l'_1 + l'_2 + l'_3}{L}\right)$ En M''' $\frac{RI}{v} = Pl'\left(4 - \frac{l' + l'_1 + l'_2 + l'_3}{L}\right)$	
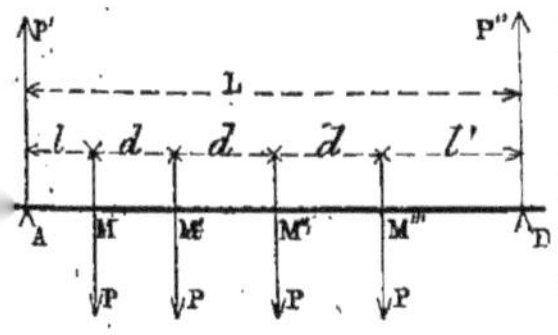	Cas de quatre efforts P également espacés entre eux, les deux efforts latéraux étant séparés des points A et B par des longueurs l et l'.	$P' = 4P - P''$ $P'' = 2P\left(1 - \frac{l'-l}{L}\right)$	En M : $\frac{RI}{v} = 2Pl\left(1 + \frac{l'-l}{L}\right)$ En M' : $\frac{RI}{v} = P\frac{1}{3L}\left[l(3L + 6l' - 4l) + l'(L - 2l') + L^2\right]$ En M''' : $\frac{RI}{v} = P\frac{1}{3L}\left[l'(3L + 6l - 4l') + l(L - 2l) + L^2\right]$ En M''' : $\frac{RI}{v} = 2Pl'\left(1 - \frac{l'-l}{L}\right)$	
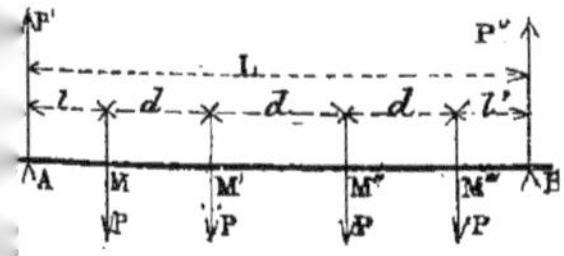	Cas de quatre efforts égaux P également espacés entre eux et les distances $l.l$ aux points d'appui étant égales entre elles.		$\frac{RI}{v} = P\frac{1}{3}(L + 4l)$	
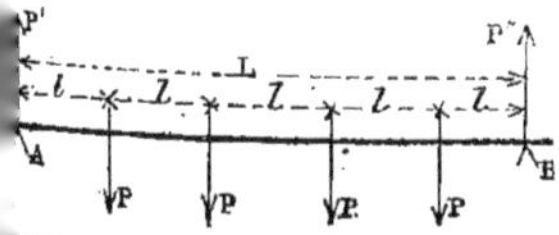	Cas de quatre efforts égaux à P distribués à des distances égales l sur la longueur de la pièce.		$\frac{RI}{v} = 3Pl.$	Dans ces deux derniers cas, si l'on voulait connaître l'équilibre aux points M''' et M, on aurait, pour chacun deux, en raison de la symétrie : $\frac{RI}{v} = 2Pl.$

Les efforts tranchants sont, dans la figure 703, représentés par la droite CD.

La flèche que prendra le solide chargé peut se déduire de la formule générale suivante :

$$f = \frac{\mu C}{2EI}$$

dans laquelle μ est le moment de flexion maximum, C, la longueur de la demi-corde, E, le coefficient d'élasticité, I, le moment d'inertie.

Dans l'exemple actuel $\mu = \frac{pL^2}{8}$ et

$$C = \frac{L}{2} \text{ donc } f = \frac{pL^4}{64EI}.$$

Si la section de la pièce est constante dans toute la longueur cette valeur de f devient :

$$f = \frac{384EI}{5pL^4}.$$

Nous résumons dans le tableau n° 1, donné ci-dessus, les différentes valeurs des moments de flexion pour les charges uniformément réparties auxquelles peuvent venir se joindre d'autres charges accidentelles.

Nota : Dans les formules de résistance, si la valeur R du solide est prise par rapport au millimètre carré, il faut exprimer la longueur L en millimètres, ou exprimer cette longueur en mètres et multiplier le résultat par 1 000, ce qui est préférable pour l'exécution des calculs. Les formules

$\mu = \frac{RI}{v} = \frac{1}{8} pL \times L$ ou $\mu = \frac{RI}{v} = \frac{1}{8} pL^2$

deviennent, dans ce cas :

$$\mu = \frac{RI}{v} = \frac{1}{8} \frac{p}{1000} L^2$$

en exprimant L en millimètres, ou :

$$\mu = \frac{RI}{v} = \frac{1}{8} pL^2 \times 1000$$

en exprimant L en mètres.

Dans les tableaux ci-dessus, les moments de flexion, qu'on désigne ordinairement par μ, sont donnés, pour chacun des cas particuliers, par une formule que nous pouvons représenter d'une manière générale par $\mu = \frac{RI}{v}$ (1) dans laquelle μ est le moment fléchissant et $\frac{RI}{v}$ la somme des moments des forces moléculaires développées dans la section du milieu de la poutre ou en différents points de cette poutre.

Cette formule (1) peut se mettre sous les deux formes suivantes :

$$R = \frac{v\mu}{I} \quad (2) \qquad \text{ou} \qquad \frac{I}{v} = \frac{\mu}{R}. \quad (3)$$

2° La poutre étant posée sur deux appuis de niveau est soumise à des charges quelconques appliquées en divers points du solide.

Nous résumons dans le tableau N° 2, donné ci-dessus, afin de faciliter les recherches, les valeurs des réactions des appuis et des moments de flexion des poutres posées sur deux appuis et recevant des charges quelconques en divers points de leur longueur.

II. — Poutres posées sur plusieurs appuis

265. Une pièce prismatique peut être portée par plusieurs appuis séparés par des portées quelconques Cette pièce étant toujours supposée exactement prismatique dans toute son étendue et les appuis qui la soutiennent supposés en ligne droite, les moments fléchissants consécutifs sont liés entre eux par la formule générale suivante dans laquelle les lettres ont la signification que nous connaissons déjà et qui est connue sous le nom de formule de *Clapeyron*.

$$p_m l^3_m + p_{m+1} l^3_{m+1} = 4\mu_{m-1} l_m + 8\mu_m (l_m + l_{m+1}) + 4\mu_{m+1} l_{m+1}$$

Si, à ce que nous venons de dire, nous ajoutons que toutes les travées seront égales entre elles et que la charge par mètre, uniformément répartie, sera la même dans chacune, d'elles on aura :

$$l_{m+1} = l_m \ldots = l \text{ et } p_{m+1} = p_m \ldots = p.$$

La formule précédente, en supprimant l'indice des quantités l et en divisant ensuite par $2l$ peut alors s'écrire :

$$pl^2 = 2\mu_{m-1} + 8\mu_m + 2\mu_{m+1} \quad (1)$$

Si nous supposons que la poutre à étudier n'est pas encastrée, qu'il n'existe aucune charge isolée entre deux appuis consécutifs quelconques et que tous les appuis sont de niveau, les calculs se feront de la manière suivante :

1° Moments fléchissants.

On se sert, pour les calculer, de la formule (1) ;

2° Efforts tranchants.

Les moments fléchisssants étant calculés, on obtient les efforts tranchants par la formule générale suivante :

$$T_{m-1} = \frac{1}{l_m}(\mu_{m-1} - \mu_m) + \frac{1}{2} p_m l_m \quad (2)$$

3° Réaction des appuis.

Les réactions des appuis se calculent par la formule générale :

$$P_m = T_{m-1} - T_m - p_m l_m. \quad (3)$$

Cette formule ne peut donner la valeur de P_0, mais on y supplée en se servant de la relation $P_0 + T_0 = o$ qui donne P_0 quand on connaît T_0.

4° Inclinaisons aux points d'appuis.

Les formules à employer sont les suivantes :

$$f_m = f_{m-1} + \frac{1}{(EI)_m}\left(\mu_{m-1} l_m - \frac{1}{2} T_{m-1} l^2_m + \frac{1}{6} p_m l^3_m\right) \quad (4)$$

$$\text{et } y_m = y_{m-1} + f_{m-1} l_m + \frac{1}{(\mathrm{EI})_m}\left(\frac{1}{2}\mu_{m-1} l^2_m - \frac{1}{6}\mathrm{T}_{m-1} l^3_m + \frac{1}{24} p_m l^4_m\right) \quad (5)$$

Cette formule (5) donne f_0 quand on y fait $m = 1$; la formule (4) donne ensuite et successivement $f_1, f_2 \ldots, f_n$.

Le développement complet de ces formules est donné dans le *Cours de Mécanique appliquée* de M. Tresca où nous avons extraits ces quelques renseignements sur les poutres à plusieurs appuis de niveau.

Observations pour le cas d'une poutre symétrique chargée symétriquement.

266. Lorsqu'une poutre est symétrique par rapport au plan mené par le milieu de sa longueur perpendiculairement à la ligne moyenne et que deux points symétriques quelconques sont dans des conditions identiques au double point de vue de la nature des matériaux qui forment la poutre et de la répartition des forces extérieures, les calculs relatifs à cette poutre peuvent être simplifiés à l'aide des propositions suivantes :

1° Les réactions des appuis en deux points symétriques sont égales et de même signe;

2° Les inclinaisons de la ligne moyenne en deux points symétriques sont égales et de signes contraires;

3° Les ordonnées de deux points symétriques, comptées à partir d'une même droite parallèle à la position primitive de la ligne moyenne sont égales et de même signe;

4° Les efforts tranchants en deux points symétriques sont égaux et de signes contraires;

5° Les moments fléchissants en deux points symétriques sont égaux et de même signe.

Applications des formules précédentes aux poutres à travées égales, également chargées, avec appuis à un même niveau.

Calcul des valeurs relatives aux appuis.

Moments fléchissants.

267. La formule immédiatement applicable à la question est celle de Clapeyron, indiquée en (1).

1° Poutre à deux travées égales.

En faisant, dans la formule (1), $m = 1$ et en remarquant que les deux moments extrêmes sont nuls, on obtient :

$$pl^2 = 8\mu_1, \text{ d'où } \mu_1 \frac{1}{8} pl^2.$$

2° Poutre à trois travées égales.

En faisant, dans la formule (1), $m = 1$ et $m = 2$ il vient, à cause de $\mu_0 = o$ et $\mu_3 = o$, on a :

$$pl^2 = 8\mu_1 + 2\mu_2 \quad \text{et} \quad pl^2 = 2\mu_1 + 8\mu$$

ce qui donne immédiatement :

$$\mu_1 = \frac{1}{10} pl^2 \quad \text{et} \quad \mu^2 = \frac{1}{10} pl^2.$$

On pourrait d'ailleurs, en vertu de l'égalité des moments en deux points symétriques, ne calculer qu'une de ces valeurs. Les quatre moments fléchissants seront :

$$\mu_0 = o. \quad \mu_1 = \frac{1}{10} pl^2, \quad \mu_2 = \frac{1}{10} pl^2, \quad \mu_3 = o.$$

3° Poutre à quatre travées égales.

Comme précédemment, en faisant dans la formule (1) $m=1$, $m=2$ et $m=3$, on a :

$$pl^2 = 8\mu_1 + 2\mu_2, \quad pl^2 = 2\mu_1 + 8\mu_2 + 2\mu_3,$$
$$pl^2 = 2\mu_2 + 8\mu_3.$$

Ces trois équations suffisent pour déterminer les trois inconnues, mais en remarquant que l'on a, par raison de symétrie, $\mu_1 = \mu_3$, on peut alors écrire :

$$\mu_0 = o; \quad \mu_1 = \frac{3}{28} pl^2, \quad \mu_2 = \frac{2}{28} pl^2,$$
$$\mu_3 = \frac{3}{28} pl^2, \quad \mu_4 = o.$$

4° Vérifications.

En faisant successivement $m = 1$, $m = 2$, ..., $m = n$ dans la formule

$$pl^2 = 2\mu_{m-1} + 8\mu_m + 2\mu_{m+1},$$

puis en additionnant les résultats et en tenant compte de la relation $\mu_1 = \mu_{n-1}$, il vient, dans le cas de travées égales et également chargées :

$$\Sigma\mu = \frac{1}{12}(n - 1)\, pl^2 + \frac{1}{3}\mu_1,$$

formule à l'aide de laquelle on vérifie assez facilement les résultats précédents.

Efforts tranchants.

Les valeurs précédentes, mises dans la formule

$$T_{m-1} = \frac{1}{l}(\mu_{m-1} - \mu_m) + \frac{1}{2}pl$$

donnent très facilement les résultats suivants, en remarquant que l'effort tranchant à l'extrémité de droite est nul, et que la formule n'est d'ailleurs applicable que pour les efforts tranchants situés à gauche du dernier.

1° Deux travées :

$$T_0 = \frac{3}{8}pl, \quad T_1 = \frac{5}{8}pl, \quad T_2 = o;$$

2° Trois travées :

$$T_0 = \frac{4}{10}pl, \quad T_1 = \frac{5}{10}pl, \quad T_2 = \frac{6}{10}pl,$$
$$T_3 = o;$$

3° Quatre travées :

$$T_0 = \frac{11}{28}pl, \quad T_1 = \frac{15}{28}pl, \quad T_2 = \frac{13}{28}pl,$$
$$T_3 = \frac{17}{28}pl, \quad T_4 = o;$$

4° Vérifications. En faisant dans la formule précédente $m = 1$, $m = 2$, ..., $m = n$, on a :

$$T_{m-1} = \frac{1}{l}(\mu_{m-1} - \mu_m) + \frac{1}{2}pl,$$

et, en additionnant les résultats, on trouve, dans le cas de travées égales et également chargées :

$$\Sigma T = \frac{1}{2}npl,$$

expression qui peut servir à vérifier rapidement les valeurs de T.

Réactions aux points d'appuis.

La relation $P_0 + T_0 = o$ donne d'abord P_0 en fonction de T_0 ; ensuite la formule $P_m = T_{m-1} - T_m - pl$ donne successivement les valeurs de P_1, P_2, P_3, ..., P_n en fonction de T_0, T_1, T_2, ..., T_n.

On peut abréger les calculs en sachant que $P_m = P_{n-m}$; on peut alors écrire :

1° Deux travées :

$$P_0 = -\frac{3}{8}pl, \quad P_1 = -\frac{10}{8}pl, \quad P_2 = -\frac{3}{8}pl;$$

2° Trois travées :

$$P_0 = -\frac{4}{10}pl, \quad P_1 = -\frac{11}{10}pl, \quad P_2 = -\frac{11}{10}pl,$$
$$P_3 = -\frac{4}{10}pl;$$

3° Quatre travées :

$$P_0 = -\frac{11}{28}pl, \quad P_1 = -\frac{32}{28}pl, \quad P_2 = -\frac{26}{28}pl,$$
$$P_3 = -\frac{32}{28}pl, \quad P_4 = -\frac{11}{28}pl;$$

4° Vérification. Dans l'état d'équilibre, la somme des réactions des appuis doit être égale et de signe contraire à la charge totale de la poutre, ce qui donne immédiatement, dans le cas de n travées égales et également chargées :

$$\Sigma P = -npl.$$

Inclinaisons.

Dans la formule (5) précédemment examinée, posons :

$$l_m = l, \quad p_m = p, \quad (EI)_m = EI, \quad y_m = o,$$
$$y_{m-1} = o \quad \text{et} \quad m = 1,$$

nous aurons :

$$f_0 = \frac{l^2}{24\,EI}(4\,T_0 - pl).$$

Si dans la formule (4) on pose de même :

$$l_m = l, \quad p_m = p, \quad (EI)_m = EI,$$

on obtient :

$$f_m = f_{m-1} + \frac{l}{6\,EI}(6\mu_{m-1} - 3T_{m-1}l + pl^3$$

formule dans laquelle il suffit de faire $m = 1$, $m = 2$, ..., $m = n$, pour avoir immédiatement les valeurs de f_1, f_2, f_n

On peut donc écrire :

1° Deux travées :

$$f_0 = \frac{4\,pl^3}{48\,EI}, \quad f_1 = o, \quad f_2 = -\frac{pl^3}{48\,EI};$$

2° Trois travées :

$$f_0 = \frac{3\,pl^3}{120\,EI}, \quad f_1 = -\frac{pl^3}{120\,EI}, \quad f_2 = \frac{pl^3}{120\,EI},$$
$$f_3 = -\frac{3pl^3}{120\,EI};$$

3° Quatre travées :

$$f_0 = \frac{4\,pl^3}{168\,EI}, \quad f_1 = -\frac{pl^3}{168\,EI}, \quad f_2 = o,$$
$$f_3 = \frac{pl^3}{168\,EI}, \quad f_4 = -\frac{4\,pl^3}{168\,EI}.$$

Les calculs sont très abrégés en faisant $f_m = f_{n-m}$.

268. Comme nous l'avons fait précédemment nous résumons ci-après, sous forme de tableau, les valeurs relatives aux appuis dans une poutre non encastrée, à travées égales, également chargées avec appuis à un même niveau en y rappelant la poutre à une seule travée comme point de départ.

TABLEAU DES VALEURS RELATIVES AUX APPUIS DANS UNE POUTRE NON ENCASTRÉE, A TRAVÉES ÉGALES, ÉGALEMENT CHARGÉES AVEC APPUIS A UN MÊME NIVEAU

INDICATION DES POUTRES NOMBRE DE TRAVÉES	VALEURS DES MOMENTS fléchissants	VALEURS DES EFFORTS tranchants	VALEURS DES RÉACTIONS des appuis	INCLINAISONS de la LIGNE MOYENNE
Une travée (A, B)	$\mu_0 = o$ $\mu_1 = o$	$T_0 = \frac{1}{2} pl$ $T_1 = o$	$P_0 = -\frac{1}{2} pl$ $P_1 = -\frac{1}{2} pl$	$f_0 = \frac{pl^3}{24 EI}$ $f_1 = -\frac{pl^3}{24 EI}$
Vérifications	$\Sigma\mu = o$	$\Sigma T = \frac{1}{2} pl$	$\Sigma P = -pl$	$\Sigma f = o$
Deux travées (A, B, C)	$\mu_0 = o$ $\mu_1 = \frac{1}{8} pl^2$ $\mu_2 = o$	$T_0 = \frac{3}{8} pl$ $T_1 = \frac{5}{8} pl$ $T_2 = o$	$P_0 = -\frac{3}{8} pl$ $P_1 = -\frac{10}{8} pl$ $P_2 = -\frac{3}{8} pl$	$f_0 = \frac{pl^3}{48 EI}$ $f_1 = o$ $f_2 = -\frac{pl^3}{48 EI}$
Vérifications	$\Sigma\mu = \frac{1}{8} pl^2$	$\Sigma T = pl$	$\Sigma P = -2pl$	$\Sigma f = o$
Trois travées (A, B, C, D)	$\mu_0 = o$ $\mu_1 = \frac{1}{10} pl^2$ $\mu_2 = \frac{1}{10} pl^2$ $\mu_3 = o$	$T_0 = \frac{4}{10} pl$ $T_1 = \frac{5}{10} pl$ $T_2 = \frac{6}{10} pl$ $T_3 = o$	$P_0 = -\frac{4}{10} pl$ $P_1 = -\frac{11}{10} pl$ $P_2 = -\frac{11}{10} pl$ $P_3 = -\frac{4}{10} pl$	$f_0 = \frac{3pl^3}{120 EI}$ $f_1 = -\frac{pl^3}{120 EI}$ $f_2 = \frac{pl^3}{120 EI}$ $f_2 = -\frac{3pl^3}{120 EI}$
Vérifications	$\Sigma\mu = \frac{1}{5} pl^2$	$\Sigma T = 1{,}5\ pl$	$\Sigma P = -3pl$	$\Sigma f = o$
Quatre travées (A, B, C, D, E)	$\mu_0 = o$ $\mu_1 = \frac{3}{28} pl^2$ $\mu_2 = \frac{2}{28} pl^2$ $\mu_3 = \frac{3}{28} pl^2$ $\mu_4 = o$	$T_0 = \frac{11}{28} pl$ $T_1 = \frac{15}{28} pl$ $T_2 = \frac{13}{28} pl$ $T_3 = \frac{17}{28} pl$ $T_4 = o$	$P_0 = -\frac{11}{28} pl$ $P_1 = -\frac{32}{28} pl$ $P_2 = -\frac{26}{28} pl$ $P_3 = -\frac{32}{28} pl$ $P_4 = -\frac{11}{28} pl$	$f_0 = \frac{4pl^3}{168 EI}$ $f_1 = -\frac{pl^3}{168 EI}$ $f_2 = o$ $f_3 = \frac{pl^3}{168 EI}$ $f_4 = -\frac{4pl^3}{168 EI}$
Vérifications	$\Sigma\mu = \frac{2}{7} pl^2$	$\Sigma T = 2pl$	$\Sigma P = -4pl$	$\Sigma f = o$

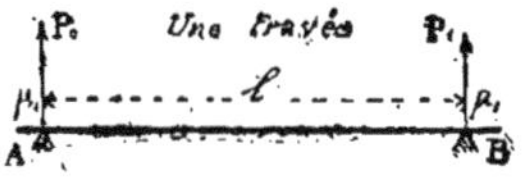

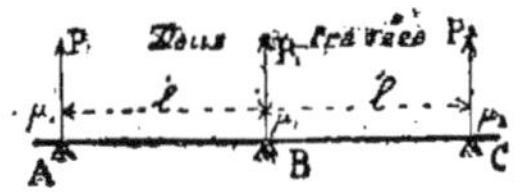

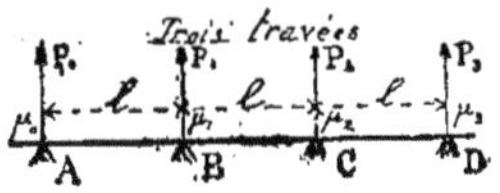

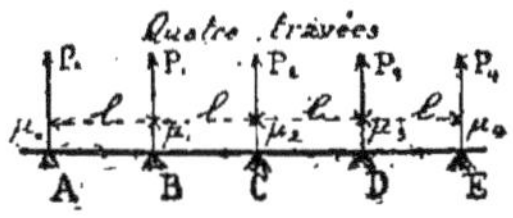

269. Avant de passer au calcul des quantités variables dans l'étendue de chaque travée nous résumons ci-après, sous forme de tableau, pour en faciliter les applications, les formules générales de la flexion plane.

TABLEAU DES FORMULES GÉNÉRALES DE LA FLEXION PLANE

SÉRIE N° 1	SÉRIE N° 2	SÉRIE N° 3
Formules applicables aux extrémités d'un même intervalle.	Formules applicables aux points intermédiaires d'un intervalle quelconque.	Formules applicables aux points intermédiaires d'un intervalle, et qui dispensent du calcul préalable des efforts tranchants aux extrémités de cet intervalle.
(1) $T_m = T_{m-1} - P_m - p_m l_m$	(1) $T = T_{m-1} - p_m x$	De l'équation (2) de la série n° 1, on tire : $T_{m-1} = \frac{1}{l_m}\left(\frac{1}{2} p_m l^2_m + \mu_{m-1} - \mu_m\right)$ Cette valeur mise dans les quatre équations de la série n° 2 donnent :
(2) $\mu_m = \mu_{m-1} - T_{m-1} l_m + \frac{1}{2} p_m l^2_m$	(2) $\mu = \mu_{m-1} - T_{m-1} x + \frac{1}{2} p_m x^2$	(1) $T = \frac{1}{l_m}\left(\frac{1}{2} p_m l^2_m + \mu_{m-1} - \mu_m\right) - p_m x$ (2) $\mu = \mu_{m-1} - \frac{1}{l_m}\left(\frac{1}{2} p_m l^2_m + \mu_{m-1} - \mu_m\right) x + \frac{1}{2} p_m x^2$
(3) $f_m = f_{m-1} + \frac{1}{(EI)_m}\left(\mu_{m-1} l_m - \frac{1}{2} T_{m-1} l^2_m + \frac{1}{6} p_m l^3_m\right)$	(3) $f = f_{m-1} + \frac{1}{(EI)_m}\left(\mu_{m-1} x - \frac{1}{2} T_{m-1} x^2 + \frac{1}{6} p_m x^3\right)$	(3) $f = f_{m-1} + \frac{1}{(EI)_m}\left[\mu_{m-1} x - \frac{1}{2 l_m}\left(\frac{1}{2} p_m l^2_m + \mu_{m-1} - \mu_m\right) x^2 + \frac{1}{6} p_m x^3\right]$
(4) $y_m = y_{m-1} + f_{m-1} l_m + \frac{1}{(EI)_m}\left(\frac{1}{2} \mu_{m-1} l^2_m - \frac{1}{6} T_{m-1} l^3_m + \frac{1}{24} p_m l^4_m\right)$	(4) $y = y_{m-1} + f_{m-1} x + \frac{1}{(EI)_m}\left(\frac{1}{2} \mu_{m-1} x^2 - \frac{1}{6} T_{m-1} x^3 + \frac{1}{24} p_m x^4\right)$	(4) $y = y_{m-1} + f_{m-1} x + \frac{1}{(EI)_m}\left[\frac{1}{2} \mu_{m-1} x^2 - \frac{1}{6 l_m}\left(\frac{1}{2} p_m l^2_m + \mu_{m-1} - \mu_m\right) x^3 + \frac{1}{24} p_m x^4\right]$

Valeurs des variables dans l'étendue de chaque travée.

270. Supposons que nous prenions comme exemple une poutre à quatre travées égales, également chargées, homogènes et de même section, ce qui permettra de supprimer l'indice des quantités constantes p_m, l_m et $(EI)_m$, dans les équations de la série n° 3. On suppose en outre que tous les appuis sont placés à un même niveau et, dans ce cas, en faisant passer l'axe des x par les points sur lesquels repose la poutre, on a : $y_{m-1} = o$.

Variation de l'effort tranchant.

La formule à employer est la suivante :

$$T = \frac{1}{l}\left(\frac{1}{2} pl^2 + \mu_{m-1} - \mu_m\right) - px.$$

En examinant cette équation on reconnaît, que dans chaque travée la valeur de l'effort tranchant est donnée par une équation du premier degré en x et que la courbe représentative de l'effort tranchant est une ligne droite dont le coefficient d'inclinaison est le même pour chaque travée.

1re *Travée.* En posant $m = 1$ dans l'équation générale ci-dessus, puis $\mu_{m-1} = \mu_0 = o$ et $\mu_m = \mu_1 = \frac{3}{28} pl^2$, on aura :

$$T = \frac{p}{28}(11l - 28x)$$

et l'on voit immédiatement que T diminue à mesure que x augmente.

Ensuite, pour

$$x = o, \quad x = \frac{11}{28} l \quad \text{et} \quad x = l,$$

on trouve :

$$T = \frac{11}{28} pl, \quad T = o \quad \text{et} \quad T = -\frac{17}{28} pl.$$

2e *Travée.* On pose, dans l'équation générale ci-dessus, $m = 2$, puis $\mu_{m-1} = \mu_1 = \frac{3}{28} pl^2$ et $\mu_m = \mu_2 = \frac{2}{28} pl^2$, ce qui donne :

$$T = \frac{p}{28}(15l - 28x).$$

La valeur de T diminue à mesure que

x augmente et, si l'on fait successivement $x = o$, $x = \frac{15}{28} l$ et $x = l$, on trouve :

$$T = \frac{15}{28} pl, \quad T = o \quad \text{et} \quad T = -\frac{13}{28} pl.$$

Les calculs relatifs aux deux dernières travées se faisant aussi simplement, il nous suffira d'indiquer les résultats.

3° *Travée.*

$$T = \frac{p}{28}(13l - 28x).$$

Pour $x = o$, $x = \frac{13}{28} l$ et $x = l$, on trouve :

$$T = \frac{13}{28} pl, \quad T = o \quad \text{et} \quad T = -\frac{15}{28} pl.$$

4° *Travée.*

$$T = \frac{p}{28}(17l - 28x).$$

Pour $x = o$, $x = \frac{17}{28} l$ et $x = l$, on trouve :

$$T = \frac{17}{28} pl, \quad T = o \quad \text{et} \quad T = -\frac{11}{28} pl.$$

On voit, à l'inspection des valeurs qui précèdent, que le maximum de T, en valeur absolue, est :

$$T = \frac{17}{28} pl.$$

Observation.

271. Il résulte de la définition même de l'effort tranchant que la valeur de T_m varie brusquement d'une quantité égale à P_m quand on passe du premier point de la travée de rang $m + 1$ au dernier point de la travée de rang m, et qu'ainsi la valeur de l'effort tranchant, dans le cas d'une charge continue sur chaque travée, est elle-même continue dans l'étendue de cette travée et discontinue au point de séparation de deux travées successives.

Variations du moment fléchissant.

272. On sait, par la formule $R = \frac{v\mu}{I} - \frac{N}{\Omega}$, qui se réduit à $R = \frac{v\mu}{I}$, que l'effort moléculaire R, par mètre carré, dans une section donnée est d'autant plus grand que la valeur correspondante de μ est elle-même plus grande : il faut donc, nécessairement, si l'on veut qu'une poutre chargée résiste convenablement, que sa section transversale soit calculée en ayant égard au maximum de la valeur de μ, et par conséquent il importe d'examiner comment varie cette quantité dans l'étendue de chaque travée et de déterminer les points pour lesquels elle devient un maximum en valeur absolue.

La formule à employer est l'équation (2), série numéro 3, laquelle devient :

$$\mu = \mu_{m-1} - \frac{1}{l}\left(\frac{1}{2} pl^2 + \mu_{m-1} - \mu_m\right) x + \frac{1}{2} px^2.$$

La courbe représentée par cette équation est une parabole ordinaire dont l'axe est perpendiculaire à l'axe des x et dont les éléments principaux sont les suivants

1° Coordonnées du sommet :

$$x' = \frac{1}{2} l_m - \frac{1}{pl_m}(\mu_{m-1} - \mu_m),$$

$$\mu' = \mu_{m-1} - \frac{1}{2} px^2.$$

2° Distance du sommet au foyer :

$$d = \frac{1}{2p}.$$

3° Valeurs de μ aux extrémités de la travée :

$\mu = \mu_{m-1}$, $(x = o)$: $\mu = \mu_m$, $(x = l)$

4° Points où la courbe coupe l'axe des x :

$$x = \frac{1}{2p}\left(pl^2_m + 2\mu_{m-1} - 2\mu_m \pm \sqrt{(pl^2_m + 2\mu_{m-1} - 2\mu_m)^2 - 8\mu_{m-1} pl^2_m}\right),$$

$$\mu = o.$$

On remarquera que, eu égard à la disposition de la courbe relativement aux axes coordonnées, l'ordonnée μ' du sommet est, en valeur absolue un maximum pour la région de la courbe à laquelle appartient ce point.

Observation

273. Les valeurs de μ étant symétriques deux à deux, par rapport au milieu de la longueur de la poutre, il suffit de construire les courbes représentatives des valeurs successives de μ pour les deux premières travées seulement et de reproduire symétriquement ces courbes pour les deux autres travées.

1re *Travée.* Données :

$$m = 1, \quad \mu_0 = o, \quad \mu_1 = \frac{3}{28} pl^2.$$

Équation de la courbe

$$\mu = \frac{p}{28}(- nlx + 14x^2)$$

Valeurs principales :

$x = o \qquad \mu = o$
$x' = 0{,}39286 l \qquad \mu' = -0{,}07717 pl^2$
$x = 0{,}78571 l \qquad \mu = o$
$x = 1{,}00000 l \qquad \mu = \frac{3}{28} pl^2 = 0{,}10714 pl^2$

2e *Travée.* Données :

$$m = 2, \quad \mu_1 = \frac{3}{28} pl^2, \quad \mu_2 = \frac{2}{28} pl^2$$

Équation de la courbe

$$\mu = \frac{p}{28}(3l^2 - 15lx + 14x^2)$$

Valeurs principales :

$x = o \qquad \mu = \frac{3}{28} pl^2 = 0{,}10714 pl^2$
$x = 0{,}26608 l \qquad \mu = o$
$x = 0{,}53571 l \qquad \mu = -0{,}03635 pl^2$
$x = 0{,}80535 l \qquad \mu = o$
$x = 0{,}00000 l \qquad \mu = \frac{2}{28} pl^2 = 0{,}07143 pl^2$

Maximum du moment fléchissant.

274. On voit, d'après ce qui précède, que la plus grande valeur de μ est la valeur $\mu = \frac{3}{28} pl^2$ et qu'elle correspond à $x = l$, pour la première travée, ou à $x = o$ pour la seconde. A ce maximum de μ correspond le maximum de courbure de la ligne moyenne, ainsi qu'on le voit par la relation connue $\frac{1}{\rho} = \frac{\mu}{EI}$.

Observation.

275. Bien que les variations de μ soient caractérisées par une parabole spéciale pour chaque travée, ces courbes ont cependant un point commun qui correspond au passage d'une travée à celle qui la suit immédiatement et par suite les valeurs de μ se succèdent d'une manière continue, non seulement dans l'étendue d'une même travée, mais encore dans le passage d'une travée à la suivante. Cela tient à ce que le moment de la réaction exercée par le point d'appui qui sépare les deux travées que l'on considère, n'intervient dans la valeur de μ que d'une manière continue, en commençant par la valeur zéro, et l'on peut regarder les paraboles qui représentent les différentes séries des valeurs de μ comme formant une sorte de courbe continue qui présenterait un point anguleux au passage d'une travée à l'autre.

Variations de l'inclinaison.

276. Nous appliquons dans ce cas l'équation (3) de la série numéro 3, équation qui devient ici :

$$f = f_{m-1} + \frac{1}{6EI}\left[6\mu_{m-1}x - \frac{3}{l}\left(\frac{1}{2}pl^2 + \mu_{m-1} - \mu_m\right)x^2 + px^3\right].$$

Les éléments principaux à déterminer sont :

1° Les valeurs de x pour lesquelles on a $f = o$, parce qu'à ces valeurs correspond le maximum ou le minimum de l'ordonnée de la ligne moyenne.

2° Les valeurs de x auxquelles correspond un maximum ou un minimum de f, parce qu'à ces valeurs répond un point d'inflexion de la ligne moyenne.

1re *Travée.* — On a : $m = 1, f_{m-1} = f_0 = \frac{4pl^3}{168\,EI}, \mu_{m-1} = \mu_0 = o, \mu_m = \mu_1 = \frac{3}{28} pl^2,$

et l'équation générale ci-dessus devient :

$$f = \frac{p}{168\,EI}(4l^3 - 33\,lx^2 + 28\,x^3)$$

d'où $\quad \frac{df}{dx} = \frac{p}{28\,EI}(14\,x^2 - 11\,lx)$

Pour $f = o$, on a :

$$28x^3 - 33lx^2 + 4l^3 = o$$

et si on pose $x = \frac{l}{t}$, il vient :

$$4t^3 - 33t + 28 = o$$

équation dont les racines sont :

$$t_1 = 0{,}953592, \quad t_2 = 2{,}274203, \quad t_3 = -3{,}227795;$$

et par suite :

$$x_1 = 1{,}048666\,l, \quad x_2 = 0{,}439715\,l, \quad x_3 = -0{,}309809\,l.$$

La valeur $x = 0,439715\, l$ est évidemment la seule qui convienne à la question, x ne pouvant être ni négatif ni plus grand que l. Cette valeur, d'ailleurs, correspond à un minimum de l'ordonnée de la ligne moyenne, car mise dans l'expression de la dérivée $\frac{dx}{df}$ elle donne un résultat positif.

Quant aux valeurs limites de f, elles correspondent aux racines de l'équation :

$$14\, x^2 - 11\, lx = o$$

qui donne:

$$x = o \text{ et } x = \frac{11}{14}\, l = 0,785714\, l;$$

donc la ligne moyenne doit avoir une inflexion au point dont l'abscisse est $\frac{11}{14}\, l$. L'inflexion qui correspondrait à la valeur $x = o$ n'est pas à considérer, puisque la ligne moyenne n'existe pas à gauche du point qui aurait pour abscisse $x = o$

2e *Travée*. — On a : $m = 2$, $f_{m-1} = f_1 = -\frac{pl^3}{168\,\text{EI}}$, $\mu_{m-1} = \mu_1 = \frac{3}{28}\, pl^2$, $\mu_m = \mu_2 = \frac{2}{28}\, pl^2$ et l'équation générale ci-dessus, réductions faites peut s'écrire :

$$f = \frac{p}{168\,\text{EI}}\left(-\,l^3 + 18l^2x - 45lx^2 + 28x^3\right)$$

d'où $\frac{df}{dx} = \frac{p}{28\,\text{EI}}\,(3l^2 - 15lx + 14x^2)$.

Pour $f = o$, on a :

$$28x^3 - 45lx^2 + 18l^2x - l^3 = o.$$

Cette équation admet les racines $x = l$,

$$x = \frac{l}{56}\,(17 \pm \sqrt{177}),$$

c'est-à-dire :

$x = l$, $\quad x = 0,541145l$, $\quad x = 0,065998l$

et il est facile d'assurer que la première valeur et la dernière correspondent à un maximum de l'ordonnée de la ligne moyenne, tandis que la deuxième répond à un minimum de la même variable.

L'examen de l'équation

$$14\, x^2 - 15\, lx + 3l^2 = o$$

ferait reconnaître que la courbe moyenne a deux points d'inflexion dans la seconde travée. Les principales valeurs de x étant calculées pour les deux premières travées on peut en déduire facilement les valeurs correspondantes de f. Il est inutile de discuter les variations de f dans les deux dernières travées puisque pour des points symétriques ces valeurs sont respectivement égales et de signes contraires à celles qui se rapportent aux deux premières travées.

Variations de l'ordonnée.

277. La formule à employer est la suivante :

$$y = f_{m-1}\, x + \frac{1}{24\,\text{EI}}\left[12\mu_{m-1}\, x^2 - \frac{4}{l}\left(\frac{1}{2}\, pl^3 + \mu_{m-1} - \mu_m\right) x^3 + px^4\right];$$

qui est une parabole du quatrième ordre; et l'on connaît déjà, par les calculs précédents :

1° Les abscisses correspondant aux points d'inflexion de la courbe;

2° Les abscisses des points pour lesquels l'ordonnée est un maximum ou un minimum.

Par conséquent, en substituant ces valeurs de x dans l'équation ci-dessus, on obtient les coordonnées des points les plus importants de la courbe. Cependant il importe de déterminer encore les points où la ligne moyenne rencontre l'axe des x et pour lesquels on a nécessairement $y = o$.

Ce calcul doit être fait pour les deux premières travées seulement, puisqu'il y a symétrie complète par rapport à la verticale qui passe par le milieu de la poutre.

1re *Travée*. En remplaçant : f_{m-1}, μ_{m-1} et μ_m par les valeurs trouvées précédemment pour f_0, μ_0 et μ_1, on obtient :

$$y = \frac{p}{168\,\text{EI}}\,(4l^3x - 11lx^3 + 7x^4).$$

La condition $y = o$ donne :

$$7x^3 - 11lx^3 + 4l^3x = o$$

équation vérifiée pour $x = o$,

$$x = l \text{ et } x = \frac{l}{7}\,(2 \pm \sqrt{32}),$$

c'est-à-dire :

$x = o$, $\quad x = l$, $\quad x = 1,093836l$,

$x = -\,0,522408l$,

et l'on voit facilement que les deux seules solutions que comporte la question sont

$$x = o \text{ et } x = l.$$

2e *Travée.* Les valeurs de f_1, μ_1 et μ_2 calculés précédemment étant mises dans l'équation générale ci-dessus donnent :

$$y = \frac{p}{168\,\mathrm{EI}}(-l^3x + 9l^2x^2 - 15lx^3 + 7x^4).$$

Pour $y = o$ on a :

$$7x^4 - 15lx^3 + 9l^2x^2 - l^3x = o,$$

équation qui admet les racines

$$x = o,\quad x = l,\quad x = l,\quad x = \frac{l}{7} = 0{,}142857l.$$

Il ne reste plus maintenant qu'à déterminer les valeurs de y correspondant aux abscisses calculées précédemment.

REPRÉSENTATION GRAPHIQUE DES DIFFÉRENTES VALEURS CALCULÉES.

278. Nous résumons ci-après, sous forme de tableaux, les différentes valeurs

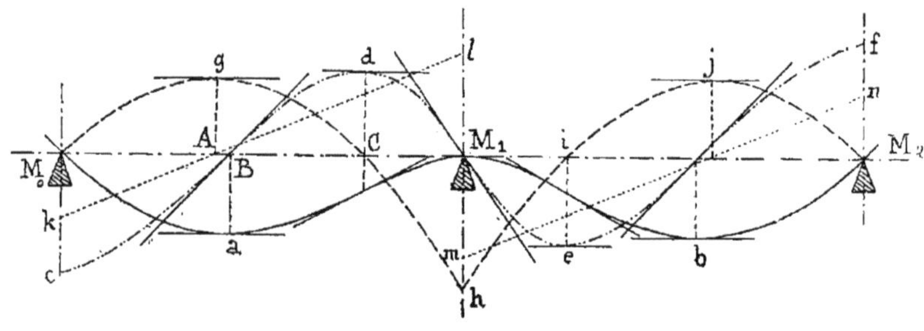

Fig. 704.

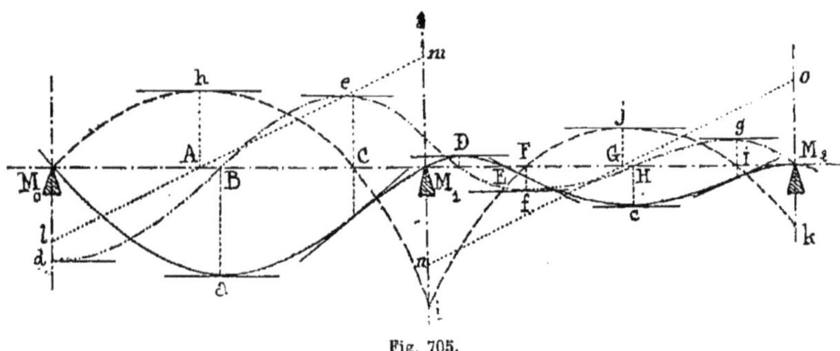

Fig. 705.

calculées des quantités, x, T, μ, f et y pour une poutre à deux travées égales et pour une poutre à quatre travées dont nous ne considérons, par raison de symétrie, qu'une travée pour l'une et deux travées pour l'autre.

Les figures 704 et 705 nous montrent comment on peut représenter graphiquement ces différentes valeurs par de simples tracés.

Les indications mises sur ces deux épures et les deux tableaux indiquant les points des épures ou les valeurs sont appliquées, suffisent pour faire bien comprendre la marche à suivre dans un calcul de ce genre.

279. TABLEAU RÉSUMANT LES CALCULS RELATIFS A LA PREMIÈRE TRAVÉE D'UNE POUTRE A DEUX TRAVÉES ÉGALES, AVEC APPUIS DE NIVEAU

POINTS où s'appliquent les VALEURS SUIVANTES indiqués sur l'épure figure 704	VALEURS DE x	VALEURS DE T	VALEURS DE μ	VALEURS DE f	VALEURS DE y
M_0	0.00000	0.37500 pl	0.00000	0.02083 $\frac{pl^3}{EI}$	0.00000
A	0.37500 l	0.00000	— 0.07031 pl^2	0.00325 $\frac{pl^3}{EI}$	0.00534 $\frac{pl^4}{EI}$
B	0.42154 l	— 0.04653 pl	— 0.06923 pl^2	0.00000	0.00542 $\frac{pl^4}{EI}$
C	0.75000 l	— 0.37500 pl	0.00000	— 0.01432 $\frac{pl^3}{EI}$	0.00244 $\frac{pl^4}{EI}$
M_1	1.00000 l	— 0.62500 pl	0.12500 pl^2	0.00000	0.00000

280. TABLEAU RÉSUMANT LES CALCULS RELATIFS AUX DEUX PREMIÈRES TRAVÉES D'UNE POUTRE A QUATRE TRAVÉES ÉGALES AVEC APPUIS DE NIVEAU.

	POINTS où s'appliquent les VALEURS SUIVANTES indiqués sur l'épure figure 705	VALEURS DE x	VALEURS DE T	VALEURS DE μ	VALEURS DE f	VALEURS DE y
Première travée	M_0	0.00000	0.39286 pl	0.00000	0.02381 $\frac{pl^3}{EI}$	0.00000
	A	0.39286 l	0.00000	— 0.07717 pl^2	0.00360 $\frac{pl^3}{EI}$	0.00638 $\frac{pl^4}{EI}$
	B	0.43971 l	— 0.04686 pl	— 0.07607 pl^2	0.00000	0.00646 $\frac{pl^4}{EI}$
	C	0.78571 l	— 0.39286 pl	0.00000	— 0.01661 $\frac{pl^3}{EI}$	0.00283 $\frac{pl^4}{EI}$
	M_1	1.00000 l	— 0.60714 pl	0.10714 pl^2	— 0.00595 $\frac{pl^3}{EI}$	0.00000
Deuxième travée	M_1	0.00000	0.53571 pl	0.10714 pl^2	— 0.00595 $\frac{pl^3}{EI}$	0.00000
	D	0.06600 l	0.46972 pl	0.07396 pl^2	0.00000	— 0.00018 $\frac{pl^4}{EI}$
	E	0.14286 l	0.39286 pl	0.04082 pl^2	0.00437 $\frac{pl^3}{EI}$	0.00000
	F	0.26608 l	0.26964 pl	0.00000	0.00673 $\frac{pl^3}{EI}$	0.00074 $\frac{pl^4}{EI}$
	G	0.53571 l	0.00000	— 0.03635 pl^2	0.00020 $\frac{pl^3}{EI}$	0.00189 $\frac{pl^4}{EI}$
	H	0.54114 l	— 0.00543 pl	— 0.02634 pl^2	0.00000	0.00189 $\frac{pl^4}{EI}$
	I	0.80535 l	— 0.26964 pl	0.00000	— 0.00634 $\frac{pl^3}{EI}$	0.00084 $\frac{pl^4}{EI}$
	M_2	1.00000 l	— 0.46429 pl	0.07143 pl^2	0.00000	0.00000

Observations.

281. Dans les tracés graphiques indiqués par les figures 704 et 705 les différentes courbes ou lignes représentent:

DÉSIGNATION	DEUX TRAVÉES	QUATRE TRAVÉES
1° Ligne moyenne après la flexion	$M_0aM_1bM_2$	$M_0aM_1DcM_2$
2° Courbe représentative des inclinaisons..............	$cBdM_1ef$	$dBefgM_2$
3° Courbe représentative des moments fléchissants......	$M_0gChijM_2$	M_0hijk
4° Lignes représentatives des efforts tranchants.........	kl, mn	lm, no

Il est évident que pour faire le tracé de ces différentes courbes le constructeur devra choisir des échelles en rapport avec les dimensions qu'il désire donner à son épure.

POUTRES REPOSANT SUR DES APPUIS DE NIVEAU DIFFÉRENTS

282. Dans l'étude des planchers nous n'aurons pas à nous occuper des poutres reposant sur des appuis placés à différents niveaux, cette étude est plus spécialement utile pour les ponts et passerelles métalliques et sera faite dans le chapitre réservé à cette partie du *Cours de Construction*.

Pour terminer ces quelques renseignements sur les poutres à plusieurs travées examinons le cas particulier de poutres soumises à des charges discontinues; prenons, comme exemple, une poutre posée sur trois appuis de niveau.

POUTRE SUR TROIS APPUIS DE NIVEAU SOUMISE A DES CHARGES DISCONTINUES

283. La poutre AB (*fig.* 706) posée sur trois appuis de niveau A, C, B, est soumise à deux charges uniformément ré-

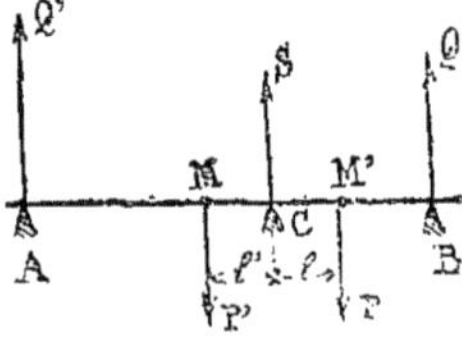

Fig 706.

parties sur AC et sur CB et à deux forces distinctes P' et P aux points intermédiaires M et M'.

La détermination des réactions Q et Q' des appuis A et B peut se faire assez simplement.

Appelons f_0 l'inclinaison de la courbe moyenne en C au dessous de l'horizontale AB et posons la quantité connue EI $= \varepsilon$, nous aurons :

$$\varepsilon f_0 + \frac{1}{8} pa^3 + \frac{1}{2} Pl^2 \left(1 - \frac{l}{3a}\right) - \frac{1}{3} Qa^2 = o.$$

En remarquant que la partie CMA du solide donne une équation semblable si ce n'est que f_0 y est remplacé par $-f_0$ et ε, a, l, p, et Q par ε', a', l', p', et Q', on pourra écrire :

$$-\varepsilon' f_0 + \frac{1}{8} p'a'^3 + \frac{1}{2} P'l'^2 \left(1 - \frac{l'}{3a'}\right) - \frac{1}{3} Q'a'^3 = o$$

On obtient d'ailleurs une autre relation entre Q et Q' en posant d'après la statique, l'équation des moments des forces extérieures autour du point C ou agit une troisième réaction inconnue.

$$Qa - Q'a' - \frac{1}{2} pa^2 + \frac{1}{2} p'a'^2 - Pl + P'l' = o.$$

Les quantités Q, Q' et f_0 sont ainsi déterminées par trois équations du premier degré et les autres questions à résoudre ne présentent plus aucune difficulté.

Autre cas particulier.

284. Poutre AB (*fig.* 707) entièrement prismatique et chargée uniformément.

Pour ce cas particulier nous aurons :

$$P = P' = o, \ p' = p \ \text{et} \ \varepsilon' = \varepsilon.$$

Les équations précédentes se simplifient et deviennent :

$$Qa^2 + Q'a'^2 = \frac{3}{8} p \left(a^3 + a'^3\right)$$

et $$Qa - Q'a' = \frac{1}{2} p \left(a^2 - a'^2\right),$$

d'où en multipliant la deuxième par a' ajoutant et divisant par $a(a + a')$ on tire :

$$Q = \frac{1}{8} p \left(3a + a' - \frac{a'^2}{2}\right) \qquad (1)$$

et en changeant les accents pour avoir la valeur de l'autre réaction on peut écrire :

$$Q' = \frac{1}{8} p \left(3a' + a - \frac{a^2}{a'}\right). \quad (2)$$

L'une de ces forces peut devenir négative, la pièce tendrait à soulever l'un des appuis.

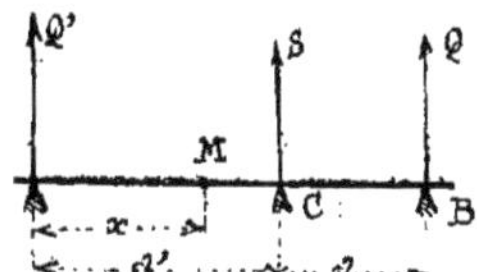

Fig. 707.

Soit S la réaction de l'appui C; on a d'après la statique :

$$S + Q + Q' - p(a + a') = o$$

et par suite :

$$S = \frac{1}{2} p (a + a') \left[\frac{5}{4} + \frac{(a' - a)^2}{4aa'}\right] \quad (3)$$

Observation.

285. Il résulte de ce qui précède que si la pièce est effectivement assujettie à trois points en ligne droite :

1° L'appui intermédiaire porte toujours au moins les $^5/_8$ de la charge totale $p(a + a')$;

2° Que la réaction S croît sans limite à mesure que la plus grande des distances a' et a augmente, leur somme restant constante.

Si, dans les formules précédentes on suppose $a' = a$, on trouve :

$$Q = Q' = \frac{3}{8} pa \quad \text{et} \quad S = \frac{10}{8} pa.$$

Les valeurs de μ seraient :

1re *Travée :* $\mu = Q'x - \frac{1}{2} px^2 \quad (4)$

2e *Travée :* $\mu = Qy - \frac{1}{2} py^2 \quad (5)$

A l'aide de ces cinq formules il sera facile, comme nous l'indiquerons plus loin par un exemple numérique, de calculer facilement une poutre placée dans ces conditions.

III. — Poutres encastrées

I. — *Pièce encastrée à une extrémité, libre à l'autre.*

1° Poids unique P à l'extrémité.

286. Soit (*fig.* 708) une pièce AB de longueur l encastrée à l'une de ses extrémités et chargée à l'extrémité libre d'un

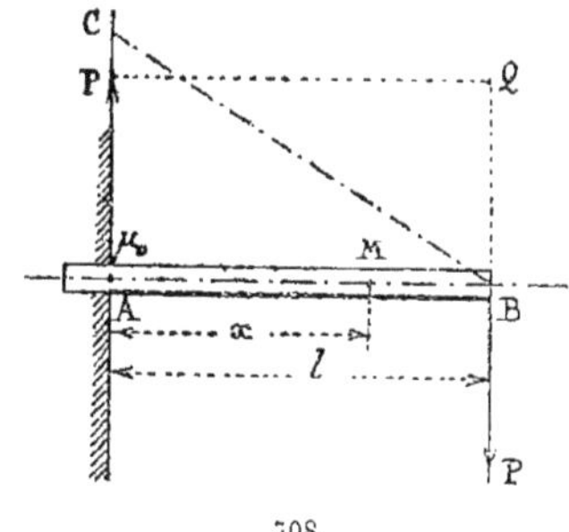

708

poids P. Le point de la plus grande fatigue sera évidemment en A pour lequel le moment fléchissant μ_0 est donné par la relation :

$$\mu_0 = \frac{RI}{v} = Pl.$$

Cette équation est du premier degré, la représentation des moments se fera par une droite telle que BC (*fig.* 708) passant par l'extrémité B de la pièce.

Pour un autre point quelconque M situé à une distance x du point d'encastrement la valeur de μ serait :

$$\mu = P(l - x).$$

En désignant par T_0 l'effort tranchant on a $T_0 = P$, il est donc constant pour toute l'étendue de la pièce et peut se représenter par la droite PQ.

Si nous supposons la section de la pièce constante, ce qui arrive le plus souvent, la valeur f de la flèche sera donnée par la formule :

$$f = \frac{Pl^3}{3\,EI}$$

si la section de la pièce n'est pas constante la flèche serait donnée par la formule $f = \frac{Pl^3}{2\,EI}$ dans laquelle E est le module ou coefficient d'élasticité de la matière employée, f, la flèche produite ou quantité dont s'abaisse le point d'application de la force P dans la direction de cette force, les autres quantités sont, d'après ce que nous avons dit précédemment, faciles à trouver.

En résumé, l'effort est le même que si la poutre AB était quatre fois plus longue, posée sur deux appuis et chargée du même poids P en son milieu.

Dans ce cas, les constructeurs quadruplent la charge et la supposent uniformément répartie sur une barre de même longueur reposant simplement sur deux appuis.

2° Poids P à l'extrémité, plus une charge répartie uniformément sur toute la longueur de la pièce.

287. Si la pièce AB (*fig.* 709) est chargée de p kilogrammes par mètre courant,

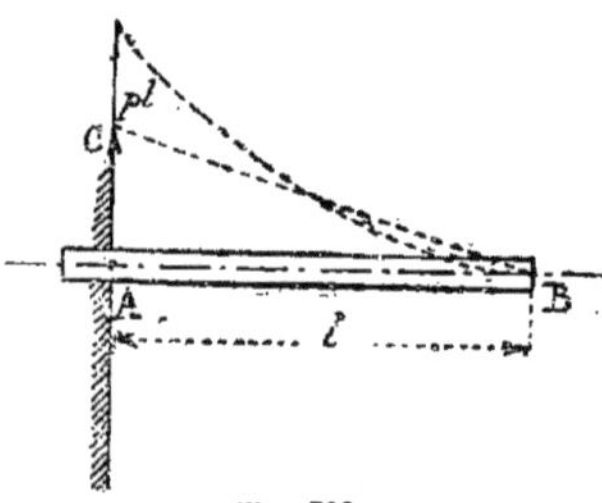

Fig. 709.

la valeur de l'effort tranchant au point d'encastrement A qui est T_0 devient :

$$T_0 = P + pl$$

et le moment fléchissant μ en un point quelconque M est :

$$\mu = P\,(l - x) + \frac{p}{2}\,(l - x)^2.$$

En faisant dans cette expression $x = o$ nous aurons la valeur de μ au point A c'est-à-dire au point où le moment est le plus considérable et où la résistance doit être maxima :

$$\mu_0 = Pl + \frac{pl^2}{2} = \left(P + \frac{pl}{2}\right)l.$$

3° Pièce AB (*fig.* 709) **chargée d'un poids uniformément réparti.**

288. Nous supposons, dans la formule précédente, $P = o$, il ne reste plus alors que la charge uniformément répartie et la valeur de μ_0 devient :

$$\mu_0 = \frac{pl^2}{2}.$$

Equation d'une parabole à axe vertical dont le sommet se trouve en B (*fig.* 709). L'effort tranchant maximum est donné par $T_0 = pl$ et peut, dans la même figure, être représenté par une droite BC.

La flèche, en supposant la section de la poutre constante, sera donnée par la formule :

$$f = \frac{pl^4}{8\,EI}.$$

Si la section est variable la flèche sera représentée par la formule $f = \frac{pl^4}{4\,EI}$.

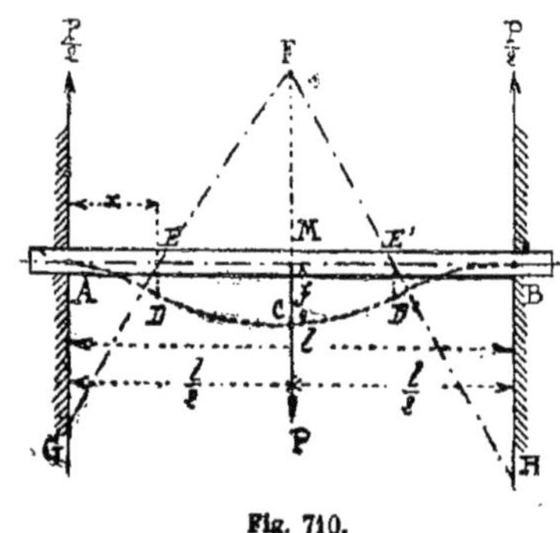

Fig. 710.

Dans le cas d'une poutre encastrée à une extrémité et uniformément chargée dans toute sa longueur il suffit de doubler la charge et de la supposer uniformément répartie sur une barre de même longueur posée à ses deux extrémités.

II. — *Pièce encastrée à ses deux extrémités.*

1° La poutre, encastrée à ses deux extrémités, est chargée d'un poids P au milieu de sa longueur.

289. Soit (*fig.* 710) une poutre AB encastrée à ses deux extrémités et chargée d'un poids P au milieu de sa longueur. En ne tenant pas compte du poids propre de la pièce qui serait uniformément réparti sur la longueur, on obtient aux points A et B les valeurs suivantes pour μ_0 et pour T_0:

$$\mu_0 = \frac{Pl}{8}, \qquad T_0 = \frac{P}{2}.$$

La fibre neutre déformée aura sa tangente horizontale aux points A, B, et C.

Aux points ou la courbe de la fibre neutre ACB change de courbure, c'est-à-dire aux points d'inflexion suivant les directions DE et D'E' le moment fléchissant est nul. Ce moment correspond à l'abscisse $x = \frac{l}{4}$ d'après la valeur de μ en un point quelconque situé entre les points A et M et qui est :

$$\mu = \frac{P}{2}\left(\frac{l}{4} - x\right).$$

Pour le point milieu M nous avons, en faisant $x = \frac{l}{2}$, pour valeur de μ :

$$\mu = -\frac{Pl}{8},$$

valeur égale et de signe contraire à celle des extrémités.

Les moments sont représentés par deux droites tels que FG et FH.

La flèche, en supposant la section de la poutre constante, est donnée par la formule :

$$f = \frac{Pl^3}{192\ EI} \text{ ou } f = \frac{Pl^3}{128\ EI}$$

si la section n'est pas constante.

Dans cet exemple il y a trois sections dangereuses, celle du milieu et celles d'encastrement et deux sections ou les efforts sont nuls : au quart et aux trois quarts de la pièce.

Observation.

289. Lorsque la portée des poutres est grande et que les constructeurs sont obligés, pour des raisons de fabrication, de les exécuter en plusieurs morceaux, ils profitent de cette circonstance, d'avoir un moment fléchissant nul au quart de la longueur pour mettre un assemblage en ce point ; ils composent alors la poutre de deux morceaux en mettant le joint au quart de la portée et en éclissant fortement les deux parties formant la poutre.

2° La poutre, encastrée à ses deux extrémités, est chargée uniformément d'un poids pl.

290. En désignant toujours la poutre par AB (*fig.* 711) nous aurons aux points d'encastrement A et B les deux valeurs suivantes pour μ_0 et pour T_0

$$\mu_0 = \frac{pl^2}{12} \quad \text{et} \quad T_0 = \frac{pl}{2}.$$

En un point quelconque de la pièce nous aurons :

$$\mu = \frac{1}{2}p\left(\frac{1}{6}l^2 - lx + x^2\right).$$

Le maximum de cette expression est obtenu en faisant $x = l$, c'est-à-dire au

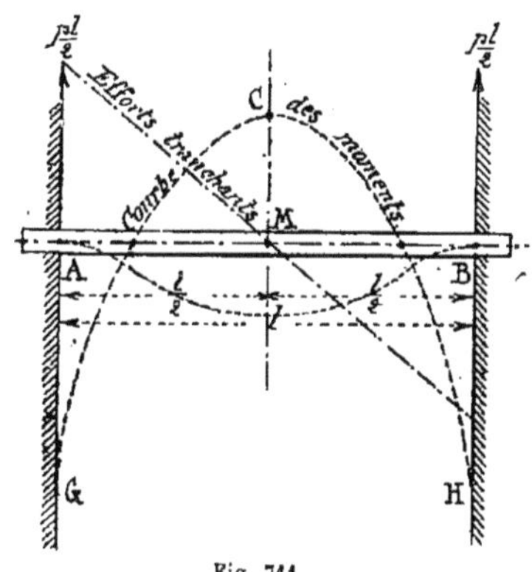

Fig. 711.

point qui correspond au milieu M de la longueur de la poutre ; on a alors :

$$\mu = -\frac{pl^2}{24}$$

valeur égale à la moitié du moment fléchissant aux points d'encastrement.

La flèche, si la section de la poutre est constante, sera donnée par l'expression suivante :

$$f = \frac{pl^4}{384\ EI} \quad \text{et} \quad f = \frac{3pl^4}{512\ EI}$$

si la section n'est pas constante.

Observation.

291. Si la poutre est chargée à la fois d'un poids P et d'une charge uniformément répartie pl, ce qui arrive le plus souvent, il suffira d'ajouter les valeurs de μ et de T trouvées précédemment pour les deux cas distincts.

3° La poutre, encastrée à ses deux extrémités, est chargée d'un poids P en un point quelconque de sa longueur.

292. La poutre AB (*fig.* 712) est chargée d'un poids P en un point M de sa longueur. En supposant toujours la section constante, désignons par Q et par R les réactions aux appuis, par μ_0 et par μ_1 les moments d'encastrement correspondants

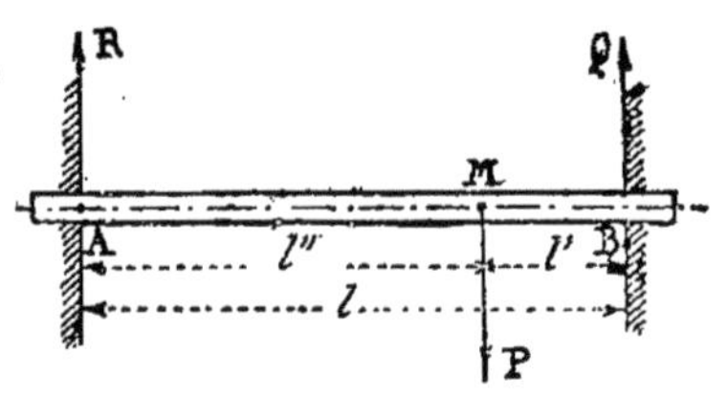

Fig. 712.

et par μ le moment au point M ; nous aurons pour ces différentes valeurs :

$$R = \frac{Pl'^2 (l' - 3l'')}{l^3}, \qquad Q = \frac{Pl''^2 (l'' + 3l')}{l^3}$$

$$\text{et} \quad \mu_0 = -\frac{Pl''l'^2}{l^2}, \qquad \mu_1 = -\frac{Pl'l''^2}{l^2}.$$

Enfin au point M on aura :

$$\mu = \frac{2Pl'^2l''^2}{l^3}.$$

La flèche a pour valeur :

$$f = \frac{2Pl''^3l'^2}{3EI(3l'' + l')^2}.$$

Sa distance d au point d'encastrement A ou l'abcisse de cette flèche est donnée par la relation :

$$d = \frac{2ll''}{3l'' + l'}.$$

4° Poutre encastrée aux deux extrémités chargée uniformément et symétriquement sur deux parties de sa longueur.

293. Soit une poutre AB (*fig.* 713) encastrée aux deux extrémités A et B et chargée uniformément de A en M et de M' en B. Nous aurons dans ce cas :

Moment d'encastrement :

$$\mu_0 = \frac{pl^2}{6L}(2l - 3L).$$

Moment constant de M en M' :

$$\mu_1 = \frac{pl^3}{3L}.$$

Flèche au milieu :

$$f = \frac{pl^3 (L - l)}{24 EI}.$$

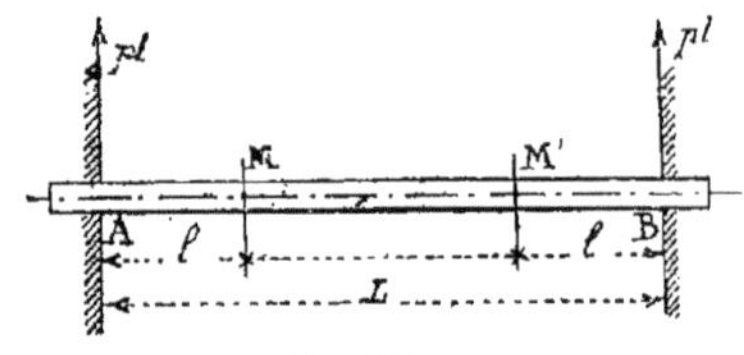

Fig. 713.

5° Poutre encastrée à une extrémité, posée à l'autre et chargée en un point.

294. Soit (*fig.* 714) une poutre AB encastrée en A, posée librement en B et chargée en M d'un poids P.

A une distance x de l'encastrement le moment, à gauche du poids P sera :

$$\mu = Qx + \mu_0.$$

Si la section est faite au-delà du poids P, on aura :

$$\mu = Qx + \mu_0 - P(x - l).$$

Aux points M' et B les moments sont nuls.

En supposant la poutre de section constante, on aura :

Moment d'encastrement :

$$\mu_0 = -\frac{Pl'(L^2 - l'^2)}{2L^2}.$$

Moment au point M :

$$\mu = \frac{Pl'l^2 (3L - l)}{2L^3}.$$

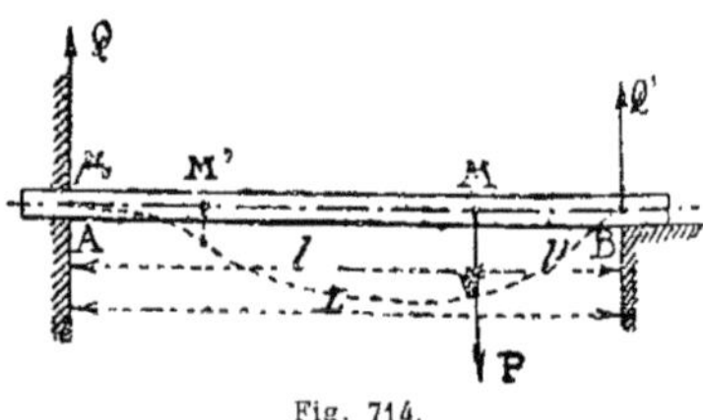

Fig. 714.

Les valeurs des deux réactions Q et Q' sont les suivantes :

$$Q = \frac{Pl'(3L^2 - l'^2)}{2L^3} \qquad Q' = \frac{Pl^2 (3L - l)}{2L^3}$$

La flèche est donnée par

$$f = \frac{Pl'l^2}{6\,EI}\sqrt{\frac{l'}{2L+l}} \text{ dans le cas de } l' > L\left(\sqrt{2}-1\right).$$

Le maximum du moment d'encastrement a lieu pour $l' = \frac{L}{\sqrt{3}}$, alors

$$\mu_0 = -\frac{PL}{3\sqrt{3}} \quad \text{et} \quad \mu = PL\,0{,}132.$$

Le maximum du moment au droit du poids P a lieu pour $l' = L\frac{\sqrt{3}-1}{2}$ alors

$$\mu_0 = -PL\,0{,}1584 \quad \text{et} \quad \mu = PL\,0{,}174.$$

6° Poutre encastrée à une extrémité, posée à l'autre et uniformément chargée.

295. Soit (*fig.* 715) une poutre AB encastrée en A, posée librement en B et

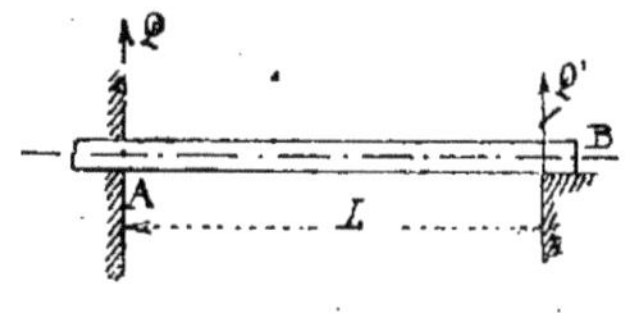

Fig. 715

chargée uniformément sur toute sa longueur.

En supposant la section constante nous aurons à l'encastrement :

$$\mu_0 = -\frac{pL^2}{8}.$$

Maximum du moment :

$$\mu = \frac{9\,pl^2}{128}.$$

Valeurs des réactions :

$$Q = \frac{5\,pL}{8} \qquad Q' = \frac{3\,pL}{8}.$$

Valeur de la flèche :

$$f = \frac{pL^4}{EI}\,0{,}005416.$$

IV. — Solides ou pièces d'égale résistance.

I. — Définitions et notions générales.

296. Nous avons vu dans ce qui précède, que lorsqu'une poutre est encastrée par une extrémité et chargée à l'autre d'un poids P, le moment de cette force P pour la rompre en un point quelconque est d'autant plus petit que ce point est plus éloigné de l'encastrement, c'est-à-dire que la pression varie aux différents points de la poutre.

En s'appuyant sur ce fait, les constructeurs ont pensé, pour économiser la matière, qu'il n'était pas utile de donner partout la même section à une poutre travaillant dans ces conditions, mais qu'on pouvait proportionner chaque section à l'effort qu'elle subit.

Les sections transversales du solide considéré peuvent donc aller en diminuant depuis l'encastrement jusqu'au point d'application du poids, point où la section devient nulle.

La poutre réalisant les conditions ci-dessus énoncées se nomme solide ou *pièce d'égale résistance*.

Cette égalité de résistance ne s'applique qu'aux différentes sections et non aux différents points d'une même section, puisque pour ceux-ci la pression est très inégalement distribuée.

Une pièce est dite d'égale résistance lorsque la pression maxima est la même dans toutes les sections.

On exprime l'égalité de résistance par la relation déjà connue :

$$\frac{I}{v} = \frac{\mu}{R}. \qquad (1)$$

Dans cette relation, R doit être constant et égal à la pression de sécurité.

Observations.

297. Dans quelques cas, à cause des variations de v certains solides ne peuvent être d'égale résistance partout.

On admettra donc : que les pièces réelles ne sont d'égale résistance que dans certaines parties, jamais dans leur totalité. On s'arrange, en acceptant quelques approximations, pour satisfaire à l'économie de matière dans la mesure du possible.

L'expression de solide d'égale résistance appliquée dans certaines conditions et avec des matériaux spéciaux n'est pas bien exacte puisque, le plus souvent, la théorie néglige les efforts tranchants qui, rapportés à l'unité de surface, peuvent prendre des valeurs très considérables si l'aire de la section transversale devenait très petite près du point d'application de la force P par exemple. On obvie à cet inconvénient en ajoutant à l'extrémité de la pièce une certaine quantité de matière pour que la résistance à l'effort tranchant soit assurée.

Nous ne nous occuperons dans ce qui va suivre, que des pièces métalliques.

1° Pièce encastrée à une extrémité et chargée à l'autre.

298. Soit (*fig.* 716) une pièce métallique AB encastrée en A et soumise en B à une charge P. En un point quelconque M distant d'une quantité x du point B la valeur de μ sera : $\mu = Px$.

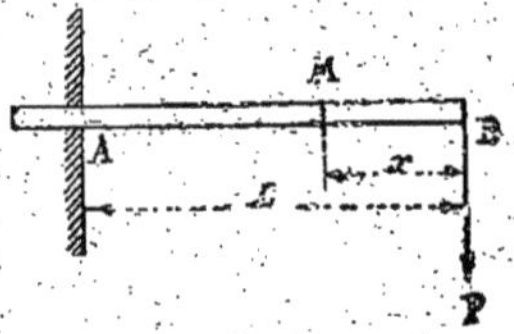

Fig. 716.

En transportant cette valeur de μ dans la relation (1) l'égalité de résistance sera exprimée par :

$$\frac{I}{v} = \frac{Px}{R}. \qquad (2)$$

Supposons que la pièce AB soit un fer I placé comme l'indique la figure et chargé à son extrémité d'un poids P.

Nous aurons deux cas à examiner :

1° Le fer I aura une hauteur variable;
2° Le fer I aura une hauteur constante.

Premier cas, hauteur variable.

Nous avons vu, dans l'étude du calcul des moments d'inertie, que la valeur de $\frac{I}{v}$ pour un fer I est :

$$\frac{I}{v} = \frac{ab^3 - a'b'^3}{6b}.$$

En appelant e l'épaisseur de chacune des ailes nous savons que $b' = b - 2e$. En remplaçant dans la formule précédente nous pouvons la mettre sous la forme :

$$\frac{I}{v} = \frac{b^3(a-a') + 6a'eb^2 - 12a'e^2b + 8a'e^3}{6b}.$$

En mettant cette valeur de $\frac{I}{v}$ dans la formule (2) elle devient :

$$\frac{a-a'}{a'}b^3 + 6eb^2 - 6\left(2e^2 + \frac{Px}{Ra'}\right)b + 8e^3 = o. \qquad (3)$$

Cette formule exprime la condition d'égalité de résistance, c'est une courbe convexe vers le bas, très plate et voisine de la ligne droite.

Nous n'insisterons pas sur cet exemple car il est souvent plus économique de conserver au fer I sa section sur toute la longueur, que de le tailler comme le

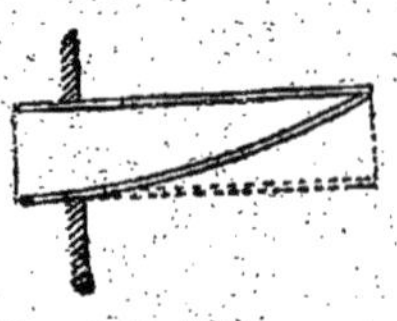

Fig. 717.

montre la figure 717, en enlevant la partie en pointillé.

Deuxième cas, hauteur constante.

Lorsque la hauteur b du fer I reste constante (*fig.* 718) on fait varier l'épaisseur des ailes en y ajoutant un nombre suffisant de plates-bandes p.

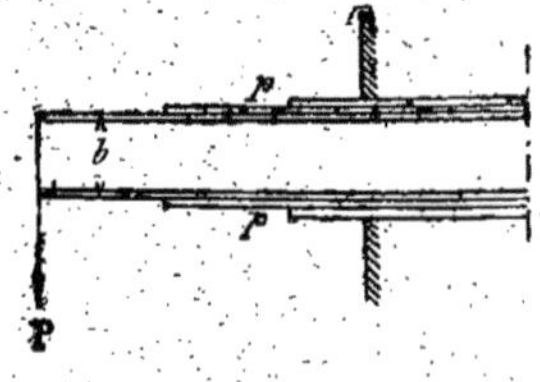

Fig. 718

Dans cet exemple, l'épaisseur variable de chacune des ailes est donnée par la relation :

$$8e^3 - 12be^2 + 6b^2e + \frac{a-a'}{a'}b^3 - \frac{6Pb}{Ra'}x = o.$$

Equation d'une courbe concave vers l'extérieur du profil ne convenant que pour certaines valeurs de x ; si

$$x < \frac{Rb^2(a-a')}{6P},$$

la valeur de e est négative, dans ce cas, l'âme est suffisante en cet endroit.

2° Pièce encastrée à une extrémité et chargée uniformément.

299. Dans ce cas nous savons que $\mu = \frac{px^2}{2}$ et, par suite, la formule (1) peut se mettre sous la forme :

$$\frac{I}{v} = \frac{px^2}{2R}.$$

Pour un fer I dont e est l'épaisseur de chaque aile, l'égalité de résistance est analogue à la formule (3) ci-dessus et peut être exprimée par :

$$\frac{a-a'}{a'}b^3 + 6eb^2 - 6\left(2e^2 + \frac{px^2}{2Ra'}\right)b + 8e^3 = o. \quad (4)$$

Si la hauteur du fer est variable elle sera donnée par l'expression (4) qui est

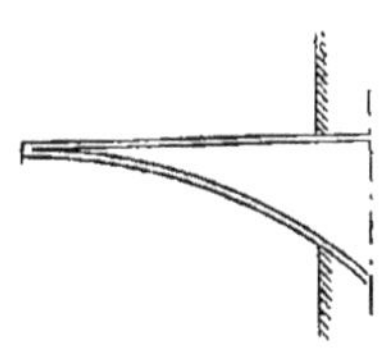

Fig. 719.

une équation du troisième degré représentant (*fig.* 719) une courbe concave vers

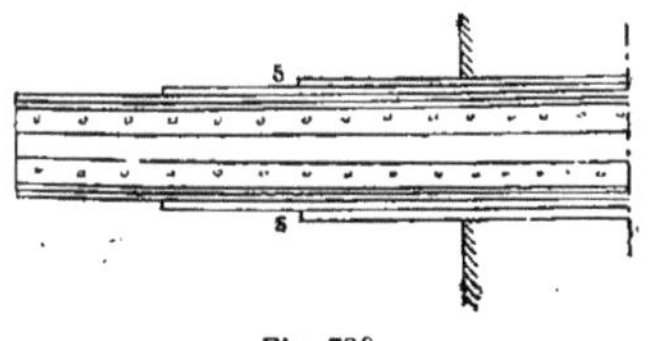

Fig. 720

le bas et dans laquelle la valeur de e est négative dans les mêmes conditions que précédemment.

Si la hauteur de la poutre, que nous supposons dans cet exemple composée en tôle et cornières, est constante, l'épaisseur e de chaque semelle S (*fig.* 720) est encore donnée par la relation (4) ; cette épaisseur est négative tant que

$$x < b\sqrt{\frac{R(a-a')}{3p}}.$$

3° Pièce posée sur deux appuis et chargée au milieu.

300. Nous avons dans ce cas, pour μ la valeur :

$$\mu = \frac{P}{2};$$

en transportant cette valeur de μ dans la relation (1), on peut la mettre sous la forme :

$$\frac{I}{v} = \frac{P}{2R}x.$$

La poutre en fer I posée sur deux appuis et chargée au milieu est la réunion de deux poutres encastrées et chargées à l'extrémité; chaque moitié est, en effet, comme encastrée au milieu et elle reçoit à son extrémité la réaction de l'appui.

On peut alors facilement rentrer dans l'exemple représenté par la relation (3).

4° Pièce posée sur deux appuis et chargée uniformément.

301. Dans ce cas la valeur de μ pour un point quelconque situé à une distance x d'une extrémité est :

$$\mu = \frac{pl}{2}x - \frac{px}{2};$$

en transportant cette valeur dans la formule (1), elle devient :

$$\frac{I}{v} = \frac{P}{2R}(lx - x^2).$$

En considérant un fer I dont l'épaisseur des ailes est e, on aura :

$$\frac{I}{v} = \frac{1}{6b}[b^3(a-a') + 6a'eb^2 - 12a'e^2b + 8ae^3].$$

Si la hauteur est variable, l'expression suivante donne l'égalité de résistance :

$$(a-a')b^3 + 6a'eb^2 - 3\left[4a'e^3 + \frac{p}{R}(lx - x^2)\right]b + 8ae^3 = o.$$

Equation d'une courbe convexe vers le haut ayant sa tangente horizontale au milieu se confondant presque avec un arc de cercle.

Si la hauteur est constante on prendra encore la relation ci-dessus en considérant e comme variable.

Évaluation des charges sur les poitrails.

302. Les poitrails peuvent avoir à supporter, soit un mur plein formant pile sur toute la longueur, soit un ou plusieurs trumeaux laissant entre eux des espaces vides pour les baies de fenêtres.

Quand la largeur de la pile placée sur un filet ou sur un poitrail occupe toute la largeur de ce filet ou de ce poitrail, la charge est, dans ce cas, supposée uniformément répartie et la formule applicable est :

$$\mu = \frac{RI}{v} = \frac{pL^2}{8}$$

forme connue dont nous avons parlé souvent.

Lorsqu'un poitrail AB (*fig.* 721) est ainsi chargé de maçonnerie sur toute sa longueur et que cette maçonnerie est formée

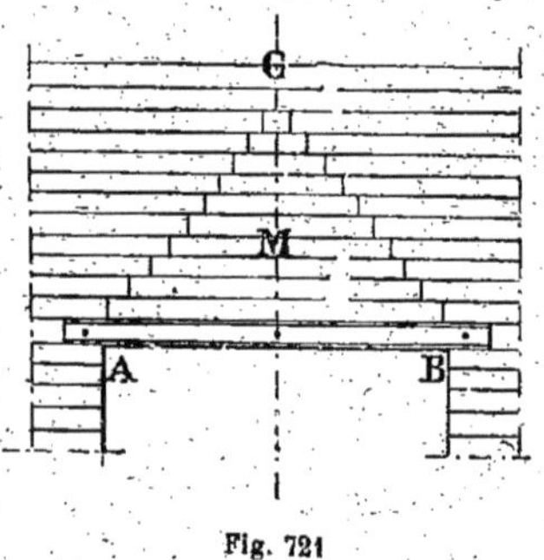

Fig. 721

de petits matériaux, les diverses assises travaillent en décharge et s'opposent à ce que, par suite de flexion des fers, toute la masse placée au-dessus de ces fers suive le mouvement de flexion.

Il se forme, dans ce cas, au-dessus de ce poitrail, une voûte naturelle dont la hauteur de flèche dépend de certaines influences dont les principales sont la cohésion de la maçonnerie, les dimensions des éléments qui la composent, etc...

Le travail du poitrail AB (*fig.* 721) se borne alors à supporter le poids de la maçonnerie M indiquée par le triangle ACB.

D'une manière absolue il ne faut pas compter complètement sur ce fait pour calculer un poitrail, mais on peut, suivant les matériaux employés, en tenir compte dans une certaine mesure.

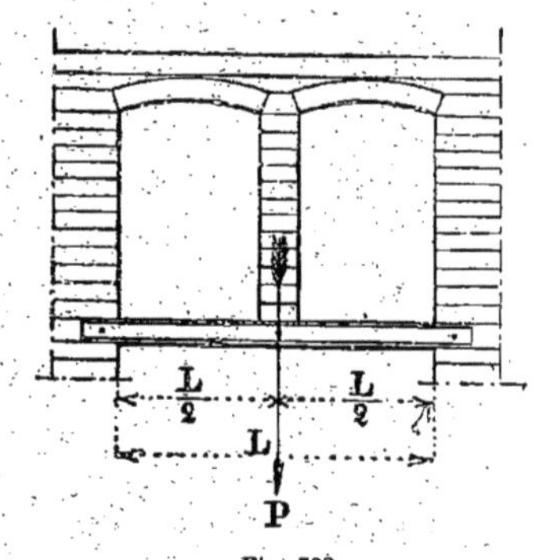

Fig. 722.

Quand le filet ou poitrail est chargé au milieu, comme l'indique la figure 722,

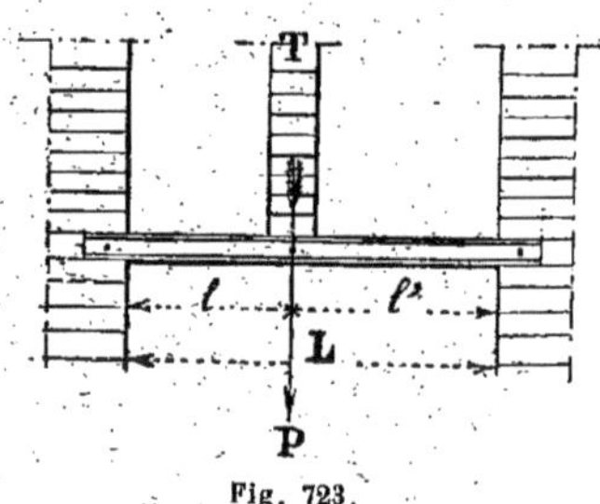

Fig. 723.

par un trumeau peu large séparant deux fenêtres, la formule à employer est, comme nous le savons :

$$\mu = \frac{RI}{v} = \frac{PL}{4}.$$

Si la charge du trumeau T (*fig.* 723) s'applique en un point quelconque de la longueur du poitrail et que la largeur de ce trumeau soit restreinte, les conditions de l'équilibre peuvent se représenter par la relation :

$$\mu = \frac{RI}{v} = \frac{Pll'}{L}$$

Lorsque le trumeau T (*fig.* 724) a une grande largeur par rapport à la longueur du poitrail, il est alors impossible de considérer le trumeau comme chargeant le poitrail en un seul point; on est alors obligé de subdiviser ce trumeau en tranches, deux ou trois par exemple, de manière à le considérer comme chargeant le poitrail de trois forces P égales.

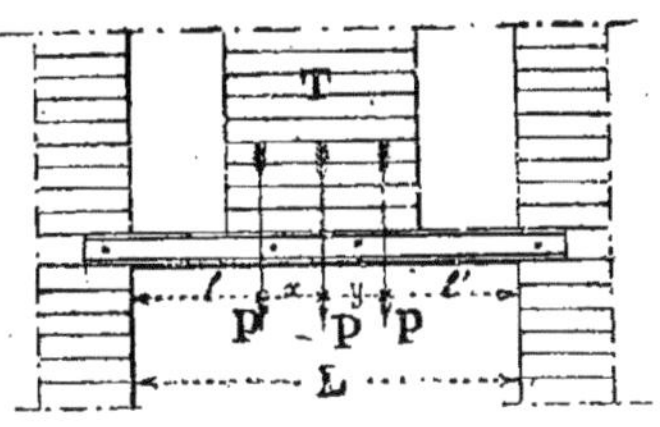

Fig. 724.

Il peut arriver (*fig.* 725) qu'à chaque extrémité AB du poitrail il y ait un petit trumeau *t* en porte à faux. Si les dimensions de ces trumeaux sont assez petites, on peut admettre que la maçonnerie des murs M est suffisamment reliée à ces petits jambages *t* pour que l'influence de ces derniers sur le poitrail AB puisse être négligée; on ne tiendra alors compte sur le poitrail AB que du poids du trumeau T.

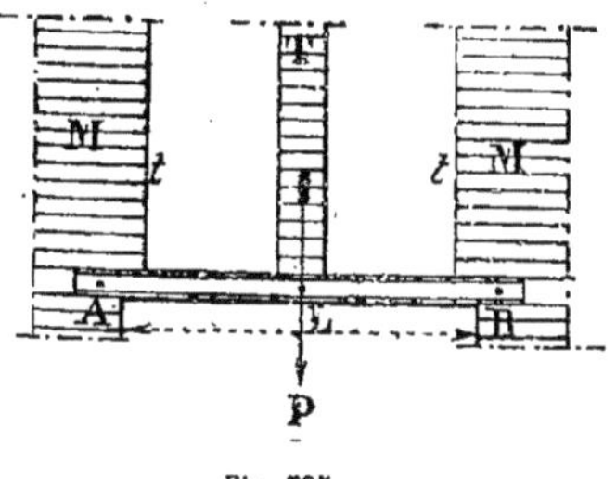

Fig. 725.

Lorsque les trumeaux *t* prennent une largeur plus grande, comme nous l'indiquons (*fig.* 726), on peut supposer le point d'application de la force P au milieu de sa largeur.

Si cette largeur augmente, on la divisera, comme précédemment, en tranches égales donnant sur le poitrail des poids égaux.

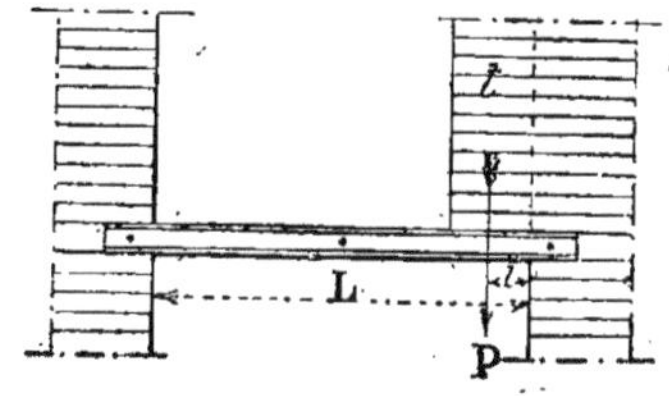

Fig. 726

Observations.

303. Comme les poitrails sont, en réalité, des solides encastrés aux deux extrémités, nous pourrons, suivant les cas, nous servir, pour les calculer, des formules examinées précédemment pour les solides encastrés à leurs deux extrémités et chargés de forces réparties de différentes manières.

Lorsque le poitrail est, d'un côté, encastré en A (*fig.* 727) dans un mur M et que, de l'autre côté B, il passe sur une colonne C, on le considère comme encastré en A et simplement posé en B.

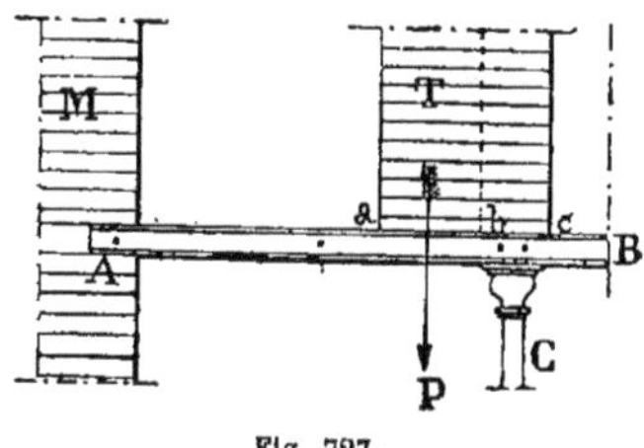

Fig. 727.

Supposons un trumeau T soulagé par une colonne C et en partie posé sur le poitrail AB (*fig.* 727), on peut admettre, avec une approximation suffisante pour les divers cas de la pratique, que la compression sur la base totale *ac* peut se décomposer en deux compressions, l'une sur *bc* qui sera sensiblement les 2/3 de

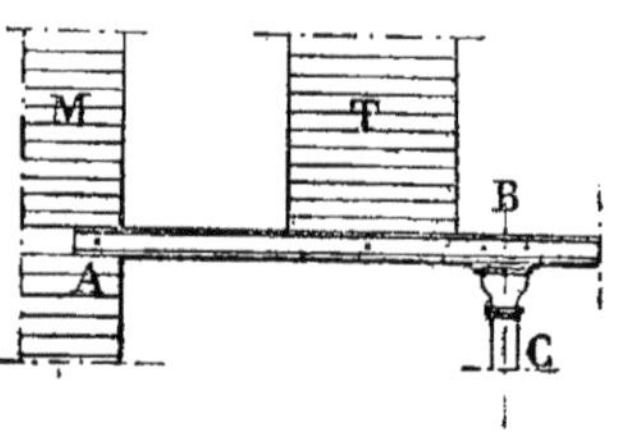

Fig. 728.

la pression totale et une autre sur *ab* qui sera environ le 1/3 de la pression totale.

Il est mauvais de placer une colonne C sous un poitrail, comme nous l'indiquons (*fig.* 728) ; il en résulte des charges obliques portant sur l'arête du chapiteau de la colonne, d'où des circonstances de résistance très défavorables pour la stabilité.

Poids à compter par mètre courant de trumeau reposant sur un poitrail.

304. Nous résumons ci-après, sous forme de tableau, les charges par mètre courant de trumeau, que le constructeur pourra adopter pour les principaux cas de la pratique.

Dans les cas ordinaires des maisons d'habitation courantes à cinq étages, plus un sixième étage lambrissé et dont les murs en pierre de taille ont 0m,50 d'épaisseur en bas et se réduisent à 0m,25 en haut, on admet assez généralement comme charge moyenne de 25 à 30.000 kilogrammes par mètre courant de trumeau. Dans cet exemple on suppose que les planchers portent sur les murs de face et que les portées de ces planchers varient de 4 à 5 mètres au maximum.

TABLEAU DES POIDS MOYENS A COMPTER PAR MÈTRE COURANT DE TRUMEAU SUR LES MURS DE FACE.

HAUTEUR des MAISONS	NOMBRE D'ÉTAGES	LES PLANCHERS portant sur les MURS DE FACE	LES PLANCHERS ne portant pas sur les MURS DE FACE	NOMBRE de grands BALCONS	ÉPAISSEUR moyenne DES MURS	PORTÉE des PLANCHERS	OBSERVATIONS
m.		kil.	kil.		m.	m.	
20.00	5 étages courants plus un étage lambrissé	40 000	28 000	4	0.50	7 à 7 50	A ces poids il faut ajouter le poids propre du poitrail ou filet et de la maçonnerie qui l'entoure plus le plancher qui se pose ou qui s'assemble sur le poitrail, enfin la corniche du rez-de-chaussée si elle est en maçonnerie. On peut évaluer ces charges à 1 500 ou 2 000 k. par mètre courant. Les trumeaux considérés ont ordinairement une largeur égale à celle des baies.
20.00	5 étages courants plus un étage lambrissé	27 600	21 000	2	0.45	4.00	
17.55	5 étages 4 étages	38 500 32 000	25 500 21 500	4 4	0.50 0.50	7 à 7.50 7 à 7.50	
17.55	5 étages 4 étages	25 400 22 000	18 900 16 700	2 2	0.45 0.45	4.00 4.00	
15.00	4 étages plus un lambrissé	31 500	20 600	2	0.50	7.50	
	3 étages plus un lambrissé	26 000	18 000	2	0.50	7.50	
15.00	4 étages plus un lambrissé	22 500	17 000	2	0.45	4.00	
	3 étages plus un lambrissé	19 000	15 000	2	0.45	4.00	

Calcul des solives en fer d'un plancher ordinaire.

1er Cas. — Solive posée sur deux appuis et chargée uniformément.

305. Le cas le plus ordinaire et qui se présente le plus souvent dans l'étude d'un plancher simple est celui d'une série de solives S (*fig.* 729) placées parallèlement

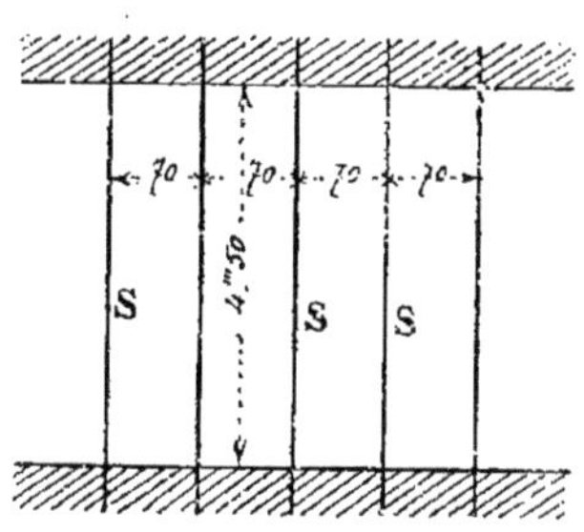

Fig. 729.

à des intervalles égaux et également chargées d'un poids p uniformément réparti par mètre de longueur de solive.

La première chose à faire, pour calculer une solive, c'est de se rendre compte de la charge morte due au poids du plancher.

Calcul de la charge morte due au poids du plancher.

306. Si nous supposons un plancher ordinaire avec hourdis en auget, lambourdes et parquet en chêne, nous aurons :

Hourdis. Épaisseur moyenne de 0m,20 compris garnissage, etc... Poids du mètre cube, 1,400 kil.

Le poids sur 1 mètre de longueur de solive sera donné par :

$$1400{,}00 \times 0{,}20 \times 0{,}70 = 196^k{,}00$$

Parquet. Chêne ordinaire

$$18{,}00 \times 0{,}70 = 12.60$$

Fers. Poids propre des fers

$$30{,}00 \times 0{,}70 = 21.00$$

Ensemble $229^k{,}60$

Pour une surface de 0m,700, nous avons 229k,60 pour un mètre carré, nous aurons :

$$\frac{229.60}{0.700} = 328^k{,}00$$

Supposons que nous ayons une surcharge de 200k par mètre carré, nous aurons, comme charge totale par mètre superficiel :

$$328 + 200 = 528^k$$

Les solives étant espacées de 0m700 d'axe en axe, la charge par mètre sur chaque solive, sera donnée par :

$$p = 528 \times 0{,}700 = 370^k \text{ environ}$$

En nous servant de la formule bien connue $\mu = \frac{pl^2}{8}$ dans laquelle nou donnerons, pour le cas présent, à p et à l, les valeurs suivantes :

$$p = 528^k \text{ et } l = 4^m{,}50$$

nous pourrons écrire :

$$\mu = \frac{pl^2}{8} = \frac{370 \times \overline{4{,}50}^2}{8} = 937 \text{ environ}$$

et comme $R = \frac{v\mu}{I}$ ou $\frac{I}{v} = \frac{\mu}{R}$ nous aurons immédiatement la valeur de $\frac{I}{v}$ du fer à employer en remplaçant dans cette dernière formule, μ par la valeur trouvée précédemment et en donnant à R la valeur courante $R = 6 \times 10^6 = 6\,000\,000$.

$$\frac{I}{v} = \frac{937}{6\,000\,000} = 0{,}0001560$$

Il suffit donc de chercher, soit dans un album des fers d'une forge quelconque, soit dans les tableaux de résistance des fers ⌶ du commerce donnés dans la première partie du *Cours de Construction*, soit enfin, dans le tableau n° 6, page 257, donné précédemment la valeur de $\frac{I}{v}$ qui se rapproche le plus, de celle que nous venons de trouver pour avoir le fer cherché.

Nous trouvons que c'est le

$$\frac{I}{v} = 0{,}000145515$$

corrrespondant à un fer ⌶ de 0m,20, ailes ordinaires qui se rapproche le plus de ce que nous cherchons.

Dans ces conditions il peut être utile de savoir à combien de kilos travaille le fer ⌶ de 0m,20 *a. o.* que nous adoptons.

Nous aurons la solution par la formule suivante :

$$R = \frac{v\mu}{I} = \frac{937}{145} = 6^k,46$$

nombre très acceptable pour le travail du fer d'une solive uniformément chargée reposant sur deux appuis.

Observation.

307. Nous avons déjà indiqué le moyen simple très souvent employé par les serruriers ou par les charpentiers en fer pour déterminer l'échantillon des solives courantes d'un plancher en multipliant la portée de ces solives par trois et en prenant le nombre obtenu en centimètres pour la hauteur de cette solive, ce qui peut se traduire par la formule empirique suivante : $h = 3l$

h, étant la hauteur de la solive et l sa longueur.

Cette formule, empruntée à l'ancienne pratique des serruriers est, comme le montre M. Mastaing dans sa mécanique appliquée, conforme à la théorie.

Nous avons vu en commençant l'étude des planchers en fer, que le fer ⌶ n'étant pas encore connu on se servait de solives en fer plat posées de champ distantes entre elles d'environ $0^m,750$ et reliées par des entretoises en fer carré de $0^m,016$ espacées de $0^m,750$ d'axe en axe et des fentons en fer carré de $0^m,011$ espacés de $0^m,25$ d'axe en axe.

Dans ces conditions on employait des poutres de 9 millimètres d'épaisseur et on leur donnait une hauteur sur champ de 1 pouce par trois pieds de portée, c'est-à-dire de 0^m03 par mètre de longueur.

Cette proportion était conforme à la théorie, car si de la formule $\mu = \frac{RI}{v}$ on tire $\frac{I}{v} = \frac{\mu}{R}$, soit pour le fer plat $\frac{ab^2}{6} = \frac{pl^2}{8R}$

Il faut que b soit proportionnel à l, posant :

$$b = 0,03\,l \quad \text{ou} \quad b^2 = 0,0009\,l^2$$

$$\text{on a : } p = \frac{8R\ ab^2}{6l^2} = \frac{8R\,a.0,0009\,l^2}{6l^2}$$

faisant $R = 6 \times 10^6 = 6\,000\,000$

et $a = 0,0009$ il vient :

$$= \frac{8 \times 6 \times 10^6 \times 0,009 \times 0,0009}{6} = 64^k,80$$

pour valeur du poids uniformément réparti dont on peut charger la pièce par mètre courant avec sécurité, ce qui correspond à un poids de :

$$\frac{64,80}{0,75} = 86^k,40$$

par mètre carré de plancher.

Les entretoises peuvent porter par mètre courant :

$$p = \frac{8\,R\,a^3}{6l^2} = \frac{8 \times 6 \times 10^6 \times \overline{0,016}^2}{6.\ \overline{0,75}^2} = 58^k,2$$

ce qui correspond à un poids de :

$$\frac{58^k,2}{0,75} = 78^k,50$$

par mètre carré.

Pour les fentons :

$$p = \frac{8\,R\,a^3}{6\,l^2} = \frac{8\,R \times \overline{0.11}^3}{6 \times \overline{0,75}^2} = \frac{18,6}{0,25} = 74^k,40$$

par mètre carré.

Ainsi, en résumé, on était arrivé pratiquement à employer des fers bien proportionnés et tous correspondant à une charge unique par mètre carré, charge qui est d'environ 75 kilogrammes, en supposant la résistance du fer $R = 6 \times 10^6$.

Nota.

308. La formule empirique indiquée précédemment ne doit s'employer que pour des planchers ordinaires peu chargés et ne pas s'appliquer, comme le font bon nombre de constructeurs, à des dispositions quelconques de planchers sans tenir aucun compte ni de la charge ni de l'espacement des solives, conditions qui peuvent faire varier dans des limites très étendues les conditions de résistance. Il sera dans tous les cas, bien préférable de se rendre compte du travail du fer par un calcul préliminaire.

Calcul direct des solives en se servant des tableaux de résistance des fers du commerce.

309. Le calcul donné précédemment pour les solives S peut encore se simplifier. Nous avons en effet d'après la figure 729 une solive S de $4^m,50$ de longueur qui aura à porter un poids de :

(370^k charge par mètre courant de solive) $370^k \times 4^m50 = 1685^k$.

Il suffit alors de chercher dans un album de fer qu'elle est la solive qui à $4^m,50$ de portée peut supporter $1\,685^k$ le fer devant travailler à 6^k.

Nous trouvons que le fer I de 0,20 *a.o* du commerce, trouvé précédemment par le calcul, répond bien à la question puisque, d'après le tableau n° 1, page 268, de la première partie du *Cours de Construction* ce fer peut porter :

En travaillant à 6^k 00. . . . 1552^k
En travaillant à 8^k 00. . . . 2069^k

Le nombre 1685 est compris entre les deux nombres ci-dessus, donc le fer choisi travaillera à un peu plus de 6^k comme nous l'avons trouvé précédemment par le calcul.

Nota

310. Nous avons donné dans la première partie du *Cours de Construction* une série de problèmes montrant l'emploi avantageux de ces tableaux, nous n'y reviendrons pas.

8e cas. — Solive chargée d'un poids *pl* uniformément réparti et d'un poids P en un point quelconque.

311. Le cas que nous allons examiner est celui de solives telles que S (*fig.* 730)

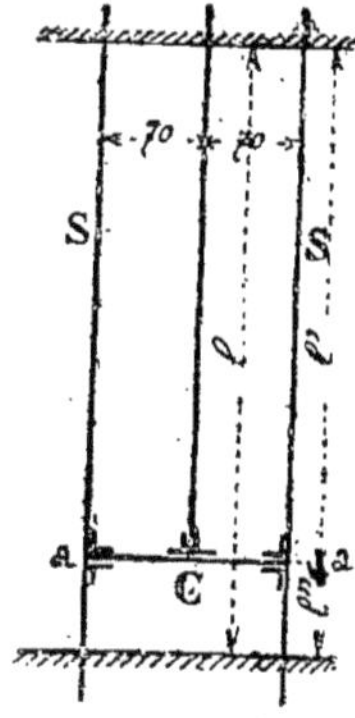

Fig. 730.

recevant sur leur longueur un poids pl uniformément réparti et en a un poids supplémentaire P du au chevêtre C.

Supposons :

$l = 4^m,50$, $l' = 4^m,00$ et $l'' = 0^m,50$

Prenons comme dans l'exemple précédent, la charge $pl = 1585^k.00$.

La charge P provenant du chevêtre sera donnée par :

$$P = \frac{528 \times 0{,}70 \times 4{,}50}{4} = 416^k \text{ environ.}$$

En appliquant la formule

$$\mu = \frac{RI}{v} = \frac{l'l''}{l}\left(P + \frac{pl}{2}\right)$$

et en remplaçant les lettres par leur valeur nous pourrons écrire, pour la valeur de μ au point a :

$$\mu = \frac{RI}{v} = \frac{4{,}00 \times 0{,}50}{4{,}50}(416 + 843) = 554^k,00.$$

Cherchons le point où la valeur de μ est maxima. ce point est situé à une distance x égale à :

$$x = \frac{l}{2} + \frac{Pl''}{pl} = 2{,}25 + \frac{416 \times 0{,}50}{1685} = 2^m,38.$$

La valeur de μ en ce point sera la suivante :

$$\mu = \frac{RI}{v} = \frac{p}{2}\left(\frac{l}{2} + \frac{Pl''}{pl}\right)^2$$

$$= 187\left(2{,}25 + \frac{416 \times 0{,}50}{1685}\right)^2 = 1\,058^k,00.$$

Si, pour ces solives, nous prenons encore le fer I de 0,20 a. o., nous aurons comme valeur de R :

$$R = \frac{1\,058}{145} = 7^k,3.$$

Dans ce cas, les solives S (*fig.* 730) au lieu de travailler comme les solives courantes à $6^k.46$ travailleront à $7^k.3$, nombre encore très acceptable. Si ce nombre avait été trop élevé il aurait fallu prendre l'échantillon supérieur soit un fer I de 0,22 *a.o*.

Observations.

312. Lorsque, dans la construction des planchers en fer, les solives d'enchevêtrure S (*fig.* 731) portent plusieurs solives de remplissage S' assemblées sur un même chevêtre C, les constructeurs ont l'habitude de prendre pour les solives S et pour le chevêtre C l'échantillon du fer immédiatement supérieur à celui des solives courantes. Dans l'exemple que nous venons d'examiner s'il y avait plusieurs solives assemblées sur le chevêtre C, les solives courantes étant en fer I de $0^m.20$ *a.o* les solives d'enchevêtrure S et le chevêtre C seraient en fer I de $0^m,22$ *a.o*.

Cette règle est donnée comme simple renseignement et n'a rien d'absolu ; il sera, dans tous les cas, très prudent de se rendre compte du travail du fer.

Nota.

Lorsqu'il y a sur le chevêtre C un assez grand nombre de solives de rem-

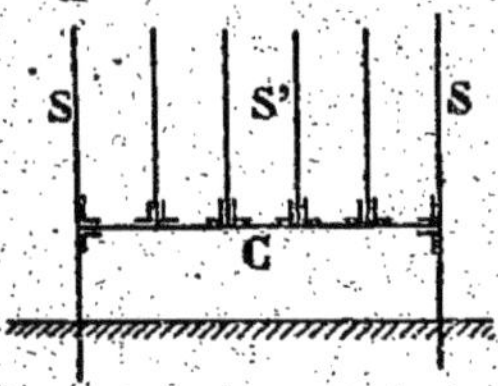

Fig. 731.

plissage on peut regarder, les actions transmises au chevêtre par les solives comme uniformément réparties sur la longueur parce que, lorsque le hourdis du plancher est exécuté, le tout, solives et hourdis, ne font qu'une seule masse pouvant être considérée comme uniformément répartie.

3e cas. — Solive chargée uniformément et recevant en des points *a* et *b* des chevêtres C et C' symétriquement placés.

313. Dans cet exemple, cherchons le moment fléchissant maximum au milieu

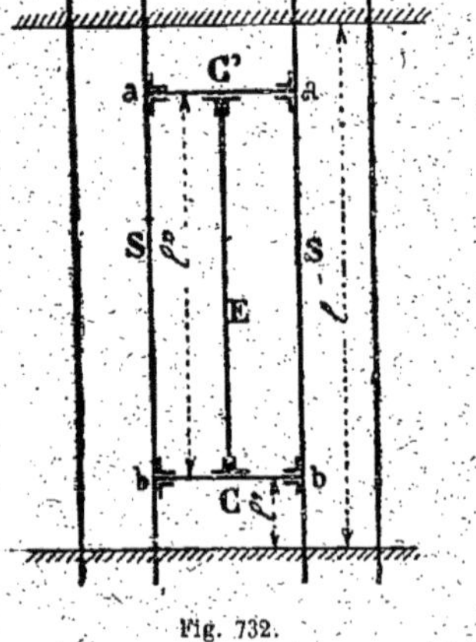

Fig. 732.

de chacune des solives d'enchevêtrure S (*fig.* 732).

Ce moment sera donné par la formule :

$$\mu = \frac{pl^2}{8} + Pl'.$$

En prenant, pour simplifier, les nombres calculés précédemment pour $\frac{pl^2}{8}$, P et l' nous aurons :

$$\frac{pl^2}{8} = 937, \ P = 416, \ l' = 0^m,50$$

en remplaçant dans la valeur de μ indiquée ci-dessus on obtient :

$$\mu = 937 + 416 \times 0,50 = 1145.$$

Si nous prenons encore le fer I de 0,20, *a. o.* ayant pour valeur de $\frac{I}{v}$ le nombre suivant :

$$\frac{I}{v} = 0,000145515$$

nous obtiendrons pour le travail du fer :

$$R = \frac{1145}{145} = 7^k,89$$

Le fer I de 0,20 travaillerait à $7^k,89$, chiffre un peu fort dans certains cas. il est préférable de prendre pour les solives S et pour les chevêtres C et C' des fers I de 0,22, *a. o.* dont la valeur de $\frac{I}{v}$ est la suivante :

$$\frac{I}{v} = 0,000182933$$

Ces fers travailleront alors à :

$$R = \frac{1145}{182} = 6^k,3$$

nombre très acceptable comme nous le savons.

4e Cas. — Calcul du chevêtre C (*fig.* 732) recevant en son milieu une solive E qui lui transmet en ce point un poids P ; plus un poids uniformément réparti dû au plancher.

314. Le plus grand moment fléchissant au milieu du chevêtre est donné par la formule :

$$\mu = \left(\frac{pl}{2} + P\right)\frac{l}{4}$$

Dans cette formule, l représente la longueur du chevêtre, soit : $l = 2 \times 0^m70 = 1^m,40$. Ce chevêtre porte une surface de plancher égale à : $0^m,25 + 1^m,75 = 2,00 \times 1,40 = 2^m,80 \times 528^k = 1478 = pl.$

La valeur de $\frac{pl}{2}$ sera donnée par :

$$\frac{pl}{2} = \frac{1478}{2} = 739^k.$$

Le poids P est égal à la moitié du poids supporté par la solive E soit :

$$P = \frac{3,50 \times 0.70 \times 528}{2} = 647^k \text{ environ.}$$

En remplaçant dans la formule précédente les lettres par leurs valeurs, nous aurons :

$$\mu = (739 + 647)\ 0,35 = 485.$$

Si nous remplaçons μ par cette valeur dans la relation $\frac{I}{v} = \frac{\mu}{R}$ et R par 6 000 000 nous pourrons écrire :

$$\frac{I}{v} = \frac{485}{6\ 000\ 000} = 0,0\ 000\ 883.$$

valeur qui, d'après le tableau, page 257, correspond à un fer I de 0,16, *a. o.*; nous mettons un fer I de 0,22 *a. o.* pour la facilité des assemblages.

Dans ce cas, le fer I de 0, 22, *a. o.* que nous mettons travaille à :

$$R = \frac{485}{182} = 2^k,66$$

valeur très faible.

Observations.

315. Nous venons d'examiner les principaux cas qui se présentent presque toujours dans le calcul des solives d'un plancher ordinaire ; si, pour une raison quelconque, le constructeur rencontre d'autres cas particuliers, il pourra très facilement les résoudre en consultant les tableaux n°s 1 et 2, page 268 et suivantes.

Lorsqu'on se sert des tableaux contenus dans les albums des diverses forges, il faut toujours ramener les charges sur les solives à être uniformément réparties, ce qui peut se faire, comme nous l'avons déjà indiqué de la manière suivante :

1° *Solive posée sur deux appuis et chargée d'un poids permanent* P *au milieu de sa longueur*. Il suffit de doubler la charge P et de la supposer uniformément répartie ;

2° *Solive encastrée par une extrémité et chargée, à l'autre extrémité d'un poids unique* P. Il faut quadrupler la charge et la supposer uniformément répartie sur une barre de même longueur, posée à ses deux extrémités ;

3° *Solive encastrée par une extrémité et chargée uniformément dans toute sa longueur*. Il faut doubler la charge et la supposer uniformément répartie sur une barre de même longueur, posée à ses deux extrémités ;

4° *Solive encastrée par ses deux extrémités et chargée uniformément*. Il faut multiplier la charge par 0 66 et la supposer uniformément répartie sur une barre de même longueur, simplement posée.

Calcul des poutres dans un plancher en fer.

1er cas. — Poutre posée sur deux appuis et recevant une série de solives.

316. Supposons le cas simple d'une poutre AB (*fig.* 733) recevant une série de solives S, simplement posées ou assemblées.

Cette poutre supporte une surface de plancher *a, b, c, d* ayant 7 mètres de longueur sur 4 mètres de largeur, soit 28 mètres carrés.

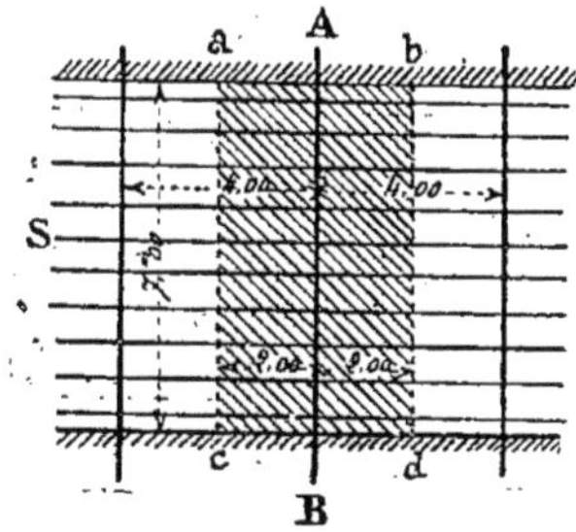

Fig. 733.

Si nous supposons que le plancher est chargé de 500 kilogrammes par mètre carré, tout compris, le poids supporté par la poutre sera :

$$28 \times 500 = 14\ 000 \text{ kilogrammes.}$$

Ce poids de 14 000 kilogrammes peut être regardé comme uniformément réparti sur la longueur de la poutre ; la formule à appliquer dans ce cas et qui donne le moment fléchissant maximum au milieu, est :

$$\mu = \frac{RI}{v} = \frac{pl^2}{8} = \frac{14\ 000 \times 7}{8} = 12\ 250$$

Ayant obtenu cette valeur de μ, nous pouvons opérer de plusieurs manières pour trouver quelle sera la composition de cette poutre.

1° Supposons que nous nous donnons à priori la composition de cette poutre qui, dans le cas actuel vu la portée assez grande, sera une poutre composée en tôle et cornières.

Composition de la poutre :

Ame.	500 × 8
Tables. . . .	150 × 10
4 cornières.	$\frac{70 \times 70}{9}$

Voyons maintenant si cette poutre répond au moment μ calculé précédemment. Pour cela, cherchons la valeur de son moment d'inertie et par suite la valeur de $\frac{I}{v}$.

D'après les données ci-dessus, la poutre sera renfermée dans un rectangle de 520 millimètres de hauteur et de 150 millimètres de largeur; en appliquant la formule précédemment établie :

$$\frac{I}{v} = \frac{ab^3 - (a'b'^3 + a''b''^3 + a'''b'''^3)}{6b}$$

nous aurons, en remplaçant les lettres par leurs valeurs :

$$\frac{I}{v} = \frac{0,15 \times \overline{0,52}^3 - (0,002 \times \overline{0,50}^3 + 0,122 \times \overline{0,482}^3 + 0,018 \times \overline{0,36}^3)}{6 \times 0,52}$$

$$\frac{I}{v} = \frac{0,02115 - 0,01464}{3,12} = 0,002087.$$

Dans ces conditions, la poutre travaillera à :

$$R = \frac{12\,250}{2087} = 5^k,9$$

Presque 6 kil., elle se trouve donc dans de bonnes conditions.

Poids de la poutre par mètre courant.

317. Le poids de cette poutre par mètre courant est facile à établir, il se composera comme suit :

Ame, 500 × 8.	$28^k,00$
4 cornières $\frac{70 \times 70}{9}$	37 ,40
Plates-bandes 150 × 10 . . .	21 ,00
Rivets, etc.	15 ,00
Poids total. . . .	$101^k,40$

Le mode de calcul que nous venons d'indiquer est long, car si le premier essai ne convient pas, il faut recommencer. Les valeurs de $\frac{I}{v}$ donnent toujours de longs calculs, dans lesquels on se trompe facilement; voici un deuxième procédé pour calculer la poutre, qui est beaucoup plus expéditif;

2° Cherchons directement la valeur de $\frac{I}{v}$ de la poutre en appliquant la formule connue : $\frac{I}{v} = \frac{\mu}{R}$, en supposant $R = 6\,000\,000$.

Nous aurons, en remplaçant dans cette formule les lettres par leurs valeurs :

$$\frac{I}{v} = \frac{12\,250}{6\,000\,000} = 0,002041$$

valeur sensiblement égale à celle trouvée précédemment par un long calcul.

Cette valeur de $\frac{I}{v}$ trouvée, il ne reste plus qu'à chercher dans le tableau numéro 8, page 259, la valeur de $\frac{I}{v}$ qui se rapproche le plus de celle que nous venons de trouver ci-dessus.

Cette valeur est $\frac{I}{v} = 0,00213530$ et correspond à une poutre ayant la composition suivante :

Hauteur totale de la poutre. .	$0^m,480$
Ame	440 × 10
Plates-bandes. . .	150 × 20
4 cornières.	$\frac{50 \times 50}{8}$
Poids de la poutre par mètre	$104^k,00$

Cette poutre pèse un peu plus que la précédente mais peut très bien la remplacer.

Comme nous le voyons, ce calcul est beaucoup plus rapide que le précédent.

3° Enfin il existe un troisième procédé pour calculer une poutre composée, c'est d'employer des tableaux analogues à ceux qui servent pour le calcul des fers ⌶ du commerce.

Ces tableaux ont déjà été donnés dans

la première partie du *Cours de Construction*, nous les reproduisons ici parce qu'ils sont d'un emploi journalier pour le constructeur qui s'occupe de calculs de résistance.

Nous allons indiquer en peu de mots comment on se sert de ces tableaux.

Ayant, comme précédemment trouvé la valeur de μ soit : $\mu = 12250$, il s'agit de déterminer la composition de la poutre correspondant à cette valeur de μ en se servant des tableaux N°s 1, 2 et 3 donnés ci-après.

Ce moment maximum μ se compose du moment de résistance de l'âme des quatre cornières et des plates-bandes ou tables horizontales.

Il faut donc trouver dans ces tableaux une âme, quatre cornières et des plates-bandes telles qu'en additionnant leurs moments de résistance nous obtenions le nombre $\mu = 12250$.

Pour pouvoir chercher ces nombres il faut nous donner à priori la hauteur de la poutre, cette hauteur sera facile à déterminer car nous avons vu précédemment quelle est fonction de la portée.

Supposons donc à la poutre une hauteur de 0^m,500 de hauteur d'âme. Connaissant cette hauteur reportons-nous au tableau N° 1 et dans la première colonne cherchons cette cote 0^m,50.

Supposons que nous donnions aux autres parties de la poutre les dimensions suivantes :

4 cornières $\dfrac{70-70}{9}$

Plates-bandes. . . . . 150 $\times$ 10

Nous aurons, en cherchant dans le N° 1 et pour une hauteur de poutre de 0^m,50 les nombres suivants pour les résistances des diverses parties :

		Moment de résistance
Ame de 0^m,500 de hauteur et 0^m,008 d'épaisseur.		2000
4 cornières. . . $\dfrac{70-70}{9}$		5997
2 tables de 0,150 $\times$ 0,010 :		
pour 100 de large.	3001	4501
pour 50 en plus.	1500	
		$\mu = 12498$

La poutre ainsi composée répond bien à la question puisque la valeur de μ que nous venons de trouver est sensiblement égale à celle qui a été calculée directement ci-dessus.

Si nous avions eu pour μ une valeur plus faible ou plus forte il suffisait de changer soit les cornières, soit les plates-bandes, soit même l'épaisseur de l'âme pour arriver par un tâtonnement très court à la valeur de μ qu'on désire obtenir.

Avec un peu d'habitude on calcule, à l'aide de ces tableaux, très facilement les poutres en tôle et cornières.

Si au lieu d'une poutre à âme pleine on désire employer une poutre en treillis on opère de la manière suivante :

Les poutres n'ayant pas une très grande hauteur et le treillis n'ayant pas l'importance du treillis des poutres de pont, par exemple, on le néglige et on s'arrange pour que la valeur de μ trouvée corresponde à la valeur de μ des quatre cornières si elles sont suffisantes pour composer la poutre ou des quatre cornières et des plates-bandes si ces dernières sont nécessaires.

Ayant déterminé la hauteur des cornières les constructeurs ont l'habitude de donner au treillis une section déterminée comme suit : en largeur 0^m,01 de moins que les cornières trouvées et comme épaisseur celle de la cornière. Exemple pour des cornières de $\dfrac{70-70}{9}$ on mettrait un treillis en fer plat de 60 $\times$ 9.

Tableaux de résistance des poutres en tôle et cornières.

318. Nous donnons ci-après, sous forme de tableaux, les moments de résistance des poutres composées en tôle et cornières ; les fers employés pour la composition de ces poutres travaillant à 6 k. par millimètre carré.

Dans ces tableaux, les hauteurs des poutres varient de 0^m,10 en 0^m,10, depuis 0^m,30 qui est une hauteur minima pour une poutre jusqu'à 2^m,10 qui devient une poutre plus souvent employée pour les ponts ou passerelles que pour la construction ordinaire des planchers.

TABLEAU N° 1. — RÉSISTANCE DES POUTRES COMPOSÉES.

MOMENTS DE RÉSISTANCE DES POUTRES COMPOSÉES EN TOLE ET CORNIÈRES

(Les fers dans ce tableau travaillent à 6 k. par millimètre carré.)

Hauteur de la poutre.	4 CORNIÈRES		AMES		TABLES horizontales	
	Dimensions	Moment de résistance.	Épaisseur.	Moment de résistance.	Épaisseur.	Moment de résistance par décim. de larg^r.
0m,30	40—40/5	1154	1	90	1	180
	50—50/6	1672	5	450	5	900
	50—50/9	2390	6	540	6	1080
	60—60/8	2548	8	720	8	1441
	60—60/10	3093	10	900	10	1802
	70—70/9	3239	12	1080	12	2164
	70—70/12	4142	15	1350	15	2708
	80—80/9	3620		»	20	3616
	80—80/14	5289		»	22	3984
	90—90/10	4377		»	25	4535
	90—90/16	6519		»	30	5460
	100—100/13	5982		»		»
	100—100/17	7472		»		»
	120—90/15	7649		»		»
0m,40	40—40/5	1559	1	160	1	240
	50—50/6	2399	5	800	5	1200
	50—50/9	3357	6	960	6	1440
	60—60/8	3599	8	1280	8	1920
	60—60/10	4384	10	1600	10	2401
	70—70/9	4606	12	1920	12	2883
	70—70/12	5929	15	2400	15	3606
	80—80/9	5180		»	20	4814
	80—80/14	7644		»	22	5299
	90—90/10	6318		»	25	6027
	90—90/16	9051		»	30	7246
	100—100/13	8723		»		»
	100—100/17	10973		»		»
	120—90/15	11008		»		»
0m,50	60—60/8	4661	1	250	1	300
	60—60/10	5636	5	1250	5	1500
	70—70/9	5997	6	1500	6	1800
	70—70/12	7739	8	2000	8	2400
	80—80/9	6782	10	2500	10	3001

Hauteur de la poutre.	4 CORNIÈRES		AMES		TABLES horizontales	
	Dimensions	Moment de résistance.	Épaisseur.	Moment de résistance.	Épaisseur.	Moment de résistance par décim. de larg^r.
0m,50	80—80/14	10038	12	3000	12	3602
	90—90/10	8209	15	3750	15	4505
	90—90/16	12561		»	20	6011
	100—100/13	11535		»	22	6615
	100—100/17	14567		»	25	7522
	120—90/15	14428		»	30	9038
	125—125/13	13977		»		»
	125—125/19	19500		»		»
0m,60	60—60/8	5726	1	360	1	360
	60—60/10	6994	5	1800	5	1800
	70—70/9	7395	6	2160	6	2160
	70—70/12	9559	8	2880	8	2880
	80—80/9	8388	10	3600	10	3600
	80—80/14	12451	12	4320	12	4320
	90—90/10	10300	15	5400	15	5400
	90—90/16	15646		»	20	7210
	100—100/13	14382		»	22	7933
	100—100/17	18207		»	25	9019
	120—90/15	17878		»	30	10852
	125—125/13	17537		»		»
	125—125/19	24566		»		
0m,70	60—60/8	6956	1	490	1	419
	60—60/10	8689	5	2450	10	4202
	70—70/9	9052	6	2940	12	5044
	70—70/12	10915	8	3392	15	6301
	80—80/9	10292	10	4900	18	7566
	80—80/14	15557	12	5880	20	8409
	90—90/16	19609	15	7350	22	9251
	100—100/17	23125			25	10517
	120—90/15	21310			28	11770
	125—125/13	21250			30	12629
	125—125/19	25760			40	16865

TABLEAU N° 2. — RÉSISTANCE DES POUTRES COMPOSÉES.

MOMENTS DE RÉSISTANCE DES POUTRES COMPOSÉES EN TOLE ET CORNIÈRES
(Les fers dans ce tableau travaillent à 6k par m/m carré.)

Hauteur de la poutre.	4 CORNIÈRES		AMES		Tables horizontales	
	Dimensions	Moment de résistance	Epaisseur	Moment de résistance	Epaisseur	Moment de résistance par décim. de larg.
0m80	70—70 / 9	10224	1	640	1	480
	80—80 / 9	11619	5	3200	12	5761
	80—80 / 14	17308	6	3800	15	7203
	90—90 / 10	14331	8	5120	18	8645
	90—90 / 16	21864	10	6400	20	9607
	100—100 / 13	20128	12	7680	22	10570
	100—100 / 17	25558	15	4680	25	12014
	120—90 / 15	24822			28	13460
	125—125 / 13	24721			30	14425
	125—125 / 19	34847			40	19258
0m90	80—80 / 9	13239	1	810	1	540
	80—80 / 14	19744	5	4050	12	6481
	90—90 / 10	16357	6	4860	15	8102
	90—90 / 16	24986	8	6480	18	9724
	100—100 / 13	23016	10	8100	20	10106
	100—100 / 17	29252	12	9720	22	11889
	120—90 / 15	28307	15	12150	25	13513
	125—125 / 13	28402		»	28	15138
	125—125 / 19	40030		»	30	16222
	»	»		»	40	21652
1m00	80—80 / 9	14862	1	1000	1	600
	80—80 / 14	22184	5	5000	12	7201
	90—90 / 10	18381	6	6000	15	9002
	90—90 / 16	28114	8	8000	18	10804
	100—100 / 13	25910	10	10000	20	12006
	100—100 / 17	32954	12	12000	22	13208
	120—90 / 15	31797	15	15000	25	15011
	125—125 / 13	32052		»	28	16816
	125—125 / 19	45229		»	30	18020
	»	»		»	40	24047
1m10	60—60 / 8	11081	1	1210	1	660
	80—80 / 9	16486	5	6050	12	7021
	80—80 / 14	24626	6	7260	15	9902

Hauteur de la poutre.	4 CORNIÈRES		AMES		Tables horizontales	
	Dimensions	Moment de résistance	Epaisseur	Moment de résistance	Epaisseur	Moment de résistance par décim. de larg.
1m10	90—90 / 10	20411	8	9680	18	11894
	90—90 / 16	31245	10	12100	20	13205
	100—100 / 13	28808	12	14520	22	14527
	100—100 / 17	36662	15	18150	25	16510
	120—90 / 15	35291		»	28	18495
	125—125 / 13	35712		»	30	19818
	125—125 / 19	50441		»	40	26443
1m20	90—90 / 10	22442	1	1440	1	720
	90—90 / 16	34380	5	7200	12	8641
	100—100 / 13	31709	6	8640	15	10802
	100—100 / 17	40374	8	11520	18	12963
	120—90 / 15	38787	10	14400	20	14405
	125—125 / 13	39378	12	17280	22	15846
	125—125 / 19	55602	15	21600	25	18010
	160—140 / 14	50902			28	20173
	200—110 / 15	58639			30	21617
	»	»			40	28840
1m30	90—90 / 10	24474	1	1690	1	780
	90—90 / 16	37516	5	8450	12	9361
	100—100 / 13	34613	6	10140	15	11702
	100—100 / 17	44090	8	13520	18	14043
	120—90 / 15	42285	10	16900	20	15604
	125—125 / 13	43049	12	20280	22	17166
	125—125 / 19	60890	15	25350	25	19509
	160—140 / 14	55667			28	21852
	200—110 / 15	63928			30	23415
	»	»			40	31237
1m40	80—80 / 9	21364	1	1960	1	840
	90—90 / 10	26508	5	9800	15	12601
	90—90 / 16	40654	6	11760	18	15123
	100—100 / 13	37518	8	15680	20	16304
	100—100 / 17	47808	10	19600	22	18485
	125—125 / 13	46724	12	23520	25	21008

TABLEAU N° 3. — RÉSISTANCE DES POUTRES COMPOSÉES.

MOMENTS DE RÉSISTANCE DES POUTRES COMPOSÉES EN TOLE ET CORNIÈRES

(Les fers dans ce tableau travaillent à 6 k. par millimètre carré.)

Hauteur de la poutre.	4 CORNIÈRES		AMES		TABLES horizontales	
	Dimensions	Moment de résistance.	Épaisseur.	Moment de résistance.	Épaisseur.	Moment de résistance par décim. de larg^r.
1m,40	125—125 / 19	66124	15	29400	28	23532
	160—140 / 14	60438		»	30	25214
	200—110 / 15	68220		»	40	33634
1m,50	80—80 / 9	22991	1	2250	1	900
	90—90 / 10	28542	5	11250	15	13501
	90—90 / 16	43794	6	13500	18	16203
	100—100 / 13	40425	8	18000	20	18004
	100—100 / 17	51527	10	22500	22	19805
	125—125 / 13	50402	12	27000	25	22508
	125—125 / 19	71362	15	33750	28	25211
	160—140 / 14	65213		»	30	27013
	200 110 / 15	74514		»	40	36032
1m,60	90—90 / 10	30577	1	2560	1	960
	90—90 / 16	46935	5	12800	15	14401
	100—100 / 13	43834	6	15360	18	17282
	100—100 / 17	55249	8	20480	20	19203
	125—125 / 13	54082	10	25600	22	21125
	125—125 / 19	76603	12	30720	25	24007
	160 140 / 14	69992	15	38400	23	26890
	200—110 / 15	79810		»	30	28813
	»	»		»	40	38430
1m,70	70—70 / 9	22860	1	2890	1	1020
	90—90 / 10	32613	5	14450	15	15301
	90—90 / 16	50077	6	17340	18	18362
	100 100 / 13	46243	8	23120	20	20403
	100—100 / 17	58972	10	28900	22	22444
	125—125 / 13	57764	12	31680	25	25507
	125—125 / 19	81848	15	43350	28	28570
	160 140 / 14	74774		»	30	30612
	200—110 / 15	85108		»	40	40828
1m,80	90—90 / 10	34649	1	3240	1	1080
	90 90 / 16	53219	5	16200	15	16201
	100—100 / 13	49153	6	19440	18	19442

Hauteur de la poutre	4 CORNIÈRES		AMES		TABLES horizontales	
	Dimensions	Moment de résistance.	Épaisseur.	Moment de résistance.	Épaisseur.	Moment de résistance par décim. de larg^r.
1m,80	100—100 / 17	52696	8	25920	20	21603
	125—125 / 13	61448	10	32400	22	23661
	125—125 / 19	87095	12	38880	25	27006
	160—140 / 14	79559	15	48600	28	30240
	240—110 / 15	90408		»	30	32411
	»	»		»	40	43227
1m,90	90—90 / 10	36686	1	3610	1	1140
	90 90 / 16	56362	5	18050	15	17101
	100—100 / 13	52065	6	21660	18	20522
	100—100 / 17	66421	8	28880	20	22803
	125—125 / 13	65133	10	36100	22	25084
	125—125 / 19	92344	12	43320	25	28506
	160—140 / 14	84345	15	54150	28	31928
	200-110 / 15	95708		»	30	34211
	»	»		»	40	45625
2m,00	90—90 / 10	38722	1	4000	1	1200
	90-90 / 16	59506	5	20000	15	18001
	100-100 / 13	54976	6	24000	18	21602
	100—100 / 17	70147	8	32000	20	24003
	125—125 / 13	68819	10	40000	22	26404
	125 125 / 19	97595	12	48000	25	30006
	160—140 / 14	89134	15	60000	28	33608
	200—110 / 15	101009		»	30	36010
	»	»		»	40	48024
2m,10	90—90 / 10	40760	1	4410	1	1260
	90—90 / 16	62650	5	22050	15	18901
	100—100 / 13	57888	6	26460	18	22682
	100—100 / 17	73874	8	35282	20	25202
	125—125 / 13	72507	10	44100	22	27723
	125—125 / 19	102847	12	52920	25	31505
	160—140 / 14	93924	15	66150	28	35288
	200—110 / 15	106311		»	30	37810
	»	»		»	40	50423

4° Les poutres en tôle et cornières peuvent aussi se calculer très simplement par la formule empirique dont nous avons parlé longuement page 274 et suivantes de la première partie du Cours de Construction ; nous y renvoyons nos lecteurs afin d'éviter les répétitions.

2e Cas. — Poutre posée sur trois appuis.

319. Dans cet exemple il peut se présenter deux cas :

1° Le point d'appui intermédiaire peut se trouver juste au milieu des points d'appui extrêmes, c'est alors le cas ordinaire d'une poutre posée sur trois appuis dont nous avons parlé précédemment, ou;

2° Le point d'appui intermédiaire n'est pas à égale distance des points d'appui extrêmes. Ce dernier cas, étant plus particulier que le précédent, il est préférable de l'étudier en détails.

Soit donc (*fig.* 734) une poutre AB de 16 mètres de portée reposant sur des murs M et M' et sur une colonne C placée, comme l'indique la figure, à $8^m,70$ du mur M et à $7^m,30$ du mur M'.

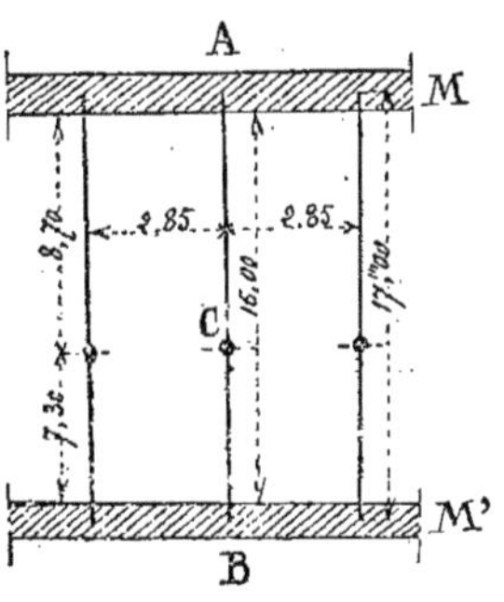

Fig. 734.

Nous supposons (*fig.* 735) que les poutres sont espacées entre elles de $2^m,85$ d'axe en axe et qu'elles reçoivent entre leurs ailes, non pas des solives en fer mais une série de voûtes V en briques creuses ou pleines.

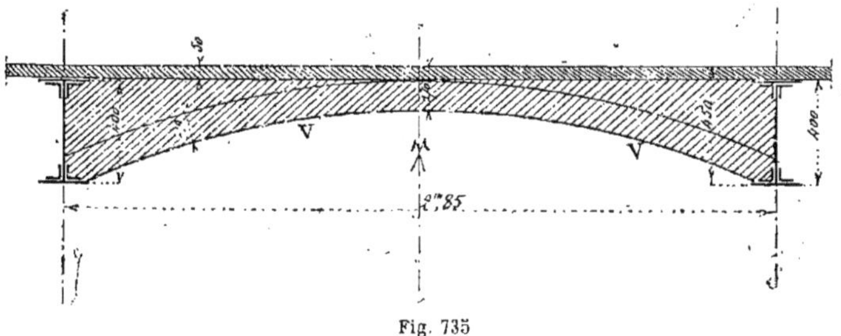

Fig. 735

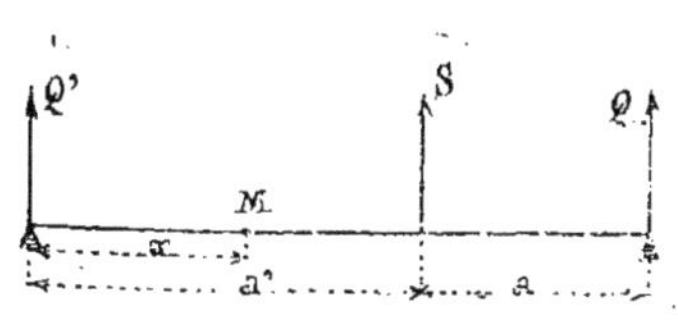

Fig. 736.

Les poutres AB peuvent donc être supposées chargées uniformément d'un poids p par mètre courant.

La première chose à faire, après avoir déterminé la valeur de cette charge par mètre courant, c'est de calculer (*fig.* 736) les réactions Q, Q' et S, ce qui peut se faire par les formules suivantes déterminées précédemment.

$$Q = \frac{1}{8} p \left(3a + a' - \frac{a'^2}{a}\right) \qquad (1)$$

$$Q' = \frac{1}{8} p \left(3a' + a - \frac{a^2}{a'}\right) \qquad (2)$$

$$S = \frac{1}{2} p \,(a + a')\left[\frac{5}{4} + \frac{(a' - a)^2}{4aa'}\right] \qquad (3)$$

Dans ces formules :

$a' = 8^m,70,\ a = 7^m,30,\ a + a' = 16$ mètres

Données principales. Poids du mètre cube du hourdis 1800k,00.

Distance d'axe en axe des poutres 2m,85.

Surcharge adoptée par mètre carré, 250k,00.

Calcul de la charge par mètre courant. D'après les données principales ci-dessus et les quelques cotes de la figure 735 nous pourrons évaluer comme suit les différents poids :

1° Hourdis :

$\pi \times 2{,}85 \times \frac{0{,}45+0{,}17}{2} = 2{,}85$

$\times 0{,}31 \times 1800^k \quad = 1600^k{,}00$

2° Surcharge (250 k. par mètre carré de plancher) $250 \times 2^m{,}85 \quad = \quad 700{,}00$

3° Poids de la poutre elle-même par mètre évalué... $= \quad 100{,}00$

$p = 2400^k{,}00$

Calcul des réactions des appuis. En remplaçant dans les formules (1) (2) (3) les lettres par leurs valeurs données ci-dessus nous pourrons écrire :

$$Q = \frac{1}{8} 2\,400 \left(21.90 + 8.70 - \frac{76}{7.30}\right) = 300 \times 20.60 = 6\,180^k{,}00$$

$$Q' = \frac{1}{8} 2\,400 \left(26.10 + 7.30 - \frac{53}{8.70}\right) = 300 \times 27.30 = 8\,190{,}00$$

$$S = \frac{1}{2} 2\,400 \times 16.00 \left[\frac{5}{4} + \frac{1.40^2}{63.5}\right] = 19\,200 \times 1.30 = 25\,000{,}00$$

Charge totale. . . 39 370k,00

Vérification. Le calcul de la charge totale peut se faire directement de la manière suivante :

Portée 16 mètres

Valeur de $p = 2400^k$

d'où $pl = 2400 \times 16.00 = 38400^k$.

La différence s'explique par des simplifications de calculs apportées dans les équations précédentes.

Calcul des moments fléchissants. Pour la première travée, la valeur de μ est donnée par l'expression suivante :

$$\mu = Q'x - \frac{1}{2} px^2.$$

En remplaçant dans cette formule les lettres par leurs valeurs, nous aurons :

$$\mu = 8\,200\,x - 1\,200\,x^2 \qquad (4)$$

Nous aurons, par analogie, pour la deuxième travée :

$$\mu = Qy - \frac{1}{2} py^2$$

en remplaçant, comme précédemment, les lettres par leurs valeurs, on obtient :

$$\mu = 6\,200\,y - 1\,200\,y^2 \qquad (5)$$

Représentation graphique des moments fléchissants. Pour représenter graphiquement les moments fléchissants il faut choisir une échelle pour les longueurs et une échelle pour les moments.

Supposons donc que nous adoptions pour faire l'épure les échelles suivantes :

0m,01 pour mètre (pour les longueurs),

0m,002 pour 1000 (pour les moments).

En faisant, d'après cela, dans les équations (4) et (5) successivement $x = 1$ mètre, $x = 2$ mètres, etc..., et $y = 1$ mètre, $y = 2$ mètres, etc... nous aurons :

1re travée $\mu = 8200\,x - 1200\,x^2$.

Pour :	$x = 1^m00$	on a $\mu =$	7000
—	$x = 2.00$	— $\mu =$	11600
—	$x = 3.00$	— $\mu =$	13800
—	$x = 4.00$	— $\mu =$	13600
—	$x = 5.00$	— $\mu =$	11000
—	$x = 6.00$	— $\mu =$	— 6000
—	$x = 7.00$	— $\mu =$	— 1400
—	$x = 8.00$	— $\mu =$	— 11200
—	$x = 8.70$	— $\mu =$	— 19488

2e travée $\mu = 6200\,y - 1200\,y^2$.

Pour :	$y = 1^m00$	on a $\mu =$	5000
—	$y = 2.00$	— $\mu =$	7600
—	$y = 3.00$	— $\mu =$	7800
—	$y = 4.00$	— $\mu =$	5600
—	$y = 5.00$	— $\mu =$	1000
—	$y = 6.00$	— $\mu =$	— 6000
—	$y = 7.00$	— $\mu =$	— 15400
—	$y = 7.30$	— $\mu =$	— 19000

D'après le calcul de ces différentes valeurs et avec les échelles choisies, il nous sera facile, comme nous l'indiquons (*fig.* 737) de tracer les courbes des moments.

Ayant tracé cette courbe nous composerons la poutre de la manière suivante·

Répartition des tôles de la poutre. Supposons que nous donnons à la poutre une hauteur de $0^m,40$, en examinant l'épure des moments nous voyons que du côté droit cette poutre a besoin d'être moins forte que du côté gauche; nous la composerons donc, comme nous l'indiquons par le croquis schématique (*fig.* 738), d'une

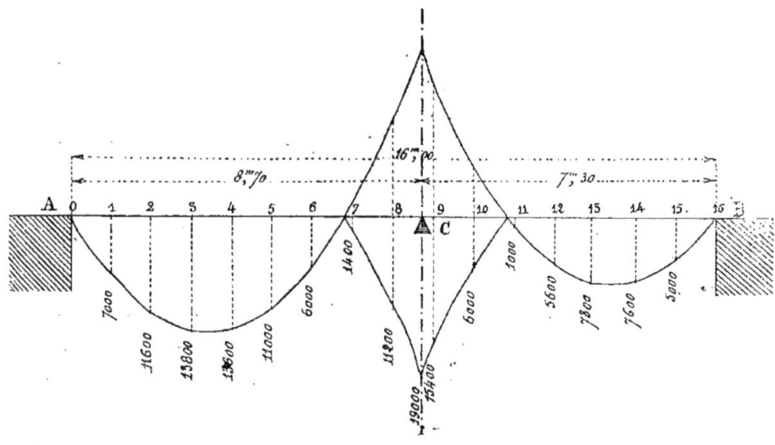

Fig. 737.

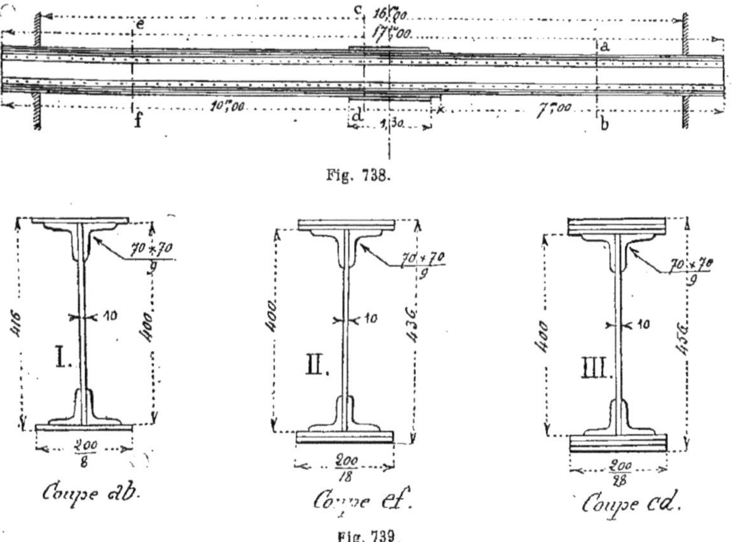

Fig. 738.

Fig. 739.

première plate-bande occupant toute la longueur de la poutre; nous doublerons cette plate-bande sur la partie gauche de la figure sur une longueur de 10 mètres;

enfin, nous la triplerons, comme sécurité, sur une longueur de $1^m,30$.

De cette manière la poutre présentera suivant *ab*, *cd*, *ef* les trois sections représentées en croquis (*fig.* 739).

Donnons à ces différentes coupes les dimensions suivantes :

Poutre I

Ame	400 × 10
4 cornières	70 × 70 × 9
Plates-bandes	200 × 8

Poutre II

Ame	400 × 10
4 cornières	70 × 70 × 9
Plates-bandes	200 × 18

Poutre III

Ame	400 × 10
4 cornières	70 × 70 × 9
Plates-bandes	200 × 28

Avec ces données, il nous sera facile d'après les tableaux nos 1, 2 et 3 donnés précédemment de trouver les différents moments de résistance de chacune des sections, nous aurons :

Poutre I

Ame 400 × 10	1600
4 cornières $\frac{70 \times 70}{9}$	4600
Tables 200 × 8	3800
$\mu =$	10000

Poutre II

Même moment que la précédente	10000
Plus le supplément dû aux tables additionnelles	4800
$\mu =$	14800

Poutre III

Même moment que la précédente	14800
Plus le supplément dû aux tables additionnelles	4800
$\mu =$	19600

Si nous comparons les valeurs de ces moments à celles trouvées précédemment par le calcul et indiquées sur l'épure nous verrons que ces sections sont suffisantes, nous pourrons donc les adopter.

Calcul des poids des différentes sections par mètre courant.

Le poids par mètre courant de chacun des profils I, II, III donnés (*fig.* 739) se composera comme suit :

Poutre I

Ame	32k00
Cornières	38.00
Tables	26.00
Rivets	10.00
	106k00

Poutre II

Ame	32k00
Cornières	38.00
Tables	58.00
Rivets	13.00
	141k00

Poutre III

Ame	32k00
Cornières	38.00
Tables	90.00
Rivets	16.00
	176k00

Le poids total d'une poutre de 17 mètres de longueur, compris les portées de $0^m,50$ dans chacun des murs, sera, d'après ces données, d'environ 2200 kilogrammes.

Observations.

320. Il peut être intéressant, dans le cas où on emploie les voûtes entre deux poutres, comme nous l'avons indiqué dans l'exemple que nous venons d'examiner, de se rendre compte de la poussée que les voûtes V (*fig.* 735) peuvent exercer sur ces poutres.

Le poids supporté par ces voûtes a été précédemment calculé, il est : $p = 2\,400$ kil. pour la voûte entière ; pour la demi-voûte, ce sera : $\frac{p}{2} = 1200$ kil. $=$ P.

Prenons (*fig.* 740) un demi-arc de voûte depuis la clef jusqu'à la retombée sur la poutre. En A, tiers supérieur du joint à la clef, menons une horizontale AO ; cette droite représentera la direction de la poussée à la clef.

Connaissant le poids $P = 1200$ kil. porté

par ce demi-arc, nous supposerons que le point d'application de cette charge est sensiblement au milieu de la demi-voûte V.

Représentons, à une échelle suffisante, ce poids par une droite OP. Par le point O, rencontre de la verticale OP, avec l'horizontale AO, menons une oblique OD passant par le tiers inférieur du joint aux naissances ; il sera alors facile, en complétant le parallélogramme des forces, de

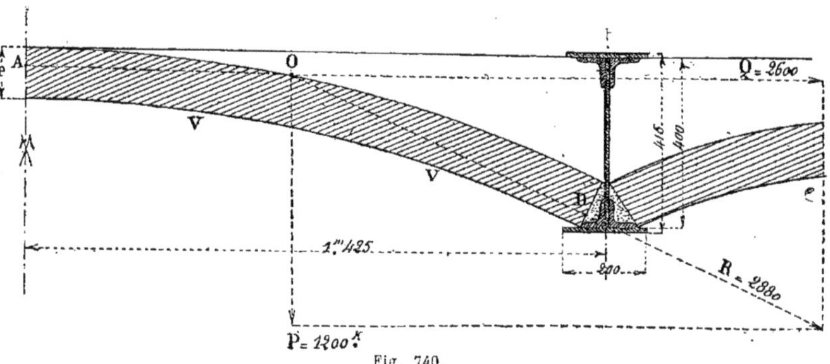

Fig. 740.

déterminer la poussée Q à la clef et la poussée R sur le joint de naissance.

Désignons alors par e l'épaisseur du joint à la clef, il faudra que : $\frac{2Q}{e}$, expression qui donne la pression sur l'arête supérieure du joint, n'atteigne pas la charge de sécurité à appliquer aux matériaux, dont la voûte est composée.

En désignant par K cette charge de sécurité on pourra écrire :

$$\frac{2Q}{e} > K.$$

Il suffira donc de déterminer l'épaisseur e pour satisfaire à cette relation.

La valeur de R étant connue, on déterminera la pression normale sur le joint de naissance, en décomposant cette force R en ses composantes, normale et parallèle au joint.

En appelant Q' la composante normale et e' l'épaisseur cherchée on aura, comme précédemment, à satisfaire à la relation :

$$\frac{2Q'}{e'} > K.$$

Dans un plancher, les travées consé

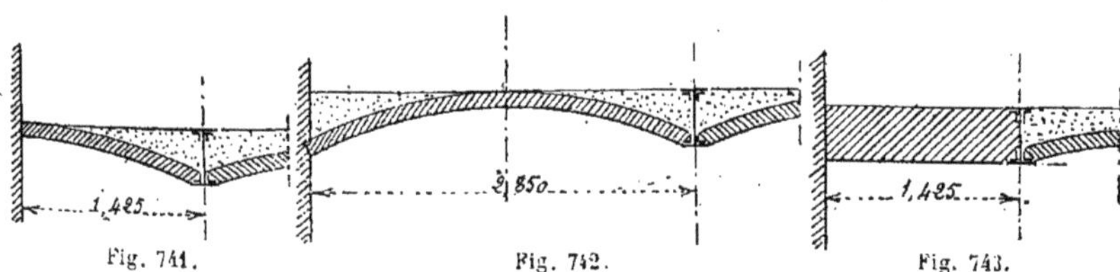

Fig. 741. Fig. 742. Fig. 743.

cutives, sont égales, il s'en suit que les résultantes R agissant sur les naissances sont égales et également inclinées ; les poussées horizontales qui s'en déduisent seront aussi égales et directement opposées, donc elles se détruisent.

Il nous reste alors à examiner ce qui se passe pour les travées placées contre les murs. Deux dispositions sont possibles, soit qu'on termine comme nous l'indiquons (*fig.* 741) par une demi-voûte, soit, par raison purement décorative, qu'on prenne (*fig.* 742) une travée entière.

Si nous supposons qu'on adopte la so

lution de la figure 741, chaque mur aura à supporter la poussée d'une demi-travée.

Les poutres ayant 16 mètres de portée nous aurons, pour la poussée totale sur les murs extrêmes :

$$16^m \times 2600^k = 41600^k$$

Certains constructeurs préfèrent mettre dans la dernière demi-travée comme nous l'indiquons (*fig.* 743), un hourdis plein se reliant mieux avec les murs.

Si, au lieu de retomber sur un mur, les voûtes extrêmes retombent sur une sablière en tôle et cornières, il faudra mettre entre cette sablière et la première poutre courante, une série d'entretoises en fer rond ou composées de tôles et cornières pour annuler la poussée des voûtes sur cette sablière.

Ces entretoises seront calculées comme travaillant à l'extension, il suffira donc, pour avoir leur section en millimètres carrés, de diviser par 6 kilogrammes le nombre trouvé pour la poussée.

Dans le cas où les arcs buttent contre les murs extrêmes, il faut s'assurer que la poussée qui en résulte, ne peut ni déverser, ni faire glisser le mur.

Pour le déversement, on calcule en premier lieu le produit de la poussée Q multipliée par son bras de levier, c'est-à-dire par la hauteur comptée du point d'appui de l'arc sur le mur jusqu'à l'arête la plus basse autour de laquelle le pan de mur pourrait tourner.

Ensuite, on calcule le produit par mètre courant du poids de ce même pan de mur et des charges dues au comble, aux planchers, etc., qu'il supporte, par un bras de levier égal à la demi-épaisseur du mur.

Le premier produit donnant le déversement doit être plus petit que le second.

Pour le glissement, c'est l'effort Q qui tend à faire glisser la partie supérieure du mur sur la partie inférieure.

La résistance au glissement est due au frottement dans la partie considérée, elle est égale à environ $^3/_4$ de la charge que porte la partie supérieure ; cette charge comprenant le poids du mur, du comble, des planchers ou demi-voûtes qui portent sur ce mur.

Le frottement calculé doit résister à la poussée Q.

3° Cas. — Poutre posée sur quatre appuis.

321. Comme exemple numérique d'une poutre posée sur quatre appuis, nous choisirons le cas particulier où la travée du milieu est un peu plus grande que les deux autres.

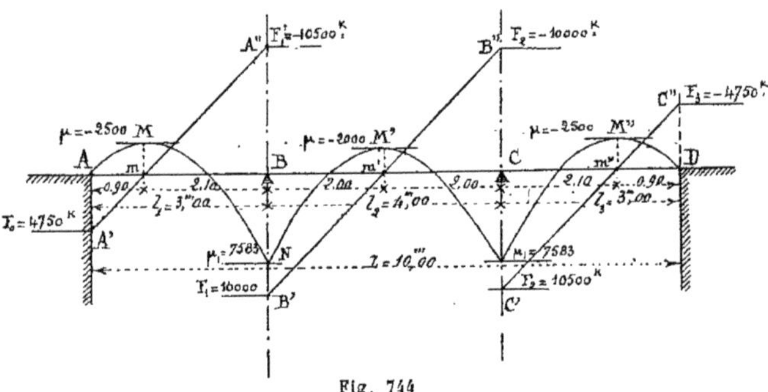

Fig. 744

Soit donc (*fig.* 744), une poutre AD ayant une longueur totale dans-œuvre L = 10 mètres, et posée sur deux appuis intermédiaires B et C.

Prenons $l_1 = 3^m$, $l_2 = 4^m$ et $l_3 = 3^m$.

Soit 5 000^k la charge par mètre courant de longueur, nous pourrons, d'après ce qui a été dit précédemment écrire :

$$p_1 = p_2 = p_3 = 5\ 000^k = p.$$

et $$\mu_0 = \mu_3 = 0$$

La poutre étant complètement symétrique, nous aurons de plus : $\mu_1 = \mu_2$

Nous appliquons dans ce cas la formule connue de Clapeyron qui, toutes réductions faites, peut aussi se mettre sous la forme suivante :

$$(8l_1 + 12\, l_2)\, \mu_1 = p\, (l_1{}^3 + l_2{}^3) \qquad (1)$$

De la formule (1) nous tirons :

$$\mu_1 = \frac{p(l_1{}^3 + l_2{}^3)}{8l_1 + 12 l_2}.$$

Et, en remplaçant les lettres par les valeurs données ci-dessus :

$$\mu_1 = \frac{5000(\overline{3,00^3 + 4.00^3})}{8 \times 3,00 + 12 \times 3,00} = \frac{45\,500}{60} = 7\,583.$$

Réactions des appuis. Pour les réactions des appuis nous aurons :

$$F_0 + Q_1 + Q_2 + F_3 = p\, (l_1 + l_2 + l_3$$
$$= 5\,000\ (3,00 + 4,00 + 3,00),$$

par suite de la symétrie nous pourrons avoir :

$$Q_1 = Q_2 \qquad \text{et} \qquad F_0 = F_3$$

donc $2F_0 + 2Q_1 = 5000 \times 10 = 50000$
et, en divisant tout par 2 :

$$F_0 + Q_1 = 25\,000.$$

Déterminons maintenant

$$F_0 \text{ et } Q_1 = F_1 + F'_1.$$

Sachant que

$$\mu_1 = \mu_2,\ F_1 = F'_2 = \frac{pl^2}{2} = \frac{5\,000 \times 4}{2} = 10\,000;$$

si donc l'on connaît le point correspondant au maximum dans la première travée, il serait facile de tracer par ce point une droite représentant les efforts cherchés.

Le plus simple est de se servir d'une méthode graphique.

Supposons donc tracée (*fig.* 745), la parabole des moments fléchissants qui, rapportée à son axe et à sa tangente au sommet, a pour équation :

$$y = 2500\, x^2 = \frac{1}{2}\, px^2.$$

Après l'avoir tracée sur un morceau de carton, à la même échelle que l'épure (*fig.* 744), on la découpe et on la présente dans la première travée AB (*fig.* 744), de manière que son axe OP, restant toujours vertical, un de ses points vienne coïncider avec le point N, ce dernier étant déterminé par la valeur $\mu_1 = 7583$, calculée ci-dessus; un autre point de la parabole passe par l'appui A. En menant au point M la tangente horizontale et en menant Mm, on obtient en *m* le point sur l'ordonnée maxima par lequel on trace la ligne A'A'' à l'inclinaison voulue.

Ayant opéré ainsi, on peut, à l'échelle, mesurer avec une approximation suffisante et déterminer les valeurs $F_0 = 4750^k$ et $F_1' = 10\,500^k$, ce qui donne par suite :

$$Q_1 = Q_2 = 10\,500 + 10\,000 = 20\,500.$$

En opérant pour la travée milieu BC, comme nous venons de le faire pour la première travée, on obtiendra le point *m* par lequel on mènera la droite B'B''.

La troisième travée étant symétrique de la première, les deux ordonnées M*m* et M''*m''* sont égales. Il sera facile, en mesurant à l'échelle, de trouver les valeurs de

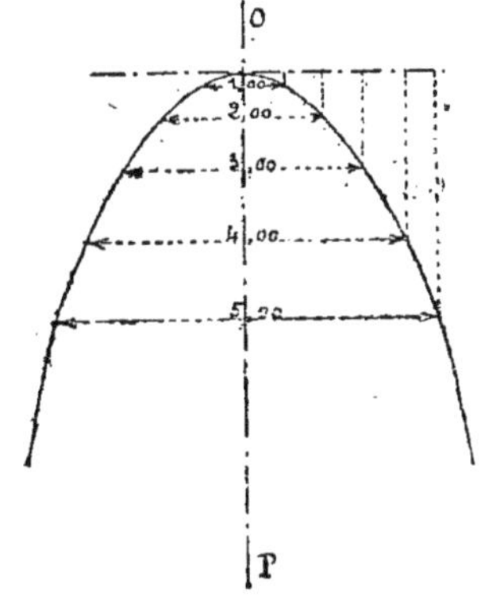

Fig. 745.

μ pour chacun des points MM' et M''. On trouve : en M et en M'' $\mu = 2\,500$ et en M', $\mu = 2\,000$.

On construira donc une poutre répondant à $\dfrac{RI}{v} = \mu = 2500$ et on ajoutera, dans le voisinage des appuis, des plates-bandes suffisantes pour qu'en ces endroits le moment de résistance de la poutre atteigne la valeur $\mu = 7\,583$, calculée précédemment.

Si, dans l'exemple précédent, nous supposions l_1 et l_3 différents, la poutre étant encore chargée uniformément, la marche à suivre serait identiquement la même, nous n'insisterons pas d'avantage, les calculs de ces poutres regardant plutôt les poutres de pont, seront indiqués plus en détail dans un chapitre spécial.

4e cas. — Poutre encastrée aux deux extrémités. — Exemple numérique.

322. Nous avons vu précédemment quelques exemples numériques appliqués aux poutres posées sur un ou plusieurs appuis, voyons maintenant comment on peut faire simplement le calcul d'une poutre encastrée à ses deux extrémités.

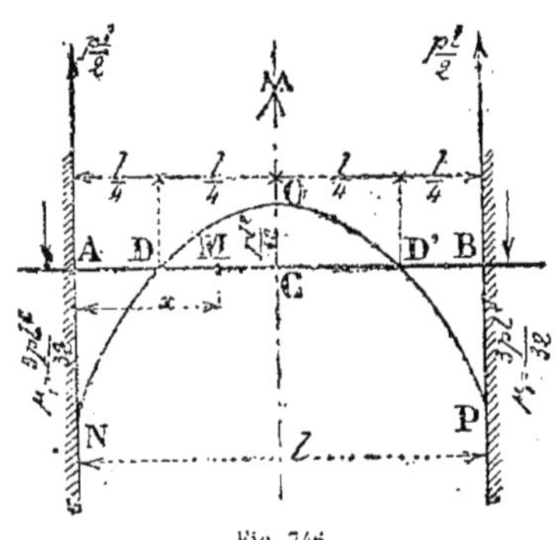

Fig. 746.

Soit (*fig.* 746) une poutre AB encastrée à ses deux extrémités et chargée d'un poids uniforme p par mètre courant. En un point quelconque M nous aurons :

$$\mu = \frac{plx}{2} - \frac{px^2}{2} - \mu_1 \quad (1)$$

en désignant par μ_1 le moment d'encastrement aux points A et B.

Nous savons que pour $x = \frac{l}{4}$ on a $\mu = 0$, il nous sera alors facile de déterminer le *moment d'encastrement* en faisant dans la formule (1) $\mu = 0$ et $x = \frac{l}{4}$, il vient :

$$0 = \frac{pl^2}{8} - \frac{pl^2}{32} = \mu_1$$

d'où, en simplifiant, on peut tirer très facilement la valeur de μ_1 :

$$\mu_1 = \frac{3pl^2}{32}.$$

Pour obtenir le *moment de flexion* il suffit de remplacer μ_1 par sa valeur dans la formule (1), on a :

$$\mu = \frac{plx}{2} - \frac{px^2}{2} + \frac{3pl^2}{12} \quad (2)$$

équation de la courbe des moments de flexion représentée (*fig.* 746) par la parabole NOP.

Dans la poutre considérée ci-dessus il y a deux sections dangereuses l'une au milieu pour laquelle

$$\mu = \frac{plx}{2} - \frac{px^2}{2} + \frac{3pl^2}{32}$$

l'autre aux extrémités pour lesquelles

$$\mu_1 = \frac{3pl^2}{32}.$$

323. *Application numérique.* — Soit à calculer une poutre encastrée aux deux extrémités et répondant aux données principales suivantes :

Portée de la poutre.	8m,00
Distance d'axe en axe de deux poutres.	3m,00
Charge totale par mètre carré de plancher	300k,00

D'après ces données, la poutre portera, par mètre courant, 900k,00.

L'équation des moments de flexion est, en remplaçant dans la formule (2) les lettres par leurs valeurs :

$$\mu = \frac{900 \times 8{,}00 \times x}{2} - \frac{900 \times x^2}{2} + \frac{3 \times 900 \times \overline{8}^2}{32}$$

en faisant les calculs cette valeur de μ devient : $\mu = 450\ x^2 - 3\ 600\ x + 5\ 400$.

En donnant à x les différentes valeurs suivantes nous en déduirons facilement les valeurs de μ correspondantes.

Pour $x = 0$, $\mu = 5400$
$x = 1$, $\mu = 2250$
$x = 2$, $\mu = 0$
$x = 3$, $\mu = 1350$
$x = 4$, $\mu = 1800$

Nous savons que $\frac{I}{v} = \frac{\mu}{R}$, il nous sera donc facile d'obtenir les valeurs diverses de $\frac{I}{v}$ en supposant que le fer travaille à 6 kilogrammes par millimètre carré, nous aurons :

Pour :	$x = 0$	$\frac{I}{v} = 0{,}00090$
—	$x = 1$	$= 0{,}00037$
—	$x = 2$	$= 0{,}00000$
—	$x = 3$	$= 0{,}00023$
—	$x = 4$	$= 0{,}00030$

La plus grande valeur de $\frac{I}{v}$ est, pour cette poutre, $\frac{I}{v} = 0,00090$ qui, d'après le tableau n° 8, page 258 correspond à une poutre en tôle et cornières ainsi composée :

Hauteur totale de la poutre. .	0m,350
Ame.	350×6
4 cornières . . .	$\frac{70 \times 70}{9}$

Poids par mètre courant : 53k,00.

Valeur de $\frac{I}{v} = 0,00093055$.

Nota.

En pratique, on suppose $\mu = o$ pour $x = \frac{l}{4} = 0,25\ l$, tandis que rigoureusement c'est pour $x = 0,21\ l$ que la valeur de μ est nulle.

Rigoureusement aussi on devrait prendre $\mu_1 = \frac{pl^2}{12}$.

On devrait également prendre $\mu = \frac{pl^2}{24}$ au lieu de $\frac{pl^2}{32}$, mais ces changements font peu varier les résultats.

Nous avons trouvé précédemment que la poutre répondant à la question pouvait être composée d'une âme et de quatre cornières sans plates-bandes, si les charges étaient plus fortes et la portée plus grande on arriverait certainement à employer des plates-bandes, il y aurait alors lieu de s'occuper d'obtenir l'égale résistance.

En examinant la courbe des moments de flexion, on voit que la matière doit être accumulée aux extrémités, être théoriquement nulle vers les points $x = \frac{l}{4}$ et au milieu trois fois environ moindre qu'aux encastrements. Il faudrait donc chercher à économiser la matière en faisant varier la section de la poutre en doublant, triplant ou quadruplant, etc., les tables horizontales aux endroits où cela serait utile; on opérerait dans ce cas, comme nous l'avons indiqué précédemment pour la poutre posée sur trois appuis.

Moyen rapide de trouver approximativement le poids d'une poutre par mètre courant.

324. Nous savons :

1° Que le moment fléchissant maximum correspond à la plus grande fatigue de la poutre ;

2° Que ce moment est équilibré par le moment du couple des forces d'extension et de compression de cette poutre.

Supposant à la poutre une hauteur h, faisons abstraction de la résistance de l'âme et ne considérons que la matière,

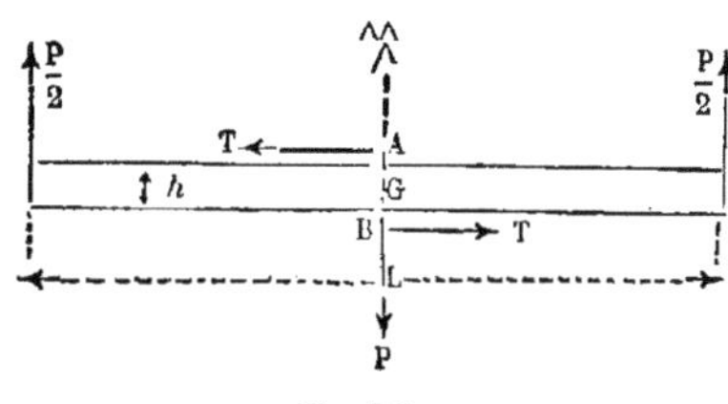

Fig. 747.

tables et cornières, qu'elle est chargée de réunir. Soit, dans ces conditions (*fig.* 747) G le point correspondant au moment fléchissant maximum ; AB une section idéale séparant, en ce point, la poutre en deux tronçons.

La partie de droite de la poutre reçoit de la partie de gauche et en haut, une traction T, due aux molécules tendues, et en bas, une pression égale à T, due aux molécules comprimées.

En supposant l'âme enlevée, calculons la tension T en supposant que la poutre tourne en B, le moment du couple est :

$$2\ T \times \frac{h}{2} \qquad \text{ou} \qquad Th.$$

on peut alors poser $\mu = Th$.

Pour chaque hauteur, nous avons donc la tension T des tables et des cornières et, si nous convenons de les faire travailler à 6, 8 ou 10 kilogrammes par exemple, nous en déduirons leur section comme nous allons l'indiquer pour un exemple numérique.

Exemple. Quel est le poids de la poutre d'une passerelle de 13 mètres de portée (*fig.* 748), *qui puisse supporter, en son milieu, une charge de* 2 000 *kilogrammes, cette évaluation tenant compte du poids propre de la poutre.*

D'après ce que nous avons dit précédemment le moment fléchissant μ sera donné par :

$$\mu = 1000 \times 6^m,50 = 6\,500$$

Si nous supposons à la poutre une hauteur d'âme de $0^m,50$ nous aurons :

$$6500 = T \times 0^m,50$$

Supposons que le fer que nous employons travaille à 6 kilogrammes par millimètre carré il faudra donc, pour satisfaire à la relation ci-dessus, un nombre de millimètres carrés représenté par :

$$\frac{6\,500}{6 \times 0,50} = 2166 \text{ millimètres carrés.}$$

Or, un millimètre carré de section, la densité du fer étant prise égale à 8, donne $0^k,008$, nous aurons alors :

$$2166 \times 0^k,008 = 17^k,33$$

Par suite, les deux extrémités de la poudre péseront :

$$17^k,33 \times 2 = 34^k,66$$

Ajoutons le poids de l'âme :

$0^m,50$ à 80^k le mètre	$= 40,00$
Plus $^1/_{10}$ pour rivets, etc....	$= 7,34$
Poids total de la poutre par mètre courant.	$82^k,00$

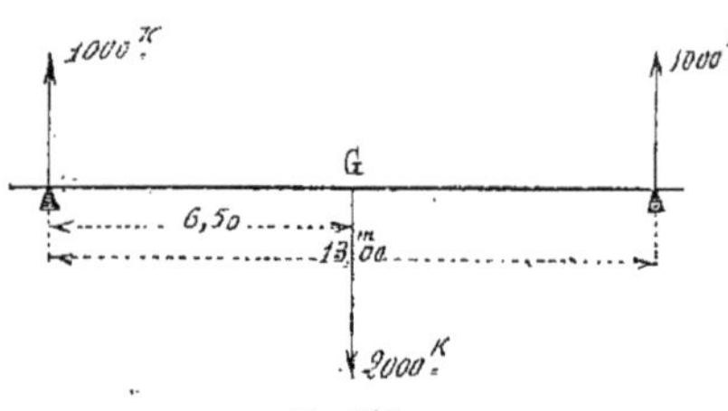

Fig. 748.

5° Calcul d'un linteau.

325. Pour terminer les calculs relatifs à la stabilité des planchers proposons-nous de trouver approximativement les dimensions à donner à un linteau AB (*fig.* 749), destiné à agrandir une ouverture au rez-de-chaussée en supprimant le trumeau T et en le remplaçant par des colonnes jumellées C et C'.

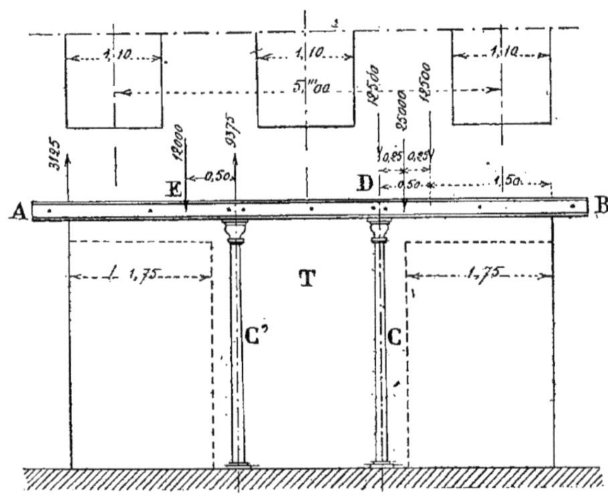

Fig. 749.

Nous avons vu n° 659, page 495 de la charpente en bois comment, pour ce travail, peut se faire l'étaiement du mur, nous n'y reviendrons pas.

Évaluation de la charge. La charge totale sur le linteau se compose du poids des planchers, du poids de la couverture et de celui du mur de face en maçonnerie. Si nous supposons un bâtiment de quatre étages nous aurons, en évaluant le comble comme un plancher, à tenir compte de cinq planchers. Comme poids agissant sur le linteau prenons la distance d'axe en axe des deux baies extrêmes, soit 5 mètres.

Dans cet exemple, les solives du plancher sont supposées placées perpendiculairement à la façade et avoir une portée de 5 mètres.

D'après cela, si la charge par mètre carré est supposée de 450^k nous aurons :

$$5 \times 5,00 \times 2,50 \times 450^k = 28\,125^k.$$

Cherchons maintenant le poids du mur sachant que sa hauteur au-dessus des fers est de 15 mètres, son épaisseur 0^m,50, sa longueur 5 mètres et la densité des matériaux dont il est composé 2200^k le mètre cube.

La surface totale est de $5,00 \times 9 = 45$ mètres carrés, dont il faut déduire les baies qui ensemble donnent une surface de 25 mètres carrés. Il reste donc :

$$45 - 25 = 20 \text{ mètres carrés.}$$

Le poids sera donné par

$$20 \times 0,50 \times 2\,200 = 22\,000^k$$

Donc le poids total à considérer sur le linteau sera :

$$28125^k + 22000 = 50\,125 \text{ soit net } 50000^k.$$

En supposant des colonnes en C et en C′ on remarque qu'une grande partie de ce poids incombe aux deux travées extrêmes, nous pouvons donc compter approximativement 25 000^k sur chacune de ces deux travées.

Le point d'application de ce poids total est à peu près à l'aplomb du milieu du trumeau ; pour plus de simplicité décomposons ce poids en deux autres de 12 500^k, l'un aplomb de la colonne C′, l'autre à environ 0^m,50 de distance du premier point. La première composante ne produira qu'une compression sur l'appui, la seconde déterminera la flexion sur la partie considérée du linteau.

Quelle sera la réaction sur chaque appui qui équilibrera cette seconde composante. Il suffira pour arriver à cette détermination de tenir compte des deux bras de levier 0^m,50 et 1^m,50. On trouve ainsi que la réaction sur l'appui le plus voisin est égale à 9375 et sur l'appui le plus éloigné à 3125^k.

Au point E (*fig.* 749) le moment de flexion est égal au produit de la réaction 9375 multipliée par son bras de levier c'est-à-dire $9375 \times 0,50 = 4\,688$

et comme ce n'est pas exactement en ce point que se trouve le maximum nous pourrons admettre 5 500^k comme moment cherché, soit 2750 pour un seul fer.

Nous savons que $\frac{I}{v} = \frac{\mu}{R}$, donc pour le cas présent nous aurons :

$$\frac{I}{v} = \frac{2\,750}{6\,000\,000} = 0,0004500$$

valeur qui, d'après les tableaux des fers du commerce correspond à un fer I de 0,26 LA pesant 43^k le mètre courant.

Le plus grand effort de cisaillement se produit contre la colonne ; en ce point agissent deux forces contraires, la réaction de l'appui et la charge, qui produisent la force de cisaillement égale à l'une de ces forces.

La charge sur chaque couple de colonnes est 25 000^k. Pour chaque colonne et pour chacun des deux fers, l'effort de cisaillement est la moitié de ce dernier chiffre ou 12 500^k.

Le travail qui en résulte par millimètre carré de section transversale ne doit pas dépasser les 2/3 du travail adopté pour la flexion.

D'après ce qui précède, chaque fer pèse 43^k sa section sera, la densité du fer étant prise égale à 7 800 :

$$\frac{43}{7\,800} = 5\,510 \text{ millimètres carrés.}$$

Le travail, rapporté au millimètre est donc égal à

$$\frac{12\,500}{5\,510} = 2^k3.$$

Ce chiffre offre toute garantie.

Nota.

Les deux fers formant linteau devront être maintenus très solidement par des boulons à quatre écrous et de plus, on placera entre les ailes un hourdis exécuté avec des briques et du ciment de manière à faire bien reposer la maçonnerie du mur de face.

§ II. — PANS DE FER

I. — Définitions et notions générales.

326. Le fer, comme nous le savons, tend à remplacer le bois dans les constructions; il a, comme le bois, certains inconvénients, mais son prix qui est aujourd'hui très abordable, et surtout son incombustibilité, le font presque toujours préférer au bois quand cela est possible.

On peut donc dire que le pan de fer offre les avantages du pan de bois, sans en avoir les inconvénients. Cependant, certains constructeurs reprochent au pan de fer : la sonorité, la conductibilité, la dilatation, l'insalubrité résultant de la trop faible épaisseur, l'instabilité due à la forme plate des fers, la difficulté des assemblages, les frais occasionnés par le scellement des portes et des fenêtres sur les poteaux en fer, etc.

La sonorité dans un pan de fer est bien peu de chose, si l'on remarque que les poteaux dont il se compose, sont le plus souvent espacés de 1 mètre à $1^m,50$ et sont hourdés en maçonnerie, et que, d'un étage à l'autre, ils sont séparés par un plancher qui, agissant comme masse solide, diminue beaucoup leur sonorité.

La conductibilité du fer est évidemment plus grande que celle du bois, mais elle est bien diminuée lorsque, dans les pans de fer intérieurs par exemple, les fers dont ils se composent, sont enduits en plâtre, en mortier ou en ciment. De plus, la quantité de fer employé comme ossature, est bien peu de chose, comparée à la quantité de maçonnerie servant de remplissage.

La dilatation a également peu d'importance, vu le peu de longueur des pièces et les effets qu'elle peut produire dans un bâtiment sont bien peu appréciables, surtout si le constructeur exécute les assemblages en vue d'en prévenir les effets.

L'instabilité résultant de la forme plate des fers, est évitée en adoptant pour les sablières et pour les poteaux la forme tubulaire ou les poutres jumellées.

La difficulté d'assemblage n'existe réellement pas, car on construit aujourd'hui des pans de fer, en se servant simplement des fers du commerce rivés ou boulonnés entre eux. Du reste, il est à noter que pour qu'un pan de fer soit économique, il faut qu'il soit composé avec des fers du commerce (fers I, cornières, etc., quelquefois, lorsque cela sera nécessaire, des pièces de fonte moulées), et non pas avec des pièces de forge.

Il en est de même du scellement des portes et des fenêtres sur les poteaux, assemblages qui se font très simplement.

La tendance à remplacer le bois par le fer dans les constructions, est aujourd'hui si bien reconnue que presque tous les charpentiers en bois ont annexé à leurs chantiers, un matériel spécial pour la charpente en fer.

Les charpentiers en bois ont l'habitude de tracer les épures, beaucoup mieux que les charpentiers en fer; ces derniers se contentent, le plus souvent, de tracer à peu près les assemblages, et une fois les pièces mises au levage, il en résulte bien souvent des mécomptes. Les épures et les tracés faits par les charpentiers en bois, même lorsqu'ils se servent du fer, sont très exacts et le montage sur place se fait sans la moindre retouche.

Il sera donc très bon, pour une charpente un peu compliquée, d'en confier l'épure ou le tracé à un charpentier en bois.

Les pans de fer sont le plus généralement employés pour les murs de refend ou pour les murs sur cour, quand on désire gagner de la place; ils rendent alors de véritables services. On s'en sert également pour la construction de petits bâtiments, tels que kiosques, bureaux d'octroi, etc. Ils tendent aujourd'hui à se répandre beaucoup plus, et cette tendance ira en augmentant, si le bas prix des fers continue à se maintenir.

II. — Noms des différentes pièces qui composent un pan de fer.

327. Les pièces qui entrent dans la composition des pans de fer, prennent différents noms, suivant la place qu'elles occupent et suivant la nature de leurs fonctions.

Ce sont : 1° les *sablières*, pièces de fer généralement jumellées, placées de niveau au rez-de-chaussée et à la hauteur de chaque étage, et dans lesquelles s'assemblent toutes les pièces verticales, poteaux de baies ou poteaux intermédiaires, et aussi où reposent, assemblées ou non, les solives des planchers de chaque étage;

Fig. 750.

2° Les *poteaux corniers*. Ce sont des poteaux placés debout aux différents angles des pans de fer. Dans certains cas, ces poteaux composés comme nous le verrons plus loin, montent de fond dans la hauteur de plusieurs étages. On en place également aux endroits où les pans de fer de refend ou de distribution, viennent se rencontrer avec ceux de façade. Ils ont généralement une force plus grande que les poteaux intermédiaires ;

3° *Poteaux de baies de porte ou de fenêtre.* — Ce sont généralement des fers I ou en U, employés pour former les montants et les linteaux des baies de portes ou de croisées;

4° *Chaînes ou boulons d'écartement.* — Pour maintenir à écartement invariable les poteaux verticaux et en même temps pour bien relier les hourdis on se sert, soit de boulons à quatre écrous comme nous l'avons indiqué pour les planchers, soit, lorsque le remplissage du pan de fer est exécuté avec des briques apparentes, de fers plats posés entre deux rangs de briques et assemblés sur les fers du pan de fer ;

5° *Plates-formes.* Enfin les pans de fer

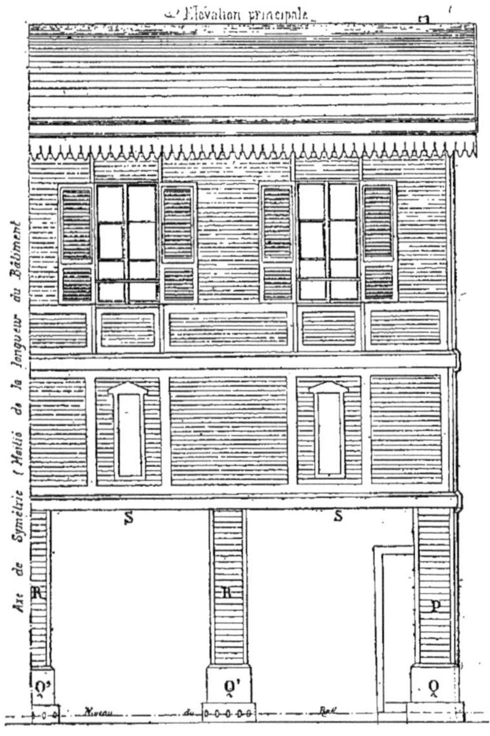

Fig. 751.

reposent souvent à leur partie inférieure sur une plate-forme servant d'assiette et qui est exécutée en fer plat, en fer en U ou tout autre modèle approprié au cas qu'on étudie.

Cette plate-forme est fixée sur un petit muret de soubassement solidement établi.

III. — Dispositions diverses des pans de fer.

328. Nous distinguerons dans ce qui va suivre deux espèces de pans de fer:

1° Les pans de fer des petits bâtiments ayant généralement peu de hauteur;

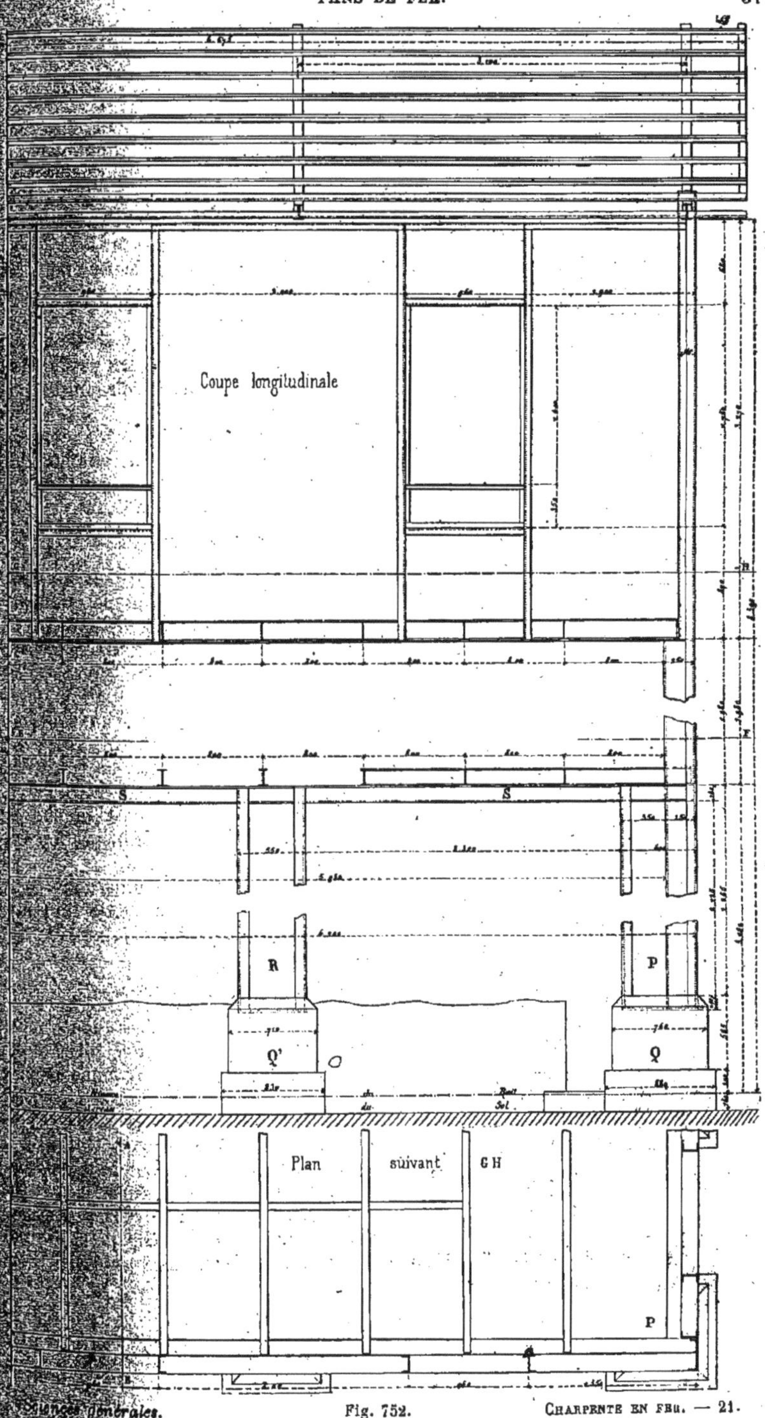

Fig. 752.

2° Les pans de fer construits dans les bâtiments à plusieurs étages, soit que ces

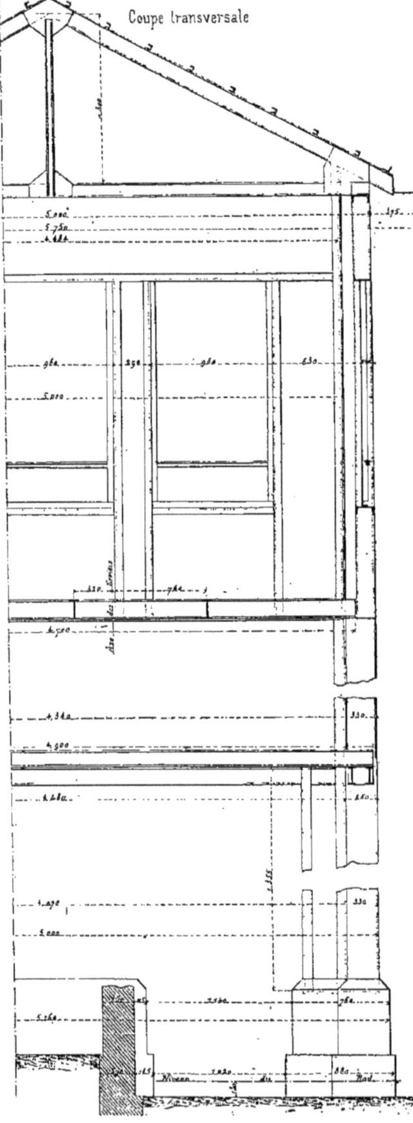

Fig. 753.

pans de fer soient à l'intérieur comme mur de refend, soit qu'ils soient en façade sur cour.

1° Pans de fer ayant peu de hauteur.

329. Depuis quelques années les compagnies de chemins de fer et notamment la compagnie P.-L.-M emploient pour construire les petits bâtiments renfermant les appareils Saxby et Farmer (poste d'enclanchement) des pans de fer hourdés en briques. Ces petits pans de fer étant très sérieusement étudiés nous en donnerons quelques croquis.

Les figures 750 et 751 nous montrent les vues d'ensemble de ces petits bâtiments qui, en exécution, produisent un très bon effet.

Les figures 752, 753 et 754 donnent l'ensemble de l'ossature métallique dont nous allons étudier les principaux détails au point de vue des assemblages.

1° Piliers d'angle.

Les figures 755 et 756 nous donnent les détails des piliers d'angle que nous retrouvons en P (*fig.* 751, 752 et 754).

Ces piliers d'angle qui sont, comme le montrent les figures 755 et 756 très simplement composés par des fers en U de 250 × 80 assemblés entre eux reposent sur un parpaing Q en pierre dure formant le soubassement de toute la construction.

Les assemblages sont très simples et se comprennent à la seule inspection des figures.

Entre ces fers en U, comme nous pouvons le voir (*fig.* 751), on monte un remplissage en briques bien rejointoyées au fer.

2° Piliers intermédiaires.

Les piliers intermédiaires dont nous voyons un exemple en R (*fig.* 751, 752 et 754) sont étudiés en détails comme assemblages (*fig.* 757 et 758). Ils sont, comme les précédents, formés des mêmes fers en U recevant entre leurs ailes des briques bien rejointoyées et reposent sur un parpaing Q′ en pierre dure.

La figure 757 nous montre l'assemblage de deux parties du sommier de la façade et le détail de l'extrémité supérieure et

Plan suivant EF

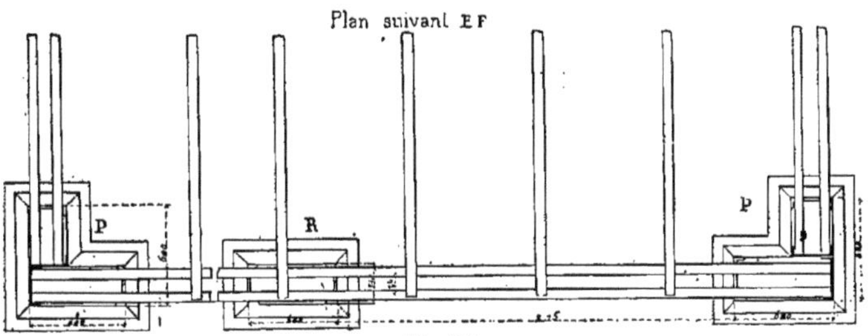

Fig. 754.

Partie inférieure d'un pilier d'angle-*Elévation.*

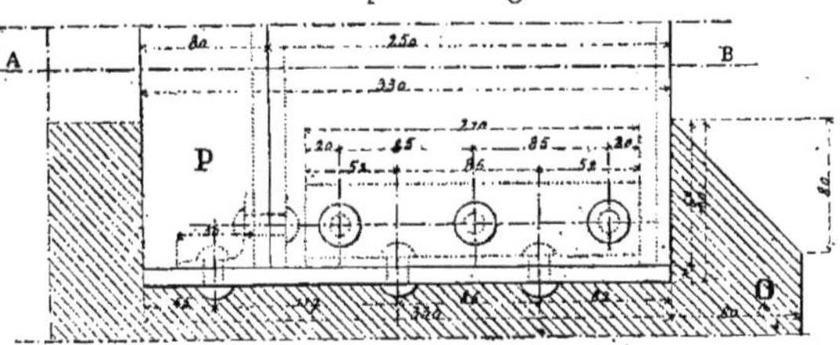

Plan suivant AB

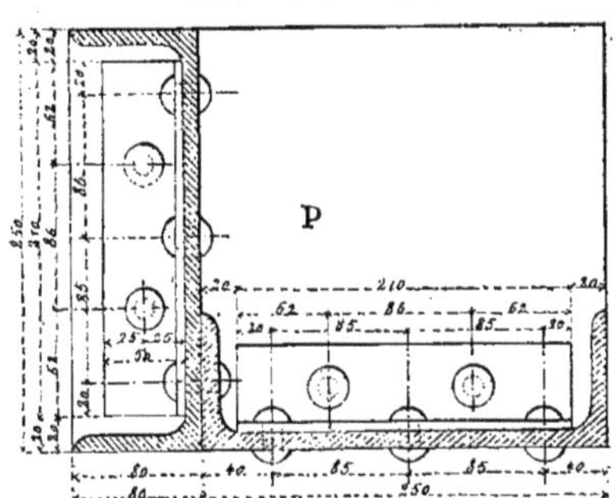

Fig. 755.

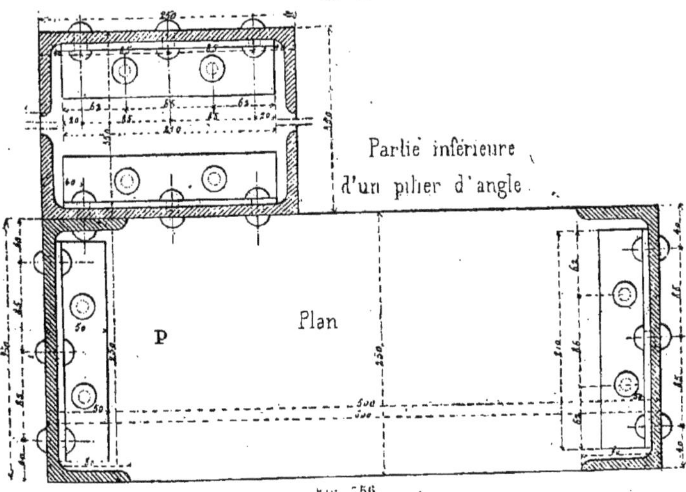

Fig. 756.

inférieure d'un pilier intermédiaire en élévation et en coupe horizontale.

La figure 758 nous donne une coupe de la sablière haute indiquée en S (*fig.* 751

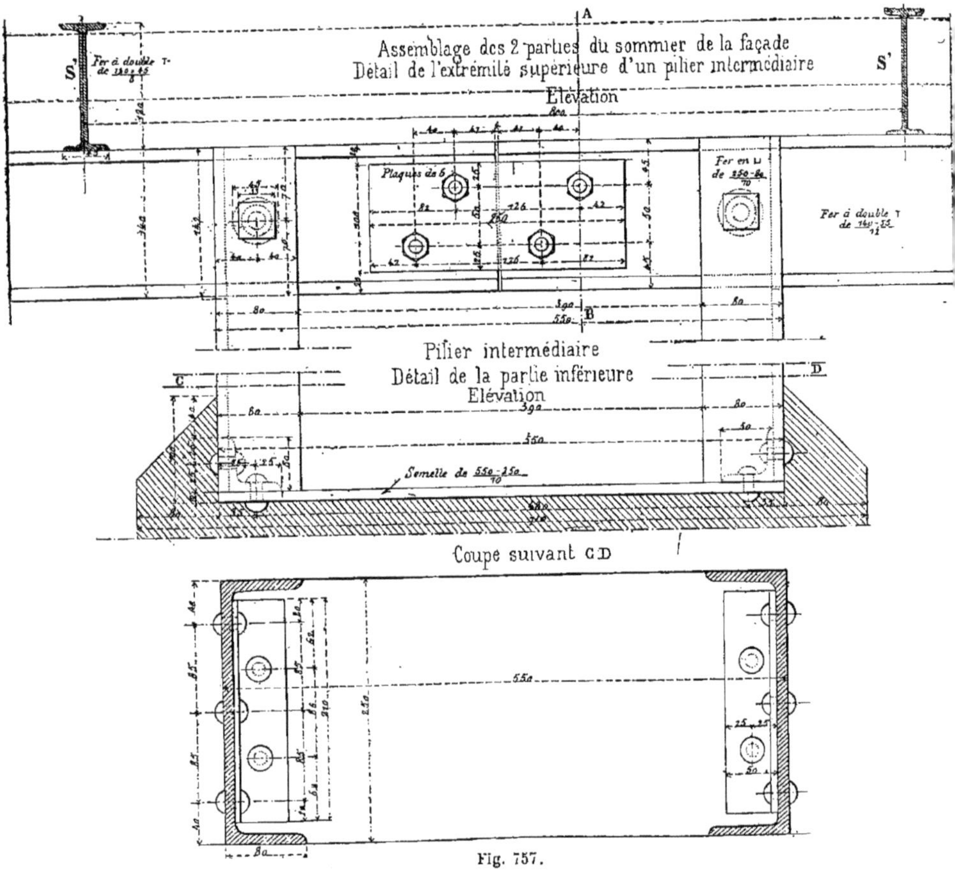

Assemblage des 2 parties du sommier de la façade
Détail de l'extrémité supérieure d'un pilier intermédiaire
Élévation

Pilier intermédiaire
Détail de la partie inférieure
Élévation

Coupe suivant CD

Fig. 757.

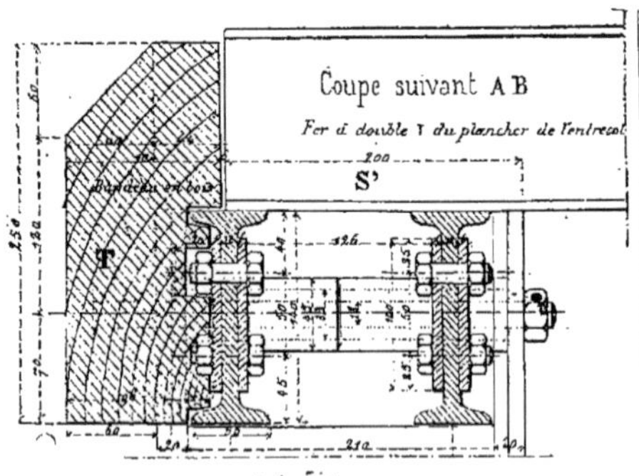

Fig. 758.

et 752). Cette sablière est formée (*fig.* 758 de deux fers **I** de 0,140. *a. o.* solidement assemblés avec les poteaux et recevant sur leurs ailes supérieures les solives S' du plancher bas du 1er étage.

En avant du premier fer (*fig.* 758) se trouve une pièce de bois T servant de bandeau et régnant au pourtour du bâtiment.

3° Détails d'une fenêtre. — Assemblages des fers d'encadrement avec la sablière.

La figure 759 nous donne en détails la coupe verticale sur une fenêtre avec l'indication des fers employés.

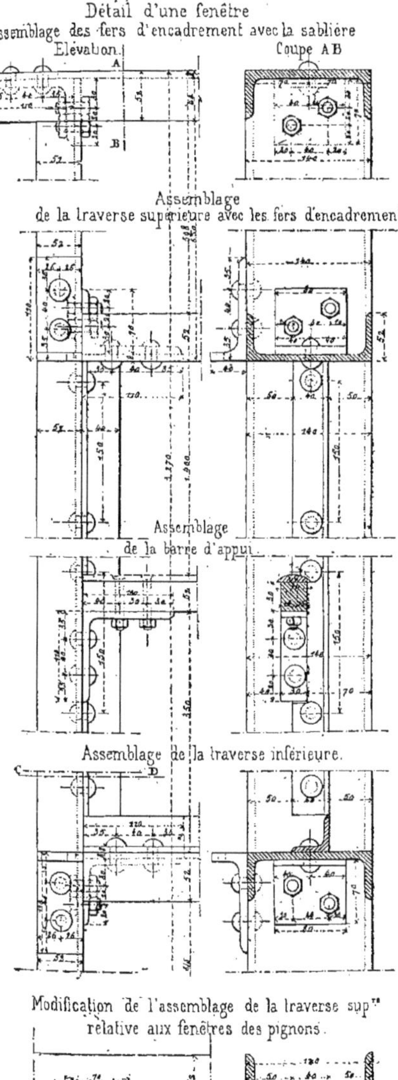

Fig. 759.

Enfin, la figure 760 nous montre l'assemblage des fers d'encadrement sur la semelle du 1er étage.

Pan de fer pour hangar à marchandises.

330. Comme deuxième type de pan de fer ayant peu de hauteur nous donnons (*fig.* 761) l'élévation du pignon d'un hangar à marchandises construit à la gare commerciale des Batignolles par la Compagnie des chemins de fer de l'Ouest.

Les figures 762, 763, 764, 765, 766, 767 et 768 nous montrent les diverses coupes très simples, de la partie métallique composant ce pan de fer.

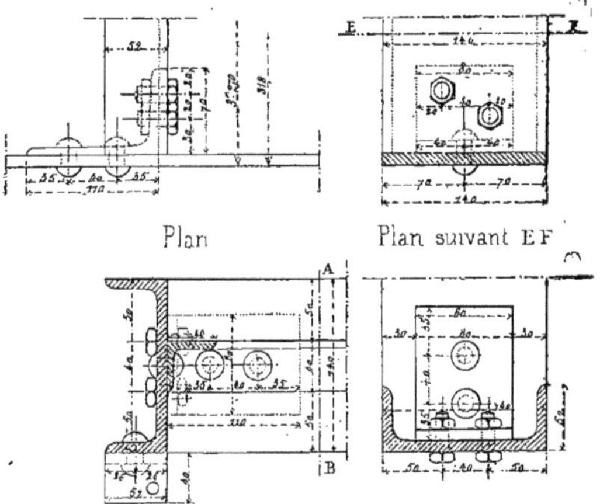

Fig. 760.

Une série de fers I de 0m,20 ailes ordinaires, reposant sur un parpaing général, servent de montants. Entre ces montants on établit une maçonnerie de remplissage en briques apparentes ayant 0m,11 d'épaisseur seulement.

La figure 764 représente la coupe suivant DD de la figure 761 ; elle montre l'indication des poteaux et le remplissage en maçonnerie.

Les poteaux d'angle, dont nous donnons la section en CC (*fig.* 763), sont un peu plus compliqués ; ils sont composés, de tôle et de cornières formant de véritables poutres tubulaires placées verticalement.

Les deux coupes EE et FF (*fig.* 765 et 766) indiquent les coupes sur les montants recevant des parties vitrées. Les autres coupes, BB (*fig.* 762), HH (*fig.* 767) et JJ (*fig.* 768), moins importantes se comprennent facilement à la seule inspection des figures.

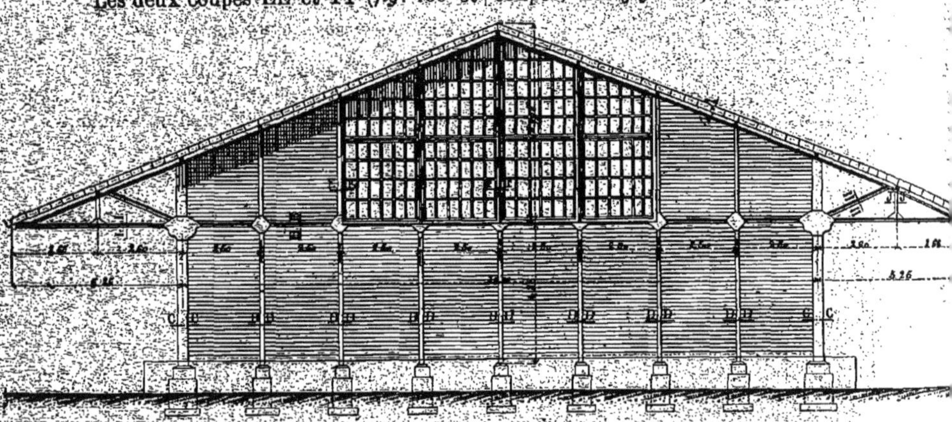

Fig. 761.

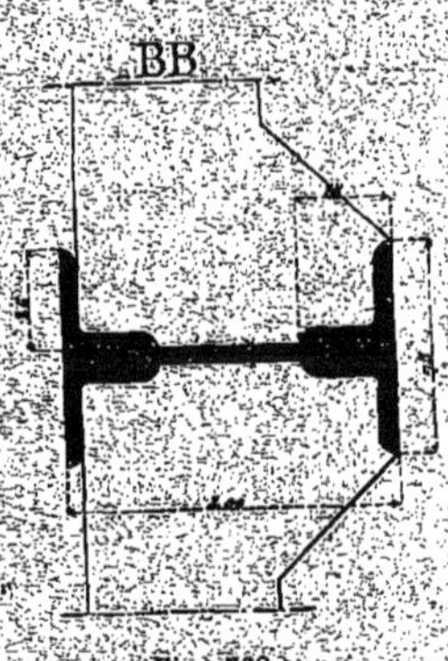

Fig. 762.

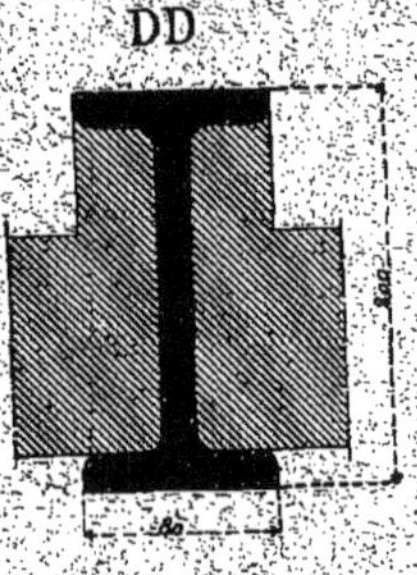

Fig. 764.

Fig. 763.

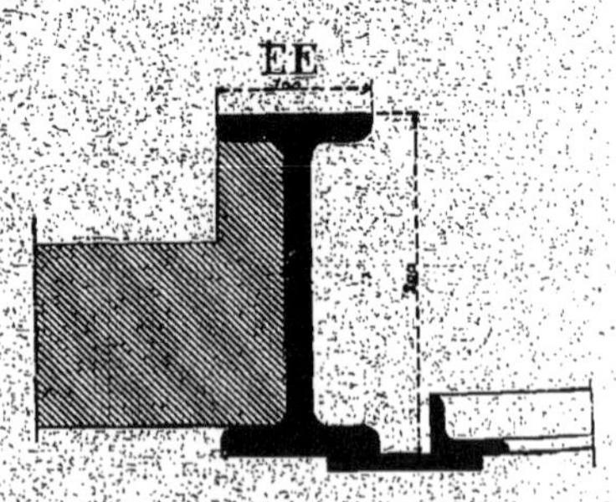

Fig. 765.

Comme nous le voyons, ce hangar métallique est très simple de construction,

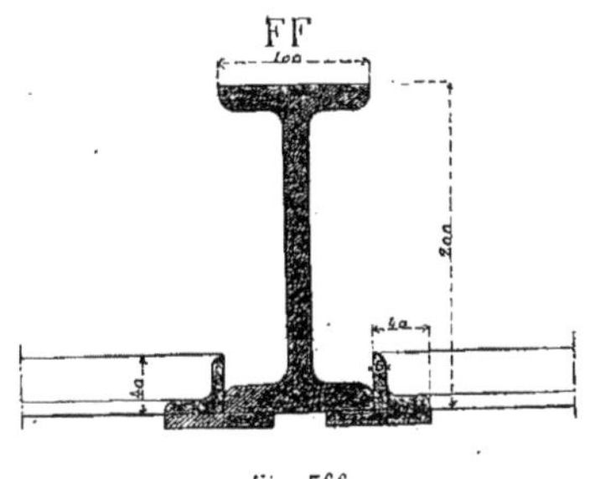

Fig. 766.

il remplace avantageusement les anciennes halles à marchandises en bois qui existent

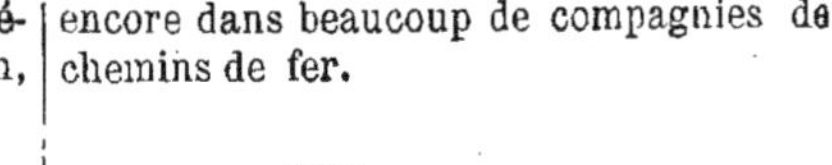

encore dans beaucoup de compagnies de chemins de fer.

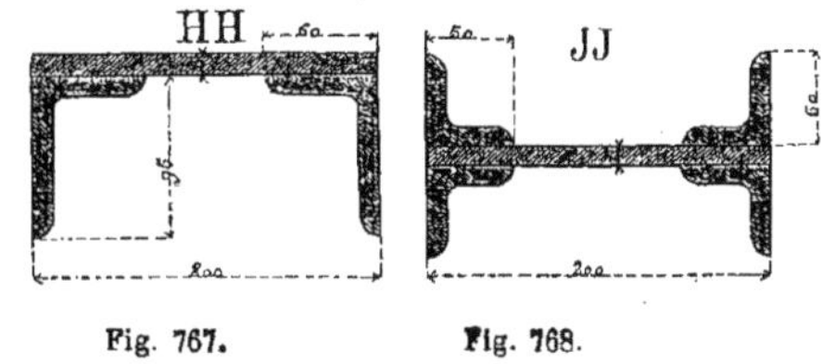

Fig. 767. Fig. 768.

2° Pans de fer comprenant plusieurs étages. Divers types d'assemblages des pans de fer.

331. Les pans de fer comprenant plusieurs étages sont employés, soit pour les maisons à loyers lorsque la profondeur du terrain exige qu'on réduise autant que

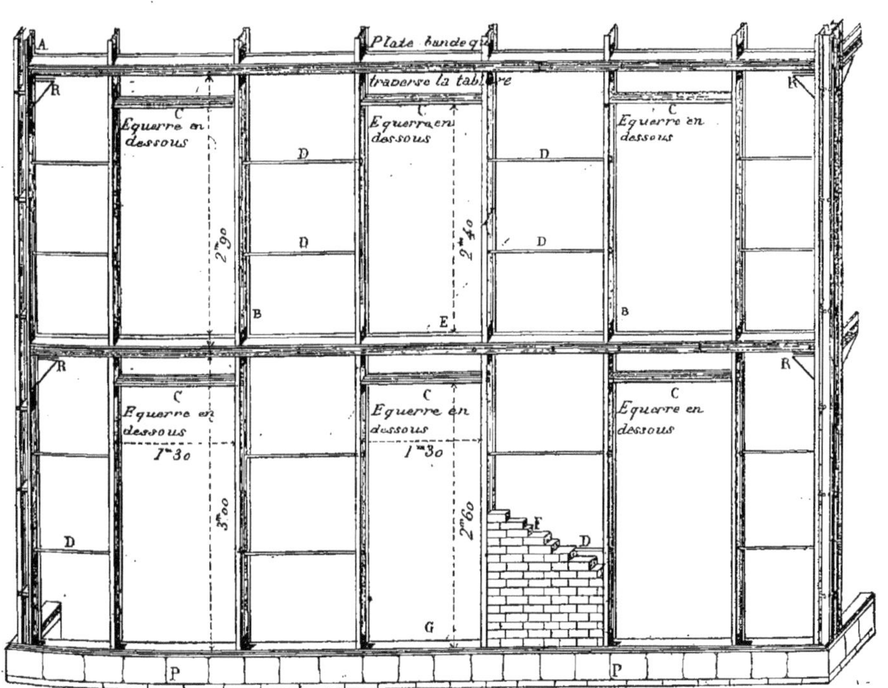

Fig. 769.

possible l'épaisseur des murs de refend ou des murs sur cour, soit pour les ateliers lorsqu'on travaille dans ces derniers des matières plus ou moins inflammables.

Quelle que soit leur destination, la composition des pans de fer à plusieurs étages peut se faire de plusieurs manières, on peut même dire que chaque serrurier ou charpentier qui exécute des pans de fer a son système à lui; il y en a beaucoup mais bien peu de simples et de réellement pratiques.

Ce qu'il faut surtout rechercher dans la construction d'un pan de fer c'est la simplicité d'exécution; il faut, en un mot, qu'un pan de fer soit un simple plancher posé verticalement et avec autant de facilité qu'on le ferait pour un plancher assemblé ordinaire.

Sans entreprendre l'étude de toutes les variétés de pans de fer qui peuvent exister nous nous bornerons à en donner un ou deux types les plus simples et les plus faciles à construire même par des ouvriers non exercés à ce genre de travail.

La figure 769 nous montre, en croquis, l'ossature d'un pan de fer à plusieurs étages, système Maurice Grand, qui est souvent employé et qui est très simple de construction.

La description suivante, mise sous forme de légende, en fera comprendre les diverses parties.

Légende détaillée de la figure 769.

A. — Poteaux corniers composés, comme l'indique la coupe horizontale (*fig.* 770), de deux montants S formés par de simples fers I de $0^m,12$, ailes ordinaires et d'une cornière C de $\frac{70-70}{9}$ formant l'angle du poteau. Ces trois fers du commerce sont solidement réunis, de distance en distance, par des frettes intérieures F maintenues par une série de boulons B.

B. — Poteaux de baies de portes ou de croisées construits avec de simples fers I de $0^m,12$ *a. o.*, venant se fixer, à la partie basse, sur une plate-forme en fer plat G à l'aide d'équerres ou de cornières et à la partie haute traversant les sablières et reliées avec ces dernières comme nous l'indiquerons plus loin.

C. — Linteaux limitant la hauteur des portes ou des fenêtres, formés d'un fer I de $0^m,12$, *a. o.* posé à plat et assemblé dans les montants verticaux B à l'aide d'équerres ou de cornières placées, soit au dessus, soit au dessous.

Vu le peu d'efforts que ces linteaux supportent on pourrait les composer, avec des fers plus petits, $0^m,08$ ou $0^m,10$ par exemple, mais pour le bon aspect du pan de fer il est préférable de leur donner la même section qu'aux poteaux B, de manière à faire affleurer les ailes intérieurement et extérieurement.

D. — Chaînes ou boulons d'écartement. Ces chaînes peuvent, comme nous l'avons déjà dit, être formées par des fers plats posés entre deux rangs de briques ou par des boulons de $0^m,014$ ou $0^m,016$ de diamètre à deux ou mieux à quatre écrous destinés à rendre invariable l'écartement entre deux poteaux voisins.

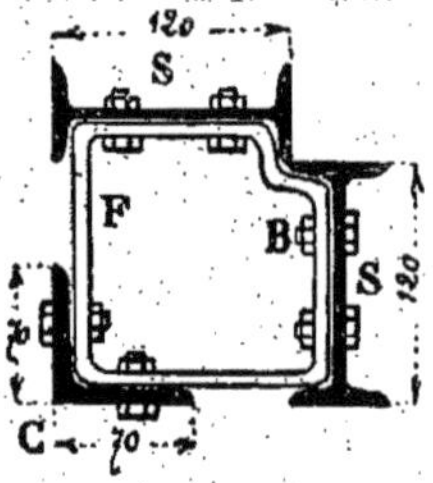

Fig. 770.

E. — Sablières formées de deux fers de $0^m,12$ *a. o*, suffisamment espacés pour être hourdés et pour recevoir l'about des solives du plancher de chaque étage.

Il sera bon, comme chaînage, de relier avec les sablières quelques solives du plancher ce qui peut se faire facilement soit, avec une ancre fixée à l'extrémité de la solive qu'on désire relier aux sablières, cette ancre étant scellée dans le hourdis exécuté entre les sablières, soit de toute autre manière.

F. — En F nous indiquons l'intervalle entre deux poteaux rempli avec des briques apparentes bien rejointoyées extérieurement et enduites en plâtre intérieurement. Lorsque le pan de fer est extérieur le remplissage en briques bien rejointoyées au fer ou avec joints à l'anglaise produit un très bon effet. Pour les pans de fer employés comme murs de refend on fait les hourdis entre les poteaux en plâtras et plâtre.

G. — Plate-forme en fer plat posée sur un parpaing P. Cette plate-forme reçoit tous les abouts des poteaux verticaux; elle est scellée de distance en distance sur le parpaing, à l'aide de boulons à scellement.

R. — Afin de consolider l'angle formé par les sablières et les principaux poteaux certains constructeurs placent aux points R des consoles en fer.

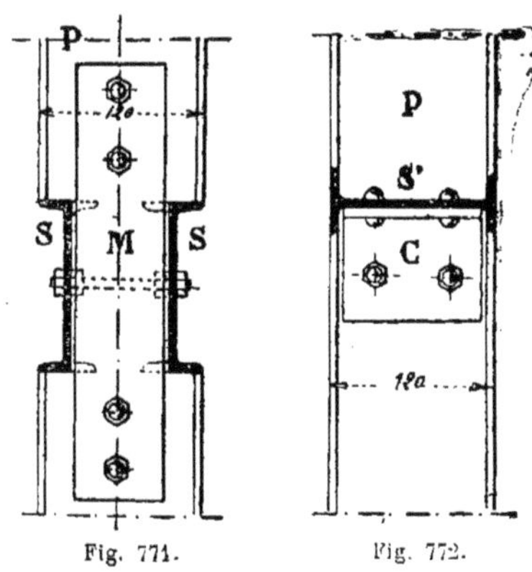

Fig. 771. Fig. 772.

La figure 771 nous donne un exemple de l'assemblage des poteaux montants P avec les sablières S. Cet assemblage se fait très simplement à l'aide d'une ou de deux éclisses ou plate-bandes M traversant les deux sablières S et fortement boulonnés avec les poteaux montants P. On peut aussi relier les poteaux avec les sablières au moyen de cornières d'assemblage.

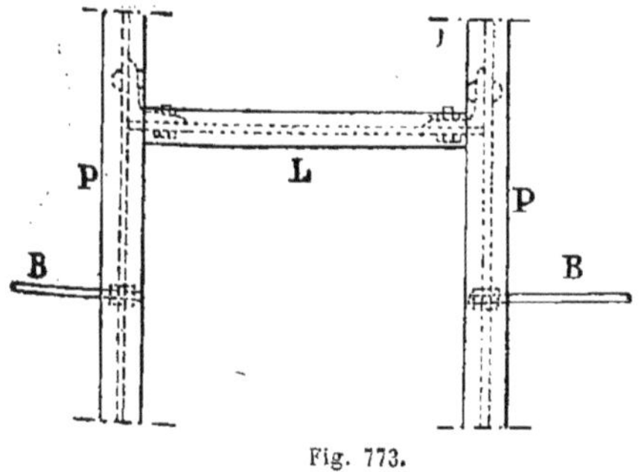

Fig. 773.

La figure 772 nous montre l'assemblage d'un linteau S', avec les poteaux montants P. Les cornières qui assemblent le linteau L avec les poteaux montants P peuvent, comme l'indique la figure 773, se placer au-dessus de manière à ne pas gêner l'emplacement de l'huisserie de la baie.

Dans cette même figure nous voyons comment sont disposés les boulons B à quatre écrous allant d'un poteau montant à l'autre.

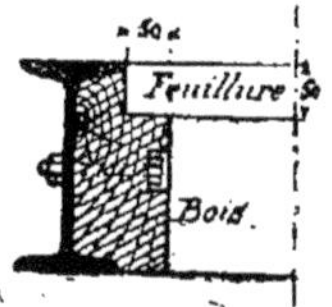

Fig. 774.

Enfin, pour terminer l'étude de ce pan de fer très simple, nous indiquons (*fig.* 774) le moyen employé pour fixer les portes et les fenêtres. On place, comme le montre cette figure, une pièce de bois de chêne solidement boulonnée sur les poteaux montants et sur le linteau; cette pièce porte sur son pourtour une feuillure dans laquelle vient se placer la porte ou la fenêtre qu'on désire y mettre.

Cette disposition de pan de fer est très simple et donne de bons résultats,

Autre disposition de pan de fer, les poteaux montants étant toujours formés par un seul fer.

332. La figure 775 nous montre une autre disposition pour l'assemblage des poteaux montants P avec les sablières horizontales S. Dans cet exemple les poteaux s'arrêtent au-dessous des sablières et reprennent au-dessus ; de solides boulons passant entre les deux sablières relient les deux parties du poteau. L'écartement entre les deux sablières est assuré soit par une frette indiquée en pointillé dans la figure, soit, ce qui est beaucoup mieux, à l'aide de boulons à quatre écrous:

La figure 776 nous donne l'assemblage

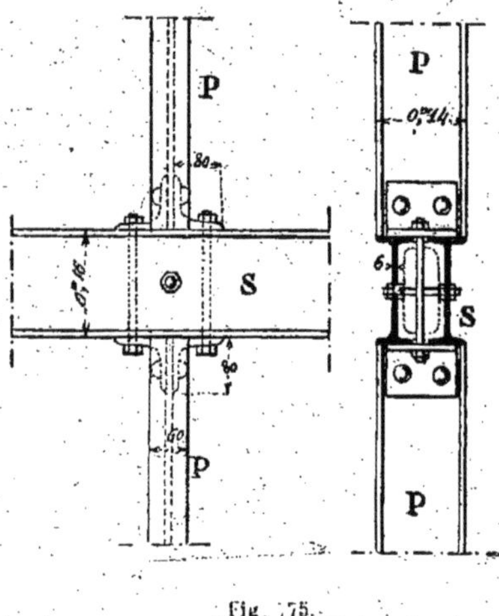

Fig. 775.

des poteaux verticaux P avec la plateforme R maintenue comme précédemment sur le parpaing en maçonnerie par des boulons à scellement.

La disposition que nous venons d'indiquer peut s'employer pour des pans de fer peu hauts et peu chargés ; dans d'autres

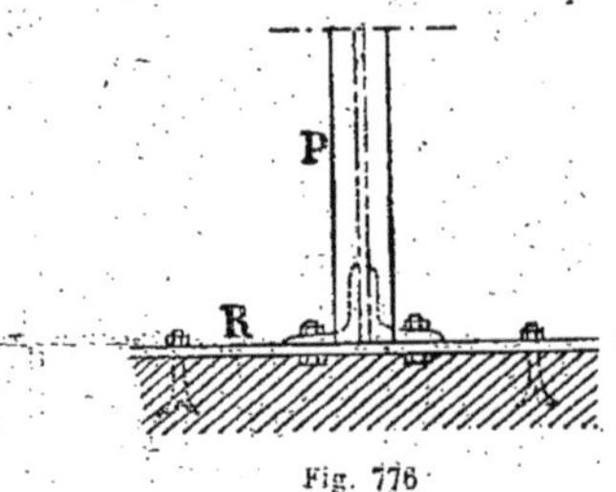

Fig. 776

cas, la disposition précédente est préférable.

Autre disposition de pan de fer, les poteaux montants étant composés de deux fers jumelés.

333. Il arrive souvent que les pans de fer ayant une grande hauteur et étant fortement chargés, les poteaux montants

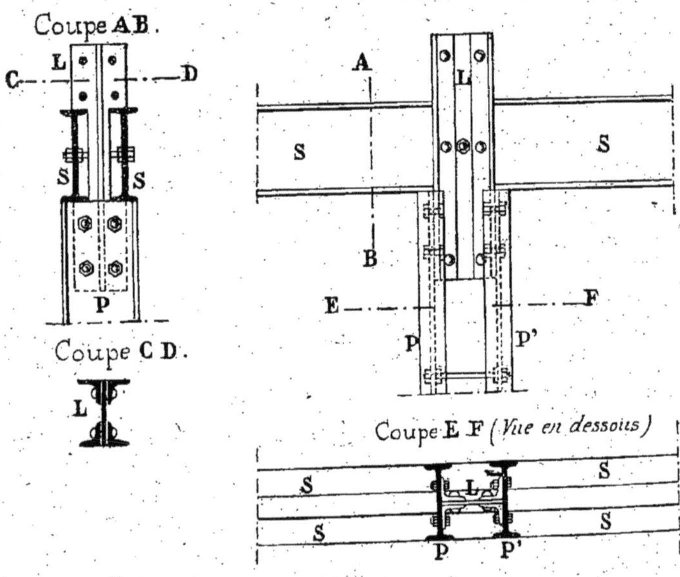

Fig. 777.

formés d'un seul fer ne soient plus suffisants, il faut alors modifier un peu les dispositions.

La figure 777 nous indique, dans ce cas, une disposition souvent employée. Les deux poteaux montants P et P′ s'arrêtent sous les sablières S pour reprendre au-dessus ; les deux parties de ces poteaux sont reliées par une pièce spéciale L formée de tôle et cornières ou d'un simple morceau de fer I, larges ailes, lorsque l'écartement permet de les employer. La disposition est très simple et se comprend à la seule inspection des différentes coupes.

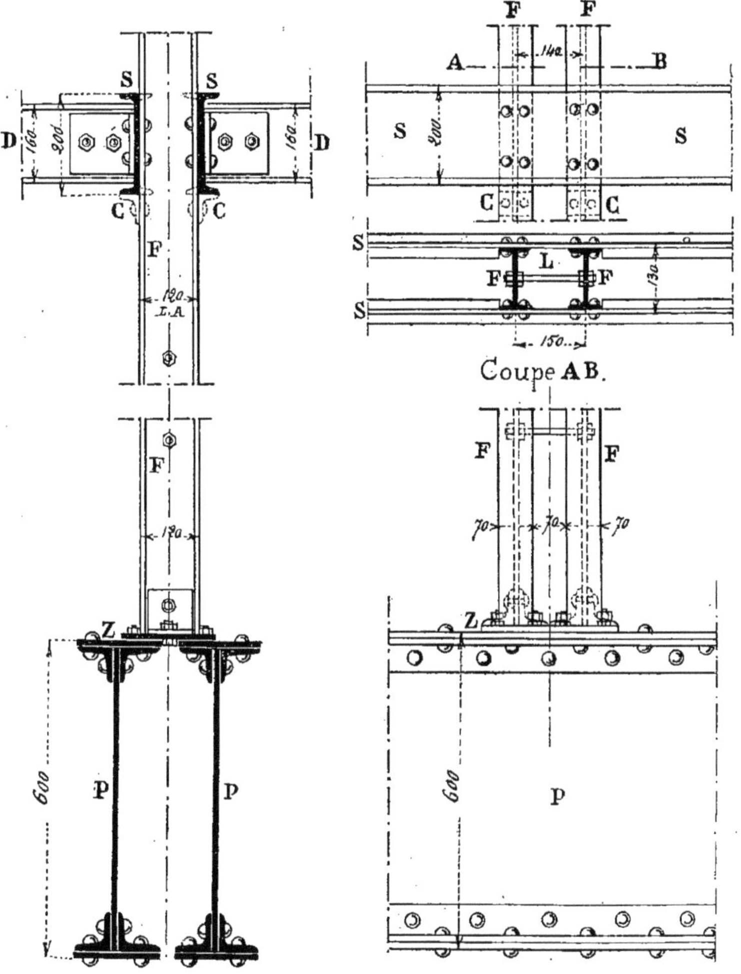

Fig. 778

Autre disposition de pan de fer, les sablières et les poteaux restant continus.

334. Nous donnons (*fig.* 778) un exemple de pan de fer dont les poteaux montants F au lieu de reposer sur un parpaing en maçonnerie reposent sur une poutre double P en tôle et cornières.

Comme dans les exemples précédemment cités on emploie toujours une semelle ou plate-forme Z sur laquelle viennent se fixer tous les montants verticaux. Cette plate-forme, qui en réalité n'est qu'un simple fer plat est solidement fixée sur la partie supérieure des poutres à l'aide de boulons.

Les fers employés pour la construction de ce pan de fer sont des fers larges ailes permettant de fixer sur leurs ailes des rivets ou des boulons.

Comme le montrent les différentes vues de cette figure les poteaux traversent les sablières sans interruption et sont assemblés avec elles à l'aide de rivets ou mieux de boulons; les sablières sont également continues, elles ont seulement leurs ailes intérieures entaillées pour laisser passer les poteaux.

Les poteaux P et P' sont reliés de distance en distance par des boulons à quatre écrous.

Afin de bien soulager l'assemblage des sablières S sur les poteaux F on place quelquefois en dessous, des cornières C (*fig.* 778), qui sont indiquées en pointillé.

Dans cet exemple, au lieu de faire reposer les solives du plancher sur les sablières S nous avons supposé que ces solives D sont assemblées avec ces sablières.

Plan suivant XY

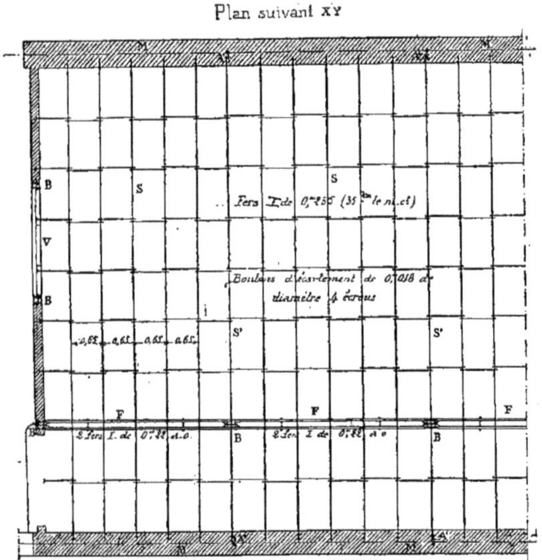

Fig. 779.

Comme nous le voyons cette disposition est très simple et peut trouver de nombreuses applications.

Dans la construction des pans de fer, les fers larges ailes sont souvent employés, ils sont plus stables, et les assemblages avec leurs ailes se font sans difficultés et évitent souvent, comme nous venons de le voir, des pièces intermédiaires.

Pans de fer d'atelier.

335. Nous donnons (*fig.* 779, 780, 781 et 782) les plans, coupe et élévation d'un pan de fer comprenant plusieurs étages et destiné à un atelier.

Comme on peut le voir par ces différentes figures ce pan de fer est compris entre deux murs mitoyens MM ; il est formé d'une série de poteaux B composés de deux fers **I** larges ailes de 0m,16 jumellés dont les âmes ont 10 millimètres d'épaisseur et dont les ailes ont 0m,120 de largeur et 0m, 0125 d'épaisseur.

Ces poteaux jumellés partent du sous-sol de l'atelier pour se terminer au plancher haut du premier étage. Dans le sous-sol ils reposent sur des sabots spéciaux en fonte indiqués (*fig.* 781 et 782), et placés eux-mêmes sur une fondation solidement établie.

A partir du plancher haut du premier étage, le pan de fer ayant des charges moindres à supporter, les poteaux A faisant suite aux poteaux B ne sont plus formés que d'un seul fer I de 0m,16 L. A.

Le comble du cinquième étage est bien simple, ce sont les fers A qui se courbent et qui viennent se sceller dans la partie haute du mur mitoyen de droite (*fig.* 781).

Ce pan de fer repose, à la partie haute du rez-de-chaussée, sur une sablière en treillis ayant 0m,60 de hauteur et dont la coupe (*fig.* 781) donne les principales dimensions.

Les sablières horizontales, recevant les planchers à chaque étage, sont formées de deux fers en U dont les ailes sont tournées vers l'intérieur du bâtiment.

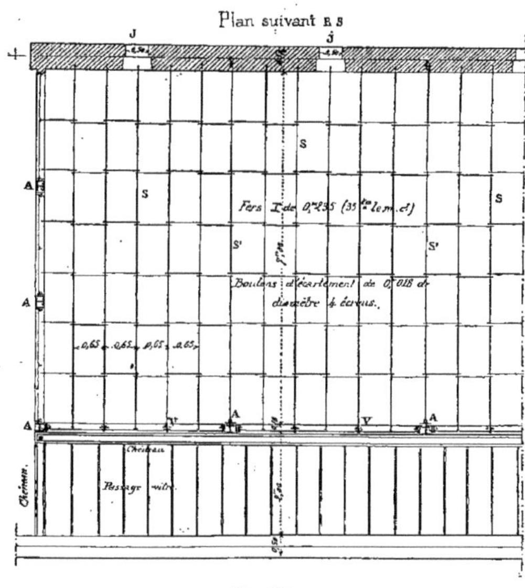

Fig. 780.

Il est alors facile d'obtenir l'assemblage simple indiqué en T (*fig.* 782) qui consiste à découper une tôle en forme de croix et à appliquer cette tôle d'une part sur les deux sablières en fer en U et de l'autre sur les ailes des fers B ou A formant poteaux montants.

Cette plaque, solidement boulonnée avec ces différents fers, rendra le tout très rigide et l'assemblage est, comme on peut le voir, des plus simples.

Le comble de cet atelier est, comme l'indique la coupe (*fig.* 781), d'une grande simplicité ; les montants A, recourbés en arc de cercle suivant le gabarit fixé par les règlements de voirie, reçoivent à une certaine hauteur des fers I de 0m,14 *a. o.* formant tirant et venant se sceller dans le mur mitoyen ; un fer I de 0m,12 *a. o.* servant d'aiguille pendante en soulage la portée.

Une série de pannes en fer I de 0m,16 *a. o*, sont régulièrement espacées dans la partie courbe et servent à faire maintenir le hourdis placé sous la couverture.

La figure 779 nous montre le plan sui-

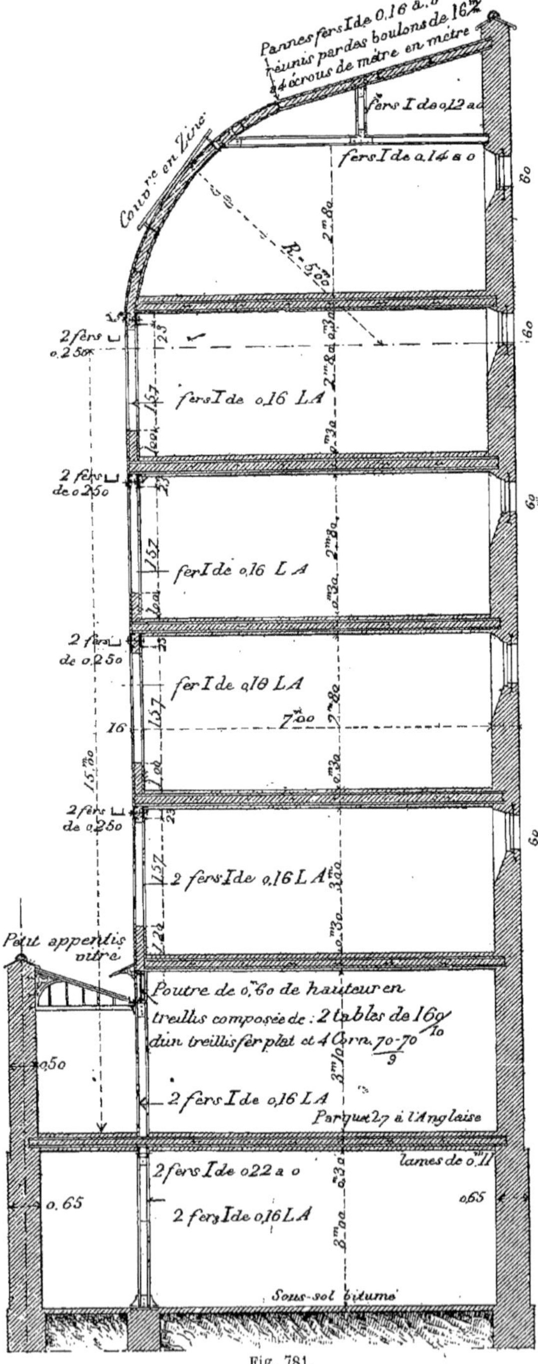

Fig. 781.

vant XY de la figure 782 avec l'indication des poteaux B en coupe et le plancher bas du rez-de-chaussée de l'atelier.

Ce plancher est formé d'une série de solives S en fers I de $0^m,235$ de hauteur, pesant 35 kilogr. le mètre courant La portée de ces solives étant assez grande, on les soulage par deux fers F fixés sur les poteaux B. Ces fers sont indiqués en élévation (*fig.* 782).

Deux solives S' traversent les poteaux B avec lesquels elles sont solidement reliées ; on les ancre à chaque extrémité, afin d'obtenir un chaînage sérieux des deux murs MM et du pan de fer.

La figure 780 nous donne une autre coupe du pan de fer suivant RS avec l'indication des parties vitrées et la disposition d'un plancher d'étage. Les solives de ce plancher ayant 7 mètres de portée, nous prendrons encore des solives S en fers I de $0^m,235$ comme pour le plancher du rez-de-chaussée.

Deux solives S' tombant directement sur l'une des ailes des montants A sont assemblées avec ces derniers et solidement chaînées à leur autre extrémité dans le mur M.

Cette coupe nous montre la disposition des parties vitrées. Les fers à vitrage V peuvent être de simples fers T de $\frac{75-80}{10}$ et les chassis venant se loger dans leur intérieur et recevant la vitrerie seront formés par des cornières de $\frac{60 - 75}{8}$ en trois sens.

Dans la figure 781 nous avons indiqué par la lettre O les parties ouvrantes des châssis.

En J (*fig.* 780) nous avons placé des jours de souffrance ouverts dans le mur mitoyen de droite et ayant les dimensions et les emplacements réglementaires.

Le soubassement des parties vitrées est exécuté en briques soigneusement rejointoyées.

Ce pan de fer est très simple et peut être monté très économiquement.

Pans de fers intérieurs.

336. Les pans de fer intérieurs ne diffèrent pas des pans de fer extérieurs, ils sont montés de la même manière mais, comme ils sont complètement cachés par le hourdis en maçonnerie ils réclament moins de perfection dans l'ensemble de leur construction.

IV. — Dispositions spéciales pour les baies et les cages d'escaliers.

337. Nous avons vu précédemment comment on peut fixer la croisée ou la porte entre deux poteaux montants. On peut remplacer la pièce de bois, dont nous avons parlé, par toute autre pièce métallique, cornière, fer en U, etc., remplissant le même but.

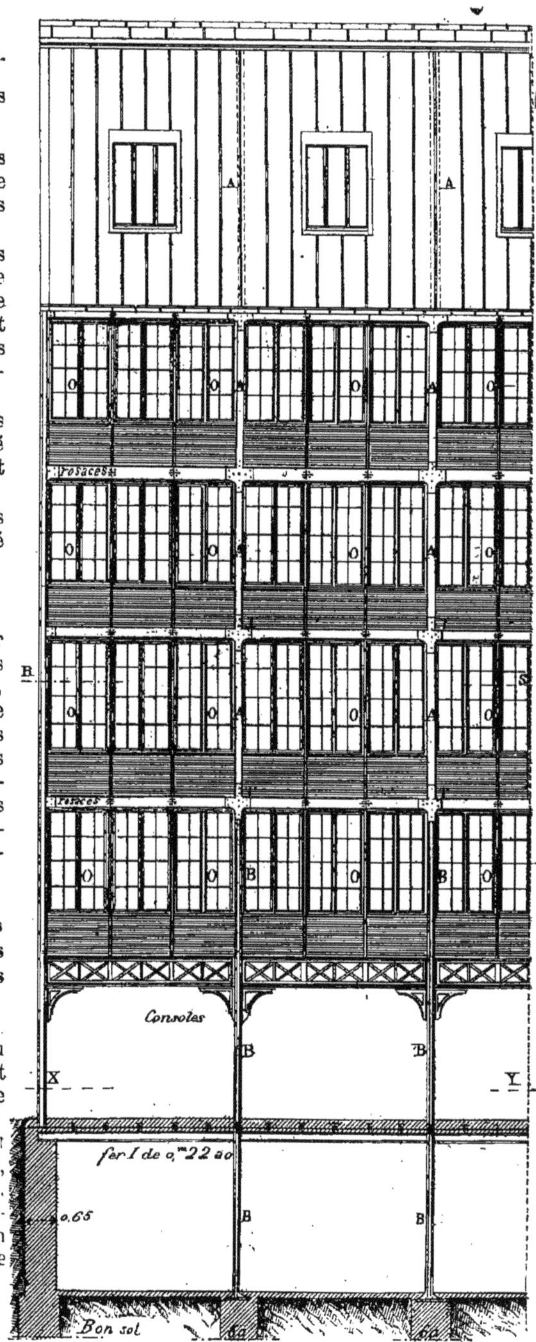

Fig. 782

L'appui des croisées se fait le plus souvent soit avec une pièce de bois de chêne munie d'un larmier, soit avec une pièce de fer ou de fonte également munie d'un larmier, soit enfin avec une petite dalle en pierre formant le couronnement du soubassement en briques; ce sont alors des détails de construction qui regardent le maçon et non le charpentier en fer.

La disposition dans les cages d'escaliers, que ces cages soient circulaires ou non, n'offre aucune difficulté.

Supposons un pan de fer à établir dans une cage d'escalier circulaire (*fig.* 783),

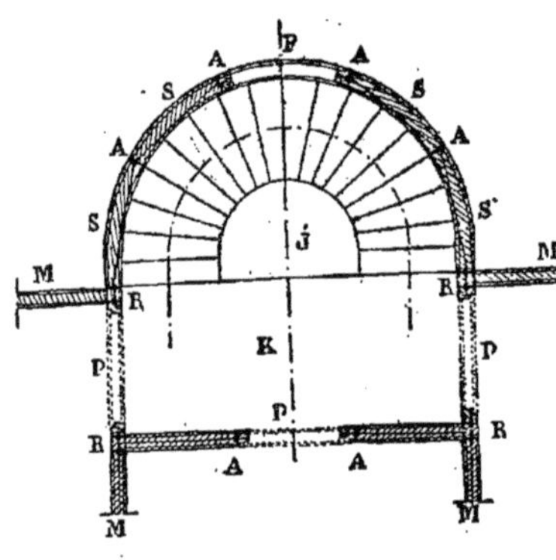

Fig. 783.

on placera en R, à la rencontre de deux pans de fer, des poteaux avec fers I jumelés, puis au pourtour de la partie circulaire on distribuera, aussi régulièrement que possible, une série de poteaux montants A reliés à tous les étages par des sablières courbes S solidement fixées sur les poteaux A. Ces derniers sont, de distance en distance, réunis entre eux par des boulons à quatre écrous.

Le remplissage se fait comme dans les pans de fer ordinaires.

Dans cette figure 783 nous indiquons en J le jour de l'escalier, en K le palier desservant les portes d'entrée P placées dans les murs de refend M qui sont aussi exécutés en pans de fer.

V. — Dimensions généralement adoptées pour les pans de fer.

338. Les pans de fer les plus employés sont composés avec des fers de 0m,12, 0m,14 et 0m,16 de hauteur servant de poteaux.

Ces fers ayant, d'après le tableau n° 6, page 257, une hauteur entre les ailes de :

Fer I de 0m,12 *a. o.*		0m,106 et 0m,108
—	0 ,14 —	0 ,124 — 0 ,126
—	0 ,16 —	0 ,144 — 0 ,146

permettent de placer à plat entre leurs ailes une brique de 0m,105 ou de 0m,110 de largeur pour faire le remplissage.

La hauteur des poteaux d'un pan de fer n'étant pas très grande, un étage au plus sans être maintenus, on peut les calculer comme des solides chargés debout. Il suffira donc pour avoir la charge, qu'ils peuvent supporter avec sécurité, de multiplier leur section en millimètres carrés par 5 o 6 kilogrammes pour avoir le nombre de kilogrammes dont ils pourront être chargés.

Les sablières se calculent à la flexion comme pour les planchers ordinaires.

VI. — Ferrures employées dans la construction des pans de fer.

339. Comme nous l'avons vu dans les exemples cités précédemment, les ferrures employées pour les pans de fer sont peu nombreuses et en tout semblables à celles qui servent dans les planchers en fer. Ce sont :

1° Les *ancres*, les *chaînes* et les *tirants* qui servent à relier les pans de fer soit aux murs soit aux planchers en fer se trouvant à proximité ;

2° Les *boulons*, les *rivets*, les *équerres*, les *cornières*, les *éclisses*, les *frettes*, etc., dont nous avons longuement indiqué l'usage ;

3° Pour certains cas, les pans de fer recevant de lourdes charges, les *plaques de fondation*, les *plaques de scellement;*

4° Les *plates-formes en fer plat*, les *cales*, les *coins*, les *semelles* ou *platines de niveau*, etc. ; dont nous connaissons l'usage ;

5° Quelques pièces spéciales en fonte, *sabots*, *rosaces*, etc. ;

6° Enfin, les petites pièces telles que *vis* de différents modèles, etc.

VII. — Remplissage des pans de fer.

340. La construction d'un pan de fer se divise en deux parties bien distinctes. La première, exécutée par les charpentiers en fer, consiste à mettre les fers en place de manière à former l'ossature du pan de fer ; la seconde, qui consiste à faire le hourdis de ce pan de fer, est exécutée par le maçon. C'est de cette dernière partie que nous dirons quelques mots.

Les pans de fer, à de rares exceptions près, se construisent presque toujours sur des socles ou parpaings en pierre de taille ou en maçonnerie de petits matériaux reposant sur une fondation en bonne limousinerie de moellons, de meulières ou de briques, hourdée en mortier de chaux ou de ciment. Le remplissage des fers élevés sur ces parpaings peut se faire de différentes manières.

Pour l'extérieur, le remplissage le plus employé est celui dont nous avons déjà parlé, en briques pleines ou creuses, apparentes extérieurement, montées entre les ailes des poteaux et enduites ou non à l'intérieur. On peut, avec des briques de différentes couleurs, obtenir dans le remplissage des pans de fer des dessins d'un très bon effet encadrés par les fers restant apparents.

Pour l'intérieur, murs de refend ou autres, le hourdis se fait presque toujours soit avec des carreaux de plâtre de dimensions spéciales, soit comme on le fait pour les hourdis pleins des planchers ordinaires, avec des plâtras et du plâtre sans lattes, mais avec enduit couvrant le tout sur les deux faces.

Dans les constructions soignées, il faut éviter l'emploi de plâtras noirs poussant au bistre en très peu de temps et qui ont l'inconvénient de tacher les enduits en leur communiquant une couleur jaunâtre ; ces plâtras sont tout au plus tolérés dans les travaux en pans de fer de peu d'importance.

CHAPITRE IV

DES ESCALIERS EN FER ET EN FONTE

§ I. — *ESCALIERS EN FER*

I. — Définitions et notions générales.

341. On donne en général le nom d'escalier à une suite de *marches* ou *degrés* placés les uns au-dessus des autres en encorbellement et presque toujours disposés dans un espace spécial nommé *cage de l'escalier*.

Dans les usines où l'on se sert beaucoup des escaliers en fer, on n'emploie que les escaliers droits, car les escaliers tournants sont difficiles à franchir et même dangereux pour les ouvriers souvent chargés de pièces lourdes.

Le minimum de largeur de ces escaliers est de 0m,75 à 1 mètre, largeur indispensable pour laisser passer facilement un homme portant un fardeau.

Ces escaliers peuvent être construits d'une seule volée, si la hauteur à monter n'est pas trop grande ; si cette hauteur est assez grande, on devra, de distance en distance, disposer de petits planchers droits nommés *paliers de repos*.

Un escalier, pour être confortable et

bien construit, doit remplir certaines conditions que nous résumons ci-après :

1° Il doit être placé très visiblement et situé à peu de distance de l'entrée de la maison ou de l'usine qu'il doit desservir ;

2° Ses dimensions doivent être proportionnées aux services qu'il est appelé à rendre ;

3° Il doit être construit avec solidité ;

4° Son ascension doit être facile, la main courante et la courbure doivent être à droite de la personne qui monte ;

5° Lorsque les paliers de repos sont nécessaires il faut bien les éclairer, il en est de même des paliers d'arrivée sur palier ;

6° La décoration doit en être simple, sévère et présenter de faibles saillies ;

7° Il faut, autant que possible, éviter de couper les fenêtres de la cage par une révolution d'escalier ou par un palier intermédiaire ce qui produit toujours un effet disgracieux ; il est de bonne construction d'accuser bien franchement les fenêtres aux niveaux qu'elles doivent occuper, on devine ainsi de l'extérieur l'emplacement de l'escalier ;

8° Il est préférable d'éclairer les escaliers directement par des fenêtres placées dans la cage que de les éclairer simplement par une lanterne vitrée placée sur le comble.

Dans ce qui va suivre, nous étudierons les différents types d'escaliers en fer, les marches de ces escaliers pouvant être : en fer, en bois, en marbre ou en pierre. Ces escaliers pourront être hourdés ou non.

Dans certains de ces escaliers les limons à crémaillère sont seuls exécutés en fer, ce qui donne à la construction plus de légèreté apparente et plus de solidité ; on en fait aussi avec les marches seules en bois, les contre-marches et le limon étant métalliques.

Les escaliers ainsi composés offrent sur les escaliers tout en bois bien des avantages ; les limons en bois se composent, comme nous le savons, d'une série de pièces qui se transmettent les charges auxquelles elles sont soumises : il faut, pour leur assemblage, différents morceaux d'une grande précision et des armatures soigneusement exécutées.

Par suite du grand nombre de joints et de la dessiccation plus ou moins rapide des bois, les différents joints finissent par s'ouvrir, les pièces se gauchissent, il en résulte un affaiblissement du limon et quelquefois un dénivellement des marches qui se penchent alors du côté du jour de l'escalier.

Dans les escaliers en bois, les contre-marches servent simplement comme remplissage ou pour cacher le hourdis, dans les escaliers en fer, comme nous le verrons plus loin au chapitre *Stabilité*, elles fonctionnent comme de véritables petites poutres.

Les limons en fer peuvent s'exécuter d'une assez grande longueur sans joints, car ce ne sont, le plus souvent, que des fers plats ou des tôles découpées en crémaillères ; on peut, même à froid, leur donner la forme cintrée réclamée par les changements de direction.

Enfin, un avantage sérieux des escaliers en fer sur les escaliers en bois, c'est leur incombustibilité.

On fait aujourd'hui des escaliers en bois et fer presque aussi bon marché que les escaliers tout en bois.

Certains escaliers également très employés sont entièrement métalliques, nous en donnerons quelques exemples.

Dans les bâtiments montés à toute hauteur les murs de la cage des escaliers doivent avoir au minimum $0^m,25$ d'épaisseur s'ils sont en briques.

II. — Principaux termes employés dans l'étude et dans la construction des escaliers.

342. Nous rappelons ci-après les principaux termes employés dans la construction des escaliers en donnant pour chacun d'eux les renseignements indispensables pour une bonne exécution.

I. — Balancement

343. Quand un escalier présente, comme dans la plupart des escaliers de nos habitations, deux parties droites réunies par une partie demi-circulaire, la largeur des marches du côté de la rampe c'est-à-dire au collet se trouve tout à coup diminuée en passant de la partie droite à la partie courbe et l'inclinaison change brusquement, ce qui est dangereux et incommode.

Il faut alors, pour éviter cet inconvénient, répartir la diminution d'une manière progressive sur un plus grand nombre de marches. C'est ce qu'on appelle faire le *balancement* ou le *gironnement* des marches d'un escalier.

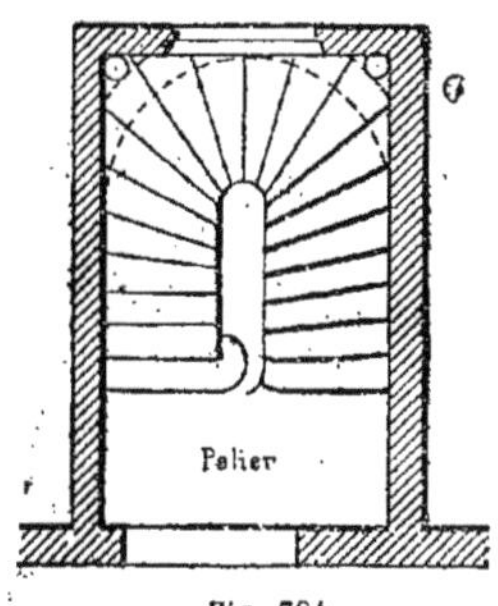

Fig. 784.

Ce balancement se fait pour les escaliers en fer de la même manière que pour les escaliers en bois; il a été longuement étudié dans la charpente en bois, il est donc inutile d'y revenir.

Fig. 785.

II. — Cage

344. On donne le nom de *cage* à l'espace vide de forme quelconque réservé dans un bâtiment pour y placer un escalier.

Les formes les plus généralement adoptées pour les cages d'escaliers sont :

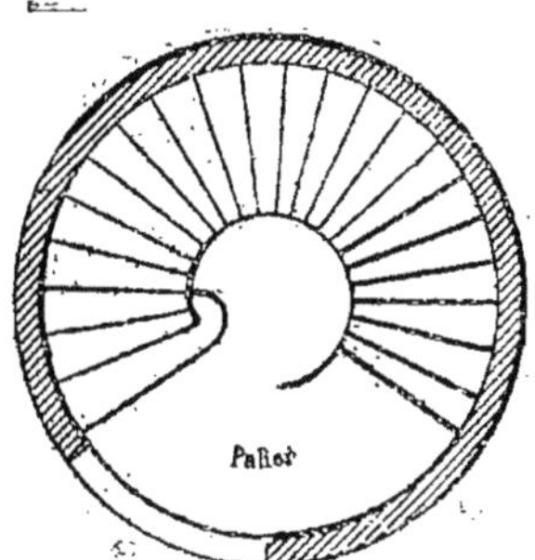

Fig. 786.

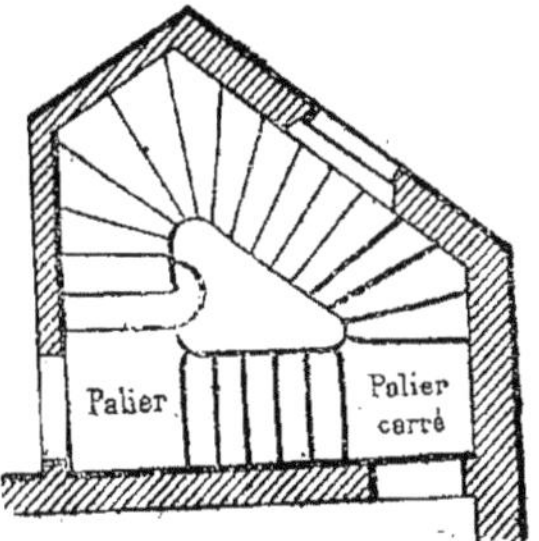

Fig. 787.

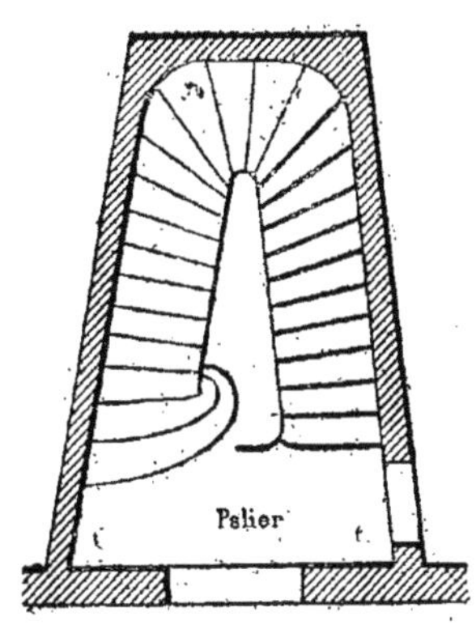

Fig. 788.

1° La forme rectangulaire (*fig.* 784);

2° La forme demi-ronde (*fig.* 785) ou elliptique;

3° La forme circulaire (*fig.* 786);
4° La forme triangulaire (*fig.* 787);
5° La forme trapézienne (*fig.* 788).

On peut faire des escaliers sans cage, ils sont alors placés au milieu d'un magasin ou de tout autre local et supportés par des colonnes.

III. — Calibres

345. On désigne ainsi des profils de limon ou autres parties d'un escalier en grandeur d'exécution découpés sur un carton, sur des voliges ou même sur des tôles et qu'on applique comme une règle sur les pièces métalliques pour y dessiner la forme qu'elles doivent avoir en exécution. Ces calibres servent à faire le tracé des différentes parties d'un escalier.

IV. — Échappée

346. On donne le nom d'échappée à la hauteur comprise entre le dessus des marches d'un escalier droit ou tournant

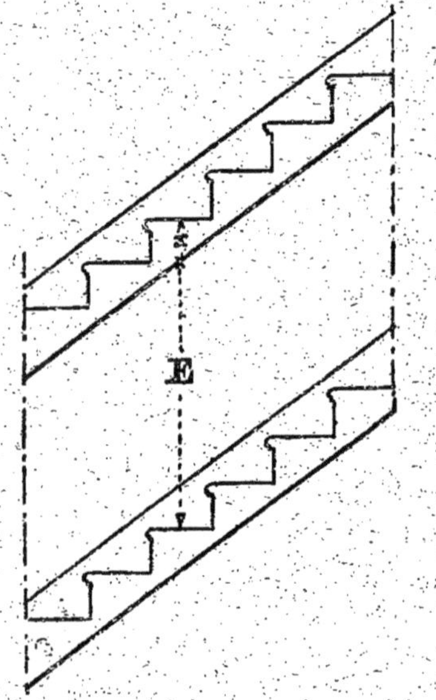

Fig. 789.

et le dessous de la révolution immédiatement placé au dessus; cette hauteur doit être suffisante pour permettre facilement le passage d'un homme. Son minimum est de $1^m,95$ à 2 mètres.

En désignant (*fig.* 789) cette échappée par E on voit qu'elle est égale à la hauteur qui sépare deux révolutions d'escalier placées l'une au-dessus de l'autre, moins l'épaisseur x qui comprend la hauteur d'une marche, plus l'épaisseur du hourdis.

Soit alors H la hauteur totale entre deux révolutions ou hauteur d'un étage, h la hauteur d'une marche et e l'épaisseur du hourdis ; l'échappée E sera donnée par la relation :

$$E = H - h - e.$$

V. — Échiffe ou Échiffre

347. On donne le nom d'échiffre à un mur dont la partie supérieure est rampante et porte le limon ou directement les marches d'un escalier. On dit dans ce cas *mur d'échiffre*.

Ce mur n'existe sous les escaliers en fer, et il soulage alors le limon, que lorsqu'il y a sous l'escalier une descente de cave.

VI. — Emmarchement

348. Dans une marche d'escalier, on désigne sous le nom d'emmarchement la longueur comprise soit entre l'intérieur du mur de la cage et la face intérieure du limon, soit entre le mur de la cage et la saillie de la marche sur la crémaillère, lorsque l'escalier est à crémaillère; c'est, en un mot, la plus grande dimension ou longueur exacte de la marche.

Cette longueur est rarement inférieure à $0^m,65$.

VII. — Giron

349. La largeur d'une marche mesurée au milieu de sa longueur se nomme le *giron*. On désigne aussi, d'une manière générale, sous le nom de giron, la partie horizontale d'une marche d'escalier sur laquelle on pose le pied.

Le giron est dit droit lorsqu'il a la même largeur sur toute la longueur de la marche; il est dit triangulaire lorsqu'il va en s'élargissant depuis le collet de la marche jusqu'à la partie engagée dans le mur.

Le giron doit être assez large pour y placer facilement le pied soit en montant soit en descendant. Cette largeur qui, en moyenne, varie de $0^m,25$ à $0^m,30$ se mesure sur la ligne de foulée.

Plus le giron est étendu, moins la marche doit être élevée, par exemple: pour un giron de $0^m,32$ on donne à la marche une hauteur de $0^m,14$; pour un giron de $0^m,25$ à $0^m,30$ on donne à la marche une hauteur de $0^m,16$.

Dans tous les cas les girons varient de $0^m,25$ à $0^m,40$ pour des hauteurs de marches variant de $0^m,11$ à $0^m,19$ maximum.

VIII. — Jour

350. On appelle *jour d'un escalier* l'espace vide placé au centre de la cage qui permet de voir depuis le haut de l'escalier, jusqu'au bas et qui est entouré par la face extérieure des limons ou des crémaillères.

La largeur minima qu'il faut donner à un jour d'escalier est de $0^m,25$ à $0^m,30$, ce qui permet de placer les barreaux de la rampe sur les limons; il n'y a pas de maximum, on peut donner au jour d'un escalier telle largeur et telle longueur qu'on désire.

IX. — Ligne de giron ou ligne de foulée

351. On désigne sous le nom de ligne de foulée la ligne tracée sur la projection horizontale d'un escalier parallèlement à la projection de la rampe; au milieu de la largeur des marches pour les escaliers de $0^m,65$ à $1^m,00$ d'emmarchement et à $0^m,48$ ou $0^m,50$ de la projection horizontale de la rampe pour les escaliers plus grands.

La ligne de giron ou ligne de foulée est ainsi nommée parce qu'elle est la projection de la ligne suivie en montant ou en descendant par une personne qui s'appuie sur la rampe. C'est sur cette ligne de foulée que se mesure la largeur de giron, largeur qui doit être la même pour toutes les marches afin de conserver une pente constante.

X. — Limons et faux limons

352. On donne le nom de *limon* à la partie d'un escalier qui reçoit les marches du côté du jour et sur laquelle on fixe la rampe supportant la main courante. Le limon prend généralement naissance avec les premières marches de l'escalier. Lorsque ces marches sont construites avec les mêmes matériaux que le limon on les désigne sous le nom de marches de limon.

On appelle *faux limon* un limon posé contre un mur ou placé le long d'une baie d'escalier et sur lequel vient s'assembler l'extrémité des marches au lieu de s'encastrer dans les parois de la cage de l'escalier.

La figure 790 nous donne en croquis deux exemples de faux limons, l'un placé

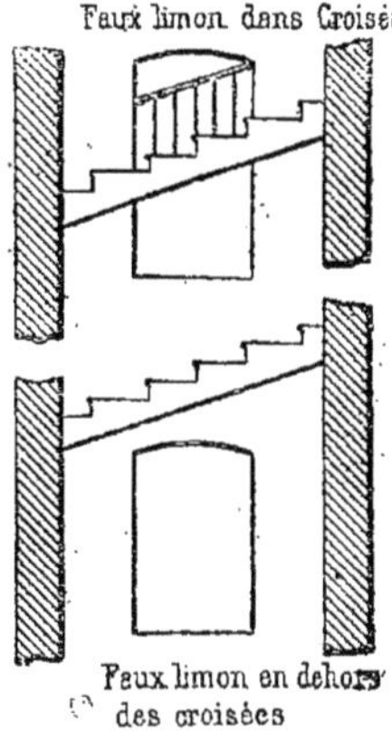

Fig. 790.

dans une croisée, l'autre en dehors d'une croisée.

Dans tous les escaliers, quelle que soit leur forme, le limon a une épaisseur verticale et une épaisseur horizontale constantes. Le solide qu'il forme, rectiligne ou courbe, peut toujours être regardé comme engendré par un rectangle vertical.

Les limons d'escaliers ordinaires sont souvent plus épais et font saillie au-dessus des marches et au-dessous du plafond. Ils sont ordinairement ornés, sur les angles, de moulures plus ou moins riches dont les profils sont tracés dans ce même rectangle, pour que leur génération soit assujettie à la même loi que celle des limons.

On dissimule souvent le limon en l'entaillant en face des marches de façon à ce qu'il présente une suite de gradins sur lesquels reposent les extrémités des marches. Le limon est alors dit *limon taillé en crémaillère*.

Différentes sections données aux limons.

353. Les limons, dans les escaliers en fer peuvent prendre plusieurs formes. La plus simple est évidemment (*fig.* 791) un fer plat dont la hauteur peut varier de 0m,20 à 0m,40 et l'épaisseur de 0m,005 à 0m,010 maximum; au-dessus de cette épaisseur le travail mécanique devient très difficile.

0m,20 à 0m,40

0m,005 à 0m,010.

Fig. 791.

Lorsqu'on a besoin d'une plus grande résistance on se sert (*fig.* 792) soit d'un fer en U placé verticalement et dont les ailes sont à l'extérieur ; soit d'un fer plat doublé haut et bas d'une cornière ; soit d'un fer I ailes ordinaires du commerce ou même d'un limon composé en tôle et cornières.

Les limons des escaliers en fer ne sont

Fig. 792.

pas toujours aussi simples ; on les compose souvent, comme nous allons l'indiquer, soit (*fig.* 793) de deux tôles dont l'une, placée extérieurement et ne recevant aucun assemblage, est plus mince que l'autre, ces deux tôles étant réunies haut et bas par des pièces en bois de chêne plus ou moins moulurées ; soit (*fig.* 794) d'une véritable poutre servant d'ossature métallique revêtue de stuc. Sur cette poutre, sont fixés les différents petits fers destinés à maintenir le stuc sur tout le développement du limon.

Fig. 793.

Différentes formes de limons.

354. Les limons, par rapport à leur plan peuvent, comme nous l'avons indiqué dans la charpente en bois, être *droits*, *courbes* ou *mixtes*.

Quelle que soit leur forme ils contiennent toujours quatre faces, savoir :

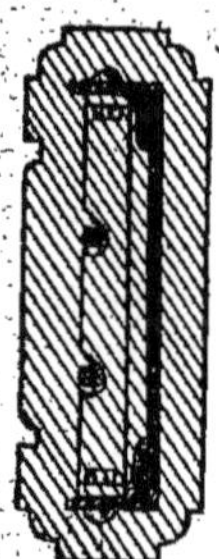

Fig. 794.

La face *supérieure* qui reçoit la rampe ;

La face *inférieure* ou face de plafond ;

La face *intérieure* qui reçoit l'assemblage des marches ;

La face *extérieure* qui est la face vue dans le jour de l'escalier.

Lorsque le limon est en tôle et découpé en crémaillère, les entailles, comme le montrent les figures 795 et 796, sont un peu différentes suivant que les marches sont en bois ou en pierre. La figure 795 nous montre un limon à crémaillère dé-

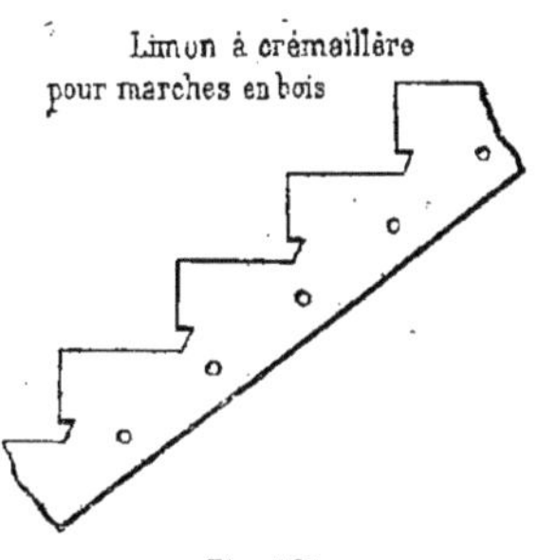

Fig. 795.

coupé pour marches en bois ; la figure 796 donne un exemple pour l'emploi de

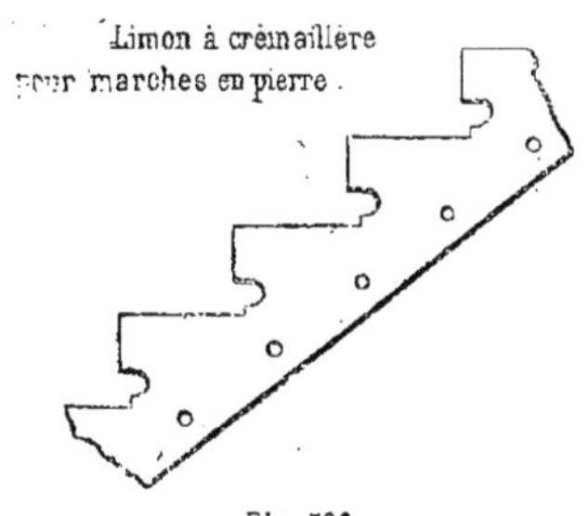

Fig. 796.

marches en marbre ou en pierre dure ou liais.

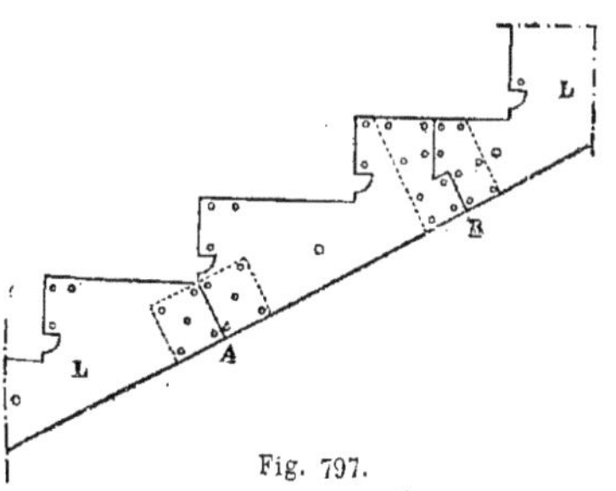

Fig. 797.

La jonction de deux parties de limon taillé en crémaillère se fait comme nous l'indiquons (*fig.* 797) soit avec un joint droit A, soit avec un joint spécial comme nous l'indiquons en B dans la même figure. Dans les deux cas, on place un couvre-joint en tôle indiqué en pointillé dans la figure, ce couvre-joint est fixé sur le limon soit avec des vis, soit avec des rivets à têtes fraisées.

XI. — Marches

355. On donne, dans un escalier, le nom de *marche* à la partie horizontale sur laquelle on pose le pied. La première marche se nomme *marche de départ;* la dernière *marche d'arrivée.*

La marche qui correspond à la hauteur d'un palier se nomme *marche palière.* La première marche, d'un étage intermédiaire, placée immédiatement au-dessus du sol d'un palier est la *marche de remontoir.*

Différentes parties d'une marche.

356. Dans une marche, on distingue :

1° La *contre-marche* qui forme le devant de la marche;

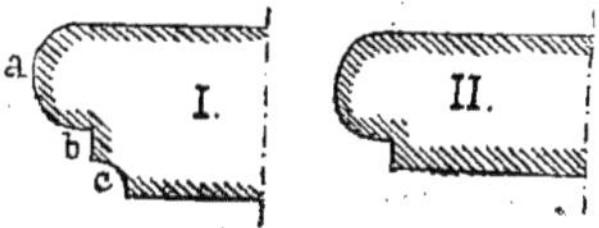

Fig. 798.

2° Le *giron* qui est le dessus, où l'on pose le pied;

3° L'*emmarchement* ou la largeur de la marche.

Lorsqu'une marche est moulurée sur son arête en saillie sur la contre-marche on la nomme *marche astragalée.* Les moulures nommées *astragales* ont ordinairement, pour profil, lorsque la marche est en bois, un *quart de rond a*, un *réglet b* et un *congé c*, comme nous l'indiquons (*fig.* 798). Dans les escaliers en fer on supprime souvent aux marches en bois le congé *c* en I (*fig.* 798) et la coupe de la marche prend la forme indiquée, en II (même figure). Lorsque les marches sont en marbre ou en pierre les profils sont encore plus simples, nous indiquons les principaux (*fig.* 799).

Les marches, comme le montre le cro-

Fig. 799.

quis (*fig.* 800), peuvent prendre en plan plusieurs formes. La légende suivante

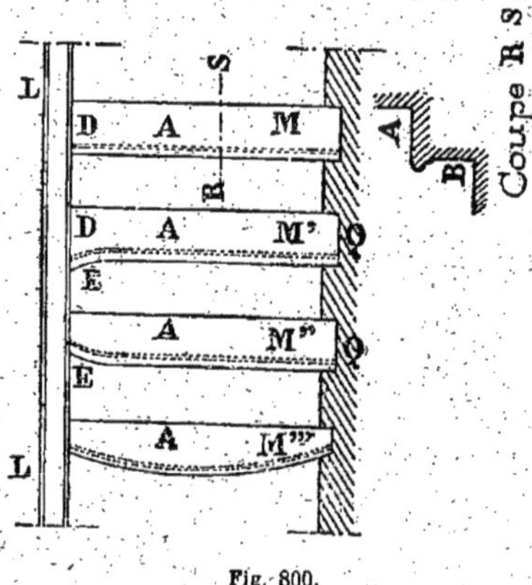

Fig. 800.

fera facilement comprendre les différentes dispositions indiquées dans cette figure.

Légende de la figure 800.

A, Face horizontale des marches ou *giron*, cette face est toujours plane.

B, *Contre-marche* nommée aussi *pas*, *devant de la marche*, *hauteur de la marche*, qui peut être plane (marche M) ou courbe (marche M'''). Lorsque l'extrémité des marches M' et M'' est un peu arrondie dans un sens ou dans l'autre en E on dit que la marche *est adoucie sur son plan*.

La contre-marche B qui, le plus souvent est verticale peut, dans les escaliers de caves ou autres escaliers de peu d'importance être un peu inclinée pour augmenter un peu le giron.

Q, Cette partie de la marche scellée dans le mur se nomme *queue de la marche*.

D, La partie D de la marche fixée sur le limon se nomme *collet de la marche*.

Différents noms donnés aux marches suivant leurs formes.

357. Les marches suivant leurs formes peuvent prendre différents noms que nous allons indiquer :

1° *Marches carrées*. On désigne sous le nom de *marches carrées* celles qui offrent partout la même largeur. Ces marches sont aussi connues sous le nom de *marches droites*. Le giron étant compris entre deux lignes parallèles, il en résulte que pour ces marches le giron, le collet et la queue ont des longueurs égales ;

2° *Marches dansantes*. On donne ce nom aux marches qui coupent obliquement la ligne de foulée ; on en trouve des exemples dans le balancement des marches d'un escalier ;

3° *Marches biaises*. Ce sont des marches qui ont partout la même largeur mais dont les extrémités ne sont pas coupées d'équerre à la face antérieure ;

4° *Marches rayonnantes ou tournantes*. On donne ce nom aux marches placées suivant les rayons d'un cercle ; par exemple les escaliers dans les cages circulaires ;

5° *Marches courbes ou marches cintrées*. Ce sont celles dont les bords décrivent une courbe ;

6° *Marches d'angle*. Ce sont des marches tournantes de plus grande largeur que les autres marches ; elles déterminent souvent le milieu d'un quartier tournant ou d'un escalier à jour rectangulaire;

7° *Marches moulurées*. Ce sont celles qui portent une *astragale* sur leur arête;

8° *Marches rampantes*. Ce sont des marches particulières dont la surface supérieure est inclinée au lieu d'être horizontale;

9° *Marches contreprofilées*. On désigne ainsi les marches d'un escalier à crémaillère dont la face en retour est visible dans le jour de l'escalier;

10° *Marches palières*. On désigne ainsi les marches qui forment le rebord d'un palier de repos ou d'un palier d'arrivée.

11° *Marche de départ*. C'est la première marche d'un escalier, elle se fait le plus souvent en pierre dure.

XII. — Paliers

358. Les paliers sont des girons plus étendus que ceux des marches, ce sont en réalité des portions de planchers plus ou moins étendus, distribués à diverses distances dans la hauteur d'un escalier et servant de repos soit entre les différents niveaux des étages soit à l'entrée des logements de ces étages.

Les paliers correspondant à chaque étage d'un bâtiment prennent le nom de cet étage; on dit : palier du 1er, 2e, 3e étage, etc.

Le premier et le dernier sont nommés palier de *départ* et d'*arrivée;* ceux qui sont intermédiaires se nomment *paliers de repos*.

On donne le nom de *demi-palier* à un palier carré ayant comme côté la longueur des marches et situé à demi-étage.

Il ne convient pas de placer de suite plus de 21 marches sans les séparer par un palier de repos.

La distance verticale de deux paliers successifs ne doit pas s'écarter beaucoup de 2m,50 à 3 mètres.

La figure 784 nous donne un exemple d'escalier très souvent employé dans nos maisons d'habitation avec cage rectangulaire et un seul palier de départ et d'arrivée. Dans certains cas, la cage est arrondie aux angles comme nous l'indiquons en pointillé dans cette figure; on peut alors placer dans les angles des tuyaux de descente.

La figure 785 nous donne le même exemple de palier dans une cage demi-circulaire.

La figure 801 nous donne un exemple

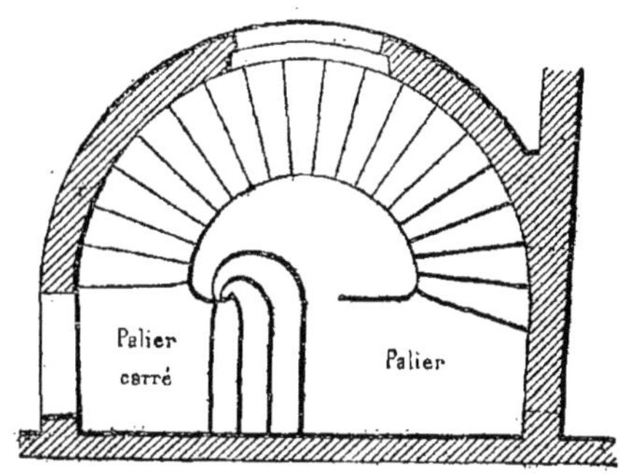

Fig. 801.

de l'application d'un *palier carré;* la figure 802 nous montre une solution avec *paliers de repos;* la figure 803 représente un escalier avec un grand palier à mi-étage; enfin la figure 786 nous donne la disposition du palier dans une cage circulaire.

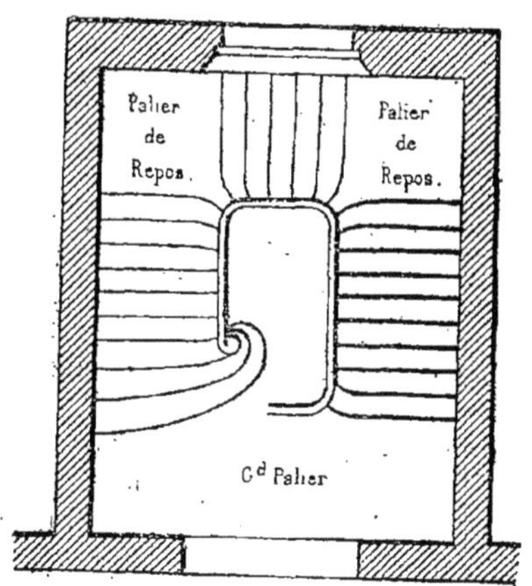

Fig. 802.

XIII. — Rampe

359. On donne souvent au mot *rampe* la même signification qu'au mot *volée*. On appelle *rampe par ressaut*, une rampe dont le contour est interrompu par des paliers, ou quartiers tournants.

On désigne aussi sous le nom de *rampe*

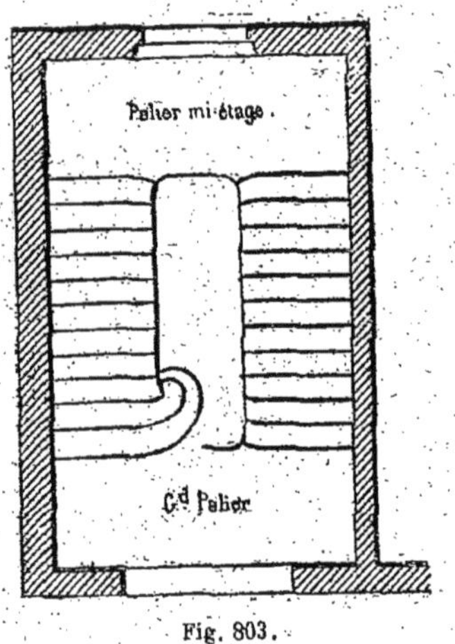

Fig. 803.

d'escalier la balustrade d'appui fixée sur le limon ou sur les extrémités des marches du côté du jour.

XIV. — Volée

360. On donne le nom de *volée* à une suite non interrompue de marches comprises entre deux paliers. Le nombre des marches formant une volée et qui est généralement impair varie ordinairement de 3 à 21.

Lorsque la volée est courbe, elle prend le nom de *quartier tournant.*

III. — Dimensions et proportions des marches.

361. Pour les escaliers ordinaires de nos habitations, on donne aux marches de 0m,25 à 0m,27 de giron ou de largeur mesurée sur la ligne de foulée et 0m,16 d'élévation ou de hauteur.

Pour les escaliers de service, la hauteur peut atteindre 0m,19, mais il est convenable de ne jamais dépasser cette hauteur, parce que des marches plus élevées deviennent de véritables casse-cou, surtout pour la descente. Il faut n'atteindre cette limite de 0m,19 que lorsque la place est restreinte et qu'il est impossible de faire autrement.

La longueur des marches varie :

Pour les grands escaliers de 1m,62 à 1m,95 ;

Pour les escaliers moyens de 1m,30 à 1m,46 ;

Pour les petits escaliers de 0m,97 à 1m,14 ;

Pour les escaliers de service de 0m,65 à 0m,81.

Formule simple pour trouver la largeur et la hauteur des marches.

362. On peut déterminer la hauteur ou la largeur des marches d'escaliers, quand l'une de ces dimensions est connue, à l'aide de la formule empirique suivante :

$$l + 2h = 0^m,65$$

dans laquelle : h est la hauteur de la marche ;

l, sa largeur ou giron.

Le nombre 0m,65 est la longueur ordinaire du pas d'infanterie.

Si nous supposons un plan horizontal il faut faire, dans la formule précédente, $h = o$ et on trouve $l = 0^m,65$ qui est la longueur du pas moyen de l'homme.

Si nous supposons $l = o$, la formule donne :

$$2\,h = 0^m,65 \text{ ou } h = 0^m,325.$$

C'est alors le cas d'une échelle verticale.

Nous savons, en effet, que l'écartement ordinaire des échelons d'une échelle est de 0m,32 à 0m,325.

Si, dans la formule précédente, nous faisons successivement :

$l = 0^m,27,\ 0^m,30,\ 0^m,32,\ 0^m,35$ et $0^m,38$ nous trouvons, pour valeurs correspondantes de h :

$h = 0^m,19,\ 0^m,175,\ 0^m,165,\ 0^m,15$ et $0^m,135$, valeurs qu'on peut employer en pratique.

IV. — Différentes formes des marches d'escaliers en fer.

363. Les marches et les contre-marches des escaliers en fer peuvent prendre plusieurs formes suivant la matière dont elles sont composées, nous les diviserons comme suit :

1° Marches et contre-marches en fer et maçonnerie ;

2° Marches et contre-marches en bois ;

3° Marches en bois, pierre ou marbre et contre-marches en fer ;

4° Marches en tôle sans contre-marches ;

5° Marches et contre-marches en fer.

1° Marches et contre-marches en fer et maçonnerie.

Ces marches, dont nous donnons un croquis (*fig.* 804), sont construites en maçonnerie M de meulière et ciment avec enduit en ciment E à la partie supérieure et le long de la face verticale servant de contre-marche.

L'arête de la marche est formée par une

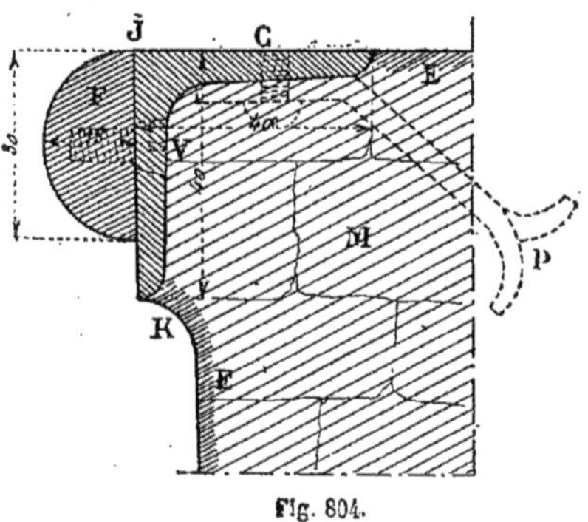

Fig. 804.

cornière C à ailes égales de $\frac{40 - 40}{5}$ sur laquelle on fixe un fer demi-rond F de 30/15 à l'aide d'une vis V. Les deux extrémités de la cornière C s'encastrent dans les murs de la cage de l'escalier de 0m,10 à 0m,15 de longueur formant scellement. Au milieu de la longueur de cette cornière on place une patte à scellement P destinée à bien la maintenir sur la maçonnerie. L'enduit vertical E se raccorde avec la cornière à l'aide d'un quart de cercle K.

Cette forme de marche très simple est aujourd'hui fréquemment employée pour les escaliers de caves ou escaliers d'usines et donne de bons résultats.

L'inconvénient de l'emploi du fer demi-rond fixé sur la cornière est le suivant : les cercles des tonneaux ou les caisses qu'on descend exercent une forte pression d'arrachement sur ce fer demi-rond, il en résulte, au bout d'un certain temps, une séparation des deux fers en J, le joint

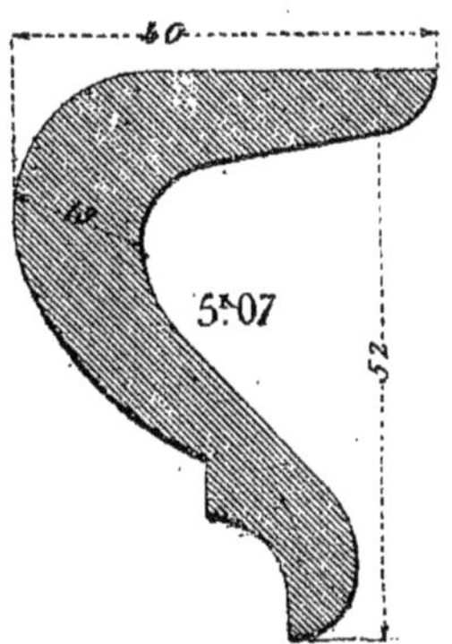

Fig 805.

s'ouvre et le fer demi-rond finit par se séparer de la cornière.

Pour y remédier on a donné à ce fer pour marches d'escalier la forme indiquée

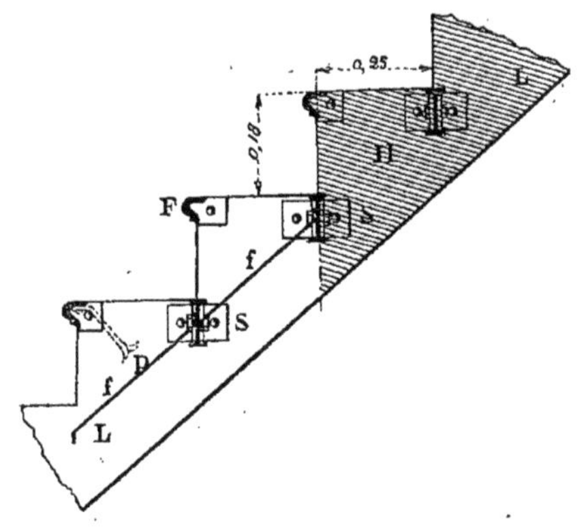

Fig. 806.

(*fig.* 805). Ce fer est laminé d'une seule pièce, pèse environ 5k,07 le mètre courant et s'emploie avantageusement pour les escaliers dont nous venons de parler. On fixe, comme précédemment, des pattes à scellement pour les maintenir sur leur longueur.

Nous donnons (*fig.* 806) une application

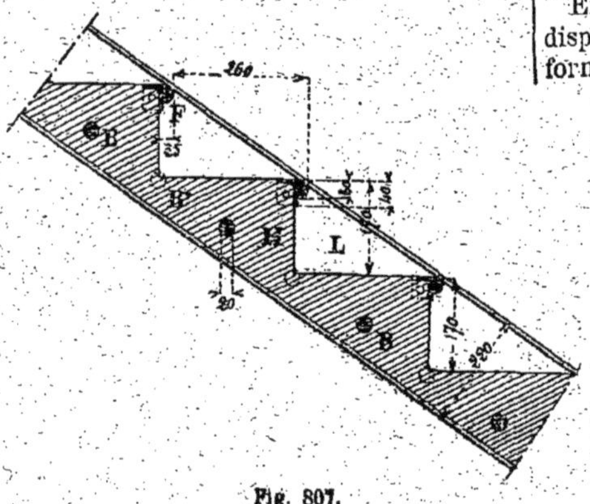

Fig. 807.

de ces fers aux marches d'un escalier à crémaillère. Le fer spécial F est ici supposé fixé aux deux extrémités sur des limons L taillés en crémaillère et ayant cinq millimètres d'épaisseur.

L'écartement entre les limons, qui peut être de $0^m,80$ à 1 mètre, est assuré par une série de fers ⌶ S de $0^m,08$ *a. o.*; afin de bien maintenir le hourdis H en place, d'un fer à l'autre et maintenus avec de simples rivets, des fers plats *f* de $^{40}/_7$, servant d'entretoises. Des pattes à scellement P fixent invariablement le milieu des marches au hourdis.

La figure 807 nous donne une autre application avec les angles de marche formés d'une cornière et d'un fer demi-rond.

Les limons sont composés de deux fers ⌶, de $0^m,22$ *a. o.*, maintenus à écartement invariable par des boulons B de 20 millimètres de diamètre. D'autres boulons B' indiqués en pointillé, servent à fixer les barreaux de la rampe comme nous le verrons plus loin.

La figure 808 nous indique une troisième application faite à un perron en fer et maçonnerie. Les fers formant nez de marches sont, d'un côté scellés dans le mur du bâtiment et de l'autre côté reposent sur une crémaillère C en fer carré de 25 millimètres.

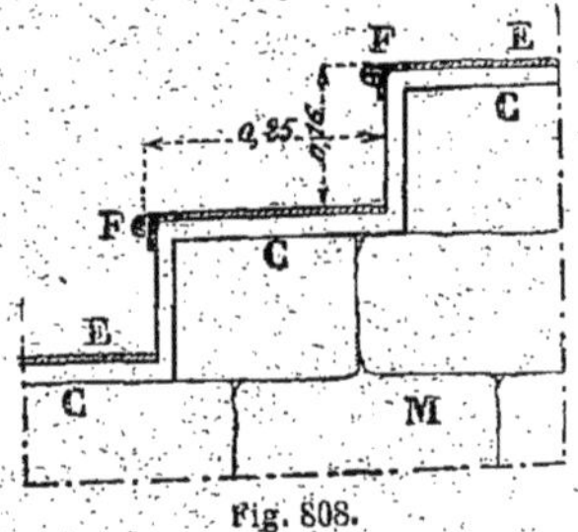

Fig. 808.

L'épaisseur de la cornière au-dessus du fer carré, est continuée par un enduit en ciment E, le reste de la disposition se fait comme précédemment.

Enfin, la figure 809 nous indique une disposition de marches dont l'arête est formée par une simple cornière C. Les limons P sont de petites poutres en treillis très légères et dont l'écartement est maintenu à l'aide d'un fer à simple T ou

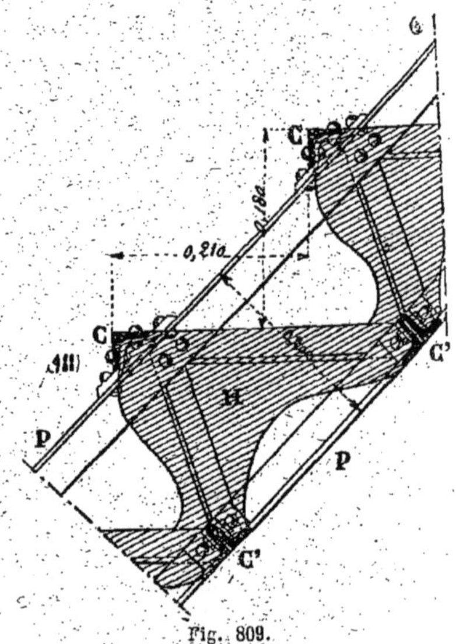

Fig. 809.

de deux cornières C' rivées ensemble.

Le hourdis en maçonnerie H pour être moins lourd est évidé en dessous. Le dessus des marches est enduit en ciment ainsi que les contre-marches qui sont ici évidées pour donner plus de place au pied.

Les cornières C sont fixées sur les limons à l'aide d'un fer carré contourné à la demande.

2° Marches et contre-marches en bois.

Nous donnons (*fig.* 810, 811 et 812) trois exemples de marches pour escaliers en fer, les marches et contre-marches étant en bois.

Dans le premier (*fig.* 810), le limon L, taillé en crémaillère est en tôle de six millimètres d'épaisseur. Les marches M et

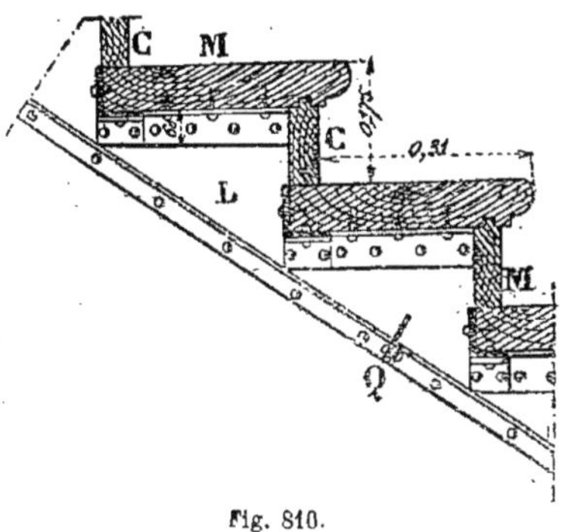

Fig. 810.

les contre-marches C, sont en bois des dimensions courantes soit 0m,034 d'épaisseur pour les marches et 0m,027 pour les contre-marches.

Les deux limons sont reliés entre eux par des cornières soutenant l'extrémité de chaque marche et recevant ainsi, transmis par la contre-marche, le poids des personnes.

Les marches sont fixées sur les limons à l'aide de cornières comme le montre facilement la figure.

Afin de raidir la partie inférieure du limon en tôle, on y ajoute sur la rive une cornière comme nous l'indiquons en coupe par la lettre Q. Un escalier exécuté avec des marches de ce genre peut rester apparent en dessous, sans hourdis.

Dans la deuxième disposition (*fig.* 811) les limons L sont formés d'une poutre en tôle et cornières. Sur la partie haute de cette poutre, on fixe un fer carré X en forme de crémaillère, sur laquelle s'appuient les marches et les contre-marches.

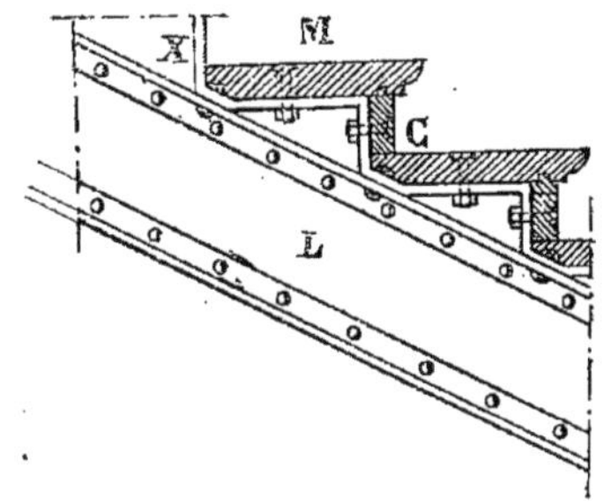

Fig. 811.

Les marches et les contre-marches sont fixées sur cette crémaillère à l'aide de boulons, dont les têtes sont noyées dans le bois.

La troisième disposition (*fig.* 812) est encore plus simple, les marches sont fixées sur le limon avec des cornières du commerce. Cette disposition est plus employée pour les passerelles que pour les escaliers ordinaires.

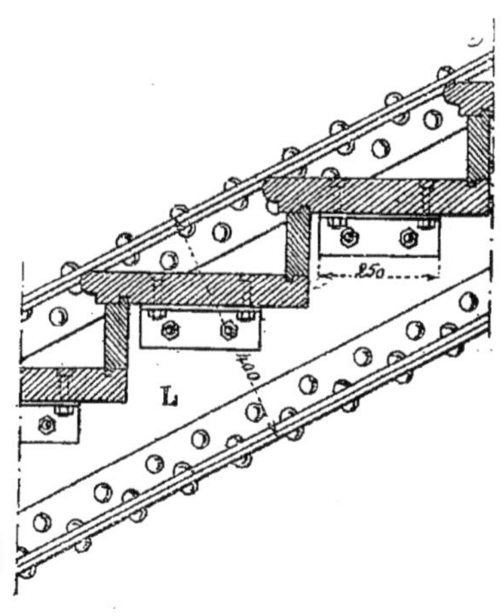

Fig. 812

3° Marches en bois, pierre ou marbre et contre-marches en fer.

Les figures 813, 814, 815, 816 et 817 nous donnent des exemples de marches en bois, pierre ou marbre avec contre-marches en tôle ou fers du commerce.

La figure 813 donne en croquis des marches en chêne de $0^m,054$ d'épaisseur fixées sur des contre-marches en tôle de 4 millimètres d'épaisseur solidement maintenues sur les limons L à l'aide de cornières Le limon est en tôle et a $0^m,008$ d'épaisseur.

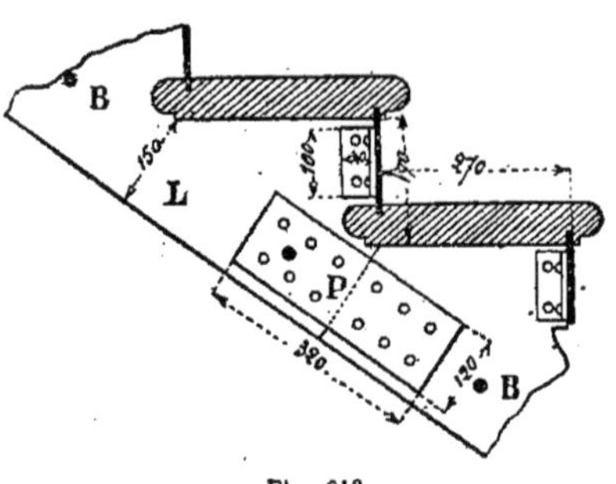

Fig. 813.

Des boulons B servent à fixer les barreaux de la rampe et de distance en distance servent aussi à maintenir l'écartement entre les deux limons.

En P nous indiquons l'assemblage de deux parties de limon. La figure 814 nous montre une autre disposition également simple dont la désignation suivante sous forme de légende fera comprendre facilement les diverses parties :

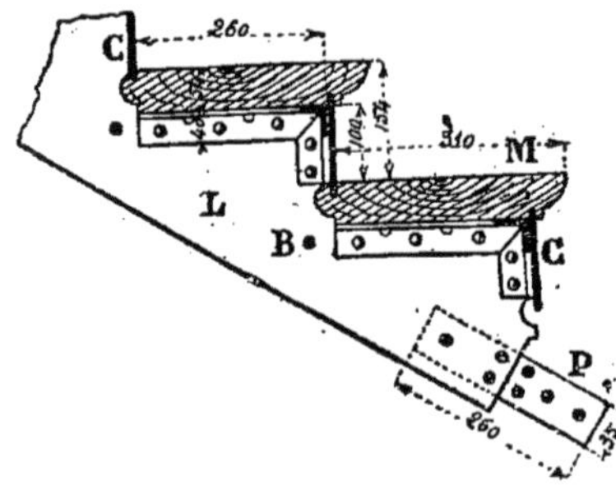

Fig. 814.

L, Limon en tôle de $0^m,006$;

C, Contre-marches en tôle de $0^m,0018$;

M, Marches en chêne de 0,054 d'épaisseur ;

B, Trous d'assemblage avec la rampe, diamètre $0^m,015$.

L'assemblage de la marche et de la contre-marche au limon se fait à l'aide d'une cornière du commerce de $\frac{40 - 40}{5}$.

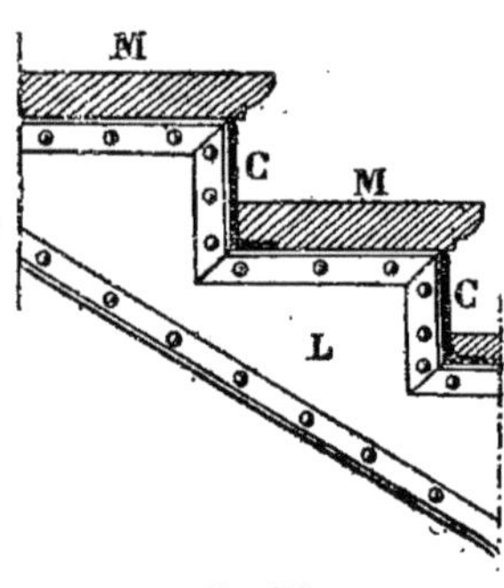

Fig. 815.

La figure 815 nous donne un exemple très simple de l'emploi des cornières à branches inégales comme contre-marches, la disposition est très simple et se comprend à la seule inspection de la figure.

La figure 816 nous représente une forme de marche aujourd'hui très fréquemment employée, la légende ci-dessous en fera comprendre les différentes parties.

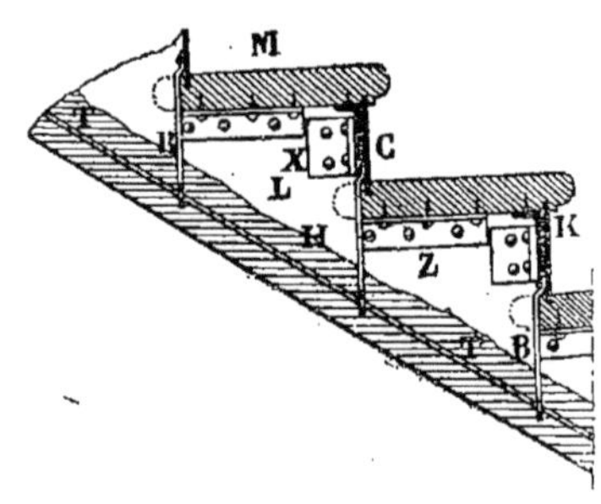

Fig. 816.

Légende de la figure 816.

L, Limon, tôle de $0^m,005$ jusqu'à longueur de 1m,10; 0m,006 pour 1m,40; 0m,007 au-delà;

C, Contre-marche de 0m,0035;

M. Marche en chêne de 0m,034;

B, Brides portant les tringles en fer T de 0m,0035 sur 0m,03 (bandelettes de tôles);

T, Tringles portant le hourdis — une, tous les 0m,13 à 0m,14 (fer carré de 0m,008);

Z, Assemblage de la marche au limon, cornière de 0m,040;

X, Assemblage de contre-marche au limon, cornière de 0m,080;

K, Assemblage de la marche avec la contre-marche, 3 équerres de 0m,040;

H, Hourdis platras et plâtre de faible épaisseur.

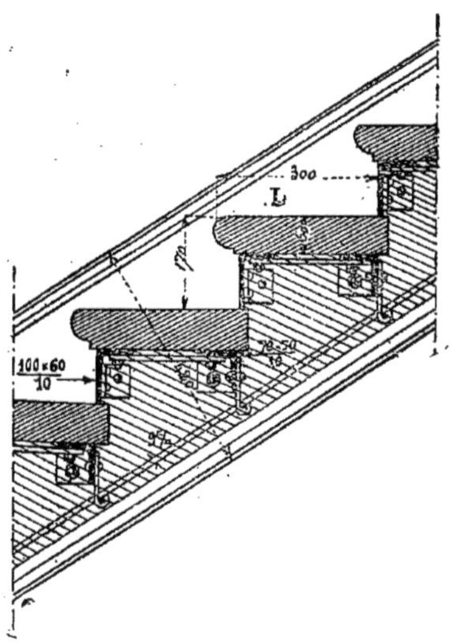

Fig. 817.

La figure 817 donne une disposition analogue à la précédente, dans ce cas les marches sont en pierre dure de 0m,06 d'épaisseur; elles reposent sur une contre-marche formée par une cornière à ailes inégales et une sous-marche formée par une cornière à ailes égales dont les dimensions sont indiquées dans le croquis. Ces deux cornières sont maintenues à distance invariable par un fer plat solidement boulonné sur chacune des ailes de ces cornières.

Nous retrouverons cette disposition dans l'étude des divers types d'escaliers et nous y reviendrons.

Nous plaçons ici un autre type de marches (*fig.* 818); dans cet exemple les marches et les contre-marches sont en

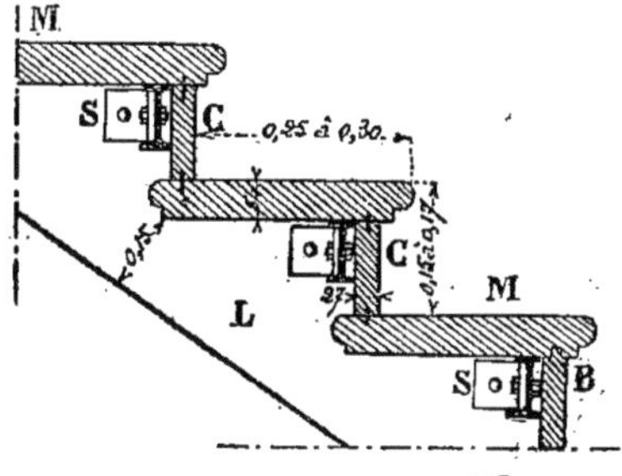

Fig. 818.

pierre, elles reposent sur un limon L taillé en crémaillère et sur des fers I de 0m,08 *a. o.*, servant aussi à maintenir l'écartement des deux limons. L'assemblage des marches aux contre-marches, est très simple, de petits goujons métalliques comme l'indique la figure ou à rainure et languette comme nous le montrons en B, dans la même figure.

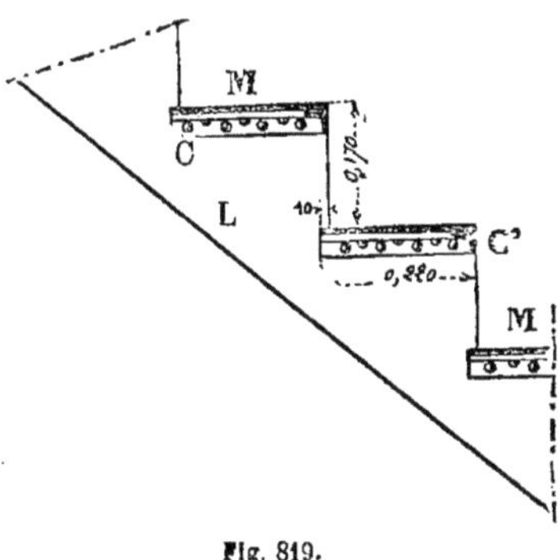

Fig. 819.

4° Marches en tôle sans contre-marches.

On fait aussi (*fig.* 819) des escaliers d'usine très simples se composant : d'un limon L taillé en crémaillère, de marches M en tôle striée maintenues fixes sur le limon à l'aide de cornières C et raidies sur l'angle par des cornières C'. Cette dispostion de marches est très simple et est souvent employée pour les escaliers d'ateliers ou d'usines.

5° Marches et contre-marches en fer.

Nous donnons (*fig.* 820 et 821) deux croquis de ce genre de marches et contre-marches.

Le premier (*fig.* 820) nous montre des marches et contre-marches en tôle coudées à la demande et fixées sur les limons L à l'aide de cornières du commerce. Des boulons B maintiennent l'écartement des deux

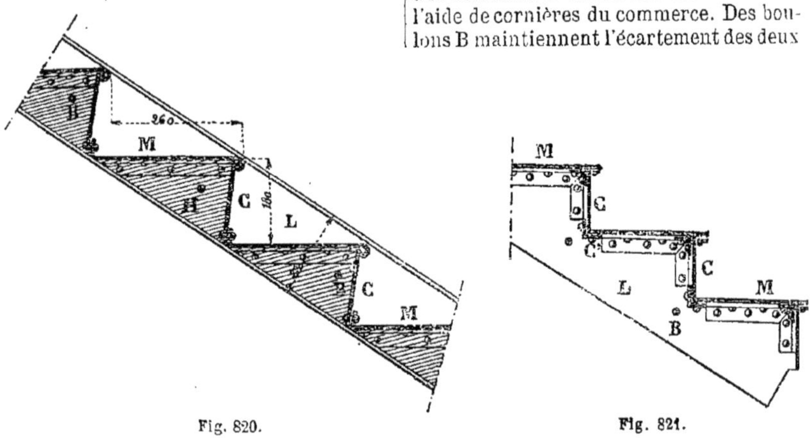

Fig. 820. Fig. 821.

limons. Un hourdis plein H est exécuté en dessous de ces marches.

La deuxième disposition (*fig.* 821) est également très simple, dans ce cas le dessous de l'escalier peut rester apparent. Sur les bords de la marche et pour la raidir on place un petit fer mouluré du commerce. Cette disposition a l'inconvénient d'employer beaucoup de fer.

§ V. — *ESCALIERS TRÈS SIMPLES*

PLAN INCLINÉ. — ÉCHELLE. — ÉCHELLE DE MEUNIER

I. — Plan incliné.

364. Le plan incliné sert à raccorder deux plans parallèles par un chemin permettant de faire passer les hommes et les marchandises de l'un à l'autre.

La manière la plus simple d'exécuter en fer ce plan incliné consiste à placer, comme nous l'indiquons (*fig.* 822), deux fers à T simple F scellés à chaque extrémité et recevant, comme le montre le croquis, une tôle T striée de manière à empêcher le glissement.

Ce système est employé dans les usines pour raccorder deux niveaux différents lorsque la hauteur h n'est pas trop grande; si cette hauteur est grande et nécessite une pente assez forte, il faut alors visser sur la tôle des fers plats de distance en distance, pour retenir le pied ou les marchandises, tonneaux ou caisses, qu'on fait passer de l'un à l'autre.

Il y a bien d'autres manières de construire les plans inclinés, mais nous ne les indiquerons pas, leur emploi étant très restreint.

Le plan incliné a l'inconvénient de prendre beaucoup de place.

II. — Échelle.

365. Lorsqu'un homme doit passer d'un plan à un autre et que la distance

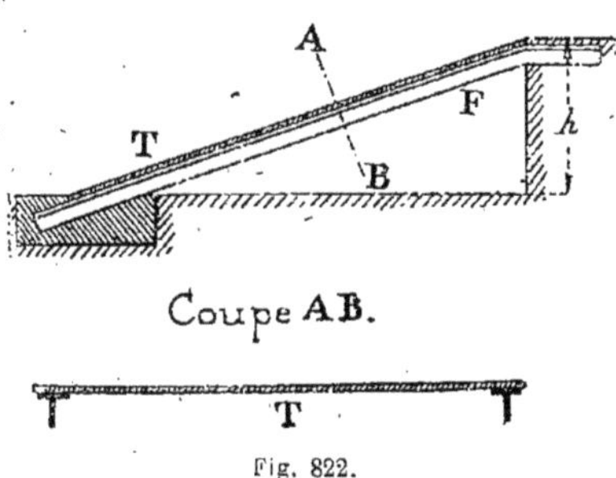

Fig. 822.

entre ces plans est relativement grande, il se sert d'un appareil connu de tout le monde sous le nom d'*échelle*.

Une échelle quels que soient les matériaux employés à la construire se compose le plus souvent, de deux longues pièces ou montants réunis entre eux par une série de barres transversales appelées *échelons*, distribués à des distances égales.

Les échelles sont des engins employés dans tous les chantiers et qui peuvent, suivant leur destination, prendre plusieurs formes.

On fait aussi, soit pour descendre dans les puits, soit pour monter le long des murs pignons pour le nettoyage et la pose des conduits de fumée, soit enfin pour monter dans les cheminées d'usines, des échelles composées avec de simples échelons en fer rond coudés et scellés directement dans la maçonnerie comme l'indiquent les croquis (*fig.* 823 et 824).

Lorsque le mur est droit, les échelons E (*fig.* 824) sont scellés perpendiculairement à ce mur, lorsque le mur est cintré, comme dans l'intérieur des cheminées

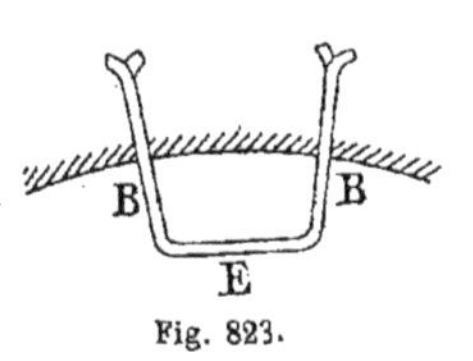
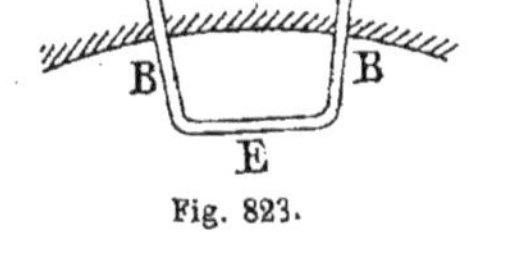

Fig. 823.

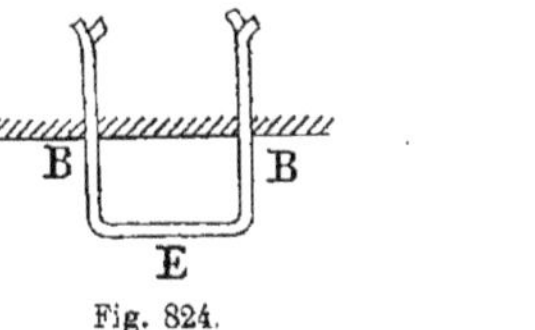

Fig. 824.

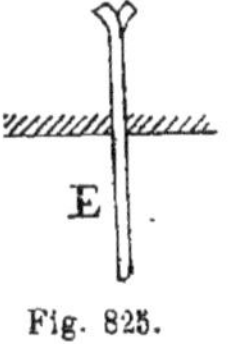

Fig. 825.

d'usines (*fig.* 823), les deux branches de l'échelon E sont dirigées suivant le rayon.

On se sert aussi (*fig.* 825) d'échelons formés par de simples tiges de fer scellées d'un bout dans le mur.

La distance la plus convenable à donner entre deux échelons est de $0^m,32$ pour une échelle verticale. Cette distance est, comme nous le savons, la moitié de la longueur du pas moyen d'un homme marchant sur un plan horizontal.

Les échelles composées comme nous venons de l'indiquer d'échelons scellés dans un mur séparatif non mitoyen exigent pour celui qui en fait usage l'achat d'une partie du mur ne lui appartenant pas. La largeur à acquérir est de la moitié de la largeur occupée à plomb de la plus grande saillie de l'échelle, plus un *pied d'aile*

Fig. 826.

($0^m,32$) au-delà de chaque côté de ladite échelle.

Les échelles en fer les plus usitées sont formées (*fig.* 826) de deux montants M en fers plats posés de champ et recevant régulièrement espacés une série de barreaux B en fer rond rivés à leurs deux extrémités sur les montants M.

On termine souvent ces montants par une partie recourbée C permettant d'accrocher l'échelle et éviter son glissement par le pied.

III. — Échelle de meunier.

366. On désigne sous le nom d'échelle de meunier une échelle en fer simple dans laquelle on remplace les échelons par des tôles striées et les montants par de larges fers plats ou par d'autres fers du commerce, fers en U fers en I, etc...

C'est un escalier droit avec marches sans contre-marches servant à monter dans les greniers, lorsqu'il est en bois, ou sur le dessus des chaudières ou de tout autre

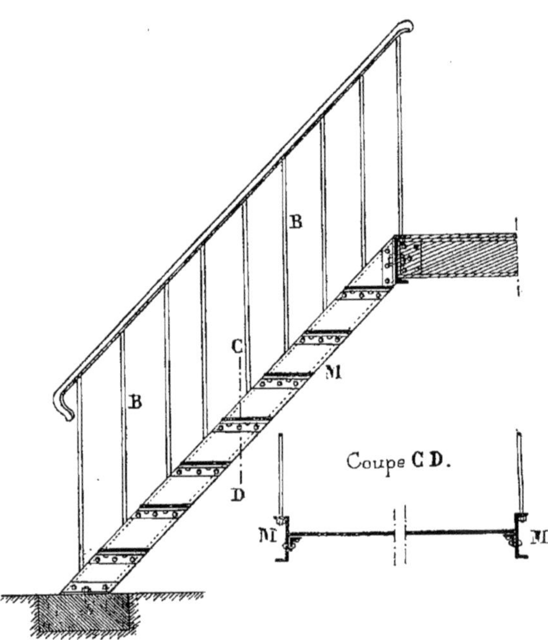

Fig. 827.

partie d'une usine lorsqu'il est en fer.

Nous donnons (*fig.* 827) en croquis un exemple d'échelle de meunier dont les montants M sont formés de deux fers en U sur lesquels on fixe, à l'aide de cornières, des marches en tôle striée.

Les barreaux de la rampe, peuvent se fixer directement sur les ailes supérieures des fers en U.

Bien d'autres combinaisons sont possibles on peut remplacer les fers U par de simples fers plats ou par des fers I. Leur emploi étant très limité nous ne nous y arrêterons pas plus longtemps.

§ VI. — DIFFÉRENTS TYPES D'ESCALIERS EN FER

I.— Définitions et notions générales.

367. Comme pour les escaliers en bois, les escaliers en fer peuvent se construire de bien des manières, nous nous contenterons, dans ce qui va suivre, d'étudier les principaux types d'escaliers à limon et à crémaillère qui sont aujourd'hui les plus employés.

Nous insisterons sur les escaliers d'usines parce qu'ils se construisent aujourd'hui presque tous en fer.

II. — Escaliers à limon.

Escaliers simples pour usines.

368. La figure 828 nous donne en croquis schématique, l'indication d'un escalier d'usine appliqué contre un mur. Cet escalier est formé par un limon en fer I de $0^m,22$ *a. o.* recevant des marches composées comme nous l'avons indiqué (*fig.* 804) en fer et ciment.

On place quelquefois contre le mur un contre-limon, comme nous l'indiquons, mais on peut très bien ne pas le mettre

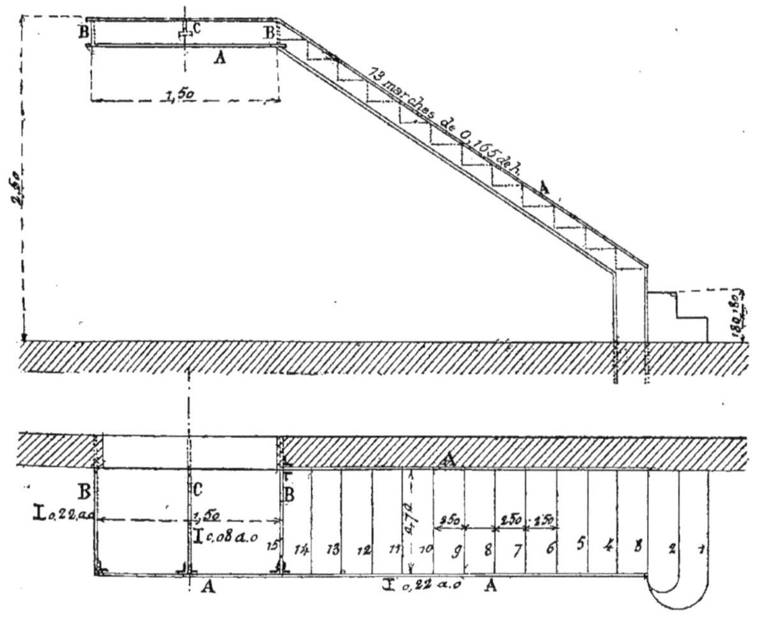

Fig. 828.

et sceller les marches directement dans le mur.

A la partie haute se trouve un petit palier de $1^m,50$ de longueur et de $0^m,70$ de largeur placé en face de la porte d'entrée. Ce palier est formé par deux fers B, de $0^m,22$ *a. o.* et un fer I de $0^m,08$ *a. o.* placé au milieu, le tout est hourdé en meulières et ciment.

Les deux premières marches de cet escalier sont en pierre dure.

Le limon est contourné suivant les besoins et les différentes parties sont assemblées entre elles à l'aide de plaques d'assemblages. Sur ce limon on place ordinairement une rampe très simple formée par des barreaux ronds de $0^m,018$ de diamètre terminés en col de cygne et boulonnés directement sur le limon.

Les figures 829 et 830 nous donnent deux autres dispositions d'escaliers d'usine construits comme le précédent et pré-

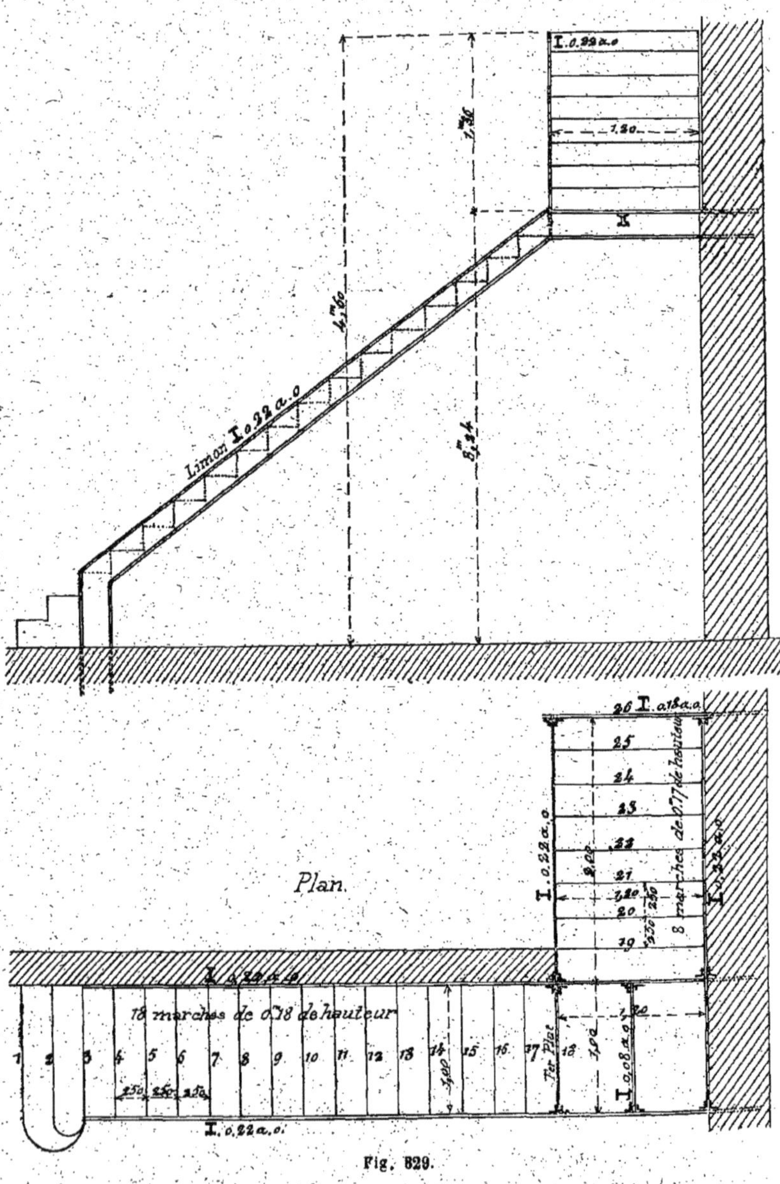

Fig. 829.

sentant un palier de repos intermédiaire.

Enfin, la figure 831 nous montre la dis

position d'un escalier d'usine à double révolution avec palier intermédiaire. Dans cet exemple il est indispensable de supporter les deux points X et Y par de petites colonnettes en fer.

Ces croquis schématiques font facilement comprendre les dispositions à adopter et les quelques cotes données suffisent pour en permettre l'exécution sachant que les marches sont, comme nous l'avons déjà dit, exécutées en fer et maçonnerie.

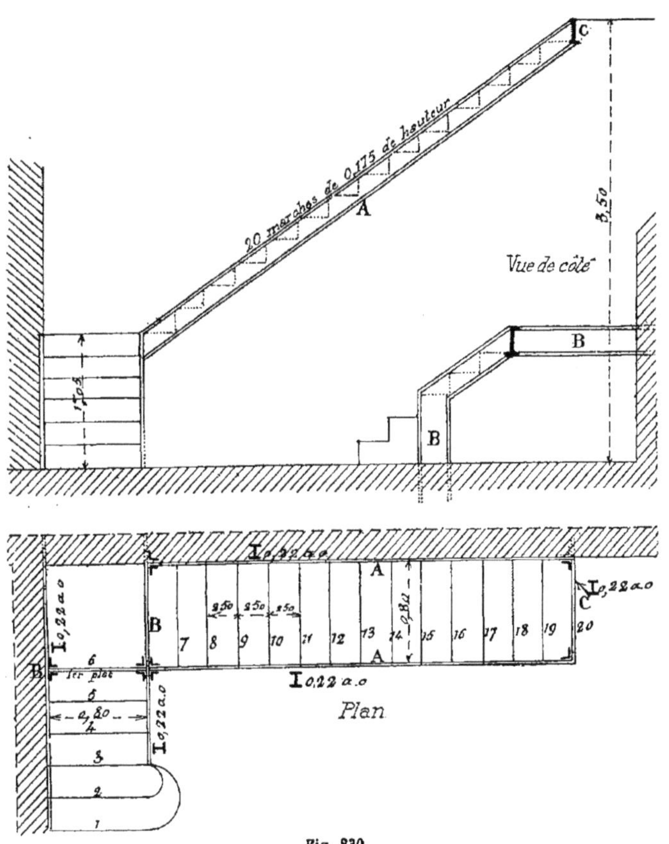

Fig 830.

Escaliers d'usines à plusieurs étages.

369. La figure 832 nous donne un exemple d'escalier d'usine toujours construit d'après le même principe et comprenant plusieurs étages.

Les deux premières marches de cet escalier sont en pierre et reçoivent la partie inférieure du limon.

Les limons et contre-limons sont formés par des fers I de $0^m,22$ *a. o.* Les grands paliers, occupant toute la largeur de la cage, sont formés par des fers I de $0^m,08$ *a. o.* venant s'assembler sur un fer I de $0^m,22$ *a. o.* formant lui-même marche palière ; il est indispensable de couper la partie extérieure de l'aile supérieure de ce fer pour ne pas gêner.

Dans les petits paliers intermédiaires

la marche palière est composée d'un fer plat de 180/9 bordé d'un fer demi-rond formant nez de marche.

La figure 835 nous rappelle la disposition des marches.

Les figures 834 et 835 nous donnent la

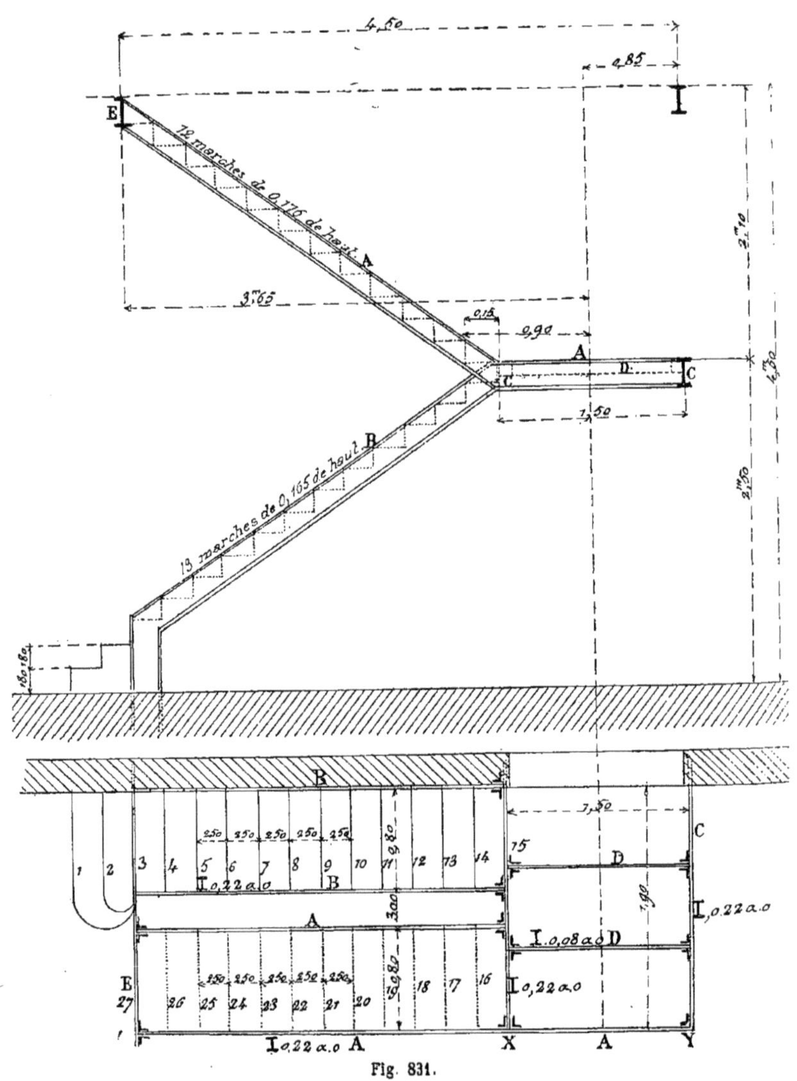

Fig. 831.

manière de fixer la rampe de cet escalier sur les fers **I** de 0m,22 *a. o*. Les barreaux de cette rampe sont en fer rond de 0m,018 de diamètre et sont espacés de 0m,125 d'axe

Les marches de 29 à 33 ont 0,156 de hauteur toutes les autres ont 0m 159
Coupe AB
fer plat 0,180/0,009
Plan
Boulons 0,016
A
B

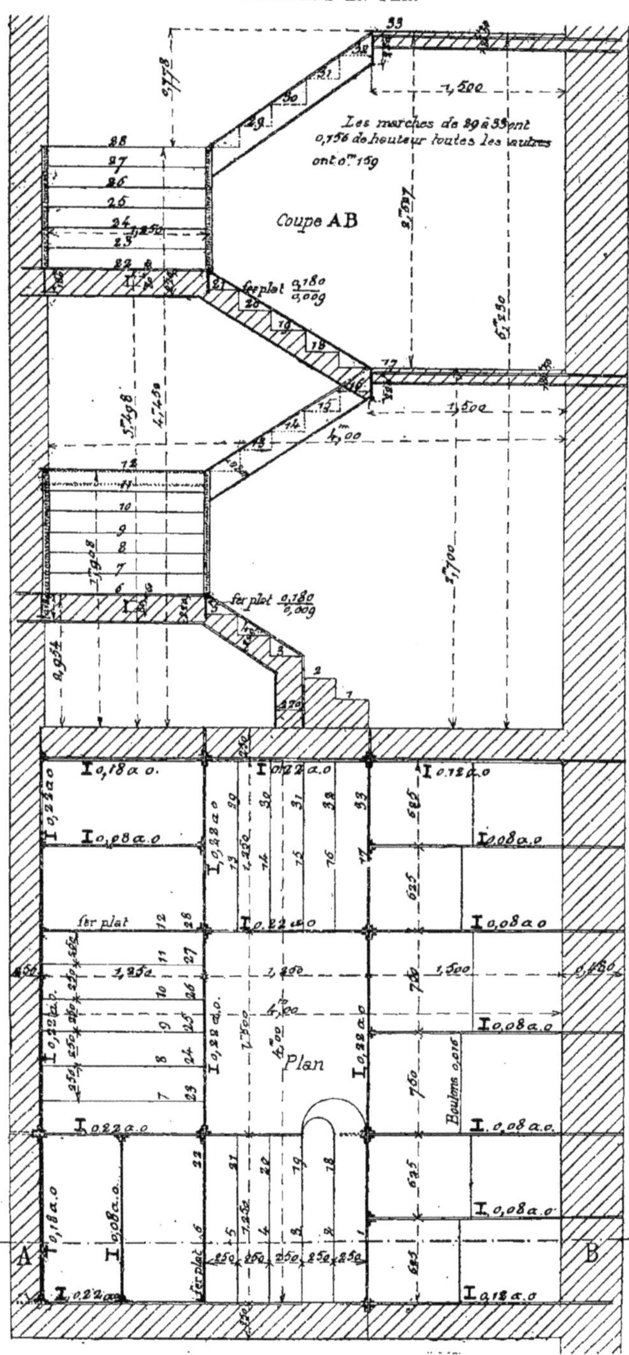

Fig. 832.

en axe. Ils peuvent être tout unis ou porter, comme l'indique la figure, une bague à une certaine hauteur et une partie moulurée sous la main courante.

La figure 835 nous donne la disposition de cette main courante en fer M fixée sur une bandelette B elle-même vissée sur la tête T de chaque barreau.

Cette tête est taillée en plan incliné suivant la pente même de l'escalier.

Dans la coupe (*fig.* 833) tous les boulons ne servent pas à entretoiser les limons, certains d'entre eux, tels que A sont fixés au fer **I** de 0m 22 *a. o.* sans traverser la maçonnerie.

Autres dispositions d'escaliers d'usines.

370. Les figures 836, 837 et 838 nous montrent une autre disposition encore très simple d'escaliers d'usines.

Les limons L sont toujours formés de fers **I** de 0m,22 de hauteur à ailes ordinaires et pesant 25 kilos le mètre courant.

Les marches M (*fig.* 837), assemblées de chaque côté sur les limons au moyen de cornières de $\frac{40-40}{5}$ ou, comme l'indique le croquis (*fig.* 838) fixées et scellées par l'autre extrémité dans le mur du bâtiment, sont en tôle striée arrondie en avant. Elles s'agrafent avec une contre-marche C en tôle plane mince, destinée à protéger le hourdis.

A son autre extrémité, la contre-marche est maintenue après la marche inférieure au moyen de quelques rivets.

Les marches sont soutenues par un hourdis général exécuté sous le rampant de l'escalier.

Une rampe légère composée de barreaux B, espacés de 0m,25 d'axe en axe fixés au limon de cet escalier et reliés à une main courante T complète cette simple installation.

371. Les figures 839, 840, 841, 842 et 843 nous donnent une autre disposition d'escalier en fer et maçonnerie qui paraît très léger en construction.

La figure 839 nous donne l'ensemble de l'installation en élévation et en plan avec l'indication de la rampe dont nous donnerons le détail dans ce qui va suivre.

Il y a, comme le montre le plan, un li-

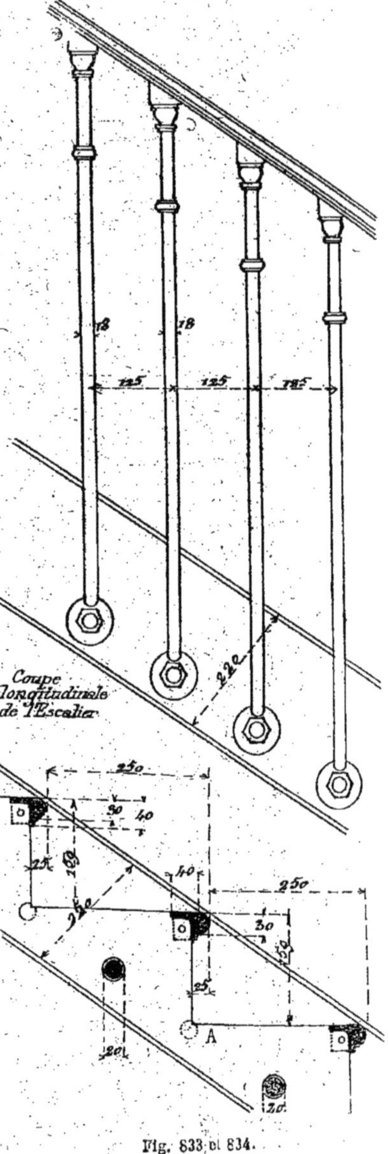

Fig. 833 et 834.

mon L et un contre-limon L'. Les marches,

de quatre en quatre, sont scellées dans le mur par un scellement ordinaire en queue de carpe U.

La hauteur des marches est de $0^m,180$, la largeur de giron de $0^m,210$.

Les figures 840, 841, 842 et 843 nous montrent les détails d'exécution de cet escalier.

La figure 840 représente à plus grande

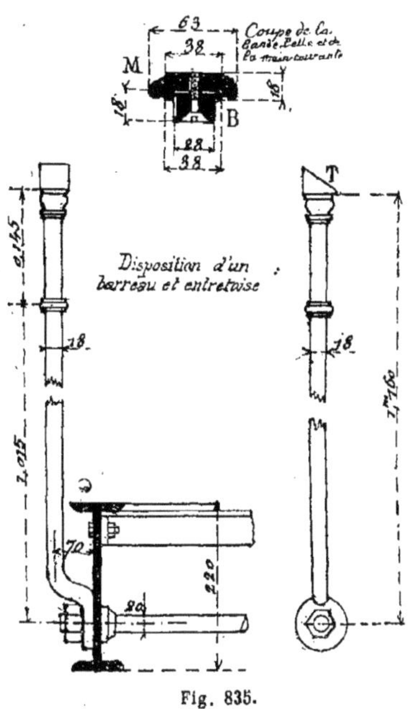

Fig. 835.

échelle, la coupe longitudinale sur l'axe de l'escalier avec l'indication du départ de cet escalier et de l'arrivée au palier supérieur.

Le limon L est formé par une poutre légère en treillis composée de cornières de $\frac{35 - 35}{5}$ réunies par des croisillons également en fer cornière de $\frac{30 - 30}{5}$. A la partie inférieure le limon L se recourbe et vient reposer sur une plaque de fondation en fonte A.

La première marche hourdée plein en maçonnerie de meulière et ciment présente comme les autres une contre marche cintrée, arrêtée sur la plaque de fondation A par un fer plat B de $^{30}/_{8}$ coudé aux deux extrémités et fixé sur le limon L et sur le contre-limon L' par des rivets ...

A l'arrière la maçonnerie est maintenue

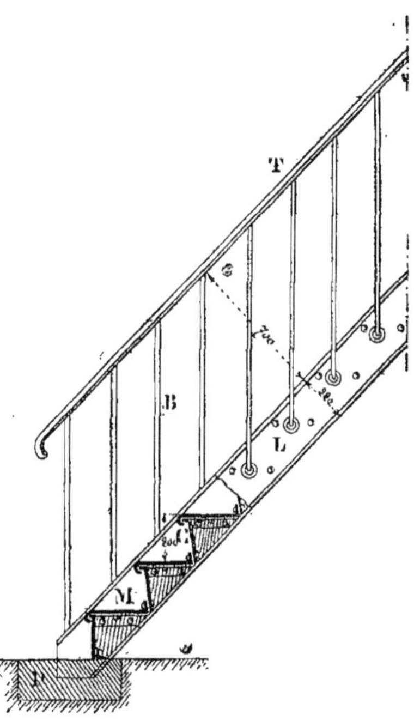

Fig. 836.

par une cornière D de $\frac{45 - 45}{6}$ également fixée sur le limon et sur le contre-limon.

Le nez des marches de cet escalier est formé par une cornière E de $\frac{40 - 40}{5}$ fixée sur le limon à l'aide d'une pièce spéciale Q.

Une double cornière I ou, dans certains cas, un fer à simple T, relie à chaque marche, le limon L au contre-limon L'.

Le dessus des marches M et les contre-marches C sont enduits en bon ciment soigneusement exécuté.

A l'arrivée, la dernière marche est

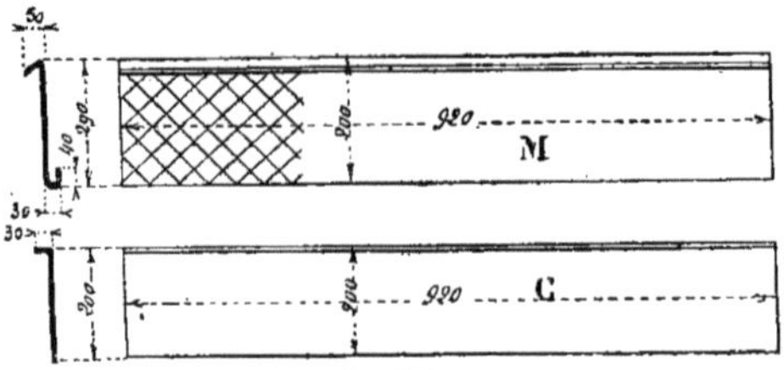

Fig. 837.

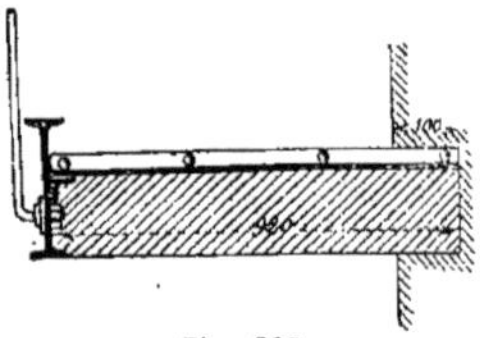

Fig. 838.

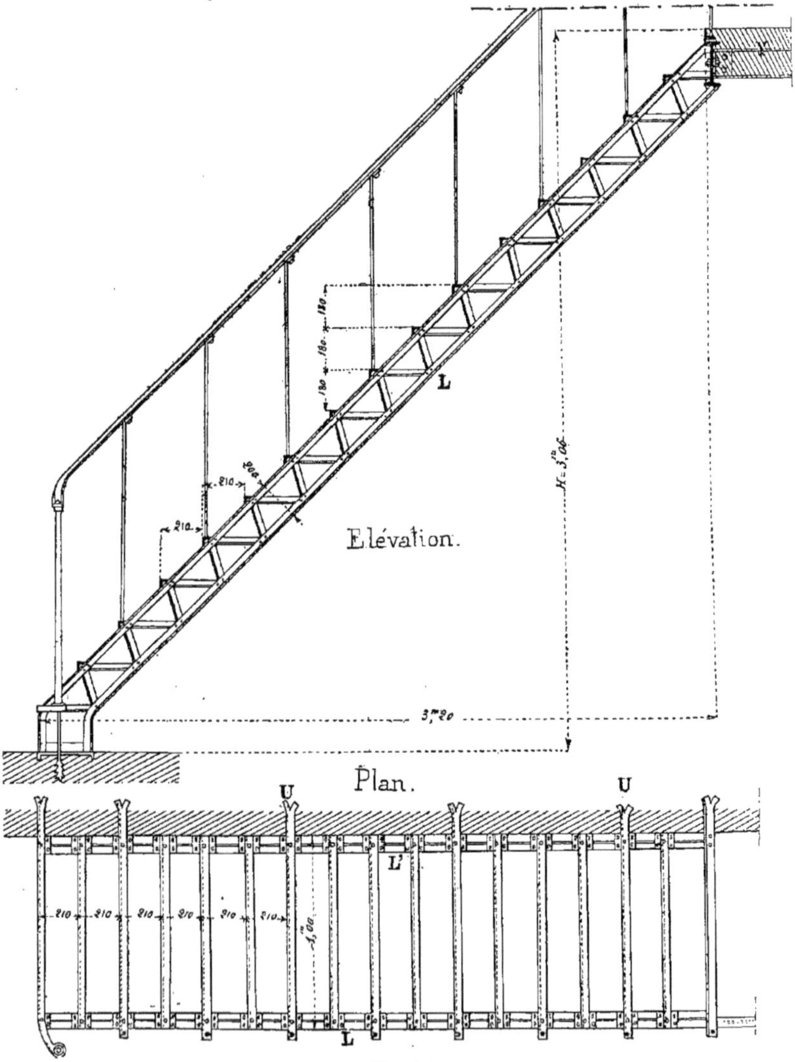

Élévation.

Plan.

Fig. 839.

formée par un fer cornière F de $\frac{50 - 50}{5}$ reposant sur un fer I de 0m, 22 *a. o.* indiqué en G (*fig.* 840). Ce fer reçoit, sur la face verticale de gauche, l'assemblage du limon et du contre-limon.

La disposition du palier de l'étage est indiquée en Y (*fig.* 839). Une série de fer I plus petits et proportionnés à la largeur du palier, viennent s'assembler dans le fer de 0,22 *a.o.*; le tout est hourdé plein comme le montre la figure.

La figure 841 donne le détail du limon de départ; les deux cornières de la poutre de ce limon sont indiquées en L. elles viennent, à la partie basse, se fixer sur deux autres cornières longitudinales R

En T se projette le fer plat B et l'une des ailes de la cornière D.

Comme le montre ce croquis, la cornière

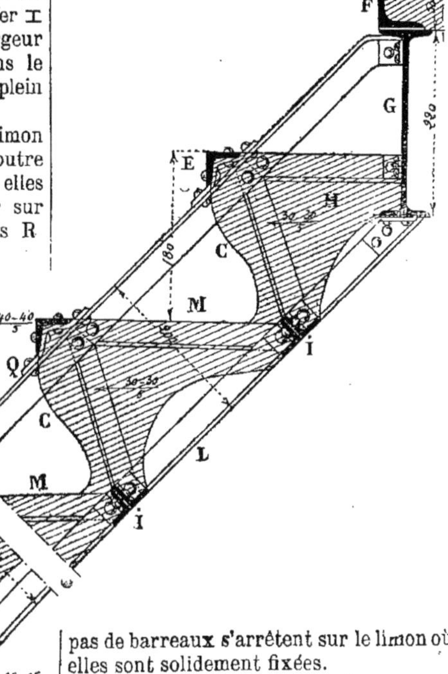

Fig. 841

E' formant le nez de la première marche se contourne et est percée en Z pour laisser passer le premier barreau O de la rampe. Ce premier barreau se prolonge et vient se sceller en S dans la maçonnerie du carrelage.

Les cornières E (*fig.* 841) ne portant pas de barreaux s'arrêtent sur le limon où elles sont solidement fixées.

La figure 842 nous montre deux nez de marches courantes, l'une d'elle E porte à son extrémité un trou V pour le passage d'un barreau de rampe, l'autre E″ ne portant rien s'arrête sur le limon.

Enfin la figure 843 nous donne le détail de l'attache des barreaux N sur la main courante. Cette main courante, très simple, est formée d'une bandelette en fer plat K de $^{35}/_{12}$ sur laquelle on fixe, au moyen de vis à métaux, un fer demi-rond J de $^{23}/_{14}$.

Les barreaux N sont en fer rond de 0m,018 à 0m,020, on les aplatit à leur extrémité X et on les rive sur la bandelette K.

A l'autre extrémité ils sont filetés et retenus en dessous des cornières E par un écrou.

Escaliers à limon pour maisons d'habitation, édifices publics, etc...

1er *Exemple.*

372. Les figures 844, 845 et 846 nous donnent les croquis principaux d'un escalier en fer à limon dit à la française, construit par M. C. Bernard, charpentier à Paris, pour nos maisons ordinaires d'habitation et qui donne de très heureux résultats.

La figure 844 montre l'assemblage des marches dans les parties rampantes. Ces

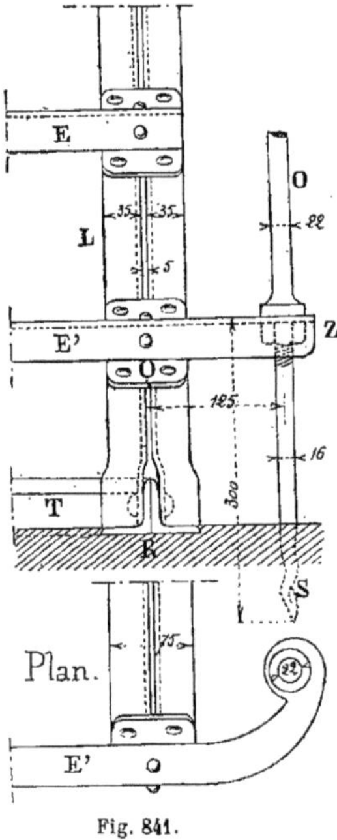

Fig. 841.

marches sont en bois de chêne de 0m,034 d'épaisseur, elles sont fixées sur un limon, dont cette figure donne la coupe et qui est composé de deux tôles : l'une de $^{300}/_{7}$ l'autre de $^{300}/_{5}$. Ces deux tôles sont reliées par des pièces de chêne mouluré.

La hauteur totale du limon est de 0m, 360, son épaisseur totale de 0m, 110. Les marches sont fixées sur le limon par des cornières de $\frac{40-40}{5}$. Les sous-marches sont formées par la même cornière de $\frac{40-40}{5}$ boulonnée à chaque extrémité sur les limons.

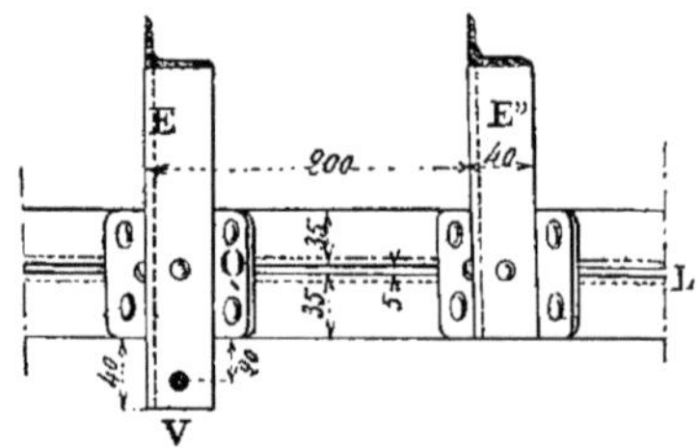

Fig. 842

Les contre-marches sont en tôle de quatre millimètres d'épaisseur fixées sur les limons avec des cornières.

La figure 845 nous donne, en raccourci, une vue longitudinale avec la position des fentons traversant les sous-marches et servant à maintenir le hourdis de l'escalier.

Enfin, la figure 846 nous montre la coupe et l'assemblage au droit de la marche palière, la disposition du parquet, du palier et des fers supportant cette marche palière.

Ces fers sont des I de 0m,160 *a. o.* du commerce espacés de 0m,140 d'axe en

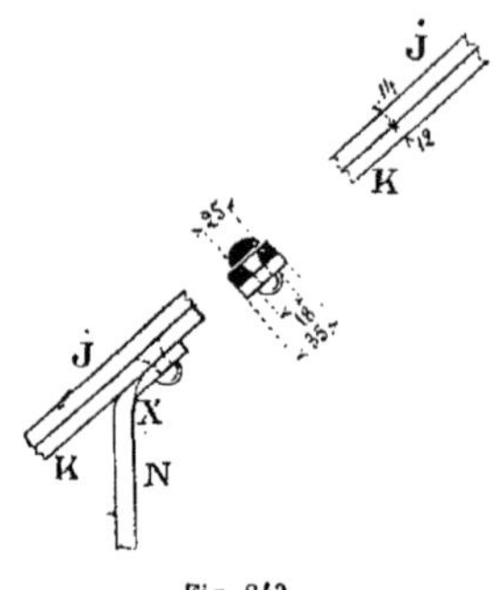

Fig. 843.

axe ; ils sont reliés entre eux par des boulons d'assemblage et maintenus haut et bas par des fers plats chantournés sur les ailes. Le vide laissé entre les ailes

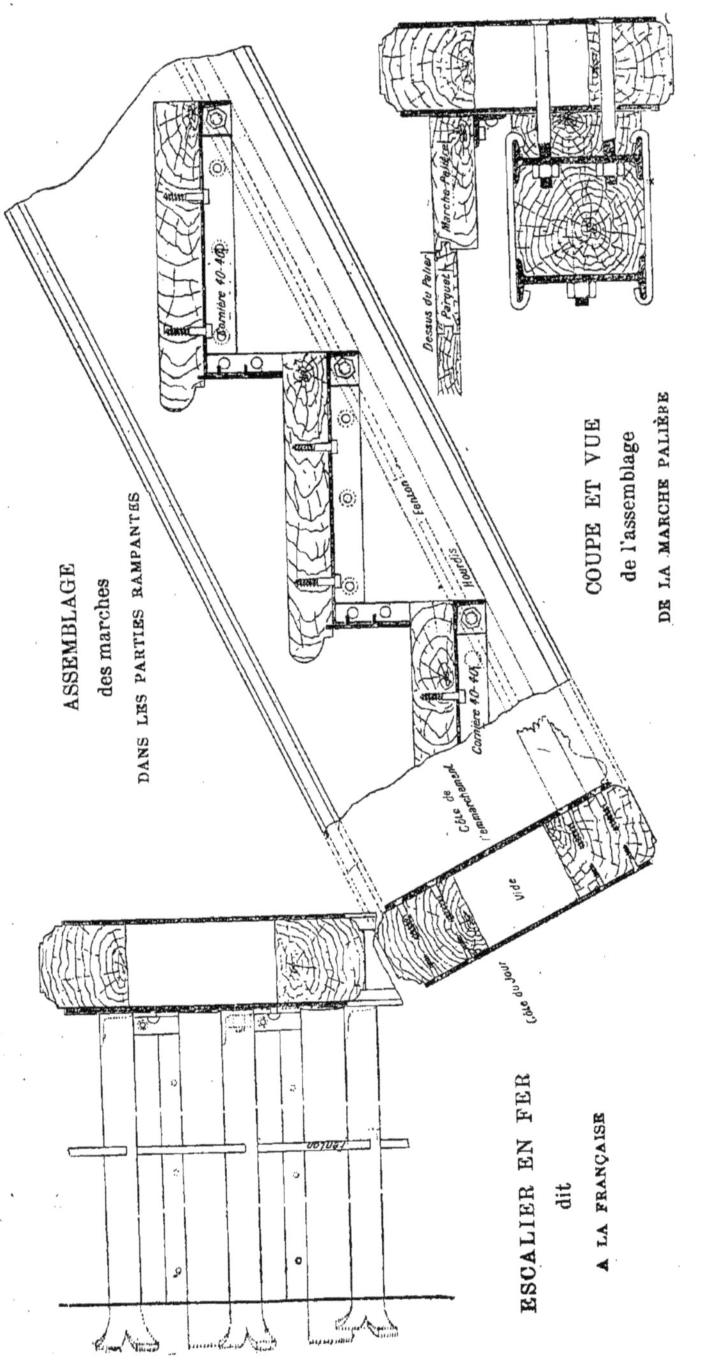

ASSEMBLAGE
des marches
DANS LES PARTIES RAMPANTES

COUPE ET VUE
de l'assemblage
DE LA MARCHE PALIÈRE

ESCALIER EN FER
dit
A LA FRANÇAISE

Fig. 844, 845 et 846.

intérieures de ces fers est rempli par une pièce de chêne.

L'attache de ce filet avec le limon se fait très simplement comme l'indique le croquis.

Autre disposition.

373. Une autre disposition d'escalier en fer construit, à la nouvelle École centrale des Arts et Manufactures par M. Roussel ingénieur est indiquée par les croquis (*fig.* 847, 848, 849, 850, 851, 852, 853, et 854).

La figure 847 nous donne, en croquis, la première révolution de ces escaliers avec

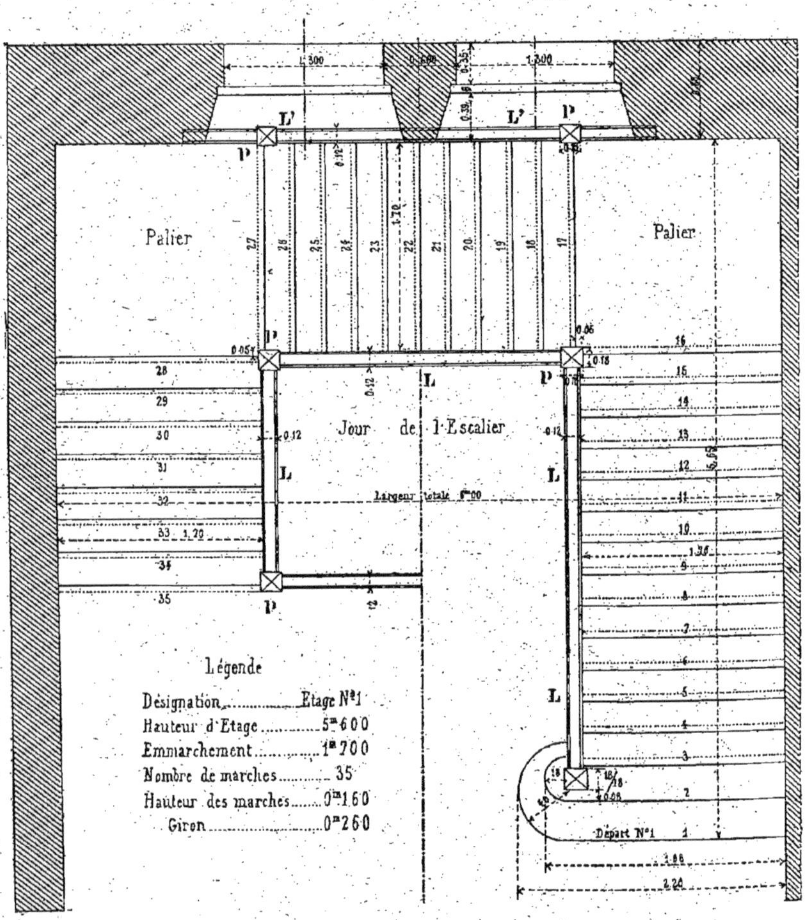

Fig. 847.

l'indication des deux paliers intermédiaires.

Les deux premières marches sont massives et exécutées en pierre dure de liais, les autres marches sont formées par des dalles en même pierre de 0m,07 d'épaisseur.

Le limon composé comme l'indique en

coupe la figure 851, de deux tôles de $^{350}/_8$ et $^{350}/_4$ réunies par des fourrures en chêne est indiqué en L ; en L′, au passage des baies d'escalier, on place un contre-limon.

En P nous indiquons des piliers creux en fonte dont les figures 848, 849 et 850 nous montrent les détails.

La figure 849, un peu plus détaillée que la précédente, nous donne la composition des différentes parties d'un étage de cet escalier, la disposition des fers des paliers intermédiaires et du grand palier d'arrivée.

La figure 849 donne la vue de face et

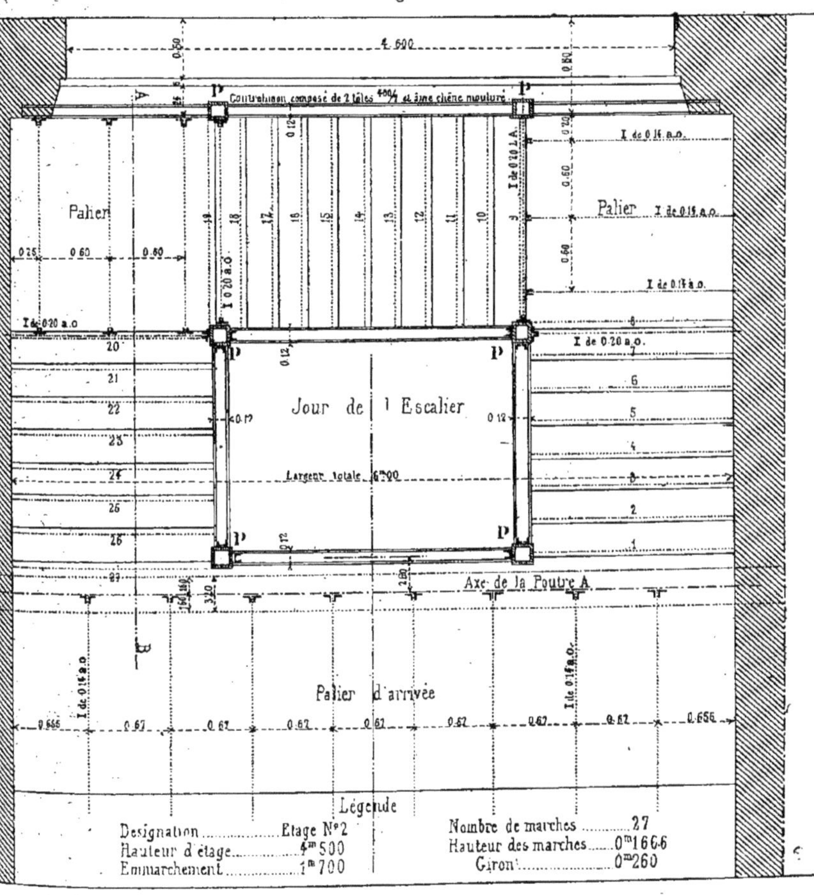

Fig. 848.

la coupe sur le grand palier du premier étage.

Enfin, les figures 850, 851, 852, 853 et 854 complètent cette installation en nous montrant tous les détails de construction.

La coupe longitudinale d'une volée (*fig.* 850) et d'un palier intermédiaire fait, avec les nombreuses indications qui y

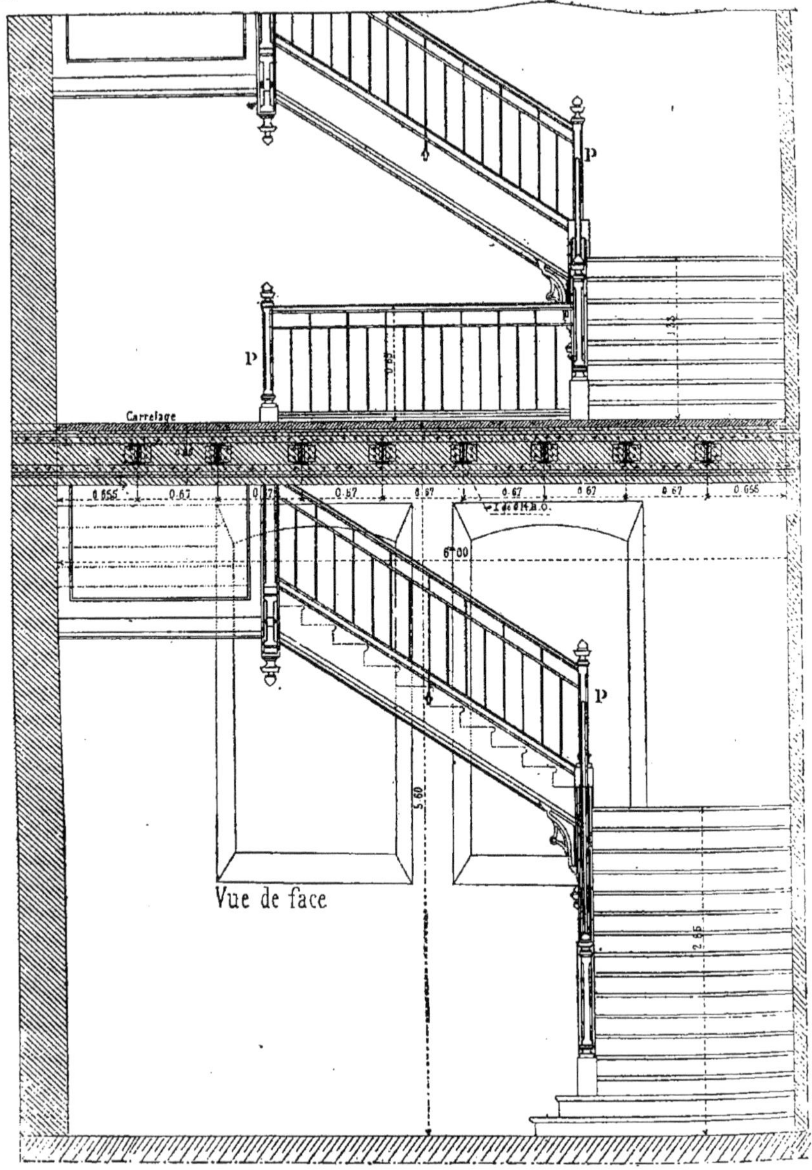

Fig. 849.

sont marquées, très bien comprendre la disposition

La poutre A est détaillée et complètement cotée (*fig.* 852).

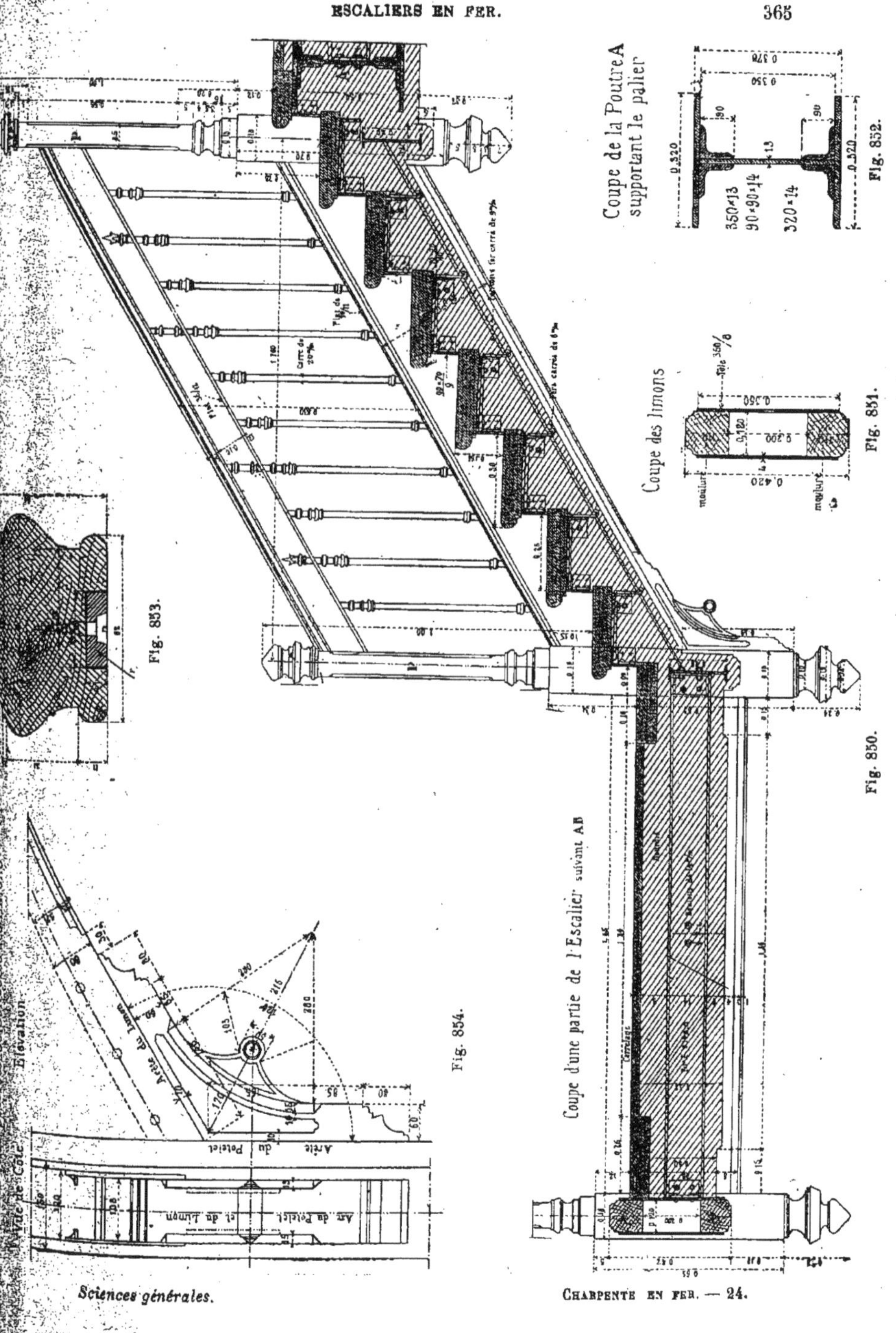

Fig. 850.

Fig. 851.

Fig. 852.

Fig. 853.

Fig. 854.

La figure 853 représente le profil de la main courante en bois fixée sur la bandelette en fer recouvrant les barreaux de la rampe qui sont ici des fers carrés de 20 millimètres de côté.

Enfin la figure 854, nous donne en élé-

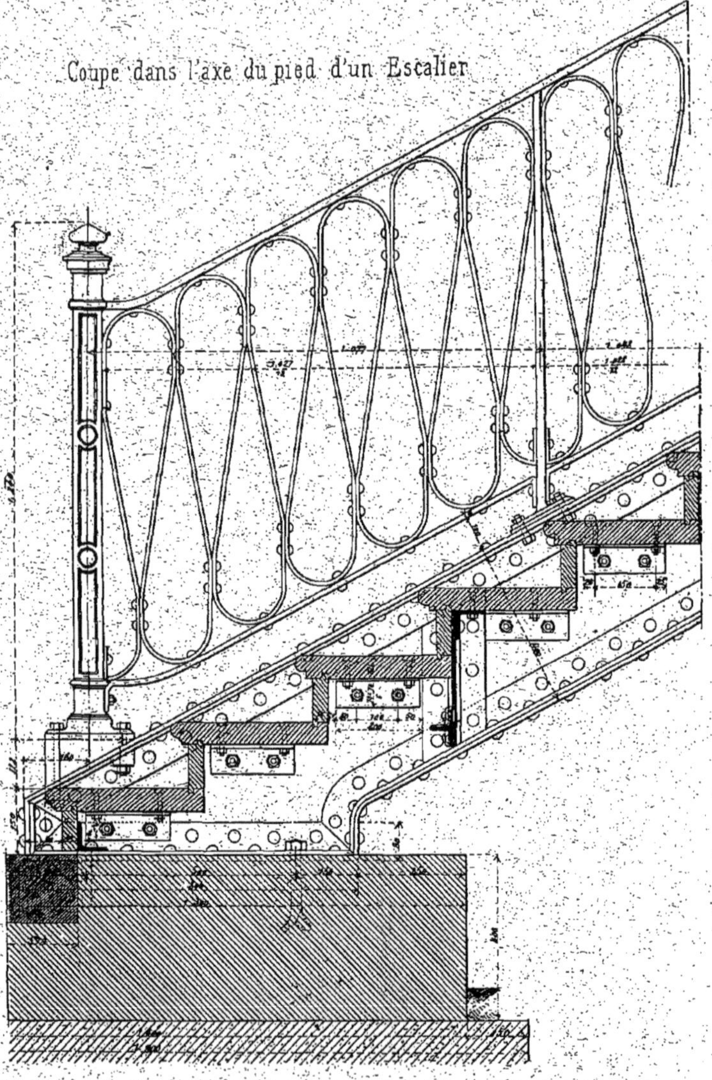

Fig. 855.

vation et vue de côté la disposition des pendentifs placés sur les potelets et les consoles servant à raccorder deux parties de limon.

Nous donnons plus loin au chapitre *Stabilité* le calcul complet de cet escalier qui peut être donné comme type de solidité.

Autre disposition.

374. Pour terminer les escaliers à limon nous donnons (*fig.* 855 et 856) une autre disposition d'escalier à limon où ce

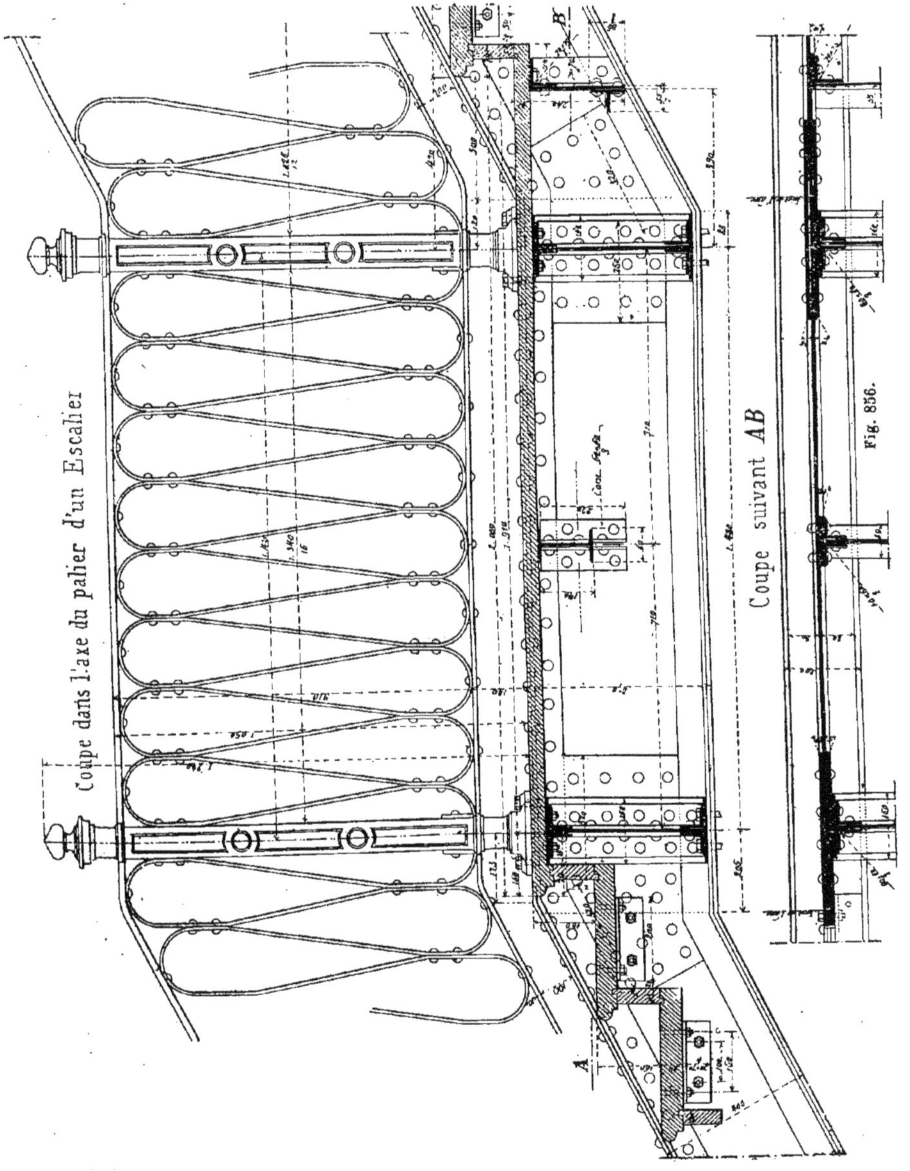

Fig. 856.

dernier est composé en tôle et cornières; disposition souvent employée pour la construction des passerelles de chemin de fer.

La seule inspection de ces deux figures fera facilement comprendre les dispositions adoptées.

III. — Escaliers à crémaillère.

Escalier simple pour perron d'usines.

375. Les figures 857 et 858 représentent une disposition des plus simples d'escaliers à crémaillère pour perron d'usines. C'est, comme nous pouvons le

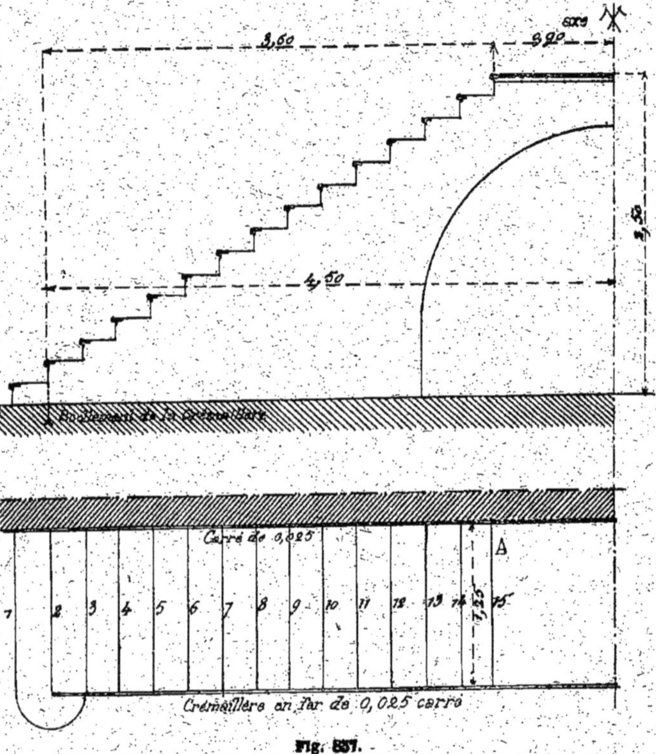

Fig. 857.

voir, une application du système de marches décrit précédemment (*fig.* 808).

La crémaillère est en fer carré de 25 millimètres de côté, elle reçoit vissés sur sa partie supérieure, les cornières et le fer demi-rond qui forme le nez de chaque marche.

La cornière A de la dernière marche contourne le palier et empêche ainsi le ciment de tomber.

Ce perron est massif en maçonnerie de meulière et ciment, seuls les angles des marches et la crémaillère sont en fer.

Sur la longueur de chaque marche une patte à scellement est indispensable pour retenir la cornière.

Autres exemples d'escaliers à crémaillère pour maison d'habitation.

376. Nous donnons (*fig.* 859 et 860) une disposition d'escalier à crémaillère dit à l'anglaise construit par M. C. Bernard charpentier à Paris et qui est fréquemment utilisée pour les escaliers de nos habitations.

Le limon, découpé en forme de crémaillère, a sept millimètres d'épaisseur. Les marches sont en bois de chêne de 0m,054 d'épaisseur; les contre-marches sont en tôle de quatre millimètres d'épaisseur. Les sous-marches sont exécutées avec des fers plats de $^{50}/_{7}$ fixés à chaque extrémité, sur les crémaillères, par un

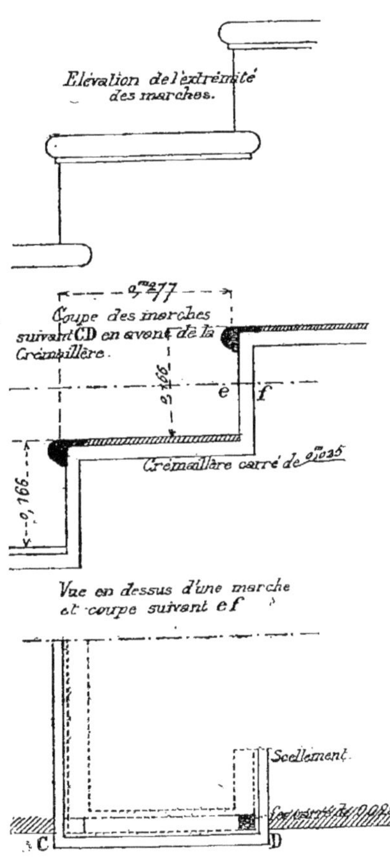

Fig. 858.

boulon de $^{30}/_{12}$. Des fentons en fer carré de 0m,010 traversent les sous-marches et servent à bien maintenir le hourdis du dessous de l'escalier.

La figure 860 donne une vue longitudinale des marches et les différents assemblages sur la crémaillère.

377. Pour terminer les escaliers à crémaillère nous donnons (*fig.* 861, 862, 863, 864 et 865) l'indication des escaliers en fer construits par la maison Rémery-Gauthier à Paris.

La figure 861 donne, vu en dessous, l'ensemble d'assemblage des marches et la disposition des fers destinés à supporter le hourdis.

Nous avons, dans ce genre d'escalier, à distinguer deux cas suivant que les marches sont en pierre (*fig.* 866) ou en bois.

Lorsque les marches sont en pierre la figure 863 nous donne l'ensemble de l'ossature métallique comprenant: en *L* le limon à crémaillère, en C la contre-marche, dont le détail est donné (*fig.* 864) et qui est une simple cornière à ailes inégales, en S la sous-marche simplement formée d'une cornière à ailes égales. En *t* se trouvent les petites tringles en fer carré destinées à supporter le hourdis et qui sont soutenues comme le montre le croquis (*fig.* 861) par des crochets spéciaux.

Lorsque les marches sont en bois la disposition de la crémaillère est un peu différente, la figure 862 nous indique la crémaillère en L et les contre-marches en C dont le détail est donné (*fig.* 865). C'est, comme le montre cette dernière figure, un simple fer plat portant les crochets nécessaires pour supporter les fentons destinés à maintenir le hourdis.

DISPOSITIONS DES PALIERS DANS LES ESCALIERS EN FER

378. La figure 867 nous indique la disposition simple d'un palier de repos. C'est comme dans les escaliers en bois un filet de bascule et un levier le plus souvent exécuté avec des fers à double T du commerce comme nous le montre la coupe EF (*fig.* 868).

La figure 869 nous indique la disposition à prendre pour un palier biais.

Enfin les figures 870, 871 et 872 nous représentent en plan et coupes la disposition pour un palier droit en supposant les marches de l'escalier en bois.

Dans la figure 872 la lettre G indique

l'emplacement du tuyau à gaz qui dessert l'escalier.

IV. — Escaliers divers.

379. Indépendamment des escaliers que nous venons d'étudier il en existe bien d'autres suivant la forme donnée à la cage ou suivant les besoins dans chaque cas particulier.

Nous donnons (*fig.* 873 et 874) l'élévation, le plan et la coupe du limon d'un escalier en fer construit suivant les prin-

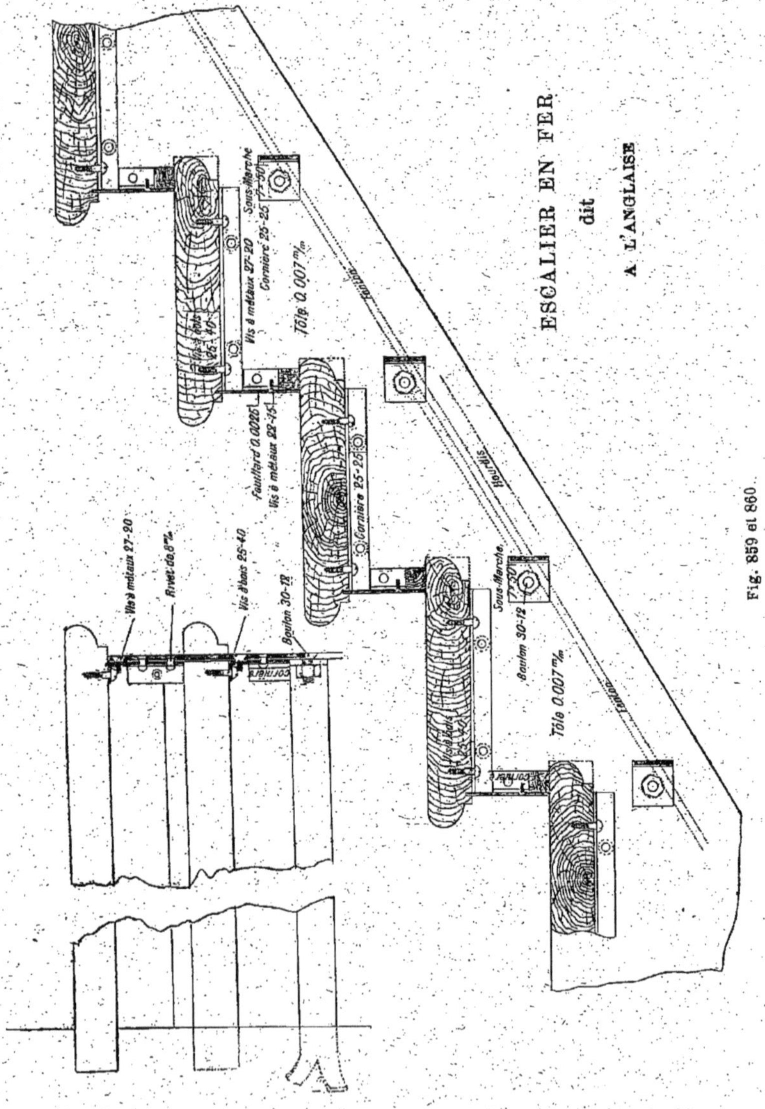

Fig. 859 et 860.

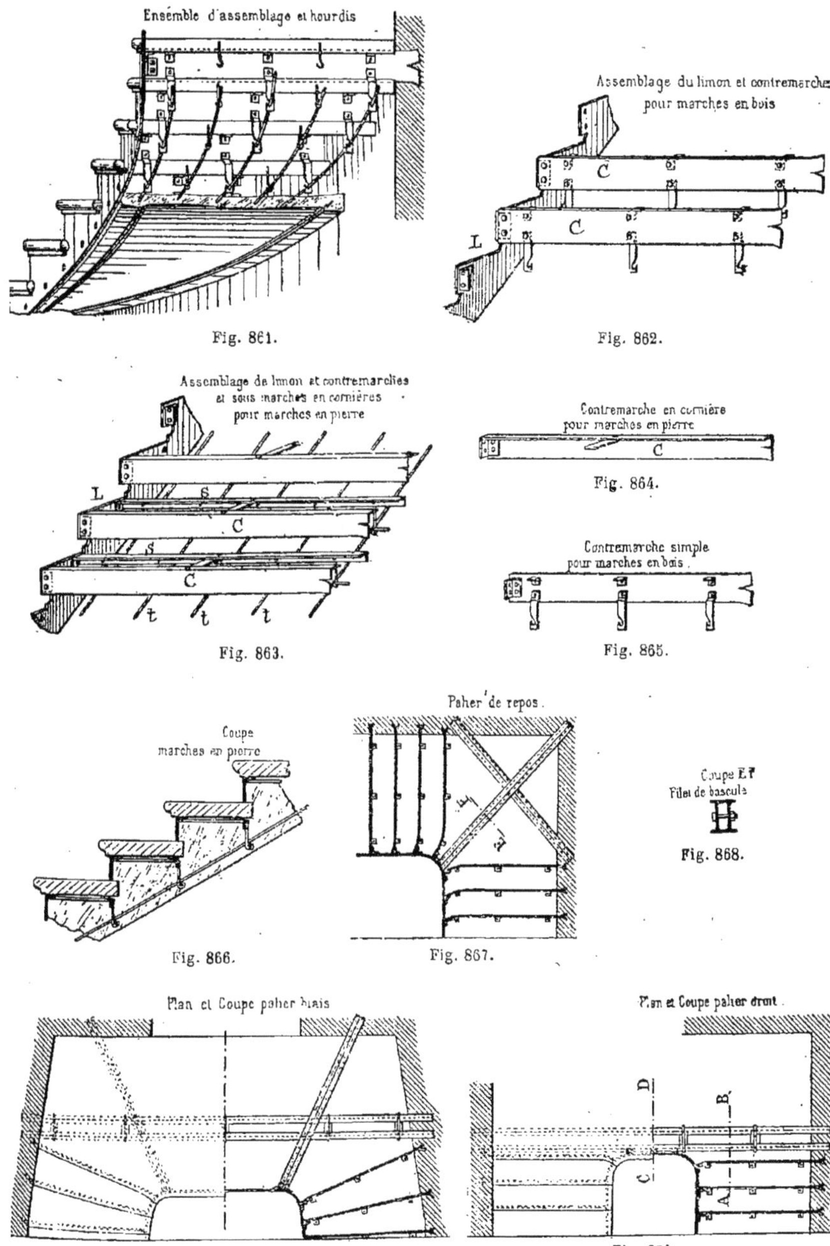

Fig. 861. Fig. 862. Fig. 863. Fig. 864. Fig. 865. Fig. 866. Fig. 867. Fig. 868. Fig. 869. Fig. 870.

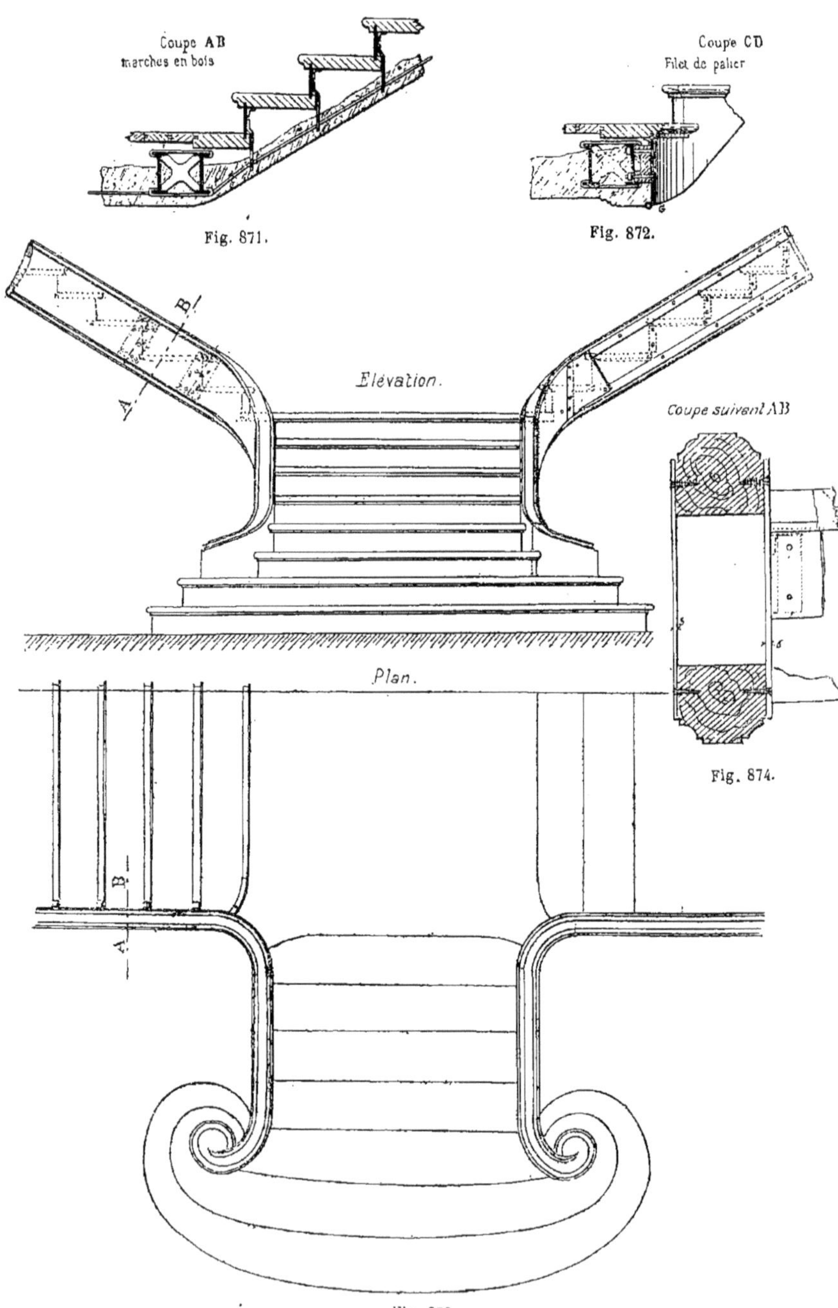

Fig. 871.

Fig. 872.

Fig. 874.

Fig. 873.

cipes énumérés précédemment et dont le plan présente deux montées l'une à gauche, l'autre à droite. Cet exemple peut s'appliquer à un perron de grande propriété.

§ VII. — *RAMPES ET MAINS COURANTES DES ESCALIERS EN FER*

380. La volée d'un escalier quel que soit son genre de construction, est ordinairement munie d'un garde-corps qu'on désigne aussi sous le nom de *rampe*. Dans les constructions ordinaires cette rampe est formée par une série de barreaux en fer rond ou carré fixés soit directement sur les marches, soit sur le limon. Ces barreaux, suivant les dimensions et l'importance de l'escalier, peuvent prendre plusieurs formes dont nous résumons les principales (*fig.* 875). Le diamètre ou le côté du carré le plus généralement adopté est 18 ou 20 millimètres pour les escaliers de nos habitations, on descend quelquefois à 16 millimètres pour les petits escaliers de service. Les barreaux se placent ordinairement un pour chaque marche.

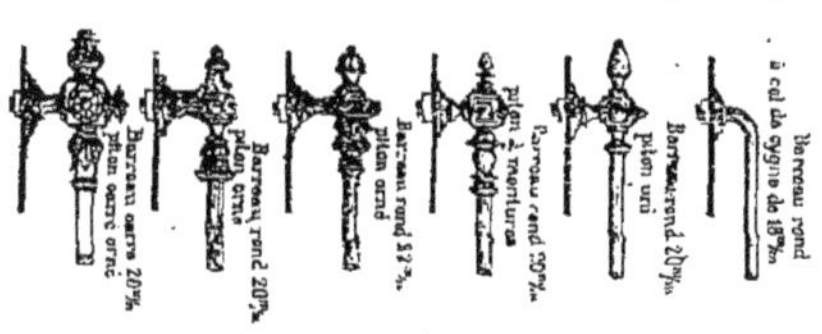

Fig. 875.

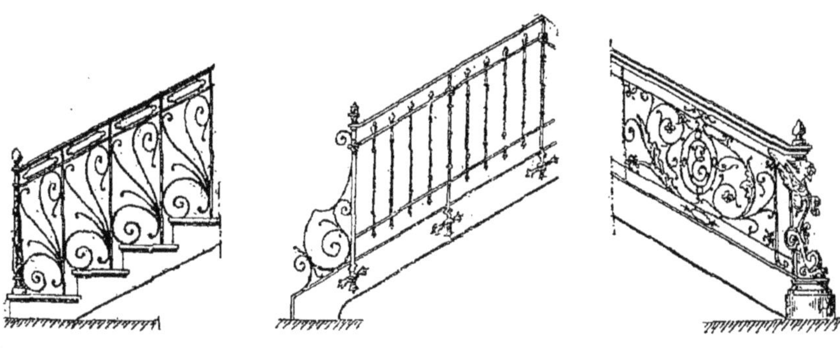

Fig. 876. Fig. 877. Fig. 878.

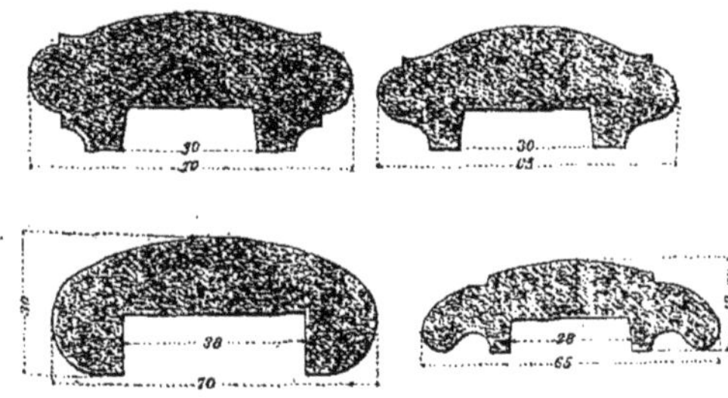

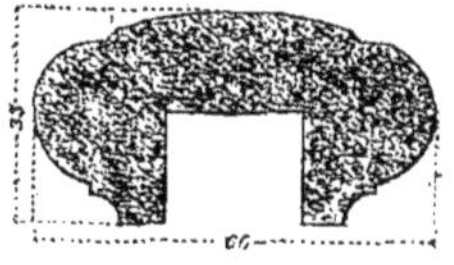

Fig. 879.

Pour les escaliers plus importants et mieux décorés on peut adopter les dispositions indiquées en croquis (*fig.* 876, 877, et 878. Il y a bien d'autres solutions mais qui concernent la serrurerie et non la charpente en fer; elles seront étudiées dans un chapitre spécial.

La main courante recouvre tous les

barreaux; on la fait en bois ou en fer. Lorsqu'elle est en bois nous avons indiqué, page 219 (*fig.* 537) de la *Charpente en bois*, les différentes formes qu'elle peut prendre ; lorsqu'elle est en fer elle s'exécute le plus souvent comme les divers types que nous donnons (*fig.* 879). Dans les deux cas, elle porte en dessous une encoche carrée ou rectangulaire devant recevoir la bandelette en fer plat qui relie toutes les têtes des barreaux.

La pose et l'ajustage de cette main courante en fer se fait par le serrurier.

§ VIII. — CALCULS ET STABILITÉ DES ESCALIERS EN FER

381. Comme type de calcul d'un escalier en fer, nous prendrons l'escalier à limon à la française en fer et bois apparents indiqué précédemment (*fig.* 847 à 854).

Nous supposerons cet escalier construit très solidement, en admettant le maximum de charge et sans faire travailler les fers composant les limons, contremarches, sous-marches, marches palières à plus de cinq kilogrammes par millimètre carré de section.

382. *Désignation et données principales.* — Cet escalier peut comprendre trois ou quatre étages qui sont tous identiques à l'étage numéro 2 indiqué dans les plans.

L'emmarchement est de	$1^m,70$
Les marches en pierre dure ont	$0^m,07$ d'épais.
Hauteur de ces marches.	$0^m,16$
Giron	$0^m,26$
Largeur totale des marches	$0^m,31$
Poids du mètre cube de pierre pour marches.	2500 kilogr.
Poids du mètre cube de hourdis	1200 —
Poids moyen d'une personne	70 —

Poids de chaque marche.

D'après les données ci-dessus, le poids de chaque marche sera exprimé par la relation suivante :

$$1,70 \times 0,31 \times 0,07 \times 2\,500 \text{ kil.} = 92 \text{ kil.}$$

Poids du hourdis.

Le poids du hourdis pour chaque marche, sera donné par :

$$(0,31 \times 0^m,08 \times 1,70 + 0,26 \times 0,083 \times 1,70)\,1200 \text{ kil.} = 93 \text{ —}$$

A reporter. . . 185 kil.

Report. . . . 185 kil.

Charge de l'escalier.

Nous supposerons comme maximum quatre personnes sur chaque marche nous aurons alors :

$$4 \times 70 \text{ kil.} = 280 \text{ —}$$

Total. . . . . 465 kil.

Contre-marche.

La contre-marche porte :

La moitié de la marche, soit :

$$\frac{92}{2} = 46 \text{ kil.}$$

Les $^2/_3$ de la charge des personnes

$$\frac{2 \times 280 \text{ kil.}}{3} = 187 \text{ —}$$

Total. . . . . 233 kil.

En appliquant la formule bien connue $\frac{I}{v} = \frac{\mu}{R}$ nous aurons :

$$\frac{I}{v} = \frac{Pl}{5000000 \times 8} = \frac{233 \text{ k.} \times 1,70}{40\,000\,000} = 0,0000099025.$$

Ayant trouvé cette valeur de $\frac{I}{v}$ cherchons dans le tableau n° 5, page 256, la valeur de $\frac{I}{v}$ de la cornière à ailes inégales de $\frac{90 \times 70}{9}$ qui a été choisie comme contre-marche. Cette valeur qui est :

$\frac{I}{v} = 0,000016000$ étant supérieure à celle trouvée ci-dessus, il en résulte que la cornière primitivement choisie est suffisante et pourra être employée comme contre-marche.

Sous-marche.

La sous-marche, indiquée dans les dessins par une cornière à ailes égales de 70×70 porte :

La moitié de la marche. . .	46 kilog.
Le hourdis complet.	93 —
Le 1/3 de la charge des personnes.	93 —
Total	232 —

La charge étant uniformément répartie, nous aurons à appliquer la même formule que précédemment et nous pourrons écrire :

$$\frac{I}{v} = \frac{Pl}{5\,000\,000 \times 8} = \frac{232^{k}. \times 1,70}{40\,000\,000} = 0,00000986.$$

La cornière de 70×70 du poids de 9 k. qui a pour valeur de $\frac{I}{v}$ la suivante : $\frac{I}{v} = 0,0000108$ répond bien à la question et peut être utilisée.

Observation.

383. On pourrait, par raison d'économie, employer au lieu de cette cornière un fer ⌶ de $0^{m},08$ *a.o.* qui ne pèse que 7 k. et dont la valeur de $\frac{I}{v}$ est $\frac{I}{v} = 0,00001991$; ce fer pèse moins lourd et a une résistance plus grande.

Limon.

D'après le croquis de l'escalier considéré, le limon d'étage le plus long porte onze marches, sa longueur, suivant le rampant, est de $3^{m},20$.

Ce limon, porte la moitié de la charge de l'escalier, l'autre moitié étant portée, soit par le mur, soit par un faux-limon.

Nous savons que chaque marche donne un poids de 465 kilogrammes, donc les onze marches donneront :

$$11 \times 465 = 5115^{k},00$$

dont la moitié est $\frac{5115^{k}.}{2} = 2557^{k}.\ 50$

En appliquant toujours la même formule nous aurons :

$$\frac{I}{v} = \frac{Pl}{5\,000\,000 \times 8} = \frac{2557^{k}.\ 50 \times 3^{m},20}{40\,000\,000} = 0,0002046. \quad (1)$$

Choix du limon.

384. Nous savons que le limon d'un escalier en fer peut s'exécuter de deux manières : à crémaillère ou à l'anglaise, ou à limon plein ou à la française.

Voyons la forme qu'il convient d'adopter ici :

La forme à crémaillère n'est pas applicable, la partie utilisée comme résistance

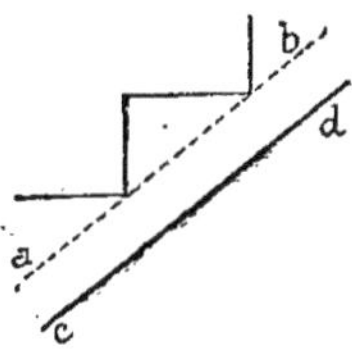

Fig. 880.

étant seulement le bandeau *a. b. c. d* (*fig.* 880) au-dessous des crans.

Supposons ce bandeau de $0^{m},20$ de hauteur et $0^{m},009$ d'épaisseur (au-dessus de cette épaisseur on ne pourrait plus le travailler mécaniquement), nous aurons alors :

$$\frac{I}{v} = \frac{ab^2}{6} = \frac{0^{m},009 \times \overline{0^{m},20}^2}{6} = \frac{0,00036}{6} = 0,00006$$

nombre bien inférieur à celui qui a été trouvé en (1).

Nous pourrions doubler ce bandeau avec un fer plat de 160/15 posé sur la rive.

La valeur de $\frac{I}{v}$ de fer plat additionnel est la suivante :

$$\frac{I}{v} = \frac{0,015 \times \overline{0,16}^2}{6} = 0,0000647.$$

En l'ajoutant à la précédente nous aurons :

	0,00006
	0,0000647
Ensemble..	0,0001247

il nous manquerait encore pour arriver au chiffre trouvé précédemment en (1)

$$0,000\,2046 - 0,000\,1247 = 0,0000799.$$

Il faut donc renoncer à l'escalier à crémaillère.

Voyons l'autre solution à la française

ou à limon tel que nous l'indiquons dans les croquis.

Nous pouvons prendre pour le limon un fer de 350 millimètres de hauteur et chercher l'épaisseur qu'il devra avoir pour répondre à la valeur de $\frac{I}{v}$ trouvée en (1).

Nous avons :

$$\frac{I}{v} = \frac{ab^2}{6}.$$

Dans cette formule nous connaissons :

$$\frac{I}{v} = 0{,}0002046 \text{ et } b = 0{,}350,$$

en remplaçant nous pouvons écrire :

$$0{,}0002046 = \frac{a \times \overline{0{,}35}^2}{6}$$

d'où

$$a = \frac{0{,}0002046 \times 6}{0{,}1225} = \frac{0{,}0012276}{0{,}1225} = 0^m{,}010.$$

Le limon devra donc avoir une épaisseur de fer de 10 millimètres formé de deux tôles réunies par des moulures en chêne à la partie supérieure et inférieure et au milieu par des cales ou fourrures en fonte et des boulons pour les rendre le plus possible solidaires l'une de l'autre.

Mais, comme il est impossible de les compter comme une seule on peut alors mettre, comme nous l'avons indiqué précédemment dans la coupe du limon, une tôle de huit millimètres du côté des marches et une tôle de quatre millimètres du côté du jour ce qui ferait en tout douze millimètres d'épaisseur soit 1/5 en plus comme garantie.

Calcul des fers des paliers

L'escalier à la française ou à limon peut lui-même s'exécuter de deux manières :

1° A coins arrondis portés par des bascules aux paliers de repos ;

2° A coins carrés en réunissant les limons par des pièces ou clefs en fonte et continuant ces limons jusqu'aux murs au moyen de fers à I solidement assemblés aux pièces de fonte.

La première manière n'est pas possible dans l'exemple choisi à cause de la grande hauteur qu'il faudrait donner aux fers composant la bascule ou croix de Saint-André.

Calculons le bras de levier ; sa longueur en dehors du point d'appui est $1^m{,}30$. La charge à l'extrémité est cinq marches et demie, plus trois marches et demie soit neuf marches. La moitié étant portée par le mur nous aurons :

$$\frac{9 \times 465^k.}{2} = 2090^k.$$

Nous avons alors :

$$\mu = Pl = 2090 \times 1{,}30 = 2717$$

$$\text{et } \frac{I}{v} = \frac{2717}{5\,000\,000} = 0{,}000543.$$

Il nous faudrait donc deux fers I de $0^m{,}200$ L. A pesant $37^k{,}500$ le mètre courant qui donnent :

$$\frac{I}{v} = 0{,}00029367 \times 2 = 0{,}00058734.$$

L'écharpe a une portée de $2^m{,}30$ et a à porter :

$2092 \times 2 = 4184^k$. charge au milieu.

On aura donc :

$$\mu = \frac{Pl}{4} = \frac{4184 \times 2{,}30}{4} = 3405{,}8$$

$$\text{et} \quad \frac{I}{v} = \frac{3405}{5\,000\,000} = 0{,}000676,$$

en supposant que le bras de levier passe en son milieu sur l'écharpe et en négligeant le poids propre du palier.

Malgré cela il nous faudrait 2 fers I de 220 larges ailes ; nous aurions alors une épaisseur de palier de :

$$0{,}20 + 0{,}22 + 0{,}07 + 0{,}03 = 0^m{,}52,$$

ce qui ne peut exister.

Nous sommes donc conduits à renoncer à l'escalier à limons à coins ronds et à bascules.

Le moyen le plus simple consiste à buter le limon dans son plan à l'arrivée à chaque palier intermédiaire par une pièce horizontale logée dans l'épaisseur du palier.

La construction étant combinée de la même façon pour tous les étages nous n'étudierons qu'une révolution.

Ce système reporte la totalité de la charge de l'étage sur la palière de départ. A cet endroit, le limon de la première montée, rencontre un point d'appui solide, la charge en ce point ayant été introduite dans le calcul de la palière.

Le remplissage du palier, hourdis et

solives, empêche le reculement horizontal de ce point d'appui.

A la partie supérieure de ces limons, la pièce horizontale de butée noyée dans le palier de repos empêche tout déplacement de la tête.

Nous avons formé ainsi un angle obtus buté à ses deux extrémités sur la palière et sur le contre-limon des baies, ou sur le mur, deux points résistants : l'angle va donc être indéformable si les pièces sont suffisamment rigides, ce que nous allons contrôler par le calcul en appliquant aux différents points la totalité des charges.

Le sommet de cet angle va nous servir maintenant de point d'attache fixe pour le pied du limon de la seconde montée de la révolution et remplir pour ce limon l'office de la marche palière dans la première partie.

A chaque montée, la même construction se reproduira jusqu'à l'arrivée au palier supérieur sur la palière duquel se fera l'attache de tête de la dernière partie de limon de la révolution considérée.

Calculs pour une révolution.

385. Le limon de départ sur la palière est le plus chargé : en outre de sa charge propre, il reçoit à son sommet partie de celles des montées suivantes ; il faut donc rechercher ces charges.

Le limon de la dernière montée reçoit huit marches.

$$\text{Poids total } \frac{8 \times 465^{k}.}{2} = 1\ 860^{k}.$$

dont l'attache de la palière supporte la moitié soit 930 kilogrammes, l'autre moitié chargeant le sommet de l'angle inférieur.

Le limon de la montée intermédiaire supporte 11 marches, c'est-à-dire :

$$\frac{11 \times 465^{k}.}{2} = 2557^{k}.50,$$

il recevrait en outre la composante suivant sa direction des 930 kilogrammes provenant du limon supérieur qui serait d'après l'épure (*fig.* 881) égale à 1750 kg.

Le sommet de l'angle inférieur étant le seul point qui puisse offrir une réaction verticale, la somme de toutes les actions verticales se reporte intégralement en ce point.

La charge qui arrive sur l'angle obtus du premier limon est alors (*fig.* 882) :

1° .... $930^{k},00$

2° .... $2557,50$

3° $\frac{2 \times 1,70 \times 1.70 \times 1000}{4}$ $1445,00$ (charge des paliers).

Total. . . . $4932^{k}.50$

car pour un palier la construction indique la moitié de la charge des solives sur le mur, l'autre moitié sur le fer de butée

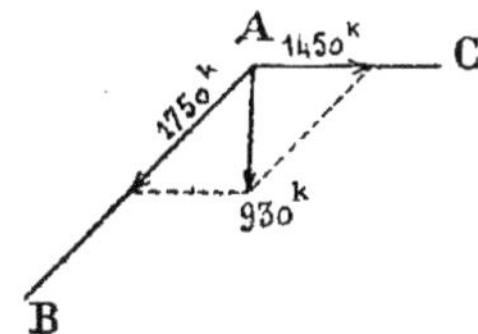

Fig. 881.

qui en reporte ensuite moitié sur l'angle soit un quart de la charge totale.

La composante de cette charge suivant

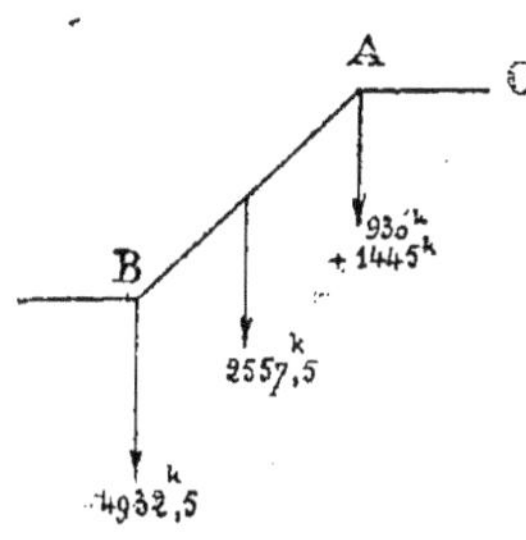

Fig. 882.

la direction du demi-limon est égale (*fig.* 883) à 8450 kilogrammes.

Le limon inférieur de la révolution reçoit 8 marches, soit :

$$\frac{8 \times 465^{k}.}{2} = 1860^{k}.$$

dont la composante suivant sa direction............... = 1000 kil.
et la composante normale . . = 1600 —

La pièce est soumise à une charge de flexion normale que détermine un moment

$$\mu = \frac{1600 \times 1,90}{8} = 380.$$

et à un effort de compression dû à la composante de sa charge propre 1000 et à la composante trouvée de 8450 soit, 9450.

La section proposée de $^{350}/_{12} = 4200$

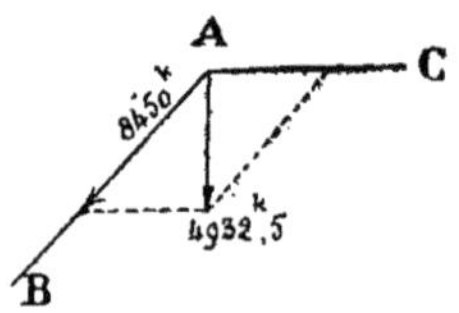

Fig. 883.

millimètres carrés ; donc, comme compression, on travaillera à

$$\frac{9450}{4200} = 2^{k}.25$$

et à la flexion :

$$\frac{I}{v} = 0,0002496$$

$$R = \frac{\mu}{\frac{I}{v}} = \frac{380}{246,9} = 1^{k}.52$$

La fatigue totale sera : $2,25 + 1,52 = 3^{k},77$ par millimètre carré.

Vérification du limon du milieu.

Le limon du milieu ayant une plus

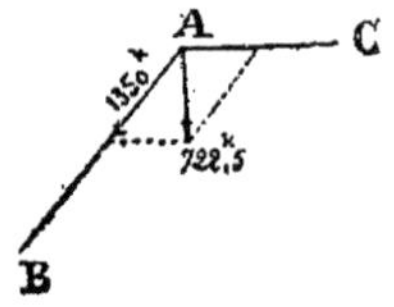

Fig. 884.

grande portée, il est bon de le vérifier.

La compression provenant du sommet $= 1750$ kilogrammes.

Un quart du palier de repos $= 722^{k},50$ dont la composante suivant le limon (*fig.* 884) est 1350 kilogrammes.

Les marches donnent une charge verticale de $2557^{k},50$ dont la composante normale est égale à 2150 kilogrammes et la composante suivant le limon égale à 1380 kilogrammes.

$$\text{Le moment} \quad \mu = \frac{2150 \times 2,80}{8} = 752,05$$

$$\text{L'effort par millimètre carré est égal à } \frac{752}{249,6} = 3^{k},02.$$

$$\text{L'effort de compression } \frac{1750 + 1350 + 1380}{4200} = 1,66$$

$$\text{Fatigue totale. . . . } = 4^{k}.68$$

Observation.

386. Nous ferons remarquer que dans les calculs précédents, nous n'avons pas tenu compte du poids de la partie métallique, mais le poids unitaire de la marche a été établi avec quatre personnes de 70 kilogrammes chacune ce qui peut être exact pour le calcul des contre-marches et sous-marches, mais ce qui n'arrivera certainement pas en même temps pour la totalité des marches. Nous sommes certains que la différence compense largement le poids du métal.

Marches palières.

387. La charge uniformément répartie se reportant sur la palière est :

1° Palier et surcharge

$$= 6,00 \times \frac{1.80}{2} \times 1\ 000^{k}00 = 5\ 400^{k}00$$

2° Poids de la marche palière environ $= 1\ 200^{k}00$

Charge uniformément répartie $= 6\ 600^{k}00$

La charge provenant de l'arrivée de la révolution inférieure soit $= 930^{k},00$ charge au départ de la révolution supérieure :

$$930^{k} + 2557,50 + 1445 + 1860 = 6792^{k},00$$

ces deux charges disposées à $1^{m},75$ des murs.

La poutre se présente donc ainsi que l'indique la figure 885.

Cherchons la réaction en B, elle est égale à :

$$\frac{6\,792 \times 4{,}25 + 9{,}30 \times 1{,}75}{6} + \frac{6\,600}{2} =$$

$$\frac{28\,866 + 1\,627{,}5}{6} + 3\,300 = 5\,082{,}2$$

$$+ 3\,300 = 8\,382$$

$$B = 8\,382.$$

Le moment fléchissant maximum est certainement compris entre les deux points m et n soit en a.

L'expression générale du moment est :

$$8\,382\,(1{,}75 + y) - 6\,792 \times y - p\left(\frac{1{,}75 + y}{2}\right)^2 = \mu$$

p étant la charge par mètre courant, soit :

$$\frac{6\,600}{6} = 1\,100$$

$$14668.5 + 8382\,y - 6792\,y - 842 - 962.5\,y - 275\,y^2$$

$$-275\,y^2 + 627{,}5\,y + 13826{,}50 = \mu$$

Prenons la dérivée et égalons à 0.

$$-550\,y + 627{,}5 = 0$$

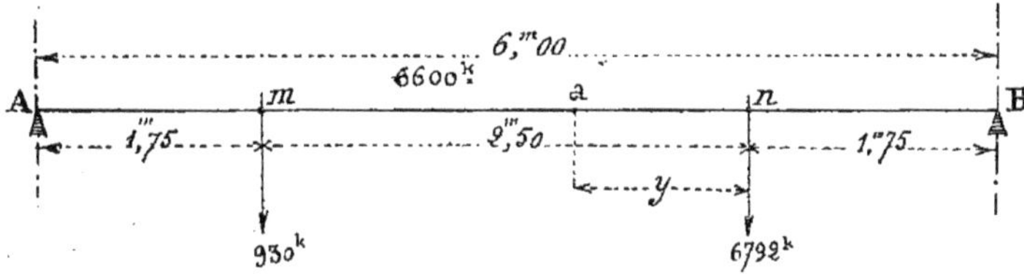

Fig. 885.

d'où $y = \frac{627.5}{550} = 1{,}14.$

Le moment maximum

$$= -275 \times \overline{1{,}14}^2 + 627{,}5 \times 1{,}14 + 13.826{,}50$$

$$= -357{,}5 + 715{,}35 + 13\,826{,}50 = 14184$$

D'où, $\frac{I}{v} = \frac{14\,184}{5\,000\,000} = 0{,}002836.$

La palière que nous avons indiqué et en croquis (*fig.* 885) sera donc composée comme suit :

Âme 350/13.	$\frac{I}{v} = 0{,}0001457$
4 cornières 90/90/14	$\frac{I}{v} = 0{,}0011854$
2 tables 320/14	$\frac{I}{v} = 0{,}0015680$
Total. . .	$\frac{I}{v} = 0{,}0028991$

Poids de la marche palière.

Âme $^{350}/_{13}$.	35k.44
4 cornières $^{90}/_{90}/_{14}$.	64,00
2 tables $^{320}/_{14}$	69,72
Ensemble.	169.16
Rivets 5 %.	8.50
Poids total par mètre courant =	177k,60

Longueur totale de la poutre, scellements compris, 6m,60.

6,60 × 177,60	=	1172, 00
Semelles aux scellements	=	25, 00
Fourrures aux limons	=	60, 00
Poids total d'une poutre	=	1257k,00

Complément des paliers.

Pour faire le hourdis des paliers on ajoute des solives dont la portée est de 1m,65. La charge sur ces solives sera :

$$1.65 \times 0{,}70 \times 1000 = 1155^k{,}00$$

la valeur de $\frac{I}{v}$ est la suivante :

$$\frac{I}{v} = \frac{1\,155.00 \times 1.65}{40\,000\,000} = 0{,}00004759.$$

Correspondant à des solives en fers I de 0m,14 *a.o.* dont la valeur de $\frac{I}{v}$ est la suivante :

$$\frac{I}{v} = 0{,}000065.$$

Nous adopterons donc les solives en fer I de 0m,14 *a. o.* espacées de 0m,70 d'axe en axe.

Paliers de repos.

Les solives continuant les limons et les butant au mur seront en fer I de 0,200 *a. o.* et les solives de remplissage en fer I de 0m,14 *a. o.*

Contre-limons.

Les grands contre-limons dans les baies seront à la française, composés de deux fers plats l'un de $^{400}/_{10}$ du côté des marches, l'autre à l'extérieur en $^{400}/_{5}$.

Ces deux fers seront réunis de distance en distance par des cales ou fourrures en fonte et des boulons et à la partie supérieure et inférieure par des moulures en chêne profilées vissées aux deux fers.

Devis détaillé et Poids d'un escalier de quatre étages.

Limons en 350/12 (1 marche 31 centimètres)

78 marches 31 × 78 = 24m,20

paliers. . . . . . = 12m,10

36m,30 à 32k,76. . . . . 1 089k,00

Contre-limon 400/15. . 23m,00 à 46k,80. . . . . . . 1 076k,00

Pièces d'angle en fonte

15 de $1^m,00 \times \overline{0,18}^2 - 1 \times \overline{0,12}^2 = 0,018 \times 7,8 = 130^k,00$

Culots en fonte = 10k,00

140k,00 à 15k. 2 100k,00

Contre-marches 78 × 1,80 = 140m,40 à 10k,00	1 440k,00
Sous-marches 78 × 1,80 = 140m,40 à 7k,00	980k,00
Entretoises de la contre-marche à la sous-marche	300k,00
Pattes de tringlage pour hourdis	80k,00
Équerres des contre-marches et des sous-marches	80k,00
Fourrures en fonte des limons	250k,00
Fentons pour tringlage	100k,00
Total	7 495k,00
Imprévu	505k,00
Ensemble	8 000k,00

Moulures en chêne, rabotées sur trois faces, moulurées de deux côtés, ajustées entre les tôles des limons et des contre-limons.

Longueur totale des ces moulures 115 m.

Ces moulures sont fixées aux tôles par des vis à têtes fraisées, espacées de douze centimètres.

Marches palières.

Quatre palières à 1 257k,00. . . . . 5 028k,00

Complément des paliers et paliers de repos.

32 solives de 1m,80 fer I de 0,14 *a.o.* 57m,60

57m,60 à 13k,00. . . . . 750k,00

16 solives de 1m,80 fer I de 0,20 *a.o.* 28m,80

28m,80 à 22k,00. . . . . 634k,00

24 solives de 1m,80 fer I de 0,14 *a.o.* 43m,20

43m,20 à 13k00. . . . . 560k,00

8 solives de 1m,80 fer I de 0,14 *a.o.* 14m,40

14m,40 à 13k,00. . . . . 317k,00

Equerres et boulons	175k,00
Boulons d'écartement	400k,00
Total	2 836k,00
Imprévu	164k,00
Ensemble	3 000k,00

Résumé.

Escalier proprement dit.. .	8 000 kil.
Marches palières.	5 028.
Piliers et compléments. . . .	3 000.
Poids total	16028 kil.

Moulures en chêne, 115 mètres.

Nota.

La rampe et la main courante étant fournies et posées par des entrepreneurs spéciaux sont à compter à part.

§ II. — *ESCALIERS EN FONTE*

I. — Définitions et notions générales.

388. Les escaliers en fonte sont peu employés pour les escaliers larges ; on ne fait généralement en fonte que de petits escaliers et de préférence les escaliers tournants à noyau dans lesquels chaque marche porte une partie du noyau qui s'emboîte dans la marche inférieure de manière à former une colonne creuse souvent traversée par une barre de fer rond fortement boulonnée aux deux extrémités.

Ces escaliers tournants, construits en fonte ornée, peuvent recevoir toute espèce de décoration ; ils sont presque toujours utilisés dans les magasins du rez-de-chaussée pour permettre l'accès à un entresol.

Plus rarement on fait des escaliers en fonte dont les marches et les contre-marches sont fondues d'un seul morceau. L'une des extrémités vient se sceller dans le mur tandis que l'autre repose sur la marche inférieure.

Dans les escaliers en fonte, lorsque la contre-marche existe, elle est souvent évidée pour donner plus de légèreté. Les marches peuvent aussi être évidées mais, dans tous les cas, si elles sont pleines, elles doivent être striées pour empêcher le glissement.

Les marches de départ et d'arrivée doivent être solidement fixées sur le sol et sur le palier d'arrivée.

II. — Différentes formes de marches dans les escaliers en fonte.

1° Marches en fonte pour escaliers droits.

389. L'une des principales dispositions pour un escalier droit en fonte est celle où les marches, fondues d'une seule pièce, sont scellées d'un bout dans le mur et se soutiennent réciproquement sans le secours d'un limon (*fig.* 886).

Ces marches creuses M sont boulonnées en B′ sur un joint normal à la ligne de pente ; des boulons d'entretoises B réunissent les faces latérales opposées.

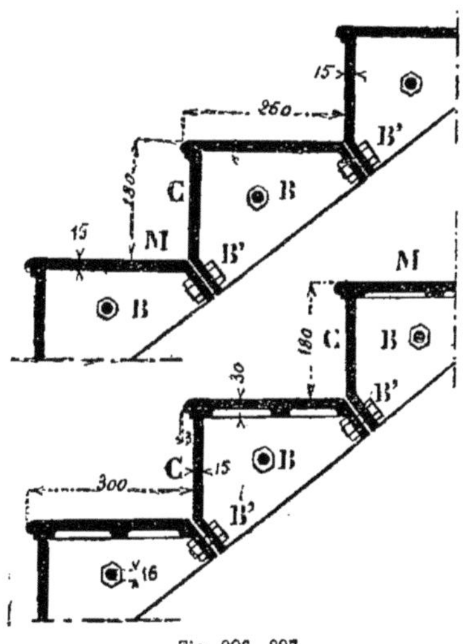

Fig. 886, 887.

La surface des marches est striée, l'épaisseur de la fonte est de quinze millimètres.

Ces escaliers ne conviennent que pour de faibles dimensions et de petites charges.

Si la largeur de la marche augmente on peut alors adopter la disposition indiquée (*fig.* 887), dans laquelle chaque dessous de marche est renforcé par des nervures.

Une troisième disposition est représentée en croquis (fig. 888). Dans cet exemple,

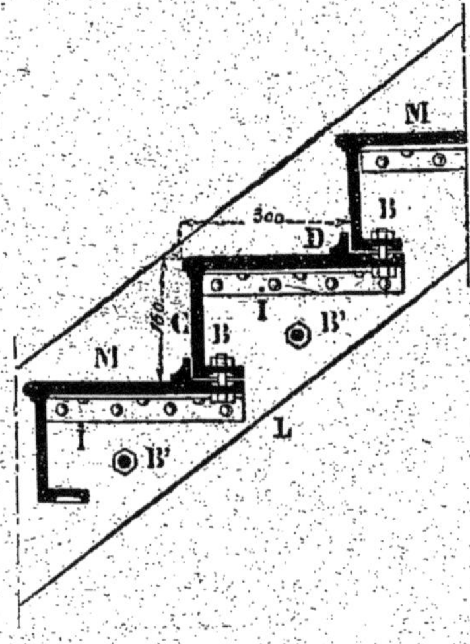

Fig. 888.

nous supposons les marches en fonte comprises entre deux limons en tôle L,

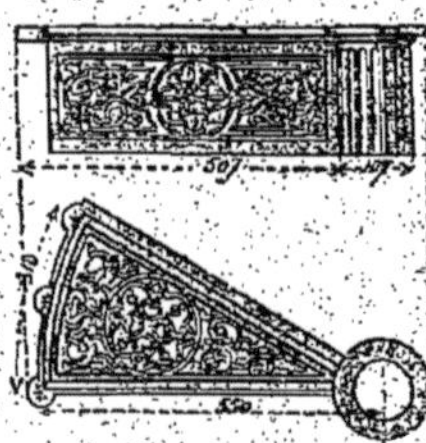

Fig. 889.

c'est, pour ainsi dire, une solution mixte entre l'escalier tout en fer et l'escalier tout en fonte.

Les limons L sont reliés entre eux par des boulons B' servant d'entretoises. Les marches M sont fixées aux contre-marches immédiatement supérieures par un joint spécial indiqué en B.

Le joint entre les marches et les contre-marches est caché par une partie moulurée D venue de fonte avec le dessus de la marche.

Des cornières I servent à fixer les marches en fonte sur les limons en tôle.

2° Marches en fonte pour escaliers tournants.

390. Comme exemple de marches en fonte nous donnons, ci-après, les différents types exécutés par la Société anonyme des hauts-fourneaux et fonderies du Val-d'Osne.

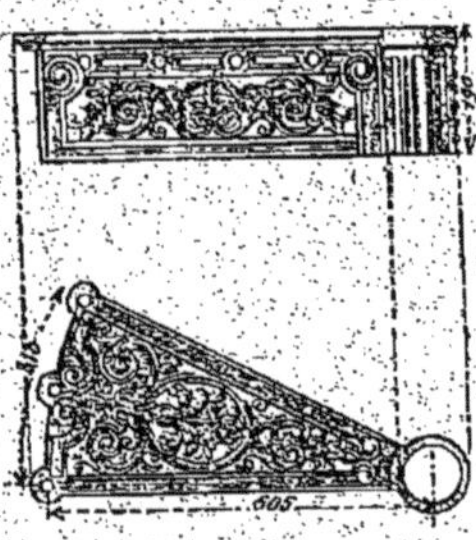

Fig. 890.

Les marches en fonte pour escaliers tournants peuvent être fondues avec contre-marches ou sans contre-marches. Les figures 889, 890 et 891 nous montrent

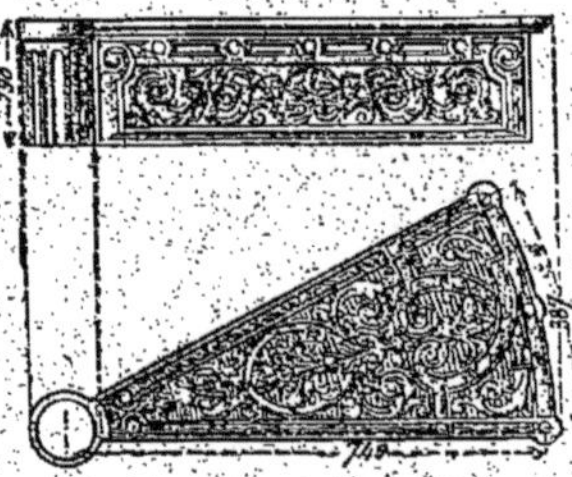

Fig. 891.

des marches en fonte avec leurs contre-marches. Comme nous pouvons le voir, chaque marche porte au collet une partie du noyau en fonte qui forme colonne et qui s'emboîte dans la barre de fer servant à les maintenir tous.

Les marches se recouvrent de quelques centimètres et portent des oreilles dans lesquelles on met des vis à tête plate pour ne pas former de saillie ; quelquefois ce sont les barreaux de la rampe qui servent à fixer les marches les unes sur les autres.

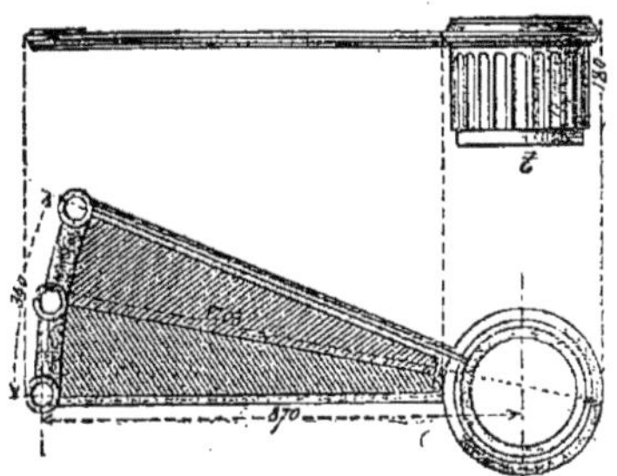

Fig. 892.

Les figures 892 et 893 nous donnent, en croquis, deux exemples de marches en fonte sans contre-marches. Ces marches sont striées sur le dessus et sont venues de fonte à la partie supérieure du noyau en fonte. Ce noyau peut être uni mais le

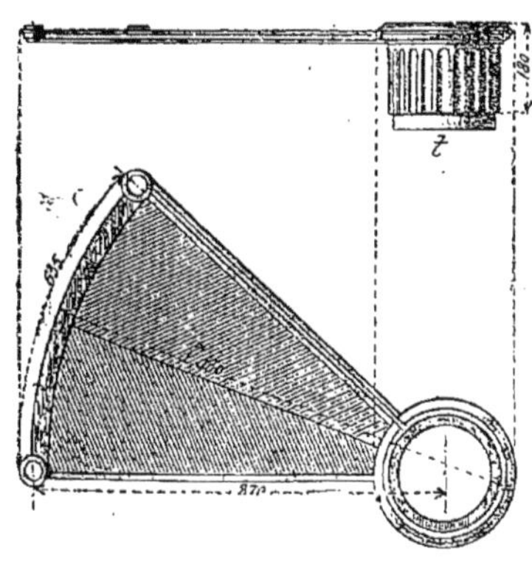

Fig. 893.

plus souvent, pour lui donner un aspect plus léger, on y met des cannelures. Chaque partie de noyau s'emboîte dans celle qui est immédiatement au dessous à l'aide de la tubulure t.

Enfin, les marches en fonte peuvent s'exécuter comme nous l'indiquons (*fig.* 894, 895 et 896). Les marches ne comportent pas de contre-marches mais elles sont renforcées par une véritable nervure n qui peut en réalité être considérée comme une contre-marche évidée.

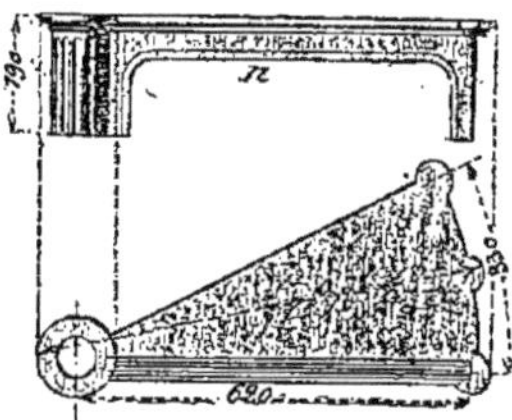

Fig. 894.

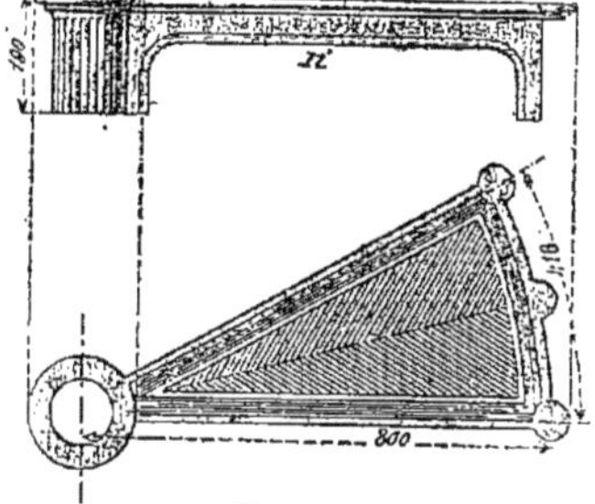

Fig. 895.

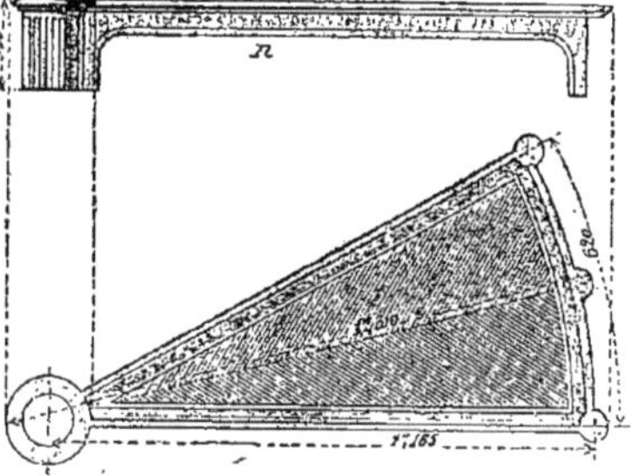

Fig. 896.

III. – Différents types d'escaliers.

1° Escalier tout en fonte.

391. Afin de bien faire comprendre comment les marches en fonte se placent les unes au-dessus des autres et comment se dispose la rampe, nous donnons (*fig.* 897) un croquis d'ensemble d'un escalier tournant exécuté en fonte.

Comme le montre cette figure, cet escalier paraît très léger et peut recevoir, dans les magasins, un très grand nombre d'applications.

2° Escalier en fonte et fer dans une cage hexagonale.

392. L'escalier que nous venons de décrire (*fig.* 897) a pour plan un cercle, il est bien évident qu'on peut exécuter un escalier quelle que soit la forme de son contour extérieur ; nous donnerons dans ce qui va suivre, et pour terminer l'étude des escaliers métalliques, un exemple d'escalier mixte, fer et fonte, dont le plan est un hexagone.

L'escalier que nous allons décrire est établi à chaque extrémité d'une passerelle de 12^{m},20 de portée traversant une rue.

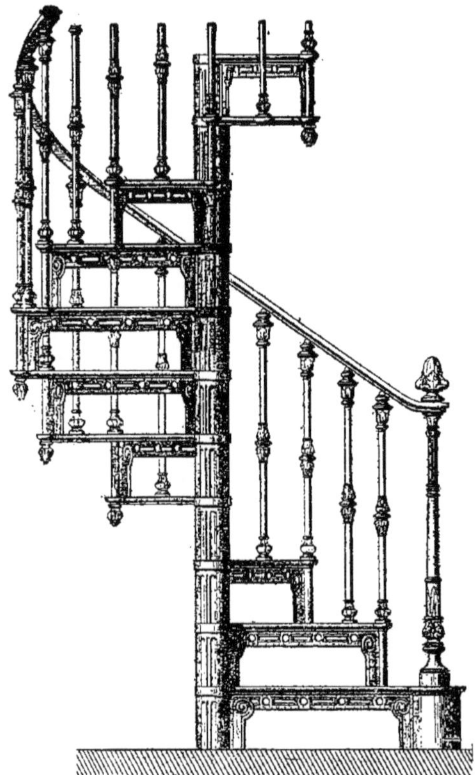

Fig. 897.

La figure 898 nous montre l'élévation et le plan de l'escalier situé à gauche de la passerelle qui n'est, dans cette figure, indiquée qu'en partie ; la figure 899 nous indique l'élévation d'un autre escalier identique placé à l'autre extrémité.

La figure 900 nous donne deux coupes transversales complétant les indications précédentes.

Les marches de ces escaliers sont en bois, les contre-marches sont en tôle.

Du côté du noyau de l'escalier l'attache se fait sur des douilles spéciales enfilées sur un noyau en fonte.

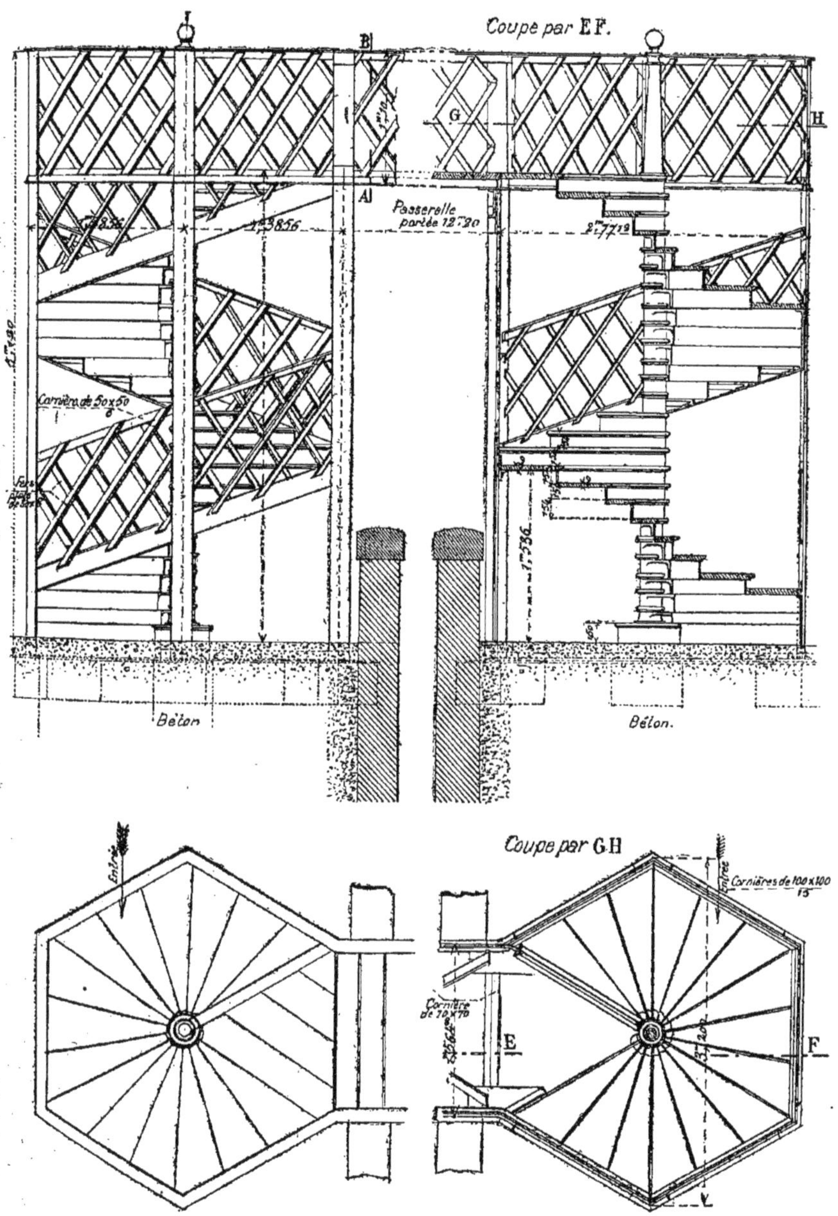

Fig. 898 et 899.

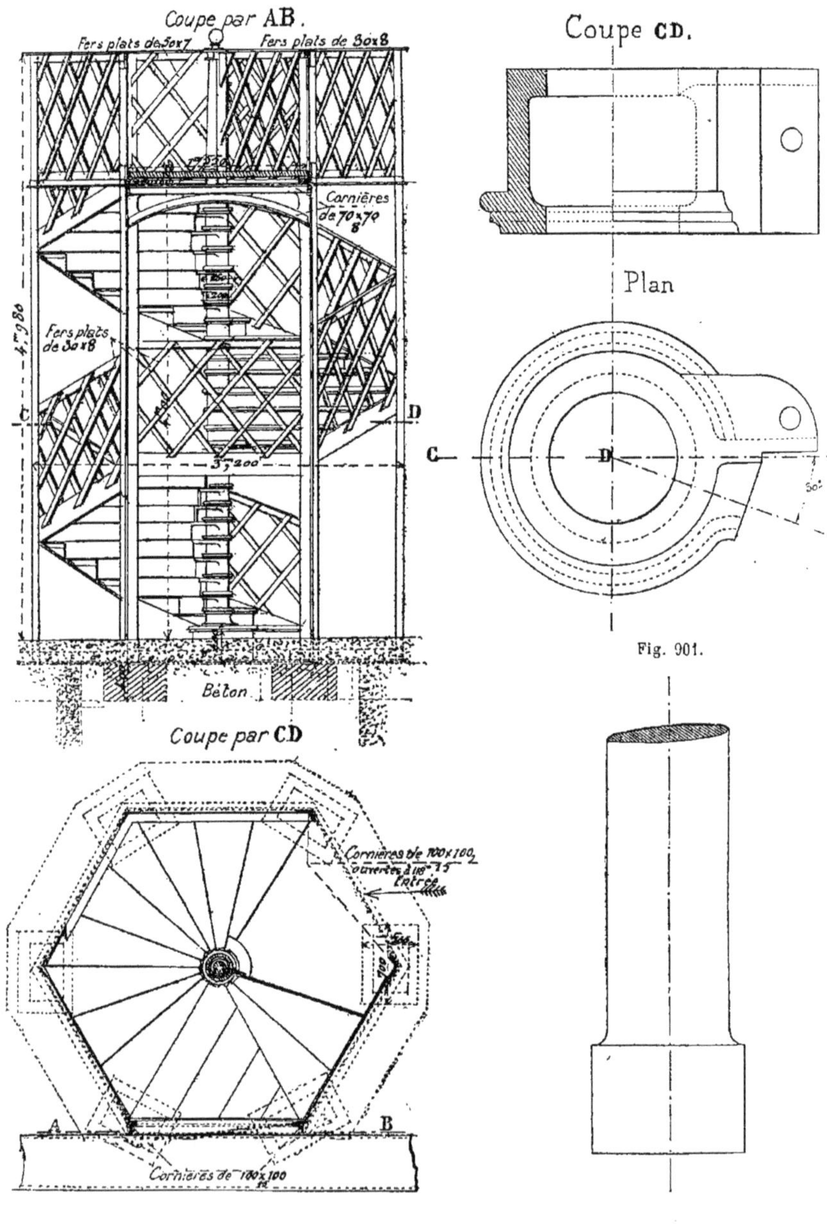

Fig. 901.

Fig. 900.

Fig. 902.

La figure 901 nous montre en élévation, coupe et plan, la forme des douilles intermédiaires employées dans ces escaliers.

La figure 902 nous donne un croquis d'une partie du noyau central.

En haut de l'escalier ce noyau central en fonte est prolongé par une tige en fer recouverte d'une douille en fonte qui coiffe toutes celles de l'escalier.

CHAPITRE V

COMBLES ET FERMES MÉTALLIQUES

§ I. — *DÉFINITIONS ET NOTIONS GÉNÉRALES*

393. On désigne sous le nom de *combles en fer* des assemblages de pièces métalliques destinées à supporter la couverture d'un bâtiment ou d'un édifice limité au dehors par une ou plusieurs surfaces inclinées, planes ou cintrées ayant pour but de faciliter l'écoulement des eaux pluviales et des neiges.

On donne le nom de *terrasses* à des combles dont les pentes sont assez faibles pour permettre de marcher dessus facilement sans glisser.

Le plus souvent, un *toit* est formé de deux plans inclinés en sens contraires et se raccordant suivant une arête qui prend le nom de *faîte* ou de *faîtage*.

Un comble en fer comprend presque toujours, dans sa construction, une série de *fermes* sur lesquelles reposent les *pannes* chargées de soutenir la couverture.

On désigne donc sous le nom de *ferme* d'un comble l'assemblage de pièces métalliques destinées à supporter les pannes et le faîtage entre deux murs pignons qui sont trop écartés l'un de l'autre pour soutenir ces pièces dans leur portée. Lorsque les murs extrêmes font défaut ils sont remplacés par des fermes ayant quelquefois des formes spéciales et qu'on nomme *fermes de tête*.

Les fermes de comble doivent toujours se placer à l'aplomb des trumeaux, c'est-à-dire des parties pleines qui séparent les portes et les croisées des bâtiments. Leur écartement, d'axe en axe, peut être un peu plus grand dans les combles en fer que dans les combles en bois ; une bonne moyenne est d'adopter de 4 à 6 mètres.

Les combles métalliques sont généralement employés de préférence aux combles en bois, lorsque les portées sont grandes. Ils ont aussi, sur ces derniers, l'avantage de mieux résister à l'incendie et de paraître beaucoup plus légers.

En résumé :

1° Un comble a pour but de recevoir une couverture destinée à abriter un espace quelconque ;

2° Il se compose de pièces droites ou courbes assemblées de manière à former un réseau capable de supporter le poids de la couverture et les surcharges ;

3° Il doit remplir les conditions suivantes :

I. Invariabilité de formes, obtenue par la combinaison de triangles, seule figure indéformable ;

II. Pièces soumises à des efforts de flexion d'extension ou de compression suivant les cas ; ces efforts étant dirigés de manière à faire travailler les pièces dans les meilleures conditions possibles;

III. Économie;

IV. Facilité d'exécution et de montage; éviter, autant que possible, les pièces de forge.

§ II. — NOMS DES DIFFÉRENTES PIÈCES COMPOSANT UNE FERME

394. Les fermes peuvent, suivant leur disposition, recevoir plusieurs noms :

1° On désigne sous le nom de *fermes ordinaires* ou sur *tasseaux* celles dans les-

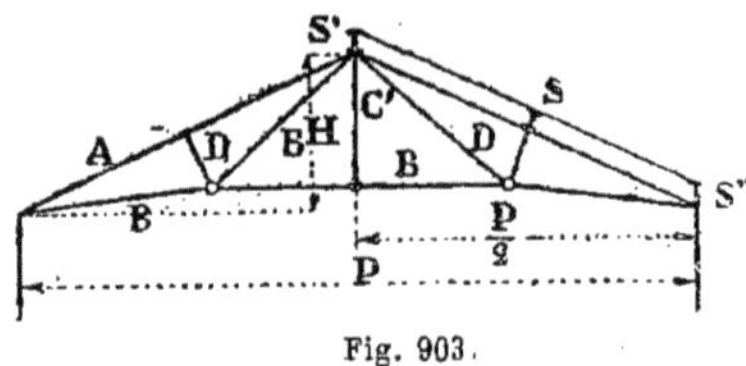

Fig. 903.

quelles les pannes portent simplement sur les arbalétriers sans y être assemblées;

2° *Fermes à liernes*, celles dans lesquelles les pannes sont assemblées sur les arbalétriers;

3° *Fermes retroussées*, celles qui n'ont

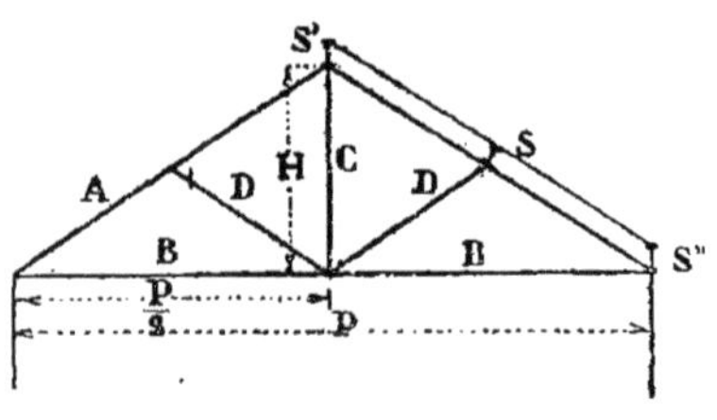

Fig. 904.

qu'un entrait posé au-dessus de deux jambes de force;

4° *Fermes brisées*. Le type de ce genre de ferme est représenté par les diverses formes du comble à la Mansard.

Outre ces fermes on emploie aussi les *demi-fermes* qui, suivant leurs applications, comprennent :

1° *Demi-ferme de croupe*, celle dont l'arbalétrier et le tirant s'assemblent dans un poinçon et portent sur le milieu du mur de croupe;

2° *Demi-ferme de noue, d'arêtier*, celles pont l'arbalétrier forme noue ou arêtier;

3° Enfin les demi-fermes de diverses formes employées comme *appentis*.

Une ferme de comble métallique comprend une série de pièces que nous représentons schématiquement dans les croquis (*fig*. 903, 904 et 905) et que nous allons décrire en indiquant avec quels fers du commerce on peut les composer.

Comme nous allons le voir, un grand nombre des pièces qui composent une ferme métallique ont beaucoup d'analogie avec celles qui ont été décrites dans la charpente en bois.

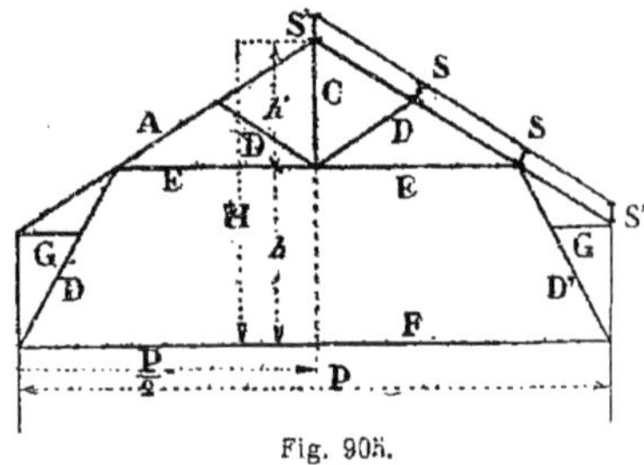

Fig. 905.

A. — Arbalétriers.

On désigne sous ce nom les pièces principales d'une ferme ayant une assez forte section et servant à porter les pannes.

Ce sont en général des pièces droites ou courbes butant l'une contre l'autre à leur sommet et s'assemblant, tantôt avec des feuilles de tôle rivées ou boulonnées, tantôt dans des sabots en fonte. Les retombées de ces pièces se font, soit directement dans le mur, soit entre deux grandes cornières soit, enfin, dans un sabot en fonte fortement scellé dans la maçonnerie du mur.

Dans les combles, les arbalétriers, peuvent, comme nous allons le voir, se construire de diverses manières :

Pour les petites constructions, appentis, petits combles, etc..., on leur donne une section rectangulaire ; on se sert alors des fers méplats du commerce qu'on place de champ afin d'augmenter la distance de la fibre supérieure à la ligne passant par le centre de gravité.

On donne ordinairement à ces fers une

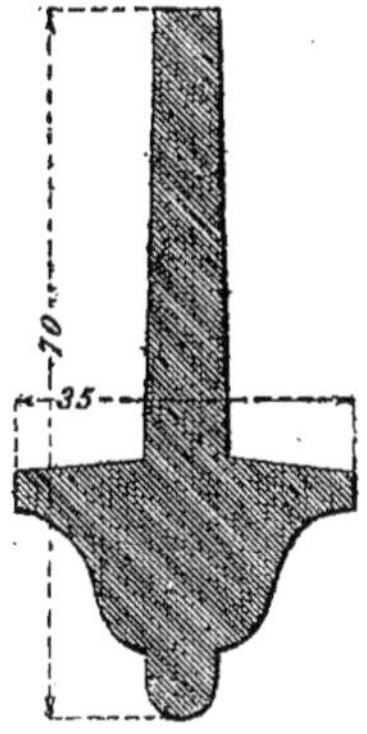

Fig. 906.

épaisseur égale au 1/5 environ de la hauteur.

On se sert également et dans les mêmes conditions des fers à simple T ou des fers

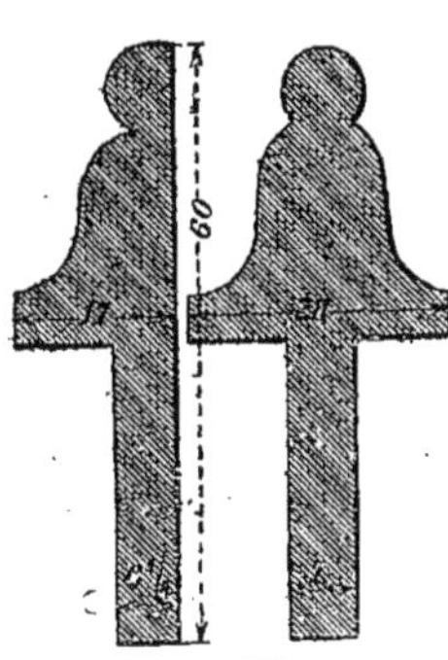

Fig. 907.

à vitrages dont nous donnons (*fig.* 906, 907 et 908), trois croquis applicables à des combles vitrés, combles de serre par exemple.

Pour le plus grand nombre des combles ordinaires on se sert, comme arbalétriers, des fers I du commerce et dans quelques cas particuliers des fers en U.

Enfin, si les portées sont grandes, on emploie les poutres en tôle et cornières soit à âme pleine, soit en treillis construites comme celles des planchers en fer indiquées précédemment.

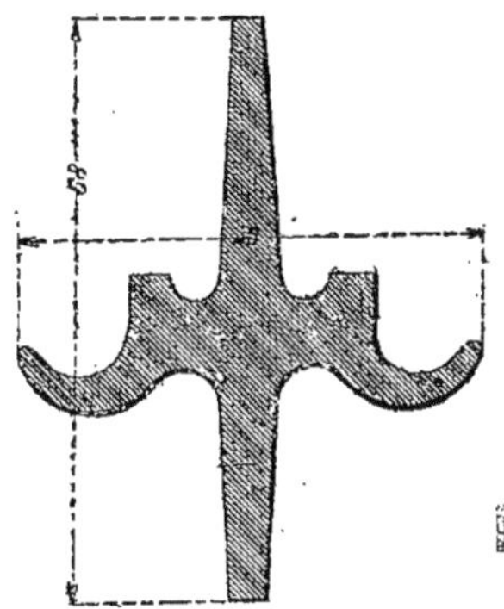
Fig. 908.

On fabrique aujourd'hui, à très bon marché, des poutres en treillis très légères ; on peut donc, en les employant, diminuer le poids des charpentes car les fers I du commerce de gros échantillon ou les poutres à âme pleine sont lourdes et d'un effet souvent disgracieux.

B. — Tirants et entraits.

Dans les combles, les tirants peuvent être horizontaux ou inclinés. Ce sont en général des tringles en fer rond, quelquefois dans des combles spéciaux des cornières, travaillant à la traction et dont le but est d'annuler la poussée de la ferme sur les murs.

Quand les tirants doivent supporter un plancher on les construisait anciennement avec des fers plats placés de champ, mais le plus rationnel est de les exécuter avec des fers I, des fers en U ou même en tôle et cornières si la portée est grande.

Lorsque les tirants sont placés au niveau du pied des fermes, comme en B (*fig.* 904) on les désigne sous le nom *d'entraits;* lorsqu'ils sont surélevés au-dessus de l'horizontale, en E (*fig.* 905), et assemblés directement avec les arbalétriers on les nomme *faux-entraits*.

Les faux-entraits se font ordinairement avec des fers en U ou des fers I. On soulage les tirants ou les entraits et on diminue par suite leurs sections en les soutenant en leur milieu ou en différents points de leur longueur par des *poinçons* C (*fig*. 904 et 905) ou par des *Aiguilles pendantes* C' (*fig*. 903).

C, C. — **Aiguilles pendantes. — Poinçons.**

Les aiguilles pendantes servent comme nous venons de le dire à soulager les tirants d'assez grande longueur ou les entraits. Lorsque les entraits ne portent pas plancher, les aiguilles pendantes se font avec des fers plats, ronds ou tout autre fer de petites dimensions. Lorsque les entraits portent plancher et qu'ils sont exécutés avec des fers en U ou des fers I du commerce, l'aiguille pendante se remplace par une pièce plus forte C (*fig*. 904 et 905) nommée *poinçon* qu'on exécute en fers en U ou en fers I.

II. — **Contrefiches.**

Les contrefiches s'emploient dans certains combles d'ateliers ; elles sont alors formées soit avec des cornières soit avec des fers I ou des fers en U.

Dans les combles Polonceau on se sert de contrefiches spéciales qu'on nomme *bielles*. Ces bielles peuvent être en fer ou en fonte.

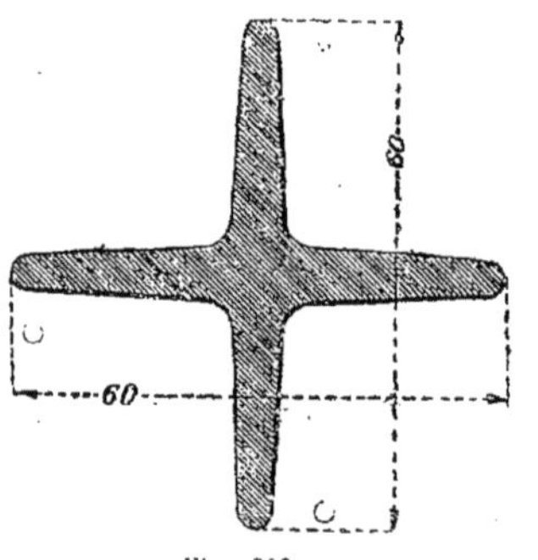

Fig. 909.

Lorsqu'elles sont en fer, on emploie pour les construire, les fers ronds de différents diamètres, les fers à simple T, les fers en croix indiqués en croquis (*fig*. 909) ; les fers en croix formés par quatre cornières à ailes égales avec ou sans tôles. (*fig*. 910) ou, enfin, une véritable poutre composée de tôle et de cornières.

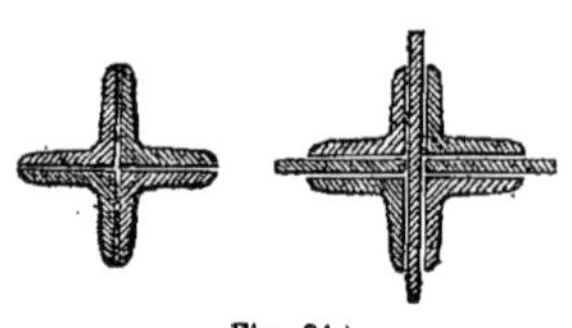
Fig. 910.

Les contrefiches devant résister à des efforts de compression et la fonte résistant bien à ce genre d'efforts, ce métal est fréquemment employé avec avantage.

Lorsque les contrefiches sont en fonte elles peuvent être (*fig*. 911) à section cannelée et profilées suivant un galbe parabolique ou (*fig*. 912) à section cruciforme ordinairement renflée au milieu de la longueur afin de diminuer les chances de rupture occasionnées par la flexion pouvant résulter de l'effort de compression.

Pratiquement on donne à la partie renflée du milieu une section égale au 1/18 de la longueur.

Lorsque les bielles en fonte en forme de croix sont un peu longues, il est prudent de ne pas les faire travailler à plus de $1^k,25$ par millimètre carré de section, car ce sont alors de véritables colonnes que leur longueur pourrait exposer à fléchir sous la charge ; on peut aller jusqu'à $2^k,50$ et même 3 kilos par millimètre carré de section, lorsque ces bielles sont à section circulaire.

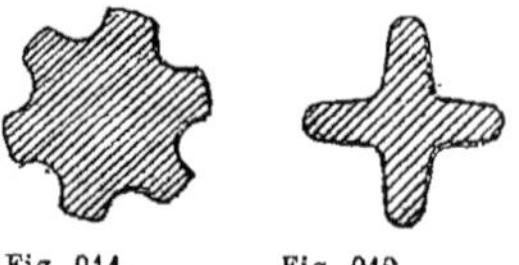
Fig. 911. Fig. 912.

D'. — Jambes de force.

Dans le comble d'atelier (*fig.* 905) nous indiquons en D' l'application de *jambes de force*. Ce sont des pièces métalliques, fers **I** ou fer en **U** qui, dans les combles avec entrait retroussé, servent à reporter la charge de la partie supérieure du comble sur le fort entrait *F* (*fig.* 905) placé au niveau du plancher.

G. — Blochet.

On désigne sous le nom de *blochet*, indiqué en G (*fig.* 905), une pièce métallique destinée à maintenir les jambes de force D'.

Dans certains combles, les blochets remplacent l'entrait. Ce sont alors des pièces d'un assez fort équarrissage. Les blochets se posent sur le haut des murs ou sur les plates-formes avec lesquelles ils peuvent être assemblés ainsi qu'avec les jambes de force.

Aisseliers.

Ce sont des pièces métalliques qui s'emploient quelquefois pour fortifier le faux-entrait.

Jambettes.

On désigne sous ce nom de véritables petits potelets verticaux ou inclinés, destinés à soulager, dans certains cas, les arbalétriers.

Contreventement — Liernes.

Outre les pièces principales des charpentes métalliques que nous venons d'indiquer on ajoute, en général, dans les ouvrages un peu importants, des pièces auxiliaires destinées à contreventer l'ensemble de la construction et à rendre solidaires les différentes parties.

Dans un comble à bielles par exemple on réunit les différentes fermes à l'endroit des plaques fixées au pied des bielles par des tringles d'écartement nommées *liernes*.

On donne aussi le nom de *lierne* ou *sous-faîte* à des pièces métalliques parallèles au faîtage qui s'assemblent soit dans les poinçons, soit dans les faux-entraits afin de relier les fermes entre elles et augmenter leur stabilité.

Les fermes sont, comme nous le savons, reliées l'une à l'autre par une série d'autres pièces dont il est bon de dire quelques mots.

Pannes.

On désigne sous le nom de *pannes* des pièces S (*fig.* 903, 904 et 905), portées par les arbalétriers, s'appuyant à leurs extrémités sur les murs pignons et servant à soutenir et à fortifier d'autres pièces plus petites nommées *chevrons* lorsque ces derniers ont trop de portée.

Les pannes, qui dans les petits combles de serres et autres constructions légères, sont exécutées avec des fers plats, des fers cornières ou des fers à **T** simples et dans les charpentes ordinaires avec des fers **I**, des fers en **U** et même des poutres à âme pleine ou en treillis lorsque la portée est plus grande, se posent de deux manières : soit inclinées et perpendiculairement à la

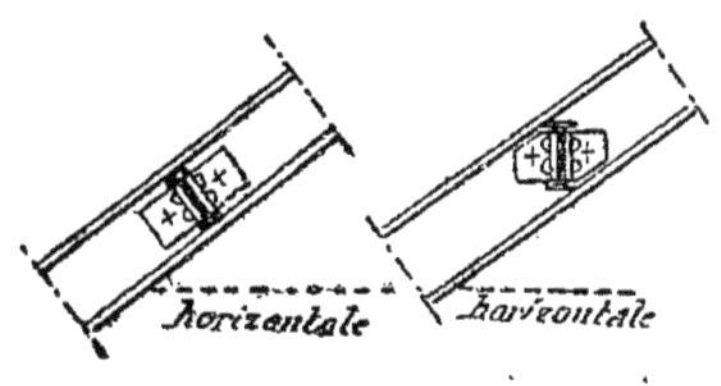

Fig. 913. Fig. 914.

direction des arbalétriers (*fig.* 913) soit verticales (*fig.* 914). On les fixe avec des équerres rivées sur elles et boulonnées avec les arbalétriers. Dans certains cas les pannes peuvent aussi se placer au-dessus des arbalétriers; nous en donnerons des exemples dans l'étude des combles.

Dans les fermes métalliques la distance d'axe en axe des pannes est très variable, une bonne moyenne est de $1^m,50$ à $2^m,50$.

Il est bon de les rapprocher suffisamment afin de diminuer leur charge et leur poids propre et permettre ainsi d'employer des matériaux plus légers pour supporter la couverture.

Faîte ou faîtage.

La panne, supérieure S' (*fig.* 903, 904 et 905) qui se place à la rencontre de deux arbalétriers se nomme *panne de faîtage* ou simplement *faîte* ou *faîtage*, on peut, dans les petits combles, la former avec un simple fer plat ou un fer à T mais, le plus souvent, c'est un fer I ordinaire du commerce d'une hauteur égale ou un peu plus grande que les pannes courantes. La panne inférieure S″ (*fig.* 903, 904 et 905) se nomme souvent sablière.

Le faîtage est, lorsque le bâtiment a beaucoup de longueur composé de plusieurs morceaux placés bout à bout et fortement éclissés entre eux.

Liens de faîte.

Afin de soulager le faîtage, on peut, dans certains cas employer ce qu'on nomme des liens de faîte. Ce sont de petites jambes de force empêchant tout mouvement du poinçon par rapport au faîte.

Chevrons.

Dans les charpentes métalliques on peut employer les chevrons en bois ou mieux les chevrons en fer. Dans ce dernier cas on se sert des fers à T du commerce.

Lattis.

Le lattis peut aussi se faire en bois ou en fer ; lorsqu'il est en fer on l'exécute avec des cornières à branches égales du commerce.

Travée.

On nomme *travée* la distance d'une ferme à l'autre. Cette distance, pour les combles en fer, varie ordinairement de 4 à 6 mèt.

Dans certains combles spéciaux on peut employer diverses autres pièces métalliques telles que : *jambettes*, *jambes de force*, *blochets*, *aisseliers*, etc., dont nous avons déjà parlé et dont nous trouverons souvent des applications.

Sablières.

On peut aussi, lorsque c'est nécessaire, faire reposer les fermes sur des sablières en tôle et cornières posées elles-mêmes sur des colonnes en fonte ou sur des murs. Pour terminer cet exposé des différentes parties d'une ferme désignons par H (*fig.* 903, 904 et 905) la hauteur ou la montée d'un comble ; par P la portée dans œuvre et par $\frac{P}{2}$ la demi-portée.

En comparant la hauteur d'un comble à la largeur extérieure du bâtiment, on trouve qu'une hauteur égale au tiers de cette largeur correspond à un angle de 34 degrés et qu'une hauteur égale au quart de la base correspond à 27 degrés de pente proportion usitée dans le midi.

§ *III.* — *DE LA HAUTEUR DES COMBLES*

PENTES A LEUR DONNER SUIVANT LA NATURE DE LA COUVERTURE

395. Avant de parler de la hauteur à donner aux combles métalliques il est bon de rappeler les principaux matériaux et produits employés comme couverture et qui sont : les *tuiles*, les *ardoises*, les feuilles de métal, tel que *plomb*, *zinc*, *tôle*, *cuivre*, enfin, les *bardeaux*, le *chaume*, le *carton bitumé*, la *toile goudronnée*, les *dalles de pierre*, etc.

1° *Tuiles.* Il existe des tuiles de toutes formes et de toutes provenances ; nous n'indiquerons ici que celles qui sont actuellement les plus employées soit à Paris, soit dans les environs.

1° Les tuiles plates de Bourgogne dont il existe deux modèles :

Tuiles plates grand moule de 0m,31 de longueur sur 0m,23 de largeur ; épaisseur variable de 0m,0157 à 0m,019. Il en faut 42 par mètre carré de toiture. Ces tuiles ont 0m,11 de pureau.

Tuiles plates petit moule de 0m,257 de longueur sur 0m,183 de largeur, et de 0m,013 à 0m,014 d'épaisseur. Il en faut 64 par mètre carré de toiture. Ces tuiles ont 0m,08 de pureau ;

2° Les tuiles creuses de Bourgogne ;

3° Les tuiles carrées à rebords ;

4° Les tuiles creuses à rebords ;

5° Les tuiles d'Ivry, grand moule, à recouvrement ou produits de fabriques analogues. Ces tuiles pèsent en moyenne 3 kilogrammes ; elles ont 0m,33 de pureau sur 0m,20 de largeur.

Il en faut quinze par mètre carré, trois en hauteur et cinq en largeur;

6° Les tuiles à emboîtement:

D'Ecuisses dite Pérusson;

De Montbard;

Des Laumes;

De Monceau-les-Mines;

De Montchanin;

De Genelard;

De Montmorency;

De Choisy-le-Roy.

2° *Ardoises.* Il existe plusieurs espèces d'ardoises employées pour couvertures; nous résumons les principales dans le tableau suivant.

DÉSIGNATION	NOMS donnés aux ARDOISES	LONGUEUR	LARGEUR	ÉPAISSEUR	POIDS DU MILLE	NOMBRE D'ARDOISES au mètre carré	PUREAU
		m.	m.	m.	kil.	m.	m.
Ardoises d'Angers	Grande, carrée, forte	0.29	0.21	0.0028 à 0.00395	540 à 587	42	0.10
	Grande, carrée, fine	0.29	0.21	0.000752 à 0.001692	195 à 245	42	0.10
	Cartelettes fortes	0.21	0.16	0.00282 à 0.00395	342 à 391	72	0.08
	Carletettes minces	0.21	0.16	0.000752 à 0.001692	146 à 195	72	0.08
Ardoises de Charleville	Saint-Louis	0.27	0.19		391	56	0.08
	Petit St-Louis	0.26	0.16			74	0.08
Ardoises de Fumay	Fortes	0.24	0.16	0.00282	293 à 342	74	0.061
	Minces	0.24	0.16	0.001692	171 à 195	74	0.061

La couverture faite avec des ardoises exige une certaine pente pour donner de bons résultats. Il ne faut pas descendre au-dessous de 25 à 30 degrés; il est même préférable, de se rapprocher de 45 degrés.

Les gros clous employés pour fixer les ardoises sont de 570 au kilogramme.

Les clous fins à ardoises ordinaires sont de 1000 au kilogramme.

A Angers, on exploite encore des ardoises dites anglaises qui ont de très grandes dimensions et qui sont désignées par des numéros.

N° 1: longueur, $0^m,64$; largeur, $0^m,35$; pureau, $0^m,28$;

N° 2: longueur, $0^m,60$; largeur, $0^m,36$; pureau, $0^m,26$;

N° 3: longueur, $0^m,60$; largeur, $0^m,31$; pureau, $0^m,21$.

Les crochets ou agrafes en cuivre rouge employés pour retenir les ardoises sont de 440 au kilogramme.

Les ardoises ordinaires les plus employées à Paris sont celles d'Angers, de Riadau, de Rimogne ou d'Augrie.

Nota: Dans les couvertures en tuiles ou en ardoises, on appelle *pureau,* la partie de la surface de la tuile ou de l'ardoise qui est apparente à l'extérieur.

3° *Plomb.* Le plomb employé comme couverture, se livre en tables de $3^m,90$ de longueur sur $1^m,95$ de largeur et $0^m,00338$ à $0^m,0045$ d'épaisseur.

En employant la première épaisseur de $0^m,00338$, le poids du mètre carré de couverture est de 40 kilogrammes; en employant l'épaisseur de $0^m,0045$ le poids du mètre carré est de 53 kilogrammes.

Dans le sens de leur longueur, le recouvrement des feuilles varie de $0^m,081$ à $0^m,162$; latéralement les feuilles se relient entre elles en les repliant de manière à former un ourlet.

Nous donnons ci-après le tableau des plombs laminés du commerce.

TABLEAU DES PLOMBS LAMINÉS EN TABLES, DU COMMERCE.

ÉPAISSEUR EN MILLIMÈTRES	1 mill.	1 mill. 1/2	2 mill.	2 mill. 1/2	3 mill.	4 mill.	5 mill.	6 mill.
	k.	k.	k.	k.	k.	k.	k.	k.
Poids du mètre carré.....	11.35	17.00	22.70	28.40	34.05	45.40	56.75	68.10

4° *Zinc.* Dans les couvertures en zinc il faut permettre à chaque feuille une dilatation facile dans tous les sens et proscrire complètement l'emploi du fer parce qu'il accélère l'oxydation.

Nous donnons ci-dessous, sous forme de tableau, le poids et les dimensions des feuilles de zinc ordinairement employées pour les travaux de couverture.

TABLEAU DES POIDS ET DIMENSIONS DES FEUILLES DE ZINC POUR TOITURES.

NUMÉROS	ÉPAISSEUR DES FEUILLES en centième de millimètre	DIMENSIONS ET POIDS DES FEUILLES			POIDS du MÈTRE CARRÉ
		largeur 0m,50 longueur 2m,00	largeur 0m,65 longueur 2m,00	largeur 0m,80 longueur 2m,00	
			k.	k.	k.
14	0.00087	5.75	7.45	9.20	5.75
15	0.00096	6.65	8.65	10.65	6.65
16	0.00110	7.55	9.80	12.10	7.55
Surface de chaque feuille		1m,000	1m,300	1m,600	

Le n° 14 est spécial aux toitures ordinaires de nos habitations ; c'est celui qui doit être employé le plus généralement. Avec ce numéro une couverture bien faite doit donner des résultats satisfaisants et durer au moins de quinze à vingt ans sans réparations sérieuses.

Les n° 15 et 16 en grandes dimensions sont employés pour couvertures de monuments, chéneaux, etc...

Depuis plusieurs années on fait usage d'ardoises en zinc qui ont 0m,35 à 0m,40 de longueur sur 0m,30 à 0m,35 de largeur. Elles ont la forme de tuiles plates.

5° *Tôle.* En France, on emploie peu la tôle comme couverture, on s'en sert davantage en Russie et en Suède. Les feuilles ont 0m,70 sur 0m,50 et une épaisseur de 0,00035 ; elles pèsent 3k,08, ce qui fait 8k,40 par mètre carré.

Depuis le zincage de la tôle on en a fait, sous la forme d'ardoises en tôle, quelques applications en France.

6° *Cuivre.* Une curieuse application du cuivre est son emploi, à l'état de feuilles minces, comme couvertures.

Les feuilles de cuivre utilisées pour cet usage sont le plus généralement posées sur un chevronnage en fer et un lattis également en fer. Elles sont maintenues par des agrafes rivées qui enveloppent les lattes. Chaque feuille s'étend sur trois chevrons ; des tasseaux en bois avec bourrelets en métal forment les couvre-joints.

Le recouvrement des feuilles est de 0m,12 ; les joints se font comme pour les feuilles de zinc.

Les dimensions des feuilles pour couverture sont :

1m,407 sur 1m,137 et une épaisseur de 0m,00068 pesant 6k 11 le mètre carré ou 0m,00075 pesant 7k,64 le mètre carré.

Le poids exprimé en livres donne le numéro des feuilles ; ainsi les dernières feuilles étant du n° 25 elles pèsent 25 livres ou 12k,24 ; l'épaisseur est de quatre points ou 0m,00075.

L'inclinaison est de 18 à 21 degrés.

Le cuivre, comme nous le savons, ne s'oxyde qu'à la surface et a l'avantage de ne pas augmenter de volume.

Ordinairement on étame en dessous les feuilles destinées à cet usage afin de boucher les fissures qui pourraient avoir été produites par le laminage.

Comme simple renseignement nous donnons, dans le tableau ci-après, le poids par mètre carré des feuilles de cuivre laminées dont les épaisseurs varient de 1/4 de millimètre à 6 millimètres.

TABLEAU DES CUIVRES LAMINÉS EN TABLES, DU COMMERCE

ÉPAISSEURS EN MILLIMÈTRES	1/4 de mil.	1/2 mil.	1 mill.	2 mill.	3 mill.	4 mill.	5 mill.	6 mill.
Poids du mètre carré	k. 2.197	k. 4.394	k. 8.788	k. 15.576	k. 26.364	k. 35.152	k. 43.940	k. 52.728

7° *Bardeaux.* On donne, en couverture, le nom de *bardeaux* à des tuiles en bois de chêne et quelquefois en bois de sapin. Leur longueur ordinaire est de 0m,406 leur largeur 0m,135 et leur épaisseur 0m,011.

Il en faut 55 pour couvrir un mètre carré de toit, on les dispose comme les ardoises.

Les toits ainsi couverts réclament une pente de 45 degrés au moins, afin que l'eau ne séjourne pas. Ce genre de couverture est employé de préférence pour les petits pavillons rustiques.

8° Enfin, il existe une série de produits tels que le *carton bitumé*, la *toile goudronnée*, le *feutre asphaltique* qui se fait en rouleaux de 30 à 32 mètres de longueur sur 0m,80 de largeur, qui sont de bonnes couvertures pour constructions légères, pour les hangars, les appentis et magasins temporaires.

9° *Chaume.* La couverture en *chaume* que tout le monde connaît est réservée pour les dépendances et les bâtiments ruraux.

10° *Couverture en pierre.* Il est inutile de s'occuper des couvertures en pierre qui ne sont que très rarement employées.

PENTES A DONNER AUX COMBLES

396. La pente ou l'inclinaison à donner à la surface d'un comble dépend de la nature de la couverture. On sait qu'on désigne par pente ou inclinaison l'angle formé par le plan incliné de chaque rampant du comble avec l'horizon c'est aussi le rapport entre la hauteur du comble et sa demi-largeur.

Il faut en outre, dans certains cas, tenir compte :

1° Du *climat*, car dans les contrées où les pluies et les neiges sont abondantes, il convient d'augmenter l'inclinaison tandis que dans les pays méridionaux on la diminue autant que possible.

Il ne faut cependant pas augmenter démesurément la pente, car, plus elle est grande, plus la dépense sera forte.

Les terrasses et les combles surbaissés sont employés avec avantage pour le levant et le midi de l'Europe et les combles à plus forte pente pour l'Occident et le Nord.

2° De la *capillarité* qui, dans certains cas, peut jouer un grand rôle. En effet. avec les matériaux spongieux comme les ardoises et les tuiles qui se mouillent facilement, l'eau remonte dans les joints à une distance beaucoup plus grande de l'orifice qu'avec des matériaux métalliques jouissant de propriétés contraires.

3° De l'utilisation qu'on veut faire de l'intérieur du comble.

En général, on peut dire, que l'inclinaison doit augmenter en raison directe de la porosité des matériaux et de la petitesse de leur recouvrements.

Aujourd'hui, à moins de raisons spéciales de décoration ou autres, on dépasse rarement l'inclinaison de 45 degrés.

Dans un comble incliné à 45 degrés la hauteur de la pente est égale à la moitié de la base et l'angle au sommet est droit.

Dans nos climats, on admet généralement les inclinaisons moyennes résumées dans le tableau suivant.

NATURE DE LA COUVERTURE	INCLINAISON DU TOIT sur l'horizon	PENTE CORRESPONDANTE par mètre
	degrés	m. m.
Tuiles plates	27 à 34	0.50 à 0.67
Tuiles plates à crochets	33 45	0.65 1.00
Tuiles creuses posées à sec	21 27	0.38 0.50
Tuiles creuses maçonnées	27 31	0.50 0.60
Tuiles à emboîtements et à recouvrements	22 24	0.40 0.45
Ardoises	33 45	0.65 1.00
Couvertures métalliques : cuivre, zinc, tôle galvanisée, plomb	18 21	0.32 0.38
Mastic bitumeux, carton bitumé, toile goudronnée, etc.	18 21	0.32 0.38

La pente de 45 degrés est celle qui convient le mieux pour les combles couverts en ardoises et en tuiles plates. Pour les tuiles à emboîtement et à recouvrements il faut éviter les pentes de $0^m,30$ par mètre et au-dessous.

§ IV. — *DIVERSES DISPOSITIONS DES COMBLES*

397. Les combles, suivant les formes qu'ils prennent, peuvent être à *surfaces planes*, ils sont alors *simples*, *brisés*, *pyramidaux* ou à *surfaces courbes*, c'est-à-dire *cylindriques*, *coniques* ou *sphériques*.

I. — Combles à surfaces planes.

398. Les combles simples à surfaces planes peuvent présenter un ou plusieurs plans inclinés auxquels on a donné les noms de *pans*, *égouts*, *rampants*, *versants*.

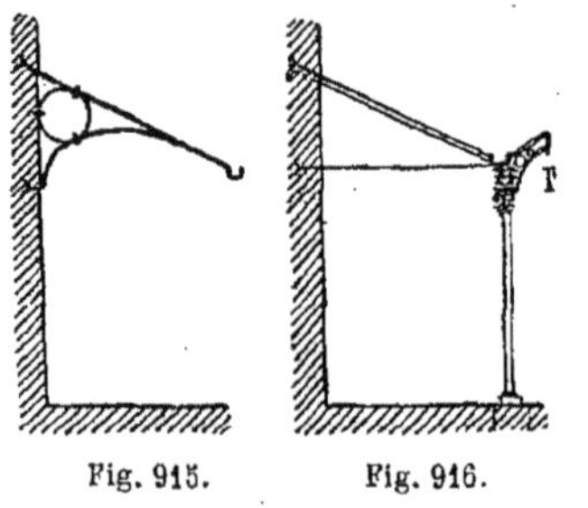

Fig. 915. Fig. 916.

Ceux que nous allons étudier sont :

1° Les *appentis* qui n'ont qu'un seul égout ou une seule pente. Ils sont généralement adossés à un mur et peuvent, comme le montre la figure 915, être simplement scellés dans ce mur et se supporter d'eux-mêmes ; c'est le cas général des *marquises* ou *auvents* qui seront étudiés dans un chapitre spécial.

Lorsque leur portée est plus grande (*fig.* 916) on les scelle d'un côté dans le mur et on les supporte à l'autre extrémité sur des colonnettes en fer ou en fonte. On peut aussi (*fig.* 917) les faire reposer sur un autre mur. On met quelquefois une contre-pente *p* (*fig.* 916) afin d'éviter les débordements des chéneaux qui sont relativement petits.

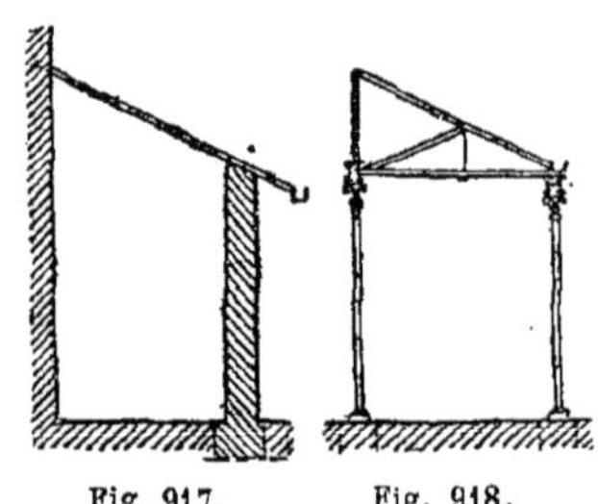
Fig. 917. Fig. 918.

On peut (*fig.* 918), dans certains cas particuliers, les faire reposer sur des colonnettes de chaque côté.

2° *Les combles à deux égouts*, qui comprennent deux pentes inclinées en sens inverse. Ces pentes peuvent êtres égales (combles ordinaires) ; elles peuvent être inégales (combles en forme de sheds).

Ces combles, qu'ils soient à pentes égales ou inégales sont formés, comme nous l'indiquons (*fig.* 919) de deux *pans* ou *longs pans* L, d'un *faîte, ligne de faîtage*

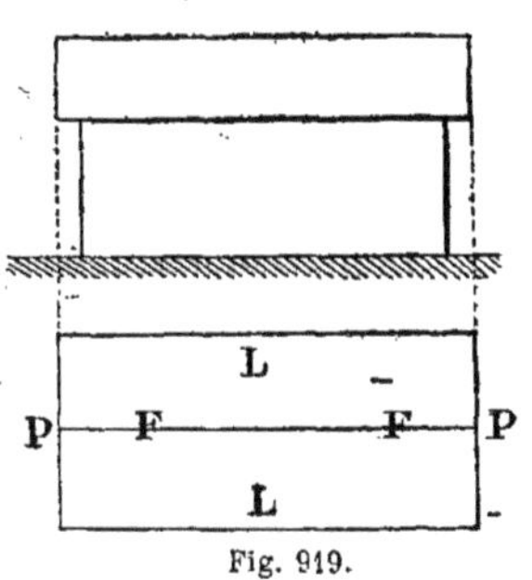

Fig. 919.

ou *ligne de couronnement* F et de deux *pignons* P.

3° *Les combles à plus de deux pentes* connus aussi sous le nom de *combles à croupe ;* ils sont formés (*fig.* 920) de quatre pans inclinés dont deux A et B s'appuient sur les grands côtés et se nomment *longs*

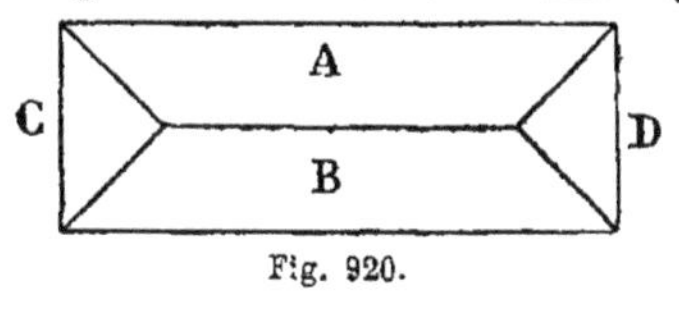

Fig. 920.

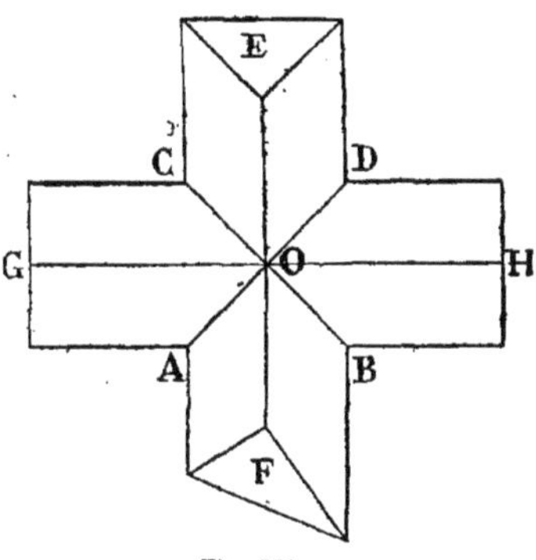

Fig. 921

pans et deux C et D sur les petits côtés qu'on appelle *pans de croupe.*

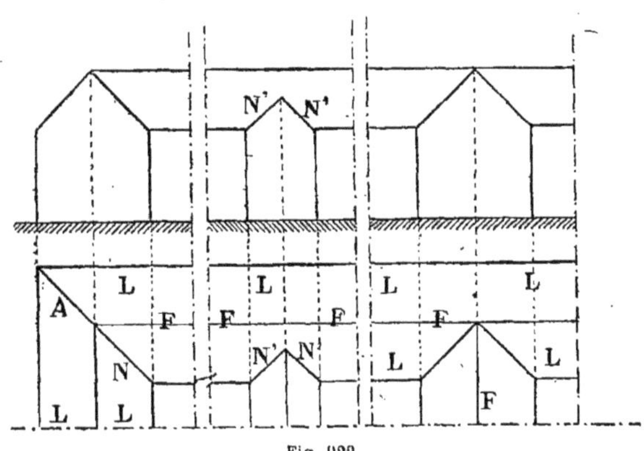

Fig. 922.

La rencontre de deux combles à longs pans forme (*fig.* 921) des intersections OA, OB, OC, OD qu'on appelle *noues.* Aux extrémités de chacun de ces bâtiments on peut avoir : soit des pignons comme nous l'indiquons en G et H, soit une *croupe droite E*, soit une *croupe biaise F.*

Dans les deux derniers exemples il y a des arêtiers.

Les combles en se rencontrant peuvent aussi prendre les trois dispositions indiquées (*fig.* 922) ils forment alors des *noues* N et des *nolets* ou *noulets* N'.

4° *Les combles à pavillon carré* représentés en croquis (*fig.* 923) et dont les égouts sont égaux et triangulaires.

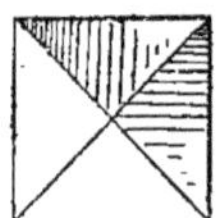
Fig. 923.

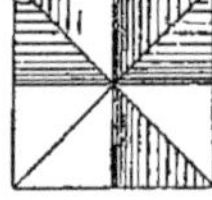
Fig. 924.

On peut sur plan carré élever quatre murs pignons couverts chacun par un comble à deux égouts (*fig.* 924).

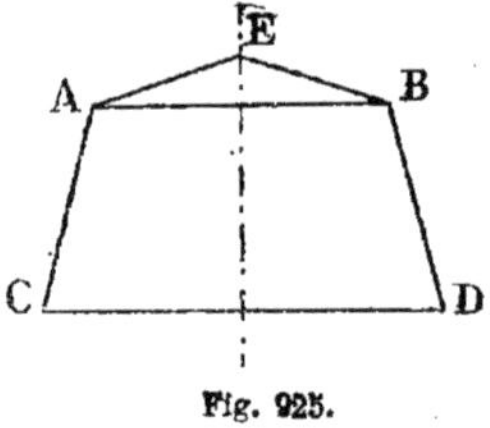

Fig. 925.

5° *Combles brisés* ou *combles à la Mansard.* Ce sont des combles à deux égouts, mais à rampants brisés comme le montre le croquis (*fig.* 925).

La partie ABCD forme le *vrai comble*, c'est la partie habitable et le triangle ABE qui forme le *faux comble.*

6° *Combles pyramidaux.* Ces combles sont aussi nommés *combles en pavillons*, ils sont élevés sur des édifices dont le plan est celui d'un polygone régulier.

II. — Combles à surfaces courbes.

399. 1° *Combles cylindriques.* — Ils sont composés de fermes demi-circulaires reliées entre elles par des pannes sur lesquelles, comme dans les combles ordinaires, on fixe les chevrons;

2° *Combles coniques.* Ces combles sont avantageusement employés pour la couverture de bâtiments à plans circulaires, comme les tourelles ;

3° *Combles sphériques.* Ils sont composés d'une sablière basse et de couronnes horizontales reliées entre elles par des pièces courbes. — *Combles en dôme.*

III. — Combles divers.

400. Combles sans fermes, combles en arc, hangars, etc.

§ V. — *ÉTUDE DES APPENTIS*

401. Un comble composé d'une seule pente, c'est-à-dire un comble qui n'a qu'un seul plan incliné ou un seul égout se nomme *appentis.*

Le faîte d'un appentis est généralement adossé au mur d'un édifice plus élevé.

On étend le nom d'appentis à des bâtiments pourvus d'une toiture ainsi disposée, on dit : ce bâtiment est construit en appentis.

On peut donner diverses formes aux appentis; ils ont en général la même disposition que les fermes ordinaires en n'en considérant que l'une des moitiés.

Il est bon, autant que possible, pour un appentis dont la disposition ne réclame que des *demi-fermes*, de conserver le poinçon.

Quand deux appentis sont adossés à un même mur et qu'ils appartiennent au même propriétaire, on doit, s'ils sont placés à la même hauteur, les relier pour augmenter leur stabilité.

Nous aurons, dans l'étude des appentis, à distinguer plusieurs cas dont les principaux sont : Appentis dont les arbalétriers ou les fers dont ils sont composés reposent d'un côté sur un mur et sont, à l'autre extrémité, scellés dans un second mur ; appentis pouvant être formés de fers ou de poutres scellés d'un côté et libres à l'autre extrémité; enfin, appentis dont les fers sont scellés d'un côté dans un mur et reposent de l'autre sur une sablière, cette dernière posée sur des colonnes.

La forme la plus simple à donner aux appentis est représentée en croquis (*fig.* 926 et 927). Ce sont (*fig.* 926) des fers à simple T du commerce régulièrement espacés, vissés en A et en B sur des tasseaux scellés dans la maçonnerie et recevant des verres à vitres permettant d'éclairer l'espace libre laissé au dessous. Ou bien (*fig.* 927), de petits fers ⌶ de $0^m,08$ *a. o.* du commerce convenablement espacés pour recevoir directement sur leurs ailes supérieures des planches épaisses sur lesquelles on fixera une couverture en zinc ou toute autre couverture.

Enfin d'empêcher le glissement on peut, à l'extrémité d'un certain nombre de solives, mettre un ancrage A et réunir les

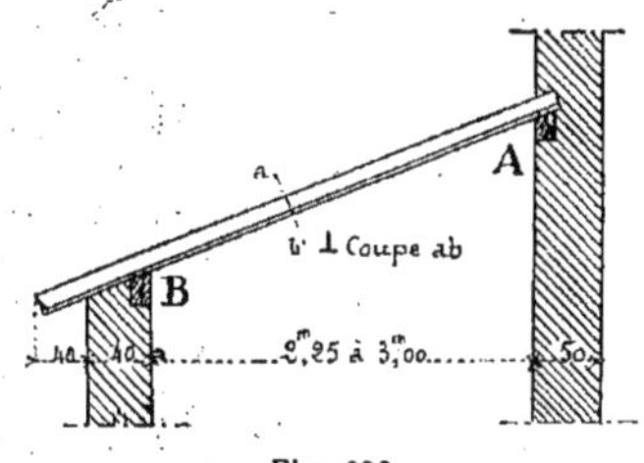

Fig. 926.

pieds des fers par des boulons à quatre écrous B permettant ainsi à ces fers d'avoir une liaison plus intime avec le mur longitudinal.

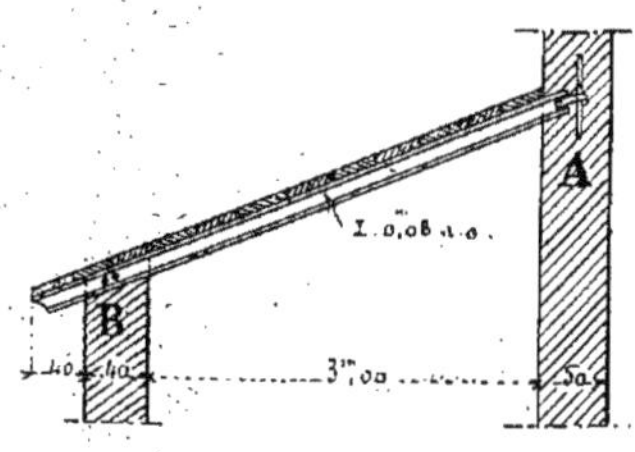

Fig. 927.

En employant les fers à simple T on peut avoir à couvrir l'appentis avec des tuiles à recouvrement il faudra alors adopter la disposition indiquée (*fig.* 928). Les fers T sont retournés et reçoivent, rivés avec leurs ailes, une série de petits fers T ou de cornières espacés de $0^m,34$ d'axe en axe servant de lattis et sur lesquels viennent s'accrocher les tuiles.

La première cornière près du chéneau est un peu plus haute afin de relever un peu la première tuile.

Pour éviter le glissement tous les fers T viennent s'assembler à l'aide de petites équerres sur une cornière C fixée sur le mur avec des boulons à scellement.

Comme le montre cette figure, le chéneau est très simple : une planche retenue à l'extrémité des fers T par une cornière fermée C' permet de retenir une gouttière spéciale placée dans l'angle aigu formé par cette planche et l'inclinaison des fers T.

Une moulure *m* et une planche découpée *p* forment la décoration de ce simple chéneau.

Appentis pour ateliers.

402. Lorsque la portée de l'appentis augmente il faut prendre d'autres dispositions.

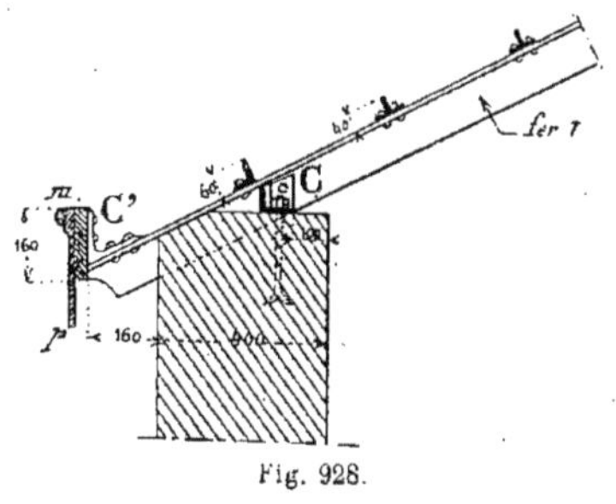

Fig. 928.

Supposons (*fig.* 929) un appentis de 5 mètres de portée à exécuter entre deux murs M et M'. La disposition la plus simple consiste à mettre comme arbalétriers A des fers ⌶ de $0^m,16$, *a. o.* retenus sur le mur M par deux équerres très solides E maintenues sur ce mur par des boulons à scellement et sur le mur M' par un fort ancrage G' noyé dans le mur ou le traversant complètement. Régulièrement espacées sur cet arbalétrier on place une série de pannes P en fers ⌶ de $0^m,14$ *a. o.* portant à chacune de leurs extrémités des cornières rivées sur leurs âmes et boulonnées avec les arbalétriers.

Si la couverture est en zinc, on placera sur ces pannes P un voligeage V sur lequel, à l'aide de tasseaux T, on pourra exécuter la couverture. On retient souvent ce voligeage sur les fers avec des pattes métalliques clouées sous les voliges et venant s'agrafer en dessous de l'aile supérieure du fer.

Une gouttière G complète cette installation. Dans cette disposition, les arbalétriers peuvent être distants l'un de l'autre de 3 à 4 mètres.

Le mur M étant souvent un mur très mince, quelquefois une cloison, on peut, dans certains cas, avoir à craindre une poussée des arbalétriers tendant à renverser ce mur ou cette cloison. Le constructeur devra alors adopter la disposition d'appentis, ayant même portée et indiquée (*fig.* 930). C'est exactement la même disposition que la précédente sauf l'addition d'un tirant T de 0m,018 de diamètre neutralisant la poussée des arbalétriers et très solidement relié au mur de droite ayant 0m,50 d'épaisseur.

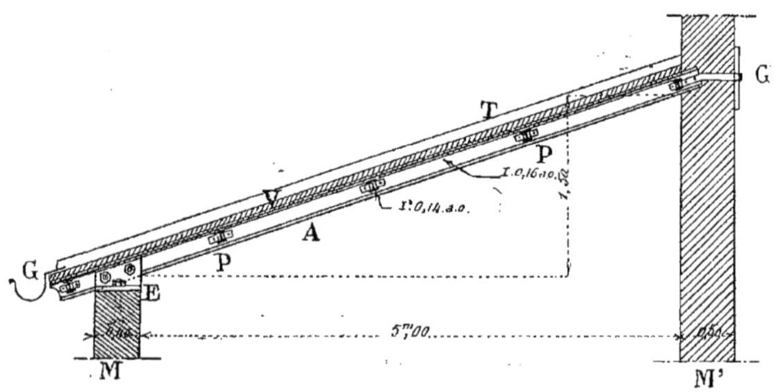

Fig. 929.

Dans cet exemple nous supposons une couverture en tuiles ; il faut alors mettre des chevrons et un lattis. Ces chevrons et ce lattis peuvent être en fer ou en bois. Si nous adoptons le fer pour les deux la disposition à employer est indiquée en croquis (*fig.* 931).

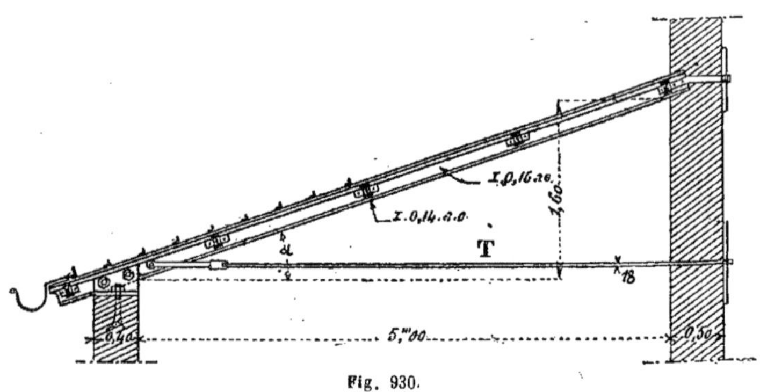

Fig. 930.

Dans cette figure, les arbalétriers qui sont des fers I de 0m,16, *a. o.* sont indiqués en A, les pannes, en fers I de 0m,14 *a. o*, sont indiquées par la lettre P ; elles s'assemblent sur l'arbalétrier A à l'aide de deux équerres fixées avec des boulons ; les chevrons, qui sont ici des fers à simple T du commerce sont indiqués en C, leur assemblage avec les pannes est très simple : on les entaille pour livrer passage à l'aile supérieure du fer et on les visse sur cette aile.

On évite ainsi tout glissement des chevrons sur les pannes. Comme cette entaille

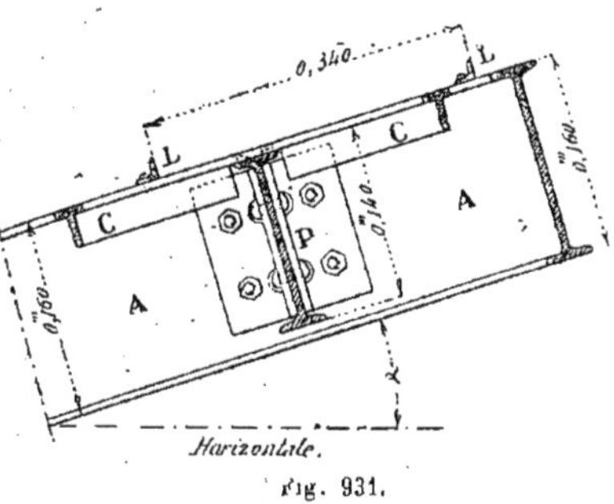

Fig. 931.

diminue un peu la résistance du fer on prend, en pratique, un échantillon un peu supérieur à celui qui sera calculé.

Le lattis est formé par de petites cornières L à ailes égales de 0m,025 à 0m,030, elles sont espacées de 0m,34 d'axe en axe et maintenues à l'aide de vis sur l'aile supérieure des fers T formant chevrons.

Si on désire employer les chevrons en

Fig. 932.

bois on adoptera la même disposition comme l'indique le croquis (*fig.* 932). Ces chevrons en bois sont, comme les chevrons en fer, entaillés pour le passage de l'aile du fer.

403. Une autre disposition d'appentis pour atelier est indiquée (*fig.* 933).

Cet appentis se compose : d'un arbalétrier A en fer I de 0m,08 *a.o.* ; d'une contrefiche C en même fer ; d'un tirant T en fer rond de 0m,020 de diamètre soutenu en son milieu par une aiguille pendante L de 0m,018 de diamètre.

Ce comble en appentis repose sur deux poteaux en bois, l'un P appartenant à un grand comble voisin de l'appentis, l'autre P′ placé contre un mur qui peut être un mur mitoyen.

Dans cet exemple, nous indiquons que l'éclairage de l'atelier peut se faire à l'aide d'un grand châssis vitré V composé avec des fers à vitrage reposant sur un caisson en planches.

En Z se trouve un palier de transmission soutenu par une forte équerre E contournée à la demande et reposant sur la contrefiche. Cette équerre est solidement boulonnée sur le poteau P.

Les pannes étant des fers I légers de 0m,08 *a. o.* les fermes devront être espacées de 3 à 4 mètres au maximum ; cette dernière cote de 4 mètres est celle qui est généralement adoptée pour la distance d'axe en axe des paliers de transmission ; il y aura donc un palier sur chaque ferme.

En S on exécutera un chéneau ordinaire en zinc.

Appentis d'ateliers avec faux planchers.

404. Dans ce qui précède, nous avons supposé qu'il n'existait pas de faux planchers ; les deux exemples d'appentis que nous donnons (*fig.* 934 et 935) comportent des faux planchers.

La figure 934 représente la coupe d'un atelier composé d'un sous-sol et d'un rez-de-chaussée. Le sous-sol est séparé du rez-de-chaussée par un plancher en fer formé de solives S′ de 0m,16, *a.o.* espacées de 0m,60 à 0m,70 d'axe en axe hourdées avec de petites voûtes en briques et reposant, à leurs extrémités, sur les murs M et M′. Ce dernier mur M′ étant mince est supposé construit en bonnes briques.

La partie haute du rez-de-chaussée comporte un faux plancher composé avec des solives S de 0m,10, *a. o.* reposant sur l'entrait S″ du comble. Cet entrait S″ est formé de deux solives solidement maintenues à écartement fixe par des boulons B à quatre écrous ; elles reposent d'un côté

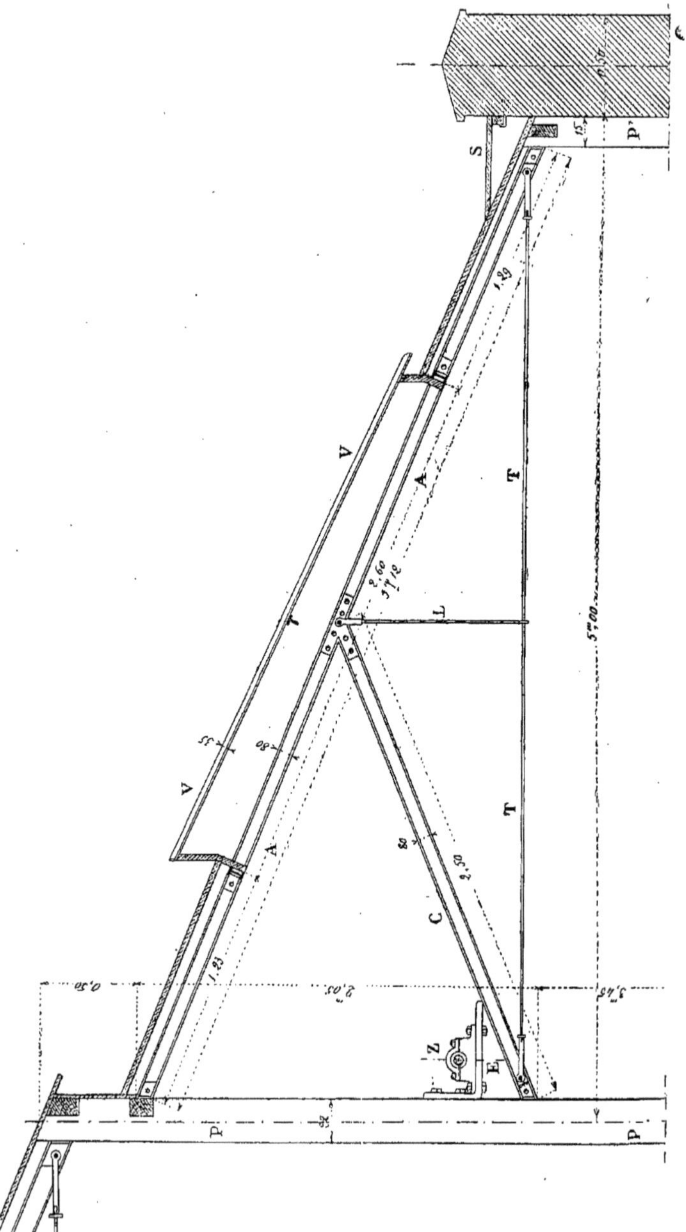

Fig. 933.

sur le mur M et de l'autre sur un poteau de pan de fer P en fer ⌶ de 0m, 14, *a. o.* reposant lui-même sur une semelle ou platine *p* avec laquelle il est assemblé.

Le reste de l'appentis est très simple ; un arbalétrier A en fer ⌶ de 0m,12 *a.o.* et une contrefiche C en même fer.

Les pannes, par raison d'économie, peuvent être formées par des bastaings de 17/7 comme l'indique la figure ou par

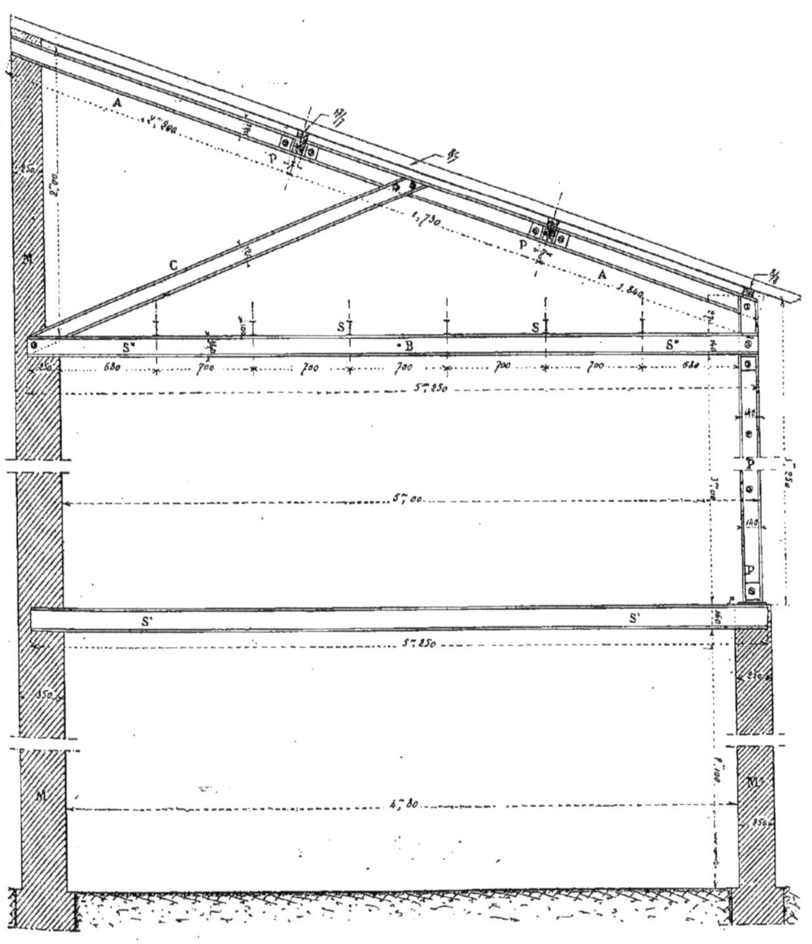

Fig. 934.

de petits fers ⌶ de 0m,08, *a. o.*, ce qui exige un écartement maximum de 3 à 4 mètres entre les fermes.

Comme on peut le voir cet appentis est très léger et très économique ; la couverture est supposée en zinc.

405. La figure 935 nous donne un deuxième exemple d'appentis avec faux

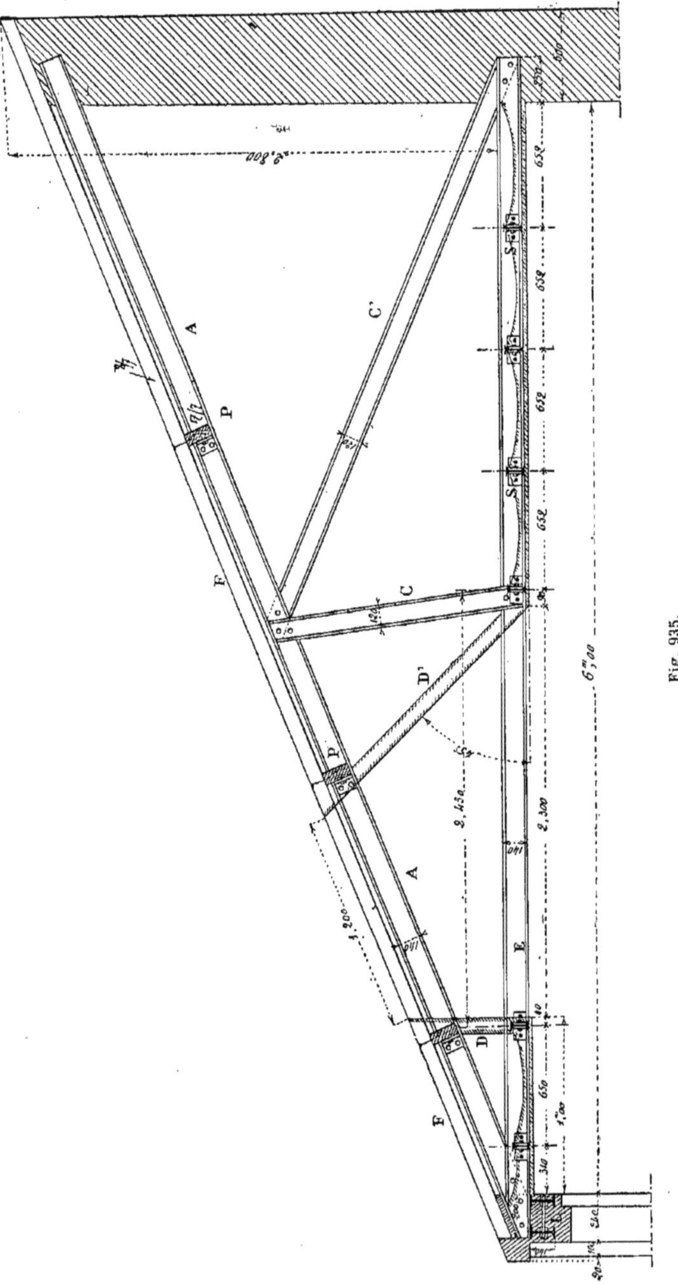

Fig. 935.

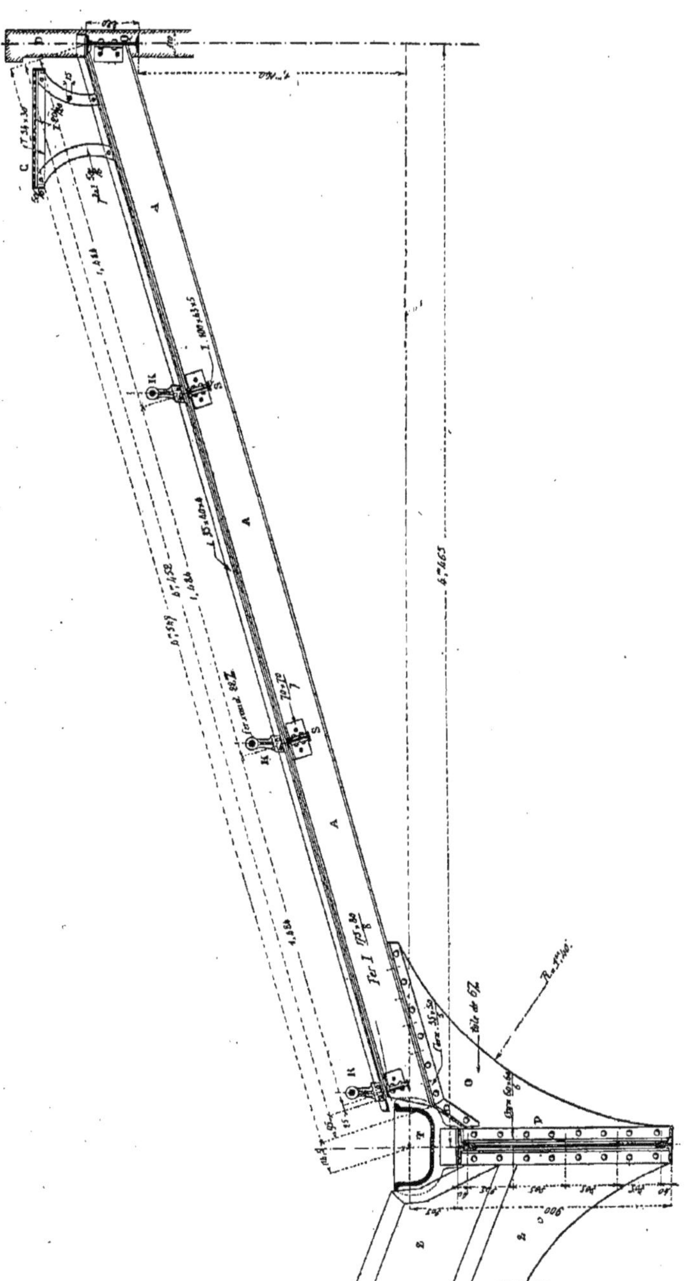

Fig. 936.

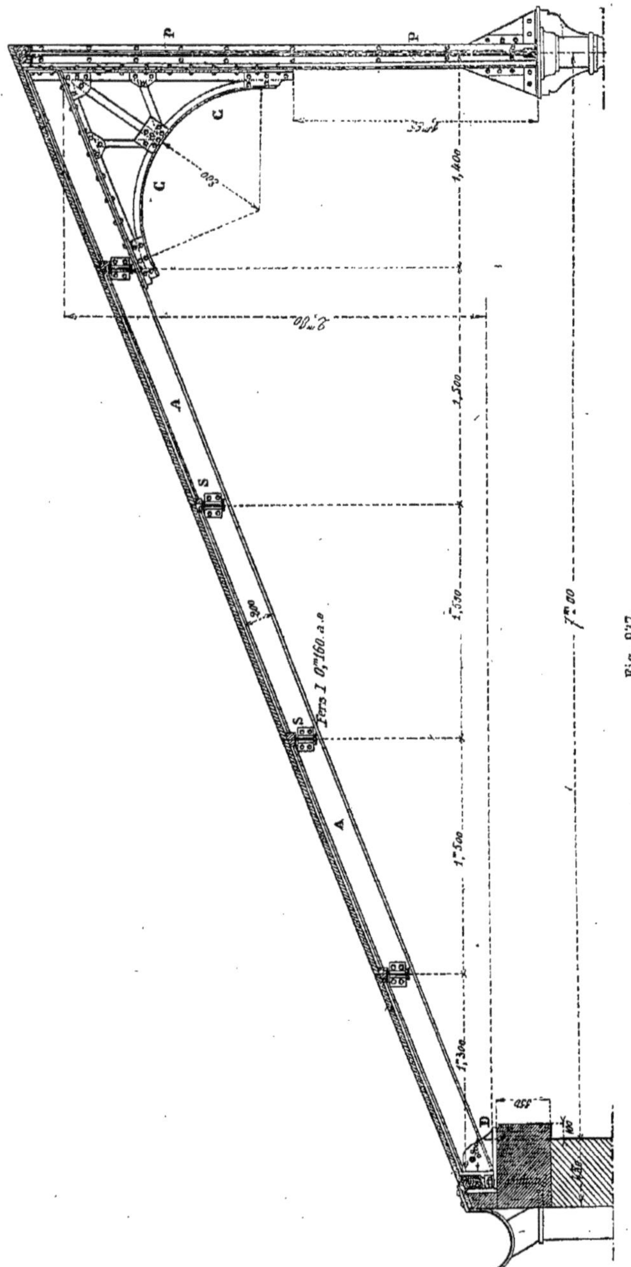

Fig. 937.

plancher. L'entrait E de cet appentis, ormé par un seul fer I de $0^m,14$, *a.o.* est scellé d'un côté dans un mur de $0^m,50$ d'épaisseur et de l'autre repose sur un

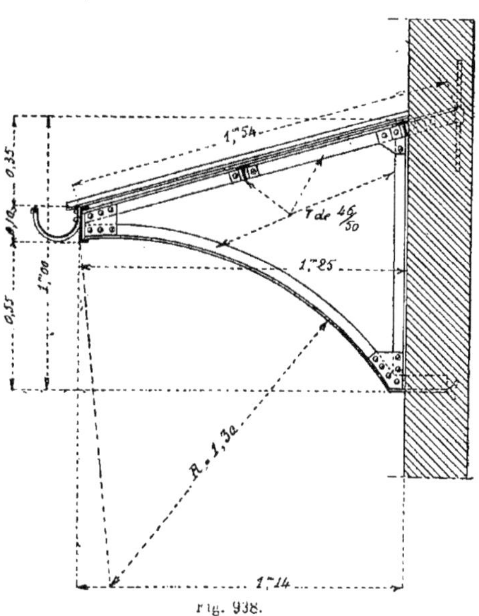

Fig. 938.

filet L formé de deux fers I de $0^m,14$,*a.o.* L'arbalétrier A est un fer I de $0^m,14$,*a.o.* et les deux contrefiches C et C' sont des fers I de $0^m,12$, *a. o.*

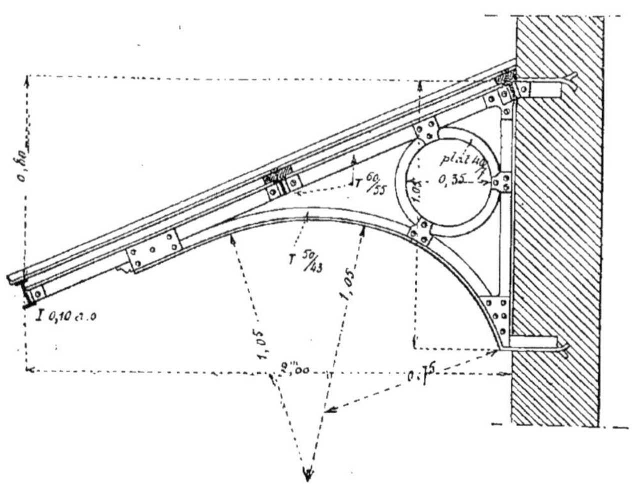

Fig. 939.

Le faux plancher est formé par des solives S de $0^m,10$, *a. o.*, espacées de $0^m,652$ d'axe en axe, recevant un hourdis en plâtras et plâtre exécuté en auget très mince vers la partie milieu.

Les pannes peuvent être en fer I de $0^m,08$ ou $0^m,10$, *a. o.* ou en bois (bastaings de 17 × 7 ou en madriers de 23 × 8 si la portée atteint 4 mètres) comme le montre le croquis (*fig.* 935).

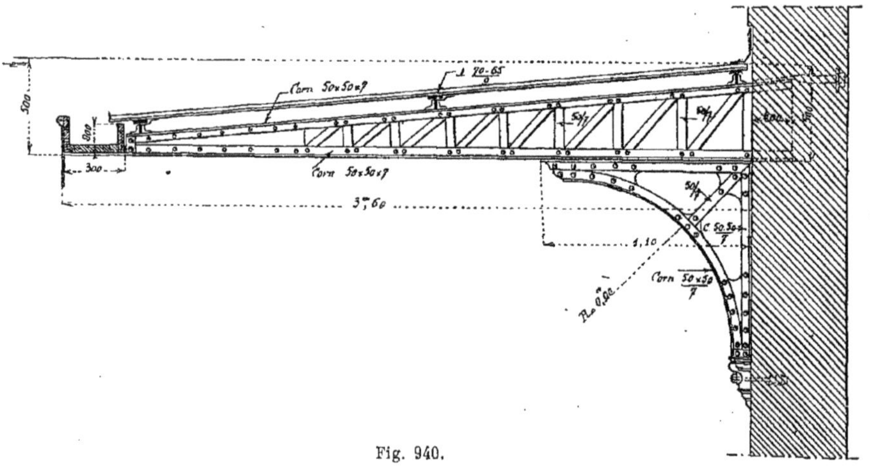

Fig. 940.

De petites murettes D et D' en carreaux de plâtre se terminant à un châssis vitré de $1^m,20$ d'ouverture permettent un éclairage suffisant pour l'atelier placé immédiatement au-dessous.

Les chevrons F sont en bois de sapin et

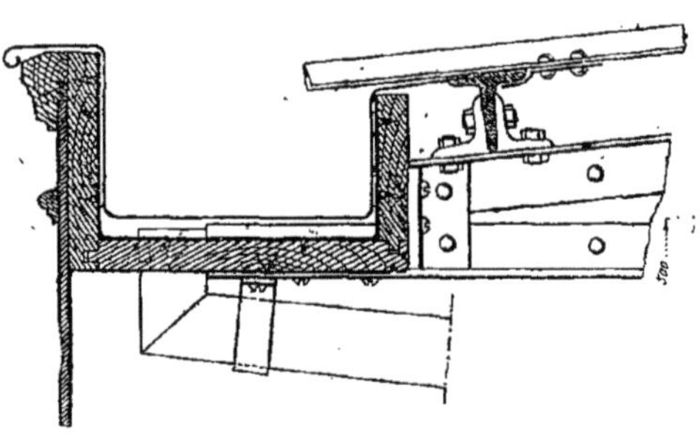

Fig. 941.

ont 8/7 d'équarrissage ; ils sont directement cloués sur les pannes et reçoivent le voligeage et les tasseaux nécessaires pour la couverture en zinc de l'appentis.

Appentis reposant sur des poutres en tôle et cornières.

406. La figure 936 nous montre un exemple d'appentis faisant suite à une grande ferme métallique dont nous donnons les lignes principales en Z, côté gauche de la figure.

Cet appentis est, comme le montre le croquis, formé d'un arbalétrier A solidement relié à sa partie basse à une console

O en tôle et cornières, fixée elle-mêm sur une poutre P également en tôle e cornières ayant 0m,900 de hauteur.

A l'autre extrémité l'arbalétrier se fix sur un fer ⌶ de 0m,22, *a. o.* dissimulé dans une cloison D de 0m,11 d'épaisseur. Ce fer ⌶ de 0m,22 a été placé parce qu'il n'est pas prudent de faire reposer un appentis sur une cloison de 0m,11 même en briques surtout si, comme dans le cas actuel, cette cloison a une assez grande hauteur.

Les pannes sont des fers ⌶ de 0m,10, *a. o.* fixés aux arbalétriers avec des équerres de 70 × 70 × 7. Au droit de chacune d'elles on place de petits supports K fixés sur les chevrons en fer T de 35 × 40 × 4 et traversé par des barres en fer rond de 0m,022 de diamètre.

Ces supports doivent recevoir un grillage en fil de fer galvanisé destiné à protéger les verres à vitrages contre les objets pouvant tomber des étages supérieurs.

En C se trouve un chemin composé avec des fers plats, des fers à T et une série de plaques de font ayant la forme de barreaux.

En T un chéneau en fonte de grandes dimensions, reçoit l'eau du grand comble et de l'appentis.

407. La figure 937 nous donne en croquis un deuxième exemple à peu près identique au précédent.

L'arbalétrier A repose, à l'aide d'une console C, sur une grande poutre P. A sa base il est fixé dans un sabot en fonte D placé sur une pierre dure surmontant le mur en limousinerie ordinaire et maintenu par des boulons à scellement.

Dans cet exemple, les pannes S sont placées verticalement; elles reçoivent des tasseaux sur lesquels on cloue les chevrons en bois qui supportent le lattis.

Rien de particulier dans cette disposition, l'examen du croquis en fait facilement comprendre les diverses parties. Une gouttière de 0m,33 de développement est maintenue par des crochets en fer galvanisé directement cloués sur le voligeage.

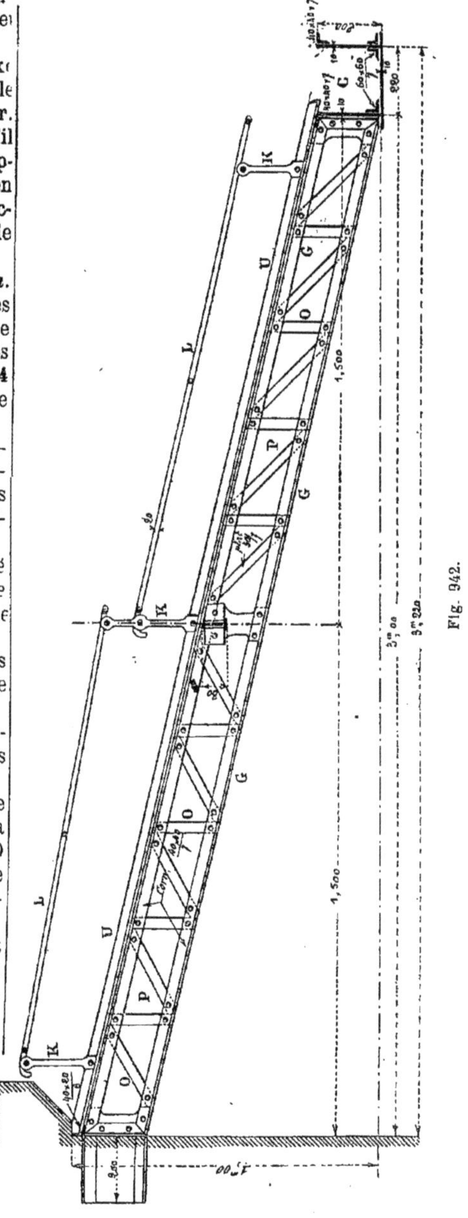

Fig. 942.

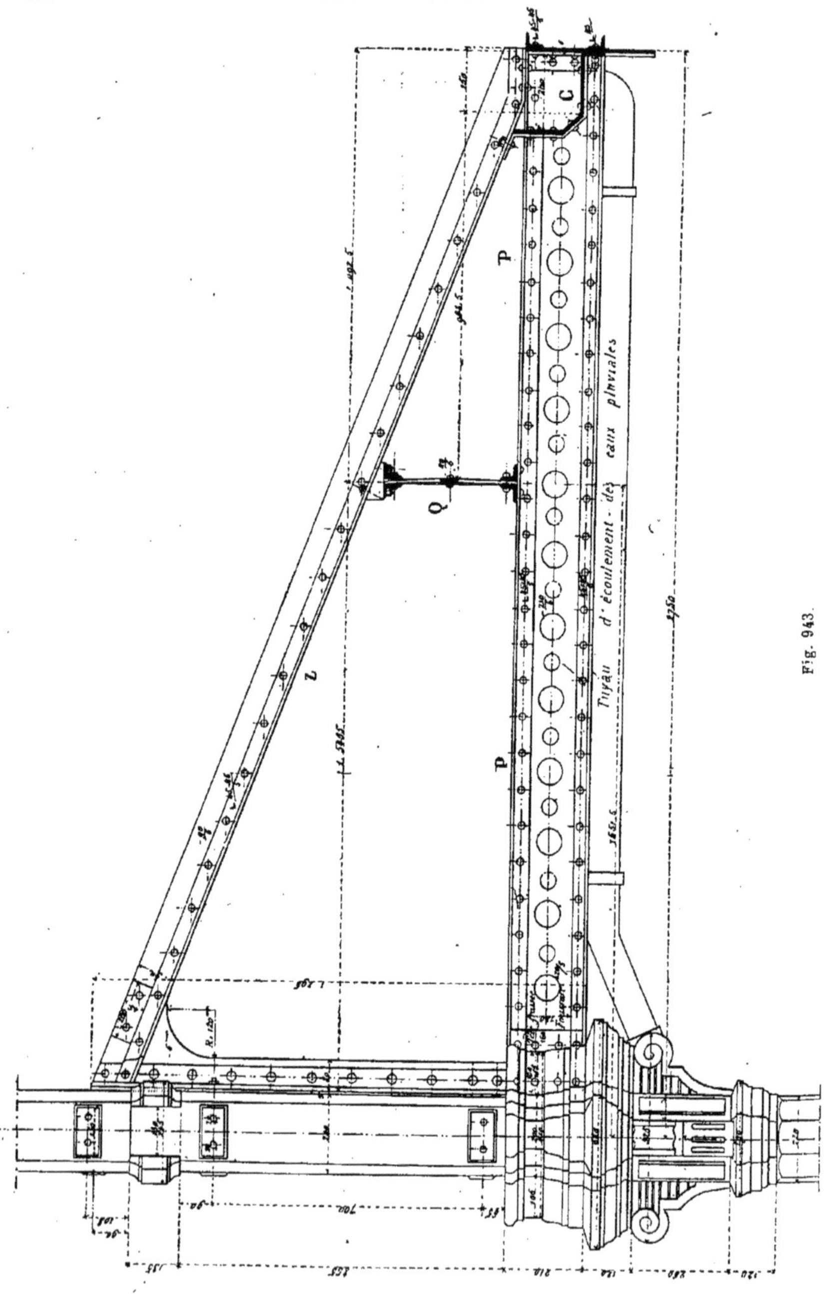

Fig. 943.

Appentis en forme de marquises.

408. Nous étudierons dans un chapitre spécial les marquises en fer et les auvents métalliques qui rentrent plus dans le domaine de l'art que dans la charpenterie en fer proprement dite.

Il est cependant utile de donner ici quelques types d'appentis formés soit avec de simples fers du commerce, soit avec des poutres légères en tôle et cornières ; ces appentis étant scellés d'un côté seulement dans un mur et libres à l'autre extrémité.

Le type le plus simple de ces dispositions est indiqué en croquis (*fig.* 938) ; c'est, comme le montre ce croquis, une véritable console formée par des fers à T réunis par des plaques d'assemblage. A l'extrémité et formant rive, un fer en U placé verticalement reçoit une gouttière pendante.

Des fers à vitrage placés à écartement convenable reçoivent la vitrerie de cette simple installation. Il est utile, comme nous l'indiquons, d'ancrer solidement dans le mur ces différentes consoles dont l'écartement d'axe en axe est de 2 mètres à $2^m,25$.

409. Lorsque la portée augmente on peut toujours avec des fers T et des fers plats composer une console plus importante comme nous le montre le croquis (*fig.* 939) ; cette disposition est encore très simple et se comprend à la seule inspection de la figure.

La portée d'une console à l'autre peut être de 2 à 3 mètres.

410. Si la portée augmente encore il faut alors (*fig.* 940) avoir recours à une véritable petite poutre en treillis d'ailleurs très légère, comme le montre le croquis, et formée haut et bas de deux cornières de 50 × 50 × 7 comprenant entre leurs ailes un treillis léger en fer plat de 50 × 7.

Afin de soulager cette poutre sur une partie de sa portée on dispose contre le mur une console ajourée très simple de construction. Les pannes sont formées par des fers à T maintenus sur la poutre par des cornières. Ces pannes reçoivent directement des fers à vitrage.

La figure 941 nous indique à une plus grande échelle la disposition du chéneau et de l'une des pannes ; on voit également dans ce croquis le départ du tuyau des eaux pluviales.

411. La figure 942 nous donne un autre exemple d'appentis formé d'une poutre en treillis P à section continue et composée de quatre cornières G de 40 × 40 × 7 entre les ailes desquelles on place des barres de treillis O en fer plat de de 30 × 7. Cette poutre P repose d'un côté sur un mur et de l'autre sur le chéneau C formant poutre lui-même.

Des tringles L en fer rond de $0^m,020$ de diamètre reposant sur des supports K lesquels sont fixés à l'aide de rivets sur les fers à vitrage U, sont disposés comme nous l'avons déjà indiqué, pour recevoir des grillages en fer galvanisé. Les pannes

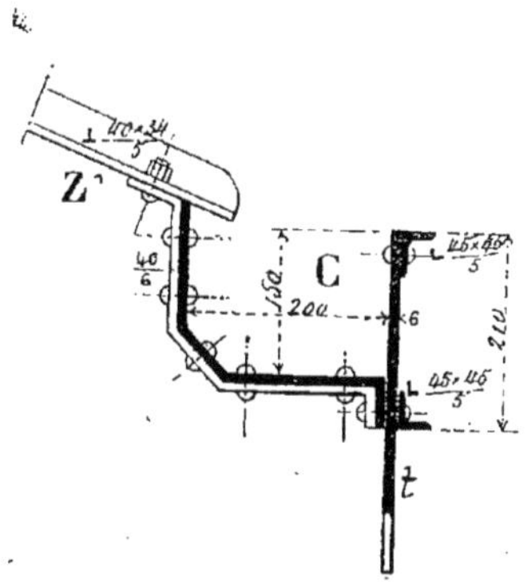

Fig. 944.

sont des fers I de $0^m,08$, leur portée est de 3 mètres à $3^m,50$. Le chéneau formant poutre est scellé dans les murs d'extrémité, sa portée est de 6 à 7 mètres.

412. La figure 943 nous montre un appentis faisant suite à une grande charpente. Il est formé d'une poutre horizontale P dont l'âme pleine a été percée de trous pour la décoration ; cette poutre porte le chéneau C à son extrémité.

Comme les arbalétriers Z et par suite les chevrons en fer T de 40 × 34 × 5 ont une assez grande longeur il a fallu les soulager, on a, à cet effet, disposé sur la poutre P et perpendiculairement à sa direction une autre poutre en treillis Q.

La disposition est très simple et se comprend facilement.

Les arbalétriers Z sont formés de deux cornières de 45 × 45 × 5 et d'une tôle de 90 × 6 formant âme.

La figure 944 montre la coupe sur le

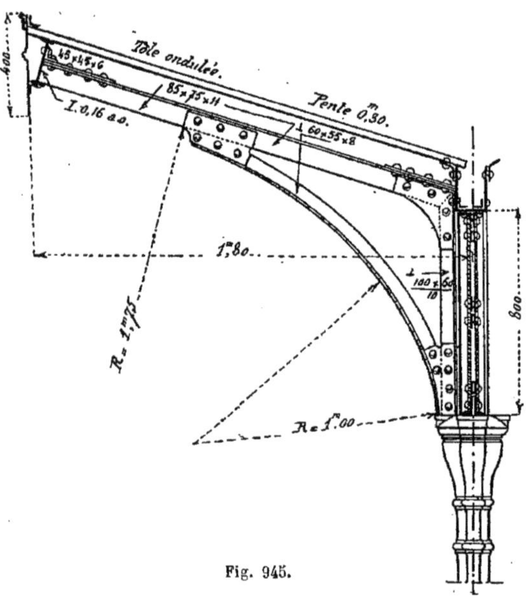

Fig. 945.

chéneau avec le mode d'assemblage des chevrons Z′, sur ce chéneau. Une tôle découpée *t* forme lambrequin en avant du chéneau.

413. Les figures 945 et 946 nous montrent deux autres dispositions d'appentis qu'on pourra employer dans certains cas ; ils indiquent des solutions souvent utilisées dans les bâtiments de chemins de fer et sur lesquelles nous n'insisterons pas.

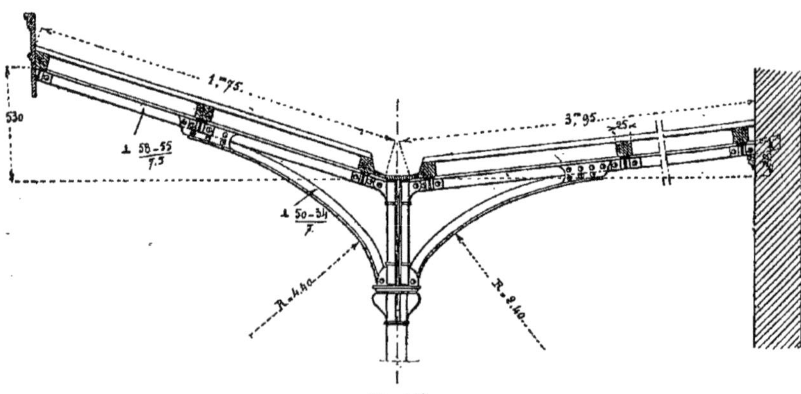

Fig. 946.

Autres types d'appentis.

414. Dans les bâtiments adossés à un mur mitoyen il arrive souvent qu'on ait, au dernier étage, à établir des logements, il faut alors modifier la disposition de l'appentis, le surélever et lui donner la forme d'un demi-comble à la Mansard.

Une disposition simple de ce cas particulier de bâtiments en appentis est indiquée en croquis (*fig.* 947). Une demi-ferme, composée d'un arbalétrier A et d'un entrait E, ces deux pièces scellées à

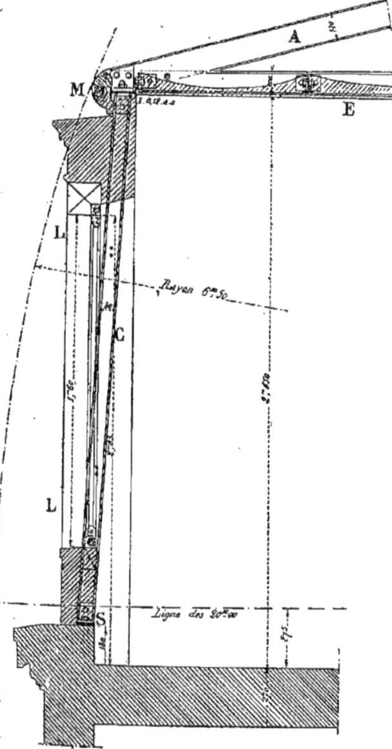

Fig. 947.

l'une de leurs extrémités (3 à 4 mètres de longueur environ) dans le mur mitoyen, reposent et sont assemblées avec un fer I de 0m,12 *a. o.* placé horizontalement et soutenu tous les mètres par une série de chevrons C en fer I de 0m,08 *a. o.* reliés entre eux par deux séries de boulons à quatre écrous.

Ces chevrons C sont assemblés à leur partie haute avec le fer I posé horizontalement et à leur partie basse sur une semelle S en fer plat d'une largeur suffisante pour y assembler facilement les chevrons C.

Sur l'entrait E on fixe, tous les 0m,80 environ, une série de petits fers I de 0m,08, *a. o.* destinés à former le plafond de la pièce habitée.

Lorsqu'il existe une lucarne, elle est placée entre deux chevrons C qui sont alors suffisamment écartés. On met dans ce cas, entre les deux chevrons et à hauteur convenable un fer I placé à plat et limitant la hauteur de l'ouverture à réserver pour le passage de ladite lucarne.

Nous indiquons en L. en traits plus légers, la disposition d'une lucarne et de sa baie en menuiserie.

En M on place un *membron* en chêne. On désigne sous ce nom une pièce de bois ayant la forme d'une moulure en astragale et servant de séparation entre les deux rampants inégalement inclinés.

415. Une autre disposition est indiquée en croquis (*fig.* 948). Comme précédemment, une demi-ferme composée d'un arbalétrier A et d'un entrait E solidement ancré en Z dans le mur, chacun de ces fers jumellés recevant des solives S et S' destinées à permettre l'exécution d'un faux plancher sur l'entrait E et d'un plafond, incliné sur l'arbalétrier A.

Cette demi-ferme est assemblée avec un fer P soutenu par une série de chevrons C espacés de mètre en mètre et reliés entre eux par deux files de boulons à quatre écrous de vingt millimètres de diamètre.

Les pieds de ces chevrons sont assemblés dans un fer en U, R relié de distance en distance avec les solives F du plancher bas de l'étage des combles.

Un chéneau G reçoit les eaux pluviales de l'ensemble de cette installation.

En K se trouve un fer en U destiné à limiter l'espace occupé par une baie (châssis ou lucarne) entre deux chevrons consécutifs.

D'un chevron à l'autre on exécute un hourdis en plâtras et plâtre.

La couverture du rampant C se fait presque toujours avec des ardoises, au contraire, la couverture du faux comble, suivant l'arbalétrier A, se fait en zinc.

416. Lorsque les dimensions augmentent on est alors obligé de prendre d'autres dispositions; nous en indiquons une (*fig.* 949).

Dans cet exemple, la charpente du comble proprement dit est métallique et la partie qui reçoit la couverture est en bois.

Le faux comble se compose d'une série de fermettes formées d'arbalétriers A

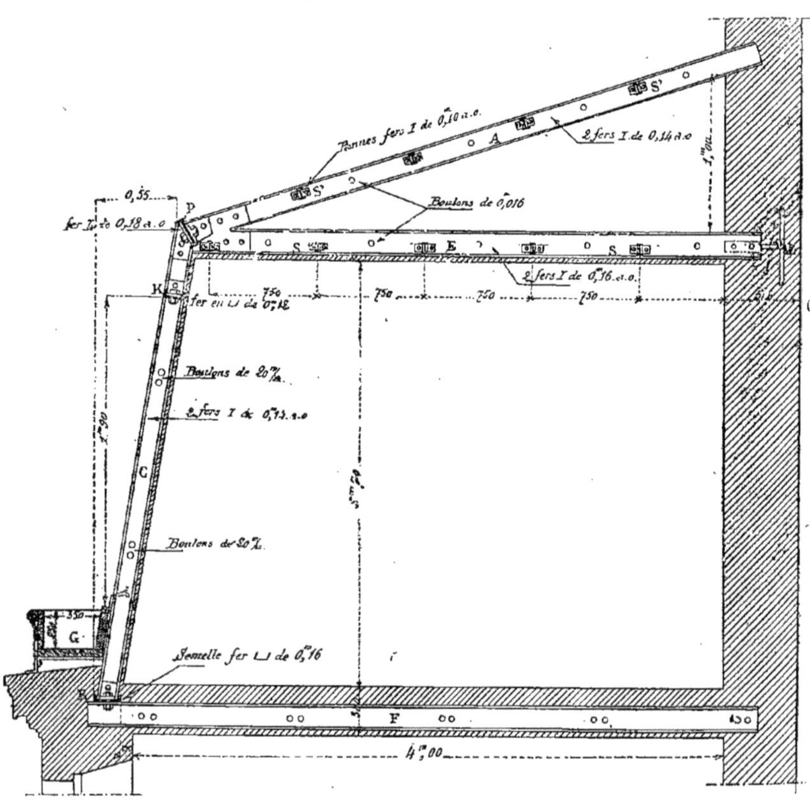

Fig. 948.

et d'entraits E, ces derniers recevant des solives S reliées entre elles tous les mètres par des boulons de $0^m,16$ de diamètre à quatre écrous.

Entre ces solives, on exécute le hourdis en auget nécessaire pour faire un plafond. Pour soutenir ces fermettes qui reposent d'une part sur un fer en , I et qui de l'autre sont scellées dans le mur M' on place au-dessous une véritable petite poutre P composée de cornières de 70 $\times$ 70 $\times$ 9 et de tôles de 6 millimètres.

Cette poutre, à section discontinue, se relie avec les solives D du plancher inférieur et repose sur un fer en U, X placé horizontalement sur les solives D de ce plancher.

La panne de brisis B est en bois; elle

est fixée sur le fer en U, I et reçoit les chevrons C et C' du vrai et du faux comble.

Les chevrons C reposent à leur base sur une *sablière* L et les chevrons C' sur une *lambourde* Q maintenue contre le mur à l'aide de crampons en fer.

Sur les chevrons C et C' on exécute un voligeage tel que V destiné à recevoir des ardoises d'un côté et du zinc de l'autre.

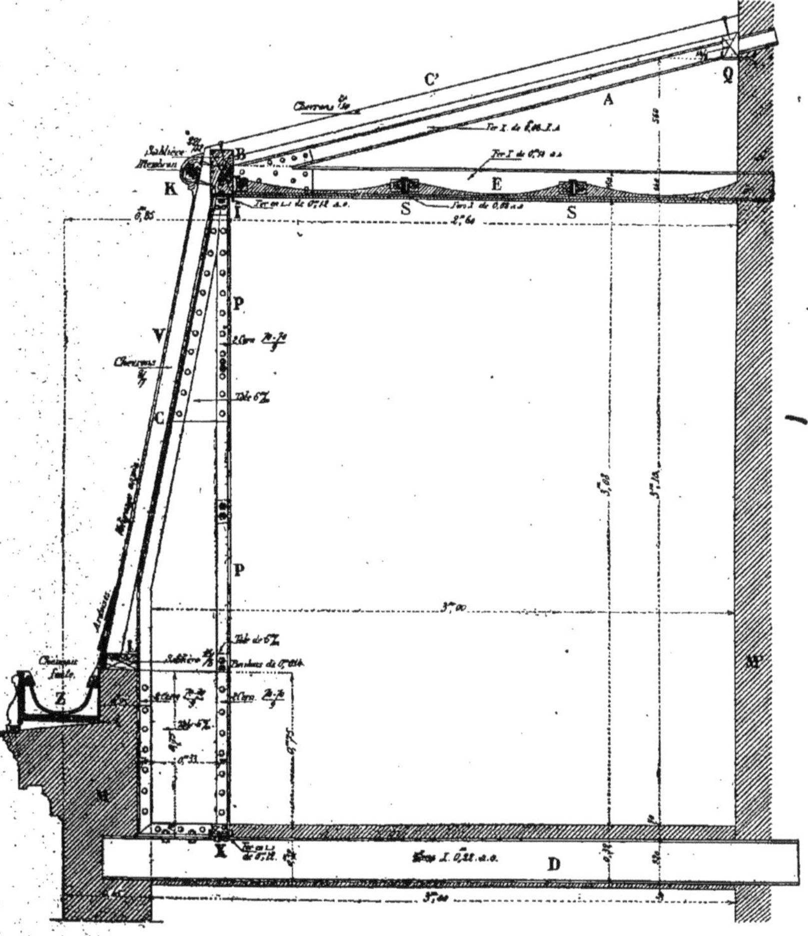

Fig. 949.

Un membron K est cloué sur les chevrons C.

Le chéneau Z est en fonte système Bigot-Renaux ; il est placé sur entablement couvert en zinc et son ensemble se comprend à la seule inspection de la figure.

Cette disposition, qui paraît un peu compliquée, est relativement simple et peut, lorsque la hauteur d'étage est grande, rendre de véritables services.

§ VI. — COMBLES A DEUX PENTES

417. Les combles à deux pentes ou combles proprement dits se composent presque toujours :

1° De pièces métalliques horizontales dont la plus élevée est nommée *faîte, faîtier* ou mieux *faîtage ;* les plus basses, portées sur piliers, sur colonnes ou sur murs sont appelées *sablières ;* enfin, une série de pièces intermédiaires nommées *pannes ;*

2° De *fermes*, que nous étudierons en détails, et destinées à soulager la portée de ces différentes pièces lorsqu'elle est trop grande ;

3° Enfin de pièces de bois ou de fer, portées par les pannes et placées perpendiculairement à leur direction et qu'on nomme *chevrons*.

Ces chevrons, lorsqu'ils sont en bois, sont des espèces de petites solives généralement minces dont les plus petits ont 8/7 d'équarrissage. Ils sont placés sur le faîtage et sur les pannes dans le sens de la pente du toit. Leur écartement peut varier de $0^m,25$ à $0^m,60$ suivant le mode de couverture adopté ; une bonne moyenne est de 0,40 à 0,50.

Quand l'inclinaison du toit est de 45 degrés, la longueur du chevron est, d'après une appréciation empirique, égale aux trois quarts de la largeur du bâtiment.

La portée maximum de ces chevrons sera de 2 mètres à $2^m,25$.

Lorsque les chevrons sont en fer ils sont, comme nous le savons, formés soit avec des fers à vitrage dont nous connaissons la forme, soit avec des fers à simple T dont les dimensions varient avec la charge de la couverture et que nous apprendrons à calculer au chapitre *Stabilité des combles*.

Que les chevrons soient en bois ou en fer, leur but est de soutenir le revêtement formant la toiture soit directement, soit, plus généralement par l'intermédiaire d'un *lattis* ou d'un *voligeage* suivant le mode de couverture adopté.

Le lattis peut se faire en bois ou en fer, lorsqu'il est en bois, ce sont de petits tasseaux vendus couramment dans le commerce ; lorsqu'il est en fer on se sert de petites cornières, de fers à T ou de petits fers en suivant les cas.

Le voligeage se fait ordinairement jointif avec du bois de peuplier de $0^m,011$ à $0^m,013$ d'épaisseur. Dans les charpentes soignées on fait quelquefois un voligeage apparent en dessous assemblé à rainures et languettes ayant 0,017 et même plus d'épaisseur ; on peut alors employer le chêne ou le sapin.

I. — Combles sur pignons ou combles sans fermes.

418. Nous savons que les pignons en maçonnerie ont pour but, non seulement de terminer les combles, mais aussi de porter les pièces principales d'une charpente, le faîtage et les pannes.

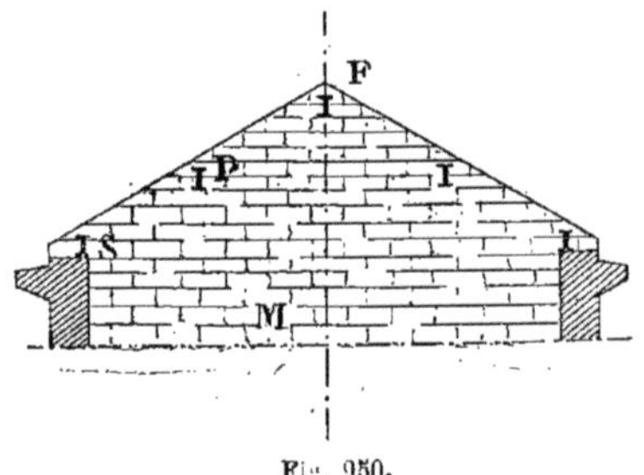

Fig. 950.

Quand l'espace qui sépare deux murs pignons ne dépasse pas 4 ou 5 mètres on peut se dispenser de mettre une ferme ; la disposition la plus simple consiste alors comme nous l'indiquons (*fig.* 950), à sceller dans chacun des murs pignons M des pannes P sur lesquelles on fixera une série de chevrons devant recevoir le lattis et la couverture.

Si la portée est faible, la longueur de

la pente ne dépassant pas 2m,50, les pannes intermédiaires deviennent inutiles et le comble est simplement formé par un fer F formant faîtage, un autre fer S formant sablière et une série de chevrons s'appuyant sur ces deux pièces.

Quand la longueur de la pente est plus grande, le comble comprend un faîtage, de chaque côté un nombre égal de pannes et une sablière sur chaque mur de face.

Il sera de bonne construction, pour relier les deux murs pignons, de prévoir un chaînage exécuté à chaque extrémité du faîtage et des deux sablières.

Cette disposition est peu utilisée en charpente en fer, il paraît plus économique, dans ce cas, d'employer le bois.

Nous étudierons dans un chapitre spécial, un autre genre de combles sans fermes tout à fait différents; l'ensemble de l'installation consiste en une grande lanterne portée par des arêtiers.

La plupart des cours couvertes sont construites avec des combles sans fermes.

II. — Combles sur fermes.

419. Les combles sur fermes ne diffèrent des précédents que par le rem-

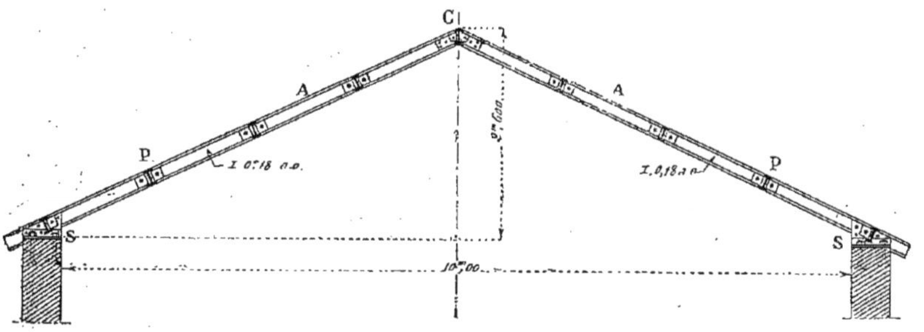

Fig. 951.

placement des pignons par des fermes en charpente métallique supportant les pannes et les faîtages.

Les fermes sont aux combles ce que les poutres armées sont aux planchers; mais, quels que soient les soins apportés à leur construction, elles ne peuvent jamais avoir la stabilité ou la solidité des pignons en maçonnerie. Leurs dispositions varient principalement en raison de l'écartement des murs de façade et du poids de la couverture employée pour le bâtiment; il faut aussi avoir égard au but qu'on se propose d'atteindre, au pays où elles se construisent, etc...

L'intervalle entre deux fermes ou entre une ferme et un pignon en maçonnerie prend, comme nous le savons, le nom de *travée*.

Dans ce genre de comble la partie importante à étudier c'est la ferme sur laquelle on place les pannes et le faîtage; nous en commencerons l'étude par les types les plus simples.

Fermes de comble sans tirant.

420. Si la distance entre deux murs pignons dépasse quatre ou cinq mètres on est alors obligé de prendre une autre disposition; celle qui paraît tout indiquée est représentée en croquis (*fig.* 951). Au milieu de la longueur qui sépare les deux murs pignons on place deux forts arbalétriers A solidement assemblés en C et fixés sur les murs longitudinaux, à l'aide de deux sabots S formés de tôles boulonnées avec leurs âmes et maintenues sur les murs par des cornières fortement scellées.

Ces deux arbalétriers reçoivent une série de pannes P régulièrement disposées; sur ces pannes on place les chevrons, le lattis et la couverture.

Ce genre de charpente, qui paraît très

simple engendre une poussée très grande sur les murs. Pour l'adopter, ce que nous ne pouvons conseiller, il faudrait donner aux murs longitudinaux une épaisseur assez grande pour résister à la poussée des arbalétriers ou bien, ce qui est plus simple, réunir les pieds des arbalétriers par un tirant.

Fermes de comble avec tirant.

421. Il existe un très grand nombre de dispositions de fermes de comble avec tirant ; nous étudierons les principales en commençant par celles dont les arbalétriers sont composés avec des fers I du commerce.

1er Exemple.

422. La disposition la plus simple d'une ferme avec tirant est indiquée en croquis (*fig.* 952). Deux arbalétriers A, solidement reliés au faîtage C par des plaques d'assemblage, reposent sur deux murs longitudinaux par l'intermédiaire de sabots S très simplement construits avec des plaques de tôle et des cornières.

Pour neutraliser la poussée que ces arbalétriers pourraient exercer sur les murs, on réunit leurs pieds par un tirant T armé à chaque extrémité d'une fourche F permettant un assemblage facile sans couper les ailes des fers. Ce tirant T est en deux morceaux réunis au milieu de la portée par une lanterne de serrage L permettant à une aiguille pendante O, qui la traverse, d'empêcher la flexion du tirant.

Une série de pannes P disposées comme précédemment reçoivent des chevrons soit en bois, soit en fer sur lesquels on fixe un lattis ou un voligeage suivant la nature de couverture qu'on désire adopter.

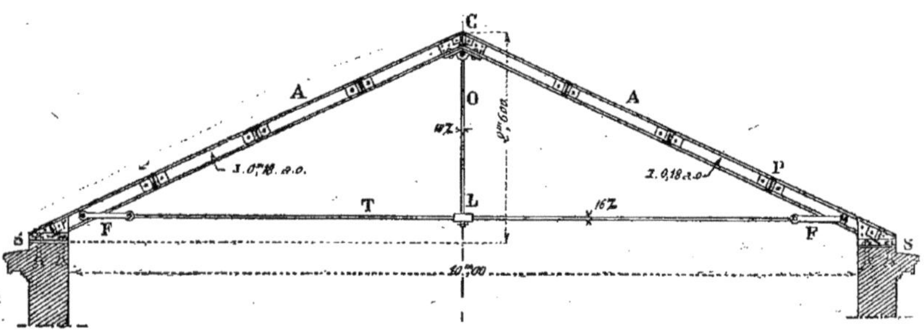

Fig. 952.

2e Exemple.

423. La figure 953 nous donne, en croquis, un autre exemple de ferme avec tirant et addition d'un *lanterneau*.

Cette disposition comprend : deux arbalétriers A réunis en F par deux plaques d'assemblage. Le pied de chacun de ces arbalétriers traverse un sabot en fonte F présentant en creux exactement la forme du profil du fer. Ces arbalétriers sont solidement réunis aux sabots S par trois forts boulons d'assemblage.

Un tirant en fer rond T relie les pieds des arbalétriers ; une aiguille pendante O le soutient au milieu de sa portée.

Une série de pannes P disposées régulièrement sur les arbalétriers reçoivent des chevrons, qui ne sont pas indiqués sur la figure pour ne pas la compliquer ; sur ces chevrons, dont l'aile supérieure affleure le dessus des arbalétriers on fixe une série de petites cornières de 0m,025 × 0m,025 ou de 0m,030 × 0m,030 espacées de 0m,34 d'axe en axe et recevant des tuiles à recouvrement grand moule d'Ivry ou de tout autre fabrique.

Le lanterneau est aussi couvert en tuiles, sa disposition permet une sortie facile aux vapeurs ou fumées, qui peuvent se dégager du dessous du comble. Il est formé, de trois supports verticaux V composés avec des fers plats rivés entre eux et avec les arbalétriers A de la ferme

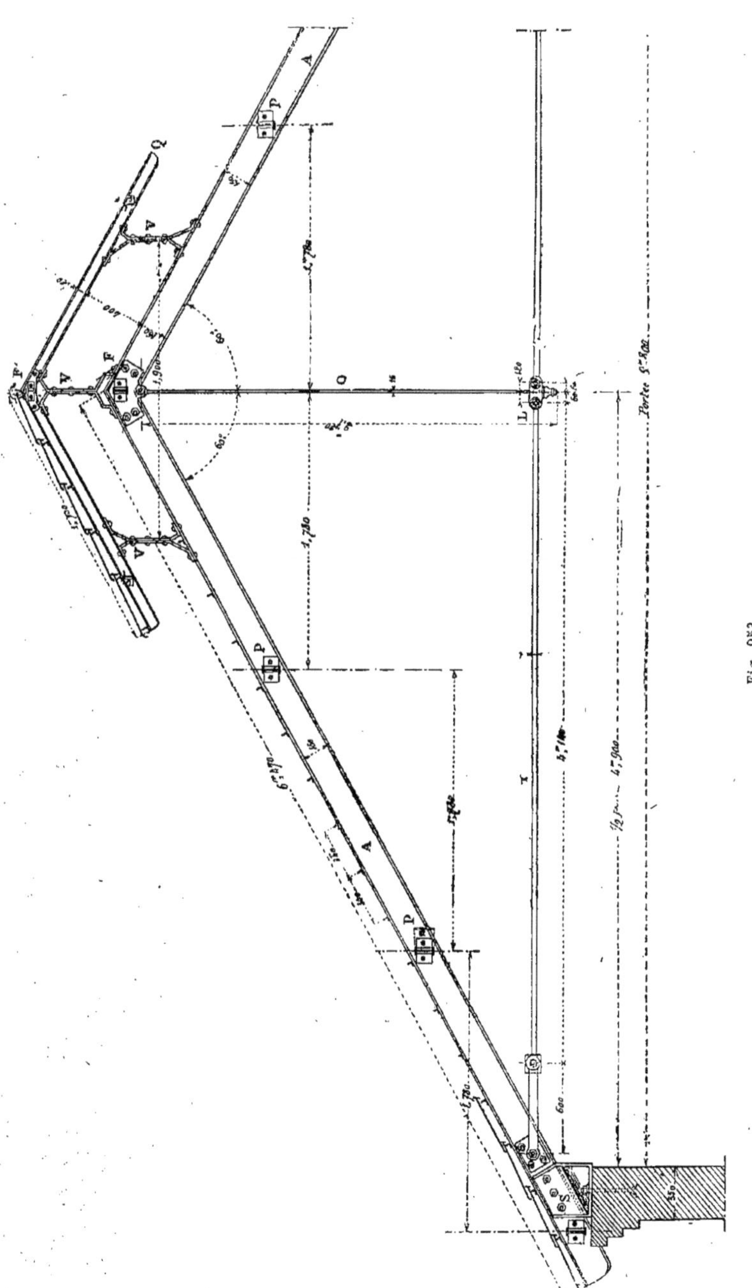

Fig. 953.

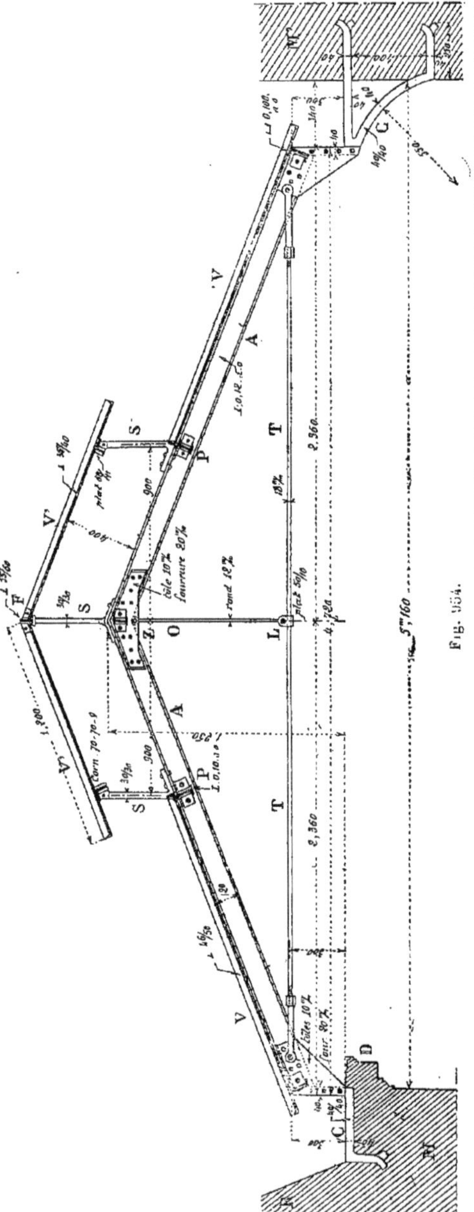
Fig. 954.

d'une part et les arbalétriers Q du lanterneau d'autre part ; de deux arbalétriers Q en fer ⌶ de $0^m,10$ *a. o.* réunis en F' pour former le faîtage du lanterneau. En ce point, une panne de faîtage s'assemble sur la plaque d'assemblage des deux arbalétriers Q. En J sont indiquées deux pannes courantes formées par de simples cornières à ailes inégales du commerce.

Des chevrons, non indiqués dans le croquis, reposant sur la panne de faîtage F' et sur les cornières J, supportent un lattis identique à celui de la ferme proprement dite.

Cette disposition est très simple et pourra être souvent employée avec avantage. Les fermes, dans cet exemple, sont distantes de 3 à 4 mètres d'axe en axe.

Nota.

424. Afin de simplifier les dessins qui sont presque toujours à très petite échelle nous nous contenterons, le plus souvent, d'indiquer les boulons d'assemblage par de simples petits cercles en noir comme nous l'avons déjà fait dans les figures qui précèdent.

3e Exemple. — Cas particulier.

425. Comme troisième exemple de ferme métallique avec tirant, proposons-nous (*fig.* 954) d'étudier la couverture vitrée d'une cour entre deux bâtiments dont les murs M de l'un s'arrêtent à une corniche D recevant un comble lambrissé R et les murs M' de l'autre montent beaucoup plus haut.

La solution la plus simple consiste à faire reposer les arbalétriers A de la ferme sur des supports C contournés à la demande et exécutés avec du fer carré de quarante millimètres.

Sur la partie verticale de ces supports on fixe les arbalétriers au moyen de tôles de dix millimètres d'épaisseur et de fourrures de vingt millimètres d'épaisseur.

Les arbalétriers sont réunis à leur partie supérieure par des plaques de tôle Z de dix millimètres d'épaisseur et une fourrure comme la précédente de vingt millimètres d'épaisseur ; entre ces plaques et à l'aide d'un fort boulon on suspend

V'
A
S
F
O
L
V
S'
T
P
A
V
C
D'
D
½ Portée 5m,00
Hauteur totale 6m,460
Sol de l'atelier

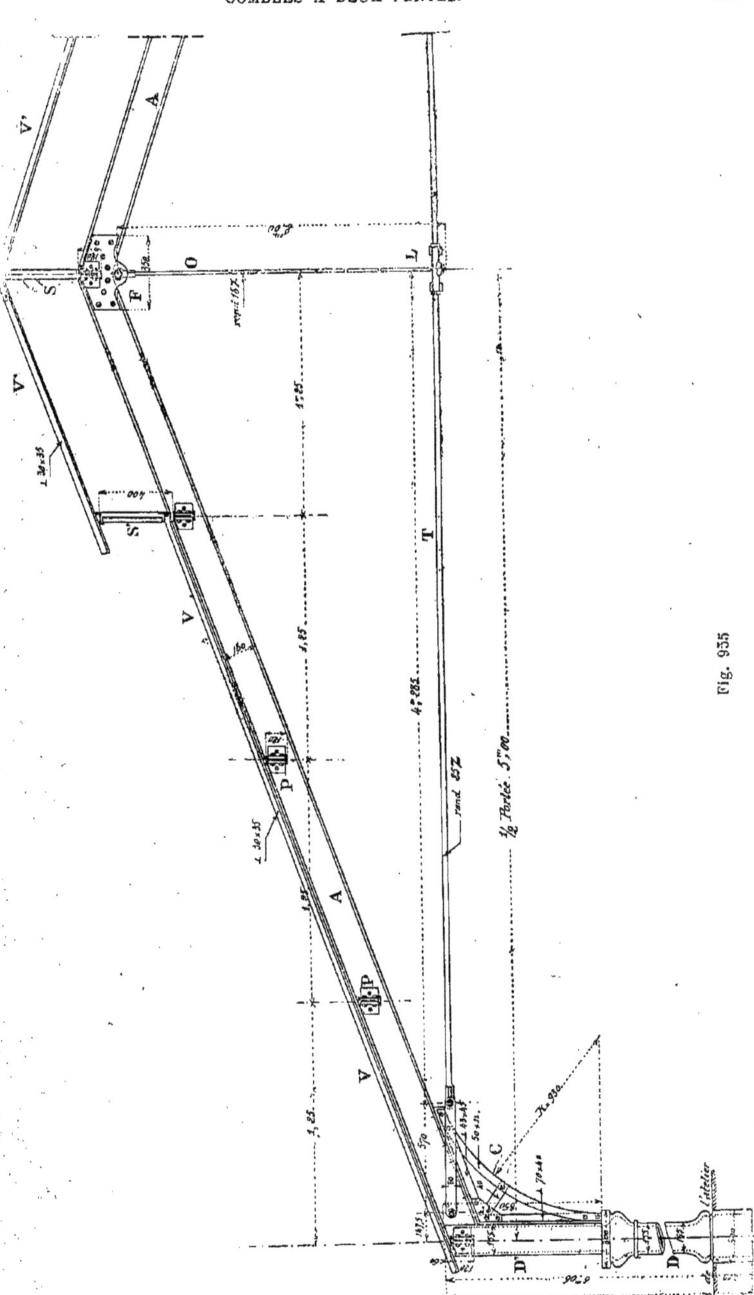

Fig. 935

l'aiguille pendante O dont nous connaissons l'usage.

La liaison de cette aiguille pendante au tirant est des plus simples : un fer plat L de 50/10 est contourné comme l'indique la figure et un boulon relie l'aiguille à ce fer plat.

Le tirant T est d'une seule pièce, il est fileté à ses deux extrémités et s'engage dans des douilles faisant partie des fourches d'assemblage avec les arbalétriers.

Sur les arbalétriers on fixe des pannes P en fer I de $0^m,10$ *a. o.* ou, comme nous l'indiquons en bas des arbalétriers, en fers en U de $0^m,10$ *a. o.*

Des pannes P aux fers en U on place une série de fers à vitrage V tous assemblés sur une cornière haute et vissés en bas sur l'aile supérieure des fers en U.

Le lanterneau est très simple de construction il se compose : de trois supports S en fer carré de 30 millimètres supportant, au milieu un fer T et sur les côtés deux cornières de 70 × 70 × 9. Ces trois fers servant de pannes reçoivent des fers à vitrage V' en simple T de 35 × 40. Les fers à vitrage V et V' sont espacés de $0^m,48$ d'axe en axe.

Les fermes, dans cet exemple, sont distantes de $3^m,85$ d'axe en axe.

4° Exemple.

426. Nous venons d'examiner des fermes avec tirant posées sur mur, voyons maintenant une disposition de ferme métallique avec tirant posée sur colonnes en fonte en supposant encore tout le comble vitré.

Une disposition simple de ce cas particulier est indiquée en croquis (*fig.* 955). La colonne creuse en fonte D est prolongée par un fût D' de forme carrée et également creux ; c'est sur ce prolongement qu'on fixe l'arbalétrier A et une console C servant à le soulager et à bien relier l'angle formé par la colonne et l'arbalétrier incliné.

A sa base, la colonne porte un socle carré de $0^m,40$ de hauteur qui, noyé dans le sol, repose sur un massif en pierre dure.

La console est très simple de construction ; elle est formée de fers T de 70 × 40 et de 45 × 43 et de fers plats, le tout rivé et assemblé comme l'indique le croquis.

Le tirant T est en fer rond de 25 millimètres ; il est soutenu en son milieu par une aiguille pendante O en fer rond de 16 millimètres traversant la lanterne de serrage L.

Les pannes P sont placées verticalement ; elles reçoivent une série de fers à vitrage V.

Ce comble comporte un lanterneau dont les montants S et S' sont fixés sur l'aile supérieure des pannes et reçoivent un fer T et des fers spéciaux formant pannes et supportant les fers à vitrage V'.

La face S' est vitrée par de simples châssis en fer cornière s'emboîtant dans des montants convenablement disposés.

Dans cet exemple la distance d'axe en axe des fermes est de 5 à 6 mètres.

Détails d'assemblages.

427. Les assemblages intéressants à étudier dans la disposition ci-dessus et qui peuvent s'appliquer aux exemples examinés précédemment sont : l'assemblage des arbalétriers au faîtage et l'assemblage de l'extrémité du tirant avec les arbalétriers.

Ces deux détails sont indiqués en croquis (*fig.* 956 et 957).

La figure 956 nous montre que pour assembler les deux arbalétriers A au faîtage on a été obligé de couper l'aile inférieure des fers comme nous l'indiquons en V afin de laisser passer les plaques L et les contre-plaques U'. Ces plaques et ces contre-plaques sont fixées aux arbalétriers par huit boulons B' de 16 millimètres de diamètre.

La panne de faîtage se fixe au moyen de deux équerres Z rivées à l'extrémité de cette panne et boulonnées sur les contre-plaques U'.

L'aiguille pendante O est terminée par un renflement qui permet de fixer son extrémité entre les contre-plaques au moyen d'un boulon B de 18 millimètres de diamètre.

La partie droite du croquis nous montre une coupe suivant UV, coupe qui se comprend facilement à la seule inspection de la figure.

La figure 957 indique :

1° L'assemblagede la panne sur l'extrémité du fût de la colonne D à l'aide de deux cornières X ;

2° La disposition de l'arbalétrier A, la console C étant supposée enlevée, l'aile supérieure de l'arbalétrier se continue et vient fermer une partie du prolongement de la colonne ;

3° Enfin la disposition de la fourche terminant l'extrémité de chaque tirant.

Cette fourche est formée : par deux

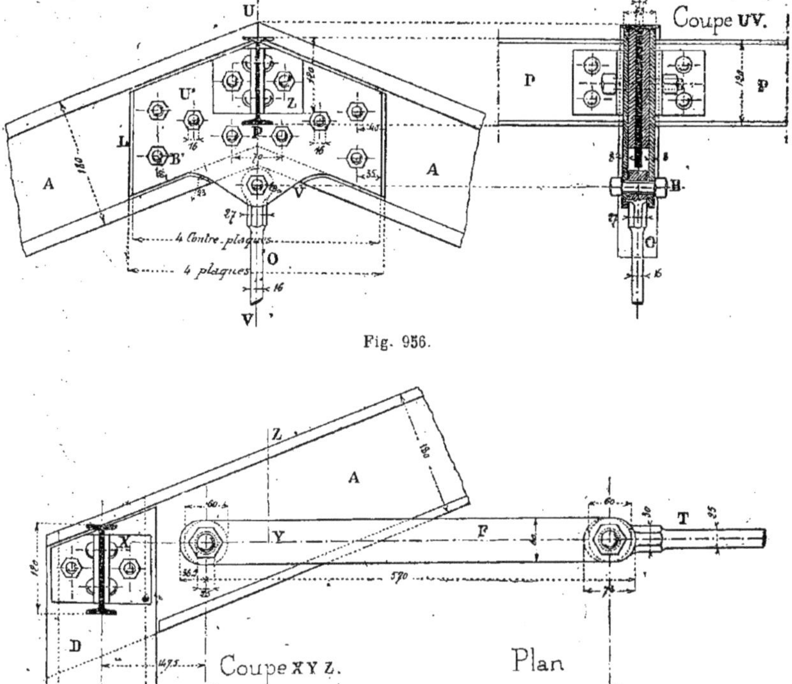

Fig. 956.

Fig. 957.

plaques de tôle F et F' de 60 × 11 arrondies à leurs deux extrémités et percées de trous pour le passage des boulons d'assemblages; de rondelles R suffisantes pour atteindre la largeur de 55 millimètres, largeur des ailes des arbalétriers et éviter de les couper ; de forts boulons d'assemblage B' de 25 millimètres de diamètre.

L'extrémité du tirant T comporte un renflement percé d'un trou pour le passage du boulon B ; deux rondelles disposées de chaque côté de ce renflement permettent d'atteindre l'épaisseur voulue pour conserver le parallélisme des deux plaques F et F'.

Cette disposition est très simple, ne nécessite presque pas de pièces de forge et peut recevoir de nombreuses applications.

Fermes de comble avec tirant et faux entrait.
1er Exemple.

428. Dans certains cas lorsque le comble a une assez forte pente on adopte la disposition que nous indiquons en croquis (*fig.* 958). Outre le tirant T reliant les pieds des arbalétriers A on place à mi-hauteur un faux entrait E formé de deux fers I ou mieux, pour ne pas avoir à entailler les ailes, de deux fers en U de 0m,10 *a. o.* L'aiguille pendante O passe entre ces deux fers en U et vient comme dans les exemples précédents, soulager le tirant.

Tout le reste, pannes, faîtage, etc., peut se construire comme nous l'avons montré précédemment. Avec les dimensions indiquées par ce croquis on peut espacer les fermes de 4 mètres d'axe en axe.

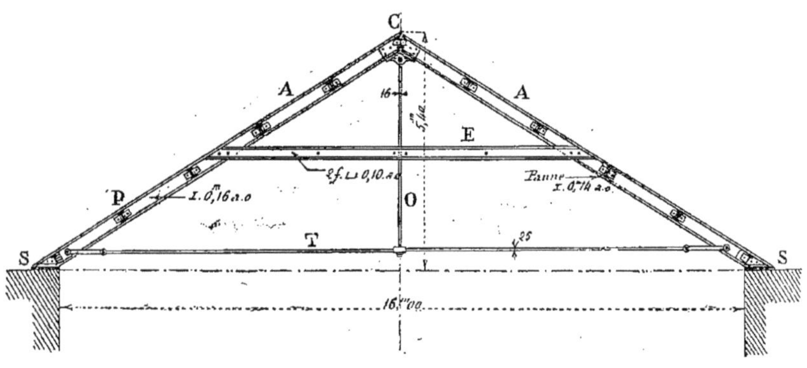

Fig 958.

Si nous supposons les chevrons en bois on pourra, comme nous l'indiquons en croquis (*fig.* 959), fixer sur les pannes P

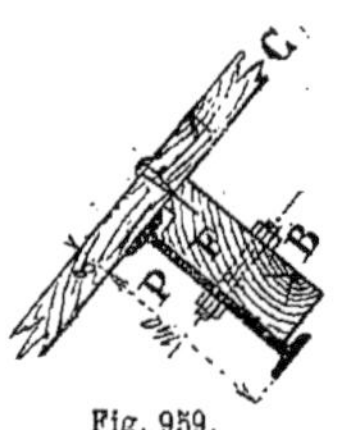

Fig. 959.

des fourrures en bois F à l'aide d'un boulon B et clouer les chevrons C sur cette fourrure.

2e Exemple.

429. Un deuxième exemple de ferme de comble avec tirant et faux entrait est indiqué en croquis (*fig.* 960). Elle se compose: de deux arbalétriers A en fer I de 0m,18 *a. o.* assemblés au faîtage F à l'aide de plaques de tôle de 0m,010 d'épaisseur. A leurs parties inférieures, ces arbalétriers sont recourbés pour se sceller plus facilement dans les murs M où ils pénètrent de 0m,25; ils sont, en cet endroit, soulagés par des consoles S en fer carré de 40 millimètres solidement scellées dans les murs.

A une distance de 1m,20 du faîtage, il existe un faux entrait E en fer I de 0m,12 *a. o.* assemblé à ses deux extrémités sur les arbalétriers A.

Pour maintenir constant l'écartement entre ces deux arbalétriers on met un tirant très simple T en fer rond de 30 millimètres supporté en son milieu par une aiguille pendante O également en fer rond mais de 25 millimètres de diamètre assemblée avec l'aile inférieure du faux entrait E.

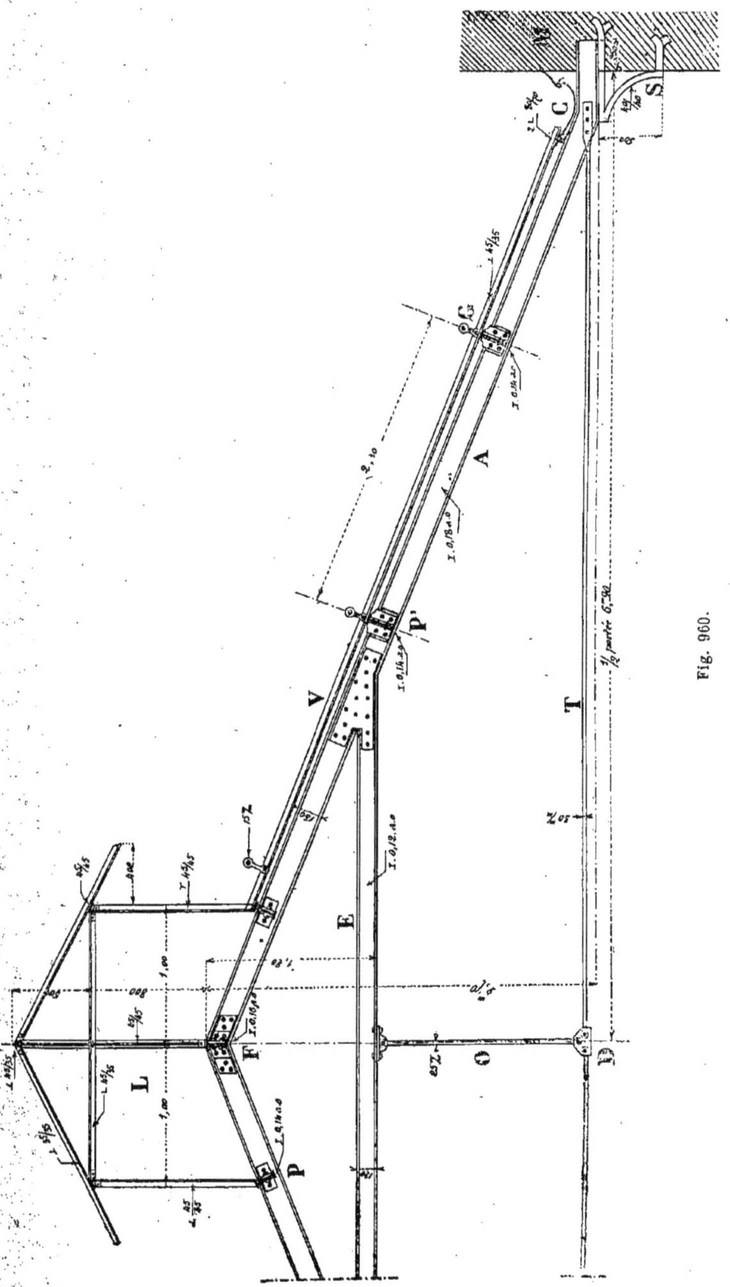

Fig. 960.

Les pannes P et P′ sont toutes en fer I de $0^m,14$ *a. o.*: la panne faîtière F est un peu plus haute, elle est exécutée avec un fer I *a. o.* de $0^m,16$ de hauteur.

Le comble est vitré; il a fallu, pour placer facilement le chéneau C, prendre une disposition spéciale pour les pannes telles que P′ et les surélever comme l'indique le croquis. On a été obligé dans cet exemple d'adopter l'assemblage indiqué précédemment (*fig.* 342).

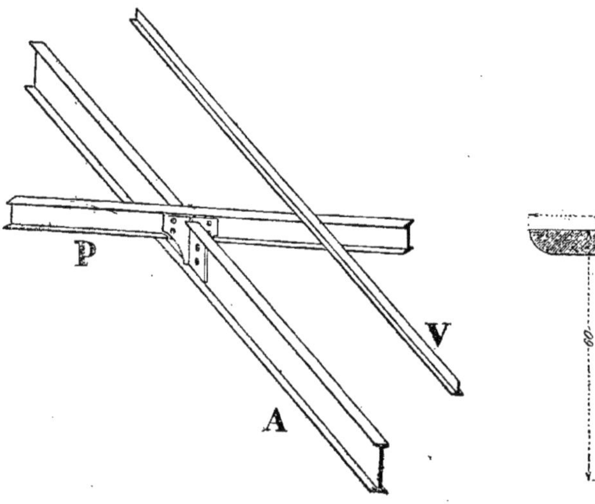

Fig. 961.

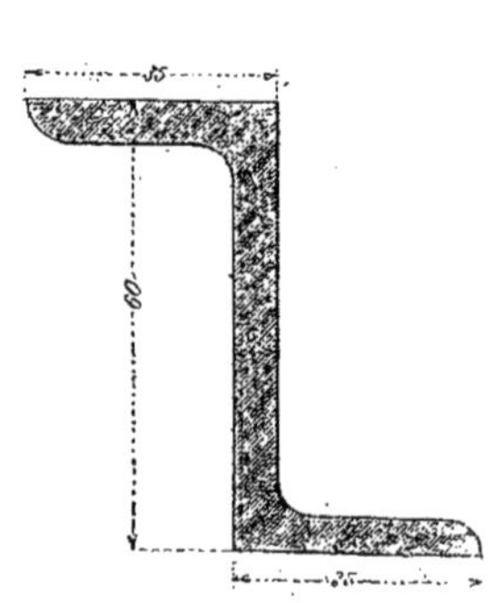

Fig. 962.

Fig. 963.

Pour bien faire comprendre cet assemblage nous en représentons les différentes pièces en perspective cavalière (*fig.* 961).

Les pannes P dépassent un peu l'aile supérieure des arbalétriers et reçoivent directement vissés sur leur aile supérieure les fers à vitrage V qui sont des fers T du commerce de 45 × 35.

A leur partie haute ces fers V (*fig.* 960) s'assemblent dans une cornière reliée avec l'aile de la panne sur laquelle elle repose ; à leur partie basse, ils sont vissés sur l'aile d'une cornière à ailes inégales de 80 × 70 reliée à une autre cornière identique et recevant l'about du chéneau en fonte C (système Bigot-Renaux, n° 36).

On pourrait remplacer ces deux cornières et par suite supprimer la main-d'œuvre qu'elles exigent pour être assemblées entre elles en se servant d'un fer spécial en forme de Z dont nous donnons le croquis (*fig.* 962) et qui ne pèse que $5^k,25$ le mètre courant.

Sur les fers à vitrage V on fixe de distance en distance des supports G soute-

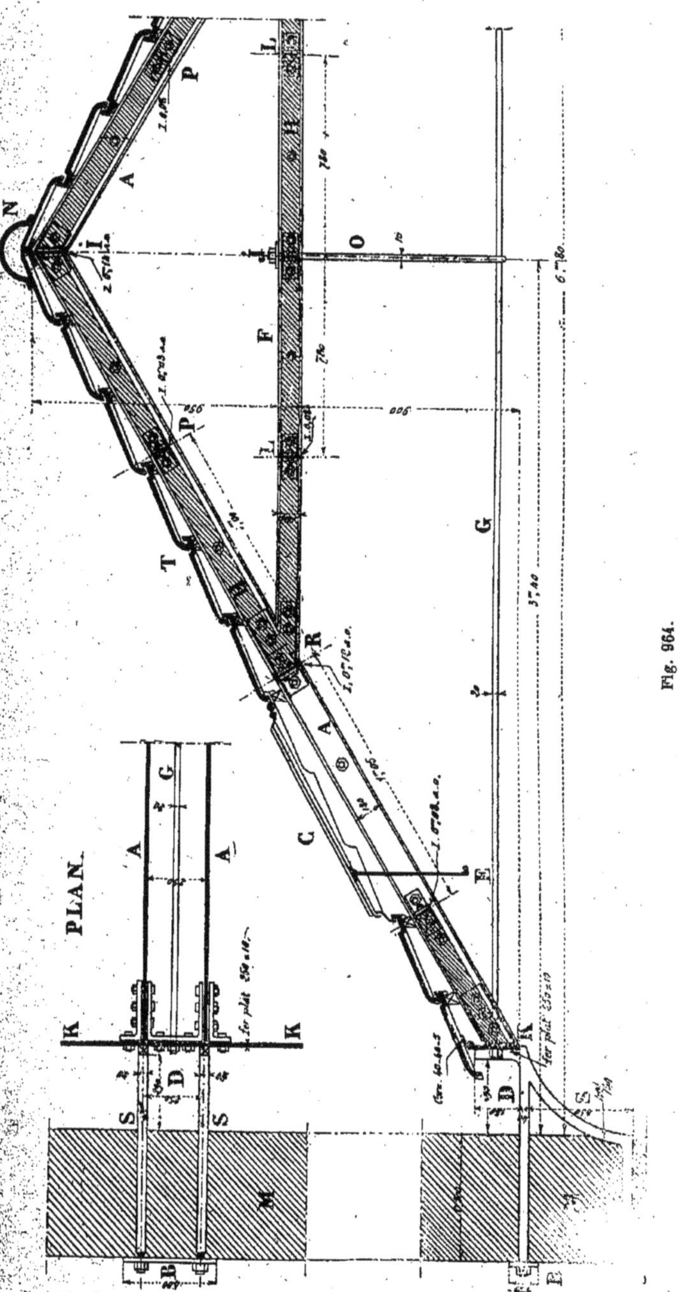

Fig. 964.

nant des fers ronds de 0m,015 de diamètre et sur lesquels on place un grillage en fer galvanisé dont nous connaissons l'usage.

Le lanterneau surmontant la ferme est très simple de construction.

Des montants en fer T de 45 × 45 supportent des fers T et des cornières suffisantes pour soutenir les fers à vitrage formant couverture.

Le chéneau C est, entre deux fermes, soutenu de distance en distance comme nous l'indiquons (*fig.* 963) par des consoles intermédiaires S' exécutées avec des fers T de 50 × 50 × 7 du commerce.

Dans l'exemple que nous venons d'examiner les fermes peuvent être espacées de 4 mètres d'axe en axe.

3e Exemple.

430. Un troisième et dernier exemple de ferme de comble avec tirant et faux entrait est indiqué en croquis (*fig.* 964). Au lieu d'être scellée dans le mur chaque ferme repose sur deux consoles S en fer carré de 40 millimètres solidement reliées aux murs M.

Pour réunir toutes les consoles recevant les fermes on met un fer plat K de 250 × 10 sur lequel se font les assemblages de chacune des fermes et qui sert également à maintenir le chéneau D sur toute sa longueur.

Ces fermes sont formées : d'arbalétriers A composés comme le montre le plan, de deux fers I de 0m,12 *a. o.* espacés de 0m,25 d'axe en axe et fixés sur le fer plat K à l'aide de fortes équerres à ailes inégales.

A leur partie haute les arbalétriers s'assemblent à l'aide d'équerres sur une panne de faîtage I en fer I de 0m,14 *a. o.* Un faux entrait F également composés de deux fers jumellés assemblés avec les arbalétriers est placé à une certaine distance du faîtage. Perpendiculairement à leur direction ces fers F reçoivent une série de solives L en fer I de 0m,08 *a. o.* et destinés à exécuter un hourdis plein formant plafond. Les parties rampantes du comble, sauf aux endroits réservés pour les châssis, reçoivent également un hourdis H entre les pannes P.

Un tirant G en fer rond de 0m,020 soutenu par une aiguille pendante O en fer rond de 0m,016 fixée en J entre les deux fers F assurent la rigidité de la ferme.

La couverture est faite en tuiles T grand moule à recouvrements.

Au faîtage une tuile spéciale N, nommée faîtière, recouvre les dernières tuiles courantes qui ont été coupées et scellées au faîtage comme le montre le croquis.

L'éclairage est obtenu à l'aide de grands châssis dont nous voyons la coupe en C (*fig.* 964) et qui s'ouvrent à l'aide d'une tige en fer E.

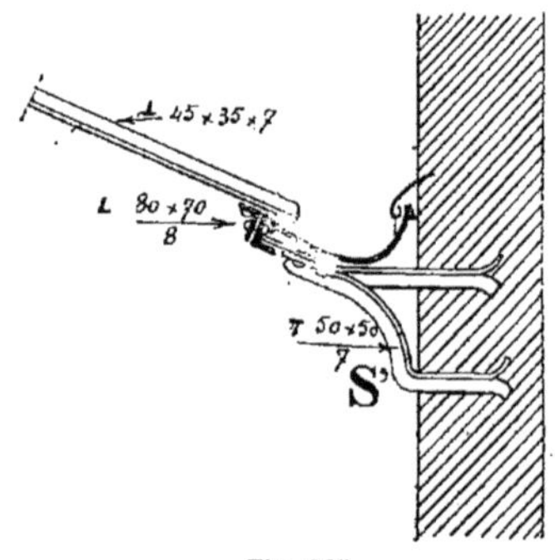

Fig. 965

Ces châssis sont en tôle galvanisée et construits spécialement pour se raccorder avec les tuiles grand moule de l'usine d'Ivry. Leur poids, sans verre, est de 13k,50 ; ils occupent la surface de 12 tuiles ordinaires.

La partie ouvrante laisse un jour de 0m,67 × 0m,90. Afin de bien en faire comprendre l'ensemble nous en donnons (*fig.* 965) une vue en perspective cavalière.

Dans cet exemple la distance d'axe en axe des fermes est de 3 mètres.

Si entre la panne R (*fig.* 964) et le fer plat K on désire un éclairage plus important on emploiera la disposition représentée en croquis (*fig.* 966).

Sur la panne R qui devient alors un fer I de 0m,18 *a. o.* on fixe une cornière à ailes égales de 60 × 60 × 8 dont l'aile supérieure pourra affleurer l'aile supérieure de l'arbalétrier ; à la partie haute du fer plat K on fixe une cornière ouverte des mêmes dimensions puis, sur ces deux cornières, on fait reposer une série de fers à vitrage V en T de 25 × 30 espacés de 0m,285 d'axe en axe et soutenus en leur milieu par une panne P fixée sur l'arbalétrier. Dans la petite travée au-dessus de la ferme, occupant la largeur entre les deux arbalétriers, on remplace le verre par une feuille de zinc, l'espace vide de 0m,25 laissé entre les deux

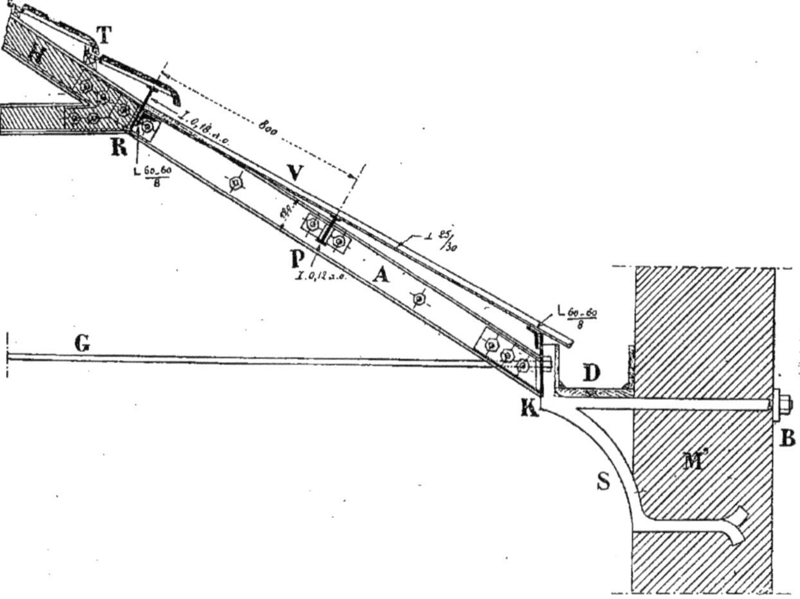

Fig. 966.

fers A étant hourdé en maçonnerie. Comme le montre la figure 966 le chéneau D est construit avec des planches et des tasseaux, le tout recouvert en zinc.

Ferme de comble avec tirant supportant plancher.

1er Exemple.

431. Cette forme de ferme, dont nous donnons une des dispositions les plus simples (*fig.* 967) pour une portée de 10 m., est souvent employée pour combles d'ateliers, magasins, etc.

La ferme se compose : d'un entrait E en fer I de 0m,18 *a. o.* solidement scellé à ses deux extrémités dans les murs longitudinaux du bâtiment; de deux arbalétriers A en même fer I de 0m,18 *a. o.* et qui forment avec l'entrait E un triangle rendu indéformable par de forts assemblages (tôle de 0m,010 d'épaisseur et fourrures nécessaires) au faîtage et sur chacun des murs.

Régulièrement espacées sur les arbalétriers, se trouvent une série de pannes P en fer I de 0m,08 *a. o.* supportant des chevrons, un voligeage et une couverture en zinc ou, ce qui est préférable pour un atelier, des chevrons, un lattis et une couverture en tuiles à recouvrements.

Afin de soulager l'entrait E on place, en son milieu, une aiguille pendante O en fer rond de 15 millimètres de diamètre.

Sur cet entrait on assemble une série de petits fers I de 0m,08 *a. o.* espacés le plus ordinairement de 0m,80 à 1 mètre d'axe en axe, destinés à former plancher et réunis entre eux tous les 0m,80 par des entretoises ou mieux, tous les mètres, par des boulons à quatre écrous de 0m,014 à 0m,016 de diamètre. Entre ces fers on exécute, comme le montre la partie gauche de la figure, un hourdis en auget ou, comme cela se pratique presque toujours dans les ateliers, un hourdis plein de toute la hauteur des fers.

Comme les enduits en plâtre sont souvent rejetés de quelques ateliers parce qu'ils se détruisent facilement au contact de certaines émanations ou de vapeurs; on pourra les éviter en construisant entre les solives S de petites voûtes en briques de 0m,06 d'épaisseur, bien rejointoyées en ciment. C'est encore ce qu'il y a de mieux et de plus solide.

Les détails des assemblages de cette ferme sont très simples et peuvent rentrer dans ceux qui ont été étudiés précédemment.

La distance d'axe en axe des fermes, vu le peu de hauteur des pannes et des fers à plancher, sera de 3m,50 à 4 mètres au maximum.

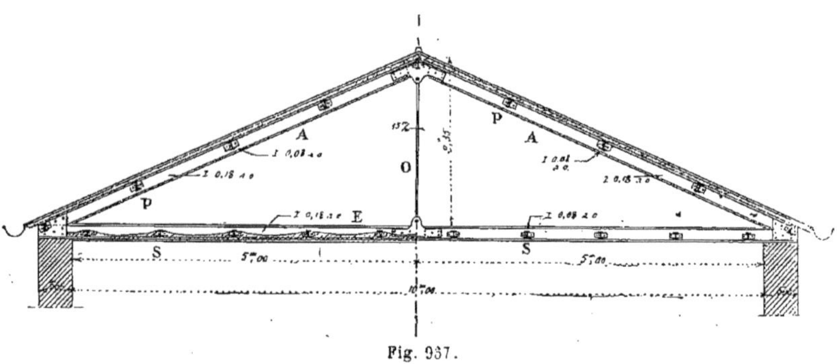

Fig. 967.

2e Exemple.

432. Un deuxième exemple de ce genre de fermes, beaucoup plus solide et pouvant recevoir d'assez fortes charges, est indiqué en croquis (*fig.* 968).

La ferme se compose : d'un entrait E formé de deux fers I de 0m,16 *a. o.* hourdés entre leurs ailes intérieures, espacés de 0m,210 d'axe en axe et réunis tous les mètres, par des boulons à quatre écrous de 0m,016 de diamètre; de deux arbalétriers A en fer I de 0m,16 *a. o.* également hourdés intérieurement, espacés de 0m,200 d'axe en axe et réunis tous les mètres par des boulons de 0m,016 à quatre écrous.

Chacun de ces fers A est solidement assemblé au pied de la ferme avec l'entrait qui lui correspond et au faitage repose dans un sabot S de forme spéciale que nous étudierons dans ce qui va suivre.

L'entrait E est soulagé en son milieu par une aiguille pendante O de 30 millimètres de diamètre.

Le plancher hourdé plein est formé, comme l'indique le croquis, d'une série de solives G en fers I de 0m,10 *a. o.* espacés de 590 millimètres d'axe en axe; ces fers sont, tous les mètres, réunis par des boulons de 0m,016 à quatre écrous.

En B, pour supporter le chéneau en fonte C dans toute sa longueur, on place deux fers I de 0m,10 *a. o.* espacés de 0m,250 d'axe en axe.

Les pannes P, en fer I de 0m,12 *a. o.*, au lieu d'être directement assemblées sur les arbalétriers sont placées au dessus; elles sont espacées de 650 millimètres et réunies, de mètre en mètre, par des boulons à quatre écrous de 16 millimètres de diamètre.

Un hourdis plein est exécuté dans toute la hauteur de ces pannes.

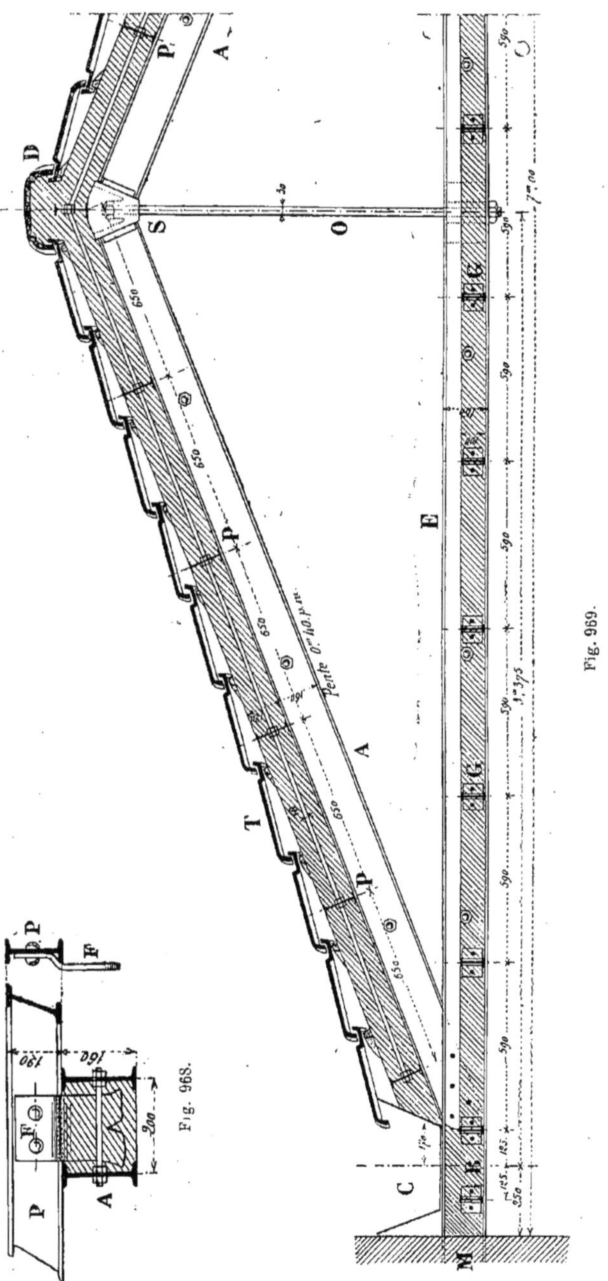

Fig. 968.

Fig. 969.

Pour relier les pannes P aux arbalétriers A le procédé le plus simple consiste, comme nous l'indiquons (*fig.* 969) à fixer sur chaque panne, à l'endroit où elle rencontre les arbalétriers, un fer plat F contourné à la demande et terminé en queue de carpe. Ce fer, rivé sur la panne, est fortement scellé dans le hourdis exécuté entre les deux solives formant arbalétriers.

La couverture est supposée en tuiles grand moule T (*fig.* 968); les tasseaux en bois sont retenus sur le hourdis par de petits solins en plâtre.

Certains constructeurs se contentent même, ce qui est plus facile à faire et plus économique, d'exécuter des tasseaux en plâtre directement sur la face supérieure du hourdis; c'est sur ces tasseaux qu'on accroche directement les tuiles.

Une tuile faîtière D de forme spéciale et striée à sa partie supérieure termine le comble au faîtage et forme chemin pour les ouvriers qui ont à faire des réparations à la toiture.

Dans cette disposition la distance d'axe en axe des fermes est de 4 mètres; la pente des arbalétriers est de 0m,40 par mètre.

3e Exemple. — Cas particulier de fermes supportant des charges en des points donnés.

433. Comme dernier exemple de ferme de comble avec tirant supportant plancher nous donnons (*fig.* 970), le cas particulier d'une ferme placée dans une salle de machine à vapeur et disposée pour permettre de soulever, à l'aide des crochets C et C', les différentes pièces (cylindre, volant, etc...) d'une machine à vapeur.

La ferme se compose : d'un entrait E formé de deux fers I de 0m,26 L. A., espacés de 0m,50 d'axe en axe hourdés intérieurement et réunis de distance en distance par de forts boulons à quatre écrous; de deux arbalétriers A formés chacun de deux fers I de 0m,26 L. A. ou de 0m,22 suivant les charges, espacés de 0m,30 d'axe en axe fixés en B dans un sabot en fonte et reposant au faîtage dans un autre sabot en fonte S de forme convenable

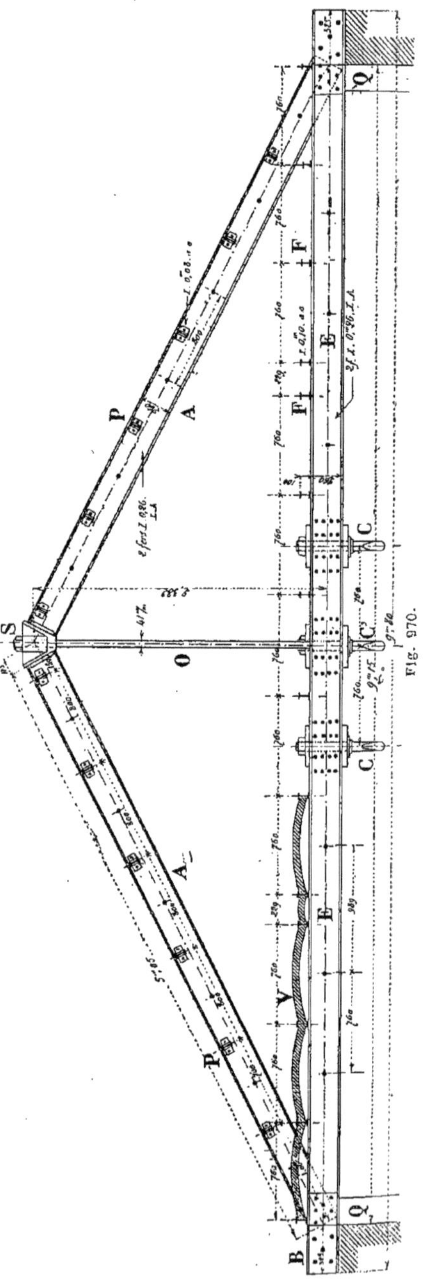

Fig. 970.

pour recevoir en son milieu les boulons des aiguilles pendantes O.

Les pannes P sont en fer de $0^m,08$ *a. o.*; elles sont assemblées directement sur les arbalétriers et perpendiculairement à leur direction. Elles sont hourdées dans toute leur hauteur et réunies de mètre en mètre par des boulons de $0^m,016$ à quatre écrous.

Au-dessus des fers E de l'entrait on place une série de solives F en fer I de $0^m,10$ *a. o.* destinés à former le plafond.

Entre ces fers, qui sont reliés entre eux par des boulons à quatre écrous, on exécute de petites voûtes V ou mieux, on y place des panneaux en terre cuite plus décoratifs et formant caissons.

Ces fermes étant fortement chargées on met, à l'aplomb de chaque entrait un contrefort Q augmentant l'épaisseur du mur du bâtiment aux points les plus chargés.

La distance d'axe en axe des fermes doit être fixée par la position des pièces de machines à soulever ; elle sera au maximum de quatre mètres.

Détails d'assemblages.

434. Il y a, dans cette disposition, plusieurs assemblages intéressants à étudier ce sont :

1° Assemblage des arbalétriers aux tirants ;

2° Assemblage des arbalétriers au faîtage ;

3° Assemblage des crochets sur l'entrait.

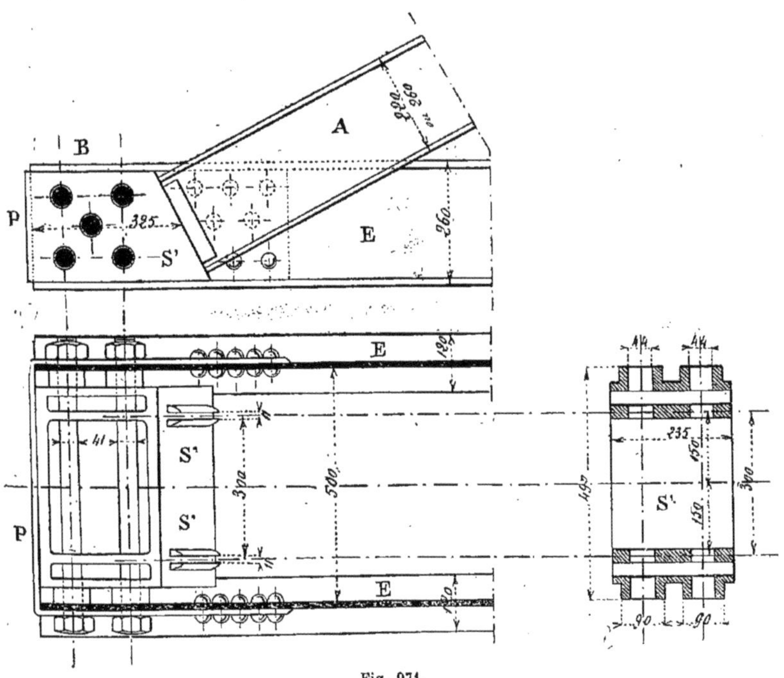

Fig. 971.

1° *Assemblage des arbalétriers au tirant.*

435. Cet assemblage est indiqué en plan, coupe et élévation (*fig.* 971). L'écartement entre les deux fers E formant entrait est assuré par un sabot en fonte S dont la partie droite de la figure nous donne la coupe horizontale au sommet.

Ce sabot S' porte sur sa partie inclinée

deux alvéoles espacées de $0^m,30$ d'axe en axe et destinées à recevoir les ailes des arbalétriers A qui seront, suivant les charges, soit en fer I de $0^m,22$ L. A. ou de $0^m,26$ L. A. Les âmes des fers E ainsi que le sabot en fonte S′ sont traversés par de forts boulons de 41 millimètres de diamètre et l'extrémité de l'assemblage reposant sur le mur est garni d'une plaque de tôle P rivée sur les âmes des entraits.

Cet assemblage est peu compliqué et présente une très grande solidité.

2° *Assemblage des arbalétriers au faîtage.*

436. L'assemblage des arbalétriers A au faîtage s'exécute très simplement en faisant, comme le montre le croquis (*fig.* 972), reposer leurs extrémités dans les alvéoles d'un sabot en fonte S indiqué en coupe et en plan dans le croquis. Ce sabot porte

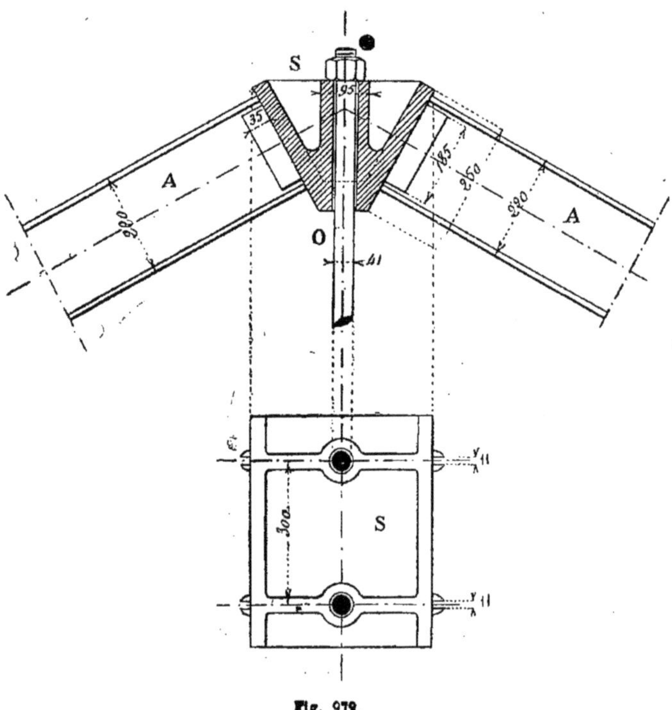

Fig. 972.

en deux points des renflements recevant les boulons des deux aiguilles pendantes O. Ces aiguilles sont en fer rond de 41 millimètres de diamètre.

3° *Assemblage des crochets sur l'entrait.*

437. Les crochets devant supporter les lourdes pièces de la machine sont indiqués en C (*fig.* 973). Ils sont en acier et ont un diamètre de 61 millimètres. On les fixe sur les fers de l'entrait E à l'aide de fortes plaques de fonte P présentant les renflements nécessaires et assez larges pour recevoir outre le crochet, les deux aiguilles pendantes O. A l'endroit où les crochets s'attachent sur les entraits on place deux morceaux F de fer I de $0^m,26$ L. A. fortement boulonnés avec les âmes des entraits comme le montre la coupe horizontale AB de la figure.

Le croquis nous donne en détail deux coupes montrant l'assemblage des crochets C (*fig.* 973) sur les fers larges ailes formant entrait ; la vue en dessous de l'une des plaques inférieures P avec toutes les parties saillantes nécessaires pour augmenter sa rigidité ; enfin une coupe horizontale indiquant la disposition que doit avoir l'assemblage des fers au passage de chacun des crochets.

Les âmes des fers sont prolongées jusqu'à la rencontre des âmes des entraits E ; les ailes de ces fers F sont entaillées et se raccordent exactement avec celles des entraits E.

Les aiguilles pendantes O sont, sous la plaque d'assemblage inférieure P, terminées en forme de tête de rivets.

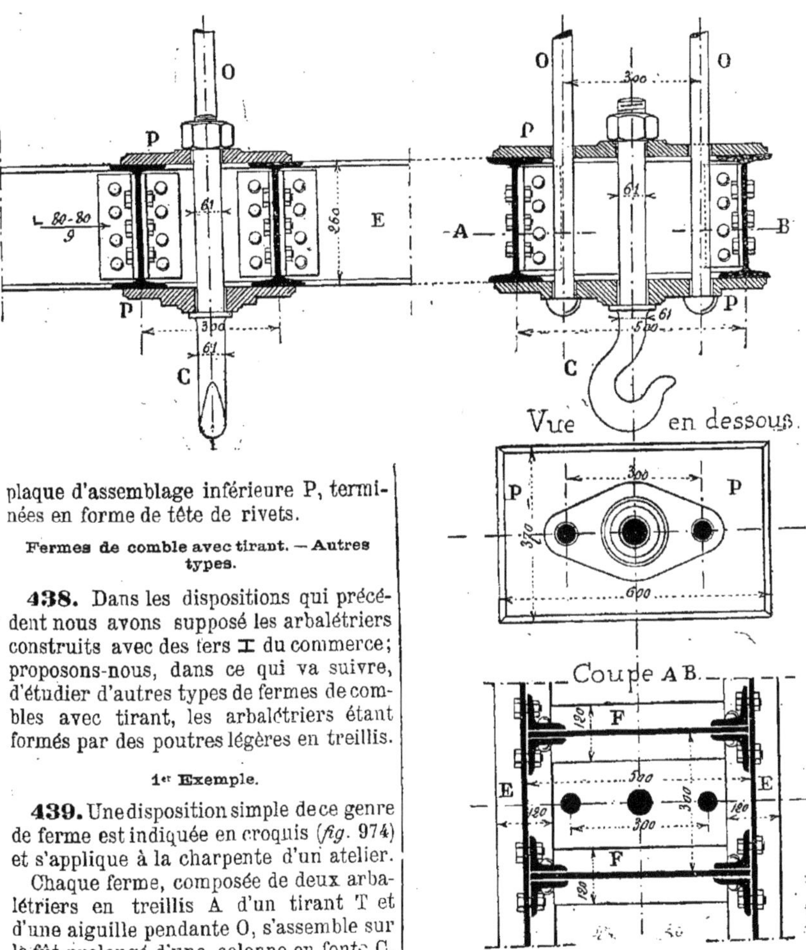

Fig. 973.

Fermes de comble avec tirant. — Autres types.

438. Dans les dispositions qui précédent nous avons supposé les arbalétriers construits avec des fers I du commerce ; proposons-nous, dans ce qui va suivre, d'étudier d'autres types de fermes de combles avec tirant, les arbalétriers étant formés par des poutres légères en treillis.

1er Exemple.

439. Une disposition simple de ce genre de ferme est indiquée en croquis (*fig.* 974) et s'applique à la charpente d'un atelier.

Chaque ferme, composée de deux arbalétriers en treillis A d'un tirant T et d'une aiguille pendante O, s'assemble sur le fût prolongé d'une colonne en fonte C. Cette colonne, d'une forme spéciale, reçoit en P le chemin de roulement d'un treuil roulant desservant l'atelier. D'une collonne à autre on fixe, pour soutenir ce chemin, une sablière métallique supportant le rail du treuil roulant ; cette sablière a été supposée enlevée dans le croquis, les trous des boulons d'attache sont seuls représentés.

Au-delà du fût de la colonne la ferme se continue en queue de vache soutenue par une console E construite en tôle et cornières.

L'eau de pluie de cette ferme tombant sur un autre comble D pour se rendre dans un chéneau commun R il est inutile de placer une gouttière à l'extrémité de la queue de vache.

Les pannes sont des fers I ordinaires du commerce; elles s'assemblent à l'aide de fortes équerres, sur des tôles ou montants plus larges disposés, pour les recevoir, à des distances égales sur les arbalétriers.

La couverture est en tuiles métalliques K soutenues par de petites cornières à ailes égales espacées de 0m,42 d'axe en axe et formant lattis; ces cornières reposent elles-mêmes sur des chevrons en fers à T non indiqués dans le croquis.

Dans cet exemple, la distance d'axe en axe des fermes peut être de 4 à 4m,50.

Détails d'assemblages.

440. Cette ferme étant très simple, les détails d'assemblages en sont très peu nombreux, nous indiquerons les principaux.

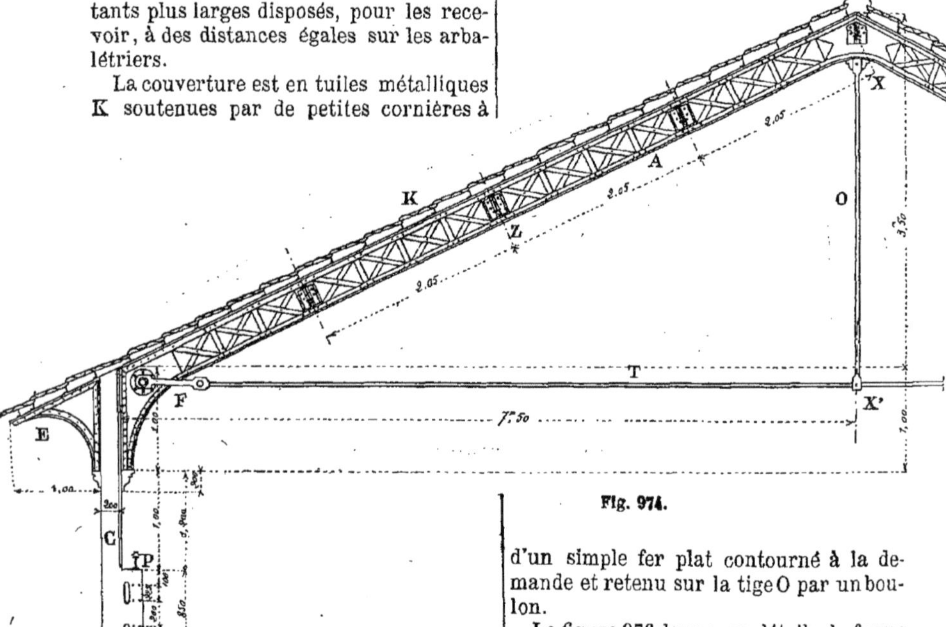

Fig. 974.

La figure 975 nous montre en croquis le détail de l'aiguille pendante XX' de la figure 974 avec les cotes principales pour son exécution. En X la liaison se fait sur le prolongement de la tôle de faîtage à l'aide d'une petite fourche et en X' la suspension du tirant T s'obtient à l'aide d'un simple fer plat contourné à la demande et retenu sur la tige O par un boulon.

La figure 976 donne, en détails, la forme des deux plaques d'assemblage formant la fourche F; c'est, comme le montre le croquis, un simple fer plat de 10 millimètres d'épaisseur convenablement découpé et percé de deux trous de 40 millimètres de diamètre pour recevoir les boulons d'assemblage.

La figure 977, indique en plan l'assemblage du tirant T avec les plaques F et F' et avec la console formée par le prolongement de la partie inférieure de l'arbalétrier venant s'assembler sur la colonne.

L'écartement constant entre les tôles F et F' est assuré par des rondelles en fer ou en fonte.

Enfin la figure 978 nous donne en cro-

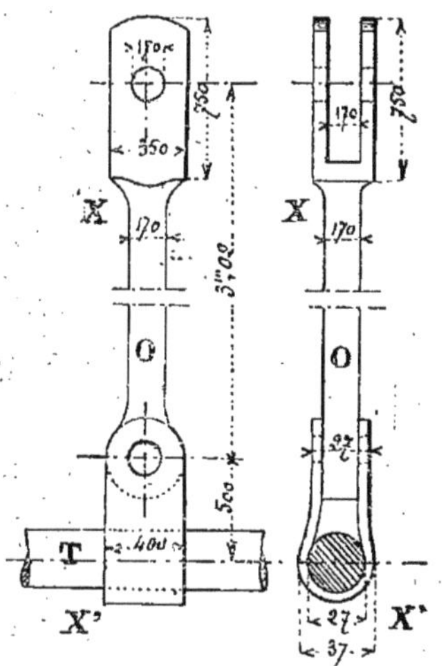

Fig. 975.

quis cotés, les dimensions des arbalétriers en treillis et des pannes de cette ferme.

441. La disposition étudiée ci-dessus ne comporte pas de lanterneau, si on désire en mettre un la solution la plus simple à adopter dans ce cas est représentée en croquis (*fig.* 979). A l'emplacement des deux dernières pannes et de la panne de faîtage, on fixe des montants M et M' construits en tôle et cornières et assemblés comme nous le montrent en détails les deux figures 980 et 981 ; le reste de la disposition restant tout à fait la même que précédemment.

Le lanterneau peut être vitré ou, comme le montre le croquis, couvert de la même manière que le comble courant.

La figure 982 nous indique comment peut se faire avec des pièces spéciales en fonte, l'attache des chevrons placés entre deux fermes sur la panne de faîtage ; disposition un peu compliquée mais qui peut néanmoins s'employer lorsqu'il y aura beaucoup de pièces semblables.

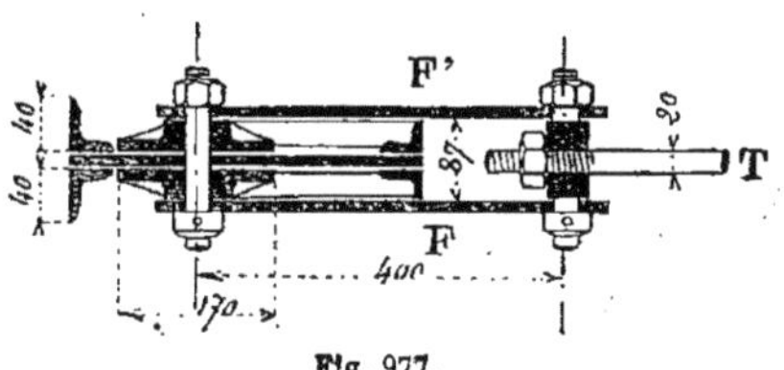

Fig. 977.

La figure 983 représente l'assemblage d'une panne P de la figure 979 sur un arbalétrier en treillis. Cet assemblage s'exécuterait de la même manière pour les pannes de la ferme (*fig.* 974).

Les pannes P étant d'un échantillon de fer relativement peu élevé (0m, 12 de hauteur) on a été obligé, pour augmenter la résistance de l'attache, de prolonger les équerres d'assemblage en dessous de l'aile inférieure de la panne P. Ce mode d'assemblage a été indiqué précédemment (*fig.* 402).

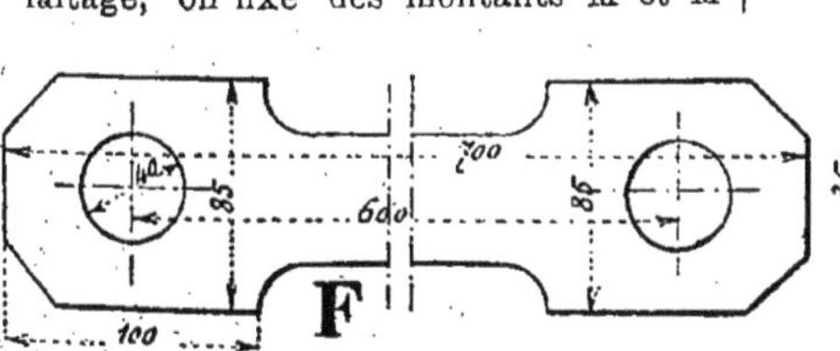

Fig. 976.

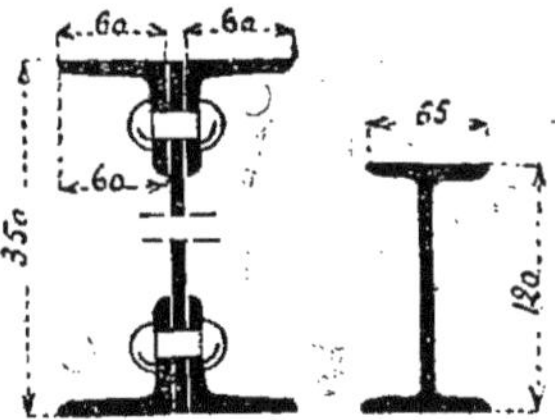

Fig. 978.

2e Exemple avec lanterneau.

442. La figure 984 nous montre un deuxième exemple d'une ferme de comble avec tirant, cette dernière comportant un lanterneau.

La disposition d'ensemble est un peu différente de la précédente. Les deux arba-

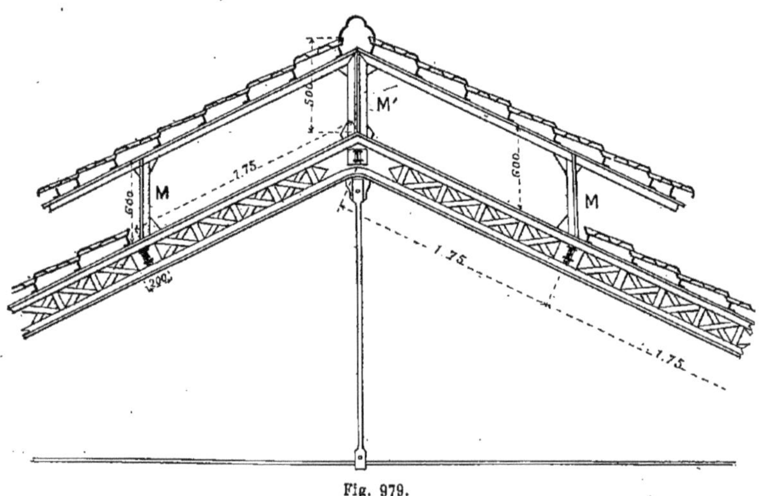

Fig. 979.

létriers A, au lieu de conserver leur direction pour former le faitage se retournent horizontalement en B. On profite de cette disposition pour mettre deux aiguilles

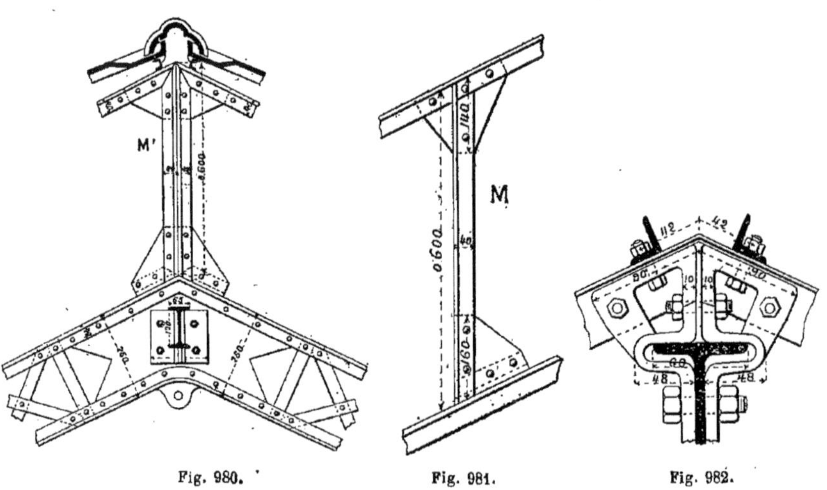

Fig. 980. Fig. 981. Fig. 982.

pendantes OO supportant le tirant T. Les fermes reposent sur deux poteaux métalliques de forme spéciale dont nous verrons plus loin la composition.

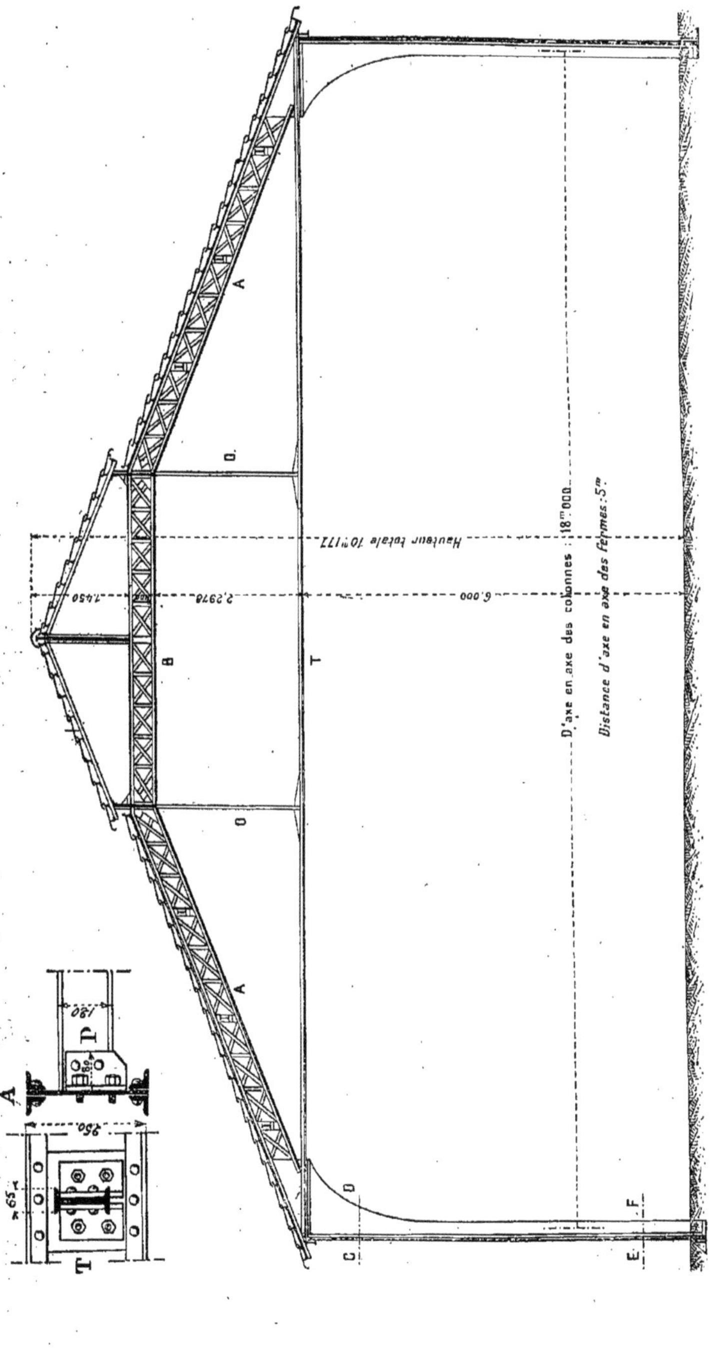
Hauteur totale 10m177
D'axe en axe des colonnes : 18m000
Distance d'axe en axe des fermes : 5m
6,000
2,2978
1,450
A
B
T
D
250
180
65

Fig. 983 et 984.

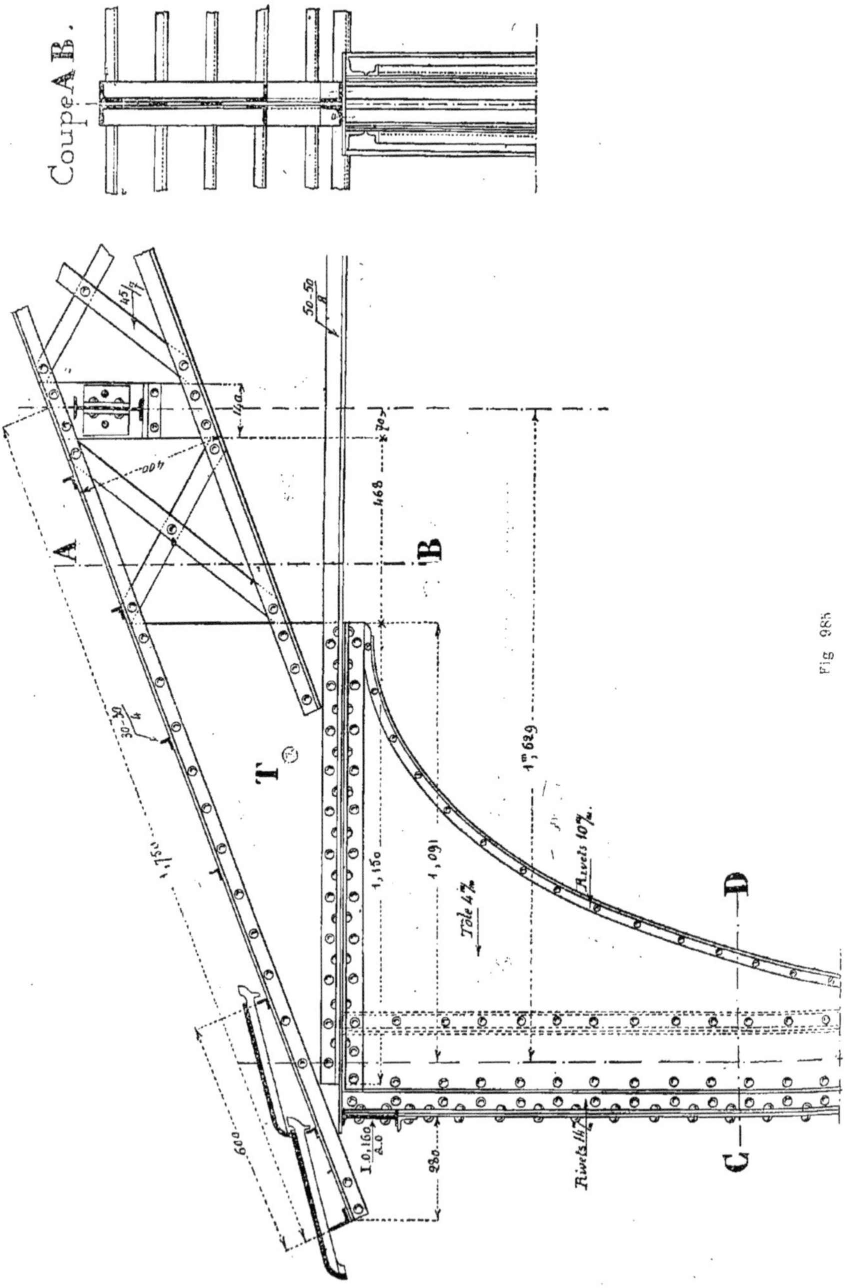

Coupe A B.

Fig. 985

La couverture de ce comble est faite en tuiles grand moule à recouvrements.

La portée, dans œuvre du bâtiment, est de 18 mètres et la distance d'axe en axe des fermes est de 5 mètres.

Cette disposition est légère et peut être avantageusement employée.

Détails d'exécution.

443. Les détails les plus importants à étudier sont :

1° L'assemblage du pied de chaque arbalétrier sur les poteaux en tôle et cornières ;

2° L'assemblage de l'arbalétrier A (*fig.* 984) à sa rencontre avec la poutre horizontale B ;

3° La disposition de la sablière placée à la jonction des deux pièces A et B ;

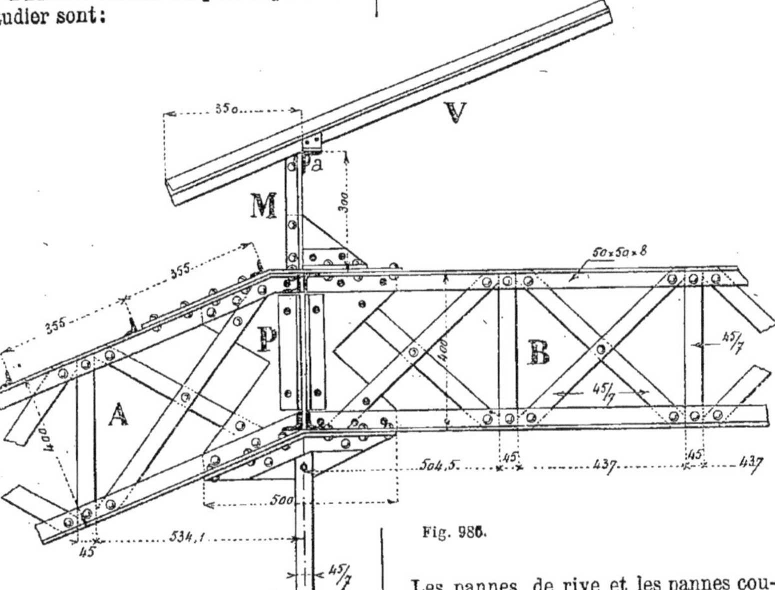

Fig. 986.

4° L'assemblage des chevrons courants ,

5° Enfin les coupes donnant les sections des poteaux supportant les fermes.

1° L'assemblage de l'arbalétrier avec la partie haute du poteau qui lui correspond se fait très simplement comme l'indique le détail (*fig.* 985) sur une tôle T fixée à la partie supérieure du poteau.

Les deux cornières hautes de l'arbalétrier se prolongent pour recevoir, en porte à faux, la dernière tuile servant à abriter le dessus du poteau.

L'assemblage des pannes sur l'arbalétrier est simple et se comprend à la seule inspection de la figure.

Les pannes de rive et les pannes courantes qui sont, dans l'exemple que nous étudions, des fers I *a. o.* de 0m,16 et 0m,18 sont soulagées par de petites cornières placées sous leur aile inférieure; précaution qu'il serait bon de prendre plus souvent qu'on ne le fait dans l'étude des charpentes métalliques afin de soulager les assemblages.

La partie de droite du croquis nous montre une coupe suivant AB faisant bien comprendre la position de la ferme par rapport aux poteaux.

2° L'assemblage de l'arbalétrier A avec la poutre B est indiqué en détails (*fig.* 986). Cette poutre, comme l'arbalétrier, a 0m,40 de hauteur et est formée haut et bas de deux cornières de 50 × 50 × 8 soutenant des montants et des croisillons en fer plat de 45 × 7. A la jonction de ces deux pièces et perpendiculairement à leur direction se trouve une sablière en treillis P allant d'une ferme à l'autre et supportant les chevrons intermédiaires.

En M sont indiqués les supports nécessaires pour soutenir les fers à vitrage V du lanterneau qui sont des fers spéciaux dont nous avons parlé précédemment et dont le croquis est indiqué (*fig.* 908).

L'assemblage des montants M et des aiguilles pendantes O avec la poutre B et l'arbalétrier est suffisamment indiqué sur la figure pour qu'il soit inutile de nous y arrêter.

3° La sablière P est donnée en détail (*fig.* 987); elle a 0m,350 de hauteur et est formée de quatre cornières de 40 × 40 × 5 et d'un treillis, barres droites et inclinées en fer plat de 40 × 7. Son attache sur la poutre B est également indiquée sur cette figure.

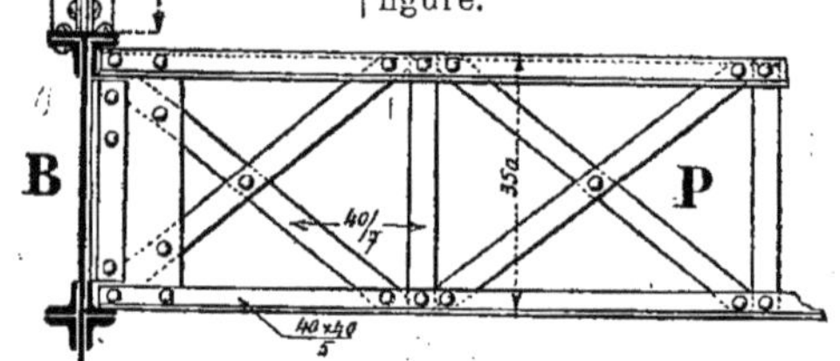

Fig. 987.

4° L'assemblage des chevrons courants C avec la partie haute de la sablière P est indiqué (*fig.* 988); il correspond avec l'assemblage d'un montant M placé au même endroit et supportant les fers à vitrage V à l'aide d'une cornière longitudinale *a* indiquée dans le croquis.

5° Enfin, les figures 989 et 990, nous

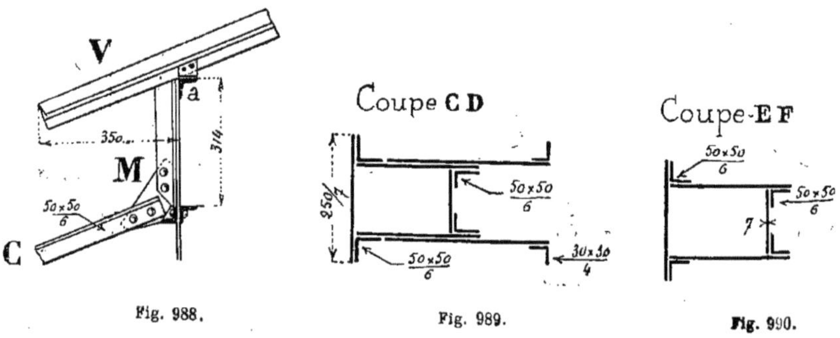

Fig. 988. Fig. 989. Fig. 990.

donnent deux coupes schématiques sur les poteaux supportant les fermes; l'une suivant CD l'autre suivant EF (*fig.* 984). Les tôles employées pour la construction de ces poteaux ont toutes 7 millimètres d'épaisseur et les cornières à ailes égales ont 50 × 50 × 6 pour les cornières courantes et 30 × 30 × 4 pour celles qui forment console à la partie haute des piliers.

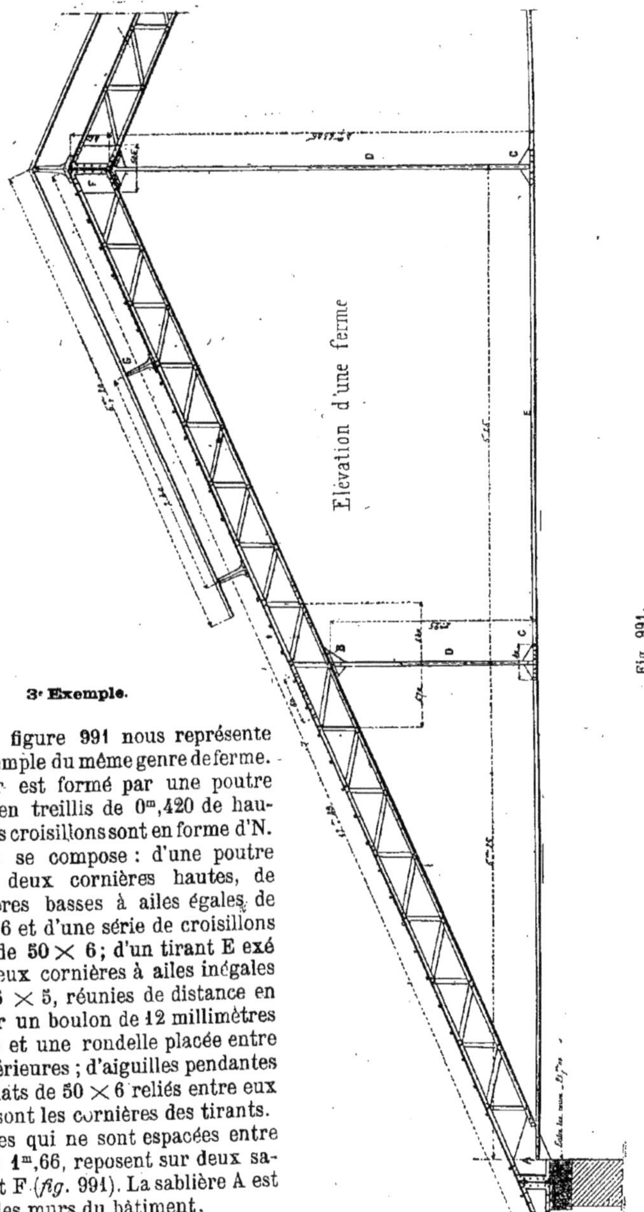

Fig. 991.

3e Exemple.

444. La figure 991 nous représente un autre exemple du même genre de ferme. L'arbalétrier est formé par une poutre très légère en treillis de $0^m,420$ de hauteur dont les croisillons sont en forme d'N.

La ferme se compose : d'une poutre formée de deux cornières hautes, de deux cornières basses à ailes égales de $55 \times 55 \times 6$ et d'une série de croisillons en fer plat de 50×6; d'un tirant E exécuté avec deux cornières à ailes inégales de $50 \times 35 \times 5$, réunies de distance en distance par un boulon de 12 millimètres de diamètre et une rondelle placée entre les ailes intérieures ; d'aiguilles pendantes D en fers plats de 50×6 reliés entre eux comme le sont les cornières des tirants.

Les fermes qui ne sont espacées entre elles que de $1^m,66$, reposent sur deux sablières A et F (*fig.* 991). La sablière A est portée sur les murs du bâtiment.

Le lattis est exécuté avec de petits fers

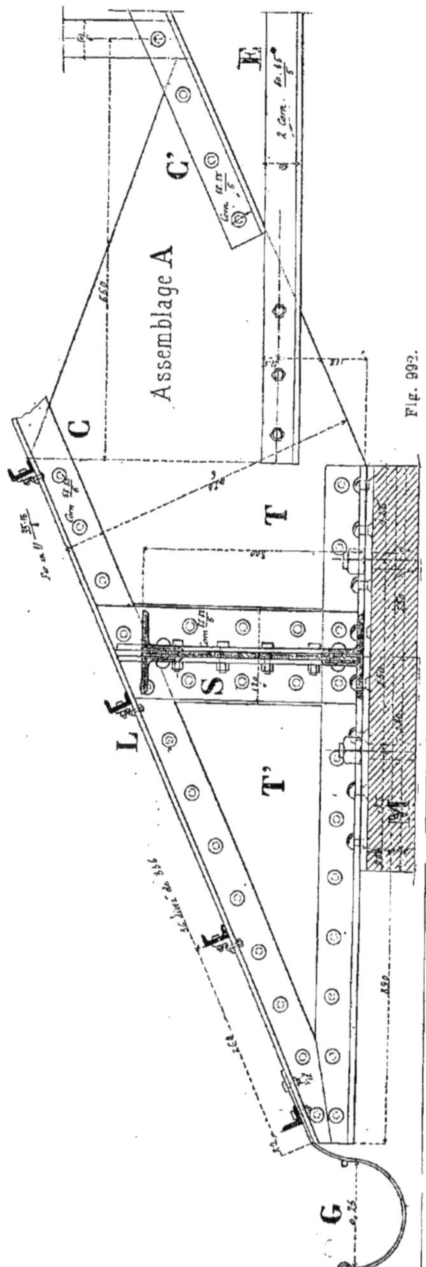

Fig. 992.

en **U** de 35 × 16 × 4 espacés de 0m,330 d'axe en axe et boulonnés sur les cornières hautes des arbalétriers.

La couverture est faite en tuiles grand moule à recouvrements.

Le lanterneau, relié à l'arbalétrier par des supports spéciaux G, est formé par une série de fers à vitrages en **T** de 40 × 34 × 5.

La portée, dans œuvre du bâtiment, est de 21 mètres.

Détails d'assemblages.

Assemblage A.

445. La figure 992 nous montre en détail la disposition de l'extrémité d'un arbalétrier relié avec la sablière S et reposant sur le mur M. Une large tôle T de 420 × 6 terminée en biais permet l'assemblage des cornières C et C' de l'arbalétrier et des deux cornières E de l'entrait.

La cornière C se prolonge jusqu'à l'assemblage avec la gouttière pendante G.

Afin de consolider le porte à faux ainsi formé on fixe, à l'extrémité des deux cornières C, une tôle T' et une autre cornière basse des mêmes dimensions que celles des arbalétriers.

Le lattis L est suffisamment indiqué sur cette figure pour que nous ne nous occupions pas davantage de sa disposition. Les joints de ce lattis sont alternés sur les fermes ; les longueurs pour former ces joints alternés sont : 2m,56, 4m,23, 5m,895 et 7m,560 aux extrémités et 6m,66 pour la longueur courante.

Assemblages B et C.

446. La figure 993 nous montre, en détails, l'assemblage d'une aiguille pendante intermédiaire avec le dessous de l'arbalétrier et l'entrait E.

Entre les deux cornières de l'entrait E on place une tôle de 150 × 6 sur laquelle on fixe les extrémités des fers plats de 50 × 6 formant l'aiguille pendante.

A la partie haute une tôle de 6 millimètres d'épaisseur convenablement découpée est reliée à l'aide de cornières aux cornières C' de l'arbalétrier.

Deux coupes verticales, placées sur la droite du croquis complètent facilement les indications des dispositions adoptées.

Assemblages D et E.

447. Les figures 994 et 995 indiquent la disposition des rondelles et des boulons soit pour l'assemblage des deux fers plats des aiguilles pendantes D, soit pour l'assemblage des deux cornières de l'entrait E.

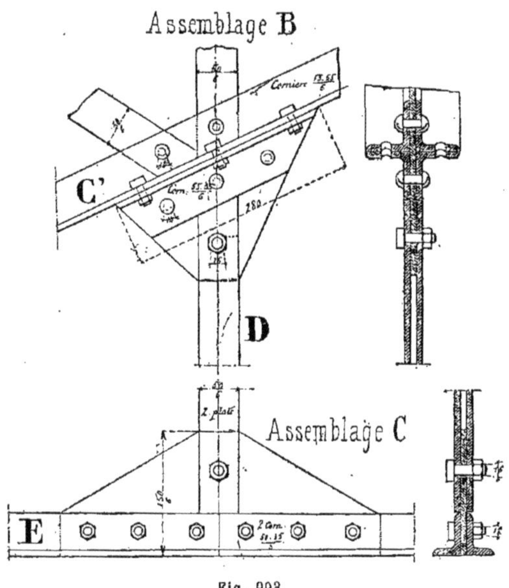

Fig. 993.

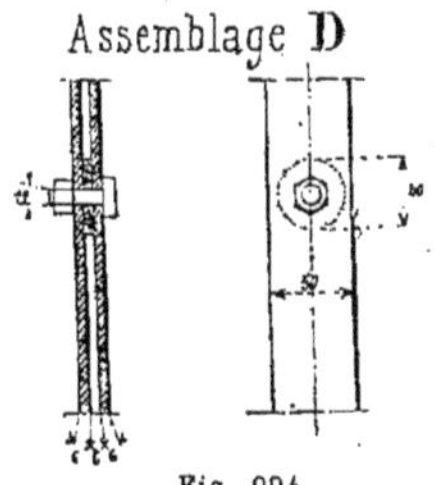

Fig. 994.

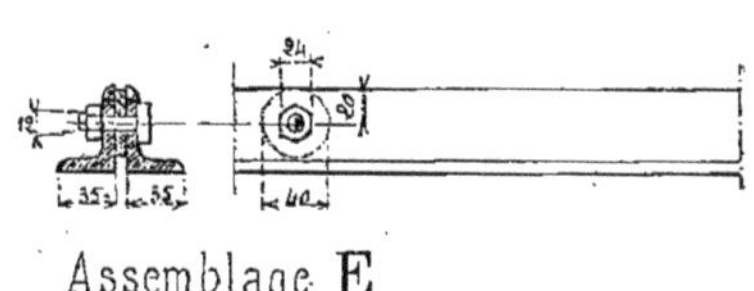

Fig. 995.

Assemblage F.

448. La figure 996 nous montre l'assemblage au faîtage des deux arbalétriers du milieu du lanterneau, de l'aiguille pendante et de la poutre R reliant les fermes entre elles.

Les dispositions sont simples et se comprennent à la seule inspection de la figure.

Les pièces J, formant supports pour le lanterneau, sont en fonte.

Assemblage G.

449. La figure 997 nous indique la disposition des supports inclinés J' soutenant le lanterneau. La coupe de ces supports en fonte est indiquée sur le croquis ; ils se fixent, sur la cornière supérieure C

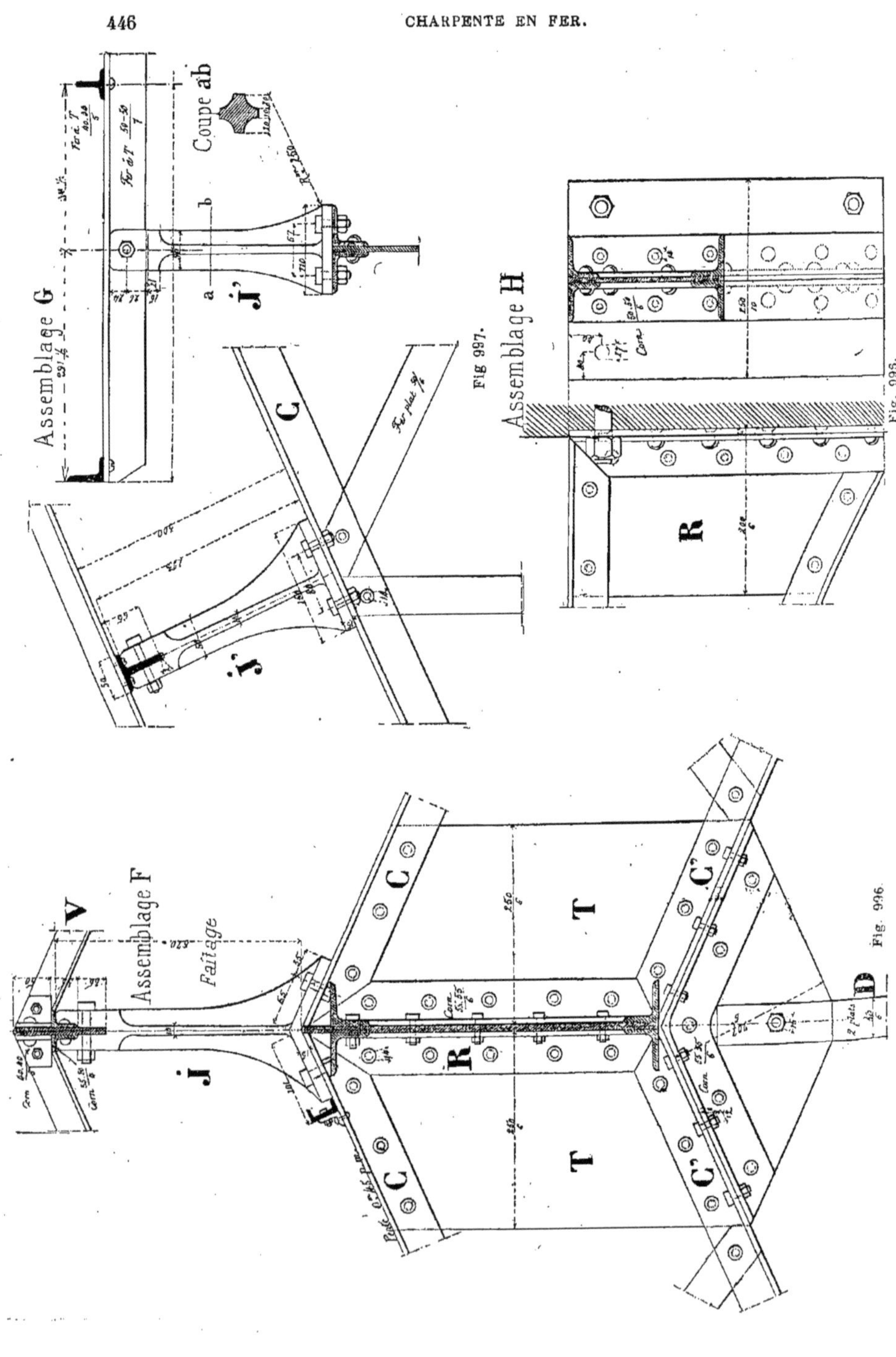

Fig. 996.

Fig 997.

Fig. 998.

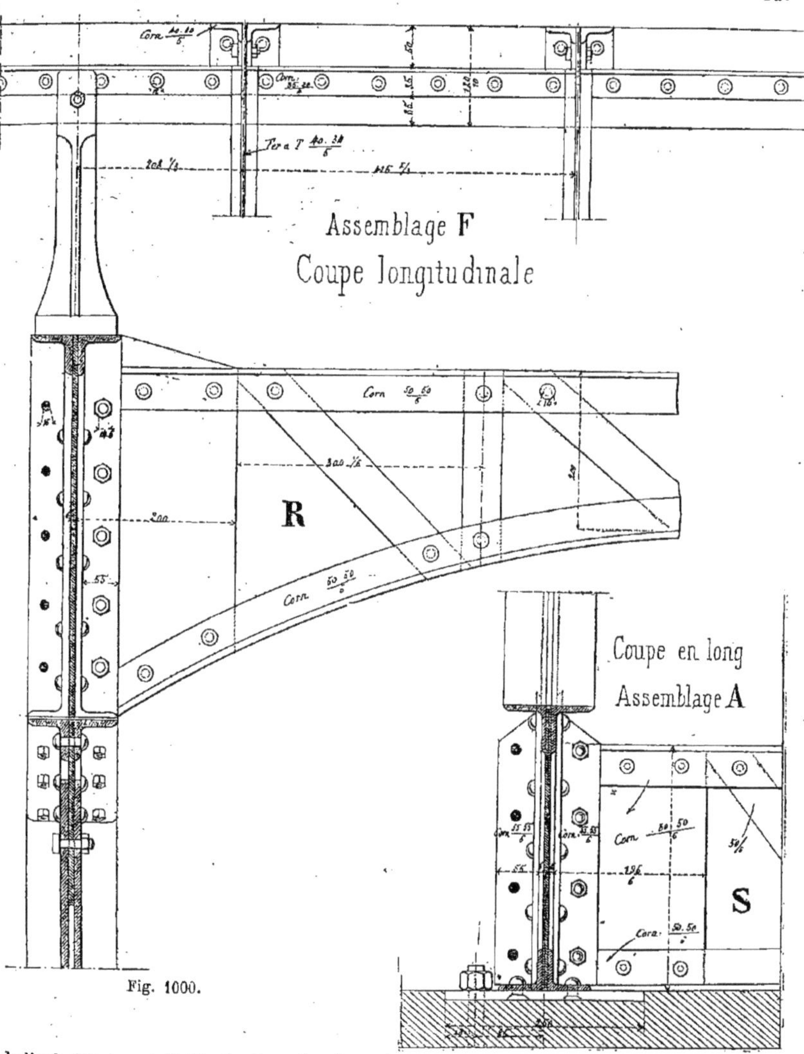

Fig. 1000.

Fig. 999.

de l'arbalétrier, à l'aide de deux boulons.

Ils supportent un fer **T** de 65 millimètres de hauteur sur lequel se vissent les fers à vitrage.

Assemblage H.

450. Pour terminer ces assemblages nous donnons (*fig.* 998) le moyen employé pour fixer la poutre R à sa rencontre avec le mur pignon.

Cette figure donne également la section minima de cette poutre, c'est-à-dire au milieu de la distance entre deux fermes consécutives.

451. La figure 999 nous montre une coupe longitudinale de l'assemblage A (*fig.* 992) avec l'élévation d'une partie de la sablière S et la retombée des arbalétriers sur la plaque de niveau placée sur le mur du bâtiment.

452. La figure 1000 nous indique une coupe longitudinale de l'assemblage F, montre une partie de l'élévation des poutres R et la disposition, en vue longitudinale, du lanterneau.

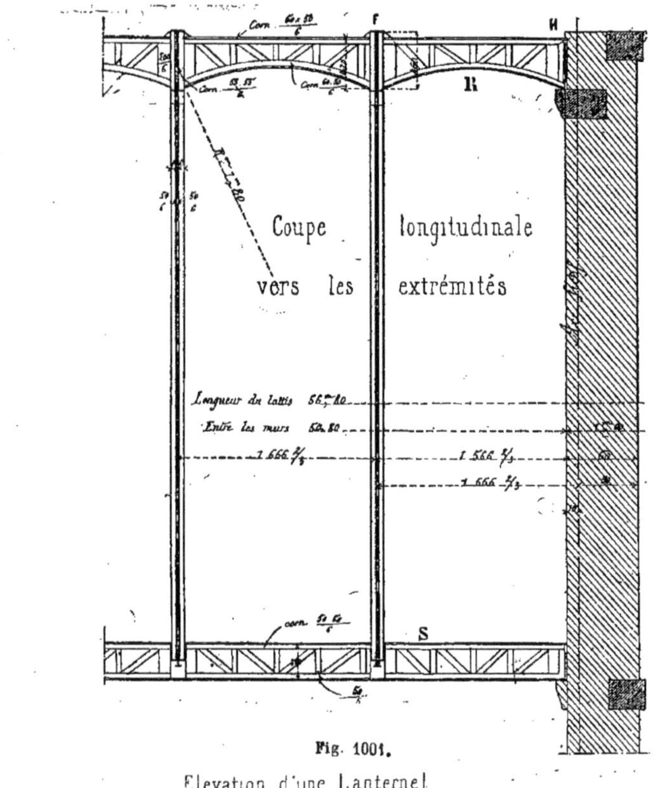

Fig. 1001.

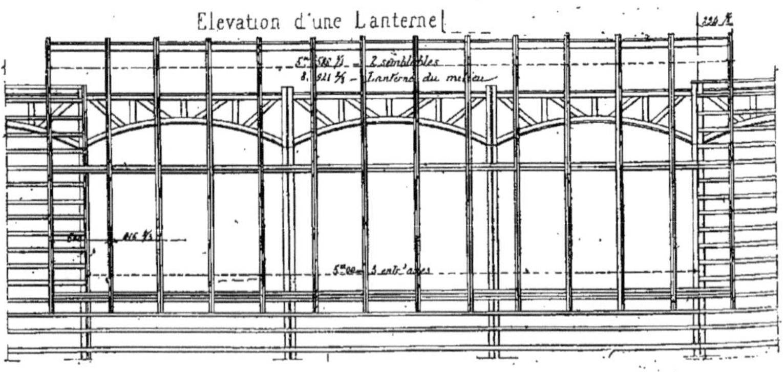

Fig. 1002.

Détail d'un Chevron
Nota : Deux chevrons dans l'intervalle de 2 Fermes
Dessous du chêneau au droit des poteaux.

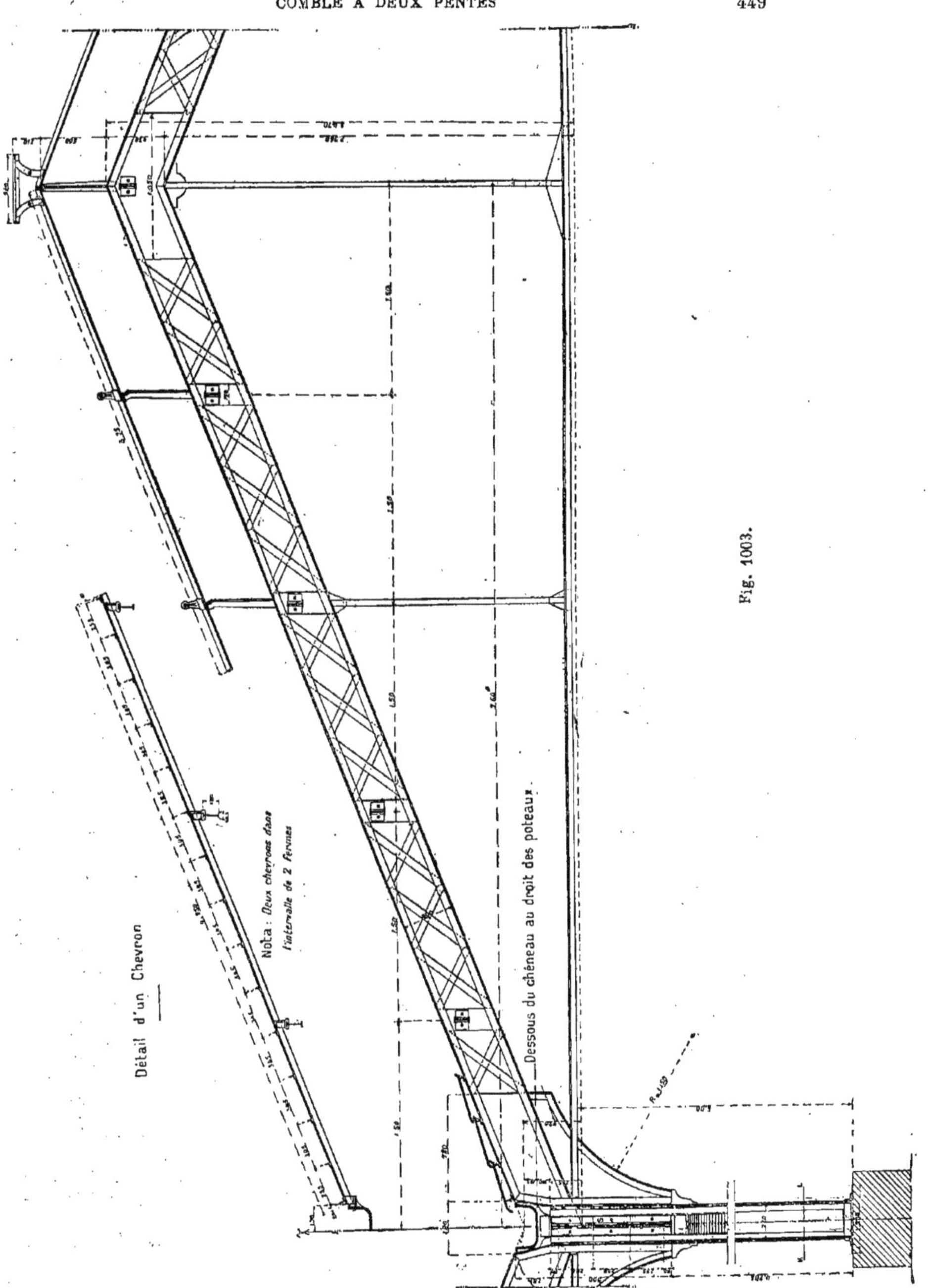

Fig. 1003.

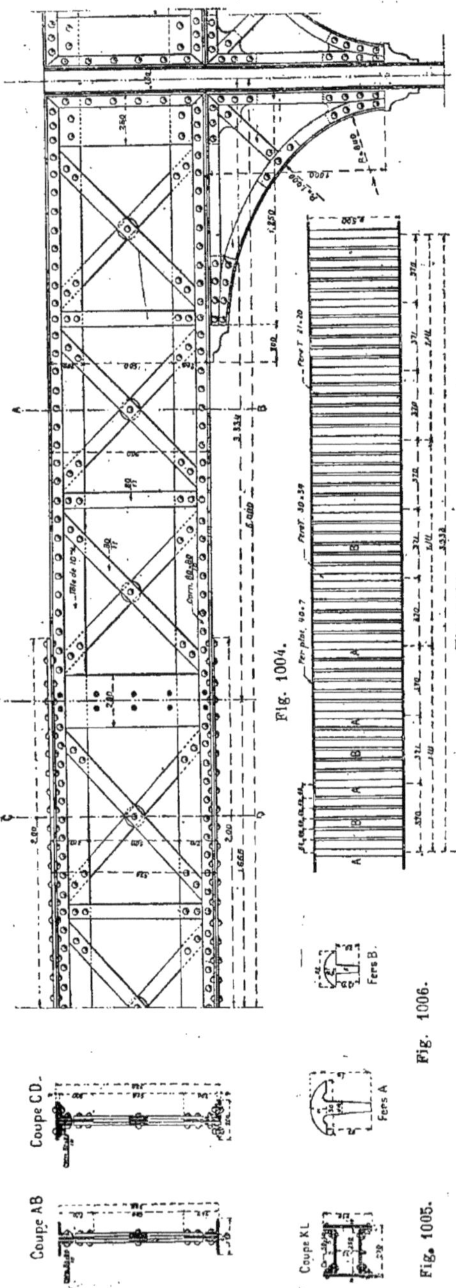

Fig. 1004.

Fig. 1005.

Fig. 1006.

Fig. 1007.

453. Les figures 1001 et 1002 nous indiquent les vues d'ensemble : une coupe longitudinale aux extrémités du bâtiment et une élévation de la lanterne vitrée.

Dans la figure 1001 nous voyons la disposition des poutres S et R en élévation.

3° Exemple.

454. Comme dernier exemple de ce genre de ferme nous donnons (*fig.* 1003) l'élévation d'une ferme avec arbalétrier en treillis reposant sur poteaux en tôle et cornières.

L'arbalétrier se compose de quatre cornières de 60 × 60 × 7,5 et d'un treillis en fer plat de 50 × 6 ; sa hauteur totale est de 0^m,400. Il reçoit une série de pannes en fer I de 0^m,12 *a.o.* attachées sur les arbalétriers comme nous l'avons déjà indiqué.

Le tirant est formé par deux cornières à ailes inégales de 50 × 45 × 6 reliées entre elles de distance en distance.

Les aiguilles pendantes sont composées de fers plats de 40 × 6 assemblés avec l'arbalétrier et avec le tirant de la même manière que dans l'exemple examiné précédemment.

Les chevrons, ne pouvant le plus souvent être représentés sur l'élévation de la ferme elle-même, les constructeurs ont l'habitude de les dessiner à part parallèlement aux arbalétriers mais un peu au-dessus comme nous l'avons indiqué dans le croquis (*fig.* 1003).

Cette figure nous montre en même temps comment ces chevrons s'attachent sur les pannes à l'aide de pièces spéciales en fonte venant pincer l'aile supérieure des pannes et boulonnées avec l'aile verticale des fers T formant chevrons.

Le lattis, disposé régulièrement sur ces chevrons et destiné à supporter des tuiles à recouvrement grand moule, est fait avec de petites cornières à ailes égales de 25 × 25 × 4 espacées de 0^m,345 d'axe en axe.

Sur les poteaux, on fixe une sablière dont nous donnons l'élévation et les coupes principales (*fig.* 1004). Cette sablière, dont le détail de la figure fait facilement comprendre la disposition, reçoit sur sa longueur deux fermes courantes ne pouvant, par suite de la nécessité de grandes baies à réserver au-dessous, reposer sur des poteaux.

Cette solution de fermes sur sablières est souvent utilisée dans les ateliers.

Les poteaux recevant les fermes sont, comme l'indique en coupe horizontale la figure 1005, de véritables poutres tubulaires placées verticalement.

Ils sont formés de quatre tôles de dix millimètres d'épaisseur et de quatre cornières de 50 × 50 × 5, le tout solidement rivé.

A leur partie basse ces poteaux sont fixés à l'aide de cornières de 50 × 50 × 5 sur une plaque de tôle de 10 millimètres

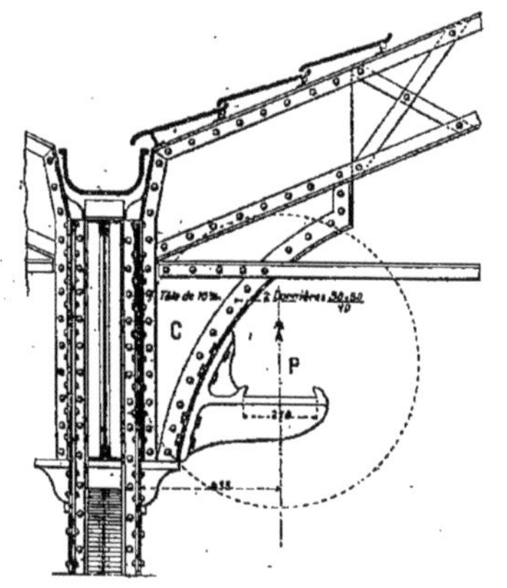

Fig. 1008.

d'épaisseur reposant sur une pierre dure posée elle-même sur la maçonnerie de fondation.

Les arbalétriers sont reliés à ces poteaux à l'aide de grandes consoles en tôle et cornières.

Le lanterneau est très simple de construction, il est formé de supports verticaux (3 par ferme) en fer T supportant des cornières de 50×50×6 sur lesquelles on fixe les fers à vitrage qui sont des fers T de 35 × 40 × 6 espacés d'environ 0m,37 d'axe en axe (9 fers à vitrage d'une ferme à l'autre).

Sur ces fers on dispose des supports spéciaux destinés à recevoir un grillage en fer galvanisé.

A la partie haute du lanterneau il existe un chemin analogue à celui qui a été indiqué précédemment (*fig.* 936). Ce chemin est formé par des fers spéciaux dont les profils sont indiqués (*fig.* 1006). Les plus gros fers A (*fig.* 1007) placés tous les 0m,370 environ sont assemblés à leurs extrémités, sur des fers plats de 40×7 limitant la largeur du chemin, à l'aide de petites cornières du commerce ; les plus petits indiqués en B dans la même figure sont simplement rivés à leurs extrémités dans les fers plats.

Cette charpente est simple et pourra être employée avantageusement dans bien des cas.

Observation.

155. Il arrive souvent, qu'un atelier étant construit avec une charpente en fer comme le montre la figure 1003, on ait à soutenir les paliers d'un arbre de transmission. La disposition la plus simple, dans ce cas, est indiquée en croquis (*fig.* 1008). Elle consiste à donner à la plaque de fonte sur laquelle on doit faire reposer le palier une forme spéciale P permettant son boulonnage facile avec la console C continuant l'arbalétrier et retombant sur le poteau.

On fixera ainsi un support de palier, sur chaque ferme et on obtiendra une disposition simple pouvant rendre de véritables services.

La poulie de transmission est, dans ce croquis, indiquée en pointillé.

III. — Fermes de combles avec contrefiches.

156. Nous allons; dans ce qui va suivre, continuer l'étude des différents systèmes de charpentes en fer par la série des fermes de comble à pièces droites avec contrefiches.

L'ossature générale de ces systèmes a une apparence de légèreté qui convient aux grandes constructions telles que : ateliers, halles, hangars, etc...

On peut diviser ces fermes en deux catégories : 1° celles où les contrefiches sont obliques aux arbalétriers; 2° celles où les contrefiches sont perpendiculaires aux arbalétriers.

Les fermes à contrefiches inclinées sur l'arbalétrier, dont nous donnerons plusieurs exemples, ont été construites pour la première fois en Angleterre et en Allemagne, nous en indiquons le croquis schématique (*fig.* 1009).

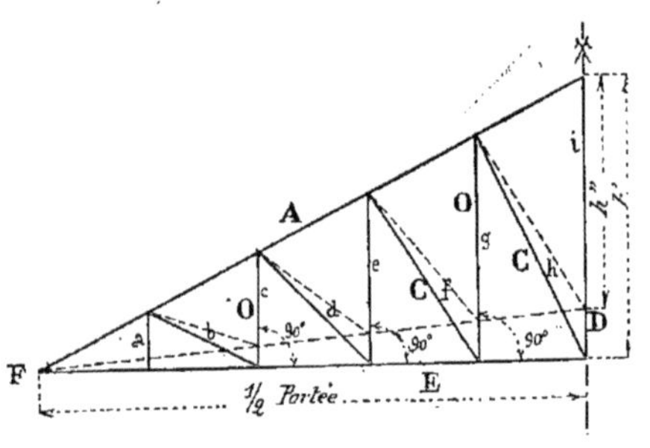

Fig. 1009

Ces fermes qui peuvent comprendre deux, quatre ou un plus grand nombre de contrefiches venant s'appuyer sur des tirants horizontaux tels que FE ou relevés vers le faîtage tels que FD se composent d'arbalétriers A dont la section peut être, deux cornières, deux fers en U, deux cornières et une tôle, une poutre

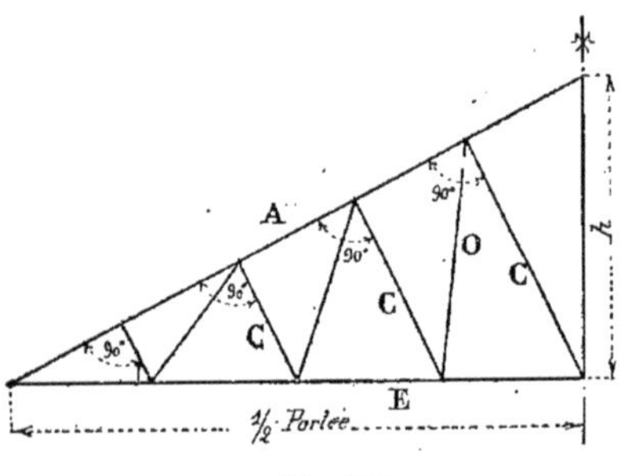

Fig. 1010.

à âme pleine complète, ou une poutre en treillis; de tirants E le plus ordinairement formés de deux cornières ou de deux fers en U et même de poutres en tôle et cornières lorsqu'on désire y placer des paliers de transmission ou autres engins d'ateliers ; d'une série de contrefiches C formées par des cornières, par des fers T, par des fers en U ou même par des fers I du commerce ; d'un certain nombre d'aiguilles pendantes O en fers plats, lorsqu'elles ne sont pas très longues, en fer en U, offrant plus de rigidité, lorsqu'elles sont longues.

Les fermes à contrefiches perpendiculaires aux arbalétriers peuvent se diviser en deux types. Le premier indiqué en croquis (*fig.* 1010) est formé, comme précédemment, d'arbalétriers A, de tirant E, d'une série de contrefiches C et de pièces obliques telles que O.

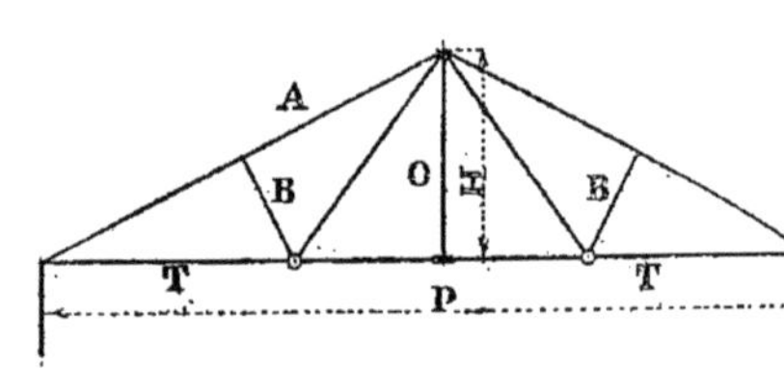

Fig. 1011.

Les assemblages et la composition des différentes pièces ayant beaucoup d'analogies avec l'exemple précédent il sera inutile de nous y arrêter.

Le second type de fermes à contrefiches perpendiculaires aux arbalétriers (qu'on nomme souvent *bielles* dans le genre de comble dont nous allons parler) comprend les fermes connues sous le nom de fermes Polonceau, du nom de celui qui le premier en a eu l'idée.

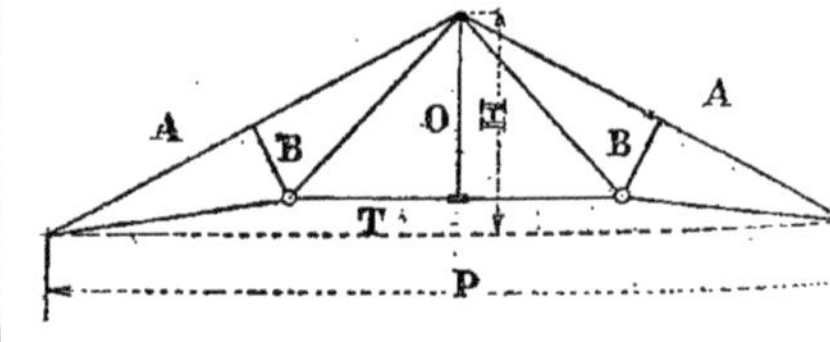

Fig. 1012.

Ces fermes peuvent être de deux espèces principales : celles à deux contrefiches ou bielles avec cinq tirants (*fig.* 1011 et 1012) et celles à six contrefiches ou bielles avec treize tirants (*fig.* 1013 et 1014).

Dans les deux types le tirant principal peut être placé au niveau des retombées des arbalétriers (*fig.* 1011 et 1013) ou surélevé au-dessus de l'horizontale de ces dernières (*fig.* 1012 et 1014).

Dans la figure 1011, l'aiguille pendante O peut être supprimée si la longueur du tirant principal est relativement petite.

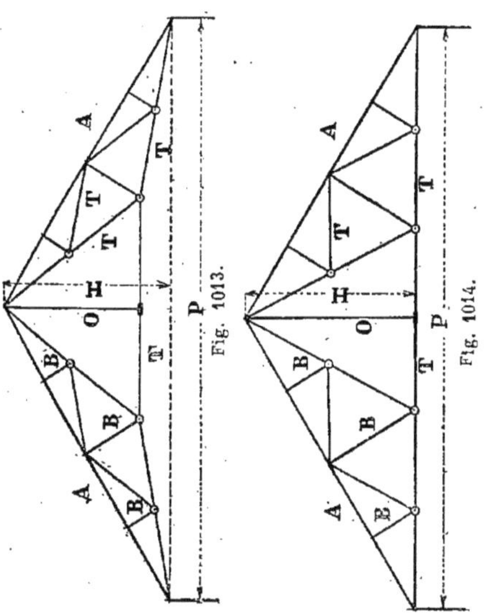

Fig. 1013. Fig. 1014.

457. Pour chaque cas particulier il faudra calculer toutes les pièces des charpentes dont nous venons de donner les croquis, nous indiquons ci-dessous à titre de simple renseignement, quelques dimensions pour les portées les plus courantes des deux types (*fig.* 1009 et 1012).

SECTIONS DES DIFFÉRENTES PIÈCES COMPOSANT LES FERMES DONT LE CROQUIS EST DONNÉ (*fig.* 1009).

PORTÉE	NOMBRE d'aiguilles pendantes	NOMBRE de contrefiches	HAUTEUR h'	ARBALÉTRIERS A	TIRANTS E	PIÈCE a	PIÈCE b	PIÈCE c	PIÈCE d	PIÈCE e	PIÈCE f	PIÈCE g	PIÈCE h	PIÈCE i
P = 15 à 16m,00	7	6	4m,60	2 cornières $\frac{110 \times 70}{8}$	2 fers U $\frac{120 \times 30}{7}$	2 fers plats 54/8	2 cornières $\frac{65 \times 45}{5}$	2 fers plats 54/8	2 cornières $\frac{80 \times 50}{7}$	2 fers plats 60/8	2 cornières $\frac{80 \times 50}{7}$	»	»	2 fers plats 128/8
P = 28m,00	9	8	6m,80	2 cornières $\frac{120 \times 80}{9}$	2 fers U $\frac{175 \times 55}{10}$	2 fers plats 54/8	2 cornières $\frac{65 \times 45}{5}$	2 fers plats 54/8	2 cornières $\frac{80 \times 50}{7}$	2 fers plats 66/8	2 cornières $\frac{95 \times 60}{7}$	2 fers plats 81/10	2 cornières $\frac{110 \times 70}{7}$	2 fers plats 130/9

SECTIONS DES DIFFÉRENTES PIÈCES COMPOSANT LES FERMES DONT LE CROQUIS EST DONNÉ (*fig.* 1012).

PORTÉE	HAUTEUR	ARBALÉTRIERS	DIAMÈTRE des TIRANTS EN FER ROND			BIELLES supposées EN FER	AIGUILLES PENDANTES	DISTANCE DES FERMES
			T	T'	T"			
m.	m.		mil.	mil.	mil.	diamètre au milieu mil.	mil.	m.
12.00	2.30	I 0.14 *a. o.*	21	29	15	20	15	4.00
14.00	2.80	I 0.18 ou 0.20 *a. o.*	34	37	20	20	20	4.50 à 5.00
16.00	3.20	I 0.22 *a. o.*	40	43	20	20	25	5.00 à 6.00
34.00	6.75	I 0.26 *a. o.* ou poutre treillis	60	70	50	25	30	5.00 à 6.00

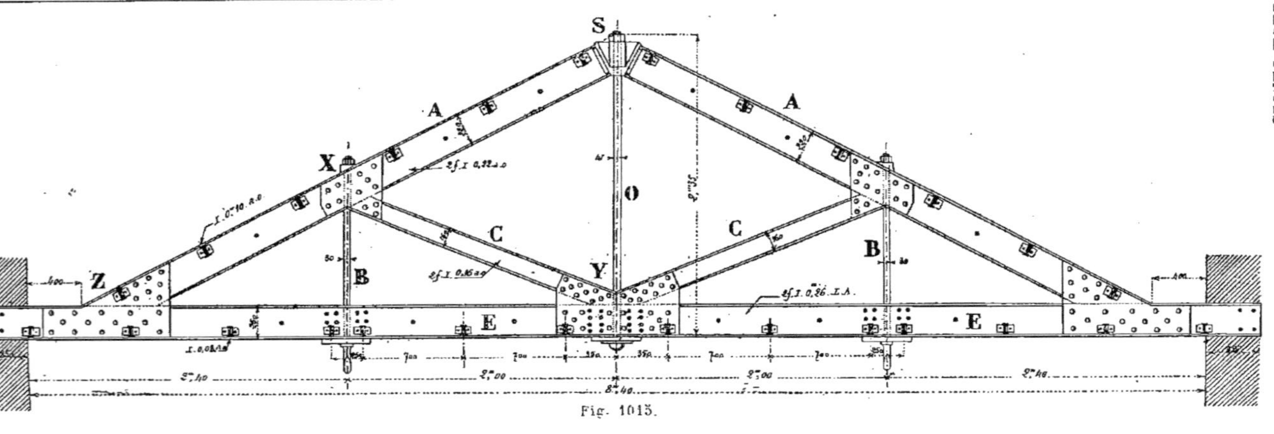

Fig. 1015.

Fermes à contrefiches inclinées.

1er exemple.

458. Comme premier exemple de ferme à deux contrefiches nous représentons (*fig.* 1015) le détail d'une charpente de 8m,40 de portée d'une très grande solidité et destinée, comme celle qui a été donnée (*fig.* 970), à supporter de lourdes pièces de machines.

Cette ferme se compose : d'arbalétriers A formés de deux fers I de 0m. 22

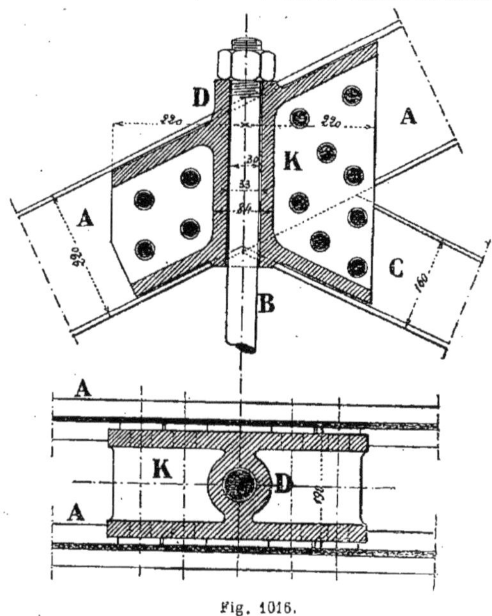

Fig. 1016.

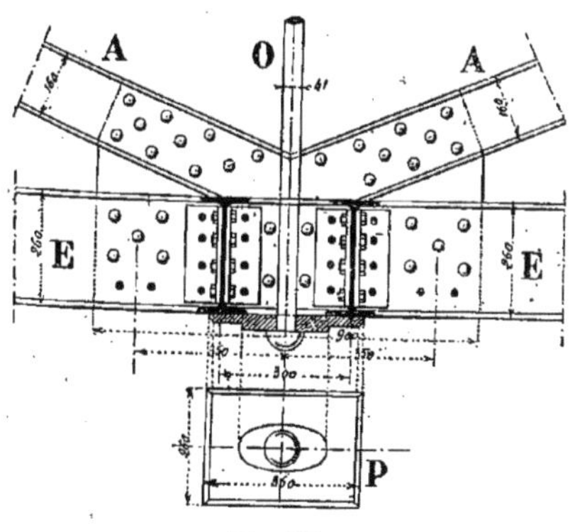

Fig. 1017.

a. o. espacés de 0m,190 d'axe en axe solidement reliés à leur base Z par des entretoises en fonte et des plaques d'assemblages en fer et au faîtage venant butter dans un sabot en fonte S analogue à celui de la figure 970; d'un entrait E composé de deux fers I de 0m,26 L. A. reliés entre eux de distance en distance par de solides boulons à quatre écrous; de deux contrefiches C en fer I de 0m,16 *a. o.* assemblés avec les arbalétriers et avec l'entrait; d'une aiguille pendante O en fer rond de 41 millimètres.

A la rencontre des deux contrefiches avec les arbalétriers on place deux fortes tiges en fer rond de 30 millimètres à l'extrémité desquelles on adapte un crochet destiné à supporter de lourdes charges.

Sur les arbalétriers on fixe une série de solives en fer I de 0m,10 *a. o.* formant pannes et reliés entre eux, tous les mètres, par des boulons de 16 millimètres de diamètre à quatre écrous et recevant un hourdis plein.

Sur l'entrait on fixe également une série de fers I de $0^m,08$ *a. o.*, destinés à recevoir les terres cuites formant plafond.

La distance d'axe en axe des fermes sera au maximum de 4 mètres.

Les détails importants à étudier dans cette disposition sont, les deux assemblages en X et en Y (*fig.* 1015).

Détails d'assemblages.

Assemblage X.

459. La figure 1016 donne en coupe verticale et en coupe horizontale le détail de l'assemblage du boulon B à sa rencontre avec la contrefiche C et l'arbalétrier A.

Un sabot en fonte K de forme spéciale sert à relier entre eux les fers de la contrefiche et les fers de l'arbalétrier au moyen de forts boulons. Ce sabot porte en son milieu, une douille D permettant le passage facile du boulon B, disposition simple et offrant une très grande résistance.

Assemblage Y.

460. L'assemblage Y de la figure 1015 est représenté en coupe transversale (*fig.* (1017), il a beaucoup d'analogie avec celui qui a été donné précédemment (*fig.* 973) et se comprend facilement à la seule inspection de la figure.

2e exemple.

461. Comme deuxième exemple de ferme à deux contrefiches nous donnons (*fig.* 1018) celui d'une charpente d'atelier construite très solidement.

Cette ferme se compose : de deux arbalétriers formé de deux cornières de $60 \times 60 \times 8$ et d'une âme en tôle de 160×9 ; d'un entrait E qui est une véritable poutre en tôle et cornières à âme

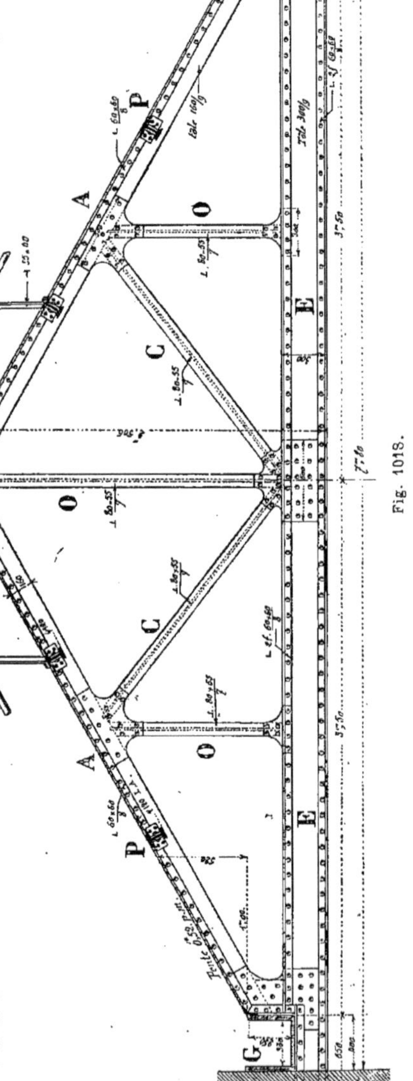

Fig. 1018.

pleine composée de quatre cornières de 60 × 60 × 8 et d'une âme de 300 × 9 ; de deux contrefiches C en fer **T** de 80 × 55 × 7 ; d'aiguilles pendantes O en même fer **T** ; d'un lanterneau L ayant une composition analogue à ceux que nous avons étudiés précédemment.

En G un chéneau qui a nécessité, pour lui donner une profondeur suffisante l'abaissement de la cornière supérieure de l'entrait E.

Les assemblages de cette charpente sont très simples et se comprennent à la seule inspection de la figure.

Le lanterneau est vitré, le reste peut, à l'aide de chevrons en fer et d'un lattis, recevoir une couverture en tuiles ordinaires grand moule à recouvrements, ou avec des chevrons et un voligeage une couverture en zinc.

La portée d'une ferme à l'autre est de 5 à 5^{m},50.

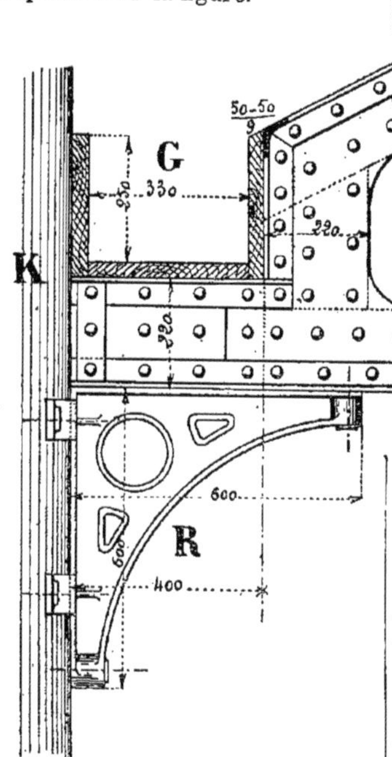

Fig. 1019.

Variante de la disposition précédente.

462. La figure 1019 nous montre une autre disposition possible à adopter pour la ferme précédente.

Dans cet exemple l'entrait E et l'arbalétrier A ont une composition identique ; deux cornières de 60 × 60 × 8 et une tôle de 160 × 9.

Si nous supposons que la ferme s'applique contre une colonne en fonte K on placera sur cette colonne une console en fonte R sur laquelle on fixera au moyen de boulons l'entrait E de la ferme, le reste de la disposition étant le même que dans l'exemple précédent.

3e exemple

463. La figure 1020 nous donne un exemple de charpente métallique à quatre contrefiches, le tirant formant entrait étant toujours placé horizontalement.

Cette charpente se compose : de deux arbalétriers A en fer **I** de 0^{m},14 *a. o.*, reliés au faîtage F par des plaques d'assemblages et reposant sur les murs à l'aide de sabots en fonte S ; de contrefiches C en fer **T** de 50 × 46 × 7 et 60 × 55 × 8 pour les plus grandes ; d'aiguilles pendantes en fer rond O et O' ; enfin d'un tirant horizontal E également en fer rond.

Avec cette disposition il faut adopter

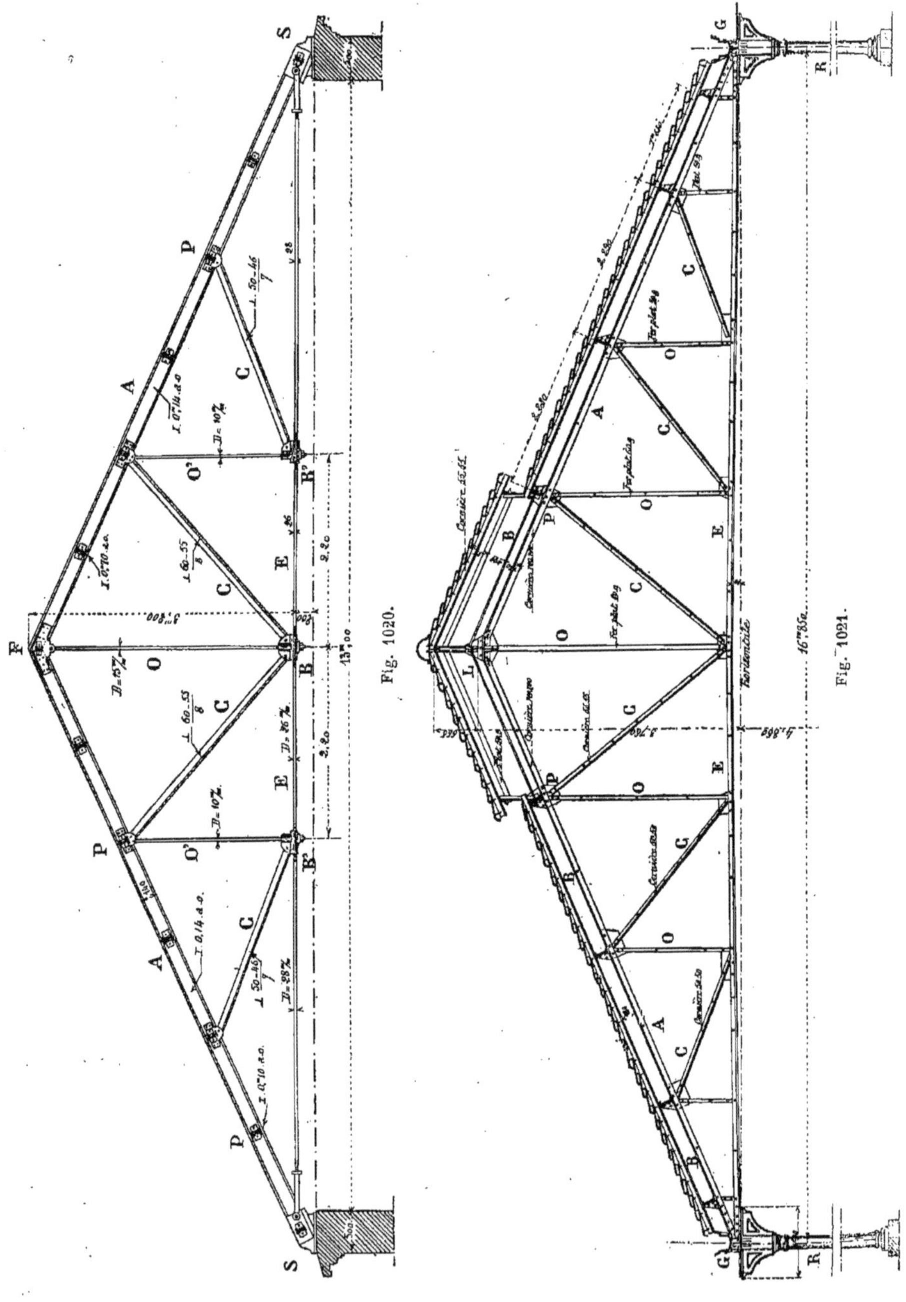

Fig. 1020.

Fig. 1021.

une forme spéciale pour les attaches en B et en B′ des contrefiches des aiguilles pendantes et de l'entrait. On fait pour cela fondre des pièces spéciales, présentant des nervures et des douilles suffisantes pour recevoir les différentes pièces.

Le croquis (*fig*. 1020) en fait facilement comprendre la disposition

Les pannes disposées régulièrement sur les arbalétriers sont des fers I de 0m,10 *a.o.*; elles supportent un chevronnage et le lattis nécessaire à la couverture.

Il y a, où les pannes s'attachent sur les arbalétriers les fourrures et les plaques nécessaires, pour y fixer les contrefiches et les aiguilles pendantes.

La distance d'axe en axe des fermes peut être de 4 mètres.

4e exemple.

464. La figure 1021 représente une ferme avec six contrefiches.

Dans cet exemple l'entrait E est un peu surélevée. L'arbalétrier est formé de deux

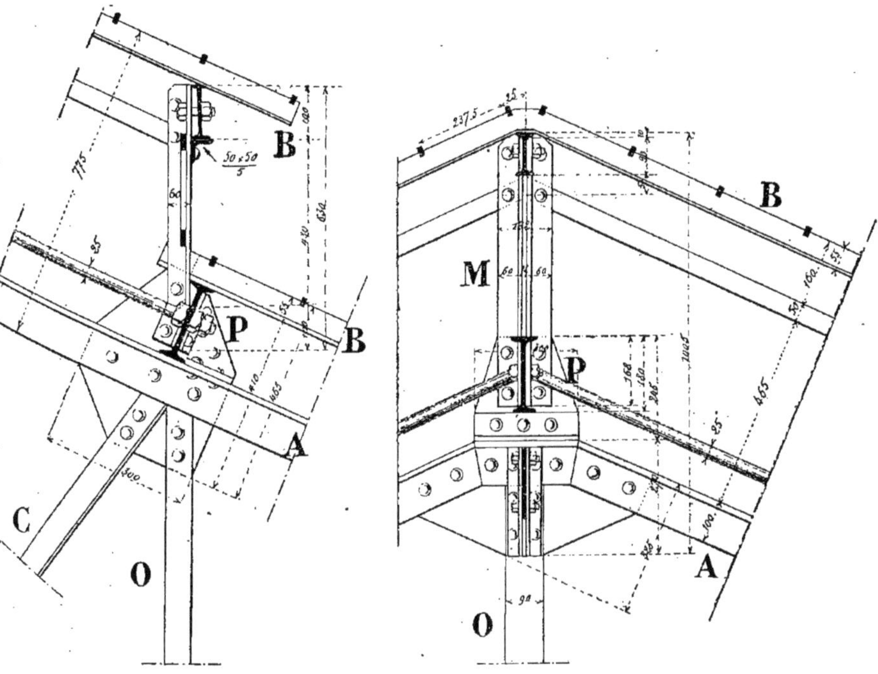

Fig. 1022.

Fig. 1023.

cornières de 100 × 100 × 10, reliées par des rivets de distance en distance, et recevant entre leurs ailes les plaques d'assemblage nécessaires pour les contrefiches. Sur ces plaques d'assemblages viennent se fixer une série de contrefiches C, toutes en fers cornière et une série d'aiguilles pendantes O, composées de deux fers plats.

L'entrait E est formé de deux cornières un peu plus petites que celles des arbalétriers et recevant également les plaques et fourrures nécessaires pour faire les assemblages des contrefiches et des aiguilles pendantes.

Les pannes P sont placées au-dessus des arbalétriers et sont assemblées avec la tôle prolongée des assemblages correspondants à l'aide d'équerres en fer ; celles placées sous le lanterneau sont en outre reliées entre elles par des boulons de 25 millimètres de diamètre avec écrous et contre-écrous. Sur ces pannes on fixe les chevrons B qui sont des fers T de 55 millimètres de hauteur. Sur ces chevrons on place le lattis qui, dans le cas particulier qui nous occupe, est exécuté avec de simples fers plats fixés perpendiculairement à la direction des chevrons dans des entailles, faites dans l'aile verticale du fer.

Ce lattis en fer plat est disposé régu-

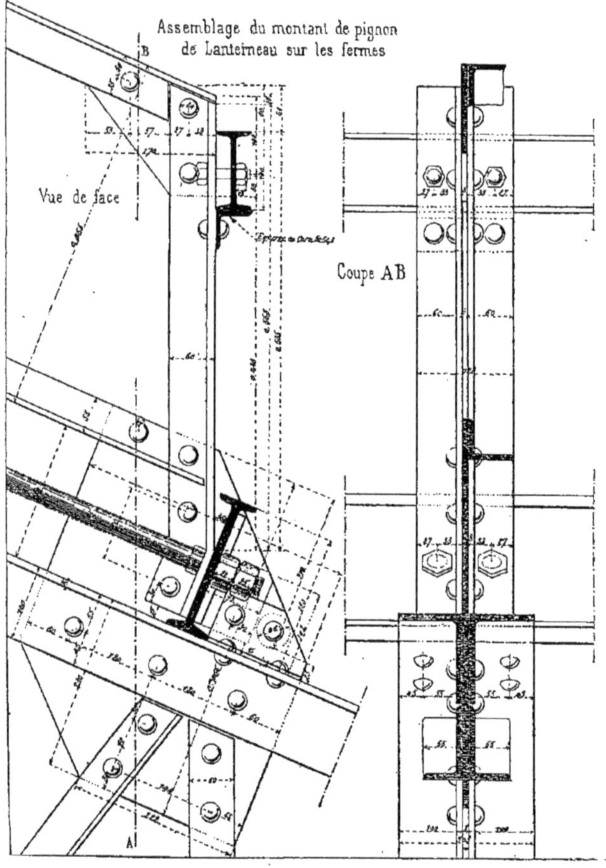

Fig. 1024.

lièrement pour recevoir des tuiles ordinaires.

Le lanterneau est également couvert en tuiles, sa disposition est simple et se comprend facilement en examinant le croquis.

La ferme repose sur des colonnes R munies de larges consoles.

Le chéneau G est supporté dans toute sa longueur par deux fers I placés au dessous.

La distance d'axe en axe des fermes est de 5 mètres.

Détails d'assemblages.

465. Les détails d'assemblages les plus intéressants à étudier sont : la disposition du faîtage et l'assemblage du lanterneau sur les arbalétriers.

Les deux figures 1022 et 1023 nous donnent les croquis de ces deux parties. Dans la figure 1022 nous voyons :

1° Comment les pannes P se fixent sur les arbalétriers, disposition qui a déjà été donnée en détails (*fig.* 332) ;

2° Comment se fixent les montants du lanterneau sur la même plaque d'assemblage que la panne P ;

3° La disposition des chevrons et du lattis ;

4° La position de la panne de rive du lanterneau soutenue par une cornière de $50 \times 50 \times 5$ au passage de chaque montant ;

5° Enfin, la manière dont le lattis en fer plat est disposé sur les chevrons pour recevoir les tuiles.

La figure 1023 indique la disposition du faîtage. Les montants M en fer **T** sont fixés sur une tôle qui sert également à assembler la panne de faîtage P. Ces montants reçoivent à leur partie supérieure une panne en fer **I** de $0^m,10$ *a. o.* sur laquelle viennent se rencontrer les chevrons B du lanterneau.

Pour terminer ces détails nous donnons (*fig.* 1024) l'assemblage du montant de pignon du lanterneau sur les fermes en élévation et en coupe verticale.

5° Exemple.

466. La figure 1025 nous donne un exemple de ferme à plusieurs contrefiches dans laquelle l'entrait est fortement surélevé au dessus de la ligne horizontale passant par le pied des arbalétriers.

Dans ce croquis, les arbalétriers A, l'entrait E, les contrefiches C et les aiguilles pendantes O sont formés par des cornières du commerce et les assemblages se font sur des tôles T comme dans les exemples précédents.

L'aiguille pendante O' étant assez longue est formée de deux cornières solidement reliées entre elles en leur milieu par des plaques d'assemblages.

Toute la ferme repose de chaque côté sur un poteau B en tôle et cornières disposé de manière que les deux cornières intérieures de ce poteau se recourbent et se terminent en forme de console soulageant l'arbalétrier.

A la rencontre des cornières hautes et des cornières basses des arbalétriers sur le poteau on met une tôle sur laquelle se fait l'assemblage de la panne P.

Ce comble est en partie vitré et en partie couvert en tuiles grand moule à recouvrements.

La partie vitrée est formée par des fers à vitrages V s'appuyant sur la base du lanterneau L et sur la panne P' ; ces fers, ayant une assez grande longueur, sont soulagés au milieu de leur portée par une panne en fer **I** de $0^m,16$ *a.o.*, fixée comme la panne P' sur l'arbalétrier à l'aide de tôle et cornières.

La partie couverte en tuiles, repose sur des chevrons D lesquels sont reliés à leurs deux extrémités d'une manière spéciale aux pannes P et P' comme le montre le détail des chevrons placé au dessus et parallèlement à l'arbalétrier.

Ces chevrons passent sur l'aile supérieure de la panne P et sous l'aile inférieure de la panne P' et sont retenus sur ces pannes par des pièces contournées à la demande et suffisamment indiquées dans le croquis pour bien les faire comprendre

Sur ces chevrons et régulièrement espacés de $0^m,34$ en $0^m,34$ on fixe un lattis en fers cornières de $35 \times 35 \times 4,5$. La cornière de rive est un peu plus haute afin de relever la dernière tuile, elle a $70 \times 35 \times 5$.

Le lanterneau L comporte un chemin de roulement en tôle striée ou perforée et une main courante supportée par des barreaux régulièrement espacés.

La distance d'axe en axe des fermes peut être de 5 mètres à $5^m,50$.

Cette disposition, qui est très légère, convient très bien pour les grands ateliers de 20 à 25 mètres de portée.

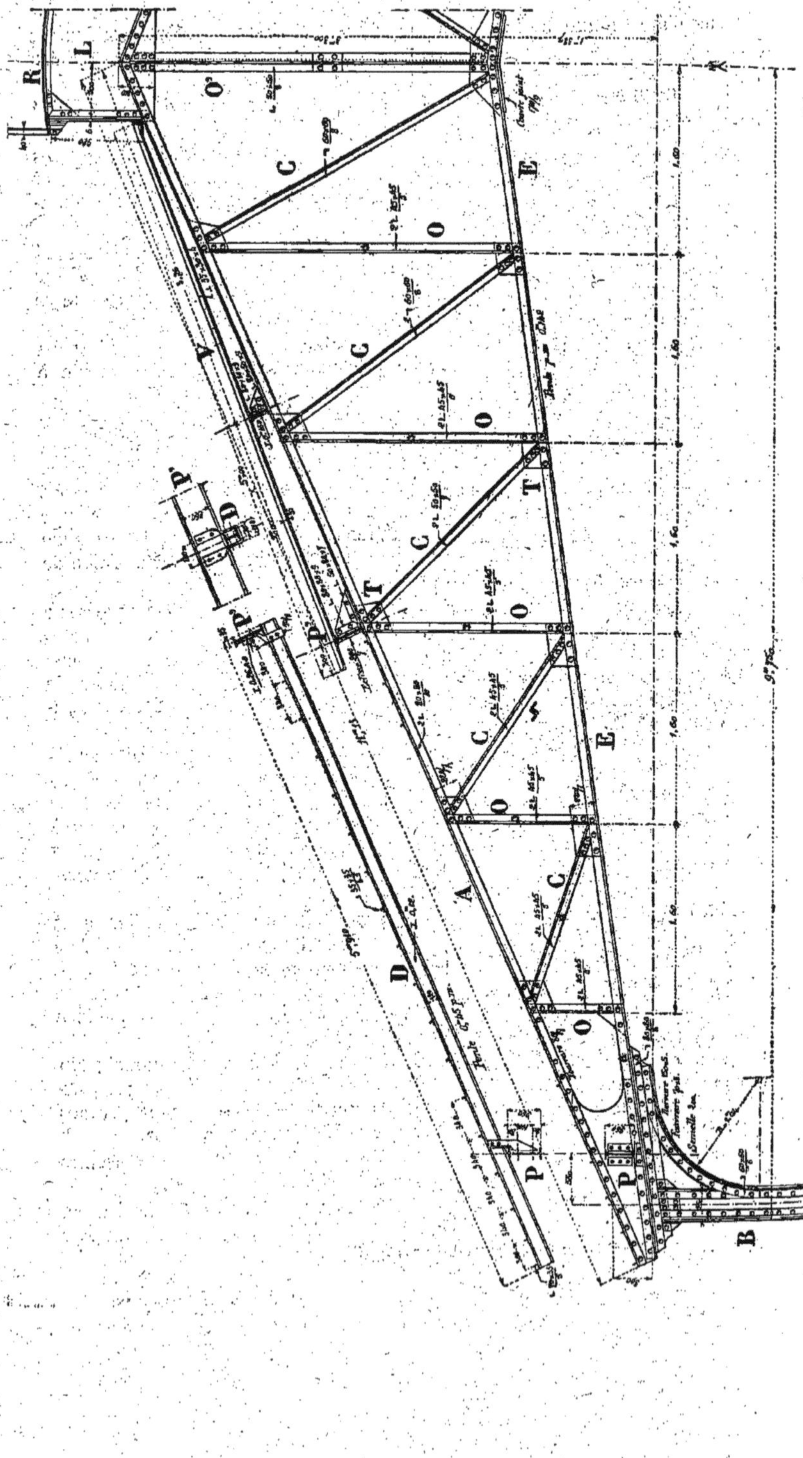

Fig. 1025.

6e Exemple.

467. Comme dernier exemple de ce genre de ferme nous représentons (*fig.* 1026) l'élévation d'une demi-ferme portée sur des colonnes G et dans laquelle l'arbalétrier A est formé par une poutre légère en treillis de 0m,35 de hauteur. Cette poutre est composée de quatre cornières de 50 × 50 × 8 et de fers plats de 40×7 comme croisillons.

Dans cet exemple le tirant T, supposé horizontal, est construit avec deux cornières du commerce de 65 × 65 × 7 ; ces cornières, aux points convenables, reçoivent entre leurs ailes, les tôles nécessaires pour faire les assemblages des contrefiches et des aiguilles pendantes.

Les contrefiches C sont toutes exécutées avec des cornières à ailes inégales du commerce ayant les dimensions données par le croquis.

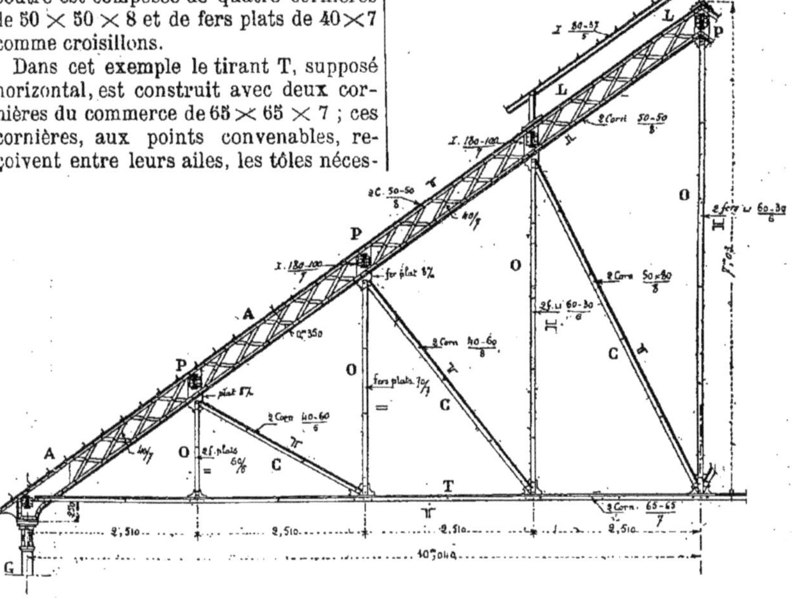

Fig 1026

Les aiguilles pendantes O sont en fers plats pour les deux plus courtes et en fers en **U** pour les deux plus longues.

L'assemblage des pannes P, qui sont des fers **I** de 0m,18 *a. o.*, se fait sur une tôle ou fer plat de huit millimètres d'épaisseur pincé entre les cornières hautes et basses des arbalétriers.

La couverture étant supposée en tuiles grand moule à recouvrements le lattis est fait avec de petites cornières à ailes égales du commerce, espacées de 0m,34 d'axe en axe et reposant, entre deux fermes, sur des chevrons en fer à T portés sur les pannes.

Le lanterneau L est très simple et rentre dans les exemples examinés précédemment.

La portée d'axe en axe des fermes peut être de 5 mètres.

Fermes à contrefiches perpendiculaires aux arbalétriers.

Nota :

468. Comme type de fermes ayant leurs contrefiches perpendiculaires aux arbalétriers nous nous occuperons spécialement du genre Polonceau en laissant de côté celles dont le croquis schématique est donné (*fig.* 1010) et pour lesquelles, les assemblages seraient en tout semblables à ceux qui ont été décrits ci-dessus.

1er Exemple.

469. Un premier exemple simple de ferme genre Polonceau est indiqué en croquis (*fig.* 1027). La portée dans œuvre du bâtiment étant supposée de 12 mètres cette ferme se composera : de deux arbalétriers A en fer de $0^m,14$ *a. o.* assemblés en S sur le mur du bâtiment à l'aide de plaques d'assemblage ; d'une série de tirants en fer rond T, T', T'' de différents diamètres suivant les tensions auxquelles ils sont soumis ; de contrefiches C qui peuvent être construites en fer rond en fonte ou de toute autre manière.

Les pannes P, qui sont ici des fers **I** de $0^m,10$. *a. o.* s'assemblent directement sur les arbalétriers et perpendiculairement à leur direction.

La distance d'axe en axe des fermes peut être de 4 mètres.

2e Exemple.

470. Un deuxième exemple de comble Polonceau très simple et qu'on peut employer pour atelier parce qu'il est économique est représenté en détails (*fig.* 1028).

Nous supposons ici le cas particulier d'une ferme métallique venant se fixer contre un poteau en bois déjà existant.

La ferme se compose : d'arbalétriers A en fer **I** de $0^m,12$ *a. o*, dont l'aile supérieure se prolonge sur le poteau P ce qui permet, à l'aide de tirefonds, de relier l'arbalétrier au poteau.

Cet arbalétrier est lui-même assemblé à la partie haute du poteau à l'aide de fortes équerres sur une plaque de tôle placée en attente sur la face intérieure du poteau.

Afin de soulager cet arbalétrier et de maintenir rigide l'angle qu'il fait avec le poteau P on place une console très simple Q reliant bien les deux pièces et empêchant toute déformation.

Le reste de la ferme comprend : des tirants en fer rond T, T', T'', partant de la base ou du faîtage et réunis en G sur des plaques d'assemblage ; des contrefiches C en fers **T** ; une aiguille pendante O traversant une lanterne de serrage N ; enfin, un lanterneau vitré V très simple de construction.

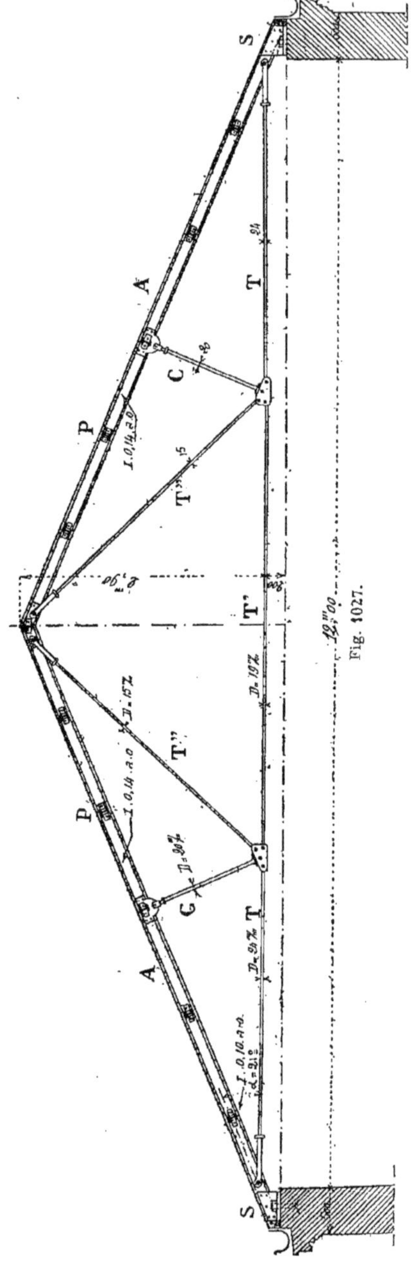

Fig. 1027.

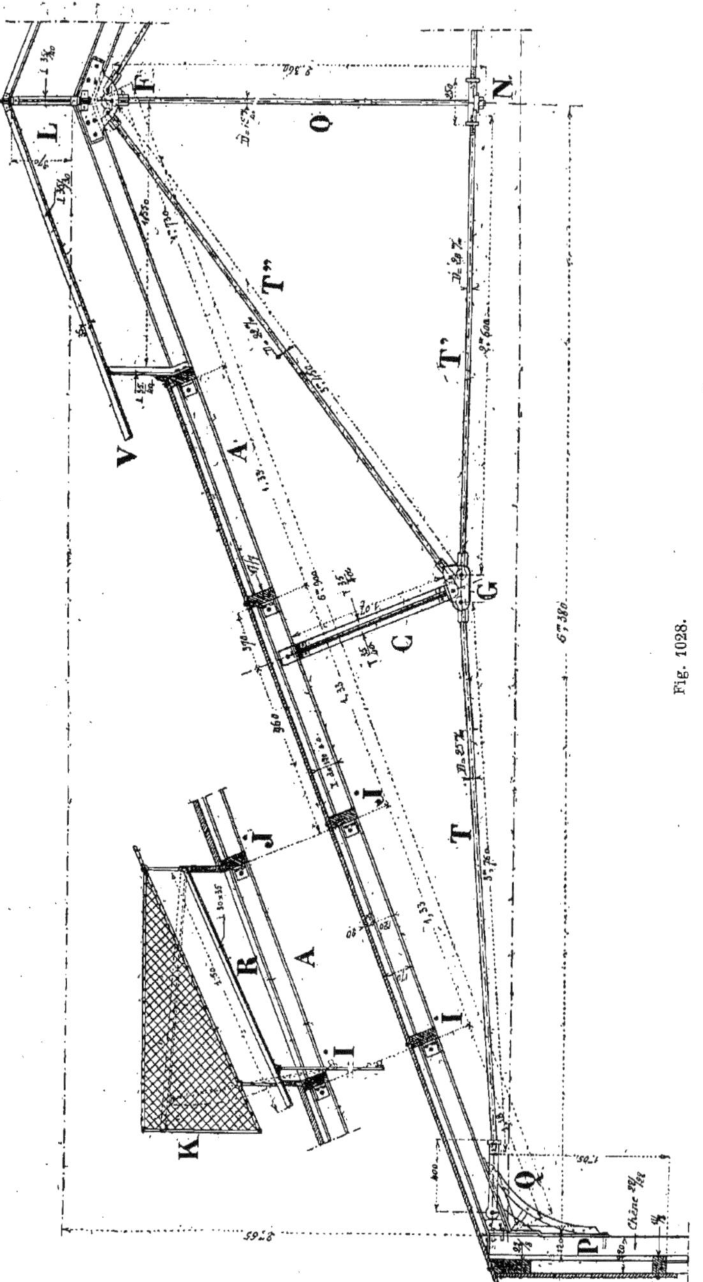

Fig. 1028.

Dans cette charpente nous avons supposé, le comble devant être très économique, les pannes en bois de sapin de 17 × 7 d'équarrissage (bastaings du

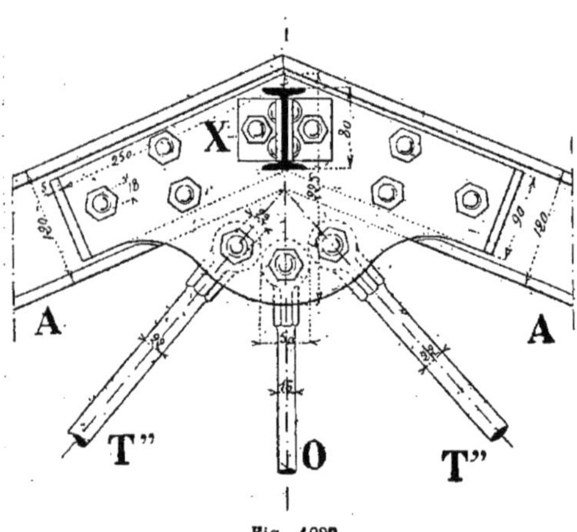

Fig. 1029

commerce), il est certain qu'on peut les remplacer par des petits fers I de dimensions courantes.

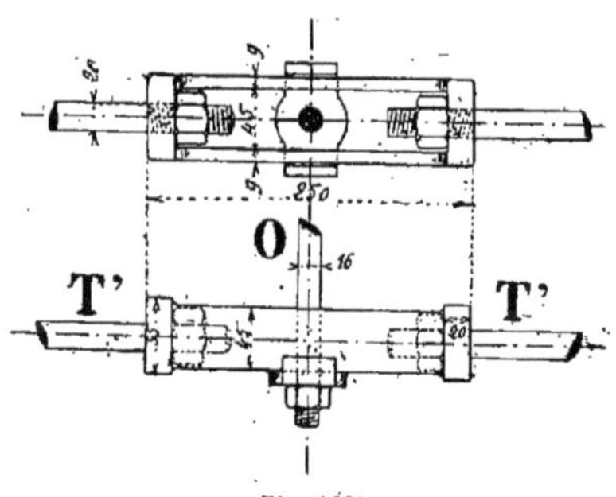

Fig. 1030.

Sur les pannes, supposées en bois, on cloue un simple voligeage sur lequel on peut exécuter une couverture en zinc.

Cette charpente, construite par M. Cochelin pour la couverture de ses ateliers situés à Paris, est très légère et par sa simplicité est appelée à rendre de très grands services.

Si, entre deux points I et J de l'arbalétrier, on désire installer un châssis ouvrant R (*fig.* 1028) pour augmenter l'éclairage on adoptera la disposition indiquée par le croquis.

Ce chassis ouvrant est, le plus souvent, garanti par un grillage K en fer galvanisé dont nous indiquerons plus loin la forme.

La distance d'axe en axe des fermes est de 4 mètres.

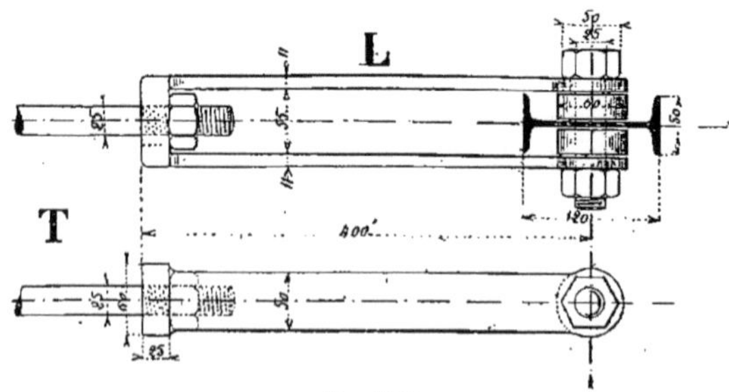

Fig. 1031.

Détails d'assemblage.

471. Dans cette charpente, les détails d'assemblages les plus intéressants à étudier sont : l'assemblage au faîtage des tirants et des arbalétriers ; la lanterne de serrage des tirants ; l'assemblage des ti-

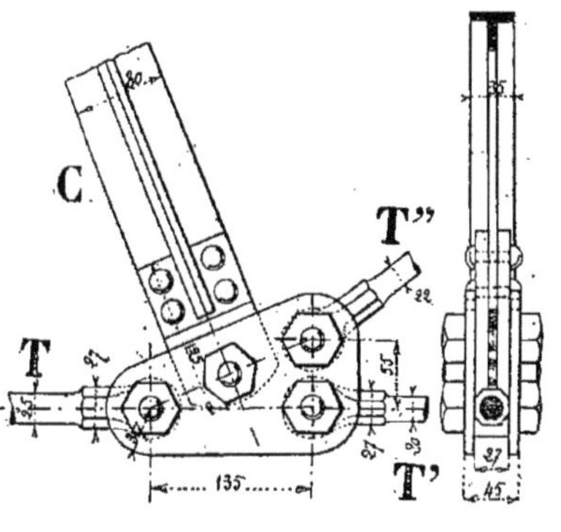

Fig. 1032

rants avec les arbalétriers au moyen de fourches ; enfin, l'assemblage des tirants entre eux à l'aide de plaques.

La figure 1029 nous donne le détail de l'assemblage au faîtage des tirants T″ et de l'aiguille pendante O. Comme le montre ce croquis chacune de ces pièces est terminée par un renflement forgé et percé d'un trou permettant le passage d'un fort boulon.

Des plaques de tôle X, une de chaque côté de l'âme des arbalétriers, réunissent entre elles les différentes pièces, c'est sur ces mêmes plaques que se fait l'assemblage de la panne de faîtage.

La figure 1030 indique le détail de la lanterne de serrage N de la figure 1028. C'est un simple cadre rectangulaire en fer forgé dans lequel viennent se boulonner les extrémités des tirants T′.

L'aiguille pendante O soutient les tirants T′ à l'aide d'une petite platine en fer suffisamment indiquée dans le croquis.

La figure 1031 montre la disposition des fourches L placées aux extrémités des tirants T avec l'indication des fourrures nécessaires pour ne pas entailler les ailes des arbalétriers.

La figure 1032 représente en élévation et en vue de côté l'assemblage de la contrefiche C et des trois tirants T, T′, T″

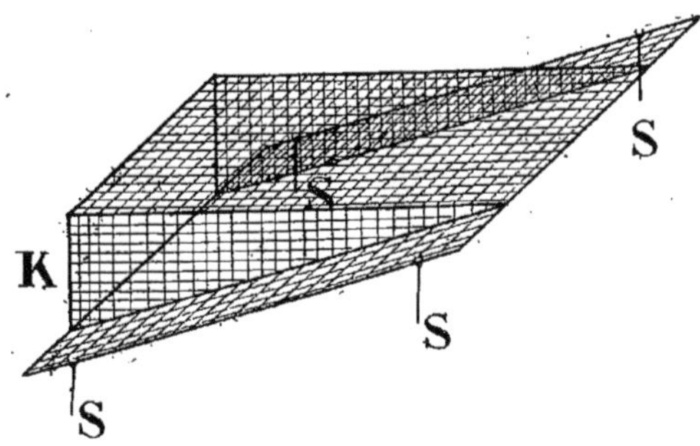

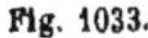
Fig. 1033.

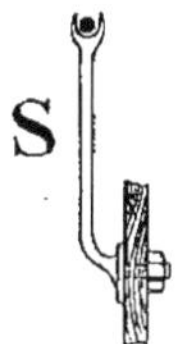

Fig. 1034.

sur les mêmes plaques, disposition facile à comprendre en examinant le croquis.

La figure 1033 nous montre en perspective cavalière la disposition d'un grillage de garantie, qu'on place souvent au-dessus des châssis ouvrants pour les préserver de la casse des verres.

Ce grillage est supporté par quatre supports S (*fig.* 1033 et 1034) qui sont fixés sur les hausses ou caissons en bois for-

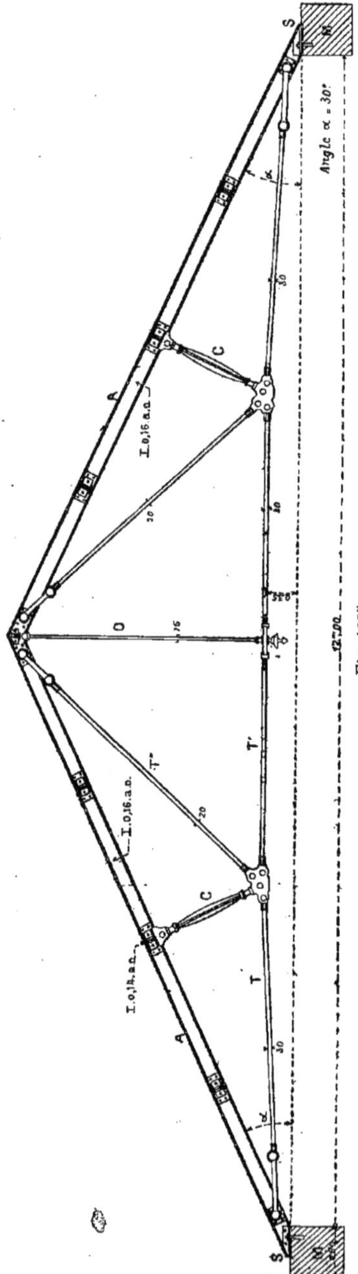

Fig. 1035.

mant l'ouverture et indiqués en coupe dans la figure 1028.

Cette disposition permet l'enlèvement facile du grillage pour le nettoyage des verres du châssis.

3e Exemple.

472. La figure 1035 nous donne le croquis d'un comble Polonceau sans lanterneau de 12 mètres de portée dans lequel les contrefiches C sont construites en fonte.

La disposition est très simple et ressemble beaucoup à ce qui a été examiné précédemment. Les arbalétriers A en fer I de 0m,16 *a. o.*, sont en S, fixés sur les murs M à l'aide de deux fortes équerres en fer solidement scellées.

Les tirants T, T′, T″ et l'aiguille pendante O sont en fer rond du commerce.

Les pannes en fer I de 0m,14 *a. o.*, sont assemblées sur l'arbalétrier et perpendiculairement à leur direction. Afin de ne pas diminuer la résistance des arbalétriers on a, au droit de l'assemblage de chaque panne, renforcé les fers avec des plaques d'assemblage.

La distance d'axe en axe de deux fermes peut être de 4 à 4m,50.

Détails d'assemblages.

473. Les détails les plus intéressants sont : le sommet de la ferme ; le pied de la ferme; le détail de la bielle et des plaques d'assemblages ; les assemblages des cordes avec les chappes; enfin le détail du manchon ou lanterne de serrage.

Le sommet de la ferme est donné en croquis (*fig.* 1036) ; les arbalétriers A sont assemblés au faîtage par de solides plaques en tôle, sur lesquelles viennent également se fixer les tirants T″, l'aiguille pendante O et la panne de faîtage P.

La partie de droite du croquis nous donne une coupe suivant AB, coupe qui fait facilement comprendre la disposition adoptée.

Le pied de la ferme est représenté en croquis (*fig.* 1037), il n'offre rien de particulier à signaler.

La figure 1038 indique le détail de la bielle et des plaques d'assemblages. Ces plaques d'assemblages P sont exécutées en tôle découpée pour recevoir la bielle et les divers tirants; l'autre extrémité de la bielle se fixe sur l'arbalétrier à l'aide de tôles permettant l'assemblage avec un fort boulon.

La figure 1039 montre la disposition de l'assemblage des cordes avec les chappes (on désigne quelquefois sous le nom de *cordes* les tirants qui composent une ferme du genre Polonceau).

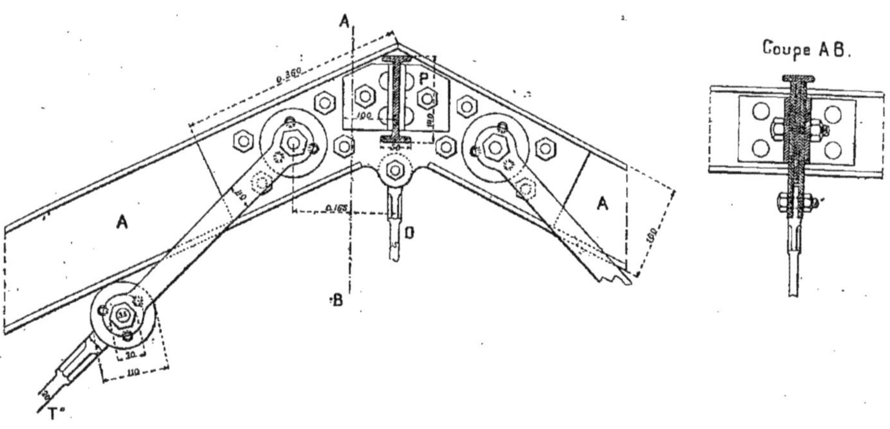

Fig. 1036.

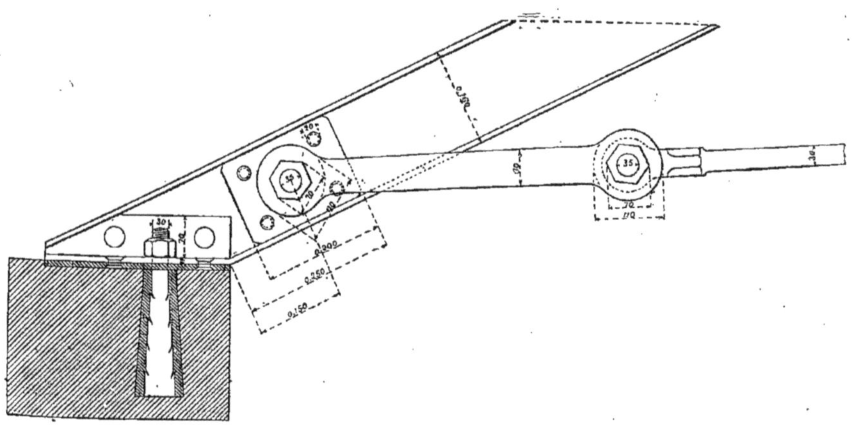

Fig. 1037.

Enfin la figure 1040 donne le détail du manchon des cordes horizontales avec l'aiguille pendante qui, dans le cas que nous examinons, est terminée par un motif en fonte ornée.

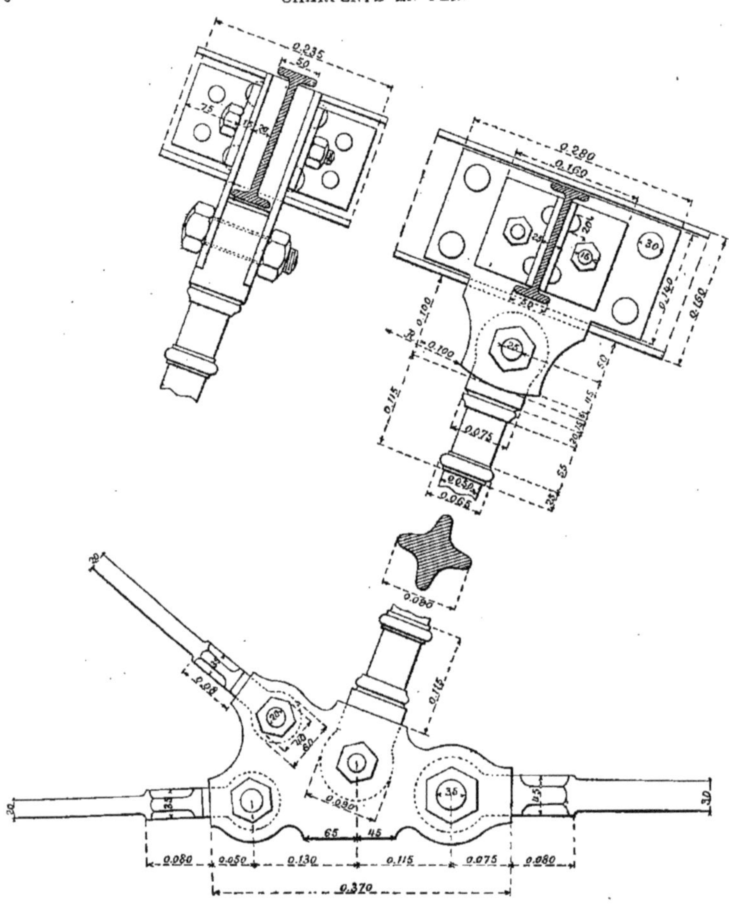

Fig. 1038.

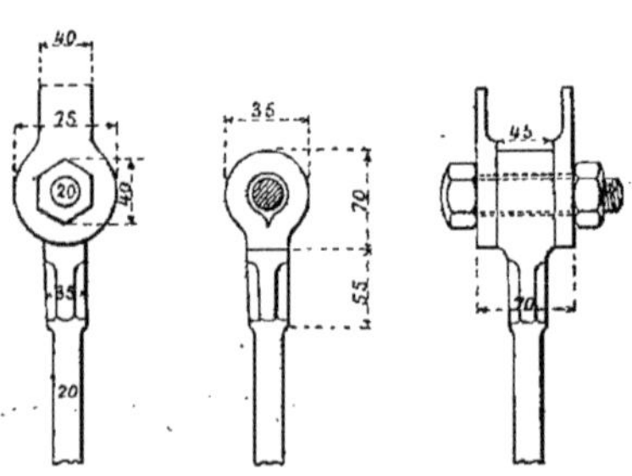

Fig. 1039.

4e Exemple. — Contrefiches en fonte et lanterneau.

474. La figure 1041 représente le croquis d'un comble Polonceau à deux contrefiches de 28m,60 de portée d'une très grande légèreté, il a été construit pour le dépôt des Forges de la Providence à Paris.

Ce comble, qui par l'intermédiaire de sabots en fonte S repose sur des piliers Q adossés à un mur mitoyen M est composé d'arbalétriers A en fers I de 0m,22 *a. o.*; de contrefiches en fonte C; d'un certain nombre de tirants T, T', T'', et leurs accessoires ; enfin, d'un lanterneau qui est supporté par une série de petites colonnettes en fonte dont nous verrons plus loin le détail.

La distance d'axe en axe des fermes peut être de 5 mètres.

Détails d'assemblages.

475. Il y a, dans cette ferme, plusieurs assemblages intéressants à étudier : ce sont : l'assemblage au faîtage du lanterneau des arbalétriers et des tirants ; l'assemblage du pied des arbalétriers dans les sabots en fonte S ; l'assemblage des bielles avec les arbalétriers ; assemblage des tirants sur les plaques ; l'assemblage de l'aiguille pendante avec le tirant horizontal; enfin, la disposition des colonnettes supportant les fers à vitrage.

La figure 1042 représente en croquis le détail du faîtage. Les deux arbalétiers A sont réunis par des plaques d'assemblage, qui reçoivent les fourches des tirants T'' la suspension de l'aiguille pendante et l'assemblage de la panne de faîtage.

Au sommet des arbalétriers on fixe à l'aide de deux boulons une colonnette en fonte K disposée pour recevoir à sa partie supérieure un fer à T sur lequel viennent butter les fers à vitrage V. La figure 1042 nous montre également le plan à la hauteur BC de la fourche d'assemblage des tirants.

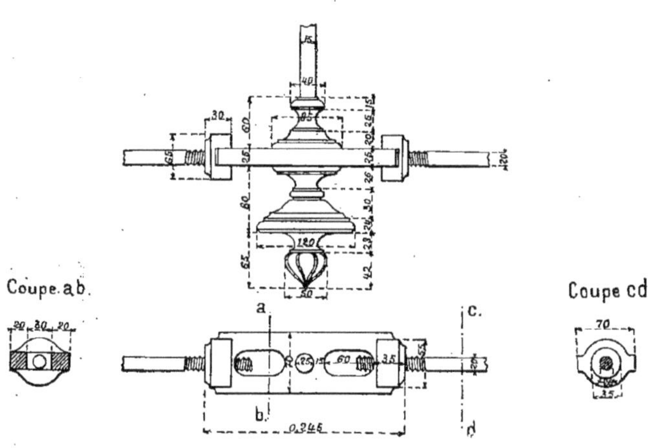

Fig. 1040.

La figure 1043 représente la retombée des arbalétriers dans les sabots en fonte S. Ces sabots, qui reposent sur un contrefort Q adossé au mur mitoyen M, reçoivent latéralement l'assemblage de la panne inférieure et le boulon servant à fixer la fourche J du tirant T.

Le chéneau en zinc, très simple d construction, est indiqué en R.

La figure 1044 nous montre le détail de la bielle en fonte et son attache d'une part sur l'arbalétrier et d'autre part sur la plaque d'assemblage G. Cette bielle a une forme cruciforme renflée en son milieu

La figure 1045 indique l'assemblage des tirants et de la bielle sur les plaques de tôle G. Ces plaques de tôle G sont, d'une ferme à l'autre, reliées entre elles par un petit tirant en fer rond venant se boulonner en *a*.

La figure 1046 montre comment se fait l'assemblage de l'aiguille pendante O avec le tirant horizontal, disposition dont nous avons déjà donné des exemples.

La figure 1047 et 1048 nous représentent les diverses formes des colonnettes K pour les parties inclinées du lanterneau ou pour leur fixation sur la panne de faîtage

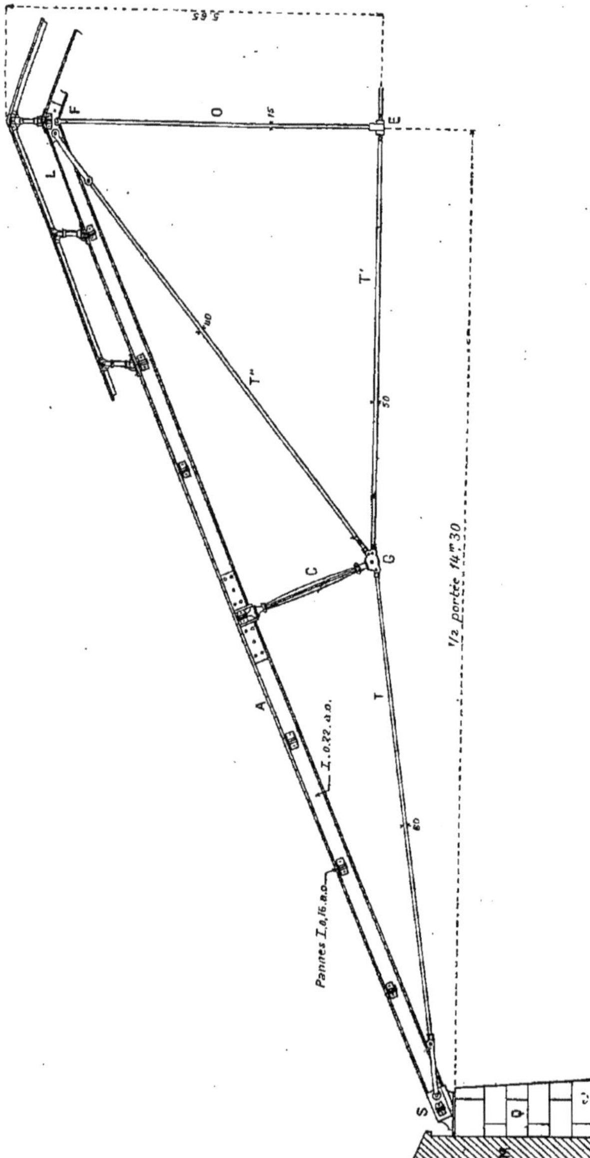

Fig. 1041.

F entre deux fermes consécutives ; disposition qui se comprend très facilement à la seule inspection de la figure.

Enfin, pour terminer ces assemblages, nous donnons figure 1049 une vue perspective du sabot en fonte S.

5e Exemple.

476. Pour terminer les combles à deux contrefiches nous indiquons (*fig.* 1050) un dernier exemple dans lequel l'arbalétrier A est formé par une poutre en treillis de $0^m,40$ de hauteur. Elle est composée de quatre cornières de $50 \times 50 \times 8$ et de croisillons en fer plat de 50×5.

Sur l'arbalétrier en treillis s'assemblent des pannes qui sont aussi des poutres en treillis de $0^m,30$ de hauteur et composées de quatre cornières de $40 \times 40 \times 5$ et de croisillons en fer plat de 40×5.

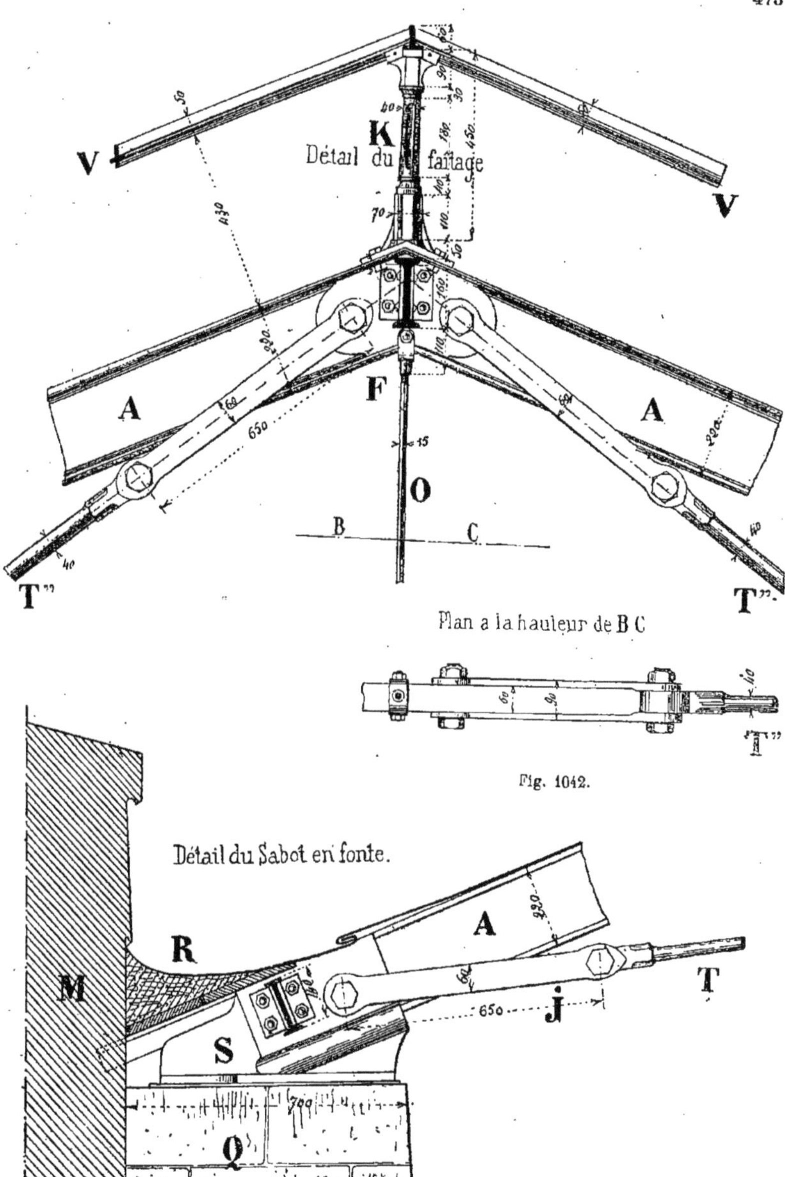

Fig. 1042.

Fig. 1043.

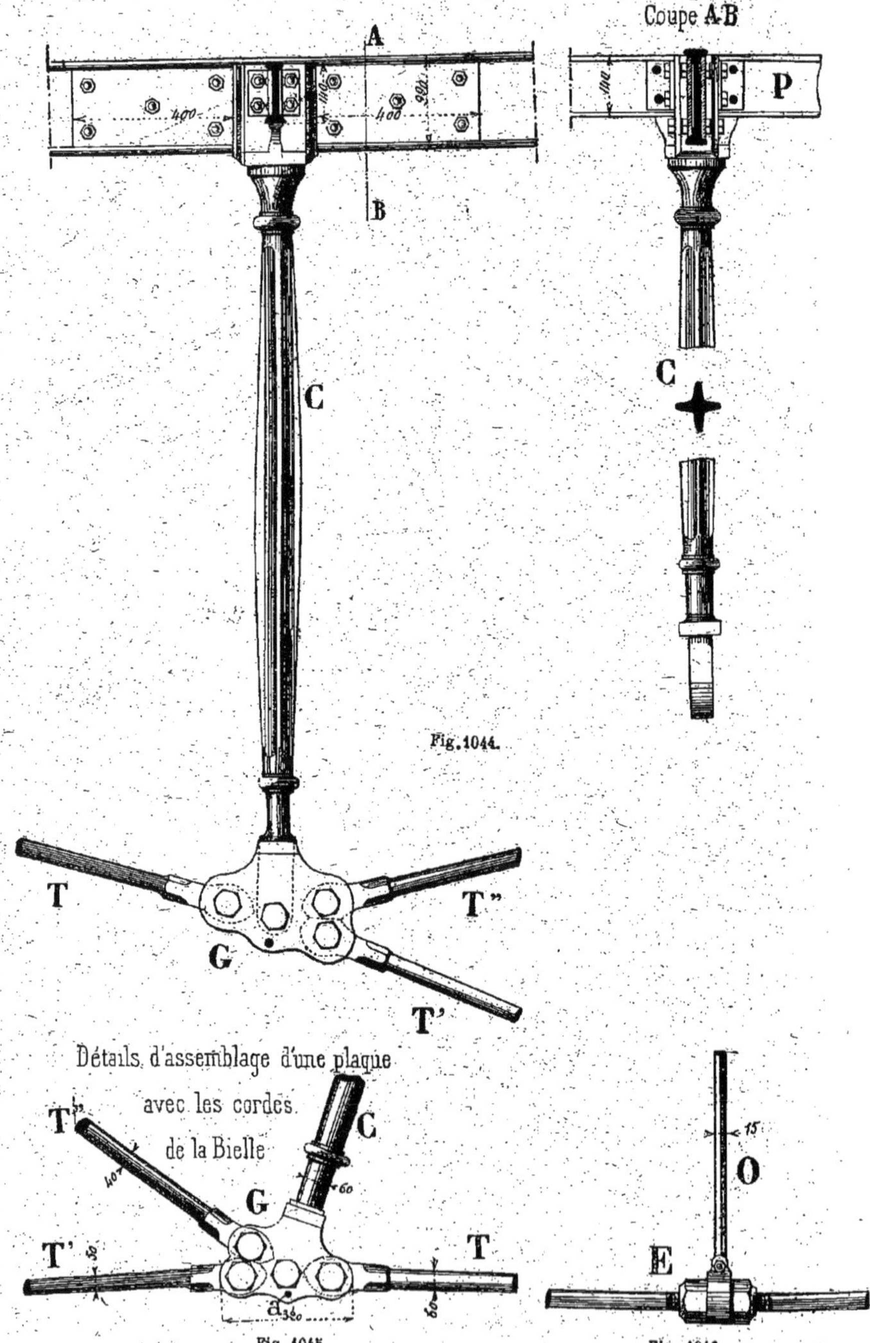

Fig. 1044.

Fig. 1045.

Fig. 1046.

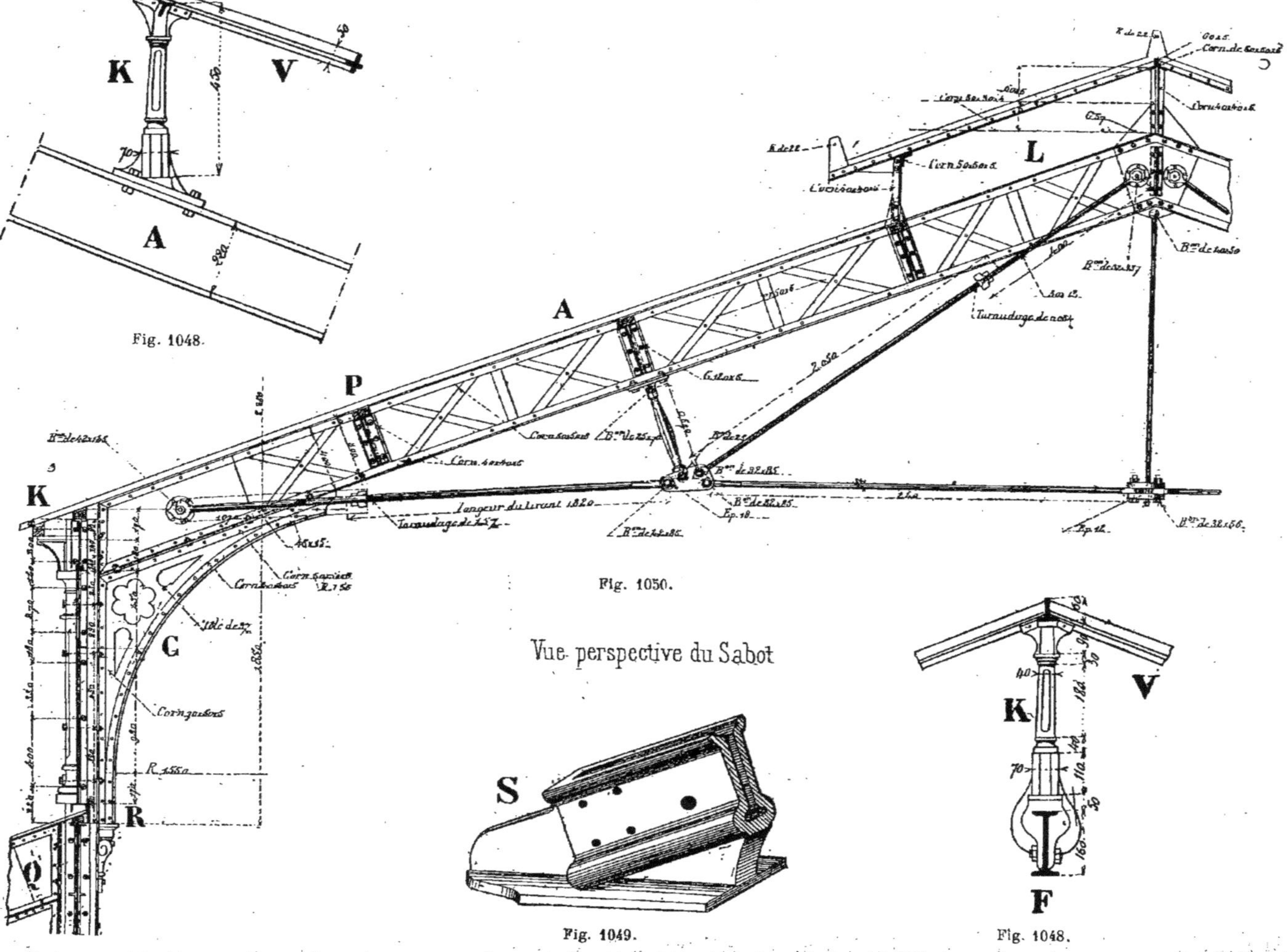

Fig. 1048.

Fig. 1050.

Fig. 1049.

Fig. 1048.

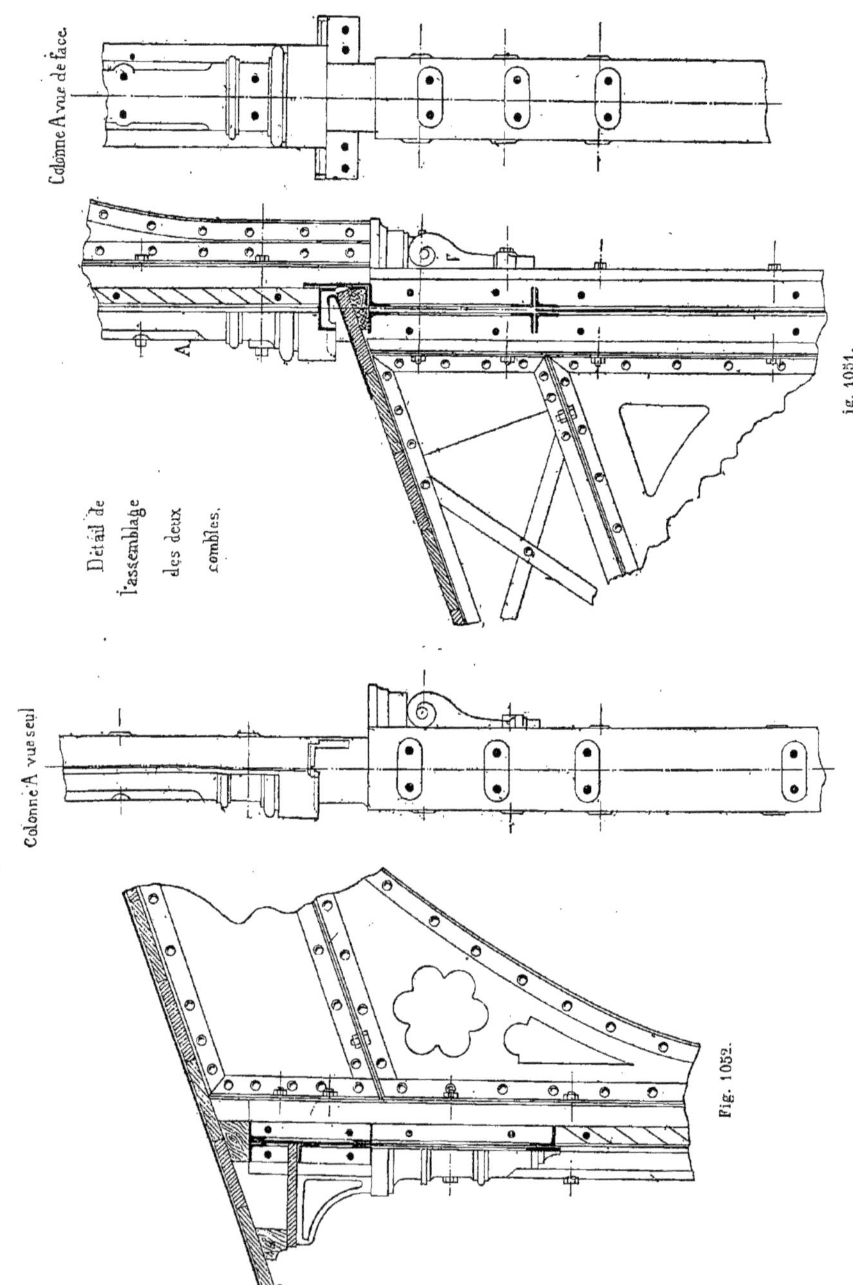

ig. 1051.

Fig. 1052.

A l'extrémité K il n'existe pas de chéneau parce que les eaux du grand comble retombent sur un appentis Q.

Les arbalétriers sont reliés aux poteaux verticaux, à l'aide de consoles C construites en tôle et cornières. Le reste de la disposition comme tirants, aiguille pendante, bielle, etc. peut rentrer dans les exemples étudiés précédemment.

La distance d'axe en axe des fermes est de 6 mètres.

La figure 1051 nous montre le détail de l'assemblage à la rencontre R des deux combles de la figure 1050.

La figure 1052 indique le détail K de la figure 1050 ; ces deux figures se comprennent facilement sans que nous ayons besoin de nous y arrêter plus longuement.

Fermes à six contrefiches
1er Exemple.

477. Comme nous l'avons indiqué précédemment les fermes du genre Polonceau à six contrefiches peuvent être de deux espèces : soit avec tirant principal horizontal, placé au niveau des retombées, soit avec tirant horizontal surélevé au-dessus des retombées.

Le premier exemple, dont nous donnons le croquis (*fig.* 1053), comporte un tirant horizontal placé au niveau des retombées.

La ferme indiquée par ce croquis, ayant une portée de 26 mètres dans œuvre, se compose : de deux arbalétriers A en fers **I** de $0^m,16$ *a. o.* assemblés au faîtage et venant retomber en Q dans un sabot en fonte dont nous avons déjà donné la forme ; d'une série de tirants horizontaux T, T', T'', d'une autre série de tirants inclinés S, S' S'', de bielles en fonte ou en fer B et B' et d'une aiguille pendante O. Les dimensions de chacune de ces pièces sont indiquées dans le croquis.

Les assemblages étant identiques à ceux qui ont été donnés pour les fermes à deux contrefiches il est inutile de nous y arrêter.

Si la ferme doit comporter un lanterneau L nous savons comment il sera facile de l'établir sur les pannes voisines du faîtage.

La distance d'axe en axe des fermes est de 4 mètres.

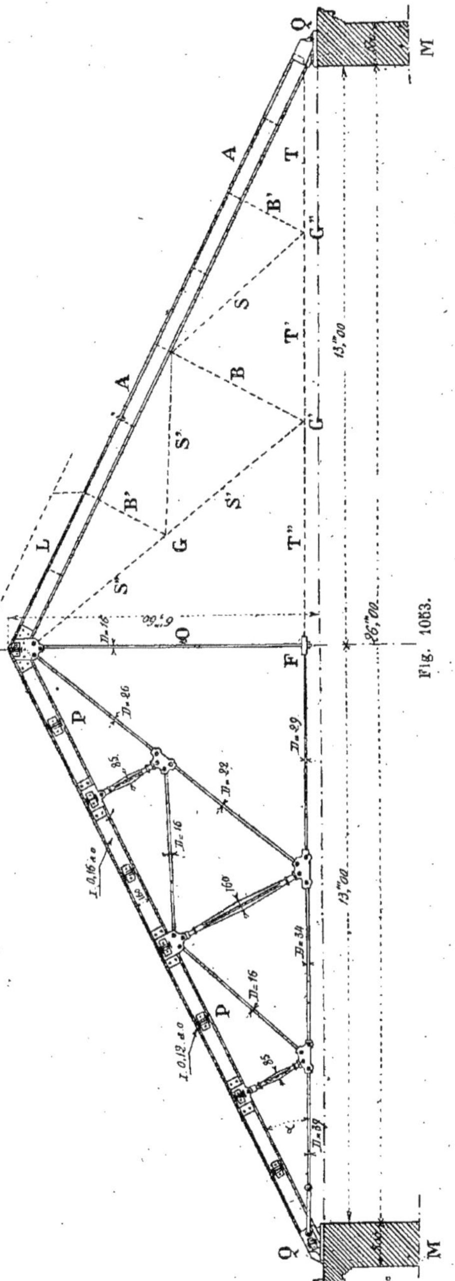

Fig. 1053.

Cette disposition de ferme ainsi que la suivante sont aujourd'hui moins employées qu'il y a quelques années, elles sont avantageusement remplacées par des fermes avec poutres américaines très légères, très simples de construction et ne nécessitant pas de pièces de forge.

2e Exemple.

478. La figure 1054 nous donne un autre exemple de ferme à six contrefiches dans lequel le tirant horizontal T est surélevé au-dessus de la ligne des retombées. Dans cette ferme, dont la portée dans œuvre est de 30 mètres, chaque arbalétrier A en fer I de 160 × 80 × 8, légèrement cintré dans le sens de sa hauteur est soutenu sur sa longueur par trois contrefiches métalliques dont les pieds sont reliés aux extrémités de l'arbalétrier par un système de tirants en fer rond de dimensions variables suivant la tension qu'ils ont à subir.

Nous verrons, dans l'étude de la stabilité des fermes, que l'emploi de ces contrefiches normales à l'arbalétrier a pour effet de le convertir en une poutre armée et de réduire ainsi la portée libre réelle de la pièce, en multipliant les points fixes.

Les bielles B et B′ sont construites différemment ; les deux bielles latérales B′ étant plus courtes et moins sujettes au gauchissement résultant des efforts inégaux exercés par les tirants peuvent être construites en fonte, la bielle centrale B qui a une grande longueur est supposée construite en fer, trois tôles et quatre cornières du commerce, section que nous avons donnée en croquis (*fig.* 910).

Les arbalétriers sont reçus, à leur retombée, dans des sabots en fonte reposant directement sur les murs. Une console C construite en tôle et cornières relie plus intimement l'arbalétrier au mur du bâtiment.

Au faîtage les arbalétriers sont réunis par une série de plaques en tôle formant plaques d'assemblages avec les fourrures nécessaires pour les attaches des fourches des tirants et de l'aiguille pendante.

Le tirant horizontal T, fixé aux pieds des grandes bielles, se trouve placé à une

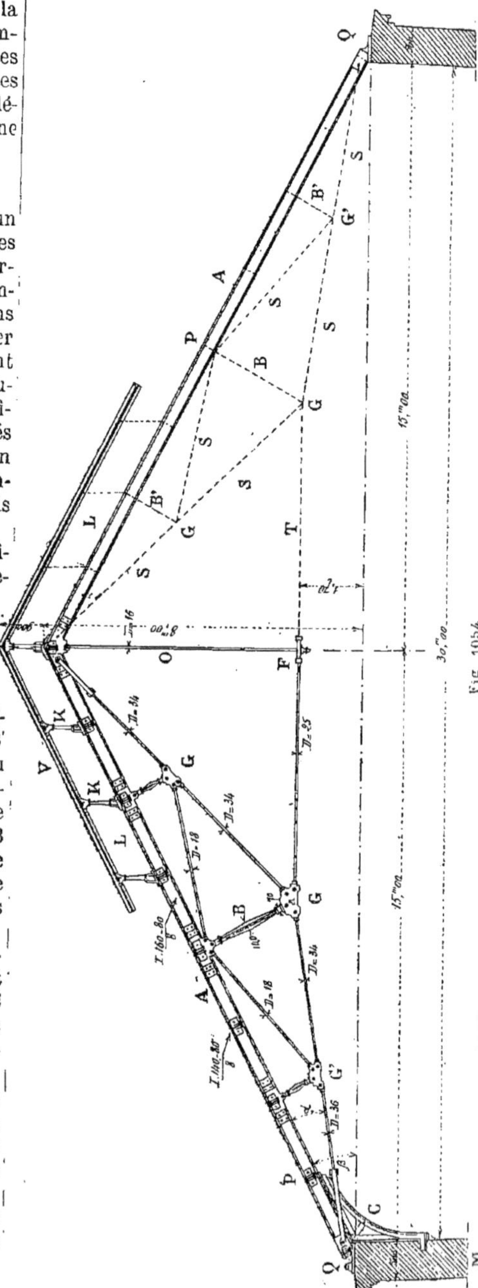
Fig. 1054.

hauteur de $1^m,70$ de la ligne des retombées ; il est formé d'un fer rond de 25 millimètres de diamètre, en deux morceaux réunis en F par un tendeur ou lanterne de serrage servant à régler la ferme.

La distance d'axe en axe des fermes est de 4 mètres.

Chaque arbalétrier reçoit, assemblé sur son âme, une série de pannes en fer I de 0,140 × 80 × 8 boulonnées sur les arbalétriers par l'intermédiaire d'équerres en fer ; ces pannes sont également espacées et ont toutes la même section.

Sur cette ferme on peut placer un lanterneau vitré surélevé de $0^m,90$ au-dessus des arbalétriers et dont les fers à vitrage V sont soutenus sur de petites colonnettes en fonte K dont nous avons déjà donné la forme pour les fermes à deux contrefiches.

Les plaques d'assemblage G, placées au pied des grandes bielles, sont d'une ferme à l'autre, reliées entre elles par un petit tirant en fer rond venant se fixer en *a* sur la tige qui traverse le pied de la bielle B et les plaques d'assemblage G.

Les détails d'assemblage de cette ferme rentrent dans ceux qui ont été examinés précédemment; nous aurons, dans tous les cas, l'occasion d'y revenir en parlant des halles et marchés où l'on emploie souvent les fermes du genre Polonceau.

IV. Fermes diverses.

479. Nous étudierons, sous la dénomination de fermes diverses, les charpentes métalliques qui, sans rentrer dans les types classiques étudiés précédemment, présenteront un intérêt pour le constructeur soit au point de vue de la disposition, soit au point de vue des cas particuliers qui se présentent presque toujours dans la pratique.

En étudiant un peu la charpenterie métallique on se rend de suite compte qu'il est très difficile d'appliquer telle ou telle type de ferme sans que les données du problème, la forme du terrain, la disposition des bâtiments voisins, etc..., n'obligent le constructeur à faire des modifications, ce qui nécessite des changements souvent très importants dans l'étude d'une charpente quelconque.

Dans ce qui va suivre nous étudierons les fermes métalliques en signalant quelques cas particuliers pouvant se présenter dans la pratique.

1er Exemple.

480. Comme premier exemple, proposons-nous d'étudier, avec tous les détails d'assemblage, une ferme métallique dont la forme générale est indiquée en croquis (*fig.* 1055).

Ce genre de ferme, qui est aujourd'hui très employé dans les ateliers, est très simple de construction, ne nécessite pas de pièces de forge et est entièrement exécuté avec des fers ordinaires du commerce.

Données principales.

Portée dans œuvre du bâtiment, 19 mètres ;

Portée d'axe en axe des murs du bâtiment, $19^m,50$;

Valeur de l'angle α, déterminé par les lignes des centres de gravité, $\operatorname{tg} \alpha = 0,60$;

Hauteur de la ferme, du tirant horizontal au faîtage, 4 mètres ;

Distance d'axe en axe des pannes, $1^m,05$;

Distance d'axe en axe des fermes 4 mètres à $4^m,50$.

Principaux fers employés.

Arbalétriers A, un fer plat de 250 × 7 et 2 cornières de 60 — 60 — 7 ;

Tirant horizontal T, un fer plat de 140 × 7 et 2 cornières de 60 — 60 — 5 ;

Aiguilles pendantes	O' cornières de 55 — 55 — 6,25 O' fer en U de 120 — 37 — 7 — 10,5
Croisillons	C' fer cornière de 55 — 55 — 6,25 F' fer plat de 55 × 6 e 55 × 7
Pannes	P' fers en U de 120 × 37 × 7 × 10,5 R fer I de $0^m,120$ a. o.

Rondelles en fer plat de 7 millimètres d'épaisseur ;

Plaques d'assemblages et couvre-joints en tôle de 7 millimètres d'épaisseur.

Description de l'ensemble d'une ferme (*fig.* 1055).

481. Cette ferme, qui par l'intermédiaire de sabots en fonte S repose sur les murs du bâtiment, se compose : d'arbalétriers A présentant la forme d'une poutre composée de deux cornières et d'une tôle suffisamment large pour recevoir les divers assemblages des pannes et des contrefiches ou tirants inclinés ; d'un tirant horizon-

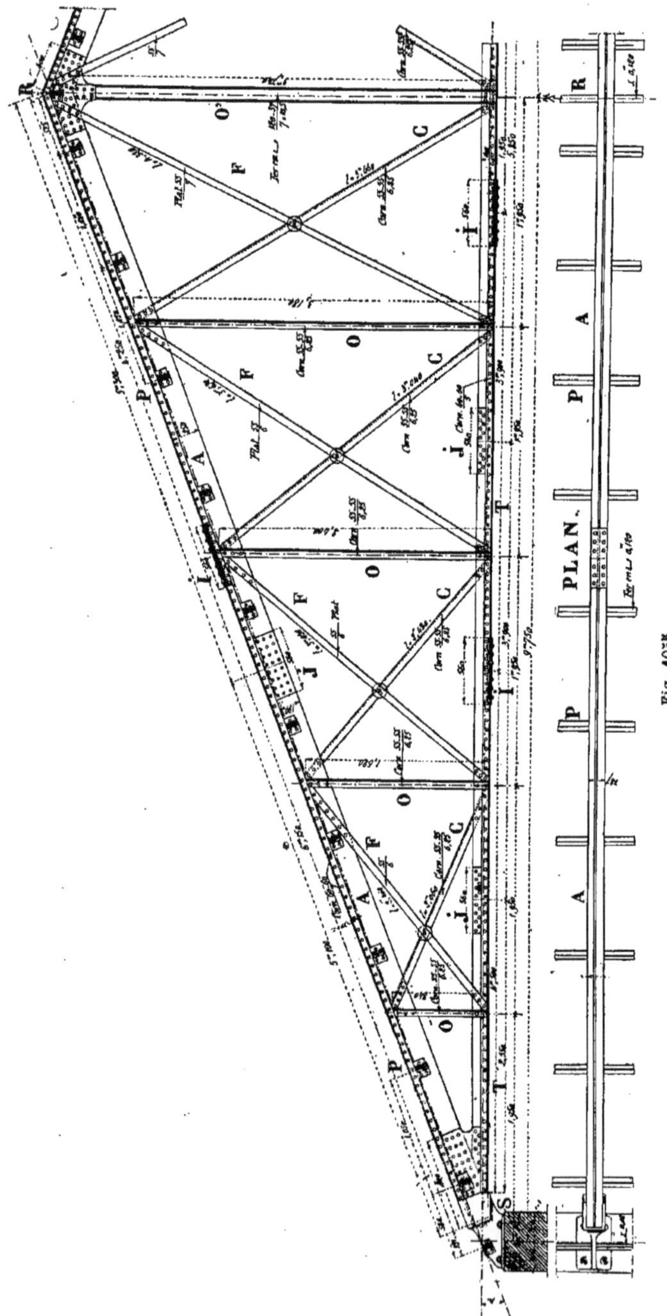

Fig. 1033.

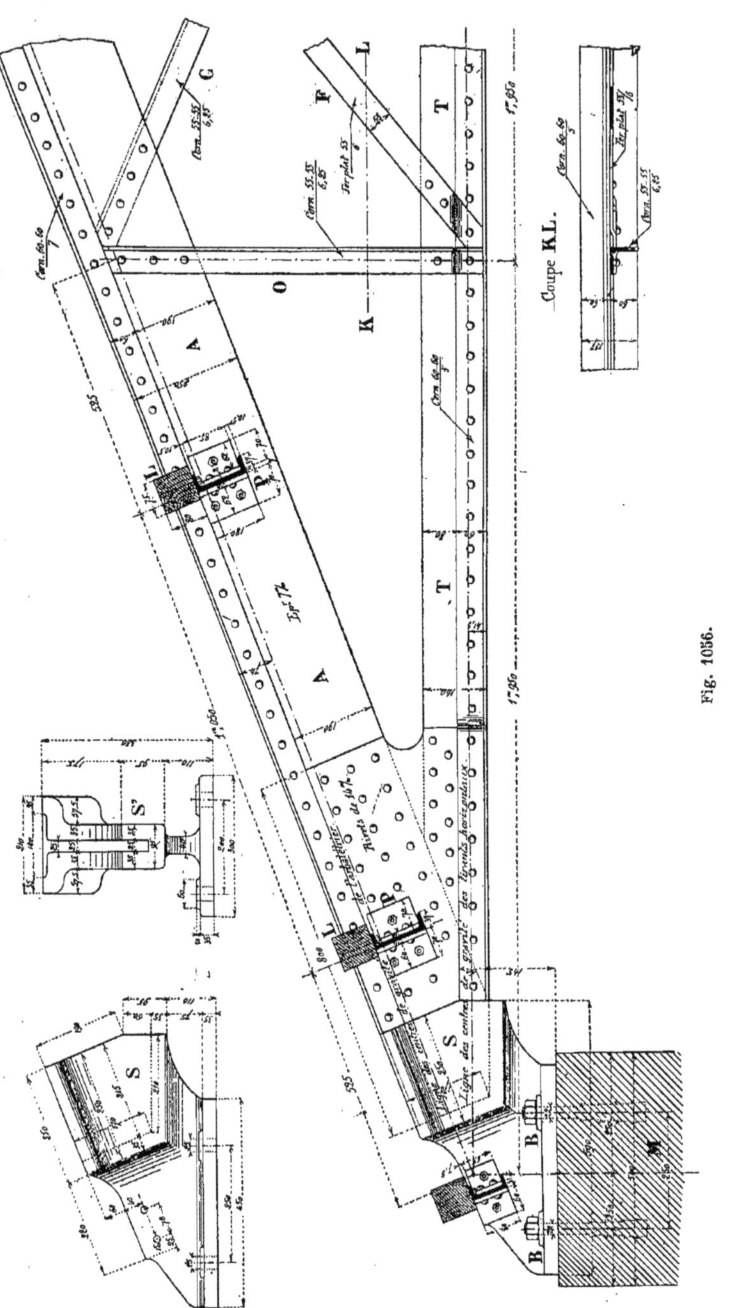

Fig. 1056.

tal T présentant la même composition que les arbalétriers mais avec des dimensions moindres ; d'une série d'aiguilles verticales O et O' solidement fixées sur les tôles du tirant et des arbalétriers ; enfin, d'une série de croisillons F et C ; les uns F en fers plats, les autres C en fers cornières.

Les pannes courantes P, régulièrement espacées sur les arbalétriers, sont ici des fers en **U** du commerce de $0^m,120$ de hauteur ; la panne de faîtage est un fer **I** de $0^m,120$ de hauteur.

Les croisillons sont réunis, à leur croisement, sur des rondelles en fer plat de 7 millimètres d'épaisseur.

Les arbalétriers A et le tirant horizontal T ayant une assez grande longueur nous avons indiqué en I et en J les assemblages bout à bout des tôles et des cornières formant ces deux pièces principales de la ferme.

Le plan nous montre la vue en dessus d'un arbalétrier avec l'indication d'un joint et la vue en plan du sabot S.

Ce sabot S est construit en fonte, il est fortement maintenu sur le mur du bâtiment par quatre boulons à scellement de 22 millimètres de diamètre.

Détails des principaux assemblages de cette ferme.

482. Comme nous l'avons dit ci-dessus nous étudierons complètement tous les détails intéressants et les assemblages de cette ferme en les classant comme suit :

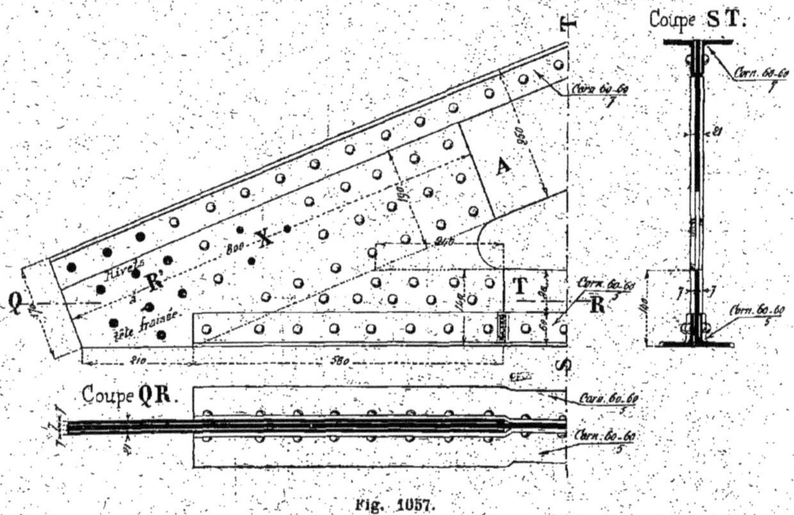

Fig. 1057.

1° Détail de l'about de chaque ferme ;

2° Détail du sabot en fonte recevant les arbalétriers ;

3° Assemblage de chaque arbalétrier avec le tirant horizontal ;

4° Assemblage des croisillons sur les arbalétriers et sur le tirant horizontal ;

5° Assemblages des pannes sur les arbalétriers ;

6° Assemblage de l'aiguille pendante O' et des croisillons C sur le tirant horizontal T ;

7° Détail du faîtage de la ferme et ses divers assemblages ;

8° Détail des couvre-joints de l'âme et des cornières de l'arbalétrier ;

9° Détail d'assemblage du croisement des barres formant croisillons ;

10° Détail des couvre-joints d'âme des tirants et des couvre-joints des cornières.

1° Détail de l'about de chaque ferme.

483. La figure 1056 nous donne le détail du pied de chaque ferme venant se fixer dans le sabot en fonte S. L'arbalétrier A est relié au tirant horizontal T à l'aide de plaques de tôle découpées et fixées sur les âmes par une série de rivets de quatorze millimètres de diamètre.

Les pannes P sont assemblées sur l'âme de l'arbalétrier par deux cornières ou équerres de dimensions différentes ; ces cornières sont rivées avec les pannes et boulonnées avec l'arbalétrier.

Sur l'aile supérieure de chaque panne

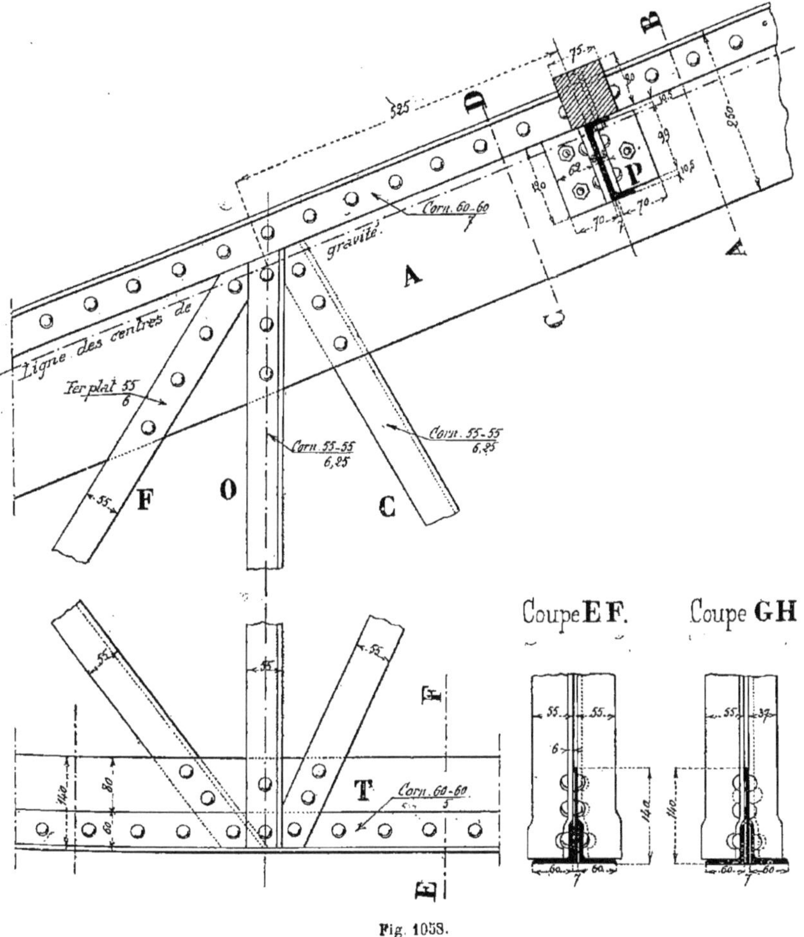

Fig. 1058.

on fixe un tasseau en bois L de 80 × 75 d'équarrissage qui doit recevoir le voligeage et la couverture en zinc.

La première panne, fixée sur le sabot S, est plus petite que les autres parce que la charge qu'elle supporte est moindre ; c'est un fer en U de 0m,08 de hauteur.

Le sabot S est maintenu sur le mur par deux forts boulons à scellement B.

La partie droite du croquis nous indique comment se fait l'assemblage des aiguilles pendantes O et des barres de croisillons C et F. La coupe suivant KL complète les indications et montre comme quoi il est nécessaire de couder les pièces O et F à leur passage sur la cornière inférieure du tirant horizontal T.

Dans ce croquis nous avons indiqué par un gros pointillé, les lignes des centres de gravité de l'arbalétrier et des tirants horizontaux ; ces lignes sont utiles pour le calcul de la ferme.

2° Détail du sabot en fonte recevant les arbalétriers.

484. Dans le même croquis (*fig.* 1056), nous donnons deux vues du sabot en fonte, une élévation S et une vue de côté S'.

Ce sabot, ainsi dégagé des pièces métalliques qu'il doit recevoir, se comprend facilement à l'inspection des deux croquis dans lesquels toutes les cotes d'exécution sont données.

3° Assemblage d'un arbalétrier avec le tirant horizontal.

485. La figure 1057 nous représente en croquis cotés l'assemblage de l'extrémité de chaque arbalétrier avec l'extrémité du tirant horizontal. La cornière basse du tirant T doit se couder un peu en passant sur la tôle d'assemblage, cette partie coudée se voit très bien en plan et en élévation en examinant les coupes horizontale QR et verticale ST.

En R' les rivets d'assemblage, indiqués en noir, doivent avoir leur tête fraisée pour permettre à l'about de l'arbalétrier de pénétrer dans le sabot en fonte S.

En X se trouvent les trous nécessaires pour le passage des boulons d'assemblage

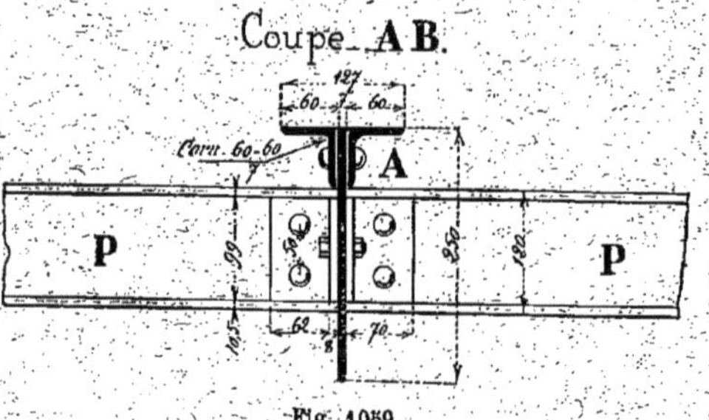

Fig. 1059.

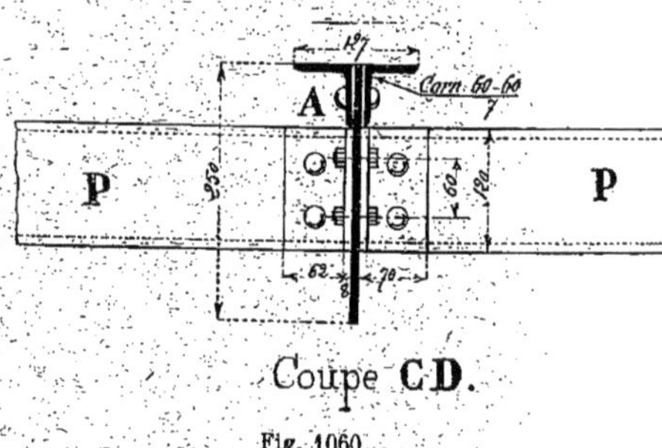

Fig. 1060.

de la panne P (*fig.* 1056), sur l'arbalétrier.

Les côtés et les dimensions principales sont indiquées dans ce croquis.

4° Assemblage des croisillons sur les arbalétriers et sur le tirant horizontal.

486. La figure 1058 donne en détails les assemblages des croisillons soit avec l'âme de l'arbalétrier, soit avec l'âme du tirant horizontal.

Ces assemblages étant très simples se comprennent à la seule inspection de la figure. La coupe EF montre qu'il est nécessaire de couder les pièces à leur passage sur la cornière inférieure du tirant horizontal.

5° Assemblage des pannes sur les arbalétriers

487. Les deux figures 1059 et 1060 qui sont deux coupes de l'arbalétrier A de la figure 1058 font facilement comprendre comment se fait l'assemblage des fers en **U**, P formant panne avec l'âme de l'arbalétrier.

Dans l'une des coupes la cornière d'assemblage prend toute la hauteur du fer en **U**, dans l'autre, elle est comprise entre les ailes de ce même fer. Ces deux coupes nous donnent la section des arbalétriers avec les cotes nécessaires pour l'exécution.

6° Assemblage de l'aiguille pendante O' et des croisillons sur le tirant horizontal T.

488. La figure 1061 représente l'as-

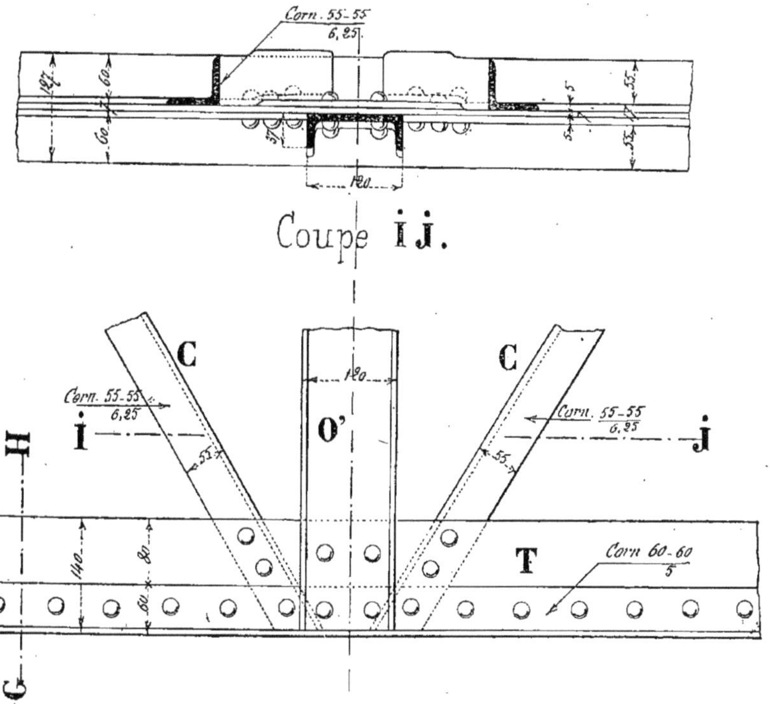

Corn. 55-55 / 6,25

Coupe i j.

C C O' T H G i j

Corn. 60-60 / 5

Fig. 1061.

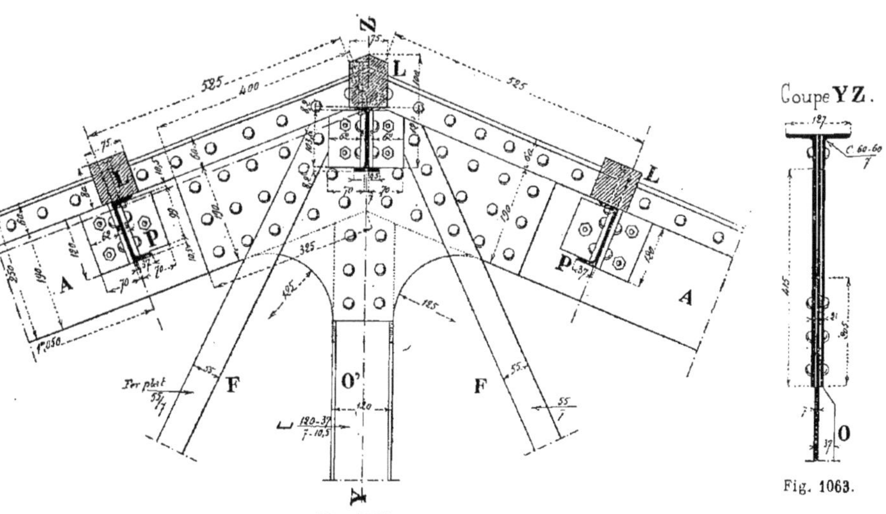

Fig. 1062.

Fig. 1063.

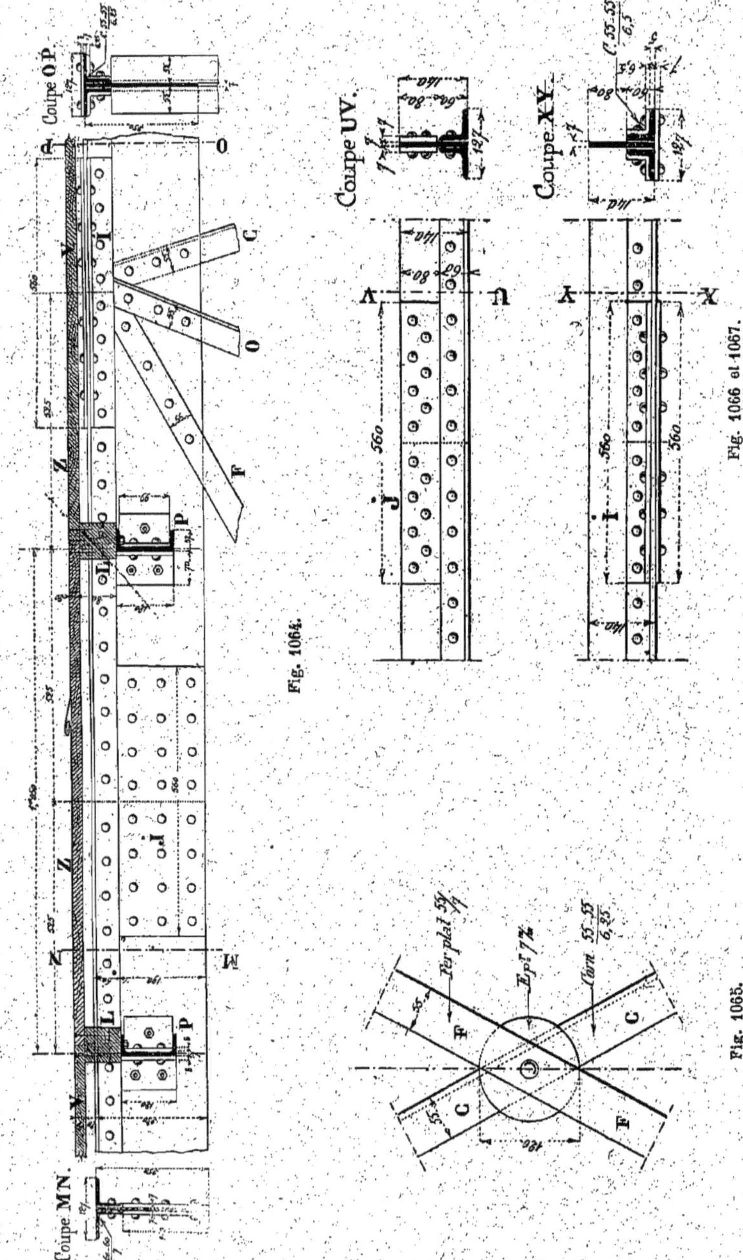

Fig. 1064.

Fig. 1065.

Fig. 1066 et 1067.

semblage particulier de l'aiguille pendante O' avec le tirant T. Ce fer en U, comme le montre la coupe GH indiquée (*fig.* 1058), qui a 37 millimètres de largeur d'aile doit se couder un peu au passage de la cornière inférieure du tirant T ; il en est de même des deux cornières C formant croisillons.

La coupe horizontale IJ (*fig.* 1061), complète suffisamment les indications sans que nous ayons besoin de nous y arrêter plus longuement.

7° Détail du faîtage de la ferme.

488. Les deux figures 1062 et 1063 donnent en élévation et en coupe verticale le détail assez simple du faîtage de la ferme.

Au faîtage, les deux arbalétriers sont assemblés entre eux par une tôle de 190 millimètres de hauteur sur 7 millimètres d'épaisseur se prolongeant un peu sur l'axe pour recevoir l'assemblage de l'aiguille pendante O'; la figure 1063 montre comment se fait l'assemblage, l'âme du fer en U se prolonge entre les deux tôles, les ailes, au contraire, s'arrêtent et sont taillées en biseau.

Les deux tirants inclinés F viennent également se fixer sur la tôle d'assemblage ainsi que la panne de faîtage en fer I du commerce.

Tout ces assemblages sont très simples et se comprennent assez facilement en examinant attentivement le croquis.

Le tasseau L, placé sur l'aile supérieure de la panne de faîtage, présente deux pentes égales à sa partie haute, ce qui permet d'y clouer facilement le voligeage de la couverture.

8° Détails des couvre-joints de l'âme et des cornières de l'arbalétrier.

490. La figure 1064 nous indique : en I comment se fait l'assemblage de deux bouts de cornière des arbalétriers à l'aide d'une tôle supérieure de 127 millimètres de largeur sur 7 millimètres d'épaisseur et de deux cornières de $55 \times 55 \times 6,25$; en J le détail des couvre-joints d'âme à l'aide d'une tôle de $560 \times 190 \times 7$ fixée avec de nombreux rivets; en L la disposi-

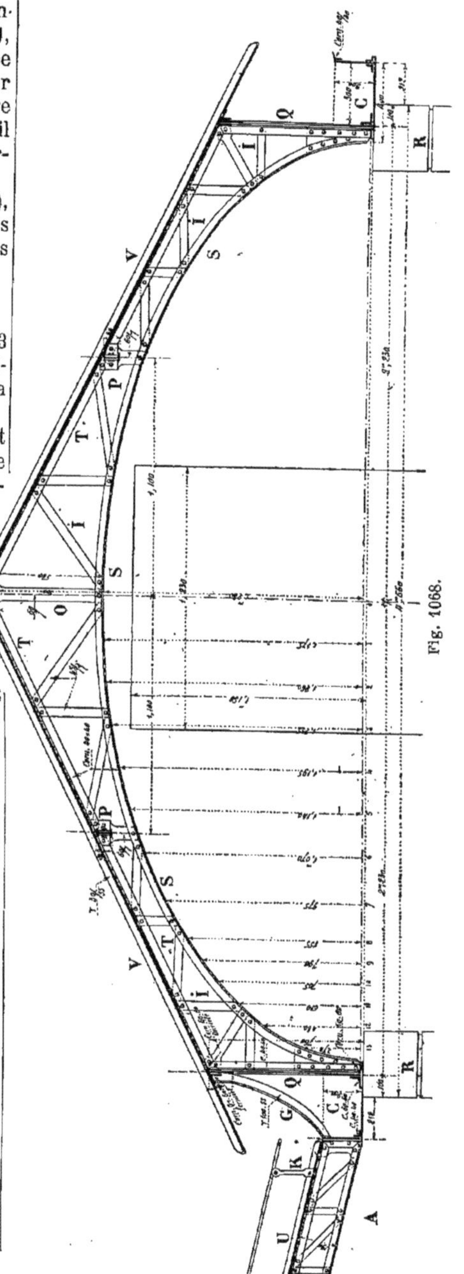

Fig. 1068.

tion des tasseaux fixés sur l'aile supérieure des pannes P au moyen d'un boulon traversant le bois et l'aile du fer et dont la tête supérieure est entièrement noyée dans le bois ; en V la coupe longitudinale du voligeage fixé sur les tasseaux L par des clous; enfin, en Z la disposition des feuilles de zinc formant la couverture.

Les deux coupes MN et OP complètent les indications.

9° Détail d'assemblage du croisement des barres formant croisillons.

491. La figure 1065 donne le détail et les dimensions des rondelles placées entre les barres F et C et l'indication du rivet servant à relier les trois pièces.

10° Détail des couvre-joints du tirant horizonta

492. La figure 1066 représente en élévation et en coupe les couvre-joints employés pour l'âme du tirant horizontal T; la figure 1067 donne les mêmes indications pour les couvres-joints des cornières horizontales du même tirant T.

Rien de particulier à signaler dans ces deux dispositions qui se rencontrent souvent dans la charpenterie métallique.

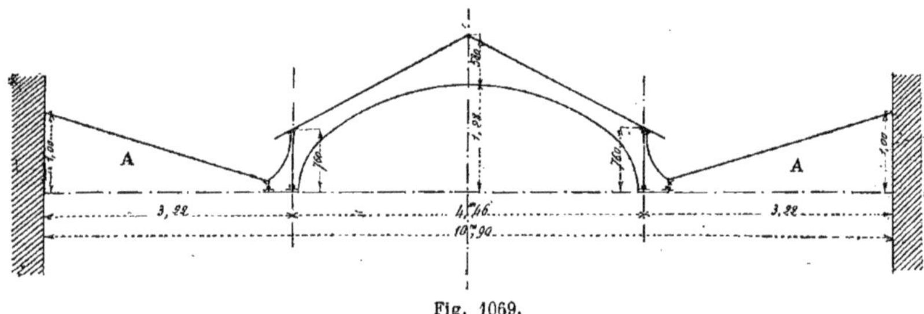

Fig. 1069.

2° Exemple.

493. L'exemple de charpente métallique que nous donnons (*fig.* 1068) est destiné à couvrir une cour d'une assez grande largeur.

La partie milieu prend la forme d'une ferme ordinaire à deux rampans égaux; chacune de ces fermes repose sur de fortes poutres en treillis Q de 760 millimètres de hauteur, scellées à chaque extrémité dans des piles R en pierre de taille.

A droite et à gauche de cette ferme on ajoute, comme le montre le croquis schématique (*fig.* 1069), deux appentis A analogues, comme construction, à celui qui a été donné précédement en détail (*fig.* 942) et sur lequel nous n'avons pas à revenir.

Dans l'exemple que nous examinons, chaque ferme, occupant le milieu de l'espace couvert, est formée par une poutre en treillis d'une forme spéciale composée de cornières T de 40 × 40 suffisamment inclinées pour assurer l'écoulement de l'eau du vitrage, ces cornières se retournent verticalement pour permettre leur assemblage avec les poutres longitudinales Q.

La partie inférieure de cette poutre en treillis est exécutée avec des cornières S ayant les mêmes dimensions et cintrées en forme d'anse de panier.

Des fers plats I de 45 × 7 et O de 60 × 7 servent les premiers de croisillons et les seconds de fers plats sur lesquels, après leur avoir donné l'élargissement convenable, on peut assembler les pannes P qui, dans cet exemple, sont des fers I de $0^{m},08$ *a. o.*

Sur la panne de faîtage F, sur la panne courante P et sur la partie supérieure de la poutre en treillis Q, reposent, régulièrement espacés, des fers à vitrage V en T de 30 × 35 tous assemblés au faîtage dans un autre fer T des mêmes dimensions, fixé sur l'aile supérieure de la panne de faîtage.

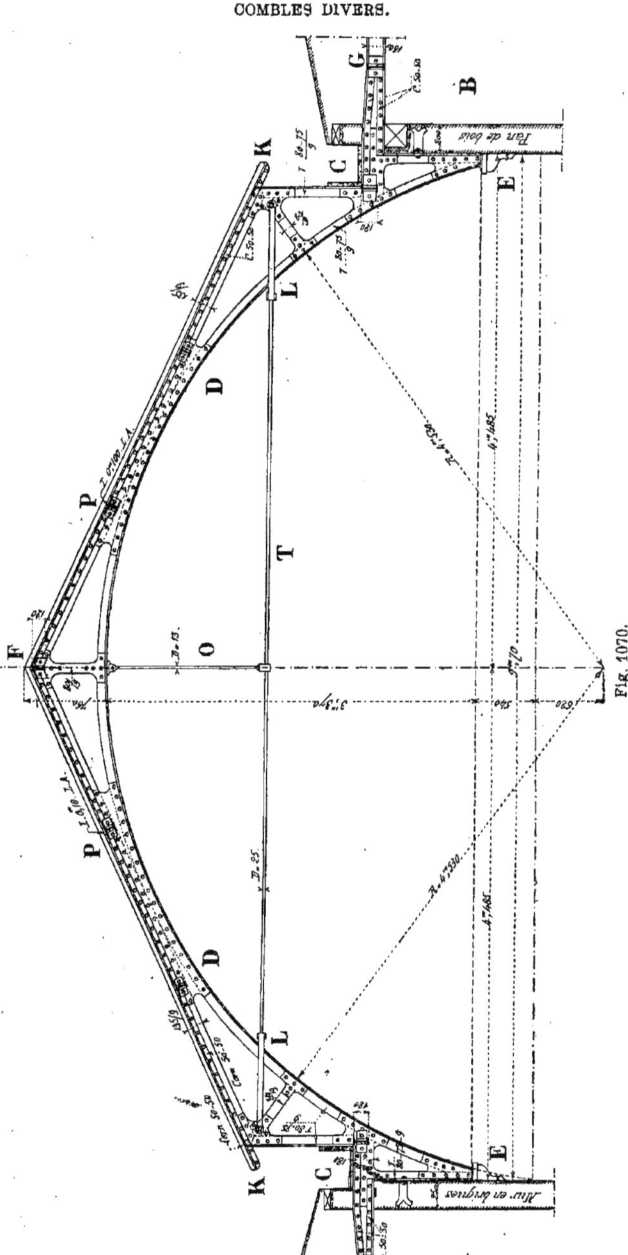

Fig. 1070.

Le chéneau C, construit en zinc, est limité d'un côté par la partie inférieure de la poutre Q de l'autre par la poutre placée perpendiculairement à la direction de l'appentis et en dessous par une semelle en tôle réunissant les cornières basses des deux poutres.

Les poutres Q devront être calculées suivant la portée variable qu'on désire leur donner et le nombre de fermes qu'elles doivent recevoir sur leur longueur.

Dans cet exemple la distance d'axe en axe des fermes sera de 4 mètres.

3e Exemple.

494. La figure 1070 nous donne une exemple de ferme métallique établie entre deux bâtiments existants A et B et nous offre un exemple assez intéressant d'un cas particulier.

Le bâtiment A est limité par un mur en briques de $0^m,25$ d'épaisseur ; le bâtiment B est limité par un simple pan de bois de $0^m,20$ d'épaisseur, il reste, entre ces deux bâtiments, un espace de $9^m,70$ qu'on désire couvrir par des fermes métalliques supportant un vitrage.

Chacun de ces bâtiments ayant sous comble un plancher en fer G, on se sert en partie de ce plancher pour soulager chaque ferme en y faisant l'assemblage indiqué en G dans le croquis.

Des consoles en fonte E reçoivent, par un assemblage spécial, la retombée de chaque ferme, la disposition adoptée est suffisamment indiquée dans le croquis pour être très facilement comprise.

Chaque ferme se compose : de montants verticaux en fer T de $80 \times 75 \times 9$, reliés à des parties inclinées KF, formées d'une tôle de 135×9 et de deux cornières de 50×50.

Au-dessous un arc en plein cintre formé par un fer D en T de $80 \times 75 \times 9$ est solidement relié par des fers plats et des tôles d'assemblage aux montants verticaux et aux pièces KF.

Un tirant T en fer rond de 25 millimètres de diamètre muni de ses deux fourches L et une aiguille pendante O en fer rond de 13 millimètres de diamètre complètent cette simple installation.

Les pannes P sont des fers I de $0^m,10$ L, A. ; celle de faîtage F a $0^m,12$ de hauteur. Sur ces pannes et sur la cornière de rive K on place une série de fers à vitrage régulièrement espacés.

Le chéneau O est installé entre les montants verticaux de la ferme métallique et un petit muret construit sur le mur en briques du côté gauche et sur le pan de bois de l'autre côté ; ce chéneau est soutenu, d'une ferme à l'autre, par un fer I placé à la partie basse des montants verticaux.

La distance d'axe en axe des fermes est de 4 mètres.

4e Exemple.

495. Le quatrième exemple indiqué en croquis (*fig.* 1071) représente un comble d'atelier construit très solidement et destiné à recevoir sur des faux entraits E ou F, suivant les besoins, de solides planchers en fer.

Chaque ferme dont la figure 1071 donne une demi-élévation se compose : d'arbalétriers A formés, comme le montre la coupe EF, de deux fers I de $0^m,160$ L A., espacés de $0^m,25$ d'axe en axe reliés entre eux, dans l'intervalle qui sépare deux pannes, par des boulons à quatre écrous de $0^m,018$ millimètres de diamètre et hourdés entre leurs ailes intérieures ; d'un poteau vertical B, d'une contrefiche C et d'un faux-entrait F, ces trois pièces formées chacune par deux fers I de $0^m,160$ L. A., hourdés entre leurs ailes intérieures, réunis par des boulons de $0^m,018$ millimètres de diamètre et fortement reliés aux fers de l'arbalétrier et à la poutre P du plancher par de solides plaques de tôle.

Les charges sur les faux planchers pouvant être assez fortes, on prolonge la file des colonnes des étages inférieurs en D et en D' comme l'indique le croquis ; ces colonnes portent les consoles nécessaires pour recevoir les poutres du plancher.

Sur les arbalétriers et régulièrement espacées on dispose une série de pannes S en fer I de $0^m,100$ *a. o.*, réunies tous les mètres par des boulons à quatre écrous de $0^m,016$ millimètres de diamètre. Dans toute la hauteur de ces pannes on exécute un hourdis analogue à celui des autres pièces.

Un chéneau R construit sur entablement couvert reçoit les eaux pluviales tombant sur le comble.

A la partie inférieure se trouve un plancher en fer très solide dont les poutres sont jumellées et ont, en des points différents de leur longueur, les deux profils représentés par les coupes AB et CD.

Ces poutres sont réunies, de distance en distance, par de forts boulons à quatre écrous placés tantôt en haut, tantôt en bas de l'âme. En certains points on place, comme l'indique le plan suivant AB, des fers plats de 160×6 reliant bien les poutres en haut et en bas.

Ces poutres reposent sur les murs du bâtiment par l'intermédiaire de plaques de repos L fortement scellé·s et présentant sur la face vue le même profil que les moulures des colonnes.

En G on place deux fers I de 0m, 220 *a. o.*, destinés à maintenir constante la distance entre deux fils de colonnes consécutives.

La distance d'axe en axe des fermes est de 3 mètres.

La figure 1072 nous montre par deux coupes perpendiculaires à la poutre P la disposition de deux colonnes voisines supportant les poutres, avec l'indication du hourdis et du sol en ciment de l'atelier.

Ce hourdis est formé par de petites voûtes V, en briques pleines, de 0m, 11 d'épaisseur venant retomber dans les cornières basses des poutres P.

Afin d'annuler la poussée on place d'une poutre à l'autre, un tirant T en fer rond de 0m, 030 millimètres de diamètre soutenu en son milieu par une aiguille pendante O de même diamètre. Sur ces voûtes V on met un remplissage ou hourdis H en matériaux plus légers puis une couche de ciment Z ou un carrelage quelconque formant le sol de l'atelier.

Dans cette figure nous indiquons en G la position des deux fers destinés à maintenir l'écartement entre deux colonnes.

Cette disposition donne de très bons résultats pour les planchers très chargés des usines ou des ateliers.

Dans la traversée du hourdis le fût prolongé F des colonnes D et D' est carré. Cette forme, comme nous l'avons indiqué, page 263 de la première partie du *Cours de construction*, est destinée à faciliter le montage. Les poutres sont placées de chaque côté du fût prolongé. Il est très important de calculer la hauteur de cette partie carrée qui traverse le plancher, pour que, dans le cas de deux colonnes superposées, la colonne supérieure pose seule sur le prolongement du fût et, en aucune façon, sur les ailes supérieures des poutres. Dans l'exemple que nous examinons nous avons prolongé ce fût carré jusqu'à la partie supérieure du dallage en ciment.

5e Exemple.

496. Les deux figures 1073 et 1074 représentent en coupe verticale et en plan la disposition d'un comble à la Mansard tout en fer, couvrant un bâtiment industriel.

Chaque ferme, dont la figure 1073 donne le détail, se compose : de montants inclinés B formés par deux fers I de 0m,14 *a. o.*, réunis par des boulons de 0m,020 de diamètre à quatre écroux ; d'un entrait C en deux lames fers I de 0m, 160 *a. o.*, reliés par les mêmes boulons de 0m,20 de diamètre ; d'arbalétriers D également jumellés et formés par deux fers I de 0m,140 *a. o.*; d'une aiguille pendante O en fers I de 0m, 12 *a. o.*

En E, les montants B, les arbalétriers D et l'entrait C s'assemblent sur un fer I de 0m, 18 *a. o.*, servant de panne de brisés.

Les montants B des fermes et les montants courants B' (*fig.* 1074) s'assemblent dans un fer en U F, relié de distance en distance aux solives S du plancher inférieur.

En G, entre deux montants B, on met un fer en U destiné à limiter l'ouverture d'une baie.

Sur l'entrait C et sur les arbalétriers D on assemble une série de petits fers I de 0m, 10 *a. o.*, espacés de 0m, 80 d'axe en axe, et destinés à supporter un hourdis ; ces petits fers sont reliés entre eux par des boulons d'écartement de 0m,016 de diamètre.

Le chéneau H porté sur la corniche J est un chéneau à l'anglaise sur entablement couvert dont nous avons déjà eu occasion de donner le détail.

La figure 1074 nous montre en plan la disposition des fers.

En K se trouvent deux arêtiers terminant le bâtiment.

En L nous indiquons le plan d'un fronton placé au milieu du bâtiment, cette disposition nécessite un arrangement spécial pour l'écoulement de l'eau tombant sur le comble.

6ᵉ Exemple.

497. Comme sixième exemple nous donnons en croquis (*fig.* 1075), la disposition d'un comble avec tirant cintré, destiné à couvrir une cour située entre deux bâtiments A et B.

La ferme est très simple, des arbalétriers, des montants verticaux reliés aux murs par de solides boulons à scellement et un tirant cintré C en plein cintre de 3^m, 25 de rayon, en fer T de 70 × 70 × 10, en forment les pièces principales. Ces différents fers sont réunis entre eux par des plaques de tôle découpées d'une épaisseur de 7 millimètres.

Des pannes P en fer I de 0^m,120 *a.o.* s'assemblent, à l'aide de boulons sur les tôles d'assemblage dont nous venons de parler.

En K, des supports en fer carré de 30 millimètres de côté, supportent des cornières fermées et un faîtage en fer T devant recevoir les fers à vitrage V du lanterneau.

De P en K on place également des fers à vitrage déversant l'eau directement dans le chéneau de chacun des bâtiments A ou B.

En *a* nous avons indiqué le joint de deux fers à T C et la réunion de ce fer T avec un anneau en fer plat de 60/10 placé au faîtage.

La distance d'axe en axe des fermes peut être de 4^m,50 à 5 mètres; la portée dans œuvre étant de 6 mètres.

Cette disposition est simple et peut trouver de nombreuses applications.

7ᵉ Exemple.

498. La figure 1076 représente un type de ferme avec tirant cintré un peu plus important que le précédent.

La portée dans œuvre est, dans cet exemple, de 16 mètres et la distance d'axe en axe des fermes de 5 mètres.

Cette ferme est portée sur des colonnes en fonte C et reçoit de chaque côté des appentis dont nous voyons le départ en A.

Énumération des principaux fers utilisés dans cette charpente.

499. Les principaux fers employés pour cette ferme sont les suivants :

Montants B en fer I de 0^m,200 L.A.

En J, 2 cornières 45 × 55 × 7 fixées sur les ailes intérieures du fer B;

Arbalétriers I, 2 cornières. 60 × 60 × 7,5;

Tirant cintré T, 2 cornières. 60 × 60 × 7,5;

Croisillons E, 2 cornières. 60 × 60 × 7,5:

— E′ — 45 × 45 × 6 ;

— E″ — 50 × 50 × 6 ;

Pannes P, fers I de 0^m,160, *a. o* ;

Faitage et contreventement latéral. fer T de 55 × 55 × 7;

Fers à vitrage du lanterneau, T de 30 × 30;

Plaques d'assemblages et tôles diverses, 7 millimètres d'épaisseur ;

Fers plats de 40 × 5 et de 45 × 9 pour le contreventement;

Fers I de 0^m,300 L A supportant le rail du chemin de roulement.

Description de la ferme.

500. La pièce principale recevant les assemblages est, (*fig.* 1076), un fer B de 0^m,200 L A, placé verticalement sur la colonne C. C'est sur l'aile gauche de ce fer que viennent se fixer les appentis A et sur l'aile droite les montants J de la ferme proprement dite.

Les montants J, les arbalétriers I et le tirant cintré T sont réunis très solidement entre eux par des plaques de tôle L et L′ et une série de croisillons E, E′, E″.

Les pannes P sont fixées sur la tôle L ou sur les tôles d'assemblage des croisillons; chaque panne est soutenue par une petite cornière, placée sous son aile inférieure, elle reçoit sur son aile supérieure un tasseau S sur lequel on cloue le voli-

Boulon
4 Ecrous
310
Corn 70-70/9
Coupe AB.
Boulon
4 Ecrous
310
Corn 70-70/9
Coupe CD.
Boulon
4 Ecrous
Coupe EF.
Plan suivant ab.
Pente 0m,55 p.m.
6m,155
9m,410
A
B
C
D
Fig. 1071

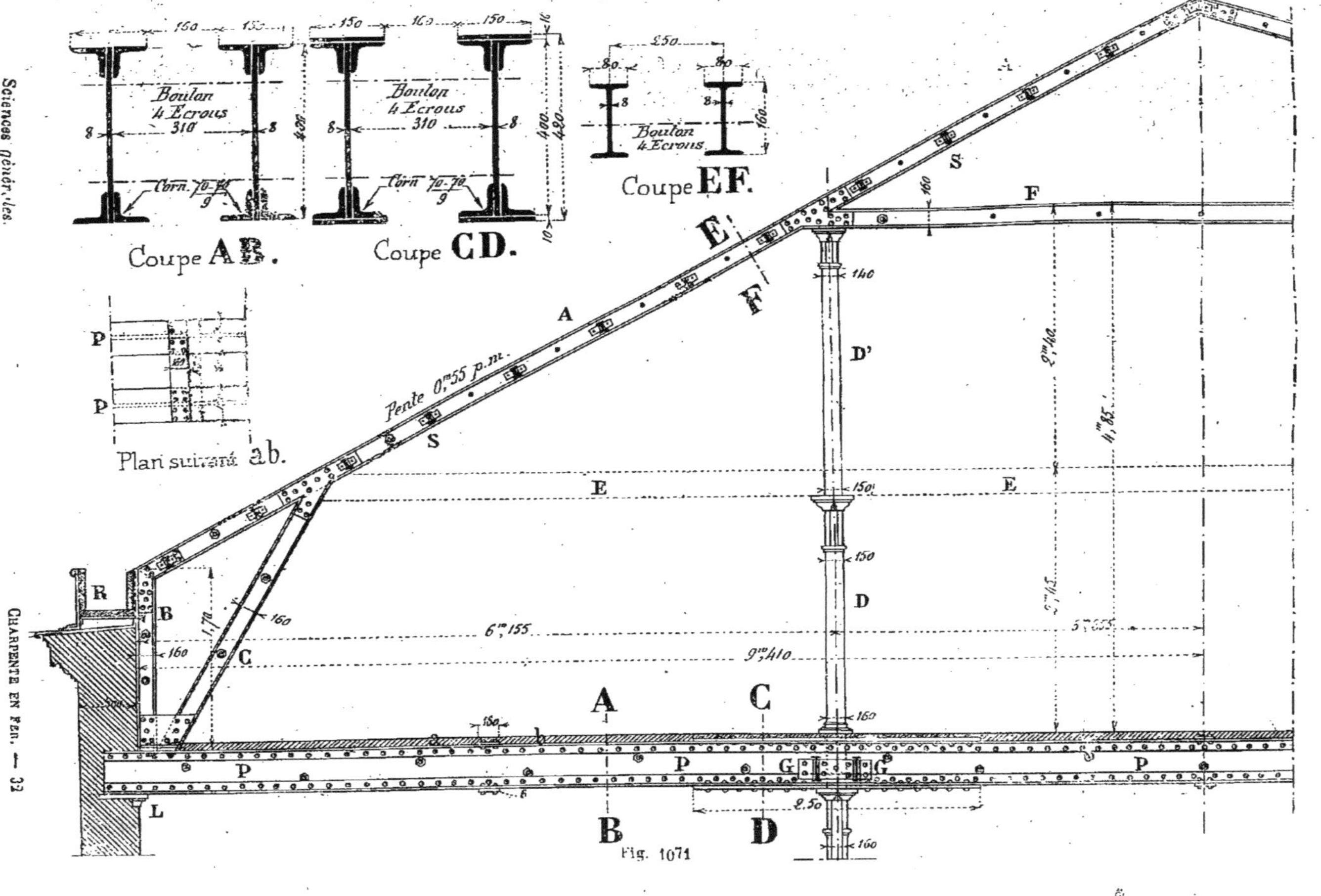

Fig. 1071

geage Z devant supporter la couverture en zinc.

Au faîtage, la panne en fer **I** est remplacée par un fer **T** de 55 × 55 × 7 et en S' par une cornière à ailes inégales de 70 × 50.

En K nous avons indiqué la disposition des couvre-joints du tirant incliné T.

Un lanterneau, analogue à ceux que nous avons étudiés précédemment, est placé au faîtage de cette ferme ; il est supporté par des supports R fixés sur le fer T du faîtage et reçoit des fers à vitrage V régulièrement espacés

Les chéneaux, recevant les eaux pluviales de ce comble, sont placés au bas des appentis, on pourrait cependant placer une gouttière en S' (*fig.* 1076), ce qui serait préférable.

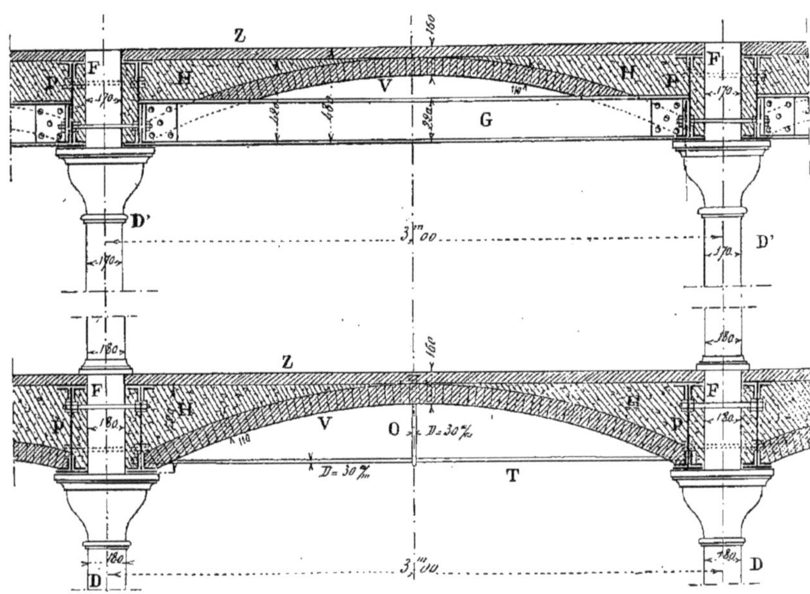

Fig 1072.

Contreventement latéral.

501. D'une ferme à l'autre et venant se fixer sur les âmes des fers B on exécute une véritable poutre D dont le croquis (*fig.* 1076) donne la vue en élévation et la coupe verticale par l'axe.

Cette poutre, formée par des fers Q et T' en **T** de 55 × 55 × 7, par des cornières X de 44 × 45 × 7 et par des fers plats de 40/5, permet d'avoir un très grand éclairage latéral ; elle a de plus l'avantage de bien relier deux fermes consécutives et de servir de contreventement longitudinal.

En Y les pieds des fers sont fortement reliés par des tôles d'assemblages.

Contreventement du faîtage.

502. Au faîtage F (*fig.* 1076) on réunit également deux fermes voisines par une petite poutre formant contreventement et dont la figure 1077 nous donne la disposition.

A la partie haute, en G, on met un fer T de 55 × 55 × 7; en bas et au milieu, des cornières C de 45 × 45 × 5, le tout relié par des fers plats de 45 × 9 et des tôles de 7 millimètres d'épaisseur

Faîtage fer I de 0.18 a.o
fer I de 0.18 a.o
2 fers I de 0.12 a.o
boulon de 20 m/m
fers I de 0.10 a.o
2 fers I de 0.14
boulons de 20 m/m
Pannes fers I de 0.10 a.o
2 fers I de 0.14 a.o
boulons d'écartement de mètre en mètre
0.16 de diamètre.
2 fers I de 0.16 a.o
fers ⊔ de 0.12
2 fers I de 0.14 a.o
boulons de 20 m/m
Semelle fer ⊔ de 0.16
fer I de 0.18 a.o

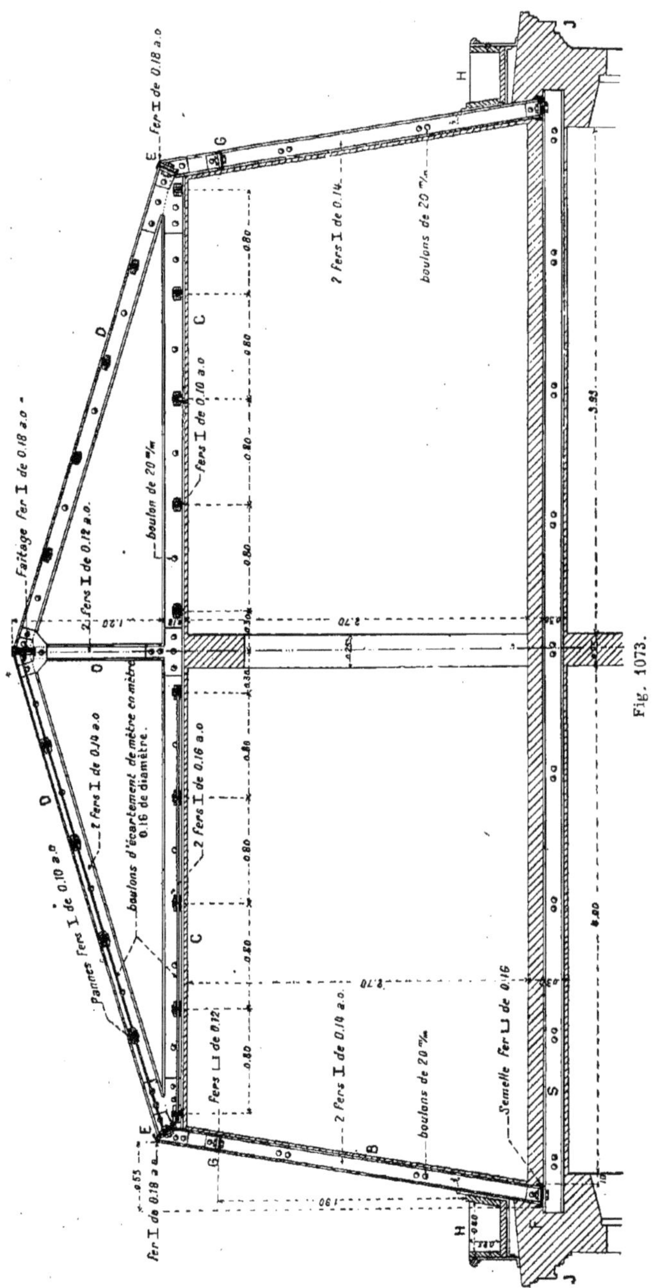

Fig. 1073.

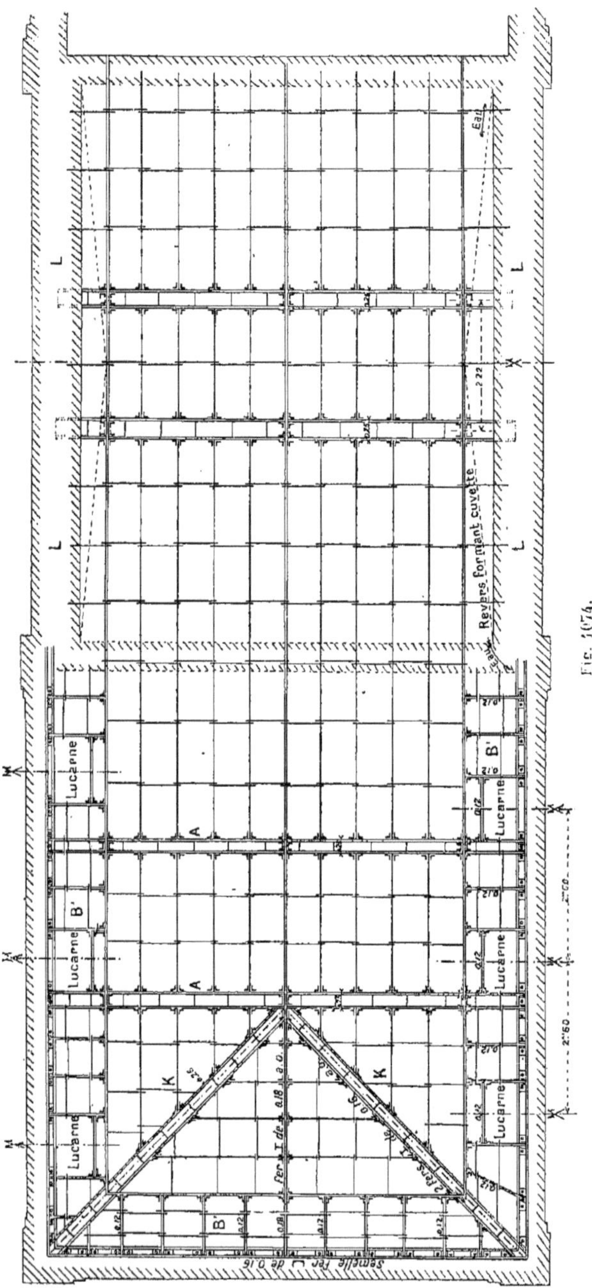

Fig. 1074.

En K nous voyons la coupe des couvre-joints indiqués aussi en K (*fig.* 1076).

Disposition spéciale pour le chemin de roulement d'un pont roulant.

503. Cette ferme, couvrant un atelier, nous avons supposé en G (*fig.* 1076) une disposition spéciale pour le chemin de roulement d'un pont roulant indispensable dans les ateliers bien outillés.

Une forte console H établie très solidement sert de support à un fer I de $0^m,300$ L. A., allant d'une ferme à l'autre. Sur l'aile supérieure de ce fer on fixe un rail sur lequel doivent passer les roues d'un pont roulant.

La disposition est trop simple pour que nous ayons besoin de nous y arrêter; le fer I de $0^m,300$ est fortement relié à la tôle L' de la charpente métallique.

La figure 1078 nous donne en croquis la disposition du rail et une coupe horizontale suivant A' B' (*fig.* 1076).

Remplissage des bas côtés de la ferme.

504. Pour terminer, nous donnons, (*fig.* 1079) l'indication d'un remplissage en tôle des bas côtés O (*fig.* 1076).

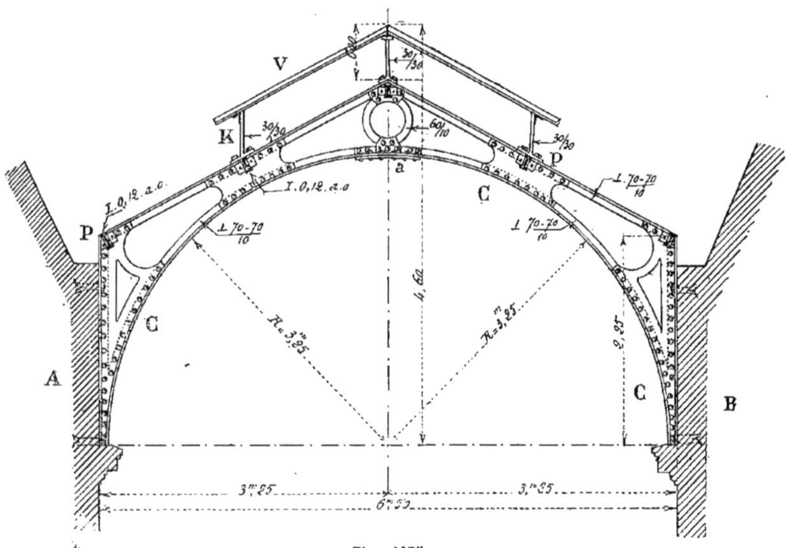

Fig. 1075.

La figure 1079 montre ce remplissage en élévation avec la disposition des fers B espacés de $5^m,00$ d'axe en axe et supportant la cornière à ailes inégales S' et des montants R en fer T de $55 \times 55 \times 7$, pièces sur lesquelles on visse les tôles O formant fermeture latérale.

Cette disposition a été quelquefois employée dans les usines qui le plus souvent ont des tôles à leur disposition.

8ᵉ Exemple.

505. La figure 1080 nous montre un exemple de ferme métallique venant se raccorder avec un appentis A assez important ayant 5 mètres de portée et formé, comme pièce principale, d'une poutre K en tôle et cornières, dont la section va en décroissant depuis le point d'attache jusqu'au chéneau suspendu à son extrémité.

La ferme et l'appentis s'assemblent sur une poutre Q en tôle et cornières ayant $1^m,60$ de hauteur; cette poutre vient se fixer sur un poteau B également en tôle et cornières, dont la section est représentée en B' dans la même figure.

La ferme proprement dite se compose : d'arbalétriers formés par quatre cornières D de 70 — 70 — 9, réunies entre elles par un treillis de fer plat G de 70 × 10 et 70 × 11 ; d'un tirant T composé de deux cornières de 70 — 70 — 8, et d'une aiguille pendante O en fer plat de 45 — 7.

La retombée de l'arbalétrier sur la poutre Q se fait par l'intermédiaire d'une forte console J en tôle et cornières et d'une partie I solidement consolidée et recevant à sa partie basse l'assemblage du tirant T.

Les pannes de cette charpente sont : au faîtage un fer I de 0m,220 L. A. ;

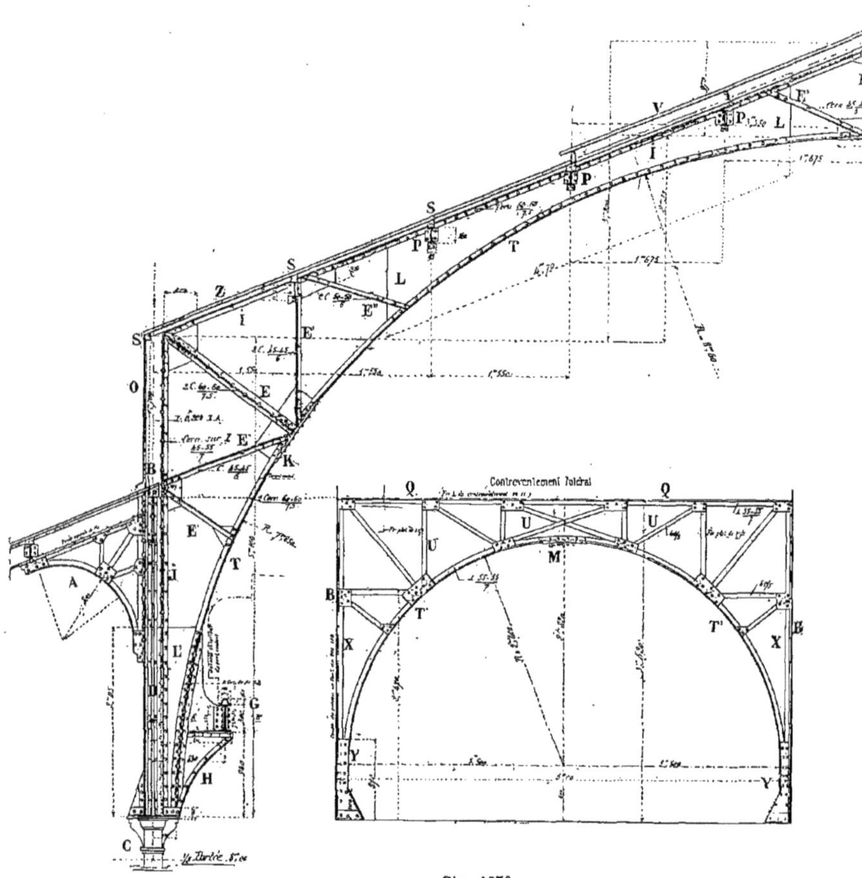

Fig. 1076.

entre le faîtage et la poutre Q un fer en U de même hauteur, assemblé sur deux cornières de 80 — 80 — 10, reliées aux cornières D de l'arbalétrier.

Les chevrons C, dont nous donnons le détail au-dessus de l'arbalétrier sont directement cloués sur des tasseaux fixés longitudinalement sur le dessus de la poutre Q, de la panne P et du fer I du faîtage. Sur ces chevrons, on cloue un voligeage V devant recevoir la couverture en zinc.

La même figure nous donne les diverses sections des arbalétriers, des pannes et de l'entrait.

La portée, d'axe en axe des poteaux B, est de 10 mètres, et la distance d'axe en axe des fermes de 7 mètres; distance exigée pour permettre latéralement de grandes ouvertures dans les murs longitudinaux.

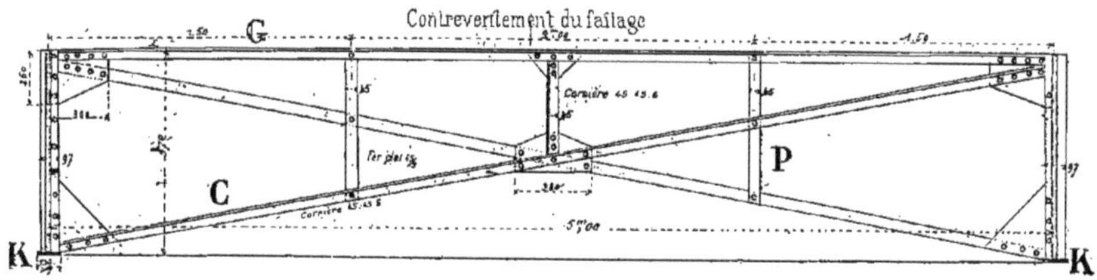

Fig. 1077.

Il nous reste encore à donner bien des exemples de fermes à deux pentes égales, mais nous les étudierons en même temps que les hangars qui feront l'objet d'un chapitre spécial.

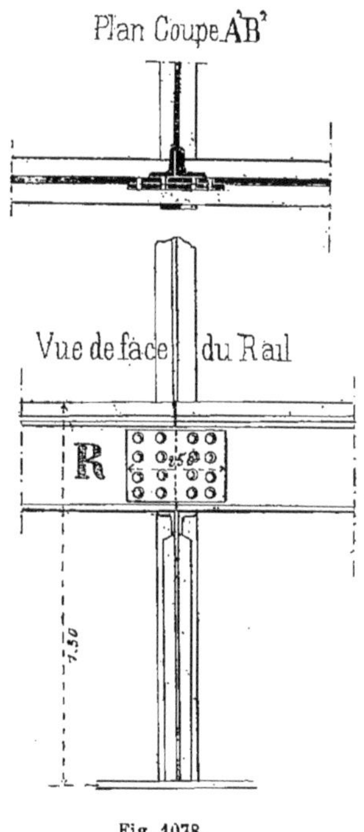

Fig. 1078.

Détails d'assemblages.

506. Les détails d'assemblage qui nous paraissent les plus intéressants à étudier sont : l'assemblage de la panne de faîtage avec le poinçon; l'assemblage de la panne intermédiaire avec la ferme; la suspension de l'entrait; la disposition des couvre-joints de l'entrait; enfin, le couvre-joint inférieur au sommet de la ferme.

La figure 1081 nous indique l'assemblage de la panne de faîtage L avec le poinçon F (*fig.* 1080). Cette panne L est fixée sur la tôle du poinçon à l'aide de quatre cornières de 70 — 70 — 9. Au dessus, cet assemblage est soulagé par des goussets fixés sur le poinçon F et reliés aux ailes inférieures des pannes L.

Cette figure nous montre également comment se fait l'assemblage de l'aiguille pendante O (*fig.* 1080) avec le poinçon F.

La figure 1082 donne le détail de l'assemblage de la panne intermédiaire P avec l'arbalétrier; la coupe horizontale indiquée dans cette figure fait facilement comprendre la disposition adoptée.

La figure 1083 représente la réunion de l'aiguille pendante O avec le tirant T, disposition très simple se comprenant à la seule inspection de la figure.

Enfin, les deux figures 1084 et 1085 donnent le détail des assemblages des couvre-joints de l'entrait et du sommet de la ferme.

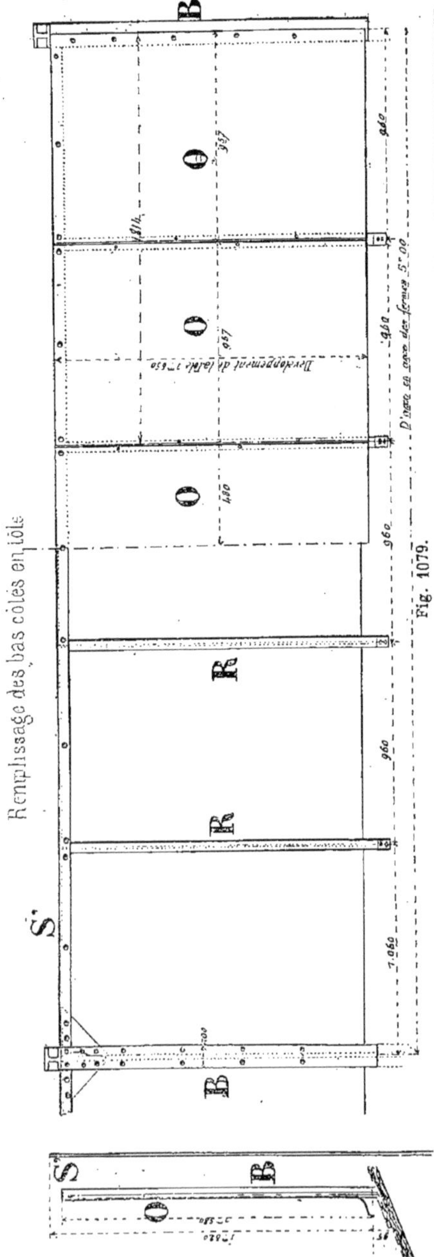

Observations relatives aux ouvertures pratiquées dans les combles à deux pentes égales.

507. Les ouvertures qui se pratiquent le plus ordinairement dans les combles sont : les *lucarnes*, étudiées dans la charpente en bois, les *trémies* (ouvertures destinées à donner passage aux tuyaux ou aux souches de cheminées) et les *lanterneaux* dont nous avons déjà vu l'usage.

Les lucarnes, les lanterneaux et les châssis vitrés, qu'on place souvent sur le rampant même des combles, servent à l'éclairage ou à l'aération de l'espace compris sous le toit. Les trémies, destinées à donner passage aux tuyaux de cheminées, rentrent dans le cas des ouvertures carrées ou rectangulaires pratiquées pour la construction des lucarnes.

Les percées pour l'établissement de ces diverses ouvertures se font presque toujours dans les intervalles compris entre les fermes, c'est-à-dire au travers du chevronnage. Les souches de cheminées et les petits châssis, peuvent, le plus souvent, se placer dans l'intervalle laissé libre entre deux chevrons consécutifs.

Lorsque l'ouverture à faire est plus large que l'intervalle qui existe entre deux chevrons, le chevron qu'on coupe s'assemble dans une pièce transversale portée par les chevrons adjacents.

Quelles que soient la grandeur et la figure des ouvertures de ce genre, elles sont formées par un encadrement compris entre deux chevrons spéciaux, auxquels on donne plus de force qu'aux autres, à cause des assemblages qu'ils doivent recevoir et du surcroît de fatigue auxquels ils sont exposés.

Ces chevrons constituent deux des côtés de l'ouverture. Les autres côtés sont formés par des entretoises qui s'assemblent avec eux, et qui reçoivent eux-mêmes l'assemblage de l'extrémité des chevrons compris dans l'intervalle.

Nous avons déjà vu des exemples de ces encadrements dans l'étude des combles à deux pentes égales.

On pourrait, si cela était nécessaire, rendre l'ouverture octogonale au moyen de goussets dans chacun des angles du

Sections.
au milieu de l'arbalétrier.
Pannes et Sablières.
Panne de faîtage.
Entrait.
Voliges 18%
1/2 Portée 5m00
Rivets de 18%
Entrait relevé de 30%
Boulon 30%

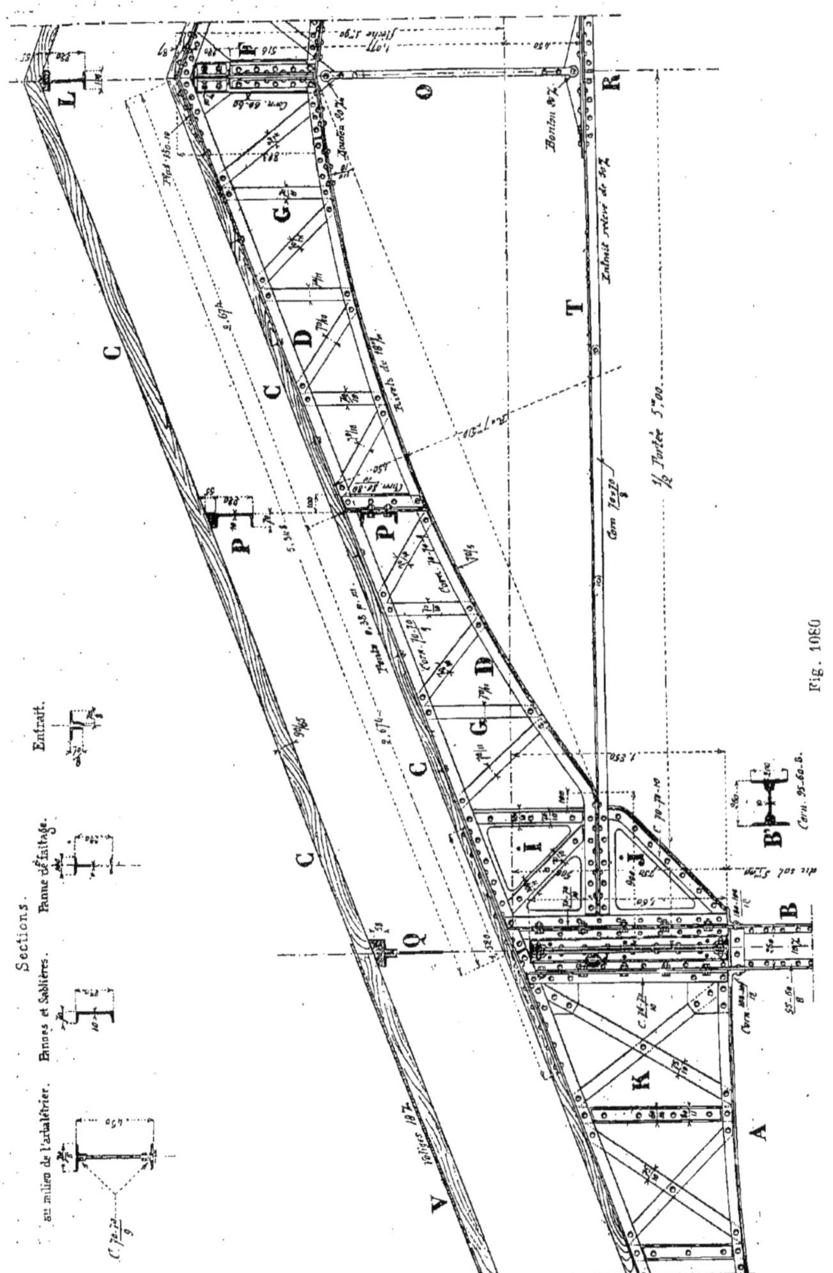

Fig. 1060

carré. L'ouverture peut aussi être rendue ovale ou circulaire en cintrant intérieurement les côtés de l'encadrement, mais les dispositions principales restent toujours les mêmes. Nous aurons l'occasion de retrouver diverses dispositions de ce genre dans les études de combles qu'il nous reste à examiner.

Observations relatives aux effets de la température sur les fermes métalliques.

508. Il est très important, dans la construction des fermes métalliques, de tenir compte des allongements ou des raccourcissements produits par les variations de température afin d'éviter des accidents.

Assemblage de la panne de faitage avec le poinçon.

Fig. 1081.

La question a été étudiée très en détails par M. P. Planat dans la *Semaine des Constructeurs* où nous en extrayons ce qui suit :

Supposons que nous ayons à examiner une ferme du type Polonceau dont le croquis schématique est donné (*fig.* 1012) et ayant comme dimensions principales les suivantes : portée P = 20 mètres; longueur des arbalétriers A = 11^{m},18 ; tirant horizontal T = 7^{m},762; hauteur H = 5 mètres; bielles B = 2^{m},50 ; tirant incliné ou sous-tendeur venant, à la partie basse, relier les arbalétriers au tirant T, longueur 6^{m},124. Dans l'exemple que nous examinons, nous supposons la longueur du tirant T assez petite pour supprimer l'aiguille pendante O.

Ceci étant posé la plus haute température en été sera, par exemple, de 35 degrés ; cette température pourrait être plus élevée si les pièces de la charpente étaient directement frappées par les rayons du soleil : mais nous admettrons, afin de ne rien exagérer que la charpente est abritée par la couverture.

Assemblage de la panne intermédiaire avec la ferme.

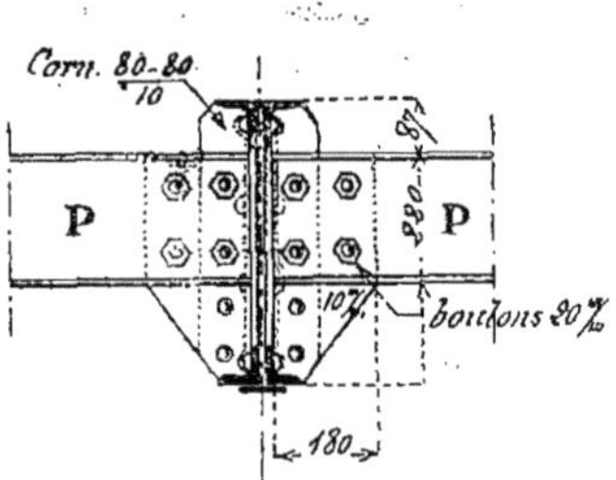

Coupe horizontale

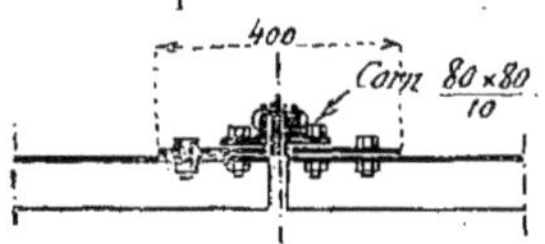

Fig. 1082.

En hiver, la température peut descendre, même dans nos climats, à 20 degrés au-dessous de 0. La température entre ces limites extrêmes est donc de 55 degrés.

Ce qu'il faut en réalité considérer c'est l'écart entre ces limites et la température au moment du montage, qui est généralement comprise entre ces limites ; la variation totale est donc moindre que 55 degrés. Mais comme il peut arriver que le montage soit fait pendant l'été, précisément à la température de 35 degrés, nous accepterons ce chiffre de 55 degrés.

Nous savons que, pour une différence de température de 100 degrés, une barre de fer ayant un mètre de longueur s'allonge ou se raccourcit de 0m,00122. Pour 55 degrés, la différence de longueur est de 0m,00067.

Avec ces données, nous pouvons examiner ce qui se passera dans la ferme considérée lorsque la température descendra de 35 à 20 degrés au-dessous de 0.

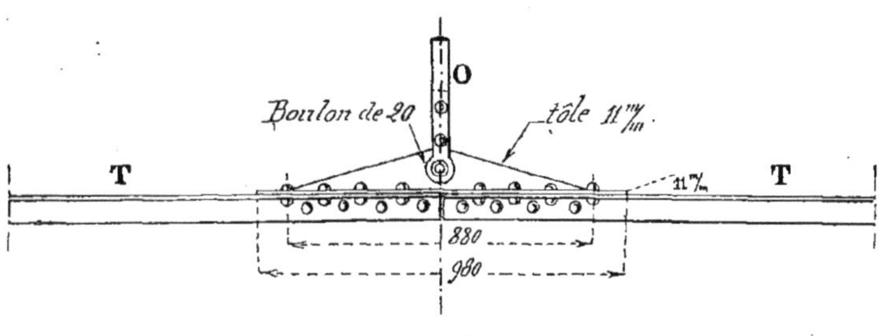

Fig. 1083.

Trois cas peuvent se présenter, nous allons les examiner.

Sous l'influence du froid, chacune des pièces qui composent la ferme se raccourcit, la ferme elle-même se resserre, et sa portée tend à diminuer. Si, par suite de dispositions spéciales, aucun obstacle n'empêche le pied des arbalétriers de se déplacer dans ce sens, à la surface des sablières ou des murs, la ferme obéira à cette tendance, se resserrera librement et il ne se produira aucune poussée nouvelle; sur chacun des triangles qui constituent la ferme, les côtés se raccourcissent proportionnellement à leur longueur : le

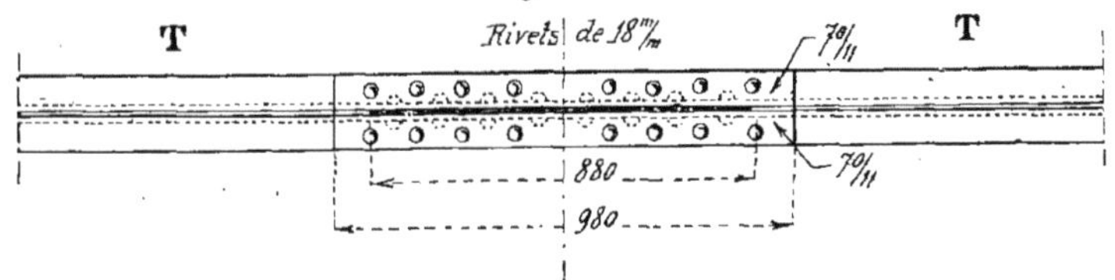

Fig. 1084.

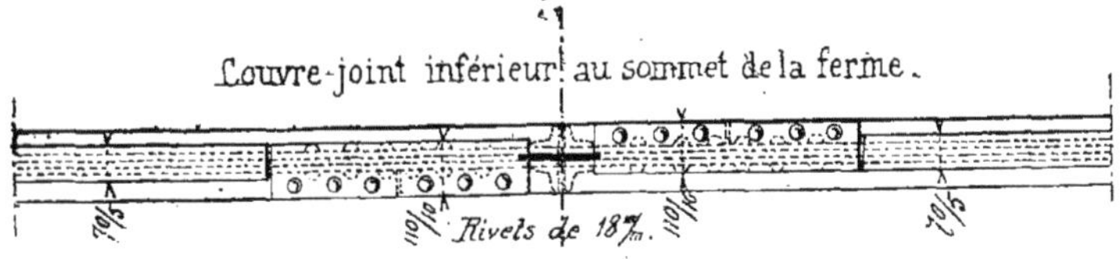

Fig. 1085.

triangle devenu plus petit conserve une figure rigoureusement semblable à la figure primitive; la ferme totale conserve aussi une figure semblable.

Dans le cas actuel, la portée de 20 mètres diminue de $20 \times 0{,}0067 = 0^m{,}0134$ et n'est plus que $19^m{,}9866$. La montée serait réduite dans la même proportion.

Quelle que soit la température, dans cette première hypothèse, la ferme travaillera de la même façon, sauf, bien entendu, l'influence du poids de la neige qui peut s'accumuler dans les temps froids.

Supposons en second lieu, et par une hypothèse contraire à la précédente, que la portée de 20 mètres soit invariable, ce qui résulterait de scellements, d'ancrage du pied des fermes ou des sablières, dans des murs très résistants ; les conditions dans lesquelles travaillent les pièces qui constituent la ferme sont complètement modifiées.

L'arbalétrier, de $11^m{,}180$ est raccourci de $11.18 \times 0{,}0067 = 0{,}0075$; sa longueur devient $11^m{,}1725$. Sur la base invariable de 20 mètres, avec ces nouveaux côtés, devenus plus petits, le triangle général qui représente la ferme doit avoir une moindre montée ; en effet, on calcule facilement celle-ci dans les nouvelles données et on voit que le faîtage a baissé de $0^m{,}018$.

Dans la ferme abandonnée librement à elle-même, la portée de 20 mètres se fût raccourcie, de $0^m{,}0134$; comme les pieds des fermes ont maintenant une position invariable, ce raccourcissement produit par le froid doit être compensé par un allongement des tirants inférieurs de la ferme, allongement qui sera de $0^m{,}0134$, produit par la traction qui résulte de la résistance exercée au pied des arbalétriers. Par mètre de longueur l'allongement doit être $\frac{0{,}0134}{20}$.

La longueur totale des tirants inférieurs est, en nombre rond, de 20 mètres.

Or on sait que sur une barre de fer de 1 mètre de longueur, un effort de traction de 1 kilogramme par millimètre carré de section produit un allongement représenté par $\frac{1}{20{,}000}$. Pour produire l'allongement voulu il faudra donc un effort de $\frac{0{,}0134}{20} \times 20{,}000$, soit **13 à 14** kil. par millimètre carré.

Or on sait que le fer forgé se rompt sous un effort de 25 à 60 kilogrammes par millimètre de section, suivant la qualité en moyenne de 40 kilogrammes; et qu'il ne peut subir, en toute sécurité, qu'un effort permanent égal au $^1/_7$ environ de la charge de rupture, soit en moyenne de 6 à 8 kilogr. On voit donc que ce serait créer un véritable danger pour la ferme que de chercher à donner à ses points d'attache sur les murs une rigidité complète.

Il y a un cas intermédiaire, celui qui se présente le plus fréquemment dans la pratique, c'est le cas où il n'existe point au pied des arbalétriers d'attache absolument inébranlable, où se produit cependant une certaine résistance qui s'oppose partiellement au déplacement du pied des fermes; le seul poids de la ferme et le frottement qui en résulte sur les points d'appui suffisent à engendrer cette résistance.

Supposons, par exemple, que le poids de la demi-ferme portant sur un des points d'appui soit de 10 000 kilogrammes. On calculera facilement ce poids en tenant compte de l'écartement des fermes et du poids de la couverture, surcharge comprise. Le frottement produit par cette pression peut être évalué au moins aux 60 centièmes de cette pression, soit ici à 6 000 kilogrammes.

Telle est la résistance qui tend à s'opposer à ce que la ferme se resserre.

Que se passera-t-il en réalité ? La contraction produite par le froid développe un effort bien supérieur à ces 6,000 kilogrammes ; malgré cette résistance, la ferme se resserre donc ; l'effort de contraction diminuera, puisque la ferme commence à céder à cet effort ; d'autre part la résistance reste toujours égale à 6 000 kilogrammes; l'équilibre finira donc par s'établir dans une position où la ferme ne sera pas tout à fait ramenée à la portée réduite de $19^m{,}9866$, et où les tirants subiront une tension de 6 000 kilogrammes.

En un mot, la tension sur les tirants sera à peu près égale à la résistance due au frottement, que l'on pourra toujours évaluer comme nous l'avons dit ci-dessus.

Si la section d'un tirant est de 30 centimètres carrés, par exemple, ou de 3 000 millimètres carrés, le travail ainsi engendré dans le métal sera égal à $\frac{6\,000}{3\,000}$, ou 2 kilogrammes par millimètre de section.

On devra donc, dans les calculs, tenir compte de ce surcroît éventuel de tension; ainsi, en supposant que le fer forgé puisse supporter un effort de 8 kilogrammes, comme charge permanente, il ne faut pas que la tension telle qu'on la trouve par l'épure ordinaire et résultant seulement du poids de la ferme et de la couverture, sans tenir compte des effets produits par la variation de température, il ne faut pas que cette tension dépasse 6 kilogrammes au lieu de 8.

Si le fer ne doit travailler au total qu'à 6 kilogrammes, la tension résultant de l'épure ne doit pas dépasser 4 kilogrammes et ainsi de suite.

Ces quelques observations suffisent pour bien montrer au constructeur qu'il faut régler le travail du métal pour parer à toutes les éventualités et éviter une trop rigoureuse solidarité du pied des arbalétriers avec les sablières, plaques ou autres pièces qui en constituent les appuis.

V. — Combles à deux versants inégaux. — Étude des Sheds.

DÉFINITIONS ET NOTIONS GÉNÉRALES

509. Les combles connus sous le nom de *sheds* et dont dont la forme schématique est représentée en croquis (*fig.* 1086 ont pris naissance en Angleterre. Leur ensemble représente, en coupe transversale, la même disposition que les dents d'une scie, d'où le nom de *combles en dents de scie,* qu'on leur donne quelquefois. On dit aussi combles à éclairage latéral.

Le problème à résoudre, en se servant de cette forme qui, au premier abord paraît bizarre, est d'augmenter la quantité de lumière qui arrive dans un atelier et d'éviter, en exposant la partie vitrée du côté du nord, la trop grande vivacité des rayons lumineux venant d'un autre point du ciel. Les rayons du soleil n'entrant jamais dans l'atelier, l'éclairage est toujours donné par une lumière diffuse, ce qui assure la régularité et la constance de cet éclairage.

Ces combles, primitivement employés pour les tissages mécaniques où le jour doit avoir une direction donnée, sont aujourd'hui appliqués avec succès à un grand nombre d'ateliers où ils rendent de véritables services.

Le principe de leur construction est simple. Il consiste à diviser la surface à couvrir en une série de bandes égales et parallèles dirigées de l'est à l'ouest, puis à recouvrir ces bandes avec des combles à

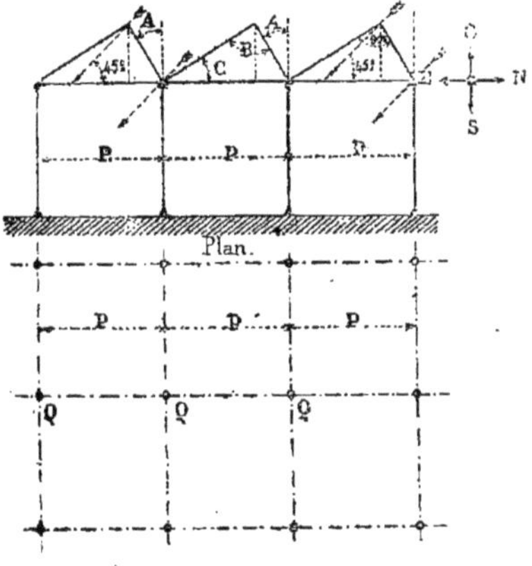

Fig. 1086.

pans dissemblables dont le côté qui regarde le nord sera seul muni de jours.

Ces combles se composeront donc de deux longs pans d'inégale largeur et de pentes inégales dont le plus petit et le moins incliné devra toujours être tourné vers le nord et être formé par la plus grande quantité de vitrage possible. Cette surface de vitrage doit être assez grande pour que les rayons lumineux puissent arriver à toutes les parties du métier, si c'est un tissage, ou de la machine, si c'est un atelier.

On a cherché à donner la position verticale au petit versant; mais, comme les rayons lumineux tombent obliquement, il est beaucoup préférable de l'incliner d'un certain angle.

PRINCIPALES DONNÉES APPLICABLES AUX COMBLES-SHEDS

510. Dans ce genre de comble, on adopte assez généralement pour l'angle A (*fig.* 1086) une valeur de quinze à vingt degrés. L'angle B est presque toujours de quatre-vingt-dix degrés. Enfin, l'angle C est donné par la nature de couverture adoptée.

Observations.

511. On admet, pour l'étude et l'éclairage des sheds, que les rayons du prisme lumineux font un angle de quarante-cinq degrés avec l'horizontale.

La portée des sheds ne peut atteindre de grandes dimensions à cause de l'éclairage qui ne serait plus suffisant et qui forcerait à donner une grande hauteur au petit versant.

Les bonnes portées restent comprises entre 5 et 10 mètres.

Dans l'étude des sheds, on a cherché plusieurs dispositions tendant à éviter, en été, l'élévation trop grande de température pouvant nuire à certaines industries. On s'est alors servi de différentes matières emprisonnées entre deux voligeages jointifs placés de chaque côté des pannes, l'un en dessus, l'autre en dessous, puis on remplissait l'intervalle avec de la sciure de bois, du tan ou tout autre matière.

Il y avait certains inconvénients à ce procédé par suite des trépidations produites par les transmissions de l'atelier.

Toute la sciure et le tan se tassaient et venaient s'accumuler dans la partie basse du grand rampant. On a été alors obligé de les diviser par compartiments, d'où complications. On a aussi employé double plafond et double vitrage avec coussin d'air entre les deux, et encore bien d'autres dispositions suivant les besoins des diverses industries.

Lorsqu'on se sert de sciure de bois, il faut éviter l'emploi d'une couverture en ardoises ou en carton bitumé, matières qui laissent facilement passer l'humidité.

On devra recourir à la couverture en zinc ou, mieux, à la couverture en tuiles plafonnées en dessous avec couche d'air d'isolement pour éviter la trop grande chaleur ou le trop grand refroidissement.

La partie vitrée étant exposée au nord, c'est-à-dire subissant tous les désagréments de cette exposition, le constructeur devra prendre toutes les précautions pour éviter les infiltrations par les châssis vitrés.

L'éclairage spécial des combles, en forme de sheds n'exclut pas les ouvertures dans les murs longitudinaux ou transversaux.

On fera bien cependant de les éviter autant que possible, surtout du côté de l'ouest, où les pluies amèneraient de l'humidité dans les ateliers.

Dispositions diverses des combles en forme de sheds.

1° COMBLES EN FORME DE SHEDS SANS PANNES

1er Exemple.

512. La disposition la plus simple d'un shed en fer sans pannes est représentée en croquis (*fig.* 1087). Il se compose : d'une série de fers spéciaux A, dont la figure 1088 donne les principales dimensions, espacés de 0m,405 d'axe en axe ; d'une série de fer à vitrages F régulièrement espacés, dont la figure 1089 représente le croquis côté ; enfin, d'un fer longitudinal B destiné à recevoir les assemblages des fers précédents et dont la figure 1090 donne les cotes principales.

Des chéneaux en fonte C, formant poutre, reçoivent dans des nervures convenablement placées, les assemblages des fers A et F à l'aide de cornières à ailes égales du commerce.

L'eau de condensation qui peut se produire à l'intérieur de la partie vitrée peut se rendre dans le chéneau C par de petits trous percés de distance en distance dans la nervure du chéneau.

Disposition de la couverture.

513. Entre les fers A de la figure 1087, on place, comme le montre en coupe

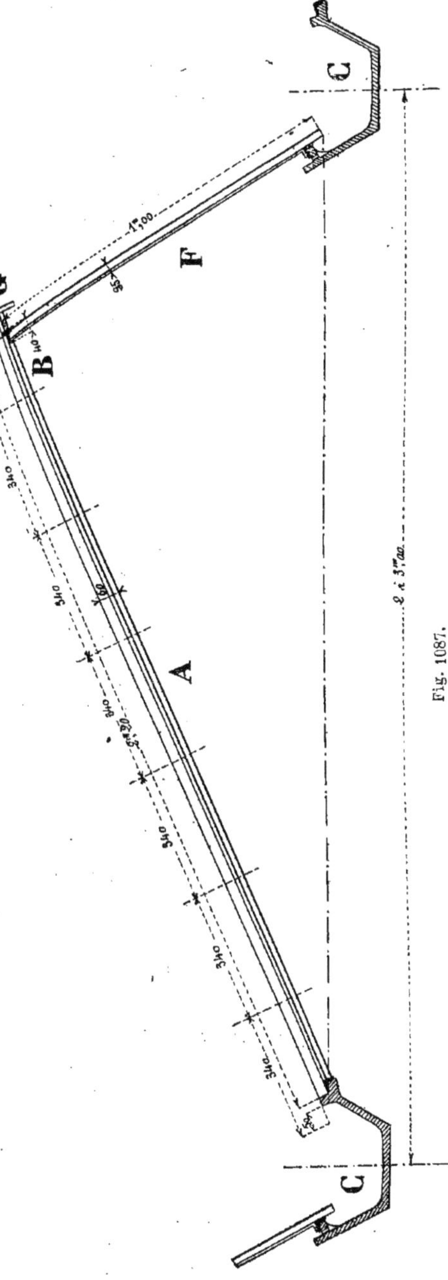

Fig. 1087.

transversale la figure 1091, une série de bardeaux, en terre cuite C dont la figure 1092 donne le détail; sur ces bardeaux on exécute un lattis fait avec des bandes de plâtre ou de ciment ou, comme cela se fait souvent, on pose directement les tuiles à bain de mortier.

L'extrémité des fers A (*fig.* 1087) est

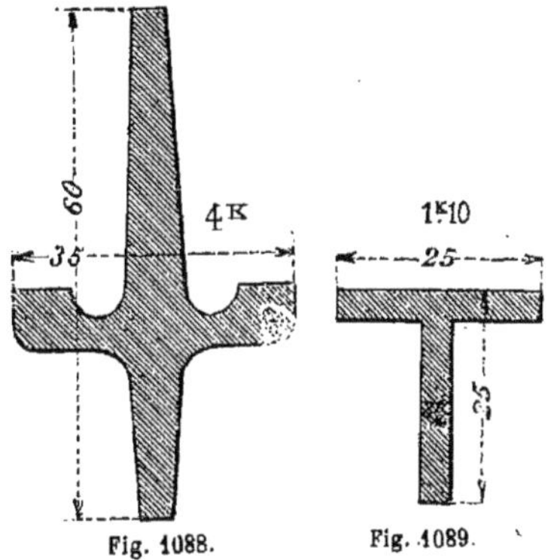

Fig. 1088. Fig. 1089.

(*fig.* 1091), cachée par une série de larmiers en terre cuite dont la figure 1093 nous donne les principales dimensions.

Au faîtage, on dispose (*fig.* 1091), une faîtière chemin D dont la figure 1094 montre la perspective cavalière. Ces faîtières sont

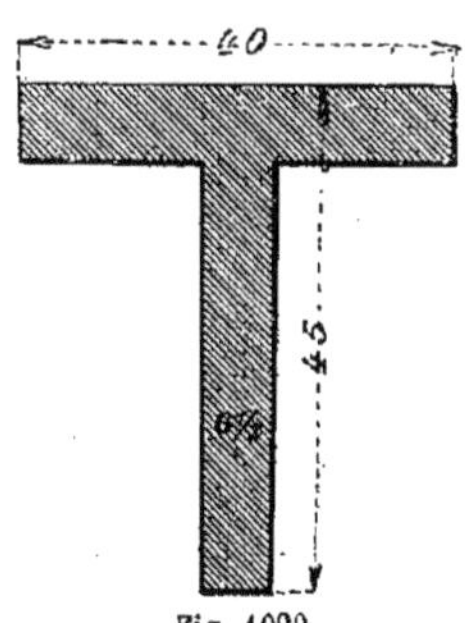

Fig. 1090.

fortement scellées et permettent aux ouvriers de marcher sur le faîte du comble pour faire les réparations et nettoyer le vitrage.

Enfin, à la partie basse du grand rampant, on place des chanlattes B (*fig.* 1091) dont la figure 1095 donne le détail et qui sont destinées à relever la dernière tuile placée sur le chéneau.

2e Exemple.

514. La figure 1096 nous montre une disposition de shed sans pannes à peu près analogue à la précédente mais dans laquelle l'écartement des colonnes C est assuré par deux fers jumellés F (I de 0,08 *a. o.*) venant s'assembler dans deux autres fers G (I de 0,16 *a. o.*) espacés de 0m,350 d'axe en axe et destinés à supporter le chéneau dans toute sa longueur. On forme ainsi un quadrillage métallique très résistant et permettant d'installer les sheds sans difficultés.

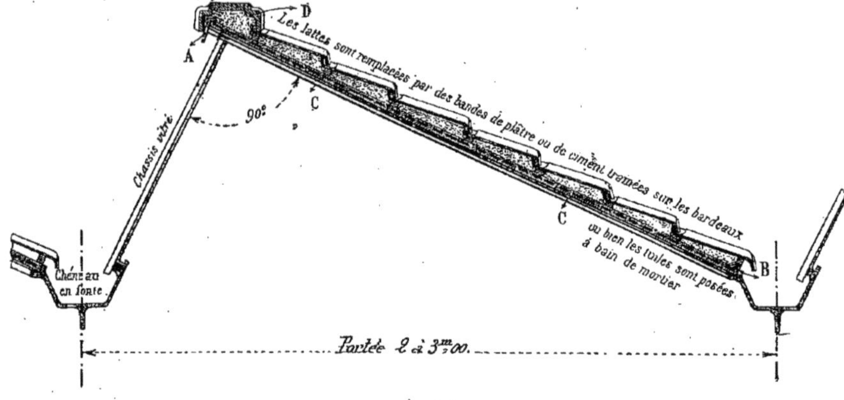

Fig. 1091.

Pour compléter cette deuxième disposition nous donnons (*fig.* 1097) les détails des principaux assemblages des fers et des colonnes avec les coupes et détails de la colonne en fonte ; disposition que nous avons déjà eu l'occasion d'étudier.

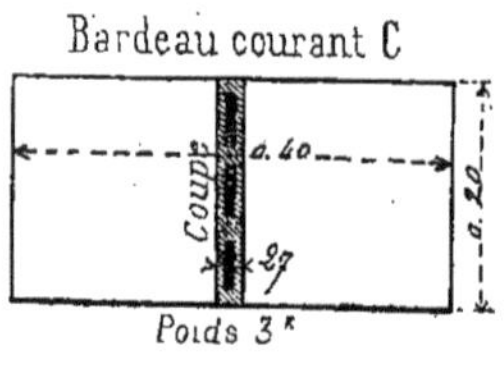

Fig. 1092.

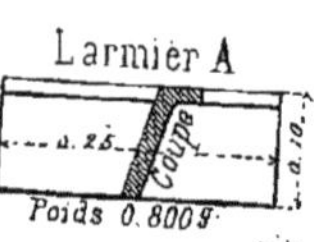

Fig. 1093

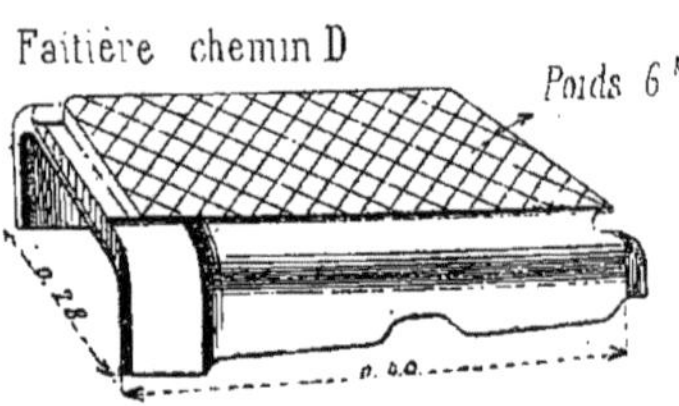

Fig. 1094.

3e Exemple.

515. La figure 1098 nous donne une troisième disposition de shed sans pannes se composant : d'une série de fers A (I de 0m,12 *a. o.*) espacés de 0m,80 d'axe en axe et reliés entre eux par des boulons à quatre écrous de seize millimètres de diamètre ; d'une série de fers B (I de 0m,08 *a. o.*) espacés de 2m,40 d'axe en axe également reliés par des boulons de même diamètre.

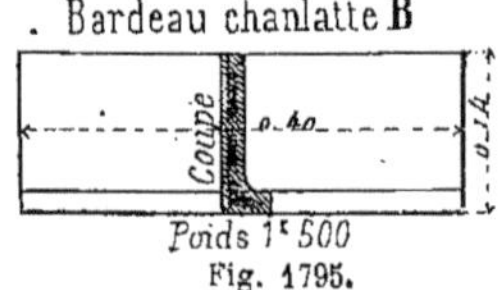

Fig. 1795.

Les fers A et B sont assemblés sur une cornière longitudinale G qui reçoit aussi les fers à vitrage V. Ces fers V reposent, à leur partie inférieure, dans un fer **T**, de

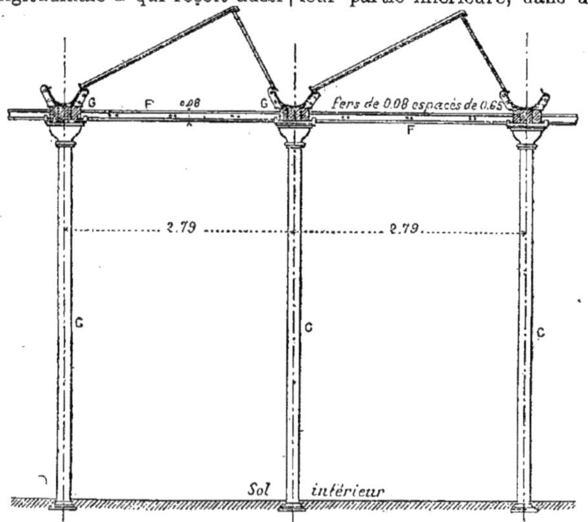

Fig. 1096.

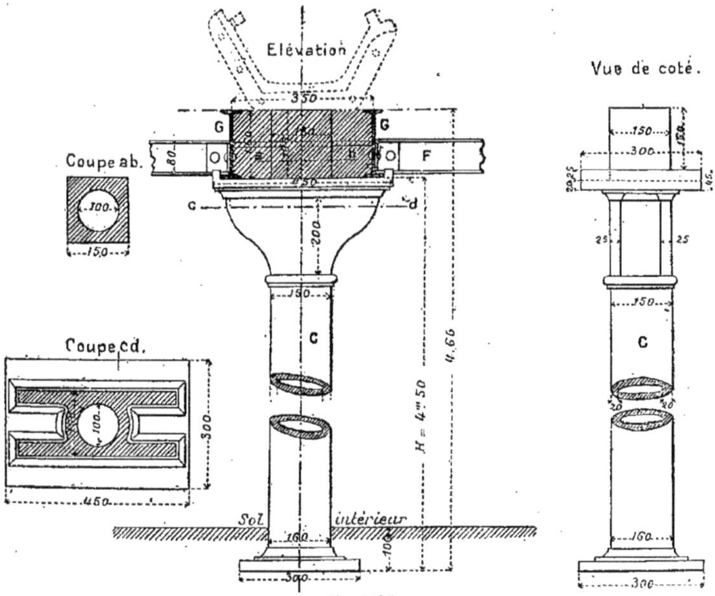

Fig. 1097.

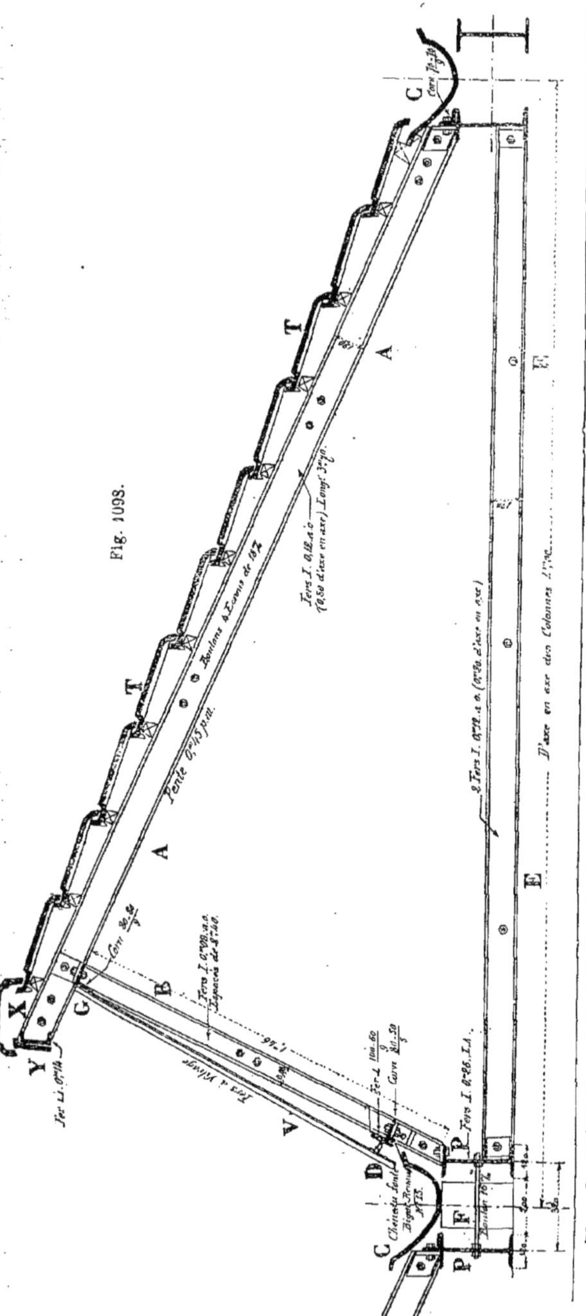

Fig. 1098.

100 × 60 × 9, fixé sur une cornière à ailes inégales; entre ces deux fers on interpose une feuille de zinc venant retomber en bavette dans le chéneau en fonte C, système Bigot-Renaux, n° 15 de son album.

Ce chéneau est supporté sur toute sa longueur par deux fers **I** de 0,26 L.A. reliés entre eux par des boulons à quatre écrous de seize millimètres de diamètre. Ces fers reçoivent sur leurs ailes supérieures, les assemblages, à l'aide de cornières, des fers A et B du shed.

En F on voit le fût prolongé de la colonne qui supporte les fers P.

Les fers A sont assemblés à leur partie haute dans un fer en **U** de $0^m,14$ *a o.* sur lequel on place un larmier en terre cuite Y puis une tuile chemin X analogue à celle qui a été décrite précédemment.

La couverture est en tuiles T grand moule à recouvrements. Les fers P sont, au droit des colonnes, reliés entre eux par d'autres fers E formant entrait et rendant invariable l'écartement des colonnes.

Dans cette figure nous n'avons pas montré comment se fait le hourdis des fers parce qu'il est identique à celui que nous allons indiquer dans l'exemple suivant.

4ᵉ Exemple.

516. La figure 1099 montre un autre exemple de shed à peu près analogue au précédent mais dans lequel les poutres P ont $0^m,50$ de hauteur et sont construites en tôle et cornières.

Ces poutres sont, au droit des colonnes, réunies entre elles par une autre poutre en treillis très légère E de $0^m,300$ de hauteur sur laquelle on peut, dans certains cas, appuyer des pièces de transmission telles que paliers, chaises, etc.

La partie vitrée est aussi un peu modifiée, elle est formée de châssis ouvrants V et de châssis fixes V'; la disposition est très simple et se comprend facilement. Tout le reste peut rentrer dans l'exemple examiné précédemment.

Le hourdis entre les fers est indiqué par des hachures.

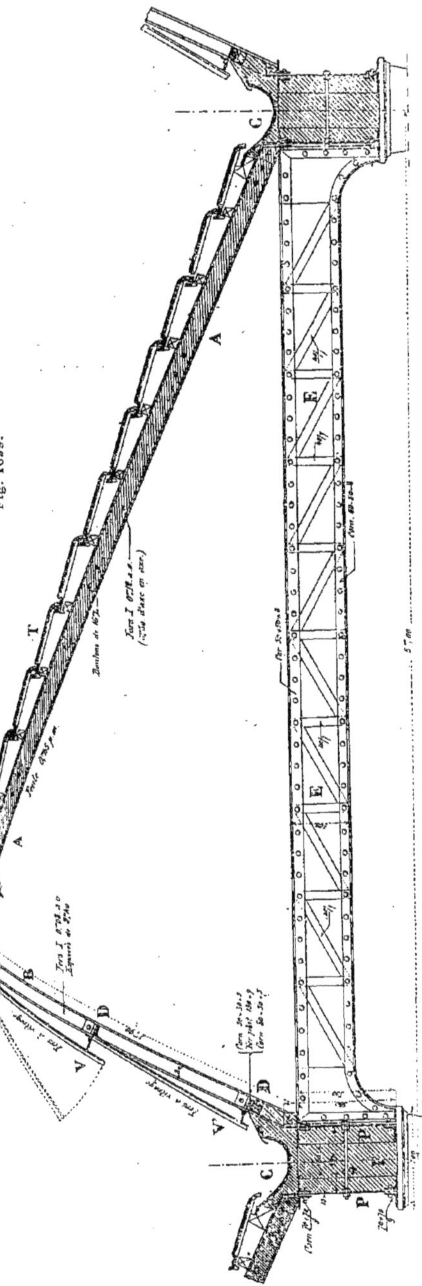
Fig. 1099.

2° COMBLES EN FORME DE SHEDS AVEC FERMES

1er Exemple.

517. Une disposition simple de shed avec ferme est indiquée en croquis (*fig.* 1100). Cette ferme se compose : d'arbalétriers A en fers I de 0,18 *a.o.*; de montants inclinés B en fers I de 0,10 *a. o.*; d'un tirant T en deux morceaux (fer rond de 22 millimètres de diamètre) reliés au milieu de la portée par une lanterne de serrage R.

Les fers A et B sont réunis au faîtage par de solides plaques d'assemblages J; à leur partie inférieure ils reposent dans des sabots en fonte S placés d'un côté sur un mur M et de l'autre sur le fût prolongé F d'une colonne en fonte O.

D'une colonne à l'autre on place une poutre en treillis E de 12 mètres de portée.

Les pannes P sont de deux espèces : des fers I de $0^m,160$ *a. o.* ou des fers en U de 150×55. Sur le grand rampant, on met sur les pannes une série de chevrons C en fers I de $0^m,08$ *a. o.* recevant directement le lattis; sur le petit rampant on place des fers à vitrages V de 50×45 reposant aussi directement sur les pannes en U et rejetant les eaux de pluie dans le chéneau X.

Ce chéneau X est en fonte du système Bigot-Renaux.

Le lattis L est exécuté avec des cornières à ailes égales du commerce de $40 \times 40 \times 5$. En K on fixe une cornière un peu plus forte pour recevoir le chéneau X.

La couverture est faite en tuiles Z grand moule à recouvrements. En G on place une faîtière de forme spéciale.

En Q un massif en pierre dure reçoit la base de la colonne creuse O dont la coupe verticale est indiquée en O'.

La portée de la ferme, d'axe en axe des colonnes, est de 5 mètres; la distance d'axe en axe des fermes est de 4 mètres.

Les colonnes sont espacées longitudinalement de 12 en 12 mètres, il y a donc sur la poutre E deux fermes intermédiaires portées simplement sur cette poutre sans colonnes en dessous.

La figure 1101 montre une partie de l'élévation de la poutre E et son assemblage sur la colonne O'. Cette figure nous montre également comment le chéneau X déverse les eaux de pluie dans la colonne creuse à l'aide de deux tubulures Y. Le reste de la disposition est simple et se comprend facilement.

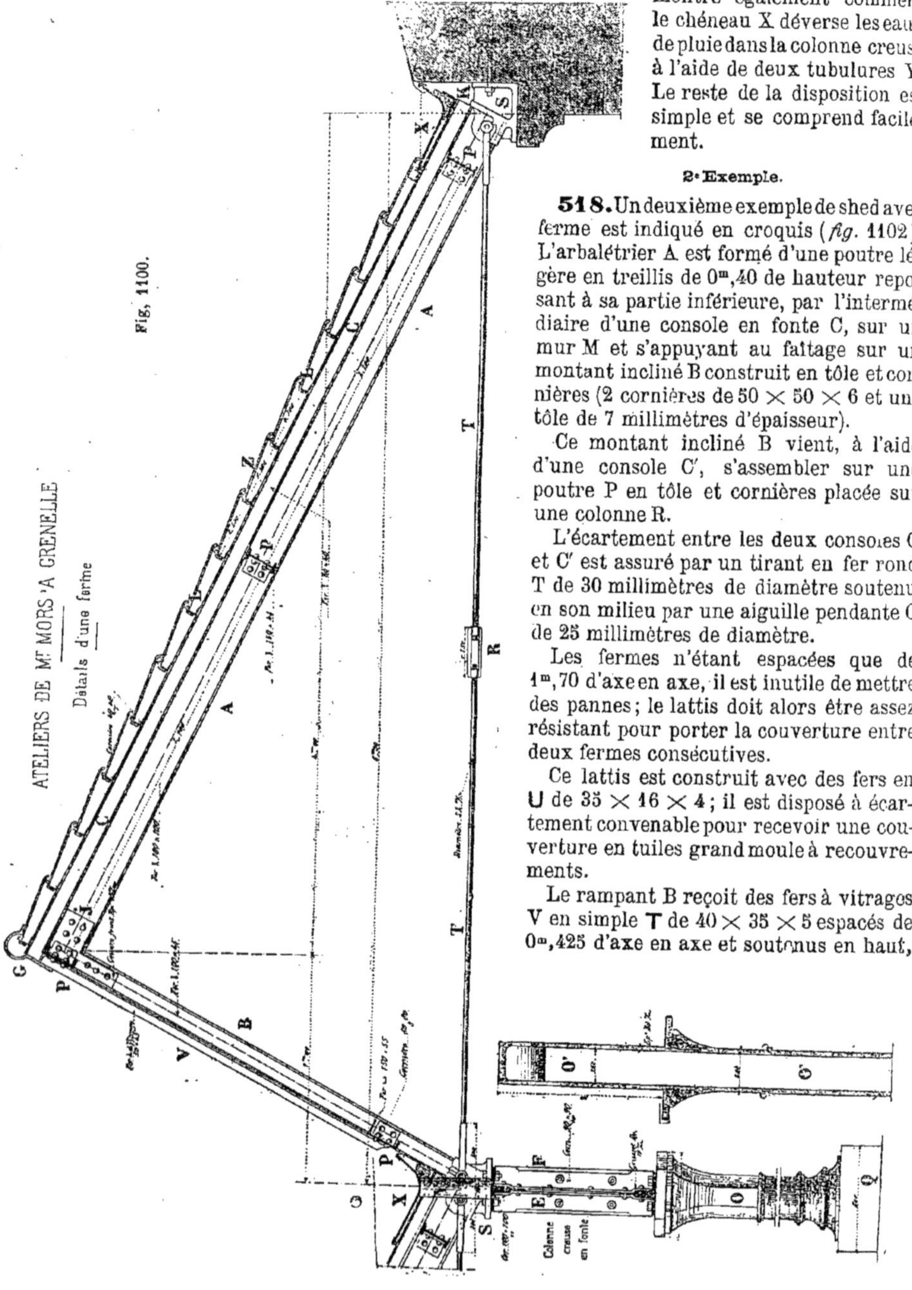

Fig, 1100.

2e Exemple.

518. Un deuxième exemple de shed avec ferme est indiqué en croquis (*fig.* 1102). L'arbalétrier A est formé d'une poutre légère en treillis de 0m,40 de hauteur reposant à sa partie inférieure, par l'intermédiaire d'une console en fonte C, sur un mur M et s'appuyant au faîtage sur un montant incliné B construit en tôle et cornières (2 cornières de 50 × 50 × 6 et une tôle de 7 millimètres d'épaisseur).

Ce montant incliné B vient, à l'aide d'une console C', s'assembler sur une poutre P en tôle et cornières placée sur une colonne R.

L'écartement entre les deux consoles C et C' est assuré par un tirant en fer rond T de 30 millimètres de diamètre soutenu en son milieu par une aiguille pendante O de 25 millimètres de diamètre.

Les fermes n'étant espacées que de 1m,70 d'axe en axe, il est inutile de mettre des pannes; le lattis doit alors être assez résistant pour porter la couverture entre deux fermes consécutives.

Ce lattis est construit avec des fers en U de 35 × 16 × 4; il est disposé à écartement convenable pour recevoir une couverture en tuiles grand moule à recouvrements.

Le rampant B reçoit des fers à vitrages V en simple T de 40 × 35 × 5 espacés de 0m,425 d'axe en axe et soutenus en haut, en bas et au milieu de leur longueur par deux cornières dont l'une se fixe sur la pièce-B et l'autre sur chacun des fers V.

En Z et en Z' se trouvent deux gouttières en fonte, système Bigot-Renaux, suspendues à l'aide de crochets en fer galvanisé.

La gouttière Z' repose sur un entable-

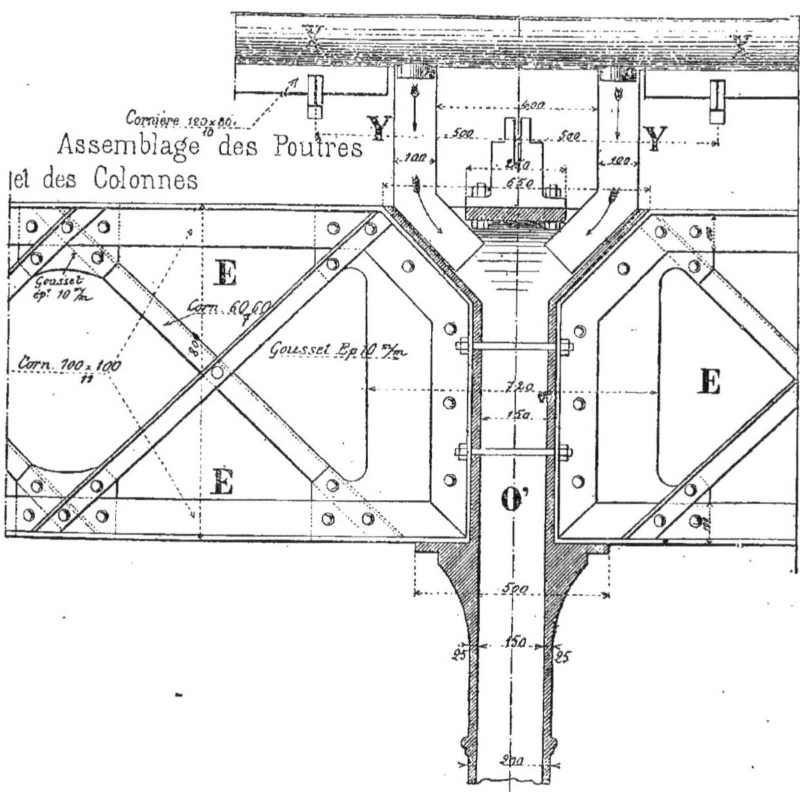

Fig. 1101.

ment couvert en zinc et la gouttière Z, placée entre les deux poutres P, permet le passage d'un tuyau de descente pour conduire les eaux pluviales dans un caniveau à travers la colonne creuse R.

En X se trouve une tringle longitudinale permettant d'appuyer une échelle pour le remplacement ou le nettoyage des carreaux de la partie vitrée du shed.

Détails d'assemblages.

519. Les détails d'assemblages les plus intéressants à étudier sont :

1° Le détail de la garniture de rive au faîtage ;

2° Le détail des attaches des lattis à tuiles ;

3° L'attache des lattis à tuiles sur les pignons.

1° La figure 1103 donne en détails la disposition du faîtage F de la figure 1102. En C se trouvent les deux cornières d'extrémité de la pièce B. Sur ces cornières, en G, on en fixe deux autres destinées, comme nous venons de le dire, à soutenir les fers à vitrages V.

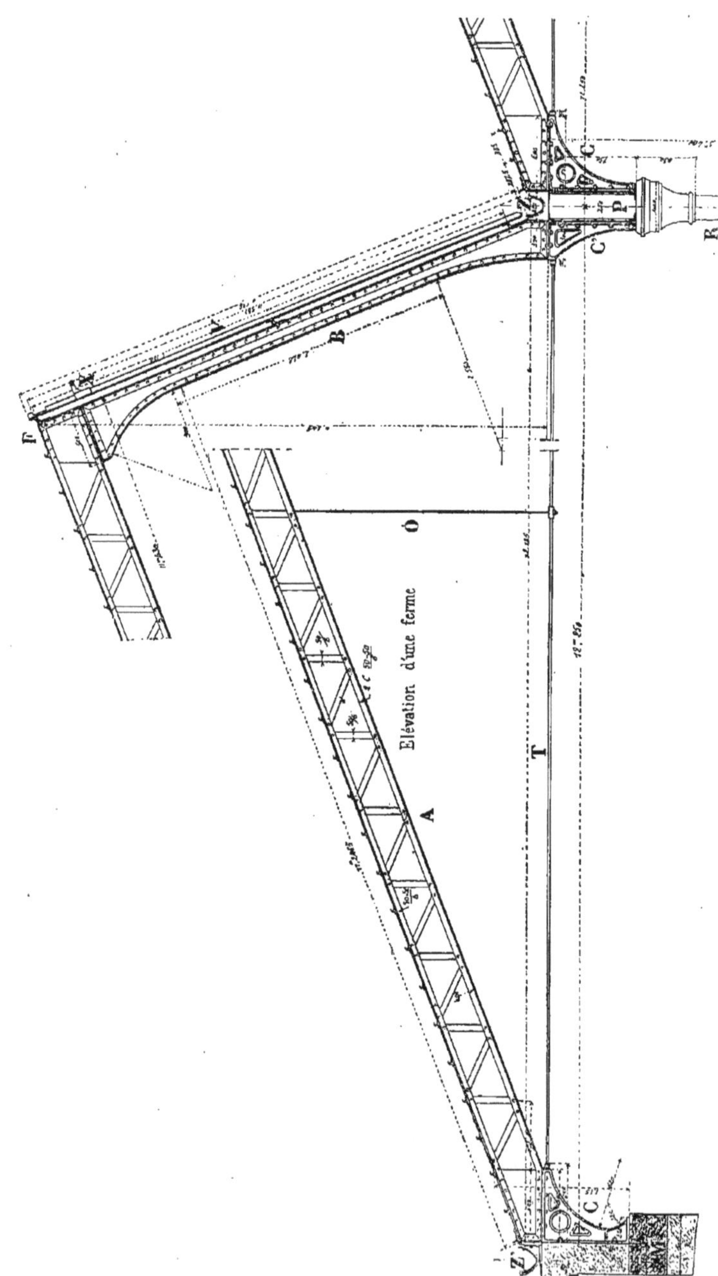

Fig. 1102.

Sur la cornière haute G vient s'agrafer la dernière tuile courante T et se river

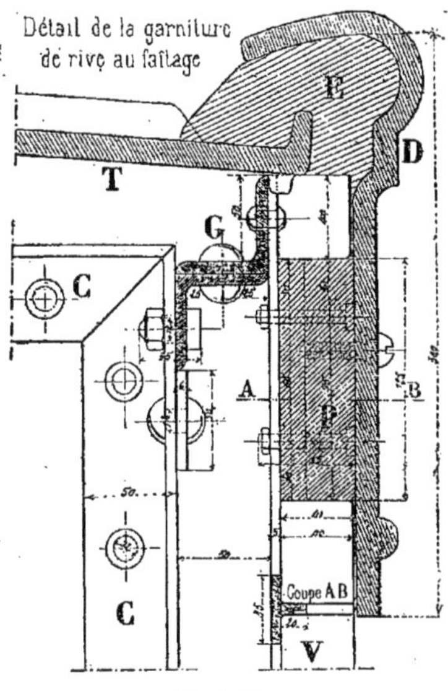

Fig. 1103.

l'extrémité du fer à vitrage V puis, par l'intermédiaire d'un hourdis E et d'une pièce de bois P on fixe, à l'aide de vis, une tuile de rive D venant cacher les extrémités des fers à vitrages.

Les deux figures 1104 et 1105 représentent le moyen de fixer le lattis en fer en U par de petits morceaux de cornières rivés sur les cornières des poutres. Ces détails sont très simples et se comprennent facilement.

3e Exemple.

520. La figure 1106 nous représente en croquis un shed en grande partie analogue à celui qui a été étudié précédemment (*fig.* 1102) mais reposant sur deux colonnes creuses en fonte Q.

La ferme donnée par ce croquis est une ferme pignon ; dans les fermes courantes, comme nous le verrons plus loin, le tirant E qui est ici une poutre en treillis composée de quatre cornières de 60 × 60 × 7, de montants et de croisillons en fer plat de 60 × 6, est remplacé par un simple tirant en fer rond.

La portée, d'axe en axe des colonnes est de 14 mètres ; la distance d'axe en axe des fermes étant seulement de 1m,83 le lattis en fers cornières à ailes égales de 35 × 35 × 5 suffit, sans l'intermédiaire de pannes, pour porter la couverture en tuiles grand moule à recouvrements.

Comme dans les exemples examinés précédemment la première cornière ou

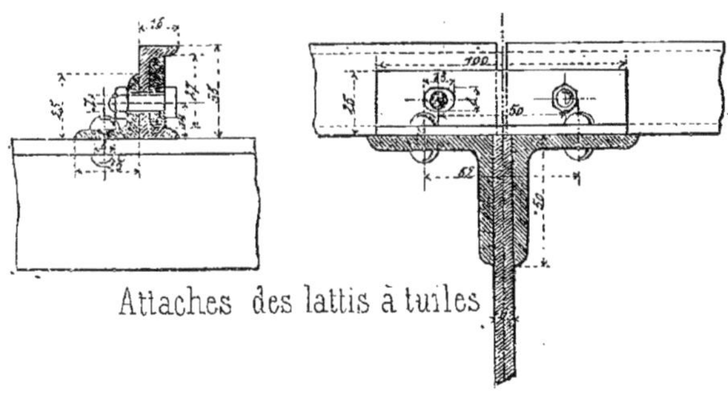

Fig. 1104.

chanlatte placée à la partie basse de l'arbalétrier est un peu plus haute que les autres ; elle a 50 × 50 × 6 et sert à rehausser la dernière tuile.

Détails d'exécution.

521. Les détails d'exécution intéressants à examiner sont : la retombée des fermes courantes sur les colonnes ; le détail du chéneau et de ses abords; les joints de deux morceaux d'arbalétriers; enfin, le détail de la base des colonnes supportant les sheds.

La figure 1107 donne, à plus grande échelle, le détail des fermes courantes c'est-à-dire leur mode d'assemblage sur la colonne en fonte Q.

Les arbalétriers A sont terminés par une partie pleine en tôle solidement reliée par des boulons à une console en fonte Y qui

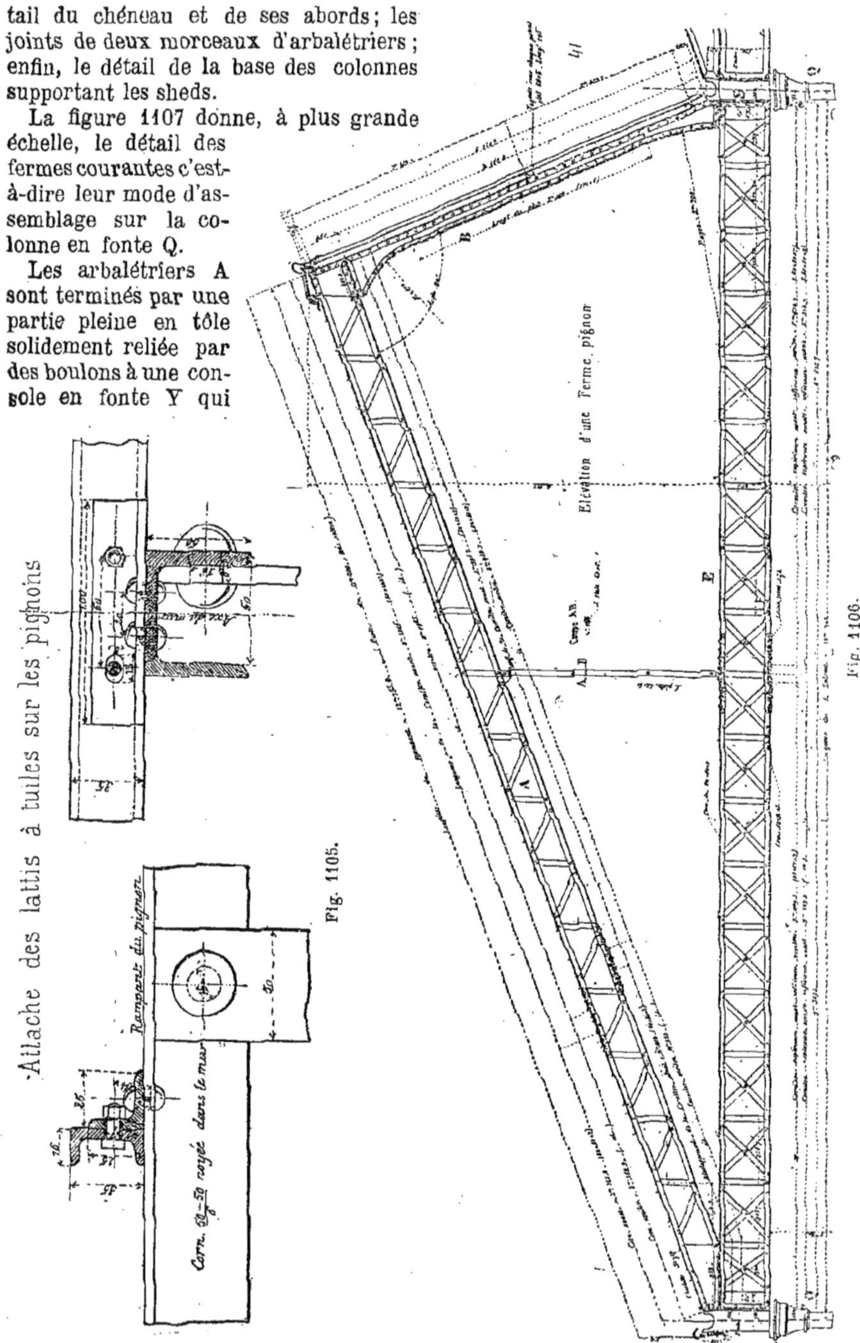

Fig. 1105.

Fig. 1106.

elle-même est boulonnée sur une tôle pleine de la poutre P. Sur cette console Y vient se fixer le tirant T qui maintient constant l'écartement entre deux consoles voisines.

Les arbalétriers B, du versant vitré, se relient également à des consoles X qui viennent aussi s'assembler sur l'âme de la poutre P. La gouttière en fonte se place dans l'intervalle K et l'écoulement des eaux pluviales se fait par l'intérieur de la colonne Q.

La figure 1108 nous montre le détail d'installation d'un chéneau ou d'une gouttière en fonte et la disposition du comble en S (*fig.* 1106).

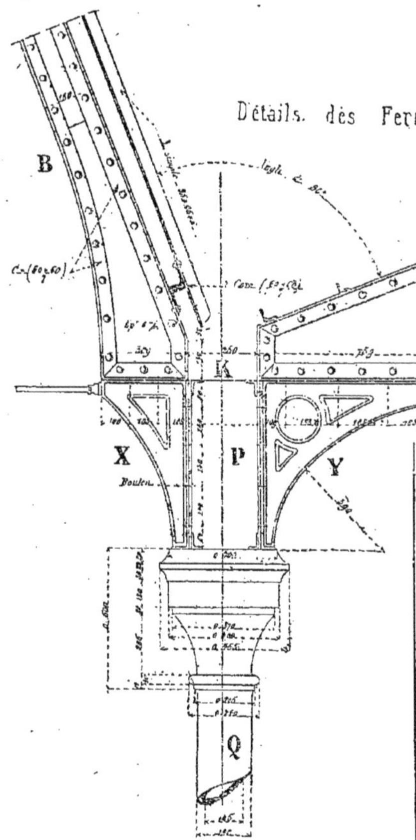

Fig. 1107

Dans la figure 1108 nous voyons en P′ et en P″ une partie de l'élévation de l'entrait E de la figure 1106 et comment se fait, à l'aide de boulons, l'assemblage de chacun des arbalétriers A et B sur ces poutres P′ et P″.

Le chéneau C est, comme le montre clairement le croquis, suspendu à l'aide de crochets en fer galvanisé venant s'accrocher sur les deux cornières les plus basses de chaque rampant.

En T sont indiquées les deux dernières tuiles du rampant le moins incliné du shed ; en V les fers à vitrage de ce shed.

Afin de permettre le lavage facile des verres de la partie raide du comble on dispose, comme nous l'avons indiqué en M (*fig.* 1108), un chemin longitudinal sur lequel les ouvriers pourront facilement circuler.

Ce chemin est formé par deux fers T de 35 × 45 × 5 assemblés entre eux et fixés sur les fers à vitrage V. Les supports ainsi disposés, de distance en distance, reçoivent des planches épaisses sur lesquelles les ouvriers peuvent marcher facilement et au besoin appuyer le pied d'une échelle pour atteindre la partie haute du vitrage.

Cette disposition est très avantageuse et très recommandable pour les combles en forme de shed un peu importants.

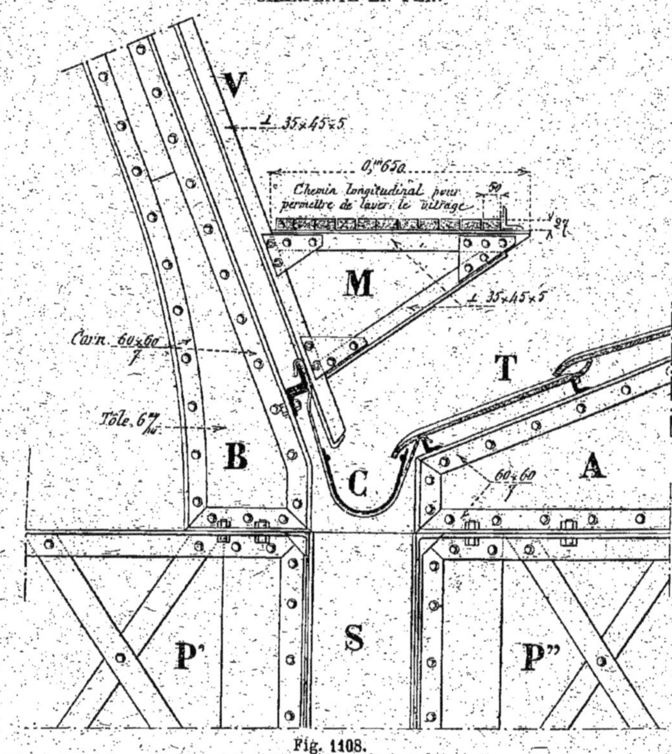

Fig. 1108.

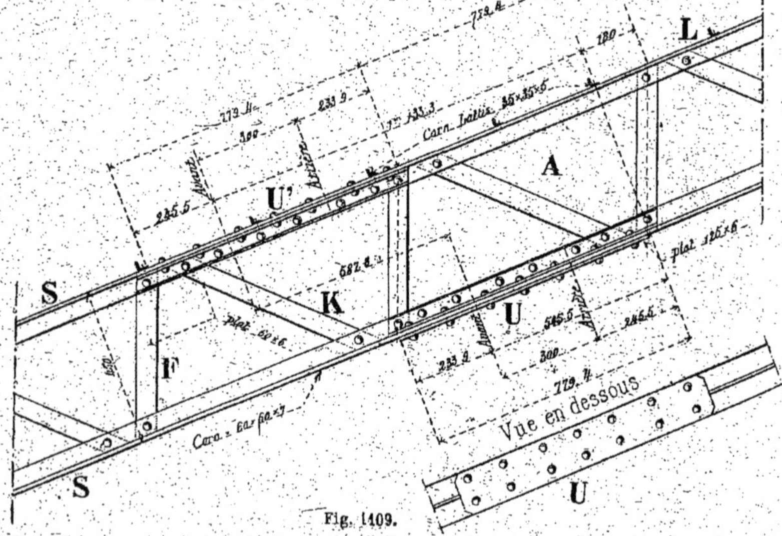

Fig. 1109.

Les figures 1109 et 1110 nous montrent comment sont disposés sur l'arbalétrier les joints de deux bouts de cornières. Cet arbalétrier, qui a 0m,450 de hauteur, est formé de quatre cornières S de 60 ×

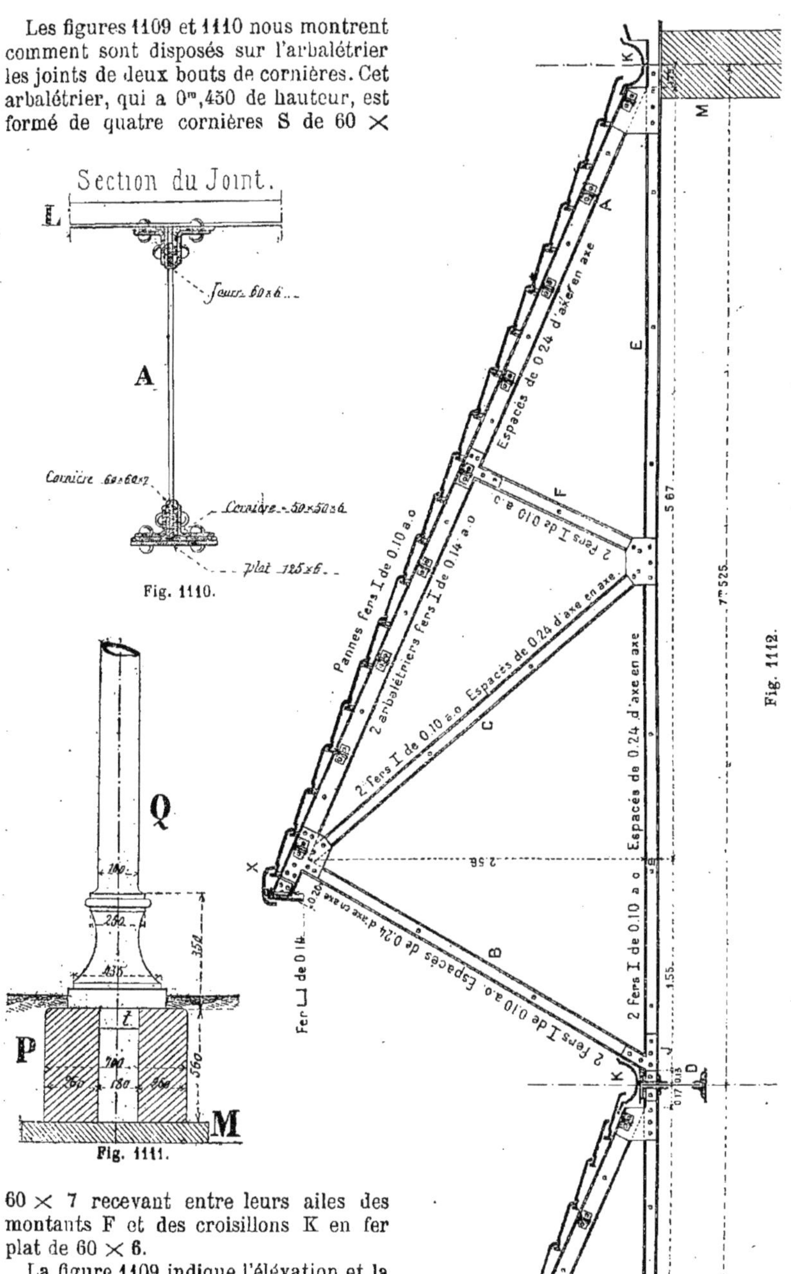

Fig. 1110.

Fig. 1111.

Fig. 1112.

60 × 7 recevant entre leurs ailes des montants F et des croisillons K en fer plat de 60 × 6.

La figure 1109 indique l'élévation et la

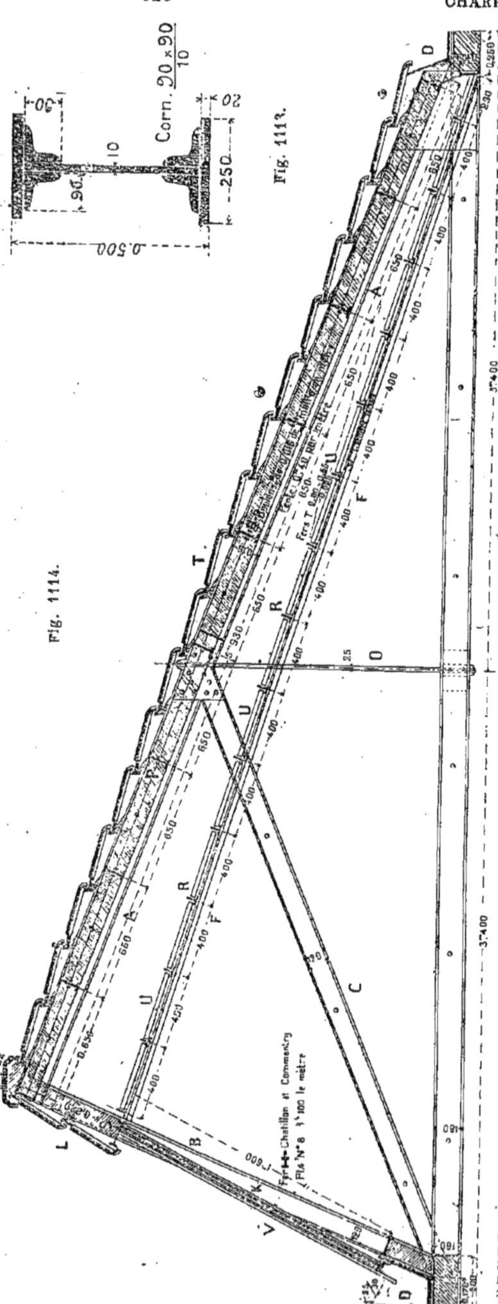
Fig. 1113.

Fig. 1114.

vue en dessous de l'un des assemblages et la figure 1110 la section du joint avec l'indication : des fourrures nécessaires en fer plat de 60 × 6, du fer plat U du couvre-joint inférieur 125 × 6, enfin des cornières de 50 × 50 × 6 placées sur le joint.

Pour terminer ces détails nous représentons (*fig.* 1111) la partie inférieure des colonnes Q de la figure 1106.

Comme le montre cette figure, la base de ces colonnes porte une tubulure en fonte *t* venant s'emboîter dans un trou pratiqué dans la pierre dure P sur laquelle repose chaque colonne; c'est par cette ouverture et latéralement que se fait le déversement de l'eau de pluie qui se rend dans un caniveau convenablement disposé.

Sous la pierre dure P se trouve un massif M en petits matériaux descendants jusqu'au bon sol.

3° FERMES DE COMBLE-SHED AVEC CONTREFICHES

522. Dans les exemples étudiés précédemment les fermes des sheds ne comportaient pas de contrefiches ; voyons maintenant quelques exemples de ces fermes avec contrefiches.

1er Exemple.

523. Un des types le plus souvent employé de ce genre de ferme est indiqué en croquis (*fig.* 1112). Cette ferme, dont la portée dans œuvre est de 7m,30, se compose : d'un arbalétrier A formé de deux fers I de 0m,14 *a. o.* espacés de 0m,24 d'axe en axe et réunis tous les 0m,70 environ par des boulons à quatre écrous ; d'un arbalétrier B recevant les châssis vitrés et comprenant deux fers I de 0m,10, *a. o.* espacés de 0m,24 d'axe en axe et maintenus à écartement fixe par des boulons à quatre écrous ; d'un entrait E également formé de deux fers jumellés en I de 0m,10, *a. o.* espacés de 0m,24 d'axe en axe ; de deux contrefiches C et F composées chacune de deux fers I de 0m,10 *a. o.* fixées au même écartement que les autres pièces de la ferme.

Tous ces fers sont reliés entre eux par des boulons à quatre écrous et sont hourdés intérieurement. Les boulons, aux extrémités des contrefiches, auront $0^m,020$ de diamètre ; les autres boulons d'écartement auront $0^m,016$ de diamètre ; enfin, les boulons d'assemblage n'auront que $0^m,012$ de diamètre.

Sur l'arbalétrier A sont, régulièrement espacées, des pannes en fer I de $0^m,10$ *a. o.* reliées entre elles, tous les mètres, par des boulons à quatre écrous et recevant dans toute leur hauteur un hourdis permettant l'exécution des tasseaux maintenant les tuiles.

D'un côté le shed repose sur un mur M et de l'autre il s'assemble sur une poutre en tôle et cornières D dont la figure 1113 nous donne les principales dimensions.

Afin de soulager l'assemblage de l'entrait E avec la poutre D on place en J deux cornières de $60 \times 60 \times 7$.

Les chéneaux K sont en fonte système Bigot-Renaux et analogues à ceux décrits précédemment.

La tuile chemin X a déjà été étudiée, il est donc inutile d'y revenir.

La distance d'axe en axe des fermes ou portée des pannes est de $3^m,25$.

2ᵉ Exemple. — Cas particulier.

524. Proposons-nous, comme deuxième exemple de shed avec contrefiches, d'étudier la disposition d'une ferme munie d'un double plafond comme cela est souvent indispensable pour certaines industries craignant la trop grande chaleur ou le trop grand froid.

La ferme proprement dite (*fig.* **1114**) se compose des pièces suivantes :

Arbalétriers A, deux fers I de $0^m,16$ *a. o*, espacés de $0^m,20$ à $0^m,25$ d'axe en axe et réunis tous les $0^m,65$ par des boulons de 16 millimètres de diamètre à quatre écrous;

Arbalétriers B, deux fers I de $0^m,12$ *a. o*, même écartement que les arbalétriers A et réunis de la même manière;

Entrait E, deux fers I de $0^m,16$ *a. o.* réunis par des boulons de $0^m,016$ à quatre écrous ;

Contrefiches C, deux fers I de $0^m,12$, *a. o.* espacés de $0^m,20$ à $0^m,25$ et reliés entre eux par des boulons à quatre écrous ;

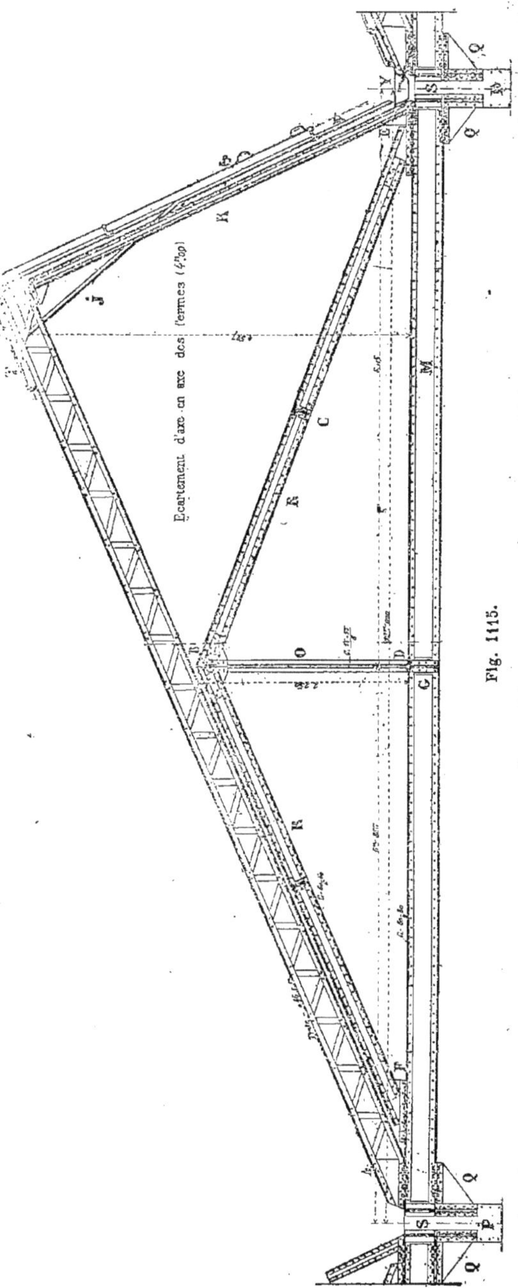

Fig. 1115.

Aiguille pendante O, fer rond de $0^m,025$ de diamètre ;

Vitrage V, fers T de 25 × 30 placés sur d'autres fers spéciaux de l'usine Châtillon

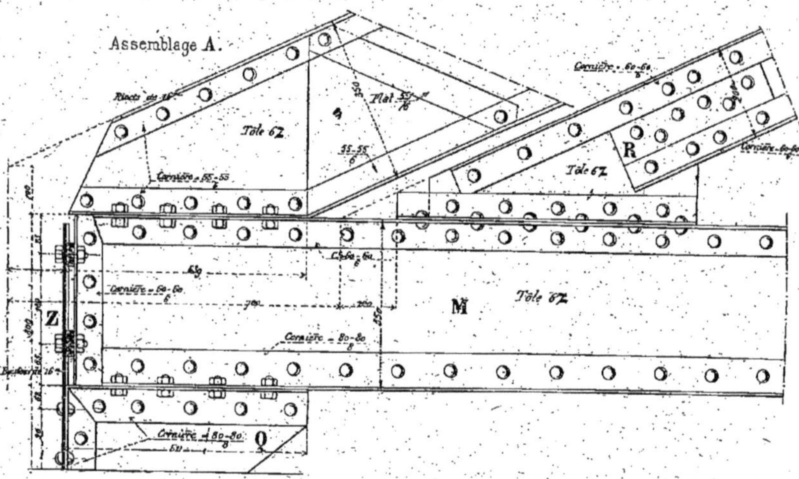

Fig. 1116

et Commentry, planche 4, n° 8 de leur album ; ces fers spéciaux permettant d'exécuter un double vitrage ;

Pannes P, fers I de $0^m,12$, *a. o.* espacés de $0^m,65$ d'axe en axe hourdés plein et reliés entre eux, tous les mètres par des

Assemblage B.

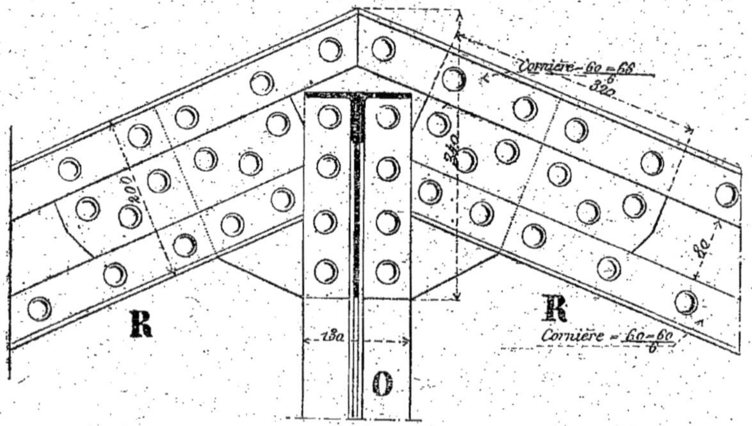

R
R
O

Fig. 1117

boulons de 16 millimètres de diamètre à quatre écrous ;

Chéneau en fonte D, même système que précédemment ;

Couverture en tuiles T grand moule à recouvrements retenues sur le rampant par des tasseaux en plâtre exécutés directement sur le hourdis plein des pannes;

Faîtière chemin, comme dans les exemples étudiés ci-dessus.

Dans ce croquis la partie vitrée ne monte pas jusqu'à la partie haute de l'arbalétrier B mais par suite de l'existence d'un faux plafond elle s'arrête à une panne S, I de 0,12 *a o*.

Ce faux plafond est formé de cornières F de 60 × 60 × 8 régulièrement espacées et recevant des fers T de 60 × 35 × 8 disposés tous les 0m,40 d'axe en axe.

Sur ces fers R on place des bardeaux en terre cuite U qui sont maintenus en place par un coulis de ciment.

Avec ces différentes pièces on forme très facilement un double plafond laissant au dessus un fort coussin d'air chargé de maintenir la chaleur en hiver et la fraîcheur en été.

La distance d'axe en axe des fermes est de 3m,50 à 4 mètres.

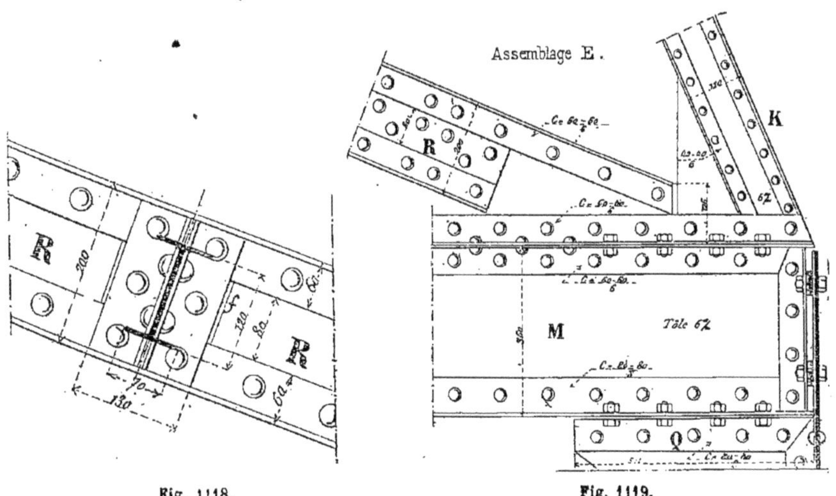

Fig. 1118. Fig. 1119.

3e Exemple.

525. La figure 1115 nous donne un autre exemple de comble-shed dans lequel il y a deux fermes dans le même plan, la ferme proprement dite du shed et une autre ferme BFE spéciale pour l'installation de transmissions, paliers, etc., qui ressemble à une ferme ordinaire à deux pentes égales et qui se compose: de deux arbalétriers R, de 0m,200 de hauteur, construits en tôle et cornières (quatre cornières de 60 × 60 × 6 et une tôle de 200 × 6); d'un entrait M, de 0m,350 de hauteur également construit en tôle et cornières (quatre cornières de 80 × 80 × 8 et une tôle de 350 × 6); d'une aiguille pendante O en fers cornières de 55 × 55 × 6.

Cette ferme, ainsi composée, repose par l'intermédiaire de deux sablières S sur des poteaux P construits en tôles et cornières (quatre cornières de 80 — 80 — 9 et deux tôles 376 × 10).

Cette disposition est souvent utilisée lorsqu'on doit faire porter à l'entrait M des pièces de machines ou de transmission n'ayant aucun rapport avec la couverture des bâtiments.

Au-dessus de l'arbalétrier FB se trouve une autre poutre AX en tôle et cornières de 0m,350 de hauteur qui est l'arbalétrier de long pan du shed. Cette poutre formée par quatre cornières de 55 × 55 × 6 et par des croisillons en fer plat de 55 × 6, s'assemble en A sur l'une des sablières et repose en X sur l'arbalétrier K de la partie raide du shed

De fortes consoles Q réunissent les poutres M aux poteaux P.

Les fers à vitrage courants V sont reliés à la poutre K en trois points de leur longueur, disposition que nous avons déjà eu l'occasion d'examiner dans les exemples précédents.

Dans le croquis (*fig.* 1115) le vitrage comporte des châssis ouvrants J. L'ouverture de ces châssis se fait très simplement en manœuvrant une manette L reliée à une tringle en fer au bout de laquelle existe une chaînette.

La figure 1115 indique, en pointillé, la position de la manette L lorsque le châssis J est fermé.

Le chéneau Y est recouvert, dans toute sa longueur, par une série de plaques de fonte, formées de barreaux, ayant pour but, lorsqu'il tombe de la neige, de ne pas laisser cette neige se tasser au fond du chéneau et obstruer les tuyaux de descente. La neige accumulée sur le grillage en fonte fond et s'écoule lentement dans le chéneau comme de l'eau ordinaire sans créer d'ennuis. C'est une disposition bonne à employer et qui rend de très grands services. Les plaques de

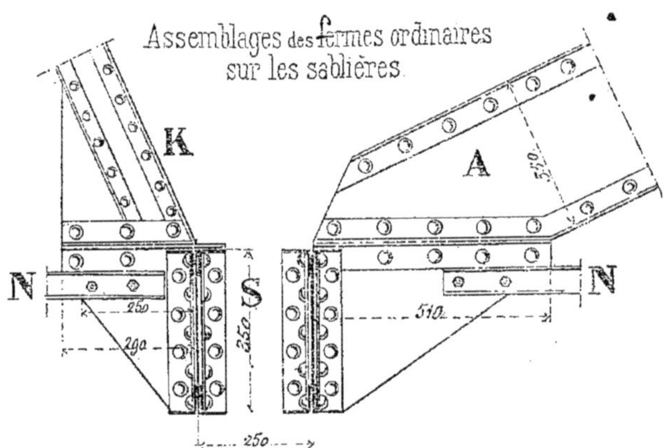

onte ainsi disposées servent également de chemin aux ouvriers qui doivent nettoyer ou réparer les châssis vitrés.

La distance d'axe en axe des fermes est de 4 mètres.

Détails d'assemblages.

526. Les détails d'assemblages intéressants à étudier sont ceux marqués (*fig.* 1115) par les lettres A, B, C, D, et E.

527. *Assemblage* A. — L'assemblage A est indiqué à grande échelle (*fig.* 1116) ; il nous montre la disposition des poutres AX, R et M au point où elles s'assemblent sur l'âme Z de la sablière S.

Les différentes cotes les plus importantes pour l'exécution étant marquées sur ce croquis il est inutile de nous y arrêter plus longuement.

528. *Assemblage* B. — La figure 1117 nous montre la disposition du faîtage de la ferme FBE (*fig.* 1115). Rien de particulier à signaler ce détail étant très simple.

Les faîtages de deux fermes voisines sont reliés par un contreventement établi dans le plan de l'aiguille pendante O.

529. *Assemblage* C. — L'assemblage C représenté en croquis (*fig.* 1118) nous indique comment se fait, sur les poutres R, l'assemblage des pannes en fers I de 0^{m},120 L.A., de la ferme FBE.

En *f*, il existe une fourrure destinée à rattraper l'épaisseur des cornières de la poutre R.

530. *Assemblage* D. — Cet assemblage est suffisamment marqué dans la figure 1115 et se comprend assez facilement pour que nous n'ayons pas besoin de nous y arrêter.

D'une ferme à l'autre on met en G une

autre petite poutre légère en treillis perpendiculaire à la poutre M. On forme ainsi un quadrillage rendant le tout invariable.

531. *Assemblage* E. — L'assemblage E (*fig.* 1119) est analogue, comme disposition à l'assemblage A; il se comprend très bien à la seule inspection de la figure.

Pour terminer les détails de ce shed nous donnons (*fig.* 1120) les assemblages

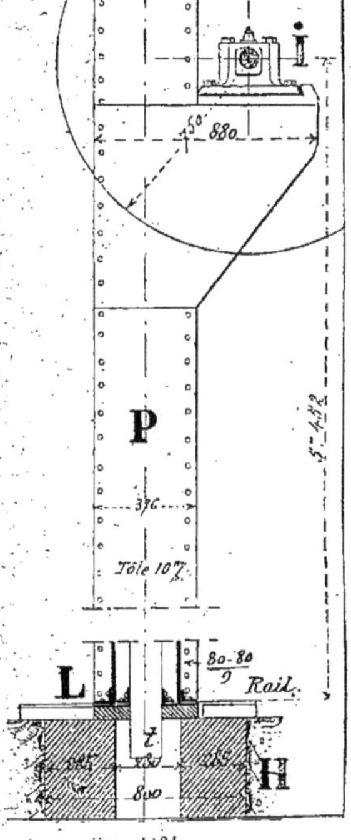

Fig. 1121.

des fermes intermédiaires sur les sablières S.

Comme nous l'avons déjà dit les fermes supportant la transmission sont indépendantes de celles du comble et n'existent qu'au droit des piliers.

Les tirants horizontaux des fermes courantes qui sont de petits fers N (*fig.* 1120) soit en I soit en cornières de 45 × 20 × 4, 5 et les poinçons ordinairement en fer plat de 30/5 sont supprimés aux fermes du shed lorsqu'il existe des fermes de transmission FBE (*fig.* 1115)

La figure 1121 représente la partie inférieure des poteaux P, leur coupe à la partie basse L et la disposition du tuyau *t* pour l'écoulement des eaux pluviales.

En H un massif en pierre dure reçoit le pied des potaux P.

En I nous avons indiqué la disposition d'un palier de transmission et d'une poulie.

Enfin, les figures 1122 et 1123 donnent la disposition à adopter pour le chemin roulant d'un chariot transbordeur établi soit sur pilier de rive, soit sur pilier intermédiaire.

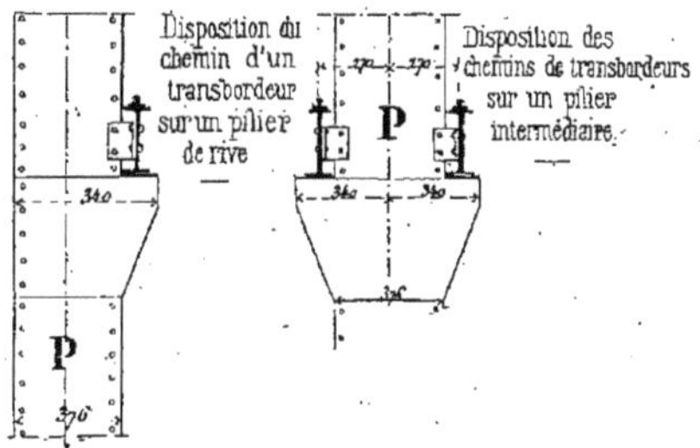

Fig. 1122. Fig. 1123.

4° Fermes de shed avec tirants en fer rond et bielle

1er Exemple

532. Les combles shed avec tirants en fer rond et bielle, dont nous donnons un exemple simple (*fig.* 1124), ressemblent beaucoup à une demi-ferme Polonceau et se composent: d'un arbalétrier A (I de 0, 12 *a. o.*) scellé d'un côté dans le mur M et de l'autre assemblé au faîtage F avec un autre fer D; d'un deuxième arbalétrier D (I de 0, 10 *a. o.*) assemblé avec l'arbalétrier A perpendiculairement à sa direction et venant reposer à sa partie basse dans un sabot fixé sur une poutre P en tôle et cornières de $0^m,300$ de hauteur; d'une bielle B en fer ou en fonte renflée en son milieu et fixée sur une plaque d'assemblage commune avec les tirants S et T et sur l'aile inférieure de l'ar-

Toiture en dent de scie
Coupe longitudinale
Longueur du fer à vitrages non compris le retour 2,189
Longueur du petit arbalétrier 2,479
Longueur du grand arbalétrier sur mur 5,809
Voligeage en sapin
Chéneau en zinc N° 14
V
D
F
S'
A
T
B
S
Z
C
M
P

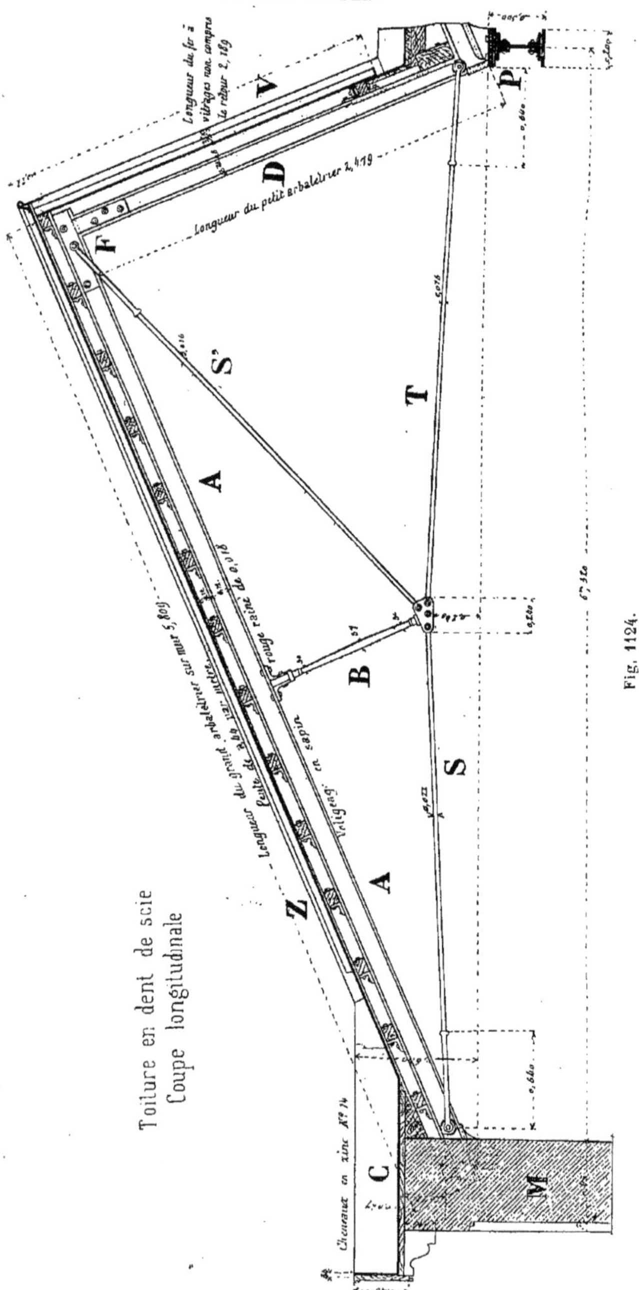

Fig. 1124.

balétrier A ; d'un tirant T (fer rond de seize millimètres de diamètre) ; d'un autre tirant ou sous-tendeur S (fer rond de vingt-deux millimètres de diamètre) enfin, d'un autre sous-tendeur S' (fer rond de seize millimètres de diamètre).

Les pannes sont ici formées par de petites pièces de bois de 0m,11 de hauteur régulièrement espacées et recevant un

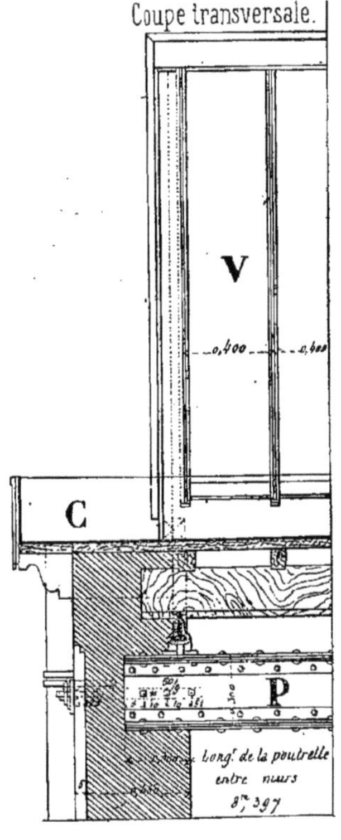

Fig 1125.

voligeage de dix-huit millimètres d'épaisseur sur lequel se fait la couverture en zinc Z.

Le chéneau C est exécuté en zinc n° 14 et ne présente rien de particulier à signaler.

Le vitrage est formé par des fers V (T de 35 × 25 × 5) de 2m,189 de longueur non compris le retour destiné à retenir le verre à la partie basse.

La portée de ce shed est de 6m,320.

La distance d'axe en axe des fermes est de 3 mètres.

La pente de l'arbalétrier de long pan est de 0m.44 par mètre.

La figure 1125 nous montre une partie de l'élévation du shed vu du côté du vitrage. La poutrelle P y est indiquée en élévation ; sa portée, entre murs, est de 8m,397.

Les fers à vitrage V sont espacés de 0m40 d'axe en axe.

La figure 1126 nous représente la coupe d'un châssis ouvrant installé en certains points du vitrage V ; dans cette figure

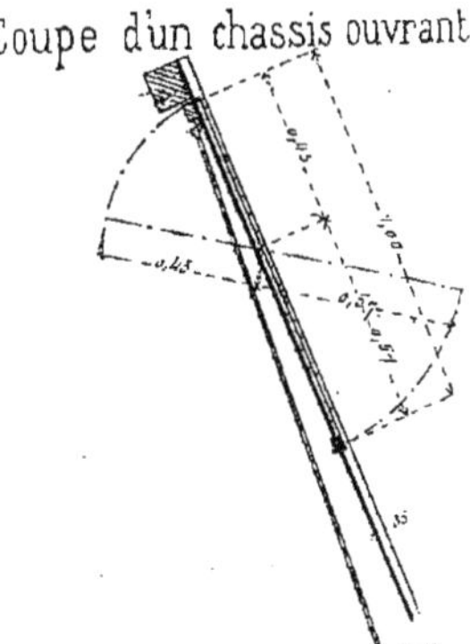

Fig. 1126.

nous avons indiqué en pointillé la disposition d'un châssis ouvert.

2e Exemple.

533. La figure 1127 nous donne un deuxième exemple de comble shed, avec tirants en fer rond et bielle, dont la portée est un peu plus grande.

Chaque ferme se compose : d'un arbalétrier A (fer I de 0,14 *a. o.*) ; d'un arbalétrier D (fer I de 0,10 *a. o.*) ; d'une bielle en fer B ayant cinquante millimètres de diamètre au milieu de sa longueur ; d'un tirant T (fer rond de vingt-cinq millimètres de diamètre) ; d'un sous-tendeur S (fer rond de vingt-cinq millimètres

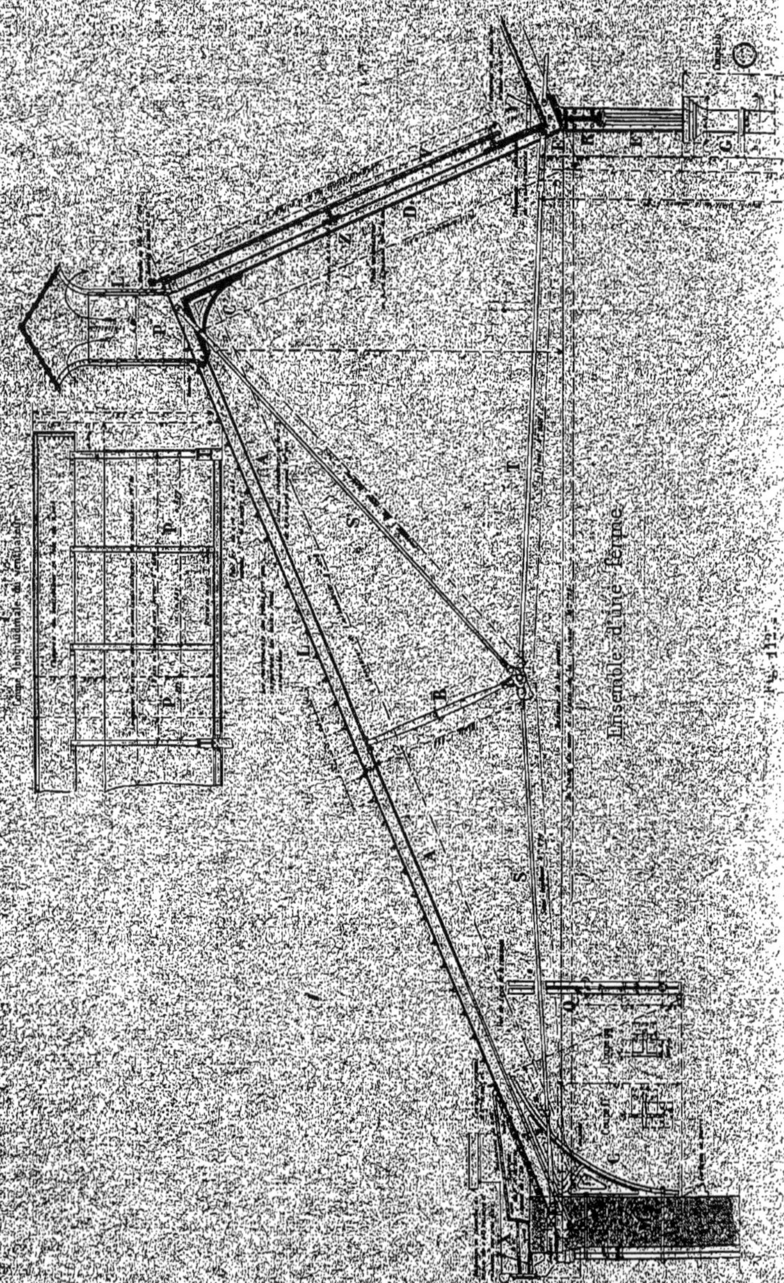

Ensemble d'une Ferme.

Fig. 112.

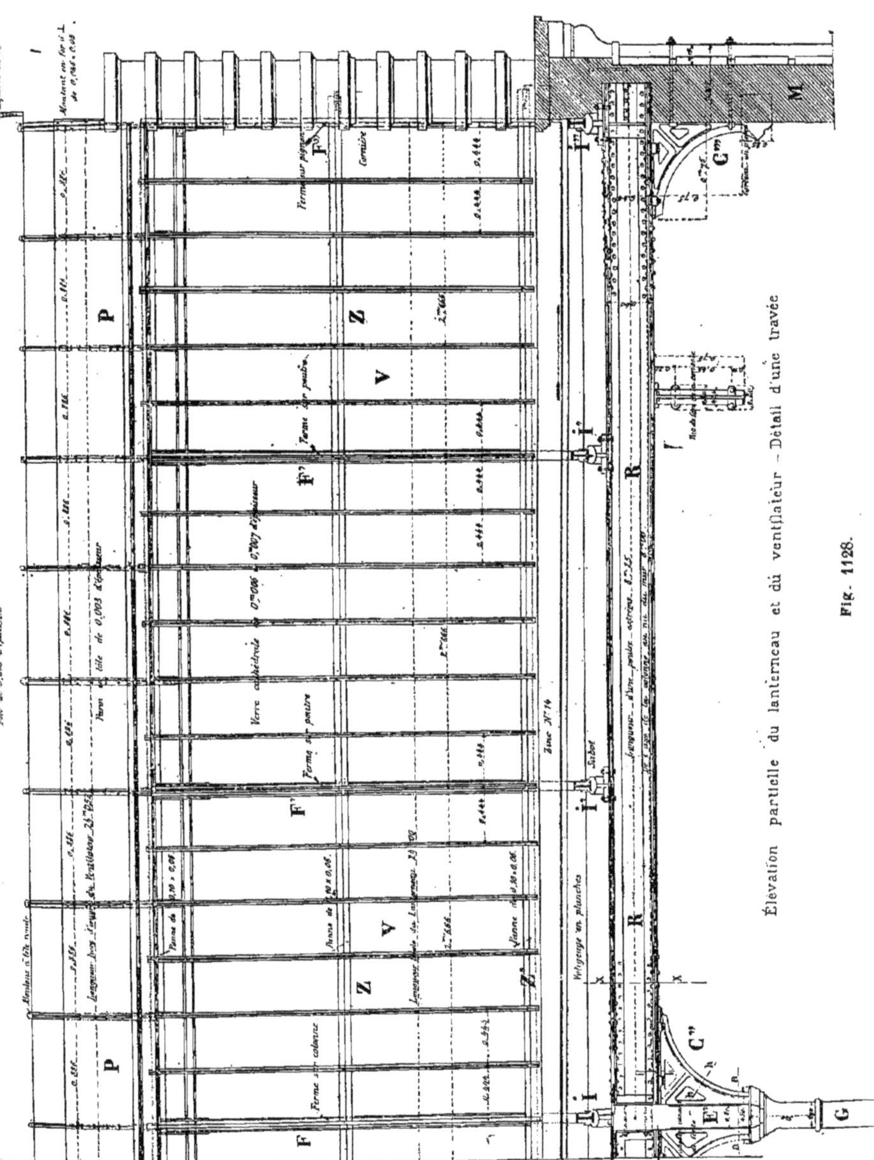

Élévation partielle du lanterneau et du ventilateur – Détail d'une travée

Fig. 1128.

de diamètre) ; enfin, d'un autre sous-tendeur S' ayant le même diamètre.

L'arbalétrier A est d'un côté scellé dans le mur M et de l'autre assemblé avec l'arbalétrier D à l'aide de fortes plaques d'assemblage. L'angle au faîtage est rendu invariable par une équerre en fonte C' solidement reliée aux deux arbalétriers.

Fourchette du sous-tendeur supérieur
Assemblage de la bielle sur l'arbalétrier
Plaque des sous tendeurs et de la bielle
Fourchette du tirant
Fourchette du sous-tendeur inférieur
A
B
B
U
S'
T
S

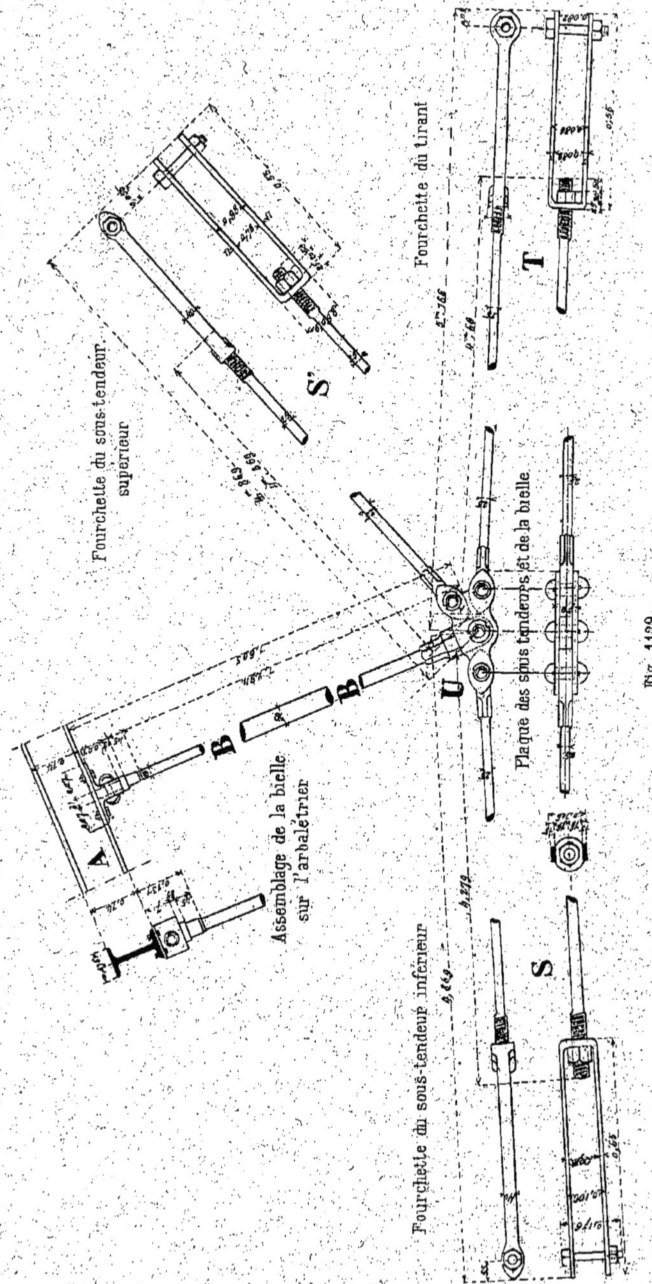

Fig. 1129.

La portée de l'arbalétrier A est soulagée par une console en fonte C fortement boulonnée dans le mur M et dont les coupes *ff* et *gg* et la vue de côté O font facilement comprendre la forme.

L'arbalétrier D s'assemble au faîtage avec l'arbalétrier de long pan A et à sa base repose par l'intermédiaire d'un sabot, E dont nous verrons plus loin la forme, sur une poutre en tôle et cornières R assemblée sur le fût prolongé E′ d'une colonne en fonte G.

Sur cet arbalétrier D reposent, par l'intermédiaire de pannes Z, une série de fers à vitrage V.

Les deux chéneaux X et Y construits en zinc n° 14 sur voligeage de $0^m,027$ d'épaisseur sont simples de construction et se comprennent à la seule inspection de la figure.

Le lattis L est exécuté avec de petits fers T du commerce de 40 × 36 pesant $3^k,15$ le mètre courant et espacés de $0^m,240$ d'axe en axe.

La colone G est creuse, la coupe *bb* nous donne sa section au-dessous du chapiteau ; l'épaisseur de la fonte de cette colonne est de vingt millimètres.

Le shed que nous étudions comporte en P (*fig.* 1127) une espèce de lanterneau ne servant pas à l'éclairage mais destiné à la ventilation.

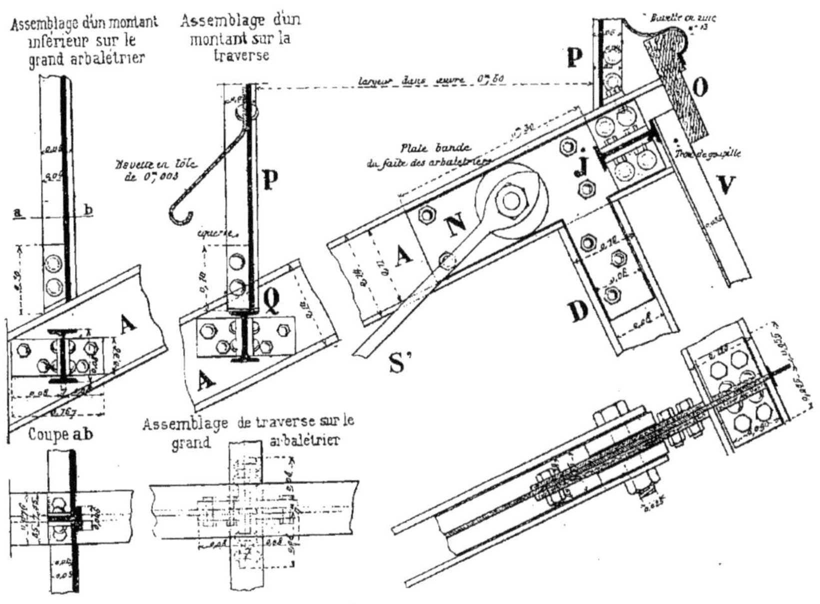

Fig. 1130.

Ce ventilateur est composé d'une série de montants tels que L′ se fixant sur les pannes qui leur correspondent et terminé par une couverture à deux pentes égales laissant au dessous les ouvertures nécessaires pour permettre une libre évacuation aux fumées ou buées qui peuvent se produire dans l'atelier.

La coupe longitudinale de ce ventilateur, donnée dans la figure, en fait comprendre la disposition.

La figure 1128 nous donne l'élévation partielle du lanterneau et du ventilateur ; cette figure représente également l'élévation complète d'une travée.

La poutre R est indiquée en élévation,

sa longueur totale est de 8m,25 ; elle repose, d'un côté, sur la colonne G par

Assemblage d'un montant sur la panne supre

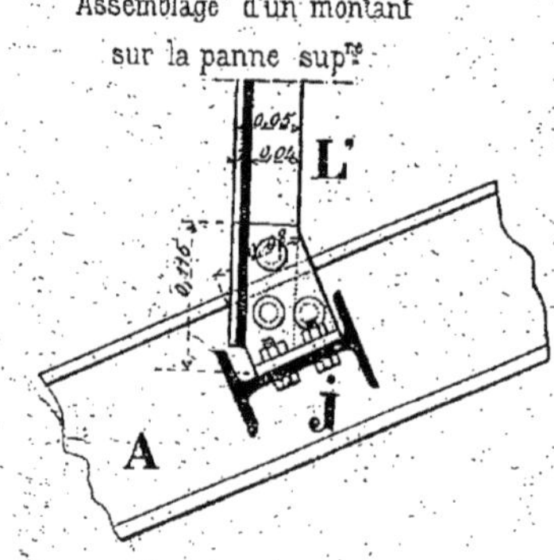

Fig. 1131.

l'intermédiaire d'une console C″ et de l'autre se scelle dans le mur M, étant soulagée par une autre console C‴.

En I se trouve le sabot d'une ferme sur colonne; en I′ les sabots des fermes intermédiaires sur poutre; enfin, en I″ le sabot d'une ferme pignon.

Nota : Les fermes reposant sur les pi-

Assemblage d'une panne sur le petit arbalétrier

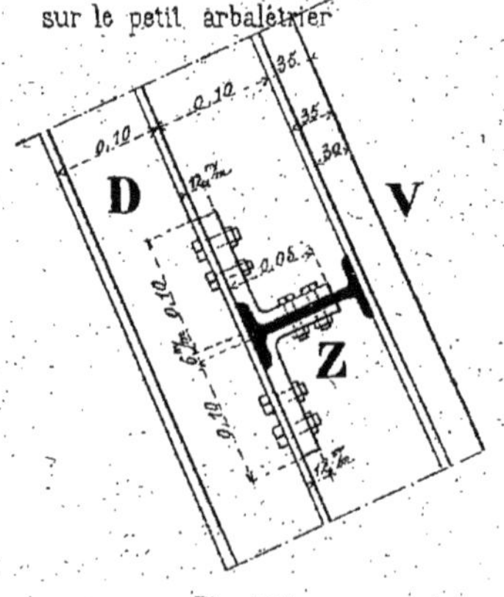

Fig. 1132.

gnons n'auront ni bielles, ni sous-tendeurs, ni tirants; ils seront remplacés par des ancres à scellement fixés sur le grand arbalétrier.

Le voligeage, en planches brutes de vingt-sept millimètres d'épaisseur, et le chéneau en zinc n° 14 sont indiqués en élévation.

En Z et en Z′ sont représentées les pannes recevant les fers à vitrage V espacés régulièrement tous les 0m,44 et fixés sur les pannes à l'aide de vis à métaux.

En F, F′ et F″ la vue de côté des trois types de fermes, sur colonne, sur poutre et sur pignon.

Enfin, à la partie haute, la vue longitudinale du ventilateur avec l'indication de la paroi en tôle de trois millimètres d'épaisseur et de la couverture également en tôle mais de cinq millimètres d'épaisseur.

Les tôles verticales sont fixées, tous les

Profil des montants — Profil du fer à vitrage pesant 2k,25 le mètre cour

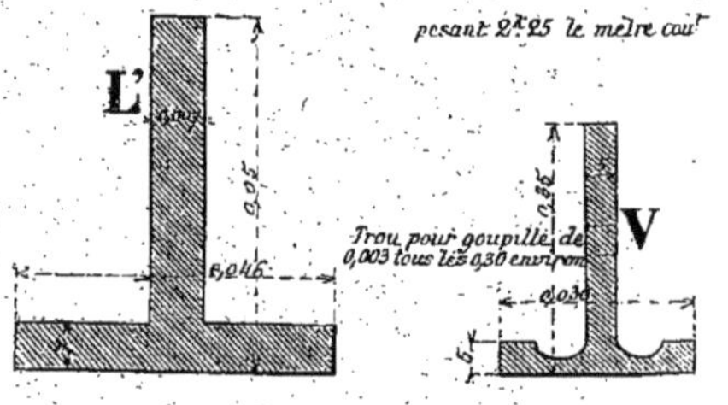

Fig. 1133

0m,886, sur des montants en fer T de 50 × 46.

Le verre employé pour le vitrage est le verre dit cathédrale ayant de six à sept millimètres d'épaisseur.

La portée de ce shed est de 10 mètres.

La distance d'axe en axe des fermes est de 2m,666.

La hauteur du pied de la ferme au faîtage est de 3m,711.

La couverture est en tuiles petit moule.

Détails d'assemblages.

534. Les détails d'assemblages les plus intéressants à étudier sont : détails des tirants des sous-tendeurs et de leurs fourchettes ; détail de l'assemblage de la bielle sur l'arbalétrier ; assemblage des deux arbalétriers au faîtage ; assemblage des montants du ventilateur sur les pannes ou sur l'arbalétrier de long pan ; assemblage d'une panne sur le petit arbalétrier ; le détail des sabots recevant les arbalétriers ; la coupe du chéneau sur mur du côté du

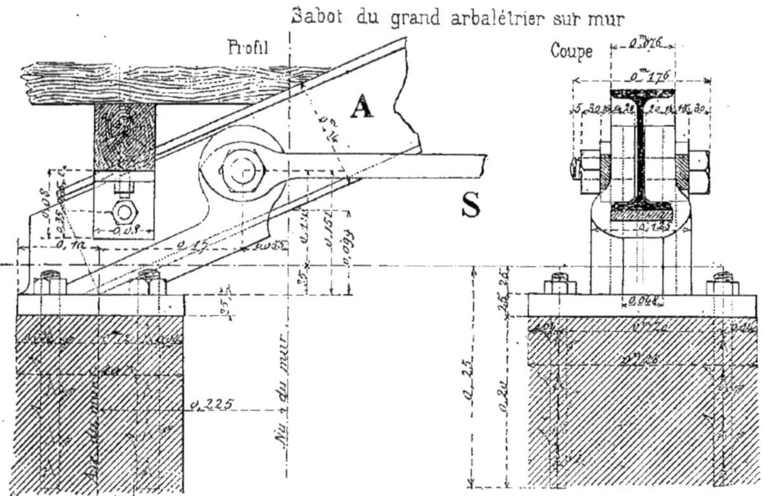

Fig. 1134.

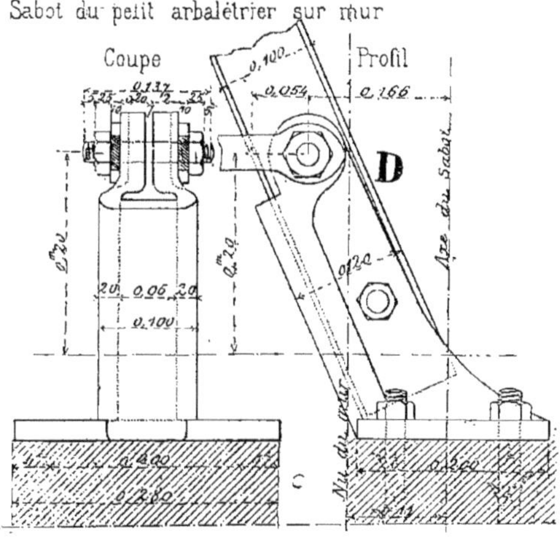

Fig. 1135.

petit arbalétrier ; l'ancrage des fermes non armées des pignons ; l'ancrage des pannes sur les pignons ; le détail de la base et coupes diverses des colonnes en fonte ; enfin, le détail des colliers des tuyaux de descente et des équerres du chéneau et du ventilateur.

La figure 1129 nous représente le détail, en élévation et en plan, des plaques U des sous-tendeurs, du tirant et de la bielle ; l'assemblage de la bielle B soit avec les plaques U, soit avec le dessous de l'arbalétrier A.

Cette figure donne aussi la disposition

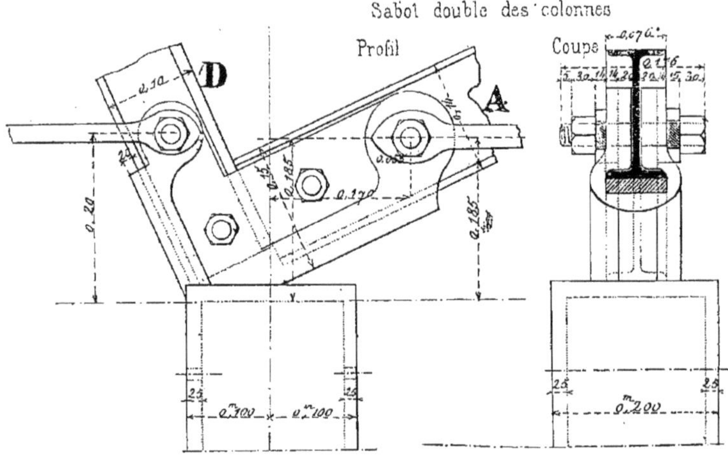

Fig. 1069

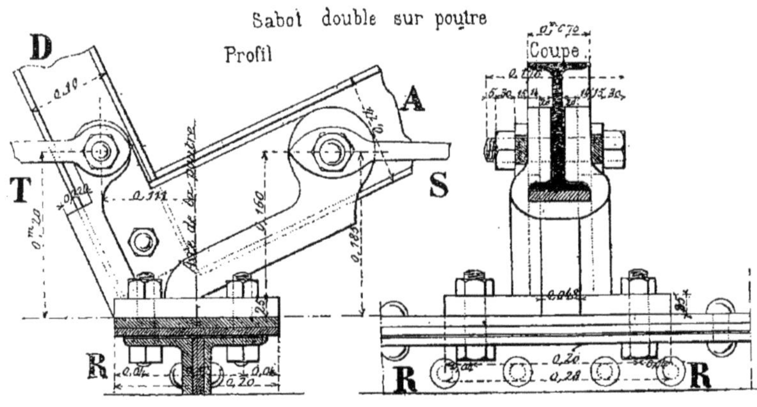

Fig. 1137.

du tirant T et des sous-tendeurs S et S' avec leurs fourchettes respectives en élévation et en plan ; la position exacte de chacune de ces pièces et les cotes nécessaires pour leur exécution.

La figure 1130 indique en élévation et en coupe longitudinale la disposition du faîtage de la figure 1127 en supposant l'équerre en fonte C enlevée.

L'arbalétrier A s'assemble avec l'arbalétrier D à l'aide de plaques d'assemblages indiquées en N dans le croquis ; c'est egalement sur cette plaque N que viennent se fixer le sous-tendeur S′ et la panne de faîtage J (fer I de 0,12 *a. o.*).

Sur cette panne J se vissent les fers à vitrage V recouverts à la partie haute

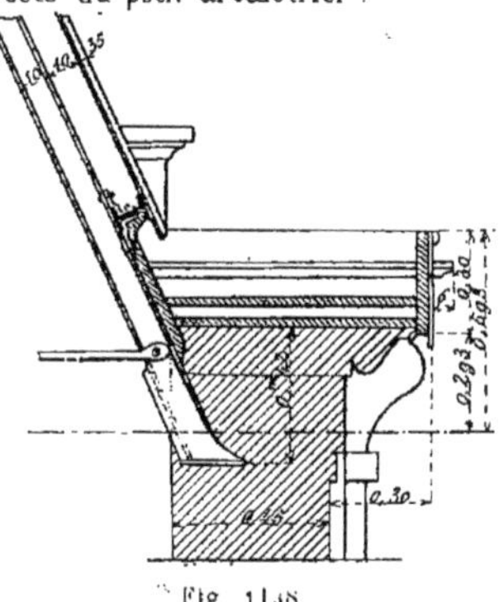

Fig. 1138.

par une pièce de bois O recevant une bavette en zinc n° 13 pour la protéger de la pluie.

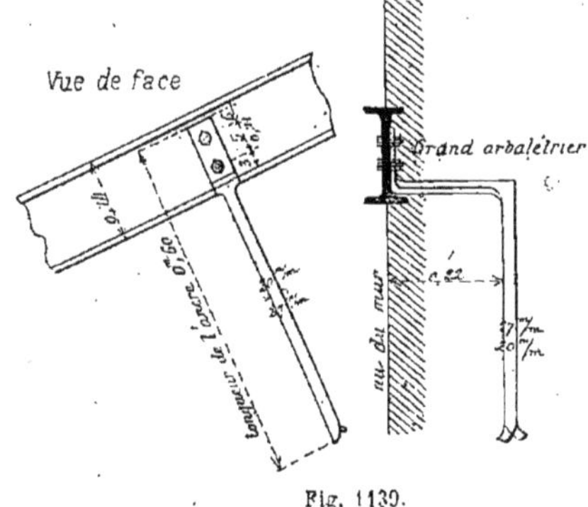

Fig. 1139.

En certains points les verres à vitrage V sont percés de trous permettant de placer des goupilles en fer destinées à bien maintenir les verres.

Dans la même figure nous voyons l'assemblage d'un montant P du ventilateur sur la traverse Q fixée sur l'arbalétrier A et l'assemblage d'un montant inférieur sur le grand arbalétrier. Ces deux détails se comprennent facilement sans explication.

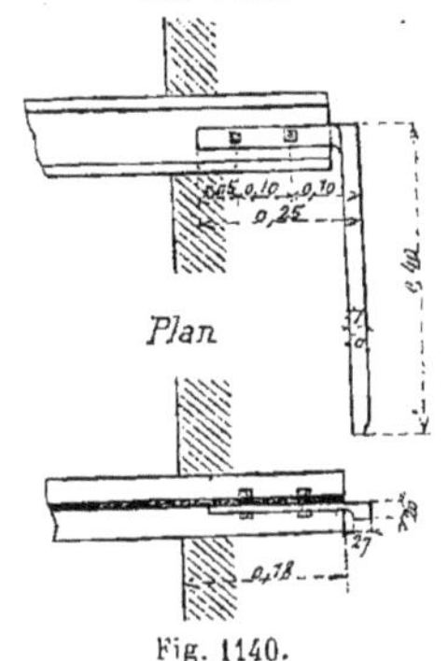

Fig. 1140.

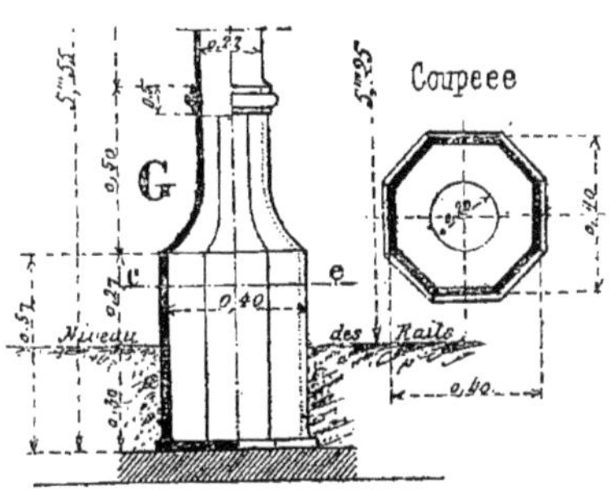

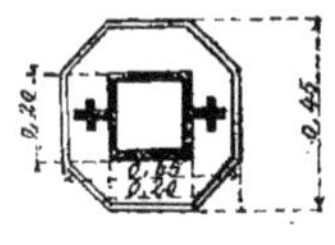

Fig. 1141.

La figure 1131 donne le détail de l'assemblage d'un montant L′ sur la panne supérieure J.

La figure 1132 représente l'assemblage d'une panne Z sur le petit arbalétrier.

Cet assemblage s'exécute à l'aide de deux équerres faites à la demande et boulonnées sur chacune des pièces. Dans cette

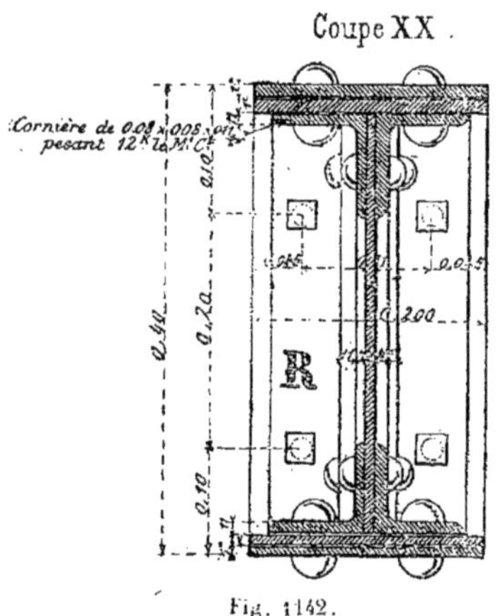

Fig. 1142.

figure, les fers à vitrage V sont vissés sur l'aile de la panne Z.

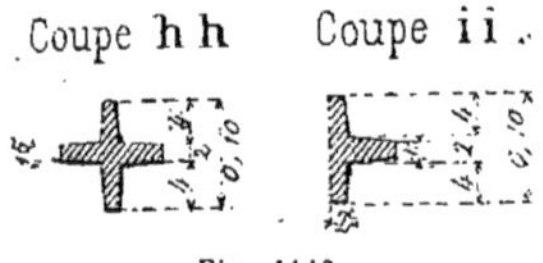

Fig. 1143.

La figure 1133 donne les profils cotés des fers à vitrage V et des montants L'.

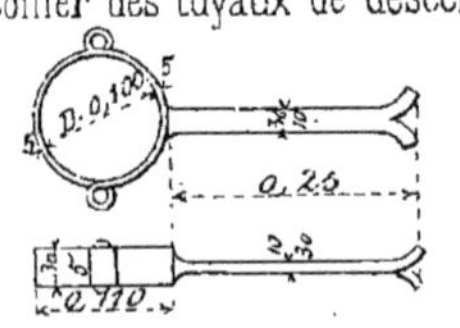

Fig. 1144.

Les figures 1134, 1135, 1136 et 1137 représentent les détails des différents types de sabots employés dans la construction du shed que nous étudions.

La figure 1138 montre la coupe du chéneau sur mur côté du petit arbalétrier, disposition simple se comprenant facilement.

Les figures 1139 et 1140 indiquent les ancrages des fermes non armées des pignons et des pannes sur les pignons.

La figure 1141 nous donne en détails la disposition de la base des colonnes G. La coupe *ee* est faite sur la base même de la colonne ; la coupe *aa* est, au contraire, faite à la partie haute de la colonne (*fig.* 1128).

Les figures 1142 et 1143 représentent des coupes de la figure 1128, coupes de

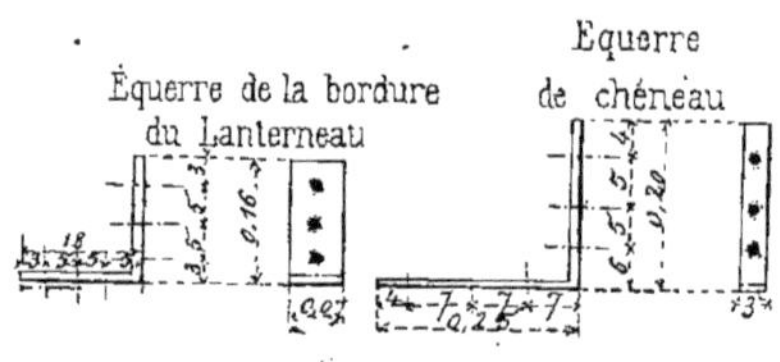

Fig. 1145.

la poutre R suivant XX et coupe suivant *hh* et *ii* de la console C''.

Enfin, pour terminer, nous donnons (*fig.* 1144) les détails cotés des colliers des tuyaux de descente et (*fig.* 1145) les équerres employées soit pour le chéneau, soit pour le lanterneau.

5° Ferme de shed dont le petit versant est vertical

535. La figure 1146 représente en croquis, une ferme de shed en fer dont le petit versant est placé verticalement.

Cette ferme se compose : d'arbalétriers A formés de deux fers I de $0^m,14$ *a. o.*, reliés de distance en distance par des boulons à quatre écrous; de montants B construits avec deux fers en U de $0^m,120$ *a. o.* qui ne sont, comme le montre la figure, que la continuation des poteaux P dont la coupe AB fait comprendre la disposition; d'un entrait E et d'une contrefiche C composés chacun de deux fers I de $0^m,08$ *a. o.*

Toutes ces pièces jumellées sont hourdées intérieurement.

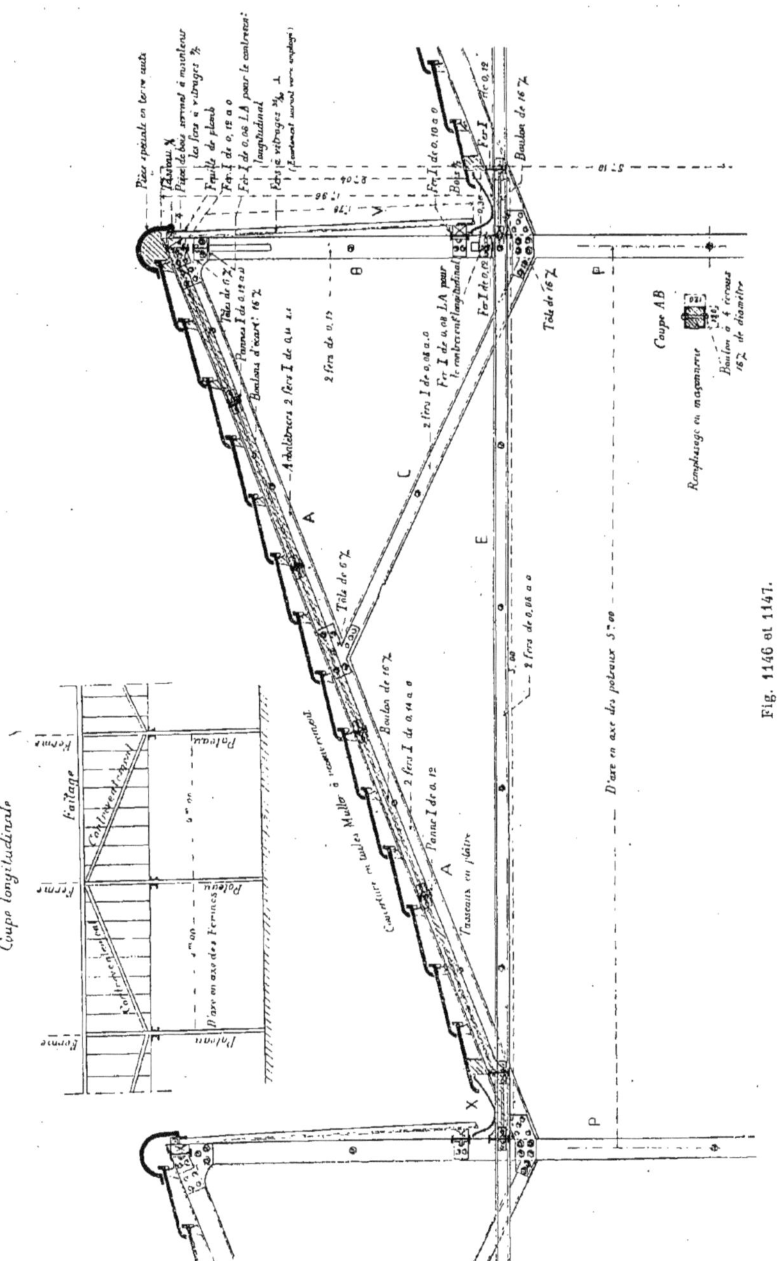
Coupe longitudinale
Coupe AB
Faîtage
D'axe en axe des poteaux 5m00
Fig. 1146 et 1147.

Sur l'arbalétrier A onfixe une série de pannes (fer I de $0^m,12$ *a. o.*) espacées régulièrement et reliées tous les mètres par des boulons de 16 millimètres de diamètre à quatre écrous.

La couverture est faiteen tuile Muller grand moule à recouvrements.

Sur le montant B on fixe les pannes nécessaires pour recevoir les fers à vitrage V.

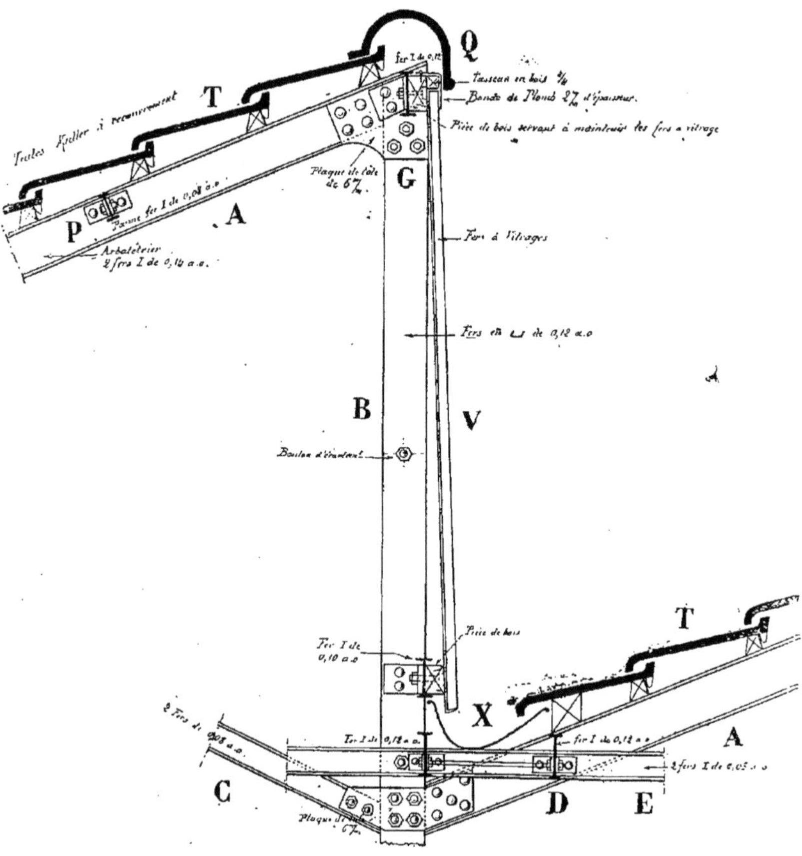

Fig. 1148.

Les chéneaux X sont en fonte du système Bigot-Renaux.

La portée de ce shed est de 5 mètres et la distance d'axe en axe des fermes de 4 m.

Dans le plan du montant B il existe un contreventement longitudinal dont lafigure 1147 donne la disposition.

La figure 1148 donne le détail à plus grande échelle du montant vertical B de la figure 1146.

En G se trouve indiqué l'assemblage des deux arbalétriers A et B par une plaque de tôle de six millimètres d'épaisseur. Sur cette plaque G s'assemble une panne de faitage (fer I de $0^m,120$ *a. o.*) sur laquelle on place une pièce de bois servant à maintenir les fers à vitrage V qui y sont vissés.

Une faîtière en terre cuite Q recouvre la dernière tuile T et la pièce de bois ;

sur cette pièce de bois on cloue un tasseau de 4 × 4 centimètres d'équarrissage recouvert d'une bande de plomb de deux millimètres d'épaisseur.

A leur partie inférieure les fers à vitrage V sont vissés sur une pièce de bois boulonnée sur une panne en fer **I**.

Le chéneau X est porté sur toute sa longueur par deux fers D réunis par des boulons à quatre écrous et hourdés entre leurs ailes intérieures.

L'assemblage du pied des arbalétriers A et des contrefiches C se fait, comme l'indique le croquis, à l'aide d'une plaque de tôle de six millimètres d'épaisseur.

536. Pour terminer ce qui est relatif à cette forme de shed en fer nous donnons (*fig.* 1149) une disposition analogue à la précédente mais dans laquelle au lieu d'un hourdis plein entre les pannes P on met simplement, d'une panne à l'autre, un chevron en fer **T** de 50 × 50 × 6 entaillé au droit des pannes et vissé sur les ailes supérieures de ces pannes; disposition déjà indiquée en croquis (*fig.* 931) dans l'étude des appentis.

Sur ces chevrons on place, à la manière ordinaire, un lattis en fers cornières de 25 × 25 × 4 destiné à recevoir des tuiles grand moule à recouvrements.

Le reste de la disposition est identique à ce qui a été dit précédemment.

6° Combles-sheds avec poutres en N

537. Une disposition de ferme de shed très employée en Allemagne est indiquée en élévation (*fig.* 1150) et en plan (*fig.* 1151).

Chaque ferme ayant, dans œuvre une

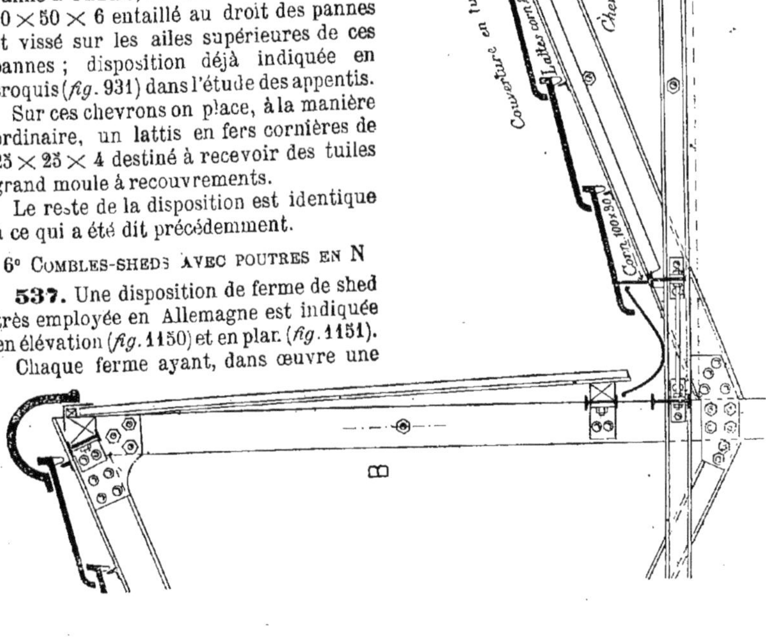

Fig. 1149.

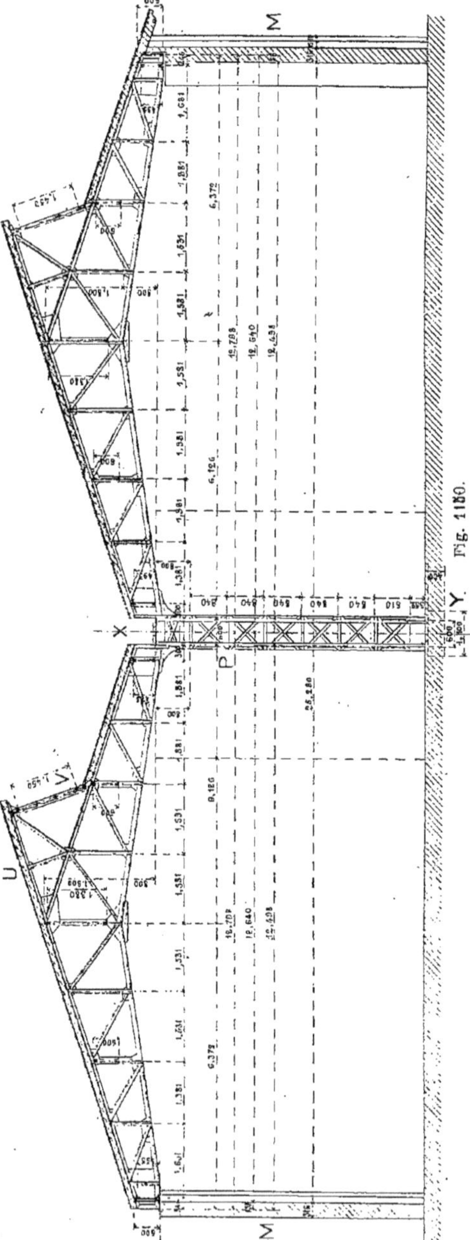

Fig. 1150.

portée de $12^{m},30$ repose d'un côté sur un mur M par l'intermédiaire d'une plaque de retombée en fonte et de l'autre s'assemble avec un pilier P construit en tôles et cornières. Chacun de ces piliers est solidement posé sur une plaque de fonte posée elle-même sur un massif Y en maçonnerie très solidement exécutée.

Les fermes sont formées d'une poutre en N disposée symétriquement par rapport à l'axe du bâtiment et dont un des côtés supérieurs U est prolongé pour permettre l'installation d'un vitrage V de $1^{m},45$ de partie éclairante.

En X se trouve l'emplacement réservé pour l'installation d'un chéneau.

La distance d'axe en axe des fermes courantes est de $9^{m},164$, ce qui exige, d'une ferme à l'autre, l'emploi d'une série de poutres en treillis, comme nous allons le voir dans les détails qui vont suivre.

La figure 1151 nous montre une partie du plan de l'atelier recouvert par ces sheds et n'offre rien de particulier à signaler.

Détails d'exécution

538. Les détails d'exécution sont nombreux, nous ne donnerons que les principaux.

Le plus intéressant est indiqué (*fig.* 1152); il représente à plus grande échelle l'élévation d'une ferme.

La poutre formant cette ferme est construite avec des cornières hautes et basses de $90 \times 130 \times 10$ et $90 \times 90 \times 10$ reliant entre leurs ailes une série de croisillons en fers cornières de $65 \times 65 \times 7$.

La figure 1153 représente l'élévation de la partie métallique disposée pour recevoir les fers à vitrage V de la figure 1150.

Les figures 1154, 1155 et 1156 nous montrent les élévations des diverses poutres employées dans ce shed avec toutes les cotes d'exécution.

La figure 1157 indique en deux coupes et une vue en plan la disposition des plaques de repos en fonte des arbalétriers. Ces plaques sont, dans la figure 1150, placées à la partie supérieure des murs M.

Les figures 1158 et 1159 nous montrent deux élévations des piliers P et deux coupes transversales suivant *cd* et *ef*;

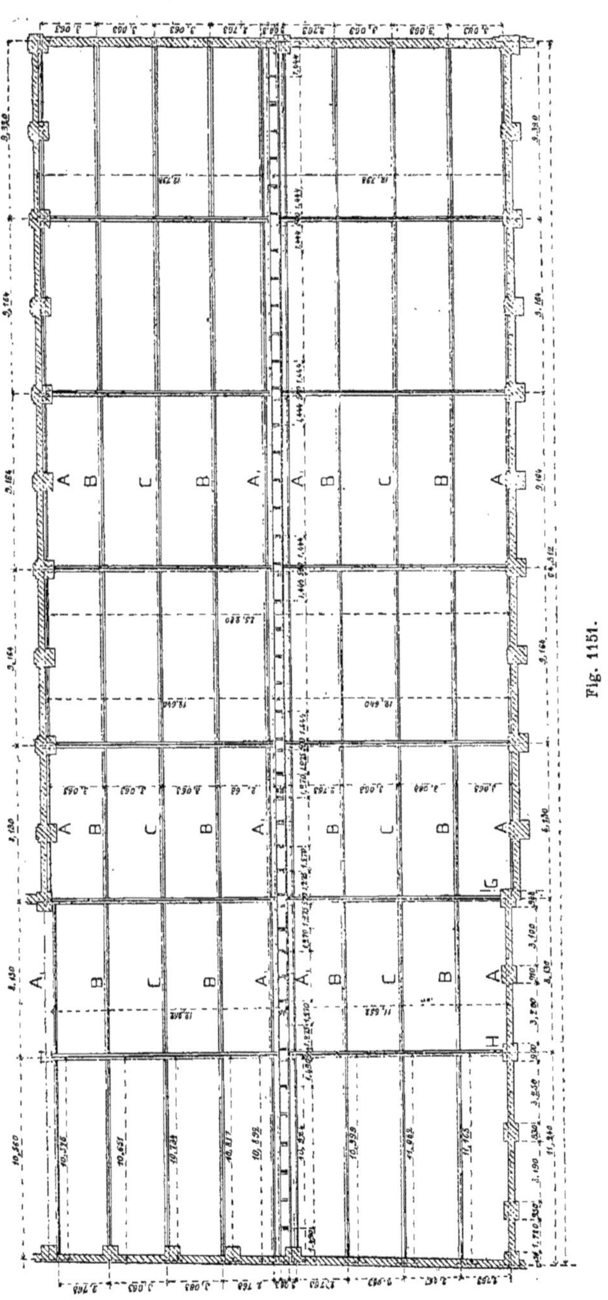

Fig. 1151.

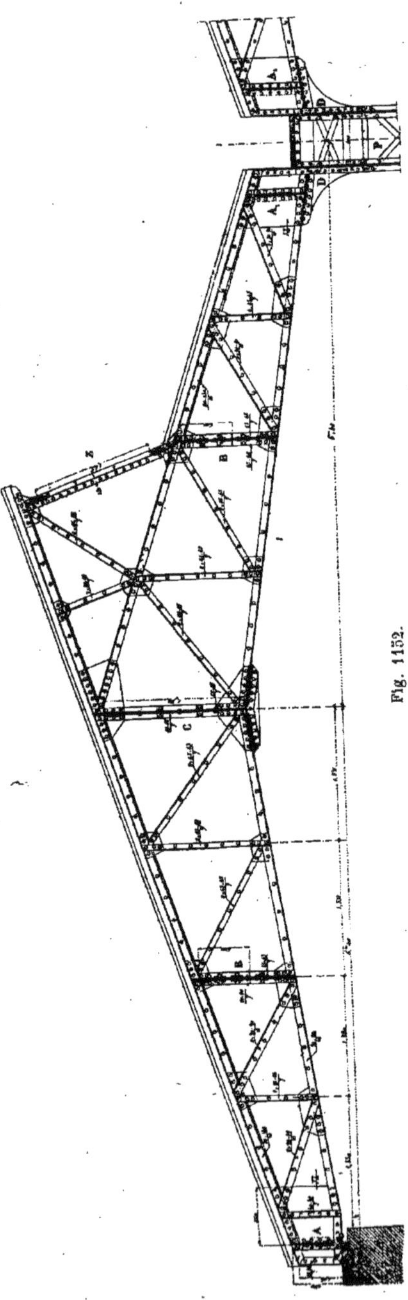

Fig. 1152.

ces élévations et ces coupes étant complètement cotées nous font facilement comprendre la disposition de ces piliers avec toutes les cotes nécessaires pour l'exécution.

La figure 1160 représente en détails les plaques de repos sur lesquelles sont placés les divers piliers supportant les sheds.

Pour terminer l'indication de ces détails nous donnons (*fig.* 1161 et 1162) les deux dispositions à employer qour les retombées des arbalétriers qui se font en des points particuliers G et H du plan (*fig.* 1151).

Observations relatives à l'emploi des chéneaux en fonte dans les combles à pentes égales et dans les sheds.

539. Dans l'étude que nous venons de faire sur les combles à pentes égales et sur les sheds nous avons souvent parlé des gouttières et des chéneaux en fonte qui, dans les ateliers, remplacent presque toujours les gouttières ou les chéneaux en zinc.

M. J. Bigot-Renaux, à qui nous empruntons les quelques renseignements qu suivent, a su rendre pratique l'emploi de la fonte pour chéneaux et en tirer de très bons résultats.

Les gouttières et chéneaux les plus fréquemment utilisés sont résumés en croquis dans les deux figures 1163 et 1164. Ces figures donnent les principales dimensions de chaque profil, le développement intérieur, le poids approximatif par mètre de longueur et le prix par mètre courant; ce prix pouvant subir de légères variations suivant le cours de la fonte.

Ces chéneaux ont une épaisseur uniforme de cinq millimètres; le joint est fait à l'aide d'un tube en caoutchouc. Ce tube en caoutchouc est plein, il a onze millimètres de diamètre et se réduit, après serrage, à cinq millimètres de diamètre

Pour que le caoutchouc employé soit bon il faut qu'étant placé dans l'eau il surnage; celui qui va au fond du vase doit être rejeté et non employé pour faire les joints.

Ce caoutchouc forme, avec la fonte et le soufre qui entre dans sa composition, un sulfure de fer, qui devient avec le temps, un véritable mastic de fer très adhérent et produit un joint complet et garanti contre les fuites ; la partie milieu du caoutchouc reste absolument intacte.

Les bouts de chéneaux ont un mètre de longueur et présentent en plan la forme indiquée par le croquis (*fig.* 1165).

Le caoutchouc est placé en A ; une petite rainure tracée dans la fonte indique à l'ouvrier où ce caoutchouc doit être posé.

La partie *ab*, sur une longueur de trois à quatre centimètres, présente le profil *c* (*fig.* 1166),

Avec une pince spéciale, le tout étant disposé comme l'indique la figure 1166, on amène les deux portions de chaque chéneau dans le même plan (*fig.* 1167) le caoutchouc est alors comprimé de 0m,011

Vue de face Z.

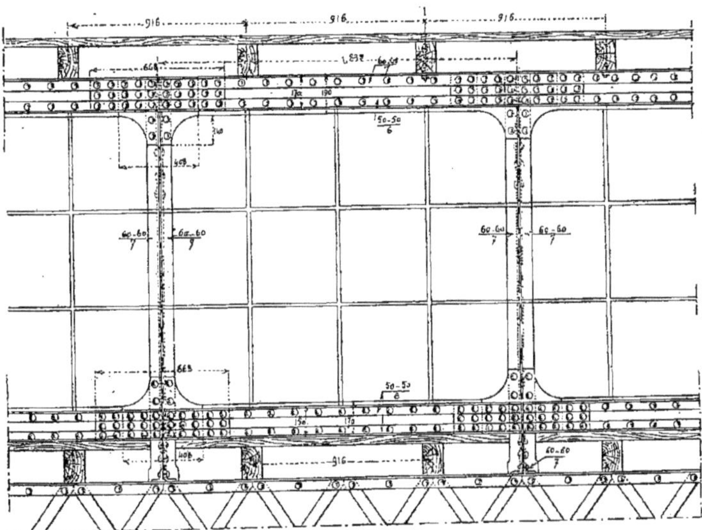

Fig. 1153.

à 0m,005 d'épaisseur puis on fait glisser sur la partie *ab* un serre-joint en fer S, dont le croquis est donné (*fig.* 1168), et qui a 0m,03 de longueur. Le travail se trouve terminé pour un des joints. On opère ainsi pour chacun des joints suivants.

Lorsque les tuyaux de descente sont assez rapprochés, tous les 20 mètres par exemple, on peut se dispenser de donner de la pente à ces chéneaux. Dans tous les cas, une pente de deux millimètres par mètre est plus que suffisante pour les chéneaux en fonte attendu que leur forme ronde et leur rigidité ne permettent pas à l'eau de s'étaler et ne lui offrent pas, comme le zinc et le plomb, de cavités pour se loger.

L'eau se trouve donc forcément entraînée par son propre poids et l'écoulement s'en fait si rapidement que l'on peut, sans inconvénients, ne pas leur donner de pente.

Pour la neige on place, comme nous l'avons déjà dit, un grillage en fer ou en fonte *f* (*fig.* 1169) appuyé d'un côté sur les fers à vitrage V et de l'autre sur les chevrons C s'il s'agit d'un shed.

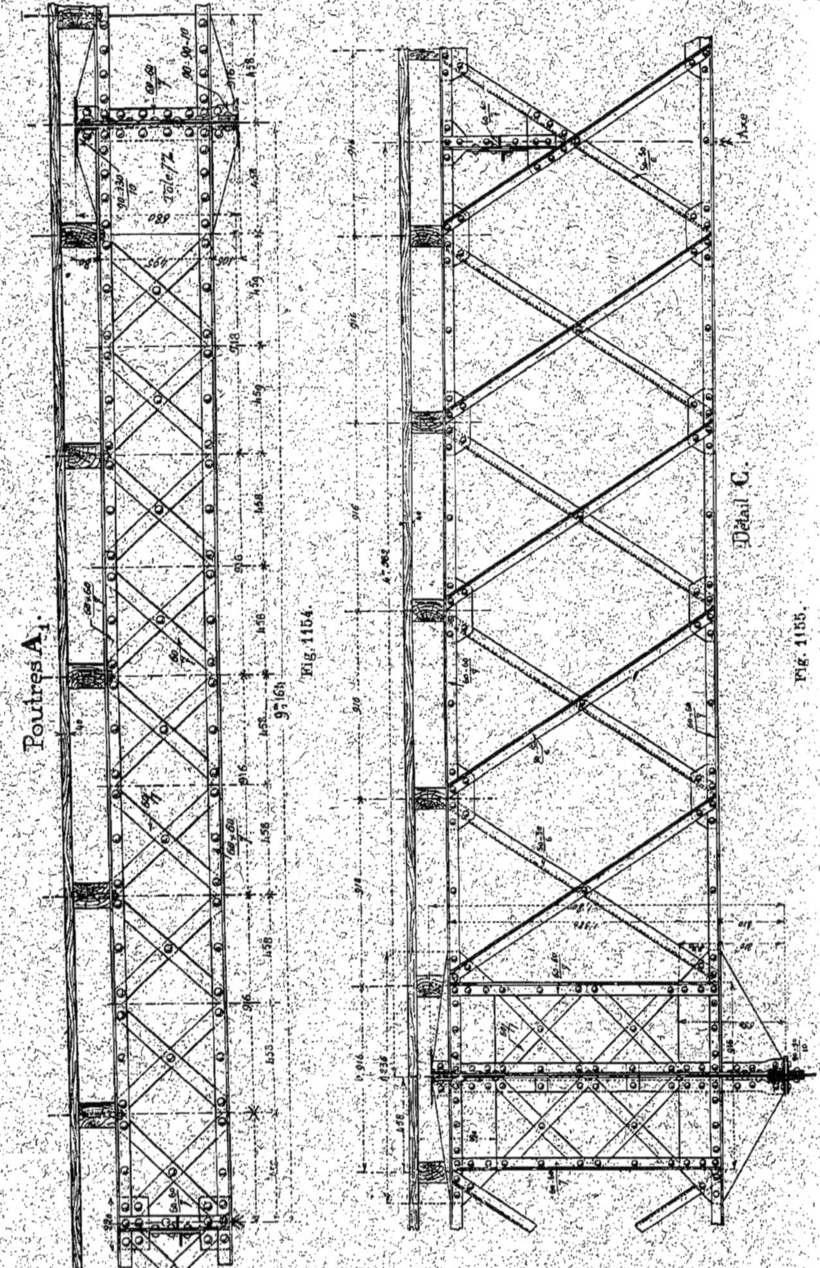

Poutres A_1.

Fig. 1154.

Détail C.

Fig. 1155.

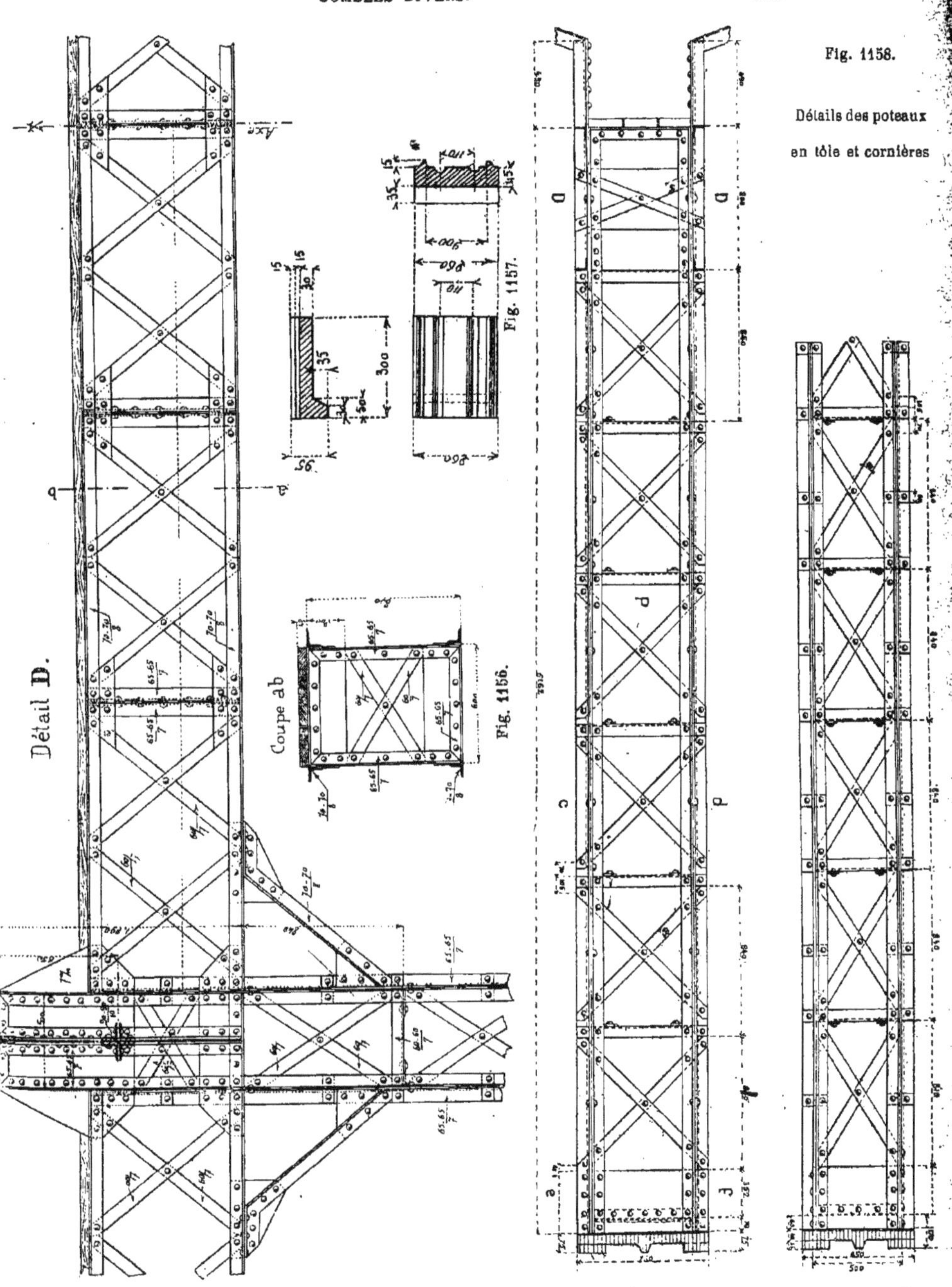

Fig. 1158.

Détails des poteaux en tôle et cornières

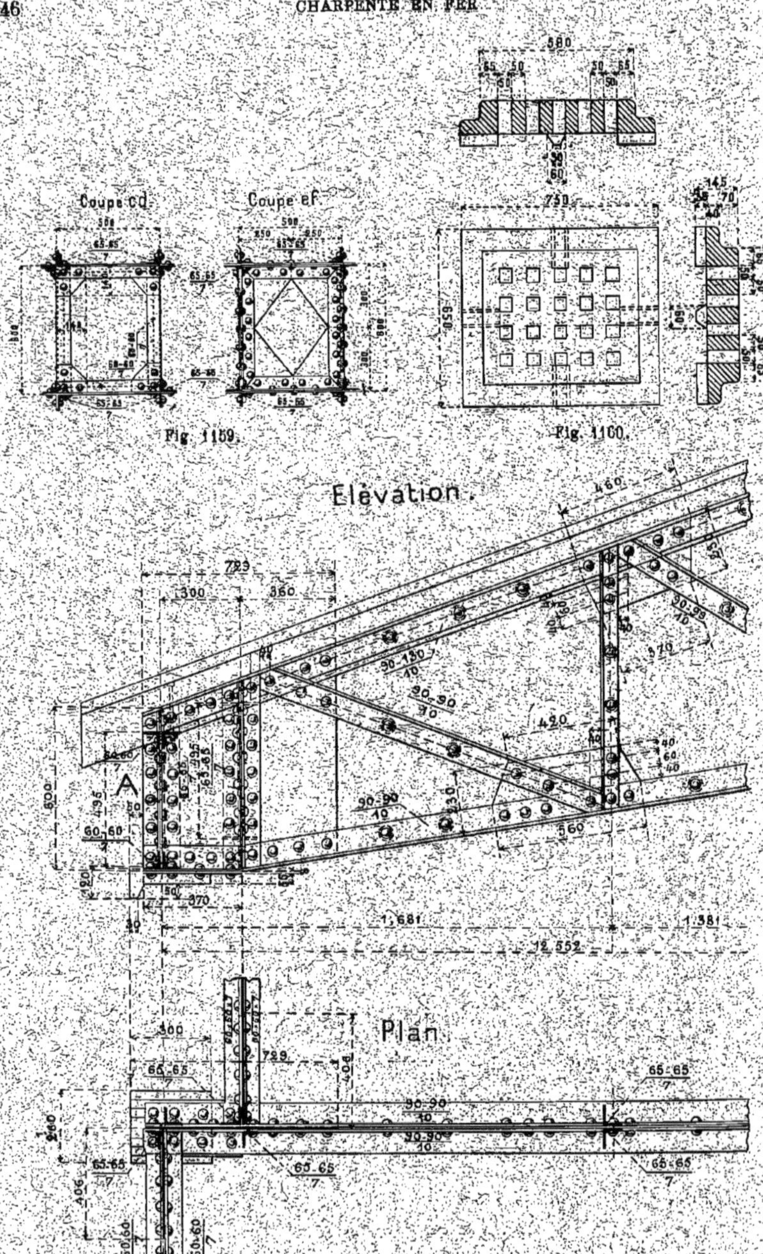

Fig. 1159.

Fig. 1160.

Fig. 1161.

Ce grillage est supporté par des pièces de sapin B goudronnées.

La neige se place sur ce grillage et au dégel l'eau filtre et s'écoule lentement dans le chéneau, donc, pas de débord.

Ces indications sommaires seront complétées dans l'étude de la couverture qui fera l'objet d'un chapitre spécial du *Cours de Construction*.

Renseignements indispensables à donner au constructeur pour la commande des chéneaux.

1° Combles à pentes égales.

540. Pour les combles à pentes égales dont nous donnons deux croquis (*fig.* 1170 et 1171) il faut, pour la commande, indiquer :

La longueur et la largeur de chaque bâtiment ;

La hauteur de poinçon, comme de A à B (*fig.* 1170) ;

Le nombre des descentes d'eau pour chaque bâtiment ;

Les dimensions des sommiers, poutres et chevrons ;

La nature de la couverture (tuiles, zinc ou ardoises) ;

Si les abouts des chevrons se touchent, comme en C (*fig.* 1171), ou s'ils sont écartés, comme en D ; dans ce dernier cas, il faut indiquer la distance qui existe entre les abouts des chevrons.

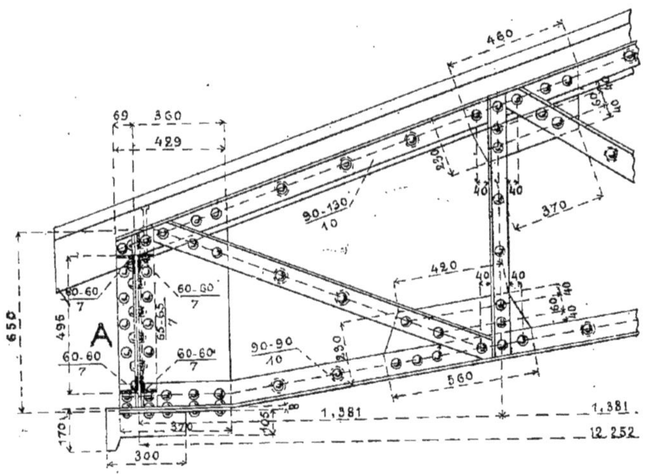

Fig. 1162.

2° Combles à pentes inégales. — Sheds.

541. Si les combles ont la forme de sheds (*fig.* 1172) il faut donner les mêmes renseignements que pour les bâtiments dont les toits sont à côtés égaux, en indiquant, en plus, les distances de E à F (*fig.* 1173) et de F à G même figure.

Choix d'un chéneau.

542. Le choix d'un chéneau n'est pas chose facile ; il est en effet difficile de composer des tableaux pratiques indiquant immédiatement, pour chaque cas particulier, le modèle de chéneau ou de gouttière qu'il convient d'employer. Les données de chaque cas sont trop multiples et trop variables pour que la solution puisse être définie d'une manière invariable. On doit tenir compte, en effet, du maximum de pluie correspondant à la région, de la surface de couverture, du diamètre des tuyaux de descente et de leurs écartements respectifs.

L'étude de l'écoulement des eaux plu-

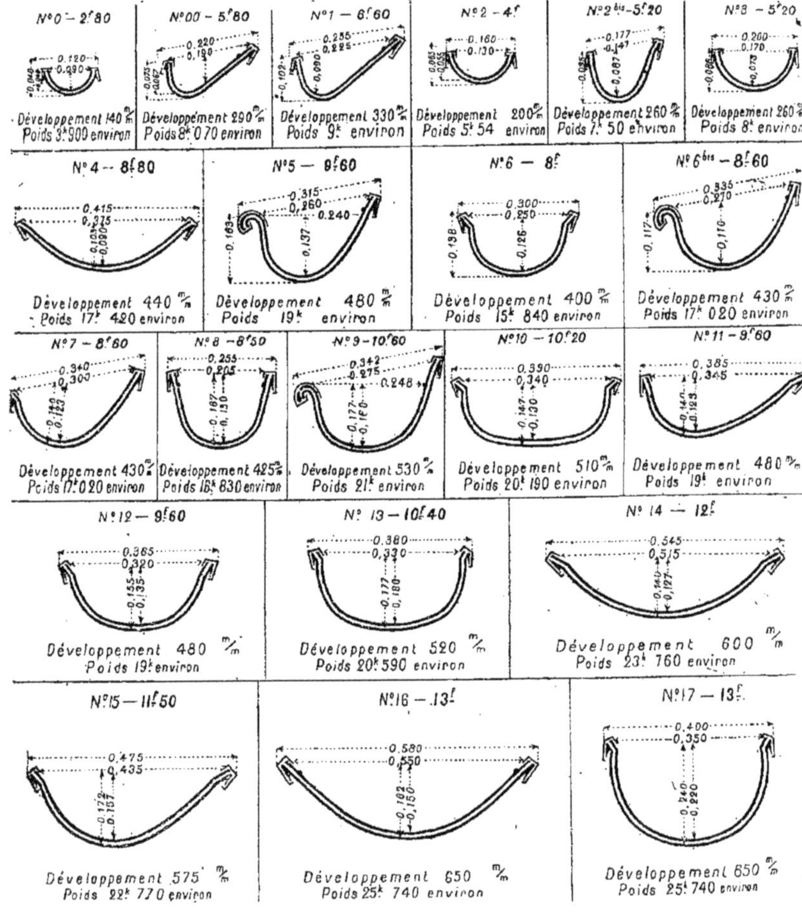

Fig. 1165.

viales d'un bâtiment est chose sérieuse, qui exige toujours quelques calculs et qui ne peut être résolue, *a priori*, par un barême ou au hasard comme le font bon nombre de constructeurs.

Ce sont ces calculs que M. Bigot-Renaux a essayé de simplifier par la composition du tableau indiqué ci-après.

Le débit maximum que peut donner chaque modèle de chéneau ou de gouttière, coulant à pleins bords, avec une pente de fond égale à deux millimètres par mètre a été calculé par la formule suivante connue en hydraulique :

$$D = S \times 50 \sqrt{\frac{S}{P} \times 1}.$$

Les nombres trouvés sont inscrits dans la colonne n° 5 du tableau donné ci-après.

En pratique, le maximum indiqué par cette colonne ne devra jamais être atteint.

La colonne n° 6 admet des quantités

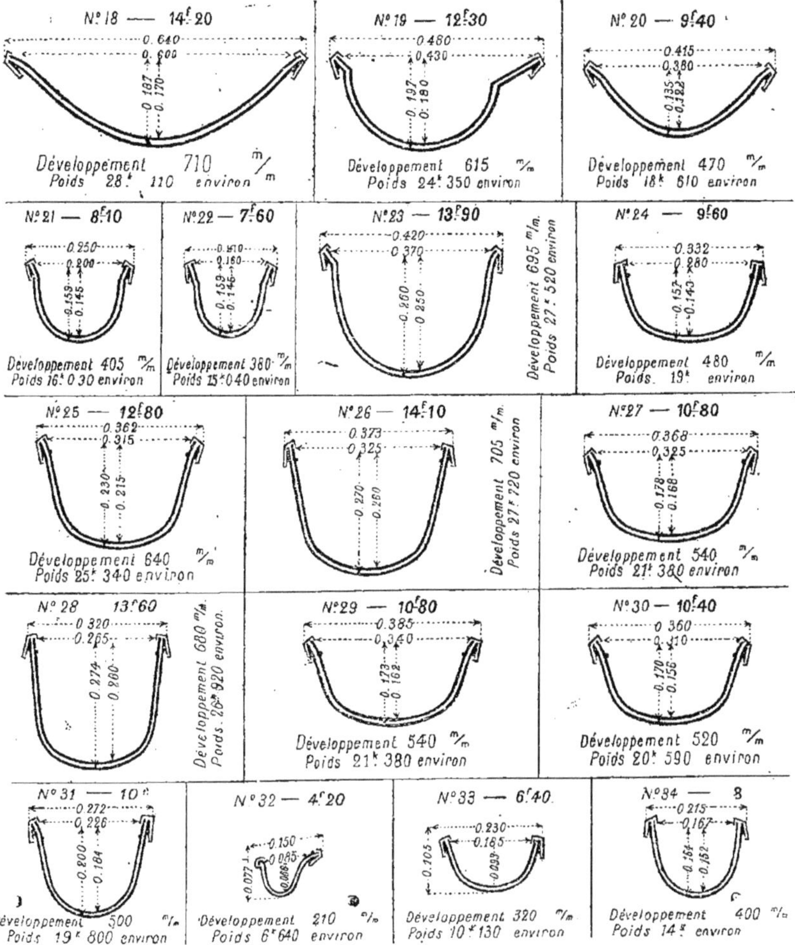

Fig. 1164.

d'eau débitées qui résultent d'expériences; mais, comme nous le disons plus loin, il est certaines circonstances qui pourraient modifier ces données.

Tuyaux de descente. — Leurs dimensions.

543. Après avoir choisi un chéneau il faut se rendre compte du nombre de tuyaux de descente à employer et des dimensions qu'il convient de leur donner.

La science hydraulique ne comporte pas, que nous sachions, d'expériences ou de formules relatives au débit des tuyaux de descente.

D'après quelques expériences faites sur ces tuyaux il résulte qu'en tenant un compte suffisant de toutes les causes perturbatrices de l'écoulement des eaux pluviales par ces tuyaux et notamment des grilles qui en réduisent l'entrée, on peut employer la formule :

$$Q = M \times S \sqrt{19,61 \times H.}$$

dans laquelle :

Q est le débit ;

M, un coefficient variable entre 0,25 et 0,50 ;

S, la section du tuyau ;

H, la hauteur d'eau maxima dans le chéneau produisant la charge sur l'orifice d'entrée.

Nous donnons ci-contre, sous forme de tableau, les expériences faites pour différents diamètres.

DÉBIT DES TUYAUX DE DESCENTE LES PLUS EMPLOYÉS

DIAMÈTRE INTÉRIEUR DU TUYAU	DÉPENSE D'EAU PENDANT UNE MINUTE
mètres	litres
0.080	194
0.095	273
0.108	340
0.115	510
0.135	834
0.160	984

TABLEAU DESTINÉ A FACILITER LE CHOIX D'UN CHÉNEAU

NUMÉROS D'ORDRE	DÉSIGNATION DES PIÈCES	SECTION en centimètres carrés	PÉRIMÈTRE MOUILLÉ	DÉPENSE D'EAU PAR MINUTE	
				THÉORIQUE	PRATIQUE
1	2	3	4	5	6
			m.	litres.	litres.
00	Gouttière à équerre	76	0.270	171.00	84.00
0	» 1/2 ronde	24	0.140	42.00	21.00
1	» à équerre	102	0.270	259.80	129.60
2	» 1/2 ronde	54	0.200	118.80	59.40
2 *bis*	» »	72	0.200	181.20	90.60
3	» »	93	0.240	245.40	122. 0
4	Chéneau	234	0.440	715.20	480.60
5	»	227	0.370	750.00	507.00
6	»	214	0.380	679.20	462.00
6 *bis*	»	177	0.380	514.80	257.40
7	»	248	0.430	804.00	543.00
8	»	238	0.425	750.00	507.00
9	»	255	0.410	870.00	588.00
10	»	373	0.510	1 356.00	918.00
11	»	287	0.480	930.00	630.00
12	»	318	0.480	1 104.00	744.00
13	»	361	0.520	1 275.00	870.00
14	»	418	0.600	1 476.00	996.00
15	»	453	0.575	1 704.00	1 275.00
16	»	565	0.650	2 244.00	1 680.00
17	»	622	0.650	2 580.00	1 935.00
18	»	647	0.710	2 622.00	1 968.00
19	»	474	0.615	1 764.00	1 320.00
20	»	292	0.470	978.00	660.00
21	»	211	0.405	646.80	430.00
22	»	160	0.380	439.20	219.60
23	»	702	0.695	3 000.00	2 250.00
24	»	333	0.480	1 176.00	795.00
25	»	530	0.640	2 046.00	1 530.00
26	»	672	0.705	2 784.00	2 088.00
27	»	434	0.540	1 653.00	1 242.00
28	»	599	0.680	2 382.00	1 785.00
29	»	433	0.540	1 644.00	1 230.00
30	»	384	0.520	1 392.00	942.00
31	»	322	0.500	1 098.00	738.00
32	Gouttière	36	0.160	72.00	36.00
33	Chéneau	133	0.295	378.00	189.00
34	»	230	0.400	741.00	501.00

Exemple de calcul pour le choix d'un chéneau et de ses tuyaux de descente.

544. La pluie d'orage dans nos contrées est, d'après les documents recueillis par le service hydraulique, d'environ 120 litres par seconde, pour un hectare ou 10 000 mètres carrés; cette proportion correspond à un centilitre 2 par mètre carré et par seconde, soit 72 centilitres par minute.

En prenant pour base la donnée de 72 centilitres par mètre et par minute, il est facile, à l'aide des tableaux ci-dessus,

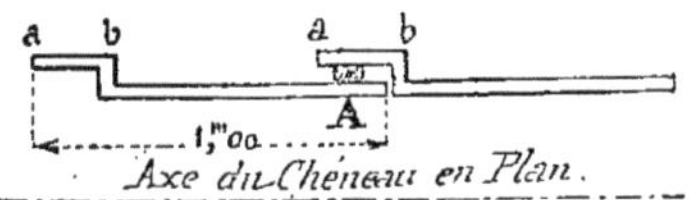

Fig. 1165.

de déterminer la grandeur des chéneaux et des tuyaux dont on a besoin.

Soit : un bâtiment de 20 mètres de longueur sur 10 mètres de largeur couvrant horizontalement 200 mètres carrés.

Ce bâtiment pourra recevoir 144 litres d'eau par minute ($200^{m} \times 0^{l}, 72 = 144$ litres) qu'il s'agit d'écouler par une seule conduite avec un seul tuyau de descente.

Dans ces conditions, on verra, en consultant le tableau ci-dessus, que les modèles de chéneau n° 6 *bis*, 22 et 33 conviendraient, puisqu'ils débitent respectivement $237^{lit},40$, $219^{lit},60$ et 189 litres par minute.

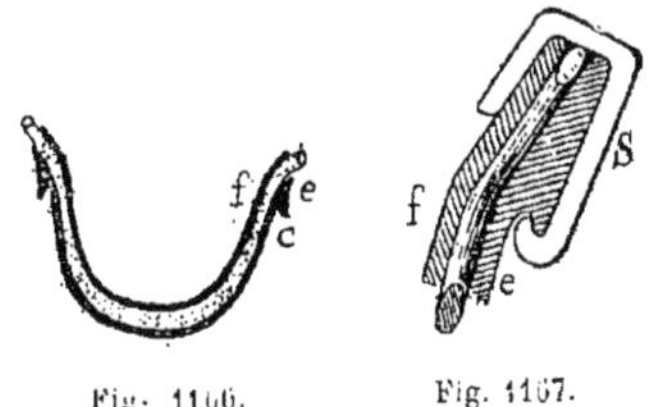

Fig. 1166. Fig. 1167.

Dans ce cas aussi, le tuyau de $0^{m},08$ centimètres de diamètre serait suffisant, attendu, comme l'indique le tableau du débit des tuyaux, qu'il peut écouler 194 litres alors qu'il n'en aura que 144 à débiter

En supposant la même surface et la même conduite de chéneaux avec deux descentes, la donnée changera en ce que chaque pente de chéneau n'aura plus à débiter que 72 litres ; dans ce cas, les n°s 00 et 2 *bis* suffiraient, puisque chaque chéneau n'aurait que 72 litres à débiter.

Si maintenant on suppose quatre descentes d'eau, chaque pente de chéneau n'ayant plus à débiter que 36 litres, on pourrait employer la gouttière n° 2, qui débite $59^{lit}.40$ à la minute.

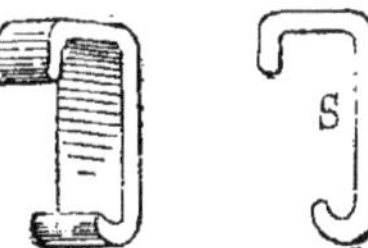

Fig. 1168.

Dans tous les cas il sera toujours préférable d'adopter des modèles de chéneaux, gouttières et tuyaux un peu plus grands que ceux indiqués par les tableaux, afin de parer aux inconvénients d'un débordement résultant d'un orage extraordinaire qui pourrait fournir, par hectare, plus de 120 litres d'eau à la seconde.

Disposition du vitrage dans les Combles-Sheds.

545. Nous avons déjà eu l'occasion de dire que la partie vitrée d'un shed étant

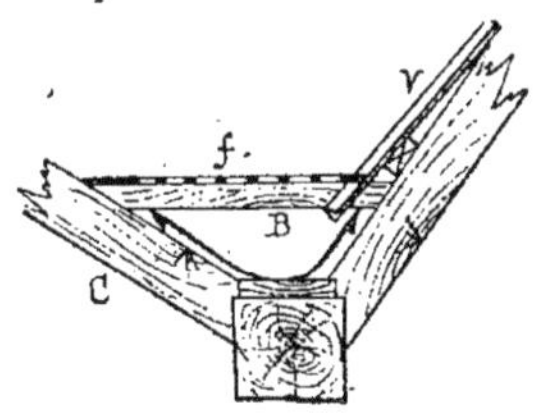

Fig. 1169.

exposée au nord, il fallait, pour éviter de ce côté des infiltrations dans les ateliers, prendre toutes les précautions possibles.

Il y a donc à étudier très sérieusement la disposition à donner aux verres composant les vitrages.

Une solution qui donne de bons résultats et qui est appliquée à Londres est indiquée en croquis (*fig.* 1174) ; elle est connue sous le nom de système Rendle.

En A nous indiquons l'extrémité de

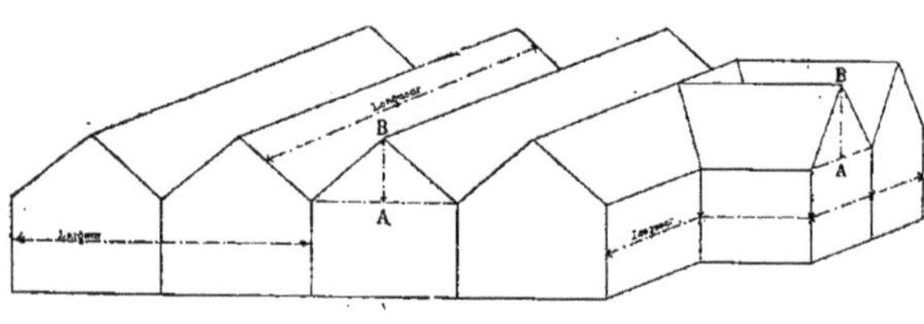

Fig. 1170.

l'arbalétrier de long pan d'un shed, en B, l'arbalétrier de la partie raide du même shed, en C, le chéneau en fonte ; en E, l'entrait ; enfin, en D, la partie haute de la poutre, posée sur colonne, et qui soutient la ferme.

Sur l'arbalétrier B on fixe, à l'aide de fortes vis, une série de cornières à ailes

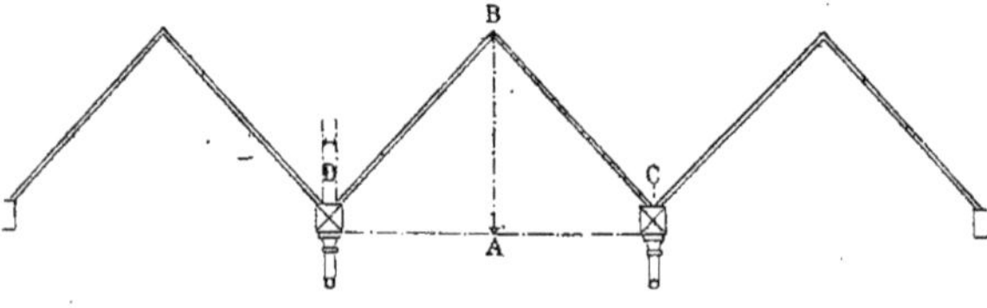

Fig. 1171.

inégales D de 50 × 40 × 10 sur lesquelles on assemble de petites pièces de bois de 50 × 45 millimèt d'équarrissage. Sur ces petites pièces de bois on maintient avec

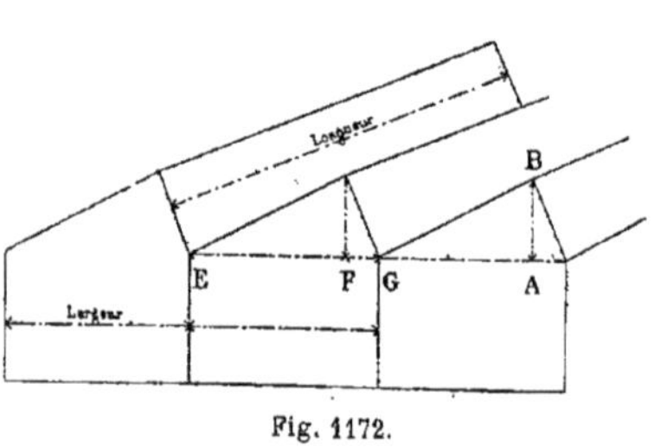

Fig. 1172.

des vis à bois, de petits crochets métallibues galvanisés F servant à soutenir une série de pièces de verre double.

Ces petits crochets peuvent, en G et en H, prendre d'autres formes commandées, soit en H par le départ du vitrage

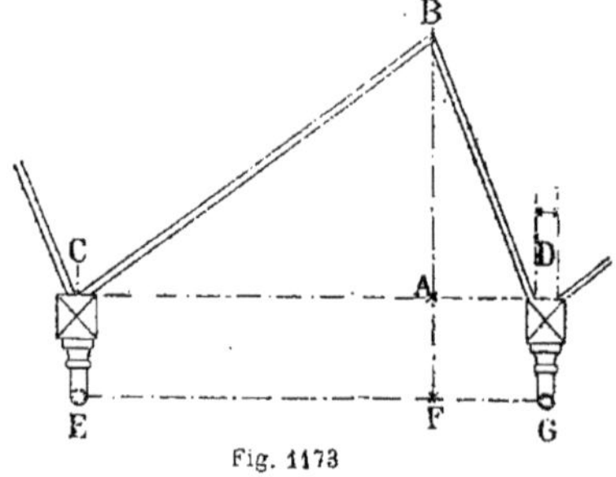

Fig. 1173

et en G par son arrivée dans le chéneau C.

Cette disposition très simple est souvent appliquée pour l'installation du vitrage dans les combles-sheds.

Combles brisés ou combles à la Mansard.

546. Les combles à la Mansard sont, comme nous le savons, composés de quatre plans inclinés égaux deux à deux. Ce sont des combles à deux égouts brisés dont la partie supérieure est très surbaissée, tandis que la partie inférieure est très inclinée.

La portion la plus abrupte se nomme le *vrai comble ;* c'est là que sont établis les logements nommés mansardes.

La portion surbaissée, placée au dessus est connue sous le nom de *faux comble.* Ces deux parties sont séparées par une arête de brisure nommée aussi *arête de brisis.* Cette arête est formée par une

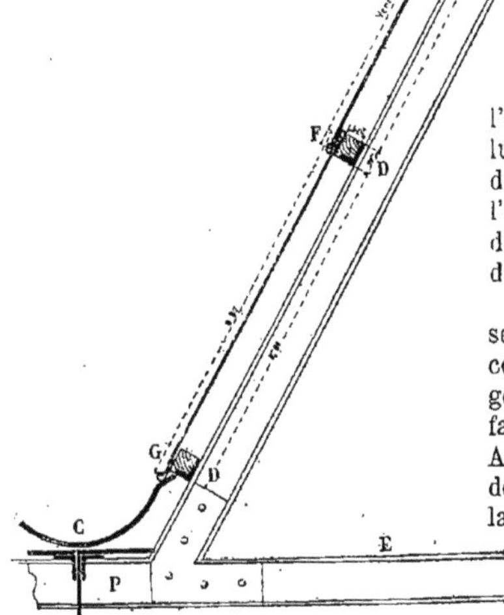

Fig. 1174.

panne spéciale à qui on a donné le nom de *panne de brisis.*

Un faux plancher, légèrement établi, divise l'intérieur en deux parties et constitue le plafond des mansardes.

Il a été proposé plusieurs tracés pour l'exécution des combles à la Mansard, celui que nous croyons bon de recommander est évidemment celui qui donne à l'étage des combles le plus de hauteur et dont le tracé indiqué (*fig.* 1175) s'exécute de la manière suivante :

Décrire sur la ligne AB, qui représente la portée du comble, une demi-circonférence ACB, au point C, mener la tangente DF qui indiquera l'entrait du faux comble ; diviser ensuite la distance AO en trois parties égales, et porter deux de ces parties de C en D et de C en F sur la tangente au cercle ; joindre AD et BF. le trapèze ainsi formé ADFB donne la section du vrai comble.

Prendre pour hauteur du faux comble le tiers du rayon qu'on porte de C en G, joindre DG et FG et le triangle DGF représente la section du faux comble.

Aujourd'hui, il est impossible d'appliquer partout le tracé que nous venons d'indiquer, car, dans les grandes villes, le constructeur doit se soumettre aux règlements de voirie qui exigent que les combles soient compris dans une courbe d'un rayon déterminé, suivant la situation de la construction et la largeur de la voie sur laquelle elle est exécutée.

On tracera donc la courbe servant de gabarit, avec le rayon voulu (*fig.* 1176) puis, après avoir porté au-dessus du dernier plancher la hauteur ordinaire de l'étage des mansardes (2m,60 à 2m,70 environ), il sera facile, en se tenant dans le gabarit, de tracer la ligne DF séparant le vrai comble du faux comble et par suite, les pentes DC et CF de ce faux comble sachant qu'il est le plus souvent couvert en zinc.

Les combles à la Mansard ou combles brisés peuvent, comme tous les combles à deux pentes, se terminer à leurs extrémités, soit par des pignons, soit par des croupes.

Principales dispositions des combles à la Mansard en fer employés dans les maisons d'habitation.

547. Les combles à la Mansard de nos maisons d'habitation s'exécutent, par économie, le plus ordinairement en bois ; on peut cependant les construire en fer et leur donner diverses formes que nous allons examiner.

1er Exemple.

548. Le comble à la Mansard en fer le plus simple est indiqué en croquis (*fig.* 1177). Il repose sur les murs M du dernier étage qui n'ont plus, à ce niveau, que 0m,25 d'épaisseur, et qui sont le plus souvent terminés par une corniche en plâtre ou en simili-pierre supportant le chéneau.

Les cercles pointillés, de 6m,525 de rayon pour le cas présent, tracés sur le croquis, indiquent la courbe réglementaire dans laquelle le constructeur devra se tenir pour construire son comble.

Cette courbe, comme le montre le croquis, vient se raccorder avec l'aplomb du mur de face sur rue, qui a 0m,50 d'épaisseur et avec l'aplomb du mur de face sur cour, qui n'a que 0m,25 d'épaisseur.

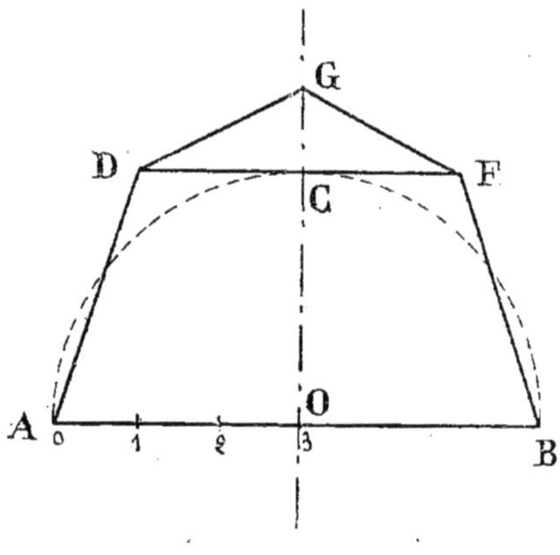

Fig 1175.

Le centre de cette courbe se trouve sur une ligne indiquée dans le croquis et tracée à 20 mètres au-dessus du trottoir de la rue.

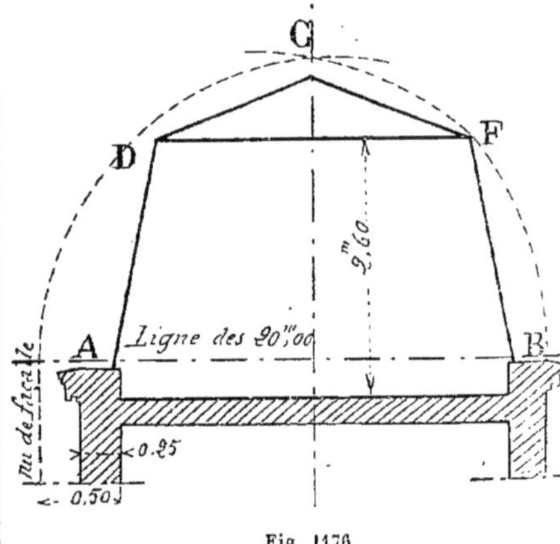

Fig. 1176.

Ceci posé, ce comble se compose :

1° D'une série de fers B (I de 0m,08 *a. o.*) espacés de 1 mètre environ d'axe en axe, réunis entre eux par des files de boulons de 14 millimètres de diamètre à quatre écrous et assemblés à la partie inférieure sur une semelle en fer plat P de 90 × 7 fortement retenue sur le muret M par des boulons à scellement; à la partie supérieure, ces fers B s'assemblent dans une sablière S;

2° D'une sablière S (I de 0^m, 12 *a. o.*) posée à plats régnant sur toute la longueur du comble et formant pour ainsi dire panne de brisis.

C'est sur cette sablière S que viennent reposer et s'assembler les fers formant le faux comble;

3° D'une série de fers E (I de 0^m,12, *a.o.*) espacés d'environ 1 mètre d'axe en axe et reliés à peu près tous les mètres par des boulons d'écartement à quatre écrous.

C'est sur ces entraits E, mais seulement lorsqu'ils sont suffisamment écartés, qu'on assemble une série de petits fers I de 0^m,08 (*a.o.*) ou de simples bastaings en bois pour former le plafond de l'étage des combles; dans l'exemple qui nous occupe, les fers étant seulement espacés de mètre en mètre, le hourdis se tiendra seul entre deux fers consécutifs sans qu'on ait recours à des fers intermédiaires.

Ces fers E sont le plus souvent soulagés dans leur portée par une cloison en briques C qui, dans certains cas, se prolonge en D pour soulager le faîtage.

4° D'arbalétriers A (I de 0^m 14 *a.o.*) également placés de mètre en mètre, réunis par des boulons d'écartement à quatre écrous et assemblés au faîtage F dans un fer I de 0^m,14, *a. o.* qui se fixe dans les murs de refend montant des étages inférieurs.

La pente du faux comble est de 0^m,25 par mètre.

La couverture de ce faux comble se fait en zinc tandis que la couverture du vrai comble s'exécute en ardoises.

Entre tous les fers décrits ci-dessus on exécute un hourdis en plâtras et plâtre. En K se construit le chéneau recevant les eaux pluviales des deux rampants.

Détails d'exécution.

549. Les détails d'exécution pour un comble en fer de cette espèce sont très simples. Pour bien les faire comprendre nous indiquons (*fig.* 1178) à plus grande échelle le détail de l'un des côtés du vrai comble avec l'amorce du faux comble.

En P nous voyons comment le fer plat de 90 × 7 se fixe sur le muret en briques M et comment à l'aide de cornières ou d'équerres du commerce, il reçoit l'assemblage des fers B du vrai comble.

En K l'indication complète de l'installation d'un chéneau en fonte système Bigot-Renaux, ou de tout autre système avec la planche de socle et les ornements décoratifs en zinc visibles en façade sur rue.

Nous savons déjà que les fers B reçoivent un hourdis plein entre leurs ailes; c'est dans ce hourdis qu'on scelle des lambourdes en chêne I de 80 × 34 d'équarrissage et sur lesquelles on fixe un voligeage V en sapin devant recevoir les ardoises N.

A la partie inférieure et sous la dernière ardoise on place une feuille de zinc servant de bavette et guidant les eaux de pluie pour les diriger dans le chéneau.

En G se trouve l'enduit intérieur des pièces mansardées; cet enduit se relie en haut avec l'enduit exécuté sous les fers E.

Lorsque les pièces sont un peu importantes (aujourd'hui dans beaucoup de maisons l'étage des mansardes comprend de véritables appartements) on réunit les deux enduits dont nous venons de parler par des corniches en plâtre placées dans les angles des pièces.

A la partie haute des fers B se trouve la sablière S recevant l'assemblage des fers A et E du faux comble; c'est contre cette sablière qu'on fixe un *membron* en chêne L destiné à terminer la couverture en zinc Z et à la raccorder avec la couverture en ardoises N; ce membron est, pour assurer sa conservation, recouvert en zinc ou en plomb.

La couverture du faux comble se fait en zinc; comme dans le vrai comble on scelle, dans le hourdis des fers A, une série de lambourdes sur lesquelles on cloue un voligeage en sapin devant recevoir les feuilles de zinc.

La figure 1178 montre en Z les tasseaux de cette couverture en zinc

S
K
B
P
M
I. 0,12. a. o.
I. 0,08 a. o.
A
I. 0,14. a. o.
I. 0,12. a. o.
6,595
Faîtage I. 0,14. a. o.
F
D
C
E
15
12,m00
11,m50
Pente : 0,m25 p. m.
Sablière
Ligne des 20,m00
8,m65
Nu du mur de face

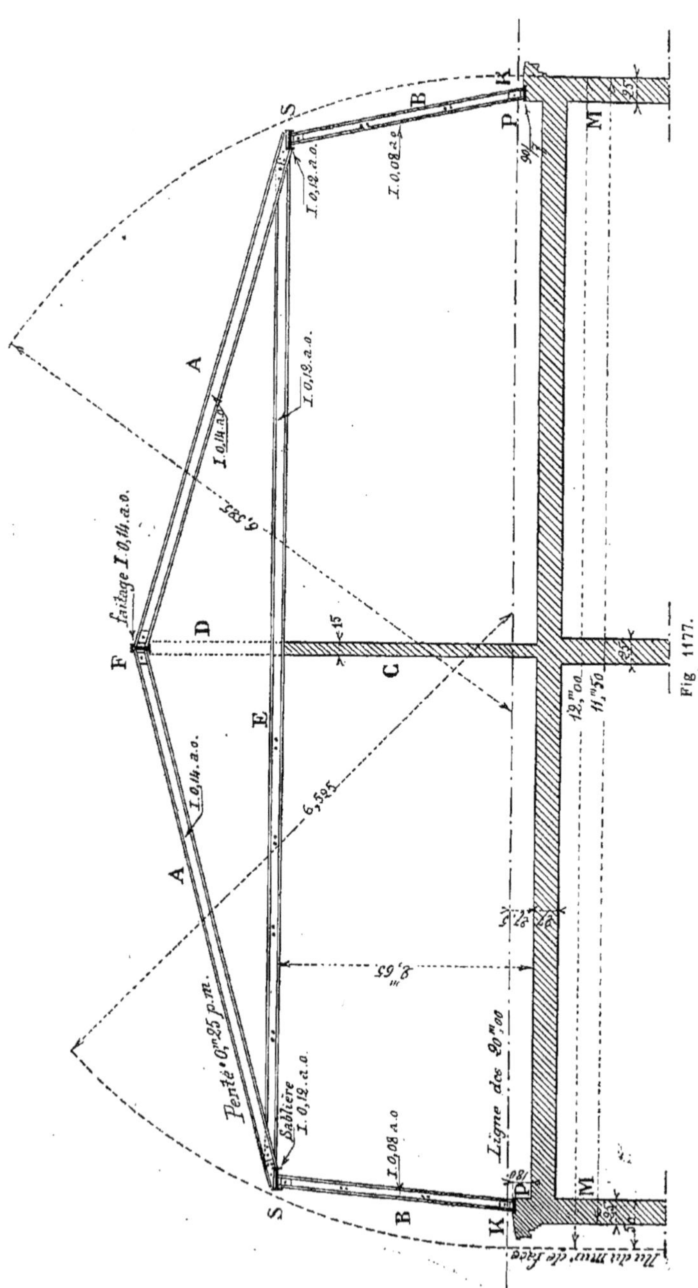

Fig. 1177.

Z
A
I. 0,14 a.a
L
E
Membron
S
Sablière I. 0,12. a.a.
I. 0,12. a.a.
N
Ardoise
B
V
Rayon 6m,525
Voligeage Sapin
G
2m,63
Enduit plâtre
Fers I 0m,08 a.a
N
Lambourdes Chêne 80/34
T
Ardoises
Zinc
K
Cheneau fonte
P
90/7 fer plat
275
M
250
250

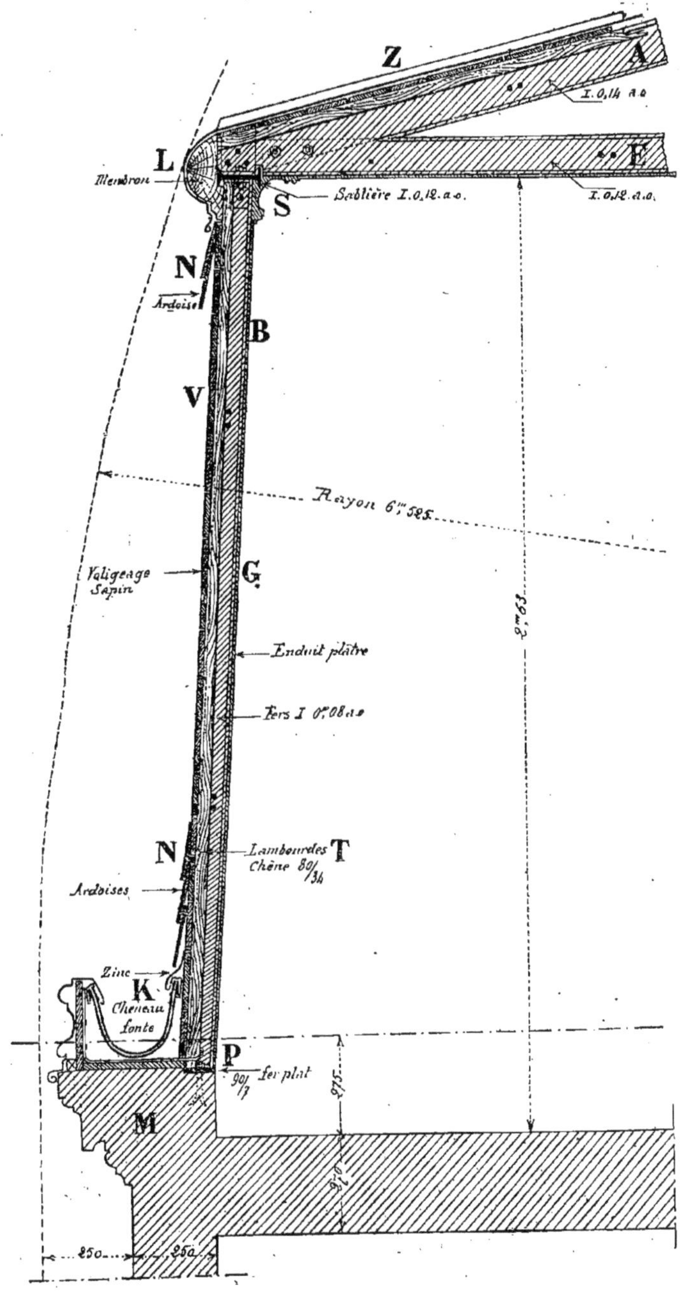

Fig. 1178.

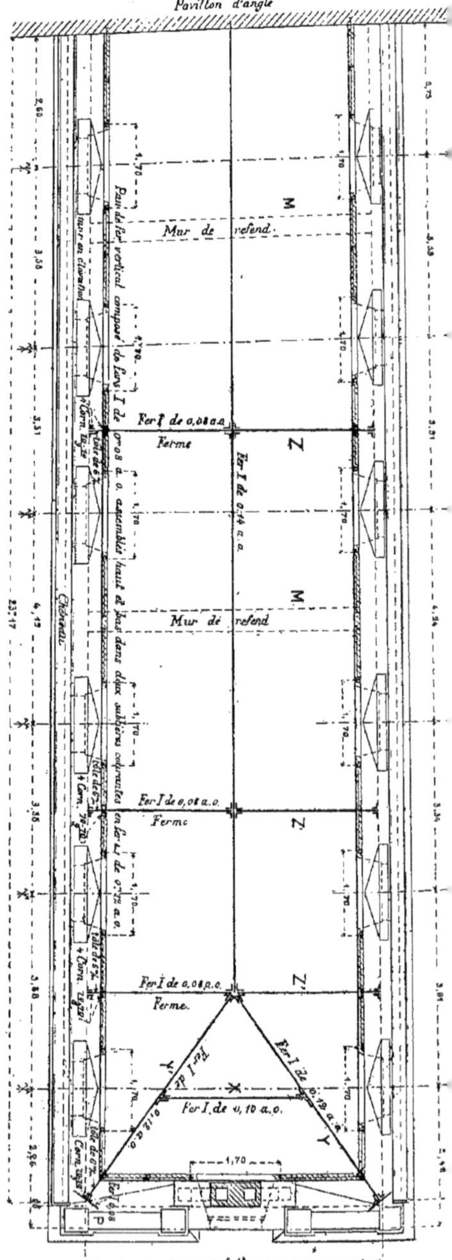

2e Exemple.

550. Lorsque le comble prend de l'importance et que la hauteur de l'étage augmente on adopte une disposition un peu plus compliquée dont la figure 1179 nous montre le plan et la figure 1180 la coupe à grande échelle de chacune des fermes.

Soit (*fig.* 1179) à couvrir un bâtiment d'une certaine longueur se reliant à un pavillon d'angle en se servant des combles à la Mansard en fer.

Quand les murs de refend tels que M sont prolongés jusqu'au faîtage il sera économique, en cet endroit, de supprimer les fermes et de se servir de ces murs pour porter le comble.

Dans l'intervalle de deux murs de refend on exécutera une série de fermes Z dont la figure 1180 nous donne le détail.

Entre ces fermes on construit un véritable pan de fer vertical indiqué en plan (*fig.* 1179) et composé de fer ⌶ de 0m, 08 *a. o.* réunis par des boulons de quatorze millimètres de diamètre, assemblés haut t bas dans deux sablières courantes en fer U de 0m, 12 *a. o.*

La figure 1179 nous montre en plan comment peut s'exécuter une croupe à l'extrémité du bâtiment en reliant le faîtage de la dernière ferme Z' à deux arêtiers Y et Y' construits avec des fers e 0m, 12 *a. o.*, des tôles et cornières et maintenus à écartement fixe par un fer X réunissant leurs milieux.

Ces arêtiers Y et Y' sont solidement reliés à la maçonnerie à l'aide d'un patin P formé d'un fer ⌶ de 0m, 08, *a. o.*, assemblé par des cornières de 70 × 70 × 9 avec la tôle de la partie basse des arêtiers.

Ce plan nous indique la position des lucarnes et celle d'une souche de cheminée placée en pignon.

Détails d'exécution.

551. Comme détails d'exécution nous reproduisons à plus grande échelle (*fig.* 1180) la coupe de l'une des fermes en fer employées dans cet exemple.

En G se trouve l'indication des fers ⌶ de 0m,22, *a. o.* formant le plancher inférieur de l'étage des combles.

Sur les fers de ce plancher on place horizontalement un fer en U, D de 0m, 12 *a. o.* devant recevoir un montant métallique B composé de quatre cornières C de 70 × 70 × 9 et haut et bas des tôles T de six millimètres d'épaisseur.

Ces montants B sont, à leur partie supérieure, assemblés dans un fer en U, R sur lequel on fixe une panne de brisis S qui doit recevoir les chevrons Q et Q′ du vrai et du faux comble.

Contre cette pièce B et reposant en bas

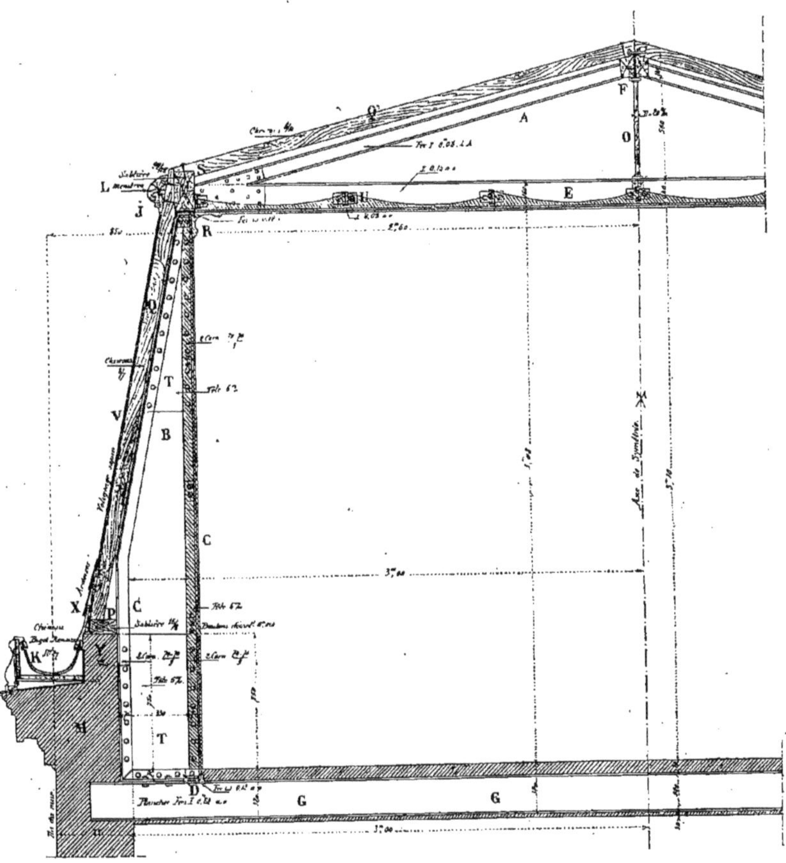

Fig. 1180.

sur une sablière P et en haut sur la sablière S on met une série de chevrons Q de 8 × 7 d'équarrissage recevant un voligeage V et une couverture en ardoises X.

En K se trouve le chéneau reposant sur le mur M et adossé à un muret en briques Y de 0m,25 d'épaisseur.

Le faux comble est formé d'un entrait E (I de 0,16, *a.o.*); de deux arbalétriers A (I de 0m,08 L. A.) et d'une aiguille pendante O en fer rond de 20 millimètres de diamètre.

Les arbalétriers A s'assemblent au faîtage dans un fer F de 0m,14, *a. o.* recevant de chaque côté des pièces de bois sur lesquelles on cloue les chevrons Q′.

Un membron en chêne L relie le vrai comble au faux comble.

Entre les deux entraits consécutifs on fixe une série de fers U (⌶ de 0,08, *a.o.*) reliés entre eux par des boulons à quatre écrous placés tous les mètres. Ces fers reçoivent un hourdis en auget et l'enduit du plafond. Cet enduit se raccorde, à l'aide d'une corniche R, avec l'enduit exécuté entre les cornières intérieures C.

3e Exemple.

552. Dans certains cas les constructeurs ont cherché à utiliser, lorsqu'il est

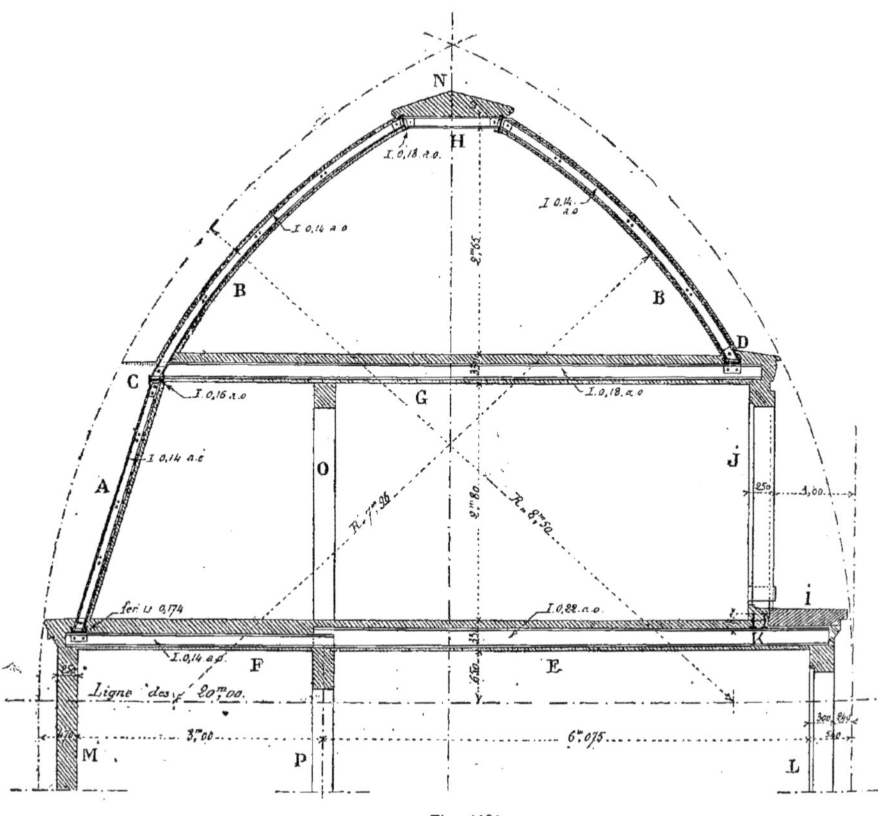

Fig. 1181.

assez grand, l'espace libre laissé dans le faux comble; ils sont alors arrivés à modifier un peu le profil vrai du comble à la Mansard et à lui substituer la forme indiquée en croquis (*fig.* 1181).

Le côté droit de cette figure indique le côté de la rue, le côté gauche représente la disposition du comble sur cour.

Dans cet exemple, il a été possible dans l'étage des mansardes, de conserver sur rue un petit mur en briques J de 0m,25 d'épaisseur placé en retrait comme l'indique le croquis et permettant d'établir un balcon I dont nous verrons plus loin le détail.

La charpente métallique formant le faux comble est très simple: des fers cintrés B espacés de mètre en mètre et réunis par des boulons à quatre écrous viennent s'assembler à leur base soit dans un fer I, C sur cour soit, dans un fer en U, D sur rue. Ces fers B s'assemblent au faîtage dans d'autres fers longitudinaux en I de 0,18, *a. o.* réunis par un fer transversal H (I de 0,14, *a. o.*).

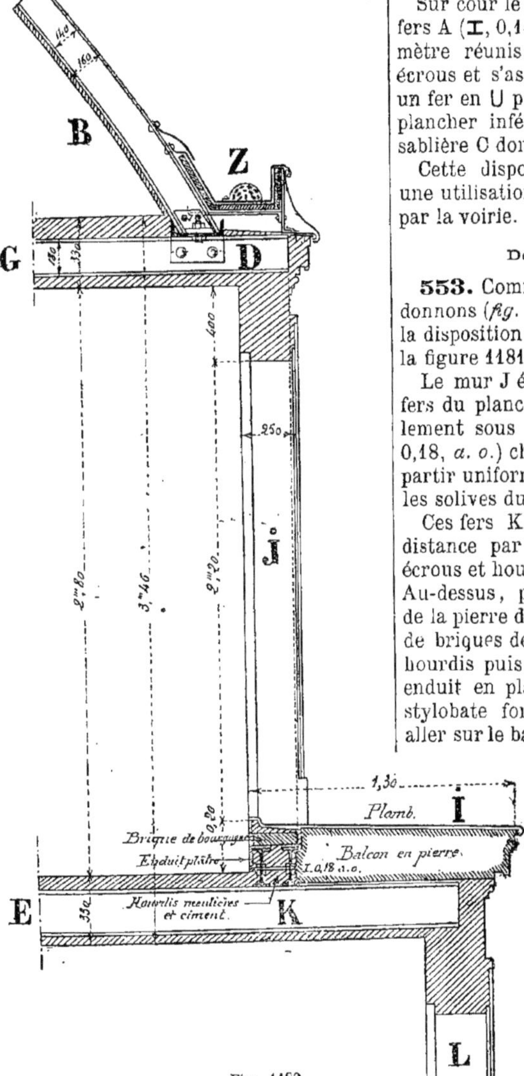

Fig. 1182

Sur cour le mur J est remplacé par des fers A (I, 0,14, *a. o.*) placés de mètre en mètre réunis par des boulons à quatre écrous et s'assemblant à leur base dans un fer en U posé à plat sur les fers F du plancher inférieur et en haut, dans une sablière C dont nous avons déjà parlé.

Cette disposition très simple permet une utilisation complète du gabarit exigé par la voirie.

Détails d'exécution.

553. Comme détails d'exécution nous donnons (*fig.* 1182) à plus grande échelle la disposition du mur J et du balcon I de la figure 1181.

Le mur J étant en porte-à-faux sur les fers du plancher E on met longitudinalement sous ce mur deux fers K (I de 0,18, *a. o.*) chargés de le porter et de répartir uniformément la charge sur toutes les solives du plancher.

Ces fers K sont reliés de distance en distance par de forts boulons à quatre écrous et hourdés en meulière et ciment. Au-dessus, pour rattrapper l'épaisseur de la pierre du balcon I, on met un rang de briques de Bourgogne noyées dans le hourdis puis, en avant, on exécute un enduit en plâtre qu'on recouvrira d'un stylobate formant contre-marche pour aller sur le balcon.

Le balcon I est en pierre tendre, c'est pourquoi il est indispensable, comme nous l'indiquons sur le croquis, de le recouvrir d'une feuille de plomb de deux à deux millimètres et demi d'épaisseur.

Ce balcon repose d'un côté sur les fers K et de l'autre sur le mur en pierre L qui a $0^m,30$ d'épaisseur au dernier étage.

A la partie haute du mur J se trouve le plancher bas du faux comble. Ce plancher est formé par une série de solives en fer G (I, $0^m,18$, *a.o*). En D sur les solives G on met une sablière en U recevant l'assemblage des fers cintrés B du faux comble.

En Z se trouve l'indication d'un chéneau construit en zinc sur entablement couvert ; dans ce chéneau se trouve indiquée une crépine en cuivre empêchant les détritus d'entrer dans les tuyaux de descente.

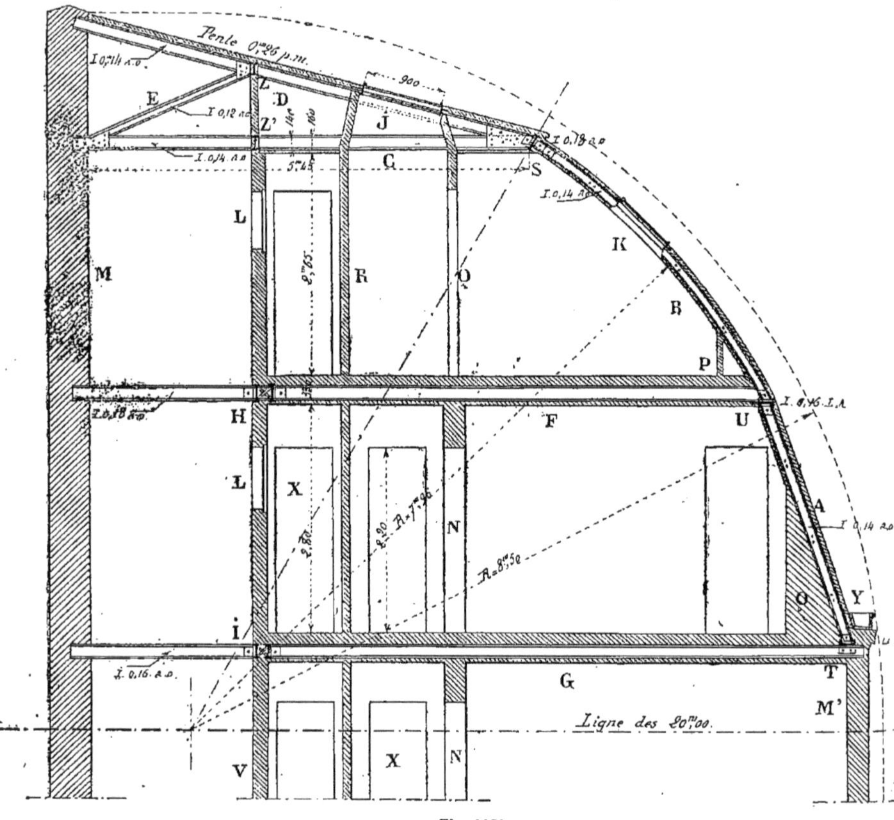

Fig. 1183.

Cette disposition de comble est simple et trouve, à Paris surtout, beaucoup d'applications.

4° Exemple.

554. La figure 1183 nous indique en croquis la forme que prend le comble précédent lorsque le bâtiment est adossé à un mur mitoyen M.

Le vrai comble n'offre rien de particulier et peut rentrer dans les exemples examinés précédemment. En G le plancher en fer de l'étage inférieur des combles ; en A les fers I formant le vrai comble ; en O un remplissage ou galandage destiné à équarrir la pièce ; en Y un chéneau analogue à ceux décrits précédemment.

Le faux comble est formé de fers B cintrés suivant le gabarit de la courbe exigée et se termine par une véritable petite fermette composée : d'un entrait C (fer I de 0,14, *a. o.*) ; d'un arbalétrier D (fer I de 0,14, *a. o.*) ; d'une contrefiche E (fer I de 0,12, *a. o.*), tous ces fers assemblés entre eux à l'aide d'équerres ou de cornières du commerce et reposant d'un côté sur une sablière S et de l'autre dans le mur mitoyen M.

En J nous avons indiqué la position d'un châssis à tabatière; en K la disposition d'un châssis identique placé dans la partie cintrée ; en Z une panne soulageant la portée des chevrons ; en P une petite cloison en carreaux de plâtre destinée à équarrir la partie basse de la pièce.

Cette disposition ayant beaucoup d'analogie avec la précédente il est inutile de nous y arrêter plus longuement.

Autre disposition de Combles d'habitation.

555. Nous donnons (*fig.* 1184, 1185, 1186 et 1187) les détails d'une charpente métallique de forme spéciale construite

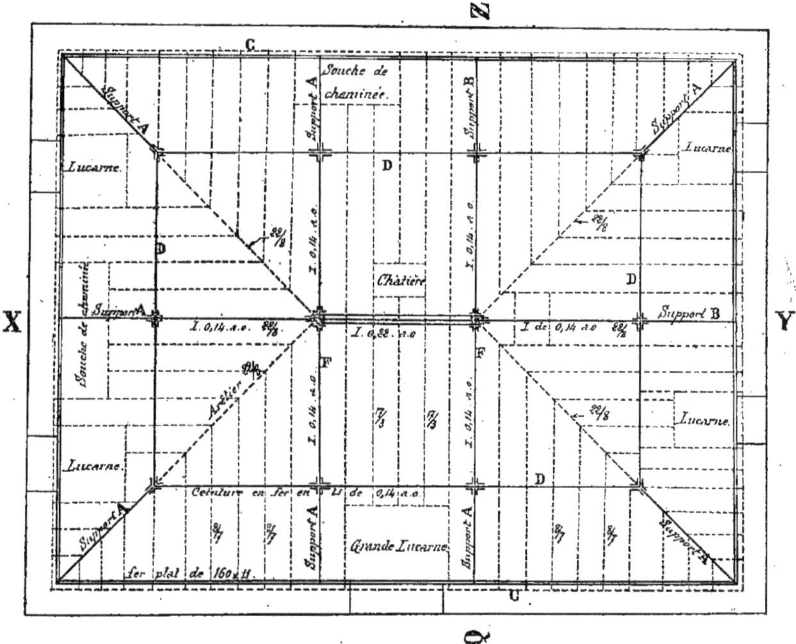

Fig. 1184.

sur le pavillon d'une maison d'habitation.

Dans cette charpente, les pièces importantes et portant les charges du comble sont exécutées en fer, pour les autres on a employé le bois par économie.

La figure 1184 nous représente le plan du pavillon à couvrir, ce pavillon étant placé à l'extrémité d'un bâtiment longitudinal.

Dans ce plan, toute la partie métallique est indiquée en traits pleins et la partie en bois en traits pointillés.

Comme le montre facilement ce croquis schématique on place, sur le pourtour des murs du pavillon, une semelle de chaînage C en fer plat de 160 × 11 sur laquelle viennent reposer les montants principaux du comble.

A hauteur du plancher haut de l'étage des mansardes on met une ceinture D formée par un fer en U de 0,14, *a. o.*, puis des fermes telles que F et des arêtiers partant du faîtage et venant reposer sur le mur du bâtiment.

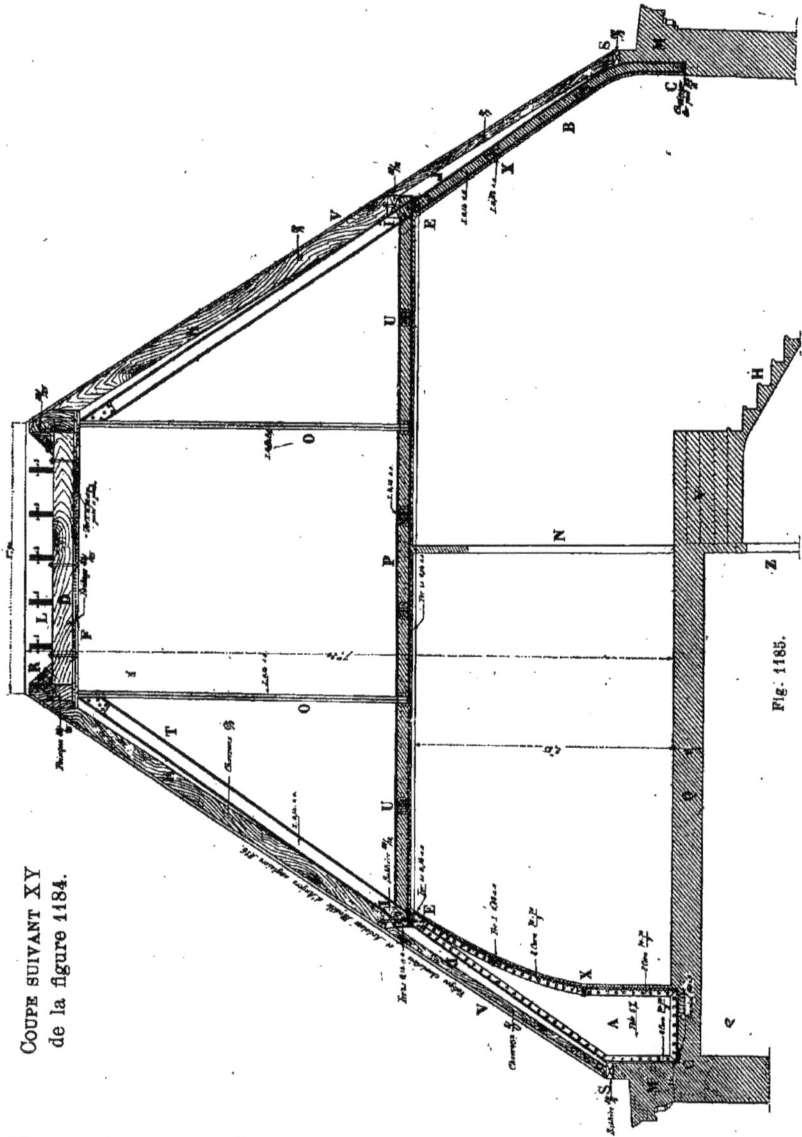

COUPE SUIVANT XY de la figure 1184.

Fig. 1185.

Dans ce plan nous voyons la disposition des ouvertures à réserver pour les chatières, les lucarnes et les souches de cheminées.

Détails d'exécution.

556. Comme détail d'exécution nous donnons (*fig.* 1185) une coupe longitudinale suivant XY de la figure 1184 et (*fig.* 1186) une coupe transversale suivant QZ de la même figure.

En examinant la figure 1185 nous remarquons que les deux côtés ne sont pas symétriques ; en A, côté gauche de la figure, c'est la disposition courante ; en B, côté droit, c'est la disposition qu'on a dû prendre pour laisser libre le passage d'un escalier.

Coupe suivant QZ de la figure 1184.

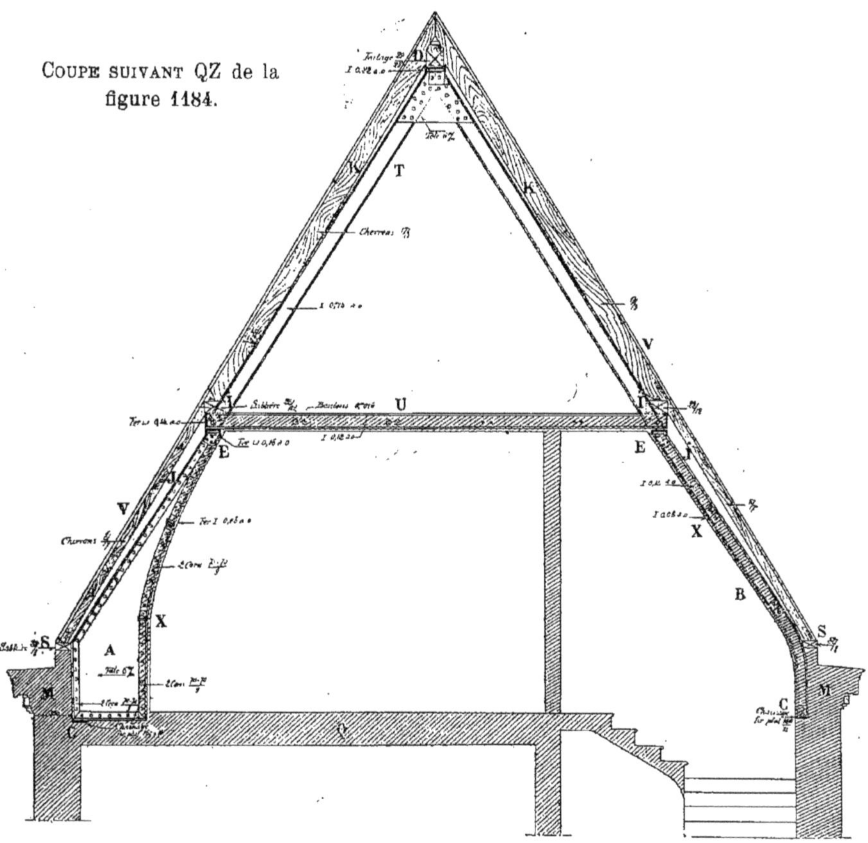

Fig. 1186.

Du côté gauche, la ferme de l'étage des mansardes, se compose d'une véritable petite poutre formée de quatre cornières de $70 \times 70 \times 9$ d'une tôle de six millimètres d'épaisseur reposant à sa base sur les fers du plancher inférieur Q et à sa partie supérieure venant s'assembler dans la ceinture E en fer en U dont nous avons déjà parlé.

Sur ce fer E posé à plat, on met un autre fer en U placé verticalement et recevant l'assemblage des fers P du plancher haut de l'étage des mansardes ; ce fer en U reçoit aussi une sablière en bois

I sur laquelle on cloue les chevrons K de l'étage supérieur du comble et les chevrons J de l'étage inférieur.

Ces chevrons J reposent à leur base sur une sablière S placée sur un petit muret en briques de $0^m,25$ d'épaisseur surmontant le mur M ; les chevrons K viennent, au faîtage, s'assembler sur le poinçon G.

Pour maintenir le hourdis intérieur on met en X des fers I de 0,08, *a. o.* assemblés sur les cornières de la poutre A.

Le côté de droite de la figure est plus simple de construction, ce sont des fers B (I de 0,14, *a. o.*) cintrés à la demande et venant s'assembler à leur partie basse sur le chaînage en fer plat de 160 × 11 placé

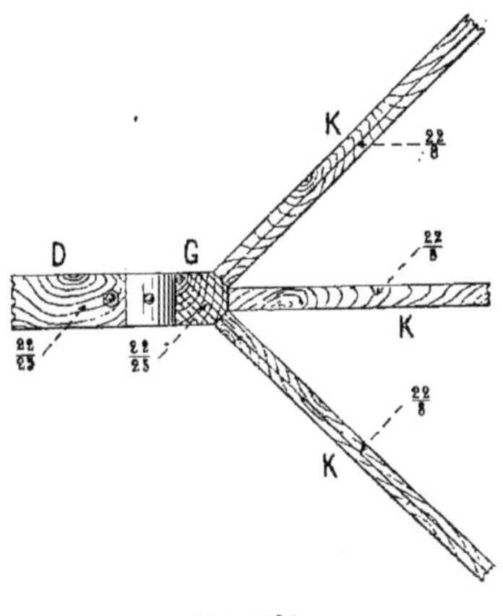

Fig. 1187.

dans le mur et à leur partie haute dans le fer en U posé à plat.

Le haut du comble est formé par des fers T (I de 0,14, *a. o.*) venant, à leur base, s'assembler dans le fer en U de 0,14, *a. o.* et en haut sur des fers I O placés verticalement et supportant le plancher inférieur.

Le faîtage est formé par un fer I de 0,22, *a. o.* posé à plat et recevant, à l'aide de boulons, une pièce de bois D sur laquelle reposent les bastaings L formant chevrons.

En R les poinçons G sont reliés à la pièce D par des échantignolles maintenues avec de forts clous.

Sur les chevrons J et K on cloue un voligeage V sur lequel viennent se fixer, à l'aide de clous spéciaux, des ardoises anglaises, modèle d'Angers.

Le chéneau est en fonte du système Bigot-Renaux, n° 27 de son album.

La figure 1186 représente une coupe suivant QZ de la figure 1184.

La partie inférieure de cette coupe est absolument identique à celle de la précédente figure. La partie haute nous montre la pièce de bois D de 22 × 25 d'équarrissage sur laquelle viennent se clouer les bastaings ou chevrons K de la ferme.

Cette pièce de faîtage D est soutenue sur toute sa longueur par un fer I de 0,22, *a. o.* posé à plat et recevant, à l'aide de tôles et cornières les assemblages des fers T.

Pour terminer ces détails nous donnons (*fig.* 1187) le plan de la pièce de faîtage D et du poinçon G. Cette figure nous montre le mode d'attache sur le poinçon G des divers arêtiers en bois que nous désignons dans cette figure par la lettre K ; le poinçon G est taillé spécialement pour recevoir ces assemblages.

Cette disposition de charpente paraît un peu compliquée, mais en exécution, elle est relativement simple ; elle présente l'avantage de pouvoir monter séparément l'ossature métallique, la partie en bois et enfin la couverture.

§ VI. — *COMBLES SPÉCIAUX EN FER POUR MAISONS DE CAMPAGNE*

557. Ces combles dont nous donnerons deux types, le premier sans plancher intermédiaire et le second avec plancher intermédiaire, forment de véritables boîtes métalliques posées sur les quatre murs du bâtiment à couvrir. Ce sont, comme forme extérieure, de véritables combles à la Mansard ayant l'avantage de donner à l'étage des mansardes de grandes pièces dans lesquelles aucun des fers de la charpente n'est visible ni gênant pour l'utilisation.

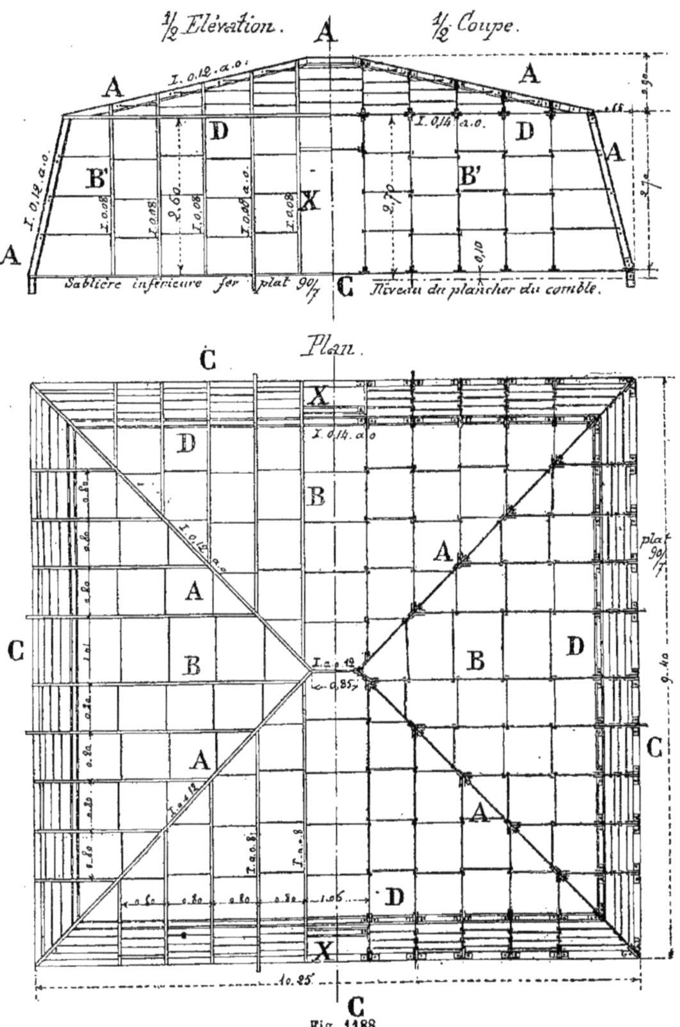

Fig. 1188.

Ce genre de charpente, qu'on emploie beaucoup aujourd'hui permet d'établir sous le comble, soit une grande salle de billard, soit un atelier de peintre ou de sculpteur, la lumière pouvant être prise sur tous les pans et en très grande quantité.

1er Exemple.

558. Nous donnons (*fig.* 1188 et 1189) en plan, coupe, élévation et détails, la disposition la plus simple d'un comble de cette nature, l'ossature métallique ne comportant pas de plancher intermédiaire.

Cette charpente se compose :

1° D'une sablière générale C en fer plat de 90 × 7 fortement scellée dans les murs de face du bâtiment à couvrir à l'aide de boulons à scellement tous les 2 mètres par exemple; c'est sur cette sablière que

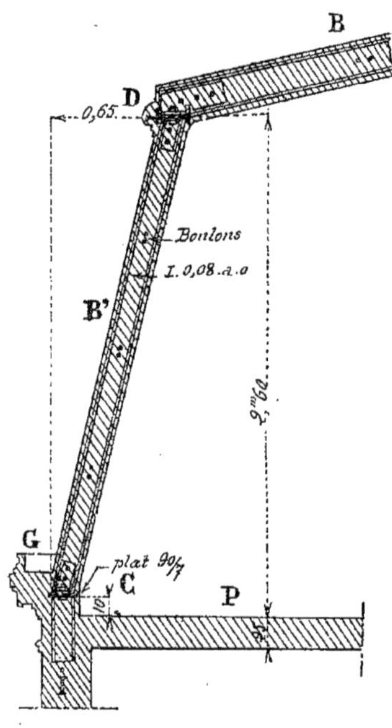

Fig. 1189.

viennent s'assembler tous les fers I formant la partie raide du comble;

Les assemblages avec ces fers se font au moyen d'équerres en fer de 60 × 7 coudées à la demande et fixées par des boulons de 12 millimètres de diamètre;

2° D'une sablière haute D, faisant aussi le pourtour du bâtiment et formée comme l'indique en D le détail (*fig.* 1189), d'un fer I de 0m,14 *a. o.* posé à plat. C'est entre la sablière basse C (*fig.* 1189) et la sablière haute D, que s'assemblent une série de fers B' (I de 0,08, *a. o.*) espacés de 0m,80 d'axe en axe et reliés entre eux, tous les mètres, par des boulons de chaînage de 16 millimètres de diamètre à quatre écrous noyés dans le hourdis général et indiqués (*fig.* 1188) dans le plan et dans la demi-élévation par de simples traits et dans la demi-coupe de la même figure par deux traits fins parallèles;

3° De fers A (I de 0,12, *a. o.*) servant d'arêtiers et de faîtage; c'est sur ces fers A et sur la sablière haute D que s'assemblent une série d'autres fers B (I de 0,08 *a. o.*) plus inclinés que les fers B' formant la surface du faux comble.

Ces fers B sont reliés entre eux par des boulons de 16 millimètres de diamètre à quatre écrous.

Comme le montre le détail (*fig.* 1189) tous ces fers sont compris dans un hourdis général qui peut se faire soit à la façon ordinaire en plâtras et plâtre, soit, ce qui est mieux, avec des briques pleines ou creuses de dimensions convenables posées à plat, hourdées en plâtre et enduites aux deux faces.

Le hourdis et l'enduit auront une épaisseur totale de 0m,07 à 0m,08.

Dans l'intérieur (*fig.* 1189), le plafond suit les rampants du comble et l'enduit est appliqué partout sur le hourdis de façon à recouvrir les fers.

Sur le hourdis on scelle, comme nous l'avons déjà indiqué dans d'autres exemples, des lambourdes en chêne de 80 × 34 millimètres d'équarrissage, munies sur rives de quelques clous à bateaux.

Sur ces lambourdes on cloue le voligeage en sapin, devant supporter sur la partie plate le zinc et sur les rampants latéraux les ardoises.

On peut compter approximativement par mètre carré de surface couverte 25 à 30 kilogrammes de fer.

Le prix par mètre couvert de la charpente en fer seule peut être estimé de 10 à 12 francs.

En X (*fig.* 1188) nous avons indiqué la position des ouvertures à réserver pour l'emplacement des lucarnes. La figure 1189 représente le détail des assemblages, d'ailleurs très simples, d'un comble de ce genre.

En P se trouve le plancher en fer placé à la partie haute de l'étage inférieur ;

En G l'indication du chéneau.

Au-dessous du fer plat C on prolonge souvent certains des fers B jusqu'en I de manière à augmenter la rigidité de l'at-

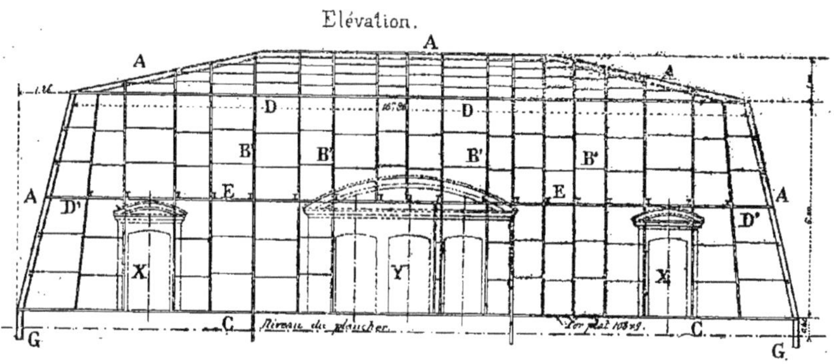

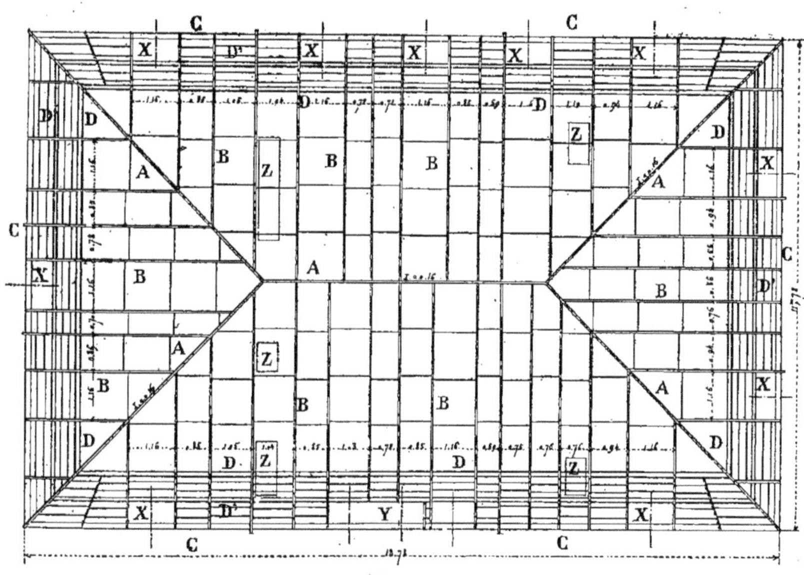

Plan

Fig. 1190.

tacne sur le fer C par un scellement plus fort. Cette disposition est presque toujours adoptée pour les deux fers qui limitent l'ouverture d'une lucarne par exemple.

2e Exemple.

559. Comme deuxième exemple nous donnons (*fig.* 1190 et 1191) les détails d'un comble du même type que le précédent mais ayant plus de hauteur ce qui permet d'établir un plancher intermédiaire et d'avoir, outre l'étage des combles où l'on peut installer un appartement, un autre étage pour les chambres des domestiques.

La disposition de cette charpente métallique est identique à la précédente. Une

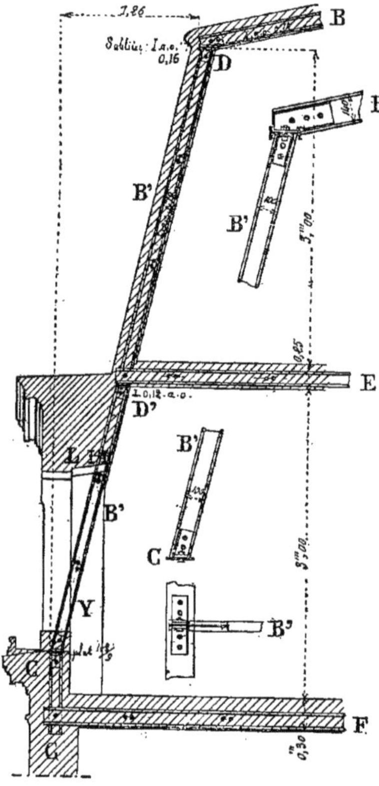

Fig. 1191.

sablière basse C (fer plat de 108 × 9); une sablière haute D (fer I de 0,16, *a. o.*); une série de fers B et B' (I de 0,10, *a. o.*); des arêtiers et un faîtage A (fers I 0,16 *a. o.*), tous ces fers hourdés plein et réunis de mètre en mètre par des boulons de 16 millimètres de diamètre à quatre écrous.

A mi-hauteur d'étage on place (*fig.* 1190 et 1191), une autre sablière horizontale D' (I de 0,12, *a. o.*) sur laquelle viennent reposer les fers E du plancher intermédiaire.

Tout ce qui a été dit pour le premier exemple, assemblages, hourdis, scellement de lambourdes, etc., peut se répéter ici.

En X (*fig.* 1190) nous avons indiqué les petites lucarnes du comble; en Y la disposition pour une grande lucarne à trois baies; en Z l'emplacement des souches de cheminées.

En L (*fig.* 1191) nous montrons le linteau en fer I placé à la partie haute de la grande lucarne; cette même figure montre la coupe sur la grande lucarne et la disposition du chéneau.

3e Exemple.

560. Comme troisième exemple d'un type de charpente métallique pouvant rentrer dans les deux exemples que nous venons de citer nous donnons (*fig.* 1192, 1193, 1194 et 1195) les plans, coupes et détails d'un comble recouvrant une cour et surmonté d'un lanterneau vitré.

La sablière basse S est, dans ce cas, un fer I de 0,20, *a. o.* posé à plat sur les murs O ; elle n'existe, comme le montre la coupe horizontale AB, que sur trois côtés du bâtiment; sur le quatrième côté en T c'est un fer I posé debout sur le mur M.

A la partie haute une autre sablière V (I de 0,22, *a. o.*) formant cadre et recevant les assemblages d'une série de fers F (I de 0,12, *a. o.*) et d'arêtiers G (I de 0,22, *a. o.*)

Sur le cadre V viennent aussi s'assembler les fers supportant le lanterneau vitré L.

Ce lanterneau est très simple de construction et se comprend à la seule inspection de la figure.

Détails d'exécution.

561. La figure 1193 nous montre en détails l'assemblage X de la coupe horizontale AB et nous indique comment l'arêtier G vient s'assembler sur la sablière horizontale S.

La figure 1194 donne en détails l'assemblage Y de la coupe horizontale AB et nous fait voir comment l'arêtier G s'assemble sur le fer T et sur la sablière S.

Enfin la figure 1193 nous représente, en plan, la disposition du lanterneau dont la coupe verticale est indiquée (*fig.* 1192) dans la coupe transversale CD.

Tous ces fers sont réunis par des boulons à quatre écrous de 16 millimètres de diamètre.

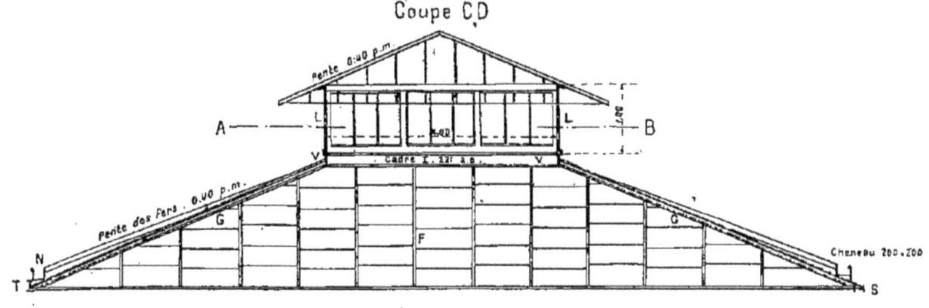

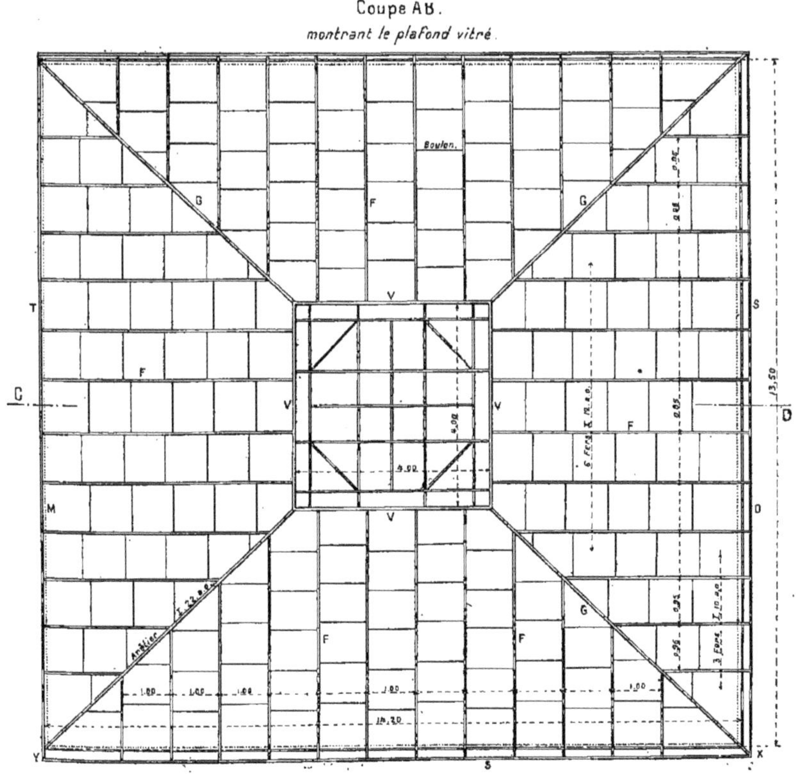

Fig. 1192.

Cette disposition très simple peut recevoir beaucoup d'applications.

Observations sur le montage des fermes métalliques.

562. En commençant la charpente en fer nous avons indiqué, en détails, ce qu'il faut entendre par montage proprement dit des charpentes métalliques.

Nous avons vu que ce montage peut

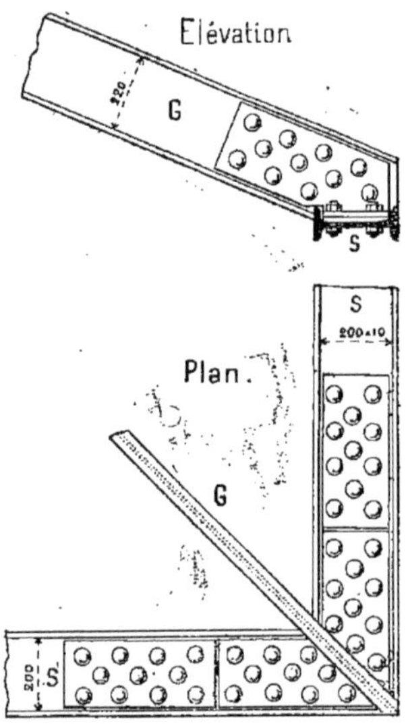

Fig. 1193.

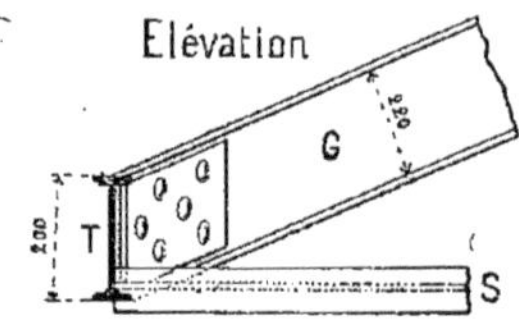

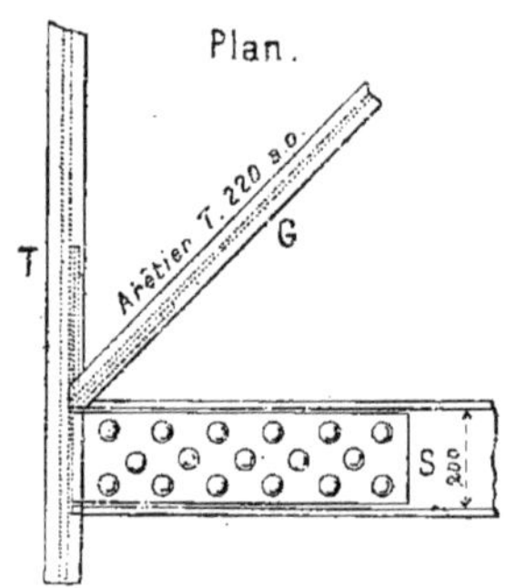

Fig. 1194.

être provisoire ou définitif ; nous avons indiqué, en terminant, les différents engins employés pour en faciliter l'exécution.

Il nous reste, pour compléter ces renseignements, à dire quelques mots sur les précautions à prendre pour le montage spécial des fermes métalliques.

Quand les fermes sont de petites dimensions on assemble les différents morceaux et on les rive sur le sol ou sur un plancher établi au bas de l'endroit où elles doivent être montées. On garnit ensuite ces fermes de moises en bois pour les empêcher de se gauchir pendant le montage, puis, on les élève avec des chèvres et on les met en place; on rive ou on boulonne immédiatement les pannes pour maintenir ces fermes et on ne règle définitivement la tension des tirants que lorsque les différentes pièces sont ajustées et qu'il n'y a plus que la couverture à poser.

Quand les fermes sont trop grandes pour être ainsi montées en bloc, on dispose des échafaudages portant un plancher au niveau des naissances, on assemble et on rive sur ce plancher les différents fragments et, quand la ferme est ainsi constituée horizontalement, on la fait pivoter au moyen de chèvres autour du pied des arbalétriers, on la redresse et on la rend verticale.

On la fixe ensuite avec les pannes contre le mur pignon ou, s'il n'y en a pas, on la maintient avec l'échafaudage lui-même jusqu'à l'achèvement du comble. On peut aussi disposer un échafaudage épousant la forme du comble et portant une plateforme au sommet, on monte chaque arbalétrier tout ajusté et on les réunit ensemble en place; on attache ensuite les bielles et les tirants.

Quand les fermes sont très nombreuses il peut y avoir économie à installer un échafaudage roulant analogue à ceux qui ont été décrits dans la charpente en bois.

Il est essentiel d'ajuster ensemble les différentes parties d'une charpente métallique à une température moyenne de 12 à 15 degrés si l'on ne veut pas augmenter, dans une forte proportion, les efforts supportés par la matière.

S'il s'agit par exemple d'une ferme Polonceau dont nous avons donné la forme (*fig.* 1035) il faut admettre, outre les précautions de montage indiquées précédement, que cette ferme mise en place n'aura

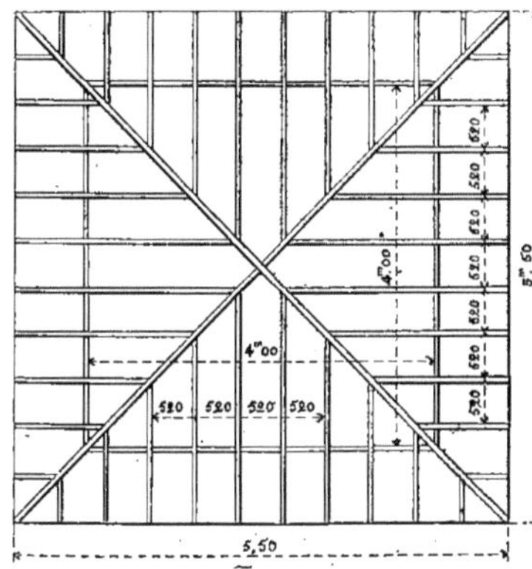

Fig. 1195.

aucune poussée sur les supports et que les trois points d'appui de l'arbalétrier sous charge se placeront en ligne droite; en d'autres termes, l'arbalétrier, ayant primitivement le cintre ordinaire donné aux barres de fer livrées par le commerce, doit être réglé de telle façon que fléchissant sous la charge, le milieu de cet arbalétrier soutenu par la bielle, vient se mettre en ligne droite avec les deux extrémités de la pièce.

Si, d'après le calcul, ces conditions n'étaient pas remplies les forces développées à l'intérieur du système pourraient être sensiblement différentes de celles qu'on admet; c'est pourquoi on munit au moins le tendeur horizontal de vis à filets contraires ou de tendeurs, soit aux extrémités, soit au milieu, afin de réaliser la première condition qui est la plus importante.

Il faut donc régler la tension sur le tirant horizontal de telle manière que, même sous les plus lourdes charges ou par les plus hautes températures, la portée de la ferme, qui tend à s'ouvrir, n'excède pas celle qui lui est assignée.

Dans certains cas on munit aussi les tirants de l'arbalétrier de vis de rappel sur la fourchette d'attache ou de pièces analogues permettant le réglage de la bielle.

Cete bielle doit être plutôt un peu longue que trop courte, attendu que, dans ce dernier cas, le point d'appui au milieu se déroberait et l'arbalétrier ne serait plus soutenu suffisamment.

Mise au levage d'une ferme.

563. Pour opérer le levage d'une ferme tout assemblée sur le sol et à pied d'œuvre, nous savons qu'on peut se servir de ponts roulants, d'échafaudages mobiles, de treuils à leviers avec cliquets, de treuils à engrenages, etc. . mais ce qui s'emploie le plus souvent dans les chantiers et qui n'exige pas de frais d'installation ni de fortes dépenses pour acquisition de matériel c'est la chèvre ordinaire décrite page 205 et suivantes de la troisième partie du *Cours de Construction* et que tout le monde connaît.

Nous ne pouvons mieux faire, pour indiquer le levage des fermes avec chèvres que de rappeler l'intéressant article publié par M. Planat dans la *Semaine des constructeurs* et dans lequel nous extrayons ce qui suit :

Levage avec une chèvre.

564. Il peut se présenter deux cas: la ferme CE (*fig.* 1196) étant couchée à terre, on peut avoir seulement à redresser cette ferme qui traîne constamment du pied sur le sol; on peut, après l'avoir dressée verticalement, avoir à la soulever complètement pour la mettre en place. Nous examinerons les deux cas de levage avec une ou avec deux chèvres.

Détermination des efforts dans le cas de l'emploi d'une seule chèvre.

565. Le premier point à fixer est celui-ci : Quel est l'effort exercé sur la corde AD (*fig.* 1196) ?

Cet effort dépend de la distance CD à laquelle on attache cette corde sur la ferme ; il y a tout avantage à placer l'attache aussi près que possible du sommet de cette ferme. Supposons que le centre de gravité de la ferme soit à 7 mètres du pied C de cette charpente et que l'attache soit placée à 13 mètres ; l'effort sur la corde de tirage AD sera de $4000 \times \frac{7,00}{13,00}$ ou 2160 kilogrammes, 4 000 étant le poids de la charge à soulever.

En formant le parallélogramme $Adbf$ avec cet effort de 2 160 kilogrammes, sur les directions AB de la chèvre et AF du hauban de retenue, on trouve immédiatement l'effort de compression sur les montants ou hanches, qui est de 3 000 kilogrammes environ, et l'effort de tension sur AF, qui est de 2600 kilogrammes.

Dimensions des pièces.

566. Le diamètre des cordes s'obtient en remarquant qu'on peut faire travailler un cordage de bonne qualité à raison de $2^k,75$ par millimètre carré de section.

Pour la corde AD la section doit être égale à $\frac{2160}{2,75}$ ou 800 millimètres carrés environ, ce qui correspond à un diamètre

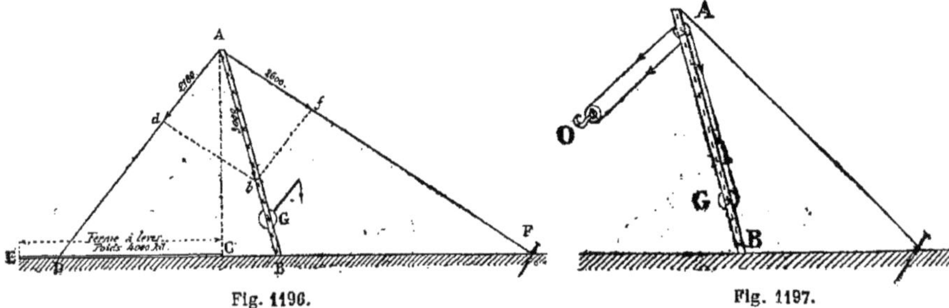

Fig. 1196.

Fig. 1197.

de $0^m,032$ dans la partie pleine ; pour la corde AF, la section doit être égale à $\frac{2600}{2,75}$ ou 900 millimètres carrés environ, ce qui correspond à un diamètre de $0^m,034$.

Si l'on faisait usage pour AD d'une poulie mouflée, il y aurait deux brins au lieu d'un seul, la section devrait par conséquent être réduite à moitié et le diamètre à $0^m,023$. De même si l'on dédouble le hauban de retenue AF, chacune des cordes n'aura qu'un diamètre de $0^m,024$. Ces chiffres sont, bien entendu, des minimum, mais suffisent si l'on n'a pas à redouter de chocs trop violents.

Les montants sont soumis, d'après ce que nous avons dit, à un effort de 3000 kilogrammes. Mais il y faut ajouter l'action qu'exerce la corde qui, de la poulie A placée au sommet, se rend au treuil G. Cette corde exerce dans la partie AG, un effort de compression qui est égal à 2160 kilogrammes, dans le cas où AD n'a qu'un seul brin.

Cet effort serait réduit à moitié si l'on plaçait sur AD une poulie mouflée O (*fig.* 1197).

L'effort total de compression est donc au plus de 3000 + 2 160 = 5 160 kilogrammes sur la partie AG. Le treuil G est placé à une hauteur variable avec la longueur des barres de manœuvre ; cette hauteur doit être telle que la barre puisse décrire un quart de tour avant de toucher terre.

Nous la supposerons de 2 mètres. La longueur AG sera de 13 mètres, si l'on admet, comme nous l'avons fait, une hauteur d'environ 15 mètres pour la chèvre. Si celle-ci était plus basse, les dimensions que nous allons trouver pourraient être réduites.

Dans les conditions adoptées, cherchons la section nécessaire.

Pour former les hanches, nous admettons qu'on a refendu en deux une pièce de bois à section carrée. La liaison par les épars les rend tout à fait solidaires et elles travaillent à la compression comme une seule pièce.

L'effort à supporter est de 5 160 kilogrammes ; si nous supposons que le côté de la section soit égal à 0m,26, le rapport de la longueur à ce côté est $\frac{13}{0,26}$ ou 50. Dans ces conditions, le bois peut porter 9 kilogrammes par centimètre carré; la pièce à section carrée porterait donc $9 \times 0,26 \times 0,26$ ou 6 100 kilogrammes en nombre rond, ce qui est plus que suffisant.

Chaque montant doit, en conséquence, avoir $\frac{0,13}{0,26}$.

Il reste à savoir si les hommes pourront lever le fardeau avec un treuil ordinaire à tambour en bois et des barres. Pour cela, évaluons le travail à effectuer.

S'il n'y a pas de poulie mouflée, l'effort transmis par la corde sur le treuil est de 2 610 kilogrammes. Si le diamètre de ce dernier est de 0m,20 et celui de la corde 0m,030, le bras de levier de cet effort est plus petit que 0m,12 ; le travail à vaincre est au plus representé par $2\,160 \times 0,12$ ou 260.

Il y faut ajouter la résistance due au frottement. En admettant que le frottement donne une résistance égale à moitié de l'effort exercé par le cordage et que le tourillon du treuil ait 0m,05 de diamètre, l'augmentation de travail due au frottement est $\frac{2160}{2} \times 0,052$ ou 27. Le total est de 287 ; telle est la résistance à vaincre.

D'autre part, évaluons le travail moteur : supposant la longueur des barres égale à 2m,50 et le poids d'un homme égal à 70 kilogrammes, et, en tenant compte de ce que l'on attaque le treuil simultanément par les deux bouts, l'effort exercé par les ouvriers est de 2×70 ou 140 kilogrammes, et le travail correspondant est $140 \times 2,50$ ou 350, au lieu de 287.

On voit que la manœuvre est possible, même sans se servir de poulie mouflée. Si l'on en ajoute une, la longueur des barres pourra être diminuée, et l'on aura un plus grand excès de force disponible.

Levage avec deux chèvres.

567. Supposons maintenant qu'on fasse emploi de deux chèvres, et qu'on ait à soulever complètement la ferme.

Détermination des efforts.

568. Le poids de la ferme étant toujours de 4 000 kilogrammes, ce poids, décomposé suivant la direction des chèvres et celle des câbles de retenue (*fig.* 1198) donne 5 000 kilogr. de compression sur la chèvre et 1 600 kilogr., en nombre rond, de tension sur le cordage.

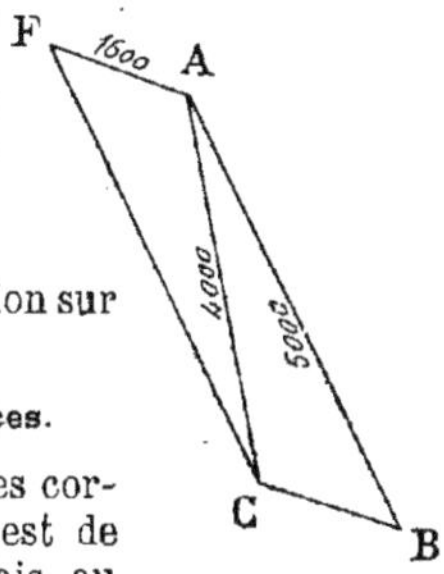

Fig. 1198.

Dimensions des pièces.

569. L'effort sur les cordages de suspension est de 4 000 kilogrammes. Mais, au lieu d'une chèvre, on en place deux, il faut donc réduire à moitié chacun des efforts précédents.

Chaque hauban de retenue AF doit alors résister à 800 kilogrammes; la section devrait être, en conséquence, égale à $\frac{800}{2,75}$ ou environ 300 millimètres carrés, ce qui correspondrait à 0m,020 de diamètre pour un seul câble.

Chaque corde de suspension porte 2 000 kilogrammes; la section correspondante est $\frac{2000}{2,75}$ ou 730 millimètres carrés, soit 0m,031 de diamètre pour un seul cordage ou 0m,022 sur chacun des deux brins d'une chèvre si l'on moufle.

Il faut remarquer que l'on est conduit pour la corde de suspension à une section plus forte dans le cas du soulèvement que si nous nous étions placés dans l'hypothèse du simple levage.

Aussi doit-on adopter, pour le câble de suspension, la section qui vient d'être calculée.

Il n'en est pas de même pour le câble

de retenue AF. Le simple levage, qui doit toujours se faire au préalable exerce un effort plus grand sur AF que lorsqu'on soulève entièrement toute la ferme ; dans ce dernier cas, c'est la chèvre qui supporte presque toute la charge. Aussi faut-il laisser de côté le résultat que nous venons d'obtenir pour AF et le calculer de nouveau pour le simple levage. Nous reprendrons donc pour AF le calcul, suivant la marche déjà suivie dans le cas d'une seule chèvre.

L'effort total des cordes suivant AD est $4000 \times \frac{7,00}{10,00}$ ou 2800, en supposant l'attache placée à 10 mètres du pied de la ferme.

Si on la place plus haut encore, il y aura tout avantage.

Comme il y a deux chèvres, chacune des cordes AB n'est soumise qu'à un effort de 1 400 kilogrammes. La section nécessaire, sans poulie mouflée, est $\frac{1400}{2,75}$ ou 510 millimètres carrés, ce qui correspond à un diamètre de $0^m,026$ sur une seule corde. Le diamètre sera $0^m,019$, s'il y a deux brins avec moufle. Ce sont là les sections à adopter réellement pour AF.

Revenons maintenant au cas où l'on soulève entièrement la ferme. L'effort de compression sur chaque chèvre est $\frac{5000}{2}$ ou 2 500 kilogrammes. Il y faut ajouter, comme dans le premier cas, l'effort exercé par la corde qui, de la poulie du haut, se rend au treuil.

Cet effort est de $\frac{4000}{2}$ ou 2000 kilogrammes, dans le cas où il n'y aurait pas de moufle ; il serait seulement de 1 000 kilogrammes si l'on mouflait.

L'effort total de compression est donc au plus égal à $2\,500 + 2\,000 = 4\,500$ kilogrammes.

Supposons le côté de la section carrée, égal à 0,22. La longueur AG est ici de $12^m,00 - 2^m,00$ ou 10 mètres environ. Le rapport de la longueur au côté est de $\frac{10,00}{0,22}$ ou 48.

Dans ces conditions, le bois peut travailler à 10 kilogrammes par centimètre carré ; la chèvre peut porter $10 \times 0,22 \times 0,22$ ou 4 840 kilogramme, ce qui est plus que suffisant. Chaque montant aura donc $0,11 \times 0,22$ d'équarrissage.

Le travail à effectuer, en supposant encore au tambour un diamètre de 0,20 serait au plus égal à $2\,000 \times 0,12$ ou 240.

En ajoutant le frottement, le travail total est de 260 environ. Deux ouvriers agissant à l'extrémité de barres ayant une longueur de 2 mètres, produisent un travail égal à $2 \times 70 \times 2,00 = 280$, ce qui est suffisant.

Si l'on interposait une moufle, l'effort à exercer serait moindre et l'on aurait, comme dans le premier cas, un plus grand excédent de force disponible.

Donc en résumé nous voyons que pour manœuvrer des fermes du poids de 4 000 kilogrammes par exemple on peut se contenter d'une chèvre construite sur le chantier même ou de deux chèvres de dimensions courantes qu'on trouve très facilement dans l'industrie.

Nous avons indiqué (nº 120 et *fig.* 212) la disposition des moufles ; nous n'avons donc pas besoin d'y revenir.

Contreventement des fermes.

570. L'étude du contreventement des fermes doit être faite avec beaucoup de soins. Certains constructeurs, pour avoir négligé cette partie importante de la charpenterie, ont eu des mécomptes et ont été causes de graves accidents.

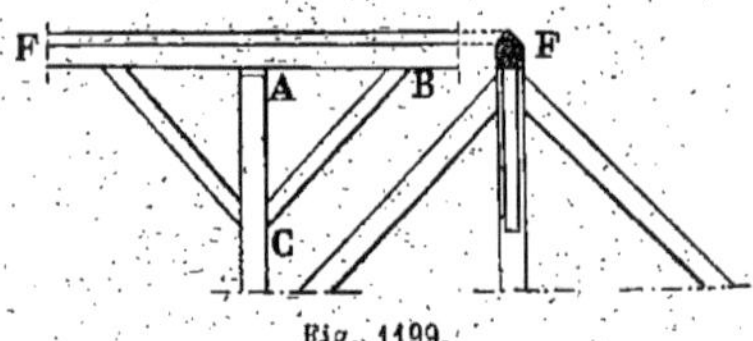

Fig. 1199.

Dans les combles en bois, chaque poinçon est accompagné de jambes de force, qui, assemblées également avec le faîtage, empêchent, par l'invariabilité de la longueur des trois côtés du triangle ABC (*fig.* 1199), toute déformation dans le sens longitudinal.

Ces pièces qui constituent, avec le faîtage, *le comble sous faite* destiné à empêcher le roulement longitudinal du comble, sont au moins aussi importantes dans les combles en fer, bien que, comme nous l'avons dit plus haut, on en ait souvent négligé l'emploi.

Le fer se prêtant mieux aux assemblages à boulons doit être plus particulièrement employé à la traction et la ferme sous faîte, qu'on désigne dans ce cas, plus particulièrement sous le nom de *contreventement*, est alors composée de tiges telles que CD et AD (*fig.* 1200) qui

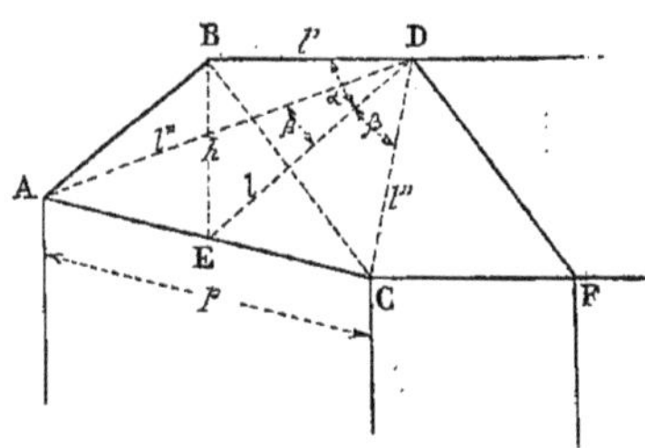

Fig. 1200.

prenant leurs points d'appuis sur les colonnes d'une ferme et viennent se réunir en un même point du faitage d'une autre ferme.

En désignant par P la plus grande pression horizontale par mètre carré que le vent peut exercer sur tout le pignon ABC supposé fermé, la pression sur le triangle ABC a pour expression $P\frac{ph}{2}$.

Cette pression pouvant être remplacée par trois pressions égales agissant aux points A, B, C l'action F qui s'exerce en B, suivant BD, est :

$$F = \frac{1}{3} P \frac{ph}{2} = \frac{1}{6} Pph.$$

La composante F′ de F, suivant ED, est :

$$F' = \frac{F}{\cos\alpha} = F \times \frac{l}{l'} = \frac{1}{6} Pph \times \frac{l}{l'}.$$

Enfin, en désignant par F″ l'une des composantes égales, suivant AD et CD de la force F′ on a :

$$F'' = \frac{F'}{2\cos\beta} = \frac{F'}{2} \times \frac{l''}{l} = \frac{F}{2l}\sqrt{l'^2 + h^2}$$
$$= \frac{Pph}{12l'}\sqrt{l'^2 + h^2}.$$

On déduit de là, pour le diamètre d de l'un des tirants AD et CD :

$$d^2 = \frac{Pph}{3\pi R l'}\sqrt{l'^2 + h^2}$$

expression dans laquelle R représente toujours la résistance par mètre carré qu'on ne doit pas dépasser pour le fer soumis à un effort de traction.

Les tiges de contreventement pourront être établies aux deux extrémités du comble pour résister aux vents de sens contraires et l'on pourra, pour plus de sécurité, répéter dans les deux cas la même disposition pour la seconde et pour l'avant-dernière ferme.

Lorsque le comble étudié est à deux égouts sans croupe, et qu'il se termine par deux murs pignons, les pannes suffisent à contreventer, c'est-à-dire à empêcher les mouvements des fermes et leur flexion latérale.

Les pannes placées entre les dernières fermes et les murs pignons sont alors solidement encastrées dans ces murs, et même au besoin ancrées.

On commence pa poser la ferme la plus voisine du pignon et on la maintient en fixant dessus les pannes, cette ferme posée sert à maintenir la suivante, et ainsi de suite jusqu'à la dernière, dont l'invariabilité est encore plus parfaitement assurée par le scellement ou l'ancrage des pannes dans l'autre mur pignon.

A la rigueur, un seul pignon suffit, cependant, si les portées et les écartements des fermes sont considérables, il vaudrait mieux, dans le cas du pignon unique, recourir à un contreventement auxiliaire, surtout si les fermes portent sur des points d'appui métalliques isolés, dont le roulement est déjà à craindre.

Si le comble se termine à chaque extrémité par une croupe, celles-ci jouent le même rôle que les pignons, c'est-à-dire qu'elles assurent le contreventement. Chaque ligne de panne forme, en effet, une ceinture indéformable ; mais là, encore, si les portées étaient considérables, et les points d'appui grêles et élevés, il serait prudent de contreventer.

Si le comble est à deux égouts sans croupe et que les pignons soient formés par les fermes elles-mêmes (nommées dans ce cas fermes de tête), le contreventement devient indispensable.

En quoi consiste le contreventement ?

571. On contrevente les fermes en substituant, aux rectangles formés par les pannes et les arbalétriers et qui sont des figures essentiellement déformables, des triangles invariables ; il suffit donc

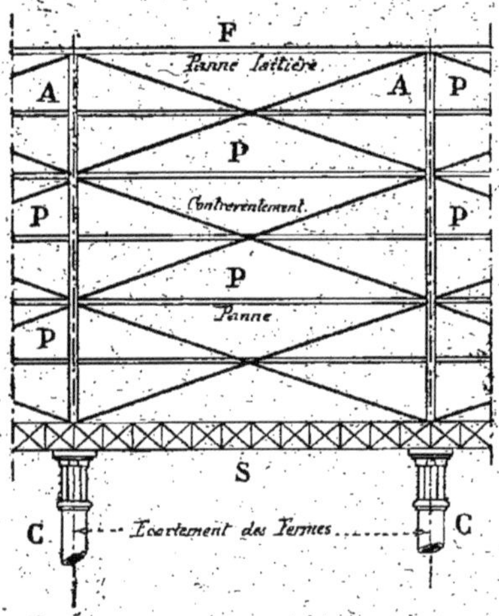

Fig. 1201.

d'établir des diagonales dans les rectangles formés par les pannes, les premières diagonales à partir du bas sont fixées soit sur le sabot de retombée de la ferme, soit sur l'arbalétrier lui-même ou sur la sablière, mais toujours très près des naissances.

Les pièces de contreventement sont, le plus ordinairement, des fers ronds ou des fers plats ; on emploie même des bielles si on veut obtenir une grande rigidité.

Quand les pannes sont très rapprochées, les diagonales seraient trop inclinées pour avoir une grande efficacité, on les fixe alors de deux en deux ou de trois en trois.

Le plus souvent, le contreventement se fait avec des fers plats posés entre

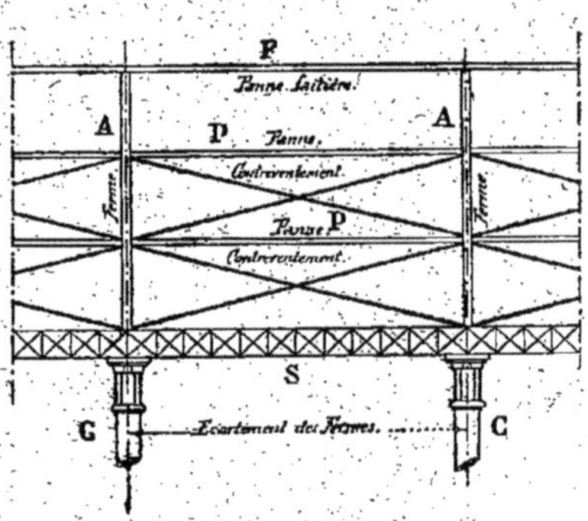

Fig. 1202.

les pannes et le voligeage dans la hauteur de la fourrure, on l'arrête quelquefois à une certaine hauteur ; ainsi, dans la grande nef du Palais de l'Industrie à Paris, le contreventement n'embrasse qu'une partie de la hauteur des fermes.

A leur point de rencontre, les fers plats formant contreventement s'infléchissent pour passer l'un sur l'autre, comme les

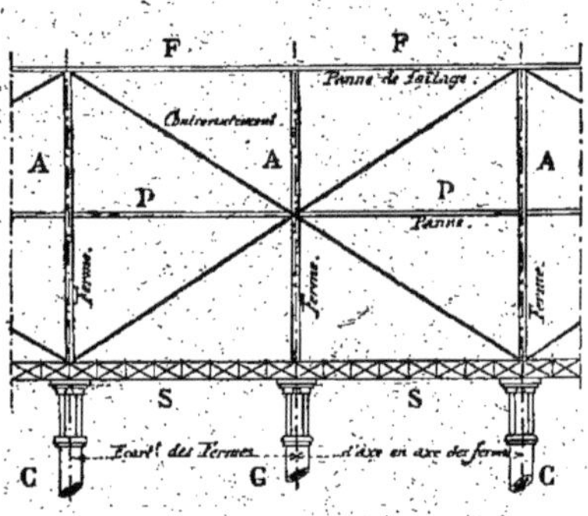

Fig. 1203.

barres des poutres en treillis ; on peut aussi ne mettre qu'une diagonale dans chaque rectangle.

Les figures 1201, 1202 et 1203 nous indiquent les trois principales dispositions adoptées pour le contreventement.

Dans la figure 1201, on met un contreventement en forme de croix de Saint-André entre chaque rang de panne ; on supprime le contreventement entre les deux pannes du haut, qui n'est pas nécessaire dans ce cas particulier.

Dans la figure 1202, le contreventement existe de deux en deux pannes seulement.

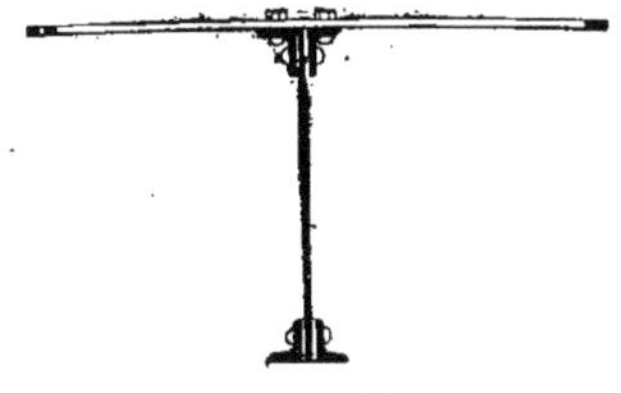

Fig. 1204.

Enfin, dans la figure 1203, le contreventement est plus largement traité et s'étend entre trois fermes consécutives; on suppose dans cet exemple que les fermes sont assez rapprochées pour permettre cette disposition et avoir une inclinaison suffisante pour les barres de contreventement.

Dans chacune de ces figures qui représentent des vues longitudinales de charpentes métalliques, nous indiquons : en A, la projection des fermes ; en P, la projection des pannes ; en F, le faîtage ; en S, l'élévation des sablières ; enfin, en C, les colonnes en fonte supportant les fermes.

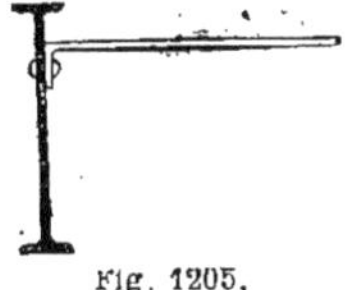

Fig. 1205.

L'assemblage des barres de contreventement se fait sur la semelle de l'arbalétrier au moyen de boulons dans le cas de fers plats, ou même pour les fers ronds dont on peut aplatir les extrémités à la forge; dans le cas de bielles, c'est avec une fourchette embrassant un fer à rivé sur l'âme ou une pièce analogue; on pourrait aussi, pour les fers ronds, employer une fourchette avec boulon de serrage.

Les figures 1204, 1205 et 1206 montrent suffisamment ces trois dispositions, pour que nous n'ayons pas besoin de nous y arrêter plus longtemps.

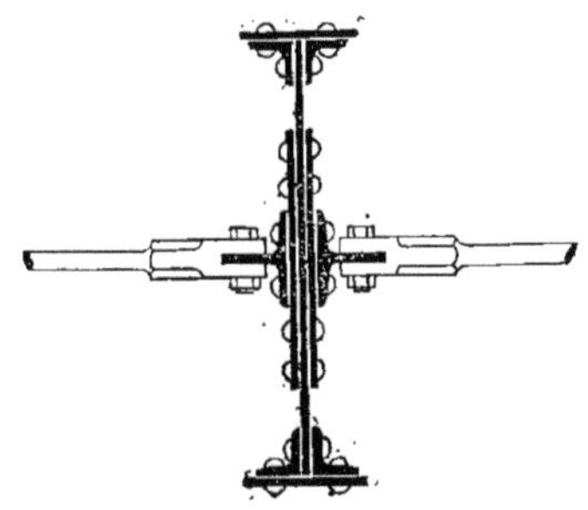

Fig. 1206.

Dans les fermes à la Polonceau, l'invariabilité du plan n'est pas très bien assurée surtout quand les bielles sont longues, aussi a-t-on souvent recours au contreventement des bielles. Pour faire ce contreventement, on les réunit en faisant passer, comme l'indique en croquis la figure 1207, un fer rond par l'œil de chacune d'elles ou par un trou spécial fait sur les plaques d'assemblage, comme nous l'avons indiqué précédemment en *a* (*fig.* 1045) en étudiant les combles Polonceau.

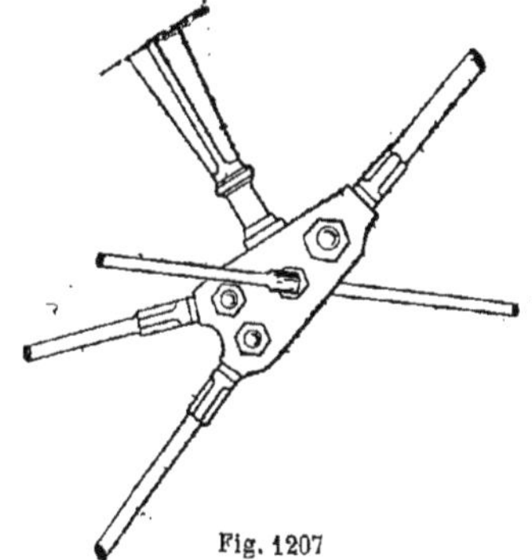

Fig. 1207

On règle la tension des tirants allant ainsi d'une bielle à l'autre au moyen d'un écrou de serrage.

On appelle souvent ces tirants *tringles d'écartement* ou *liernes*.

On peut aussi, comme le montre le croquis (*fig.* 1028) faire l'assemblage de ces tringles à l'endroit des plaques de pied des bielles au moyen de manchons à vis filetés en sens contraire ou au moyen de deux clavettes.

Si les entraits n'ont pas de tendeur et sont assemblés au moyen de plaques à boulons, on attache sur ces plaques P

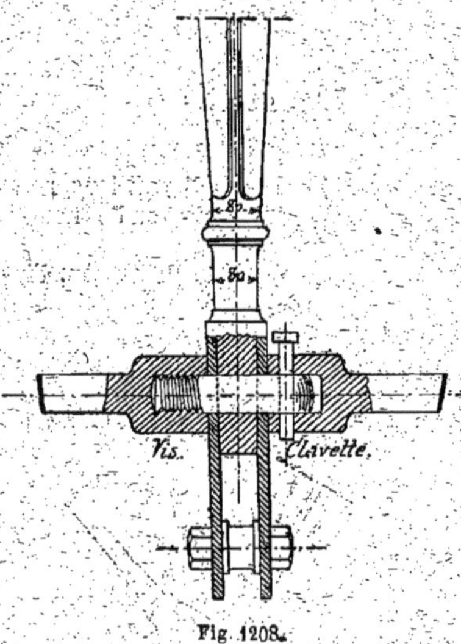

Fig. 1208.

(*fig.* 1209) et par le même moyen, deux autres tiges ou liernes L perpendiculaires aux tirants T, et destinées à relier une ferme avec ses deux voisines.

Contreventement au faîtage et contreventement latéral.

572. Outre les divers moyens de contreventer indiqués précédemment, et qui s'appliquent à des constructions ordinaires d'une importance moyenne, il en existe d'autres employés pour les charpentes de plus grandes dimensions et pour lesquelles il est bon, autant que cela est possible, de rendre solidaires les différentes parties ; nous voulons parler de deux contreventements additionnels exécutés : l'un au faîtage et l'autre (un contreventement latéral) dans le plan des files de colonnes.

Ces deux types sont indiqués en détail (*fig.* 1076 et 1077) pour une ferme à grande portée ; nous croyons inutile d'y revenir.

Contreventement des arcs.

573. Le contreventement des charpentes métalliques, en forme d'arc, dont nous parlerons plus loin, se fait de la même manière que celui des fermes droites.

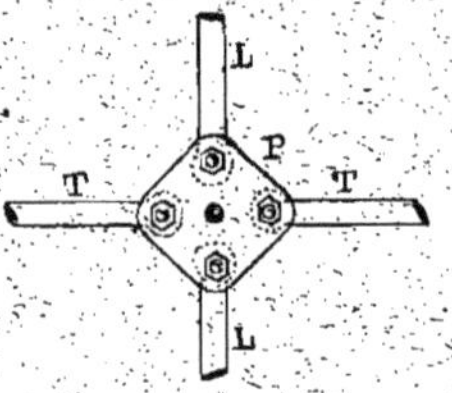

Fig. 1209.

Principaux assemblages employés dans les combles métalliques.

I. — Lattis.

574. On donne le nom de *lattis* à la disposition des *lattes* sur un comble.

Le lattis est dit *jointif* lorsque les lattes se touchent ; il est dit *écarté*, dans le cas contraire. Il est inutile de rappeler que, dans les combles en fer, le lattis est toujours écarté, et cet écartement est variable, comme le montre le tableau ci-dessous, suivant la nature de la couverture employée.

TABLEAU DE L'ÉCARTEMENT A DONNER AUX LATTIS SUIVANT LA NATURE DE LA COUVERTURE

DÉSIGNATION	ÉCARTEMENT D'AXE EN AXE des lattis
Tuiles à emboîtements et à recouvrements (Muller ou analogue).	$0^m,33$ à $0^m,34$
Tuiles à écailles plates (Montchanin).	$0^m,11$
Tuiles de pays (Pureau de $0^m,11$).	$0^m,11$
Tuiles métalliques (Menant).	$0^m,323$
Ardoises, grand modèle.	$0^m,195$ à $0^m,26$
— petites.	$0^m,11$
— en tôle galvanisée (Montataire).	$0^m,37$

Le lattis n'est nécessaire que pour les couvertures en tuiles ou pour les couvertures en ardoises.

DIFFÉRENTS TYPES DE LATTIS EMPLOYÉS DANS LES COUVERTURES MÉTALLIQUES

575. Les lattes composant le lattis peuvent être exécutées en matériaux différents, et constituer : le lattis en *plâtre*, le lattis en *bois*, enfin le lattis en *fer*.

1° Lattis en plâtre.

576. Le lattis en plâtre, employé dans les combles hourdés pleins, consiste, comme nous le savons, en petites bandes de plâtre disposées à écartements réguliers sur le hourdis plein, et consolidés par des solins en plâtre. C'est sur ces lattes en plâtre qu'on accroche les tuiles, comme nous l'avons indiqué précédemment (*fig.* 968 et 1091).

2° Lattis en bois.

577. Le lattis en bois est très souvent employé ; ce sont ordinairement des lattes en sapin, de 40 à 50 millimètres de largeur sur 25 à 27 millimètres d'épaisseur pour écartements de chevrons de 0m,60 à 0m,80, et de 25 à 27 millimètres sur 25 à 27 millimètres d'équarrissage pour écartements de 0m,35 à 0m,50.

On adopte assez généralement pour le lattis 30 × 30 millimètres d'équarrissage.

Il faut, en exécution, bien veiller à l'écartement convenable des lattes, et à ce que les joints des tuiles soient parfaitement en ligne droite d'équerre avec l'égout du toit.

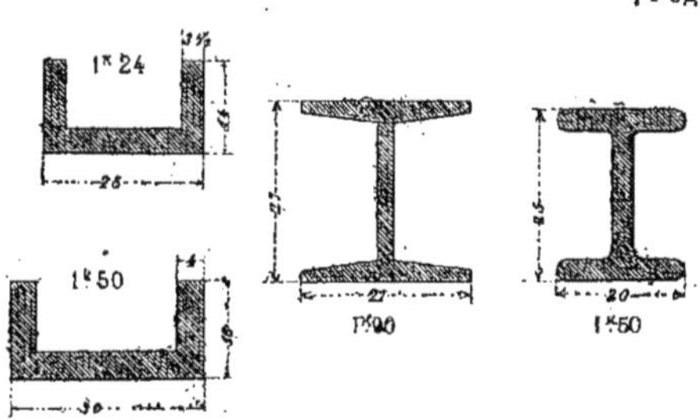

Fig. 1210.

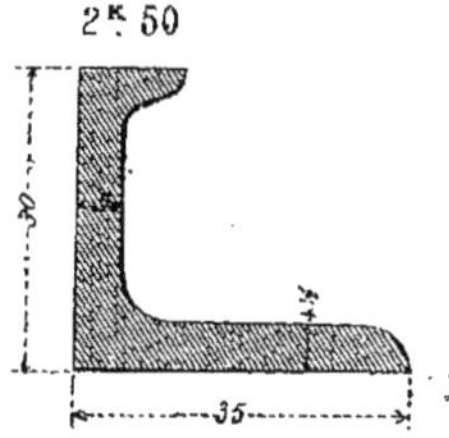

Fig. 1211.

3° Lattis en fer.

578. Le lattis en fer s'emploie dans presque tous les combles métalliques. Il s'exécute, le plus ordinairement, avec des fers *plats*, des fers *cornières*, des fers **I**, des fers en **U** (*fig.* 1210), tous ces fers ayant de faibles dimensions.

Lorsque l'écartement des chevrons est grand, on peut employer les deux profils de fer **I** représentés en croquis (*fig.* 1210). Si la distance d'axe en axe des chevrons augmente encore, on pourra se servir d'un fer spécial indiqué (*fig.* 1211), permettant un assemblage facile avec les chevrons et donnant une assez grande résistance.

Le lattis en fer est ordinairement fixé sur les chevrons, soit avec des vis à métaux, soit avec des rivets ou des boulons.

Ces assemblages sont faciles et ne demandent pas à être étudiés spécialement.

Les figures 1022 et 1023 nous montrent un exemple de l'emploi du lattis en fer plat.

Les figures 985 et 986 nous indiquent comment on peut se servir des fers cornières pour exécuter un lattis.

La figure 928 nous représente un lattis en fer **T**.

Enfin les figures 992 et 1105 nous montrent l'assemblage à faire pour un lattis en fers en **U**.

Les fers **I**, lorsqu'ils seront employés, seront vissés, rivés ou boulonnés sur les chevrons suivant les dimensions des ailes de ces fers.

II. — Chevrons. Principaux assemblages des chevrons sur les pannes.

579. On donne, comme nous le savons, le noms de *chevrons* à des pièces de char

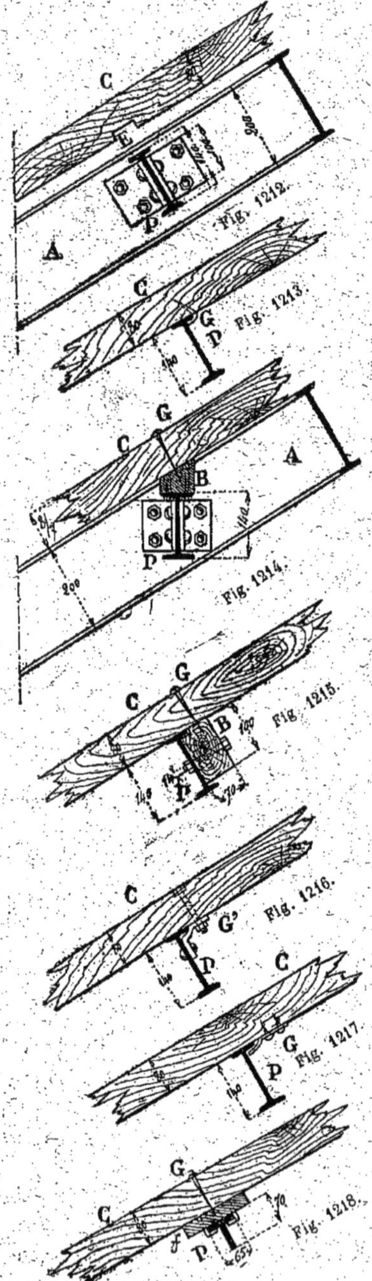

pente en bois ou en fer soutenant les lattes ou les voliges sur lesquelles on pose les tuiles, les ardoises ou le zinc d'une couverture.

Qu'ils soient en bois ou en fer les chevrons reposent en haut sur le faîtage, sur les pannes dans leur partie intermédiaire et enfin sur la sablière ou sur une panne de rive à leur partie inférieure.

Les chevrons en bois les plus employés sont en sapin et ont 8/7 d'équarrissage.

Si l'on substituait aux chevrons en sapin des chevrons en chêne on pourrait en réduire l'équarrissage.

Si les chevrons étaient proportionnés seulement d'après les efforts extérieurs auxquels ils doivent résister, leurs dimensions seraient beaucoup inférieures à celles qui leur sont données ordinairement ; mais certaines considérations obligent à exagérer ces proportions.

Les chevrons font ressort sous l'action des vents et des charges accidentelles et même sous le marteau de l'ouvrier, lorsqu'il cloue le lattis. Il résulte de là que les couvertures, notamment celles en ardoises, sont promptement détruites et que les ouvriers, lorsqu'ils font des réparations, éprouvent une certaine difficulté à clouer les lattes.

Quand l'économie ou d'autres causes obligent à restreindre le plus possible les dimensions des pièces, on pourra, en leur conservant la même hauteur, donner aux hevrons une épaisseur moindre.

Pour les chevrons en fer ce sont les fers T qui sont les plus employés ; on se sert aussi des fers cornières utilisés seuls, accouplés ou combinés de différentes manières.

Principaux moyens de fixer les chevrons sur les pannes.

580. Nous distinguerons deux cas suivant que les chevrons sont en bois ou en fer.

1° Chevrons en bois.

581. La manière la plus simple de fixer un chevron en bois sur une panne en fer consiste, comme nous l'indiquons (*fig.* 1212), à faire dans le chevron C une véritable entaille E permettant le passage de l'aile supérieure du fer I ; on relie ensuite les chevrons sur les ailes du fer, soit avec des pattes fixées sous le chevron, soit avec des vis, soit de toute autre manière.

On peut aussi, comme le montre la figure 1213, relier simplement le chevron C à la panne P à l'aide de clous spéciaux G.

La figure 1214 indique le moyen de fixer le chevron C sur la panne en fer P par l'intermédiaire d'une fourrure en

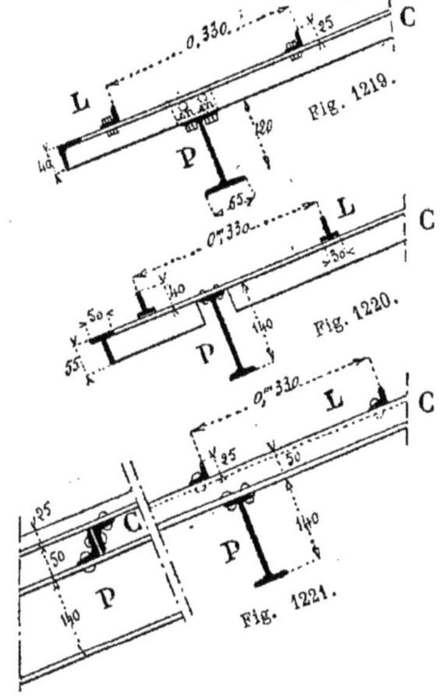

bois B boulonnée sur la panne. Le chevron est fixé sur cette fourrure par de forts clous G.

La fourrure ou tasseau en bois B au lieu d'être placée sur l'aile supérieure de la panne peut, comme le montre le croquis (*fig.* 1215), être fixée latéralement sur la panne. Dans ce deuxième exemple le chevron C est encore cloué sur cette fourrure par un clou G.

Les figures 1216 et 1217 indiquent deux autres moyens de fixer des chevrons en bois sur des pannes en fer à l'aide de pièces spéciales G en fer ou en fonte G'.

Lorsque la panne est en fer T (*fig.* 1218) on double ce fer d'une fourrure en bois *f* permettant de clouer les chevrons. Cette fourrure en bois est maintenue sur le fer à l'aide de deux clous spéciaux.

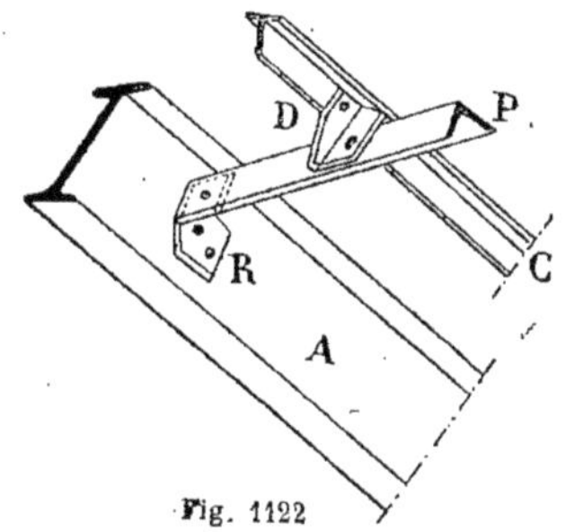

Fig. 1122

2° Chevrons en fer.

582. La figure 1219 représente un chevron en fer cornière C fixé sur une panne P à l'aide d'une équerre d'assemblage. Nous indiquons, dans cette figure, comment se fixe le lattis L sur les chevrons C.

La figure 1220 montre le moyen de fixer le chevron C, en fer T, sur la panne en faisant dans ce chevron l'entaille nécessaire au passage de l'aile supérieure de la panne. Le chevron est retenu sur la panne soit avec des vis soit par des petits rivets.

Dans cette figure le lattis L est supposé exécuté avec des fers T vissés sur le che-

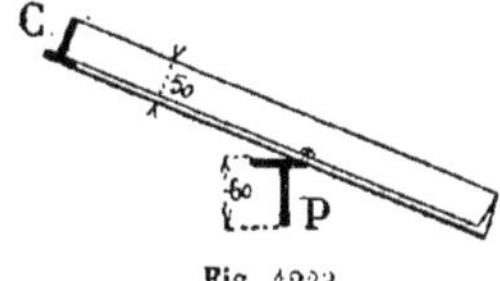

Fig. 1223.

vron et écartés de $0^m,330$ d'axe en axe, écartement convenable pour les tuiles Muller ou analogues.

La figure 1221 nous montre un chevron C composé de deux cornières assemblées ; l'une des cornières se fixe sur l'aile supérieure de la panne P, l'autre reçoit l'assemblage du lattis L en fers cornières de 25 × 25 millimètres.

La figure 1222 nous représente en perspective cavalière l'assemblage d'une panne P en fer cornière sur un arbalétrier A, à l'aide d'une pièce spéciale R ; cette figure montre comment on peut fixer un chevron C en fer T posé sur le tranchant de l'âme et assemblé sur le chevron C à l'aide d'une cornière spéciale D.

La figure 1223 indique qu'il est facile, au moyen d'une simple vis à métaux, de fixer un chevron C sur une panne P en fer T.

L'angle vif du bord de ce fer T a été un peu limé au passage du chevron.

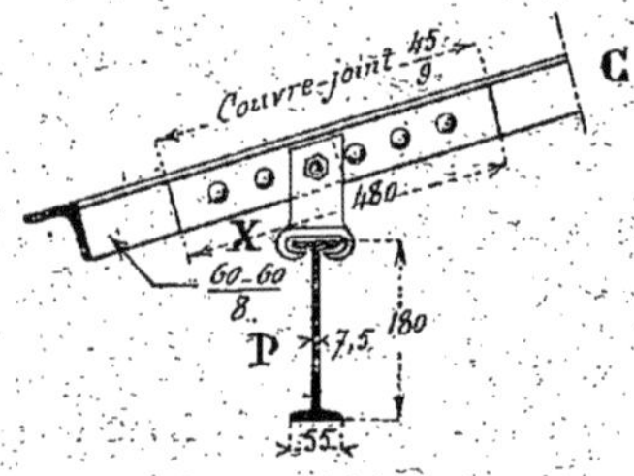

Fig. 1224.

En X (*fig.* 1224), se trouve indiquée une pièce spéciale en fonte servant à relier un chevron C à une panne P. Cette pièce se comprend facilement en examinant le croquis sans que nous ayons besoin de nous y arrêter.

Assemblages des tôles ondulées sur les pannes.

583. Les deux figures 1225 et 1226 nous montrent comment peut se faire simplement l'assemblage des tôles ondulées T sur des pannes P en fers T ; soit, en rivant directement les tôles sur les pannes, soit en employant des pièces spéciales *p* (*fig.* 1226). Dans ce cas il n'y a pas de chevrons.

Enfin, nous donnons (*fig.* 1227) le moyen de fixer les chevrons C à leurs extrémités dans une cornière à ailes inégales servant de partie haute à un appentis.

Si on avait un comble à deux pentes égales on mettrait, en remplacement de la cornière, un fer T. En C' dans la même figure, nous indiquons la forme de l'extrémité du chevron C.

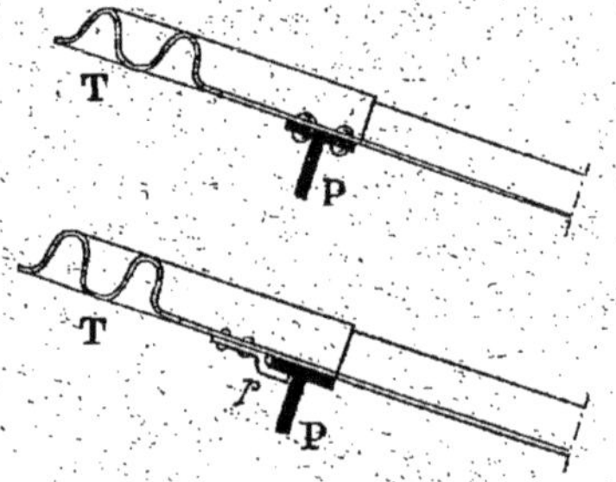

Fig. 1225 et 1126.

La figure 1228 montre comment on peut assembler un chevron en fer T à l'extrémité d'un montant M sur une sablière haute en fer cornière à l'aide d'une tôle coudée Q.

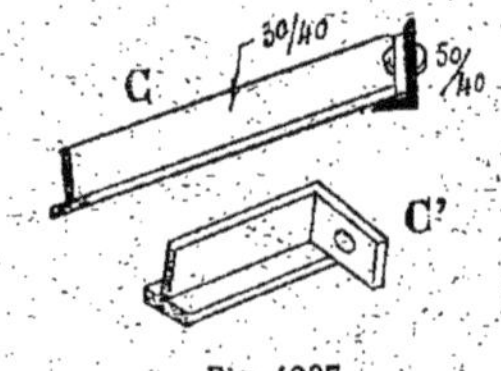

Fig. 1227.

En C' dans la même figure, se trouve indiquée la forme du chevron à son ex-

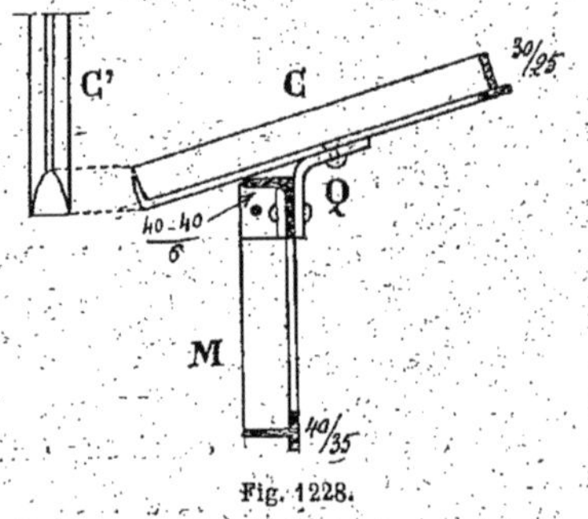

Fig. 1228.

trémité ; cette forme spéciale est indispensable pour retenir les verres à leur partie inférieure.

III. — Principaux assemblages des pannes sur les arbalétriers.

584. Nous distinguerons deux cas suivant que les pannes sont en bois ou en fer.

1° Pannes en bois.

585. L'assemblage le plus simple d'une panne en bois P (bastaing du commerce)

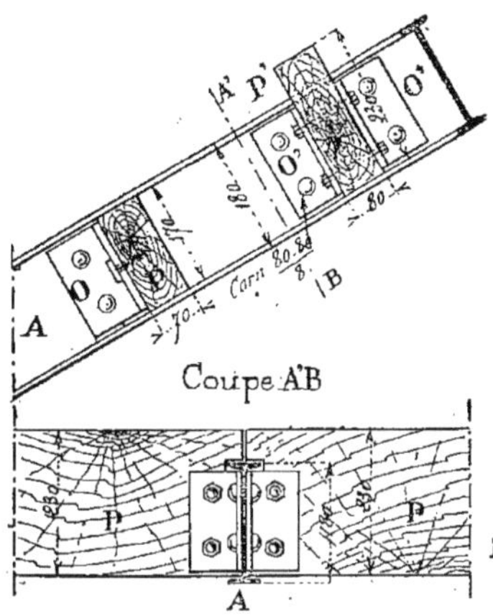

Fig. 1229.

avec un arbalétrier A en fer I est indiqué en croquis (*fig.* 1229). La panne P occupe toute la hauteur du fer et est re-

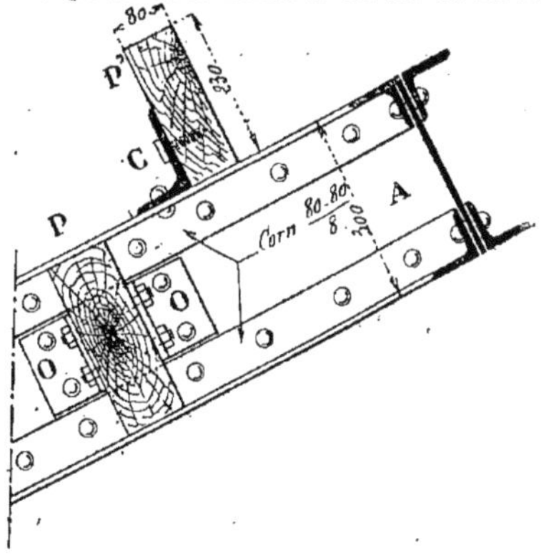

Fig. 1230.

tenue sur ce fer par une cornière d'assemblage O.

Ce procédé est d'une bonne application quand on a affaire à une petite portée et à des fermes assez rapprochées, on peut

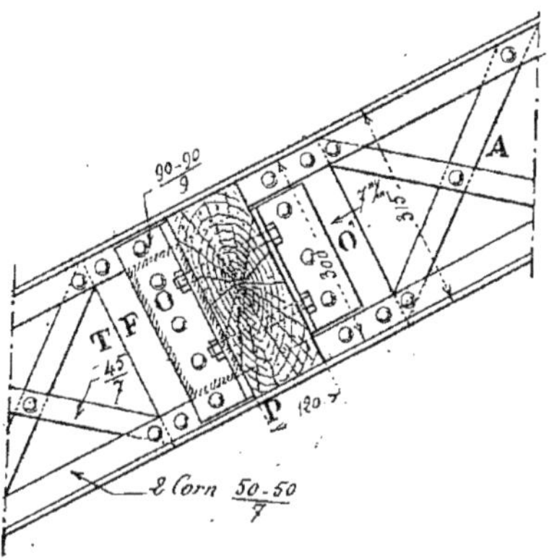

Fig. 1231.

alors supprimer le chevronnage en donnant seulement $1^m,25$ à $1^m,30$ d'écartement aux pannes; avec ces dimensions, un voligeage de $0^m,022$ d'épaisseur rainé donne de bons résultats.

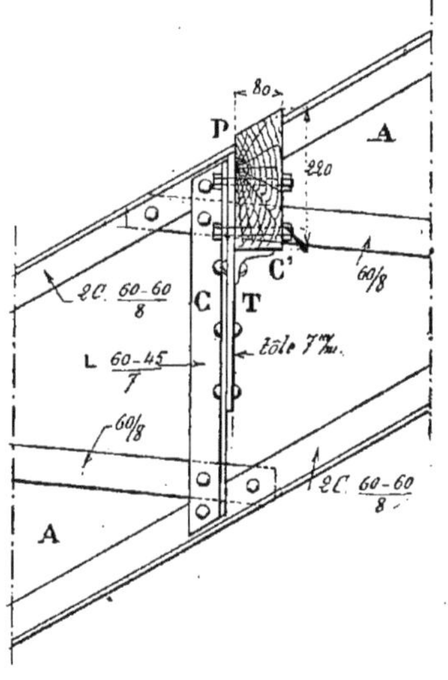

Fig. 1232.

L'orsque l'écartement des pannes est plus grand et qu'on désire mettre un chevronnage on emploie alors le madrier du commerce indiqué en P′ (même figure) et sur lequel on peut fixer les chevrons avec des clous.

On attache ce madrier sur l'arbalétrier en fer A à l'aide de deux cornières d'assemblage O′. La coupe A′B nous montre

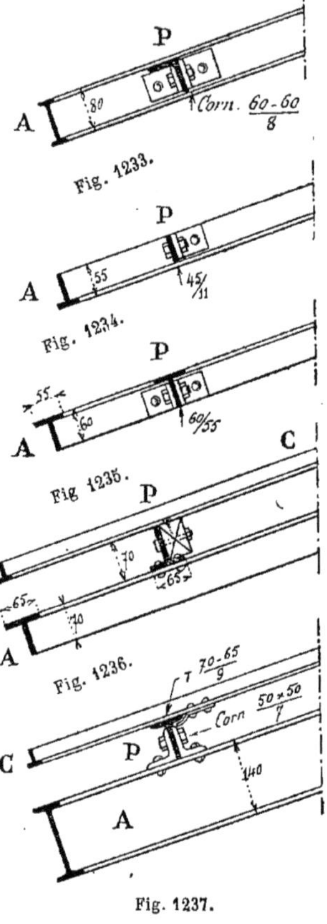

Fig. 1237.

facilement la disposition de l'assemblage vu longitudinalement.

La figure 1230 nous indique le même assemblage que ci-dessus mais sur une poutre pleine en tôle et cornières. On se sert encore pour assembler la panne P avec l'arbalétrier A de deux équerres O.

Dans la même figure nous montrons une autre panne P′ placée en contre-haut de la ferme ; il s'agit alors seulement d'empêcher son glissement et de la rendre

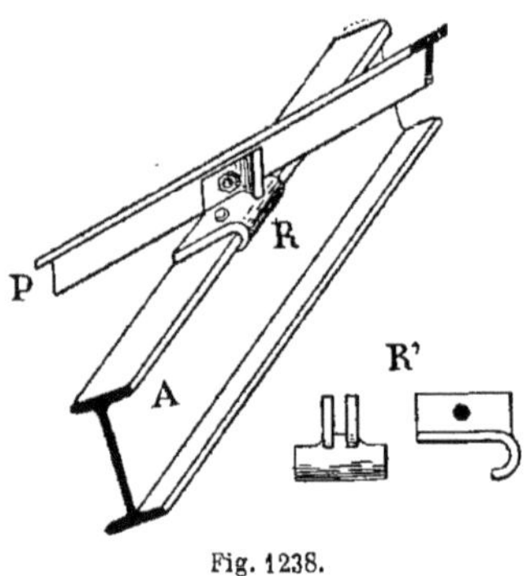

Fig. 1238.

adhérente à ladite ferme: pour cela, on a rivé sur la ferme une cornière à ailes

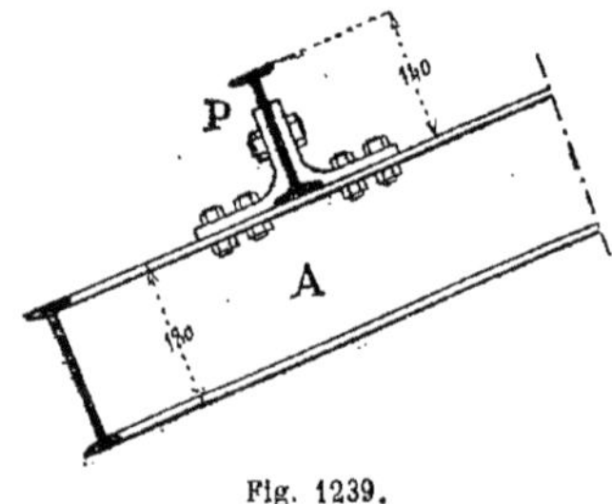

Fig. 1239.

inégales C, occupant juste la largeur de l'arbalétrier qui, jouant le rôle de chan-

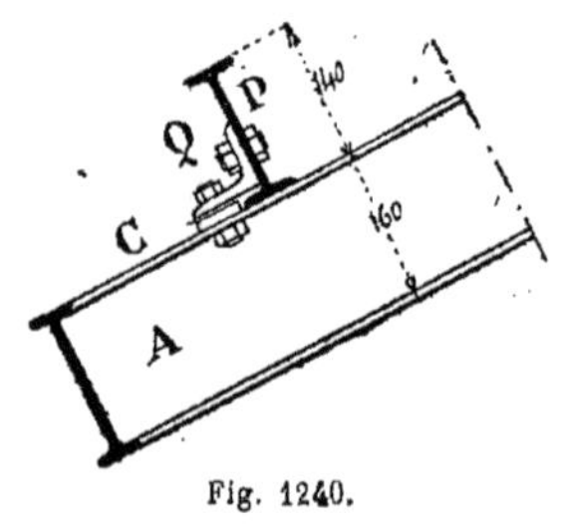

Fig. 1240.

tignole, est assujetti à la panne P′ par un tirefond.

La figure 1231 représente l'assemblage

d'une panne en bois sur un arbalétrier en fer à croisillons.

La panne P est, dans ce cas, assemblée

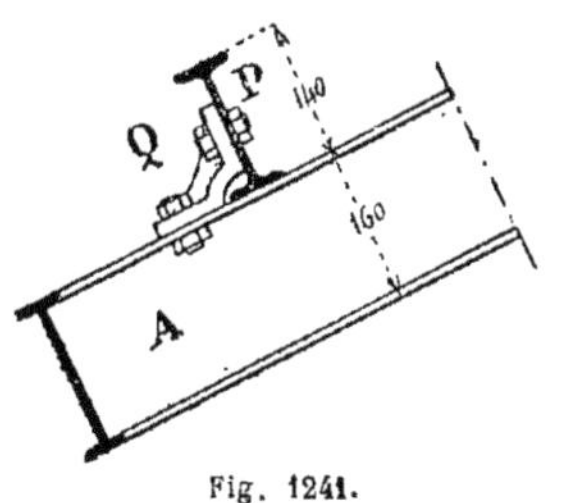

Fig. 1241.

dans la hauteur de l'arbalétrier ; un panneau plein T remplace un croisillon et reçoit les équerres qui fixent les pannes.

Dans le cas où les équerres d'assemblage O prennent toute la hauteur de la poutre on est obligé de mettre une fourrure F pour rattraper l'épaisseur des cornières de l'arbalétrier. Dans les cas

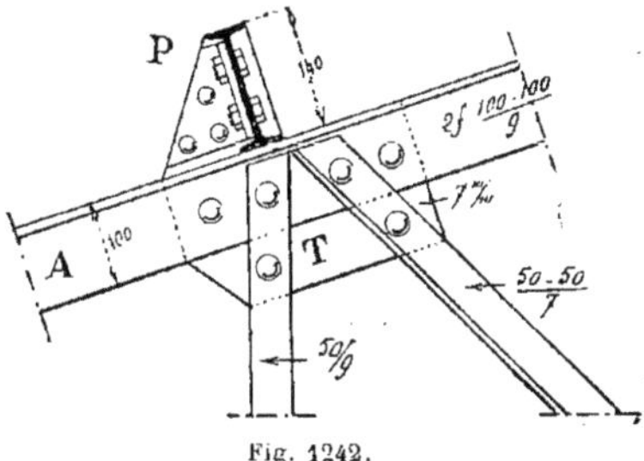

Fig. 1242.

ordinaires on met des cornières O' placées entre les deux cornières de l'arbalétrier.

La figure 1232 nous montre l'exemple d'une panne en bois fixée le long d'un montant d'une poutre en treillis. Afin de

Assemblage des pannes ordinaires avec les arbalétriers

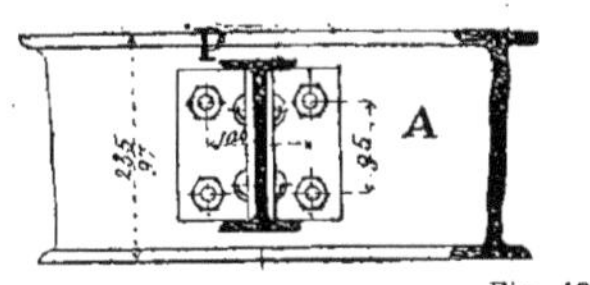

Fig. 1243.

raidir ce montant C en fer cornière on rive sur lui une tôle T sur laquelle on

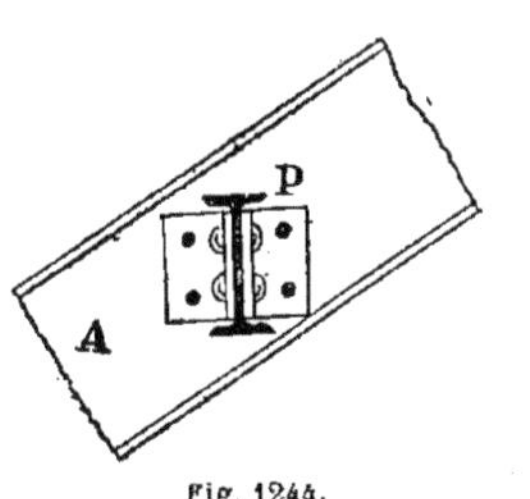

Fig. 1244.

assemble la panne P. Une cornière C' soulage l'assemblage.

2° Pannes en fer.

586. Lorsque les pannes sont en fer

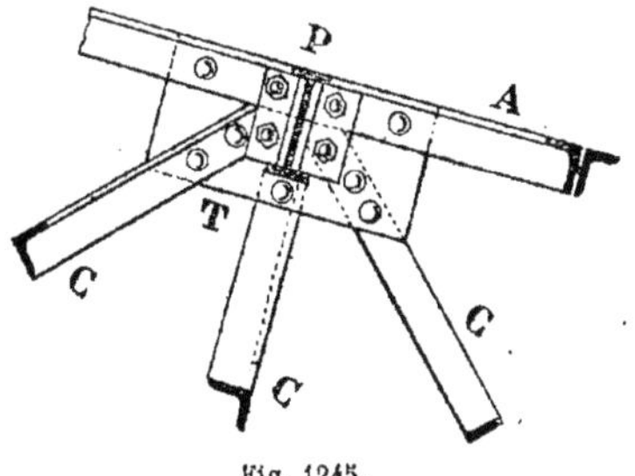

Fig. 1245.

on peut les composer : avec des fers plats,

des fers cornières, des fers T, des fers en U ou enfin avec des fers composés.

Les figures 1233, 1234, et 1235 nous montrent les assemblages les plus simples

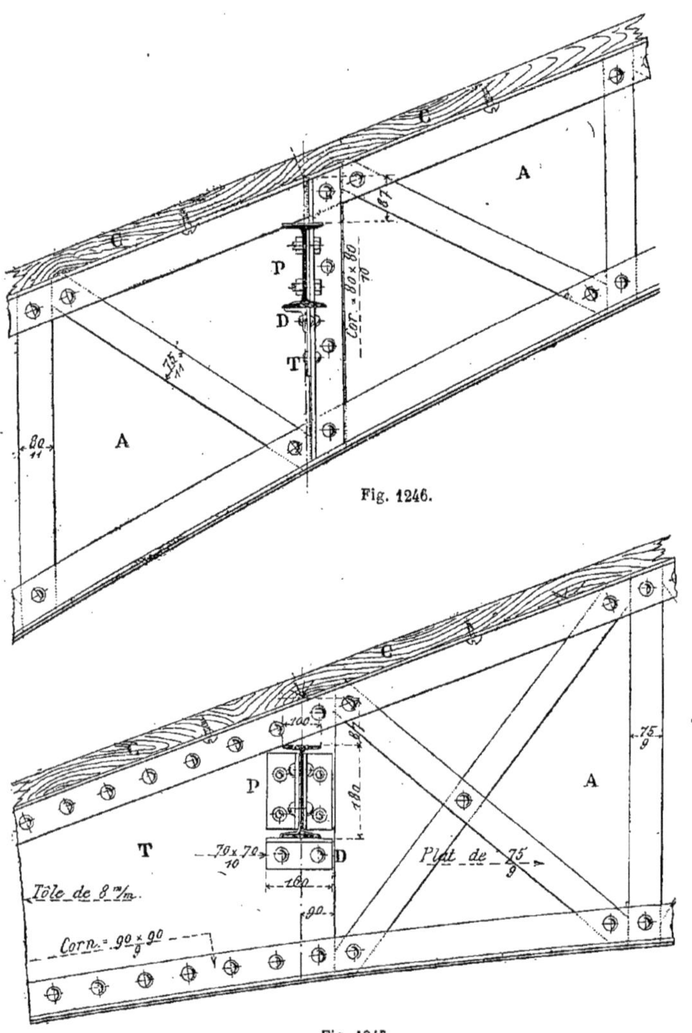

Fig. 1246.

Fig. 1247.

de pannes en fers cornières, en fers plats et en fers T fixés sur les arbalétriers à l'aide de simples équerres d'assemblages.

Les figures 1236, 1237, 1238, 1239, 1240, 1241, et 1242 indiquent les différents moyens employés pour fixer des pannes P sur des arbalétriers, que ces derniers soient formés de fers T, de fers I ou de tôles et cornières.

Les assemblages des figures 1236 et 1237 sont simples et se comprennent facilement en examinant le croquis.

Dans la figure 1238 on se sert d'une pièce spéciale R dont nous indiquons deux vues en R' de la même figure.

Dans la figure 1239 on se sert d'une ou de deux équerres spéciales pour faire l'assemblage.

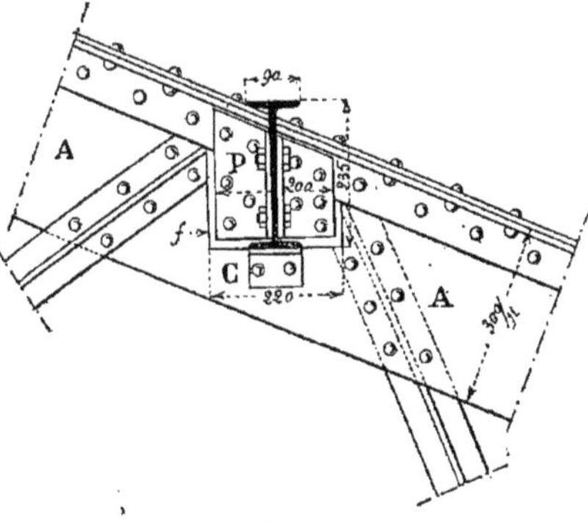

Fig. 1248.

Dans la figure 1240 on emploie une cale C pour rattraper l'épaisseur de l'aile inférieure de la panne et on fixe cette panne sur l'arbalétrier à l'aide d'une cornière Q à ailes égales du commerce.

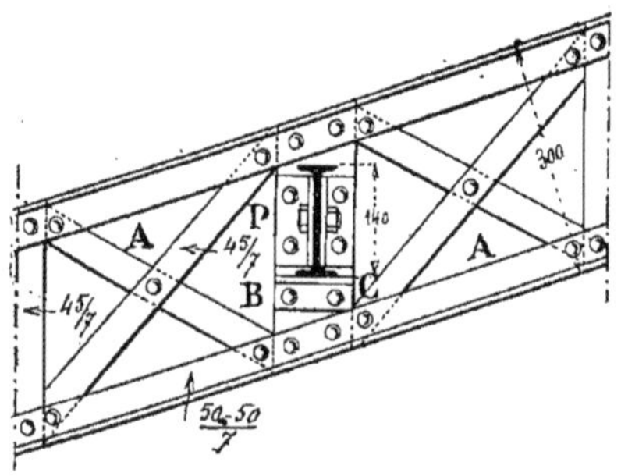

Fig. 1249.

Dans la figure 1241 on se sert d'une pièce spéciale en fonte Q permettant le libre passage de la demi-aile inférieure de la panne P.

Dans le cas où il y a beaucoup de pannes à assembler sur les arbalétriers ce dernier procédé devient avantageux sur les cornières ordinaires du commerce.

Dans la figure 1242 la tôle T, qui sert à assembler les croisillons, est prolongée au-dessus de l'arbalétrier A et reçoit l'assemblage de la panne P à l'aide d'une cornière taillée spécialement en forme de gousset.

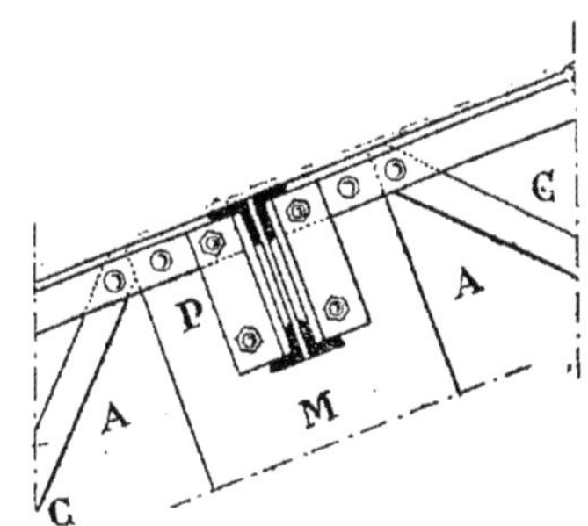

Fig. 1250.

Les figures 1243 et 1244 nous montrent les deux moyens les plus employés pour fixer des pannes P en fers I sur des arbalétriers A également en fers I ; ces assemblages sont trop connus pour qu'il soit utile de nous y arrêter.

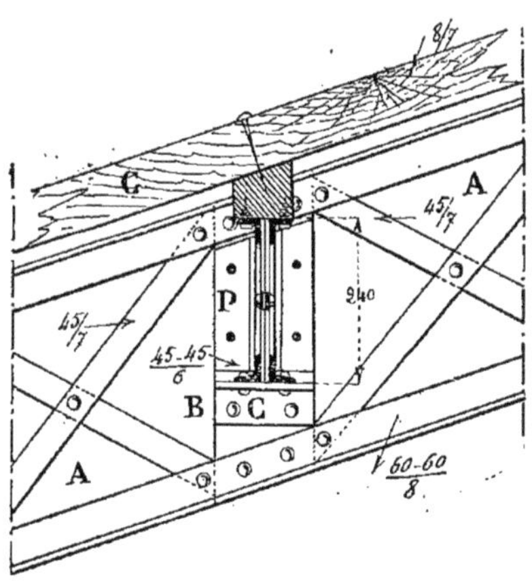

Fig. 1251.

La figure 1245 indique l'assemblage

d'une panne en fer I, P sur une tôle T d'une poutre en treillis recevant déjà l'assemblage des croisillons de la poutre.

Les figures 1246, 1247, 1248, et 1249 indiquent d'autres procédés d'assemblages des pannes en fers I soit : sur un montant en cornières de poutre en treillis (*fig.* 1246) en mettant, comme dans l'exemple de la figure 1232 une tôle

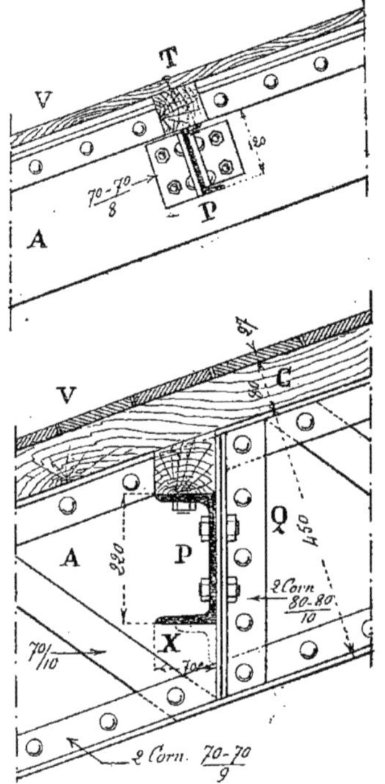

Fig. 1252 et 1253.

supplémentaire T et une cornière D servant à soulager l'assemblage ; sur une tôle T de la partie pleine d'une poutre (*fig.* 1247) sur une âme d'arbalétrier composé, (*fig.* 1248) avec les fourrures *f* nécessaires pour rattraper l'épaisseur des ailes des cornières de cet arbalétrier ; enfin (*fig.* 1249), sur un large montant de croisillon d'un arbalétrier en treillis.

Les figures 1250 et 1251 montrent les mêmes assemblages que précédemment, mais les pannes étant composées de tôles et de cornières.

Les figures 1252, 1253, 1254 et 1255

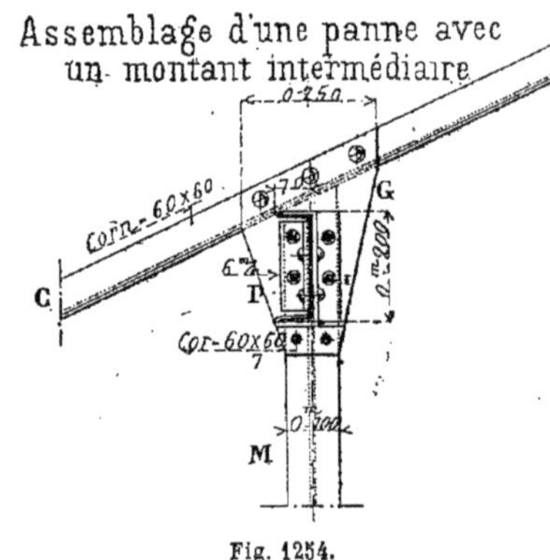

Fig. 1254.

nous indiquent les différents moyens d'assembler les pannes en fers U, soit avec des arbalétriers pleins ou en treillis ; soit avec des montants spéciaux M de pans de fer.

Dans la figure 1252, si nous supposons la couverture faite en zinc, on peut

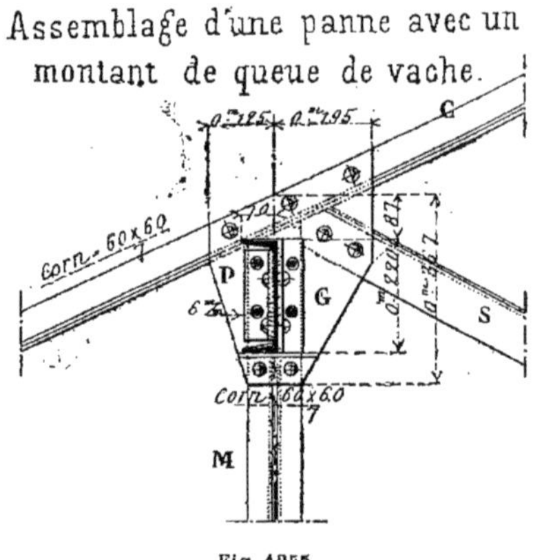

Fig. 1255.

supprimer les chevrons, les pannes P sont alors assez rapprochées, et le voligeage V simple ou double, perpendiculaire ou

oblique, se pose directement dessus; on met alors presque toujours une fourrure en bois sur chaque panne.

Dans la figure 1253, le montant Q est renforcé par une tôle pour permettre l'assemblage de la panne P. Cette panne est, dans certains cas, soulagée par une cornière X tracée en pointillé.

Cette figure indique les chevrons C et le voligeage V de la couverture.

La figure 1254 nous montre une panne P fixée à l'extrémité d'un montant M, à l'aide d'un gousset G qui sert également à assembler les chevrons C.

Même disposition dans la figure 1255, plus un croisillon S du pan de fer venant s'assembler également sur le gousset G.

Pour terminer ces quelques renseignements sur les assemblages des pannes, nous donnons (*fig.* 1256) le moyen le plus souvent employé pour fixer un tasseau F sur la panne de faîtage à l'aide de clous spéciaux C et C'; ce tasseau présente deux pentes sur lesquelles viennent se clouer les abouts des chevrons.

IV. — Assemblages des arbalétriers.

587. Nous diviserons en deux parties l'étude des principaux assemblages des arbalétriers d'une ferme; la première comprendra les dispositions courantes du pied des arbalétriers avec l'indication des chéneaux ou des gouttières dans les cas particuliers, la seconde sera réservée pour les assemblages au faîtage où se rencontrent les deux arbalétriers.

1° Dispositions diverses des pieds de fermes

588. Nous avons donné, en étudiant les différentes formes de combles à deux pentes égales, quelques détails sur la disposition à donner à la retombée des fermes soit sur des murs, soit sur des sablières, soit enfin, sur des supports verticaux, poteaux ou colonnes. Pour compléter cette étude nous allons, dans ce qui va suivre, donner quelques croquis de cas

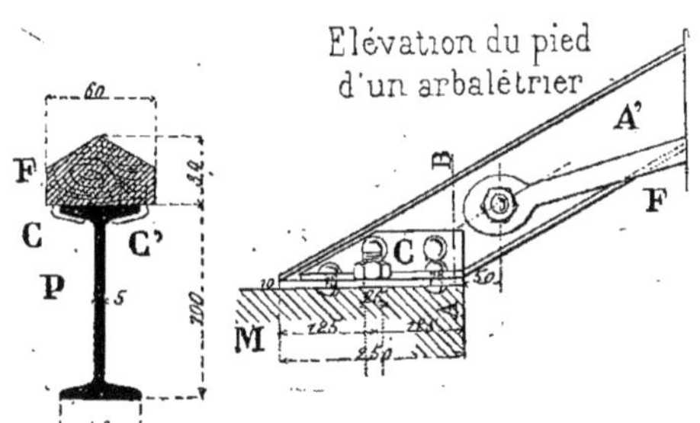

Fig. 1256.

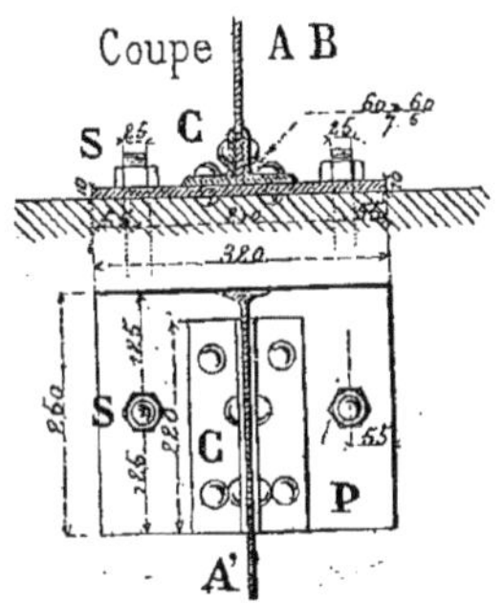

Fig. 1257.

particuliers qui peuvent se présenter assez fréquemment dans la pratique.

1er Exemple.

589. Le moyen le plus simple de fixer un arbalétrier A' sur un mur M (*fig.* 1257), consiste à disposer sur ce mur, supposé bien horizontal, une plaque de tôle P (nommée plaque de retombée) maintenue par deux boulons à scellement S puis à fixer sur cette plaque deux cornières du commerce C, recevant, assemblée avec elles, l'âme de l'arbalétrier auquel on donnera à la base la forme d'un biseau nécessaire pour assurer l'assemblage.

Le croquis nous indique en élévation, en coupe verticale et en plan la forme exacte de cette disposition peu compliquée.

2e Exemple.

590. Une deuxième disposition égale

ment très simple est représentée en croquis (*fig.* 1258). Il s'agit, dans ce cas, de relier un arbalétrier A, à un entrait E, ce qui

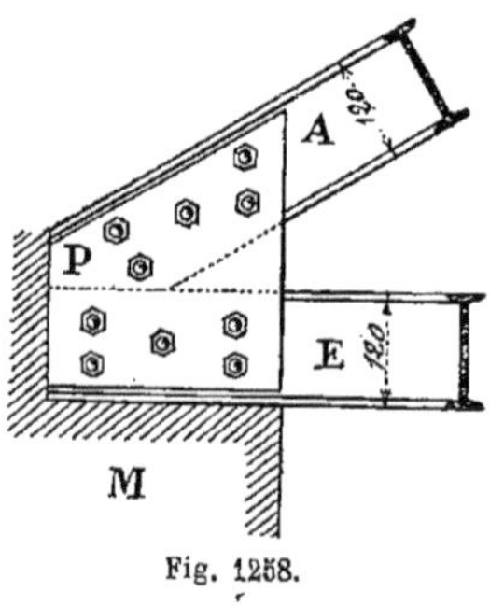

Fig. 1258.

peut se faire très facilement à l'aide de deux plaques d'assemblage P découpées à la demande et placées de manière à retenir entre elles, par de forts boulons, les âmes des deux fers I du commerce.

Nous donnons (*fig.* 1259) l'indication complète de l'emploi de cet assemblage.

Dans cette figure l'arbalétrier A est relié à l'entrait E par des tôles P rivées ou boulonnées sur les âmes des deux fers. Cet assemblage repose sur un mur M dont la partie supérieure est exécutée en pierre de taille.

La disposition d'un chéneau en plomb y est indiquée complètement.

Pour installer ce chéneau on monte, au-dessus du mur M et dans la hauteur de l'assemblage, un petit muret en briques surmonté d'une sablière en bois recevant l'about des chevrons du comble.

Le chéneau C est limité en avant par une planche de socle retenue par des équerres en fer scellées dans la pierre et à l'arrière par le muret en briques décrit

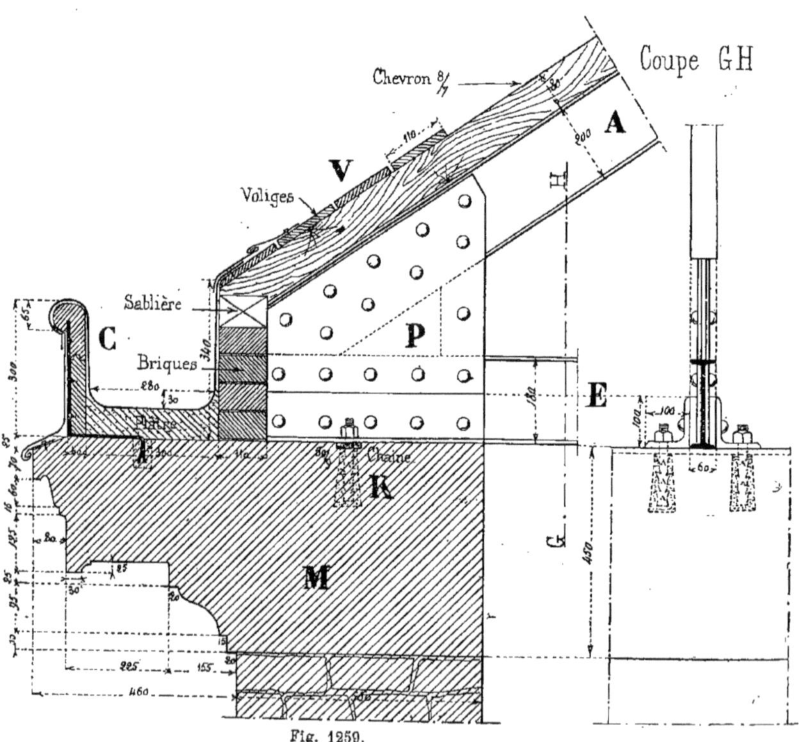

Fig. 1259.

précédemment. Le fond de ce chéneau est formé par une couche de plâtre plus ou moins épaisse suivant la basse ou la haute pente donnée au chéneau ; des feuilles de plomb, clouées d'une part sur la dernière volige et de l'autre, sur le membron, complètent l'installation de ce chéneau. Sur les voliges V on pourra exécuter une couverture en zinc, par exemple.

Dans cette figure la coupe GH permet de se rendre compte de l'assemblage et montre que pour donner à la partie basse de l'arbalétrier une base plus grande, on a ajouté à la partie inférieure des plaques de tôle P deux cornières du commerce rivées et retenues sur le mur M par des boulons à scellement.

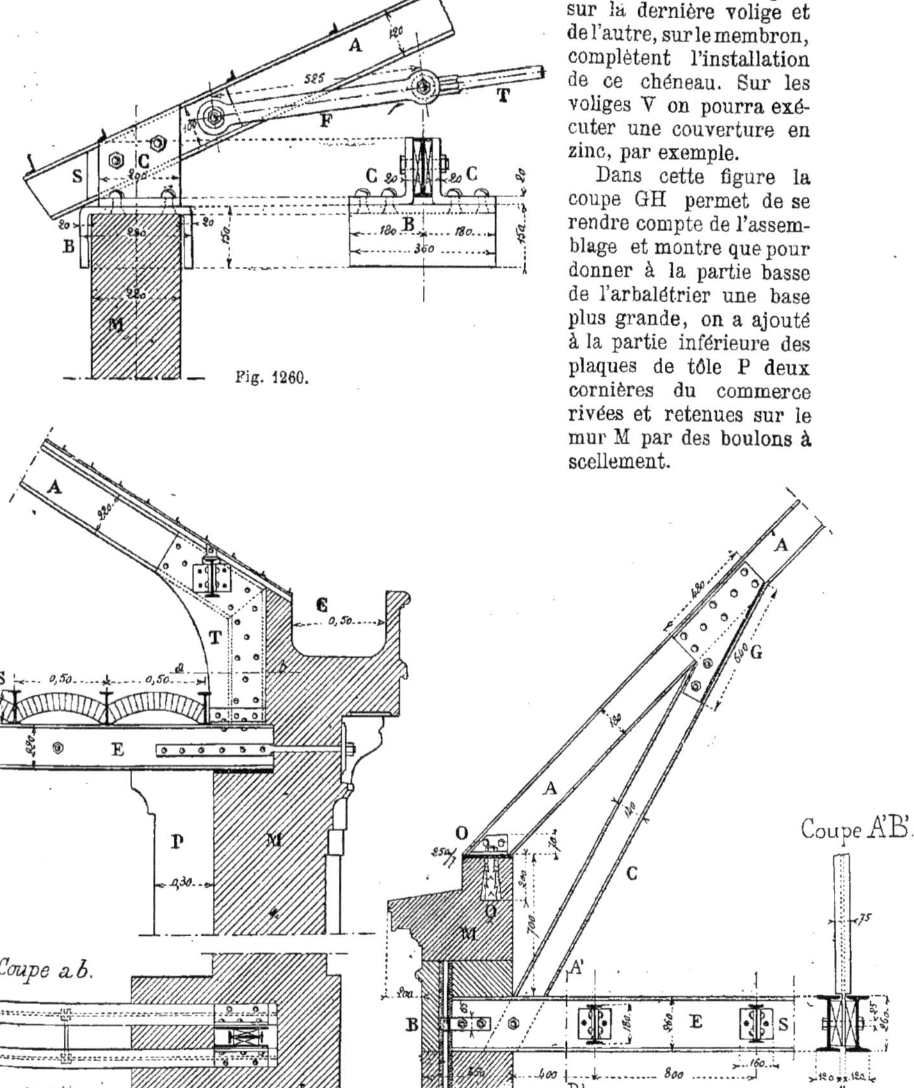

Fig. 1260.

Fig. 1261.

Fig. 1262.

En K, dans la même figure, nous voyons la disposition d'une chaîne en fer plat de 50 × 9 placée sur le pourtour des murs

3e Exemple.

591. Comme troisième exemple, nous donnons (*fig.* 1260) la retombée d'un arbalétrier A en fer I de 0,12, *a. o.* du commerce, sur un mur M ayant seulement $0^m,22$ d'épaisseur et construit en bonnes briques.

Pour faire cet assemblage on place, à la partie supérieure du mur une tôle coudée B de 20 millimètres d'épaisseur ; sur cette tôle on rive deux cornières de forme spéciale C ; entre ces deux cornières et en employant les fourrures S nécessaires, on place l'âme du fer A qu'on maintient à l'aide de deux boulons.

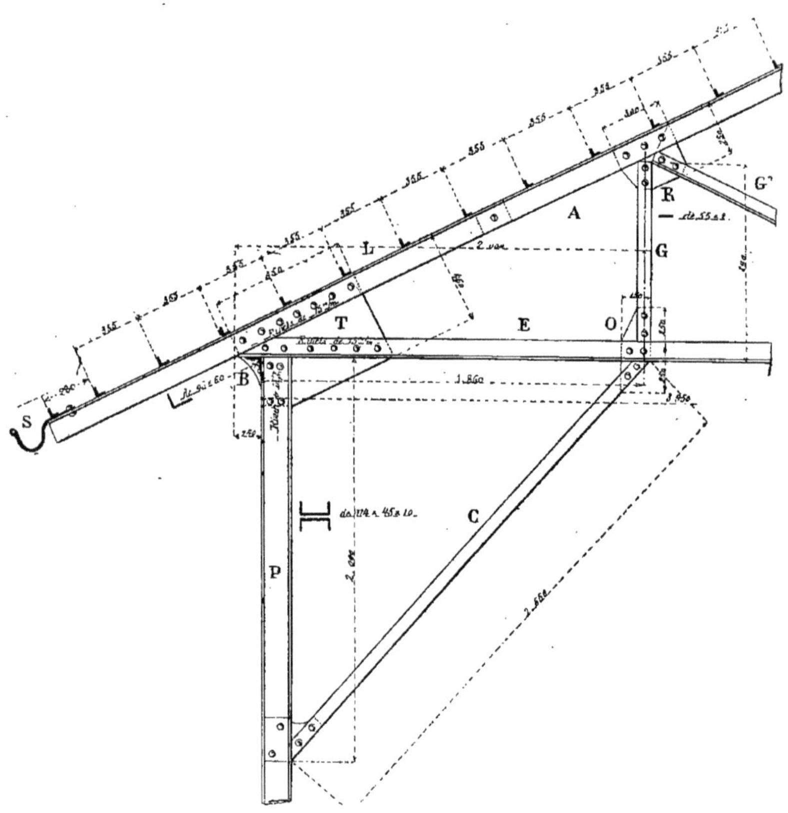

Fig. 1263.

Les fourrures S doivent être assez épaisses pour rattraper la largeur totale du fer et permettre la fixation de la fourche F sur laquelle vient se placer le tirant T.

4e Exemple.

592. La figure 1261 nous montre la retombée d'un arbalétrier et la manière de le relier à un plancher en fer placé au-dessous.

L'arbalétrier A est réuni à un autre fer montant, formant potelet, à l'aide de deux tôles T et des fourrures nécessaires pour faciliter l'assemblage comme le montre la coupe *ab* de cette figure.

A la rencontre avec l'entrait A' l'assemblage se fait avec de simples cornières du commerce.

Cet entrait A', recevant les solives du plancher, est formé de deux fers maintenus à écartement invariable par des boulons à quatre écrous.

Un fort ancrage E assure la stabilité des murs M et des contreforts P.

Dans cet exemple le chéneau indiqué en C est supposé taillé directement dans la pierre dure de la corniche ; c'est une disposition qu'on pourra employer lorsqu'on ne sera pas limité comme dépense.

5e Exemple.

593. En croquis (*fig.* 1262) nous indiquons une disposition applicable lorsqu'on désire relever le comble suffisamment pour avoir un grenier utilisable.

Dans cet exemple, l'arbalétrier retombe sur le mur M prolongé comme nous l'avons indiqué ci-dessus (*fig.* 1257); cet arbalétrier est soulagé par une contrefiche C solidement assemblée en G et venant se fixer entre les deux lames d'un entrait E.

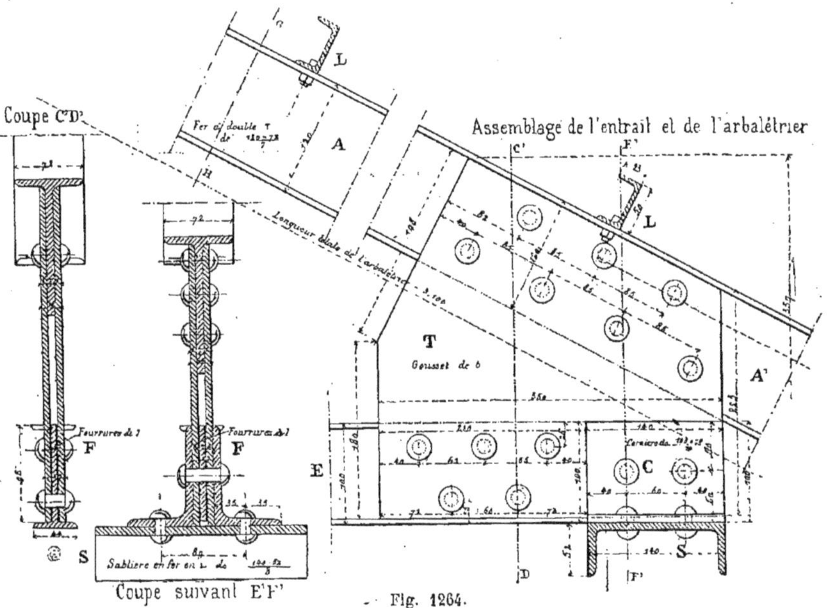

Fig. 1264.

La coupe A'B', fait facilement comprendre l'assemblage de la contrefiche et de l'entrait.

Sur cet entrait viennent se fixer les solives du plancher en fer.

En B on supposera un fort ancrage analogue à ceux que nous avons décrits précédemment.

Cette disposition est simple et d'une application courante pour les combles d'ateliers comportant un grenier.

6e Exemple.

594. La figure 1263 nous montre un moyen simple d'assembler en un seul point un arbalétrier A formé de deux cornières, un entrait E également formé de deux cornières et un poteau P composé de deux fers en U. Le tout s'assemble sur une tôle T, comme le montre le croquis.

Une cornière B relie, d'une ferme à l'autre, les têtes des poteaux verticaux P.

Afin de rendre indéformable l'angle du poteau P et de l'entrait E on place, pour trianguler ces deux pièces, une contre-

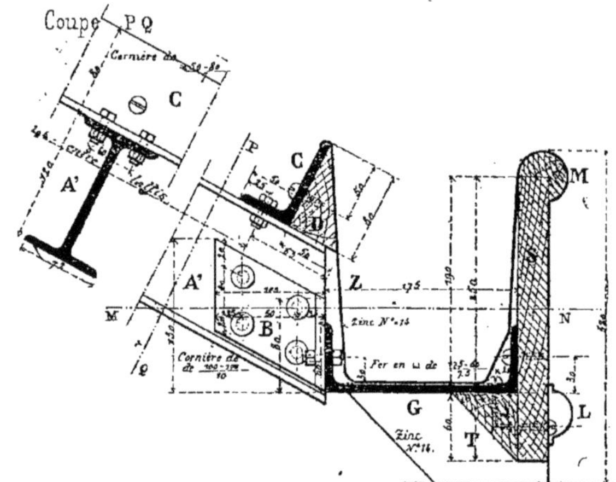

Fig. 1265.

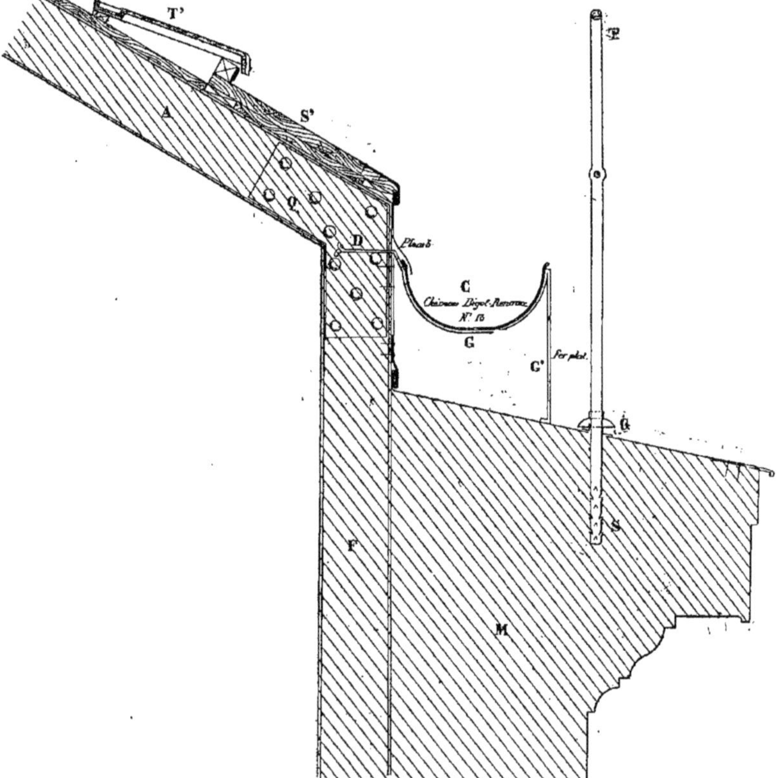

Fig. 1266.

fiche C venant s'attacher sur le poteau P et au pied du montant G.

A l'extrémité de l'arbalétrier A, prolongé en queue de vache, on fixe une gouttière pendante S maintenue par des crochets en fer galvanisé rivés sur les chevrons supportant le lattis L.

Le reste de la disposition rentrant dans les cas examinés précédemment nous nous contenterons de cette courte description.

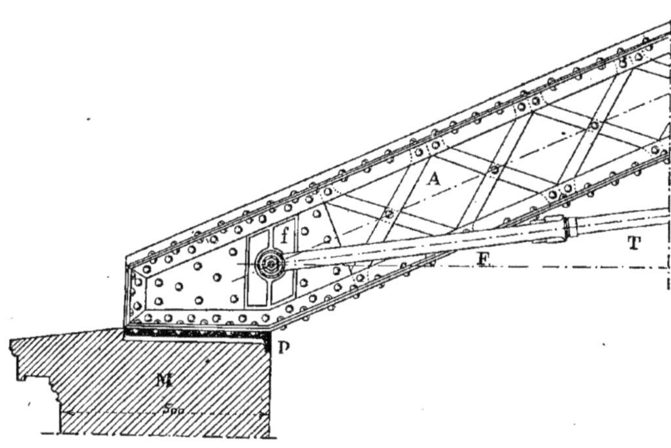

Fig. 1267.

7° Exemple.

595. La disposition indiquée en croquis (*fig.* 1264) nous montre l'assemblage d'un arbalétrier A avec un entrait E à l'aide de tôles T, et de fourrures F nécessaires à l'assemblage mais, dans ce cas particulier, l'arbalétrier se prolonge et se termine en queue de vache.

Cet assemblage est simple et les deux coupes C'D' et E'F' en complètent facilement la compréhension.

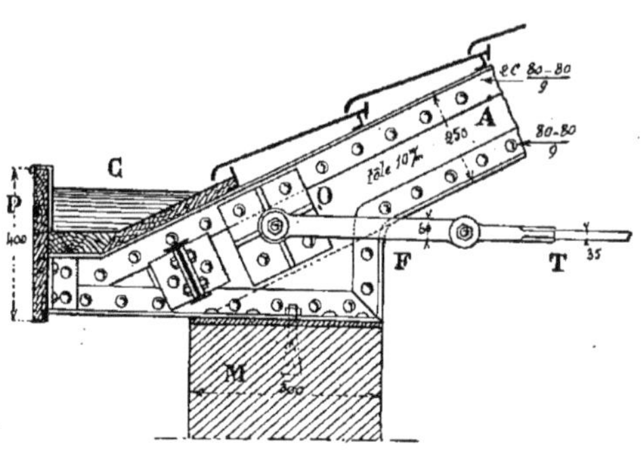

Fig. 1268.

En S se trouve une sablière fixée avec des cornières C sur les tôles T ; c'est cette sablière qui reçoit le poids transmis par le pied de la ferme.

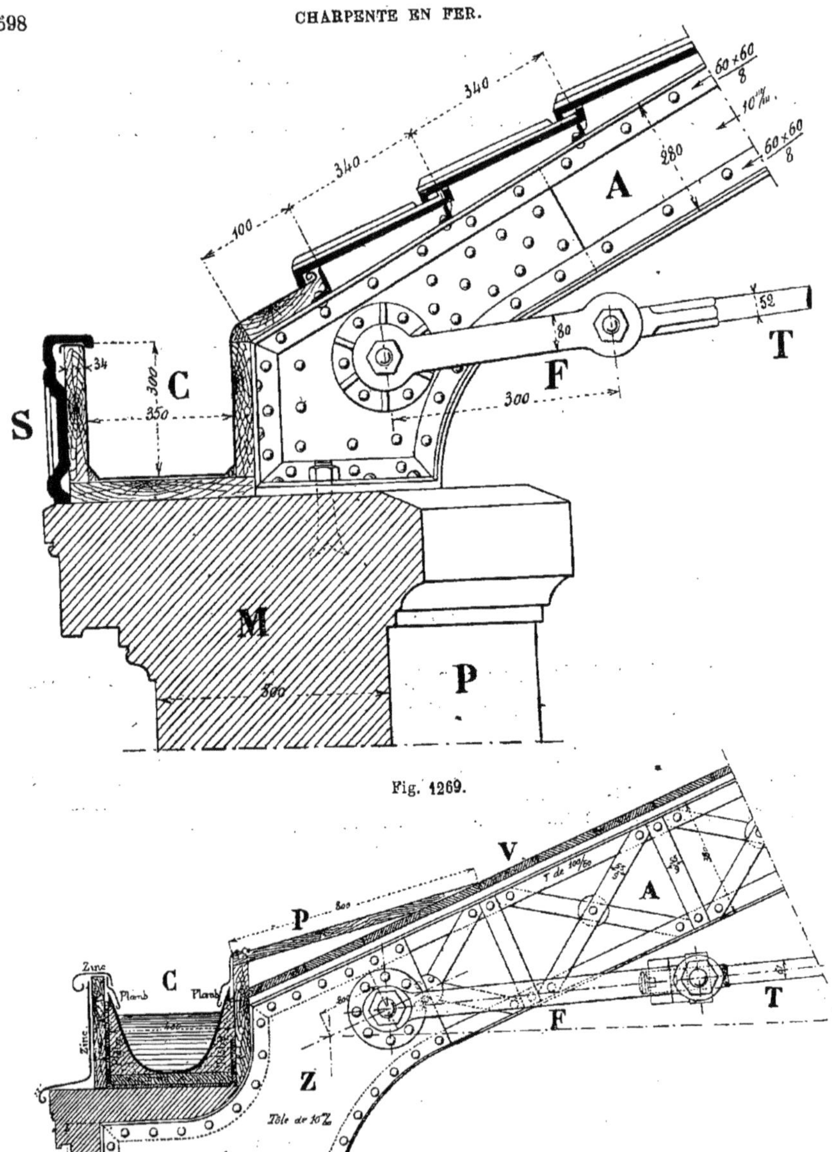

Fig. 1269.

Fig. 1270.

Disposition d'un chéneau placé à l'extrémité d'un arbalétrier se prolongeant en queue de vache.

596. Nous donnons (*fig.* 1265) une disposition qu'on peut employer pour établir un chéneau à l'extrémité d'un arbalétrier prolongé en forme de queue de vache. A l'extrémité de l'arbalétrier A′ on fixe, à l'aide d'équerres B, un fer en U G posé à plat; à l'autre extrémité de ce fer on maintient à l'aide de vis une planche de socle S fixée de la même manière sur un tasseau T relié au fer en U. Afin de cacher les vis extérieurement on soude en L de petits capuchons en zinc.

Sur la cornière C, recevant les dernières tuiles, on fixe à l'aide de vis un tasseau D servant ainsi qu'un membron M à fixer le zinc Z du chéneau.

Cette disposition simple facile à comprendre peut être avantageusement employée dans bien des cas.

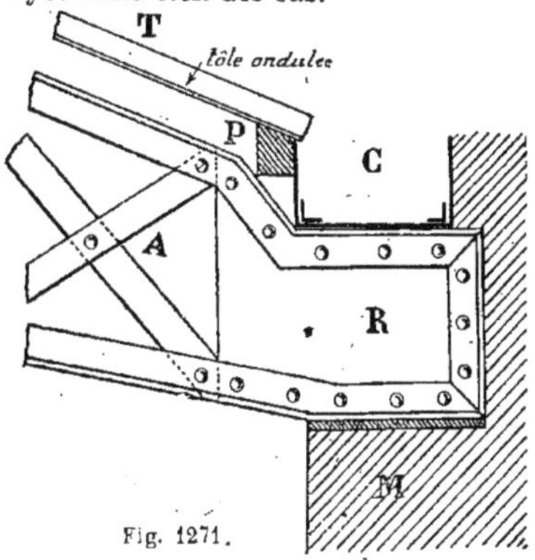

Fig. 1271.

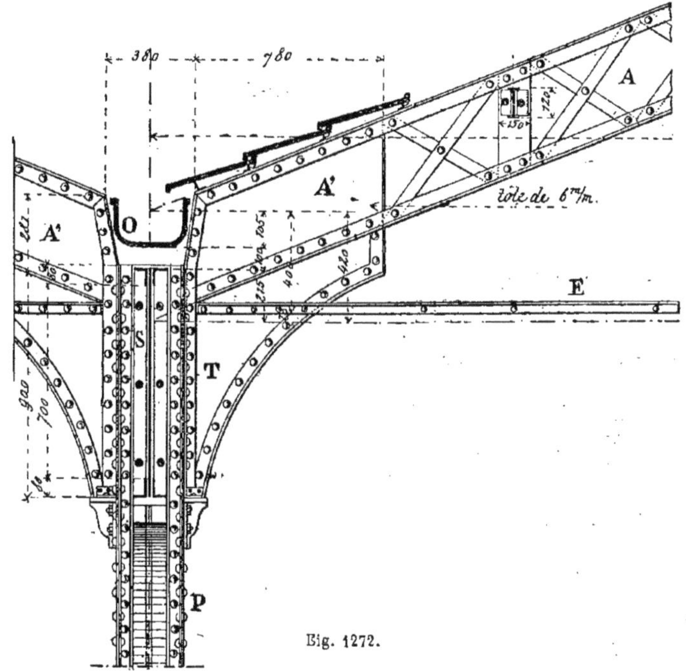

Fig. 1272.

Autre disposition de chéneau.

597. La figure 1266 nous montre un arbalétrier A relié à l'extrémité d'un potelet F à l'aide de plaques d'assemblage Q.

Ce qu'il y a d'intéressant dans cette disposition c'est la manière de suspendre le chéneau C sur des crochets G de forme spéciale venant en G′ se fixer sur l'entablement couvert de la corniche et en D se sceller dans le hourdis plein exécuté entre les fers F.

En T se trouve une barre de fer rond formant balustrade, scellée en S dans la pierre de la corniche et recevant en G un godet renversé empêchant l'eau d'entrer dans le scellement S.

En T′ se trouve la dernière tuile de la couverture.

En S il existe un petit terrasson incliné couvert en zinc et sur lequel les ouvriers peuvent facilement marcher pour le nettoyage du chéneau.

Une bavette en plomb reliée avec le zinc du terrasson retombe dans le chéneau et y amène les eaux de pluie.

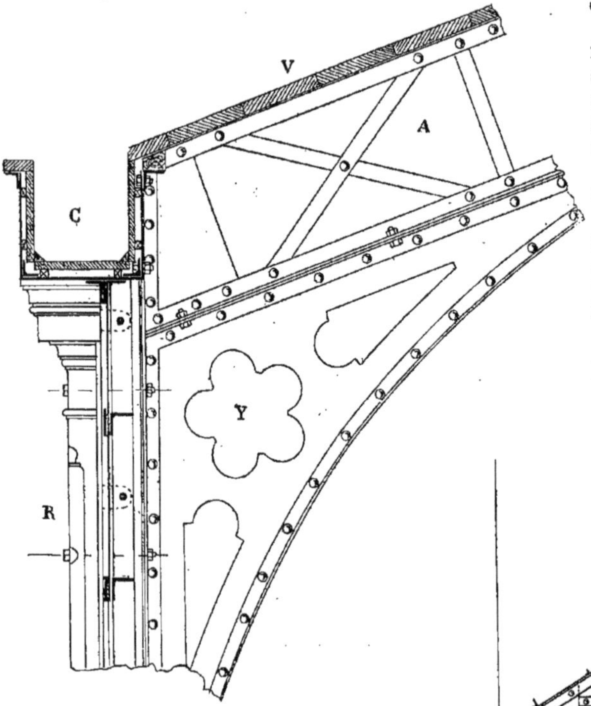

Fig. 1273.

8e Exemple.

598. Dans les exemples étudiés ci-dessus nous avons supposé les arbalétriers construits avec des fers ordinaires du commerce, voyons maintenant quelques dispositions de pieds de fermes lorsque les arbalétriers sont composés en tôle et cornières.

Une disposition simple de ce genre est indiquée en croquis (*fig.* 1267).

L'arbalétrier A, formé d'une poutre en treillis, repose sur le mur M par l'intermédiaire d'une plaque de fonte P disposée de manière à permettre le logement des têtes de rivets saillantes en-dessous de la poutre.

La fourche F du tirant T s'attache sur une partie pleine en tôle formant l'extrémité de l'arbalétrier, l'épaisseur des tables permettant le passage de la fourche, est rattrapée par une fourrure en fonte *f*.

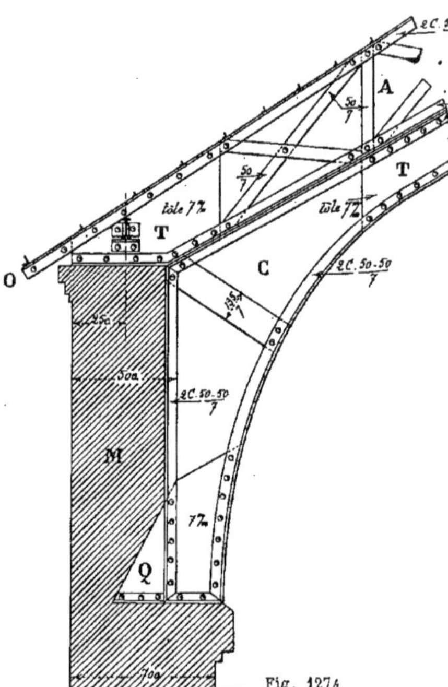

Fig. 1274.

Le chéneau, dans cet exemple, peut se construire comme nous l'avons indiqué (*fig.* 1259).

9ᵉ Exemple.

599. La figure 1268 nous montre un deuxième exemple de retombée de pied de ferme, l'arbalétrier étant formé par une poutre pleine en tôle et cornières.

Le mur M ne comportant pas de corniche saillante nous avons supposé un chéneau construit en porte-à-faux en dehors de ce mur.

L'arbalétrier A est disposé d'une manière spéciale, il repose sur une plaque de fonte scellée dans le mur M et se prolonge de manière à permettre l'assemblage d'une tôle de rive destinée à clore le chéneau et sur laquelle on place une planche de socle P.

Le chéneau C est formé par un plancher en sapin reposant sur les chevrons et garni intérieurement de zinc.

La fourche F s'attache sur la tôle pleine de l'arbalétrier A par l'intermédiaire d'une fourrure en fonte O.

Les chevrons sont ici des fers en U de $0^m,100$ de hauteur fixés sur le dessus des pannes.

10ᵉ Exemple.

600. Une autre disposition avec arbalétrier en poutre pleine est indiquée en croquis (*fig.* 1269); elle diffère de la précédente par la forme du chéneau et par la disposition de la partie haute du mur M.

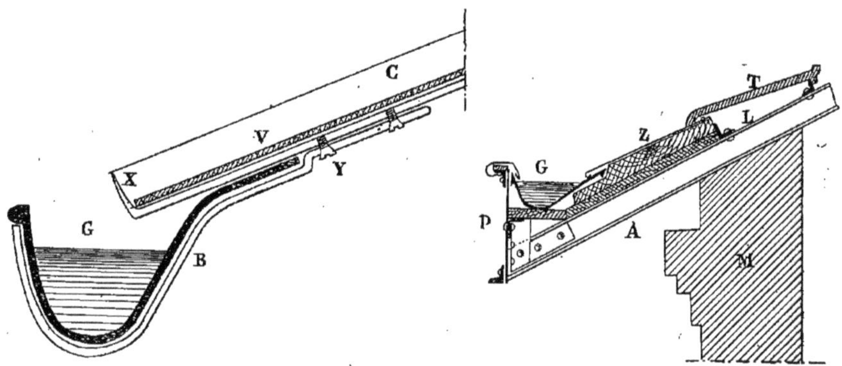

Fig. 1275.

Fig. 1276.

La ferme, ayant des proportions beaucoup plus grandes, on a été obligé sous chacune d'elles de placer un pilier P augmentant en cet endroit l'épaisseur du mur.

Le chéneau en zinc C est formé par des planches en sapin, retenues de distance en distance, par de fortes équerres en fer ; la planche du devant du chéneau est ici garnie par des terres cuites S vissées sur le bois.

C'est une disposition excellente et très décorative.

11ᵉ Exemple.

601. Dans les deux croquis (*fig.* 1270 et 1271), nous avons supposé que le pied des arbalétriers est disposé spécialement pour recevoir un chéneau sans accroître démesurément la largeur du mur M, l'arbalétrier exigeant un assez fort scellement.

Dans la figure 1270 l'arbalétrier A est formé par une poutre en treillis en fers T en fers plats et en fers cornières. En F la fourche du tirant T ; en Z deux tôles solidement rivées sur les fers T permettant par leur disposition spéciale l'exécution d'un chéneau en fonte C.

La construction de ce chéneau se fera de la manière suivante : les deux planches limitant sa largeur sont reliées de distance en distance par de fortes équerres en fer, le fond de ce chéneau est formé par une couche de ciment et la cuvette en fonte est scellée en plâtre dans le logement qui lui est réservé, le tout est recouvert de bandes de zinc ou de plomb pour assurer l'étanchéité.

En V sont indiquées les voliges de la couverture, en P un terrasson incliné couvert en zinc ou mieux en plomb et permettant aux ouvriers une libre circula tion pour le nettoyage du chéneau.

602. Le croquis (*fig.* 1271) est une variante de la disposition précédente; le chéneau est, dans ce cas, supposé en

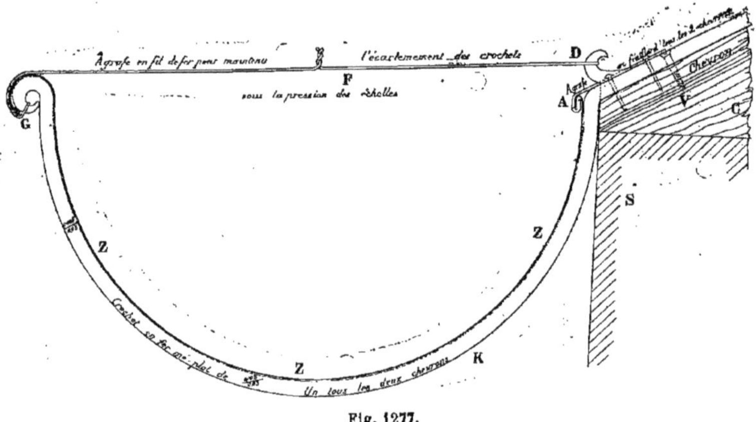

Fig. 1277.

tôle et cornières garni en zinc à l'intérieur. L'arbalétrier A se termine d'une façon spéciale en R permettant la pose d'un chéneau C sur une partie horizontale.

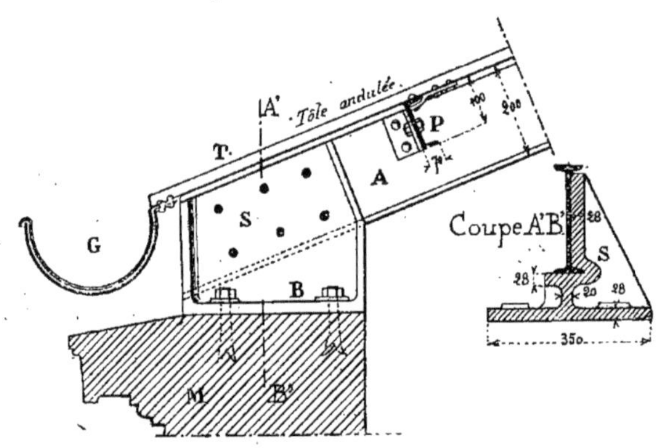

Fig. 1278

En P une panne en bois reçoit la tôle ondulée T formant la couverture.

L'arbalétrier A repose sur le mur M par l'intermédiaire d'une plaque de tôle indiquée en coupe dans le croquis.

12e Exemple.

603. Le croquis (*fig.* 1272) nous montre un arbalétrier A en tôle et cornières dont la tôle A' placée à la partie inférieure se prolonge en T sous forme de console et vient s'assembler sur un poteau P, en tôle et cornières. Ce poteau P reçoit à sa partie supérieure, l'assemblage d'une sablière S.

Le chéneau en fonte O se trouve logé entre les retombées des deux arbalétriers. Cette disposition est simple et se comprend facilement en examinant le croquis.

13e Exemple.

604. La figure 1273 nous représente une autre disposition d'arbalétrier en treillis A soutenu cette fois par une forte console Y solidement boulonnée sur une colonne R, disposition qu'on rencontre fréquemment dans la construction des marchés métalliques, très en vogue actuellement.

Le chéneau en zinc C est construit dans une véritable petite caisse en tôle, le croquis indique seulement la disposition des planches devant recevoir le garnissage en zinc de ce chéneau.

Nous aurons l'occasion de revoir des dispositions de ce genre en étudiant les halles et marchés construits en fer.

14e Exemple.

605. Pour terminer les diverses dispositions de retombées d'arbalétrier en tôle et cornières nous donnons (*fig.* 1274), un exemple dans lequel l'arbalétrier A repose à la partie supérieure d'un mur M; cet arbalétrier est de plus soulagé par une forte console C reposant également sur le mur M, élargi à la demande.

En Q se trouve indiqué un patin permettant de donner à la console C une base plus solide et un scellement plus fort dans le mur.

Dans ce croquis nous supposons en O non pas un chéneau, mais l'installation d'une gouttière. Cet exemple va nous permettre d'indiquer, comme nous l'avons fait pour les chéneaux, les principales dispositions des gouttières employées dans les combles métalliques.

Disposition des gouttières dans les combles en fer.

606. Les deux solutions les plus employées, lorsque les chevrons sont en fer, sont indiquées en croquis (*fig.* 1275 et 1276). Dans le premier exemple (*fig.* 1275), nous supposons une série de chevrons C, recevant par exemple, un vitrage V, retenu à sa base par un talon X, exécuté à l'extrémité de chaque chevron C. Sur ces chevrons on fixe, à l'aide de vis à métaux, des supports spéciaux B en fer galvanisé; ces supports reçoivent une gouttière G en fonte ou en zinc.

607. La figure 1276 un peu plus compliquée consiste à disposer à l'extrémité des chevrons A en fer I du commerce une poutre de rive légère P, recevant un plancher sur lequel on fixe comme l'indi-

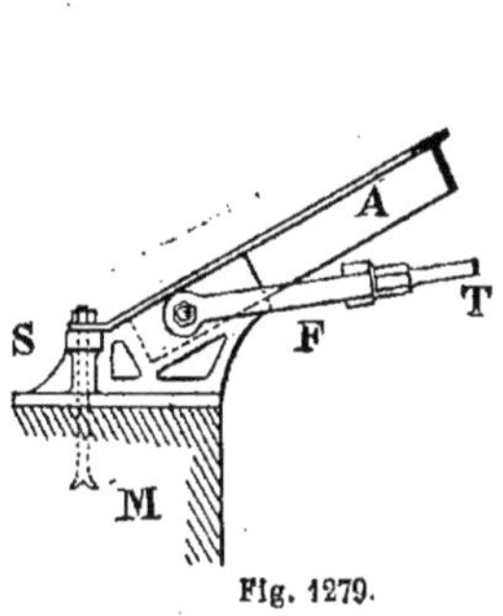

Fig. 1279.

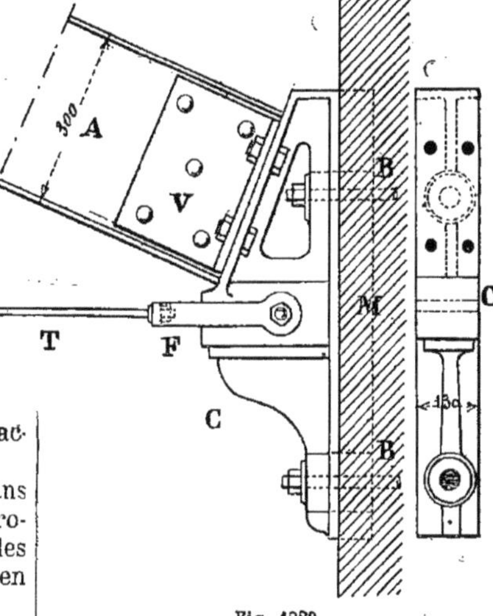

Fig. 1280.

que le croquis, une gouttière en fonte G ou tout autre système.

En Z une partie couverte en zinc conduit les eaux du comble directement dans cette gouttière.

Le lattis L est en fer cornière et la couverture en tuiles grand moule à recouvrements.

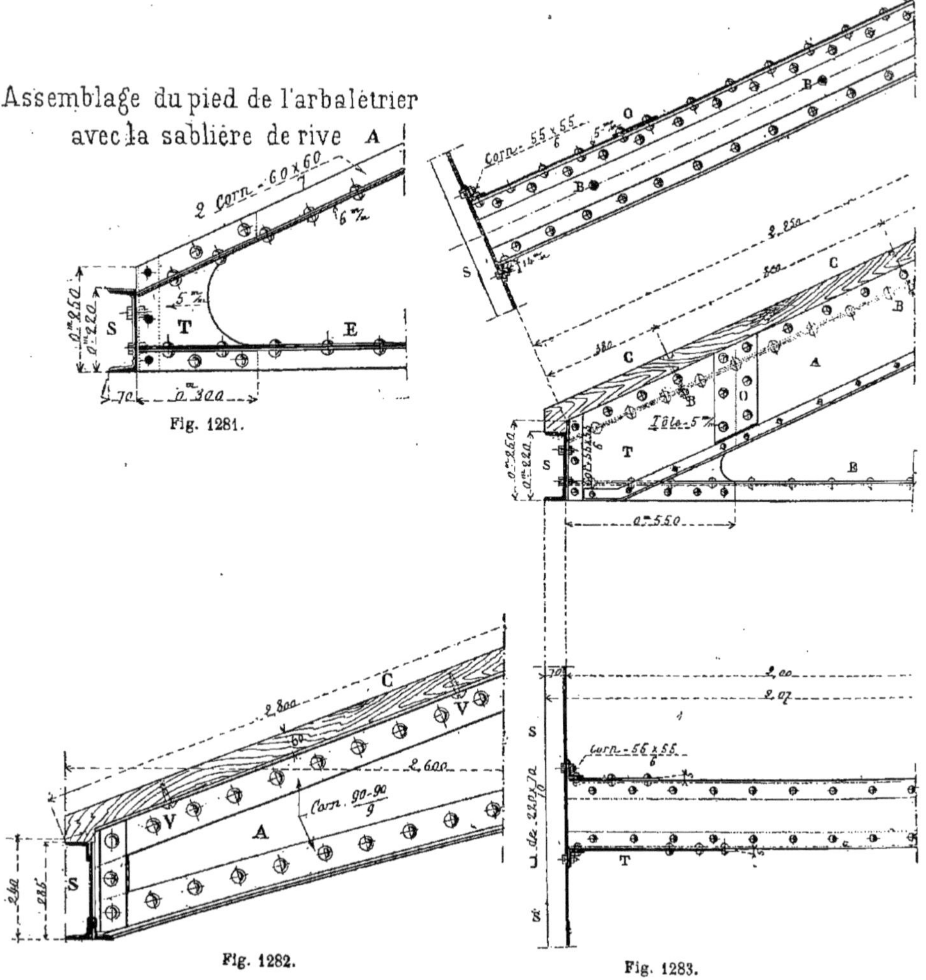

Fig. 1281.

Fig. 1282.

Fig. 1283.

608. Lorsque le chevron est en bois la disposition courante de la gouttière est très simple et se trouve indiquée par le croquis (*fig.* 1277).

Le chevron C, cloué sur la sablière en bois S, reçoit un crochet en fer galvanisé K, fixé sur le chevron à l'aide de vis à bois V.

Sur ces crochets on place une gouttière en zinc Z retenue sur le chevron par une agrafe en fer feuillard A, placée tous les deux chevrons et fixée sur ces derniers à l'aide de clous spéciaux à tête ronde et repliée en G sur la partie arrondie du crochet en fer méplat.

En D le crochet K prend une disposis-

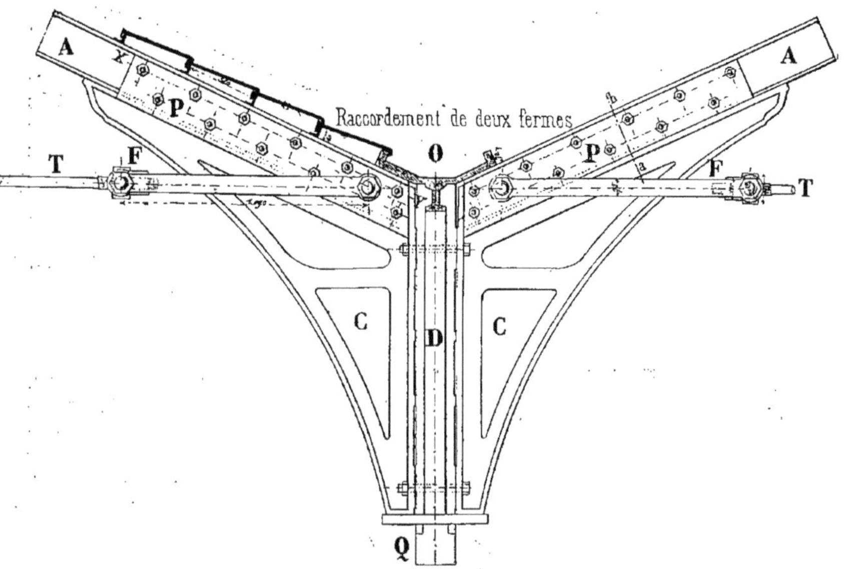

tion spéciale permettant de fixer dans les deux crochets G et D une agrafe en fil de fer F destinée à maintenir l'écartement des crochets sous la pression des échelles lorqu'on fait des réparations à la couverture.

Fig. 1285.

Cette disposition est, malheureusement, trop peu employée, aussi voit-on souvent des gouttières déformées et mêmes détruites par manque de précautions.

15e Exemple.

609. Nous donnons en croquis (*fig.* **1278**, 1279 et 1280), trois dispositions simples d'arbalétriers, venant se fixer soit dans des sabots en fonte, soit sur des consoles également en fonte.

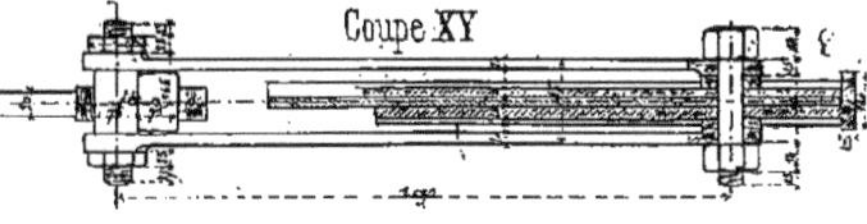

Fig. 1286.

La figure 1278 nous montre un arbalétrier A, fer **I** de 0,20, *a. o.* dont l'âme vient se fixer, à l'aide de boulons, sur un sabot en fonte S.

La coupe A'B' fait bien comprendre la disposition du sabot et la manière dont il est scellé sur le mur M.

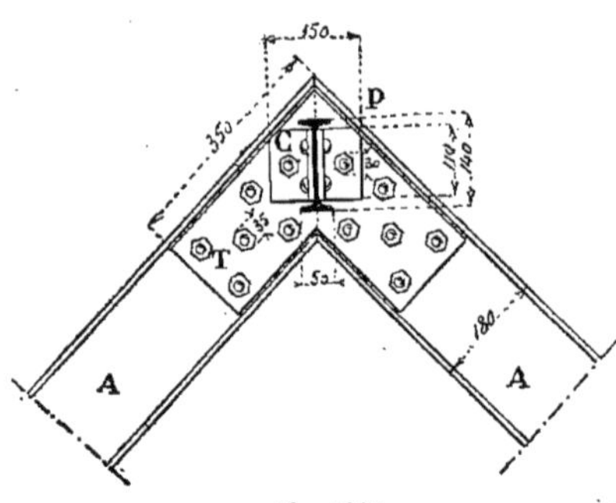

Fig. 1287.

En P se trouve une panne en fer en U du commerce et le mode d'attache de la tôle ondulée T sur cette panne;

En G, l'indication d'une gouttière en zinc fixée à l'extrémité des tôles ondulées formant couverture.

La figure 1279 indique un sabot S de forme spéciale recevant l'arbalétrier A en fer T du commerce; en F la fourche du tirant T du comble.

Enfin la figure 1280 nous montre comment on peut, à l'aide de cornières V et de boulons, fixer un arbalétrier A (fer I de 0,30, L. A. du commerce) sur une console en fonte C, solidement retenue dans un mur M par des boulons à scellement B.

En F la fourche du tirant T se fixant également sur la console C.

On peut, au lieu d'un fer I, avoir un arbalétrier en tôle et cornières la disposition resterait exactement la même.

16e Exemple.

610. Les figures 1281, 1282 et 1283, nous indiquent trois dispositions, de l'attache d'un arbalétrier A composé de différentes manières sur une sablière S en tôle et cornières ou en fers en U du commerce.

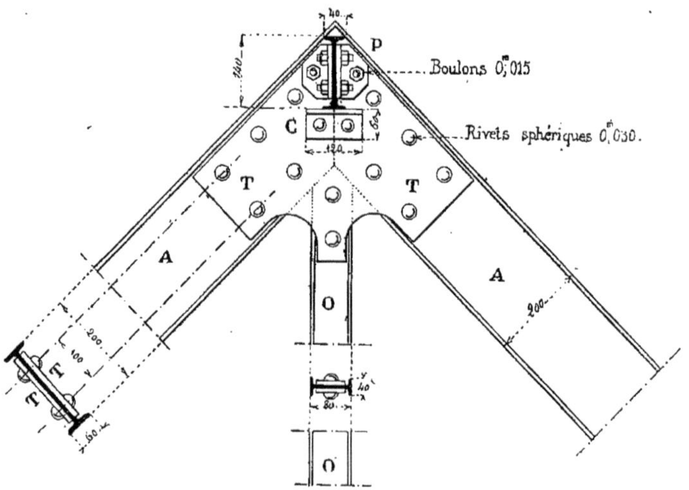

Fig. 1288.

Ces dispositions sont très simples et se comprennent à la seule inspection des figures.

17e Exemple.

611. Pour terminer, nous donnons (*fig.* 1284, 1285 et 1286), l'indication du raccordement de deux fermes et la manière de fixer des arbalétriers sur des consoles en fonte.

Dans la figure 1284 nous supposons l'arbalétrier A formé par un fer I de 0m,200, *a. o.* du commerce, cet arbalétrier vient butter sur une pièce de fonte D disposée spécialement pour recevoir l'assemblage des consoles en fonte C. En Q un emboîtement se plaçant dans le chapiteau d'une colonne également en fonte.

Sur les arbalétriers A on met, en P, de fortes plaques de tôle permettant l'assemblage de ces arbalétriers avec les consoles C.

La coupe *ab* (*fig.* 1285) fait facilement comprendre la disposition adoptée et montre que dans la traversée de la console C on a été obligé de couper une partie de l'aile inférieure de l'arbalétrier.

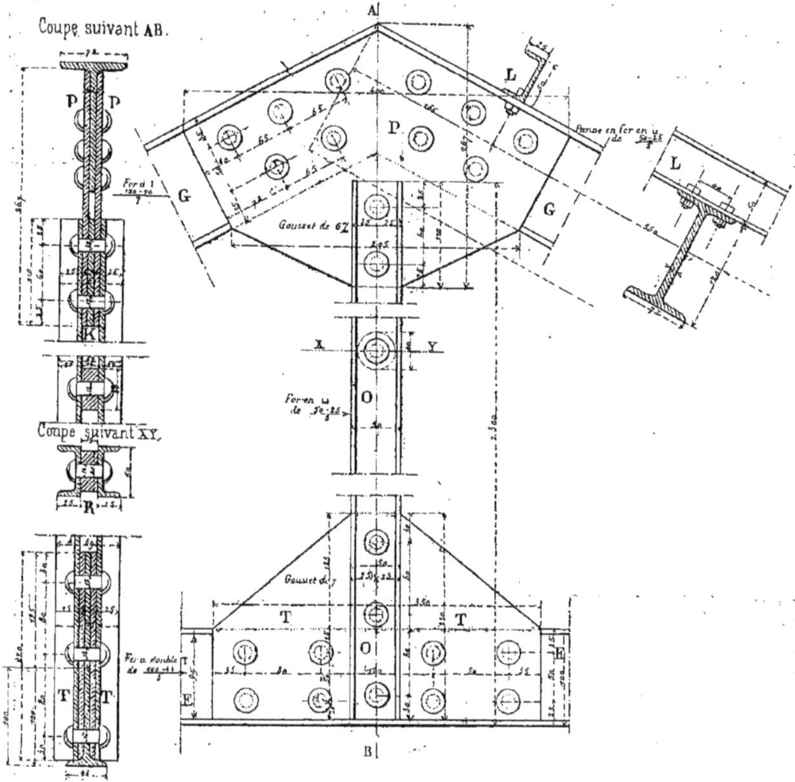

Fig. 1289.

De forts boulons B retiennent l'assemblage.

En O se trouve l'indication d'un chéneau en fonte.

La figure 1286 montre une coupe de l'assemblage suivant XY de la figure 1284.

2° Dispositions diverses du faitage dans les combles en fer

612. Nous avons vu dans ce qui précède en étudiant les divers types de combles à deux égouts plusieurs dispositions de faîtage, nous les rappellerons en indiquant les cas particuliers qui peuvent se présenter.

1er Exemple.

613. Comme premier exemple nous donnons (*fig.* 1287) la disposition la plus simple de l'assemblage au faîtage de deux arbalétriers, ces derniers étant formés, comme le montre la figure, par des fers I du commerce.

Les arbalétriers A sont réunis par des tôles T découpées à la demande et fixées sur les fers à l'aide d'un certain nombre de boulons.

Sur ces tôles s'assemblent les pannes de faîtage telles que P avec des fers cornières C. Cette disposition ne comporte pas d'aiguille pendante.

Une des solutions lorsqu'il y a une aiguille pendante a été indiquée (*fig.* 956); nous y renvoyons nos lecteurs.

2e Exemple.

614. Un deuxième exemple d'assemblage simple avec aiguille pendante est indiqué (*fig.* 1288). Comme dans l'exemple précédent les deux arbalétriers A sont réunis par des tôles T spécialement disposées pour recevoir une aiguille pendante O qui est, dans cet exemple, un fer I de 0m,08, *a. o.* du commerce. Sur les plaques de tôle T s'assemble encore la panne de faîtage P soutenue par une cornière C maintenue sur la tôle T à l'aide de rivets.

3e Exemple.

615. Un troisième exemple est indiqué

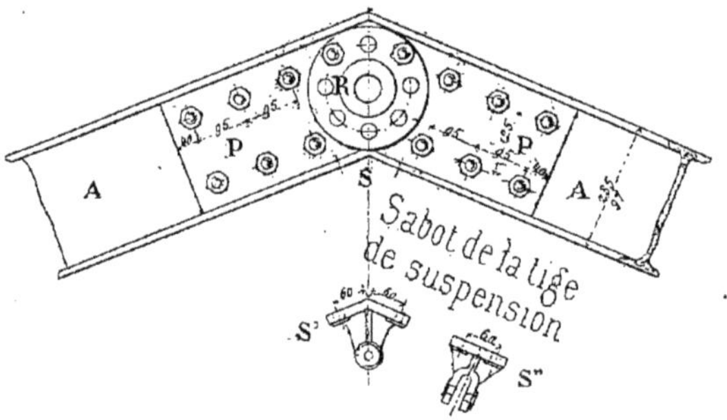

Fig. 1290.

en croquis (*fig.* 1289). Les deux arbalétriers G, fers I de 0m,12, *a.o.* du commerce, dont l'aile inférieure a été en partie coupée, sont réunis au faîtage par deux grandes plaques d'assemblage P. Ces plaques reçoivent également l'assemblage d'une aiguille pendante O formée, dans cet exemple, par deux fers en U du commerce de 50 × 25 × 5.

A la partie basse nous montrons l'assemblage de l'aiguille pendante O avec l'entrait E en se servant de plaques de tôle T et de goussets rattrapant l'épaisseur de l'âme de l'entrait E.

Dans cette figure les deux coupes AB et XY font facilement comprendre la disposition. On remarquera dans la coupe AB l'obligation d'intercaler un gousset K ayant la même épaisseur que l'âme des arbalétriers; dans la coupe XY nous voyons la disposition des rondelles R devant rattraper les trois épaisseurs des tôles.

Le croquis indiqué précédemment (*fig.* 1062) nous montre encore une autre disposition dans le cas où il y a non seulement une aiguille pendante mais aussi l'attache de croisillons en fer plat.

4e Exemple.

616. Les arbalétriers étant toujours formés par des fers I du commerce on peut avoir à y fixer des tirants ou des fourches de tirants. Les croquis étudiés précédemment (*fig.* 1029, 1036 et 1042) nous en donnent trois exemples très souvent employés. On peut, dans certains cas, comme nous l'indiquons (*fig.* 1290) réunir les fourches des tirants sur une même rondelle en fonte R et attacher l'aiguille pendante ou tige de suspension au-dessous des deux arbalétriers A en S à l'aide d'un petit sabot en fonte dont nous donnons deux vues en S′ et en S″ (*fig.* 1290).

5e Exemple.

617. Pour terminer les assemblages au faîtage lorsque les arbalétriers sont

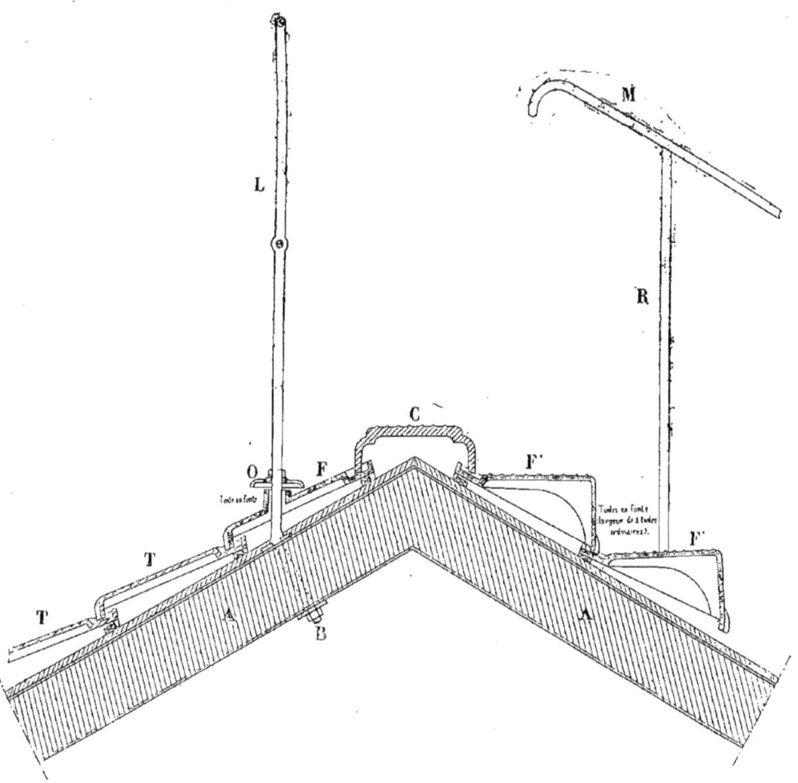

Fig. 1291.

composés avec des fers I du commerce, nous donnons (*fig.* 1291) la disposition d'un faîtage avec les rampes dont se servent les ouvriers dans le cas de réparations.

Dans cette figure les deux arbalétriers A sont assemblés au faîtage comme nous l'avons indiqué (*fig.* 1287) ; entre les deux fers A, retenus de distance en distance par des boulons à quatre écrous, on exécute un hourdis plein soit en meulières et ciment, soit en briques. Au faîtage on met une faîtière chemin C identique à celles qui ont été étudiées précédemment dans les combles sheds.

Pour permettre aux ouvriers de circuler facilement sur ce chemin on place, à une certaine distance, une rampe L dont les barreaux verticaux, après avoir traversé une tuile spéciale en fonte F, viennent se boulonner en B sur une plaque de tôle posée sous les arbalétriers A. Afin d'éviter le passage de l'eau on couvre la tubulure laissée dans la tuile en fonte F par un petit chapeau O également en fonte et fixé sur chacun des montants L.

Les tuiles ordinaires, en produits céramiques formant la couverture, sont indiquées dans cette figure par la lettre T.

Sur la partie droite du croquis nous indiquons en F′ des tuiles spéciales en fonte striées à leur partie supérieure ayant la largeur de deux tuiles ordinaires et servant d'escalier sur la partie rampante du toit.

Ce chemin incliné est muni d'une rampe R avec une main-courante M.

Dans les combles ordinaires de peu d'importance et où la couverture est faite

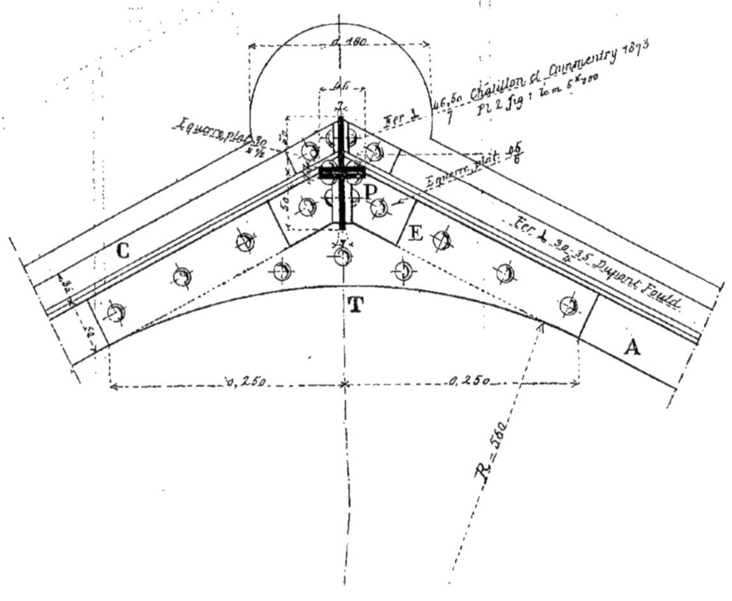

Fig. 1292.

en zinc on remplace les marches tuiles en fonte décrites ci-dessus par des marches en zinc fondu se raccordant avec la couverture.

6e Exemple.

618. On peut, comme nous l'avons indiqué (*fig.* 972) réunir au faîtage les deux arbalétriers dans un sabot en fonte S. Comme ce sabot peut, suivant les cas particuliers de la pratique, prendre bien des formes différentes, nous nous contenterons d'en indiquer le principe.

7e Exemple.

619. La figure 1292 nous montre une

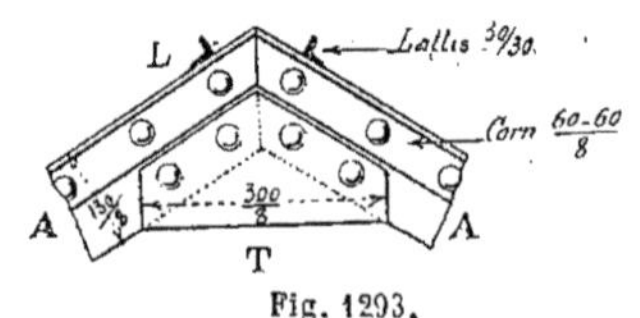

Fig. 1293.

autre disposition de faîtage; les arbalétriers A étant formés par des fers T de

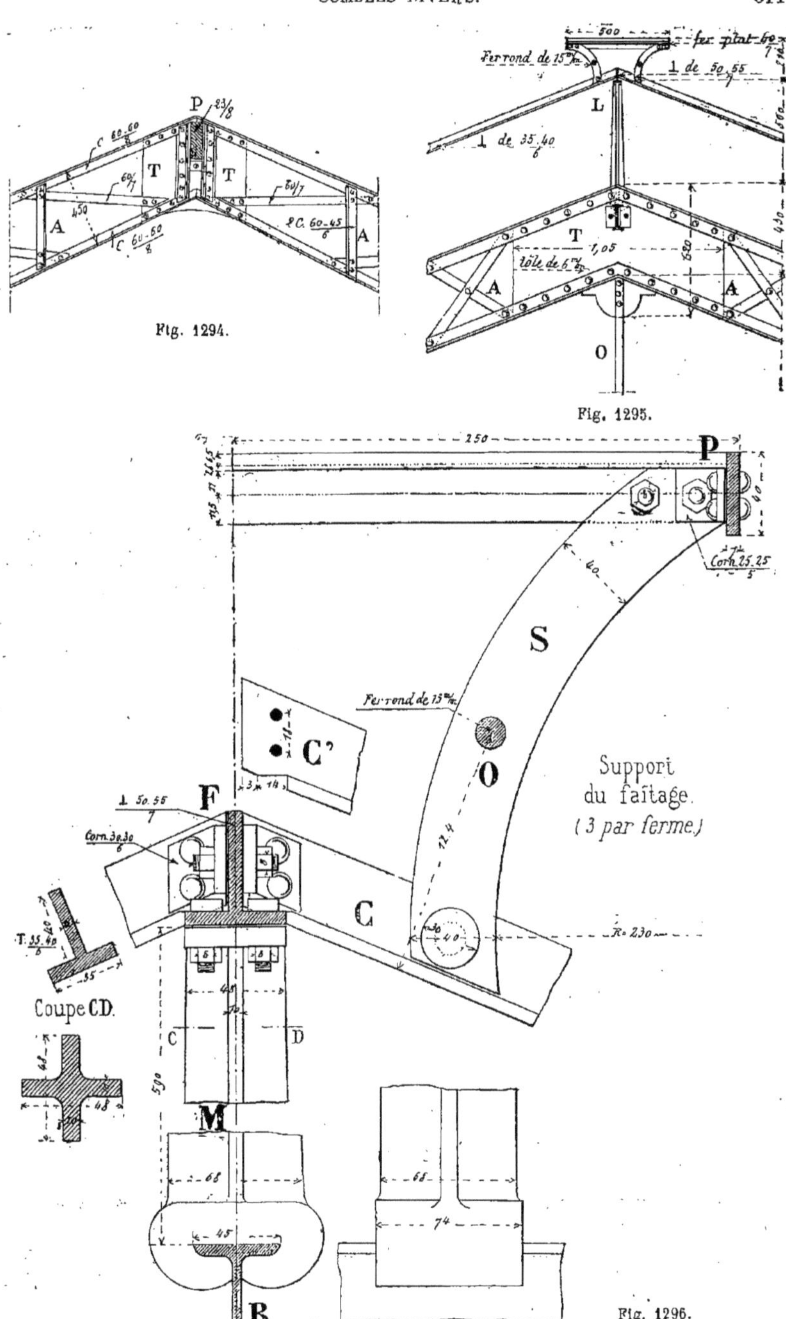

Fig. 1294.

Fig. 1295.

Fig. 1296.

50 × 46 × 7 sont réunis par deux tôles T recevant l'assemblage de la panne de faîtage P (fer **T** de 50 × 46 × 7) à l'aide d'équerres d'assemblage E.

Sur les pannes on fixe un autre fer **T** dans lequel viennent s'assembler les chevrons C de la ferme. Cette disposition très simple peut facilement être employée pour les petits combles.

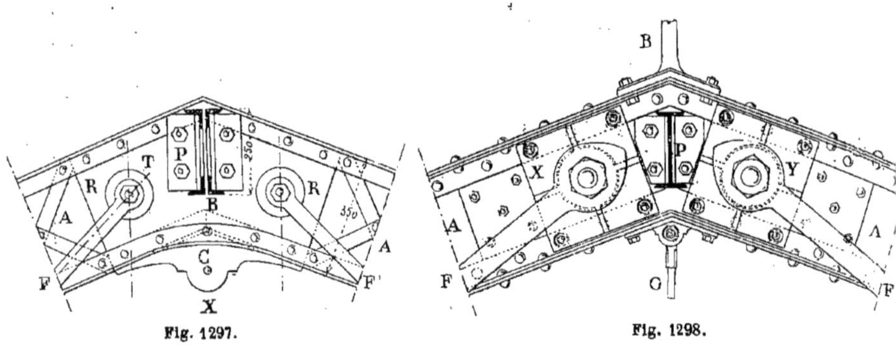

Fig. 1297.

Fig. 1298.

8e Exemple.

620. Lorsque les arbalétriers A sont composés d'une tôle de 130 × 8 et de deux cornières de 60 × 60 × 8 (*fig.* 1293), l'assemblage au faîtage se fait encore très simplement avec des tôles T, comme l'indique le croquis.

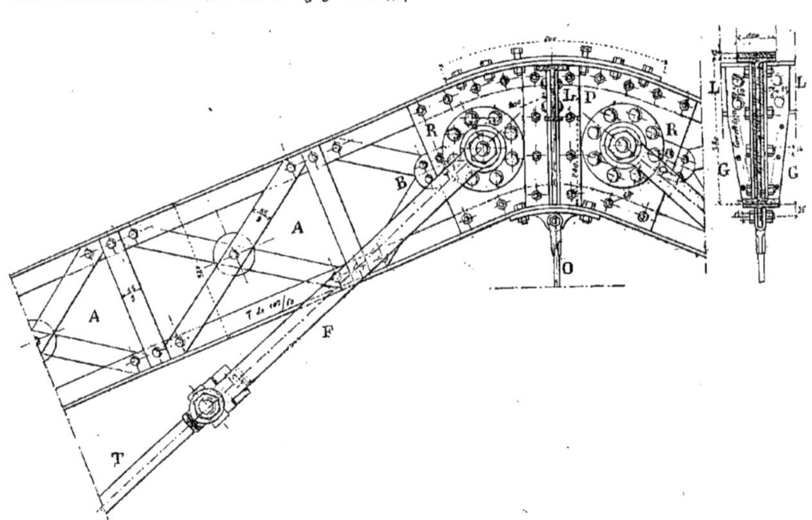

Fig. 1299.

9e Exemple.

621. Si on désire employer des pannes en bois on pourra adopter la disposition représentée (*fig.* 1294). Dans cette figure la panne de faîtage **P** est formée par un simple madrier du commerce de 23 × 8. Ce madrier s'assemble sur la tôle T servant à relier les deux arbalétriers ;

il est soulagé, au droit de l'assemblage, par une cornière placée en dessous. Ce moyen est simple et se comprend très facilement en examinant le croquis.

10ᵉ Exemple.

622. Voyons maintenant la disposition du faîtage lorsque les arbalétriers sont composés de tôle et cornières. Une disposition simple est indiquée (*fig.* 1295). Une tôle T, placée entre les cornières basses et les cornières hautes, réunit les arbalétriers au faîtage; sur cette tôle s'assemble la panne faîtière qui reçoit sur son aile supérieure l'assemblage des supports du lanterneau L'.

L'aiguille pendante en fer plat O s'assemble aussi sur la tôle T disposée pour la recevoir.

Le lanterneau de ce comble étant intéressant nous en reproduisons les détails (*fig.* 1296). Le montant M s'assemble sur l'aile supérieure de la panne R; à la partie haute de ce montant on fixe une panne faîtière de lanterneau F en fer **T** du commerce. C'est sur ce fer F qu'on assemble les chevrons C dont l'extrémité est entaillée comme nous l'indiquons en C' dans le croquis. Sur les chevrons C on fixe des fers plats cintrés S supportant un chemin sur lequel les ouvriers peuvent facilement circuler pour faire les réparations de la couverture.

Ce chemin est formé, à sa partie supérieure, par des tôles striées reposant sur des traverses en fers spéciaux et sur un fer de rive P.

En O des tiges de fer rond assurent l'invariabilité des montants courbes.

La figure 980 étudiée précédemment représente une variante de la disposition ci-dessus (*fig.* 1295).

11ᵉ Exemple.

623. La figure 1297 nous montre un autre exemple de faîtage. Les arbalétriers A sont composés en treillis; au faîtage, sur une tôle T s'assemblent : une aiguille pendante en C; une panne P construite aussi en tôle et cornières; enfin les deux rondelles R recevant les fourches F des tirants du comble.

Les cornières inférieures des arbalétriers peuvent se prolonger et prendre la disposition B marquée en pointillé ou se courber à la forge, comme nous l'indiquons en C.

La tôle T est découpée spécialement en X pour recevoir l'assemblage de l'aiguille pendante.

12ᵉ Exemple.

624. La figure 1298 est une variante de la solution précédente.

Dans ce cas en X et en Y il existe deux fortes plaques de fonte ayant les saillies et nervures nécessaires pour permettre l'assemblage des fourchettes F et F'. En

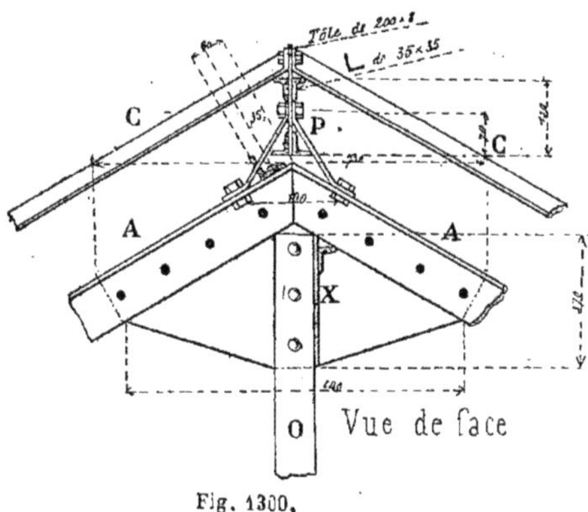

Fig. 1300.

B nous indiquons l'assemblage d'un montant du lanterneau et en O l'attache d'une aiguille pendante.

13ᵉ Exemple.

625. La figure 1299 nous montre encore une variante des dispositions précédentes. Les arbalétriers A sont en treillis, les tôles P les réunissent au faîtage. En R les rondelles en fonte servent à assembler les fourches F des tirants T. En O une aiguille pendante; en L une panne de faîtage formée par un fer **I** à ailes inégales. L'assemblage de cette panne est indiqué en détail dans la partie droite du croquis; des goussets G consolident l'assemblage.

En B nous voyons comment se dispose le treillis lorsque la moitié de l'une des divisions est occupée par une tôle pleine on fixe alors les deux demi-croisillons sur une rondelle spéciale fixée elle-même entre les deux plaques P du faîtage.

La disposition représentée par le croquis (*fig.* 1299) peut être utilement employée pour les combles à grande portée, elle est simple et très résistante.

Au faîtage les cornières des arbalétriers sont cintrées.

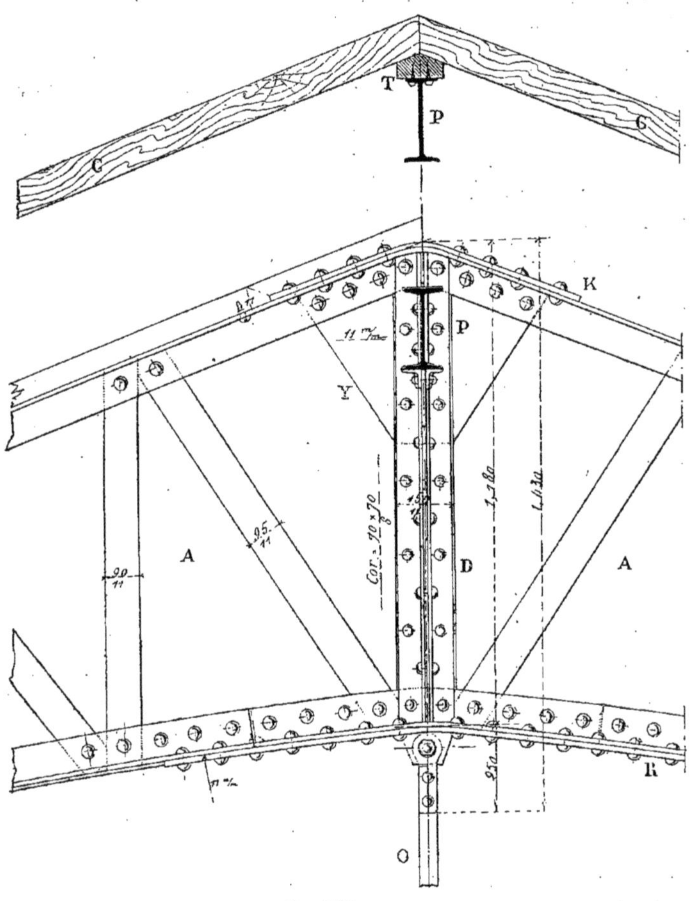

Fig. 1301.

14° Exemple.

626. Pour terminer ces quelques assemblages des arbalétriers au faîtage nous donnons (*fig.* 1300 et 1301) deux dispositions employées dans les combles en treillis en forme d'N.

Dans la figure 1300 la panne de faîtage P est composée en tôle et cornières et, placée au-dessus des arbalétriers A, elle est supportée d'une manière spéciale comme l'indique le croquis.

En C sont représentés les chevrons de la ferme ; en X la disposition d'un contreventement partant du faîtage.

La figure 1301 nous montre une autre solution dans laquelle la panne P de faîtage est fixée sur un montant spécial D. Cette panne reçoit des chevrons C reposant sur un tasseau T cloué sur l'aile supérieure de la panne. Pour clouer ce tasseau on réserve de distance en distance, des trous dans l'aile supérieure de la panne faîtière.

Ces deux dispositions n'ont rien de bien particulier et se comprennent facilement en examinant les croquis.

§ VIII. — *CONSTRUCTION DES HANGARS EN FER*

627. Comme nous l'avons indiqué dans la *Charpente en bois*, on donne généralement le nom de *hangar* à un abri formé de poteaux soutenant une toiture légère et dont le pourtour est souvent garni d'un soubassement en briques ou autres matériaux de peu d'épaisseur surmonté d'un revêtement en planches dans lequel on peut facilement réserver de grandes ouvertures mobiles pour faciliter l'utilisation du hangar.

Ainsi construits, en employant le bois, les hangars représentent des construction économiques d'une durée limitée; lorsqu'on se sert du fer on peut aussi faire des hangars légers, mais le plus souvent on désigne encore sous le nom de hangars de grandes surfaces couvertes par des charpentes métalliques importantes et sous lesquelles on peut installer n'importe quelle industrie.

Il est aujourd'hui reconnu que bien souvent il est plus économique pour installer une usine de couvrir très sérieusement avec de solides charpentes métalliques un espace relativement grand formant un vaste parapluie sous lequel on peut, après coup, installer les machines et l'outillage nécessaire à une fabrication quelconque. En procédant ainsi on peut, à volonté, changer le genre de fabrication tout en conservant complètement le hangar et une grande partie des constructions.

Dans ces conditions un hangar sera

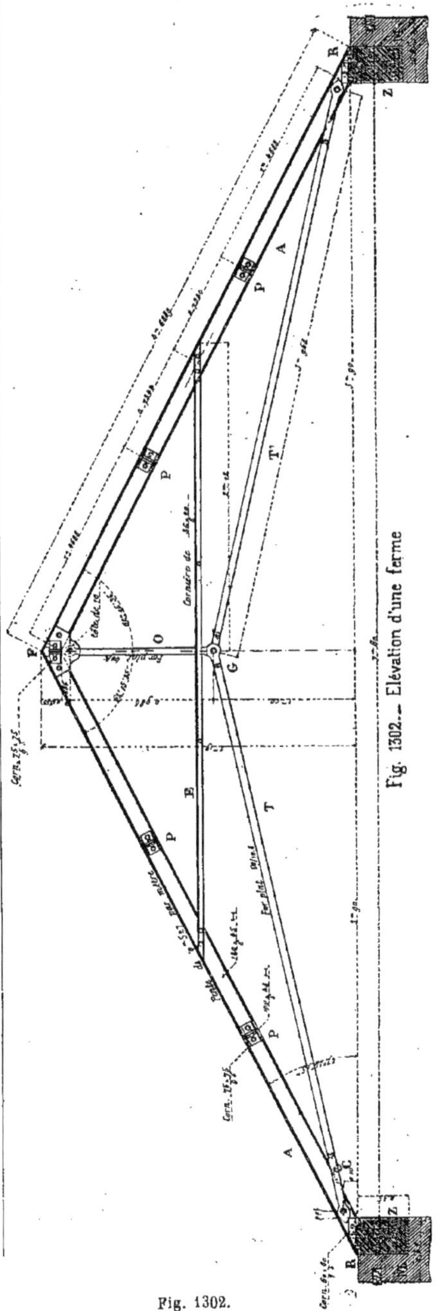

Fig. 1302.

composé d'une série de fermes métalliques régulièrement espacées reposant, soit sur des poteaux ou colonnes également métalliques, soit sur des piliers en maçonnerie ou sur des murs suivant les besoins de l'usine et couvertes le plus souvent avec des tuiles grand moule à recouvrement.

1er Exemple.

628. La figure 1302 nous donne, en croquis, la disposition d'une ferme métallique avec tirants inclinés qu'on pourra employer pour couvrir un hangar.

Chaque ferme se compose : de deux arbalétriers A en fers I de 0,120, *a. o.*, réunis au faîtage F par de solides plaques d'assemblage et retombant en R sur des pierres de taille Z placées à la partie haute des murs M ; d'un faux entrait E formé par deux cornières du commerce à ailes inégales de 35 × 20 × 6 moisant l'arbalétrier A ; de deux tirants inclinés T et T' en fer plat de 50 × 10, 8 réunis au point G sur une aiguille pendante ; d'une aiguille pendante O en fer plat de 40 × 5 assemblée au faîtage et passant

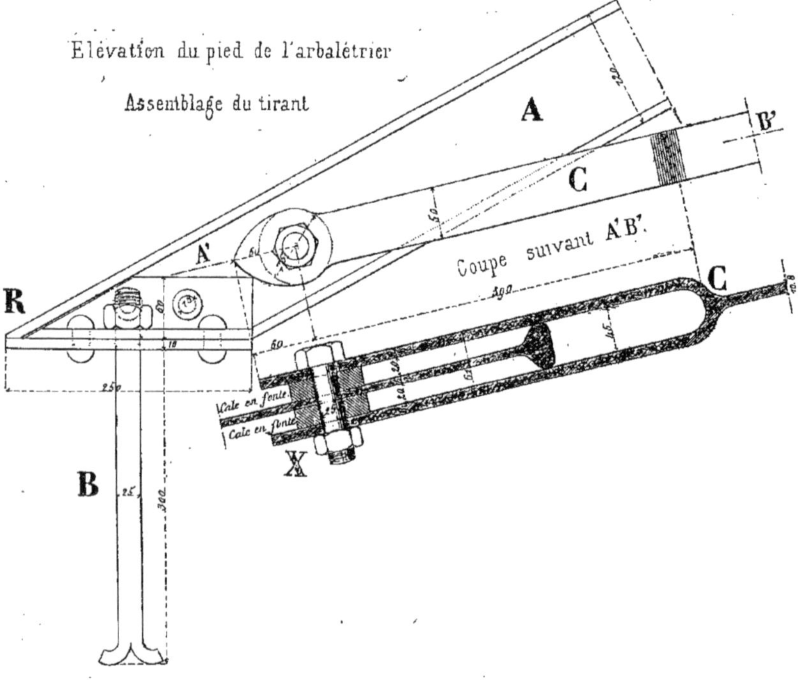

Fig. 1303.

entre les deux cornières E formant faux-entrait.

Sur l'arbalétrier on assemble une série de pannes P en fer I de 0,10, *a. o.*, destinées à supporter les chevrons.

La distance maxima entre deux fermes est de 4 mètres.

DÉTAILS D'ASSEMBLAGE.

1° Élévation du pied de l'arbalétrier. Assemblage du tirant.

629. La figure 1303 nous indique comment se fait la retombée de l'arbalétrier sur le mur ; assemblage analogue à celui qui a été décrit précédemment. Le tirant T de la figure 1302 est terminé par une fourche C dont la coupe A'B' de la figure 1303 montre bien la forme.

Pour rattraper la largeur de l'aile de l'arbalétrier, on place deux cales en fonte réunies aux branches de la fourche par un boulon X de vingt-cinq millimètres de diamètre.

2° Plan de la semelle sous le pied de l'arbalétrier.

630. Les figures 1304 et 1305 donnent : en coupe verticale et en plan la disposition de la semelle S recevant le pied des arbalétriers ; l'assemblage de l'arbalétrier sur cette semelle à l'aide de deux cornières D du commerce de 60 × 60 × 6 ; enfin, le moyen de fixer, sur la maçonnerie, la plaque S avec de forts boulons à scellement B.

Coupe suivant C'D'

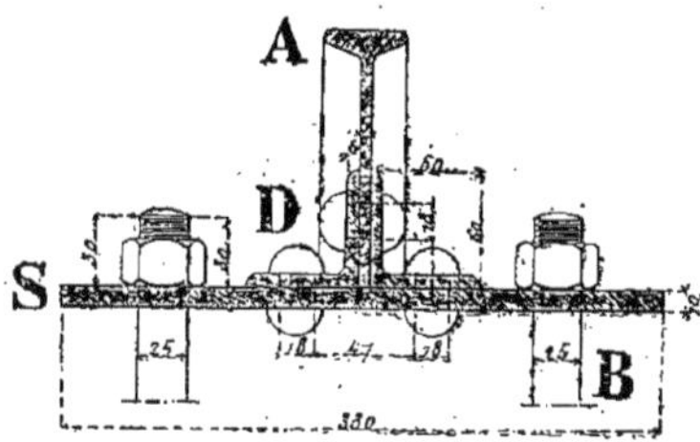

Fig. 1304.

3° Assemblage des arbalétriers et de la panne faîtière. — Assemblage des pannes avec les arbalétriers. — Assemblage des tirants et du poinçon.

631. Ces divers assemblages sont réunis (*fig.* 1306). L'assemblage au faîtage n'offre rien de particulier sur ce qui a été étudié précédemment. La coupe G'H' en fait facilement comprendre les détails ; les coupes O' et O'' montrent également comment se fait l'assemblage des tirants T et T' avec la base de l'aiguille pendante O.

Les tirants T et T' sont terminés chacun par une fourche de différentes dimensions entrant l'une dans l'autre ; ces fourches et la base de l'aiguille pendante sont, dans le même plan, traversées par un fort boulon de trente-cinq millimètres de diamètre.

3° Plan et coupe élévation du faux-entrait.

632. La figure 1307 montre comment l'entrait E formé de deux cornières du commerce vient se fixer sur l'arbalétrier A. Afin de ne pas couper les ailes de cet arbalétrier, on intercale, entre les cornières et l'âme du fer, des fourrures en chêne boulonnées solidement.

Cette disposition de charpente est simple et peut se construire assez économiquement.

Plan de la semelle sous le pied de l'arbalétrier.

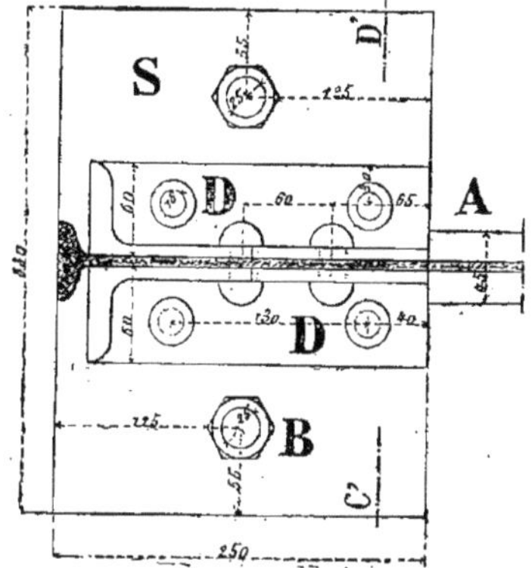

Fig. 1305.

2° Exemple.

633. Parmi les types de combles métalliques les plus employés pour les hangars se trouvent les combles du système Polonceau dont nous avons parlé précédemment.

Pour en compléter l'étude proposons nous d'indiquer en détails un type particulier créé spécialement pour l'Exposition de 1878 et qui, pour la construction d'un hangar, peut donner des résultats heureux.

La figure 1308 représente l'élévation de cette charpente métallique qui se compose, comme tous les combles de ce

Coupe suivant GH'
Assemblage des arbalétriers
et de la panne faîtière
Assemblage des tirants et du poinçon
Assemblage des pannes avec les arbalétriers
trace du chevron
Coupe suivant E'F'

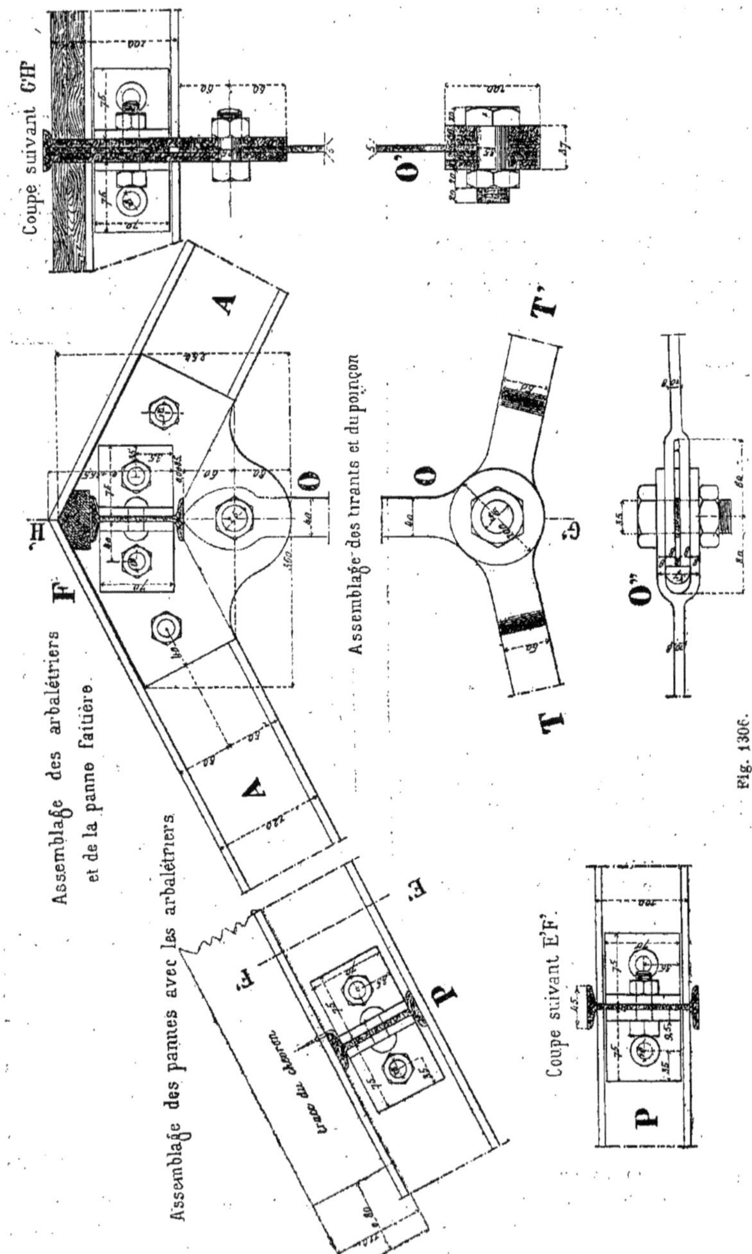

Fig. 1306.

Plan. Coupe. Élévation de l'entrait

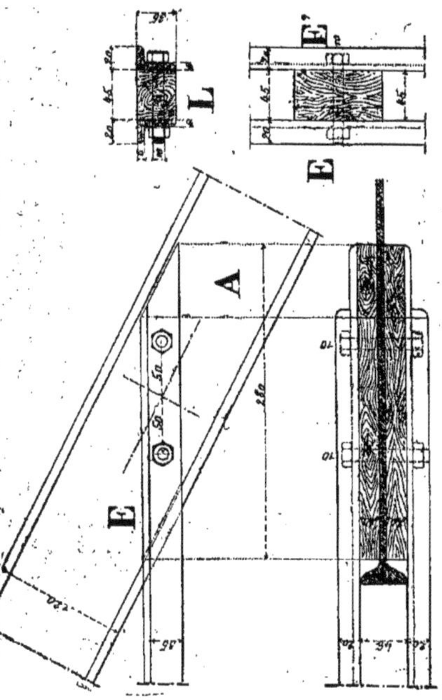

Fig. 1307.

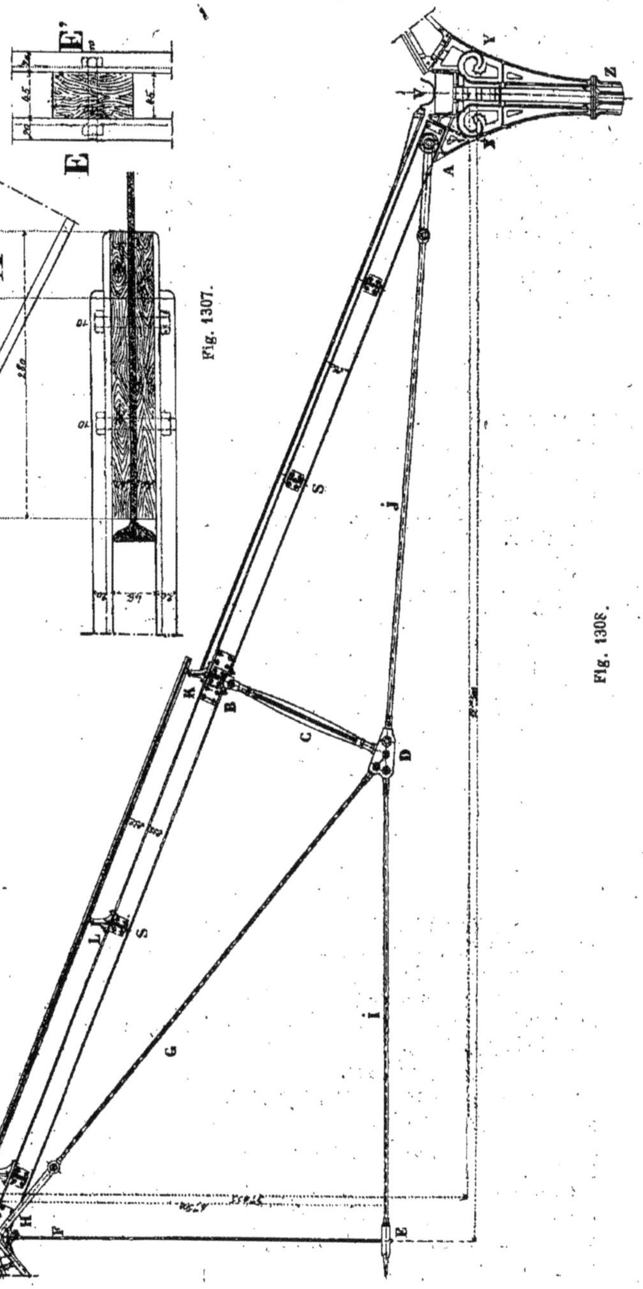

Fig. 1308.

genre, d'arbalétriers en fers ᴝ de 0,235 de hauteur rendus rigides par une bielle en fonte et des tirants en fer.

La demi-longueur au bas des arbalétriers est supposée couverte en zinc ou en tuiles, la partie haute différemment construite comporte une partie vitrée et un lanterneau.

Ce qu'il y a de particulier dans cette disposition c'est que contrairement aux combles Polonceau étudiés précédemment, l'attache des tirants inclinés G se fait en un même point du faitage.

DÉTAILS D'ASSEMBLAGE

634. Ces détails étant assez nombreux nous avons, dans l'ensemble (*fig.* 1308), désigné par des lettres tous les assemblages à étudier et pour éviter la confusion chacune de ces lettres se trouve répétée dans les détails que nous allons examiner.

Assemblage A.

635. Cet assemblage, indiqué en croquis (*fig.* 1309), représente la disposition du pied des fermes. Sur l'âme de l'arba-

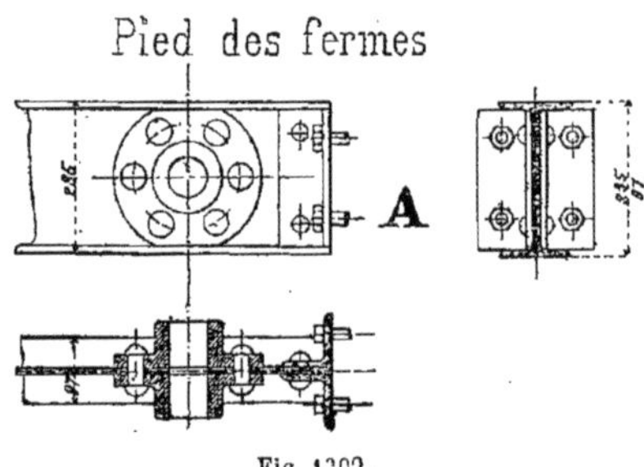

Fig. 1309.

létrier on fixe de part et d'autre, une douille en fonte rivée sur le fer, et devant recevoir le boulon d'attache de la

Attache de la contrefiche et des pannes avec les arbalétriers

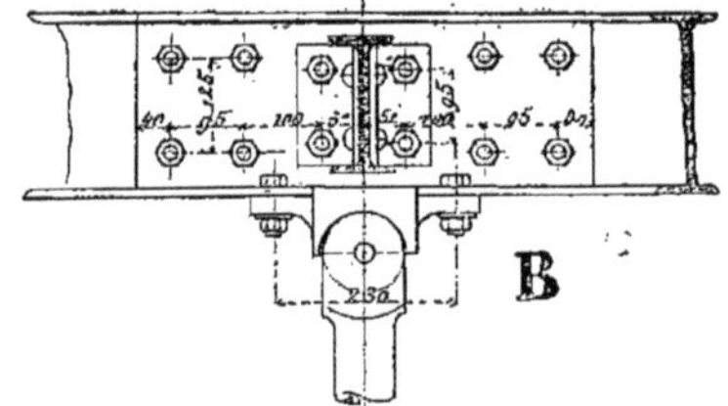

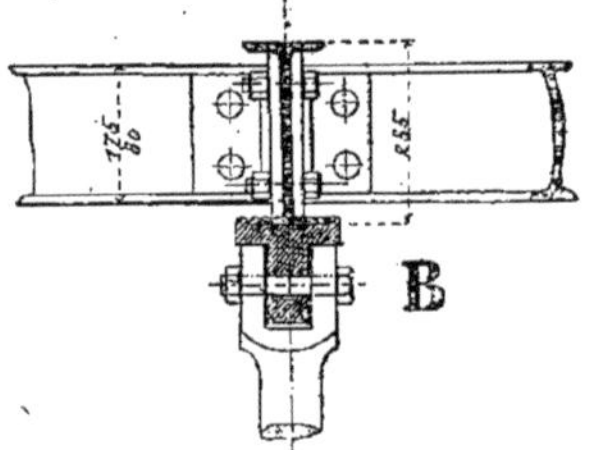

Fig. 1310.

fourche du tirant inférieur J (*fig.* 1308). L'extrémité de l'arbalétrier reçoit aussi comme le montre le croquis (*fig.* 1309), deux cornières du commerce servant à le fixer, à l'aide de quatre boulons, sur la console X (*fig.* 1308).

Assemblage B.

636. Cet assemblage indiqué (*fig.* 1310) représente l'attache de la contrefiche C et des pannes S (*fig.* 1308) avec les arbalétriers.

C'est un assemblage courant qui se comprend facilement en examinant la vue de face et la coupe données par le croquis.

Assemblage C.

637. La figure 1311 nous montre les deux vues principales de la bielle ou contrefiche en fonte utilisée dans ce comble avec les cotes indispensables pour son exécution. Cette bielle, renflée au milieu, a une section cruciforme.

Assemblage D.

638. La figure 1312 représente en vue de face et en plan la disposition des plaques de jonction des tirants du comble. Ce sont des plaques de tôle de 20 millimètres d'épaisseur laissant entre elles un écartement suffisant pour recevoir l'œil

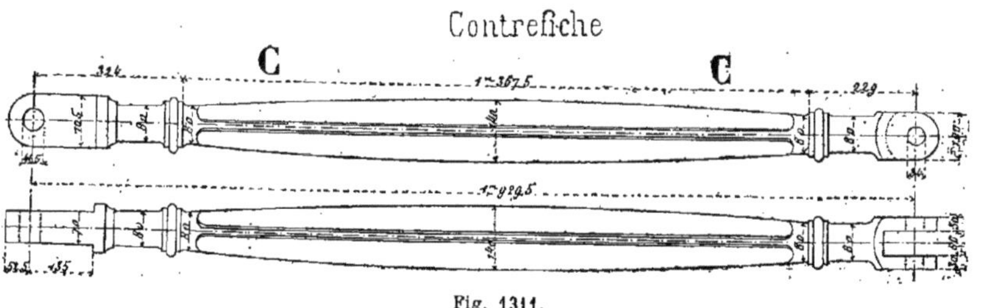

Fig. 1311.

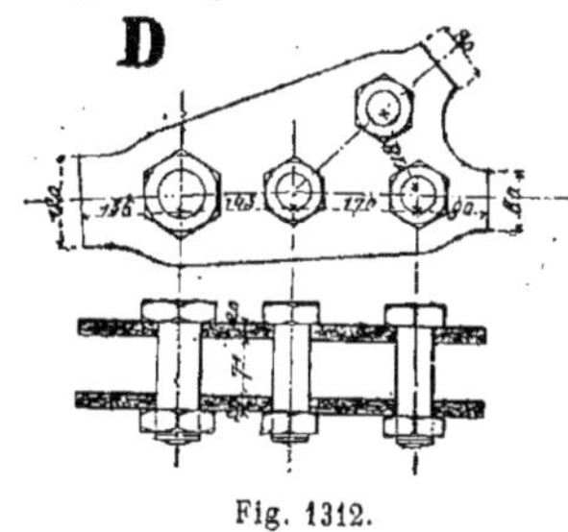

Fig. 1312.

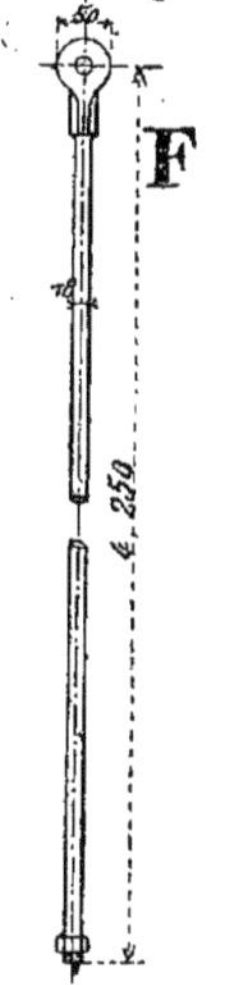

Fig. 1314.

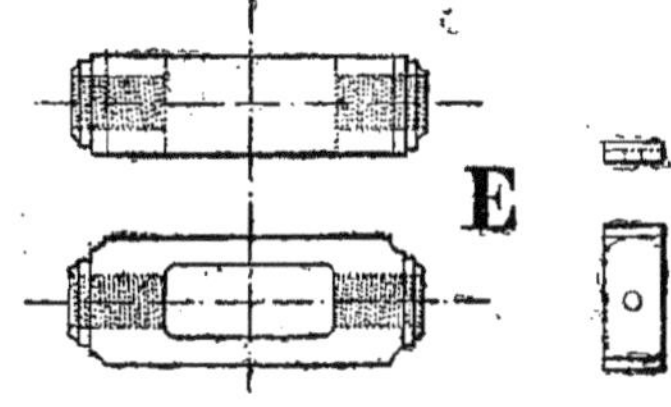

Fig. 1313.

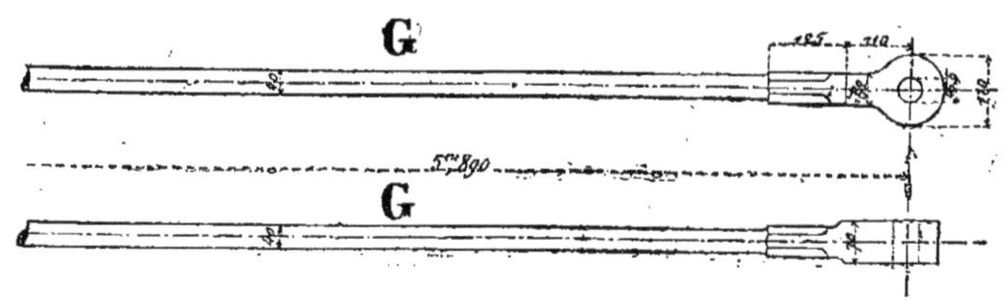

Fig. 1315.

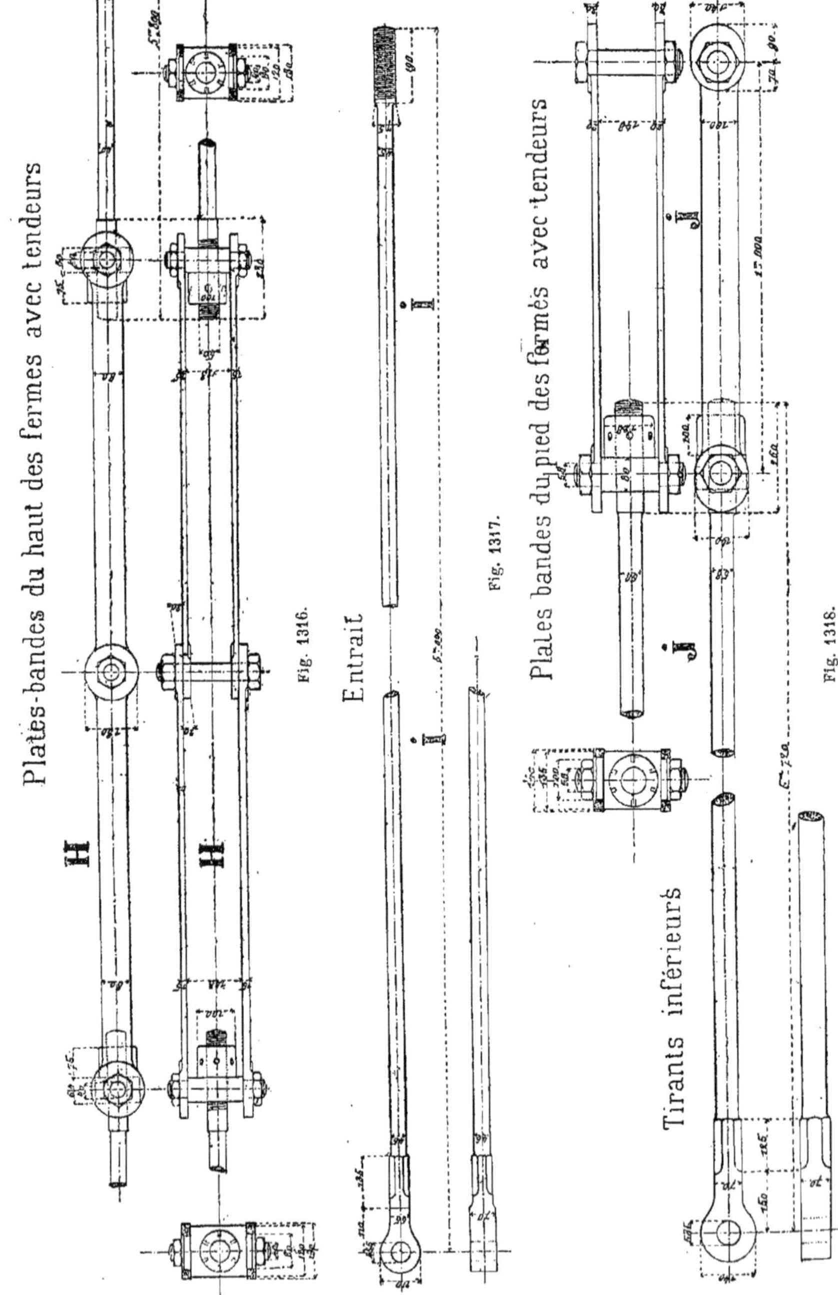

Fig. 1316.

Fig. 1317.

Fig. 1318.

renflé de chaque extrémité des tirants ; l'assemblage se fait au moyen de boulons.

Petit balustre sur les arbalétriers

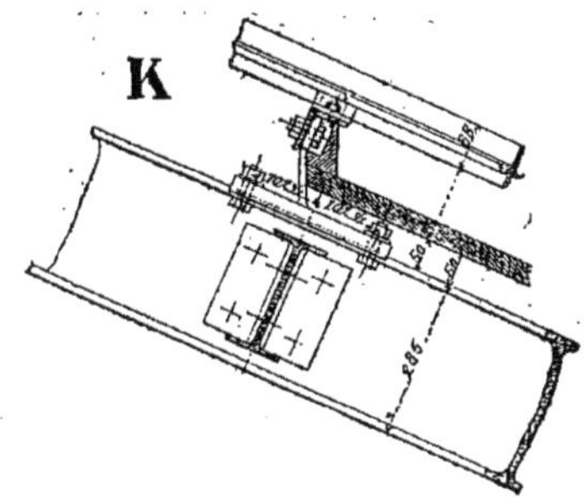

Fig. 1319.

Assemblage E.

639. La figure 1313 montre deux vues du moufle de traction nommé aussi lanterne de serrage. Sur la partie de droite de la figure se trouve indiquée la plaque de tôle recevant l'extrémité de l'aiguille pendante F (*fig.* 1308).

Petit balustre sur les arbalétriers

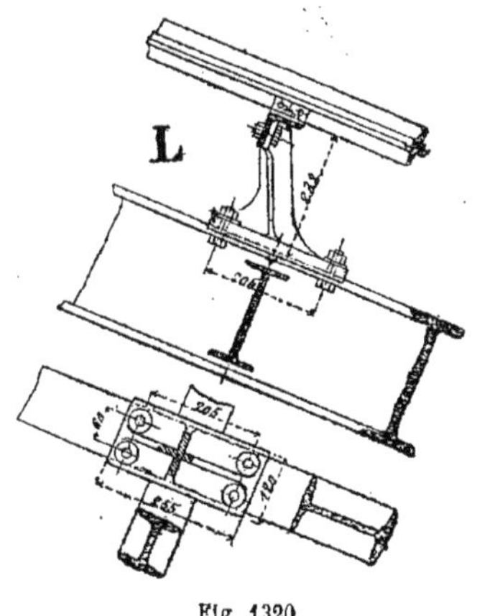

Fig 1320.

Assemblage F

640. La figure 1314 nous donne les principales dimensions de la tige de suspension ou aiguille pendante indiquée en F dans la figure 1308. C'est une tige de fer rond de 18 millimètres de diamètre terminée d'un côté par un œil et de l'autre par une partie filetée.

Assemblage G.

641. La figure 1315 indique en croquis la disposition des tirants supérieurs venant s'assembler en un même point H du faîtage et à la partie inférieure sur la plaque D.

Assemblage H.

642. La figure 1316 représente l'assemblage au faîtage de deux fourches des tirants G. Les écrous de ces tirants ont, comme le montre ce croquis, une forme spéciale.

Petit balustre sur les arbalétriers

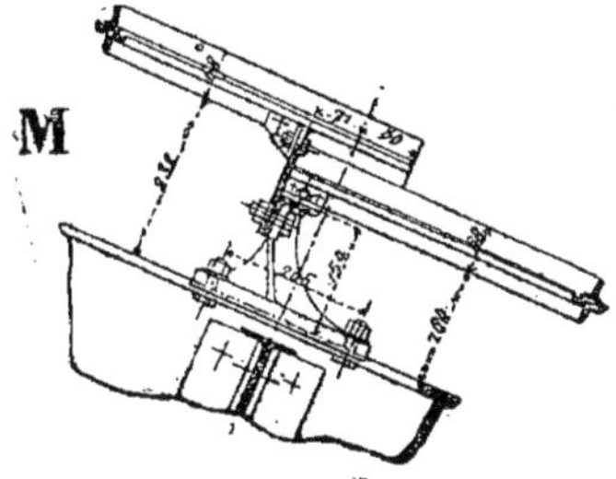

Fig 1321.

Assemblage I.

643. La figure 1317 donne le croquis de l'entrait avec la disposition à chaque extrémité l'une, filetée, venant se fixer dans la lanterne de serrage; l'autre, terminée par un œil, venant s'assembler sur la plaque D.

Assemblage J.

644. La figure 1318 représente les fourches du pied des fermes, disposition analogue aux fourches H décrites précédemment.

Assemblage K, L, M.

645. Les figures 1319, 1320 et 1321 donnent en croquis les dispositions à balustres en fonte recevant les fers à vi-
balustres en fonte recevant les fers à vi-

trage de la partie vitrée du comble, disposition facile à comprendre.

Assemblage N.

646. L'assemblage au faîtage a été indiqué précédemment (*fig.* 1290); nous n'avons pas à y revenir.

Assemblages O, P.

647. Les figures 1322 et 1323 nous donnent en détails les dispositions des grands balustres du lanterneau : 1° dans le cas d'attache sur les arbalétriers ; 2° dans le cas d'attache sur les pannes. Ce sont des pièces de fonte assez compliquées qu'il faudra, dans chaque cas particulier, étudier spécialement.

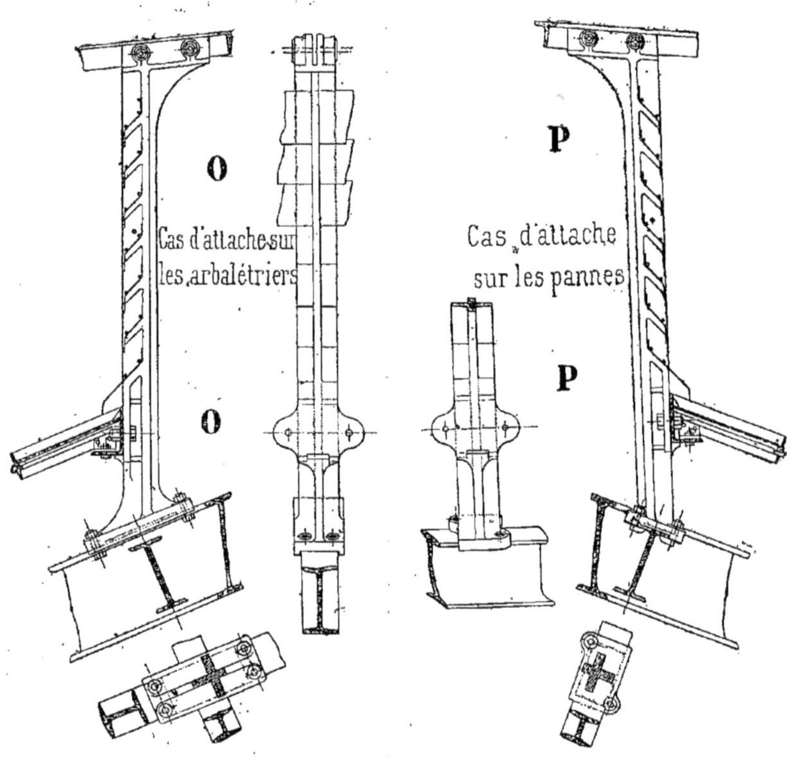

Fig. 1322 et 1323.

Assemblages Q, R.

648. Nous donnons (*fig.* 1308) en Q et en R la disposition d'un chemin pour les ouvriers avec rampe longitudinale, disposition n'ayant rien de bien particulier à signaler.

Assemblage S.

649. L'assemblage des pannes avec l'arbalétrier ayant été représenté en croquis (*fig.* 1243) nous n'y reviendrons pas.

Assemblages T, U.

650. Pour terminer ces assemblages, nous donnons (*fig.* 1324 et 1325) deux croquis montrant comment peut se faire l'assemblage des arbalétriers soit sur un pilier en tôle (*fig.* 1324), soit sur une sablière (*fig.* 1325).

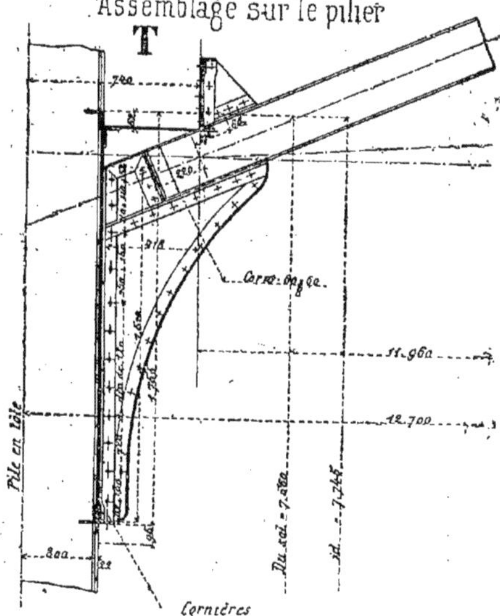

Fig. 1324.

Ces deux figures nous indiquent aussi la disposition que prend le chéneau dans les deux cas.

En V (*fig.* 1308) se trouve la forme d'un chéneau placé entre deux fermes.

En X et Y deux consoles en fonte venant s'assembler sur la même colonne.

Enfin, en Z une colonne en fonte supportant les deux fermes.

Le poids d'un mètre superficiel de ce comble est de 65 kilogrammes.

3e Exemple.

651. La figure 1326 nous donne un troisième exemple de ferme pour hangar construit tout en fer. Cette ferme se compose :

1° De deux poteaux P (fers I de $0^m,18$, L. A) reposant à leur partie inférieure sur des dés en pierre de taille K par l'intermédiaire d'une semelle en tôle de 350 × 350 × 11

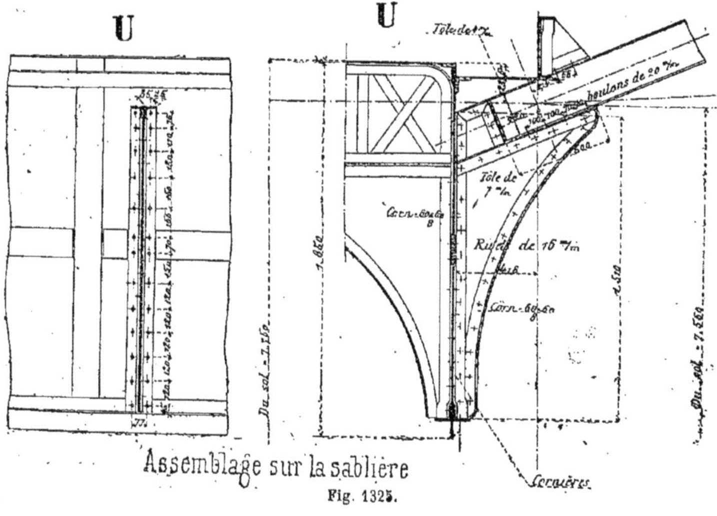

Fig. 1325.

et assemblés sur cette tôle par quatre cornières du commerce. A leur partie haute, en D, ces poteaux reçoivent, assemblés de la même manière, une tôle de 350 × 140 × 9 formant plateau et recevant le pied de la ferme ;

2° La ferme proprement dite qui est dans ce cas une petite poutre en N dont les arbalétriers A sont formés par deux cornières du commerce de 40 × 40 × 7 et l'entrait E, assez fortement cintré, en mêmes cornières, reçoivent une série de croisillons T en fers plats de 40/7 et 45/7 de section. En G un fer plat de 100 × 7 ayant une longueur de $1^m,55$ consolide l'assemblage.

En F un faux entrait formé par deux cornières de 40 × 40 × 7 donne de la rigidité aux arbalétriers A.

Le montant O, placé au milieu de la longueur de la ferme, est un fer plat un peu plus fort que les autres; sa section est de 70/7.

Les pannes D sont des fers I de $0^m,12$, L. A.; elles sont assemblées sur les arbalétriers A à l'aide de cornières spéciales.

Cette charpente ne comporte pas de lanterneau; cependant si on désire en mettre un on pourra l'exécuter très simplement comme nous le montre en pointillé le croquis (*fig.* 1326).

En M nous avons indiqué deux murs mitoyens sur lesquels nous ne pouvons nous appuyer.

Cette charpente économique a été construite par M. Baudrit pour couvrir ses ateliers rue Michel-Bizot. Elle convient très bien pour une construction légère en zinc ou en tuiles métalliques de Montataire par exemple mais, vu le peu de pente et la légèreté des fers qui la composent, il serait impossible d'employer, comme couverture, la tuile en terre cuite.

La distance d'axe en axe des fermes peut être de 4 mètres à $4^m,50$.

Détails d'assemblage.

652. Cette ferme étant très simple les détails d'assemblage seront peu nombreux, nous ne donnerons que les principaux.

La figure 1327 nous montre en croquis à plus grande échelle l'assemblage de la partie haute du poteau P avec le pied de la ferme. Comme nous l'avons déjà indiqué la partie haute de ce poteau est recouverte d'une semelle en tôle de neuf millimètres d'épaisseur assemblée sur ce poteau à l'aide de quatre cornières de 80 — 80 — 9. Le pied de la ferme s'assemble sur cette tôle et, pour le renforcer, on met une tôle pleine de six millimètres d'épaisseur ayant la forme d'un gousset triangulaire.

La figure 1328 nous indique le mode d'assemblage d'un poteau P sur le dé en pierre de taille K. Cet assemblage est très simple et se comprend très facilement. Sous le dé en pierre on devra établir une fondation en petits matériaux de dimensions suffisantes pour résister au poids à supporter.

La figure 1329 nous représente à plus grande échelle le détail du faîtage de cette charpente métallique ; sur la partie gauche de cette figure nous avons indiqué une coupe verticale passant par l'axe de cet assemblage et montrant bien la disposition des fers.

La figure 1330 indique l'assemblage d'une panne C sur l'arbalétrier A à l'aide d'une simple tôle coudée fixée sur la panne par un boulon et sur l'arbalétrier par un rivet.

Cette figure donne également la disposition de l'assemblage du faux entrait F avec l'arbalétrier A. La coupe A'B' en fait facilement comprendre la forme.

4e Exemple.

653. Comme quatrième exemple de charpente métallique pour atelier, nous donnons (*fig.* 1331) une disposition spéciale adoptée par M. Baudrit pour la réunion de deux ateliers de son usine. Cet exemple représente le cas particulier d'une charpente métallique à trois travées inégales T, T', T'', supportées sur poteaux en bois et dont l'aspect extérieur, par suite du faîtage ne coïncidant pas avec l'un des points d'appui verticaux, représente celui d'un comble à deux pentes égales. C'est une disposition bien étudiée et qui peut, dans des cas particuliers, rendre des services aux constructeurs.

Dans la première travée T rien de bien particulier à signaler.

Le haut du poteau P, de 200 × 200 millimètres d'équarrissage, est recouvert d'une plaque de tôle de 9 millimètres d'épaisseur ; sur cette plaque et en prolongement du poteau on construit une partie

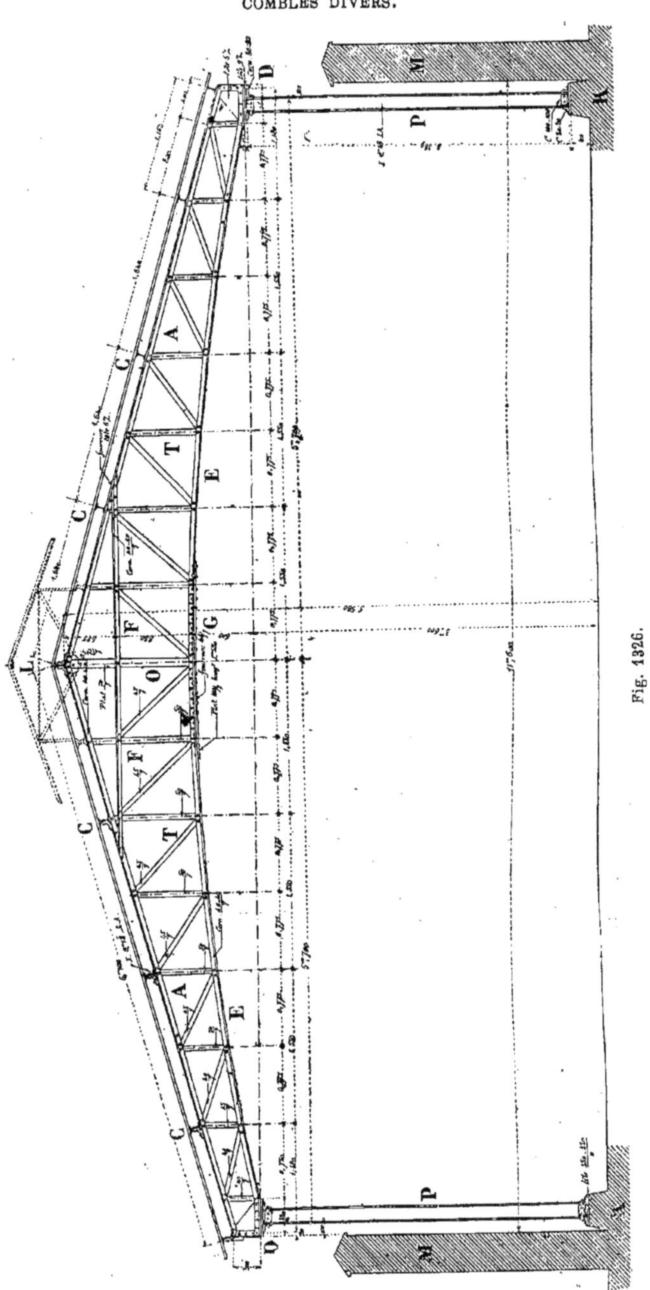

Fig. 1326.

métallique E formée de quatre cornières de 90 × 90 supportant l'arbalétrier A' qui lui-même est soulagé par une contrefiche L.

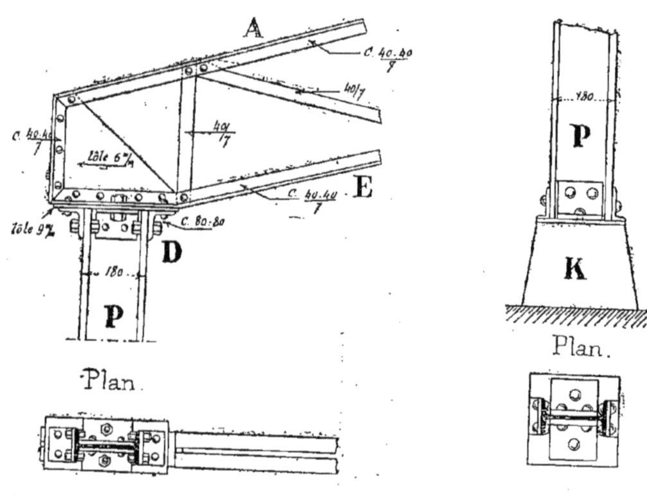

Fig. 1327. Fig. 1328.

Cet arbalétrier A', formé de deux cornières de 80 × 80 repose sur la partie supérieure du poteau P' et y est assemblé à l'aide de cornières de 80 — 80 fixées sur un chapeau en tôle de 9 millimètres d'épaisseur placé à la partie haute du poteau.

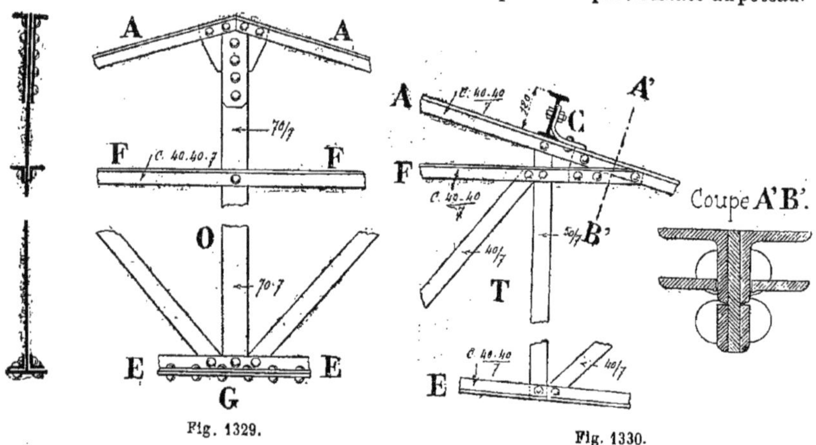

Fig. 1329. Fig. 1330.

La travée T' est plus intéressante, elle comprend une fermette en tôle pleine et cornières reposant sur les deux poteaux P.

Cette fermette, très simple de construction, est formée à la partie haute de cornières de 80 — 80, à la partie inférieure de deux cornières cintrées de 90 — 90, et entre ces quatre cornières une tôle pleine de 6 millimètres d'épaisseur.

Au faîtage de cette fermette en K se trouve indiqué un trou avec rondelle de renforcement. C'est en ce point qu'on peut fixer un crochet servant à soulever de lourdes pièces de machines disposées dans l'atelier.

Cette travée T′ comporte le faîtage de l'ensemble des trois travées. C'est le faîtage ordinaire d'un comble en N, donc rien de particulier à signaler.

La travée T″ nous représente un plus grand appentis de 5^m,35 de portée ; la partie basse de cet appentis repose sur un poteau P′ comme nous l'avons déjà indiqué pour la première travée.

L'arbalétrier A formé de deux cornières de 80 — 80 est soulagé par une série de fers, B, F, G dont l'heureuse disposition permet de les relier très facilement avec le montant D composé de la même manière que le montant E décrit précédemment.

D'une ferme à l'autre on peut placer des pannes comme dans l'exemple précédent et admettre le même écartement d'axe en axe des fermes.

Les poteaux P et P′ reposent à leur partie inférieure sur des dés en pierre O.

654. *Poids détaillés des différentes pièces entrant dans cette charpente.*

20^m,85 de cornières de 80 × 80. .	479^k,55
9^m,45 — 90 × 90. .	245 ,70
7^m,70 de fer plat de 50 × 9 . .	27 ,00
Tôle de 6 millimètres.	100 ,00
2 plaques de 0^m,011 (0^{m2},045). . .	4 ,00
2 équerres 90 — 90 sur 0^m,23. .	12 ,00
4 équerres 90 — 90 sur 0,18. .	4 ,14
200 rivets et fourrures.	10 ,00
Total.	882^k,39

Soit net 883 kilogammes pour le poids total d'une ferme.

655. Le détail des rivets et des boulons employés est le suivant :

120 rivets de 16 millimètres dans des cornières de 70 et 80 millimètres ;

60 rivets de 18 millimètres dans des cornières de 90 × 90;

16 boulons de 14 millimètres de diamètre;

12 tirefonds de 16 millimètre[illegible]

5e Exemple.

656. Pour qu'une charpente d'atelier soit réellement très économique il faut associer le bois avec le fer ; nous donnons (*fig.* 1332) un exemple étudié par M. Baudrit que nous voudrions voir souvent appliqué parce qu'il a été très bien étudié, très bien raisonné et qu'il donne en tous point satisfaction. M. Baudrit, très connu, à Paris, pour ses ouvrages d'art en fer forgé, est un des constructeurs ayant étudié à fond la question de la charpenterie économique.

La ferme dont nous donnons l'ensemble (*fig.* 1332) se compose : de deux arbalétriers A en madriers du commerce 22 × 8 assemblés sur des poteaux en bois P et reliés au faîtage par deux solides plaques de tôle de sept millimètres d'épaisseur ;

D'un faux entrait E en même bois assemblé de part et d'autre sur les arbalétriers A et consolidés par des bandes en fer plat de 670 × 140 × 7 ;

D'un poinçon L de 14 × 8 d'équarrissage fixé sur le faux entrait à l'aide de deux cornières de 100 × 100 et relié au sommet des deux arbalétriers A.

D'un tirant T en fer rond de 30 millimètres de diamètre dans la partie courante et 32 aux extrémités sur une longueur de 1^m,50; d'une aiguille pendante D (fer rond de 18 millimètres de diamètre) assemblée au-dessous du faux entrait, à l'aide de deux cornières du commerce de 80 × 80.

Enfin, de deux cercles F en fer plat de 100 × 7 ayant un rayon de 8^m,22 et venant s'assembler dans les poteaux P comme nous le verrons plus loin dans les détails.

Ces poteaux P, qui sont adossés à des murs mitoyens, reposent sur des dés K en pierre de taille dure.

Les pannes qui sont aussi des madriers du commerce sont maintenues sur les arbalétriers soit à l'aide de cornières spéciales en fonte, côté gauche de la figure, soit avec de simples échantignolles en bois, côté droit de la figure.

Détails d'assemblage.

657. Le détail le plus intéressant est

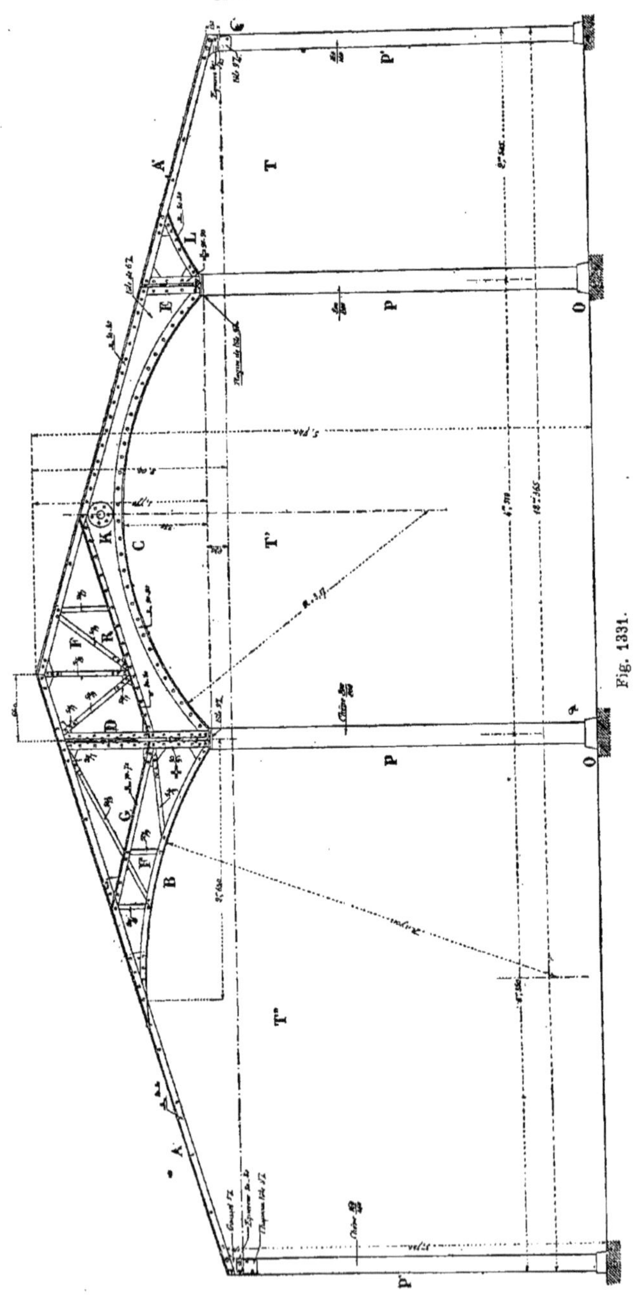

Fig. 1331.

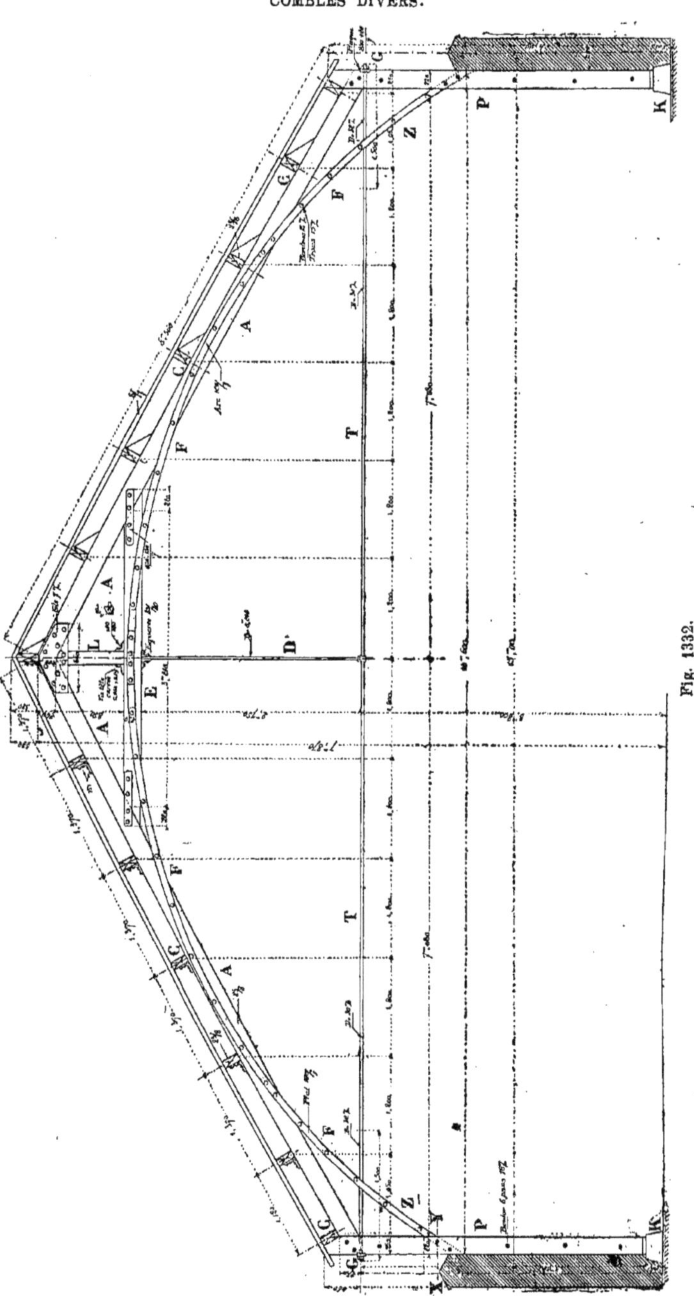

Fig. 1332.

indiqué (*fig.* 1333), il nous montre une coupe suivant XY de la figure 1332.

En K le plan des dés en pierre recevant les poteaux. Ces poteaux sont, comme le montre la coupe XY, composés de trois madriers O de 22/8 solidement

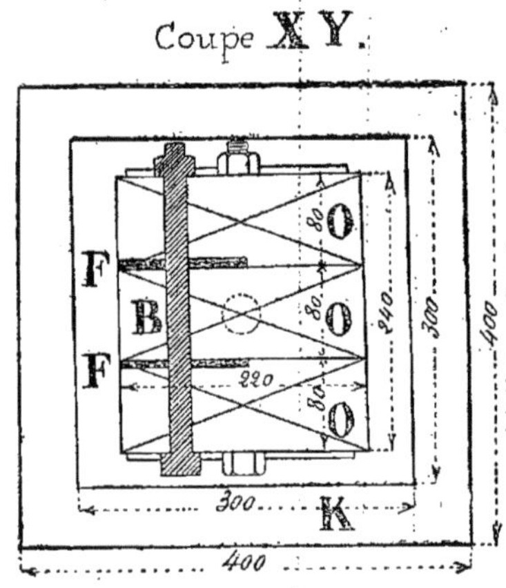

Fig. 1333.

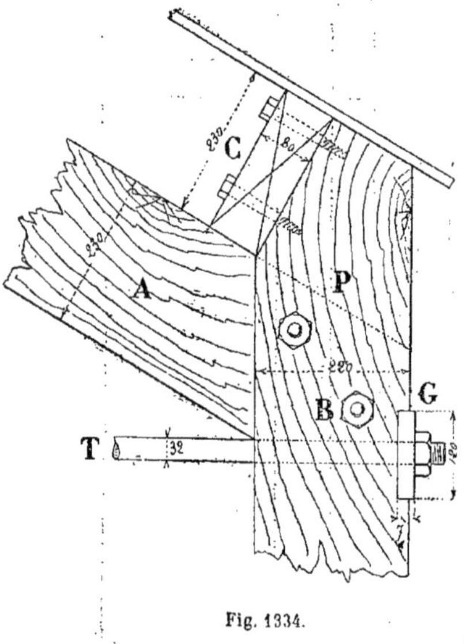

Fig. 1334.

réunis entre eux par des boulons B à six pans de 18 millimètres de diamètre et ayant 0^{m},24 de longueur entre tête et écrou.

En F nous voyons la coupe des deux arcs en fer plat venant se fixer entre les

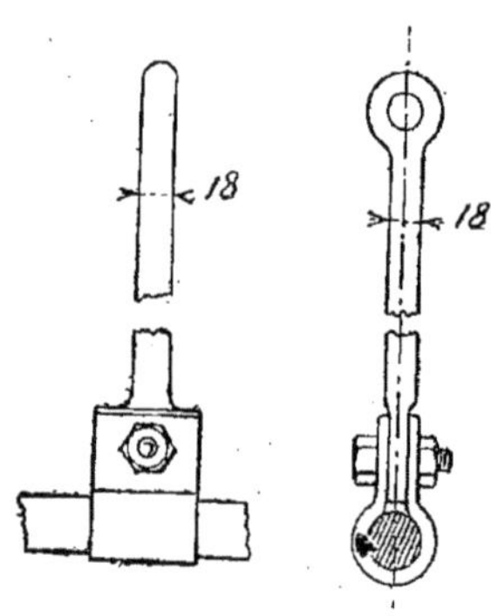

Fig. 1335.

madriers O qui, en cet endroit, sont entaillés à la demande.

La figure 1334 nous montre comment se fait l'assemblage d'une ferme sur le poteau correspondant; l'arbalétrier A se fixe sur le poteau P et y est maintenu par des boulons B.

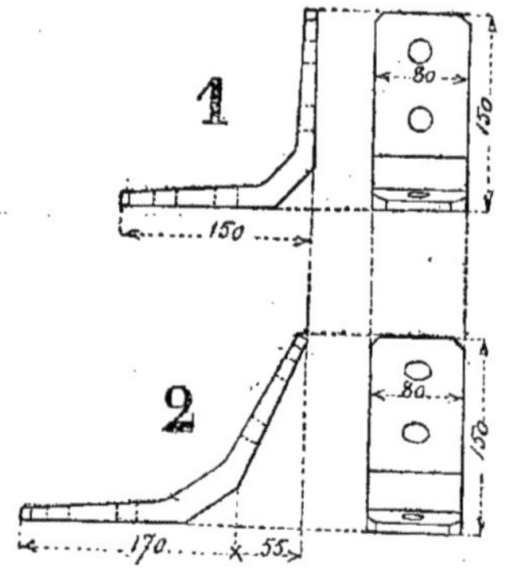

Fig. 1336.

La panne C est assemblée à l'extrémité du poteau P à l'aide de deux tirefonds.

Le tirant T traverse le poteau P et se boulonne sur une plaque G placée dans une entaille faite dans le poteau.

La figure 1335 nous donne deux croquis de l'aiguille pendante et son mode d'attache avec le tirant horizontal.

La figure 1336 nous indique les deux formes d'échantignolles en fonte employées pour cette charpente. L'échantignolle marquée 1 dans ce croquis est employée pour les pannes courantes, les deux branches sont d'équerre l'une sur l'autre : celle qui est marquée 2 a les branches plus ouvertes, elle est employée pour la panne de faîtage.

Enfin, pour terminer ces détails, nous donnons (*fig.* 1337) le croquis des bobines en fonte placées en Z (*fig.* 1332) et qui servent à maintenir l'écartement des deux fers plats F où il n'y a pas de bois interposé.

La portée, d'axe en axe des fermes, est de 4 mètres.

Cette charpente est très simple, très économique et peut s'employer dans bien des cas.

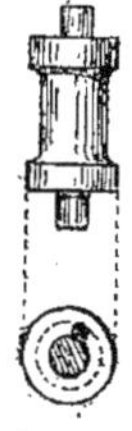

Fig. 1337.

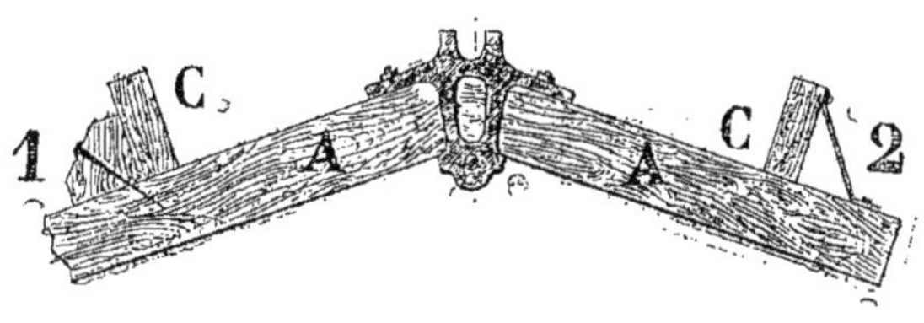

Fig 1338.

Renseignements divers.

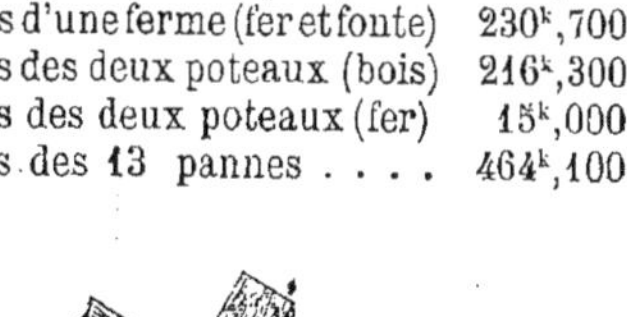

Poids d'une ferme (bois). . .	$169^k,575$
Poids d'une ferme (fer et fonte)	$230^k,700$
Poids des deux poteaux (bois)	$216^k,300$
Poids des deux poteaux (fer)	$15^k,000$
Poids des 13 pannes	$464^k,100$

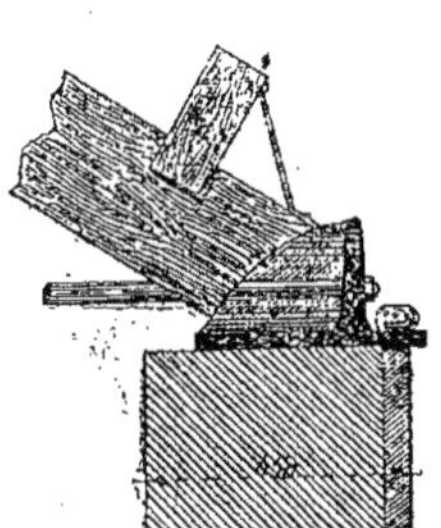

Fig. 1339.

Main d'œuvre d'une ferme et d'une travée de pannes, environ 90 francs.

Détails des boulons et des vis

16 boulons, 6 pans, 18 millimètres $0^m,24$ entre tête et écrou (poteaux).

16 rondelles pour ces boulons (sur poteaux).

52 boulons, 6 pans, 14 millimètres $0^m,10$ entre tête et écrou (arcs et couvre-joints, bobines).

14 bobines d'écartement (pour l'écartement des arcs).

Fig. 1340.

6 vis tête carrée de $0^m,14$ sur $0^m,009$ (pour équerres sous faux-entrait).

24 vis tête carrée (pour échantignolles sur arbalétrier).

10 échantignolles n° 1 (*fig.* 1336).

2 échantignolles n° 2 (*fig.* 1336).

658. On pourrait, pour l'assemblage des

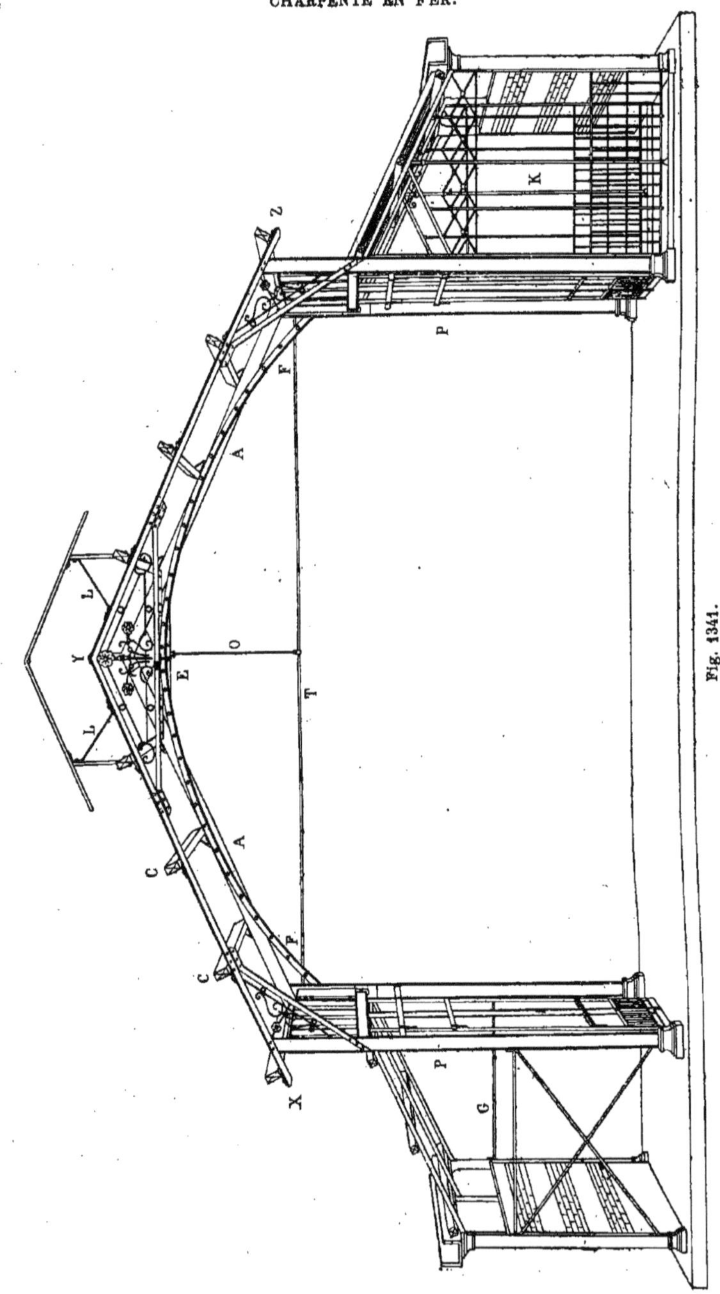

Fig. 1341.

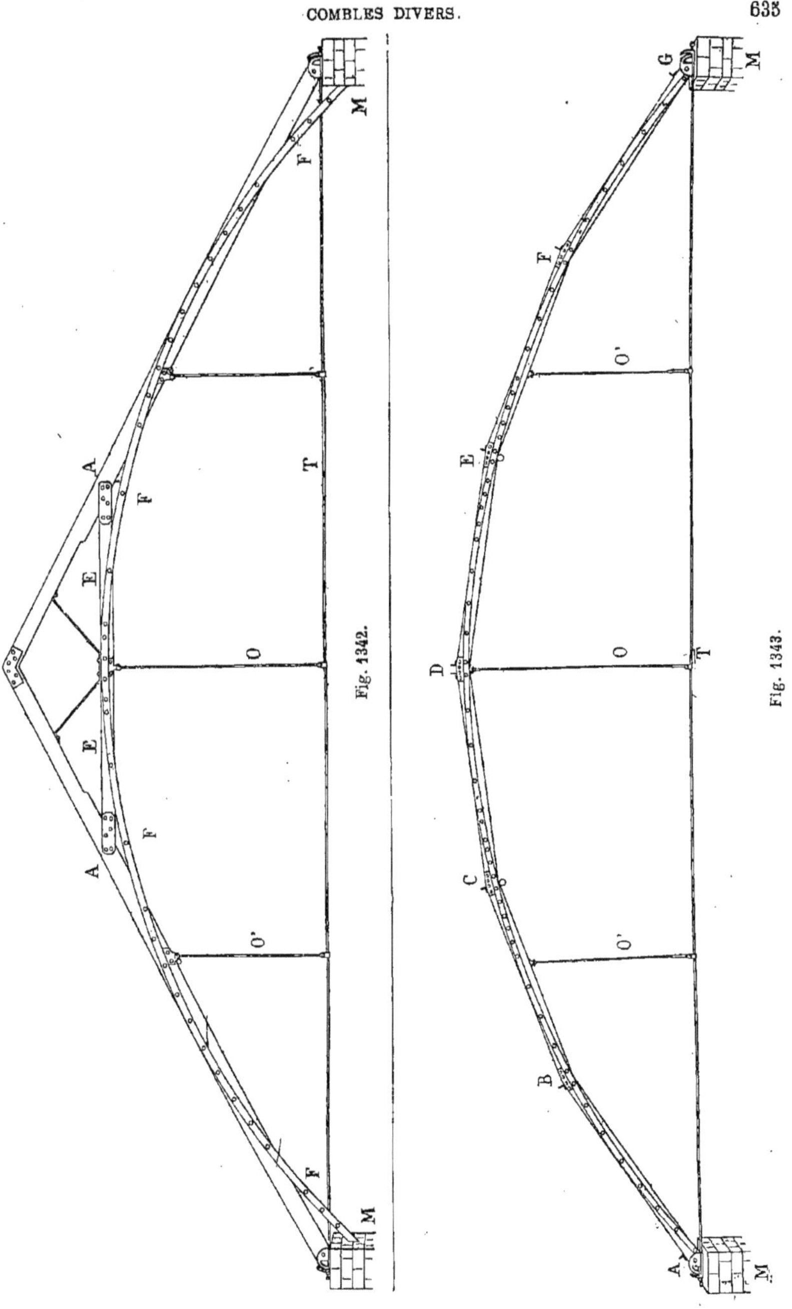

Fig. 1342.

Fig. 1343.

deux arbalétriers au faîtage, adopter un sabot en fonte et prendre, par exemple, la disposition indiquée en croquis (*fig.* 1338).

Dans cette figure nous montrons également deux autres moyens de fixer les pannes C sur les arbalétriers A. En 1 c'est la fixation avec un simple clou ; en 2 avec l'emploi d'un fer plat contourné à la demande.

La figure 1339 représente la solution à employer lorsque l'arbalétrier vient reposer sur un mur ; on se sert alors d'un sabot en fonte très simple de construction.

La figure 1340 indique l'assemblage à faire lorsque l'arbalétrier rencontre un poteau vertical.

6e Exemple.

659. La figure 1341 nous montre une vue perspective de l'application des fermes indiquées (*fig.* 1332.) Dans cet exemple les poteaux verticaux P sont des fers I reposant à leur partie inférieure dans des bases en fonte.

Suivant XYZ, nous indiquons la disposition plus décorative à adopter pour

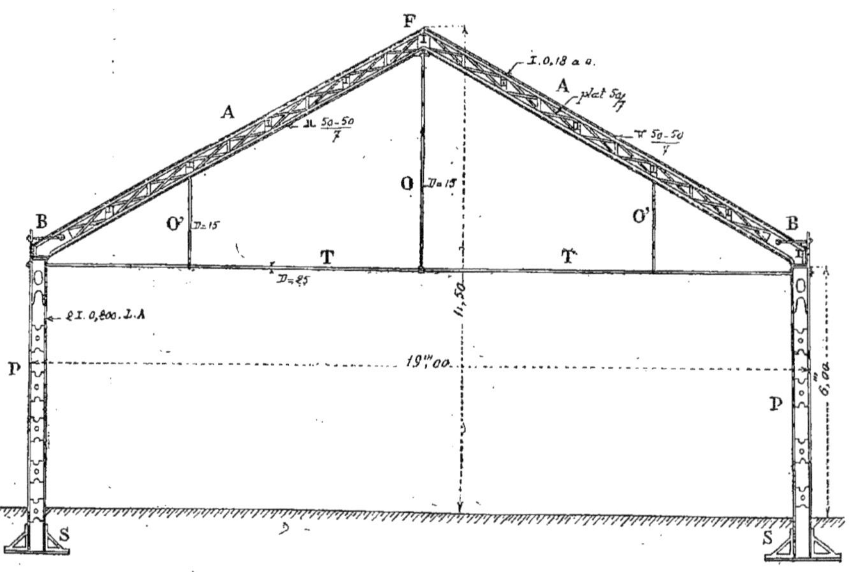

Fig. 1344.

une ferme de tête avec application d'ornement en fer forgé.

Nous avons tracé un lanterneau L et la possibilité d'ajouter en G et en K deux appentis pouvant facilement s'adapter sur les côtés du hangar.

Les pannes sont en bois et ont 23/8 d'équarrissage.

660. Les figures 1342 et 1343 nous montrent encore deux applications du même genre de ferme. Dans la figure 1341 les arbalétriers A en madriers de 23/8 reposent sur des murs M par l'intermédiaire de sabots en fer ; l'entrait E et les fers plats cintrés F sont disposés comme dans l'exemple de la figure 1332.

Les fers F vont directement se sceller dans les murs.

Au-dessus du faux entrait E on a placé deux petites contrefiches en fer reliant ce faux entrait à l'arbalétrier ; il existe comme précédemment un entrait en fer rond T et des aiguilles pendantes O et O' également en fer rond.

La disposition indiquée (*fig.* 1343) est connue sous le nom de ferme brisée à six pans; entre les points A, B, C, D, E, F, et G on place une série de bouts d'arbalétriers solidement reliés entre eux par des plaques d'assemblage et sur leurs deux faces opposées on fixe un fer plat cintré analogue à ceux qui ont été décrits précédemment.

Un tirant T et des aiguilles pendantes O et O' complètent cette simple installation.

Les pannes sont encore en bois; elles sont maintenues sur les arbalétriers par des cornières indiquées dans le croquis et servant d'échantignolles.

7e Exemple.

661. La figure 1344 nous représente une solution économique d'un hangar en fer. Les arbalétriers A sont formés par de petites poutres légères en treillis reposant sur des poteaux P composés de 2 fers I de $0^m,200$, L. A, réunis entre eux par des pièces de fonte. Un patin S placé à la partie inférieure des poteaux P en assure la stabilité. Un tirant T et des aiguilles pendantes sont disposés comme dans les exemples ci-dessus.

Détails d'assemblages.

662. Nous ne reviendrons pas sur le détail des poutres en treillis composant cette charpente nous en avons déjà vu beaucoup d'exemples. Ce qu'il est intéressant d'indiquer c'est la disposition de la retombée des fermes en B et la composition des poteaux P.

La figure 1345 nous représente ces détails. La poutre en treillis A repose en B à la partie supérieure des deux fers P formant poteau vertical; l'écartement entre ces deux fers est assuré par une pièce de fonte L maintenue par des boulons E.

En D se trouve indiqué le mode d'attache des tirants C.

Une rondelle en fonte D est interposée entre l'âme du fer et l'écrou du boulon C formant le tirant T de la figure 1344.

Le poteau extérieur est prolongé pour permettre d'en relier l'extrémité à la base de la ferme par un boulon spécial R.

Le plan, intercalé dans le croquis, fait facilement comprendre la disposition des fers P formant le poteau et les doubles boulons C formant tirants.

Au bas des poteaux P on fixe deux pièces de fonte F reliées entre elles par une semelle en tôle S. On forme ainsi une

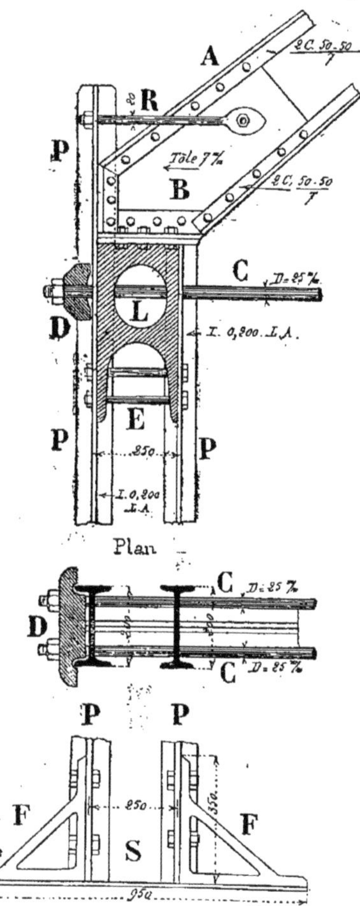

Fig. 1345.

base solide qu'on encastre dans le sol ou mieux dans une maçonnerie soignée formée de petits matériaux.

8e Exemple.

663. La figure 1346 est une variante

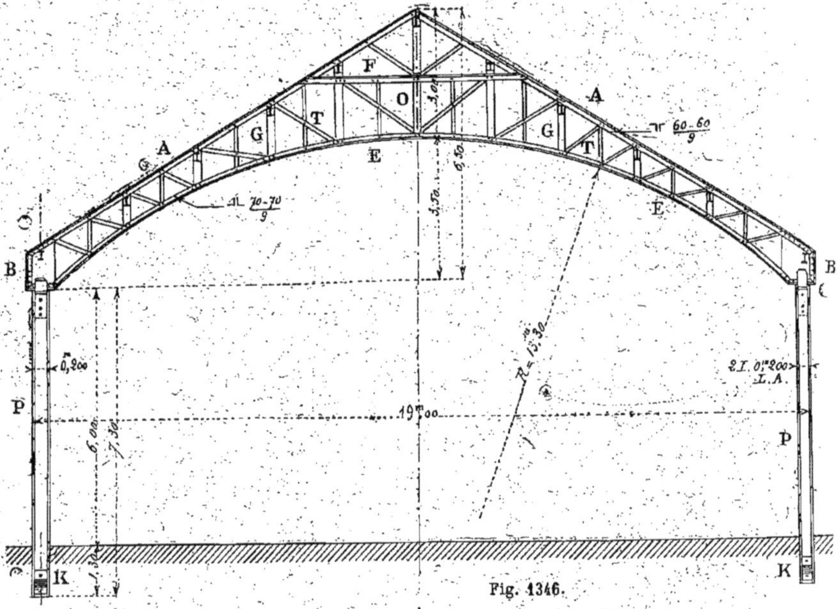

Fig. 1346.

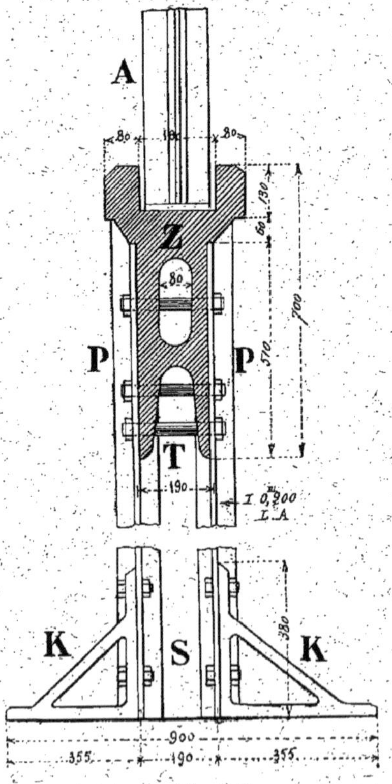

Fig. 1347.

de la disposition précédente et se rapproche beaucoup du croquis donné (*fig.* 1326).

Deux arbalétriers A, un entrait cintré E, un faux entrait F, une série de croisillons T et de montants plus forts G forment l'ensemble de la disposition.

Comme dans l'exemple précédent, ce qu'il y a d'intéressant c'est la retombée du pied de la ferme B sur le poteau vertical P. Cette retombée est indiquée en coupe verticale (*fig.* 1347). La base est identique à celle qui a été donnée dans l'exemple de la figure précédente.

Le haut du poteau est un peu différent; la pièce de fonte Z est spécialement disposée pour recevoir la poutre en treillis A ; le croquis fait facilement comprendre l'ensemble de l'assemblage.

9e Exemple.

664. Comme neuvième exemple de charpente métallique pour hangar nous représentons en croquis (*fig.* 1348), un ensemble schématique et le détail d'une demi-ferme de la disposition qui a été adoptée à l'Exposition de 1878 pour les annexes

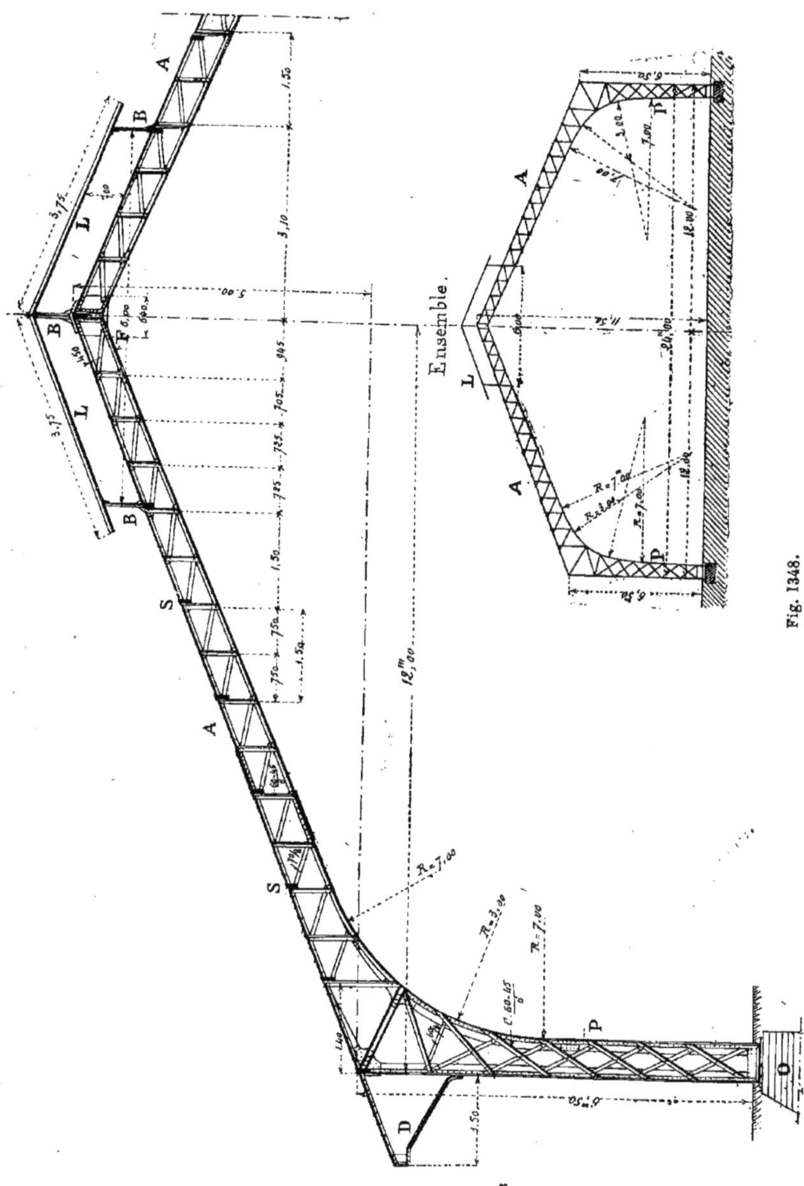

Fig. 1348.

des Galeries des machines, par M. Moisant, constructeur à Paris.

Cette ferme est réellement très remarquable au point de vue de la légèreté et même de l'élégance dans le genre de construction à grande portée. Elle est un bon

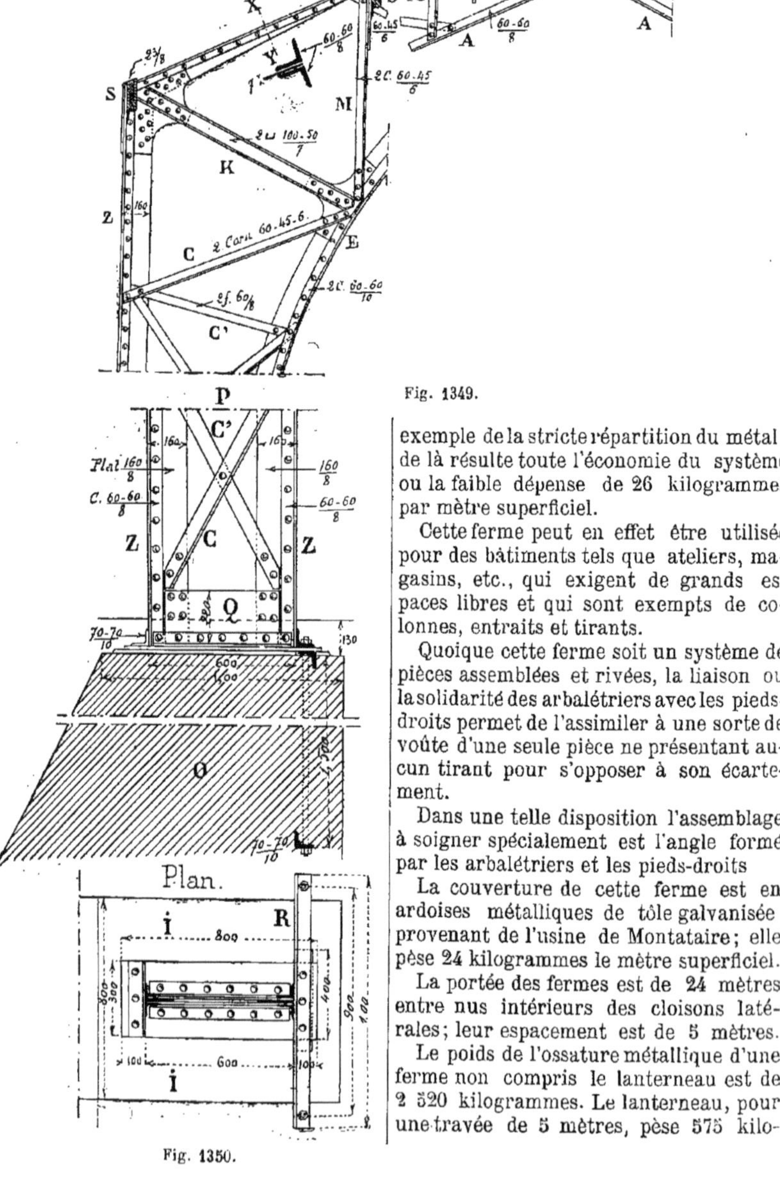

Fig. 1349.

Fig. 1350.

exemple de la stricte répartition du métal; de là résulte toute l'économie du système ou la faible dépense de 26 kilogrammes par mètre superficiel.

Cette ferme peut en effet être utilisée pour des bâtiments tels que ateliers, magasins, etc., qui exigent de grands espaces libres et qui sont exempts de colonnes, entraits et tirants.

Quoique cette ferme soit un système de pièces assemblées et rivées, la liaison ou la solidarité des arbalétriers avec les pieds-droits permet de l'assimiler à une sorte de voûte d'une seule pièce ne présentant aucun tirant pour s'opposer à son écartement.

Dans une telle disposition l'assemblage à soigner spécialement est l'angle formé par les arbalétriers et les pieds-droits

La couverture de cette ferme est en ardoises métalliques de tôle galvanisée provenant de l'usine de Montataire; elle pèse 24 kilogrammes le mètre superficiel.

La portée des fermes est de 24 mètres entre nus intérieurs des cloisons latérales; leur espacement est de 5 mètres.

Le poids de l'ossature métallique d'une ferme non compris le lanterneau est de 2 520 kilogrammes. Le lanterneau, pour une travée de 5 mètres, pèse 575 kilogrammes; ce qui donne, pour le poids total d'une travée, 3 095 kilogrammes.

Les pannes sont en bois (madriers du commerce 23/8, placés de champs) posées au droit des montants verticaux.

La surface supérieure de ces pannes est taillée suivant l'inclinaison des arbalétriers.

Les détails de construction sont très simples, les fermes de la charpente (*fig.* 1348) sont composées de 4 cornières de 60 × 60 × 8 formant par couples l'intrados et l'extrados des arbalétriers et pinçant entre leurs ailes des cornières verticales de 60 × 45 × 6 et des bracons obliques ou croisillons en fer méplat de 60 × 8.

Les arbalétriers A sont donc, comme le

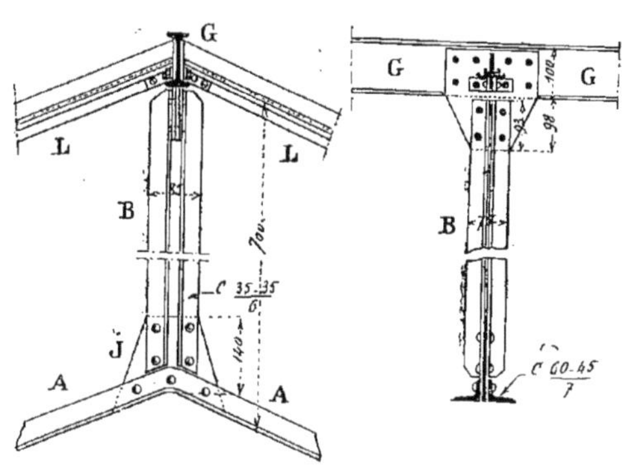

Fig. 1351.

montre le croquis, des poutres en treillis dont la hauteur va en diminuant vers le sommet de la ferme.

Le pied-droit P qui est aussi une poutre en treillis se rétrécit à sa partie inférieure et vient reposer sur un massif de béton O.

On voit, par la solidité de ces blocs de fondation que la charpente étant dépourvue d'entrait, de tirant et même de

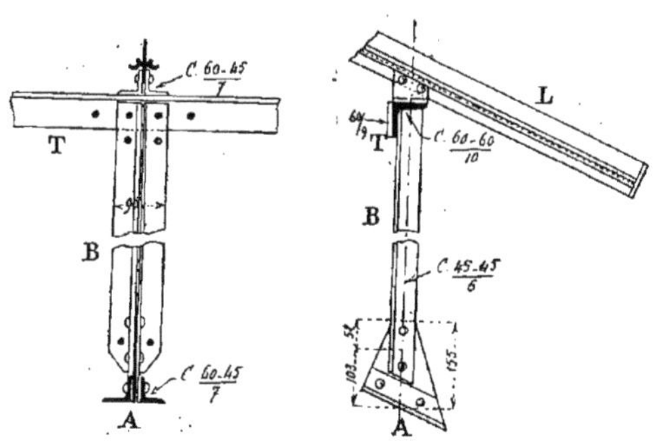

Fig. 1352.

faux entrait, résistera à la poussée au vide, à l'effort de la pression du vent, etc.

En L se trouve un lanterneau de 6 mètres de largeur portant un vitrage et soutenu sur la ferme par des montants spéciaux B.

En D nous avons indiqué un appentis très simple de construction.

Détails d'assemblages.

665. Comme nous l'avons indiqué plus haut, le détail le plus intéressant à étudier est l'angle obtus qui relie l'arbalétrier au pied-droit et qui est indiqué (*fig.* 1349). En ce point on a un grand parallèlogramme dont la diagonale est formée par deux fers en U de 100 × 50 × 7.

Cette figure nous donne aussi en détails la disposition du faitage.

La figure 1350 nous montre l'ingénieuse disposition des amarres ou ancrages des montants verticaux P par lesquels les intrados des fermes se prolongent verticalement dans le sol.

La figure 1351 nous indique le détail et les cotes nécessaires à l'exécution d'un montant d'axe du lanterneau.

La figure 1352 nous représente la même disposition pour un montant de rive du même lanterneau.

La figure 1353 nous donne le détail de l'assemblage d'une panne avec la ferme.

Enfin, la figure 1354 indique la disposition à adopter pour l'extrémité de l'auvent D de la figure 1348.

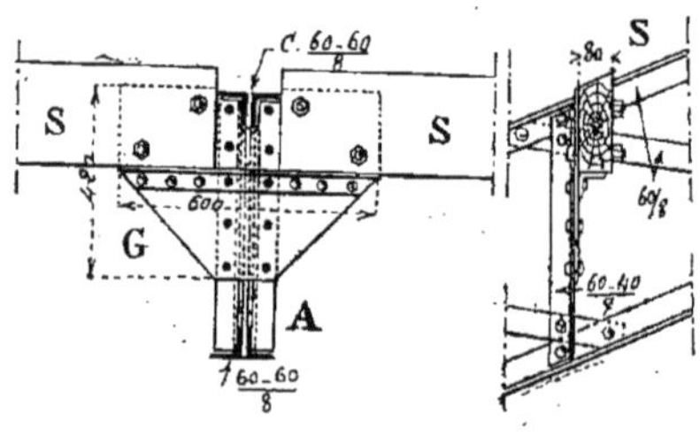

Fig. 1353.

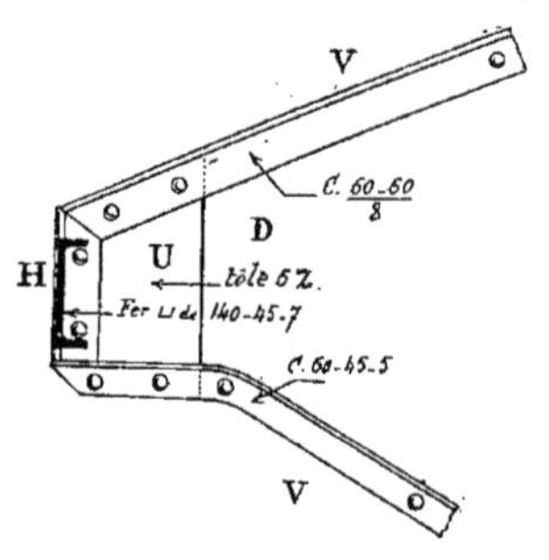

Fig. 1354.

666. Dans ce qui précède nous avons déjà donné des exemples de combles économiques d'un système nouveau ; nous les complèterons en extrayant ce qui suit d'une note explicative que M. Baudrit a bien voulu nous communiquer.

Note sur les combles-voûtes système A. Baudrit.

667. Pour établir une construction métallique, économique et solide, rendant par conséquent tout son effet utile, c'est-à-dire la plus grande somme de résistance, il convient de faire travailler le métal dans le sens de sa plus grande force :

Le fer à la traction ;

Le fer et la fonte à la compression ;

En remarquant : que le fer dans le premier cas travaille à toute longueur (également quelque soit cette longueur).

A la compression, au contraire, la résistance est toute différente et en rapport avec la longueur de la pièce.

La fonte, qui travaille à 8 000 kilogrammes (point de rupture) lorsque le rapport de son diamètre ou sa plus petite dimension transversale à sa longueur est de 5, ne travaille plus qu'à 250 kilogrammes lorsque le rapport est de 100.

Le fer, qui travaille à 4 000 kilogrammes dans le premier cas, ne travaille plus qu'à 600 dans le second.

Il est donc logique d'employer le fer pour résister à un effort de traction et d'opposer le fer ou la fonte à la compression, dans les conditions spéciales indiquées ci-dessus.

Dans les constructions élastiques et légères, le fer sera toujours préférable — les combles, par exemple.

Dans les constructions stables, immuables, au contraire, la fonte peut présenter certains avantages de rigidité, d'immobilité, et faciliter surtout le mode d'assemblage.

Lorsque le rapport sus-mentionné est 20, les résistances du fer et de la fonte sont égales, soit 2 500 kilogrammes.

Ceci posé, on peut conclure :

Que, règle générale, pour édifier une construction métallique quelconque, il faut toujours donner aux pièces fléchissantes la forme circulaire;

Que cette forme pouvait présenter dans l'établissement de certaines pièces (les poutres de ponts, par exemple), des difficultés d'exécution, avec lesquelles il faut compter;

Mais que, pour les combles, ces difficultés ne sont qu'apparentes et, en tous cas, largement compensées par l'excès de solidité obtenu;

Enfin qu'il faut quand même faire travailler le fer et la fonte à la compression pour s'opposer à la flexion des pièces.

Le bois, même en madriers de chêne ou de sapin, peut être employé avantageusement; car, quoi qu'on fasse, le métal doit toujours avoir une *section de rapport*, comme il a été dit ci-dessus, et présenter une certaine masse, non pour s'opposer à la compression, mais pour résister aux efforts transversaux qui tendent à gauchir ou à déformer les pièces, arbalétriers ou autres, d'une faible épaisseur et qui ne sont maintenues par les pannes qu'à d'assez grandes distances (1^m,50 à 2 mètres.)

Lorsque le fer et la fonte doivent résister à un effort de *flexion* il convient toujours de les employer sous la forme d'*arcs* travaillant à la *compression* comme des colonnes, c'est-à-dire plus fortes à la base qu'au sommet.

A moins que le sommet n'ait besoin d'être renforcé pour s'opposer au déversement, comme nous l'avons fait observer plus haut au sujet de l'entretoisage; mais c'est là un cas tout particulier, une question secondaire de détail.

Toutes les pièces devront toujours affecter cette forme, l'effort à la flexion se trouve nécessairement supprimé ou mieux transformé en effort de compression.

Et l'économie obtenue, par suite, est considérable

Cette économie s'étendant de la construction même aux supports, aux murs, qui doivent être moins résistants.

En effet le rapport entre les deux résistances est dans les conditions les plus défavorables :: 1 : 100 et bien supérieur encore dans les travaux de comble où la courbe peut atteindre un très grand rayon.

L'exemple suivant prouve jusqu'à l'évidence ce qui précède :

Si l'on prend une feuille de tôle de 0^m,001 d'épaisseur et qu'on veuille la faire tenir horizontalement, cette tôle portant aux extrémités sur deux appuis;

Chacun sait que cette pièce, n'eût-elle que 0^m,50 de longueur ne pourra se porter et prendra une flèche énorme.

Si, au contraire, on cintre cette même tôle en portant sa longueur à 10 mètres, ses extrémités étant maintenues par une tringle de tension;

Non seulement la construction se tiendra parfaitement, mais elle sera capable de porter un poids réel ; si l'on augmente son épaisseur, elle pourra supporter un poids considérable en rapport avec cette épaisseur.

Si la feuille de tôle est ondulée, elle supportera beaucoup plus.

Et cela, parce que le système travaillant à la compression et ne pouvant se gauchir en raison de la largeur continue des tôles et de la forme ondulée, toutes les petites sections de 0^m,001 ou plus s'ajoutent de proche en proche, totalisant une somme de sections considérables qui s'aident mutuellement.

Le tout travaille comme un système de colonnes qui ne peut se gauchir et représente un appareil construit dans les excellentes conditions détaillées plus haut, toutes ses parties travaillant au 1/5 de leur section.

Donc : pour établir une construction métallique, économique et rationnelle, surtout un comble, il faut :

1° Que les fermes soient cintrées;

2° Qu'elles soient maintenues par des tirants ou entraits simples et direct. Pour des portées dépassant 20 mètres l'entrait pourra être composé, mais dans ce cas, la flèche, bielle ou autre pièce servira surtout à soulager l'arbalétrier des surcharges passagères du vent ou de la neige ; du vent surtout, qui occasionne pendant les ouragans des mouvements désordonnés aux couvertures et qui fatigue forcément à la longue les assemblages et cisaille; les rivets et les boulons ;

3° Que les entraits, qui sont les pièces essentielles, donnent leur maximum de résistance ;

4° Que le fer et la fonte travaillant également, dans les conditions ordinaires (c'est-à-dire le rapport du diamètre à la longueur étant compris entre 10 et 15; 4000 kilogrammes étant le point de rupture pour le fer et 8 000 kilogrammes pour la fonte), à la compression et à la traction (1 000 kilogrammes par centimètre carré de section), l'entrait et l'arbalétrier doivent avoir la même section, à la condition toutefois d'entretoiser suffisamment l'arbalétrier ;

5° Que le mode de pièces travaillant à la flexion doit être abandonné comme défectueux, surtout pour l'établissement des combles ;

6° Enfin, que les fermes, pannes ou autres pièces cintrées, ne doivent gêner en aucune façon la pose de la couverture.

S'il s'agit d'un comble mixte du système Baudrit, et c'est là ce qui en constitue l'économie considérable — au lieu de faire l'arc du double de l'entrait, il suffit de le raidir en augmentant sa plus petite dimension transversale par l'adjonction d'un *remplissage en bois qui joue le rôle d'entretoisage, sans aider autrement à la résistance propre du métal, et surtout sans travailler avec lui, il doit servir de simple calage.*

Pas plus que dans l'établissement d'un plancher en fer, un hourdis ou entretoisage de quelque nature qu'il soit, en plâtras, briques creuses ou bois, ne travaille avec la solive que comme auxiliaire transversal pour s'opposer à son déversement.

D'après de nombreuses expériences on peut dire : que l'arc métallique est la forme vraiment pratique en toute circonstance, mais absolue dans l'établissement des combles.

En effet, l'arc en fer martelé, suffisamment entretoisé, qui porte cent fois plus que la barre droite horizontale, se solidifie sous la charge au lieu de se désagréger comme cette dernière.

L'arc , qui n'a pas été étudié assez sérieusement par des juges savants et compétents, travaille de plusieurs manières, suivant son mode de fabrication.

Ainsi l'arc peut être :

1° Cintré à chaud, sortant du laminoir, moulé sur la forme, donc comprimé à sa partie inférieure, allongé à sa partie supérieure ;

2° Cintré à froid à la machine même travail, mais le métal plus dompté et conséquemment plus résistant, car une barre de fonte, de fer ou de mauvais fer ne supporterait pas l'opération ;

3° Cintré à froid, martelé.

Il est évident que l'opération du martelage ajoute une grande force de cohésion au métal (qui perd forcément de son ressort, de son élasticité), chaque coup de marteau équivalant à une addition de résistance. De plus la partie basse étant comprimée, comme dans les deux ouvrages précédents.

La partie supérieure se trouve avoir acquis une plus-value de résistance correspondant exactement au nombre de coups de marteau reçus ;

4° En fonte de fer qui n'a d'autre solidité que celle inhérente à sa forme même et *provenant* de sa qualité.

L'arc plein cintre ne porte rien ou presque rien, il ne fait que maintenir la charge qui glisse du faîte au sol.

Nous avons pris, pour les combles-voûtes, l'arc dont la flèche correspondait au 1/4 de la portée, parce que, jusque-là, les centres des différents arcs sont distants d'une quantité sensiblement proportionnelle.

Au delà, l'éloignement s'accentue suivant une progression énorme (voir le tracé, *fig.* 1355) qui semble donner une limite de cintrage qu'il convient de ne pas franchir.

C'est d'ailleurs l'inclinaison que donne la pratique pour l'établissement des combles.

Mais cela n'a rien d'absolu, puisque certains auteurs (Guillot, *Ponts voûtés*) attribuent à l'arc en fer dont la flèche est le 1/10 seulement de la corde, une force 100 fois plus grande que celle de la même barre droite.

Si l'arc est sous-tendu par un entrait, il ne travaille plus en raison de la hau-

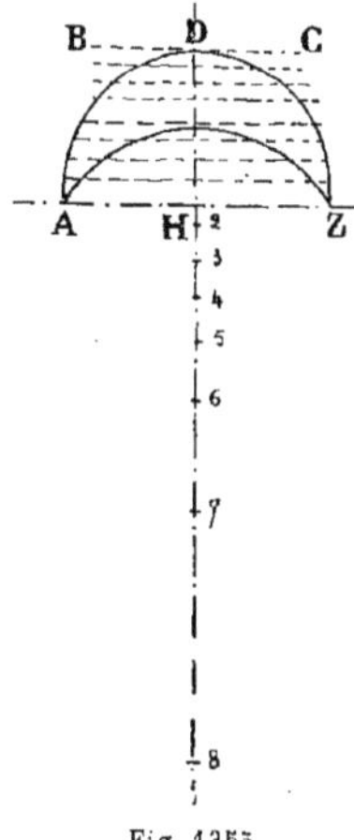

Fig. 1355.

teur de sa flèche, mais en raison de la section de la corde ou entrait qui le maintient.

Seulement l'entrait devra être réduit à mesure que l'arc qu'il sous-tend s'élèvera vers le plein cintre, se réduira progressivement et s'éteindra comme l'indique le tracé des cintres (*fig.* 1355) pour finir en D à la partie haute du plein cintre.

L'entretoisage usuel dans la construction des combles donnant le rapport de 20 et 25 entre la longueur de la pièce et la section sus-indiquée, il s'ensuit que le fer de l'arc ne travaillera plus qu'à moitié de celui de l'entrait.

Voir la table de M. Love, *Mémoire sur la résistance du fer et de la fonte*, § 37, qui correspond d'ailleurs à nos expériences.

Il faudra donc doubler la section de l'arc.

Si l'entrait qui pèse 10 kilogrammes a une section de 36/36 il conviendra de donner à l'arc 50/50 pesant 20 kilogrammes. S'il s'agit d'un comble mixte, au lieu de faire l'arc d'une section double de l'entrait, on se contentera de le raidir et d'augmenter sa plus petite dimension transversale par l'adjonction d'une longrine ou pièce de bois d'entretoisage, qui ne remplit absolument que cet office, comme nous l'avons dit ci-dessus.

Il résulte donc de ce qui précède que si l'arc travaille en raison de la hauteur de sa flèche, dans la pratique, son travail est subordonné à la section de la corde ou entrait qui maintient cet arc.

Que la flèche de l'arc augmente pour atteindre le plein cintre la résistance n'augmentera pas d'une quantité sensible.

C'est à l'appui de ces considérations que nous indiquons les différents types de fermes-voûtes résumant les avantages ci-dessus décrits.

Les tracés graphiques très simples, que nous indiquerons plus loin, permettront de contrôler les faits indiqués précédemment.

Systèmes mixtes.

668. La première ferme représentée schématiquement (*fig.* 1355) se compose d'arbalétriers en fer en forme d'arcs de $\frac{80 \text{ à } 90}{7 \text{ à } 9}$ millimètres pour les portées de 10 à 15 mètres, assemblés sur madriers en chêne ou sapin du commerce de $\frac{220}{8 \text{ à } 11}$ millimètres ajustés suivant les pentes du comble; les extrémités de l'arc sont maintenues par un entrait.

La deuxième ferme représentée en croquis (*fig.* 1357) se compose d'un arc semblable au précédent sur lequel vient s'ajuster l'arbalétrier brisé à 4 pentes, pour une portée de 20 mètres, et à 6, 8, 10 pentes pour 30 mètres, 40 mètres, 50 mètres et ainsi de suite.

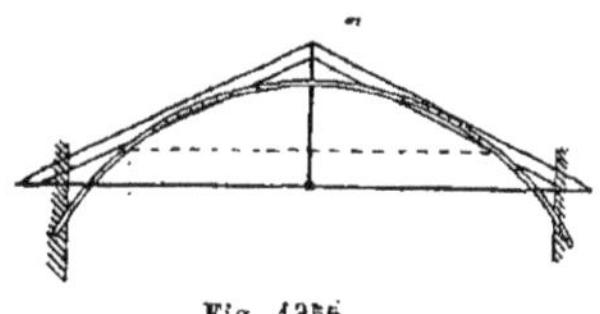

Fig. 1356.

Systèmes métalliques.

669. La troisième ferme sans entraits apparents (*fig.* 1358) est à 4 pentes et construite de façon que les trois entraits fictifs indiqués en ponctué dans la figure soient tangents à l'arc qui constitue l'entrait et maintiennent exactement la poussée et la déformation des 3 angles A, B, C.

De cette façon, ces trois entraits dans la pratique, peuvent être et sont remplacés par des croisillons ou décharges qui

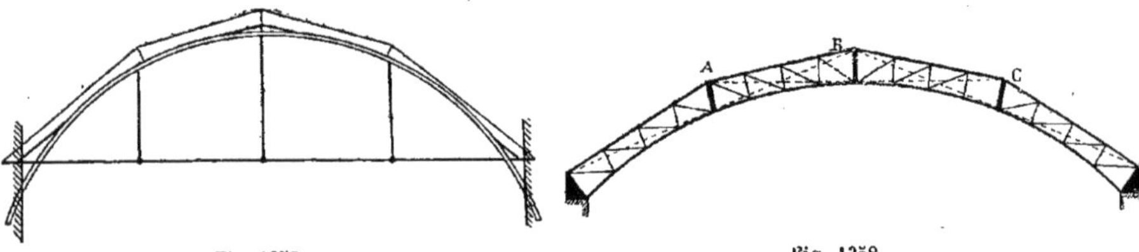

Fig. 1357. Fig. 1358.

empêchent à la fois la déformation des angles de la ferme et celle de l'arc.

La quatrième ferme (*fig.* 1359) est la même que celle ci-dessus, seulement elle se présente simplement avec deux pentes; elle est, parcela, beaucoup plus pratique. L'arc formant entrait relevé est tracé de la même façon.

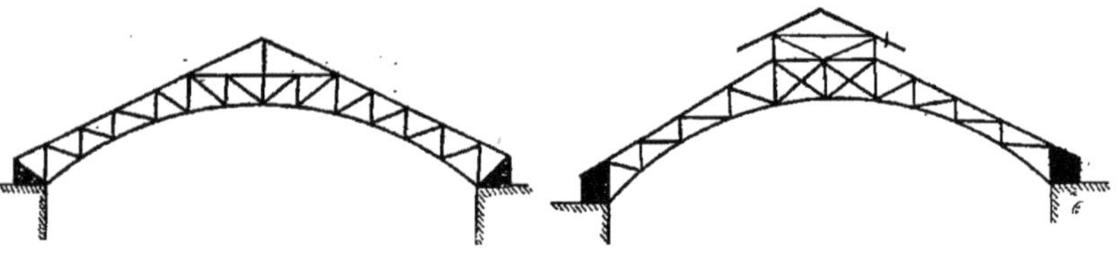

Fig. 1359. Fig. 1360.

Quand elle doit recevoir un ventilateur et surtout qu'elle est couverte en zinc, on tronque le sommet comme le montre la figure 1360.

La charpente ainsi établie est d'un meilleur effet et plus économique.

La ferme représentée en croquis (*fig.* 1361) dite aussi vitrage nord est de même forme

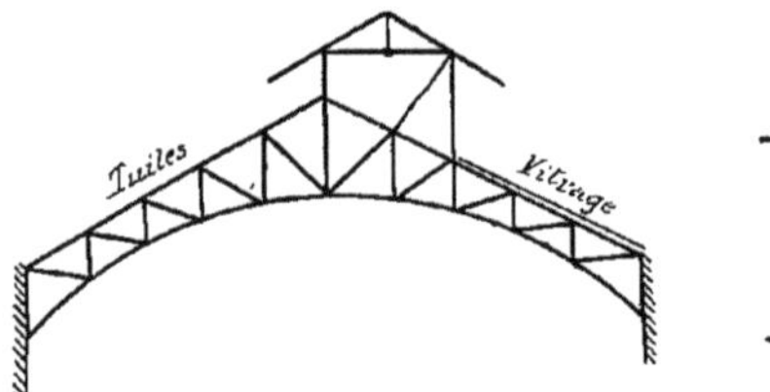

Fig. 1361.

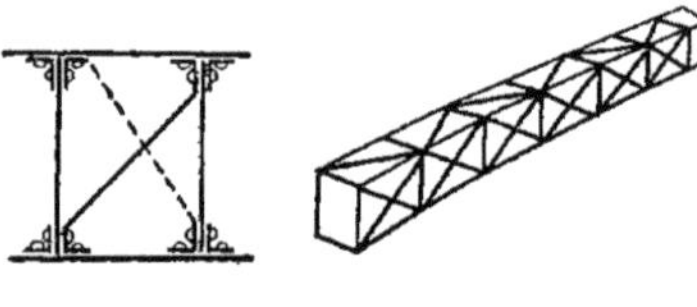

Fig. 1362.

que ci-dessus, mais son sommet surmonté d'un lanternon-ventilateur tourné du côté du nord et placé sur la pente du même côté, à l'abri du soleil ; la partie basse de cette pente est vitrée, l'autre versant, comme la toiture du ventilateur, peut être couvert en tuiles.

La ferme indiquée par les croquis (*fig.* 1362) et qu'on peut utiliser *pour les grandes portées*, 50 mètres et au delà est composée d'arbalétriers en quatre parties, comme le montre la figure 1362 formant un système tubulaire ajouré, reliées ensemble par des frettes soudées et des croisillons ou plus économiquement par de simples entretoises et décharges.

Un entrait maintient ses extrémités.

Si la ferme repose directement sur le sol, les deux pieds descendant de 0m,40 à 0m,50 en terre, sont maintenus par un

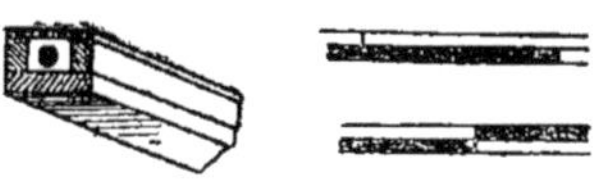

Fig. 1363. Fig. 1364.

entrait non apparent enfermé dans un petit aqueduc (*fig.* 1363) analogue à ceux des conducteurs de paratonnerres.

Fermes avec arcs de renfort.

670. Toutes les fermes décrites ci-dessus, pour des portées de 30 mètres et plus, peuvent être armées (sans augmentation sensible de poids pour des portées doubles) d'arcs de renfort en fonte ou en acier, de forme annulaire, se glis-

Fig. 1365. Fig. 1366.

sant comme un fourreau dans l'arc en fer T ou cornière formant l'âme ; les joints, en forme de claveaux sont droits ou contrariés (*fig.* 1364).

Des emboîtements à moufles sont ménagés sur la longueur à la demande des pannes et des mortaises donnent passage aux décharges.

Cet arc de renfort peut avoir sa section d'une seule pièce ou en deux, comme (*fig.* 1365 et 1366) suivant que le demandent le travail et l'effort qu'il s'agit d'équilibrer.

Exemple. — On établit pour une portée quelconque une ferme très légère, capable de supporter la couverture seulement sans surcharge aucune de vent ou de neige.

Si la couverture est métallique et qu'on veuille y substituer une couverture en tuiles, on ajoute après coup sur l'arc en fer un nouvel arc en fonte ou en acier.

Si l'on veut ajouter encore un hourdis en plâtre ou en brique, de la pierre ou telle autre addition quelconque, on rapporte, sans toucher à la ferme, un arc de renfort d'une plus grande section (*fig.* 1366) en rapport avec la surcharge.

Donc, en principe et pour résumer :

671. Quelle que soit la portée d'un comble, on établira presque toujours à très peu près la même ferme qu'on renforcera d'un arc à claveaux d'une section en rapport avec le poids à porter.

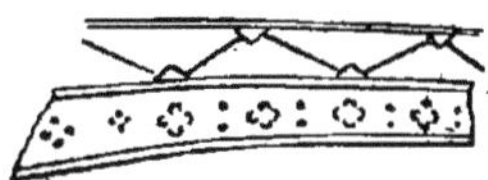

Fig. 1367.

Soit par exemple un pont d'une portée de 160 mètres, on constituera la ferme comme si elle ne devait avoir que 20 ou 30 mètres de portée. Cette pièce sera donc d'une légèreté excessive sans égale et pourra être elle-même son échafaudage, capable de supporter les charges passagères d'une construction provisoire ; une fois posée on vient l'armer de son arc de renfort en acier et lui donner, sans difficultés et presque sans frais, son maximum de résistance.

S'il s'agit d'une ferme dite américaine, anglaise ou de tout autre système, dont l'arc surbaissé sert également d'entrait on opérera de même en ajoutant un arc de renfort calculé à la demande.

Pour de grandes portées, 40 à 50 mètres, l'arc pourra être double comme le montre la figure 1367, ses deux parties réunies par une âme en tôle pleine ou ajourée, garnies de deux arcs en fonte ou en acier à joints croisés.

L'arc de renfort dont la section va en grandissant du faîte à la base travaille comme une colonne par compression ; seulement l'effort, au lieu d'agir sur un seul point, la tête seulement comme sur la colonne, est réparti uniformément sur toute la longueur de la pièce.

672. Quand la fonte ou le fer sont employés sous forme d'arcs, tout tassement, toute charge qui ne dépasse pas les limites de résistance à l'écrasement constitue une augmentation de force, une cohésion plus grande entre les molécules.

C'est ce qui explique le côté économique et les résultats imprévus obtenus avec les nouvelles dispositions de combles ci-dessus ; même en place, les surcharges de vent, de neige ou autres, ne font qu'augmenter la force du système et parfaire le travail de l'ouvrier en donnant plus de densité aux pièces qui auraient pu laisser à désirer.

Ces surcharges complètent pour ainsi dire la résistance du métal et donneront de l'équilibre, de la solidarité à toutes ses parties ; les plus fortes resteront ce qu'elles sont, attendant pour profiter d'un nouvel accroissement automatique que les plus faibles aient acquis la force qui leur manque et cet accroissement de solidité ne sera pas élastique et momentané, mais permanent et restera acquis à l'ouvrage.

Ce que l'ouvrier le plus intelligent, la main la plus habile, ne sauraient faire, la nature l'accomplit le plus simplement du monde sans effort, instinctivement.

Le vent et la neige, d'obstacles, deviennent des auxiliaires puissants et sûrs, qui ne peuvent faillir et qui travaillent sans relâche à rapprocher les molécules en les disposant mieux que la main de l'homme ou le laminoir n'auraient pu le faire, et leur font atteindre peu à peu cet équilibre de cohésion dont nous avons déjà parlé et cela à mesure que le besoin s'en fait sentir, à mesure que la surcharge accidentelle supplémentaire réclame ce nouvel excédant de force.

10e Exemple.

673. Comme dixième exemple de fermes de combles pour hangar, nous donnons (*fig.* 1368) en plan et en élévation une bonne disposition simple et très économique.

Chaque ferme se compose : de poteaux P en chêne de 20 × 20 d'équarrissage portés sur des dés B en pierre de taille ; d'arbalétriers A (madriers du commerce 23 × 8) solidement reliés aux poteaux P et assemblés au faîtage à l'aide de plaques de tôle ; d'un arc F en fer cornière recevant une série de croisillons en fer plat dont nous verrons la disposition dans les détails : d'une aiguille pendante O (fer rond de quinze millimètres de diamètre) ; d'un tirant T en fer rond de trente millimètres de diamètre et les fourches D nécessaires à son assemblage avec les poteaux ; enfin d'une série de pannes S disposées comme les pannes ordinaires d'un comble.

L'une des fermes ne comporte pas de lanterneau, l'autre en comporte un, L, simplement représenté en axes.

En plan nous indiquons en C les chevrons, en P les poteaux, en S les pannes et en V les fers à vitrages du lanterneau L.

L'écartement des chevrons C est de $1^m,069$; celui des pannes $1^m,63$ et la distance entre deux fermes consécutives est de $4^m,275$.

Détails d'assemblages.

674. La figure 1369 nous donne, à plus grande échelle, la disposition de la retombée des fermes sur les poteaux, l'arrangement de ces fermes au faîtage et l'indication du lanterneau.

A la partie haute du poteau P on met de chaque côté une plaque de tôle K de 5 millimètres d'épaisseur servant à relier l'extrémité du poteau avec les arbalétriers A. Sur ce poteau P se fixe, à l'aide de boulons, un sabot en fonte J servant de retombée à l'arc F.

Le tirant T vient se fixer dans une fourche en fer plat D dont nous donnons l'élévation et le plan.

Les pannes S sont maintenues sur l'arbalétrier à l'aide de cornières à ailes inégales de 70 × 50.

Au faîtage la panne S′ est fixée par deux cornières ouvertes ; en ce point les deux arbalétriers A sont réunis par un assemblage G dont la coupe de droite de la figure donne le détail.

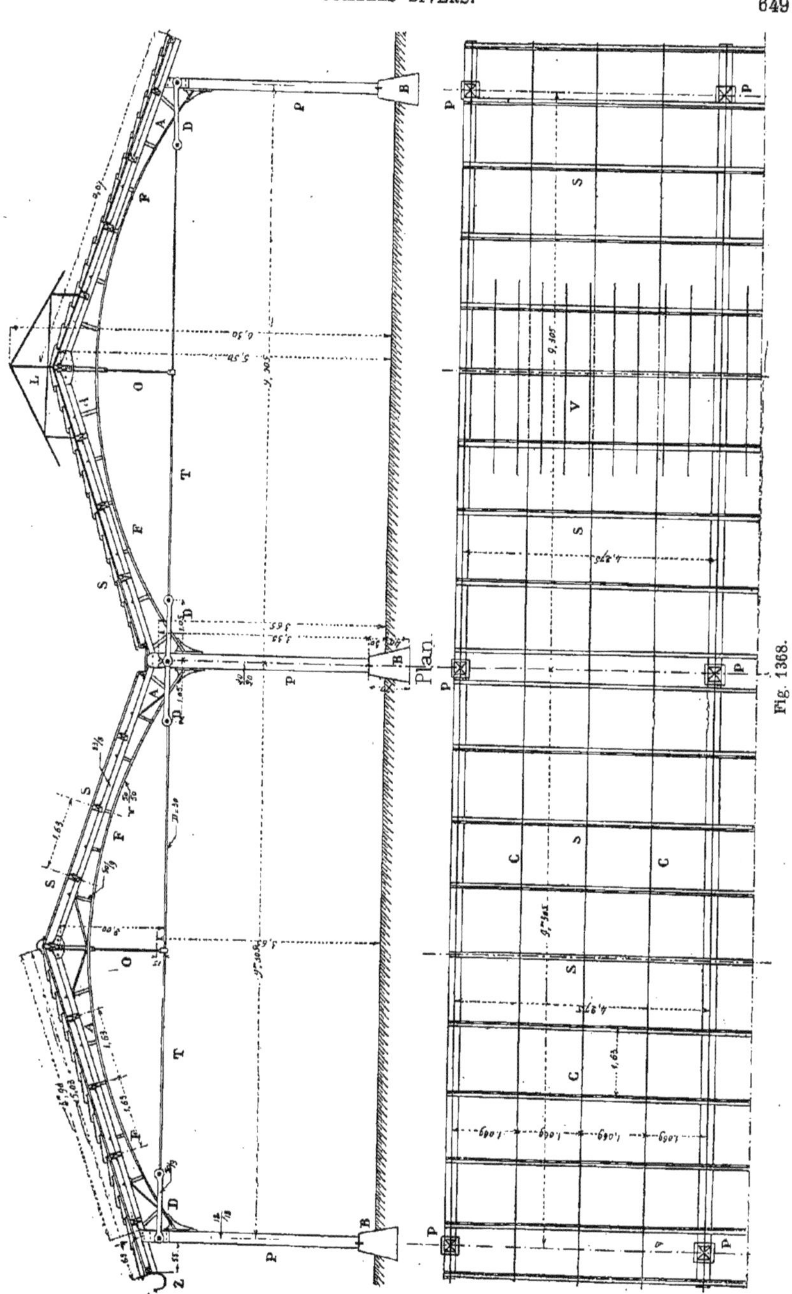

Fig. 1368.

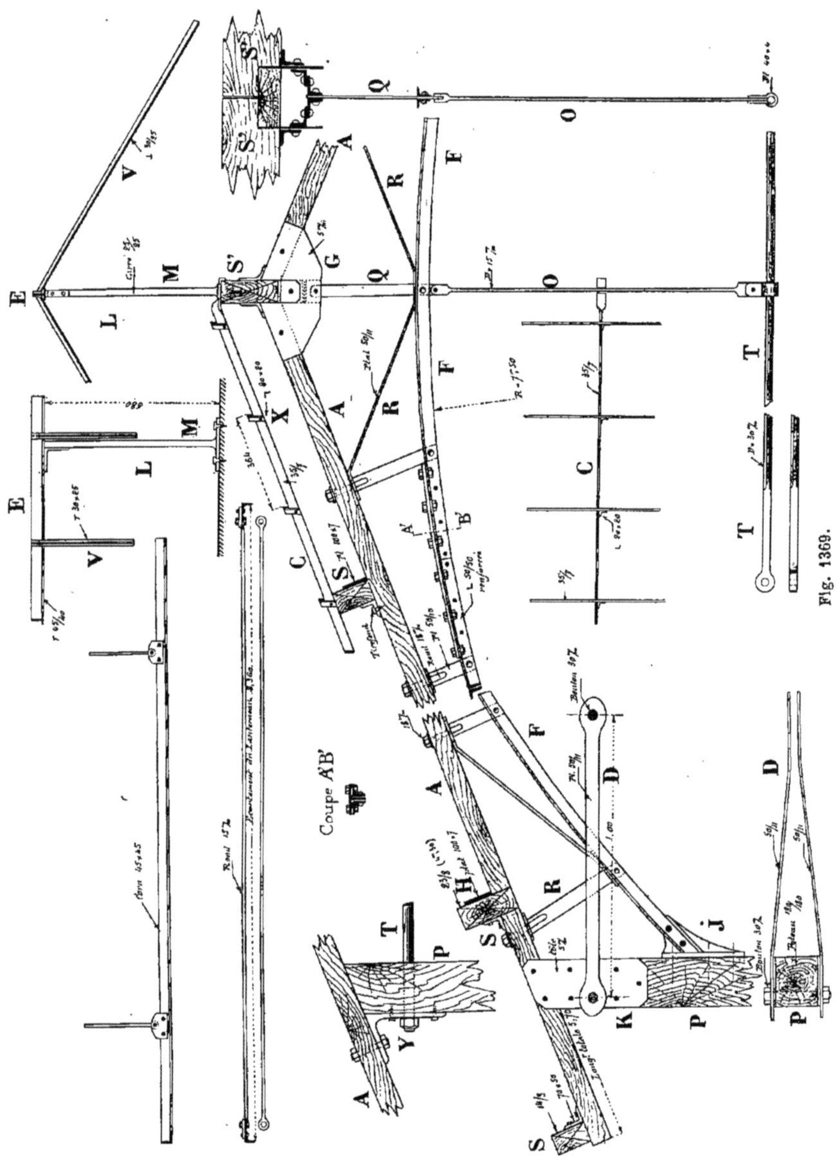

Fig. 1369.

Sur la panne de faîtage S′ se fixe le montant M du lanterneau L et l'extrémité des chevrons C ; ces chevrons reçoivent, tous les $0^m,364$, de petites cornières X de 20×20 destinées à maintenir le lattis en fer plat sur lequel s'accrochent les tuiles.

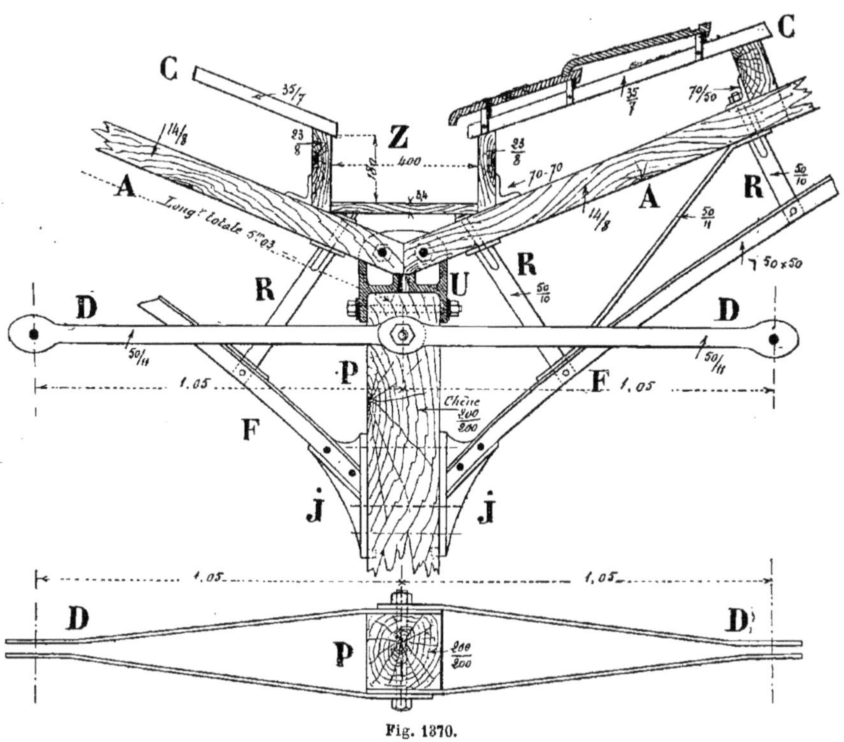

Fig. 1370.

En Q un montant en fer plat plus fort que les autres se prolonge en-dessous de l'arc F et reçoit l'assemblage de l'aiguille pendante O. Cette aiguille pendante, supporte le tirant en fer rond T à l'aide d'un fer plat contourné à la demande

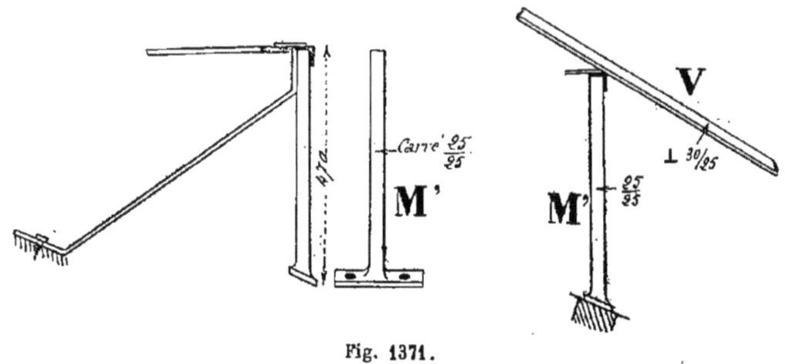

Fig. 1371.

En Y, dans la même figure, nous donnons une variante de l'assemblage de l'arbalétrier A sur le poteau P.

La figure 1370 nous représente la disposition au point de rencontre du pied de deux fermes sur un même poteau P. La

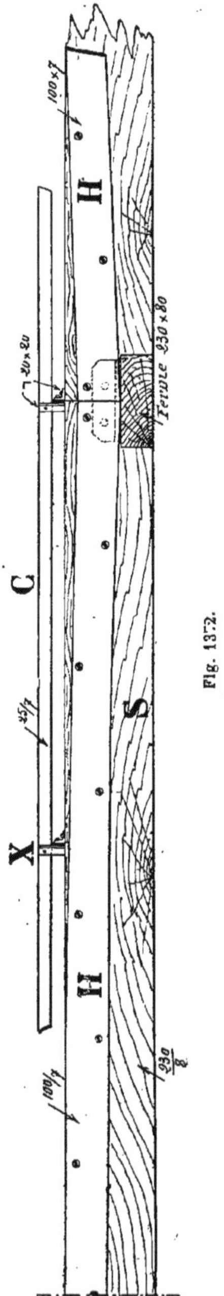

Fig. 1372.

partie haute de ce poteau P est coiffée d'un sabot en fonte U disposé pour recevoir l'about des arbalétriers A. Sur ces arbalétriers s'appuie un chéneau Z dont

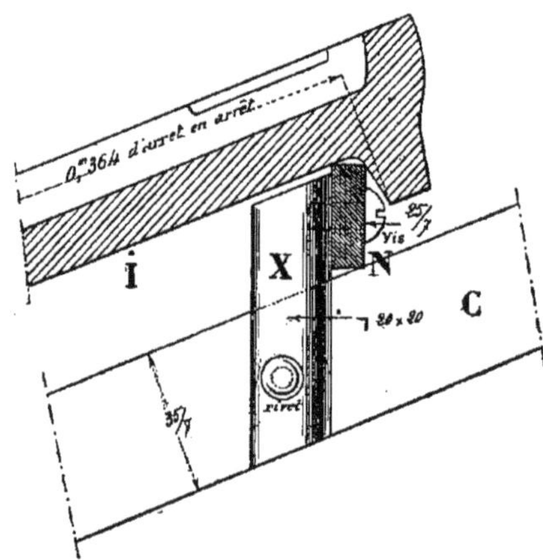

Fig. 1373.

le croquis fait facilement comprendre la disposition.

La figure 1371 nous donne les détails du lanterneau et la terminaison des fers

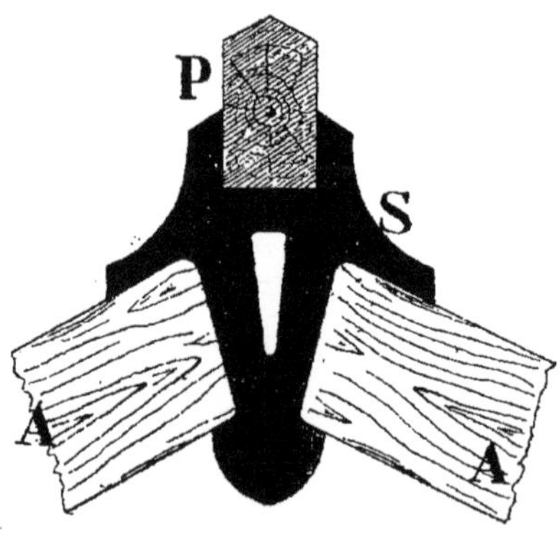

Fig. 1374.

à vitrage V de ce lanterneau qui sont supportés par des montants intermédiaires M'.

La figure 1372 nous indique en croquis l'élévation d'une panne S doublée d'un

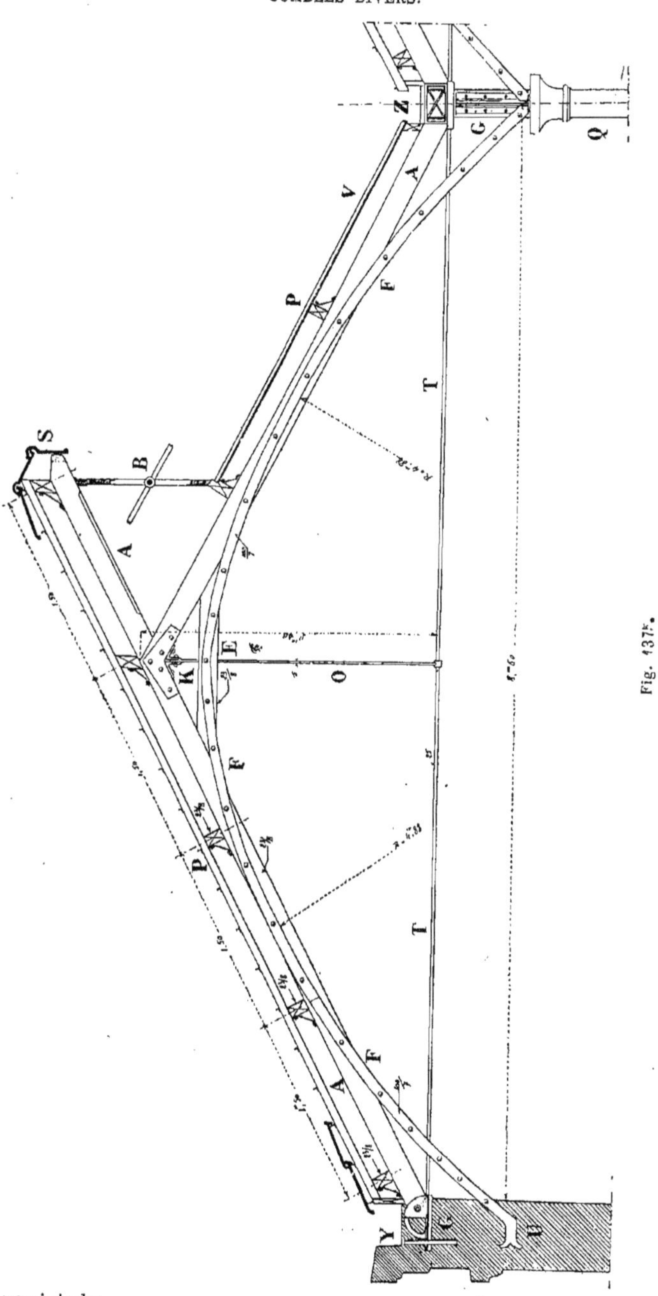

Fig. 1377.

fer plat H pour la consolider. Cette panne reçoit, sur sa face supérieure, les chevrons C solidement maintenus par des supports X.

Enfin, la figure 1373, nous fait facilement comprendre comment se fait l'assemblage du lattis en fer plat N sur les chevrons C également en fer plat à l'aide de petites cornières X de 20 × 20. En I nous voyons la coupe de l'extrémité d'une tuile venant s'accrocher sur le lattis.

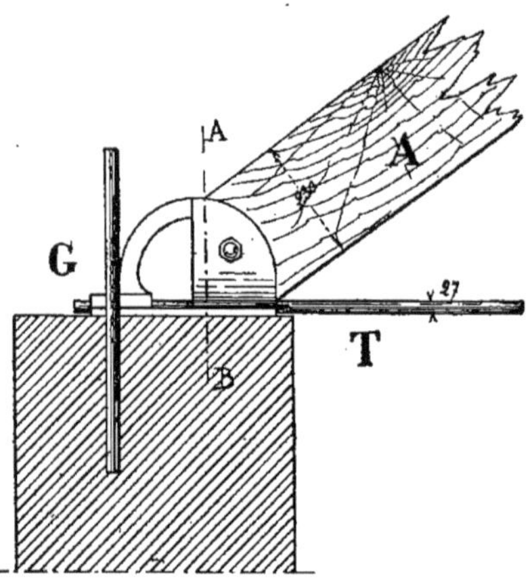

Fig. 1376.

La figure 1374 nous indique comment peut encore se faire l'assemblage des deux arbalétriers A à l'aide d'un sabot en fonte S présentant à sa partie supérieure une disposition spéciale pour recevoir la panne faîtière.

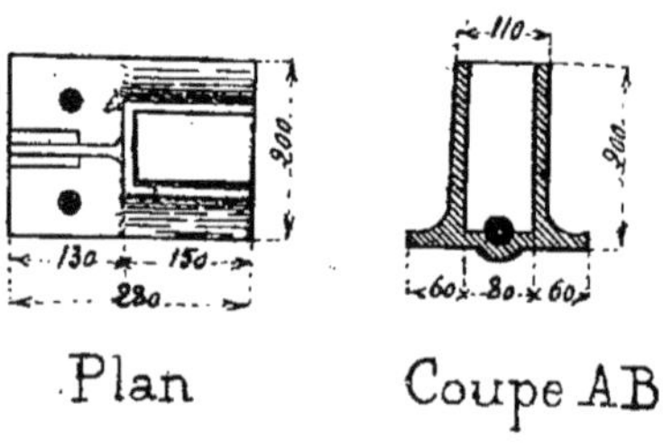

Fig. 1377.

11° Exemple.

675. Les combles du système Baudrit s'appliquent également aux combles sheds dont nous avons déjà parlé ; la figure 1375 nous en montre un exemple. (Nous donnerons plus loin des dispositions schématiques du même type mais construit tout en fer.) La ferme se compose : de deux arbalétriers A (madriers du commerce de 23 × 8) assemblés au faîtage par deux tôles de cinq millimètres d'épaisseur et venant retomber d'un côté dans un sabot en fonte G et de l'autre s'assembler sur un filet longitudinal ; de deux fers plats F venant se sceller en U dans le mur de gauche et se fixer sur la console G posée elle-même sur une colonne en fonte Q ; d'un faux entrait E ; d'une aiguille pendante O ; enfin, d'un tirant T dont nous connaissons l'usage.

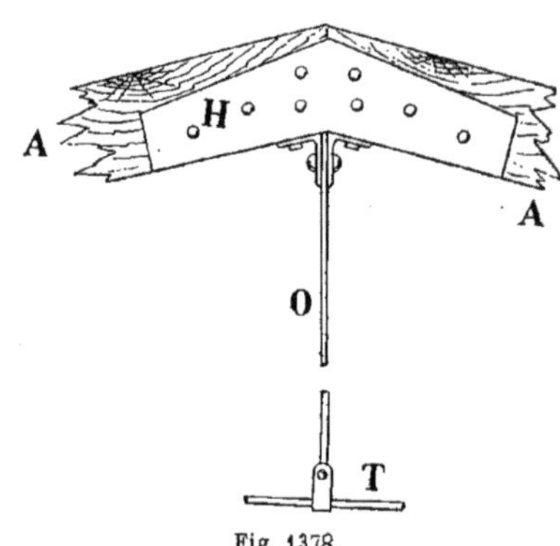

Fig. 1378.

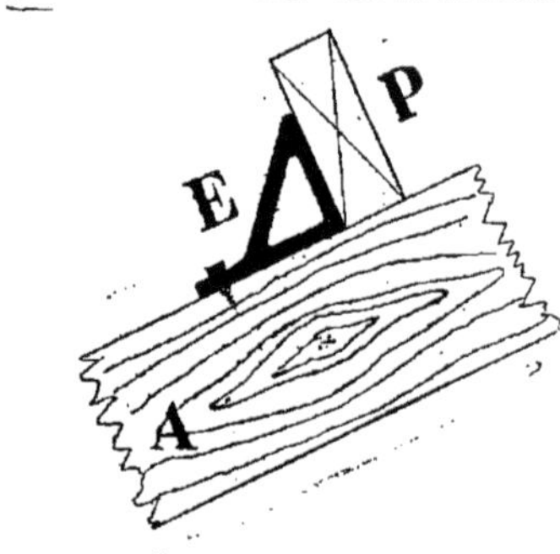

Fig. 1379.

L'un des arbalétriers A se prolonge

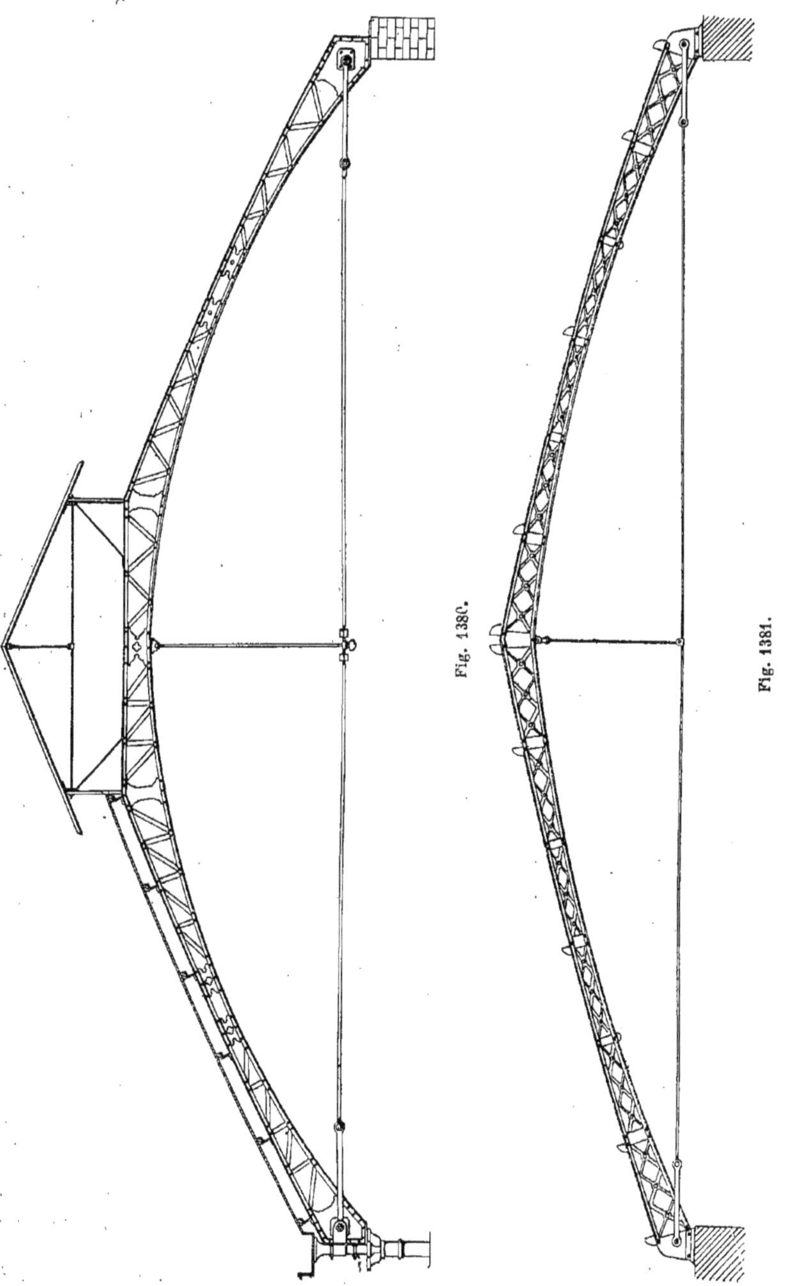

Fig. 1380.

Fig. 1381.

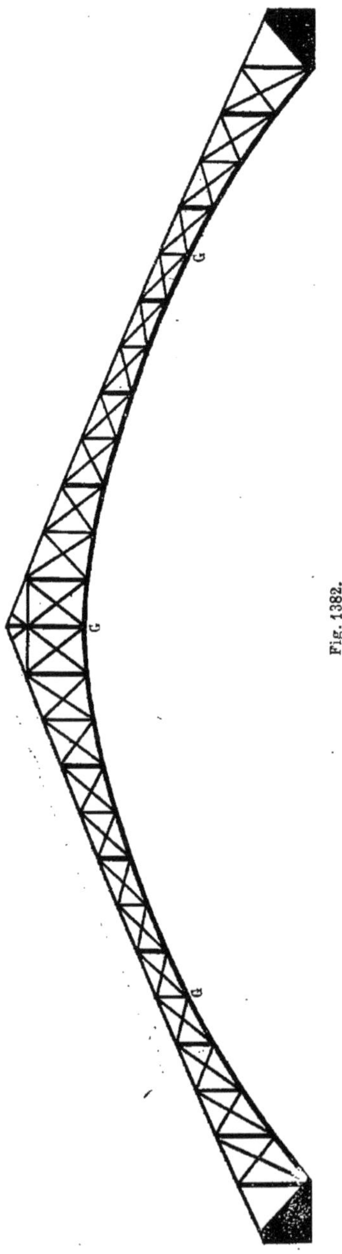

Fig. 1382.

jusqu'en S pour permettre l'installation du châssis B servant à la ventilation.

En V se trouvent des fers à vitrage permettant l'éclairage au nord ;

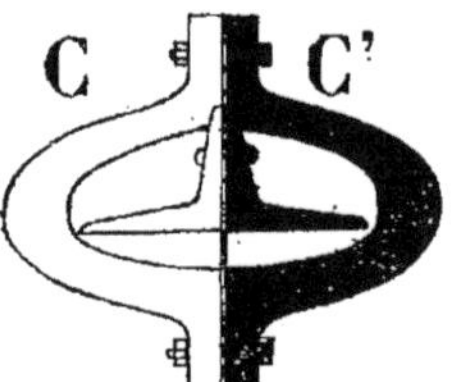

Fig. 1383.

En Y l'indication d'un chéneau dans le mur en pierre de taille ;

En Z l'installation d'un chéneau à la rencontre de deux fermes.

Cette disposition est très simple et se comprend très facilement en examinant le croquis.

Détails d'assemblages.

676. Cette ferme étant très simple nous aurons peu de détails à donner.

La figure 1376 nous montre le détail

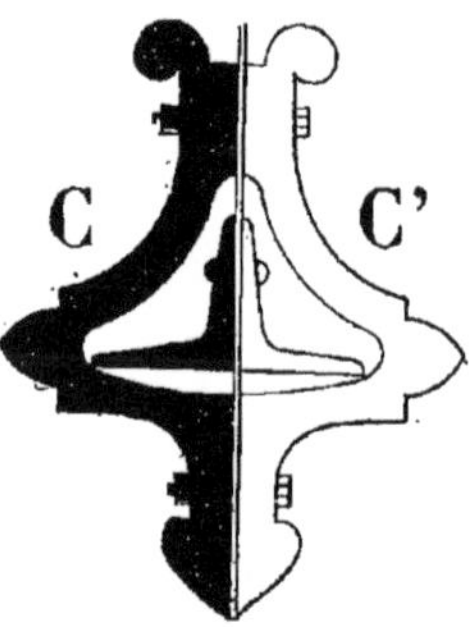

Fig. 1384.

le plus intéressant, c'est l'assemblage de l'arbalétrier A dans le sabot en fonte G.

La figure 1377 nous donne en plan et en coupe verticale la disposition du sabot en fonte avec les principales cotes.

La figure 1378 nous montre à plus grande échelle l'assemblage au faîtage indiqué en K (*fig.* 1375).

La figure 1379 nous représente un autre

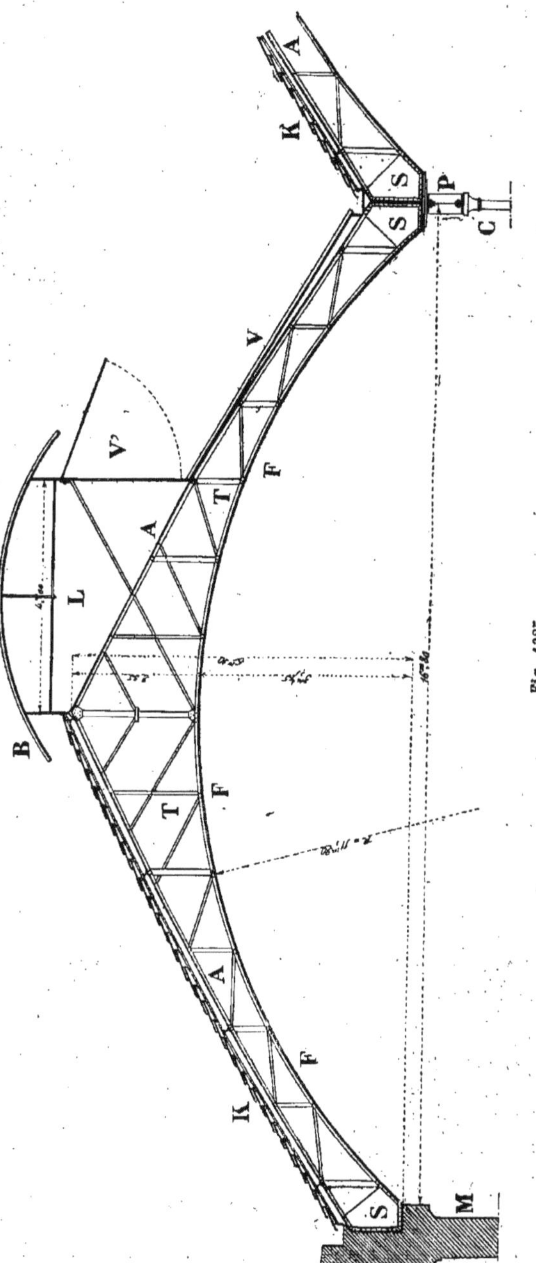

Fig. 1385.

moyen de fixer la panne P sur l'arbalétrier A à l'aide d'une équerre spéciale en fonte E retenue sur l'arbalétrier par un tire-fond.

12ᵉ Exemple.

677. La figure 1380 nous donne, en élévation, un exemple, de ferme très légère pour hangar et faisant un très bon effet en exécution.

13ᵉ Exemple.

678. La figure 1381 nous indique aussi une solution avec faible pente qu'on pourra employer avec succès.

14ᵉ Exemple.

679. La figure 1382 donne une ferme de hangar représentée schématiquement, supposée construite très légèrement et pour laquelle on peut, comme nous l'avons indiqué dans la note précédente, augmenter très sérieusement la résistance en mettant, sur l'arc G, formé de deux cornières reliant les croisillons, un nouvel arc en fonte ou en acier dont la section peut être celle indiquée (fig. 1383 ou 1384). Ces pièces, en fonte ou en acier, sont en deux morceaux solidement boulonnés entre eux

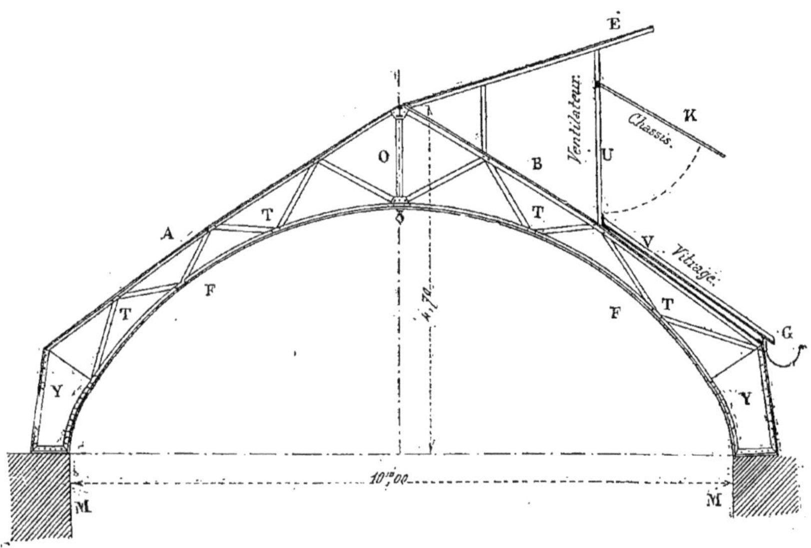

Fig. 1386.

et se placent de manière à entourer les cornières inférieures de la poutre formant la ferme.

680. Nous avons vu, nᵒˢ 509 et suivants, combien les combles sheds peuvent rendre de services pour l'éclairage des ateliers, ceux qui ont été étudiés dans ce chapitre du *Cours de Construction* ont été disposés spécialement et leur forme rappelle celle des dents d'une scie ; on peut, cependant et après coup, sur un comble à deux pentes égales ou de toute autre disposition, profiter de l'avantage de l'éclairage au nord en établissant, comme nous allons le voir, dans ce qui va suivre, une partie vitrée sur l'un des rampants.

15ᵉ Exemple.

681. Nous montrons (*fig.* 1385) et suivantes comment on peut facilement transformer une ferme à deux pentes égales du système Baudrit en un comble nord avec ou sans lanterneau.

La ferme, dont le croquis est indiqué (*fig.* 1385), se compose de deux arbalétriers en fer cornière A, cintrés dans leur longueur comme tous ceux qui ont été examinés précédemment et formant pour ainsi dire extrados d'une voûte ; de deux autres cornières F formant l'intrados. Entre ces quatre cornières, dont les dimensions peuvent varier suivant l'importance des combles, on place une série de croisillons en fer plat T. La ferme repose, d'un côté, sur un mur M par l'intermédiaire d'une partie renforcée S et de l'autre, sur une poutre P portée par une colonne en fonte C. Comme le montre la figure les deux pentes sont égales; si on désire en faire un comble shed il suffit de vitrer l'un des rampants V sur la longueur comprise entre le chéneau et le montant inférieur du lanterneau L disposé spécialement pour former ventilateur V'.

Le rampant K est ordinairement couvert en tuiles ainsi que le dessus du lanterneau ventilateur lorsqu'il est à deux pentes égales ; dans le cas qui nous occupe nous l'avons supposé courbe et recouvert en tôle ondulée ou en zinc.

16e Exemple.

682. La figure 1386 donne l'application d'un vitrage à une autre forme de comble

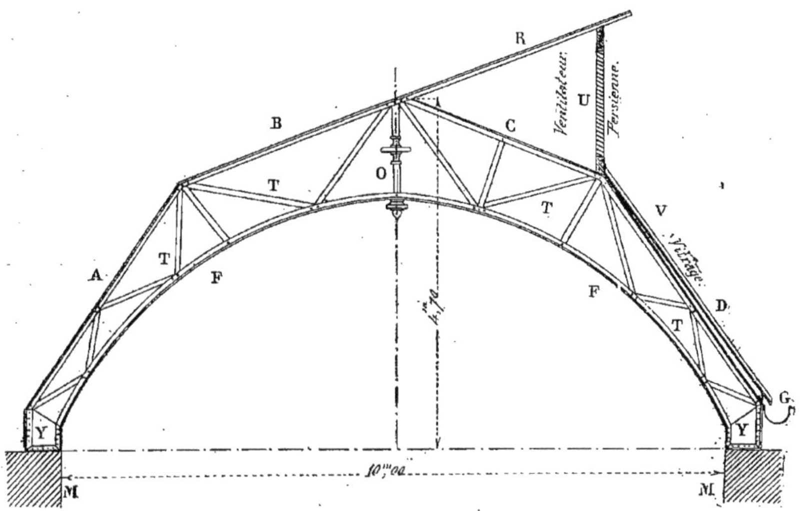

Fig. 1387.

dont les parties essentielles sont toujours des arbalétriers A, un arc F et des croisillons T.

En V on installe un vitrage placé au nord et dont les fers, se fixant à la base du montant U sur une cornière spéciale, permettent à l'eau de pluie de se rendre dans une gouttière suspendue G.

Un ventilateur B de forme spéciale est établi sur l'un des rampants de ce comble et est muni d'une série de châssis ouvrants K suivant les besoins de l'atelier.

17e Exemple.

683. La figure 1387 représente un comble brisé dont on fait facilement un comble nord en vitrant l'un des côtés D Sur le côté C on peut, comme le montre la figure, installer un ventilateur spécial muni de lames de persiennes.

18e et 19e Exemples.

684. Les deux figures 1388 et 1389 nous donnent encore des exemples de comble shed qu'on pourra employer dans bien des cas. La composition de chacune de ces fermes est identique aux exemples examinés précédemment et la seule inspection des figures permet de se rendre compte des dispositions représentées par ces deux types.

20° Exemple.

685. La figure 1390 nous montre le croquis d'une ferme qu'on pourra employer pour la construction d'un grand hangar. Cette ferme, que nous donnons simplement comme type et dont il faudra

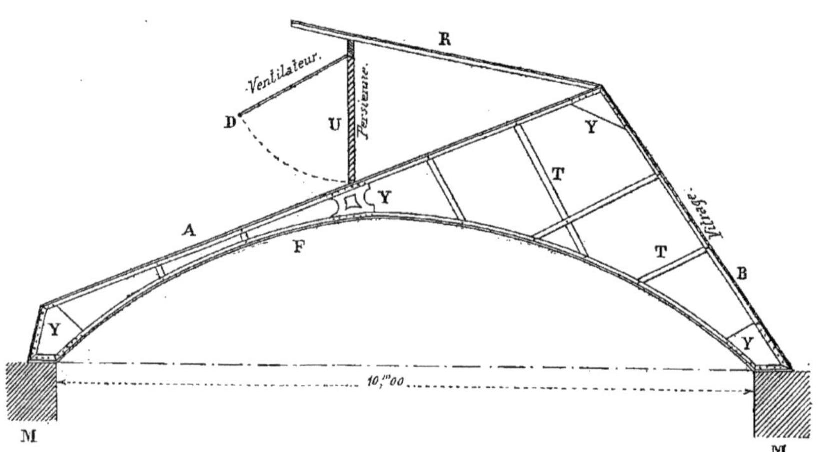

Fig. 1388.

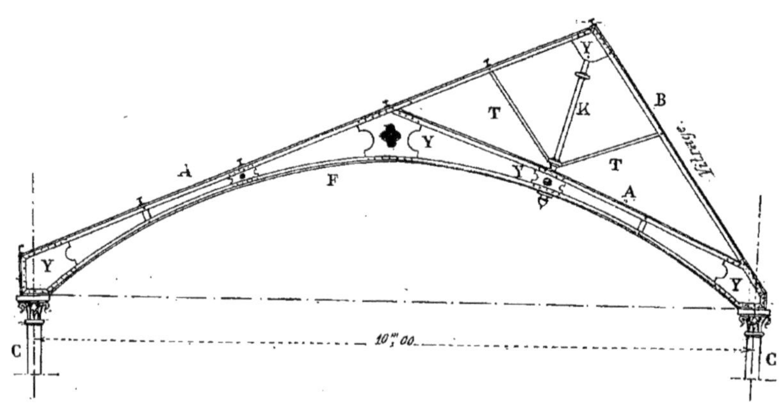

Fig. 1389

dans chaque cas particulier calculer les différents éléments suivant la portée, est très légère de construction; elle repose sur deux colonnes en fonte Y et est munie d'un tirant T s'opposant au renversement. La partie haute de la ferme est brisée et permet l'installation d'un lanterneau L composé : de deux montants Z

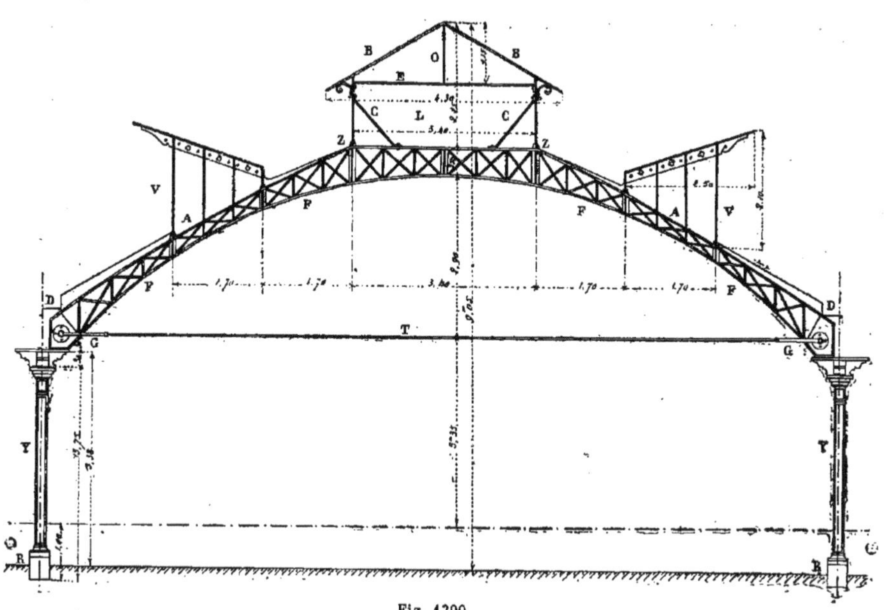

Fig. 1390.

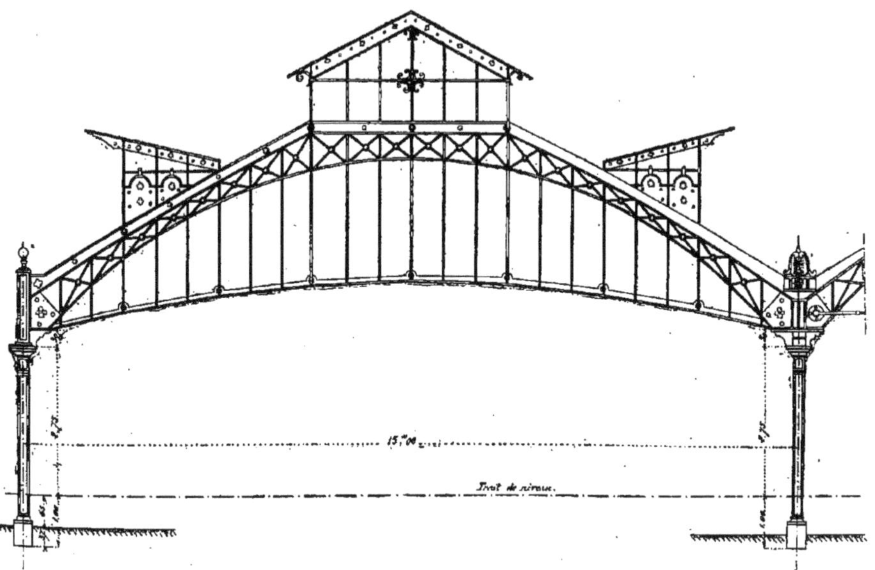

Fig. 1391.

supportant deux arbalétriers B; d'un entrait T; enfin, d'une aiguille pendante O

Deux contrefiches C solidement fixées. sur les montants Z et de l'autre sur la ferme elle-même servent de contreventement et assurent la stabilité du lanterneau.

En V nous avons indiqué deux ventilateurs faciles à installer et qui peuvent rendre des services.

Le croquis (*fig.* 1390) nous représentant une ferme courante de ce hangar nous donnons (*fig.* 1391) la disposition adoptée pour une ferme de tête du même hangar avec la décoration simple à appliquer dans ce cas. Cette ferme de tête est munie d'un grand vitrage vertical servant à abriter le hangar de la pluie qui pourrait entrer par le pignon.

Nota.

686. Nous avons (*fig.* 1334) donné la disposition du pied de ferme de la figure 1332 ; mais nous n'avons pas indiqué comment on peut, en ce point, fixer un chéneau. Les deux figures 1392 et 1393 nous l'indiquent d'une manière complète.

Dans la figure 1392 le chéneau C

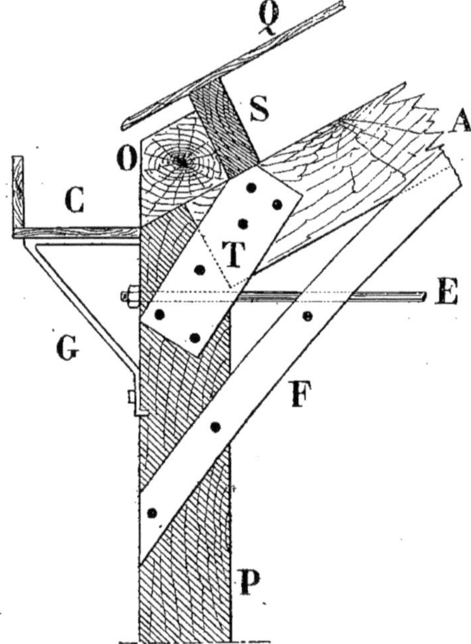

Fig. 1392.

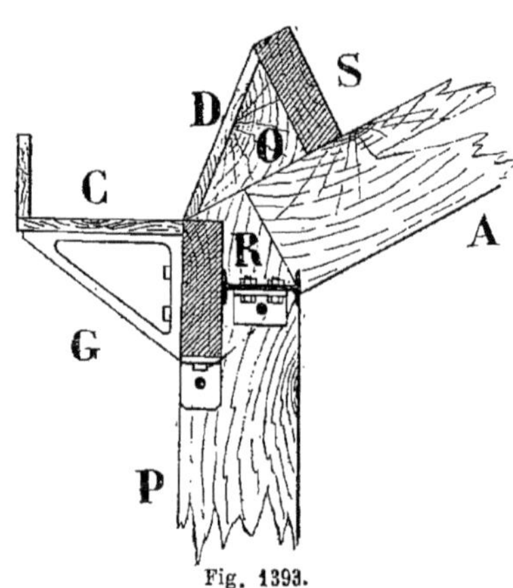

Fig. 1393.

dont l'un des côtés s'appuie sur l'échantignolle O, est supporté, au droit de chacun des poteaux, par une console en fer carré G solidement fixée sur le poteau P.

Dans la figure 1393 le chéneau est supporté par des consoles en fonte G fixées sur une sablière R. L'un des côtés du chéneau est formé par une planche épaisse D s'appuyant sur les échantignolles O servant à maintenir les pannes S du comble.

Les figures 1394 et 1395 nous indiquent comment, à l'aide de cornières spéciales en fonte O, renforcées de nervures, on peut fixer sur les arbalétriers A, soit une panne de faîtage, soit une panne courante.

687. Les deux figures 1396 et 1397 nous montrent comment chacun des poteaux P repose par l'intermédiaire d'une plaque L sur un dé K en pierre de taille et comment le boulon formant entrait peut aussi se placer sur une plaque spéciale reliant les trois madriers composant chacun des poteaux.

688. Il peut arriver, pour une raison

quelconque, que nous ayons une ferme en fer A (*fig.* 1398) à faire porter par des poteaux en bois. La solution à adopter dans ce cas est simple et est indiquée en croquis (*fig.* 1399).

Entre les deux poteaux P on peut placer un fer ⌶ vertical remplaçant le madrier du milieu, mais ceci dans le cas où la charge des deux poteaux serait forte.

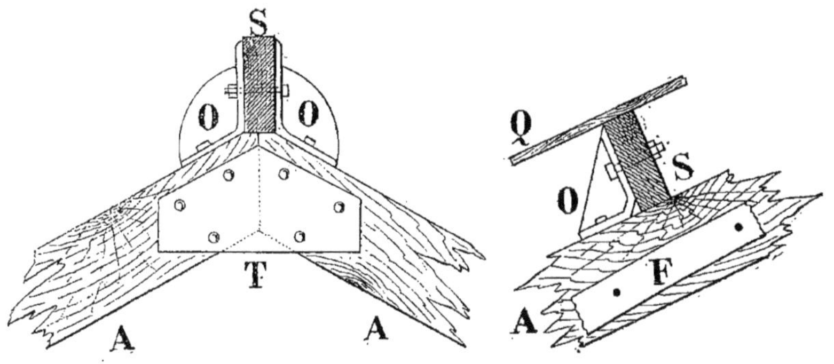

Fig. 1394.

Fig. 1395.

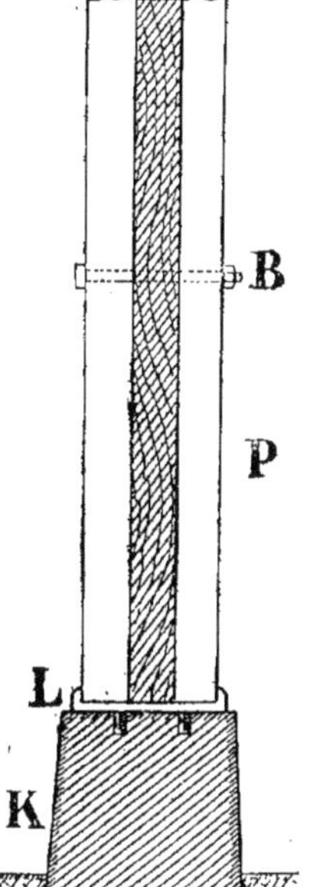

Fig. 1396.

Rien de bien particulier à dire, la disposition étant très simple et se comprenant à l'examen de la figure.

21e Exemple.

689. La figure 1400 nous montre un exemple très simple de comble d'atelier pour une portée de 10 mètres. Ce comble se compose : de deux arbalétriers en bois A

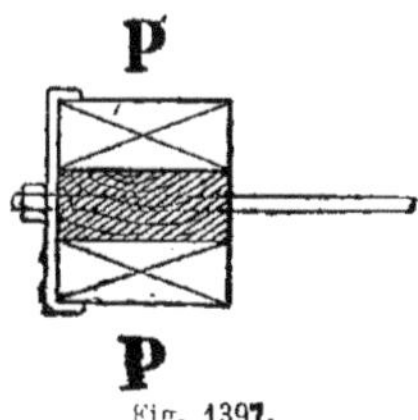

Fig. 1397.

venant retomber dans des sabots en fonte S solidement ancrés dans la maçonnerie; d'une pièce coudée CDEFGH en fer T du commerce venant en DE et en FG soulager les arbalétriers, d'un tirant T et d'une aiguille pendante O en fer rond.

En Z le fer T se scelle dans les murs longitudinaux. Sur les arbalétriers A on place une série de pannes en bois symétriquement disposées et devant recevoir les chevrons de la couverture.

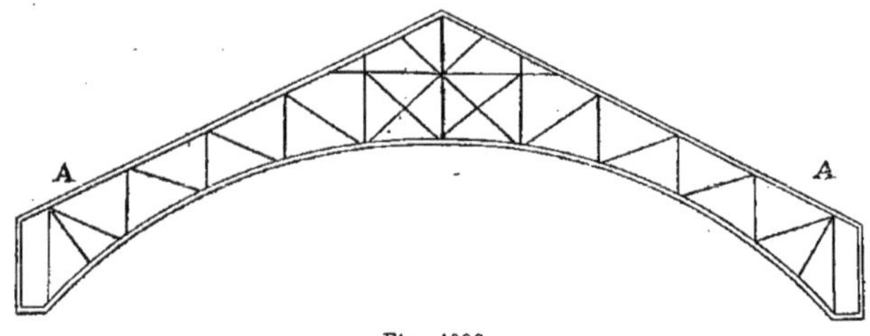

Fig. 1398.

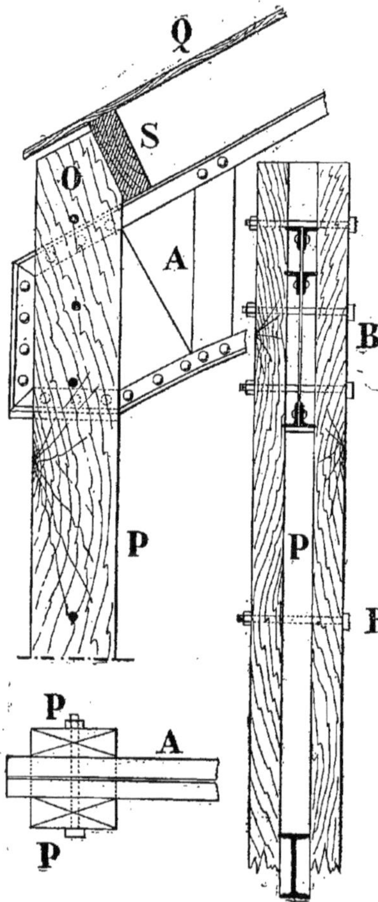

Fig. 1399.

22ᵉ Exemple.

690. La figure 1401 nous indique une solution également très simple d'un système mixte sans entrait qui pourra être adopté dans le cas où l'entrait serait gênant.

Nous avons encore dans ce cas deux arbalétriers A, un fer coudé CDEFGH et une série de croisillons Z entre ce fer et le dessous des arbalétriers. Des pannes en bois P reçoivent, cloués sur la face supérieure, une série de chevrons U.

La forme des sabots en fonte à employer dans les deux cas examinés ci-dessus est indiquée en perspective (*fig.* 1402).

23ᵉ Exemple.

691. Nous allons, dans ce qui va suivre, parler d'un autre système de combles également dus à M. Baudrit et qu'on peut désigner sous le nom de *combles avec consoles mobiles*. Un exemple de ces combles à consoles mobiles est indiqué en croquis (*fig.* 1403).

C'est, comme le montre ce croquis, un véritable comble Polonceau dans lequel la contrefiche soutenant le milieu de l'arbalétrier est remplacée par une console mobile A d'une forme spéciale.

Ce système présente les avantages suivants :

1° Le réglage imparfait ou tout au moins très difficile dans le système à bielle simple (Polonceau) s'effectue beaucoup mieux en adoptant la console, système Baudrit. Cette console double, mobile en trois sens, permet d'opérer mieux et plus sûrement ;

2° La bielle qui dans le cas de combles Polonceau se place et surtout se maintient très difficilement perpendiculaire à l'arbalétrier l'est toujours dans le système que nous étudions par suite de sa construction ; de plus elle est forcément plus

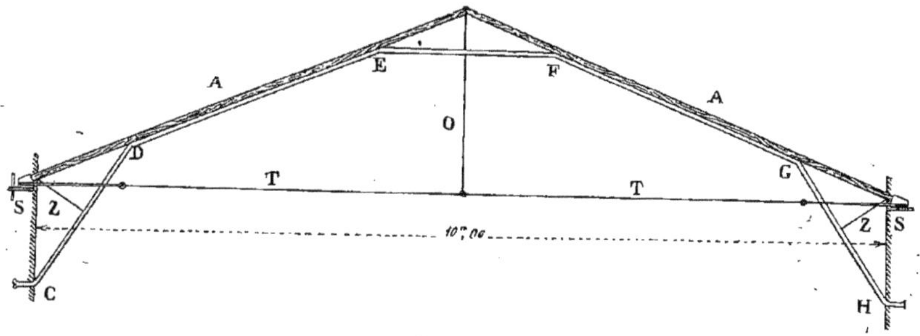

Fig. 1400.

solide puisque dans le premier cas cette bielle tend toujours à travailler comme une colonne ayant perdu son aplomb ;

3° L'effet de la dilatation s'opère également dans le système à consoles mobiles tandis qu'il se trouve arrêté par la bielle

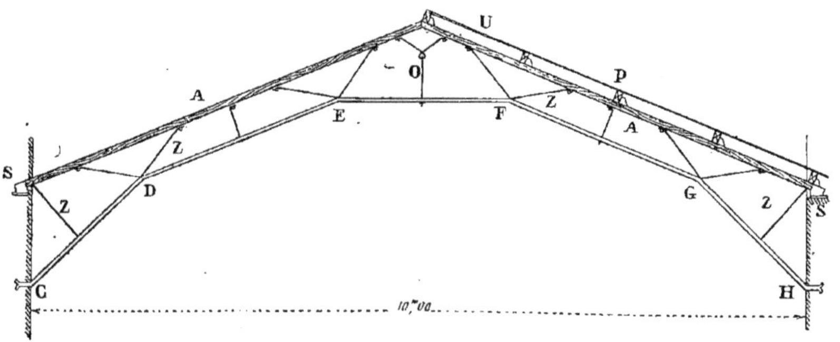

Fig. 1401.

Polonceau, coupé en deux, et travaille différemment suivant la nature des couvertures ;

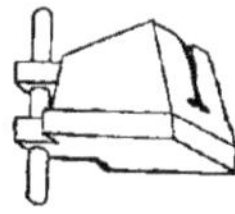

Fig. 1402.

4° Dans le cas d'un changement brusque de température ou d'un incendie toutes les pièces de la ferme étant libres, travaillent sans se contracter. Dès lors plus de torsion, plus de déchirement et plus de catastrophe aussi terrible que dans l'ancien système ;

5° La solidité est plus grande puisque la portée se trouve divisée et conséquemment diminuée ;

6° Dans le cas presque général où un lanterneau vient s'appuyer sur l'arbalétrier, entre la bielle et le faîtage, la double console vient décharger le point fatigué et reporter le poids, symétriquement de l'autre côté de la console ;

7° Enfin, et c'est là surtout le point ac-

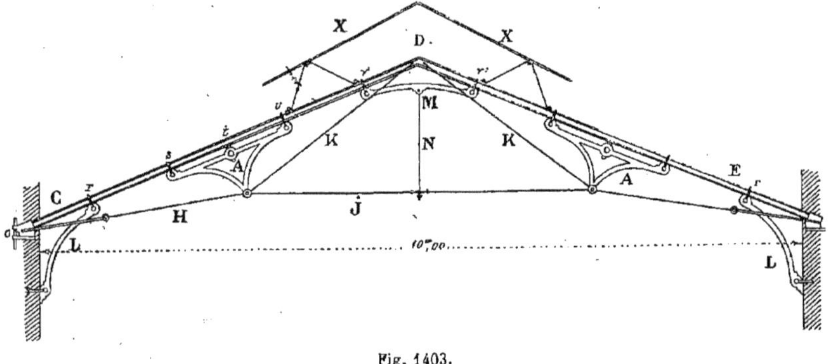

Fig. 1403.

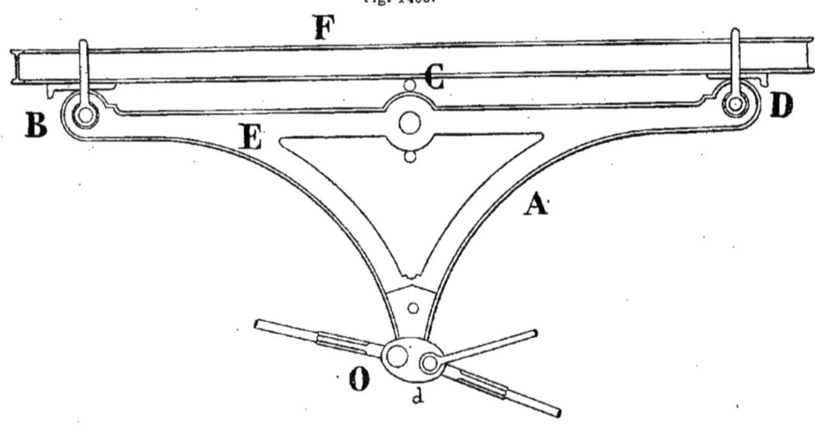

Fig. 1404.

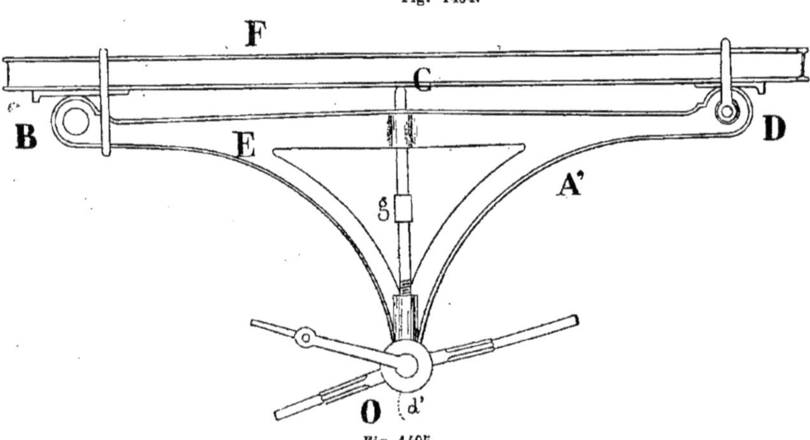

Fig. 1405.

la flexion mais on peut très facilement pital du système, les arbalétriers ne doivent travailler qu'à la compression, comme les entraits à la traction.

Dans ce cas, l'arbalétrier résistera 30 fois mieux.

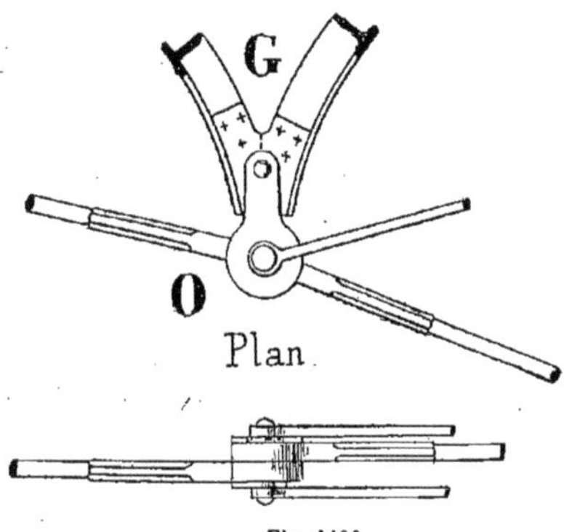

Fig. 1406.

En effet, une barre I de 0,10 de 4 mètres travaillant à la flexion portera. 627 kil.

La même barre soumise à un effort de compression supportera . . . . 25000 —

Les pannes sont en bois de chêne ou de sapin et peuvent être armées d'un arc en fer cintré; dans ces conditions, elles présentent autant de solidité que les pannes en fer mais elles ne se gauchissent pas comme ces dernières et elles permettent de plus d'y fixer directement et facilement la couverture, sans l'addition de pièces forcément peu solides, s'attachant mal et nécessitant une grande main-d'œuvre.

Détails d'assemblage.

692. Le seul détail d'assemblage intéressant à étudier est celui de la console A de la figure 1403 et que nous représentons à plus grande échelle (*fig.* 1404). Cette console en fonte supporte l'arbalétrier F, qui est un simple fer I du commerce, en trois points B, C, D. En O se trouve indiqué l'assemblage des tirants du comble avec la console.

La (*fig.* 1405) nous représente une autre disposition de la même console en fonte dans laquelle le point C peut facilement être réglé à l'aide d'un boulon *g*.

Dans ces deux exemples la seule critique qu'on peut faire c'est que de B en E la console, qui est en fonte, travaille à

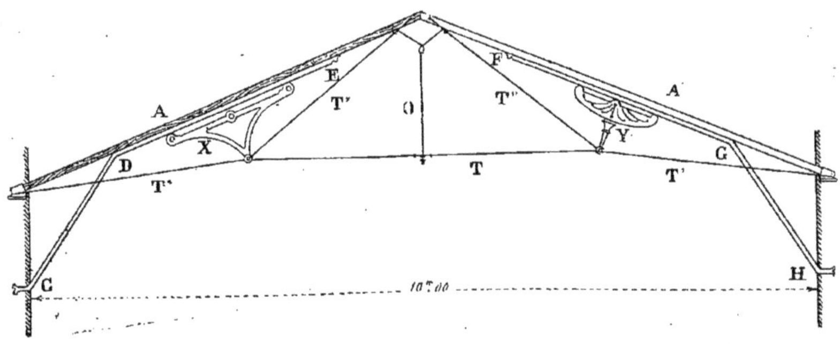

Fig. 1407.

remédier à ce petit désagrément en exécutant, à l'aide d'assemblages très simples, les consoles avec des fers T assemblés au moyen de goussets comme nous l'indiquons (*fig.* 1406).

24e Exemple.

693. La disposition précédente (*fig.* 1403) peut aussi se faire comme le montre le croquis (*fig.* 1407) avec arbalétriers en bois en y mettant la pièce brisée CDEFGH dont nous avons vu précédemment l'usage.

La partie droite de la figure nous représente une console Y d'un type particulier qui a été proposé par M. Baudrit pour éviter le travail à la flexion tout en conservant la fonte. Le fer CDEFGH est un fer T du commerce; la figure 1408 nous indique comment il se fixe sous l'ar-

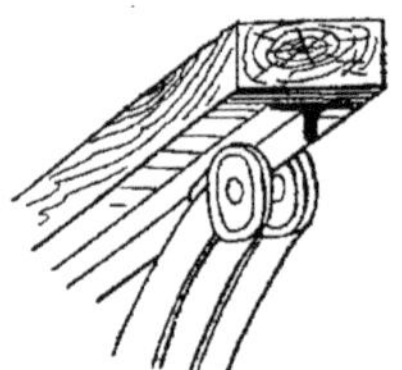

Fig. 1408.

balétrier et comment il reçoit les galets de la console X (*fig.* 1407).

694. Enfin, pour terminer, nous donnons (*fig.* 1409 et 1410) deux types de sabots en fonte qu'on pourra placer au faîtage et qui recevront les assemblages des tirants et de l'aiguille pendante.

Ce sont des solutions simples qu'o pourra employer dans biens des cas

Combles sans ferme.

(Système Baudrit.)

695. Supposons (*fig.* 1411) que nous ayons à couvrir un espace de 15 mètres de longueur sur 8 mètres de largeur, en employant des combles sans fermes.

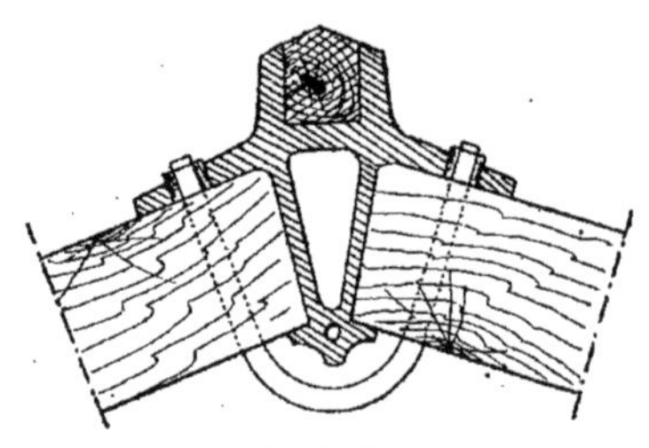

Fig. 1409.

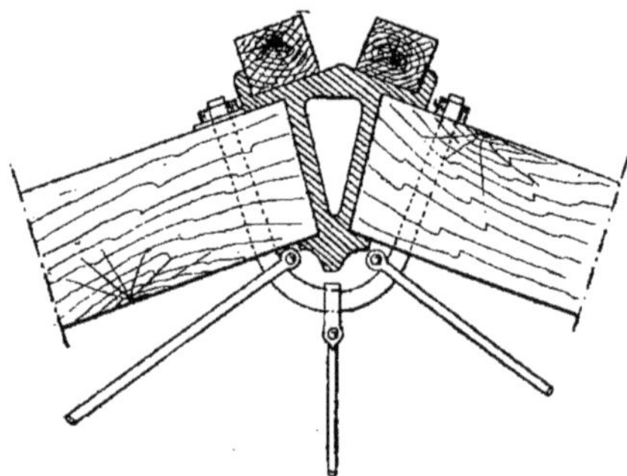

Fig. 1410.

Avec le système de M. Baudrit, constructeur à Paris, tout le comble est porté par deux poutres en treillis légèrement

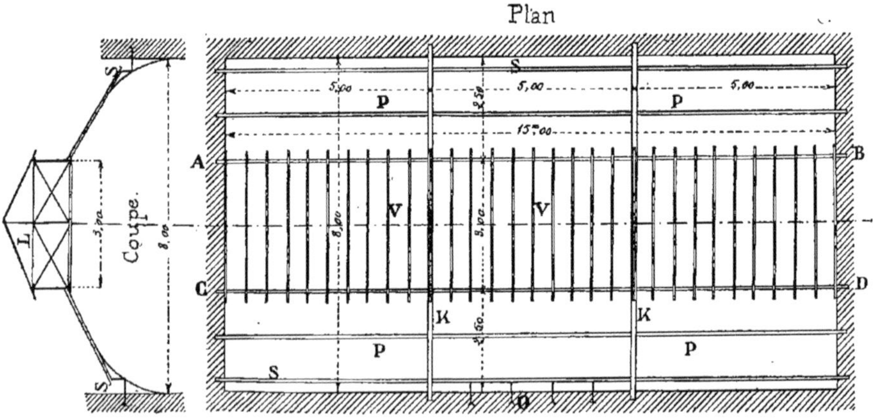

Fig. 1411.

construites AB et CD posées sur les murs pignons et formant, comme le montre la coupe transversale, les parties verticales d'un lanterneau.

En V, dans la même figure, nous indiquons la disposition des fers à vitrage de ce lanterneau ; en P la position des pannes qui, dans ces combles légers, sont le plus ordinairement de simples cornières ; en K, des fers servant d'arbalétriers et dont nous verrons plus loin la disposition ; enfin, en S, l'installation de chéneaux en tôles et cornières supportés par les murs latéraux au moyen de consoles O, placées de mètre en mètre.

Détails de construction.

696. Afin d'étudier plus facilement les détails de construction, nous représentons (*fig.* 1412) la coupe transversale du croquis précédent à une échelle un peu plus grande. Les poutrelles P portent toute la charpente; elles sont solidement entretoisées, comme nous l'indiquons et dispo-

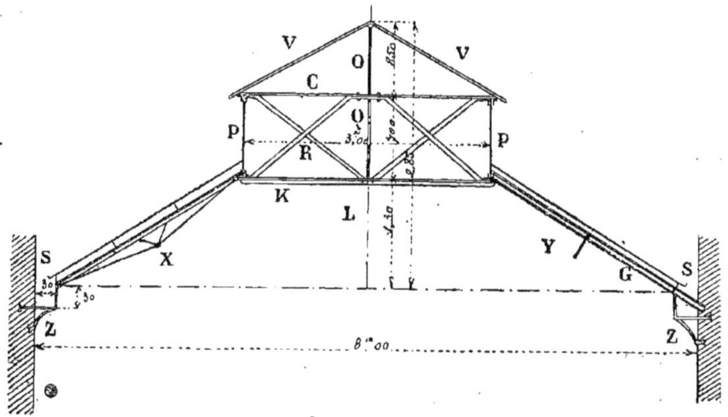

Fig. 1412.

sées pour recevoir la couverture vitrée du lanterneau L. Partant de la partie inférieure de chaque poutre P et s'appuyant sur les chéneaux S, ou directement scellés dans les murs latéraux, il existe des fers X et Y composés de deux manières différentes et servant à soutenir les pannes lorsqu'elles sont nécessaires.

En X, c'est une petite poutre armée très simple de construction ; en Y, c'est un simple fer ⌶ G de 0m,08 de hauteur à ailes ordinaires, recevant l'assemblage des pannes en fer cornière. Dans ce deuxième exemple, ce sont les pannes qui sont armées et que nous voyons en élévation longitudinale (*fig.* 1413).

Ce croquis nous représente aussi en P, l'élévation de la poutrelle ; en V, la vue longitudinale de la partie vitrée du lanterneau; enfin, en Z, les consoles supportant le chéneau.

La figure 1414 nous donne le détail de

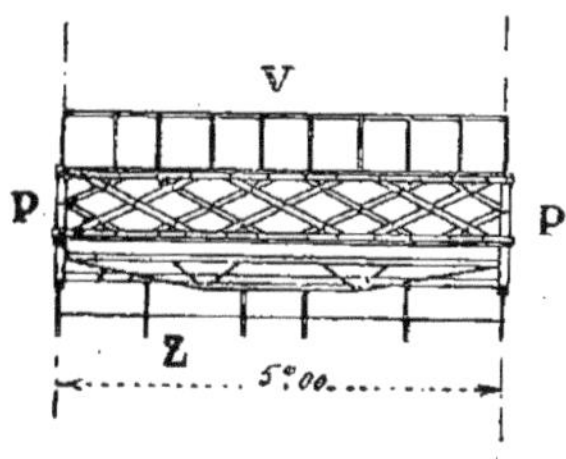

Fig. 1413.

l'assemblage d'une panne armée avec l'arbalétrier G. Cette panne est ici une cornière du commerce de 60 × 60 × 8 ; elle est fixée sur l'arbalétrier G, à l'aide de deux cornières P.

En U se voit la projection du tirant formant l'armature de la panne; en C des

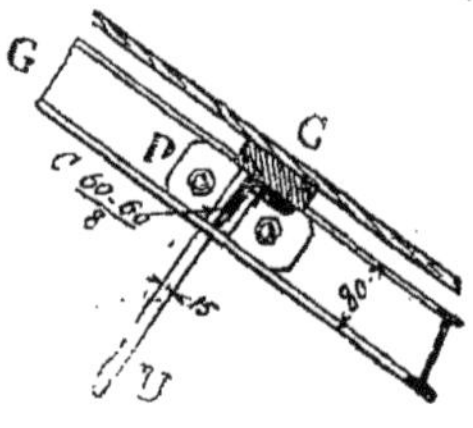

Fig. 1414.

chevrons en bois de 8 × 7 d'équarrissage cloués sur un tasseau longitudinal et fixés avec des vis sur l'aile supérieure de la cornière formant panne.

Détails du lanterneau.

697. Le lanterneau est indiqué en détail (*fig.* 1415). Dans ce croquis, nous représentons en P la section des poutrelles; elles sont maintenues à écartement invariable, à la partie inférieure, par des cornières de 40 × 40 × 5 et à la partie supérieure par un fer plat C. Entre ce fer plat et les deux cornières inférieures on place des croisillons R en fer plat de 40 × 7 dont la figure fait facilement comprendre les assemblages.

En O se trouve le support du milieu du lanterneau. Ce support est continué par une pièce Q dans la hauteur des poutres P.

En V nous indiquons les fers à vitrage du lanterneau; ce sont des fers à simple T de 35 × 30 × 4 espacés de 0m,50 d'axe en axe.

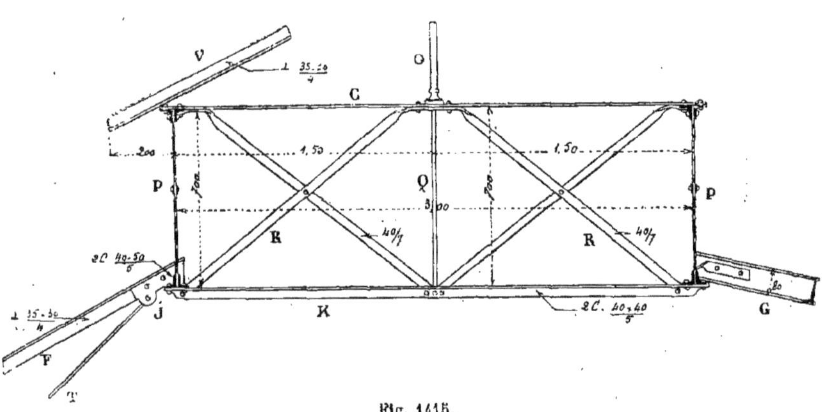

Fig. 1415.

En J nous voyons comment l'arbalétrier F se fixe à la partie inférieure de la poutre P. En ce point, deux mêmes plaques d'assemblage réunissent l'arbalétrier F et le tirant en fer rond T.

De l'autre côté nous indiquons comment l'arbalétrier G se fixe sur la poutre P simplement à l'aide d'un fer plat chantourné.

Variante de la disposition précédente.

698. Si le lanterneau est inutile on peut alors adopter la disposition très simple représentée en croquis (*fig.* 1416).

Une poutre P très légère de construction, dont nous donnons en KK' l'élévation longitudinale, reçoit deux arbalétriers ou poutres armées T venant se sceller dans les murs M.

Sur ces arbalétriers on fixera les pannes nécessaires pour supporter la couverture.

En C, un chemin pour les ouvriers est établi à la partie supérieure de la poutre P et est soutenu par des consoles en nombre suffisant.

En multipliant le nombre des poutres, suivant la portée, on arrive alors à la disposition indiquée (*fig.* 1417) qui, comme nous le savons, est avantageusement employée pour les serres ou jardins d'hiver dont nous reparlerons dans un chapitre spécial.

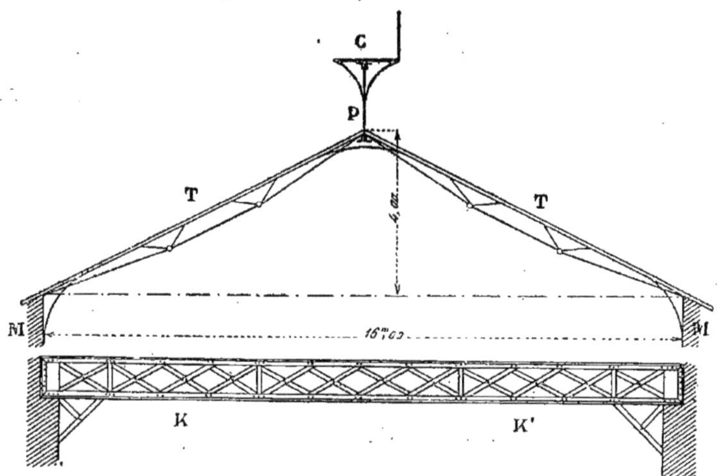

Fig. 1416.

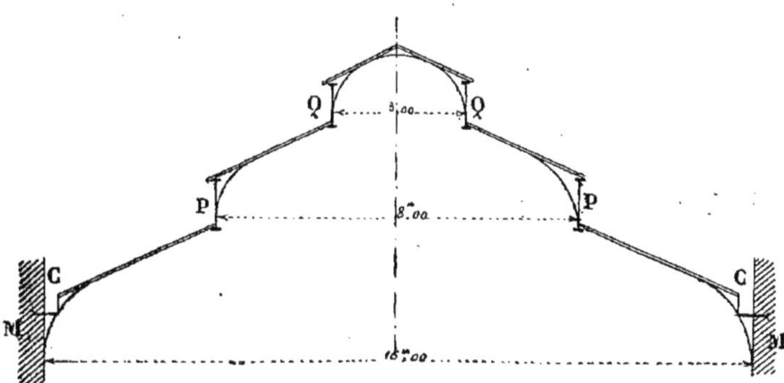

Fig. 1417.

§ IX. — CROUPES ET NOUES DANS LES COMBLES EN FER

I. — Définitions et notions générales.

699. Nous savons que lorsque les combles métalliques ne se terminent pas par des pignons en maçonnerie ou en charpente, on établit, à leur place, un pan de fer incliné triangulaire formant égout.

Ces surfaces triangulaires, placées aux extrémités d'un comble portent le nom de *croupes*. Les croupes, dans les fermes métalliques, se disposent comme dans les combles en bois ; on pose des demi-fermes d'arêtier et de croupe et la poussée de ces demi-fermes peut être détruite au moyen de tirants diagonaux partant des naissances de la seconde ferme de long pan.

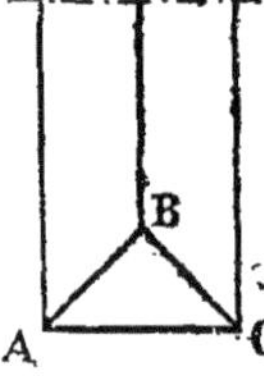

Fig. 1418.

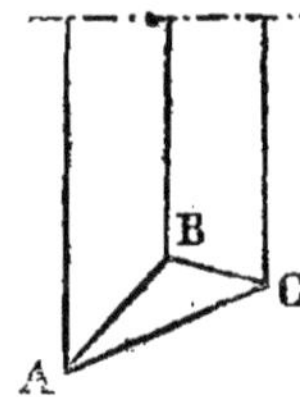

Fig. 1419.

Lorsque les murs sont à angle droit (*fig.* 1418) la croupe ABC est dite *croupe droite;* lorsque, au contraire, les murs ne sont pas à angle droit, la croupe est dite *croupe biaise* (*fig.* 1419).

Dans une croupe droite (*fig.* 1420) les grandes faces A du comble sont nommées *longs pans* et les angles formés par la rencontre de ces longs pans avec la croupe se nomment *angles d'arêtiers.* Les croupes sont toujours formées par des moitiés de fermes ; celle qui est indiquée en X se nomme *demi-fermes de croupe* et celles qui sont marquées par la lettre Y se nomment *demi-ferme d'arêtiers.*

Ces demi-fermes X et Y se réunissent au même point O d'une autre ferme Z qu'on nomme *ferme de croupe.* Les autres fermes F qu'on désigne sous le nom de *fermes courantes* se nomment aussi *fermes de longs pans.* Toutes ces fermes sont

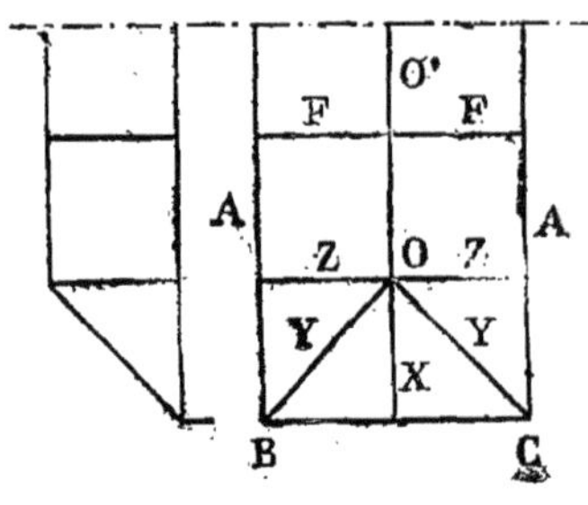

Fig. 1420.

réunies au faitage par une ligne droite longitudinale OO' parallèle aux faces de longs pans et qu'on désigne sous le nom de *ligne de couronnement, faîte* ou *ligne de faîtage.*

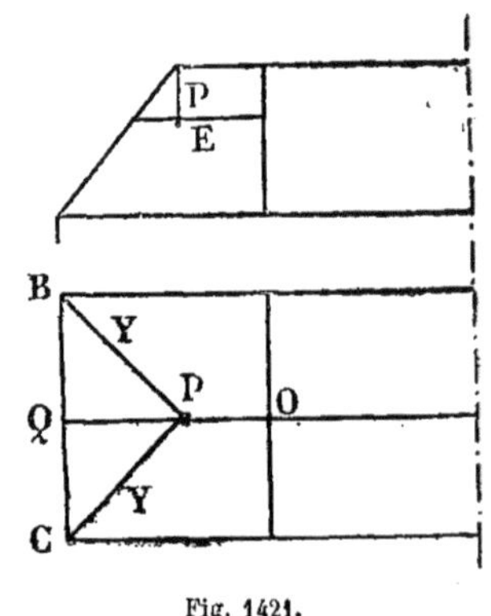

Fig. 1421.

Observations.

700. La demi-ferme de croupe X ne s'emploie que dans les combles qui ont une assez grande largeur entre les points B et C et dans lesquels il y a nécessité absolue de soutenir les pannes entre ces points. Elle est, comme le montre la figure 1420, placée dans le prolongement du faîtage. Cette demi-ferme de croupe est ordinairement composée des mêmes pièces que les fermes de longs pans. La pièce horizontale servant de tirant prend, dans cette demi-ferme, le nom de *demi-entrait*. Ce demi-entrait s'assemble par une de ses extrémités dans l'entrait de long pan et, de l'autre, il repose et se scelle dans le mur BC. Nous savons qu'on donne le nom d'*enrayure* à l'assemblage de toutes les pièces horizontales qui composent une ferme. Dans une croupe on prolonge quelquefois le poinçon au dessus du faîtage afin d'y fixer des épis, des girouettes ou tout autre ornement de couverture.

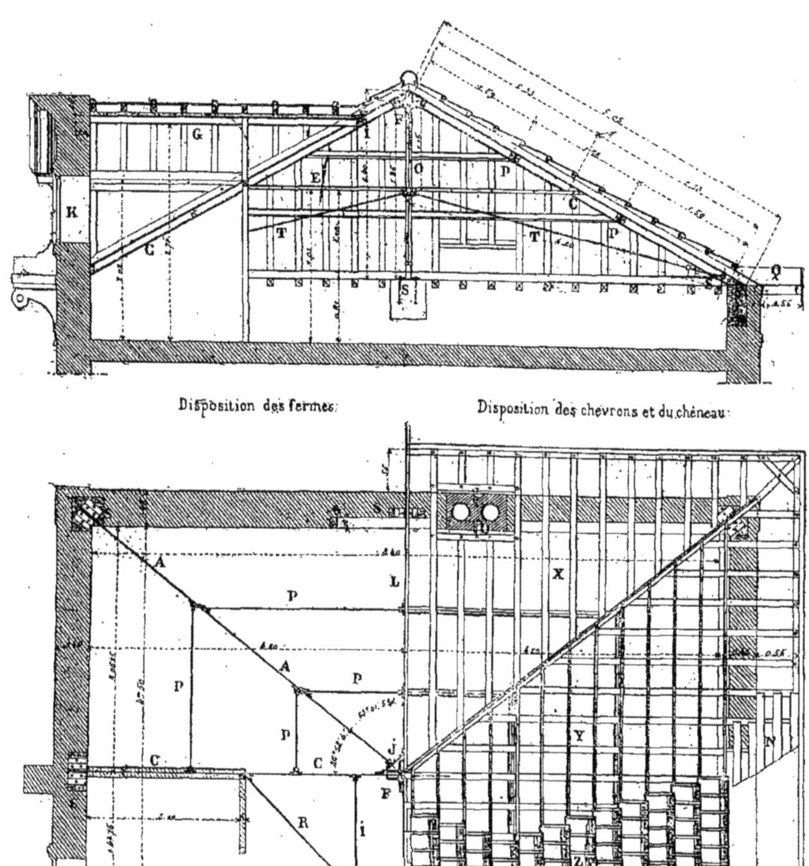

Fig. 1422

Dans certains cas, on fait les fermes de croupe plus inclinées que celles de long pan, afin de réduire la poussée, mais il est plus commode et plus rationnel de faire les pans également inclinés.

On dispose, autant que possible, les fermes d'une charpente pour qu'il y en ait toujours une en face du sommet des croupes mais il peut cependant se produire des cas où, par suite du rapprochement trop grand de cette ferme et de la suivante, on puisse, par raison d'économie ou pour tout autre motif, supprimer l'une de ces fermes, celle de croupe, par exemple; on obtient alors la disposit'on indiquée schématiquement en plan et en coupe longitudinale (*fig.* 1421). Au droit de la croupe on place un poinçon P moisé par des entraits E en fers en U ou en I ; deux arêtiers Y viennent comme précédemment se fixer sur le poinçon P et en B et C sur une sablière en fer plat osée et scellée sur les murs. Si, dans la f: e BC du mur, il y a une lucarne on supprimera alors la demi-ferme de croupe PQ.

II. — Croupes droites.

1er Exemple.

701. La figure 1422 nous représente en plan et en élévation la disposition d'une croupe droite métallique. En C sont indiqués les arbalétriers de la ferme de croupe ; ces arbalétriers sont maintenus à écartement invariable par un faux entrait E et par d :s tirants T venant, en S, s'attacher au pied de chacun des arbalétriers. Le faî[ag F est formé, comme nous le verrons dans ce qui va suivre, par une boite en fonte spécialement disposée pour recevoir l'assemblage de l'arbalétrier L ; de la demi-ferme de croupe ; des deux arbalétriers C et enfin de la panne de faîtage F. Afin de ne pas compliquer les assemblages au faîtage les deux arêtiers de croupe A s'assemblent chacun sur une pièce J connue sous le nom de *gousset.*

En O, nous indiquons l'aiguille pendante; en P, se trouvent les pannes, en G, la panne haute de la lucarne venant se fixer d'une part dans le mur et de l'autre sur un fer I représenté en plan et en élévation. En K est indiquée l'ouverture d'une horloge placée en façade ; en X, la disposition des chevrons ; en Y, la disposition des chevrons et du lattis ; enfin, en Z, la disposition des tuiles formant la couverture. Le chéneau Q est supporté soit par le prolongement des chevrons, soit par des consoles placées de distance en distance; le fond de ce chéneau est formé par une série de planches N.

Chaque extrémité d'arbalétrier repose sur le mur par l'intermédiaire d'un sabot S.

En U se trouve marquée la disposition de la charpente au droit d'une souche de cheminée.

Détails d'assemblages.

702. Cette disposition est très simple ; il faut néanmoins donner quelques détails pour en compléter l'explication.

La figure 1423 nous indique en croquis :

1° Le détail, en plan, coupe et élévation de la boîte d'assemblage F placée au faîtage de la figure 1422. Cette boîte porte, comme le montre le plan, les joues nécessaires à l'assemblage des différents fers F, C et L de la précédente figure. En O est indiqué l'assemblage de l'aiguille pendante qui, se terminant en douille V, est reliée à la boîte d'assemblage à l'aide d'une clavette en acier ;

2° La coupe normale d'un chevron d'arêtier avec la pièce de bois M servant à clouer des chevrons ordinaires ;

3° La coupe normale d'un chevron et d'un empanon courant (nous rappelons qu'on désigne, sous le nom d'empanons, des pièces d'inégales longueurs qui s'appuient par l'une de leurs extrémités sur les chevrons d'arêtiers et de l'autre sur la sablière ou plate-forme couronnant ordinairement les murs. Ce nom d'empanon a été donné à ces pièces pour les distinguer des chevrons de long pan qui, au lieu de reposer sur les arêtiers, s'appuient sur le faîtage) ;

4° L'assemblage des tirants T de la figure 1422 sur une plaque H fixée à l'extrémité inférieure de l'aiguille pendante O ;

5° Le plan de l'assemblage de tous les tirants T sur une série de plaques H à l'aide de boulons B.

La figure 1424 représente une coupe longitudinale de la boîte d'assemblage et montre bien comment l'arêtier de la demi-ferme de croupe s'attache sur cette boîte ; nous voyons aussi l'assemblage d'une panne sur les fers L et l'assemblage de la panne de faîtage F sur la boîte en fonte.

Cette même figure nous montre une élévation de la boîte d'assemblage et une

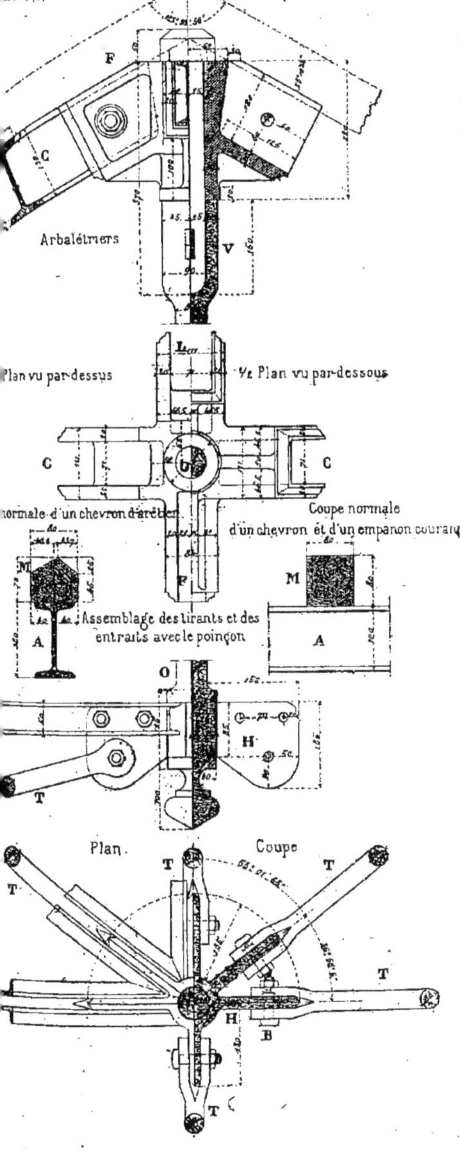

Fig. 1423.

élévation de l'assemblage des tirants et du faux entrait au droit du pied de l'aiguille pendante.

Pour terminer ces détails nous donnons (*fig.* 1425) le détail, en élévation et en plan, de l'assemblage des tirants avec le pied

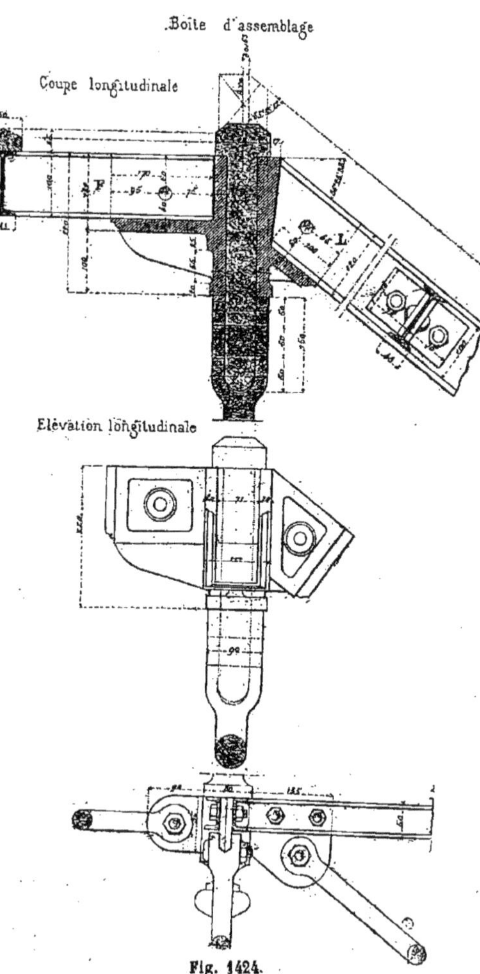

Fig. 1424.

des arbalétriers; assemblage connu et que nous avons rencontré souvent.

La figure 1426 représente l'élévation, la coupe et le plan du faux entrait E de la figure 1422. Comme le montre ce croquis, l'âme de chacun des fers se coude en D pour laisser passer l'aile du fer C; afin de rattraper la largeur de cette aile on met des fourrures B solidement maintenues à l'aide de boulons. La distance invariable entre les ailes des deux fers est assurée par des rondelles R.

2e exemple

703. La figure 1427 nous donne un deuxième exemple de croupe métallique dans lequel la boîte d'assemblage en fonte de l'exemple précédent est remplacée par un assemblage métallique dont nous verrons la forme. Nous avons encore une ferme dont les arbalétriers de croupe sont représentés en C, deux arêtiers A et une demi-ferme dont l'arbalétrier de croupe est indiqué en V. Ces différentes pièces viennent s'assembler en un seul point F,

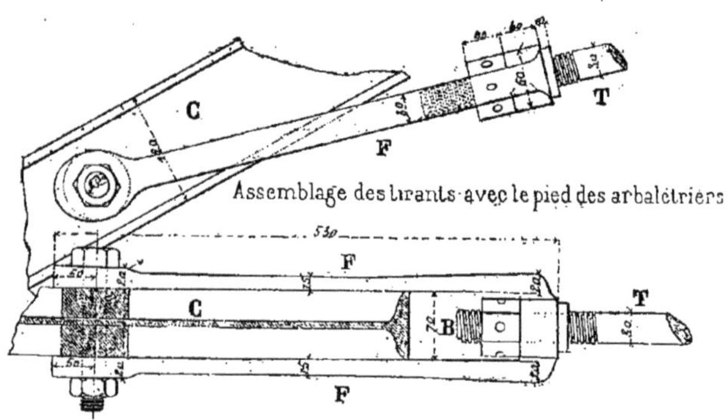

Fig. 1425.

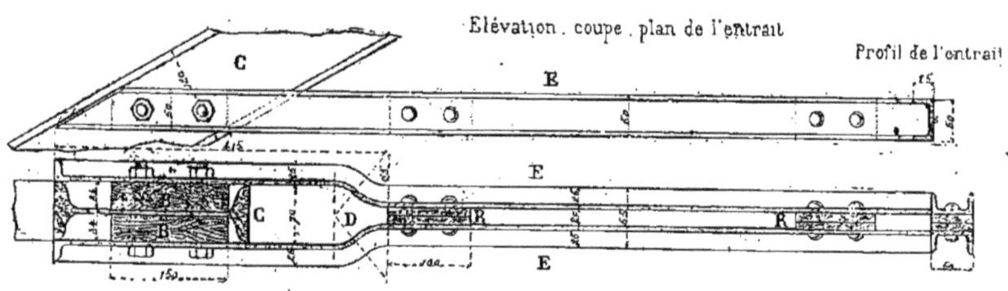

Fig. 1426.

faîtage du comble courant ou du pavillon, comme cela existe dans ce cas.

Dans cet exemple, certaines pièces sont renforcées par des jambes de force courbes qu'on peut facilement voir en A dans l'élévation de la ferme ; il existe encore, comme dans l'exemple précédent, une série de tirants T venant s'assembler sur une plaque G soutenue par une aiguille pendante O.

En *a*, *b* et en *d* sont indiqués les fers nécessaires à la construction de la lucarne K, leurs assemblages avec la charpente du comble sont suffisamment représentés pour que nous n'ayons pas besoin de nous y arrêter ;

En P deux cours de pannes comme dans le cas précédent permettent de supporter facilement les chevrons de la charpente ;

En S des sabots de retombée identiques à ceux de l'exemple précédent. Les longueurs des pièces principales sont les suivantes :

Arbalétrier de long pan : longueur	5m,788
— de petit pan : —	4 ,813
— d'arêtier : —	6 ,907
— cintré : —	5 ,707
Partie droite	2 ,649
Partie cintrée.	3 ,088

Détails d'assemblages.

704. Le détail le plus intéressant à étudier est évidemment l'assemblage en F de la figure 1427 ; nous le représentons à plus grande échelle (*fig.* 1428) en élévation et en plan.

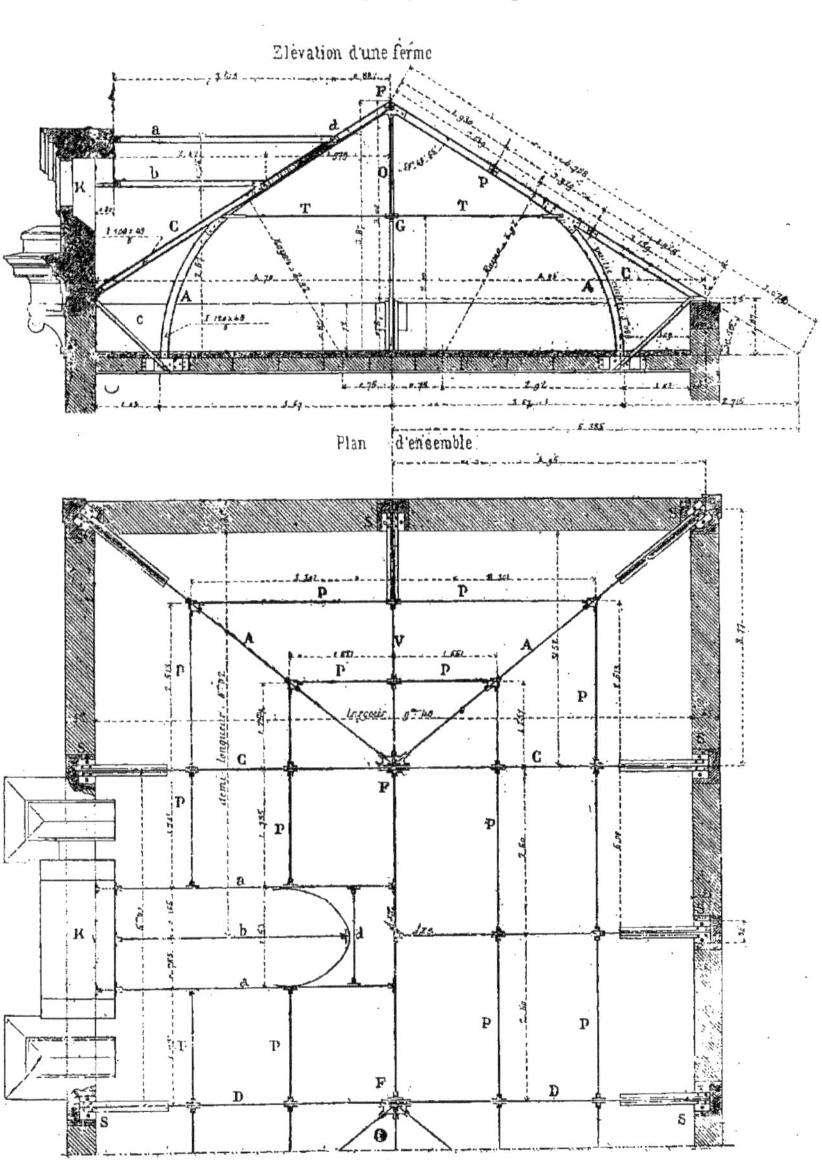

Fig. 1427.

Les âmes des fers F, C, A et V sont reliées entre elles par des plaques de tôles droites, ou contournées à la demande, de 5 millimètres d'épaisseur et par des cornières de 70 × 70.

L'élévation de la figure 1428 nous montre

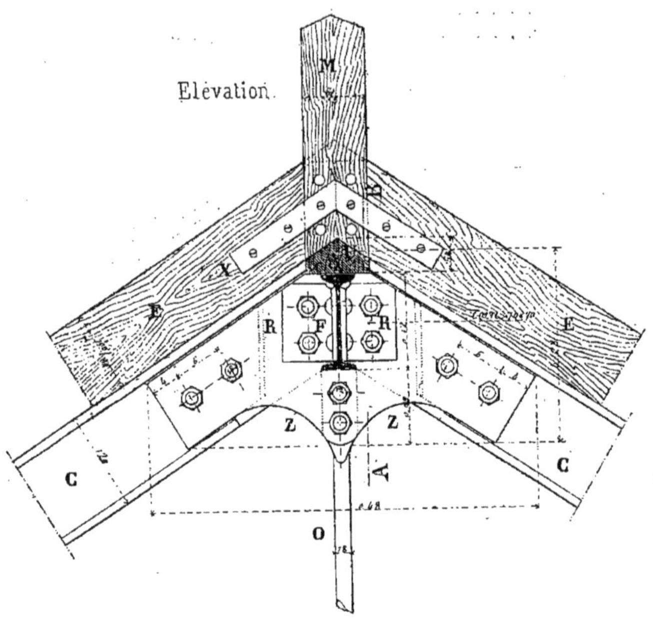

Assemblages des arbalétriers du poinçon

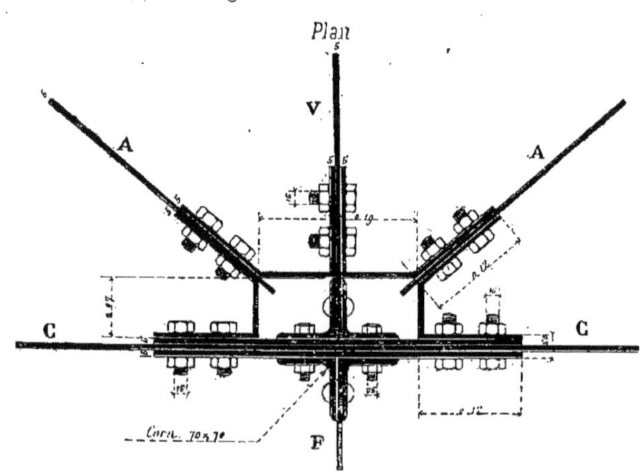

Fig. 1428.

l'assemblage de la panne de faîtage sur les arbalétriers C à l'aide des deux cornière

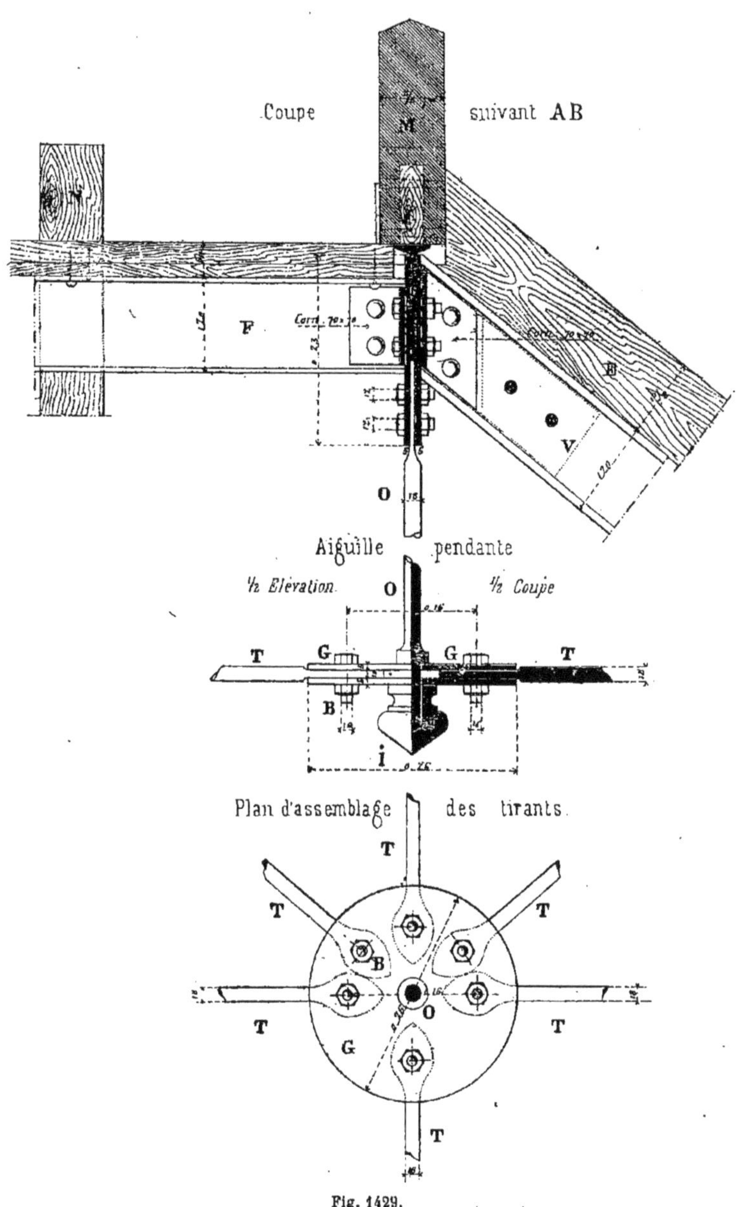

Fig. 1429.

R ; l'assemblage des deux arbalétriers C à l'aide de deux plaques d'assemblage Z ainsi que la fixation de l'aiguille pendante O sur cette même plaque Z. Sur le fer F on place une fourrure U recevant les chevrons E qui sont aussi maintenus par des équerres ou plates-bandes X. Le faîtage se prolonge par un poinçon en bois M permettant de fixer une girouette ou tout autre motif de couverture.

La figure 1429 nous indique une coupe suivant AB de la figure précédente dans

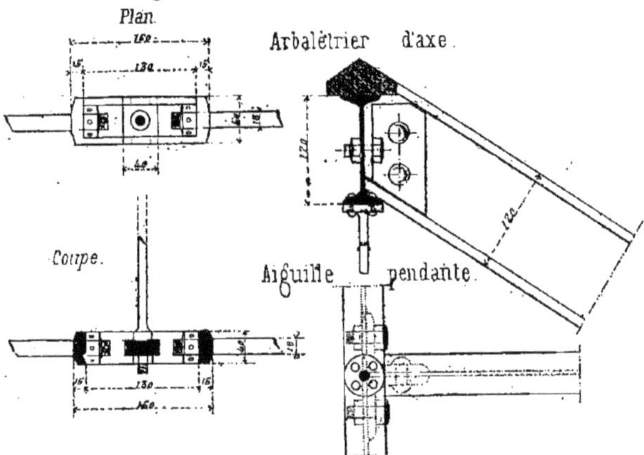

Fig. 1430.

laquelle nous voyons le faîtage F, l'arbalétrier de croupe V, l'aiguille pen dante O le poinçon prolongé M, enfin les chevrons en bois N.

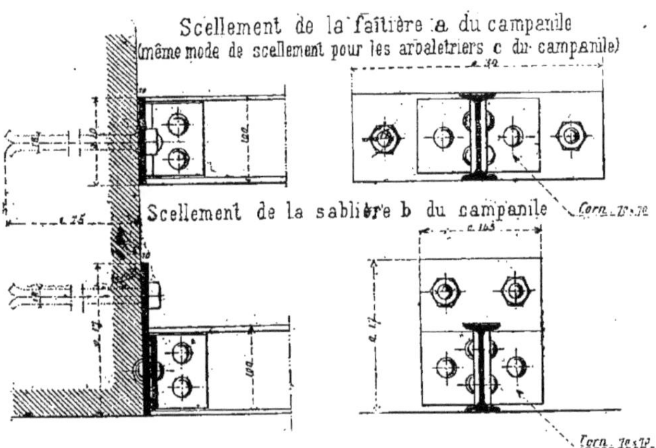

Fig. 1431.

Cette même figure nous represente l'assemblage des tirants T sur les plaques G au moyen de boulons B. En O l'aiguille pendante terminée en I par un ornement vissé sur le prolongement de la tige. Dans cette figure la faîtière et les arbalétriers doivent avoir leurs ailes supérieures percées de trous de 5 millimètres de diamètre tous les 0m,50 pour permettre l'assemblage des pièces de bois.

La figure 1430 nous représente l'arbalétrier d'axe avec l'attache au-dessous d'une aiguille pendante et la chape de serrage des tirants.

Enfin la figure 1431 complète ces détails en nous donnant le mode de scellement de la faîtière *a* du campanile et de la sablière *b* du même campanile.

La figure 1179 donnée précédemment nous montre encore un exemple de croupe droite facile à comprendre.

III. — Croupes biaises.

705. La croupe est *biaise* lorsque dans une croupe ordinaire, le mur latéral d'un bâtiment n'est pas perpendiculaire à l'axe de ce bâtiment ; les arêtiers sont alors

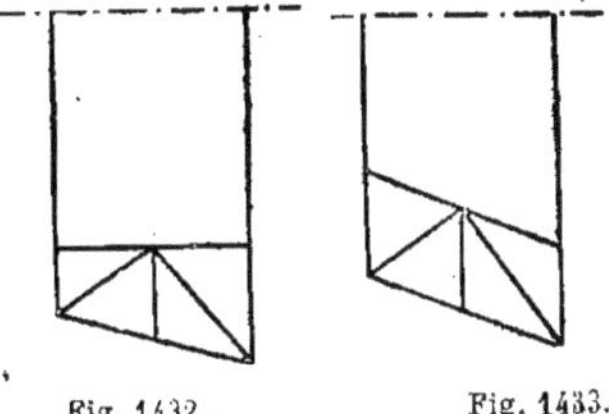

Fig. 1432. Fig. 1433.

d'inégales longueurs. Les assemblages sont les mêmes que pour les croupes droites mais il y a cependant quelques modifications à indiquer suivant que le biais du bâtiment à couvrir est plus ou moins fort.

Si le biais n'est pas très prononcé on conserve à la dernière ferme transversale une position perpendiculaire à la direction du long pan (*fig.* 1432).

Lorsque le biais du mur pignon est très prononcé, comme le montre la figure 1433, on peut obliquer la dernière ferme et la placer parallèlement au pignon.

IV. — Noues et noulets.

1° Définitions et notions générales.

706. On donne le nom de *noues* à l'angle rampant formé par la rencontre de deux toits. Ce sera donc, dans le cas qui nous occupe, une pièce métallique placée dans l'angle rentrant formé par deux versants de comble et faisant l'effet contraire de l'arêtier dans une croupe. Comme nous venons de le voir, l'arêtier donne une arête saillante ; la noue, au contraire, donne une arête rentrante.

Lorsque deux combles, formés de surfaces planes se rencontrent, il peut se présenter deux cas : le premier est celui où les faîtages sont à la même hauteur, on a alors la noue telle que nous venons de la décrire ; dans le deuxième, les faîtages n'étant plus à la même hauteur le comble qui sera le moins élevé rencontrera soit

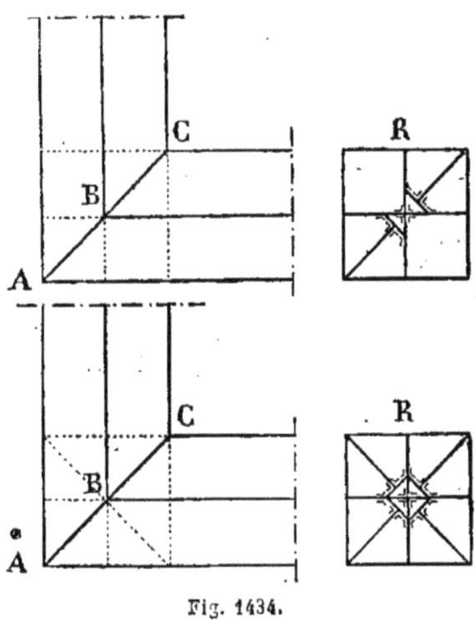

Fig. 1434.

perpendiculairement, soit obliquement, une des faces de l'autre comble.

A la rencontre des plans des lattis, on place, sur le plan du grand comble, une espèce de ferme couchée à laquelle on donne le nom de noulet et dont les branches sont taillées en biais pour faciliter le raccordement des surfaces et des combles et aussi afin de recevoir les assemblages des empanons.

D'après cela le noulet est une espèce de ferme placée à la rencontre de deux combles dont les faîtages ne sont pas à la même hauteur et dans laquelle on assemble les empanons.

2° Différentes dispositions de noues.

707. Quand deux combles se rencontrent, ils peuvent, les deux bâtiments ayant même largeur, prendre les trois dispositions représentées en croquis schématiques (*fig.* 1434, 1435, et 1436), selon que l'angle formé par cette rencontre est droit, aigu ou obtus.

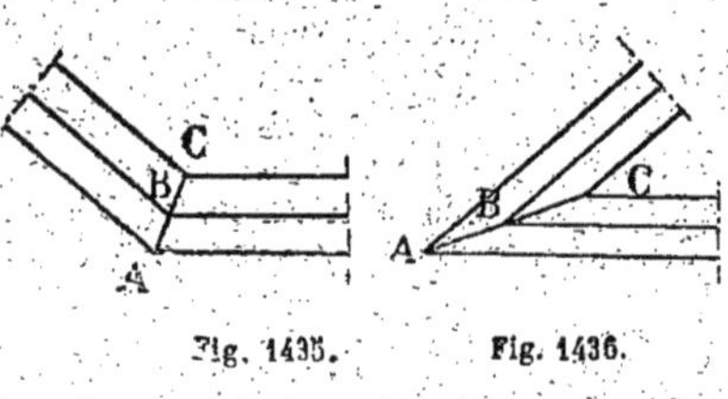

Fig. 1435. Fig. 1436.

Les combles ayant même largeur, on obtiendra en plan la ligne de pénétration, en joignant, simplement, par une droite, les points d'intersection des rives intérieures et extérieures. Cette intersection sera encore une droite quand deux toits de même hauteur, mais de largeur différentes, se rencontrent à angle droit comme le montre la figure 1437.

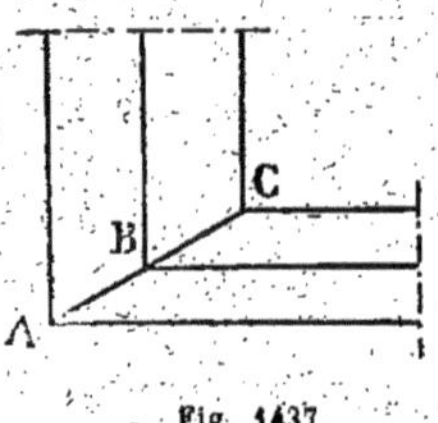

Fig. 1437.

Dans les quatre exemples ci-dessus, le faitage de chacun des combles se trouve dans l'axe de chaque bâtiment. Les lignes de faitage se coupent en un point B et l'intersection donne des noues en BC et des arêtiers en BA.

Lorsque deux bâtiments se rencontrent, comme le montrent les figures 1438 et 1439 soit perpendiculairement, soit obliquement et que ces bâtiments ont même largeur ou non mais même hauteur, les deux faitages sont dans un même plan horizontal. Il en résulte une double intersection, à chacune desquelles on place une noue.

Les arêtes de ces intersections peuvent être égales (*fig.* 1438) et donner deux noues symétriquement disposées par rapport au point O des faitages ou inégales (*fig.* 1439), il faut alors dévoyer la noue.

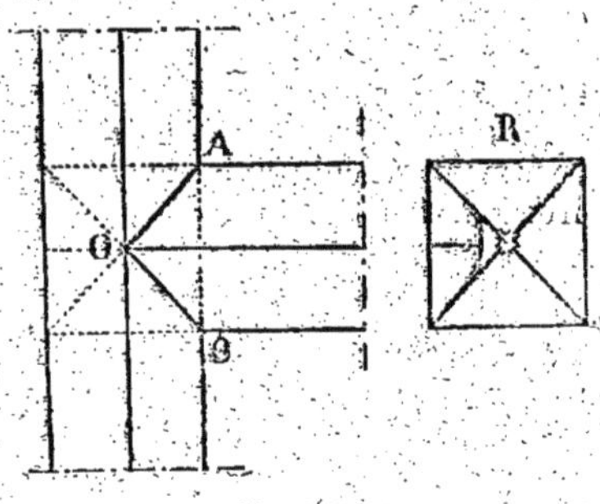

Fig. 1438.

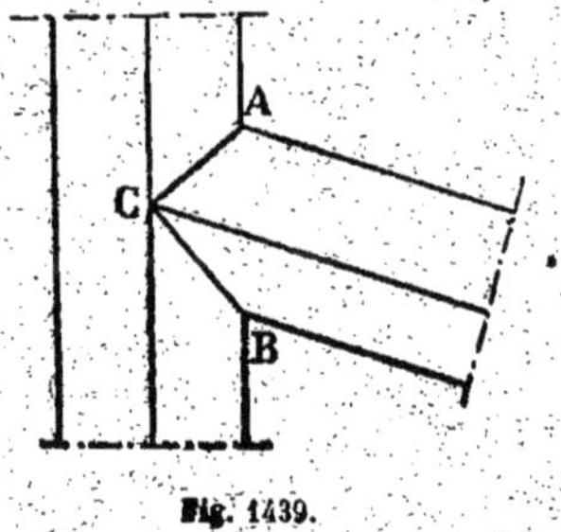

Fig. 1439.

3° Différentes dispositions des noulets.

708. Lorsque les combles sont perpendiculaires entre eux, le noulet est droit comme le montre la figure 1440, et ses branches sont égales. On dit, au contraire, qu'un noulet est biais (*fig.* 1441), lorsque la rencontre des combles est oblique. Alors, les deux branches du noulet sont inégales et ont une inclinaison différente.

Quand la hauteur de deux bâtiments n'est plus la même, le raccordement doit se faire d'une manière différente. Soient (*fig.* 1442) deux bâtiments A et B n'ayant pas la même largeur.

On commence par tracer les lignes de faîtage dans l'axe des deux corps de bâtiments. On mène ensuite, par les points C et D, intersection des lignes d'égout, les

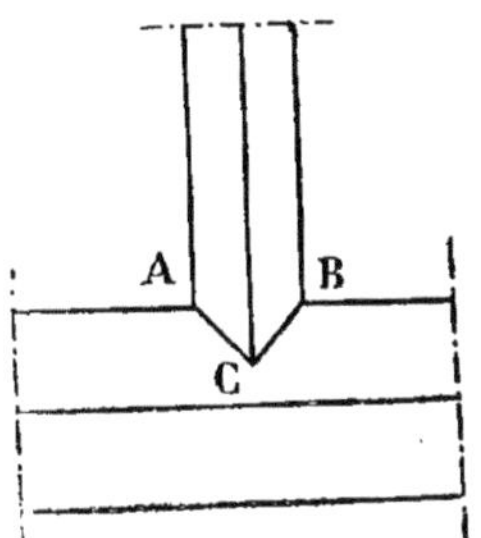

Fig. 1440.

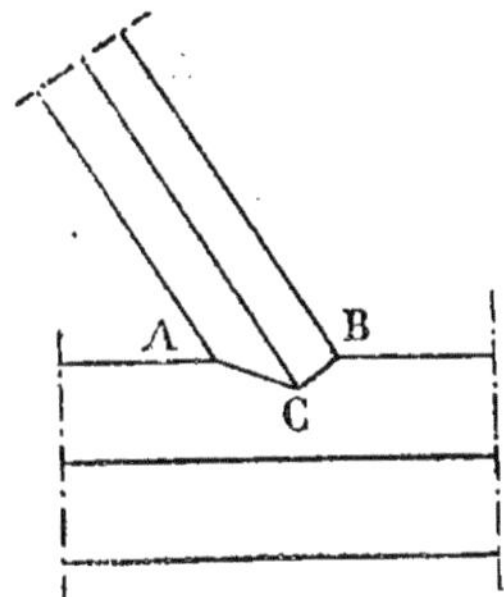

Fig. 1441.

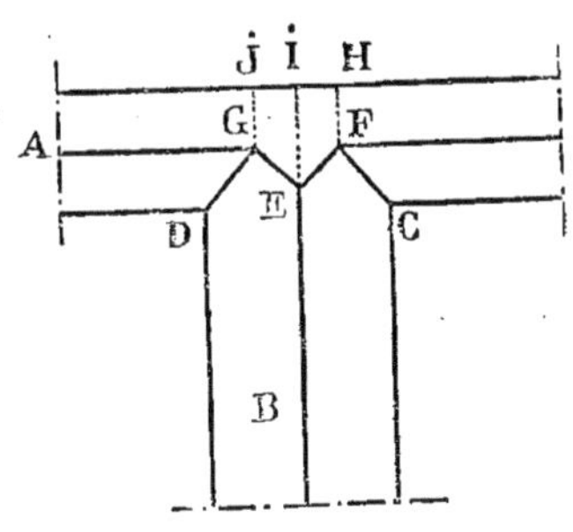

Fig. 1442.

noues à 45 degrés jusqu'à leur rencontre avec le faîtage le moins élevé.

On prolonge alors le second versant du petit comble jusqu'au faîtage du grand et on obtient deux petites portions d'arêtiers EF et EG. Pour construite cette intersection on place ordinairement des demi-fermes suivant les lignes FH, EI, GJ. Le tracé est aussi très simple. Soient (*fig.* 1443

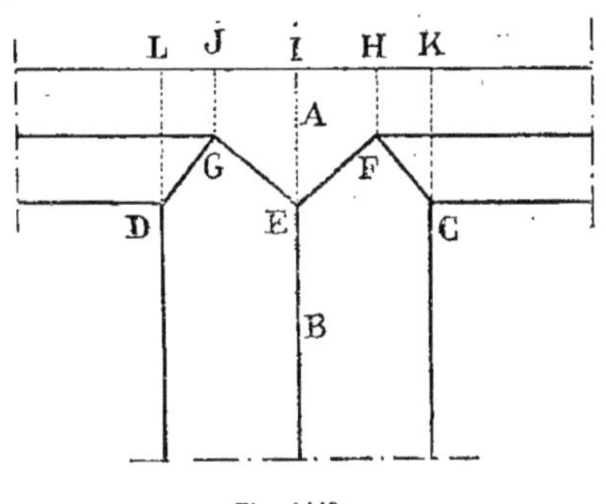

Fig. 1443.

et 1444) deux bâtiments A et B n'ayant ni même hauteur, ni même largeur.

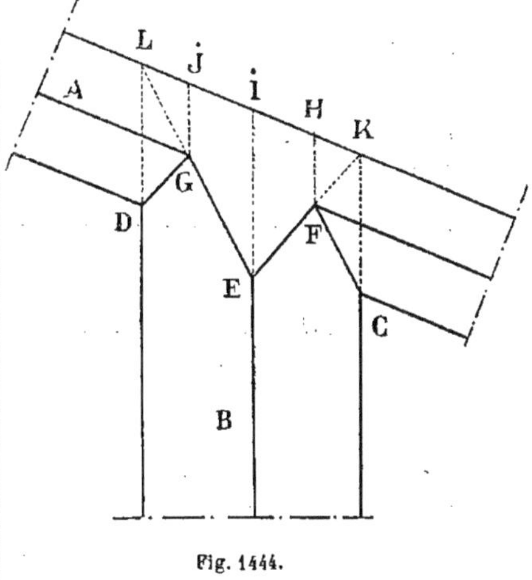

Fig. 1444.

Pour tracer l'intersection, supposons que nous prolongions le bâtiment B jusqu'à la ligne KL et traçons les croupes KEL à la manière ordinaire. Il nous suffira alors, pour avoir le tracé de l'intersection du grand comble avec le petit, de prendre les points de rencontre de ces croupes avec le faîtage du petit bâtiment, en F et en G, et de joindre ces deux points F, G aux points C et D, rencontre des deux égouts. Comme nous l'avons vu précédemment, on place des demi-fermes suivant les lignes FH, EI et GJ et des fermes entières suivant les lignes CK et DL.

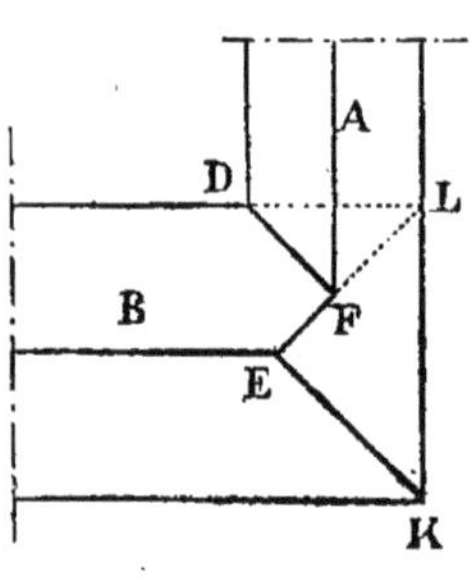

Fig. 1445.

Si, comme le montrent les figures 1445 et 1446, les deux bâtiments se terminent à l'angle qu'ils forment entre eux, la disposition et le tracé précédent sont encore applicables. On continue de même le bâtiment B jusqu'à la ligne KL. On forme la croupe KEL. On prend son intersection en F avec la ligne de faîtage du petit bâtiment et on joint FD. On détermine ainsi l'arêtier EF, l'arêtier EK et la noue FD.

Il sera facile, avec ce procédé d'intersection, de faire l'étude et le tracé complet d'un bâtiment représentant un nombre quelconque de rencontres de toits entre eux.

On obtiendra toujours, comme dans les exemples étudiés ci-dessus, des arêtiers

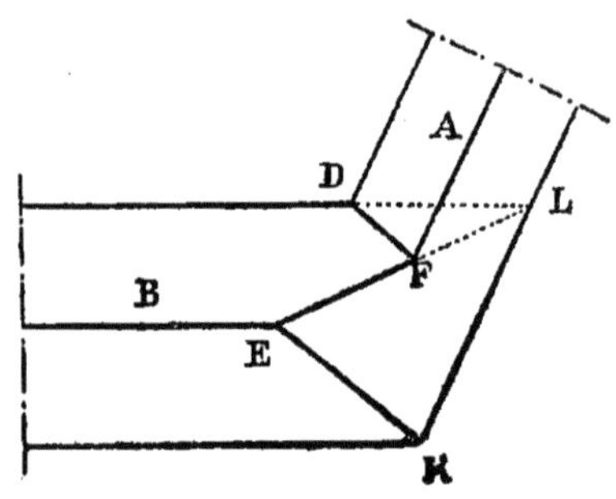

Fig. 1446.

tronqués tels que EF, des arêtiers complets et une série de noues.

La disposition et l'étude des noues et des noulets se fera en charpente en fer comme nous l'avons indiqué dans la charpente en bois. mais en confiant de préférence le tracé des épures à un charpentier en bois qui a une plus grande habitude de ce genre de travail.

§ X. — *COMBLES MÉTALLIQUES N'AYANT PLUS POUR BASE UN RECTANGLE*

709. Dans tout ce qui précède, nous avons étudié des combles dont le plan a toujours été un rectangle ou un carré, il existe une autre série de combles dont les bases sont différentes et que nous allons examiner succinctement.

1er Exemple.

710. Comme premier exemple de ce genre de comble nous représentons, en coupe transversale et en plan (*fig.* 1447), la disposition de la charpente métallique qui a été adoptée pour la construction du panorama de Genève.

Comme le montre la figure le contour extérieur est un polygone de seize côtés. A chacun des angles de ce polygone aboutit une demi-ferme en tôle et cornières reposant, d'un côté sur un poteau métallique A, et de l'autre en A' sur un anneau central dont nous verrons le détail dans ce qui va suivre. De distance en distance, et parallèlement aux côtés du polygone on dispose une série de pannes P composées

PANORAMA DE GENÈVE
Coupe transversale
Constructeurs : Société Anonyme des Ateliers de Willebroeck
½ Plan
Détail A'

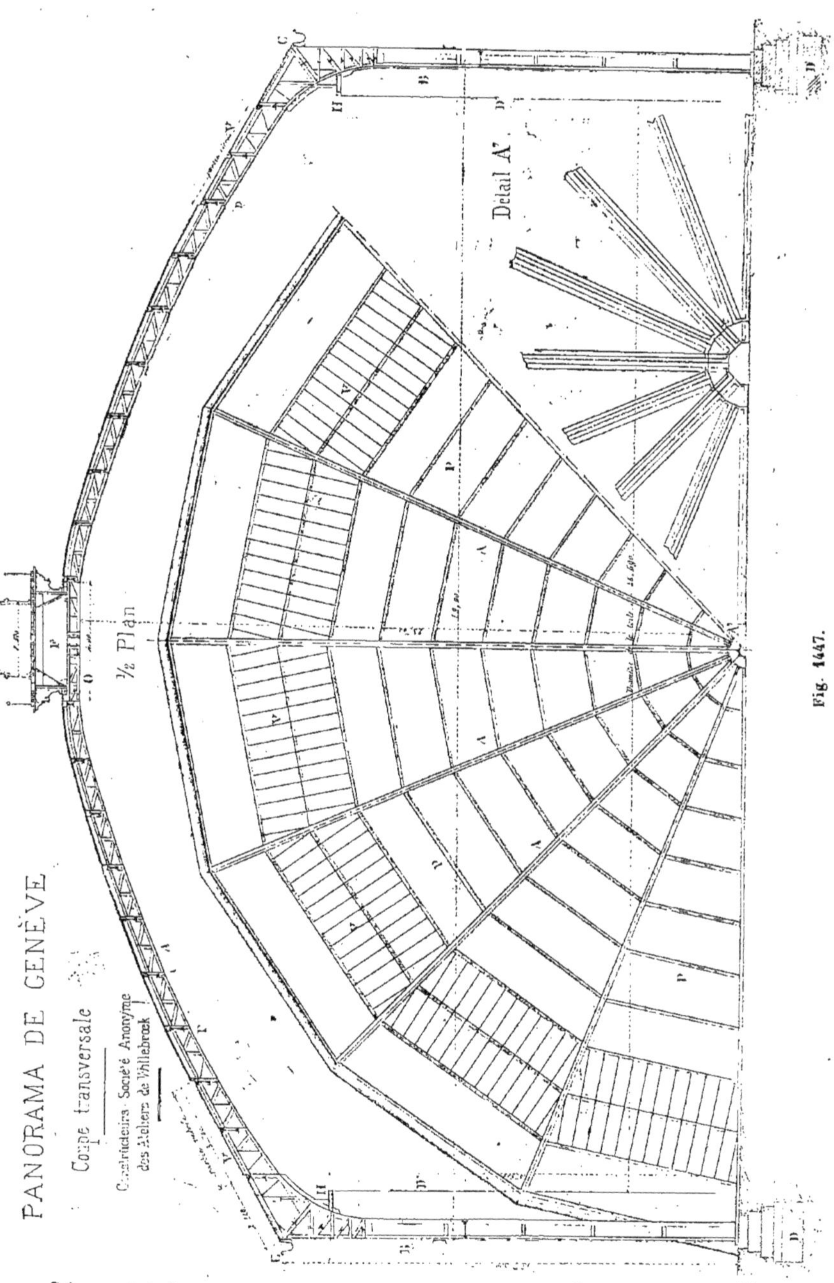

Fig. 1447.

de tôle et cornières et assemblées sur les arbalétriers.

Sur ces pannes on fixe des tasseaux en bois devant recevoir les chevrons de la couverture.

En V nous indiquons les parties vitrées

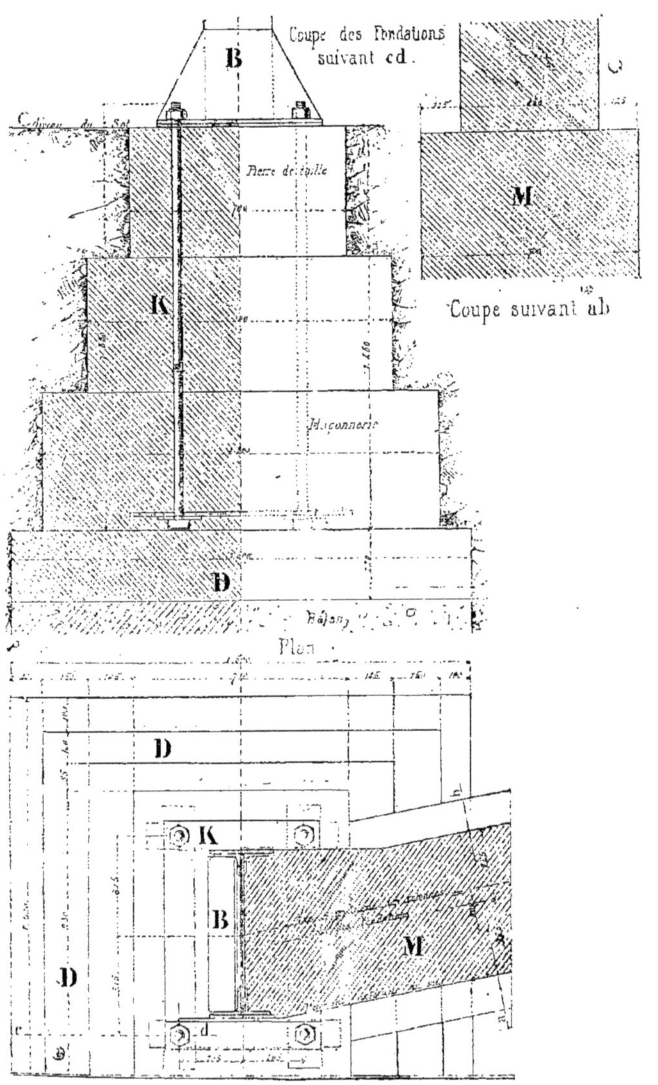

Fig. 1448 et 1449.

indispensables pour l'éclairage du panorama.

Chaque poteau B repose à sa partie inférieure sur un massif en pierre de taille D.

En C se trouve représenté le chéneau;

Détail de l'arbalétrier
Détail de l'anneau central
Détail d'une panne
Élévation
Plan
Attache d'un panne sur l'arbalétrier

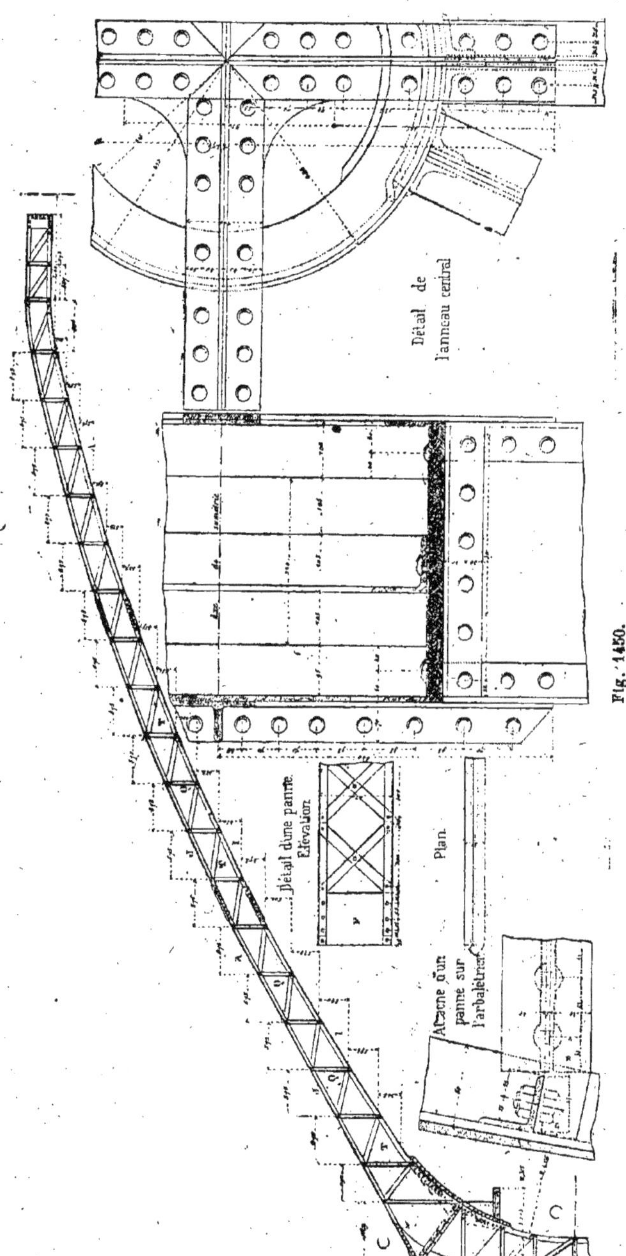

Fig. 1450.

en O, la projection de l'anneau central et en F, un campanile.

Le détail A' fait facilement comprendre l'arrivée de chaque arbalétrier sur l'anneau central.

La distance d'axe en axe de poteau est de 39 mètres.

La hauteur totale du sol à l'anneau central est de 23 mètres. Les deux lignes verticales D' représentent la position de la toile soutenue en H, par un bras de levier métallique.

Le diamètre de cette toile est de 36^m,690 et sa hauteur du sol au point H est de 14^m,50.

Le dessus du chéneau est à 15^m,50 au-dessus du sol.

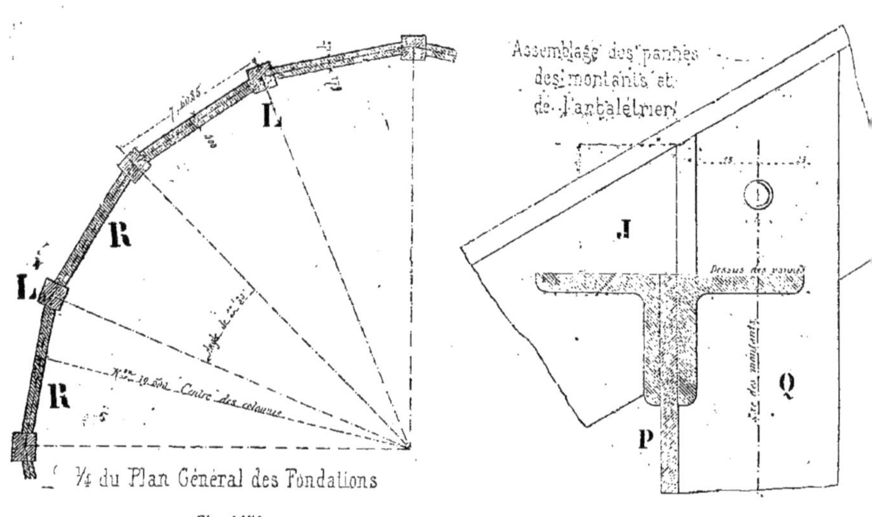

Fig. 1451.

Fig. 1452.

Détails d'assemblages.

711. Une des parties intéressantes à étudier est évidemment l'attache des piliers ou poteaux B, sur la maçonnerie en pierre de taille D ; ce détail est indiqué en croquis (*fig.* 1448). La base du poteau B repose sur la première assise du massif en pierre de taille et y est solidement maintenue à l'aide de quatre boulons de fondations K, ayant trente millimètres de diamètre. Le massif a une épaisseur de 0^m,700 en haut et de 1^m,50 à la base.

Le plan nous montre facilement la composition du poteau B, formé de : une tôle de 300 × 12, quatre cornières de 80 × 80 × 9, deux plates-bandes de 200 × 10, et comment la maçonnerie M vient se fixer entre les ailes des cornières qui le composent.

La figure 1449 nous donne une coupe verticale du mur suivant *ab* du plan (*fig.* 1448).

La figure 1450 nous représente : l'élévation et le détail d'un arbalétrier ; le détail de l'extrémité d'une panne en élévation et en plan ; le mode d'attache d'une panne sur l'arbalétrier ; enfin, la disposition de l'anneau central. L'arbalétrier est une poutre en N, cintrée à la demande, mais n'offrant rien de bien particulier.

Elle est composée de deux cornières supérieures J, de 70 × 70 × 9, de deux cornières inférieures I (70 × 70 × 9) et, entre ces quatre cornières, une série de montants Q (L, 70 × 70 × 9) et de croisillons T (fer plat, 70 × 9). En N, se trouve une petite poutre supportant le chéneau et formée de deux cornières de 50 × 50 × 13 et d'une tôle de 120 × 6. Les pannes sont composées de tôle et cornières ; elles ont une hauteur totale de 0m,310 et sont formées de quatre cornières de 40 × 40 × 6 et de croisillons en fer plat de 40 × 6.

L'attache de ces pannes sur l'arbalète se fait très simplement, comme l'indique le croquis, en coupant une partie de l'aile de cette panne.

L'anneau central est indiqué à une assez grande échelle pour en comprendre les différentes parties.

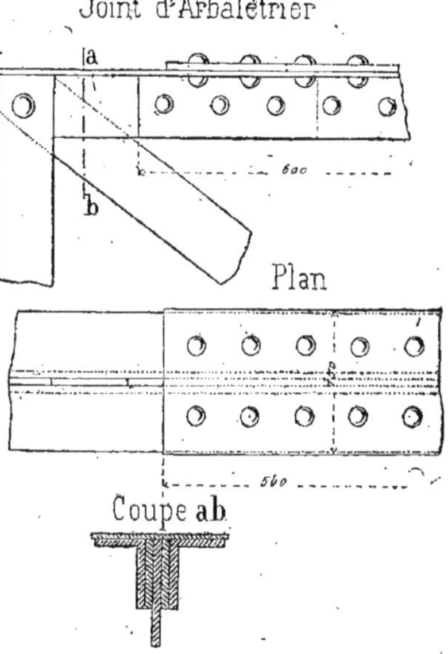

Fig. 1453.

La figure 1451 nous donne le quart du plan général des fondations ; en L le plan des massifs de poteaux et en R la fondation des murs placés entre deux poteaux consécutifs.

L'angle formé par deux arbalétriers qui se suivent, est de 22°30′ et le rayon du centre des piliers est de 19m,500.

La figure 1452 nous indique le moyen qui a été employé pour assembler les pannes et les montants sur l'arbalétrier.

La figure 1453 représente le joint de deux morceaux d'arbalétrier, disposition qui a déjà été décrite en parlant des assemblages.

Pour terminer nous donnons (*fig.* 1454 et 1455) la disposition du chéneau d'une console intermédiaire et d'une console extrême.

Un fer T, S, contourné à la demande, assemblé avec un gousset G se fixe sur la poutre N qui elle-même est reliée à l'arbalétrier A.

C'est l'ensemble de ces assemblages qui forme la console supportant le chéneau C composé, comme l'indique le croquis, de trois pièces de bois U, d'un membron X, l'intérieur garni en zinc.

En Y le chevron cloué sur une panne de rive Z.

2e Exemple.

712. Comme deuxième exemple, proposons-nous d'étudier un type particulier de combles connus sous le nom de *combles roulants* ou combles à lanterneau mobile.

On désigne sous ce nom des combles à mi-partie fixe et mi-partie mobile. La partie fixe forme le comble proprement dit et se construit comme les combles décrits précédemment ; la partie mobile est formée par le lanterneau monté sur des galets se mouvant sur des chemins de roulement solidement établis et analogues à ceux qu'on exécute pour les parties basses des portes roulantes très employées dans les bâtiments de chemins de fer, docks, etc.

Ce lanterneau mobile L est, comme le montre le croquis (*fig.* 1456), supporté par des galets *g* et se construit presque toujours en deux parties A et B venant se placer à droite et à gauche en A′ et B′ afin de découvrir complètement le milieu de la couverture.

Le point de jonction C, sur l'axe des deux parties du lanterneau lorsqu'il est fermé, doit être étudié très sérieusement pour éviter les fuites en cas de pluie ; ce sont des détails d'installation que chaque constructeur devra raisonner et interpréter à sa manière.

713. L'Hippodrome du Pont de l'Alma,

construit en 1878 par la Compagnie de Fives-Lille, et dont les dessins qui suivent sont extraits du portefeuille des Élèves de l'École Centrale, présente un intéres-

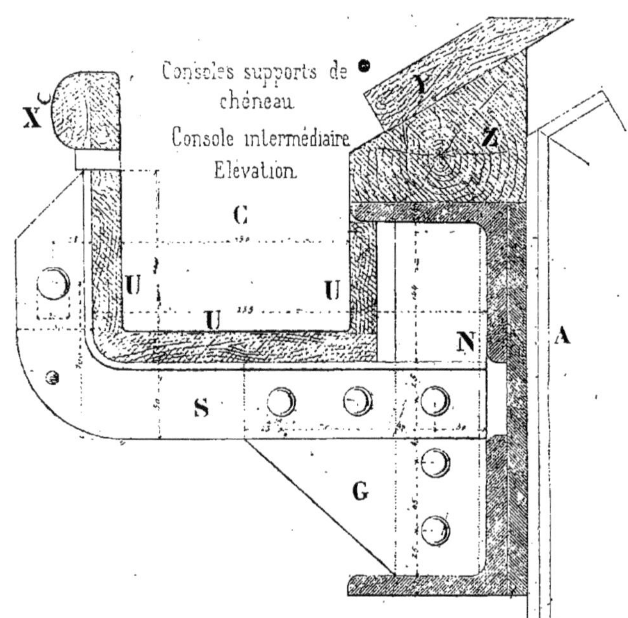

Fig. 1454.

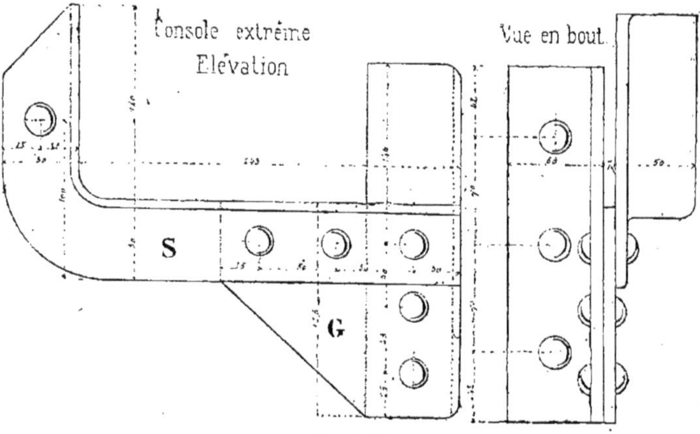

Fig. 1455.

sant exemple de toiture mobile. C'est l'une des premières applications d'une idée qui peut être appelée à rendre de grands services dans l'industrie, pour toutes sortes de bâtiments nécessitant une ventilation intermittente, tels que salles de réunion, marchés, halles..., etc.

La question des toitures mobiles, considérée dans sa généralité, comporte deux problèmes :

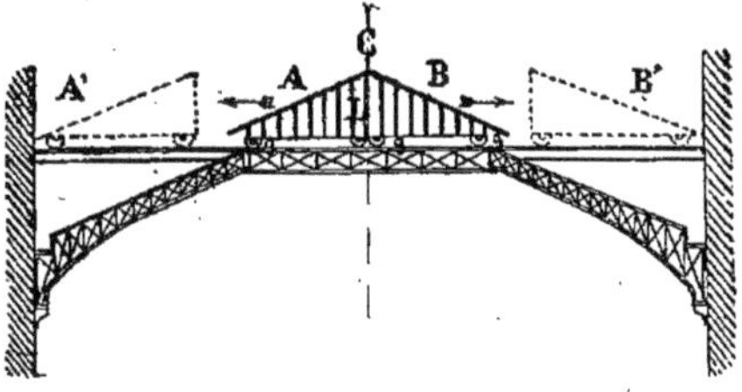

Fig. 1456.

L'étude de la toiture proprement dite ;

L'étude du support destiné à recevoir la toiture lorsque celle-ci se retire pour laisser le bâtiment à découvert en partie ou en totalité.

Deux solutions sont en présence :

1° Toitures mobiles dans le sens vertical ;

2° Toitures mobiles dans le sens horizontal.

Le point essentiel, dans l'une et l'autre solution sera :

Pour les premières, d'établir une toiture *très bien équilibrée* par un système quelconque de contrepoids ; et un support facilitant le mouvement, dans le genre des colonnes de gazomètres.

Un système d'ascension et de descente hydraulique peut être adopté dans ce cas.

Quant au deuxième, il sera peut-être bien d'installer : en premier lieu une toiture sans aucune résultante latérale (puisqu'elle doit reposer et rouler sur de simples galets verticaux qui seraient de suite déversés et hors d'état sans cette précaution); et, en second lieu, d'établir, comme support, un plancher de roulement horizontal, assez solidement entre-

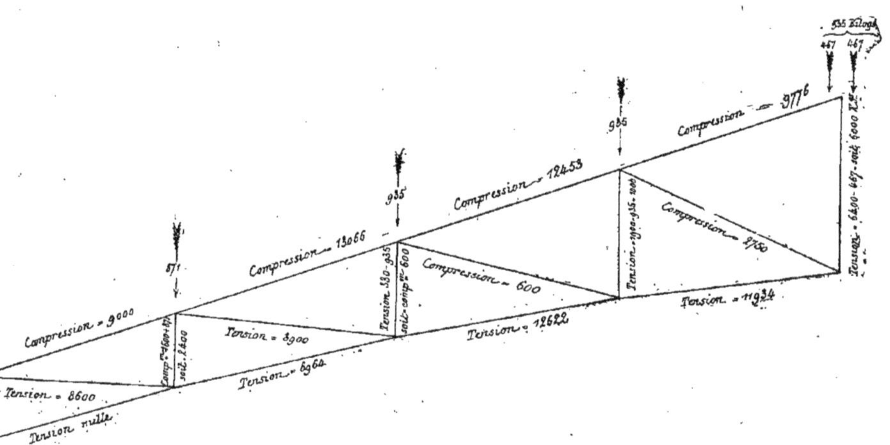

Fig. 1457.

toisé pour soutenir, à une hauteur variable, tout le poids de la toiture.

Dans l'un et l'autre cas, on devra s'appliquer à établir la toiture la plus légère et le mode de mouvement le plus rapide et le plus facile.

La première solution, quoique un peu moins simple, paraît devoir être la meilleure à Paris, ou en tout autre endroit où le terrain est cher. Elle est, en effet, conforme à l'une des principales règles de la construction, qui est de se développer, autant que possible, plutôt en hauteur qu'en surface. Il existe déjà des toitures

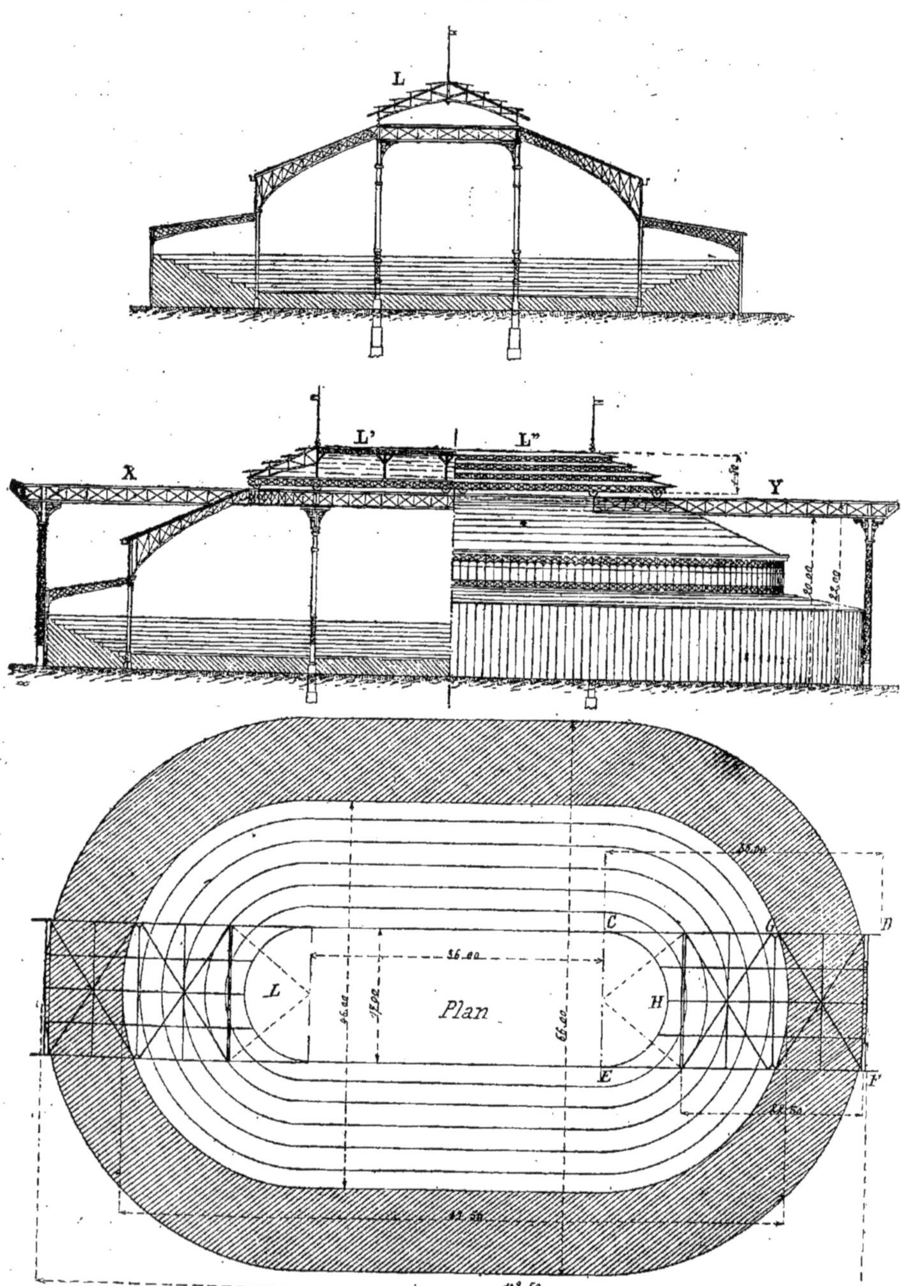

Fig. 1458.

de ce genre à Paris, dont le fonctionnement paraît être satisfaisant.

La deuxième solution a néanmoins été adoptée pour l'Hippodrome, où l'on n'était précisément pas arrêté par la considération dont il vient d'être question, puisque tout l'espace latéral existant forcément au-dessus des tribunes était inoccupé. — C'est là un cas particulier qui explique et justifie cette disposition.

Voici quelques détails généraux sur l'installation de ce système à l'Hippodrome :

L'ensemble du bâtiment, tout en fer, est couronné par deux fortes poutres en croisillons, de 2 mètres de haut, prolongées en dehors du bâtiment, de chaque côté, sur une longueur égale au demi-lanterneau mobile. C'est sur ces poutres que les deux demi-lanterneaux reposent, en quelque position qu'ils soient amenés.

Le lanterneau se compose, conformément à ce que nous avons dit plus haut, de plusieurs fermes *sans résultante latérale* (en théorie du moins) et qui, en pratique, n'exercent qu'une poussée insignifiante sur les galets de roulement qui supportent l'ensemble de la partie mobile. — L'épure

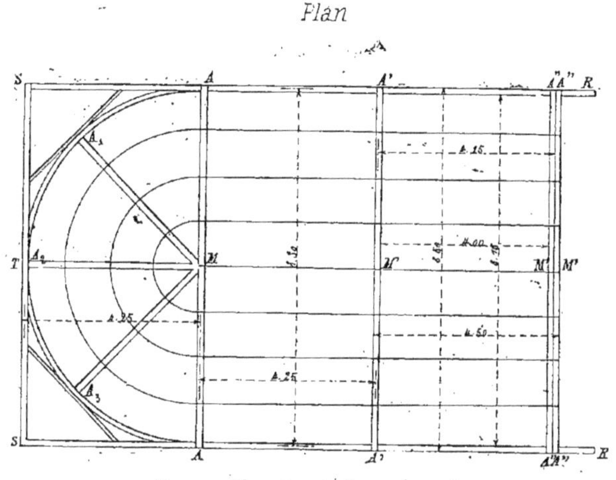

Fig. 1459.

des forces de l'une de ces fermes est représentée, entre autres détails, par le croquis (*fig.* 1457).

Les planchers de roulement, qui servent de support aux deux demi-lanterneaux ouverts, sont un exemple intéressant d'entretoisement horizontal. Ils se composent de poutres et de poutrelles en croisillons de fer, entretoisées par quelques fers en U et quelques tiges formant tirants; — le tout présentant une certaine légèreté relativement à sa grande surface horizontale (22m,50 × 17 mètres).

Le poids supporté par chacun de ces chemins de roulement est celui d'un demi-lanterneau, soit 15,000 kilogrammes à 22 mètres du sol.

Le détail de ce plancher de roulement est également représenté en croquis dans ce qui va suivre, ainsi que les détails du mécanisme, qui permet à deux hommes de manœuvrer le tout en quelques instants; plus encore les détails complémentaires des appareils de choc et de frein.

Voici quelques chiffres qui compléteront ces renseignements sommaires :

Poids de l'ensemble, environ 650 tonnes
Poids du lanterneau — 30 —

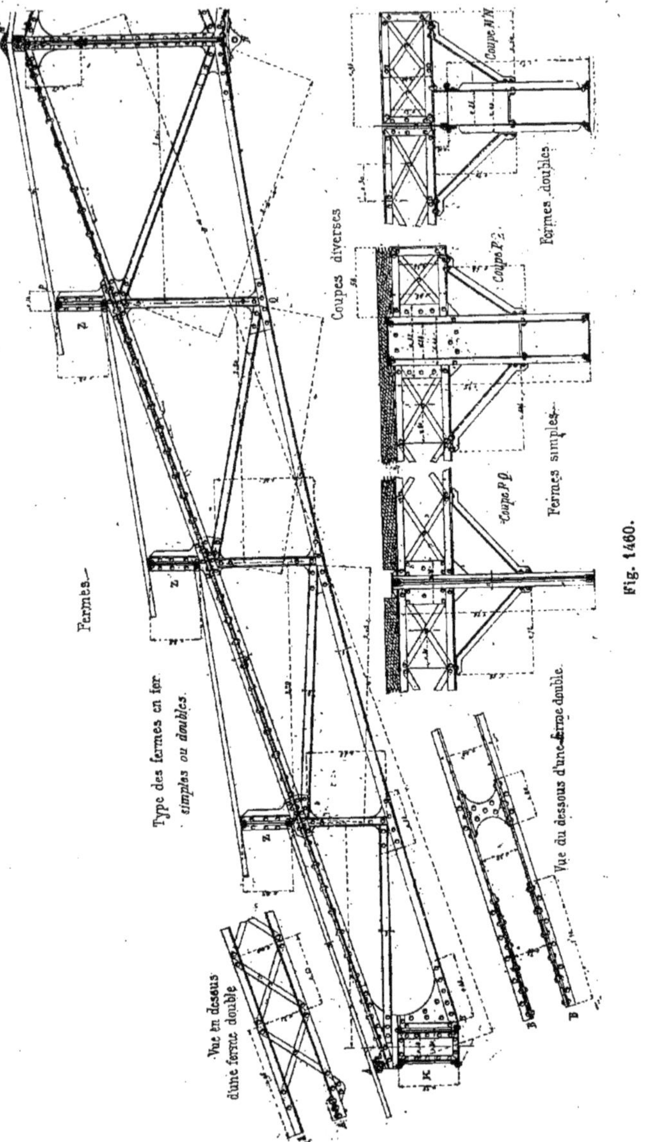

Fig. 1460.

c'est donc relativement peu, comparé au poids total du bâtiment.

Le prix total de la construction de l'édifice a été de 350,0.0 francs.

Dans ce prix le lanterneau figure, à peu près, pour 18,000 francs environ, ce qui porte à 0f,60 environ le kilogramme de fer travaillé, assemblé et mis en place.

Enfin indépendamment des quatre piliers en croisillons de fer qui supportent les deux extrémités libres de chaque plancher de roulement, le milieu de l'édifice est supporté par quatre colonnes maîtresses en fonte, du poids de 15 tonnes chacune. Ces colonnes reposent ellesmêmes sur des fondations de 12 mètres de haut, car ce n'est qu'à cette profondeu que l'on a rencontré le bon sol. — Ces fondations présentent à leur base une surface de 2 mètres × 2 mètres, soit 4 mètres carrés. Ce qui répartit sur le sol une pression, laquelle ne dépasse pas $2^k,5$, par centimètre carré.

Détails de construction.

714. Afin de bien faire comprendre les détails de construction, nous donnons (*fig.* 1458) une coupe transversale, une coupe longitudinale et un plan d'ensemble de l'installation de l'Hippodrome du pont de l'Alma à Paris.

Ce qui nous occupera plus spécialement, dans ce qui va suivre, c'est le lanterneau mobile de la toiture.

Ce lanterneau L est divisé en deux parties, l'une L' venant se placer sur le chemin de roulement X, l'autre L'' venant en Y; le plan de cette figure nous indique par de gros traits noirs la forme schématique du chemin de roulement du lanterneau.

715. La figure 1459 nous montre le plan d'ensemble du demi-lanterneau L de la figure 1458.

Ce lanterneau se compose: de deux fermes simples AA et A'A'; d'une ferme double A''A'' et de trois demi-fermes MA_1, MA_2 et MA_3 venant reposer sur deux sablières SR dont la figure 1460 donne la section.

Toutes ces fermes étant du même type il nous suffira d'en étudier une pour nous rendre un compte exact de leur disposition.

716. La figure 1460 nous indique le détail de l'une des demi-fermes AM ou A'M' du plan (*fig.* 1459). C'est un type de ferme en N dont nous avons déjà vu des exemples; haut et bas des cornières du commerce comprenant entre leurs ailes une série de croisillons en fer en U.

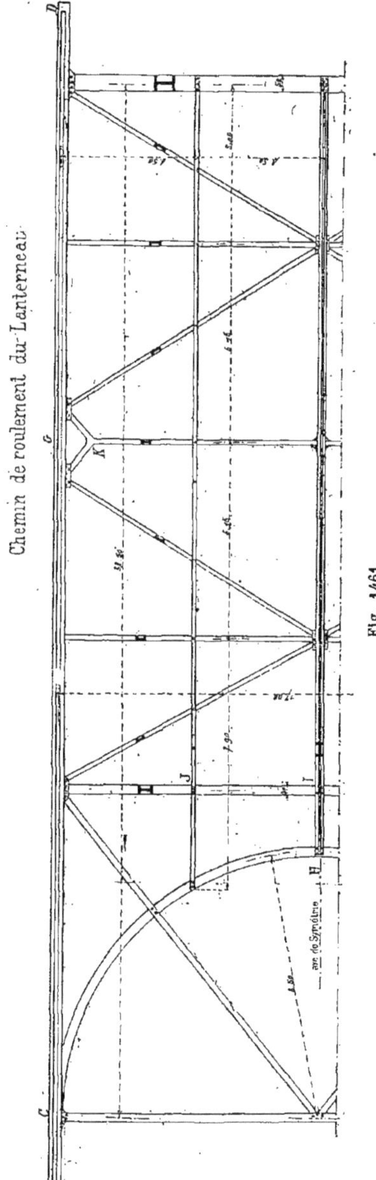

Fig. 1461.

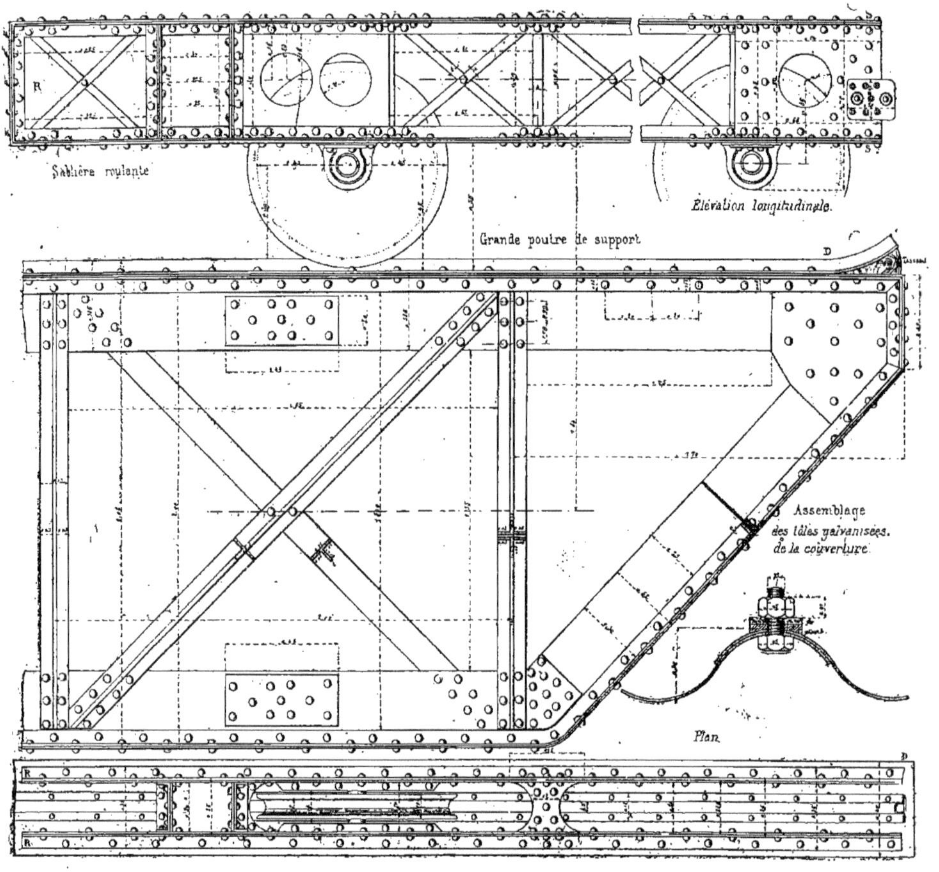

Sablière roulante
Élévation longitudinale
Grande poutre de support
Assemblage
des tôles galvanisées
de la couverture
Plan

Fig. 1462.

Élévation latérale

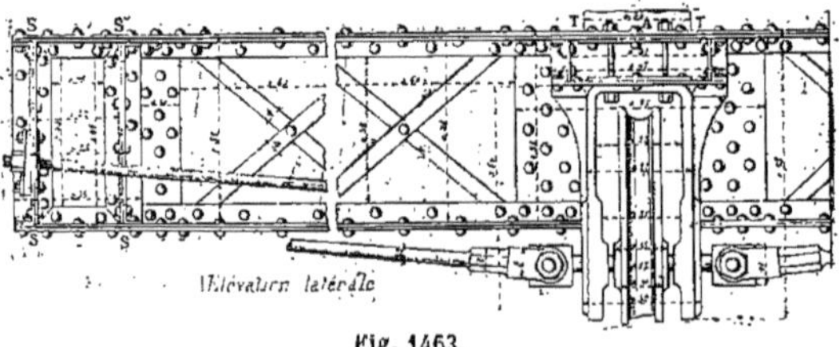

Fig. 1463.

Les pannes Z sont de petites poutres en tôle et cornières ayant 0^{m},48 de hauteur totale; elles sont disposées au droit de chacun des montants verticaux et transmettent, à ces montants, des charges dont l'épure des forces (*fig.* 1457) nous donne la valeur.

Au faîtage, une disposition spéciale,

permet un contreventement perpendiculaire à la direction des fermes.

Chaque ferme repose à sa base sur une sablière double dont nous donnons la section en K.

Dans la même figure nous avons représenté : la vue en dessus et la vue en dessous dans le cas où les fermes sont doubles ; une coupe suivant PQ dans le cas de fermes simples, une coupe au même endroit dans le cas d'une ferme double ; enfin, une coupe au faîtage lorsque les fermes sont doubles.

Ces croquis sont simples et se comprennent assez facilement pour que nous n'ayons pas besoin de nous y arrêter plus longuement.

717. La figure 1461 nous montre en détail la disposition du demi-chemin de roulement du lanterneau représenté dans le plan (*fig.* 1458).

Les différents fers sont indiqués par leurs sections, ce qui permet de comprendre facilement le croquis.

718. Un détail très intéressant à étudier c'est la disposition de la grande poutre de support Y (*fig.* 1458) avec l'indication de la sablière roulante placée sur cette poutre.

Les figures 1462 et 1463 nous donnent : une élévation longitudinale, une élévation latérale, et un plan de cette installation.

La sablière roulante est une poutre en treillis portant en divers points de sa longueur des parties renforcées sur lesquelles on fixe les galets de roulement.

Ces galets se meuvent sur un rail solidement rivé sur la partie supérieure de la grande poutre de support.

Cette poutre de support, dont nous voyons une partie de l'élévation (*fig.* 1462) se termine en forme de gousset ; à l'extrémité de ce gousset, on relève un peu le rail et on le fait reposer sur une pièce de bois. Ce rail relevé forme arrêt pour les galets. Dans la figure 1462 nous montrons en croquis le mode d'assemblage des tôles galvanisées de la couverture. Ces tôles sont percées pour le passage d'un boulon à six pans. Avant de placer le deuxième écrou on met une petite rondelle de plomb qu'on recouvre d'une rondelle en fer ; c'est sur cette dernière qu'on place l'écrou supérieur.

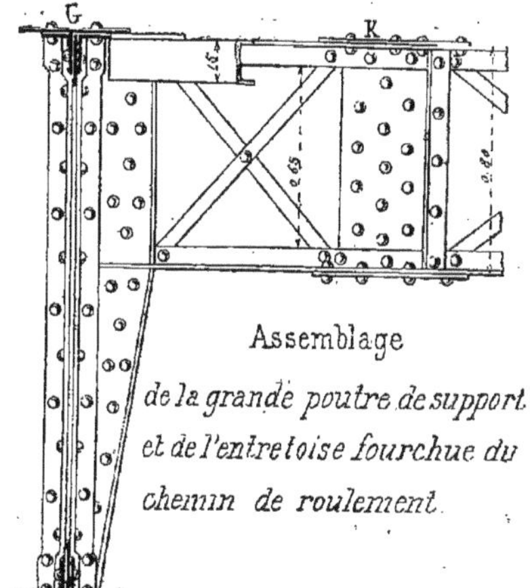

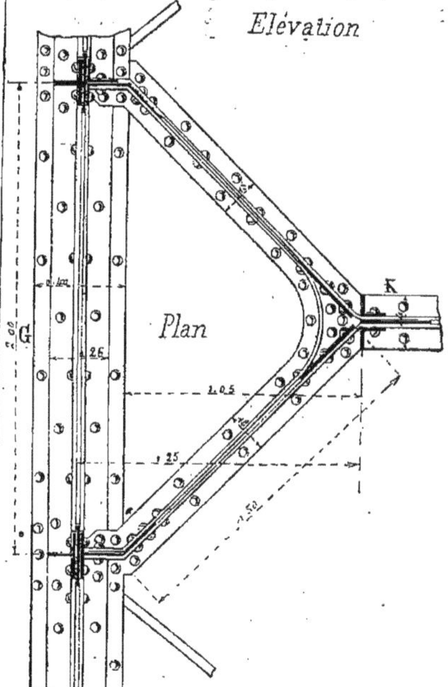

Fig. 1464.

Les deux figures 1464 et 1465 nous montrent en détails l'assemblage de la grande poutre de support et de l'entretoise fourchue du chemin de roulement ainsi que l'assemblage de la poutre médiane du chemin de roulement avec la charpente inférieure.

La figure 1466 nous représente, à plus

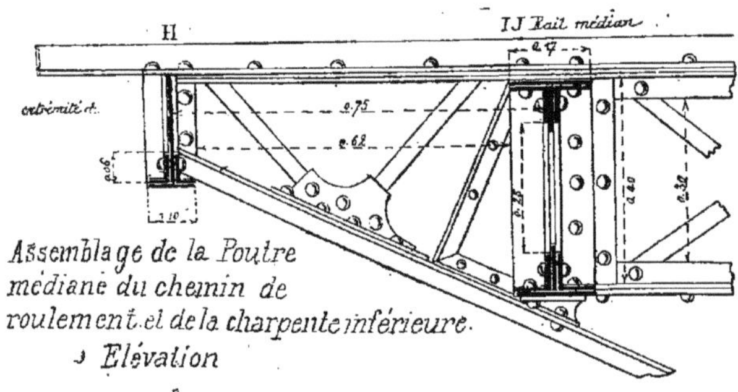

Fig. 1465.

grande échelle, l'assemblage en M de la figure 1459. Cet assemblage de la ferme simple avec les trois demi-fermes se fait à l'aide de tôles coudées et de cornières du

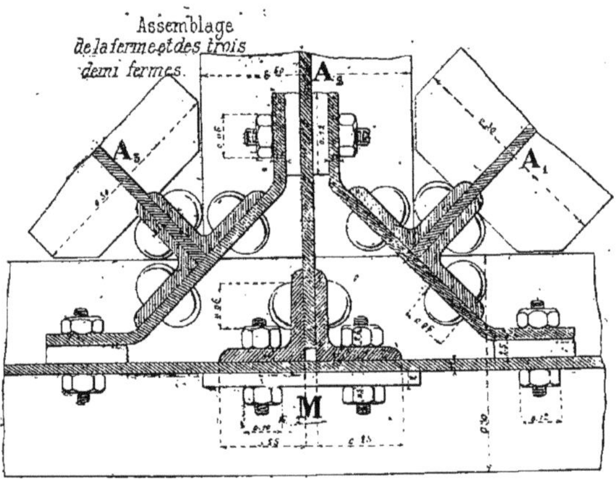

Fig. 1466.

commerce. C'est un assemblage du même genre que celui qui a été indiqué précédemment en F (*fig.* 1427).

Mécanisme de roulement. – Tampon de choc.

719. Pour terminer ces détails nous donnons (*fig.* 1467 et 1468) la disposition du mécanisme de roulement, l'indication du tampon de choc et la forme des mordachés d'arrêt.

Le mécanisme du roulement, est très simple; l'homme agit sur une manivelle M', dont le poids est en partie équilibré par une masse C, et fait tourner un pignon de 15 dents qui engrène avec une roue dentée placée sur le côté du galet B et sur le même axe K. Cette roue a 85 dents.

L'épure schématique du mouvement

indiquée (*fig.* 1467) fait facilement comprendre la disposition.

La manivelle s'attache sur l'une des poutres S par l'intermédiaire d'une douille en fonte et de coussinets en bronze.

En U se trouve le rail de forme spéciale fixé sur les tables horizontales T de la poutre P.

L'homme qui exécute la manœuvre se place en A sur un chemin spécialement établi pour lui ; ce chemin est supporté par des consoles Q en tôle et cornières reliées à la poutre à l'aide de rivets.

Un garde-corps R boulonné en D reçoit à sa partie supérieure une barre O servant de main courante.

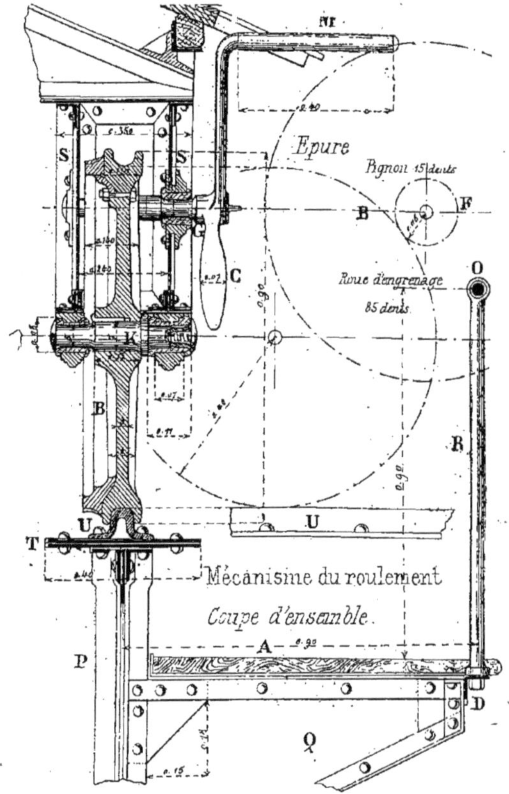

Fig. 1467.

Au milieu de la coupe longitudinale (*fig.* 1458) qui est en même temps l'axe de l'édifice, on place, comme nous l'indiquons (*fig.* 1468), un tampon de choc en fonte. A l'extrémité des poutres S on fixe une pièce de fonte N dans laquelle on met un ressort V avec tampon L analogue à ceux qui sont employés pour les wagons.

On a aussi des mordaches d'arrêt dont la partie droite de la figure donne la disposition.

Ces mordaches H sont, comme le

montre le croquis, mus à la main par une manette E.

Nota.

720. On a proposé de construire des combles tournants basés sur le principe des papillons de ventilation mais qui, comme ces derniers, ne permettent d'avoir au maximum qu'un vide égal à la moitié de la surface puisque chacun des secteurs vient se placer sur celui qui se trouve à côté de lui.

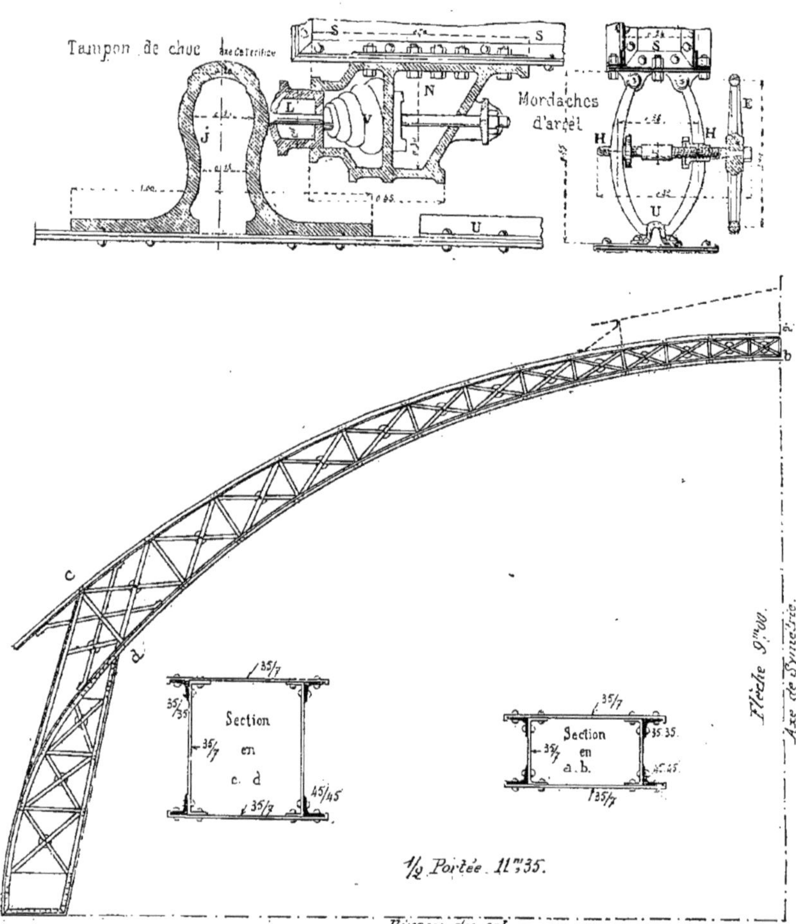

Fig. 1469.

Cette dispositon nous paraît applicable pour les lanterneaux circulaires de petites dimensions mais pas autrement.

3e Exemple.

Ferme circulaire de M. Baudrit

721. M. Baudrit a construit en 1853 pour couvrir ses ateliers de la rue Saint-

Maur-Popincourt un type de ferme circulaire, sans entrait reposant sur le sol, dont nous donnons le croquis schématique (*fig.* 1469) et qu'il est intéressant de rappeler parce qu'il a été le point de départ de toutes celles de ce genre qui ont été exécutées depuis en Angleterre, en Amérique et en France.

La portée de celle que nous indiquons est de 22m,70, sa hauteur sous clé est de 9 mètres ; elle peut, si on le désire, être surmontée d'un lanterneau indiqué en pointillé dans la figure.

Les deux coupes, l'une suivant *ab*, l'autre suivant *cd*, jointes au croquis donnent les principales dimensions à adopter pour cette portée.

Si cette portée augmente on adoptera

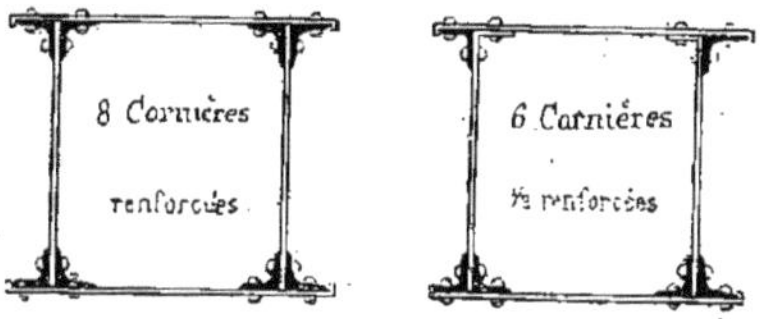

Fig. 1470.

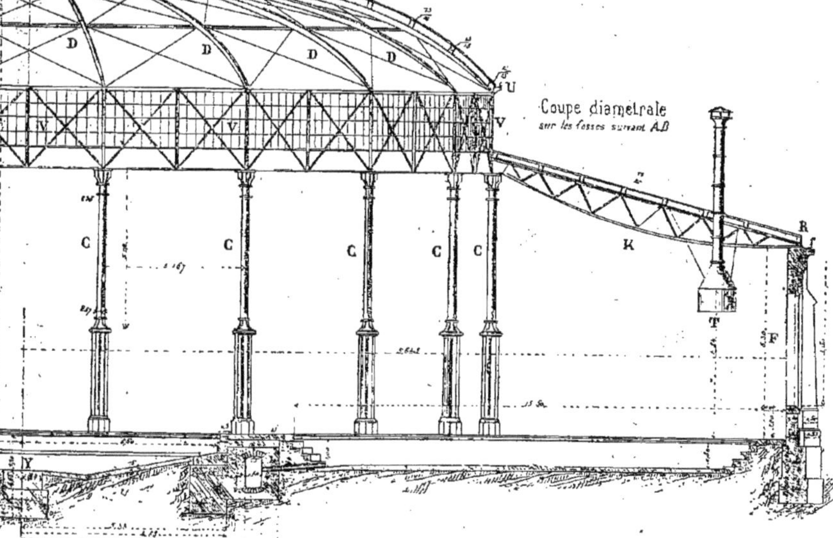

Fig. 1471.

les deux sections indiquées en croquis (*fig.* 1470), l'une avec six cornières demi-renforcées pour une portée de 30 mètres; l'autre avec huit cornières renforcées pour une portée de 50 mètres.

Il peut être utile de rappeler les sous-détails comparatifs des prix entre les deux époques 1853 et 1890.

Sous-détails des prix aux 100 kilos

En 1853

Fer (prix moyen)........	37f.00
Façon............	12 00
Pose.............	2 00
Faux-frais..........	3 00
	54f.00

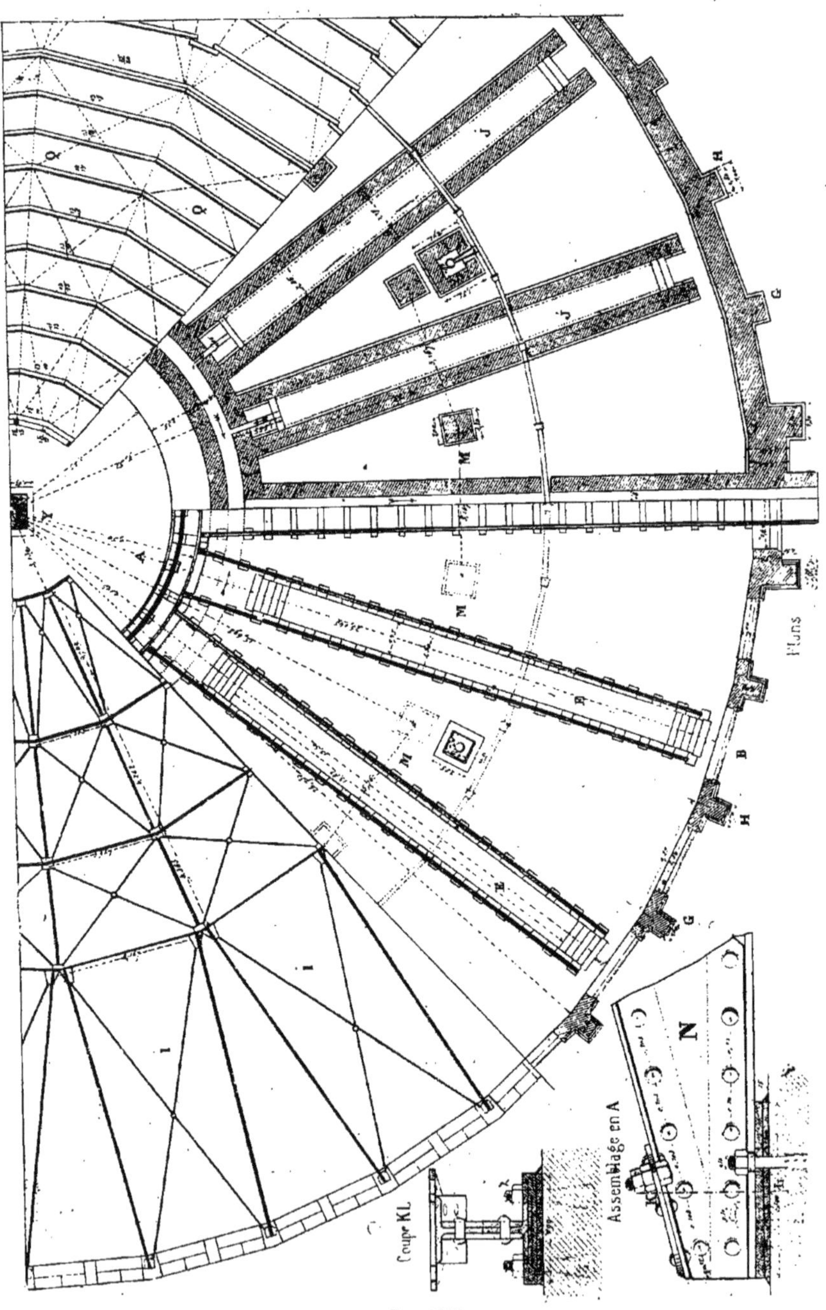

Fig. 1472.

En 1890	
Fer (prix moyen)	20f.00
Façon.	10 00
Pose.	3 00
Faux-frais	4 00
	37f.00

Ces prix ne comprennent pas le droit d'entrée sur les fers.

4e Exemple.

722. Comme quatrième exemple de comble n'ayant pas un rectangle pour base, proposons-nous d'étudier en détail, la charpente métallique d'une remise circulaire pour locomotives.

Les figures **1471** et **1472**, nous indiquent : une demi-coupe verticale et les plans à différents niveaux d'une bonne disposition dont nous allons donner les détails.

Dans ces deux figures nous trouvons deux types de charpente métallique, l'une couvrant la remise proprement dite et qui se compose de demi-fermes cintrées reposant à leur partie inférieure sur des colonnes et s'assemblant à leur partie supérieure dans la couronne d'un lanterneau ; l'autre s'appuyant sur les mêmes colonnes et venant reposer sur un mur polygonal dont les côtés G et H (*fig.* 1472) sont assez nombreux pour simuler un cercle en plan. Cette dernière charpente nous donne un exemple de ferme en appentis avec poutre parabolique, disposition particulière, qu'il peut être intéressant d'étudier.

La figure **1471** représente une coupe diamétrale sur les fosses à piquer suivant A et B de la figure 1472. Les colonnes y sont indiquées par la lettre C ; au-dessus, entre le chapiteau de ces colonnes et la retombée des fermes D, se trouve un vitrage circulaire V éclairant très largement l'intérieur de la remise ; puis viennent les demi-fermes circulaires D, s'assemblant sur la couronne O supportant un lanterneau L. En U un chéneau circulaire reçoit les eaux pluviales.

En K se trouve l'indication des fermes en appentis munies de leur chéneau R. Les tuyaux T servent à l'écoulement des fumées et des vapeurs produites par les locomotives.

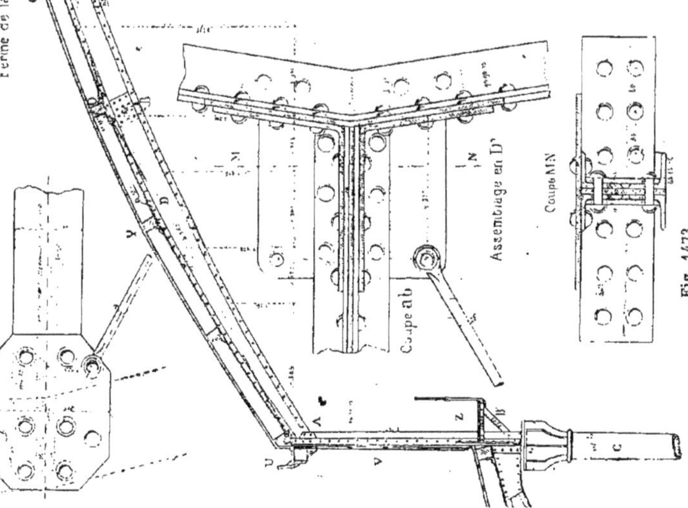

Fig. 1473.

Coupe suivant cd.
Assemblage en C''
Assemblage en B''
Vue en dessus

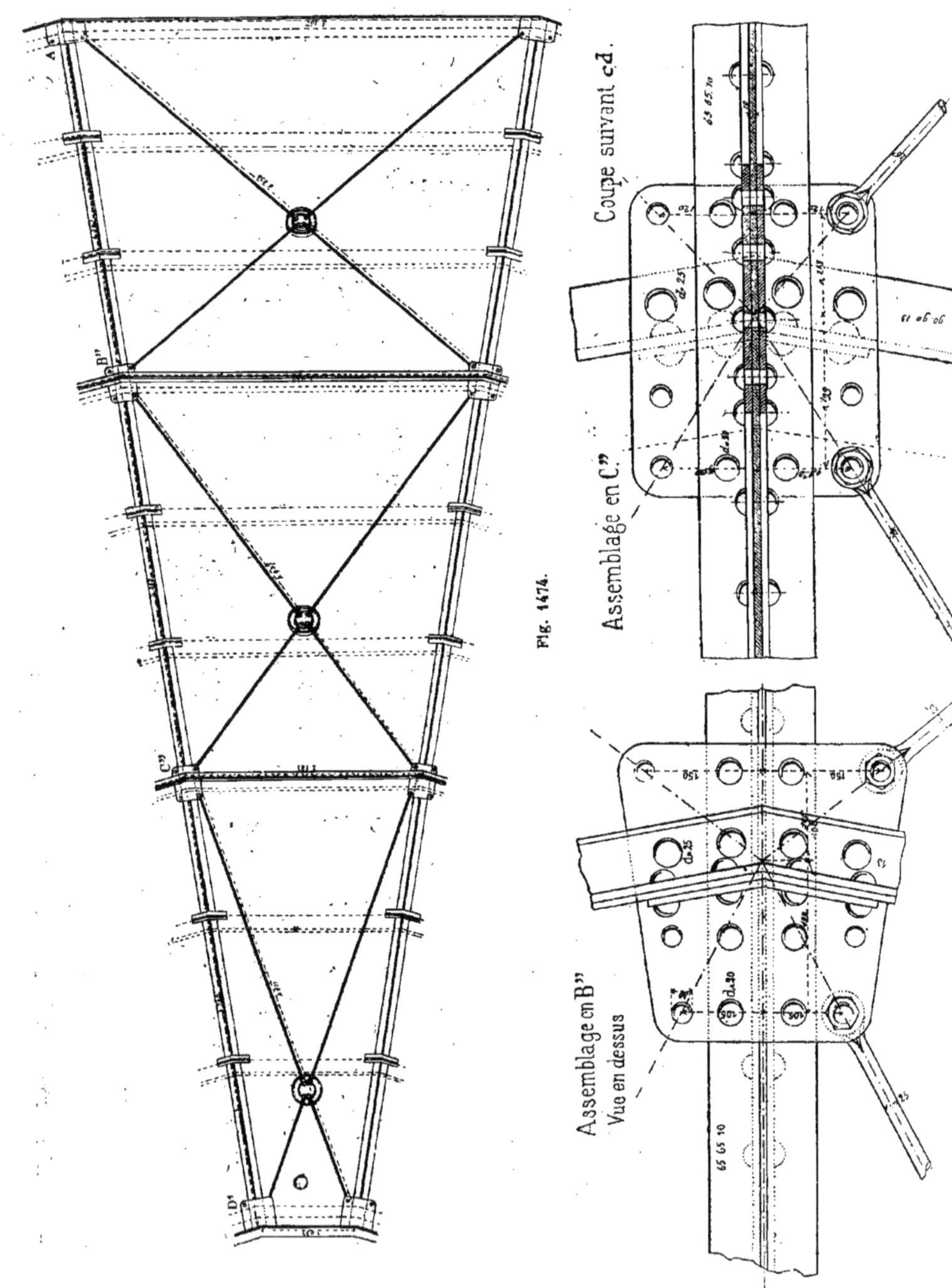

Fig. 1474.

La figure 1472 représente des plans de la remise à différents niveaux. En I l'indication d'un solide contreventement établi dans le plan des fermes ; en E la vue en dessus des fosses à piquer le feu ; en J l'indication des fondations de ces fosses ; en Q la disposition des pannes en bois de chacune des fermes ; enfin, en M, les massifs supportant les colonnes C de la figure 1471.

Au droit de chaque ferme, dans le mur polygonal, on a réservé de solides piliers faisant saillies à l'extérieur.

Détails de constructions et d'assemblage.

1° *Demi-fermes cintrées.*

723. Comme premier détail, nous représentons (*fig.* 1473) l'élévation de l'une des demi-

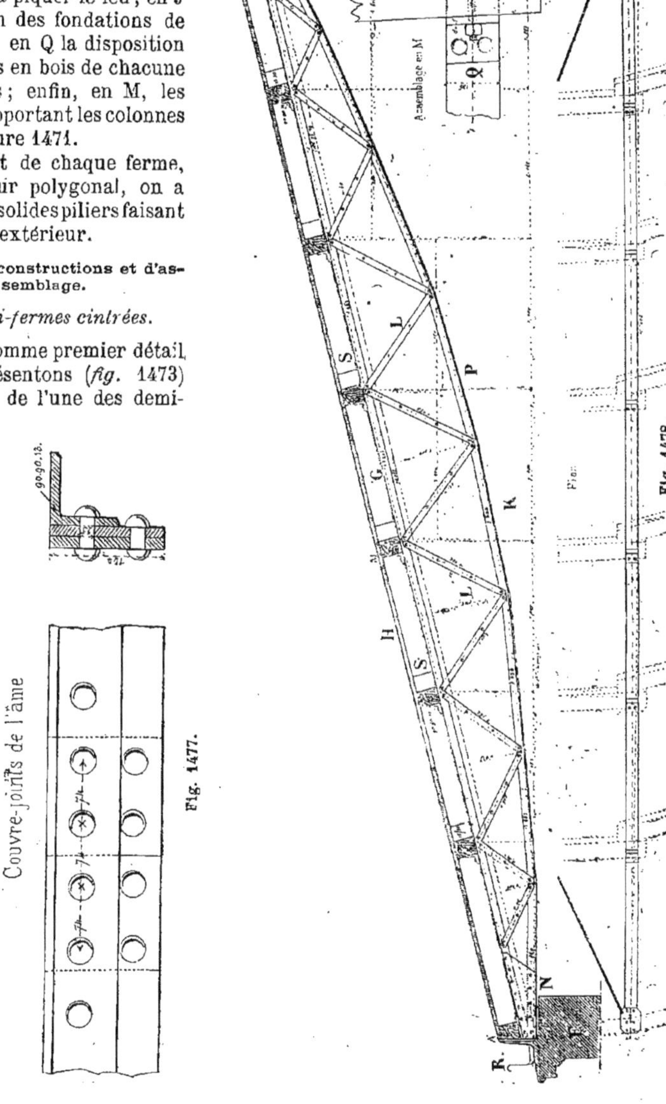

Fig. 1477.

Fig. 1478.

H
E
Poutre parabolique
Assemblage en B'
S
G
P
J
C
Colonne
Plan coupe

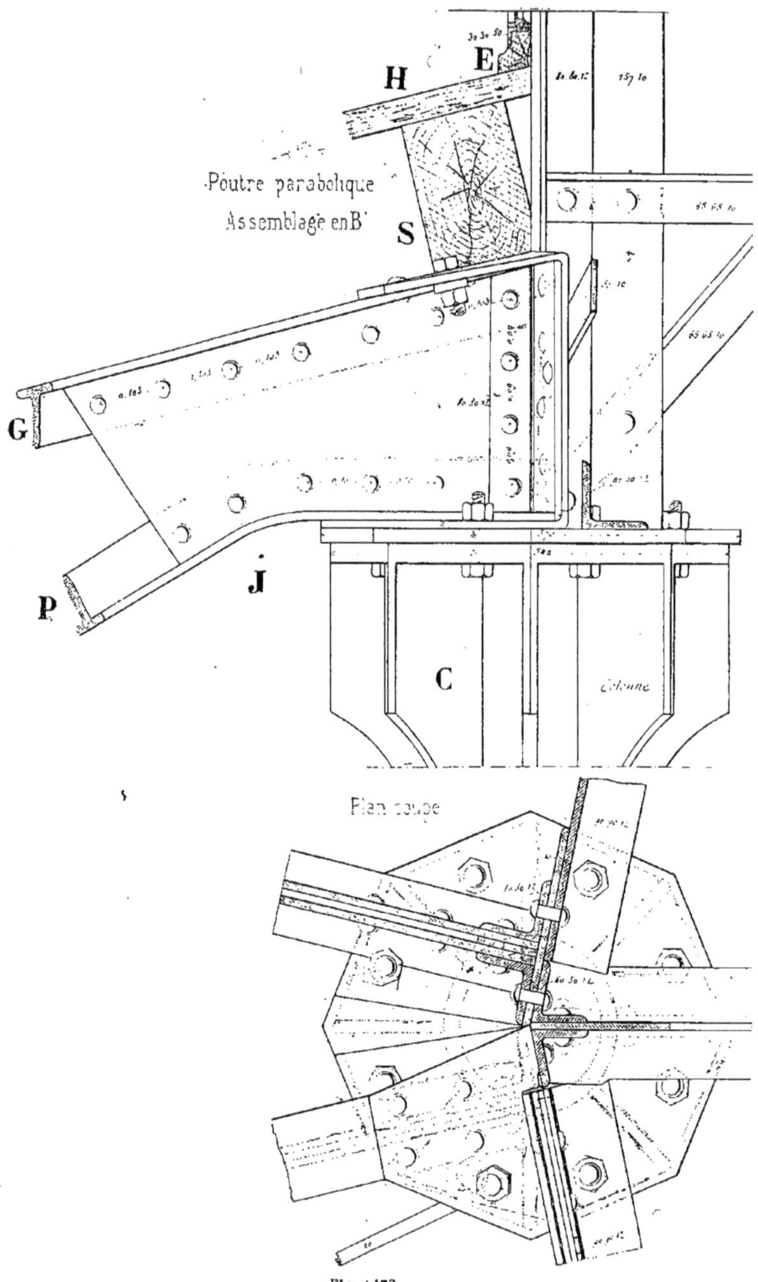

Fig. 1479.

fermes cintrées D de la figure 1471. Ces fermes, dont la section n'est pas constante, se composent de quatre cornières de 65 × 65 × 10 fixées sur une âme pleine en tôle de 10 millimètres d'épaisseur. Au faîtage cette poutre s'assemble sur une cornière circulaire O, sur laquelle on fixe le lanterneau dont la figure 1471 nous montre la coupe verticale. A la base elle se fixe sur un montant A en tôle et cornières reposant sur les colonnes C et contre lequel on applique le vitrage V.

Les pannes Q sont en bois ; elles ont 15×20 d'équarrissage et sont maintenues sur l'arbalétrier par des cornières de 90 × 90 × 12. Sur ces pannes on fixe, à la manière ordinaire, un voligeage devant recevoir la couverture.

En Z nous avons indiqué un chemin, avec main-courante et garde-corps, permettant aux ouvriers, d'aller nettoyer et au besoin réparer la partie vitrée.

En U est représenté le chéneau du grand comble, c'est un chéneau ordinaire n'ayant rien de particulier à signaler.

Cette même figure nous indique, une coupe horizontale suivant *ab* et le détail de l'assemblage en D′ ainsi que l'assemblage en A.

La figure 1474 montre à plus grande échelle, la disposition de deux fermes voisines en projection horizontale avec l'indication du contreventement que nous avons représenté schématiquement en I (*fig.* 1472). Rien de particulier à signaler, ce croquis étant très simple se comprend facilement.

Les figures 1475, 1476 et 1477 nous complètent les indications à plus grande échelle des différents assemblages de la figure 1474.

2° Fermes en appentis.

724. La demi-ferme en appentis indiquée en K dans le croquis (*fig.* 1471) est représentée en élévation et en plan (*fig.* 1478). C'est une véritable poutre parabolique formée de deux fers à T, G et P de 100 × 75 × 13 recevant sur leur grande aile l'assemblage d'une série de croisillons L de 50 × 10. En J cette demi-ferme s'appuie sur les colonnes C et en N elle repose sur un mur F.

Les pannes S sont en bois de 20 × 15 d'équarrissage maintenues sur l'arbalétrier par des cornières de 90 × 90 × 12 ; elles reçoivent le voligeage H servant à la couverture.

Le détail de la rencontre de deux pannes S sur un arbalétrier est indiqué dans la partie droite de la figure.

En R est un chéneau destiné à recevoir les eaux pluviales.

Détails d'assemblages.

725. Les détails les plus intéressants à représenter sont : la retombée de la ferme sur les murs F, détail donné dans le croquis (*fig.* 1472) sous la désignation d'assemblage en A′ et l'assemblage en J sur la colonne C.

Ce dernier détail est indiqué en croquis (*fig.* 1479) sous la désignation d'assemblage en B′.

Rien de bien particulier à signaler dans ce détail qui se trouve dessiné à assez grande échelle pour se comprendre très facilement.

Note sur les charpentes à fermes courbes

726. D'une manière générale les charpentes à fermes courbes sont principalement employées pour supporter la couverture de bâtiments exigeant une grande hauteur libre ou pour franchir de grandes portées.

Nous rappelons que l'emploi des arcs pour former les arbalétriers des fermes métalliques est plus économique que celui des poutres droites rectangulaires ou en forme de I ; parce que lorsqu'un arc, retenu par ses deux extrémités, est chargé sur toute la longueur de son cintre, il est évident que toutes ses parties résistent à la compression et que la totalité du métal est utilisée tandis que pour une poutre reposant sur des appuis, il n'y a que la partie supérieure qui travaille utilement, la partie inférieure ne résistant qu'à l'extension et la partie moyenne étant annulée.

Les fermes courbes peuvent être simples ou composées ; on les dit simples lorsque les arcs sont sous-tendus par des tirants qui font équilibre à la poussée horizontale ou qu'ils reposent directement sur les murs auxquels on doit donner des dimensions suffisantes pour résister à la résultante des efforts ; on les dit composées quand les arbalétriers sont armés de contrefiches et de tirants rappelant les fermes droites.

Les fermes courbes peuvent être formées d'un plein cintre, d'un arc de cercle ou d'une ogive; quelquefois on rencontre aussi, comme nous le savons, la forme parabolique ou elliptique.

La forme ogivale que l'on utilise quelquefois dans les constructions métalliques est, sans contredit, celle qui se prête le mieux à une bonne répartition de la matière. De tous les arcs en ogive, celui dont les proportions sont le plus agréables à l'œil c'est l'arc en ogive tiers-point, dont l'intrados est formé de deux arcs de cercle dont les centres sont situés aux deux naissances et dont le rayon est égal à l'ouverture.

Avant de terminer l'étude des combles il nous reste à dire quelques mots des *combles en dôme*.

On désigne sous le nom de combles en dôme, ceux dont la surface extérieure est hémisphérique ou polygonale.

L'ensemble de la construction comprend, le plus souvent, une série de fermes courbes en plein cintre ou en ogive, formées de poutres en tôle pleine ou en treillis suivant la légèreté qu'on désire donner à l'édifice.

Les pannes, de même construction que les fermes, sont courbes ou droites suivant que le dôme est hémisphérique ou polygonal.

Elles sont fixées aux fermes suivant les petits cercles ou suivant les petits polygones ; on y fixe les chevrons courbes formant la surface extérieure et recevant avec ou sans voligeage la couverture.

En exécution on doit avoir soin de conserver le parallélisme de ces pièces afin de partager le dôme en zones parfaitement régulières et éviter les déformations obliques.

Le contreventement doit aussi être étudié tout spécialement pour bien relier les fermes et les forcer à travailler toutes en même temps.

Dans les dômes on enlève le plus souvent la calotte supérieure suivant un petit cercle et la lunette qui en résulte est surmontée d'une lanterne ou campanile dont la hauteur varie entre le quart et le cinquième de la flèche du dôme.

Nous donnerons dans ce qui va suivre, quelques croquis schématiques permettant de se rendre compte des dispositions à adopter pour les différentes formes de combles en arc nous réservant de les étudier au point de vue du calcul dans le chapitre suivant, *Stabilité des combles.*

5e Exemple. — Combles en arc.

727. Les combles en arc sont assez peu employés; cependant il est utile d'indiquer, au moins schématiquement, les quelques dispositions possibles.

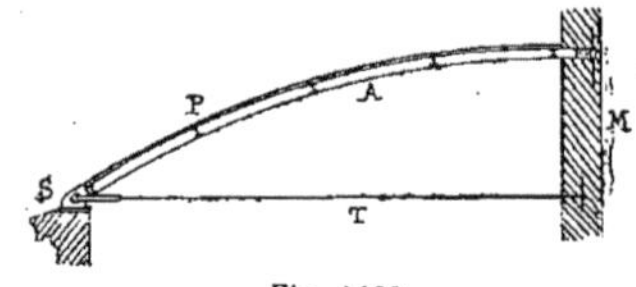

Fig. 1480.

On peut distinguer, dans les combles en arc, les fermes en plein cintre ou en arc de cercle avec ou sans tirant.

La forme la plus simple d'un comble en arc est évidemment celle qui est indiquée en croquis (*fig.* 1480) ; c'est un simple appentis formé : d'un arbalétrier A cintré et reposant dans un sabot en fonte S ; d'un tirant T en fer rond, ces deux pièces venant se sceller dans un mur M. Sur l'arbalétrier A, on dispose une série de pannes P, régulièrement espacées.

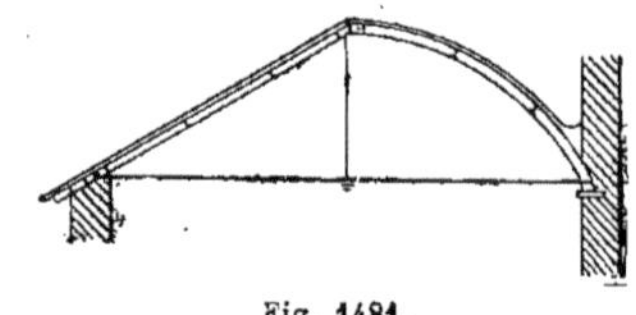

Fig. 1481.

Nota.

Quand les arcs sont, comme nous venons de l'indiquer, sous-tendus par un tirant qui équilibre la poussée horizontale, on fait le plus souvent reposer les pieds des fermes dans des sabots en fonte fixé à la maçonnerie; mais lorsque les tirants n'existent pas et que les arcs ont une amplitude assez grande on peut, après avoir pris toutes les précautions nécessaires pour diminuer la poussée, faire reposer les pieds des fermes sur des sabots à genoux, autour desquels la ferme rotule en obéissant aux divers efforts qui la sollicitent, sans pour cela produire d'effet nuisible sur le mur.

La construction des arcs peut se faire

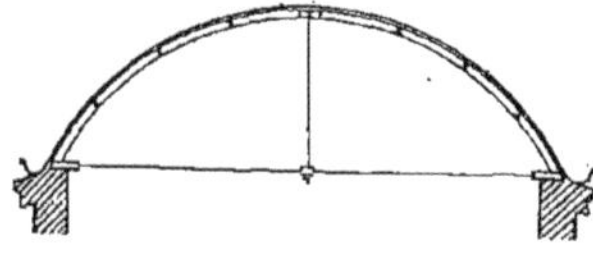

Fig. 1482.

exactement, comme nous l'avons indiqué pour les fermes à arbalétriers droits ; suivant la portée on emploiera, pour construire les arbalétriers, le fer méplat, le fer T, les fers I de toutes dimensions ou des poutres composées d'une âme pleine ou en treillis, de cornières et de tables assemblées. Leur construction ne présente pas du reste plus de difficulté que celle des arbalétriers droits ; si ce n'est toutefois la courbure des pièces qu'on obtient

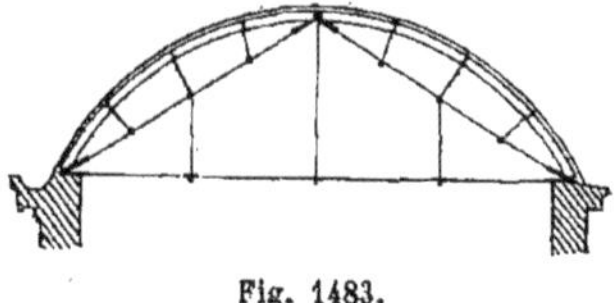

Fig. 1483.

au moyen d'une machine à cintrer dont nous avons déjà parlé.

Pour certains cas particuliers on peut avoir à combiner une charpente courbe avec une charpente droite et obtenir la disposition que nous indiquons en croquis *fig.* 1481). Dans cette disposition il est absolument impossible de se passer de tirants à cause des différences qui existent dans les poussées.

La figure 1482 nous montre un exemple de comble à deux égouts avec arbalétrier en arc de cercle retenu par un tirant soulagé lui-même par une aiguille pendante. Rien de particulier à cette disposition qui se comprend facilement en examinant le croquis.

Un autre système de charpente, souvent employé dans la construction des

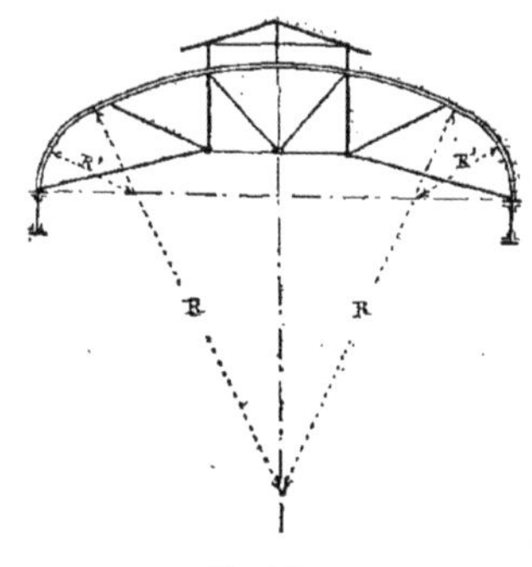

Fig. 1484.

hangars économiques, est indiqué en croquis (*fig.* 1483). Les fermes sont composées de deux arcs armés de tirants et

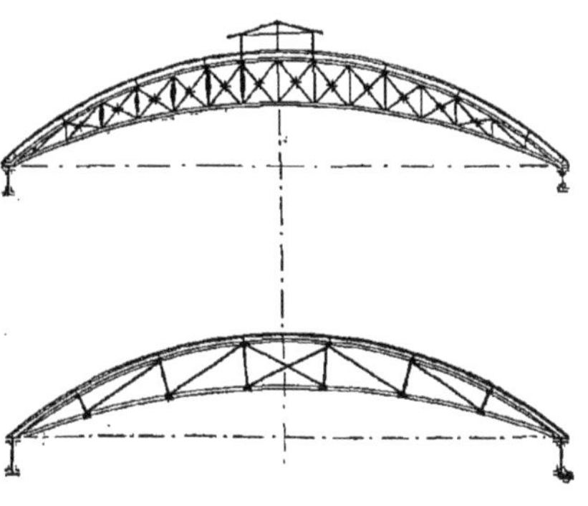

Fig. 1485. Fig. 1486.

contrefiches réunis entre eux par un tirant horizontal.

La figure 1484 nous représente une solution possible lorsqu'on désire donner à l'arbalétrier une forme elliptique. La courbe tracée dans ce croquis est connue sous le nom d'anse de panier. C'est une courbe à trois centres. Une série de tirants et de contrefiches assurent la stabilité de tout le système.

Les deux figures 1485 et 1486 nous représentent deux solutions lorsque les arcs sont très surbaissés.

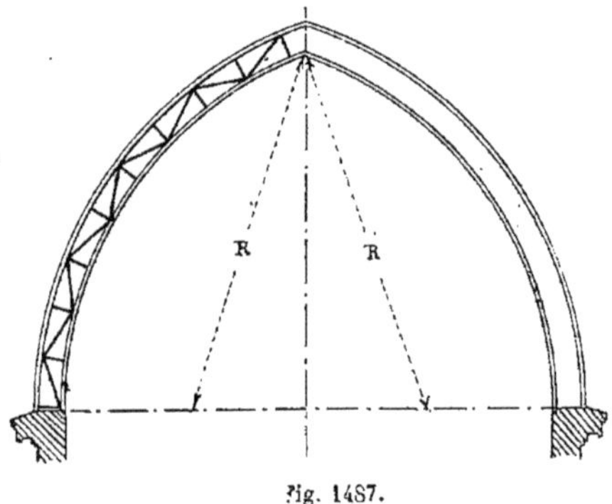

Fig. 1487.

La première disposition (*fig.* 1485) rentre dans le système de charpente à contrefiches. La deuxième figure (1486) se compose d'un arc; en arc de cercle très surbaissé et formé d'une poutre en tôle assemblée avec des cornières. Cet arc est sous-tendu par une file de tirants soulevés, assemblés avec des contrefiches en fer I. Les contrefiches sont contreventées par une série d'aiguilles inclinées, qui reportent d'une pièce à l'autre, une partie de la charge en se dirigeant du sommet vers les naissances.

En général ces systèmes de charpentes courbes avec contrefiches et diagonales sont peu économiques comparativement aux arcs simples et aux charpentes droites.

Pour terminer ces quelques renseignements sur les combles en arc nous représentons en croquis (*fig.* 1487) une ferme en ogive. Cette ferme, de l'espèce à treillis, est formée de deux fers I reliés par des fers méplats inclinés et par des montants verticaux.

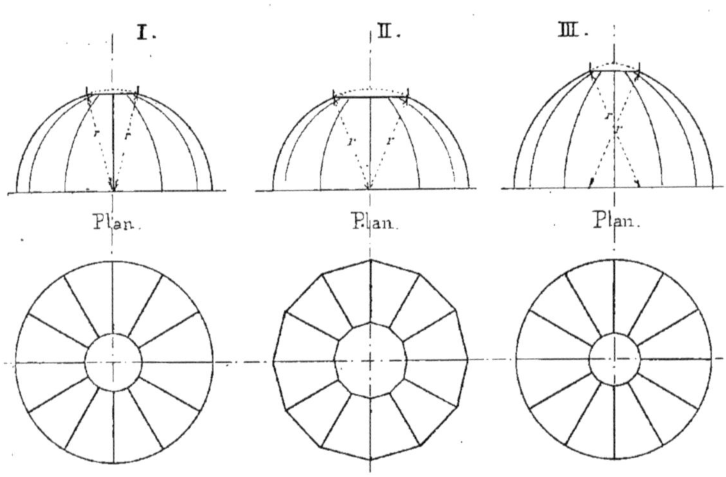

Fig. 1488.

Rien d'autre de bien particulier à dire ; nous ne donnons cette disposition que comme simple renseignement.

6e Exemple. — Dômes.

728. Les trois dispositions les plus employées pour la construction des dômes sont indiquées en I, II, III (*fig.* 1488). La première est connue sous le nom d'*hémisphérique*, la seconde *polygonale* et la troisième *ogivale*.

La figure 1489 nous indique comment sont disposées toutes les fermes et comment elles viennent en bas reposer soit sur une poutre ou sablière S ou sur un mur M et en haut dans une ceinture métallique B supportant un campanile C.

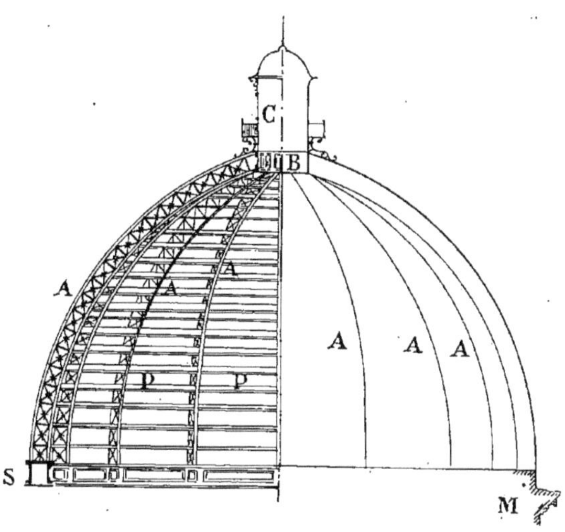

Fig. 1489.

Les différents arbalétriers sont dans ce croquis indiqués par la lettre **A** et les pannes par la lettre P.

Le plus souvent les dômes métalliques sont supportés par des arcs ou par des colonnes ; la ceinture inférieure bien combinée doit empêcher tout effort de renversement.

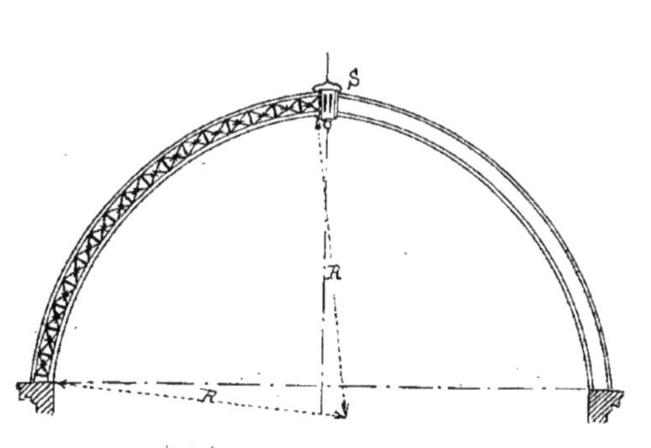

Fig. 1490.

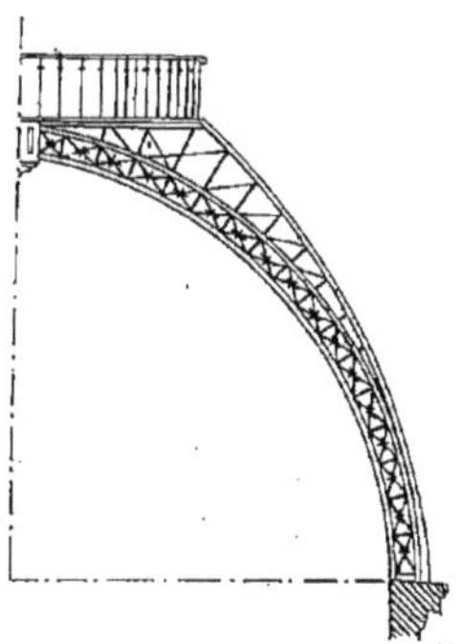

Fig. 1491.

Si le campanile C n'est pas utile, on peut alors adopter la disposition indiquée en croquis (*fig.* 1490) et qui consiste à fixer toutes les fermes dans un sabot spécial en fonte S placé à la partie supérieure. Si, au contraire, on désire avoir à la partie haute une large plate-forme tout en conservant au-dessous la disposition en dôme, on donnera alors aux fermes la forme indiquée par le croquis (*fig.* 1491).

Nota.

Dans la construction des arcs, de quelque nature qu'ils soient, il faudra ne pas oublier de tenir compte des effets de la température, qui, dans certains cas, pour de grands arcs, peut produire une augmentation de poussée assez considérable. Il faudra aussi, autant que possible, tenir compte de la déformation qui dépend évidemment de la section et du moment d'inertie de la pièce.

§ *XI.* — *FERRURES EMPLOYÉES DANS LES COMBLES EN FER*

729. Les ferrures les plus employées dans les combles en fer sont évidemment les *boulons* et les *rivets* dont nous avons parlé longuement, viennent ensuite une série d'autres pièces telles que : *pattes*, *équerres*, *platines*, *semelles*, *ancres* et *ancrages*, *brides*, *chantignoles*, *colliers*, *crampons*, *croisillons*, *écrous*, *étriers*, *frettes*, *goussets*, *rosaces* etc..., que nous indiquons simplement comme mémoire et qui seront étudiées très en détail dans la *Quincaillerie* et la *Serrurerie.*

CHAPITRE VI

STABILITÉ ET RÉSISTANCE DES FERMES MÉTALLIQUES

§ *I.* — *DÉFINITIONS ET NOTIONS GÉNÉRALES*

730. Le choix et surtout les calculs de stabilité ont une très grande importance dans l'installation des charpentes métalliques.

L'étude de cette stabilité revient toujours :

1° Soit à calculer directement les dimensions des différentes pièces d'une charpente dont on aura dessiné la disposition ;

2° Soit à vérifier par le calcul tous les éléments d'une charpente existante qu'on désire utiliser soit telle quelle, soit en y apportant des modifications dans les détails.

Les constructeurs devront étudier avec le plus grand soin le tracé et les épures des différentes fermes qu'ils auront à construire et, avant de prendre une décision, ils ne doivent pas oublier de comparer les divers modes de construction qui leur sont donnés, tant sous le rapport du prix de revient qu'au point de vue de la nature des matériaux et des difficultés qu'ils trouvent à en assembler toutes les parties pour former un ensemble suffisamment stable.

Par une disposition plus ou moins heureuse, ils peuvent réduire les dimensions des pièces d'une ferme de comble et, par suite, en diminuer le prix et le poids tout en obtenant une rigidité plus grande.

Ils devront aussi ne pas exagérer le coefficient de résistance des fers que le commerce leur livre, car il est reconnu aujourd'hui que certains fers laminés mal fabriqués cassent absolument comme de la fonte.

Dans l'étude des charpentes métalliques on s'occupe toujours du calcul des fermes intermédiaires en les supposant toutes également chargées. Lorsqu'une construction comportera des fermes de tête on appliquera à ces dernières les dimensions obtenues pour les fermes courantes, bien qu'elles soient en réalité moins chargées.

Avant de passer à l'étude des différentes pièces composant une ferme il est utile de rappeler quelques notions générables dont nous avons déjà parlé et qu'il est indispensable d'indiquer afin d'éviter les erreurs dans les calculs.

Soit (*fig.* 1492) la forme schématique d'une ferme simple représentée par un triangle ABC. Nous savons qu'on nomme *portée* de cette ferme la distance AB entre les points d'appui, distance qu'on désigne souvent par la lettre P; la *demi-portée* $\frac{P}{2}$ étant, bien entendu, la moitié de cette distance.

La longueur CD se nomme *hauteur* ou *montée* de la ferme ; on la désigne souvent dans les calculs par la lettre *h*.

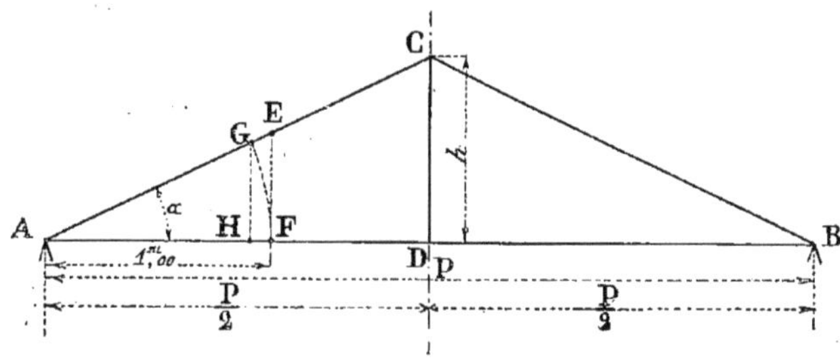

Fig. 1492.

La hauteur ou la montée d'une ferme ou d'un comble peut être tracée de deux manières :

1° Soit en donnant la pente par mètre ;

2° Soit en partant de l'angle α que fait la toiture avec l'horizon.

Si, par exemple, le comble à étudier doit avoir une pente de $0^m,45$ par mètre, pour obtenir son inclinaison il suffira : de prendre sur l'horizontale AB (*fig.* 1492) une longueur $AF = 1$ mètre à une échelle convenable; d'élever au point F une droite FE perpendiculaire sur AB et de prendre, sur cette droite et à la même échelle, une longueur $FE = 0^m,45$, ce qui déterminera la position du point E. En joignant ce point E au point A, la droite AE donnera la *pente* ou l'inclinaison de la toiture.

Si, au contraire, on donne l'angle α directement en degrés, par exemple $\alpha = 40$ degrés, il suffira de tracer cet angle au point A à l'aide d'un rapporteur pour avoir immédiatement la direction AC ou pente du comble.

Si, ayant ainsi tracé l'angle α avec un rapporteur, on décrit du point A comme centre, avec un rayon $AG = 1$ mètre, un arc de cercle GF et si, des deux points G et F, on élève des perpendiculaires GH et FE à AB, ces différentes lignes tracées (*fig.* 1492) représenteront :

GH, le sinus de l'angle α.
AH, le cosinus — —
FE, la tangente — —
AE, la sécante — —

La valeur de la tangente FE est la pente ou l'inclinaison de la toiture par mètre.

La grandeur de AE est la longueur de l'arbalétrier AC par mètre de la demi-portée AD.

En général, pour les divers cas de la pratique, l'angle α varie de 15 à 60 degrés. Il n'est pas inutile de résumer dans le tableau ci-dessous les différentes valeurs des sinus, cosinus, etc., correspondants à des angles donnés.

	VALEURS DE			
ANGLE α	SINUS α	COSINUS α	TANGENTE α	SÉCANTE α
degrés				
15	0.259	0.966	0.268	1.035
20	0.342	0.940	0.364	1.064
25	0.423	0.910	0.466	1.103
30	0.500	0.866	0.577	1.155
35	0.573	0.819	0.700	1.122
40	0.643	0.766	0.839	1.300
45	0.707	0.707	1 000	1.414
50	0.766	0.643	1.190	1.556
55	0.819	0.573	1.428	1.743
60	0.866	0.500	1.732	2.000

Observations.

731. Nous aurons dans l'étude de la stabilité des fermes métalliques, à nous servir de certains principes de mécanique connus, mais qu'il est utile de rappeler avant de commencer cette étude.

Nous savons que lorsqu'un corps en repos est sollicité à se mouvoir par plusieurs forces agissant dans des directions quelconques, il existe toujours une force unique qui peut représenter l'ensemble de ces forces et qu'on appelle *résultante*.

Les autres forces qui servent à la former se nomment les *composantes*.

La partie de la mécanique qui considère les rapports que les forces doivent avoir en grandeurs et en directions, pour être en équilibre ou en repos, est appelée *statique*.

La géométrie fournissant les moyens de comparer des nombres à des droites, on obtiendra, par des constructions géométriques très simples, non seulement la direction de la résultante de plusieurs forces, mais encore la grandeur qui mesure l'intensité de cette force unique résultant des forces composantes.

On peut donc représenter une force par une ligne droite prise sur sa direction et par une autre droite multiple, une force multiple de la première.

Si, par exemple, nous avons une force de 500 kilogrammes et si nous prenons comme échelle un centimètre pour 100 kilogrammes, cette force sera représentée par une longueur de $0^m,05$. Si la force devient 1 500 kilogrammes il est évident qu'il faudra pour la représenter, une longueur de $0^m,15$. Il suffira donc, dans les petites épures très simples, que nous aurons l'occasion de donner, de tracer avec soin et à une échelle assez grande, pour ne pas commettre d'erreur trop sensible, les différentes composantes et résultantes des forces considérées pour obtenir une approximation largement suffisante; car, dans les applications, on se tient souvent

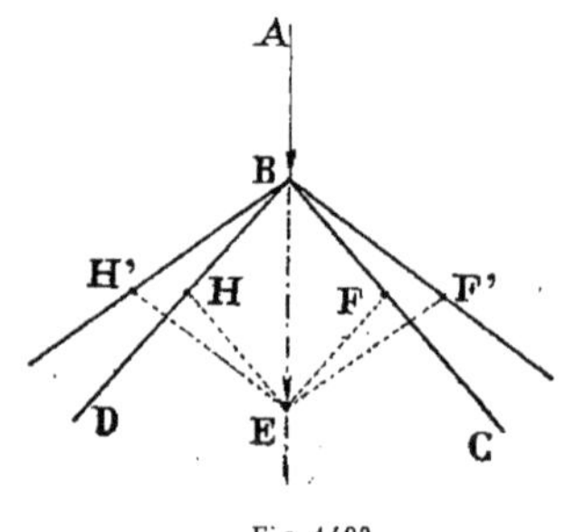

Fig. 1493.

beaucoup au-dessous des résultats donnés par la théorie.

Quand deux forces composantes sont représentées en grandeur et en direction par des lignes droites, leur résultante est également représentée en grandeur et en direction par la droite qui sert de diagonale au parallélogramme dont ces deux lignes sont les côtés.

Plusieurs forces ayant une même direction, appliquées à un point et agissant dans le même sens, ont pour résultante une force unique égale à leur somme.

Deux forces peuvent agir sur un même point dans des directions différentes faisant entre elles un angle quelconque. Dans ce cas, la résultante prendra une certaine direction comprise dans l'angle formé par les directions des deux composantes.

Deux forces agissant dans la même direction, mais en sens contraire, ont pour résultante une force unique égale à la différence des deux forces composante et dirigée dans le sens de la plus grande des deux. Si, comme application, nous supposons.

1° Que deux pièces métalliques BC et BD (*fig.* 1493) supportent une troisième pièce verticale AB posée sur les deux premières, il nous sera facile de trouver l'effort exercé sur chacune de ces deux pièces dans le sens de leur longueur. Il suffit, en effet, de prolonger la ligne AB d'une quantité BE représentant, à une échelle donnée, l'intensité de la force AB;

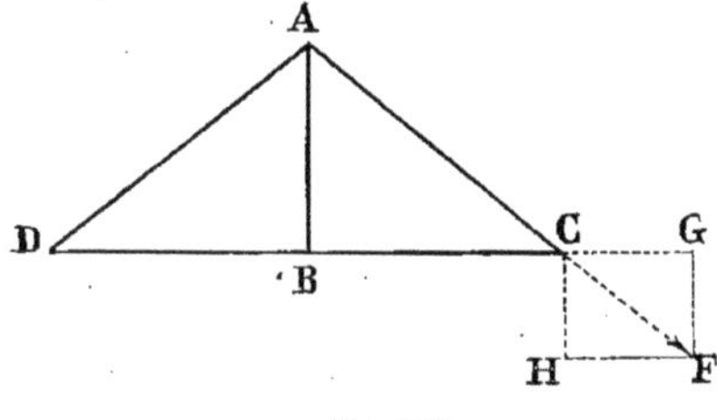

Fig. 1494.

puis, par ce point E, de mener des parallèles EF et EH aux directions des forces BC et BD. On forme ainsi un parallélogramme BHEF dont les côtés, BF et BH représenteront les efforts qui ont lieu sur les pièces inclinées BC et BD. Si, au lieu d'une force AB, on suppose un poinçon, les efforts resteront les mêmes.

Si la force AB restant la même, l'angle formé par les deux forces change et s'ouvre davantage, il est évident, comme le montre la figure, que les deux forces BF et BH augmentent aussi et deviennent BF′ et BH′.

Nota.

732. Nous voyons donc que plus l'angle que formeront deux arbalétriers sera ouvert, plus l'effort que doit supporter le poinçon est considérable et que, au contraire, plus l'angle devient petit, plus la charge diminue.

De ce fait, il faut conclure que les contrefiches sont préférables aux faux-entraits dans les fermes des combles qui ont beaucoup d'inclinaison et que ceux-ci valent mieux que les contrefiches dans les combles qui en ont peu.

En appliquant cela aux arbalétriers d'un comble (*fig.* 1494), ces pièces étant pressées dans le sens de leur longueur par l'effet du poids qui agit sur leur point de rencontre, une partie de cette pression tend à les écarter l'un de l'autre et à faire marcher leurs pieds dans des directions opposées.

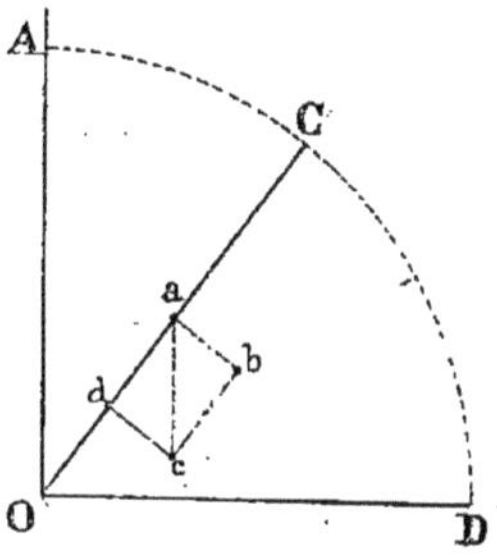

Fig. 1495.

Transportons la force BF de la figure 1493 de C en F (*fig.* 1494) et terminons le parallélogramme CGHF. La longueur horizontale CG représentera la force avec laquelle le pied C sera poussé dans la direction CG par la pression CF. L'autre pied D sera poussé en sens contraire par une force égale. Pour détruire ces deux forces, il suffira de mettre un entrait DC et on aura ainsi constitué une ferme très simple.

Il sera également très facile de trouver la charge à laquelle une pièce inclinée, telle que OC (*fig.* 1495), pourra résister en se rappelant qu'une pièce métallique résiste à des charges d'autant plus considérables que sa position s'approche davantage de la position verticale.

La pièce placée suivant OC (*fig.* 1495) résistera certainement moins que si elle était placée suivant la direction OA et, placée suivant la direction OD; elle ne donnera que le minimum de résistance qu'elle peut offrir.

Traçons, sur le milieu de OC la perpendiculaire *ab* et menons par le point *b* une droite *bc* parallèle à OC, puis une droite *cd* perpendiculaire à OC.

En un mot, construisons le parallélogramme *a*, *b*, *c*, *d*. Il est certain que si l'on prend la longueur de la droite *ab* pour la plus grande résistance de la pièce horizontale OD, la droite *ac* sera la mesure de la plus grande résistance à l'action d'une charge verticale de la pièce inclinée OC. Il est alors facile de se rendre compte que la résistance transversale d'une pièce de charpente à l'action d'une pression verticale, peut pour ainsi dire

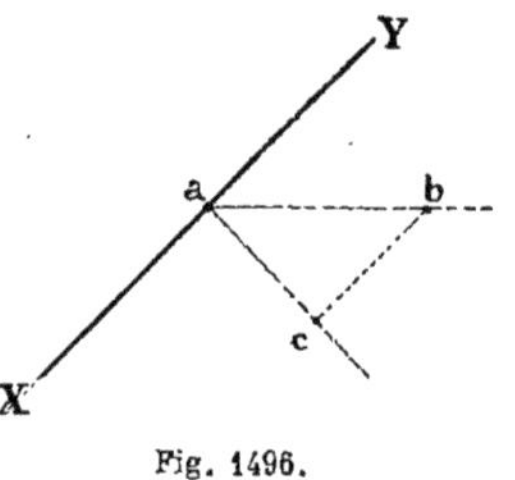

Fig. 1496.

être accrue par la seule inclinaison de cette pièce.

La résultante dirigée suivant *ac* se décompose en deux autres forces dont l'une *ab* est placée perpendiculairement à la pièce et dont l'autre *ad* est dirigée suivant la longueur de cette même pièce. La première de ces forces peut évidemment atteindre l'effort auquel résisterait la pièce, placée horizontalement. La seconde de ces forces n'aura pas d'effet sur la flexion de la pièce, mais déterminera une compression longitudinale.

De cela, il résulte que tant que la force *ad* ne donnera pas une poussée longitudinale plus grande que la charge de la pièce de charpente posée debout, on opérera comme nous l'avons vu pour trouver la résistance de cette pièce inclinée. Dans le cas contraire, on prendra la force *ad* égale à la plus grande charge de la pièce placée debout et on mènera la droite *dc* perpendiculaire à OC jusqu'à la rencontre de la verticale *ac*. Alors la charge *a c* indiquera la plus grande charge verticale de la pièce inclinée OC et *dc*, qui est égale à *ab*, exprimera l'effort transversal auquel la pièce sera soumise.

La force de compression de la pièce suivant la ligne CO produirait au point O un glissement de la pièce OC sur la pièce OD. Il est indispensable, dans l'étude des charpentes, de s'opposer à ce glissement.

Il sera très important, pour l'étude des charges sur une pièce inclinée de savoir si la force qui agit et dont on veut évaluer la résistance est appliquée aux extrémités de la pièce considérée ou en un point déterminé de sa longueur.

Si la pièce, au lieu d'être calculée par rapport à sa résistance verticale, comme nous l'avons fait ci dessus, doit l'être par rapport à sa résistance horizontale, il est clair que la résistance augmentera à mesure que la pièce sera plus inclinée par rapport à la position horizontale.

Soit (*fig.* 1496) une pièce métallique XY inclinée à la direction de la pression horizontale *ab* ; comme précédemment, la droite *ac*, perpendiculaire sur XY, représentera la plus grande résistance transversale de la pièce. La droite *bc*, parallèle à XY, donnera le plus grand effort horizontal auquel la pièce pourra être soumise.

§ II. — *DIFFÉRENTS EFFORTS*

A CONSIDÉRER DANS L'ÉTABLISSEMENT D'UN COMBLE

733. Les efforts à considérer, supposés tous verticaux et distribués uniformément sur la surface d'un comble, sont, par mètre carré :

1° Le poids de la couverture ;

2° Le poids de la charpente ;

3° Les charges de sécurité (pression du vent, poids accidentel de la neige, etc.).

I. — Poids des diverses couvertures.

734. Nous résumons dans le tableau suivant les poids moyens à adopter pour les diverses couvertures les plus en usage et nous y ajoutons le poids du plancher, du lattis et des chevrons pour les différents cas.

TABLEAU DU POIDS PAR MÈTRE CARRÉ DES DIFFÉRENTES NATURES DE COUVERTURE

NATURE DE LA COUVERTURE		POIDS par MÈTRE CARRÉ	POIDS DU PLANCHER OU DU LATTIS et des chevrons en sapin
		Kilos.	
Bardeaux en chêne		44	
— en sapin		21	
Tuiles plates ordinaires de divers pays	petit moule	82 à 85	
	grand moule	82 à 85	18 à 25 k^{os}
	au tiers de pureau	60 à 80	
Tuiles plates de Bourgogne		85 à 95	20 à 25
Tuiles flamandes		80	id.
Tuiles à écailles plates de Montchanin		55 à 60	id.
Tuiles creuses à sec		74 à 90	id.
— — maçonnées		136	
Tuiles à dos d'âne		60	id.
Tuiles mécaniques (à emboitement et à recouvrement Muller ou			id.
analogue)		35 à 50	15 à 20
Tuiles métalliques (Menant)		6	
Ardoises (Angers, Ardennes, Anglaises)	grandes	25 à 35	15 à 20
	petites	35 à 40	15 à 20
Ardoises en tôle galvanisée de Montataire		4.50	
Zinc	n° 14	5.95 à 8	12 à 15
	n° 16	7.50 à 9	12 à 15
Tôle	Ordinaire pour couverture	7 à 8	12 à 15
	Galvanisée de 1 millimètre	8.50	20 à 30
	Ondulée (Carpentier) ondes de 109 × 36	5.30 à 12^{k}00	id.
	— — — 135 × 28	Ep^r de 4/10 à 1$^m/^m$	id.
	— (Montataire) — 76 × 14	5.500	
Cuivre	laminé n° 20	6^{k}11	12 à 15
	laminé n° 25	7^{k}64	12 à 15
Plomb		40 à 55	15 à 20
Mastic bitumineux		25 à 35	12 à 15
Verre	Simple compris mastic etc.	5^{k}500	
	Double 3 millimètres	5 à 7	
	Double 4 millimètres	7.57	
	Demi-double	10.69	
	Strié	15.00	

Nota : Si les chevrons sont en chêne les poids de la 2e colonne seront à augmenter de 5 k^{os} 00

735. Dans les couvertures en zinc, on emploie des planchers en bois de sapin et plus rarement en chêne. Pour des écartements de pannes de 2 mètres à 2^m,25, on donne assez généralement à ces parquets :

1° Si les frises sont perpendiculaires aux pannes, 0^m,025 d'épaisseur ;

2° Si les frises sont inclinées à 45 degrés, 0^m,029 d'épaisseur.

En pratique, on adopte presque toujours les chiffres suivants :

0^m,025 d'épaisseur pour écartement de pannes de 2 mètres à 2^m,25 ;

0^m,015 à 0^m,020 d'épaisseur pour écartement de pannes de 1 mètre à 1^m,50.

Les poids de ces parquets au mètre superficiel sont les suivants :

Parquet chêne de 0^m,025 d'épaisseur 23 kilogrammes environ ;

Parquet sapin de 0m,025 d'épaisseur 17 kilogrammes environ.

Et des poids proportionnels pour les épaisseurs de 0m,015 et 0m,020.

II. — Poids de la charpente.

736. Il n'est pas possible, à priori, de se rendre compte exactement du poids de l'ossature métallique d'une charpente qu'on doit calculer; on se contente généralement d'introduire ce poids dans les premiers calculs pour un chiffre approximatif résultant de comparaisons avec des types établis.

On admet assez souvent les nombres suivants :

NATURE DE LA COUVERTURE	POIDS DE LA CHARPENTE à admettre par mètre carré de toiture
	kil.
Tuiles plates	55
Tuiles à emboîtement	50
Petites ardoises	50
Grandes ardoises	50
Zinc	40

III. — Charges accidentelles.

1° Pression du vent.

737. Nous savons que la pression exercée par le vent sur une surface plane normale à la direction de son mouvement est, pour des vitesses inférieures à 10 mètres par seconde :

$$P = 2dsh$$

formule dans laquelle :

P est la pression en kilogrammes;

d, le poids d'un mètre de l'air en mouvement = 1k,231 si la température est à 12 degrés et la pression barométrique = 0k,775 de mercure;

s, la surface de la plaque en mètres carrés.

Dans la formule précédente :

$$h = \frac{v^2}{2g} = v^2 \times 0{,}050975$$

v étant la vitesse du vent en mètres par seconde;

et h la hauteur génératrice de cette vitesse v.

Si le vent frappe la surface considérée sous un certain angle, la pression qu'il exerce sur cette surface, dans la direction de son mouvement est, d'après Hutton :

$$P = 0{,}11\, ds^{1,1}v^2\, (\sin \alpha)^{1,84 \cos \alpha}$$

α étant l'angle que fait la direction du vent avec la surface considérée.

Quand $s = 1$, on a aussi $s^{1,1} = 1$.

En appliquant ces formules pour les divers cas, on obtient le tableau suivant :

TABLEAU DES PRESSIONS EXERCÉES PAR LE VENT A DIFFÉRENTES VITESSES CONTRE UNE SURFACE DE UN MÈTRE CARRÉ CHOQUÉE DIRECTEMENT

DÉSIGNATION DES VENTS	VITESSE par HEURE	VITESSE par SECONDE	PRESSION exercée sur 1 mèt. car.
	kilom.	m.	kil.
Vent à peine sensible	3.600	1.00	0.14
Brise légère	7.200	2.00	0.54
Vent frais ou brise	14.400	4.00	2.17
Vent bon, frais (moyenne)	27.000	7.50	7.79
Vent grand frais (moyenne)	39.600	11.00	16.52
Vent très fort	54.000	15.00	30.47
Vent impétueux	72.000	20.00	54.16
Tempête	86.400	24.00	78.00
Tempête violente	108.180	30.05	122.28
Ouragan	130.140	36.15	176.96
Grand ouragan	163.080	45.30	277.87

Dans nos climats, on admet assez généralement pour le vent et dans le calcul des combles, une pression par mètre carré normale à l'inclinaison du toit de 30 à 50 kilos et même de 90 kilos en cas de forte tempête.

2° Poids du a la neige.

738. En admettant, dans nos climats, qu'il tombe sur un toit une épaisseur de neige qu'on peut évaluer au maximum à 0m,50, nous aurions, la densité de la neige étant approximativement le $\frac{1}{10}$ de celle de l'eau, une surcharge de 50 kilogrammes par mètre carré de toiture. Dans les calculs des charpentes on prend souvent pour maximum un poids de 25 à 30 kilogrammes par mètre carré.

Nota

739. Un certain nombre de constructeurs ne comptent même quelquefois, par mètre carré de couverture, qu'une surcharge de 32 kilos pour tenir compte des pressions exercées par le vent et par la neige.

Pour les constructions provisoires et

temporaires où l'économie doit guider le constructeur, ou bien dans les villes où jamais on ne laisse séjourner des amas de neige et où les toitures sont, le plus souvent pour le vent, abritées par les maisons voisines, la charge ci-dessus peut se réduire considérablement et n'être plus que de 7 à 10 kilos.

Dans d'autres cas, pour les pays exposés aux ouragans, il n'est pas rare, en une seule nuit, de voir tomber sur les toits une forte couche de neige. Cette neige, chassée par le vent et s'accumulant dans les noues, peut, en certains endroits, être de 1 mètre d'épaisseur et quelquefois plus ; avec cet amas et un vent violent la surcharge peut atteindre 150 kilogrammes par mètre carré, Cette surcharge exceptionnelle et momentanée peut ne pas être à craindre pour une charpente bien étudiée et résistante ; mais elle causerait évidemment la chute immédiate d'une toiture légèrement construite.

Il sera donc très utile, comme on peut le voir, de se rendre compte très exactement dans chaque cas particulier et suivant la situation de la charpente à établir, des charges à adopter pour ces deux éléments vent et neige.

3° Surcharge due au poids des ouvriers et des matériaux

740. On adopte assez souvent, comme surcharge accidentelle provenant du passage des ouvriers et du dépôt des matériaux servant aux réparations, une moyenne de 30 à 40 kilogrammes par mètre carré de couverture.

Observations

741. En résumé et d'après ce qui précède les surcharges moyennes le plus généralement adoptées pour nos climats sont :

Pour le vent, 50 kilogrammes par mètre carré de toiture ;

Pour la neige, 25 à 30 kilogrammes par mètre carré de toiture ;

Pour les surcharges, 30 à 40 kilogrammes par mètre carré de toiture.

Ces nombres totalisés seraient évidemment un maximum à ne pas atteindre.

En effet, lorsque le vent est violent, il chasse du toit une grande partie de la neige, ce qui diminue beaucoup le chiffre à adopter pour son poids. D'un autre côté, les ouvriers ne font les réparations sur une charpente que lorsque le temps est relativement beau. Donc, il n'y aura pas, à ce moment, de neige sur le comble.

En résumé, nous croyons convenable d'adopter, dans nos climats et pour ces trois éléments réunis, une seule surcharge qu'on peut estimer de 30 à 40 kilogrammes par mètre carré.

Dans tous les cas, la charge totale par mètre carré de couverture se composera :

1° Du poids de la couverture ;

2° Du poids du lattis ou d'un parquet et du chevronnage ;

3° D'une surcharge accidentelle dont la moyenne est, d'après les nombres fixés précédemment, 35 kilos par mètre carré de couverture D'après ce qui précède il nous sera bien facile de donner le sous-détail approximatif du poids des couvertures les plus employées.

1° Quelle sera, par exemple, la charge par mètre carré à adopter pour un comble couvert en tuiles Muller ou analogues.

Poids des tuiles (15 tuiles à 3^{K} chaque).....		45^{K},00
Poids approximatif de la charpente.........		50^{K},00
Ce poids comprend : Lattis 6^{K},00	}	
Chevrons $^{8}/_{7}$ 14^{K},00	} 50^{K},00	
Pannes etc. 30^{K},00	}	
Surcharges accidentelles..................		40^{K},00
Total au minimum.........		135^{K},00

En pratique, sauf pour la couverture très lourde en tuiles plates, on peut compter que le poids par mètre carré ne dépasse pas 150 à 160 kilos dans les conditions les plus défavorables.

2° Quelle sera la charge par mètre carré à adopter pour un comble couvert en zinc.

Couverture et voligeage (moyenne)	8^{k}30
Chevronnage, sapin 8/7 espacés de 0,25 à 0,35 d'axe en axe ou plancher sapin de 0^{m},027 d'épaisseur	14 »
Pannes, etc.	10 »
Charges accidentelles.	40 »
Total au minimum.	72^{k},30

On peut admettre approximativement les mêmes nombres pour la couverture en carton ou en mastic bitumineux et en verre double.

3° Quelle sera la charge par mètre carré à adopter pour une couverture en ardoises.

Couverture et voligeage (moyenne) 34kil.
Chevronnage. . . . . 14 »
Pannes, etc . . . . 15 »
Charges accidentelles . . . . 40 »

Total minimum 103kil.

Les poids admis, le plus souvent dans les calculs afin d'avoir une assez grande sécurité et tenir compte de certaines défectuosités des matériaux employés sont résumés dans le tableau suivant :

NATURE DE LA COUVERTURE	POIDS TOTAL par mètre carré	INCLINAISON du COMBLE
	kil.	degrés
Tuiles plates.......	165 à 195	40 à 60
Tuiles à emboîtement.	140 à 150	20 à 25
Petites ardoises......	130 à 135	23 à 45
Grandes ardoises....	125 à 135	18 à 33
Zinc...............	98 à 100	15 à 21

Les chiffres de ce tableau ne comprennent aucun hourdis entre les fers ni plafonnage sous les tuiles. Si, dans certains cas, on est obligé de faire ce hourdis ou ce plafonnage, il faudra ajouter aux chiffres du tableau certaines plus-values que nous résumons ci-après :

POIDS DES HOURDIS EN PLATRAS ET GARNIS

ÉPAISSEUR DES HOURDIS	POIDS MOYEN par MÈTRE CARRÉ
	kil.
Pour simples augets..........	40 à 60
Pour hourdis plein de 0m,06.....	129
— — 0m,08.....	172
— — 0m,10.....	215
— — 0m,12.....	258
— — 0m,15.....	322

Nota.

742. Nous avons parlé, n° 395 et suivants, de la pente à donner aux combles suivant la nature de la couverture ; pour compléter ces indications nous représentons graphiquement (*fig.* 1497) les limites entre lesquelles on doit faire varier les pentes pour les couvertures les plus généralement utilisées dans les constructions.

§ *III.* — *DIFFÉRENTES PIÈCES D'UN COMBLE*

A SOUMETTRE AU CALCUL

743. Dans une charpente métallique quelconque les principales pièces à soumettre au calcul sont les suivantes :

1° *Pièces soumises à la flexion* : Chevrons, pannes, arbalétriers (ces derniers subissent aussi un effort de compression. Lorsque chaque panne est soulagée par une contrefiche l'effort de flexion de l'arbalétrier est nul);

2° *Pièces soumises à l'extension :* Tirants, entraits, faux-entraits, poinçon ;

3° *Pièces soumises à la compression :* contrefiches, supports, etc. ;

4° *Pièces soumises au cisaillement:* boulons, etc.

I. — Chevrons.

744. Les chevrons, comme nous le savons, se font en bois ou en fer.

1° Chevrons en bois.

745. Lorsque les chevrons sont en bois, ils ont ordinairement un équarrissage de 8 × 8 correspondant aux dimensions des bois du commerce.

Si le chevron est à section carrée la formule qui servira à le calculer sera la suivante :

$$\frac{R}{6} b^3 = \frac{1}{8} Pe \times l^2. \qquad (1)$$

Dans cette formule :

R est la résistance de la matière employée ;

b, le côté du carré ;

P est la charge par mètre carré de couverture ;

e est la distance d'axe en axe des chevrons ; cette distance est le plus souvent égale à 0m,30, 0m,40, 0m,50 et peut atteindre, dans certains cas particuliers, $0^m,60$ et même $0^m,70$.

l est en mètres la portée des chevrons ou la distance entre deux pannes consécutives.

Nota.

746. On aurait dans la formule (1), le chevron étant incliné, à multiplier le second membre par cos α, α étant l'angle des chevrons avec l'horizontale ; mais on peut faire abstraction de ce facteur, la direction des vents étant souvent normale à l'inclinaison de la toiture ; on fait aussi abstraction de la résistance due à l'encastrement naturel.

La résistance R étant prise par rapport au millimètre carré, il faut dans la formule (1) exprimer l en millimètres ou l'exprimer en mètres en multipliant le second membre de (1) par 1 000.

Cette formule devient alors :

$$\frac{R}{6}\,b^3 = \frac{1}{8}\,Pe \times 1\,000\,l^2. \qquad (2)$$

Si, par suite d'une forte charge, on désire employer le chevron rectangulaire placé de champ et si a et b (*fig.* 1498) sont les deux côtés du rectangle, la formule (2) peut alors s'écrire :

$$\frac{R}{6}\,a\,b^2 = \frac{1}{8}\,Pe \times 1\,000\,l^2. \qquad (3)$$

Les chevrons étant le plus souvent rectangulaires, c'est cette formule (3) qu'on emploiera presque toujours dans le calcul d'un chevron en bois.

Afin de permettre au constructeur d'obtenir de suite les dimensions d'un chevron en bois, nous résumons dans le tableau ci-après les différentes charges qu'on peut faire supporter aux chevrons les plus employés pour des portées de 1 mètre, 2 mètres et 3 mètres ; ce dernier

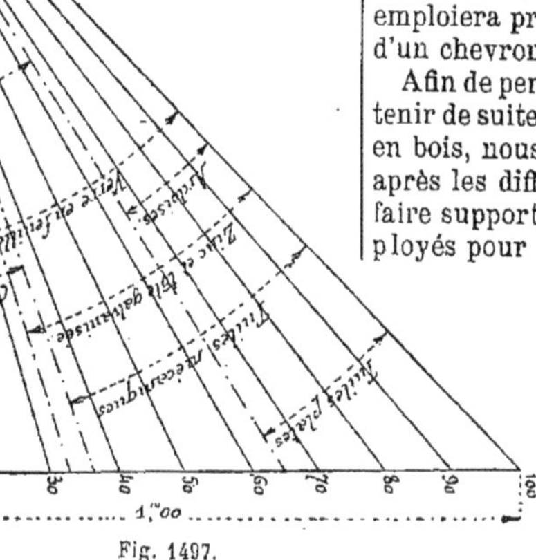

Fig. 1497.

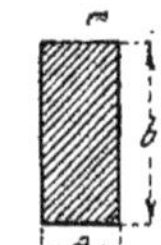

Fig. 1498.

chiffre étant un maximum pour la portée d'un chevron en bois.

ÉQUARRISSAGE DES CHEVRONS en centimètres	CHARGES UNIFORMÉMENT RÉPARTIES QUE PEUVENT SUPPORTER LES CHEVRONS EN BOIS POUR LES PORTÉES DE :		
	$1^m,00$	$2^m,00$	$3^m,00$
	kil.	kil.	kil.
8 × 8	376	176	112
8 × 10	608	303	184
8 × 12	912	448	272
8 × 14	1 224	592	383
10 × 10	760	370	230
10 × 12	1 140	560	340
10 × 14	1 530	740	470

2° Chevrons en fer.

747. Les chevrons en fer sont formés soit avec des cornières à ailes égales ou inégales, soit avec des fers **T**, soit enfin avec de petits fers **I**, dans le cas de fortes charges.

Ayant donné précédemment le calcul complet du moment d'inertie d'un fer **T** et d'une cornière, nous n'y reviendrons pas et nous nous contenterons, comme pour les chevrons en bois, de résumer ci-après sous forme de tableaux les charges que peuvent supporter avec sécurité les fers cornières à ailes égales et les fers T, souvent utilisés pour le chevronnage.

DIMENSIONS DES FERS CORNIÈRES en millimètres			Charges uniformément réparties que peuvent supporter les chevrons en fer cornière à branches égales pour des portées de :		
HAUTEUR	LARGEUR	ÉPAISSEUR	1m,00	2m,00	3m,00
			kil.	kil.	kil.
20	20	4	16	....	....
25	25	4	35	15	....
30	30	5	59	27	....
35	35	5	82	37	....
40	40	5	120	55	....
45	45	6	152	66	....
50	50	6	208	97	58
55	55	7.5	291	137	82
60	60	7.5	386	183	110
70	70	8.5	595	290	174

DIMENSIONS DES FERS T en millimètres			Charges uniformément réparties que peuvent supporter les chevrons en fer T pour des portées de :		
HAUTEUR	LARGEUR	ÉPAISSEUR	1m,00	2m,00	3m,00
			kil.	kil.	kil.
15	15	3	9	....	....
17	26	5	18	....	....
20	17	3	16	6	....
25	20	4	31	14	....
26	24	5	42	18	10
30	25	5	55	25	14
30	30	5.5	71	32	18
35	30	5	79	36	21
40	35	6	146	68	40
40	40	6	181	57	33
50	46	7	231	108	64

II. — Pannes.

Nota.

748. Nous savons, d'après des études précédentes, que les pannes, qu'elles soient en bois ou en fer, peuvent prendre, pour supporter les chevrons, les deux positions indiquées par les figures 1499 et 1500.

Dans le premier cas, elles sont perpendiculaires à la direction des chevrons; dans le second, elles sont placées verticalement.

Lorsque les pannes sont normales à la direction des chevrons, elles sont sollicitées à la flexion latérale par leur propre poids, même en supposant le pan de toiture rendu fixe.

Quand, au contraire, elles sont placées verticalement, le pan de toiture porte sur l'arête extérieure de ces pièces qui, malgré la position normale du fer I, travaillent mal à la flexion et sont poussées au dedans.

Nous avons donné n° 580 et suivants

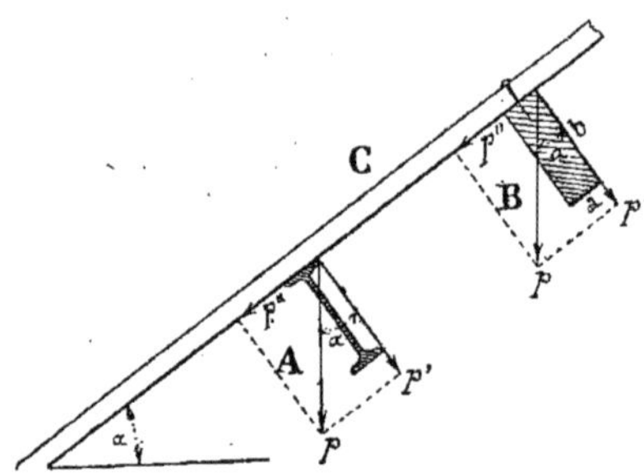

Fig. 1499.

les divers moyens, tout en remédiant autant que possible à ces inconvénients, de fixer les chevrons sur les pannes suivant les diverses positions de ces dernières, et n° 584 et suivants les principaux assemblages des pannes sur les arbalétriers.

Lorsqu'il s'agit de pannes en bois, elles sont, comme nous le savons, le plus souvent posées sur les arbalétriers et maintenues en place par des appuis nommés *chantignolles* fixés sur les arbalétriers.

Lorsque les pannes sont en fer I, elles

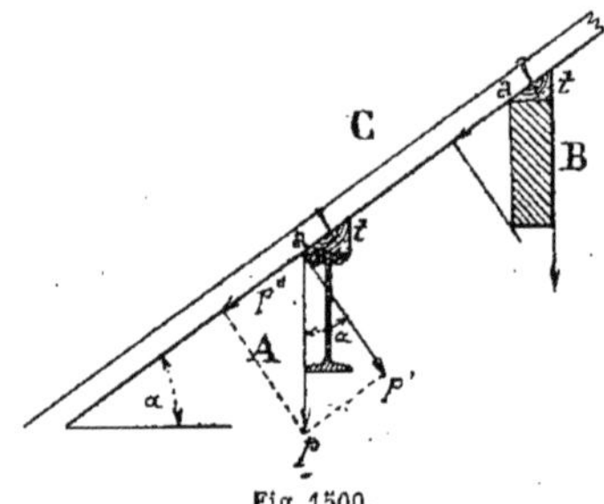

Fig. 1500.

sont, le plus généralement, assemblées entre les ailes de l'arbalétrier en les choisissant de manière que leur hauteur totale soit comprise, pour la facilité de l'assemblage, entre les ailes de cet arbalétrier.

L'assemblage se fait au moyen de cornières fixées par des rivets ou par des boulons, d'une part, à l'arbalétrier et, d'autre part, aux deux pannes placées dans le prolongement l'une de l'autre.

Le nombre et les dimensions des rivets ou des boulons sont déterminés par la condition que l'assemblage doit offrir une résistance égale à celle des pièces assemblées.

Considérons (*fig.* 1499) la panne B ; la relation de l'équilibre, abstraction faite des efforts latéraux, est :

$$\frac{RI}{v} = \frac{1}{8} Pd \times 1\,000\, l^2 \times \cos \alpha.$$

Dans cette formule :

P est la charge sur les pannes par mètre carré de couverture ;

d, l'écartement des pannes entre elles ;

l, la longueur de chaque panne (distance d'axe en axe des fermes) ;

α, angle de l'arbalétrier ou des chevrons avec l'horizontale.

La totalité des efforts (poids de la couverture et des surcharges) qui s'exercent à la surface supérieure de la panne peuvent se traduire par une résultante p, dont les composantes sont p' et p''.

Il est nécessaire, pour l'équilibre dans les deux sens de la pièce, que les faces d'équarrissage a et b soient respectivement proportionnelles aux composantes p' et p''.

On devra avoir : $\frac{a}{b} = \frac{p''}{p'}$; on a aussi : $\frac{p''}{p'} = \frac{\sin \alpha}{\cos \alpha} = \text{tang}\, \alpha$, ce qui permet d'écrire :

$$\frac{a}{b} = \text{tang}\, \alpha \quad \text{et} \quad a = b\, \text{tang}\, \alpha.$$

En exprimant par rapport à b la relation d'équarrissage, on aura :

$$b = \sqrt[3]{\frac{0,75}{\text{tang}\, \alpha} \cdot \frac{Pd}{R} 1\,000\, l^2 \times \cos \alpha}$$

Connaissant b, on obtiendra a en remplaçant b par sa valeur dans l'expression $a = b$ tang α.

Ce calcul étant compliqué, on se contente le plus souvent, dans la pratique, d'opérer comme nous allons l'indiquer.

La charge verticale qui s'exerce sur une panne A (*fig.* 1499), en un point donné peut, comme nous venons de le dire, se décomposer en deux forces : l'une normale et l'autre parallèle à la direction de l'arbalétrier.

Sous l'influence de ces deux efforts, la panne tend à prendre une courbure autre que celle qui se produit dans le plan considéré habituellement comme le plan de flexion. On se soustrait aux difficultés qu'entraînerait cette complication en négligeant (*fig.* 1499) la composante p'' ; mais on compense cette cause d'erreur en considérant la panne comme une pièce simplement posée sur deux appuis, bien qu'elle soit ordinairement prolongée de manière à reposer sur plusieurs fermes.

Dans ces conditions, on peut appliquer aux pannes le calcul qui a été indiqué dans les planchers en fer pour une solive posée sur deux appuis et chargée uniformément en se servant des tableaux des fers du commerce.

En désignant par d la distance entre deux pannes consécutives ; par m le poids de la couverture et par m' le poids du vent, de la neige et des charges accidentelles, la charge par mètre courant sur chaque panne sera :

$$p = (m + m'')\, d.$$

On a aussi :

$$p' = p \cos \alpha.$$

La formule générale de la flexion étant :

$$R = \frac{v\mu}{I} + \frac{N}{\omega}$$

devient, puisque nous avons nécessairement ici $N = 0$:

$$R = \frac{v\mu}{I},$$

formule qui sert à calculer les dimensions transversales de la panne.

La valeur maximum de μ à introduire dans cette formule est :

$$\mu = \frac{1}{8} p l^2 \cos \alpha$$

qui correspond au milieu de la longueur de la pièce, cette longueur étant, comme nous le savons, la distance qui sépare deux fermes consécutives.

III. — Arbalétriers.

749. Les arbalétriers, qui sont les pièces principales et les plus importantes d'une ferme, supportent le poids de la couverture, des surcharges et celui des pannes.

On peut facilement évaluer le poids de la couverture et celui des pannes; mais comme, pour le calcul de l'arbalétrier, il faut aussi ajouter à la charge le poids propre de celui-ci qui est inconnu on ne peut l'obtenir approximativement que par comparaison avec des pièces analogues construites ou en tâtonnant plus ou moins longtemps selon le degré d'habitude qu'on possède sur ce genre de calcul.

Dans l'étude d'un arbalétrier on fait aussi usage de l'aire d'un profil inconnu et variable. Ces difficultés amènent le plus souvent le constructeur à faire abstraction de l'influence de certains efforts extérieurs ou quelquefois à les remplacer, dans la relation d'équilibre, par un coefficient de compensation convenablement choisi.

Le plus souvent aussi on considère les arbalétriers comme des pièces chargées uniformément dans toute leur longueur, bien que la charge ne leur soit en réalité transmise de distance en distance que par l'intermédiaire des pannes.

En désignant par D la distance entre deux fermes, la charge totale d'un arbalétrier est DlM.

l étant la longueur de l'arbalétrier;

M, la somme des charges: (couverture, charpente et surcharges).

La charge par mètre courant est: $DM = r$, valeur dont la composante normale est : $r \cos \alpha$, et la composante longitudinale $r \sin \alpha$.

On voit ainsi que, pour une même portée, la composante longitudinale augmente avec α, tandis que la composante normale diminue.

La formule à appliquer pour le calcul des arbalétriers est la suivante:

$$R = \frac{v\mu}{I} + \frac{N}{\omega}. \qquad (1)$$

On obtiendra des conditions de sécurité convenables en y remplaçant simultanénent μ et N par le maximum de ces quantités. Les rapports qui doivent exister entre les différentes dimensions de la section ayant été fixés à l'avance, les valeurs de I et de ω ne contiendront qu'une seule de ces dimensions, la hauteur par exemple, et on pourra la déterminer à l'aide de la formule (1).

Dans cette formule, R représente le coefficient de résistance de la matière employée; $\frac{I}{v}$ est une expression dont nous avons donné bien souvent la signification; de même μ représente la pression totale sur l'arbalétrier et ω est la section de cet arbalétrier.

Dans la formule précédente, le terme $\frac{v\mu}{I}$ est relatif à la flexion de l'arbalétrier et le terme $\frac{N}{\omega}$ est relatif à la compression du même arbalétrier. Donc, si dans certains cas, la flexion d'un arbalétrier est annulée parce que toutes les pannes sont soutenues par des faux entraits ou des contrefiches, il suffira alors, pour avoir la section de cet arbalétrier, de diviser N par R.

Or, N peut s'obtenir facilement, par de simples décompositions de force et R est donné par la résistance qu'on admettra pour le fer employé; il sera donc bien facile d'obtenir la section de toutes les pièces comprimées et non fléchies en faisant cette simple opération.

Si, au contraire, l'arbalétrier est comprimé et reçoit en même temps un effort de flexion, il faudra alors se servir de la formule complète.

750. Un arbalétrier étant en réalité une poutre inclinée, nous allons, dans ce qui va suivre, rappeler les quelques formules de mécanique qui se rapportent à cette pièce de charpente et à celles qui se fixent directement dessus.

EMPLOI DE LA POUTRE INCLINÉE DANS LES COMBLES

751. Toute pièce qui entre dans la composition d'une ferme doit avoir des dimensions suffisantes pour résister d'une manière permanente aux actions qu'elle reçoit des forces extérieures du système.

La détermination des dimensions d'un solide étant subordonnée à la connaissance des efforts auxquels il est soumis, ces efforts doivent être préalablement calculés pour les cas principaux qui peuvent se présenter.

Une ferme étant, en général, symétrique par rapport à la verticale qui passe par son sommet, il suffit évidemment d'appliquer le calcul à l'ensemble des pièces situées d'un même côté de cette verticale.

Avant de commencer ce calcul, il faut remarquer que, si une poutre inclinée est chargée uniformément d'un poids p par mètre courant, chaque force verticale

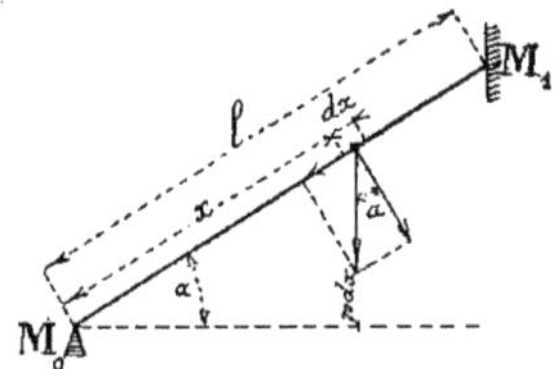

Fig. 1501.

élémentaire pdx (*fig.* 1501) qui fait partie de cette charge peut être remplacée par deux composantes :

$$pdx \cos \alpha \text{ et } pdx \sin \alpha.$$

L'une, normale à la direction de la poutre et l'autre, suivant cette direction.

La somme des composantes normales est $px \cos \alpha$, pour la longueur x ; $p\ l \cos \alpha$, pour la longueur l, et $p \cos \alpha$, pour l'unité de longueur.

La somme des composantes longitudinales est $px \sin \alpha$ pour la longueur x, $pl \sin \alpha$ pour la longueur l et $p \sin \alpha$ pour l'unité de longueur. On suppose la poutre chargée d'un poids p par mètre courant uniformément réparti sur toute la longueur de cette poutre.

POUTRE INCLINÉE AVEC UN ENTRAIT SITUÉ A LA PARTIE INFÉRIEURE.

752. La charge totale pl détermine au point M_1 (*fig.* 1502) une réaction dont la composante horizontale X_1 doit être numériquement égale à la tension X_0 du tirant fixé en M_0. On a donc : $X_1 = X_0$.

On détermine X_1 en prenant les moments de toutes les forces du système par rapport à l'axe projeté en M_0, ce qu'il donne :

$$X_1 h - \frac{1}{2} pl^2 \cos \alpha.$$

D'où $X_1 = X_0 = \frac{pl^2 \cos \alpha}{2h} = 1\ pl \operatorname{cotg} \alpha.$

La réaction normale P_1 et la compression longitudinale N_1 au point M_1 sont alors :

$$P_1 = X_1 \sin \alpha = \frac{1}{2} pl \cos \alpha,$$

$$N_1 = X_1 \cos \alpha = \frac{1}{2} pl \cos \alpha \operatorname{cotg} a.$$

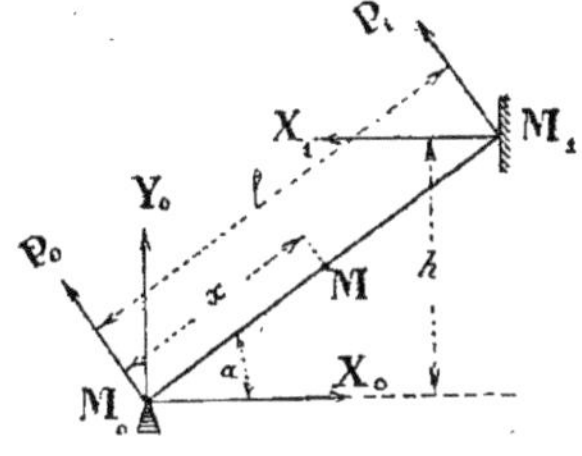

Fig. 1502.

L'appui situé en M_0 porte évidemment toute la charge de la poutre.

On a donc, pour la réaction verticale Y_0, au point M_0 :

$$Y_0 = pl.$$

Enfin, la réaction normale P_0 et la compression longitudinale N_0 au point M_0 sont données par les deux conditions suivantes de l'équilibre en ce point, c'est-à-dire :

$$P_0 + X_0 \sin \alpha - Y_0 \cos \alpha = o$$

d'où $P_0 = Y_0 \cos \alpha - X_0 \sin \alpha = \frac{1}{2} pl \cos \alpha$

$$N_0 - X_0 \cos \alpha - Y_0 \sin \alpha = o,$$

d'où,

$N_0 = Y_0 \sin \alpha + X_0 \cos \alpha = pl \sin \alpha + N_1.$

Quant à la compression longitudinale N en un point quelconque de la poutre, elle est :

$$N = p(l - x) \sin \alpha + N_1,$$

valeur qui augmente à mesure que x diminue et dont le maximum est la valeur précédente de N_0.

Le moment fléchissant en un point quelconque M, est :

$$\mu = \frac{1}{8} p \cos \alpha (x^2 - lx),$$

expression dont le maximum, correspondant à $x = \frac{1}{2} l$ est :

$$\mu = \frac{1}{8} pl^2 \cos \alpha.$$

POUTRE INCLINÉE AVEC UN ENTRAIT INTERMÉDIAIRE

753. La tension X_1 (*fig.* 1503) de l'entrait fixé en M_1, doit évidemment faire équilibre à la réaction horizontale X_2 déterminée par l'appui situé en M_2, sous l'influence de la charge pl de la poutre. On doit donc avoir : $X_1 = X_2$.

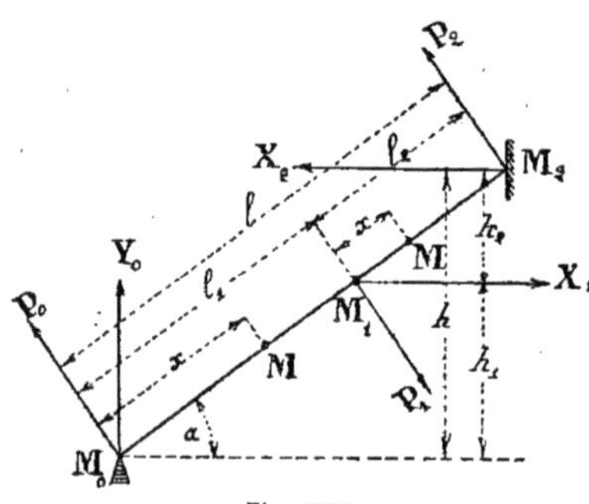

Fig. 1503.

Ensuite, les moments pris par rapport à l'axe projeté en M_0, de toutes les forces du système donnent :

$$X_2 h - X_1 h_1 - \frac{1}{2} pl^2 \cos \alpha = o,$$

d'où l'on déduit :

$$X_1 = X_2 = \frac{pl^2 \cos \alpha}{2h^2} = \frac{pl^2 \cos \alpha}{2l_2 \sin \alpha}.$$

La valeur de X_1 montre que la tension exercée par l'entrait est d'autant plus faible que l_2 est plus grand. Il est donc plus avantageux de placer l'entrait à l'extrémité inférieure de la poutre qu'en tout autre point.

La pression normale P_1 au point M_1 et la réaction normale P_2 au point M_2 ont pour valeur :

$$P_1 = P_2 = X_1 \sin \alpha = \frac{pl^2 \cos \alpha}{2l_2}.$$

L'appui situé en M_0 porte évidemment toute la charge de la poutre.

On a donc, pour la réaction verticale en M_0, puis pour la réaction normale en ce point :

$$Y_0 = pl$$

$$P_0 = pl \cos \alpha.$$

La compression longitudinale N_2 au point M_2 est :

$$N_2 = X_2 \cos \alpha = \frac{pl^2 \cos^2 \alpha}{2l^2 \sin \alpha}.$$

On a ensuite :

1° Entre M_1 et M_2 :

$$N = N_2 + p \sin \alpha (l^2 - x),$$

2° Au point M_1 :

$$N_1 = N_2 + pl_2 \sin \alpha.$$

Les composantes longitudinales $X_2 \cos \alpha$ et $X_1 \cos \alpha$ étant égales et de signes contraires, on a :

1° Entre M_0 et M_1 :

$$N = p \sin \alpha (l_2 + l_1 - x) ;$$

2° Au point M_0 :

$$N_0 = pl \sin \alpha.$$

La pression normale P_1 déterminée au point M_1 par l'action de l'entrait, transforme l'arbalétrier en une poutre à deux intervalles de longueurs l_1 et l_2 et on obtient facilement dans ce cas :

1° Entre M_1 et M_2.

$$\mu = \frac{1}{2} p \cos \alpha \left[x^2 + \left(\frac{l^2}{l_2} - 2l_2 \right) x - l^2 + l_2^2 \right],$$

2° Entre M_0 et M_1,

$$\mu = \frac{1}{2} p \cos \alpha (x^2 - 2lx);$$

Expression dont le maximum est facile à déterminer.

La plupart des formules précédentes se simplifient quand on pose :

$$l_1 = l_2 = \frac{1}{2} l.$$

IV. — Tirants — Entraits et faux-entraits.

754. Les tirants employés dans les charpentes métalliques sont construits, le plus ordinairement, avec des fers ronds du commerce, cependant, depuis la construction des combles légers exécutés avec de petites poutres américaines, on se sert aussi de tirants en fer cornière, en fer en U et même en fer I ; suivant sa destination et dans le cas où il est placé à la partie basse des arbalétriers, un tirant prend aussi, comme nous le savons, le nom *d'entrait* ; il peut alors, s'il est chargé d'un plancher, résister à deux efforts, une extension et une flexion. Si ce tirant est placé en un point quelconque des arbalétriers il prend, dans ce cas, le nom de *faux-entrait.*

Quand ce faux-entrait supporte un faux-plancher il travaille aussi à l'extension et à la flexion.

Si ω est la section du tirant à calculer (quelle que soit la forme de cette section); T, la tension à laquelle il est soumis et R, la résistance par mètre carré qu'on ne doit pas dépasser dans la pratique, on pourra écrire :

$$R\omega = T. \qquad (1)$$

Si nous donnons au tirant une forme cylindrique d'un diamètre d, la formule précédente prendra alors la forme :

$$\frac{1}{4}\pi d^2 R = T.$$

D'où $$d = \sqrt{\frac{4T}{\pi R}}.$$

En prenant $R = 6 \times 10^6$ la valeur de d deviendra :

$$d = 0,00036\sqrt{T}$$

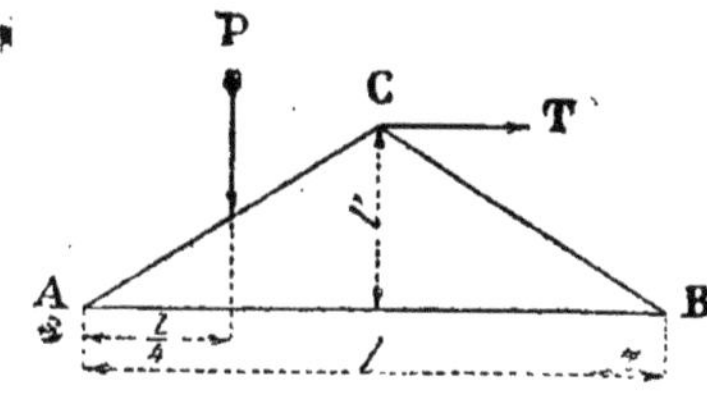

Fig. 1504.

formule très simple pour calculer le diamètre d'un tirant.

Nota : Dans les combles où il y a plusieurs tirants, le constructeur se borne assez généralement à calculer seulement le plus chargé et il donne aux autres le même diamètre ; il emploie alors un seul échantillon de fer, tous ses assemblages sont les mêmes et il compense en main-d'œuvre le petit excédant de fer qu'il emploie en trop.

755. On peut très facilement, connaissant le poids P que porte un arbalétrier, déterminer la tension du tirant T d'un comble simple ABC (*fig.* 1504). Il suffit, pour cela, de prendre les moments des forces, par rapport au point A, ce qui donne, en désignant par l, la portée du comble et par l' sa montée :

$$T \times l' = P \times \frac{l}{4}.$$

D'où, $$T = \frac{P \times \frac{l}{4}}{l'}$$

si $l = 10^m,00$, $l' = 2^m,00$ et $P = 5\,000^k$ on aura pour la valeur de la tension :

$$T = \frac{5\,000 \times 2,50}{2,00} = 6\,250.$$

756. *Observations.* Les tirants d'un comble peuvent être : ou complètement isolés entre les deux points d'appui A et B (*fig.* 1505) ou soutenus dans leur longueur par une ou plusieurs aiguilles pendantes O, comme l'indique le croquis (*fig.* 1506).

Lorsque les aiguilles pendantes O sont relativement assez rapprochées, on peut considérer le travail du tirant comme réduit à un simple effort de traction

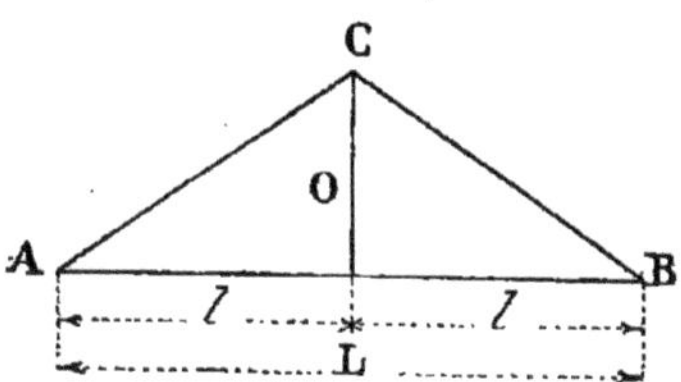

Fig. 1505

longitudinale représentée par la relation (1) ci-dessus.

Lorsque les tirants sont complètement isolés ou quand les intervalles l (*fig.* 1506) qui séparent les aiguilles pendantes O sont relativement grands, leur poids produit aux points d'appui une réaction:

$$pl = d\,\omega l$$

expression dans laquelle:

p est le poids du tirant par mètre courant;

d, la densité du métal employé (pour le fer $d = 7,8$);

ω, l'aire de la section du tirant.

Le moment de la charge est : $\frac{1}{2} d\omega l^2$,

et la relation d'équilibre:

$$\frac{RI}{v} = \frac{1}{2} d\omega l^2.$$

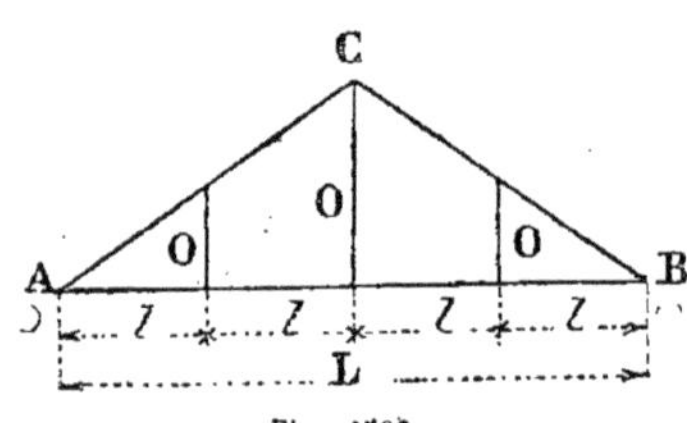

Fig. 1506.

Si le tirant a une section circulaire de diamètre D et de rayon r la section ω sera :

$$\omega = 3,14 \times r^2$$

et on aura pour valeur de $\frac{I}{v}$;

$$\frac{I}{v} = \frac{3,14}{4} r^3 = \frac{\omega}{4} r = \omega \frac{D}{8}.$$

Donc,

$$R\omega = \frac{8}{D} \times \frac{1}{2} d\omega l^2 = 4d \frac{\frac{3,14 D^2}{4}}{D} l^2 = 3,14\, dDl^2.$$

En remplaçant d par sa valeur ($d = 7,8$) et en réduisant, on obtient:

$$R\omega = 24,5 Dl^2$$

relation dans laquelle D est exprimé en millimètres et l en mètres.

Nous pourrons alors déterminer la section des tirants en fer rond par la relation:

$$R\omega = T + 24,5 Dl^2$$

Si R = 6 nous pourrons obtenir la section en écrivant:

$$\omega = \frac{T}{6} + 24,5\, Dl^2.$$

Dans cette relation D ne s'obtiendra qu'après quelques tâtonnements.

757. Lorsque les tirants sont des fers du commerce on obtiendra en suivant une marche analogue:

Pour les fers I à ailes ordinaires de 0m,08 de hauteur et au-dessous, la relation :

$$R\omega = T + 110\, l^2$$

pour les fers I à ailes ordinaires de 0m,10 à 0m,20 de hauteur, la relation;

$$R\omega = T + 180\, l^2.$$

Enfin, pour les fers larges ailes de 0m,08 à 0m,20 de hauteur, on aura:

$$R\omega = T + 234\, l^2.$$

V. — Contrefiches, supports, etc.

758. Dans certains combles les contrefiches s'exécutent en fonte; elles ont alors la forme de croisillons renflés vers le milieu de leur longueur. Lorqu'elles ont cette forme, on se sert pour les calculer de la formule d'Hodgkinson établie pour les solides chargés debout et qui est la suivante:

$$d = 0.004276\, (Ql^{1,7})^{\frac{1}{3,6}}$$

formule dans laquelle:

d est le diamètre de la contrefiche,

q, la compression qu'elle subit;

l, sa longueur.

Nota. Cette formule donne souvent pour les contrefiches des dimensions un peu faibles, que le constructeur fera bien d'augmenter pour l'exécution.

Nous aurons l'occasion, dans les exemples qui suivront, de rencontrer des contrefiches exécutées avec des fers du commerce; elles se calculent, comme nous le verrons, très simplement.

Nous donnerons aussi des exemples de calcul de colonnes et de piliers en fer employés dans les charpentes métalliques, dont nous avons donné les types.

Pour les colonnes pleines en fonte la formule précédente est applicable; lorsque les colonnes sont creuses cette formule est remplacée par la suivante:

$$d = 0,0002455 \left(\frac{Ql^{1,7}}{e}\right)^{\frac{1}{2,6}}$$

dans laquelle e est l'épaisseur de la fonte

VI. — Boulons.

759. Nous avons, au commencement de la *Charpente en fer*, parlé longuement du calcul des boulons, nous n'y reviendrons pas et nous ne dirons, dans ce qui va suivre, que quelques mots sur le calcul des boulons d'assemblage des tirants.

Ces boulons sont soumis, de la part du tirant, à un effort de cisaillement et, en admettant, comme on le fait le plus souvent que la résistance R′ au cisaillement soit les $\frac{8}{10}$ de la résistance R à l'extension, on a $R' = 0{,}8$ R. Quand les assemblages sont soignés, l'effort transversal T que supporte le boulon se trouve réparti par moitié sur deux sections distinctes et si d' est le diamètre du boulon on doit avoir :

$$\frac{1}{4}\pi d'^2 \times 0{,}8\,R = \frac{T}{2}$$

d'où
$$d' = \sqrt{\frac{T}{0{,}4\pi R}}.$$

Ce résultat comparé avec la valeur de d trouvée pour le calcul du diamètre des tirants permet d'écrire :

$$\frac{d'}{d} = \frac{1}{4}\sqrt{10} = 0{,}79$$

d'où
$$d' = 0{,}79\ d$$

d étant le diamètre du tirant.

Si les assemblages sont peu précis, le constructeur fera bien de considérer l'effort de cisaillement comme s'exerçant tout entier sur une même section et, dans ce cas, le diamètre du boulon sera donné par la relation :

$$\frac{1}{4}\pi d'^2 \times 0{,}8\,R = T$$

d'où,
$$d' = \sqrt{\frac{T}{0{,}2\,\pi R}}.$$

En comparant cette dimension au diamètre d du tirant on trouve :

$$\frac{d'}{d} = \frac{1}{2}\sqrt{5} = 1{,}12$$

d'où,
$$d' = 1{,}12\ d.$$

§ V. — *RÉPARTITION DES FORCES DANS LES FERMES LES PLUS SIMPLES*

I. — Appentis.

760. Nous commencerons l'indication de la répartition des forces pour le cas le plus simple, c'est-à-dire l'appentis ordinaire sans entrait représenté en 1 (*fig.* 1507).

Désignons par a la portée, par l la longueur de l'arbalétrier ; p étant le poids par mètre courant, pl sera la charge supportée par cet arbalétrier ; désignons par α l'angle de l'arbalétrier avec l'horizontale :

La valeur de la réaction T sera dans cet exemple :

$$T = \frac{pla}{2h}.$$

En composant cette réaction T avec l'effort vertical pl qui agit en A nous déterminerons facilement la valeur de la résultante N qui pousse l'appui sur lequel repose l'extrémité de l'appentis.

$$N = \frac{pl}{2h}\sqrt{4h^2 + a^2}.$$

En désignant par β l'inclinaison de la résultante N avec l'horizontale on aura :

$$\operatorname{tg}\beta = \frac{pl}{T} = \frac{2h}{a} \text{ et comme } \operatorname{tg}\alpha = \frac{h}{a}$$

il est facile de se rendre compte que la tangente de la résultante sera le double de l'inclinaison de l'appentis.

761. Dans le cas où, comme nous l'indiquons en 2 (*fig.* 1507), l'appentis est muni d'un tirant, l'appui du pied de la ferme ne subit que la charge verticale pl appliquée en A.

Pour les appentis plus compliqués le calcul pourra se faire dans presque tous les cas, comme le calcul d'une demi-ferme de comble à deux égouts, la réaction du mur jouant le rôle de l'autre moitié de la ferme.

II. — Ferme simple, deux arbalétriers et un tirant.

762. La ferme la plus simple que nous puissions indiquer sera composée comme

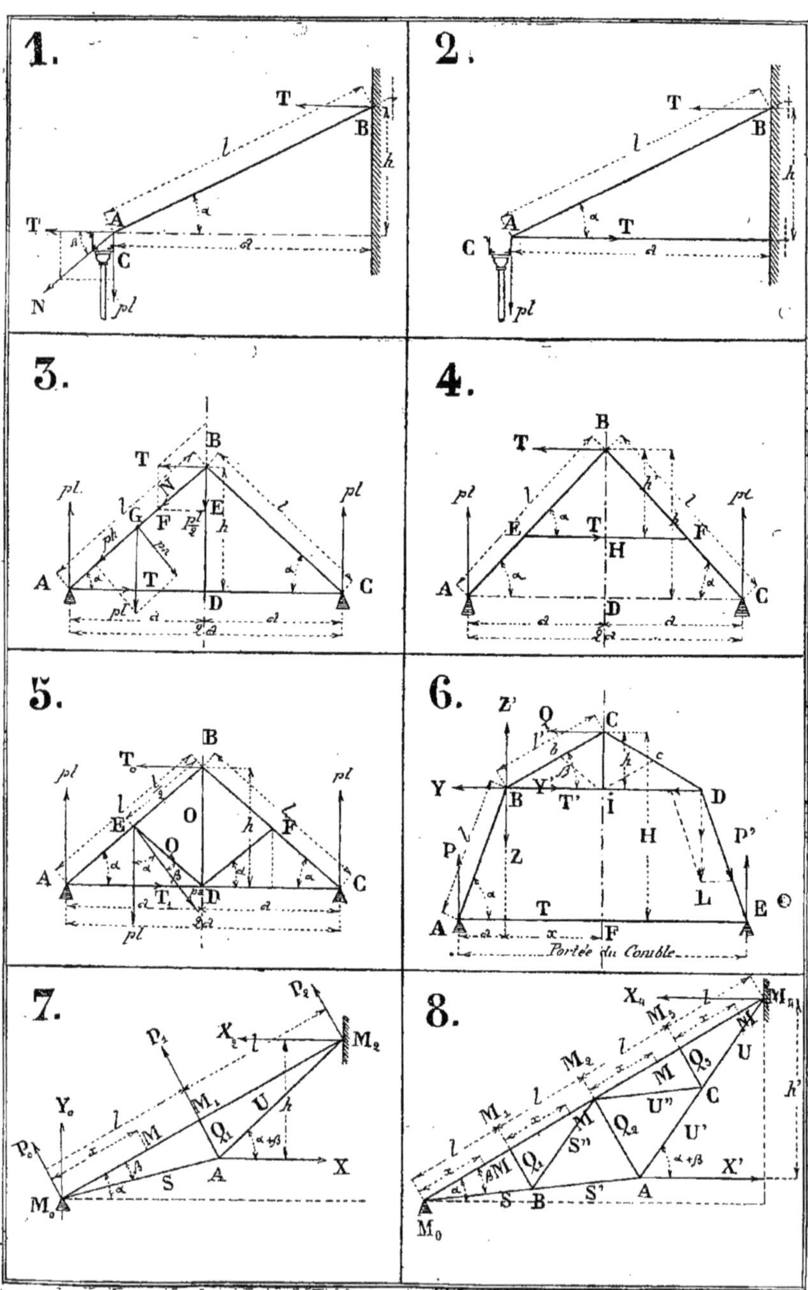

Fig. 1507.

nous l'indiquons en 3 (*fig.* 1507) : de deux arbalétriers AB et BC, d'un tirant ou entrait AC soutenu ou non, suivant les cas, par une aiguille pendante ou par un poinçon BD.

Nous aurons, dans cet exemple à distinguer deux cas, suivant que la pièce horizontale AC porte ou ne porte pas plancher.

1er *Cas. — La pièce AC ne porte pas plancher.*

763. Désignons toujours par pl la charge uniformément répartie (charges et surcharges) (1) supportée par l'un des arbalétriers AB par exemple, l étant la longueur de cet arbalétrier.

Cette charge produira en chacun des appuis A et C des réactions pl égales et contraires à la charge sur chaque arbalétrier. Ces arbalétriers exercent l'un contre l'autre une poussée T qui est horizontale et égale à la tension T de l'entrait AC.

Au faîtage B nous aurons donc deux forces l'une horizontale T et l'autre verticale et égale à la moitié $\frac{pl}{2}$ du poids total que reçoit l'arbalétrier AB. Comme il doit y avoir équilibre, ces deux forces doivent être égales, il faut donc que l'on ait en projetant T sur la verticale et en désignant par α l'angle de l'arbalétrier avec l'horizontale :

$$T \operatorname{tg} \alpha = \frac{pl}{2}.$$

De cette expression nous déduisons la poussée T qui sera :

$$T = \frac{pl}{2 \operatorname{tg} \alpha}$$

Or, d'après ce que nous avons dit en commençant la stabilité des combles a étant la demi-portée on sait que :

$$\cos \alpha = \frac{a}{l} \text{ et } \sin \alpha = \frac{h}{l} \quad \text{d'où} \quad \frac{a}{h} = \frac{1}{\operatorname{tg} \alpha}$$

(1) Les divers assemblages ne permettant pas de compter sur la rigidité absolue du triangle ABC on peut admettre que les deux arbalétriers sont, au point B articulés sans frottement. On admet aussi que chaque arbalétrier est chargé uniformément sur toute sa longueur, comme nous l'avons indiqué précédemment.

L'expression précédente pour se mettre, d'après cela, sous la forme :

$$T = \frac{pla}{2h}.$$

Nous avons vu aussi que la section d'un tirant peut s'obtenir par la formule :

$$R\omega = T$$

Connaissant T et R, et le tirant ne portant pas plancher on pourra l'exécuter en fer rond ; on sait, d'après ce qui précède que d étant le diamètre de ce fer rond, on a :

$$d = 0{,}00036 \sqrt{T}$$

ayant calculé T on en déduira très facilement le diamètre d.

Dans cet exemple la compression N sur l'arbalétrier sera donnée par la relation :

$$N = \frac{pl^2}{2h} = \frac{pl}{2 \sin \alpha}.$$

Dans les petits combles on néglige assez souvent cette compression longitudinale et on se contente de calculer l'arbalétrier à la flexion, ce qui, dans la relation connue :

$$R = \frac{v\mu}{I} + \frac{N}{\Omega} \text{ supprime le terme } \frac{N}{\Omega}.$$

2e *Cas. — La pièce AC ou entrait porte plancher.*

764. En admettant que cet entrait AC soit soulagé en son milieu par la pièce BD on a une pièce à deux travées égales dont les appuis extrêmes supportent les 3/8 de la charge totale tandis que le poinçon BD en supporte les 5/8.

En désignant par P le poids du plancher par mètre courant de longueur d'entrait la tension T′ supportée par le poinçon sera :

$$T' = \frac{5}{8} P \times 2a = \frac{5}{4} Pa.$$

Dans ce cas, en B il y aura trois forces T, $\frac{pl}{2}$ et $\frac{T'}{2}$ et la valeur de T devient :

$$T = \left(pl + \frac{5}{4} Pa\right) \frac{a}{2h},$$

la valeur de N peut se mettre sous la forme :

$$N = \left(pl + \frac{5}{4} Pa\right) \frac{l}{2h}.$$

La résistance totale R' de l'arbalétrier (force N et flexion produite par la composante verticale pa) peut s'écrire :

$$R' = R + \frac{N}{\Omega}.$$

Dans ce cas l'entrait travaillant à la traction et à la flexion peut être considéré comme une pièce posée sur trois appuis équidistants dont le mouvement fléchissant maximum a pour valeur :

$$\frac{RI}{v} = \frac{Pa^2}{8}.$$

Il doit, comme entrait, résister aussi à la tension T ; sa résistance totale R_1 peut s'écrire :

$$R_1 = R + \frac{T}{\Omega}.$$

III. — Ferme avec faux-entrait.

765. Cette ferme très simple est indiquée en 4 (*fig.* 1507). Les forces principales qui agissent dans ce cas sont :

Tension $\quad T = \frac{pla}{2h}.$

Valeur du moment fléchissant maximum au point D (1).

$$\frac{RI}{v} = \frac{pla}{32},$$

Valeur de la compression longitudinale :

En B: $\quad N = T \cos \alpha$

En D: $\quad N = T \cos \alpha + \frac{pl}{2} \sin \alpha.$

IV. — Ferme avec contrefiches.

766. Cette ferme encore très simple est représentée en croquis en 5 (*fig.* 1507). Nous indiquerons seulement comme pour l'exemple précédent la valeur des différentes forces : l'arbalétrier AB est soutenu en son milieu par une contrefiche ; le moment fléchissant en ce point est :

$$\frac{RI}{v} = \frac{pla}{32}.$$

La compression Q suivant la contrefiche, qui est égale à 5/8 $pl \cos \alpha$ lorsque cette dernière est normale à l'arbalétrier, devient lorsqu'elle est inclinée :

$$Q = \frac{5}{8} \frac{pl \cos \alpha}{\cos \beta} = \frac{5}{16} \frac{pl^2}{h}.$$

La valeur de la tension du tirant T_1 est égale à :

$$T_1 = T + Q \cos \alpha = \frac{13}{16} \frac{pla}{h}.$$

La tension O du poinçon est donnée par

$$O = \frac{5}{8} pl.$$

La valeur de la compression N au point E milieu de l'arbalétrier est :

$$N = \frac{13}{16} \frac{pa^2}{h} + \frac{ph}{2}.$$

En désignant par N_1 la compression en A pied de la ferme on doit avoir, comme simple vérification :

$$N_1 = \frac{13}{16} \frac{pa^2}{h} + ph.$$

V. Comble à la mansard.

767. Supposons, comme nous l'indiquons en 6 (*fig.* 1507) un comble à la Mansard très simple composé d'une ferme BCD portée sur deux montants inclinés AB et DE reliés à leur pied par un tirant AE.

Désignons par p, la charge verticale uniformément répartie que supporte le montant AB rapportée au mètre courant de projection a de ce montant ; par q, la charge verticale uniformément répartie sur l'arbalétrier BC rapportée au mètre courant de projection x de cet arbalétrier.

D'après le tracé du comble lui-même, on peut facilement connaître les longueurs a et x et les deux hauteurs h et H.

En désignant par l et l', les longueurs des arbalétriers désignés ci-dessus et par α et β les angles que forment ces arbalétriers avec les horizontales menées des points A et B, on obtiendra facilement, par les égalités suivantes, les valeurs de chacune de ces parties :

$$AB = l = \sqrt{a^2 + (H - h)^2};$$

$$BC = l' = \sqrt{x^2 + h^2};$$

$$\text{tg}\, \alpha = \frac{H - h}{a}, \qquad \text{tg}\, \beta = \frac{h}{x}.$$

(1) Dans ce cas la portée l de l'arbalétrier est égale aux $2l$ de la relation précitée.

Ces données étant établies, il reste à résoudre les questions suivantes :

1° Valeur des réactions P et P′ des appuis ;

2° Valeur des actions mutuelles aux points B et C et des forces longitudinales (tensions ou pressions) auxquelles sont soumis l'entrait AE et le faux-entrait BD ;

3° Calculer les dimensions transversales du montant incliné AB ;

4° Calculer les dimensions transversales de l'arbalétrier BC.

1° Le comble considéré étant symétrique par rapport à la ligne CF et par suite de l'existence de l'entrait AE, les deux réactions P et P′ sont égales et nous avons, pour valeur de ces deux réactions :

$$P = P' = pa + qx$$

2° Par suite de la symétrie de la figure et des forces extérieures qui sollicitent le comble, l'action mutuelle Q au point C est horizontale. Le montant AB est en équilibre sous l'action des forces suivantes : la réaction P de l'appui A, la charge uniformément répartie pa et la tension T de l'entrait AE. En prenant la somme des moments de ces forces par rapport à l'axe projeté en B, on trouve que la valeur de la tension T est la suivante :

$$T = \frac{a}{H - h}\left(\frac{pa}{2} + qx\right).$$

En remplaçant l'action mutuelle au point B par ses composantes BY et BZ dont l'une est horizontale et l'autre verticale et projetant les forces précédentes sur un axe vertical, puis sur un axe horizontal, on aura :

$$Z + pa - P = o \text{ et } Y - T = 0$$

D'où l'on tire, pour chacune des composantes :

$$Z = P - pa = qx$$

$$Y = T = \frac{a}{H - h}\left(\frac{pa}{2} + qx\right).$$

L'arbalétrier BC est soumis aux forces extérieures suivantes : l'action du montant AB et de l'entrait BD au point B, dont les composantes verticale et horizontale sont Z′ et Y′ égales et de signes contraire à Z et à Y ; la charge verticale uniformément répartie qx et la réaction Q de l'arbalétrier CD au point C. Si, comme précédemment, nous prenons les moments de ces forces par rapport à l'axe projeté en B, nous aurons :

$$Qh - \frac{qx^2}{2} = o \quad \text{d'où,} \quad Q = \frac{qx^2}{2h}.$$

768. Remarque. — L'entrait BD supporte-t-il une tension ou une compression ?

En projetant toutes les forces qui agissent sur la demi-ferme sur un axe horizontal, on obtient, abstraction faite des signes :

$$T' + T + Q = 0$$

D'où $$T' = -T - Q \qquad (1)$$

Mais T et Q étant de signe contraire, adoptons le sens de T comme positif. Alors, (1) devient :

$$T' = -T + Q$$

Si l'on a $T < Q$, T′ sera une pression et, si l'on a $T > Q$, T′ sera une tension.

Si T′ est une pression, pour que l'entrait BD reste rectiligne, on placera une pièce verticale CI nommée poinçon. Si, au contraire T′ est une tension l'entrait BD pourra être formé par un simple tirant en fer.

3° et 4° Le montant incliné AB et l'arbalétrier BC seront considérés comme reposant sur deux appuis et leurs dimensions transversales pourront se calculer à l'aide de la formule générale connue :

$$R = \frac{v\mu}{I} + \frac{N}{\Omega}$$

Un comble à la Mansard n'est pas toujours aussi simple que l'indique le croquis. La partie supérieure, ou faux-comble BCD, peut être formée :

1° D'arbalétriers BC, CD ;

2° D'un entrait BD ;

3° D'un poinçon CI ;

4° De contrefiches Ib, Ic.

Dans ce cas, la partie supérieure BCD se calculera comme un comble avec contrefiches, poinçon et tirant.

Le faux entrait BD joue le rôle de tirant pour la ferme supérieure et reçoit alors une tension qu'il sera facile de déterminer.

L'arbalétrier DE, par exemple, du vrai comble est posé sur deux appuis en D et en E. Donc, à la réaction en D trouvée précédemment pour la partie supérieure, devra s'ajouter le poids de la demi-ferme CID.

Le poids résultant porté sur une verticale de D en L se décompose alors en deux forces dont l'une comprimera le faux entrait et l'autre l'arbalétrier.

Le faux entrait BD est donc ici soumis à la différence de la compression et de l'extension.

VI. — Poutre armée à une contrefiche posée sur deux appuis de niveaux différents.

769. Cette poutre inclinée dont nous représentons le croquis en 7 (*fig.* 1507) nous représente la moitié d'un comble système Polonceau à deux contrefiches. Cette poutre devant être dans les conditions d'une poutre à deux travées égales, chargées uniformément d'un poids p par mètre de longueur, les pressions normales exercées par la charge aux points M_0, M_1, M_2 ainsi que les moments fléchissants correspondants à ces points sont :

$$P_0 = \frac{3}{8} pl \cos\alpha, \quad P_1 = \frac{10}{8} pl \cos\alpha, \quad P_2 = \frac{3}{8} pl \cos\alpha$$

$$\mu_0 = o \quad \mu_1 = \frac{1}{8} pl^2 \cos\alpha \quad \mu_2 = o$$

La réaction verticale en M_0 est évidemment :

$$Y_0 = 2\,pl.$$

L'ensemble des pièces qui constituent la poutre armée pouvant être considéré comme un système rigide, les forces X_2 et X (appliquée au point A) sont dans les mêmes conditions que pour la poutre simple ; et comme ce sont les seules forces qui soient horizontales, on doit avoir $X = X_2$. Ensuite, en prenant les moments des forces du système par rapport à l'axe projeté en M_0 on trouve facilement :

$$h = \frac{l \sin(\alpha + \beta)}{\cos\beta}, \quad X_2 = X = \frac{2\,pl^2 \cos\alpha}{h} = \frac{2\,pl \cos\alpha \cos\beta}{\sin(\alpha + \beta)}$$

Les tensions U, S, les compressions longitudinales, N_2, N_0 et la réaction normale Q, sont données par les relations d'équilibre suivantes (Tresca, *Mécanique appliquée*) :

Au point M_2

$$U \sin\beta + P_2 - X \sin\alpha = o \quad \text{d'où} \quad U = \frac{X \sin\alpha - P_2}{\sin\beta} = \frac{2\,pl \sin\alpha \cos\alpha}{\operatorname{tg}\beta \sin(\alpha+\beta)} - \frac{3\,pl \cos\alpha}{8 \sin\beta}$$

$$N_2 - U \cos\beta - X \cos\alpha = o \quad \text{d'où} \quad N_2 = X \cos\alpha + U \cos\beta = \frac{13\,pl \cos\alpha \cos\beta}{8 \sin\beta}$$

Au point M_1

$$Q_1 - P_1 = o \quad \text{d'où} \quad Q_1 = P_1 = \frac{10}{8}\,pl \cos\alpha$$

Au point M_0,

$$S \sin\beta - P_0 - Y_0 \cos\alpha = o \quad \text{d'où} \quad S = \frac{13}{8}\,\frac{pl \cos\alpha}{\sin\beta},$$

$$N_0 - S \cos\beta - Y_0 \sin\alpha = o \quad \text{d'où} \quad N_0 = S \cos\beta + Y_0 \sin\alpha = N_2 + 2pl \sin\alpha.$$

Au point A

$$Q_1 - (S + U) \sin\beta + X' \sin\alpha = o$$ (Cette équation sert à vérifier les valeurs précédentes).

La compression longitudinale en un point quelconque M, au-dessus de M_1, puis au point M_1 est :

$$N = N_2 + p\,(l - x) \sin\alpha,$$
$$N_1 = N_2 + pl \sin\alpha.$$

En un point M, au-dessous de M_1, on a :

$$N = N_2 + p\,(2l - x) \sin\alpha$$

quantité qui augmente à mesure que x diminue et dont le maximum est la valeur précédente de N_0.

Enfin, la valeur de μ en un point quelconque est :

$$\mu = \frac{1}{8}\,p \cos\alpha\,(4x^2 - 3\,lx).$$

Le maximum de μ est la valeur μ_1 qui s'exerce au point M_1.

VII. — Poutre armée à trois contrefiches posée sur des appuis de niveaux différents.

770. Les calculs de cette poutre, indiquée en croquis (*fig.* 1507, n° 8), se font ici comme dans l'exemple précédent.

On a d'abord :

$$Y_0 = 4pl$$

$$P_0 = P_4 = \frac{11}{28} pl \cos\alpha, \quad P_1 = P_3 = \frac{32}{28} pl \cos\alpha;$$

$$\mu_0 = \mu_4 = o, \qquad \mu_1 = \mu_3 = \frac{3}{28} pl^2 \cos\alpha;$$

$$P_2 = \frac{26}{28} pl \cos\alpha$$

$$\mu_2 = \frac{2}{28} pl^2 \cos\alpha.$$

La tension horizontale X′ du tirant se déduit de l'équation des moments pris par rapport à l'axe projeté en M_0 et l'on trouve :

$$h' = \frac{2l \sin(\alpha+\beta)}{2 \cos\beta}, \quad X' = X_4 = \frac{8pl^2 \cos\alpha}{h'} = \frac{4 pl \cos\alpha \cos\beta}{\sin(\alpha+\beta)}.$$

Les tensions U, U′, U″, S, S′, S″, les compressions longitudinales N_4, N_0 et les réactions normales Q_1, Q_2, Q_3, résultent successivement des équations d'équilibre suivantes :

Au point M_4,

$$U \sin\beta + P_4 - X_4 \sin\alpha = o \quad \text{d'où} \quad U = \frac{X_4 \sin\alpha - P_4}{\sin\beta} = \frac{4pl \cos\alpha \sin\alpha}{\operatorname{tg}\beta \sin(\alpha+\beta)} - \frac{11}{28}\frac{pl\cos\alpha}{\sin\beta}$$

$$N_4 - U\cos\beta - X_4 \cos\alpha = o, \quad \text{d'où} \quad N_4 = X_4 \cos\alpha + U\cos\beta = \frac{101}{28}\frac{pl\cos\alpha}{\operatorname{tg}\beta}.$$

Au point M_3 $\qquad Q_3 - P_3 = o, \qquad$ d'où $\qquad Q_3 = \frac{32}{28} pl \cos\alpha.$

Au point C,

$$(U - U' - U'')\cos\beta = o, \quad \text{d'où} \quad U' = U - \frac{Q_3}{2\sin\beta} = \frac{4pl\cos\alpha\sin\alpha}{\operatorname{tg}\beta \sin(\alpha+\beta)} - \frac{27}{28}\frac{pl\cos\alpha}{\sin\beta}$$

$$Q_3 - (U + U'' - U')\sin\beta = o, \quad \text{d'où} \quad U'' = \frac{Q_3}{2\sin\beta} = \frac{16}{28}\frac{pl\cos\alpha}{\sin\beta}.$$

Au point M_0,

$$S\sin\beta - P_0 - Y_0\cos\alpha = o, \quad \text{d'où} \quad S = \frac{P_0 + Y_0\cos\alpha}{\sin\beta} = \frac{101}{28}\frac{pl\cos\alpha}{\sin\beta}$$

$$N_0 = S\cos\beta - Y_0 \sin\alpha = o, \quad \text{d'où} \quad N_0 = S\cos\beta + Y_0\sin\alpha = \frac{101}{28}\frac{pl\cos\alpha}{\operatorname{tg}\beta} + 4pl\sin\alpha.$$

Au point M_1 $\qquad Q_1 - P_1 = o, \qquad$ d'où $\qquad Q_1 = \frac{32}{28} pl\cos\alpha.$

Au point B,

$$(S - S' - S'')\cos\beta = o, \quad \text{d'où} \quad S' = S - \frac{Q_1}{2\sin\beta} = \frac{85}{28}\frac{pl\cos\alpha}{\sin\beta}$$

$$Q_1 - (S + S'' - S')\sin\beta = o, \quad \text{d'où} \quad S'' = \frac{Q_1}{2\sin\beta} = \frac{16}{28}\frac{pl\cos\alpha}{\sin\beta}.$$

Au point M_2 $\quad Q_2 - P_2 - (S'' + U'')\sin\beta = o,\quad$ d'où $\quad Q_2 = \frac{58}{28} pl\cos\alpha.$

Au point A $\qquad Q_2 - (S' + U')\sin\beta + X'\sin\alpha = o.$

(Cette équation sert à vérifier les valeurs précédentes).

La compression longitudinale prend successivement les valeurs suivantes :

Entre M_3 et M_4	$N = N_4 + p(l-x)\sin\alpha;$	Au point M_3,	$N_3 = N_4 + pl\sin\alpha,$
— M_2 et M_3	$N = N_4 + p(2l-x)\sin\alpha;$	— M_2,	$N_2 = N_4 + 2pl\sin\alpha;$
— M_1 et M_2	$N = N_4 + p(3l-x)\sin\alpha;$	— M_1,	$N_1 = N_4 + 3pl\sin\alpha;$
— M_0 et M_1	$N = N_4 + p(4l-x)\sin\alpha.$	— M_0,	$N_0 = N_4 + 4pl\sin\alpha.$

La valeur N_0 est évidemment le maximum de N. Quant à la valeur de μ, elle est :

Entre M_0 et M_1,

$$\mu = \frac{1}{28} p \cos \alpha \, (14\,x^2 - 11\,lx).$$

Entre M_1 et M_2,

$$\mu = \frac{1}{28} p \cos \alpha \, (14\,x^2 - 15\,lx - 3\,l^2).$$

Le maximum de μ est la valeur μ_1 qui correspond au point M_1 ou son égale μ_3 relative au point M_3.

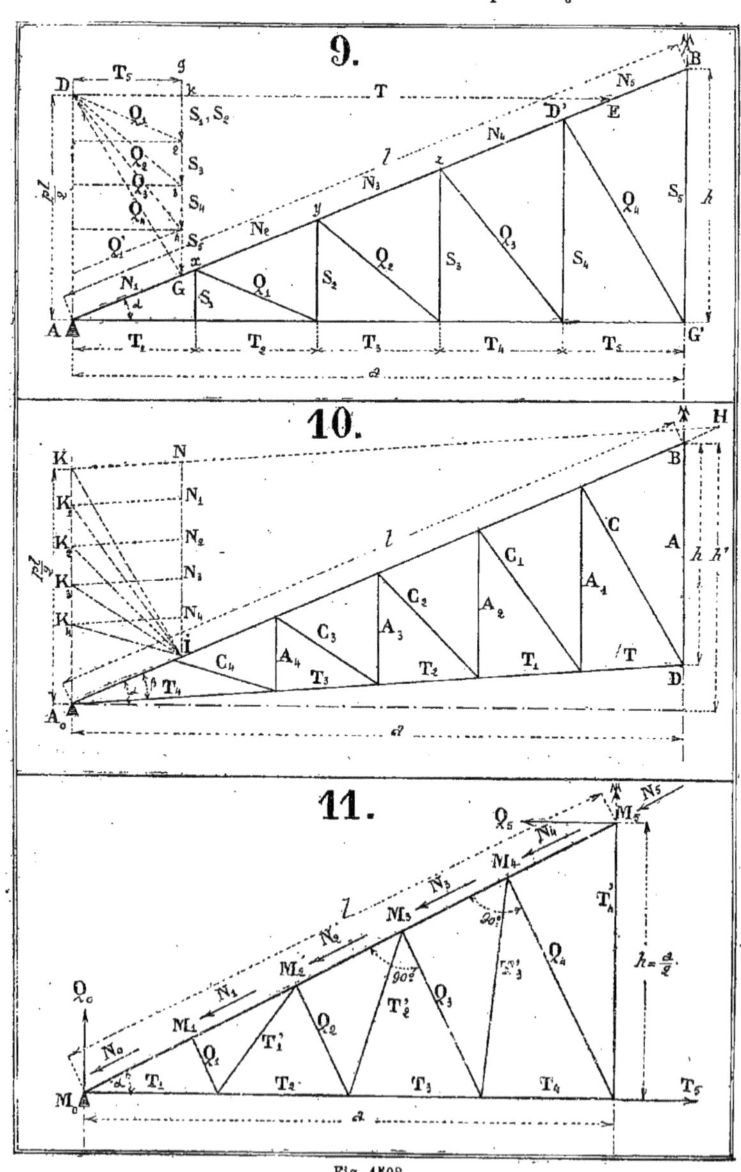

Fig. 1508.

VIII. — Fermes américaines.

771. Ces fermes, généralement connues sous le nom de fermes américaines, sont aujourd'hui très employées en Angleterre, en Allemagne et tendent à se répandre de plus en plus en France.

Nous avons indiqué schématiquement (*fig.* 1009 et 1010) les différentes formes qu'elles prennent ordinairement; proposons-nous, dans ce qui va suivre, de les examiner au point de vue de la résistance.

Les trois types dont nous nous occuperons sont les suivants :

1° Ferme à plusieurs contrefiches avec aiguilles pendantes verticales et entrait horizontal (croquis 9, *fig.* 1508) ;

2° Ferme à plusieurs contrefiches avec aiguilles pendantes verticales et entrait incliné (croquis 10, *fig.* 1508);

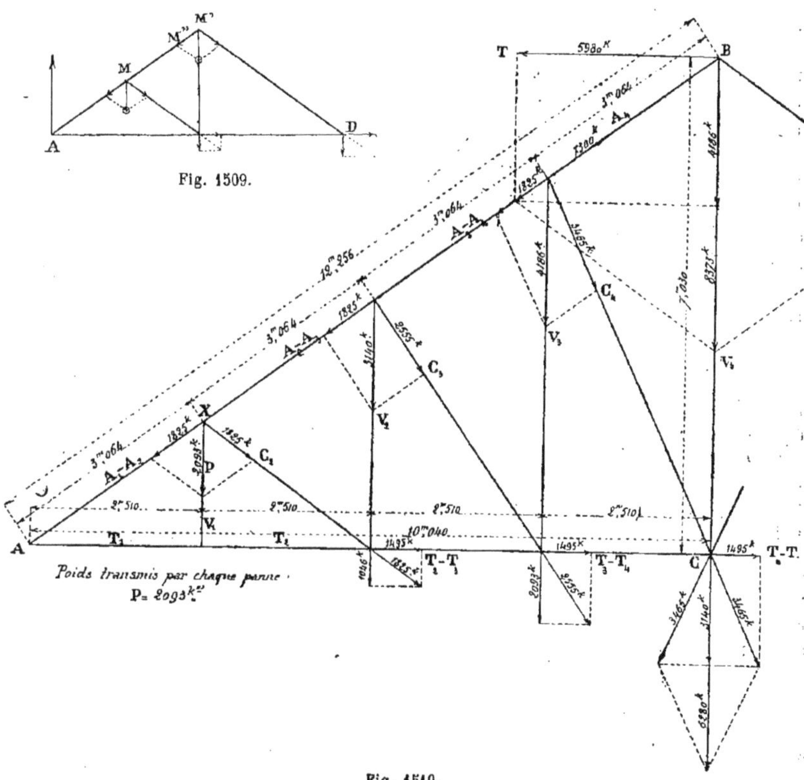

Fig. 1509.

Fig. 1510.

3° Ferme à plusieurs contrefiches perpendiculaires aux arbalétriers avec aiguilles pendantes inclinées et entrait horizontal (croquis 11, *fig.* 1508).

Les constructeurs se contentent, le plus souvent, pour étudier ces fermes, d'un tracé graphique simple que nous allons indiquer et qui présente une approximation suffisante pour les divers cas de la pratique.

1er Exemple.

772. Dans le premier exemple les contrefiches sont obliques à l'arbalétrier et l'entrait, supposé horizontal, est soutenu par une série d'aiguilles pendantes verticales et équidistantes servant à relier à l'arbalétrier les extrémités opposées de diverses contrefiches.

TRACÉ DES DIFFÉRENTES FORCES A CONSIDÉRER

773. Nous supposons, dans l'exemple que nous examinons, l'arbalétrier et l'entrait horizontal divisés en cinq parties égales; voyons comment se fera l'épure de répartition des forces (1).

Considérons une demi-ferme ABG′, en 9 (*fig.* 1508), et prenons comme précédemment pl pour la charge uniformément répartie sur l'arbalétrier.

En A, pied de la ferme, élevons une perpendiculaire sur AG′; sur cette ligne prenons, à une échelle choisie, une longueur $AD = \frac{pl}{2}$ et, par le point D ainsi déterminé, menons une ligne DE parallèle à l'entrait jusqu'à sa rencontre en E avec l'arbalétrier AB.

Cette droite DE = T représente, à l'échelle adoptée, la poussée d'un arbalétrier sur l'autre ou, comme nous le savons, la tension du tirant horizontal qui doit équilibrer cette action.

Le poids total uniformément réparti sur l'arbalétrier peut se décomposer en une série de poids verticaux distincts P à l'aplomb de chaque contrefiche et un poids $\frac{P}{2}$ à chaque extrémité de la demi-ferme. Ce qui permet d'écrire, d'après la division de la demi-ferme en cinq parties égales: $pl = 5P$.

Compressions des contrefiches.

774. Par le point D on mène DG parallèle à la contrefiche D′G′ ou Q_1 jusqu'à sa rencontre en G avec l'arbalétrier AB.

Par ce point G on élève la verticale Gg; puis, par le point D, on mène une série de droites Q_3, Q_2, Q_1 respectivement parallèles aux autres contrefiches Q_3, Q_2 et Q_1 de la demi-ferme.

Chacune des droites DQ_1, DQ_2, etc... représente à l'échelle l'effort qui tend à comprimer les contrefiches considérées dans la demi-ferme étudiée.

Tensions des poinçons ou aiguilles pendantes

775. Sur la verticale menée par le point G on aura, en les mesurant à l'échelle, les tensions des poinçons ou aiguilles pendantes verticales: $S_1 = S_2 = k2$ (On admet $S_1 = S_2$ mais le plus souvent on supprime l'aiguille pendante S_1 qui n'est pas toujours utile); $S_3 = k3$ et $S_4 = k4$. La dernière $kG = S_5$ doit être doublée pour tenir compte de l'effet produit par la contrefiche symétrique à Q_1 de l'autre côté de l'axe de la ferme.

Tensions des tirants.

776. La longueur Dk, composante horizontale des compressions, donne la valeur de la poussée provenant du pied des contrefiches, par conséquent l'augmentation de tension des tirants horizontaux. Les valeurs de ces tensions sont alors représentées à l'échelle par:

$$T_4 = DE + Dk = T + T_5;$$
$$T_3 = DE + 2Dk = T + 2T_5;$$
$$T_2 = DE + 3Dk = T + 3T_5;$$
$$T_1 = DE + 4Dk = T + 4T_5.$$

Par suite de la disposition adoptée pour la ferme on a:

$$T_5 = \frac{1}{5} T.$$

Compressions sur les arbalétriers.

777. Les compressions longitudinales sur l'arbalétrier sont données aussi facilement par la même épure.

La compression suivant BD′ ou N_5 est égale à $N_5 = AE$; les autres compressions s'augmentent de la composante Q'_1 de celle-ci, ce qui permet d'écrire:

$$N_4 = N_5 + Q_1';$$
$$N_3 = N_5 + 2Q_1';$$
$$N_2 = N_5 + 3Q_1';$$
$$N_1 = N_5 + 4Q_1'.$$

Nota. En supposant dans cet exemple cinq travées égales, les moments fléchissants maximum sont donnés:

En D′ et en x par $\mu = \frac{4}{950} pla$;

En y en z par $\mu = \frac{3}{950} pla$.

(1) Dans ce tracé on admet que les réactions des appuis intermédiaires sont toutes égales entre elles et doubles de celles sur les appuis extrêmes; on décompose ensuite tous les efforts parallèlement aux pièces considérées.

2e Exemple.

778. Ce deuxième exemple est indiqué en 10 (*fig.* 1508).

L'épure se fait, comme nous allons l'indiquer, d'une manière analogue à la précédente.

En A_0 on élève une verticale représentant à une échelle quelconque la moitié du poids d'un arbalétrier $\frac{pl}{2} = A_0K$; par le point K on mène une parallèle à la direction du tirant jusqu'à sa rencontre avec le prolongement de l'arbalétrier en H.

KH représente la tension du tirant en dehors de l'action des contrefiches.

On mène ensuite KI parallèle à la première contrefiche placée près de l'axe de la ferme et du point I des parallèles à chacune des autres contrefiches. Les longueurs KI, K_1I, K_2I, etc... représentent les compressions des contrefiches C, C_1, C_2, C_3, C_4. Par le point I on mène une verticale IN et par chacun des points de division K, K_1, K_2, etc.., des parallèles à A_0D; les longueurs IN, IN_1, IN_2 etc... représentent les tensions des aiguilles A, A_1, A_2, etc..., en remarquant toutefois qu'il faut doubler la valeur pour l'aiguille A à cause de la contrefiche symétrique de droite.

La longueur KN représente l'augmentation de tension du tirant causée par la contrefiche C; il y en aura autant pour chacune des autres, de sorte qu'en résumé les efforts seront les suivants :

Tirant	T	tension	KH + KN
»	T_1	»	KH + 2KN
»	T_2	»	KH + 3KN
»	T_3	»	KH + 4KN
»	T_4	»	KH + 5KN
Contrefiches	C	compression	KI
»	C_1	»	K_1I
»	C_2	»	K_2I
»	C_3	»	K_3I
»	C_4	»	K_4I
Aiguilles	A	tension	2NI
»	A_1	»	N_1I
»	A_2	»	N_2I
«	A_3	»	N_3I
»	A_4	»	N_4I.

La compression de l'arbalétrier serait, comme dans le cas précédent, représentée par A_0H augmentée de la somme des composantes des réactions aux sommets des contrefiches.

Nota.

779. Ce procédé graphique est, comme il est facile de s'en rendre compte, la traduction d'une décomposition de forces à chacun des sommets M et M' d'une ferme (*fig.* 1509) par exemple; il y a un certain poids en ces points, on le décompose successivement suivant les directions des pièces courantes et les efforts s'ajoutent les uns aux autres. Ici la compression des bielles et la tension des aiguilles va en augmentant du point A jusqu'au milieu, contrairement à ce qui se passe dans les poutres en treillis; cela tient à ce qu'on admet que la réaction de l'appui en A se décompose immédiatement en une compression de l'arbalétrier et une extension du tirant et que ces efforts n'agissent pas sur les bielles ni sur les aiguilles pendantes.

780. Pour bien montrer comment se fait la décomposition des forces nous pouvons indiquer un exemple. Soit donc (*fig.* 1510) à tracer l'épure des forces d'une demi-ferme américaine ABC dont nous avons donné précédemment le détail (*fig.* 1026). Suivant les données et la nature de la couverture on cherchera le poids P que chacune des pannes transmet à l'arbalétrier AB, puis on commence la décomposition des forces en portant ce poids P = 2093 kilogrammes par exemple à une échelle convenable au point X où se trouve posée la première panne.

Cette force P se décompose en deux autres : l'une de 1825 kilogrammes sur l'arbalétrier, et une de 1825 kilogrammes suivant la première contrefiche.

On continue ainsi de proche en proche la décomposition des forces et on obtient très facilement, comme le montre cette épure, tous les efforts qui agissent sur les différentes pièces de la ferme.

3e Exemple.

781. Le troisième exemple de ferme américaine est indiqué en croquis (*fig.* 1508, n° 11).

Pour déterminer les forces développées dans les différentes parties de la ferme, nous posons :

$2a$, ouverture de la ferme ;

p, charge par mètre courant d'arbalétrier ;

Tang $\alpha = \frac{1}{2}$ (α étant l'angle de l'arbalétrier avec l'horizontale).

Ce qui permet d'écrire : $h = \frac{a}{2}$.

Nous n'examinerons pas en détails tous les calculs ; nous donnerons simplement les valeurs à employer pour la résistance des diverses parties de cette ferme qui comme nous le savons, a des contrefiches perpendiculaires à la direction de l'arbalétrier.

Nous aurons pour cet exemple :

$T_1 = 2{,}060\,pa$	$T_1' = 0{,}253\,pa$
$T_2 = 1{,}087\,pa$	$T_2' = 0{,}290\,pa$
$T_3 = 1{,}577\,pa$	$T_3' = 0{,}361\,pa$
$T_4 = 1{,}353\,pa$	$T_4' = 0{,}942\,pa$
$Q_0 = 1{,}118\,pa$	$N_0 = 2{,}342\,pa$
$Q_1 = 0{,}226\,pa$	$N_1 = 2{,}242\,pa$
$Q_2 = 0{,}308\,pa$	$N_2 = 1{,}916\,pa$
$Q_3 = 0{,}400\,pa$	$N_3 = 1\,611\,pa$
$Q_4 = 0{,}526\,pa$	$N_4 = 1{,}311\,pa$
$T_5 = Q_5 = 1{,}118\,pa$	$N_5 = 1{,}211\,pa$

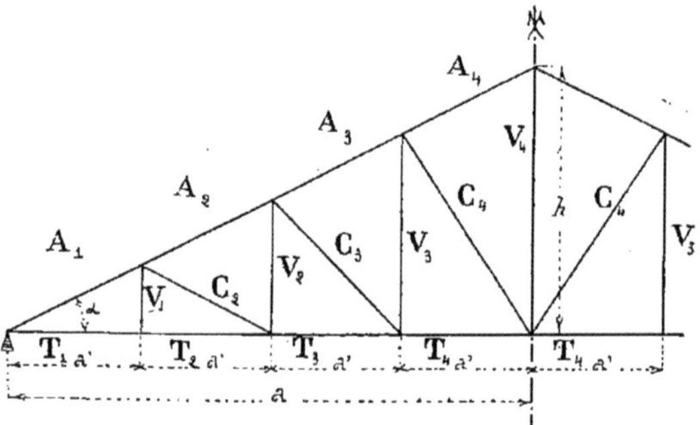

Fig. 1511.

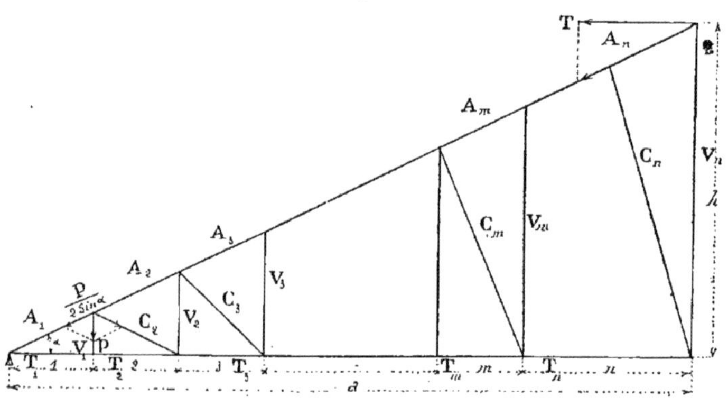

Fig. 1512.

FORMULES GÉNÉRALES POUR LE CALCUL D'UNE FERME AMÉRICAINE

782. Il est utile, pour terminer ce qui est relatif aux fermes américaines, de donner les formules générales permettant de se rendre compte des différents efforts lorsqu'on a un nombre quelconque de contrefiches et d'aiguilles pendantes.

Soit (*fig.* 1511) un croquis schématique

de ferme américaine du premier type examiné et qui est certainement le plus employé.

Dans cette ferme désignons par:

α, l'inclinaison de l'arbalétrier sur l'horizon ;

P, la charge transmise par chaque panne;

a', la distance des aiguilles verticales entre elles ;

n, le nombre des intervalles; pour cet exemple $n = 4$;

A_1, A_2, A_3, A_4, les compressions sur les arbalétriers:

C_2, C_3, C_4, les compressions sur les contrefiches ;

T_1, T_2, T_3, T_4, les tensions de l'entrait ;

V_1, V_2, V_3, V_4, les tensions des aiguilles verticales.

Nous aurons, pour ces différentes valeurs les expressions suivantes :

$$A_1 = \frac{P}{2 \sin \alpha}(2n - 1) \quad C_2 = \frac{P}{2 \sin (C_2, T_2)}$$

$$A_2 = \frac{P}{2 \sin \alpha}(2n - 2)$$

$$C_3 = \frac{2P}{2 \sin (C_3, T_3)}$$

$$A_3 = \frac{P}{2 \sin \alpha}(2n - 3)$$

$$A_4 = \frac{P}{2 \sin \alpha}(2n - 4) \quad C_4 = \frac{3P}{2 \sin (C_4, T_4)}$$

$$T_1 = T_2 = \frac{P}{2 \operatorname{tg} \alpha}(2n - 1) \qquad V_1 = P$$

$$V_2 = \frac{3P}{2}$$

$$T_3 = \frac{P}{2 \operatorname{tg} \alpha}(2n - 2) \qquad V_3 = \frac{4P}{2}$$

$$T_4 = \frac{P}{2 \operatorname{tg} \alpha}(2n - 3) \quad V_4 = 2\,\frac{5P}{2} - P.$$

Et, d'une manière générale, en examinant le croquis (*fig.* 1512), on aura :

$$A_m = \frac{P}{2 \sin \alpha}(2n - m)$$

$$C_m = \frac{(m - 1)P}{2 \sin (C_m T_m)}$$

$$T = \frac{nP}{2 \operatorname{tg} \alpha} \cdot T_m = \frac{P}{2 \operatorname{tg} \alpha}[2n - (m - 1)]$$

$$V_n = nP \,.\, V_m = \frac{m + 1}{2} P.$$

Les valeurs en chacun des différents points sont données par les relations suivantes :

$$V_1 = P = \frac{2P}{2}$$

$$V_2 = \frac{2P}{2} + \frac{P}{2} = \frac{3P}{2}$$

$$V_3 = \frac{3P}{2} + \frac{P}{2} = \frac{4P}{2}$$

$$V_m = \frac{m + 1}{2} P$$

$$V_n = (n + 1)P - P = nP$$

$$C_2 = \frac{P}{2 \sin (C_2 T_2)}$$

$$C_3 = \frac{2P}{2 \sin (C_3 T_3)}$$

$$C_4 = \frac{3P}{2 \sin (C_4 T_4)}$$

$$C_m = \frac{(m - 1)P}{2 \sin (C_m T_m)}$$

$$nP\frac{a}{2} = Ta \operatorname{tg} \alpha$$

$$T = \frac{nP}{2 \operatorname{tg} \alpha}$$

$$T_n = \frac{P}{2 \operatorname{tg} \alpha} + \frac{P}{2 \operatorname{tg} \alpha} = \frac{P}{2 \operatorname{tg} \alpha}(n + 1)$$

$$T_{n-1} = \frac{P}{2 \operatorname{tg} \alpha}(n + 1) + \frac{P}{2 \operatorname{tg} \alpha} = \frac{P}{2 \operatorname{tg} \alpha}(n + 2)$$

$$T_{n-2} = \frac{P}{2 \operatorname{tg} \alpha}(n + 3$$

$$T_m = T_n - (n - m) = \frac{P}{2 \operatorname{tg} \alpha}(n + n - m + 1) = \frac{P}{2 \operatorname{tg} \alpha}[2n - (m - 1)]$$

$$A_n = \frac{T}{\cos \alpha} = \frac{nP}{2 \operatorname{tg} \alpha \cos \alpha} = \frac{nP}{2 \sin \alpha}$$

$$A_{n-1} = \frac{nP}{2 \sin \alpha} + \frac{P}{2 \sin \alpha} = \frac{P}{2 \sin \alpha}(n + 1)$$

$$A_{n-2} = \frac{P}{2 \sin \alpha}(n + 2)$$

$$A_m = A_n - (n - m) = \frac{P}{2 \sin \alpha}(n + n - m) = \frac{P}{2 \sin \alpha}(2n - m).$$

Nota.

783. Dans ce genre de ferme les contrefiches et les entraits sont généralement exécutés avec des cornières du commerce et les aiguilles pendantes en fer rond ou mieux en fers plats; les arbalétriers se ont soit avec deux cornières, soit avec deux cornières et une âme intermédiaire, soit, enfin, avec deux fers en U et se calculent à la flexion comme des pièces posées sur plusieurs appuis.

IX. — Combles en arc.

Observations générales.

784. Dans les combles en arc, la forme qu'on rencontre le plus souvent pour les fermes est le *plein cintre* ou l'*arc de cercle* avec ou sans tirant.

On suppose, le plus généralement, pour calculer la section des arcs, que les charges sont uniformément réparties sur tout le cintre ou projetées sur l'horizontale, ce qui démontre que, pour les cas simples de la pratique et pour les petites portées, la hauteur des arcs peut être sensiblement la même à la clé qu'aux naissances.

Dans le cas de grandes charpentes il est cependant préférable de donner une plus grande hauteur aux naissances qu'à la clé.

Les calculs des arcs diffèrent beaucoup des calculs des pièces droites en ce que, pour déterminer la section de l'arc, il est inutile de connaître les réactions horizontale et verticale des appuis. Le plus souvent, on admet une certaine forme et une certaine section pour l'arc puis, au moyen de ces données, on vérifie si le travail résultant de cette hypothèse est inférieur ou au moins égal à l'effort pratique adopté.

En pratique, on admet assez généralement comme hauteur H de l'âme :

Pour les fermes, le 1/28 de la portée : $H = 0,035\ A$;

Pour les ponts, le 1/24 de la portée : $H = 0,041\ A$.

Ce qui donne une moyenne générale de 1/26 de la portée : $H = 0,038\ A$.

On peut aussi employer la formule empirique $H = 0,15\sqrt{A}$; A désignant la portée.

Le rapport de la largeur L des semelles à la hauteur H de l'âme a été trouvé en moyenne de 1/3 :

$$L = \frac{H}{3}.$$

Dans les fermes en treillis on considère généralement, en pratique, la semelle supérieure comme devant résister à la poussée horizontale et la semelle inférieure ou d'intrados aux naissances, à la résultante des réactions horizontale et verticale.

Dans les combles en arc, les questions principales à étudier sont les suivantes :

1° La dépression verticale du sommet de l'arc sous une charge dont la grandeur et la répartition sont connues ;

2° L'intensité de la poussée exercée par le pied des arcs ;

3° La section transversale de l'arc pour que ce dernier puisse résister, dans de bonnes conditions, aux efforts qu'il a à supporter.

Dans un arc, supposé chargé d'un poids uniformément réparti par rapport à sa corde, on ne change rien à son état d'équilibre en le supposant :

1° Encastré à son sommet ;

2° Sollicité à chacune de ses extrémités par des forces égales et contraires à la pression verticale et à la poussée horizontale que ces extrémités exercent contre leur appui.

Dans les charpentes cintrées en arc très surbaissé, ce qui arrive le plus souvent en pratique afin de pouvoir placer facilement le chevronnage et le voligeage sans trop les courber, on peut admettre, sans grande erreur, que l'arc surbaissé se confond sensiblement avec un arc de parabole de même corde et de même flèche ; de cette manière on pourra regarder comme nul le moment fléchissant dans l'arc considéré.

La valeur de la poussée Q de l'arc se trouvera alors très facilement par la relation :

$$Q = \frac{pa}{2f} \text{ dans laquelle :}$$

Q est la composante horizontale représentant l'effort qui tend à renverser le mur ou qui agit sur le tirant lorsqu'il y en a un ;

p, charge par mètre courant de projection sur la corde;

a, demi-ouverture de l'arc ;

f, flèche ou montée de l'arc.

$pa = P$, charge totale du demi-arc

passant par le centre de gravité de l'arc ; (milieu de la demi-corde).

En désignant par R le coefficient de résistance choisi et qui est ordinairement R = 6 000 000 pour le fer, on obtiendra très facilement la section ω de l'arc ou de l'arbalétrier courbe, à la clé, par la relation :

$$\omega = R.$$

La résultante de cette poussée Q et du poids total pa, devant passer par les naissances de l'arc, sera égale à :

$$R' = \sqrt{pa^2 + Q^2}$$

et la section en cet endroit sera :

$$\omega = \frac{R'}{R}.$$

Si l'arc possède un tirant à sa partie inférieure l'effort tendant à rompre ce tirant étant égal à la poussée Q on aura sa section en divisant cette poussée Q par R.

Nota.

785. Les calculs des combles en arc étant longs et pénibles (poutre courbe) nous nous bornerons, dans ce qui va suivre, à étudier les cas simples, attendu qu'on emploie peu les charpentes cintrées quand elles doivent se compliquer.

Nos lecteurs désireux d'approfondir la question trouveront dans les ouvrages de MM. Navier, Ardent, Bélanger, Bresse, etc., tous les renseignements sur ces calculs.

1er Exemple. Ferme courbe sans tirant.

786. Lorsqu'une ferme en arc ne comporte pas de tirant, il sera utile de calculer quelle peut être sa déformation, c'est-à-dire, quelle est son abaissement ainsi que son augmentation d'ouverture résultant de cet abaissement. Ces valeurs connues, on construira la ferme en diminuant sa portée de la quantité dont les pieds s'écartent l'un de l'autre ; de cette façon on atténuera l'effet de la poussée sur le mur, si toutefois elle n'a pas complètement disparu.

On pourrait, théoriquement, admettre la suppression totale de la poussée si l'on pouvait ne tenir aucun compte du frottement de l'arc sur ses appuis. Mais, ce frottement existe et il est très grand. S'il est plus grand que la poussée, qui tend à se produire lorsqu'on abandonne à lui-même l'arc chargé, celui-ci ne pourra s'ouvrir et l'effet résultant sera le même que s'il y avait un tirant.

S'il est moindre que cette poussée l'arc s'ouvrira un peu, la poussée diminuera en conséquence et ce mouvement d'ouverture s'arrêtera dès que la poussée, progressivement diminuée, ne sera plus égale qu'à la résistance due au frottement.

Ce fait s'explique par la loi suivante : l'angle que forment les directions des réactions sur les appuis avec la normale est précisément égale à ce qu'on appelle l'angle de frottement défini dans tous les traités.

Donc, à moins de précautions toutes spéciales il existera toujours une certaine poussée qui prendra de l'importance surtout pour les grandes fermes.

Même en remédiant au frottement au moyen de galets ou d'autres dispositions les variations de charge et de température produiront des variations dans l'ouverture de l'arc et, plus l'arc sera surbaissé, plus les écarts seront sensibles. Au contraire, pour un arc surhaussé en ogive par exemple, les écarts peuvent perdre beaucoup d'importance.

787. Soit (*fig.* 1513) une ferme en arc ABC ; considérons l'arc AB, moitié de la ferme entière, comme encastré en B et supposons, pour les cas simples et une construction légère, la poussée détruite

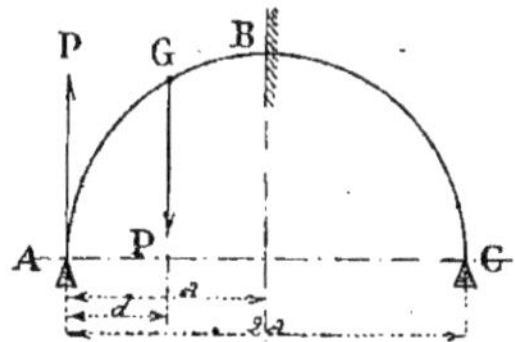

Fig. 1513.

par les efforts moléculaires ; la réaction du mur en A sera alors verticale et égale à P (poids du demi arc et de sa charge).

La pièce AB sera soumise à cette réaction et au poids P ; le moment de flexion en B sera égal au couple Pd en appelant d la distance de la perpendiculaire abaissée du point A sur la force P et, comme il n'y a pas de composantes obliques, l'effort de la matière en B sera donné par la relation suivante :

$$\frac{RI}{v} = \mu = Pd.$$

d'où l'on tirera la valeur de $\frac{I}{v}$ et par suite les dimensions à donner à la pièce.

Dans le cas de la charge uniformément répartie sur l'horizontale, d serait le 1/4

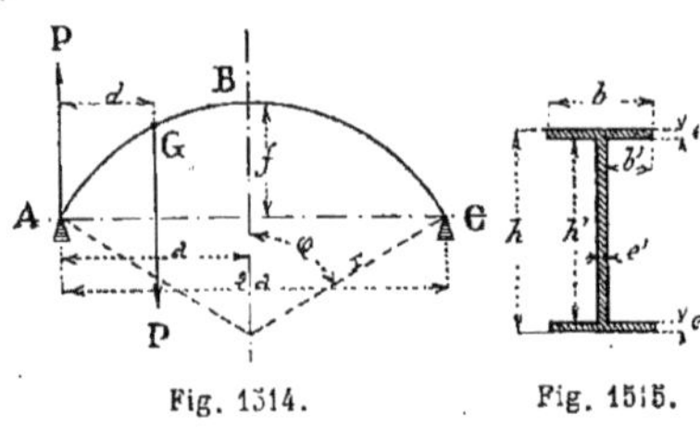

Fig. 1514. Fig. 1515.

de l'ouverture ; dans le cas de la charge répartie sur l'arc ce serait (*fig.* 1514), d'après le théorème de Guldin : $d = a - \frac{f}{\varphi}$ en désignant par a la demi-ouverture; par f la montée et par φ l'angle au centre correspondant à la moitié de l'arc.

Pour un arc en plein cintre de rayon r on a :

$$d = r\left(1 - \frac{2}{\pi}\right) \quad \text{d'où} \quad d = 0{,}364r.$$

Application.

788. Soit par exemple un arc de 20 mètres de portée.

La surcharge répartie sur l'horizontale étant, par exemple, pour le demi-arc, de 7 500 kilogrammes qui, multipliés par $d = 5$ mètres, donnent 37 500 kilogrammes ; le poids du demi-arc étant 2 512 kilogrammes, nous aurons, en le multipliant également par ($d = 0{,}364 \times 10$) : 9,144, de telle sorte qu'on peut écrire :

$$\mu = \frac{RI}{v} = 46\,644 \quad \text{d'où} \quad \frac{I}{v} = \frac{46\,644}{6\,000\,000} = 0{,}00777.$$

Si nous prenons la formule abrégée : $\frac{I}{v} = beh$ dans laquelle (*fig.* 1515) b est la largeur des semelles de l'arbalétrier courbe cherché, h sa hauteur et e son épaisseur et si nous y remplaçons, par exemple, b et e par les valeurs suivantes : $b = 0^m{,}20$ et $e = e' = 0{,}02$, nous trouverons pour h la valeur suivante :

$$h = \frac{0\,00777}{0{,}20 \times 0{,}02} = 1^m{,}94.$$

C'est, comme nous le voyons, une première appréciation nous donnant évidemment une hauteur trop grande.

Si nous prenons au contraire la formule ordinaire de la valeur de $\frac{I}{v}$ pour un profil en fer **I** et qui prend la forme :

$$\frac{I}{v} = \frac{bh^3 - b'h'^3}{6h}$$

et qu'on y développe b' et h' en fonction de e et de e', on obtiendra, en négligeant les termes insignifiants :

$$\frac{I}{v} = \frac{e'}{6}h^2 + (be - ee')h - 2be^2.$$

Il suffira alors, pour obtenir la hauteur de la poutre cherchée, de résoudre l'équation du second degré indiquée ci-dessous :

$$\frac{e'}{6}h^2 + (be - ee')h - 2be^2 = \frac{\mu}{R} = 0{,}00777$$

et l'on trouve pour h une hauteur de :

$$h = 1^m{,}37$$

Si l'on suppose un tirant à la partie inférieure la valeur de h se réduit et devient : $h = 0^m{,}60$

2e Exemple. — Ferme en arc surbaissé avec tirant.

789. Soit (*fig.* 1516) une ferme en arc ABC, comprenant un entrait AC, et une aiguille pendante BD.

Soit, très approximativement, p la charge uniformément répartie, par mètre courant suivant la corde AC ;

a, la demi-portée de la ferme ;

f, la flèche de l'arc ;

α, l'angle de la droite AG avec l'horizontale ; la tangente de cet angle est : $\frac{2f}{a}$ car $f = f'$ est double de celle de l'angle BAD

On aura, pour valeur de la poussée :

$$T = \frac{pa^2}{2f}.$$

Le terme pa de cette expression peut s'écrire :

$$pa = e \times a \times c$$

e, est l'écartement d'axe en axe des fermes ;

a, la demi-portée des fermes ;

c, la charge par mètre de surface horizontale couverte.

Le tirant AC étant supposé construit en fer rond, il suffira, pour avoir son diamètre de remplacer T par la valeur trouvée dans la formule connue :

$$d = 0{,}00036\sqrt{T}.$$

La valeur de la résultante N aux naissances où elle est maximum est donnée par la relation :

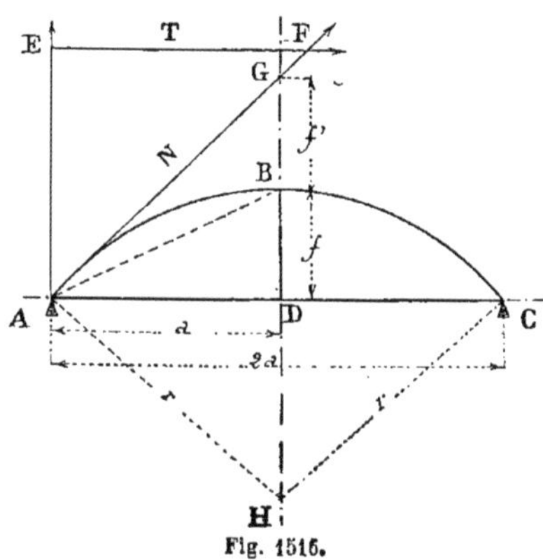

Fig. 1516.

$$N = \frac{pa}{2f}\sqrt{a^2 + 4f^2}$$

expression qui peut se mettre sous la forme :

$$N = \sqrt{\overline{pa}^2 + T^2} = x. \qquad (1)$$

Ayant calculé les pannes réparties régulièrement sur l'arc ABC par la formule connue :

$$\frac{RI}{v} = \frac{pl^2}{8}$$

on prendra pour l'arbalétrier courbe un fer d'échantillon supérieur permettant d'assembler facilement les pannes dans la hauteur comprise entre les ailes de cet arbalétrier.

Ce fer étant choisi, dans un album des fers du commerce, par exemple, on en déduira facilement sa section ω.

En divisant la valeur x trouvée pour N dans la relation (1) par cette section ω on obtiendra le nombre de kilogrammes par millimètre carré que supportera le fer. Si ce nombre dépasse 6 à 8 kilogrammes, nombre ordinairement choisi pour la résistance du fer, on en sera quitte pour prendre un échantillon plus fort et recommencer ce petit calcul.

Observations.

790. On peut, connaissant le poids de la couverture et des surcharges, obtenir directement et sans calcul par un tracé graphique très simple que nous allons indiquer, les différents efforts dont on a besoin.

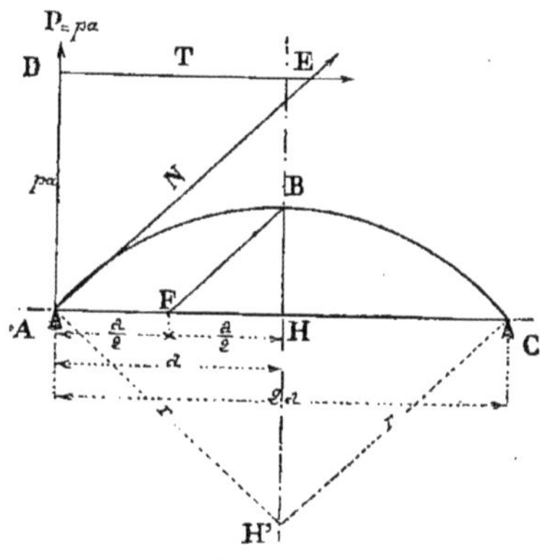

Fig. 1517.

Soit (*fig.* 1517) un arc surbaissé ABC sous-tendu par une corde AC ; par le point A menons une verticale AD sur laquelle nous portons à une échelle convenable la réaction pa de la demi-ferme.

Par le point D menons DE perpendiculaire à AD ; par le point F, milieu de la demi corde menons FB, et par le point A une parallèle à FB jusqu'en E, rencontre avec la droite DE.

La longueur DE représentera à l'échelle la valeur de la poussée horizontale et la ligne AE la valeur de l'effort qui, au point A, tend à comprimer l'arc aux naissances.

3e Exemple. — Charpente courbe avec contrefiches et tirant.

791. On peut, dans les charpentes courbes, comme dans les charpentes droites, mettre des contrefiches et des tirants. Dans ce cas, les contrefiches sont articulées sur l'arc, ne donnent pas un encastrement réel et la direction de l'effort varie de position à chacun des mouvements de la ferme.

Supposons (*fig.* 1518) un arc très surbaissé ABC sous-tendu par une corde AC (soutenue par une aiguille pendante BD) et reposant sur quatre appuis A, E, F et C. Après avoir tracé les deux valeurs T et Q que nous pouvons déterminer facilement comme nous l'avons fait précédemment,

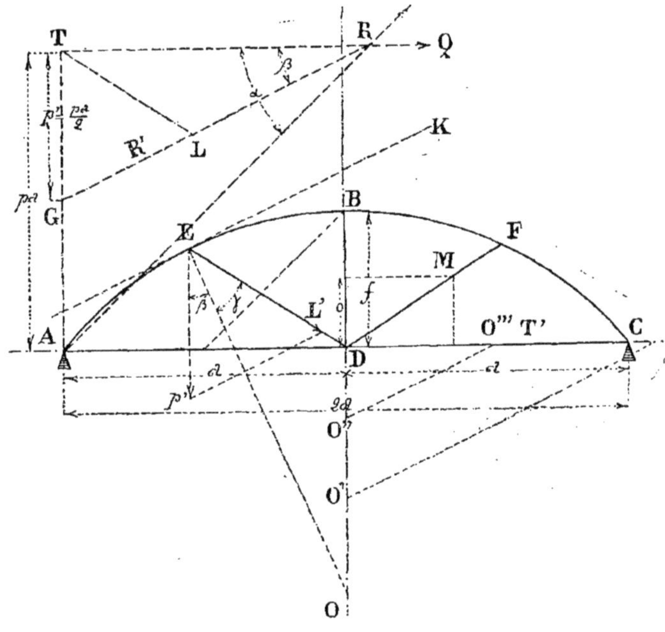

Fig. 1518.

voyons les autres forces qu'il reste à considérer.

En A et en C nous avons des réactions verticales égales au poids uniformément réparti de la demi-ferme, surcharges comprises, ce qui permet d'écrire :

$$AT = \mathbf{T} = pa$$

Nous savons aussi que :

$$TQ = Q = \frac{pa^2}{2f}.$$

En désignant par α l'angle de la résultante R avec l'horizontale Q, on a :

$$\text{tg}\,\alpha = \frac{T}{Q} = \frac{2f}{a}.$$

La valeur de la résultante aux naissances A et D sera donnée par :

$$AR = \sqrt{T^2 + Q^2} = \frac{T}{\sin\alpha} = \frac{Q}{\cos\alpha}.$$

Pour le calcul d'une contrefiche on mène EO puis en E on trace une tangente

EK perpendiculaire sur EO ; ensuite, par le point R on mène une parallèle RG à EK, on aura ainsi, en la mesurant à l'échelle choisie, en RG la valeur de la résultante au point E et suivant GT la charge ou réaction verticale p' en E.

Donc :

$$p' = Q \operatorname{tg} \beta,\ R' = \sqrt{Q^2 + p'^2} = \frac{Q \operatorname{tg} \beta}{\sin \beta} = \frac{Q}{\cos \beta}.$$

Or, l'angle $\beta = \frac{2fp'}{pa^2}$ et, d'après la disposition de la figure $p' = \frac{pa}{2}$.

On pourra alors écrire $\operatorname{tang} \beta = \frac{f}{a}$.

Pour avoir l'effort de la compression sur la contrefiche on mène la droite TL parallèle à la contrefiche ED et cette valeur de compression est TL mesurée à l'échelle. En reportant ce tracé en E on aura pour la compression C sur la contrefiche ED.

$$C = \frac{p' \cos \beta}{\cos \gamma} = \frac{pa^2 \sin \beta}{2f \cos \gamma}.$$

La tension de l'aiguille BD s'obtient en portant de D en M sur l'une des contrefiches la valeur de la compression C trouvée ci-dessus, puis en construisant le parallélogramme dont l'un des côtés o donne la valeur de la tension de l'aiguille, ce qui peut s'écrire :

$$o = [C \cos (\beta + \gamma)]$$
$$= 2 \left[\frac{pa^2}{2f \cos \gamma} \sin \beta \cos (\beta + \gamma) \right].$$

La tension produite par la contrefiche qu'on doit ajouter au tirant horizontal T' est facile à obtenir. Menons $DO' = p'$, puis retranchons en $O'O'' = \frac{1}{2} o$; la ligne $O''O'''$ menée parallèlement à GR donne la valeur de la tension engendrée par les contrefiches, à ajouter.

La tension du tirant T' sera donc égale à la réaction Q augmentée de la tension DO' mesurée à l'échelle sur l'épure.

4e Exemple. — Charpente courbe ogivale.

792. Nous savons que de tous les arcs en ogive celui qui produit le meilleur effet est l'arc en ogive *tiers-point* (*fig.* 1519).

Pour le calcul d'un tel arc on doit considérer deux forces : l'une verticale, appliquée aux naissances, représente la réaction verticale ou le poids de la demi-ferme; l'autre, inclinée suivant la tangente menée au sommet de l'arc, remplace la réaction horizontale des arcs de cercle et se trouve appliquée aux naissances.

On décompose ordinairement cette réaction inclinée en deux forces : l'une horizontale qui représente la poussée horizontale, l'autre verticale.

Le calcul revient donc à chercher l'intensité de chacune de ces forces en supposant toujours la charge uniformément répartie sur le cintre en ogive.

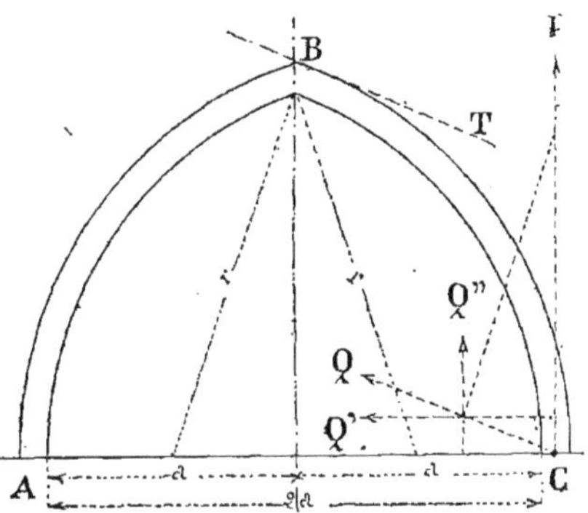

Fig. 1519.

En désignant par :

p, le poids par mètre courant d'arc;

ρ, le rayon de l'arc ;

φ, le développement de l'arc ayant l'unité pour rayon, égal pour le cas particulier des ogives en tiers-point à 1m,047, l'angle au centre, compris entre les deux rayons extrêmes étant toujours de 60 degrés ;

P, le poids de la demi-ferme.

On aura : $P = p\rho\varphi$.

Pour la réaction inclinée Q on aura, tous calculs faits :

$$Q = 0{,}3283\ p\rho\varphi\ (1).$$

Les composantes de la réaction inclinée étant Q' et Q'' seront égales à :

(1) D'après les études de M. E. Mathieu, ingénieur distingué.

$$Q' = Q \sin \varphi = 0{,}3283\, p\rho\varphi \sin \varphi$$

valeur de la poussée horizontale.

$$\text{et } Q'' = Q \cos \varphi = 0{,}3283\, p\rho\varphi \cos \varphi$$

force verticale déterminant la charge qu'il faut appliquer au sommet de chacun des arcs pour maintenir l'équilibre et empêcher le glissement des sommets des arcs l'un contre l'autre.

Nota.

793. Dans la construction de ces sortes de charpentes on relie les deux demi-fermes au sommet par un couvre-joint qui doit résister au cisaillement produit par cette force Q″ ; la section ω de ce couvre-joint sera donnée par la relation :

$$\omega = \frac{2Q''}{R} = \frac{0{,}6566\, p\rho\varphi \cos \varphi}{R}$$

R = 6 ou 8 millions de kilogrammes par mètre carré.

Pour la recherche de la valeur de la pression et du moment fléchissant en un point quelconque, on opèrera comme pour les arcs de cercle et, si l'arc est formé d'un treillis par panneau, on obtiendra la valeur des efforts qui agissent sur lui en recherchant les efforts tranchants au droit des montants verticaux : une simple décomposition de forces suffira pour déterminer les tensions et les compressions des barres qui composent ce treillis:

5e Exemple. — Dômes.

794. Nous savons que dans les dômes (*fig.* 1520) toutes les fermes sont identiques; donc, pour calculer un dôme, il suffira de faire le calcul pour une ferme seulement.

Les fermes décomposent les dômes en onglets dont elles sont les axes ; on aura dans ce cas trois choses à considérer dans la charge qui sollicite chacune d'elles.

1° Surcharge totale qui se répartit sur la surface du demi-fuseau ;

2° La charge produite par la ferme elle-même;

3° Les charges variables provenant des pannes.

1° *Surcharges.* — Les fermes déterminent sur la demi-sphère du dôme hémisphérique un demi-fuseau dont l'arc est celui compris entre deux fermes consécutives. La charge étant uniformément répartie sur l'axe, la surcharge totale sera égale au produit de la surface de ce demi-fuseau par la charge par mètre carré, on aura :

$$P = p\rho^2\varphi$$

p, poids par mètre carré de couverture, compris surcharges ;

ρ, rayon de la sphère ;

φ, développement de l'arc de rayon un mètre du fuseau à la base.

2° *Charges provenant de la ferme.* — Cette force est le produit du poids, par mètre

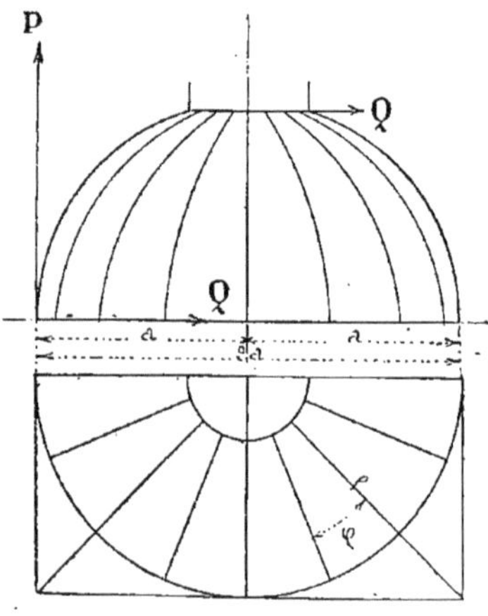

Fig. 1520

courant de ferme, par le développement de l'arc de cette dernière :

$$P' = p'\rho\varphi'$$

p', poids par mètre courant de ferme ;

ρ, rayon de la sphère ;

φ', développement de l'arc de la ferme de un mètre de rayon.

3° *Charges provenant des pannes.* — Les pannes ayant des longueurs différentes, engendrent des poids différents sur toute la longueur de l'arc, ces poids vont en augmentant du sommet à la base.

Leur poids s'obtiendra en faisant le produit du poids par mètre courant par le développement de l'arc de la portion du petit cercle sur lequel chacune d'elles s'applique et égal à $\rho \sin \alpha\varphi$, α étant l'angle formé par le rayon de la sphère à la panne considérée avec l'axe du dôme et φ l'arc de 1 mètre de rayon, base du fuseau considéré plus haut; on aura donc pour le poids de chaque panne :

$$P'' = p''\rho\varphi \sin \alpha;$$

et, pour la somme de tous les poids partiels qui agissent sur l'arc et provenant des pannes :

$$\Sigma P_{1-2-n} = p''\rho\varphi (\sin \alpha + \sin \alpha_1 + \ldots + \sin \alpha_{n-1} + \sin \alpha_n)$$

n étant le nombre des pannes régulièrement réparties sur les fermes.

La réaction verticale P (*fig.* 1520) sera égale à la somme de ces trois charges.

La réaction horizontale Q, dans un dôme hémisphérique, est donnée par la relation :

$$Q = 0{,}2633 \text{ H},$$

H étant la hauteur de la zone.

795. Dans les dômes les pannes sont autant de petites ceintures circulaires présentant les moyens de consolidation les plus sérieux pour s'opposer aux effets de la poussée horizontale, et, tout en servant à l'établissement du comble, elles contribuent à la stabilité de chaque ferme.

A la base des dômes, aux naissances, on établit presque toujours une ceinture générale qui sera un grand cercle de la sphère et qui enveloppe toutes les fermes. Cette pièce, qui recouvre les pieds de toutes les fermes, sera soumise à une tension circulaire égale à $Q\rho$, ou à la poussée totale de chaque ferme multipliée par le rayon de la sphère.

Les dômes ne sont pas toujours portés par des murs circulaires en maçonnerie ; le plus souvent les dômes métalliques sont appelés à être supportés par des arcs ou par des colonnes; la ceinture inférieure bien combinée devra empêcher tout effort au renversement ou, pour mieux dire, à l'écartement des supports quels qu'ils soient ; ces derniers supporteront des efforts verticaux.

Les arcs seront donc considérés comme chargés en un ou plusieurs points par des poids connus à l'avance, et les colonnes seront calculées comme supportant une charge verticale correspondant à l'espace compris entre deux supports.

Dans les dômes en ogive principalement on enlève une calotte sphérique d'une certaine dimension qui s'appuie sur un parallèle de la sphère; le vide qui en résulte prend, comme nous le savons, le nom de *lunette*.

Notes sur les arcs.

Communiquées par M. Baudrit constructeur à Paris.

796. Avant d'étudier la question des arcs, rappelons les expériences comparatives faites entre le fer, la fonte et le bois, travaillant à la flexion, à l'extension et à la compression, d'après Guyot (Ponts-voûtes).

Considérant 3 barres de 2 mètres de longueur sur 0m,05 de côté, soit 0m²,0025 de section formant un arc de cercle en voûte, dont la flèche est le 1/10 de la corde, solidement butées à leur extrémités et ne pouvant dévier de leur plan vertical, on trouve :

1° RÉSISTANCE A L'ÉCRASEMENT

Chêne :

Résistance à l'écrasement par cm² de section. . . .	271 kil.
Poids placé au sommet de l'arc capable de l'écraser	3 387 —

Fonte :

Résistance à l'écrasement.	15 000 —
Charge sur l'arc.	187 500 —

Fer :

Résistance à l'écrasement.	12 000 —
Charge sur l'arc.	150 000 —

2° RÉSISTANCE A L'ARRACHEMENT

Chêne :

Résistance à l'arrachement.	700 kil.
Poids placé au sommet de l'arc	8 750 —

Fonte :

Résistance à l'arrachement.	1 340 —
Poids placé sur l'arc. . . .	16 875 —

Fer :

Résistance à l'arrachement.	4 240 —
Poids placé sur l'arc. . . .	53 000 —

3° RÉSISTANCE A LA FLEXION (sur l'appui)

Chêne :

Résistance à la flexion, charge au milieu.	117 kil
Résistance de l'arc.	292 —

Fonte :

Résistance à la flexion (barre droite)	568 —
Résistance de l'arc.	1 420 —

Fer :

Résistance à la flexion. . .	646 —
Résistance de l'arc.	1 618 —

En résumé :

Employé sous forme de voûte, le chêne porte 10 fois plus.

Employé sous forme de voûte, la fonte porte 120 fois plus.

Employé sous forme de voûte, le fer porte 91 fois plus.

797. De ces expériences, refaites par Zorès de 1847 à 1850 sur la flexion des fers du commerce, sur des poutres en tôle et sur des fers réduits au $^1/_{10}$, fabriqués avec grand soin, on peut conclure que l'arc métallique est la forme vraiment pratique en toutes circonstances mais absolue dans l'établissement des combles.

En effet, l'arc martelé suffisamment entretoisé qui porte 100 fois plus que la barre droite horizontale, se solidifie sous la charge, au lieu de se désagréger.

L'arc, qui n'a pas été suffisamment étudié par des juges compétents, travaille de plusieurs manières, suivant son mode de fabrication ; ainsi l'arc peut être :

1° Cintré à chaud — donc, comprimé à sa partie inférieure et allongé à sa partie supérieure ;

2° Cintré à froid — à la machine, même travail, mais le métal est plus dompté, plus résistant, car une barre en fonte de fer ou en mauvais fer ne supporterait pas l'opération ;

3° Cintré à froid martelé — l'opération du martelage ajoute une grande force de cohésion au métal (qui perd forcément de son élasticité).

De plus, la partie basse se trouvant comprimée comme dans les deux ouvrages précédents, la partie supérieure se trouve avoir acquis une plus-value de résistance correspondant exactement au nombre de coups de marteau donnés ;

4° En fonte de fer — qui n'a d'autre solidité que celle inhérente à sa forme même.

798. L'arc plein cintre ne porte rien ou presque rien, ayant pris pour les combles voûtes (*fig.* 1521) l'arc dont la flèche correspondait au $^1/_5$ de la portée parce que jusque-là les centres des différents arcs sont distants d'une quantité sensiblement proportionnelle, mais qui

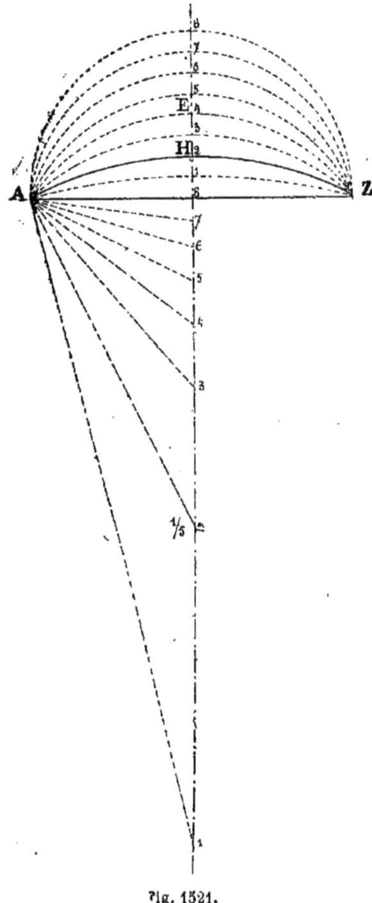

Fig. 1521.

au delà s'accentue suivant une progression énorme qui semble donner la limite d'élasticité qu'il convient de ne pas dépasser. C'est d'ailleurs l'inclinaison que donne la pratique.

Exemple :

La barre AZ (*fig.* 1522) étant en fer I de $0^m,10$, *a. o.*, pesant 10 kilogrammes (travaillant à 8 kilogrammes par $^m/_{m^2}$ de section) porte 300 kilogrammes uniformément répartis. — L'arc AEZ des mêmes dimensions porterait 30 000 kilogrammes. Selon les expériences de M. Baudrit, quand il s'agit des combles, cet arc suffisamment entretoisé portera ce que lui permettra l'entrait qui le bande.

Il s'agit donc de déterminer *a priori*

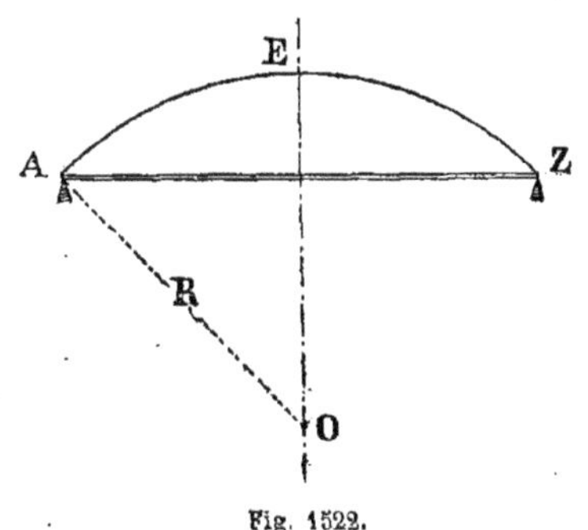

Fig. 1522.

les poids des surcharges du comble pour conclure ensuite de la section de l'entrait.

Une travée de comble de 8 mètres devant porter 6 400 kilogrammes, l'entrait devra avoir une section de $0^{m2},0025$ soit $0^m,027$ rond.

On voit de suite que, si les deux forces travaillent de même, il conviendrait de donner aux deux pièces une section égale. Mais, si l'effort de traction s'opère franchement sans qu'il soit question de la longueur de la pièce, il n'en est pas ainsi de la compression qui agit en raison du rapport de la longueur de la pièce à sa plus petite dimension transversale.

L'entretoisage usuel dans la construction des combles donnant le rapport de 20 à 25 entre la longueur de la pièce et la section indiquée, il s'ensuit que le fer de l'arc ne travaillera plus qu'à moitié de celui de l'entrait.

Il faudra donc doubler la section de l'arc.

Si l'entrait qui pèse 10 kilogrammes a une section de $36^m/_{m^2}$, il conviendra de prendre un arc de 20 kilogrammes dont la section est de $50^m/_{m^2}$.

S'il s'agit d'un comble mixte, au lieu de faire l'arc double de l'entrait, on se contentera de le raidir, en augmentant la plus petite dimension transversale par l'adjonction d'une longuerine qui ne sert absolument qu'à entretoiser le fer sans aider autrement à la résistance du métal et sans surtout travailler con-

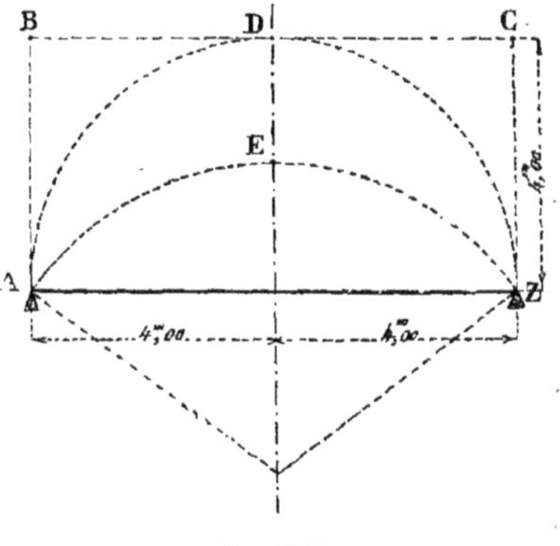

Fig. 1523.

curremment avec lui, empêchant l'arc de dévier ou de se voiler, en s'opposant au gauchissement.

Il résulte donc de ce qui précède que si l'arc en principe travaille en raison de la flèche ; dans la pratique, son travail est subordonné à la section de sa corde ou entrait.

Enfin, si l'on considère deux barres AB et ZC (*fig.* 1523) verticales des mêmes dimensions que la barre AZ en I de $0^m,10$, *a. o.*, on trouve que chacune d'elles, pour un rapport de $^{25}/_{2000}$, portera un poids maximum de rupture de 20 000 kilogrammes, soit $2\,600^k \times 2 = 5\,200$ kilogrammes pour les deux.

La barre AZ supportant à la même longueur (4 mètres) 600 kilogrammes, il est facile de déterminer la relation dont nous avons parlé précédemment; d'où on peut conclure : la barre AZ travaillant à la flexion supportera le $^1/_{10}$ de la barre AB travaillant à la compression, c'est-à-dire 520 kilogrammes.

Remarquons enfin que le poids 30 000 kilogrammes porté par l'arc AEZ est le même que celui porté par le solide d'égale résistance ayant pour flèche le $^1/_{10}$ de

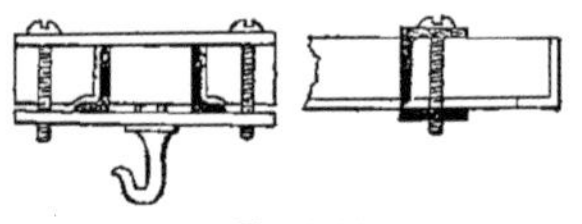

Fig. 1524.

la portée de l'arc, soit $0^m,80$ correspondant à la hauteur de 8 barres de $0^m,10$ portant même poids.

Enfin comme barre droite AZ en fer I $0^m,10$, *a. o.*, du poids de 10 kilogrammes

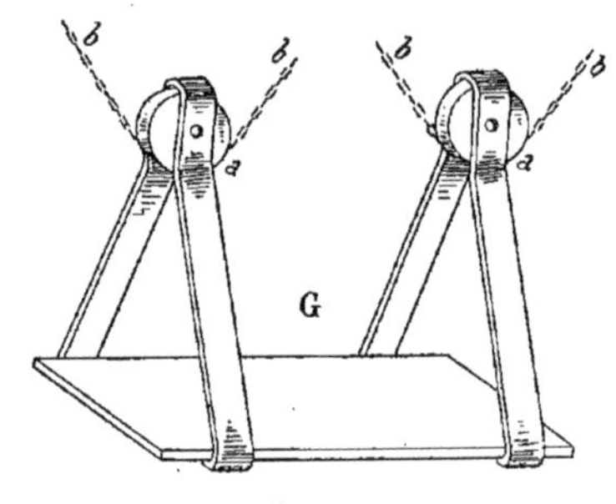

Fig. 1525.

supporte à 8 mètres de longueur 300 kilogrammes et que l'on sait qu'une barre de $0^m,20$, c'est-à-dire d'une hauteur double

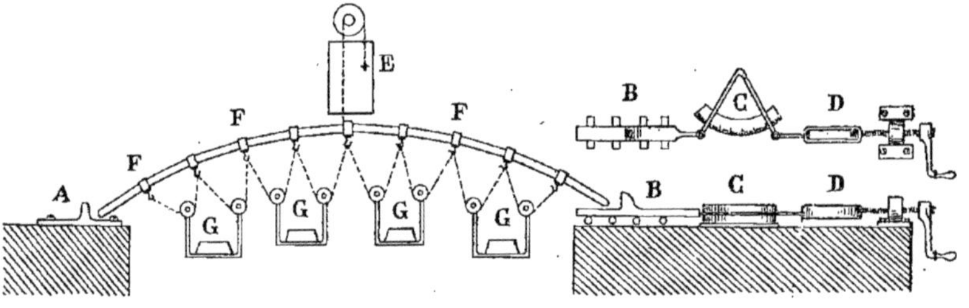

Fig. 1526.

pesant 20 kilogrammes, porte 5 fois plus, soit 1 500 kilogrammes, on voit que pour supporter la charge de 30 000 kilogrammes que supporte l'arc dont les résistances viennent d'être étudiées, il faudrait une barre ou poutre horizontale de $0^m,80$ de hauteur pesant 80 kilogrammes le mètre courant au lieu de 30 kilogrammes réclamés par l'arc AEZ.

Nota.

799. Quand le fer ou la fonte sont employés sous forme d'arcs, tout tassement, toute charge qui ne dépasse pas es limites de résistance à l'écrasement est une augmentation de force, une cohésion, un rapprochement plus grand entre les molécules.

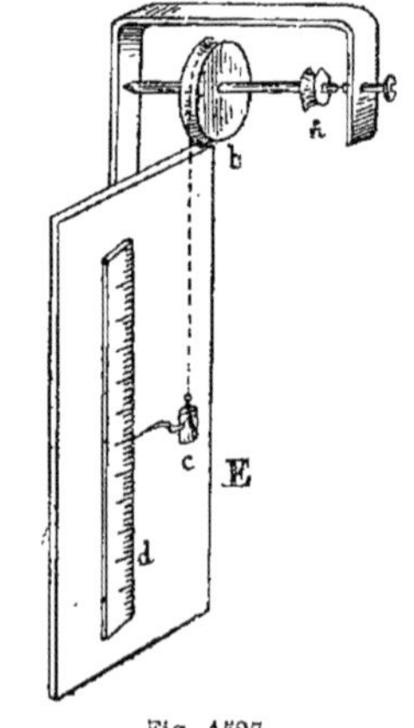

Fig. 1527.

C'est ce qui explique le côté économique et les résultats nouveaux obtenus avec les dispositions de M. Baudrit ; et, même en place les surcharges ne feront qu'augmenter la force du système, en achevant le travail de l'ouvrier, en donnant plus de cohésion aux pièces qui auraient pu laisser à désirer.

Expériences sur la résistance des arcs. — Détails et description de l'appareil.

800. L'appareil employé, par M. Baudrit, pour ces expériences se composait de deux appuis dont l'un A fixe et l'autre B mobile (*fig.* 1526), formé d'un chariot

FLEXION DES ARCS

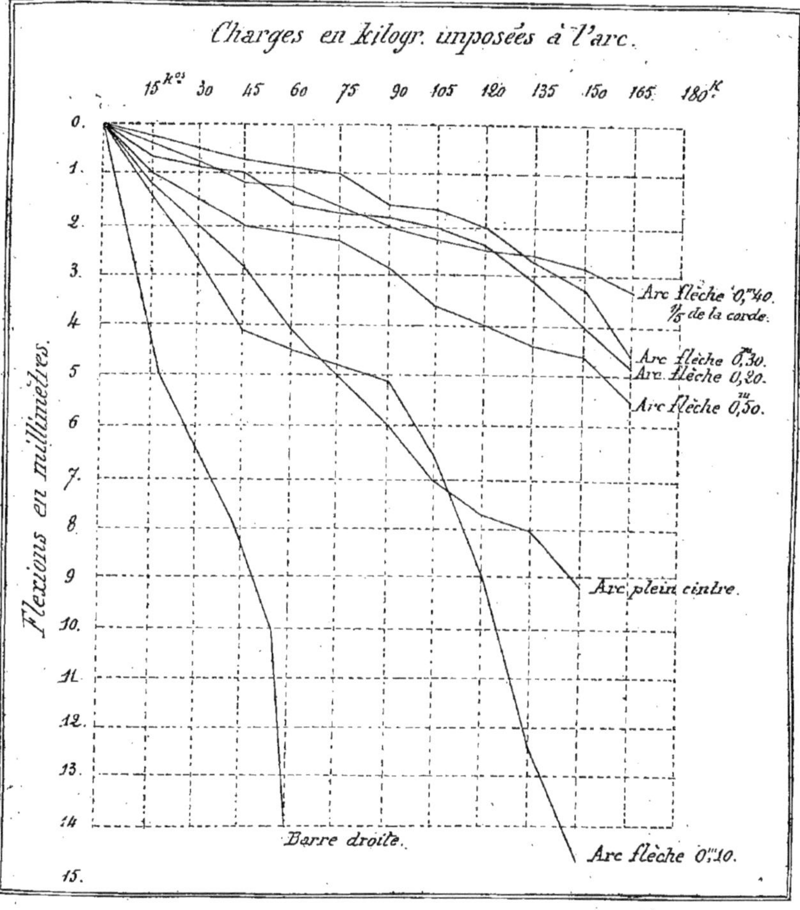

Tableau n° 1. — Fig. 1528.

monté sur de petits cylindres, devait permettre de mesurer la poussée de l'arc sur ses appuis ou la tension de l'entrait.

A cet effet le chariot était bloqué par un peson C muni d'une vis de pression D (écrou à lanterne muni d'une manivelle destinée à ramener l'arc à l'écartement de 2 mètres entre appui après chaque addition de charge).

Les arcs à éprouver sont composés de deux cornières 20/13, martelées à froid pour obtenir la flèche voulue, et assemblées au moyen de chapes en cornières et bandelettes, maintenues par des vis de pression, comme l'indique la figure 1524, réunissant les deux arcs, ne faisaient que les entretoiser sans modifier leur constitution et divisant leur portée en huit parties égales représentant les pannes d'un comble ; chacune de ces chapes était munie d'un crochet pour suspendre les plateaux de charge. Les extrémités des arcs étaien

TENSION SUR L'ENTRAIT

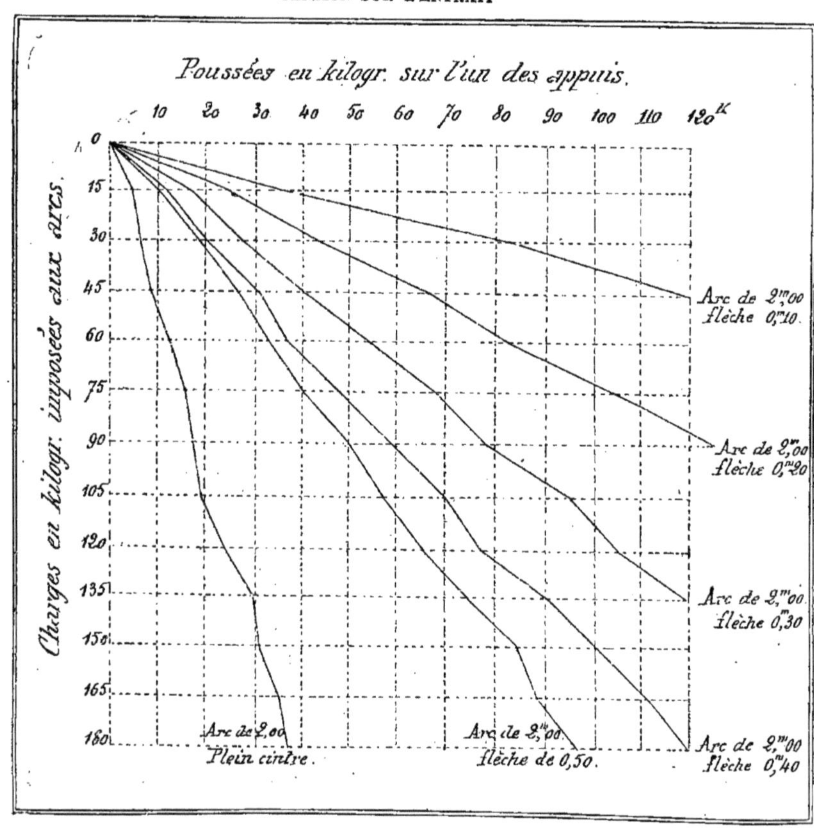

Tableau N° 2. — Fig. 1529.

arrondies pour réduire les frottements sur les appuis.

Les plateaux de charge, composés d'une planchette de 0m,30 × 0m,20 munie de supports à galets (*fig.* 1525) étaient reliés à l'axe par une chaîne *b* accrochée sur les chapes de l'arc et passant dans les poulies (*a*).

De cette façon les forces agissant sur deux plateaux consécutifs avaient pour résultante une force sensiblement verticale.

L'appareil dénonçant les flexions était composé d'un arbre monté sur un pivot (*fig.* 1527) muni de deux poulies dont le rapport des circonférences était exactement de 1 à 10 ; sur le petit galet *a* s'enroulait un fil relié au sommet de l'arc en expérience, sur la grande poulie *b* était fixé un fil auquel pendait un index *c* dénotant les flexions 10 fois augmentées sur une règle (*d*) graduée que l'on plaçait à volonté pour ramener l'appareil exactement au zéro après chaque expérience.

L'appareil ainsi constitué servit à expérimenter :

Deux barres droites et trois séries d'arcs de 2 mètres de corde et ayant pour flèches 0m,10, — 0m,20, — 0m,30, — 0m,40, — 0m,50 et 1 mètre, dont les résultats sont consignés au tableau précédent (*fig.* 1528, *tableau n°* 1).

Le tableau n° 1 donne les courbes de flexion d'une barre droite et d'une série d'arcs éprouvés, et sont la moyenne de plusieurs expériences pour chaque type.

Le tableau n° 2 (*fig.* 1529) donne les courbes de poussées sur un des appuis, mesurées au moyen du peson (C). La tension sur l'entrait est donc le double des résultats inscrits.

801. Dans le tableau n° 1, les courbes représentent la moyenne des expériences faites sur chaque arc.

On remarquera que l'arc dont la flèche est le 1/5 de la portée est un de ceux qui résistent le mieux, et celui dont les flexions sont les plus régulières, preuve évidente que la charge ne fatiguait pas la matière.

Nota.

802. L'arc plein cintre s'est voilé à la deuxième épreuve sous une charge de 180 kilogrammes ;

L'arc de 0m,50 de flèche s'est voilé à la troisième épreuve sous une charge de 180 kilogrammes ;

Les arcs de 0m,20 et 0m,30 de flèches poussés à 215 kilogrammes ont conservé leur élasticité ;

L'arc de 0m,40 de flèche, chargé à 240 kilogrammes est parfaitement remonté à sa flèche.

803. D'après le tableau n° 2, en divisant la moyenne des poussées pour chaque arc par la charge sur l'arc on obtient les coefficients ci-dessous :

Plein cintre	0,219
Flèche 0m,50.	0,564
» 0m,40.	0,669
» 0m,30.	0,923
» 0m,20.	1,453
» 0m,10.	2,588

Donc, pour obtenir la tension sur l'entrait, il suffit de multiplier la charge par les coefficients ci-dessus et doubler le produit.

Poutres armées.

804. La poutre armée a été proposée et étudiée par Camille Polonceau, d'où le nom qu'on lui donne souvent : *Poutre armée à la Polonceau.*

Le but principal de cette disposition, dont nous indiquons les trois principaux types en I, II, III (*fig.* 1530), était de

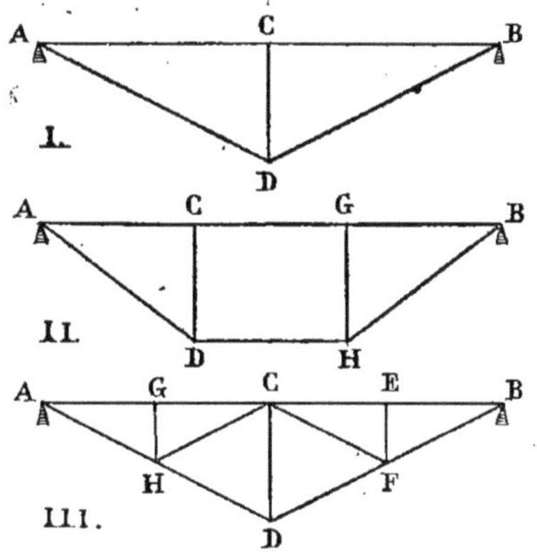

Fig. 1530.

créer pour une poutre donnée des points d'appui intermédiaires qui soient exclusivement dépendants des points extrêmes de la poutre. On peut donc, comme nous le montrent les croquis précédents, transformer très facilement une poutre à une seule travée en une poutre à deux, trois et même quatre travées, en se servant d'un nombre convenable de tirants et de contrefiches.

Il est dès lors facile de voir tout l'avantage de cette disposition qui permet ainsi de réduire de moitié la portée de la poutre principale par la transformation d'une poutre simple en une poutre armée formant, comme pour le premier cas, deux travées de longueur moitié moindre,

La poutre armée la plus simple, représentée en I (*fig.* 1530), est formée d'une barre horizontale AB posée sur deux appuis et soutenue en son milieu par une pièce rigide CD perpendiculaire à sa direction qu'on nomme *poinçon*, *bielle* ou *contrefiche*, et qui est articulée en C au milieu de la poutre AB, et retenue à son extrémité inférieure par deux tirants AD et BD fixés aux extrémités A et B. Le but de ces tirants est de maintenir, la pièce AB étant chargée, le point C sur la ligne droite qui passe par les points A et B.

Nous aurons, au point de vue du calcul, à examiner les trois exemples donnés dans la figure précédente.

1er Exemple. — Poutre armée à une contrefiche posée horizontalement.

805. Soit (*fig.* 1531) le croquis d'une poutre armée à la Polonceau : désignons par p le poids par mètre dont on peut charger uniformément la poutre considérée placée sur deux appuis de niveau, A et B ; par R, la tension par unité de surface qu'on ne veut pas dépasser ; par t, la tension de l'un quelconque des tirants ; par Q, la pression qu'éprouve la bielle ; enfin, par α, l'angle CAD de l'un des tirants avec la poutre AB.

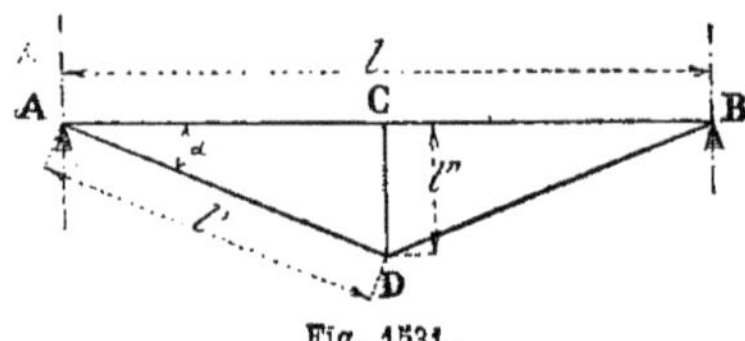

Fig. 1531.

En admettant que le point C ne s'abaisse pas sous la charge qu'il supporte, on peut alors considérer la pièce AB comme un solide à deux travées égales ou comme une poutre reposant sur trois appuis de niveau, A, C, B ; on trouvera, dans ce cas pour la réaction de l'appui intermédiaire : $\frac{5}{8}\,pl$ (pl étant la charge uniformément répartie sur la poutre et l étant la longueur de cette poutre).

Cette réaction est égale et opposée à la pression Q, on pourra donc écrire :

$$Q = \frac{5}{8}\,pl. \qquad (1)$$

Considérons maintenant le point D, il est en équilibre sous l'action des deux tirants et de la charge Q du poinçon, ce qui permet d'obtenir :

$$\frac{t}{Q} = \frac{l'}{2l''} \quad \text{d'où} \quad t = \frac{Ql'}{2l''}$$

en désignant par l' la longueur de chacun des tirants et par l'' la longueur de la bielle ou poinçon CD.

On peut aussi égaler à zéro la somme des projections sur la direction CD des trois forces qui le sollicitent et trouver :

$$Q - 2t \sin\alpha = o \quad \text{d'où} \quad t = \frac{16 \sin\alpha}{5\,pl}. \qquad (2)$$

En appliquant ensuite la formule de résistance connue :

$$R = \frac{v\mu}{I} - \frac{N}{\Omega}$$

et en prenant pour N la projection $-t\cos\alpha$ de la tension du tirant BD sur la direction de la poutre et pour μ le maximum du moment fléchissant, lequel a lieu au milieu C de la poutre et a pour valeur :

$$\mu = \frac{1}{8}p\left(\frac{l}{2}\right)^2 = \frac{pl^2}{8} \times \frac{1}{4} = \frac{pl^2}{32}.$$

Ce qui donnera :

$$R = \frac{vpl^2}{32\,I} + \frac{t\cos\alpha}{\Omega}$$

ou, en mettant pour t la valeur trouvée précédemment en (1) :

$$R = \frac{vpl^2}{32\,I} + \frac{5\,pl\cos\alpha}{16\,\Omega}.$$

Supposons la même poutre AB non armée et désignons par p' le poids par mètre dont on pourrait la charger en ne dépassant pas toutefois la limite de résistance fixée R, on aura dans ce cas :

$$R = \frac{vp'l^2}{8\,I}.$$

Si, de cette dernière expression on

tire la valeur de p' on trouve qu'elle est généralement beaucoup plus petite que la valeur de p tirée de l'expression (1).

Les deux expressions (1) et (2) serviront pour déterminer les dimensions transversales de la bielle et des tirants.

Nota.

806. Dans les poutres armées de ce genre on fait assez généralement $CD = \frac{1}{6} l$, il en résulte que l'angle α est l'angle dont la tangente est 1/3, soit 18° 26′ environ. et sa cotangente est égale à 3.

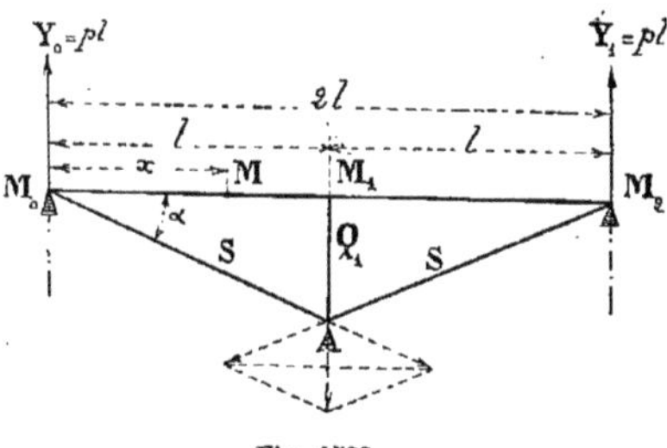

Fig. 1532.

En résumé, la poutre (*fig.* 1532) devant être exactement, sous le rapport des actions exercées aux points d'appui dans les conditions d'une poutre symétrique à deux travées égales également chargées et posées sur deux appuis situés à un même niveau, on simplifie la théorie de la résistance de ce système et l'on obtient des résultats suffisamment exacts pour la pratique en faisant abstraction des frottements et des articulations et en négligeant le poids très faible de la bielle et des tirants comparativement aux efforts longitudinaux que ces pièces subissent et exercent.

En désignant, comme nous l'avons fait pour le cas d'une poutre armée à une contrefiche posée sur deux appuis de niveaux différents par $2l$ la portée, les pressions exercées par la charge et les moments fléchissants aux points M_0, M_1, M_2, seront :

$$P_0 = \frac{3}{8} pl, \quad P_1 = \frac{10}{8} pl, \quad P_2 = \frac{3}{8} pl.$$

$$\mu_0 = o, \quad \mu_1 = \frac{1}{8} pl^2, \quad \mu_2 = o.$$

Les deux appuis extrêmes supportant chacun la moitié de la poutre, les réactions Y_0 et Y_1 exercées par ces appuis sont :

$$Y_0 = Y_1 = pl$$

La réaction normale Q_1 de la bielle, la tension S des tirants et la compression longitudinale N sont ensuite données successivement par les conditions d'équilibre suivantes :

En M_1

$$Q_1 - P_1 = o \quad \text{d'où} \quad Q_1 = \frac{10}{8} pl.$$

En A

$$2S \sin \alpha - Q_1 = o \quad \text{d'où} \quad S = \frac{5}{8} \frac{pl}{\sin \alpha}$$

En M_0

$$N - S \cos \alpha = o \quad \text{d'où} \quad N = \frac{5}{8} \frac{pl}{\operatorname{tg} \alpha}$$

$Y_0 - P_0 - S \sin \alpha = o$ (vérification des valeurs précédentes).

La compression longitudinale N est constante dans toute l'étendue de la poutre. La valeur de μ pour un point M situé à une distance x du point M_0 est :

$$\mu = \frac{1}{8} p\,(4x^2 - 3lx,$$

expression dont le maximum est la valeur de μ_1 ci-dessus.

2e Exemple. — Poutre armée à deux contrefiches, posée horizontalement.

807. Comme deuxième exemple nous représentons (*fig.* 1533) le croquis d'une poutre armée à deux contrefiches en

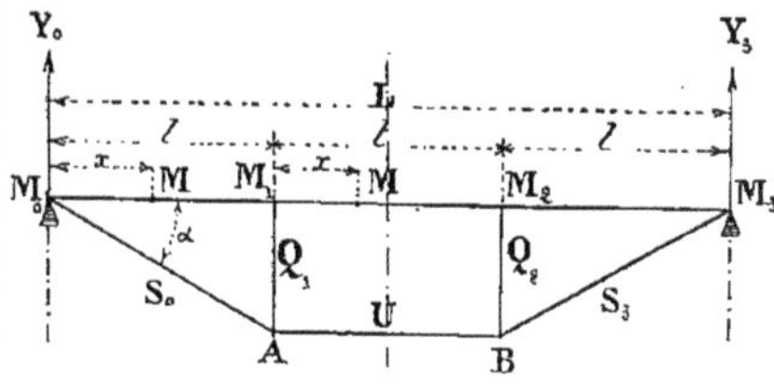

Fig. 1533.

supposant égaux les intervalles l. On peut alors considérer cette poutre comme une poutre symétrique à trois travées égales également chargées, et posée sur quatre appuis situés à un même niveau. Dans cet exemple les réactions P_0, P_1, etc..., dues à la charge et les moments fléchissants correspondants seront donnés par les expressions suivantes:

$$P_0 = P_3 = \frac{4}{10} pl, \quad P_1 = P_2 = \frac{11}{10} pl.$$

$$\mu_0 = \mu_3 = o, \quad \mu_1 = \mu_2 = \frac{1}{10} pl^2.$$

Aux deux appuis M_0 et M_3 nous aurons comme pression exercée:

$$Y_0 = Y_3 = \frac{3}{2} pl.$$

La poutre étant symétrique on a:

$$S_0 = S_3 \quad \text{et} \quad Q_1 = Q_2.$$

Les tensions S_0, U la compression normale Q_1 et la compression longitudinale N_0 sont données par les relations d'équilibre suivantes:

En M_0:

$$S_0 \sin\alpha + P_0 - Y_0 = o, \quad \text{d'où} \quad S_0 = \frac{Y_0 - P_0}{\sin\alpha} = \frac{11}{10} \frac{pl}{\sin\alpha}$$

$$N_0 - S_0 \cos\alpha = o, \text{ d'où } N_0 = \frac{11}{10} pl \operatorname{cotg} \alpha.$$

En M_1:

$$Q_1 - P_1 = o, \quad \text{d'où} \quad Q_1 = \frac{11}{10} pl.$$

En A:

$$U - S_0 \cos\alpha = o, \text{ d'où } U = \frac{11}{10} pl \operatorname{cotg} \alpha.$$

La compression longitudinale N est constante dans toute l'étendue du solide et égale à la valeur de N_0.

Les variations de la valeur de μ sont données par:

Entre M_0 et M_1:

$$\mu = \frac{1}{10} p\,(5x^2 - 4lx).$$

Entre M_1 et M_2:

$$\mu = \frac{1}{10} p\,(5x^2 - 5lx + l^2).$$

Le maximum de μ est la valeur de μ_1 qui s'exerce au point M_1 ou son égale μ_2 au point M_2.

3e Exemple. — Poutre armée à trois contre-fiches, posée horizontalement.

808. Par analogie aux deux exemples étudiés ci-dessus nous pouvons assimiler

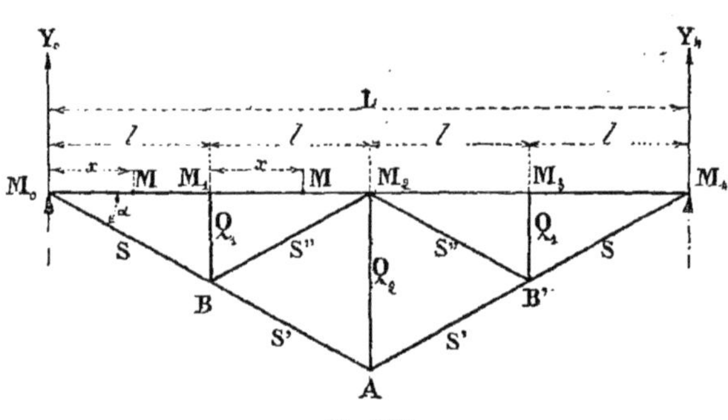

Fig. 1534.

ce système à une poutre symétrique à quatre travées égales et écrire d'après le croquis (*fig.* 1534):

$$P_0 = P_4 = \frac{11}{28} pl, \; P_1 = P_3 = \frac{32}{28} pl, \; P_2 = \frac{26}{28} pl.$$

$$\mu_0 = \mu_4 = o, \qquad \mu_1 = \mu_3 = \frac{3}{28} pl^2, \mu_2 = \frac{2}{28} pl.$$

Aux appuis nous avons les réactions suivantes: $Y_0 = Y_4 = 2\,pl$.

Il y a symétrie par rapport à l'axe passant par le milieu de la poutre, il en résulte que les quantités S, S', S'', N et Q, sont égales deux à deux de part et d'autre de cet axe et on a aux différents points les relations suivantes:

En M_0 $\begin{cases} S \sin\alpha + P_0 - Y_0 = o, & \text{d'où} \quad S = \frac{45}{28}\frac{pl}{\sin\alpha} \\ N - S\cos\alpha = o & \text{d'où} \quad N = \frac{45}{28}\frac{pl}{tg\,\alpha} \end{cases}$

En M_1 $Q_1 - P_1 = o$ d'où $Q_1 = \frac{32}{28} pl$

En B $\begin{cases} (S - S' - S'')\cos\alpha = o \\ (S' - S - S'')\sin\alpha + Q_1 = o \end{cases}$ d'où $\begin{cases} S' = \frac{29}{28}\frac{pl}{\sin\alpha} \\ S'' = \frac{16}{28}\frac{pl}{\sin\alpha} \end{cases}$

En A — $Q_2 - 2S'\sin\alpha = o,$ d'où $Q_2 = \frac{58}{28} pl$

En M_2 — $P_2 + 2S''\sin\alpha - Q_2 = o$ (Vérification des valeurs précédentes).

La compression longitudinale N est évidemment constante dans toute l'étendue de la poutre.

La valeur du moment fléchissant est :

Entre M_0 et M_1 $\mu = \frac{1}{28} p\,(14\,x^2 - 11\,lx)$

Entre M_1 et M_2 $\mu = \frac{1}{28} p\,(14\,x^2 - 15\,lx + 3l^2)$

Le maximum de μ est la valeur précédente de μ_1 qui s'exerce au point M_1 ou on égale μ_3 relative au point M_2.

§ V. — *CALCUL DES SUPPORTS VERTICAUX*

DESTINÉS A PORTER LES FERMES MÉTALLIQUES

809. Avant de terminer la répartition des efforts dans les fermes les plus simples, nous devons nous occuper des différents moyens employés par les constructeurs pour soutenir ces fermes.

Pour supporter une ferme, on se sert :

1° De colonnes creuses ou pleines en fer ou en fonte ;

2° De supports ou piliers en fer ou en fonte de différentes sections ;

3° De poutres de diverses formes.

1° COLONNES EN FER ET EN FONTE. — LEUR RÉSISTANCE

Généralités

810. Les colonnes, qu'elles soient en fer ou en fonte, doivent résister à la compression. Ce sont généralement des supports verticaux isolés dans certains cas, couplés, comme nous l'avons vu dans des exemples étudiés précédemment, portant une poutre, un poitrail ou recevant la retombée d'un arc.

Le fer est quelquefois employé pour exécuter des colonnes, mais, comme nous l'avons déjà dit, la résistance très grande de la fonte à la compression et son bas prix relatif l'indiquent aux constructeurs pour constituer un support vertical fortement chargé. De plus, comme la fonte a la propriété de se couler très facilement dans des moules de forme quelconque, simples ou compliqués, elle se prête très bien aux formes architecturales qu'on désire lui donner et cela sans grande dépense.

Dans l'exécution d'une colonne creuse en fonte le constructeur doit se rendre compte si l'épaisseur est bien la même dans toute la longueur de la colonne. Par suite d'une mauvaise position ou d'un abaissement du noyau (la coulée se faisant la colonne étant placée horizontalement) il peut arriver que la colonne soit plus épaisse d'un côté que de l'autre ; il est donc bon, dans certains cas, de forcer un peu les épaisseurs trouvées par le calcul afin de remédier à cet inconvénient.

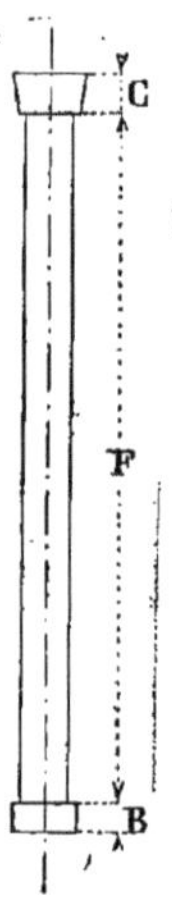

Une colonne, qu'elle soit en fer ou en fonte se compose toujours de trois parties (*fig.* 1535) : la *base* B, le *fût* F et le *chapiteau* C.

C
F
B

Fig. 1535.

Dans la plupart des cas on fait venir de fonte, tout d'une pièce, le chapiteau, le fût et la base. Ce n'est que dans certains cas, lorsque les colonnes sont très longues, qu'on les compose de plusieurs parties réunies à l'aide de brides et de boulons. Les joints de juxtaposition sont généralement dressés sur le tour de manière à obtenir un contact parfait des assises.

La base et le chapiteau d'une colonne, qu'on désigne aussi sous le nom de *chapeau*, reçoivent une ornementation en rapport avec la destination des colonnes ; presque toujours le chapiteau reçoit des consoles destinées à supporter des poutres.

Le fût peut être légèrement renflé vers le milieu ou, comme on le fait souvent, cylindrique dans le premier tiers de sa hauteur, et présentant jusqu'au chapiteau une légère courbe, environ $0^m,0025$, soit pour 4 mètres de hauteur une différence de $0^m,01$ entre le diamètre du fût dans le premier tiers et celui sous l'astragale.

Pour les colonnes en fonte employées dans les ateliers on se contente, le plus généralement, de leur donner une forme tronconique, c'est-à-dire en haut un diamètre de un ou deux centimètres plus faibles qu'à la base.

Le renflement au milieu ne peut avoir en réalité qu'une raison d'être, celle de satisfaire le goût ; si le renflement à la base occasionné par la forme tronconique n'augmente peu ou pas la résistance des supports à l'écrasement, il augmente au moins sa résistance latérale, sa résistance au déversement.

Lorsque les colonnes sont groupées par deux ou par quatre, il faut avoir la précaution de les réunir au sommet par un plateau métallique et, de distance en distance sur la hauteur, par de solides colliers en fer forgé.

La base d'une colonne doit être assez large pour répartir l'effort d'écrasement bien uniformément sur une pierre nommée *dé* ou sur un *libage* en pierre de taille placé dans la maçonnerie courante et destiné à recevoir la colonne.

Le plus généralement, comme nous l'avons indiqué (*fig.* 643), on place entre la base de la colonne et la maçonnerie, une semelle en fonte répartissant bien la pression.

On exécute aussi, sur modèles spéciaux, des colonnes en fonte de toutes sections pour petites constructions telles que marquises, auvents, etc.

Ces colonnes se font pleines jusqu'à $0^m,075$ à $0^m,080$ de diamètre et creuses avec des diamètres supérieurs. Nous aurons l'occasion de parler de ce genre de colonnes en étudiant la serrurerie et la petite charpenterie en fer.

811. M. Hodgkinson a fait de nombreuses expériences sur la résistance à la compression du bois, du fer et de la fonte. Il prenait des barres de 3 mètres de longueur, $6^{cmq},45$ de section et les maintenait latéralement dans des gaines de fer qui empêchent la flexion de dépasser une certaine limite. D'autres expériences furent faites sur des solides de 3 à 5 centimètres de hauteur seulement, mais elles ne peuvent conduire qu'à la détermination du coefficient de rupture. M. Hodgkinson a été ainsi amené à admettre que les coefficients d'élasticité du fer et de la fonte, déduits de ses expériences de compressions étaient les suivantes :

Fer $E = 16,10^9$, fonte $E = 8,10^9$.

Il en résulterait que, entre certaines limites, les coefficients d'élasticité sont sensiblement les mêmes pour l'extension et la compression, et cela nous montre comment, dans ces mêmes limites, le coefficient d'élasticité caractérise les propriétés mécaniques des matériaux.

M. le général Morin, dans son ouvrage sur la résistance des matériaux, s'exprime ainsi à propos du fer :

« Entre les limites où les compressions « sont proportionnelles aux charges, le « fer se comprime beaucoup moins que la « fonte. Ainsi, bien que la rupture par la « compression arrive plus tard, ou sous « de plus fortes charges pour la fonte « que pour le fer, comme la fonte se « déforme davantage à charge égale, il y « a, en général, lieu de préférer le fer à « la fonte même dans ce cas, à moins que « l'économie n'ait une grande importance. »

M. Morin, après avoir donné, dans son ouvrage, un tableau comparatif des dimensions des colonnes pleines en fonte et en fer et des charges qu'on peut leur faire supporter, ajoute :

« L'examen de ces tables montre, et « M. Love avait déjà signalé dans son « mémoire ce fait remarquable, admis « dans la pratique des ingénieurs anglais, « qu'au-delà d'une hauteur égale à trente « fois environ le diamètre, les colonnes « pleines en fer peuvent supporter des « charges plus fortes que les colonnes en « fonte. »

Ce résultat est d'ailleurs d'accord avec les expériences de M. Hodgkinson.

Cependant, quand il s'agit de colonnes, on emploie plus généralement la fonte. Presque toujours, les colonnes se font creuses. Il est facile de se rendre compte du motif qui fait agir ainsi. Lorsque la fonte vient d'être coulée, la partie extérieure se refroidit plus promptement que le centre; il en résulte que, la surface externe étant solidifiée, l'intérieur est encore liquide et, par suite, la tension moléculaire n'est pas la même dans toute la pièce. Si l'on fait la colonne creuse et d'une épaisseur uniforme, par suite les tensions moléculaires sont les mêmes.

On se sert aussi plus souvent des colonnes en fonte creuses au lieu de colonnes pleines, parce que, dans les conditions ordinaires, la même quantité de métal présente environ quatre fois plus de résistance dans une colonne creuse que dans une colonne pleine.

Nous extrayons des leçons de M. Morin les conclusions suivantes que M. Hodgkinson a tirées de ses expériences :

1° Dans les piliers longs, à dimensions égales, la résistance à la rupture est à peu près trois fois plus grande quand les extrémités sont plates et perpendiculaires à la longueur ainsi qu'à la direction de l'effort, que lorsqu'elles sont arrondies ;

2° Un pilier long, de dimension uniforme, dont les extrémités sont solidement fixées par des disques, des bases, ou de toute autre manière, présente la même résistance à la rupture par compression qu'un pilier de même section, mais de longueur moitié moindre dont les extrémités seraient arrondies, même si l'effort était dirigé suivant l'axe ;

3° Le renflement ou l'accroissement de diamètre des colonnes vers le milieu de leur longueur augmente seulement leur résistance de 1/7 à 1/8.

Avant de terminer ces généralités nous devons ajouter que, d'après de nombreuses expériences dues à M. Hodgkinson, la résistance d'une colonne creuse est la différence des résistances de deux colonnes pleines ayant pour diamètres : l'une, le diamètre extérieur; l'autre, le diamètre intérieur.

Les colonnes creuses à résistance égale présentent une économie de poids sur les colonnes pleines.

Lorsqu'on utilise les colonnes creuses comme tuyaux de descente, il faut avoir la précaution, si on veut éviter des désagréments, de les doubler d'un tuyau en plomb d'un diamètre inférieur au vide laissé par la colonne; on supprime ainsi la rupture possible des colonnes en cas de gelée.

En pratique, on renforce une colonne creuse en la remplissant, après la pose, de mortier de ciment de Portland ou d'un béton fin, etc., maintenus contre les parois.

Dans le calcul des charges on fait, le plus souvent, abstraction du poids propre des supports parce que généralement ce poids est assez faible relativement à la résistance du support pour qu'il soit permis de le négliger.

812. Nous avons, en parlant des solides, donné un tableau relatif à la résistance, à la rupture des prismes chargés debout. Ce tableau, s'appliquant directement au calcul des colonnes, nous le reproduisons ci-dessous afin d'éviter les recherches.

TABLEAU DE LA RÉSISTANCE A LA RUPTURE DES PRISMES CHARGÉS DEBOUT

		DISPOSITIONS DES PRISMES (La lettre S indique les sections dangereuses.)	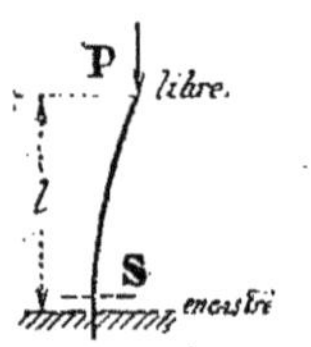 P libre, l, S, encastré		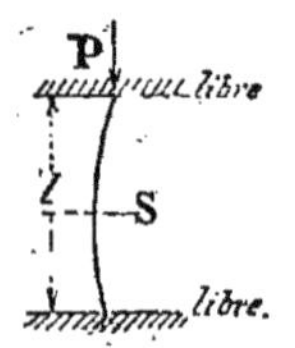 P libre, l, S, libre		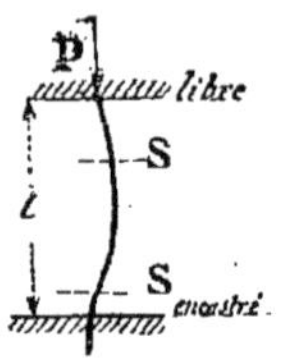 P libre, l, S, S, encastré		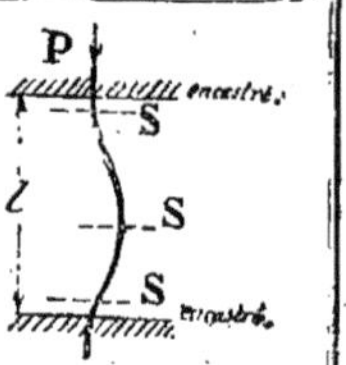 P encastré, S, l, S, S, encastré	
		Charge de rupture	$P = \frac{\pi^2}{4} \frac{EI}{l^2}$		$P = \pi^2 \frac{EI}{l^2}$		$P = 2\pi^2 \frac{EI}{l^2}$		$P = 4\pi^2 \frac{EI}{l^2}$	
Valeurs de l	Fer		12 d	14 h	24 d	28 h	33 d	38 h	48 d	56 h
	Fonte		5 d	5,75 h	10 d	11,5 h	14 d	16 h	20 d	23 h

Les différentes lettres désignent :

E, le coefficient d'élasticité de la matière employée ;

I, le moment d'inertie de la section transversale ;

d, le diamètre dans le cas d'une section circulaire ;

h, la plus petite dimension dans le cas d'une section rectangulaire.

P étant la charge de rupture il faut, pour avoir la charge pratique, remplacer dans les formules E par $\frac{E}{4}$ à $\frac{E}{5}$ pour le fer ; par $\frac{E}{5}$ à $\frac{E}{6}$ pour la fonte

Dans la plupart des cas, on peut considérer la pièce comme libre aux deux extrémités et avoir alors :

Pour les colonnes pleines à section circulaire constante de diamètre d:

$$d = 0^m{,}0045 \sqrt[4]{Pl^2} \text{ (colonnes en fonte)}$$

$$d = 0{,}004 \sqrt[4]{Pl^2} \text{ (colonnes en fer)}.$$

Pour les colonnes creuses à section circulaire évidée d'épaisseur e le diamètre extérieur est donné par :

$$d = 0{,}00048 \sqrt[3]{\frac{Pl^2}{e}} \text{ (colonnes en fonte)}$$

$$d = 0{,}00041 \sqrt[3]{\frac{Pl^2}{e}} \text{ (colonnes en fer)}.$$

Résistance pratique des colonnes pleines en fer.

813. Pour la résistance des colonnes pleines en fer M. Love a trouvé la formule suivante :

Pour des hauteurs comprises entre 10 et 180 fois le diamètre :

$$P = \frac{R}{1{,}55 + 0{,}0005 \left(\frac{l}{d}\right)^2}$$

Pour des hauteurs comprises entre 5 et 30 fois le diamètre :

$$P = \frac{R}{0{,}85 + 0{,}04 \frac{l}{d}}$$

Dans ces formules : P est la charge de rupture en kilogrammes ;

R, la résistance maximum de la colonne ;

l et d, les dimensions de la colonne.

Si nous admettons que la résistance maximum du fer est de 3 600 kilogrammes par centimètre carré et que nous le fassions travailler au 1/6 de la charge de rupture, c'est-à-dire à 600 kilogrammes par centimètre carré, la formule à appliquer devient :

$$P = \frac{600 \times S}{1,55 + 0,0005 \left(\frac{l}{d}\right)^2}$$

Si la colonne est cylindrique :

$$S = \frac{\pi d^2}{4}.$$

814. Nous donnons dans le tableau suivant, les charges que l'on peut faire supporter à des colonnes en fer dont les diamètres varient de $0^m,029$ à $0^m,170$ et les hauteurs de 1 mètre à 7 mètres.

Problème n° 1.

Quel diamètre doit avoir une colonne pleine en fer, ayant 6 *mètres de hauteur et devant supporter un poids de* 30 500 *kilogrammes?*

815. En cherchant dans le tableau ci-après nous voyons que le diamètre qui correspond à ces données est 125 millimètres.

En effet une colonne de 125 millimètres de diamètre et de 6 mètres de hauteur pourra porter, d'après le tableau, un poids de 30 568 kilogrammes, nombre se rapprochant beaucoup du nombre donné.

Problème n° 2.

Quelle charge peut-on faire supporter avec sécurité à une colonne pleine en fer de $0^m,150$ *de diamètre et ayant une hauteur de* 5 *mètres ?*

816. En examinant le tableau ci-après nous trouvons que la charge cherchée est 58 740 kilogrammes.

Résistance pratique des colonnes en fonte pleines ou creuses.

817. Les colonnes en fonte pleines ou creuses étant les plus employées, nous les étudierons plus longuement.

Formule de M. E. Hodgkinson. — Après de nombreuses expériences sur les colonnes en fonte dont la hauteur varie de 30 à 120 fois le diamètre, M. Hodgkinson a trouvé que l'effort de rupture pouvait s'exprimer comme suit :

Colonnes pleines :

$$P = 10\,400 \frac{d^{3,6}}{l^{1,7}}. \qquad (1)$$

Colonnes creuses :

$$P = 10\,200 \frac{d^{3,6} - d_1^{\,3,6}}{l^{1,7}} \qquad (2)$$

formules dans lesquelles :

P est l'effort de rupture en kilogrammes ;

d, le diamètre de la colonne pleine ou le diamètre extérieur de la colonne creuse en centimètres ;

d_1, le diamètre intérieur de la colonne creuse en centimètres ;

l, la hauteur de la colonne, en décimètres.

Si l'on veut ramener la longueur l en centimètres, on trouve la formule ;

$$P = 10^{1,7} \times 10\,400 \frac{d^{3,6}}{l^{1,7}} = 50 \times 10\,400$$

$$= 52\,000 \frac{d^{3,6}}{l^{1,7}}$$

Pour les colonnes creuses, on aura de même :

$$P = 10^{1,7} \times 10\,200 \frac{d^{3,6} - d_1^{\,3,6}}{l^{1,7}}$$

$$= 51\,000 \frac{d^{3,6} - d_1^{\,3,6}}{l^{1,7}}.$$

Pour des piliers plus courts M. E. Hodgkinson donne la formule :

$$P' = \frac{PR}{P + \frac{3}{4} R}$$

formule dans laquelle :

P′ représente l'effort de rupture en kilogrammes ;

P, l'effort calculé par l'une des formules précédentes ;

R, résistance maximum de la colonne en supposant sa hauteur égale à 1 fois 1/2 son diamètre.

En pratique il est prudent de ne faire travailler la fonte qu'à 1/6 ou 1/8 de la charge de rupture ; dans aucun cas, la charge permanente ne doit dépasser le 1/5 ou le 1/4 de celle de rupture.

COLONNES PLEINES EN FER

TABLEAU DES CHARGES DE SÉCURITÉ QU'ON PEUT FAIRE SUPPORTER A DES COLONNES PLEINES EN FER DONT LES HAUTEURS ET LES DIAMÈTRES SONT INDIQUÉS CI-DESSOUS

DIAMÈTRES en millimètres.	HAUTEURS en mètres.	CHARGES des Colonnes.
	m.	kil.
29	1.000	2 148
	1.250	1 863
	1.500	1 599
	1.750	1 371
	2.000	1 175
36	1.000	3 711
	1.300	3 239
	1.600	2 805
	1.900	2 423
	2.200	2 083
41	1.000	5 191
	1.300	4 507
	1.600	4 000
	1.900	3 526
	2.200	3 090
	2.500	2 709
45	1.000	6 183
	1.300	5 649
	1.600	5 105
	1.900	4 561
	2.200	4 046
	2.500	3 601
	2.800	3 180
50	1.000	7 852
	1.200	7 483
	1.400	7 079
	1.600	6 665
	1.800	6 251
	2.000	5 847
	2.200	5 453
	2.400	5 080
	2.600	4 728
	2.800	4 399
	3.000	4 093

DIAMÈTRES en millimètres.	HAUTEURS en mètres.	CHARGES des Colonnes.
	m.	kil.
54	1.300	8 766
	1.700	7 817
	2.100	6 939
	2.500	6 110
	2.900	5 361
	3.300	4 687
60	1.500	10 631
	1.750	10 021
	2.000	9 398
	2.250	8 760
	2.500	8 178
	2.750	7 603
	3.000	7 058
	3.250	6 548
	3.500	6 074
65	2.000	11 497
	2.250	10 802
	2.500	10 142
	2.750	9 488
	3.000	8 864
	3.500	7 742
	3.750	7 235
70	2.000	13 742
	2.500	12 209
	3.000	10 905
	3.500	9 620
	4.000	8 470
	4.500	7 440
	5.000	6 569
75	2.500	14 653
	3.000	13 156
	3.500	11 711
	4.000	10 410
	4.500	9 220
	5.000	8 201
	5.500	7 292

DIAMÈTRES en millimètres.	HAUTEURS en mètres.	CHARGES des Colonnes.
	m.	kil.
80	2.500	17 263
	2.750	16 432
	3.000	15 636
	3.250	14 802
	3.500	14 020
	3.750	13 268
	4.000	12 518
	4.500	11 214
	5.000	10 020
	5.500	8 997
	6.000	8 069
88	3.000	19 983
	3.500	18 182
	4.000	16 497
	4.500	14 882
	5.000	13 469
	6.000	10 970
95	3.000	24 202
	4.000	20 335
	5.000	16 875
	6.000	13 976
	6.500	12 754
100	2.500	29 535
	3.000	27 493
	3.500	25 417
	4.000	23 391
	4.500	21 432
	5.000	19 607
	5.500	17 920
	6.000	16 377
	5.500	14 978
107	3.000	32 278
	4.000	27 975
	5.000	23 842
	6.000	20 100
	6.500	18 512

DIAMÈTRES en millimètres.	HAUTEURS en mètres.	CHARGES des Colonnes.
	m.	kil.
115	3.000	38 466
	4.000	35 813
	5.000	29 080
	6.000	24 983
	6.500	23 080
120	3.000	42 323
	4.000	37 518
	4.500	35 183
	5.000	32 711
	6.500	26 212
125	3.000	46 683
	4.000	41 697
	5.000	36 551
	6.000	30 568
	7.000	27 531
130	3.000	51 050
	4.000	45 768
	5.000	40 572
	6.000	35 462
140	3.000	60 534
	4.000	54 975
	5.000	49 201
	6.000	43 623
150	3.000	70 745
	3.500	67 930
	4.000	64 940
	4.500	61 860
	5.000	58 740
	5.500	55 719
	6.000	52 600
	6.500	49 650
	7.000	46 820
160	3.000	81 353
	4.000	75 263
	5.000	68 991
	6.000	62 275
170	3.000	92 915
	4.000	86 822
	5.000	79 842
	6.000	72 885

On peut admettre que les fontes françaises de bonne qualité ne s'écrasent que sous une charge de 7 500 à 8 000 kilogrammes par centimètre carré.

Appliquons la formule de M. E. Hodgkinson à un exemple pratique.

Problème n° 3.

Trouver le diamètre d'une colonne pleine en fonte de 6 mètres de hauteur pouvant supporter un poids de 72 900 kilogrammes.

818. Dans ce cas nous devons employer la formule (1) et, si nous supposons que la fonte travaille au 1/8 de la charge de rupture, cette dernière étant 8 000 000, le coefficient devient 1 300 et la formule (1) prend la forme :

$$P = \frac{10400}{8} \times \frac{d^{3,6}}{l^{1,7}} = 1300 \frac{d^{3,6}}{l^{1,7}}.$$

Expression dans laquelle :

$P = 72900^k$ et $l = 60$ décimètres.

En remplaçant dans la formule précédente nous aurons :

$$72900 = 1300 \frac{d^{3,6}}{60^{1,7}}$$

logarithme 729 + 1,7 + logarithme 60
= logarithme 13 + 3,6 log. d.

D'où,

$$d = \frac{\log. 729 + 1,7 \log. 60 - \log. 13}{3,6}$$

$$\log. d = 1,328879$$

et $$d = 0^m,2153$$

Le diamètre cherché de la colonne est donc, en nombres ronds :

$$d = 0^m,215$$

Si la colonne à étudier est creuse on prendrait alors la formule (2) et on recommencerait un calcul analogue.

Formules de M. Love.

819. M. Love a donné la formule suivante, plus simple que la précédente, représentant bien les résultats de M. Hodgkinson, s'appliquant aussi à tous les piliers en fonte dont la hauteur varie de 4 à 120 fois le diamètre et directement à une fonte quelconque :

$$P = \frac{R}{1,45 + 0,00337 \left(\frac{l}{d}\right)^2} \qquad (1)$$

Formule dans laquelle :

P, est la charge de rupture,

R, la résistance maximum du pilier supposé très court ; c'est la résistance 7 500 ou 8 000 kilogrammes multipliée par la section du pilier en centimètres carrés ;

l et d, les dimensions du pilier en centimètres.

Cette formule s'applique depuis $\frac{l}{d} = 4$ jusqu'à $\frac{l}{d} = 120$.

Pour $\frac{l}{d}$ compris entre 5 et 30 M. Love a donné la formule plus simple :

$$P = \frac{R}{0,68 + 0,1 \frac{l}{d}}.$$

La première expression (1) a servi à dresser le tableau suivant donnant les valeurs de P pour différentes valeurs de $\frac{l}{d}$, R étant pris égal à R = 8.

RAPPORT $\frac{l}{d}$	PRESSION CORRESPONDANTE
5	13.33
10	7.46
20	4.76
30	2.97
40	1.95
50	1.70
60	0.98
70	0.74
80	0.58
90	0.46
100	0.38

En admettant la résistance de la fonte égale à 7 500 kilogrammes par centimètre carré, en la faisant travailler à 1/6 de cette résistance, c'est-à-dire, à 1 250 kilogrammes par centimètre carré, la formule précédente (1), pour obtenir la charge qu'on peut faire supporter en toute sécurité à une colonne pleine en fonte, peut se mettre sous la forme :

$$P = \frac{1\,250\ S}{1,45 + 0,00337 \left(\frac{l}{d}\right)^2}$$

$S = \frac{\pi d^2}{4}$ section de la colonne, en centimètres carrés.

Pour une colonne creuse nous aurions, par analogie :

$$P = \frac{1\,250\ S}{1{,}45 + 0{,}00337 \left(\frac{l}{d}\right)^2} - \frac{1\,250\ S'}{1{,}45 + 0{,}00337 \left(\frac{l}{d'}\right)^2}.$$

Expression dans laquelle :

P est la charge en kilogrammes qu'on peut faire supporter en toute sécurité à la colonne creuse ;

d, le diamètre extérieur de la colonne et d' le diamètre du vide intérieur, en centimètres ;

$S = \frac{\pi d^2}{4}$, section de la colonne supposée pleine, et $S' = \frac{\pi d'^2}{4}$, section du vide, en centimètres carrés ;

l, la hauteur de la colonne, en centimètres.

En général, pour une même fonte, la résistance à la compression est 5 à 6 fois plus forte que la résistance à la traction.

Les colonnes creuses ne doivent jamais être trop minces à cause du déplacement des molécules.

Dans l'épaisseur de la fonte, même pour les colonnes creuses, il faut compter qu'il peut y avoir des imperfections du métal et de la coulée, ce qui explique que pour une colonne, même de faible hauteur il faut ne pas descendre au-dessous de 0m,010 à 0m,012 d'épaisseur de fonte ; une bonne moyenne est de 18 à 20 millimètres pour les cas ordinaires de la pratique.

ÉPAISSEURS COURANTES A DONNER AUX COLONNES CREUSES EN FONTE

Hauteur des colonnes.	Épaisseur des colonnes.
2m,00 à 3m,00	12 millimètres.
3 00 à 4 00	15 —
4 00 à 6 00	20 —
6 00 à 8 00	25 —
Au dessus.	30 à 35 —

820. Le tableau ci-dessus donne, pour différentes longueurs, les épaisseurs minimums correspondantes.

L'épaisseur des colonnes est quelquefois prise en fonction du diamètre, on la fait alors varier de 1/8 à 1/10 du diamètre.

Tableau de résistance des colonnes pleines en fonte.

821. Afin d'éviter les calculs souvent longs et pénibles en appliquant les formules précédentes, nous résumons ci-après, sous forme de tableau, les poids et les charges de sécurité qu'on peut faire supporter à des colonnes pleines en fonte, dont les diamètres varient de 0m,05 à 0m,25 et les hauteurs de 2 mètres à 8 mètres.

Nota.

822. Les poids indiqués dans le tableau ci-contre ne comprennent que le fût, il faudra, pour avoir le poids total d'une colonne, ajouter le poids d'un chapiteau et d'une base suivant le modèle adopté.

On se sert très facilement de ce tableau pour calculer une colonne pleine en fonte comme nous allons le voir par des exemples numériques.

Problème n° 4.

Quelle charge peut-on faire supporter avec sécurité à une colonne pleine en fonte de 0m,19 *de diamètre et de* 6m,50 *de hauteur ?*

823. Cherchons le nombre 0,19 dans la première colonne et suivons horizontalement jusqu'à la colonne 6m,50. Nous voyons que le nombre cherché est 66 000 kilogrammes.

Problème n° 5.

Quel diamètre doit avoir une colonne pleine en fonte ayant 4m,50 *de hauteur et pouvant supporter une charge de* 31 000 *kilogrammes*

824. Dans la colonne 4m,50 cherchons le nombre 31 000 et revenons horizontale-

RÉSISTANCE DES COLONNES PLEINES EN FONTE

Diamètre des colonnes en centimètres.	Poids des colonnes par mètre de longueur.	CHARGES DE SÉCURITÉ DONT ON PEUT CHARGER DES COLONNES PLEINES EN FONTE AYANT LES HAUTEURS SUIVANTES :												
		2 m. 00	2 m. 50	3 m. 00	3 m. 50	4 m. 00	4 m 50	5 m. 00	5 m. 50	6 m. 00	6 m. 50	7 m. 00	7 m. 50	8 m. 00
mètre	kil.	kil.	kil.	kil.	kil.	kil.	kil.	kil.	kil.	kil.	kil.	kil.	kil.	kil.
0.05	15	3 900	2 950	2 000	1 580	1 160	»	»	»	»	»	»	»	»
0.08	36	19 000	13 000	11 000	8 000	7 000	»	4 500	»	3 000	»	2 100	»	1 900
0.09	46	25 000	19 000	15 000	12 000	10 000	9 000	»	»	»	»	»	»	»
0.10	56	37 000	27 500	23 000	17 000	15 000	12 000	11 000	»	7 650	»	5 700	»	4 500
0.11	69	46 000	36 500	30 000	24 500	21 000	17 000	»	»	»	»	»	»	»
0.12	82	63 000	49 000	42 000	33 000	30 000	23 000	20 000	»	14 000	»	11 000	»	9 000
0.13	96	73 000	61 000	51 000	42 000	35 500	31 000	26 000	»	»	»	»	»	»
0.14	111	92 000	77 000	69 000	54 500	50 000	39 500	36 000	29 000	27 000	»	20 000	»	16 000
0.15	127	110 000	94 800	80 000	67 500	57 000	50 000	42 000	37 000	»	»	»	»	»
0.16	145	134 000	111 000	96 000	82 500	78 000	62 500	60 000	»	47 000	»	32 000	»	25 000
0.17	164	149 000	130 000	113 000	98 000	86 000	75 000	65 000	57 000	50 000	»	»	»	»
0.18	183	180 000	151 000	135 000	115 000	107 000	90 000	82 000	69 000	65 000	54 000	50 000	»	40 000
0.19	205	193 500	173 500	154 000	136 000	120 000	106 000	93 000	82 000	73 500	66 000	»	»	»
0.20	226	234 000	199 000	175 000	158 000	149 000	125 000	120 000	99 000	93 000	78 000	75 000	»	60 000
0.21	250	246 000	223 000	202 000	180 000	162 000	144 000	129 000	116 000	103 000	92 000	82 000	»	»
0.22	275	310 000	252 500	232 000	205 000	191 000	166 000	159 000	135 000	130 000	»	108 000	»	86 000
0.23	300	»	»	256 500	230 000	210 000	190 000	171 000	155 000	139 000	125 000	112 000	102 000	92 000
0.24	326	380 000	»	290 000	262 000	245 000	214 000	205 000	175 000	172 000	144 000	148 000	118 000	122 000
0.25	354	»	»	»	»	264 000	242 000	220 000	200 000	180 000	163 000	150 000	135 000	126 000

ment jusqu'à la première colonne. Nous trouvons que le diamètre cherché est $0^m,13$.

Lorsqu'on ne tombe pas exactement sur le nombre de kilogrammes qu'on désire, on doit prendre celui qui s'en rapproche le plus par excès ou par défaut suivant les cas examinés.

Observation.

825. Nous avons vu précédemment que la résistance d'une colonne creuse en fonte est la différence des résistances de deux colonnes pleines ayant pour diamètre, l'une le diamètre extérieur, l'autre le diamètre intérieur. Il résulte de ce fait qu'on peut très facilement, comme nous allons le voir, se servir du tableau précédent pour calculer les colonnes pleines et les colonnes creuses.

Problème n° 6.

826. *Calculer la charge pratique d'une colonne creuse en fonte dont les dimensions sont les suivantes :*

$$H = 4^m,50$$

Diamètre intérieur $= 0^m,15$

Diamètre extérieur $= 0^m,20$.

La colonne de $0^m,20$ de diamètre et de $4^m,50$ de hauteur donne, d'après le tableau, 125 000 kilogrammes. Celle de $0^m,15$ et de même hauteur donne 50 000 kilogrammes. Donc la différence, ou charge de la colonne, sera 125 000 — 50 000 = 75 000 kilogrammes. Le poids de la colonne creuse par mètre s'obtiendra comme suit :

Poids de la colonne pleine de $0^m,20$ de diamètre. . . . . 226 kil.

Poids de la colonne pleine de $0^m,15$ de diamètre. . . . . 127 kil.

Poids de la colonne creuse. 99 kil.

Économie réalisée en employant la colonne creuse.

Pour porter 75 000 kilogrammes avec une colonne pleine de $4^m,50$ de hauteur, le diamètre est de $0^m,17$ et le poids de 164 kilogrammes par mètre de longueur, au lieu de 99 kilogrammes pour la colonne creuse. Économie, environ 1/3.

Problème n° 7.

Déterminer les diamètres d'une colonne creuse en fonte de $3^m,50$ de hauteur pouvant porter une charge de 115 000 kilogrammes.

827. On cherche, dans le tableau le diamètre d'une colonne pleine pouvant porter une charge de 115 000 kilogrammes, puis le diamètre d'une autre colonne pleine pouvant porter une charge double, soit 230 000 kilogrammes. Les diamètres de ces deux colonnes pourront être pris pour ceux d'une colonne creuse répondant à la question.

Pour une charge de 230 000 kilogrammes et une hauteur de $3^m,50$, le tableau nous donne un diamètre de $0^m,23$ et, pour une charge de 115 000 kilogrammes nous trouvons un diamètre de $0^m,18$: différence $0^m,05$. L'épaisseur de la colonne sera $\frac{0^m,05}{2}$, ou 25 millimètres.

Si l'épaisseur trouvée est considérée trop faible pour une raison quelconque, on pourra l'augmenter en diminuant un peu le diamètre extérieur et, au lieu de $0^m,23$, prendre $0^m,21$, par exemple. La résistance d'une colonne pleine de $0^m,21$ de diamètre et de $3^m,50$ de hauteur est, d'après le tableau, de 180 000 kilogrammes ce qui fait une différence de 65 000 kilogrammes avec le nombre imposé 115 000 kilogrammes. Or, cette charge de 65 000 kilogrammes, d'après le tableau, répond, avec la hauteur de $3^m,50$, au diamètre $0^m,15$. Donc les dimensions modifiées de la colonne pourront être :

Diamètre extérieur. . . $0^m,21$

Diamètre intérieur. . . $0^m,15$

Différence. . . . $0^m,06$

D'après cela l'épaisseur sera :

$$\frac{0^m,06}{2} \quad \text{ou} \quad 0^m,03$$

Le poids par mètre courant de cette colonne creuse sera donc 250 kilogrammes moins 127 kilogrammes, soit 123 kilogrammes.

Le tableau précédent ne donne les charges de sécurité des colonnes en fonte que jusqu'à 8 mètres de hauteur. Si nous avions, par exemple, une colonne de 9 mètres et de $0^{m},34$ de diamètre, nous nous appuierions alors sur les faits suivants :

Si les dimensions d'une colonne pleine (hauteur et diamètre) viennent à doubler, la charge devient quadruple. Pour la colonne de 9 mètres de longueur et de $0^{m},34$ de diamètre, on réduit les dimensions de moitié, soit $4^{m},50$ et $0^{m},17$ et l'on cherche dans le tableau ce que peut supporter une colonne de $0^{m},17$ de diamètre et de $4^{m},50$ de hauteur. On trouve 75 000 kilogrammes.

La colonne proposée portera donc :

$75\,000 \times 4 = 300\,000$ kilogrammes.

Si l'on réduit à moitié toutes les dimensions d'une colonne creuse, hauteur, diamètre et épaisseur, la résistance est réduite au 1/4.

Exemple : Colonne creuse de 7 mètres de hauteur, $0^{m},46$ de diamètre extérieur et $0^{m},36$ de diamètre intérieur. On réduit à moitié toutes les dimensions. On cherche la résistance de la colonne réduite, puis on quadruple la résistance trouvée.

Afin d'éviter les calculs nous donnons ci-après, sous forme de tableau, les charges de sécurité qu'on peut faire supporter à des colonnes creuses en fonte dont les diamètres varient de $0^{m},10$ à $0^{m},30$ et les hauteurs de 4 à 10 mètres.

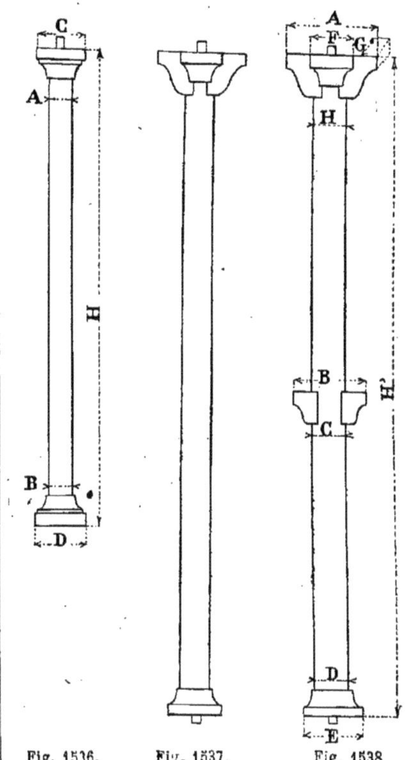

Fig. 1536. Fig. 1537. Fig. 1538

RÉSISTANCE DES COLONNES CREUSES EN FONTE

Diamètre des colonnes en centimètr.	Epaisseur des colonnes en millimètres	Poids par mètre de longueur du fût seulement.	Charges de sécurité dont on peut charger des colonnes creuses en fonte ayant les hauteurs suivantes :						
			4 m. 00	5 m. 00	6 m. 00	7 m. 00	8 m. 00	9 m. 00	10 m. 00
mètre	millim.		kil.	kil.	kil.	kil.	kil.	kil.	kil.
0.10	10	20	8 000	6 500	»	»	»	»	»
0.12	12	30	14 000	10 000	9 000	»	»	»	»
0.14	14	43	23 000	18 000	13 000	10 000	»	»	»
0.16	16	52	36 000	28 000	21 000	16 000	13 500	»	»
0.18	18	66	50 000	40 000	31 000	25 000	21 000	16 000	»
0.20	20	82	68 000	64 000	55 000	36 000	30 000	25 000	22 000
0.22	22	100	87 000	73 000	60 080	51 000	42 000	35 000	26 000
0.24	24	121	110 000	92 000	78 000	66 000	56 000	48 000	40 000
0.26	26	139	135 000	116 000	100 000	86 000	72 000	62 000	55 000
0.28	28	161	162 000	143 000	125 000	97 000	102 000	80 000	70 000
0.30	30	184	190 000	170 000	152 000	132 000	115 000	100 000	88 000

Principaux types des colonnes pleines en fonte qu'on trouve dans le commerce.

828. Dans le commerce on trouve toutes faites des colonnes en fonte pleines variant de 0m,07 à 0m,20 de diamètre et plus, par longueurs de 0m,05 en 0m,05 et même de 0m,10 en 0m,10 en partant de 2 mètres, minimum pour la colonne de 0m,07 de diamètre.

Les trois modèles courants de colonnes pleines qu'on trouve dans le commerce sont indiqués en croquis (*fig.* 1536. 1537 et 1538). Ces colonnes se font en plusieurs grandeurs dont nous donnons les dimensions dans les deux tableaux suivants :

COLONNES ORDINAIRES SIMPLES DU COMMERCE (1er type, *fig.* 1536)

NUMÉROS D'ORDRE des trois types courants.	DIMENSIONS PRINCIPALES					POIDS DU FUT par mètre de longueur.
	A	B	C	D	Hauteur totale H	
	m	m	m	m		kil.
1	0.07	0.08	0.16	0.16	De 2m00 à 3.25 de 0m05 en 0m05	32.00
2	0.09	0.10	0.175	0.175	De 2.45 à 3.50 — —	51.00
3	0.11	0.12	0.200	0.20	De 2.80 à 4.00 — —	75.00
Observations	Ces colonnes se trouvent en magasin prêtes à être livrées. On fait aussi un type simple de colonne dont nous représentons le croquis fig. (1537); cette colonne comporte des consoles.					

COLONNES ORDINAIRES A ÉTAGE DU COMMERCE (2e type, *fig.* 1538)

NUMÉROS D'ORDRE des cinq types courants.	DIMENSIONS PRINCIPALES									POIDS DU FUT par mètre courant.
	A	B	C	D	E	F	G	H	Hauteurs	
	millim.	millim.	millim.	millim.	millim.	millim.	millim.	millim.		kil.
1	400	300	130	140	240	220	100	125	Les hauteurs de ces colonnes sont variables suivant les hauteurs d'étage que l'on admet.	110.00
2	420	320	140	150	250	230	110	130		130.00
3	420	340	150	160	260	240	120	140		145.00
4	440	350	160	170	280	250	120	150		160.00
5	460	360	170	180	300	260	130	160		185.00
Observation	Ces colonnes ne se font que sur commande.									

Nota.

829. Toutes ces colonnes se font pleines avec ou sans goujons à leurs extrémités. Ce goujon, lorsqu'il existe, est pris dans la fonte au moment de la coulée, il sert simplement à bien placer la colonne sur son dé dans un trou percé à l'avance dans la pierre. Il n'empêche pas les déplacements que la colonne pourrait avoir, déplacements qui ne pourraient se produire que par une très grande force, vu le poids considérable dont les colonnes sont ordinairement chargées.

Dans l'étude d'une construction et surtout dans l'établissement d'un devis il est souvent utile d'avoir, approximativement, les poids moyens des colonnes les plus souvent employées : chapiteaux, fûts et bases compris.

Nous résumons dans le tableau ci-après les poids moyens à adopter dans les devis pour les colonnes en fonte pleine du commerce de différentes formes.

TABLEAU DES POIDS MOYENS PAR MÈTRE COURANT A ADOPTER POUR LES COLONNES PLEINES EN FONTE

DÉSIGNATION	DIAMÈTRES (MESURÉS AU MILIEU DU FUT)	POIDS DU MÈTRE COURANT
Colonnes pleines à base et à chapiteau carrés.	mètre 0.081 0.095 0.108 0.125	kil. 40.00 60.00 70.00 105.00
Colonnes. Chapiteaux à consoles.	0.135 0.150 0.160 0.175 0.180 0.200	kil. 110 à 115.00 125 à 130 00 150 à 160.00 180 à 190.00 190 à 135.00 235 à 245.00
Colonnes à deux étages. Chapiteaux à consoles.	0.135 0.140 0.150 0.160 0.175 0.180 0.190 0.200 0.210 0.220	kil. 115 00 130.00 145.00 165 00 185.00 205.00 230 00 265 00 275.00 300.00

Colonnes creuses.

830. Nous ne donnerons pas de types de colonnes creuses, ces dernières ne se trouvant pas dans le commerce et pouvant prendre, suivant les besoins, différentes formes à étudier spécialement dans chaque cas particulier.

Notes relatives à l'emploi des colonnes en fonte.

831. Lorsqu'on étudie un bâtiment d'atelier ou autre dans lequel on emploie des colonnes en fonte il ne faut pas, comme le font certains constructeurs, prendre approximativement le diamètre à donner aux colonnes en fonte mais au contraire se rendre très exactement compte de ce que portent réellement ces colonnes et même les piliers du bâtiment avant d'adopter tel ou tel diamètre ou telle ou telle surface de maconnerie pour les piliers.

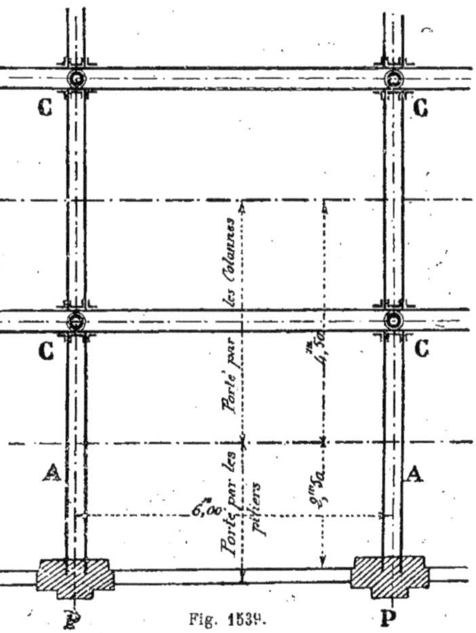

Fig. 1539.

Comme exemple supposons un bâtiment d'usine dont nous donnons (*fig.* 1539) une partie du plan, ce bâtiment comportant trois étages et étant couvert avec des fermes métalliques.

Proposons-nous de faire le calcul comparatif de la résistance des colonnes en fonte C et des piliers P en maçonnerie en admettant les poids ci-dessous.

Calcul des piliers.

832. Les fermes A étant déchargées par des colonnes C, la moitié de leur poids seulement portera sur les piliers en maçonnerie.

La charge totale qu'ils porteront sera :

1° Charge due aux fermes A	14 500^k,00
2° Poids des planchers comptés à 400^k,00 par mètre courant savoir :	
Plancher haut du 3e étage 2,500 × 6,00 × 400^k =	6 000,00
Plancher haut du 2e étage.	6 000,00
— — 1er — .	6 000,00
3° Poids des murs de refend situés dans l'axe des fermes A, par étage : 0,25 × 2,25 × 4,15 × 1 700^k = 3 960^k	
Soit pour trois étages 3 960^k,00 × 3 =	11 880,00
4° Poids propre des piliers : Chaque pilier ayant les dimensions données par le croquis (*fig.* 1540) aura comme poids : 1,164 × 13,50 × 1 700^k =	26 800,00
5° Poids des allèges des baies pour trois étages : 3 × 2,000 × 1,500 × 1 700 =	3 800 00
Charge totale supportée par l'assise de chaque pilier =	74 980^k,00

Le pilier ayant une section $\omega = 1^{m2},164$ la charge R_p par centimètre carré de section sera :

$$R_p = \frac{74\,980}{11\,640} = 6^k,43.$$

D'après le catalogue des échantillons de matériaux de construction, réunis par les soins du ministère des travaux publics à l'occasion de l'Exposition universelle de 1878 (Dunod, Éditeur) les pierres de

Banc Royal de Courson, portent avec sécurité	8^k,50	par c/m2
Banc Royal de Conflans, portent avec sécurité	7 à 10	» —
Banc Royal de Marly-la-Ville, portent avec sécurité	9	» —

On voit par cela que le pilier construit avec l'une de ces pierres sera dans de bonnes conditions puisqu'il n'atteint pas cette limite de sécurité.

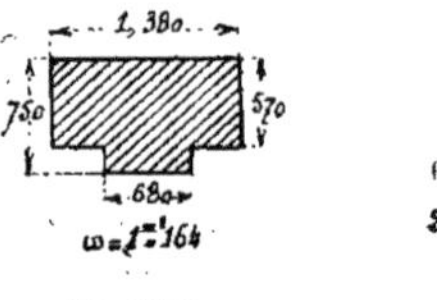

Fig. 1540

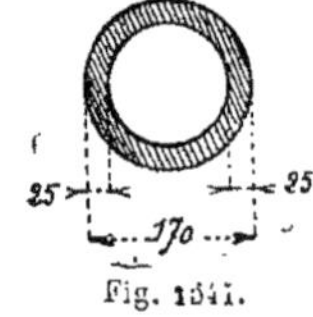

Fig. 1541.

Calcul des colonnes en fonte.

833. La charge supportée par les colonnes en fonte, les fermes A étant déchargées, se compose :

1° De la charge due aux fermes A	14 500^k,00
2° De la charge due aux planchers :	
3e Étage 6 000 × 4,500 × 400^k,00 =	10 800,00
2e Étage 6 000 × 4,500 × 400^k,00 =	10 800,00
1er Étage 6 000 × 4,500 × 400^k,00 =	10 800,00
3° Du poids des murs de refend pour trois étages : 3 × 0,25 × 4,150 × 3,500 × 1 700^k =	18 600,00
Charge totale sur les colonnes.	65 500^k,00

Supposons qu'*a priori* on ait choisi une colonne creuse dont le croquis (*fig.* 1541) donne les dimensions. La section ω de cette colonne sera $\omega = 113,9$ centimètres carrés.

Ces colonnes ont 4^m,500 de longueur libre ; le rapport de la longueur au diamètre est :

$$\frac{l}{d} = \frac{4,500}{0,170} = 26$$

D'après Claudel (tome I, page 396), on trouve, en interpolant dans sa table, qu'une colonne en fonte de ces dimensions ne doit porter que 396 kilogrammes par centimètre carré. Or, les colonnes actuelles portent, d'après le calcul précédent :

$$\frac{65\,500}{113{,}9} = 574^{k},$$

soit 45 °/₀ de plus que la charge de sécurité.

Il faudra donc choisir une colonne d'un échantillon plus fort.

Calcul des consoles dans une colonne en fonte.

834. Lorsqu'on emploie les colonnes en fonte du type C (*fig.* 1542) ayant deux consoles C' il peut être intéressant de déterminer la section qu'il faut donner à ces

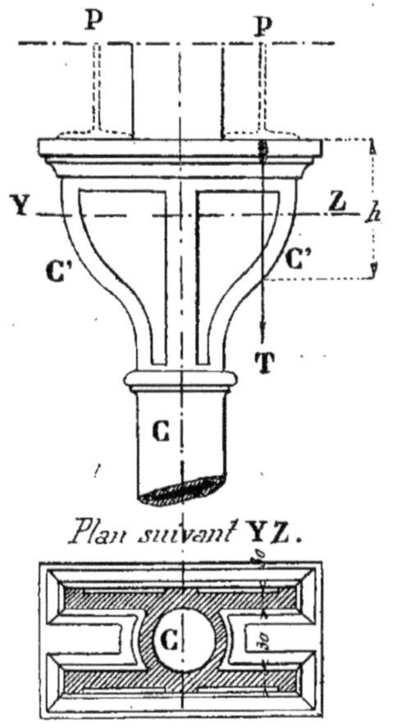

Fig. 1542.

consoles pour leur permettre de résister sous l'effort transmis par chacune des poutres P reposant sur la colonne. Chaque poutre transmet sur les consoles un effort tranchant T ; si nous admettons, pour la fonte de commerce, une résistance de 30 kilogrammes par centimètre carré la section totale des consoles, à l'endroit où s'exerce l'effort, sera donnée par la relation :

$$\frac{T}{30} = x \text{ centimètres carrés.}$$

Si les consoles, qui sont doubles, ont par exemple $0^{m},03$ d'épaisseur il en résultera une hauteur h, telle que :

$$0^{m},03 \times h = x$$

De cette expression on tirera facilement la valeur de h.

835. Dans les colonnes pleines du commerce il faut, lorsqu'on désire y placer deux fers **I**, installer comme nous l'indiquons (*fig.* 1543) une *semelle à talons* S en fer plat épais laissant passer en son milieu le goujon en fer G. Cette semelle maintient bien en place le poitrail disposé sur la colonne.

Discussion sur les différentes manières de terminer les bases des colonnes.

836. Nous avons, dans les figures 632, 643 et 1111, donné des exemples des différents moyens employés pour faire reposer

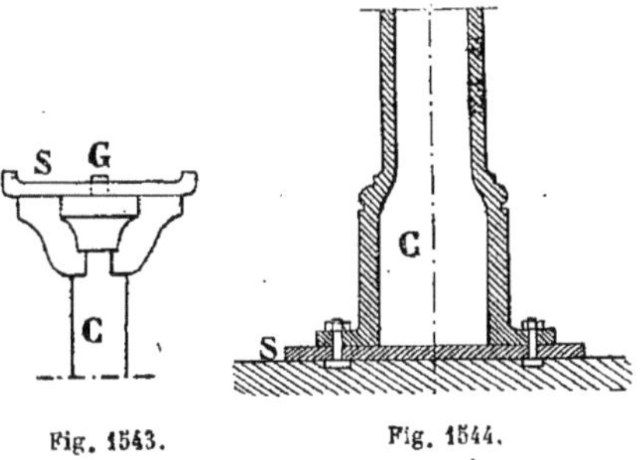

Fig. 1543. Fig. 1544.

les colonnes en fonte soit sur un dé en pierre, soit sur un massif en petits matériaux ; il en existe bien d'autres que nous ne ferons qu'indiquer. Dans la plupart des cas il y a toujours intérêt à donner à la base de la colonne un certain élargissement de manière à répartir la pression sur une plus grande surface, c'est ce qui explique, comme nous le savons, l'emploi des plaques de fondation pour colonnes.

On peut, à la base de la colonne C (*fig.* 1544) ajouter une semelle S boulonnée ou non avec cette base. On passe d'abord les boulons en attente sous la plaque de fonte puis on effectue la pose de cette plaque sur la maçonnerie en vérifiant bien si elle est de niveau et si elle se trouve bien dans la position exacte que devra occuper la colonne. Il faut alors, en plaçant la colonne, bien observer la position des boulons et engager dedans les trous réservés dans la partie inférieure de la base. Ce mode d'attache est évidemment difficile à exécuter, on le remplace avec avantage en se servant, comme nous l'indiquons (*fig.* 1545), d'une plaque S munie d'une douille D qui pénètre dans la base de la colonne.

Lorsque la colonne repose sur un massif en petits matériaux on peut aussi faire venir de fonte sous la plaque S (*fig.* 1546) deux rainures longitudinales Q en forme de queue d'hironde qu'on scelle dans le ciment. On est obligé de réserver quelques trous dans la plaque pour permettre de couler le ciment et faire le scellement dans de bonnes conditions.

Les bases des colonnes ne sont pas toujours circulaires ou carrées, on en fait aussi de polygonales comme le montre le croquis (*fig.* 1547). Dans ce cas, la base étant relativement large par rapport au fût on met sur le pourtour et à chaque angle des nervures *n* destinées à consolider la base.

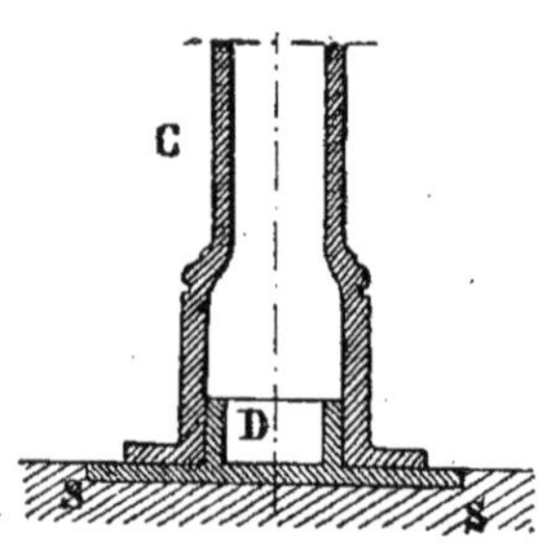

Fig. 1545.

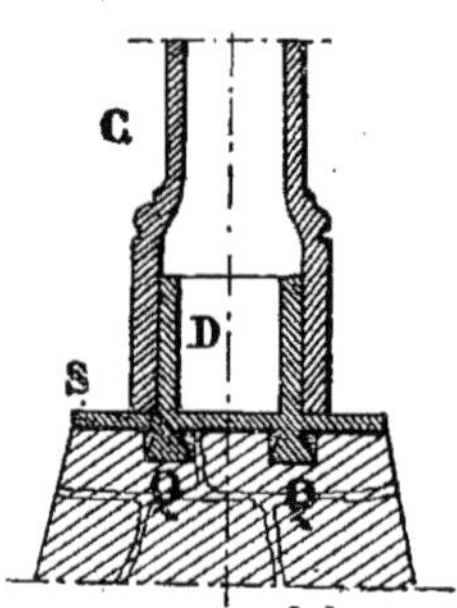

Fig. 1546.

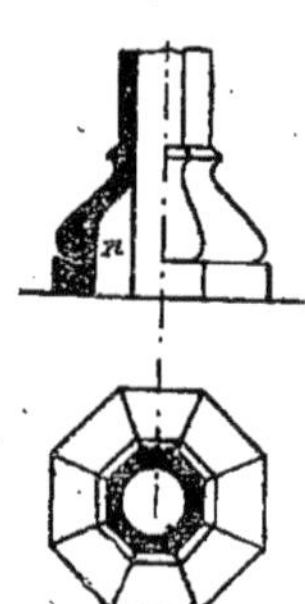

Fig. 1547.

2° PILIERS EN FER OU EN FONTE

837. Dans les charpentes métalliques on remplace quelquefois, pour faciliter les assemblages, les colonnes en fer ou en fonte par des piliers ayant toujours des formes simples.

Par exemple les supports carrés creux en fonte (*fig.* 1548) sont quelquefois avantageux lorsqu'il s'agit d'y placer de chaque côté des cornières A et B par exemple devant servir de feuillure à une baie

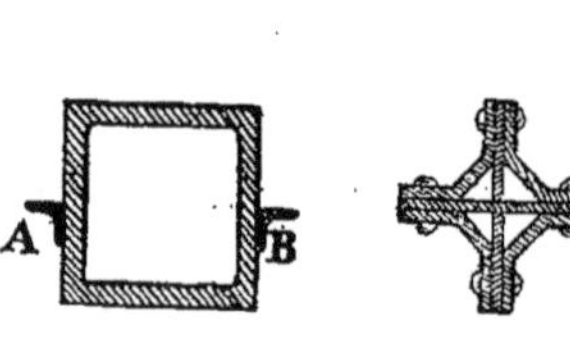

Fig. 1548.

Fig. 1549.

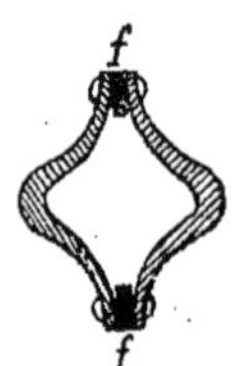

Fig. 1550.

Fig. 1551.

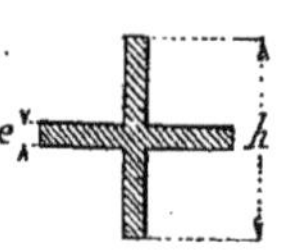

Fig. 1552.

Dans certains travaux particuliers on a quelquefois construit des colonnes en tôle et cornières analogues au croquis (*fig.* 1549).

On a aussi pensé à utiliser, comme colonnes, les vieux rails (*fig.* 1550) en interposant des fourrures *f*; on peut aussi se servir de fers Zorès comme le montre le croquis (*fig.* 1551); de supports à section cruciforme (*fig.* 1552), mais le mieux c'est encore d'employer les fers I ou les fers en U du commerce seuls ou jumellés comme nous en avons vu des exemples dans l'étude des pans de fer.

D'après Reuleaux il existe une relation entre le support de forme cruciforme (*fig.* 1552) et la colonne circulaire pleine d'égale résistance et de diamètre *d*.

En désignant par *h* la hauteur des ailes de la pièce à section cruciforme et par *e* son épaisseur, on aura :

$$\frac{e}{d} = \frac{3\pi}{16}\left(\frac{d}{h}\right)^3 = 0,59\left(\frac{d}{h}\right)^3$$

Dans certains cas, ces rapports sont plus avantageux que les colonnes circulaires surtout lorsqu'ils sont en fonte; ils sont moins exposés aux défauts de moulage et les défectuosités de la fonte sont plus apparentes.

On peut encore leur donner l'une des trois formes de la figure 1553, ce sont alors de véritables bielles.

D'après les expériences d'Hodgkinson, à section égale, la résistance d'une bielle à section cruciforme I (*fig.* 1553) est les 0,45 de la résistance d'une bielle à section annulaire.

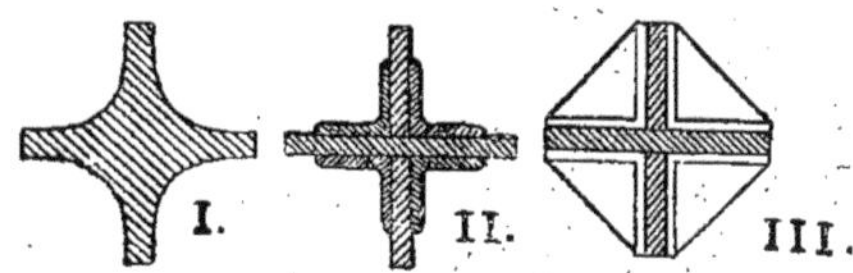

Fig. 1553

Si un support annulaire en fer pour un rapport de $\frac{h}{d} = 1$ a une résistance de 6 kilogrammes la résistance de la bielle à section égale sera :

Si elle est en fer : $6 \times 0,45 = 2^k,70$

Et, si elle est en fonte : $12,50 \times 0,45 = 5^k,60$.

Lorsque les supports à section cruciforme ont une section constante dans toute leur longueur et que les extrémités ne sont pas solidement fixées dans des bases. on limite ordinairement leur résistance au quart de celle d'un support annulaire de même section.

3° POUTRES DE DIVERSES FORMES

838. On peut donner aux poutres tubulaires en tôles et cornières placées verticalement, différentes formes qui, le plus souvent, sont dictées par les besoins de telle ou telle construction.

Par exemple dans les pans de fer nous pouvons avoir un support vertical placé à l'angle de deux murs (*fig.* 1554), il sera alors composé de quatre tôles T et T' réunies par une série de cornières.

Ce support peut être disposé dans un mur courant (*fig.* 1555) ou enfin, étant placé dans un mur M (*fig.* 1556), en recevoir un second M' perpendiculaire au premier.

On peut aussi avoir des supports verticaux ayant d'autres formes, comme nous l'avons indiqué au chapitre *pans de fer*.

D'après les expériences de M. Hodgkinson les supports cellulaires disposés de manière à ce qu'ils ne puissent fléchir et formés de tôles épaisses réunies par des cornières s'écrasent sous des charges de 25 kilogrammes par millimètre carré de section. On peut donc les charger en toute sécurité à 6 kilogrammes par millimètre carré de section.

M. Love a donné la formule suivante pour calculer la résistance des supports en fer à parois minces :

$$R = \frac{A + B'}{2} + B$$

formule dans laquelle :

A, est la résistance de deux parois opposées calculées comme faisant partie d'un support plein de hauteur *h* et de diamètre *d*;

B′, résistance des mêmes parois calculées séparément comme deux supports de hauteur h et d'épaisseur e;

B, résistance de deux parois opposées calculées de la même manière que B′.

Dans la plupart des cas de la pratique il nous suffira, pour calculer les piliers supportant les charpentes métalliques des combles de diviser le poids P qui doit supporter le pilier par le nombre S qui

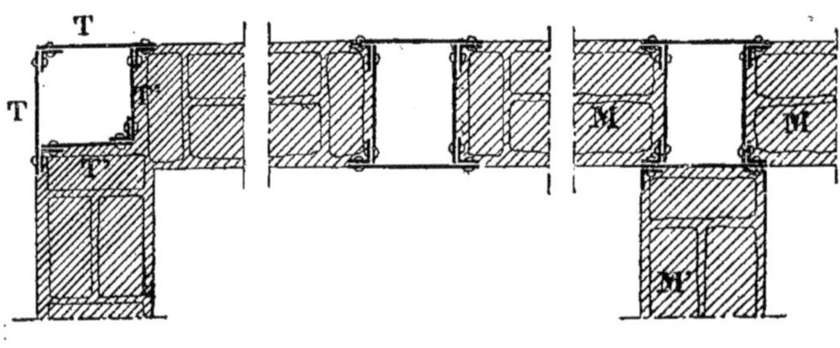

Fig. 1554. Fig. 1555. Fig. 1556.

représente la section de ce pilier et de vérifier si le nombre obtenu ne dépasse pas 6 kilogrammes par millimètre carré de section.

La formule très simple sera donc:

$$R = \frac{P}{S} \qquad (1)$$

R ayant comme maximum : $R = 6 \times 10^6$.

Exemple.

839. Supposons le pilier de la figure 1554 chargé d'un poids de 40 000 kilogrammes et voyons, en le composant comme suit, s'il peut résister à cette charge.

	Section en m/m²
4 cornières 60 × 60 × 10 . .	3 450
2 tôles T de 310 × 10	6 200
2 tôles T′ de 240 × 10 . . .	4 800
Section totale du pilier =	14 450 m/m²

En appliquant la formule (1) nous aurons :

$$R = \frac{40\,000}{14\,450} = 2^k,76$$

Ce pilier suffit donc largement puisqu'il ne travaille qu'à $2^k,76$ par millimètre carré de section.

Quelle que soit la forme du pilier on pourra toujours opérer ainsi et se rendre compte des dimensions à donner à un poteau de ferme métallique.

§ VI. — CALCULS DES FERMES. — EXEMPLES NUMÉRIQUES

840. Comme application des formules de résistance proposons-nous d'étudier quelques types courants de fermes métalliques.

1er Exemple.

841. Prenons comme premier exemple une ferme simple du type indiqué précédemment en croquis (*fig.* 1003).

Supposons à une ferme de ce genre, dont nous représentons schématiquement la moitié en croquis (*fig.* 1557), une portée de 21 mètres d'axe en axe des appuis; une longueur d'arbalétrier de 11 mètres; une distance d'axe en axe des fermes de $3^m,333$ et proposons-nous de déterminer en premier lieu la section à donner à l'arbalétrier.

La charge par mètre carré de toiture peut s'évaluer comme suit :

Vent	$10^k,00$
Neige.	25 00
Tuiles	45 00
Fer.	30 00
Total.	$110^k,00$

La section AB de l'arbalétrier qui est la plus fatiguée est soumise à un effort de compression et à un effort de flexion résultant du poids de la toiture.

1° Effort de compression.

842. La surface de la toiture supportée par un arbalétrier est égale à :

$$11^{m},00 \times 3^{m},333 = 36^{m2},663.$$

La charge totale supportée par un arbalétrier est donc égale à :

$$36,663 \times 110^{k} = 4\,032^{k},93$$

Soit net 4 033 kilogrammes.

La force horizontale équilibrant le poids de la toiture est, en prenant les moments par rapport au point C :

$$4\,033 \times 5,200 = T \times 4^{m},200$$

d'où

$$T = \frac{4\,033 \times 5,200}{4,200} = 5\,041^{k},00$$

La tangente de l'angle β, inclinaison de l'arbalétrier sur l'horizontale, est :

$$\frac{\sin\beta}{\cos\beta} = \frac{4.200}{10,500} = 0,4$$

d'où $\beta = 21°48'5''$

La compression dans la direction de l'arbalétrier est égale à ab (*fig.* 1558), on a :

$$ac = ab\cos\beta$$

d'où

$$ab = \frac{ac}{\cos\beta} = \frac{5\,041}{\cos 21°48'5''} = \frac{5\,041}{0,9285}$$

$$= 5430, \text{ soit net } 5\,450^{k},00$$

Supposons, comme le montr

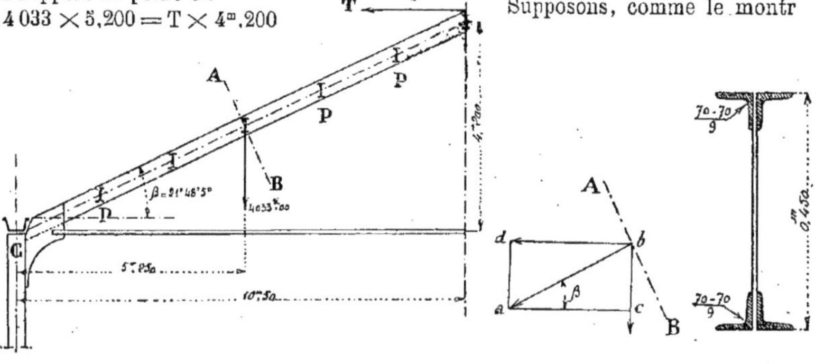

Fig. 1557

Fig. 1558.

Fig. 1559.

le croquis (*fig.* 1559), un arbalétrier en treillis de $0^{m},450$ de hauteur et composé avec quatre cornières de $70 \times 70 \times 9$. Ces quatre cornières ayant une section de 4 716 millimètres carrés l'effort de compression sur l'arbalétrier sera :

$$\frac{5\,450}{4\,716} = 1^{k},18 \text{ par millimètre carré}$$

2° Effort de flexion.

843. Le moment fléchissant dans la section AB est, d'après la formule connue :

$$\mu = \frac{pl^2}{8} = \frac{110^{k} \times 3^{m},333 \times \overline{11,00}^2}{8} = 5\,545^{k},28$$

Le moment d'inertie de la section de l'arbalétrier est :

$$I = \frac{0,146 \times \overline{0,450}^3 - 0,122 \times \overline{0,432}^3 - 0,018 \times \overline{0,310}^3}{12} = 0,000\,194\,348\,392$$

d'où

$$\frac{I}{v} = \frac{0,000\,194\,348\,392}{0,225} = 0,000\,863\,77$$

On a donc :

$$R = \frac{v\mu}{I} = \frac{5\,545,28}{0,000\,863\,77} = 6\,420\,00^{k}$$

par mètre carré ou $6^{k},42$ par millimètre carré de section.

Sous l'action des deux efforts, la section AB, la plus fatiguée, travaillera à :

$$1^{k},18 + 6^{k},42 = 7^{k},60.$$

Tirant horizontal.

844. La tension du tirant horizontal est, comme nous le savons, égale à la force horizontal T que nous avons trouvée être :

$$T = 5\,041 \text{ kilogrammes.}$$

Si, pour construire ce tirant nous prenons (*fig.* 1560) deux cornières à ailes inégales de $50 \times 35 \times 5$ dont la section totale est de 800 millimètres carrés, le fer employé pour ce tirant travaillera à :

$$\frac{5\,041}{800} = 6^k,30$$

par millimètre carré de section, nombre très acceptable.

Pannes.

845. La charge par mètre carré supportée par chaque panne est répartie comme suit :

Vent.	10^k,00
Neige.	25 00
Tuiles	45 00
Fer.	15 00
Total.. . . .	95^k,00

Fig. 1560 et 1561.

La charge par mètre courant de panne sera donc :

$$95^k \times 1,8 = 171^k,00.$$

Le moment fléchissant au milieu de la panne est :

$$\mu = \frac{pl^2}{8} = \frac{171^k,00 \times \overline{3,333}^2}{8} = 237$$

En admettant pour les pannes le profil indiqué par le croquis (*fig.* 1561) fer I de $100 \times 43 \times 5$; on aura :

$$\frac{I}{v} = \frac{\overline{0,100}^3 \times 0,043 - 0,038 \times \overline{0,090}^3}{12 \times 0,05} = 0,0000314$$

Donc :

$$R = \frac{237}{0,0000314} = 7\,550\,000 \text{ kilogrammes}$$

par mètre carré soit 7^k,55 par millimètre carré de section.

REMARQUE RELATIVE A LA DISPOSITION DU CALCUL DE $\frac{I}{v}$ POUR UN PROFIL SYMÉTRIQUE (*Unité, le mètre*).

846. Nous avons déjà eu l'occasion de dire que le calcul de $\frac{I}{v}$ d'une poutre symétrique est un calcul long et pénible et que l'opérateur fait souvent des erreurs, il n'est donc pas inutile d'indiquer ici, ce

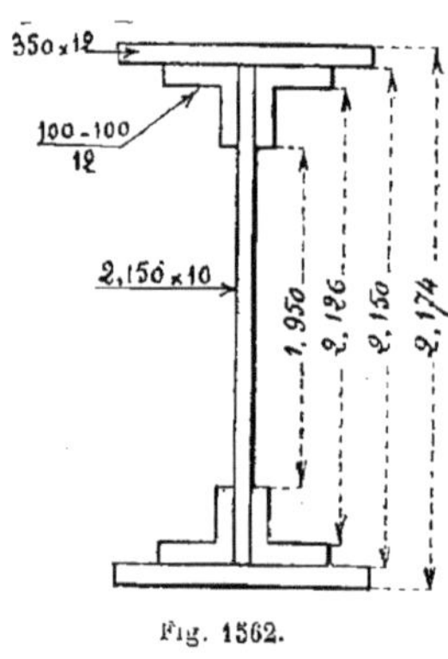

Fig. 1562.

que nous n'avons pas encore fait, comment il faut disposer le calcul pour éviter autant que possible ces erreurs.

Supposons que nous ayons à trouver la valeur de I et par suite le $\frac{I}{v}$ d'une poutre dont nous donnons le croquis (*fig.* 1562).

Le calcul se disposera de la manière suivante :

$$\overline{2,174}^3 = 10,273\,924\,000 \times 350 = \ldots\ldots\ldots\ldots + 3,596\,223\,000\,000$$

$$\left.\begin{aligned} \overline{2,150}^3 &= 9,938\,375\,000 \times 140 = -1,391\,372\,000\,000 \\ \overline{2,126}^3 &= 9,609\,256\,000 \times 176 = -1,691\,229\,000\,000 \\ \overline{1,950}^3 &= 7,414\,875\,000 \times 24 = -0,177\,957\,000\,000 \end{aligned}\right\} - 3,260\,558\,000\,000$$

$$\text{Différence} = +0,335\,665\,000\,000$$

$$\text{dont } \frac{1}{12} = I = +0,027\,972\,000\,000$$

Dans le cas actuel $v = \frac{2,174}{2} = 1^m,087$

nous aurons donc pour $\frac{I}{v}$:

$$\frac{I}{v} = 0,025\ 730$$

et par suite si nous prenons $R = 6^k \times 10^6$, il nous sera facile d'avoir :

$$\frac{RI}{v} = 154\ 380.$$

Supposons qu'à la poutre représentée en croquis (*fig.* 1562) nous ajoutions deux plates-bandes de 350 × 12 (*fig.* 1563).

Le calcul supplémentaire à faire se disposera de la manière suivante :

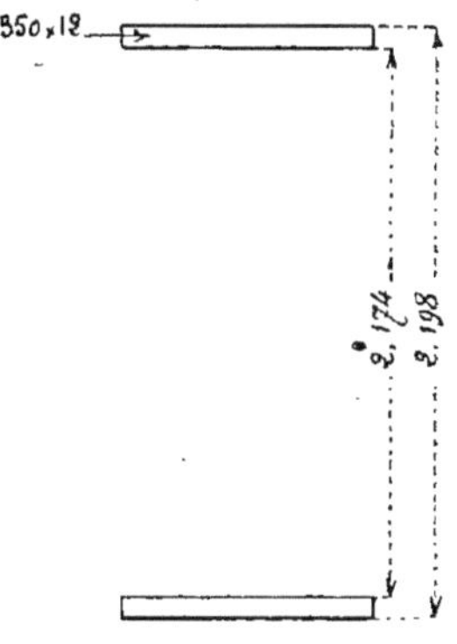

Fig. 1563.

$$\overline{2,198}^3 = 10,618\ 986\ 000 \times 350$$

$$\overline{2,174}^3 = 10,274\ 924\ 000 \times 350$$

$$\text{Différence :}\quad 0,344\ 062\ 000 \times 350 = 0,120\ 442\ 000\ 000$$

$$\text{dont } \frac{1}{12} = 0,010\ 035\ 000\ 000$$

$$\text{I précédent} = 0,027\ 972\ 000\ 000$$

$$I = 0,038\ 007\ 000\ 000$$

Dans cet exemple $v = \frac{2,198}{2} = 1,099$

La valeur de $\frac{I}{v}$ sera :

$$\frac{I}{v} = 0,034\ 580$$

et, prenant toujours $R = 6^k \times 10^6$ on obtiendra encore très facilement :

$$\frac{RI}{v} = 207\ 480.$$

Poutres supportant les fermes.

847. Supposons, dans le comble que nous étudions, que deux des fermes X et Y (*fig.* 1564) reposent directement sur des poteaux métalliques R et que deux autres fermes U et V reposent sur une sablière S analogue à celle qui a été étudiée en détails (*fig.* 1007). Proposons-nous de calculer cette sablière S.

Ces sablières S reçoivent de la part du comble une charge de 4 032 kilogrammes plus un poids de 805 kilogrammes de la part d'un appentis annexé à la grande charpente, soit donc un poids total de 4 837 kilogrammes.

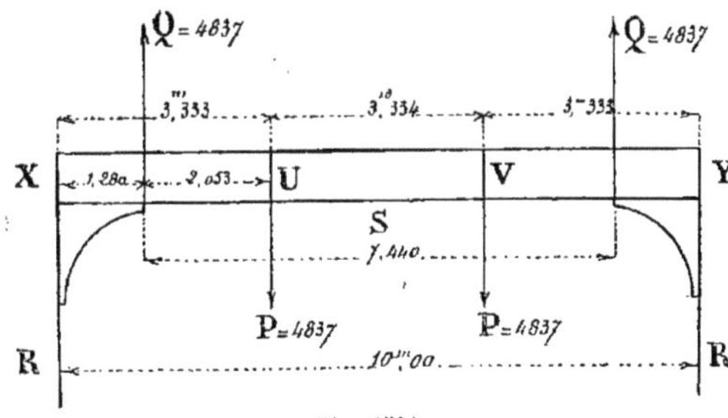

Fig. 1564.

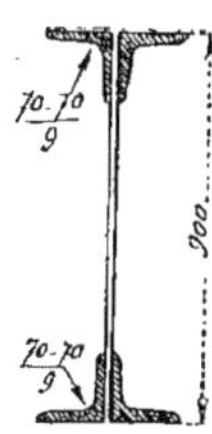

Fig. 1565.

Le moment fléchissant au milieu de la poutre est :

$$\mu = 2053 \times 4837 \times \frac{pl^2}{8} = 9930 + \frac{100 \times \overline{7,44}^2}{8} = 9930 + 692 = 10622$$

Le moment d'inertie est :

$$I = \frac{0,140 \times \overline{0,900}^3 - 0,126 \times \overline{0,886}^3 - 0,014 \times \overline{0,760}^3}{12} = 0,000\,690\,043$$

Si nous supposons à cette sablière une hauteur de $0^m,900$ (*fig.* 1565), la valeur de $\frac{I}{v}$ sera, v étant égal à :

$$v = \frac{0,900}{2} = 0,45 :$$

$$\frac{I}{v} = \frac{0,000\,690\,043}{0,45} = 0,001\,533.$$

Donc :

$$R = \frac{10\,622}{0,001\,533} = 6\,950\,000^k$$

par mètre carré ou $6^k,95$ par millimètre carré de section.

Dimensions des poteaux verticaux R (*fig.* 1564).

848. Supposons que ces poteaux soient composés comme l'indique le croquis (*fig.* 1566), la section totale se décompose ainsi :

2 tôles de	$270 \times 5 = 2\,700^m/^{m2}$	
2 tôles de	$260 \times 5 = 2\,600$	—
4 cornières	$50 \times 50 \times 5 = 2\,000$	—
Section totale	$7\,300^m/^{m2}$	

La formule qui servira à calculer le poteau à la compression sera :

$$R = \frac{P}{\Omega}\left(0,85 + 0,04\,\frac{l}{d}\right) \qquad (1)$$

Dans cet exemple, P est la charge totale sur le pilier, P = 18969 kilogrammes ; Ω, la section de ce pilier, Ω = 7300 millimètres

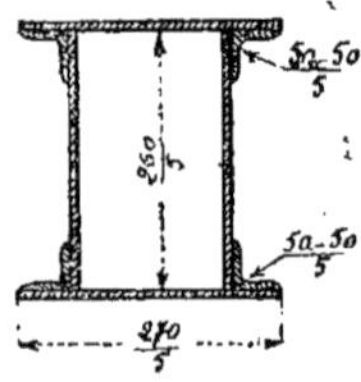

Fig. 1566.

carrés ; l, la longueur du poteau non entretoisé, soit $l = 6^m,450$; d, la plus petite dimension de la section transversale que nous prendrons, $d = 240$ millimètres.

En remplaçant dans l'expression (1) les lettres par leurs valeurs nous aurons :

$$R = \frac{18\,969 \times \left(0,85 + 0,04\,\frac{6,450}{240}\right)}{7\,300}$$

$$= \frac{18\,969 \times 1,93}{7\,300} = \frac{36\,610}{7\,300} = 5^k\,02$$

chiffre très acceptable comme nous voyons

2° Exemple.

849. Comme deuxième exemple, proposons-nous de calculer le comble dont nous avons donné le croquis (*fig.* 1026) et l'épure des forces (*fig.* 1510).

Calcul du lattis.

850. Dans cette ferme le lattis, en fer cornière, est espacé pour recevoir une couverture en tuiles, soit $0^m,335$ d'axe en axe ; sa portée $l = 1^m,210$.

La charge par mètre courant à compter pour ce lattis se décompose comme suit :

Vent. . . .	$70^k \times 0^m,335$	$= 23^k,00$
Neige. . . .	$30 \times 0,335$	$= 10\;\;00$
Tuiles . . .	$45 \times 0,335$	$= 15\;\;00$
Fer évalué.		$= 2\;\;00$
Charge p par mètre courant,		$p = 50^k,00$

La valeur de μ sera la suivante :

$$\mu = \frac{pl^2}{12} = \frac{50 \times \overline{1,210}^2}{12} = 6^k,1$$

Le lattis étant solidement rivé ou vissé

sur chaque chevron nous le supposons comme étant encastré à chaque extrémité.

Si pour exécuter ce lattis, nous prenons de petites cornières du commerce de 30 × 30 × 4 pesant $1^k,7$ et ayant une valeur de $\frac{I}{v} = 0{,}000\,000\,883{,}5$ et si nous admettons pour R la valeur R = 10 kilogrammes nous aurons :

$$R = \frac{v\mu}{I} = \frac{6{,}1}{0{,}0000008835 \times 10^6} = 6^k{,}9$$

pour le travail du treillis.

Calcul des chevrons.

851. Les chevrons C (*fig.* 1567) reposant sur les pannes P de la ferme peuvent être considérés chacun comme une poutre à quatre travées égales reposant sur cinq appuis en ligne droite.

La charge à considérer est la suivante :

Vent. . . .	$70^k \times 1^m{,}210 =$	$85^k{,}00$
Neige. . . .	$30^k \times 1^m{,}210 =$	$36^k{,}00$
Tuiles. . . .	$45^k \times 1^m{,}210 =$	$54^k{,}00$
Fer.	$6^k + 8^k =$	$14^k{,}00$
Charge p par mètre courant, $p =$		$189^k{,}00$

La portée l étant égale à $l = 3^m{,}064$ nous aurons pour le moment fléchissant maximum la valeur suivante :

$$\mu = \frac{3pl^2}{28}\cos\alpha = \frac{3 \times 189 \times \overline{3{,}064}^2 \times 0{,}8192}{28} = 155{,}7.$$

La valeur de N compression longitudinale sera :

$$N = 3pl\sin\alpha = 3 \times 189 \times 3{,}064 \times 0{,}5736 = 996^k{,}5$$

Si nous admettons pour les chevrons un fer I de 100 × 41 × 5 ($0^m{,}10$, *a. o.* pesant 8 kilogrammes le mètre courant et ayant une valeur de $\frac{I}{v} = 0{,}00003162$ nous pourrons écrire :

$$R = \frac{v\mu}{I} + \frac{N}{\Omega} = \frac{155{,}7}{0{,}00003162 \times 10^6} + \frac{996{,}5}{1\,040} = 4{,}92 + 0{,}95 = 5^k{,}87,$$

chiffre très acceptable.

Calcul des pannes.

852. Les pannes ayant une portée $l = 4^m{,}838$ peuvent être considérées comme des poutres chargées par les chevrons (*fig.* 1568) de trois poids P égaux à :

Charge d'un chevron. .	$189 \times 3{,}064 =$	$579^k{,}00$
Chevron. . .	$8 \times 3{,}064 =$	$24^k{,}00$
	P =	$603^k{,}00$

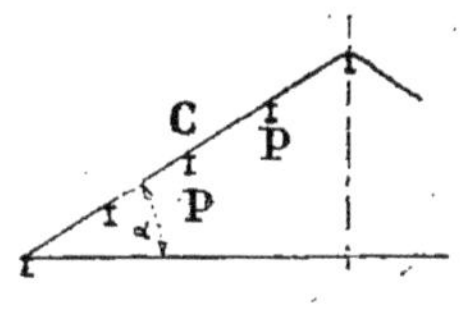

Fig. 1567.

Si nous prenons pour les pannes un fer I de 180 × 100 × 7 (poids approximatif, 27 kilogrammes) pesant par exemple net

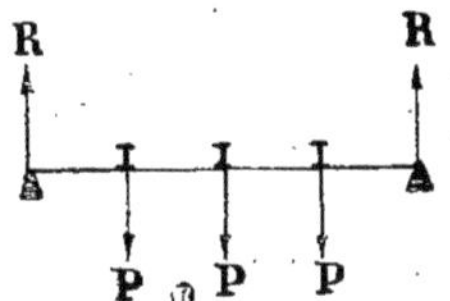

Fig. 1568.

30 kilogrammes le mètre courant, nous pourrons écrire :

$$\mu = -\frac{pl^2}{8} + \frac{Pl}{4} + \left(\frac{pl}{2} + \frac{3P}{2}\right)\frac{l}{2} = \frac{pl^2}{8} + \frac{Pl}{2}$$

$$\mu = \frac{30 \times \overline{4{,}838}^2}{8} + \frac{603 \times 4{,}838}{2} = 87{,}7 + 1\,458{,}6 = 1\,546$$

et $R = \frac{v\mu}{I} = \frac{1\,546}{0{,}00021788 \times 10^6} = 7^k{,}08.$

Calcul des fermes

853. Chaque demi-ferme comporte trois pannes intermédiaires ; la charge au droit d'une panne se décompose comme suit :

Charge d'une panne :		
Trois chevrons à . . .	$603^k =$	$1\,809^k{,}00$
Poids propre de chaque panne.	$27^k \times 4{,}838 =$	$131\,00$

Poids de la ferme environ 50 kilogrammes le mètre courant :

Soit. . . . . . $50 \times 3{,}064 =$ 153,00

Charge au droit d'une panne $P = 2\,093^k{,}00$

La compression dans les arbalétriers est, comme nous l'avons vu pour ce genre de comble, donnée par la relation :

$$A_m = \frac{P}{2 \sin \alpha}(2n - m)$$

Ce qui nous permettra d'écrire directement :

$$A_1 = \frac{P}{2 \sin \alpha}(8-1) = \frac{2\,093}{2 \times 0{,}5736} \times 7 = 12\,770^k{,}00$$

$$A_2 = \frac{P}{2 \sin \alpha}(8-2) = \frac{2\,093}{2 \times 0{,}5736} \times 6 = 10\,945^k{,}00$$

$$A_3 = \frac{P}{2 \sin \alpha}(8-3) = \frac{2\,093}{2 \times 0{,}5736} \times 5 = 9\,1[illegible]^k{,}00$$

$$A_4 = \frac{P}{2 \sin \alpha}(8-4) = \frac{2\,093}{2 \times 0{,}5736} \times 4 = 7\,300^k.$$

La réaction T de la demi-ferme sera :

$$T = \frac{2P}{\text{tg } \alpha} = \frac{2 \times 2\,093}{0{,}7002} = 5\,980^k.$$

Tension des tirants.

854. Le calcul de la tension des tirants se fait par la formule générale :

$$T_m = \frac{P}{2 \text{ tg } \alpha}[2n - (m-1)].$$

Ce qui permet d'écrire dans l'exemple actuel :

$$T_1 = T_2 = \frac{P}{2 \text{ tg } \alpha}(8-1) = \frac{2\,093}{2 \times 0{,}7002} \times 7 = 10\,460^k.$$

$$T_3 = \frac{P}{2 \text{ tg } \alpha}(8-2) = \frac{2\,093}{2 \times 0{,}7002} \times 6 = 8\,970^k.$$

$$T_4 = \frac{P}{2 \text{ tg } \alpha}(8-3) = \frac{2\,093}{2 \times 0{,}7002} \times 5 = 7\,470^k.$$

Si nous prenons comme tirants deux cornières de $65 \times 65 \times 7$ pesant $6^k{,}73$ le mètre courant, nous aurons :

$$R = \frac{10\,460}{1\,722} = 6^k{,}00$$

pour le travail de ces cornières.

Compression dans les contrefiches.

855. La formule générale pour les contrefiches est :

$$C_m = \frac{(m-1)P}{2 \sin (C_m, T_m)}.$$

Dans l'exemple que nous étudions nous aurons :

$$C_2 = \frac{P}{2 \sin 35^\circ} = \frac{2093}{2 \times 0{,}5736} = 1825^k$$

$$C_3 = \frac{2P}{2 \sin 55^\circ} = \frac{2 \times 2093}{2 \times 0{,}8192} = 2555$$

$$C_4 = \frac{3P}{2 \sin 65^\circ} = \frac{3 \times 2093}{2 \times 0{,}9063} = 3465$$

Si nous prenons, par exemple, pour la contrefiche C_4, deux cornières de $50 \times 80 \times 8$ pesant $7^k{,}5$ le mètre courant nous aurons :

$$R = \frac{C_4}{\Omega}\left(0{,}85 + 0{,}04 \frac{l}{d}\right) = \frac{3465}{1952}\left(0{,}85 + 0{,}04 \frac{6{,}00}{0{,}08}\right) = 5^k\,05.$$

Si, pour la suivante C^3, nous adoptons deux cornières de $40 \times 60 \times 8$, pesant 6 kilogrammes le mètre courant nous aurons :

$$R = \frac{C_3}{\Omega}\left(0{,}85 + 0{,}04 \frac{l}{d}\right) = \frac{2555}{1472}\left(0{,}85 + 0{,}04 \frac{4{,}00}{0{,}06}\right) = 6^k{,}08.$$

Pour la dernière C_2 nous prendrons par exemple deux cornières de $40 \times 60 \times 5$, pesant $3^k{,}7$ et le calcul suivant nous montrera encore qu'elles sont suffisantes.

$$R = \frac{C_2}{\Omega}\left(0{,}85 + 0{,}04 \frac{l}{d}\right) = \frac{1825}{950}\left(0{,}85 + 0{,}04 \frac{3}{0{,}06}\right) = 5^k\,47.$$

Tension des aiguilles.

856. La formule générale à employer est la suivante :

$$V_m = \frac{(m+1)P}{2}$$

Ce qui nous permettra en l'appliquant dans l'exemple actuel d'écrire :

$$V_1 = \frac{(1+1)P}{2} = P = 2\,093^k$$ — fer plat de 60×6 pesant $2^k{,}77$ le mètre :

$$R = \frac{2093}{360} = 5^k\,7$$

$$V_2 = \frac{3P}{2} = \frac{3 \times 2093}{2} = 3140^k$$ — fer plat de 70×7 pesant $3^k,77$ le mètre :

$$R = \frac{3140}{360} = 6^k,4.$$

$$V_3 = \frac{4P}{2} = 2P = 4190$$ — fer U $30 \times 60 \times 6$ pesant $5^k,18$ le mètre

$$R = \frac{4190}{672} = 6^k,2.$$

Enfin $V_4 = 4P = 4 \times 2093 = 8370^k$ — fer U de $60 \times 30 \times 6$, pesant $5^k,18$ le mètre :

$$R = \frac{8370}{1335} = 6^k,2.$$

Calcul de l'arbalétrier.

857. L'arbalétrier peut, dans cet exemple, être considéré comme une poutre à quatre travées égales.

Si $l = 3^m,064$ et $P = pl = 2\,093$ kilogrammes nous pouvons écrire :

$$\mu_1 = \frac{3pl^2}{28} \cos \alpha = \frac{3Pl}{28} \cos \alpha$$

$$= \frac{3 \times 2\,093 \times 3.064}{28} \times 0{,}8192 = 563$$

L'arbalétrier est supposé en treillis (*fig.* 1569) ayant $0^m,350$ de hauteur et construit avec des cornières de $80 \times 50 \times 8$ du commerce pesant $7^k,5$ le mètre courant.

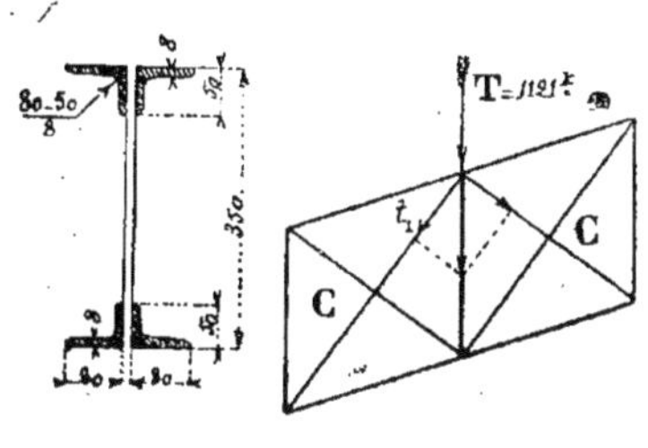

Fig. 1569.

Fig. 1570.

Pour la flexion nous aurons :

$$R_1' = \frac{v\mu}{I} = \frac{563}{0{,}000\,496\,3845 \times 10^6} = 1^k,13$$

Pour la compression nous aurons :

$$R_1'' = \frac{A_1}{\Omega_1}\left(0{,}85 + 0{,}04\,\frac{l}{d_1}\right)$$

$$= \frac{12\,770}{3\,094}\left(0{,}85 + 0{,}04\,\frac{3{,}064}{0{,}170}\right) = 5^k,13$$

donc :

$$R = 1^k,13 + 5^k,13 = 6^k,26.$$

Croisillons.

858. Pour le calcul des croisillons C (*fig.* 1570) l'effort tranchant T sera donné par l'expression :

$$T = \frac{15pl}{28} = \frac{15 \times 2\,093}{28} = 1\,121^k,00$$

L'effort maximum dans la grande barre se déduit par une simple décomposition de forces et est : $t_1 = 1\,140$ kilogrammes.

Si pour construire les croisillons nous prenons du fer plat de 35/8 pesant $2^k,15$ le mètre courant nous aurons :

$$R = \frac{1\,140}{280} = 4^k,00.$$

Rivets.

859. Pour les rivets nous admettrons du fer rond de $0^m,014$ de diamètre dans les cornières de 50 et dans les croisillons ; nous aurons alors :

$$R = \frac{1\,140}{307} = 3^k,7$$

307 = 2 fois la section du rivet qui travaille au double cisaillement.

Boulons.

860. Nous prendrons quatre boulons de $0^m,018$ pour l'assemblage du tirant et de l'arbalétrier et nous aurons :

$$\frac{10\,460}{2\,035} = 5^k,1$$

2 Boulons de 14, assemblage de C_2 et de C_3. . . . . $\frac{2\,555}{615} = 4^k,1.$

2 — 14, — C_4 — . . . . $\frac{3\,465}{923} = 3^k,7$

2 — 16, — V_1 — . . . . $\frac{2\,090}{402} = 5^k,2$

3 Boulons de 16, assemblage de V_2 et de C^3 . . . . $\frac{3\,140}{603} = 5^k,2$

3 — 20, — V_3 et V_4 . . . . $\frac{4\,190}{942} = 4^k,4$

1 — 16, — pannes . . . . $\frac{904}{402} = 2^k.2$

3e Exemple.

861. Comme troisième exemple proposons-nous d'étudier un comble Polonceau. Bien que ce genre de comble s'emploie de moins en moins il est souvent indispensable au constructeur de savoir le calculer, soit pour vérifier un comble existant, soit pour en construire de nouveaux lorsque ce type est imposé.

Lorsque le comble Polonceau ne comporte qu'une seule contrefiche (*fig.* 1571) les calculs sont relativement simples ; nous nous contenterons de les rappeler ; lorsqu'au contraire il y a plusieurs contrefiches le calcul est un peu plus compliqué nous l'indiquerons plus en détails. Quand il n'y a qu'une contrefiche les données du problème sont : la portée du comble $2a$, et

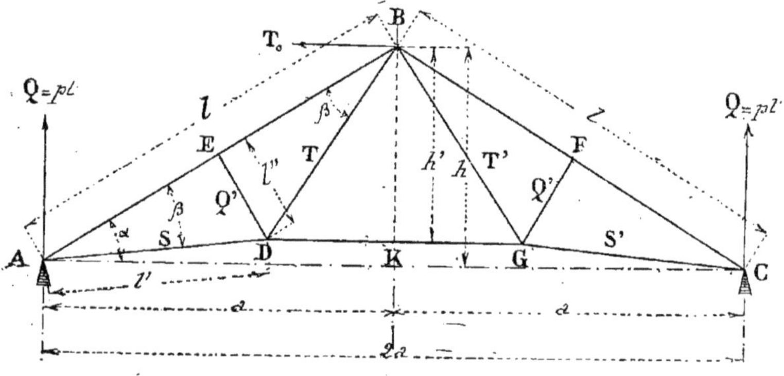

sa montée ou hauteur h, les autres dimensions se calculent comme nous allons l'indiquer.

La longueur l de l'arbalétrier est donnée par l'expression :

$$l = \sqrt{a^2 + h^2}.$$

La longueur l' des tirants SS'TT' qui sont égaux est donnée par la relation :

$$l' = \sqrt{\frac{l^2}{4} + \overline{\text{ED}}^2}.$$

Les tangentes des angles α et β sont :

$$\operatorname{tg}\alpha = \frac{h}{a} \text{ et } \operatorname{tg}\beta = \frac{2\text{ED}}{\;}.$$

Sans nous arrêter à détailler tous les calculs nous donnerons simplement les formules qui serviront à calculer :

1° Les réactions Q aux appuis;

2° La tension T_0 qui permettra de calculer le tirant DG ;

3° Le calcul des contrefiches ;

4° Les tensions des tirants SS'TT' ;

5° Les forces qui agissent sur les arbalétriers.

Comme nous l'avons vu dans des exemples précédents nous représentons par pl la charge uniformément répartie sur l'arbalétrier.

Les réactions Q aux appuis sont égale entre elles et égales à :

$$Q = pl$$

La tension T_0 qui permet de calculer le tirant horizontal DG est donnée par l'expression :

$$T_0 = \frac{pla}{2h'} = \frac{pl^2 \cos\alpha}{2h'}.$$

Ayant trouvé la valeur de T_0, en remplaçant dans cette expression les lettres par leurs valeurs, il suffira de choisir un fer rond dans les fers du commerce, de prendre sa section ω et en divisant la tension T_0 par ω de satisfaire à l'expression :

$$\frac{T_0}{\omega} \leq R.$$

R étant comme toujours égal à

$$R = 6 \times 10^6.$$

La valeur Q' de la pression sur la contrefiche ED est donnée par la relation :

$$Q' = \frac{5}{8} pl \cos \alpha$$

mais $\cos \alpha = \frac{a}{l}$ donc la valeur de Q' peut s'écrire :

$$Q' = \frac{5}{8} pa$$

Ayant calculé Q' il suffira, si on adopte une bielle en fonte à section cruciforme (*fig.* 1572) de prendre la section milieu de la bielle ou la surface ω des quatre branches *a*, *b*, *c*, *d* et de satisfaire comme précédemment à la relation :

$$\frac{Q'}{\omega} \leq R.$$

L'arbalétrier est sollicité à la flexion par la composante $pl \cos \alpha = pa$; nous obtiendrons la formule servant à calculer les tirants inclinés S et S' par la relation :

$$S = S' = \frac{13}{16} \frac{pl \cos \alpha}{\sin \beta} \qquad (1)$$

mais comme $\sin \beta = \frac{l''}{l'}$

on peut écrire : $S = S' = \frac{13}{16} pa \frac{l'}{l''}$.

Pour les autres tirants T et T' nous aurons :

$$T = T' = \frac{S' \sin \alpha - \frac{3}{16} pl \cos \alpha}{\sin \beta}$$

$$= \left(\frac{S'h}{l} - \frac{3}{16} pa\right) \frac{l'}{l''}.$$

En remplaçant S' par la valeur trouvée en (1) on pourra écrire :

$$T = T' = \left(\frac{pa}{2} \times \frac{h}{h'} - \frac{3}{16} pa\right) \frac{l'}{l'}.$$

Les tirants S, S', T, T' étant en fer rond et ω et ω' étant leur section il faudra comme précédemment satisfaire à :

$$\frac{S}{\omega} \leq R \quad \text{et} \quad \frac{T}{\omega} \leq R.$$

L'arbalétrier est, comme nous le savons, regardé comme une poutre à deux travée,

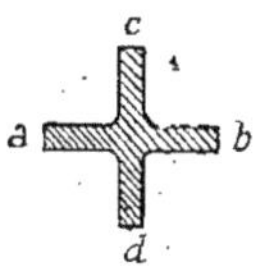

Fig. 1572.

égales encastrée sur la bielle. Le moment fléchissant maximum au point E (*fig.* 1571) est égal à :

$$\mu = \frac{RI}{v} = \frac{pl^2 \cos \alpha}{32} = \frac{pla}{32}.$$

La compression longitudinale N sur l'arbalétrier est donnée par l'expression suivante :

$$N = S \cos \beta + \frac{pl}{2} \sin \alpha$$

expression dans laquelle $\cos \beta = \frac{l}{2l'}$.

Connaissant les valeurs de μ, N et $R = 6 \times 10^6$ il nous sera facile avec la formule

$$R = \frac{v\mu}{I} + \frac{N}{\Omega}$$

de trouver le fer à employer pour l'arbalétrier.

Nota.

862. Si, par suite de la trop grande longueur du tirant horizontal DG on

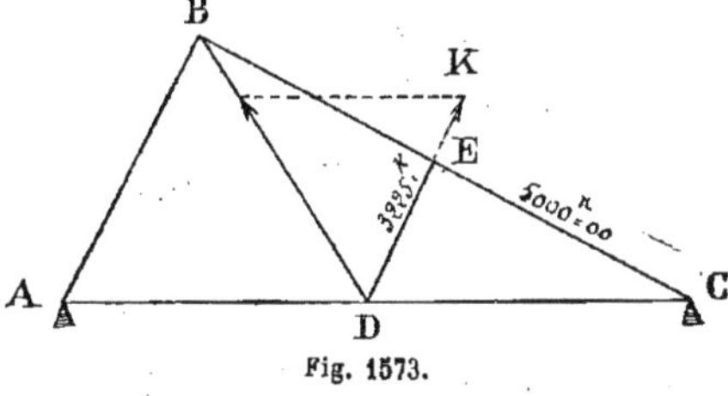

Fig. 1573.

emploie une aiguille pendante BK nous savons que cette aiguille se calcule rarement car en effet elle ne porte que les $\frac{5}{8}$ du tirant DG, ce qui est bien peu de chose.

Dans les combles ordinaires on lui donne le plus souvent de 12 à 15 millimètres de diamètre.

Nous ne reviendrons pas sur le calcul des pannes, car nous l'avons déjà indiqué.

863. *Remarque.* Sachant que dans

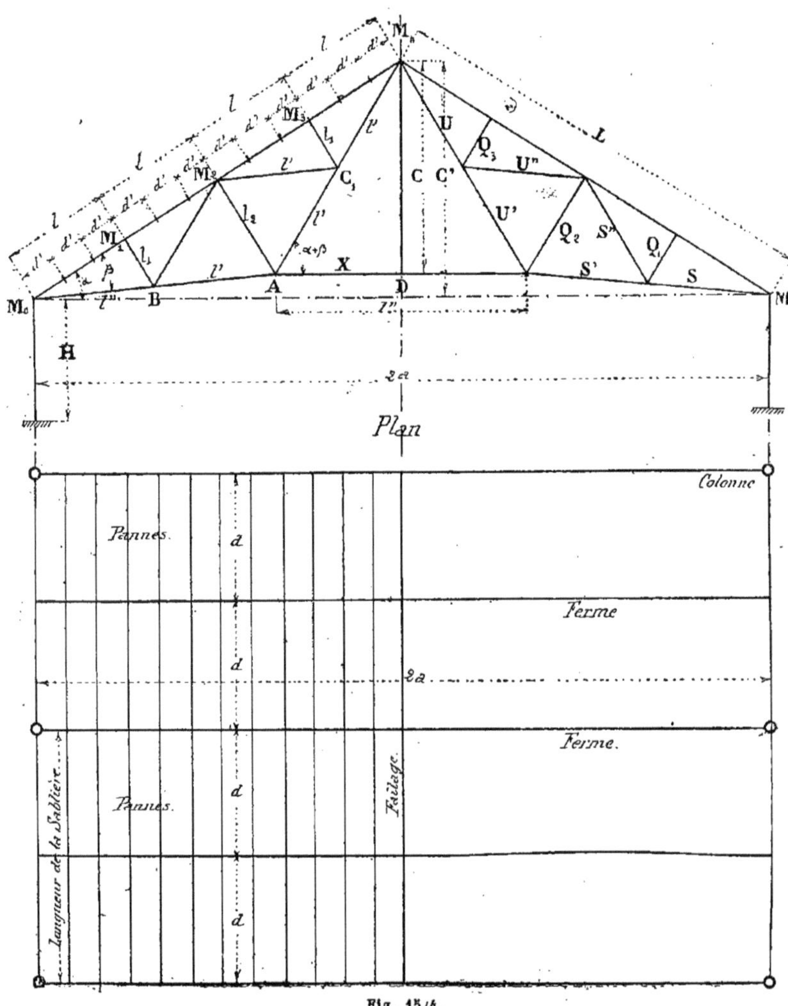

Fig. 1574.

un comble Polonceau à une seule contrefiche la pression sur cette contrefiche est égale aux $\frac{5}{8}$ de la charge uniformément répartie sur l'arbalétrier, il nous sera facile de calculer un comble Shed ayant la forme représentée (*fig.* 1573).

La charge sur l'arbalétrier étant par

exemple 5 000 kilogrammes uniformément répartis nous aurons pour la pression sur ED la valeur suivante :

$$ED = \frac{5\,000 \times 5}{8} = 3\,225.$$

Nous portons, à une échelle convenable, ce nombre 3 225 kilogrammes de D en K et si, par le point K nous menons une droite KL parallèle à AB nous aurons suivant DL en le mesurant à l'échelle la tension du tirant oblique BD.

4e Exemple.

864. Comme quatrième exemple proposons-nous d'étudier le calcul complet d'un comble Polonceau à trois contrefiches représenté en croquis (*fig.* 1574).

Les données du problème sont les suivantes :

Portée ou ouverture du comble $2a = 30^m,50$.

Distance entre deux fermes, $d =$ 6 mètres;

Angle α de l'arbalétrier avec l'horizontale, $\alpha = 22$ degrés;

Angle β de l'arbalétrier avec le tirant inférieur, $\beta = 17$ degrés.

Charge par mètre carré :

Couverture (zinc) . . . . . . $m = 20^k,00$
Charpente . . . . $m' = 35\,,00$
Surcharge . . . . $m'' = 30\,,00$

Calcul préliminaire.

865. Il est utile avant de commencer le calcul des diverses pièces de calculer certaines longueurs dont nous aurons besoin dans le courant de cet exposé.

Longueur de l'arbalétrier :

$$L = \frac{a}{\cos \alpha} = \frac{15.25}{\cos 22^\circ} = 16^m,448.$$

Longueur d'une portée ou distance entre les points d'appui et les bielles entre elles :

$$l = \frac{1}{4} L = \frac{16,448}{4} = 4^m,112.$$

Longueur d'une petite contrefiche :
$l_1 = l \operatorname{tg} \beta = 4,112 \times \operatorname{tg} 17^\circ = 1^m,257;$

Longueur d'une grande contrefiche :
$$l_2 = 2l_1 = 2^m,514;$$

Longueur d'un tirant :

$$l' = \frac{l}{\cos \beta} = \frac{4,112}{\cos 17^\circ} = 4^m,300;$$

Longueur de l'entrait :
$l'' = 4l' \cos(\alpha + \beta) = 4 \times 4,3 \cos 39^\circ = 13^m,367;$

Longueur du poinçon :
$C = 2l' \sin(\alpha + \beta) = 2 \times 4,3 \sin 39^\circ = 5^m,412;$

Montée du comble :
$$C' = a \operatorname{tg} \alpha = 6^m,161.$$

Ces données étant posées nous commencerons le calcul par celui des pannes qui, dans l'exemple actuel, ont une longueur d égale à 6 mètres.

Calcul d'une panne.

866. La distance d' entre deux pannes consécutives est :

$$d' = \frac{l}{3} = \frac{4,112}{3} = 1^m,3706.$$

Charge par panne : Couverture (zinc) $m = 20$ kilogrammes, surcharge $m'' = 30$ kilogrammes, soit 50 kilogrammes plus le poids par mètre courant de panne, soit 12 kilogrammes.

Le poids p par mètre courant que doit supporter une panne se déduit alors assez facilement comme suit :

$$p = (m + m'')\,d' + 12^k,00 = 80^k,50$$

soit net, $p = 81^k,00$.

Nota.

867. La semelle des pannes étan placée parallèlement à la direction de l'ar balétrier la charge verticale p donne, comme nous l'avons déjà indiqué, lieu à une composante oblique $p \sin \alpha$ qui tend à favoriser le glissement de la couverture et à produire une déformation latérale de la panne. Les semelles placées horizontalement sont plus rationnelles, les formules de la flexion s'appliquant mieux.

868. Si l'âme de la panne est verticale et si on la suppose posée sur deux appuis sans tenir compte de l'encastrement imparfait produit par l'assemblage avec l'arbalétrier, le maximum du moment fléchissant correspondant au milieu de la longueur d de la panne a pour valeur :

$$\mu = \frac{1}{8} pd^2 = 364,500. \qquad (1)$$

La charge que porte une panne étant

perpendiculaire à la direction de sa ligne moyenne, la tension longitudinale est nulle et la formule qui donne les dimensions de la section transversale ω est :

$$R = \frac{v\mu}{I} = \frac{\mu}{\frac{I}{v}}.$$

Remplaçant dans cette formule μ par sa valeur trouvée en (1) et choisissant par exemple un fer **I** du commerce de 0,16 *a. o.* dont le $\frac{I}{v}$ est le suivant, d'après le tableau numéro 6, page 257,

$$\frac{I}{v} = 0{,}000082292$$

nous aurons :

$$R = \frac{\mu}{\frac{I}{v}} = \frac{364{,}500}{0{,}0000\,82292} = 4^k{,}43$$

par millimètre carré de section, chiffre très acceptable.

Calcul de l'arbalétrier.

869. Comme il y a trois contrefiches, on peut assimiler l'arbalétrier à une poutre inclinée à quatre travées égales entre elles et reposant sur cinq appuis en ligne droite et admettre que la charge sur l'arbalétrier est uniformément répartie.

Calculons les dimensions de cette pièce pour une ferme intermédiaire.

Pour l'arbalétrier, la charge p par mètre courant est :

$$p = (m + m' + m'')\,d = 510^k{,}00$$

On peut calculer de suite les expressions suivantes qui se retrouvent souvent dans les calculs :

$$pl = 2\,097{,}120\,;$$

$$p' = pl \cos\alpha = 1944.413\,;$$

$$p'' = \frac{1}{28}\,pl \cos\alpha = 69{,}443\,;$$

$$p''' = \frac{1}{28}\,\frac{pl\cos\alpha}{\sin\beta} = 237{,}517.$$

La formule à employer pour le calcul des dimensions de la section transversale de l'arbalétrier M_0M_1 est :

$$R = \frac{v\mu}{I} + \frac{N}{\Omega},$$

expression dans laquelle la compression longitudinale N comprend :

1° La composante Z de la charge uniformément répartie, composante variable comme le moment fléchissant avec la position de la section considérée ;

2° La compression longitudinale constante N_1 exercée en M_1 par la tension du tirant CM_1 et par la réaction due à l'arbalétrier $M_0'M_1$.

On admet que le plus grand effort longitudinal R résultant des variables simultanées μ et N s'exerce dans les fibres extrêmes correspondantes à la section transversale qui passe au deuxième appui M_1 pour lequel on a :

$$\mu_1 = \frac{3}{28}\,pl^2 \cos\alpha = 856{,}694.$$

On a aussi :

$$N = N_1 + Z$$

$$N_1 = \frac{101}{28}\,\frac{pl\cos\alpha\cos\beta}{\sin\beta} = 101\,p''' \cos\beta = 22\,941$$

et $Z = 5\,pl \sin\alpha = 2\,357.$

Nous connaissons donc la valeur de $\mu = 856{,}694$ et celle de

$N = N_1 + Z = 22\,941 + 2\,357 = 25\,298.$

Nous savons que, dans la formule $R = \frac{v\mu}{I} + \frac{N}{\Omega}$ le premier terme $\frac{v\mu}{I}$ regarde la flexion et le second $\frac{N}{\Omega}$ regarde la compression.

Si donc pour l'arbalétrier nous admettons par exemple un fer **I** de $0^m{,}26$, L. A., du commerce dont la valeur de $\frac{I}{v}$ est la suivante :

$$\frac{I}{v} = 0{,}000485190,$$

le travail de ce fer à la flexion sera :

$$R = \frac{v\mu}{I} = \frac{856{,}694}{0{,}000485190} = 1^k{,}8 \text{ par } {}^m/_m{}^2$$

de section.

Pour la compression, la section Ω de ce fer étant $\Omega = 6\,640\ {}^m/_m{}^2$, nous aurons :

$$\frac{N}{\Omega} = \frac{25\,298}{6\,640} = 3^k{,}8 \text{ par } {}^m/_m{}^2 \text{ de section.}$$

Sous l'action des deux efforts l'arbalétrier travaillera à :

$1^k{,}8 + 3^k{,}8 = 5^k{,}60$ par ${}^m/_m{}^2$ de section.

Si nous avions dépassé 6 kilogrammes

nous aurions augmenté la hauteur de l'arbalétrier où nous aurions pris une poutre en tôle et cornière.

Calcul des tirants.

870. Les valeurs des tensions des divers tirants sont données par les formules suivantes :

$$(AD) \quad X = \frac{4pl \cos\alpha \cos\beta}{\sin(\alpha+\beta)} = \frac{4p' \cos\beta}{\sin(\alpha+\beta)} = 11\,818,$$

$$(BM_0) \quad S = \frac{101\, pl \cos\alpha}{28 \sin\beta} = 101\, p''' = 23\,989,$$

$$(BA) \quad S' = \frac{85\, pl \cos\alpha}{28 \sin\beta} = 85\, p''' = 20\,189,$$

$$\begin{pmatrix} BM_2 \\ C_1M_2 \end{pmatrix} \quad S' = U'' = \frac{16\, pl \cos\alpha}{28 \sin\beta} = 16\, p''' = 3\,800$$

$$(CM_1) \quad U = V$$

$$-Z \left\{ \begin{array}{l} V = \dfrac{X \sin\alpha}{\sin\beta} = 15\,143 \\ Z = 11\, p''' = 2\,612 \end{array} \right\} U = 12\,530,$$

$$(C_1A) \quad U' = U - U'' = V - Z = 16\, p''' = 8\,730.$$

Diamètres.

871. En désignant par ω la section d'une tige, et par T la tension développée dans cette tige et par R la résistance par millimètre carré qu'on ne doit pas dépasser dans la pratique on a :

$$R\omega > T \quad \text{et au moins} \quad R\omega = T$$

donc $$\frac{1}{4}\pi d^2 R = T$$

d'où $$d = \sqrt{\frac{4}{\pi R}}\sqrt{T} \qquad d = m\sqrt{T}.$$

On peut prendre $R = 10 \times 10^6$, en supposant pour les tirants du bon fer fabriqué ou bois, ce qui donne $m = 0{,}0003568$ on aura alors :

(AD)	$d = 0{,}039$
(BM_0)	$d = 0{,}055$
(BA)	$d = 0{,}051$
(BM_2 et C_1M_2)	$d = 0{,}022$
(C_1M_1)	$d = 0{,}040$
(C_1A)	$d = 0{,}033$

Sections.

872. Les sections des tirants étant données par la formule :

$$\omega = \frac{T}{R} \quad \text{c'est-à-dire} \quad \omega = \frac{T}{10 \times 10^6}$$

on en déduit :

(AD)	$\omega = 0{,}001182$
(BA)	$\omega = 0{,}002019$
(BM_2 et C_1M_2)	$\omega = 0{,}00038$
(C_1M_1)	$\omega = 0{,}001253$
(C_1A)	$\omega = 0{,}000873.$

Calcul des fourches.

873. Soient T la tension et d le diamètre d'un tirant ; e l'épaisseur et b la largeur d'une branche de la fourche ; d' le diamètre du boulon d'assemblage ; on a les relations :

$$\frac{1}{4}\pi d^2 R = T, \qquad \frac{1}{4}\pi d'^2 \times 0{,}8\, R = T,$$

$$2d'eR = T, \qquad 2beR = T$$

d'où l'on déduit :

$$d' = \frac{\sqrt{5}}{2}\, d = 1{,}118\, d$$

$$e = \frac{\pi\sqrt{5}}{20}\, d = 0{,}351\, d$$

$$d' = b.$$

Ensuite si d_1 est le diamètre de la partie filetée des tirants, et d_2 le diamètre de l'écrou correspondant on peut poser

$$d_1 = \frac{10}{8}\, d = 1{,}25\, d, \quad d_2 = d + d_1$$

Ces formules permettent alors pour les dimensions des fourches dont nous donnons le croquis (*fig.* 1575). (Disposition commune aux tirants BM_0, C_1M_1, BM_2 C_1M_2) de dresser le tableau suivant :

FORMULES	(AD)	(BA)	$(BM_2)(C_1M_2)$	(C_1M_1)	$(C_1A$
	m.	m.	m.	m.	m.
$d = m\sqrt{T}$	0.039	0.051	0.022	0.040	0.03[illegible]
$d_1 = 1.25\, d$	0.049	»	0.028	0.050	»
$d_2 = d + d_1$	0.088	»	0.050	0.090	»
$d' = 1.118\, d$	0.044	0.057	0.025	0.045	0.037
$e = 0.351\, d$	0.014	»	0.008	0.014	»

Nota.

874. L'écartement des deux branches d'une fourche doit être égal au moins à la largeur de la semelle de l'arbalétrier.

Moufle de tension de l'entrait.

875. Elle doit être calculée comme les fourches des tirants en ayant égard à la valeur de la tension X dans l'entrait

Pour les dimensions voir la colonne (AD) du tableau précédent.

Plaques d'assemblage des tirants et des contrefiches.

876. Ces plaques d'assemblage doivent être suffisantes pour résister à la plus grande tension, on a : $e = 0,351\ d$, d'après le tableau précédent, donc pour l'assemblage (B) $e = 0,351 \times 0,055 = 0,019$, (A) $e = 0,351 \times 0,051 = 0,018$, (C) $e = 0,014$. La largeur des plaques doit être telle que la section effective soit au moins égale à celle du tirant le plus fort pour chacun des assemblages.

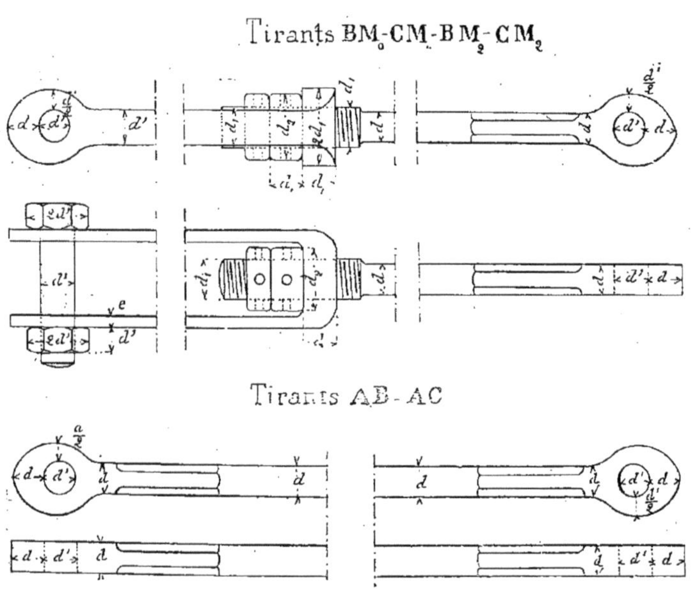

Fig. 1575.

Calcul des contrefiches.

877. *Compressions longitudinales.*—Les composantes normales à l'arbalétrier des pressions exercées par cette poutre sur ses appuis déterminent dans les contrefiches des compressions longitudinales Q_1, Q_2, Q_3 dont les valeurs sont données par les relations suivantes :

Petites contrefiches :

$$(Q_3 = Q_1)$$

$$Q_1 = \frac{32}{28} \text{pl} \cos \alpha = 32\ p'' = 2222,190$$

Grandes contrefiches :

$$Q_2 = \frac{58}{28} \text{pl} \cos \alpha = 58\ p'' = 4027.$$

Diamètres

878. Les diamètres d_1 et d_2 des contrefiches peuvent être déterminés comme suit par la formule d'Hodgkinson relative aux colonnes pleines en fonte.

Petites contrefiches :

$$d_1 = 0,004276\ (Q_1\ l_1^{1,7})^{\frac{1}{3,6}} = mA_1^{\frac{1}{3,6}}$$

$$d_1 = 0,04031$$

Grandes contrefiches :

$$d_2 = mA_2^{\frac{1}{3,6}}\ d_2 = 0,066.$$

Nota

879. Chaque contrefiche étant ordinairement garnie de quatre nervures longitudinales partant de ses extrémités, l'accroissement de section qui en résulte doit être tel que le plus grand diamètre au milieu de la pièce soit les $\frac{5}{4}$ environ du diamètre calculé pour les extrémités.

Assemblages relatifs aux arbalétriers

880. Pour la condition de résistance de l'ensemble des tôles au faîtage, on a :

$$\mu_1 = \frac{1}{12} pl^2 \cos\alpha \text{ et } N_1 = \frac{101}{28} \frac{pl \cos\alpha \cos\beta}{\sin\beta}$$

La première expression résultant de l'hypothèse où l'arbalétrier serait encastré, on a : $R = \frac{v\mu_1}{I} + \frac{N_1}{\omega}$

Soit e l'épaisseur de chaque plaque de tôle, on a $h = 0,206$ et $R = 6 \times 10^6$, donc : $e = \frac{3\mu_1}{h^2 R} + \frac{N_1}{2hR} = 0,0171$

Couvre-joints à la jonction des deux parties de l'arbalétrier.

881. En M_2 un joint est formé par des tôles. La section transversale de l'ensemble de ces tôles doit pouvoir résister aux actions

$$\mu_2 = \frac{2}{28} pl^2 \cos\alpha \text{ et } N_2 = N_1 + 2pl \sin\alpha$$

$$T_2 = \frac{13}{28} pl \cos\alpha$$

qui se développent dans cette section, l'influence de T_2 est négligeable à côté de M_2 et N_2.

En appelant e l'épaisseur de chaque plaque de tôle on a :

$$e = \frac{3\mu_2}{h^2 R} + \frac{N_1}{2hR} = 0,01501$$
$$h = 0,206$$
$$R = 6 \times 10^6$$

Assemblage des petites contrefiches avec l'arbalétrier.

882. On prendra pour cet assemblage la même disposition que pour les grandes.

Assemblage des pannes avec l'arbalétrier.

883. Le calcul peut se faire en considérant le moment fléchissant et l'effort de cisaillement

$$\mu = \frac{1}{12} pd^2, \quad T = \frac{1}{2} pd,$$

qui se développent aux extrémités de la pièce dans l'hypothèse d'un encastrement parfait en ces deux points. Soit e l'épaisseur de chaque feuille de tôle formant l'équerre d'assemblage, en négligeant T, on a :

$$R = \frac{v\mu}{I} = \frac{3}{eh^2}\mu$$

d'où $$e = \frac{3\mu}{Rh^2}$$

$h = 0,108$, $R = 6 \times 10^6$ d'où $e = 0,0104$.

Poinçon

884. Le poinçon pourrait être calculé en remarquant qu'il doit porter les $\frac{5}{8}$ au moins du poids de l'entrait ; on lui donne, comme nous l'avons déjà indiqué, un diamètre de $0^m,012$ à $0^m,015$.

Supports du comble.

885. Supposons le comble que nous étudions porté sur des colonnes creuses en fonte de 30 millimètres d'épaisseur. Chaque colonne supporte la moitié du poids total de deux travées consécutives à l'exception toutefois des colonnes placées aux extrémités qui portent une charge moindre. En supposant que de deux en deux fermes nous mettons une sablière reposant sur les colonnes et portant une ferme en son milieu nous admettrons le poids de 200 kilogrammes par mètre courant pour cette sablière et pour le chéneau. La charge N pour une seule colonne sera :

$$N = [(m + m' + m'') L + 200]\, 2d$$
$$= (85 + 16,448 + 200) 12 = 19176^k,00$$

En employant la formule d'Hodgkinson pour le diamètre moyen on aura :

$$d_1 = 0,0002455 \left(\frac{NH^{1,7}}{e}\right)^{\frac{1}{2,6}}$$

posant $e = 0,03$, $H = 7^m,50$

on aura : $d_1 = 0,1565$

valeur trop faible ; il faudra pour le bon aspect de la construction prendre au moins $d_1 = 0,20$ à $0^m,25$.

Calcul de la sablière.

886. Comme nous venons de le dire, chaque sablière reçoit en son milieu l'about d'un arbalétrier, elle est donc chargée en ce point d'un poids P_1, égal à la moitié du poids total d'une travée ou : $P_1 = (m + m' + m'')\, dL = 8\ 388$ kilog.

Si nous admettons $p = 200$ kilogrammes pour le poids par mètre courant de cette sablière et si nous la considérons comme posée sur deux appuis, la plus grande valeur de l'effort tranchant et du moment fléchissant sont :

$$T = pd + \frac{1}{2} P_1 = 5\ 394$$

$$\mu = \frac{1}{2} d (pd + P_1) = 28\ 764^k{,}00.$$

La disposition adoptée dans cet exemple pour la sablière (*fig.* 1576) est celle d'une poutre composée pour laquelle on admet que les cornières et les plates-bandes

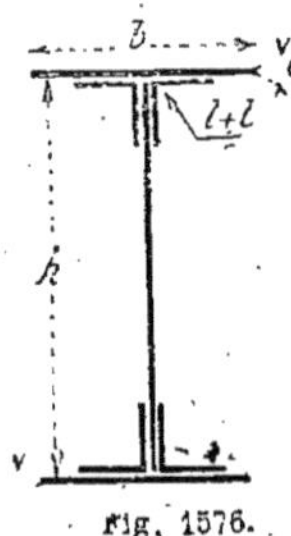

Fig. 1576.

doivent seules résister à la flexion, l'âme de la poutre devant être calculée pour résister à l'effort de cisaillement.

La formule à employer pour la détermination de la section transversale de la poutre étant :

$$\frac{\mu}{R} = \frac{I}{v}$$

on a successivement pour les cornières et les plates-bandes :

$$I' = \frac{1}{6} [(lh^3 - (l - e)(h - 2e)^3 - e(h - 2l)^3]$$

$$I'' = \frac{b}{12} [(h + 2e')^3 - bh^3)]$$

d'où

$$\frac{\mu}{R} = \frac{2I'}{h + 2e} + \frac{b}{6}\left[6he' + \frac{(2e')^3}{h + 2e'}\right]$$

expression qui conduirait à une équation complète du 3e degré en e' pour le calcul exact des plates-bandes, dans l'hypothèse où toutes les autres dimensions de la section seraient données.

Mais si e' doit être relativement petite comparée à h on peut, pour simplifier le calcul supprimer la fraction :

$$\frac{(2e')^3}{h + 2e'}$$

puis remplacer $h + 2e'$ par $h + 2e$ et écrire :

$$\frac{\mu}{R} = \frac{2I'}{h + 2e} + bhe'$$

d'où

$$e' = \frac{1}{bh}\left(\frac{\mu}{R} - \frac{2I'}{h + 2e}\right)$$

cela posé, en prenant $h = \frac{1}{12}$ de la portée, car, $h = 1^m{,}00$, $l = 0{,}10$, $e = 0{,}010$, $b = 0{,}25$, $R = 6 \times 10^6$, on a :

$$e' = \frac{1}{0{,}25}\left(\frac{28764}{6 + 10^6} - \frac{2I'}{1{,}02}\right)$$

$$= \frac{1}{0{,}25}\left(\frac{28\ 764}{6 \times 10^6} - \frac{0{,}0036}{1{,}02}\right)$$

$$e' = 0{,}00464 \quad \text{soit} \quad e' = 0.005.$$

Vérification

887. Calcul exact de I et de v pour $e' = 0{,}005$

$$I = I' + I'' = 0{,}0018 + 0{,}00063 = 0{,}00243$$

$$v = \frac{1}{2}(h + 2\,e')\ v = 0{,}505$$

$$R = \frac{v\mu}{I} = \frac{0{,}505 \times 28\ 764}{0{,}00243} = 5\ 977\ 869^k$$

valeur inférieure à 6 kilogrammes par millimètre carré de section.

Effort de cisaillement sur l'âme de la poutre.

888. Le maximum de l'effort tranchant ayant pour valeur $T = 5\ 394$ kilogrammes on a :

$$\frac{T}{eh} = \frac{5\ 394}{0{,}01 \times 1} = 539\ 400$$

valeur inférieure à 6 kilogrammes par millimètre carré de section.

Pour la section transversale de la poutre on a :

$$\omega = 2 \times 0{,}25 \times 0{,}005 \times 4\ (0{,}1 \times 0{,}09) \times 0{,}01 \times 1 \times 0{,}01 = 0{,}0201$$

Poids par mètre courant, on a : $7{,}988\ \omega + 20 = 1754$, valeur inférieure a celle admise.

Tige de contreventement.

889. Comma nous le savons le contreventement peut être formé par deux tiges partant des deux extrémités inférieures M_0 M'_0 d'une ferme de tête pour aboutir au faîtage en un point situé à une distance donnée D du point M_1.

En désignant par π la plus grande pression horizontale par mètre carré que le vent peut exercer sur la ferme pignon M_0 M_1 M'_0 et en conservant les autres notations déjà adoptées la tension F développée dans chacune des tiges a pour expression :

$$F = \pi \frac{ac'}{6D} \sqrt{L^2 + D^2}$$

$\omega = 60$, $a = 15{,}25$ $c' = 6{,}161$, $D = 15$, $R = 6 \times 10^6$ on a :

$$F = 60 \times \frac{15{,}25 \times 6{,}161}{6 \times 15} \sqrt{16{,}448^2 + 15^2}$$

$F = 1390$, $\omega = \frac{F}{R} = 0{,}000231$. Si la section est circulaire $\frac{1}{4} d^2 = 0{,}000231$, d'où

$$d = \sqrt{\frac{4 \times 0{,}000231}{\pi}} = 0{,}01715.$$

5e Exemple

890. Comme cinquième exemple nous allons indiquer la marche à suivre pour déterminer les conditions de résistance d'un comble donné, problème qui se présente à chaque instant pour un constructeur ; le problème est le même si, ayant à calculer un comble, on se donne *a priori* toutes les dimensions des pièces en se réservant de les vérifier par le calcul.

Supposons que le comble que nous venons d'étudier dans le quatrième exemple soit construit et que nous ayons à en vérifier toutes les pièces en supposant la couverture en zinc n° 14.

Poids de la charpente par mètre carré de la surface du comble.

891. Le comble existant il nous sera facile de trouver le poids de la charpente par mètre carré de la surface du comble, nous aurons :

2 arbalétriers (fers I de 0,26 LA pesant 43k le mètre courant) soit 16m,448 × × 2 × 43 = 1 400 kil.
6 contrefiches en fonte. . . = 300 —
A reporter. . . . 1 700 kil.

Report. . . . . . 1 700 ki.
12 tirants. . . . . = 500 —
Entrait et poinçon. . . . , = 150
Pannes (fer I de 0,16 *ao*, à 15k, le mètre courant) 25 × 6.00 × 15k,00. . . . . . . , . . = 2 200 —
Boulons, équerres, fourrures, rivets, etc. . . . . 200 —
Ensemble. . . . . . . 4 750 kil.

La surface d'une travée est :

$$16{,}468 \times 6{,}00 \times 2 = 197^m{,}60$$

Le poids de la charpente par mètre carré sera :

$$\frac{4750}{197{,}60} = 24^k{,}00 = m'$$

Pour le calcul primitif du comble nous avions admis 35 kilogrammes.

Poids d'un mètre carré de couverture.

892. En consultant le tableau, p. 747 nous voyons que le poids d'une couverture sn zinc n° 14 peut s'établir comme suit :

Zinc, n° 14 . . . . 5k,95
Voliges, tasseaux, etc 12k,00
Ensemble 17k,95

soit net, $18^k{,}00 = m$.

Nous avions pris au début 20 kilogrammes.

Poids des charges accidentelles.

893. Pour les charges accidentelles nous avons vu au commencement de la stabilité des charpentes métalliques qu'on pouvait prendre le poids de 30 à 40 kilogrammes par mètre carré (neige, vent, poids des ouvriers, etc.); nous avons pris $m'' = 30$ kilogrammes, nous sommes donc dans de bonnes conditions.

Vérification des dimensions des pannes.

894. Les pannes de ce comble sont des fers I de 0,16, *a. o*, dont la valeur de $\frac{I}{v}$ est la suivante :

$$\frac{I}{v} = 0{,}000082292$$

Le poids de ce fer est :

$7{,}788\,\omega = 15^k{,}00$ (7,788 densité du fer).

En désignant par p le poids par mètre courant à supporter par chaque panne, nous aurons, en désignant par d' la distance d'axe en axe de chaque panne :

$p = (m + m'') d' + 15^k,00 = 18 + 30 \times 1^m,37 + 15^k = 81^k,00$

La valeur de μ est la suivante :

$$\mu = \frac{1}{8} pd^2 = \frac{1}{8} 81 \times \overline{6,00}^2 = 364,5$$

μ étant le moment fléchissant maximum ;

d, la longueur de chaque panne, $d =$ 6 mètres.

Nous aurons en appliquant la formule connue :

$$R = \frac{\mu}{\frac{I}{v}} = \frac{364,5}{0,000082292} = 4^k,43$$

Les pannes sont donc dans de bonnes conditions de résistance.

Vérification des dimensions de l'arbalétrier.

895. L'arbalétrier est formé d'un fer **I** 0,26, LA, dont la valeur de $\frac{I}{v}$ est la suivante :

$$\frac{I}{v} = 0,000485190$$

Comme pour les pannes nous aurons la valeur de p.

$p = (m + m' + m'') d = (18 + 24 + 30) 6,00 = 432^k$.

Nous avions pris en principe $p = 510$ kilogrammes.

Les calculs se vérifieront en remplaçant dans les expressions suivantes les lettres par leurs valeurs :

$$\mu = \frac{3}{28} pl^2 \cos \alpha$$

$$N = \left(\frac{101}{28} \frac{\cos \alpha}{\text{tg } \beta} + 3 \sin \alpha\right) pl$$

$$R = \frac{\mu}{\frac{I}{v}} + \frac{N}{\omega}$$

$R = 6 \times 10^6$ et ω section du fer.

Vérification des dimensions des tirants.

896. Les différents tirants se vérifieraient par les expressions suivantes en prenant toujours $p = 432$ kilogrammes et pour la section de ces tirants la formule :

$$\omega = \frac{1}{4} \pi a^2.$$

$$S = \frac{101 \, pl \cos \alpha}{28 \sin \beta} \quad \text{d'où } R = \frac{S}{\omega}$$

$$S' = \frac{85 \, pl \cos \alpha}{28 \sin \beta} \quad \text{d'où } R = \frac{S'}{\omega}$$

$$U = \left(\frac{4 \sin \alpha \cos \beta}{\sin (\alpha + \beta)} - \frac{11}{28}\right) \frac{pl \cos \alpha}{\sin \beta}$$

d'où $R = \frac{U}{\omega}$

$$X = \frac{4 \, pl \cos \alpha \cos \beta}{\sin (\alpha + \beta)} \quad \text{d'où } R = \frac{X}{\omega}$$

$$U' = \left(\frac{4 \sin \alpha \cos \beta}{\sin (\alpha + \beta)} - \frac{27}{28}\right) \frac{pl \cos \alpha}{\sin \beta}$$

d'où $R = \frac{U'}{\omega}$

$$S'' = U'' = \frac{16 \, pl \cos \alpha}{28 \sin \beta} \quad \text{d'où } R = \frac{U''}{\omega}.$$

Vérification des dimensions des contrefiches

897. Pour la vérification des contrefiches on aurait les expressions suivantes :

$$Q_1 = \frac{32}{28} pl_1 \cos \alpha, \quad \omega_1 = \frac{1}{4} \pi d_1^2 \quad \text{d'où } R = \frac{Q_1}{\omega_1}$$

$$Q_2 = \frac{58}{28} pl_2 \cos \alpha, \quad \omega_2 = \frac{1}{4} \pi d_2^2 \quad \text{d'où } R = \frac{Q_2}{\omega_2}.$$

Vérification des dimensions des colonnes creuses en fonte.

898. Pour vérifier les supports ou colonnes en fonte on cherche la charge N que chacune d'elles supporte, on y ajoute le poids propre de la colonne p; on a alors :

$N + p = P$ (pression totale à la partie inférieure de la colonne).

La section de cette colonne supposée creuse est donnée par l'expression :

$$\omega = \frac{1}{4} \pi (d'^2 - d''^2)$$

il faut alors satisfaire à l'expression

$$R = \frac{P}{\omega}.$$

6e Exemple.

899. Comme sixième exemple proposons-nous d'étudier graphiquement le type de ferme représenté en croquis (*fig.* 1577). Cette ferme, formée de deux arbalétriers AG, d'un entrait en forme d'arc AB'C', etc., d'une série de contrefiches BB', CC', DD', etc., et d'aiguilles pendantes CB', DC', etc., aura par exemple

15 mètres de portée et la charge sur chaque panne sera de 700 kilogrammes, ce qui permet de trouver pour la charge totale sur la demi-ferme le nombre suivant :

5 pannes courantes $5 \times 700^k,00 =$	$3\,500^k,00$
$^1/_2$ panne faîtière $\frac{700}{2} =$	$350^k,00$
Ensemble.. . .	$3\,850^k,00$

Pour construire l'épure figurée en croquis (*fig.* 1577) au-dessous de la demi-ferme on opère de la manière suivante :

Sur la verticale AX on porte, à une échelle convenable par exemple, $0^m,01$ pour 1000 kilogrammes, le poids des cinq pannes plus le poids 350 kilogrammes pour le faîtage, on obtient ainsi la longueur xy. Par le point x on mène xz parallèle à l'arbalétrier AG et par le point y une parallèle yz au premier tirant a. En mesurant ensuite à l'échelle adoptée on obtient $a = 19\,500$ et $a' = 18\,500$. Par le point z on mène une parallèle à la première contrefiche g jusqu'à sa rencontre avec la droite menée par u, on obtient ainsi $g = 1\,550$, $b = 17\,800$ et par le point v une verticale jusqu'à sa rencontre en S avec la ligne ys menée parallèlement à b', on obtient alors $l = 500$, $b' = 16\,850$, on continue ainsi de proche en proche.

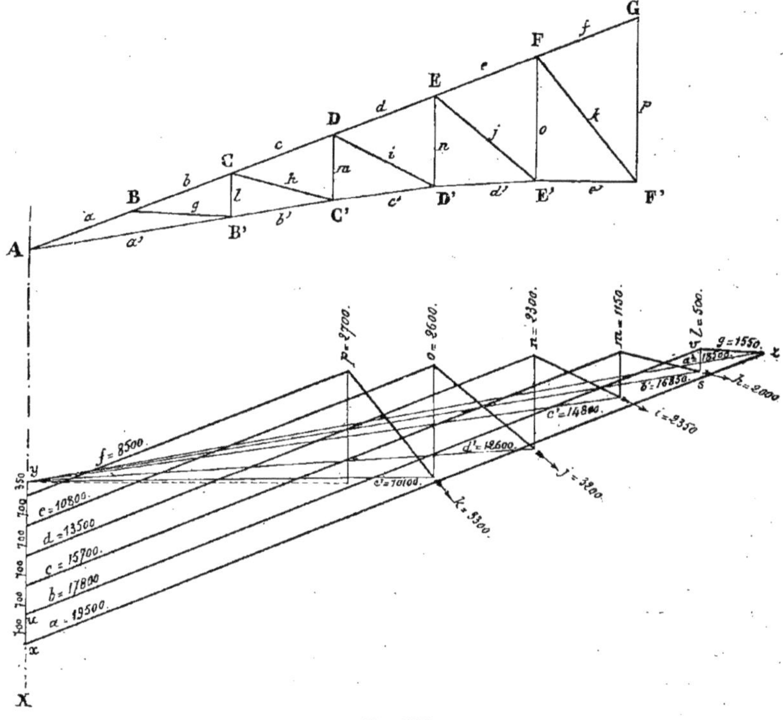

Fig. 1577.

L'équilibre en G montre qu'on obtiendra la tension sur p, pour ce qui concerne la demi-ferme, en menant une horizontale par l'extrémité y, ce qui donne $p = 2\,700$ kilogrammes. La tension totale sur ce poinçon est double, c'est-à-dire égale à 5 400 kilogrammes.

Dimensions des pièces.

900. Toutes les forces qui agissent dans les différentes parties de cette ferme étant trouvées, il nous sera facile de déterminer les dimensions à donner à chacune d'elles.

Arbalétriers.

901. La plus grande compression sur chaque arbalétrier étant $a = 19\,500$ nous aurons sa section en employant la formule connue:

$$R = \frac{v\mu}{I} + \frac{N}{\omega}$$

laquelle se réduit pour le cas actuel à :

$$R = \frac{N}{\omega} \quad \text{ou} \quad \omega = \frac{N}{R} \qquad (1)$$

expression dans laquelle $N = 19\,500$ et $R = 6 \times 10^6 = 6\,000\,000$.

En remplaçant dans (1) les lettres par leurs valeurs la formule devient :

$$\omega = \frac{19\,500}{6\,000\,000} = 3\,250 \text{ millimètres carrés.}$$

Si nous supposons l'arbalétrier formé de deux cornières il faudra que la section de ces cornières soit égale à 3 250 millimètres carrés.

Deux cornières de $90 \times 90 \times 10$, dont la section est 3 600 millimètres carrés, suffisent largement.

Tirants.

902. Pour les tirants nous avons :

a'	effort de tension .	$= 18\,500$
b'	—	$= 16\,850$
c'	—	$= 14\,800$
d'	—	$= 12\,600$
e'	—	$= 10\,100$

Le plus fort $a' = 18\,500$, nous supposerons qu'on donne aux autres la même section qu'au premier a'.

Cette section ω, en supposant toujours $R = 6 \times 10^6$, sera :

$$\omega = \frac{18\,500}{R} = \frac{18\,500}{6\,000\,000}.$$

Ce nombre étant sensiblement égal à la section des cornières de l'arbalétrier nous adopterons pour composer l'arc A'B'C'D'F' les mêmes cornières de $90 \times 90 \times 10$.

Nous avons donné à l'arc une section relativement un peu forte pour tenir compte de la légère courbure qu'il prendrait par l'effet d'une flexion sous l'action de la tension qui s'exerce aux deux extrémités.

Aiguilles pendantes ou poinçons.

903. Pour les aiguilles pendantes nous avons trouvé :

$$\begin{aligned} \text{Pour : } l &= 500 \\ m &= 1\,150 \\ n &= 2\,300 \\ o &= 2\,600 \\ p &= 2\,700 \times 2 = 5\,400. \end{aligned}$$

Pour avoir la section de chacune d'elles on appliquera encore la formule :

$$\omega = \frac{T}{R},$$

dans laquelle T est la tension et $R = 6 \times 10^6$ la résistance.

On aura :

$$(l)\ \frac{500}{6\,000\,000} = 83 \text{ millimètres carrés}$$

$$(m)\ \frac{1\,150}{6\,000\,000} = 192 \quad — \quad —$$

$$(n)\ \frac{2\,300}{6\,000\,000} = 400 \quad — \quad —$$

$$(o)\ \frac{2\,600}{6\,000\,000} = 433 \quad — \quad —$$

$$(p)\ \frac{5\,400}{6\,000\,000} = 900 \quad — \quad —$$

Ayant ces sections, il suffit, si on exécute ces aiguilles pendantes avec des fers ronds du commerce, de chercher le diamètre du fer rond correspondant à ces sections et l'on trouve les diamètres suivants :

$$\begin{aligned} l &= 11 \text{ millimètres} \\ m &= 16 \quad — \\ n &= 23 \quad — \\ o &= 25 \quad — \\ p &= 34 \quad — \end{aligned}$$

Bielles ou contrefiches.

904. Les efforts que supportent les contrefiches sont les suivants : $g = 1\,550$, $h = 2\,000$, $i = 2\,350$, $j = 3\,200$, $k = 3\,300$. Le calcul pour obtenir leur section est encore très simple, nous ne nous y arrêterons pas. Nous savons qu'on peut les construire en fer rond, fer cornière ou en fer en U du commerce.

Note sur l'emploi de la statique graphique.

905. Le but de la statique graphique, très employée aujourd'hui, est de remplacer dans les applications les longs calculs de la statique ordinaire par des constructions géométriques très simples et n'exigeant, pour ceux qui s'en servent, d'autre connaissance mécanique que celle du parallélogramme des forces.

La statique graphique n'est pas comme beaucoup l'ont pu croire une science nouvelle, c'est simplement une application heureuse et extrêmement utile des méthodes combinées de la géométrie moderne et de la statique.

Nous ne pouvons indiquer ici : la théorie du polygone des lignes et notions de calcul graphique ; la théorie des polygones funiculaires d'un système de lignes; la théorie des figures réciproques, de la statique graphique, ainsi que les principes préliminaires de ces nouvelles méthodes qui, quoique simples, feraient encore un gros volume ; nous nous contenterons, dans ce qui va suivre, de donner un aperçu tout à fait restreint de l'indication de quelques épures simples employées pour les charpentes métalliques les plus connues en renvoyant nos lecteurs, désireux d'approfondir cette étude aux sérieux ouvrages sur la statique graphique de MM. Maurice Maurer, Maurice Lévy, Maurice Kœchlin, Muller, Breslau et Seyrig, Antonio Favaro (traduit par Terrier).

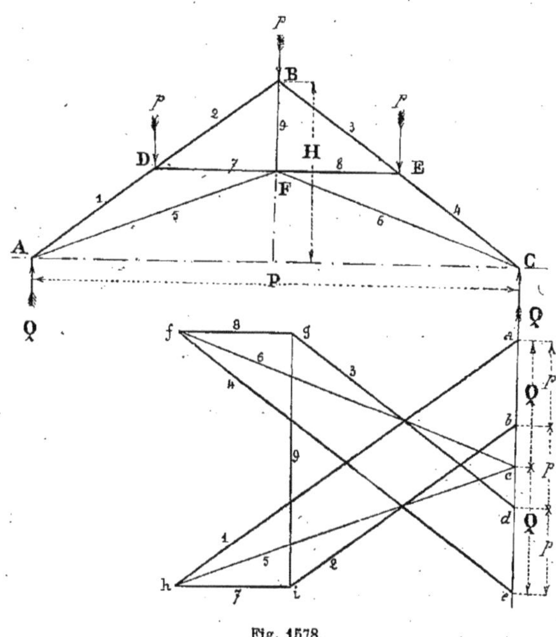

Fig. 1578.

1er Exemple.

906. La figure 1578 nous montre un exemple simple de comble formé de deux arbalétriers AB, BC reliés en leur milieu par un faux entrait DE. Du milieu F de ce faux entrait partent deux tirants obliques AF et FC, enfin une aiguille pendante BF complète cette disposition.

On peut très facilement, à l'aide de la statique graphique, se rendre compte des différents efforts qui agissent dans cette ferme. Pour cela, après avoir tracé très exactement la forme schématique du comble à étudier. on porte sur une verticale *ae*, à une échelle choisie, $0^m,01$ pour 1 000 kilogrammes par exemple, la charge sur chacune des pannes D, B, E représentée sur l'épure et à l'échelle choisie par la distance *p*. En Q sont représentées à l'échelle convenue les deux réactions égales sur les appuis,

Par le point *e* on mène une ligne *ef* parallèle à l'arbalétrier BC et par le point *c* une parallèle *cf* au tirant CF puis, par le point *f* une parallèle *fg* au faux-entrait HE jusqu'à sa rencontre avec la ligne *dg* parallèle à l'arbalétrier BC.

En opérant de même pour l'autre côté on obtiendra les droites *ah*, *bi*, *ch*, *hi* et enfin *gi*.

Comme nous le savons, d'après l'exemple étudié précédemment, chacune de ces droites représente à l'échelle choisie les efforts des différentes parties de la ferme.

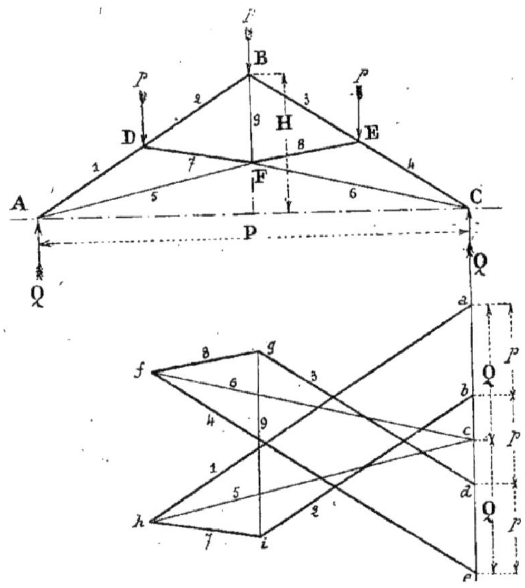

Fig. 1579.

2e Exemple.

907. Comme deuxième exemple supposons que nous ayons (*fig.* 1579) une ferme composée de deux arbalétriers AB, BC, de deux contrefiches DF et EF soutenues par une aiguille pendante BF et deux tirants inclinés AF et CF.

Pour obtenir l'épure graphique des efforts nous opérons comme nous venons de l'indiquer ; cette épure est très simple et se comprend très facilement en examinant le croquis.

3e Exemple.

908. Comme troisième exemple nous représentons (*fig.* 1580) le tracé graphique pour les petites fermes américaines si employées actuellement.

4e Exemple.

909. Enfin, pour terminer ces simples indications, nous représentons (*fig.* 1581) l'épure complète pour une ferme Polonceau à trois contrefiches.

L'effort sur chaque pièce étant déterminé graphiquement nous avons vu dans ce qui précède la manière d'opérer pour obtenir les dimensions de chaque pièce.

La statique graphique rend aujourd'hui bien des services non seulement pour les poutres et pour les charpentes mais pour toutes les constructions en général. Les ouvrages dont nous avons cité les auteurs renferment des exemples très détaillés sur toutes les applications de la statique graphique.

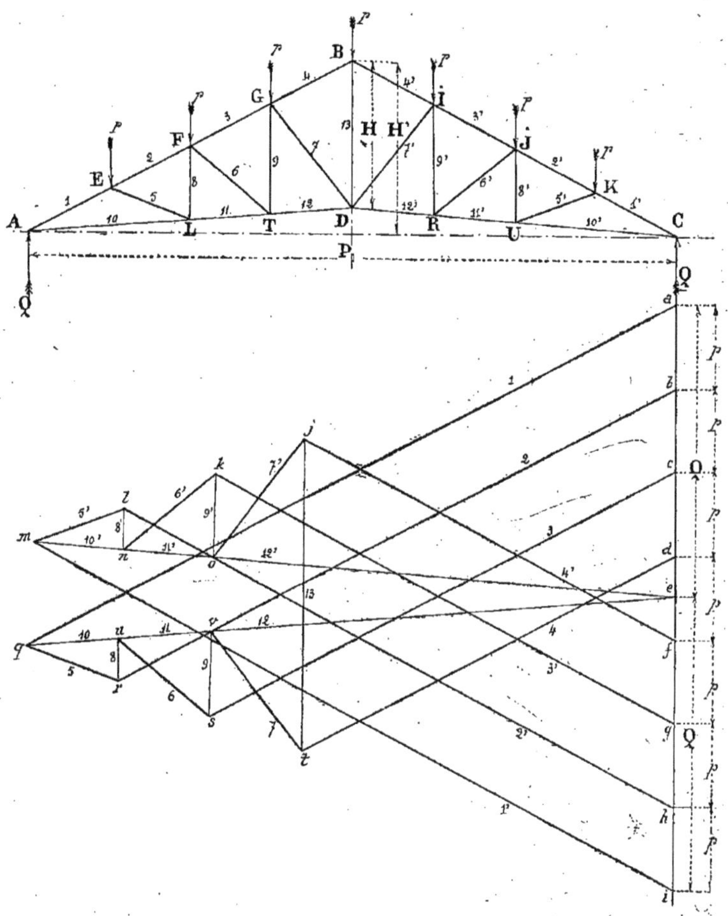

Fig. 1580.

Détermination de l'épaisseur à donner à un chéneau-poutre.

910. Dans certaines constructions les charpentes métalliques sont composées, comme le montre le croquis (*fig.* 1582), de fers reposant directement sur le chéneau en fonte, ce dernier formant pour ainsi dire poutre.

Il est utile, dans ce cas, que le constructeur calcule la section qu'il faudra donner à ce chéneau au point A, section la plus fatiguée, pour qu'il résiste dans de bonnes conditions.

Nous supposons que les fers employés sont des fers T de $0^m,035 \times 0^m,040$ de $1^m,50$ de longueur et espacés tous les $0^m,40$ d'axe en axe.

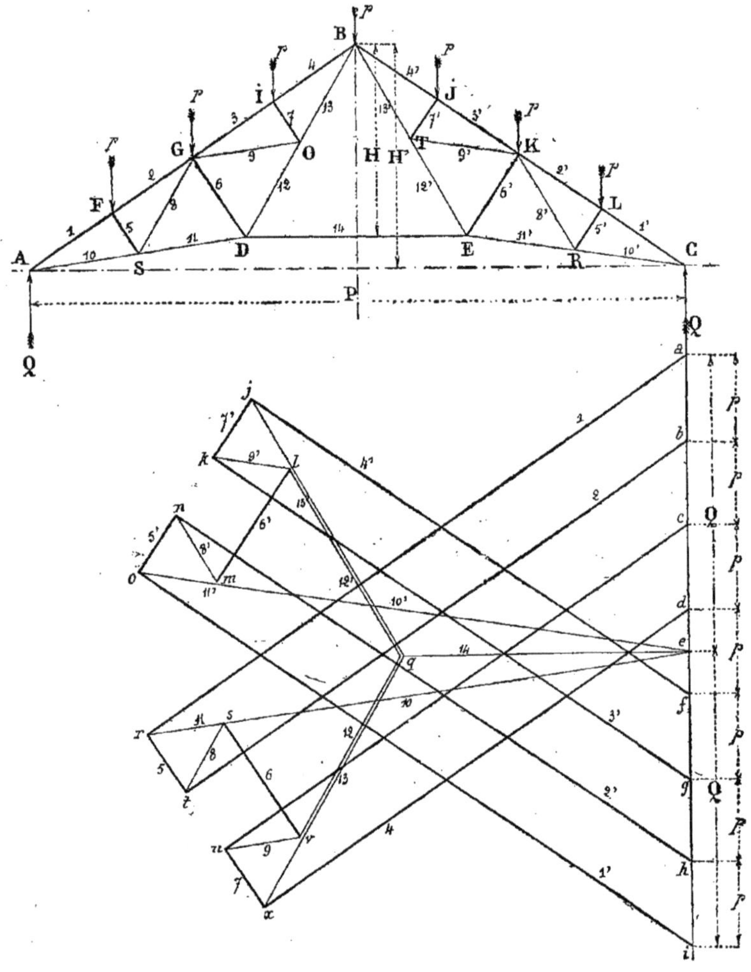

Fig. 1581.

La charge sur ces fers se détermine comme suit :

$$1,50 \times 0,40 = 0^{m2},60$$

Si nous supposons 150 kilogrammes comme poids de 1 mètre carré de couverture nous aurons :

$$0,60 \times 150 = 90, \text{ prenons net } 100^k$$

En calculant la tension horizontale T

nous aurons d'après ce que nous avons vu précédemment :

$$T \times 0{,}60 = 100 \times 0{,}65$$

d'où : $T = 110^k$

et pour un mètre carré :

$$T = 275^k$$

En appliquant la formule connue

$$R = \frac{v\mu}{I}$$

nous aurons :

$\mu = 275 \times 0^m{,}15$ (hauteur du chéneau) $= 50$

R pour la fonte est égal à $R = 1\,000\,000$

I dans le cas actuel est égal à

$$I = \frac{A^3}{12} \text{ et } v = \frac{A}{2}.$$

En désignant par A l'épaisseur cherchée.

En remplaçant les lettres par leurs valeurs nous obtiendrons :

$$1000000 = \frac{\frac{A}{2}\ 0 \times 5}{\frac{A^3}{12}} = \frac{300}{A^2}$$

$$A^2 = \frac{300}{1000000} = 0{,}0003$$

$$A = \sqrt{0{,}0003} = 0^m{,}018.$$

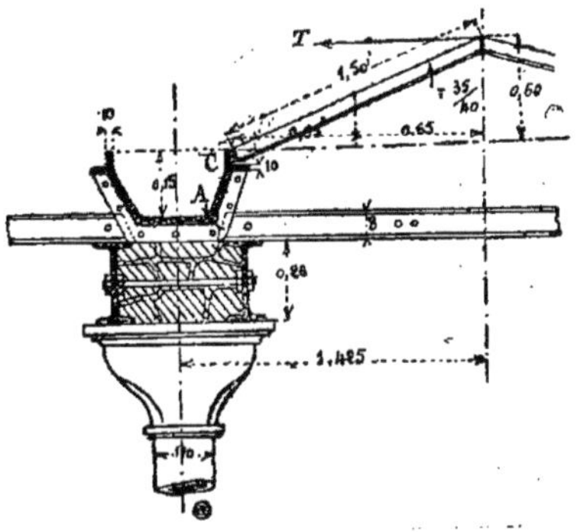

Fig. 1582

Il faudra donc au point A donner au chéneau une épaisseur de 18 millimètres au moins.

CHAPITRE VII

HALLES ET MARCHÉS

Définitions et notions générales.

911. Le mot *halle* est d'origine germanique ; il signifie *salle*, on l'emploie depuis longtemps pour désigner un endroit où l'on vend en gros et en détail et à certains jours des vivres, comestibles et objets de consommation usuelle. On donne aussi le nom de halle à toute espèce de hangar couvert.

Au moyen âge les halles étaient de plusieurs sortes. Elles formaient presque toujours des bâtiments rectangulaires à charpente fort élevée divisés en trois nefs par des poteaux en bois ou par des colonnes en pierre ; ou bien de simples appentis appuyés à une enceinte de murailles et laissant une place libre au milieu ; on trouvait aussi les deux systèmes réunis ; des hangars adossés à des murs et au centre des bâtiments couverts, terminés par des pignons en maçonnerie.

Au XVIIe siècle, les halles ont affecté la forme de marchés couverts avec trois entrées principales dans la façade et deux dans les murs latéraux.

Aujourd'hui, la plupart des grandes villes ont une halle aux grains et une halle aux comestibles de toutes sortes qu'on désigne plus spécialement sous le nom de marché.

912. On donne le nom de *marché* à un espace libre abrité ou en plein air affecté à la vente des denrées, comestibles et autres objets de consommation et d'usage.

Les Grecs nommaient *agora* et les Romains *forum* ce que nous appelons aujourd'hui *marché*. Ce forum ou place du marché consistait en une large *area* découverte au centre, où les gens de campagne étalaient leurs produits pour la vente; elle était entourée de bâtiments et de colonnades, sous lesquelles les différents métiers élevaient des boutiques et étalaient leurs denrées ou leurs marchandises. Dans les petites villes, un seul forum suffisait pour différents marchés ; mais dans les grandes villes comme Rome, presque chaque classe de marchands pour l'approvisionnement avait un marché à elle, distingué par le nom de ce qu'on y vendait ; ainsi *forum boarium*, marché aux bestiaux ; *olitorium* marché aux légumes, etc...

Les marchés occupent dans les petites villes la place publique où se trouve aussi la cathédrale ou l'hôtel de ville ; dans les grandes villes les marchés sont répartis par quartiers suivant la commodité des habitants.

Aujourd'hui les marchés sont presque toujours des édifices couverts spacieux où les marchands et les denrées sont à l'abri des intempéries de l'air et où le public trouve une circulation commode. On peut citer comme un exemple bien étudié les Halles centrales de Paris construites par MM. Baltard et Callet.

On distingue les marchés modernes en *marchés mobiles*, *marchés permanents ouverts* et *marchés permanents fermés*.

Le fer et la fonte sont les principaux éléments de leur construction.

Il existe aussi des marchés spéciaux, aux chevaux, aux chiens, etc..., qui rentrent dans le type de halles couvertes.

Nous ne parlerons pas non plus des halles à marchandises des chemins de fer qui seront étudiées spécialement dans la partie *Chemins de fer*.

En général les halles ou marchés exigent :

Une architecture simple ;

Une ventilation facile et permanente ;

Une couverture convenablement appropriée et aérée de manière à bien préserver les denrées des trop grandes chaleurs et des trop grands froids ;

Des abords et des dégagements très vastes et faciles ;

Une alimentation d'eau facile et abondante ;

Un système perfectionné de W.-C. et d'écoulement des eaux sales et autres matières aux égouts ;

Un éclairage bien établi des sous-sols et des différentes parties de la halle ou du marché afin d'éviter, autant que possible, les chances d'incendie.

913. A propos des règlements se rapportant aux halles, marchés, etc..., il est bon de rappeler l'ordonnance du 11 décembre 1852 et qui est ainsi rédigée.

« Il est défendu d'allumer des feux dans les halles et marchés et d'y apporter aucuns chaudrons à feu, réchauds ou fourneaux. Il n'y sera admis que des pots à feu d'une petite dimension et couverts d'un grillage métallique. Il est défendu de laisser ces pots dans les halles et marchés après leur clôture, quand même le feu serait éteint.

Il est également défendu de se servir de lumière dans les halles et marchés et dans les magasins qui en dépendent, à moins qu'elle ne soit renfermée dans des lanternes closes et à réseau métallique. »

Marchés mobiles.

914. Les marchés mobiles les plus simples consistent, comme nous l'indiquons (*fig.* 1583), à mettre des poteaux P plantés en terre d'une manière spéciale, comme le montre le détail (*fig.* 1584), de recouvrir ces poteaux par des toiles formant la couverture et moisées tous les $0^m,40$ par des lattes en bois permettant leur enroulement facile et formant chevrons ; ces toiles sont portées par deux cours de pannes *p*, on peut ainsi établir facilement comme le montre le croquis (*fig.* 1583) des espaces couverts laissant entre eux un passage de $1^m,50$ à 2 mètres pour la circulation du public. Souvent même on ajoute d'une boutique à l'autre une toile T servant à abriter les acheteurs du soleil ou de la pluie.

Afin de garantir les marchands du vent et de la pluie on place latéralement des toiles *t*.

Les poteaux P, distants de 2 mètres à 2m,50, ont de 0m,04 à 0m,045 de diamètre; ils sont terminés par des parties métalliques *f* venant se placer dans des douilles

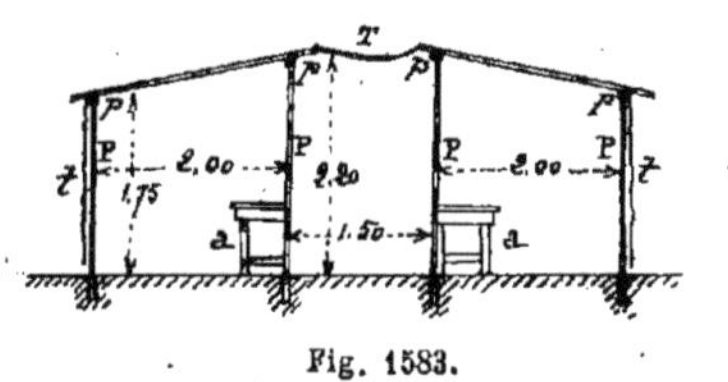

Fig. 1583.

t' scellées dans le sol. A leur partie haute ces poteaux portent une pièce spéciale *d* munie de deux crochets recevant l'about de chaque panne *p*.

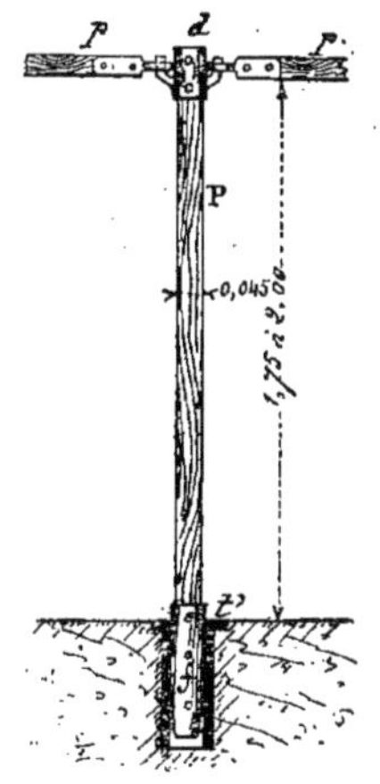

Fig. 1584.

C'est une disposition simple souvent employée pour les marchés en plein vent qui ont lieu, suivant les localités, une ou deux fois par semaine.

Marchés permanents ouverts.

915. La figure 1585 nous donne en croquis une disposition aujourd'hui souvent adoptée pour les marchés aux fleurs par exemple ; c'est, comme le montre le

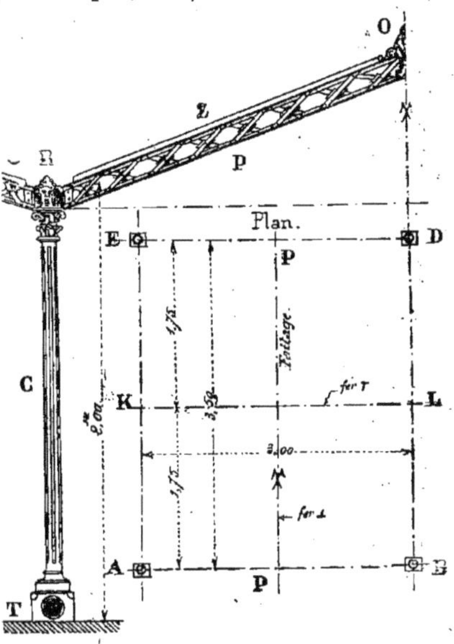

Fig. 1585.

plan un véritable hangar formé par une série de petites colonnettes en fonte C recevant une charpente et une toiture légère de construction. Les poutres P sont disposées suivant AB et ED en façade, les

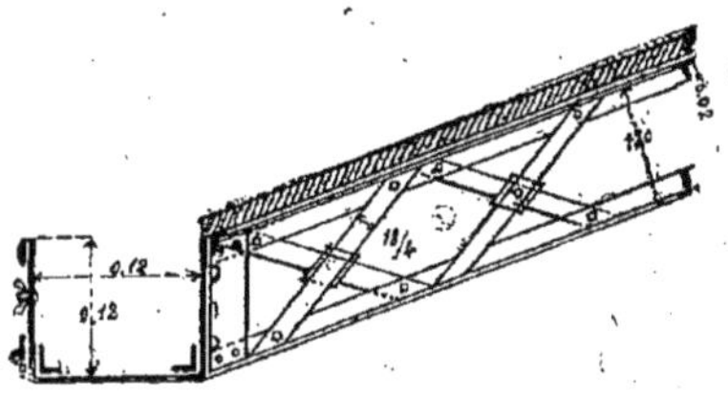

Fig 1586.

chéneaux forment poutres et sont placés suivant AE et BD. D'une poutre à l'autre on met un voligeage apparent en dessous et soutenu en son milieu dans la direction KL, par un fer T ; il y a également au faîtage suivant PP un autre fer T recevant aussi le voligeage.

Sur ce voligeage on exécute à la manière ordinaire une couverture en zinc.

L'écoulement des eaux pluviales se fait par les colonnes, l'eau sort par une tubulure T pour se rendre dans un caniveau chargé d'envoyer les eaux à l'égout.

Le chéneau R est terminé à chaque extrémité en A et en E par exemple par une tête de lion ou autre ornement en zinc avec tuyau de trop-plein.

Au faîtage O on place aussi un motif décoratif en zinc.

C'est une disposition simple qui peut rendre de grands services.

La figure 1586, nous donne à plus grande échelle le détail du chéneau en tôle et cornières et de la poutre P.

Cette poutre est formée par deux fers T sur lesquels on fixe de petits croisillons très légers.

Ces marchés permanents ouverts sont établis sur un sol bitumé présentant les pentes et rigoles suffisantes pour l'écoulement facile des eaux pluviales et des eaux de lavage. Chaque marchand occupe au minimum une surface de 3 mètres sur 3m,50.

Halles et marchés économiques.

Système A. Baudrit

916. Le type des halles et marchés construits par M. A. Baudrit est, le plus ordinairement, appliqué à des portées de 12 à 20 mètres et permet :

1° De diminuer sensiblement la force de la charpente et des fondations puisque, pour une largeur totale de 12 mètres, la portée se trouve réduite à 8 mètres, les 4 mètres restants formant les bas-côtés se trouvent être de petites constructions annexes ou cases d'une grand légèreté ;

2° De supprimer les entraits maintenant l'écartement des fermes, les petites constructions annexes venant flanquer et arcbouter aux 2/3 de leur hauteur les colonnettes supportant le comble de la nef centrale et formant contreforts comme dans les cathédrales du moyen âge; ces contreforts sont ensuite reliés à l'angle A (*fig.* 1587) par des tirants oblique AB se fixant aux pieds des colonnettes et en d'autres points si cela est nécessaire, par des décharges CD formant avec les tirants AB des croix de Saint-André rigides, placées de ferme en ferme et faisant les séparations des boutiques ;

3° De réduire ou même de supprimer les sous-sols, jusqu'alors indispensables pour la conservation des viandes, ces viandes se trouvant dans les côtés annexes, aussi bien que dans les sous-sols, à l'abri des causes qui déterminent leur altération ;

4° Facilité de clôturer et de fermer les annexes affectées aux bouchers et aux charcutiers, lesquels sont ainsi complètement chez eux tout en ayant la faculté d'établir des courants d'air de tous côtés pour la conservation des viandes ;

5° Suspension des grosses charges,

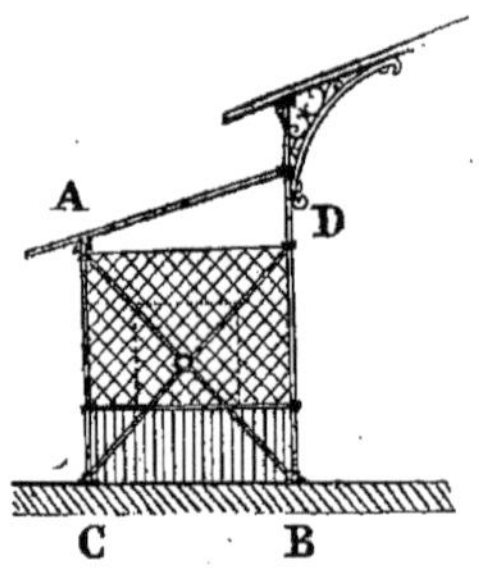

Fig. 1587.

bœufs, porcs, veaux, etc., directement à la charpente de la construction des bas-côtés au lieu de les accrocher difficilement et peu solidement sur les boutiques qu'il faut alors renforcer et établir spécialement;

6° Obtention d'un aspect aussi convenable et aussi élégant que celui des constructions analogues exécutées jusqu'à présent ;

7° Enfin, réduction considérable de la dépense d'établissement, environ de 30 à 50 % comparativement aux constructions similaires de systèmes différents.

917. Les croquis qui vont suivre nous montrent des exemples de l'application des halles et marchés économiques, système A. Baudrit.

Les figures 1588 et 1589 représentent l'élévation et la vue de côté d'une halle pour marché; la figure 1590 donne la coupe transversale; la figure 1591 indique le plan partiel des emplacements réservés à chaque marchand.

La figure 1592 montre une vue perspective des annexes formant boutiques de bouchers.

La figure 1593 indique l'élévation d'un marché composé de deux halles s'accolant mutuellement; les figures 1594 et 1595 représentent les détails de construction du chéneau.

Les figures 1596 et 1597 représentent l'élévation et le plan d'une demi-halle métallique; les figures 1598 et 1599 indiquent les modifications possibles à faire subir à la disposition des annexes.

Enfin, les figures 1600 et 1601 indiquent en élévation et en plan un système de construction pour halles et marchés s'agrandissant à volonté suivant les besoins ultérieurs.

Le marché représenté (*fig.* 1588, 1589, 1590 et 1591) comprend une nef centrale et des constructions de moindre importance disposées suivant les côtés longitudinaux de la halle principale.

La nef est établie d'après un système de charpente brisée (breveté en mai 1878) en tenant compte de cette observation importante déjà signalée : « que le fer et la fonte employés horizontalement ayant leur force de résistance représentée par 1, quand ils sont utilisés sous forme d'arc, leur résistance devient 90 pour le fer et 130 pour la fonte. »

Fig. 1588.

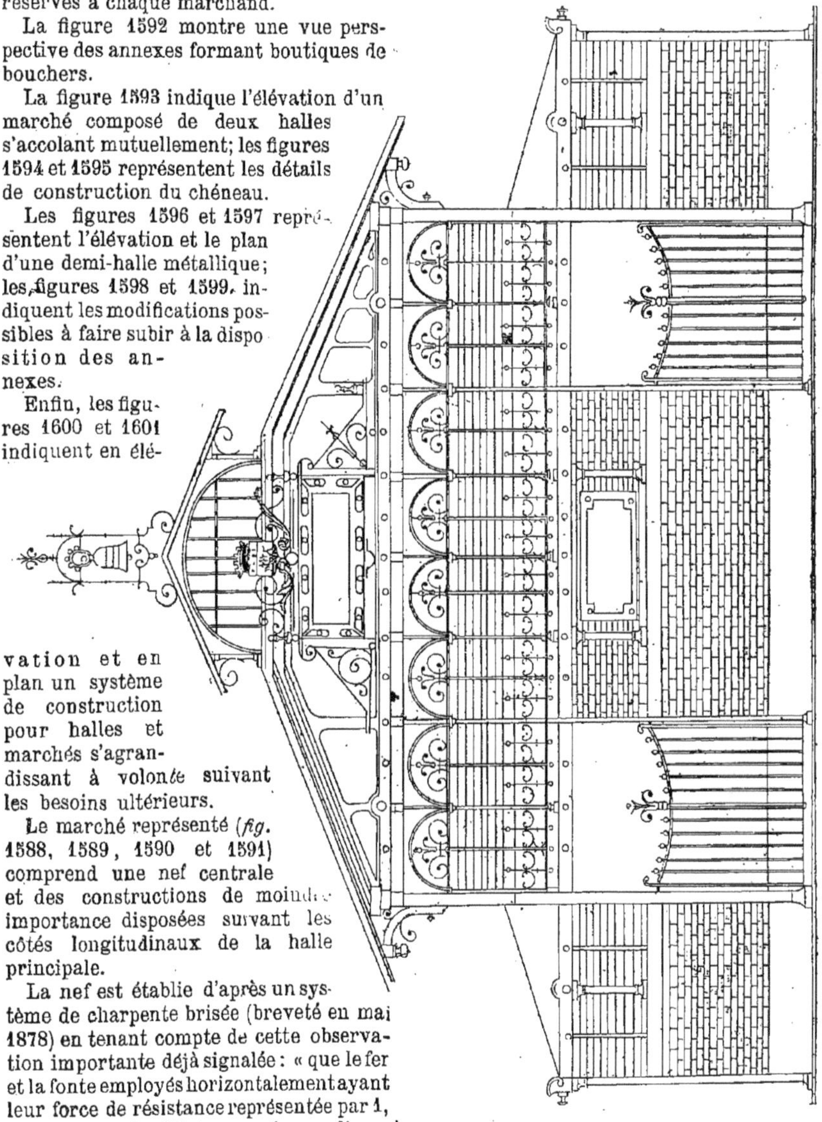

Sous cette forme, tout tassement, toute charge qui ne dépasse pas les limites de résistance à l'écrasement est une augmentation de force, un rapprochement, une cohésion plus grande entre les molécules.

De l'application pratique de cette observation il résulte une économie s'élevant à 15 % pour les combles en fer et de 25 à 30 % pour les combles mixtes.

La nef centrale est occupée par les boutiques *a*, *a* des fruitiers, volaillers, fleuristes et autres et les deux bas-côtés sont affectés spécialement aux boutiques *b*, *b*, des bouchers, tripiers, charcutiers, etc., dont les boutiques craignent l'approche des insectes et demandent une ventilation constante.

Ces marchands ne sont plus obligés de descendre leurs viandes dans les caves et d'en prendre soin; car avec le système de M. A. Baudrit (*fig.* 1592), chaque boutique aura son aération spéciale, pourra être fermée par un grillage descendant verticalement, un store métallique ajouré ou plus simplement encore, par une forte toile imperméable servant de double plafond pendant le jour et descendant le soir par le simple appel de deux contrepoids.

On pourrait aussi faire descendre dans une sorte de galerie étroite large de 1 mètre au plus sur 1m,20 de profondeur,

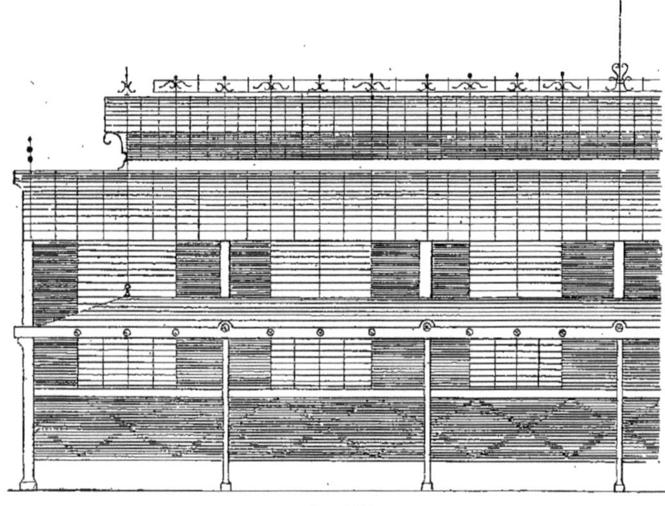

Fig. 1589.

la partie postérieure des boutiques de fruitiers et légumiers, c'est-à-dire des sortes de bahuts ou caisses fermées manœuvrant par contrepoids et dans lesquelles seraient enfermés les fruits, légumes, etc., mais cette précaution est moins utile que pour les viandes et nous ne l'indiquons que comme mémoire.

Les constructions annexes constituent les contreforts des colonnes de la nef en flanquant et arcboutant ces soutiens aux deux tiers environ de leur hauteur et dans les conditions stipulées à l'exposé précédemment indiqué.

La figure 1593 représente un ensemble de deux boutiques doubles *e* et *d* indépendantes, reliées entre elles deux à deux, quatre à quatre et ainsi des autres, par des galeries ou passages couverts *e* de trois mètres de largeur sur une longueur indéterminée, formés par le prolongement des fermes des boutiques, venant se joindre et supportés à leur rencontre par de petits arceaux *f* en fer en U qui reçoivent les eaux des chéneaux *g* et les écoulent dans des colonnes creuses ou des tuyaux rapportés sur les montants espacés de 20 mètres plus ou moins.

Les figures 1594 et 1595 indiquent en détail la construction du chéneau : h est narbalétrier en fer T ; i sont les montants en deux fers cornières réunis l'un à l'autre par des tirants j en fer plat ; f sont les arceaux ; k sont les fers qui relient les arceaux aux arbalétriers et sur lesquels les fixent les parties constitutives du ché l'eau g.

Les figures 1596 et 1597 corresponden

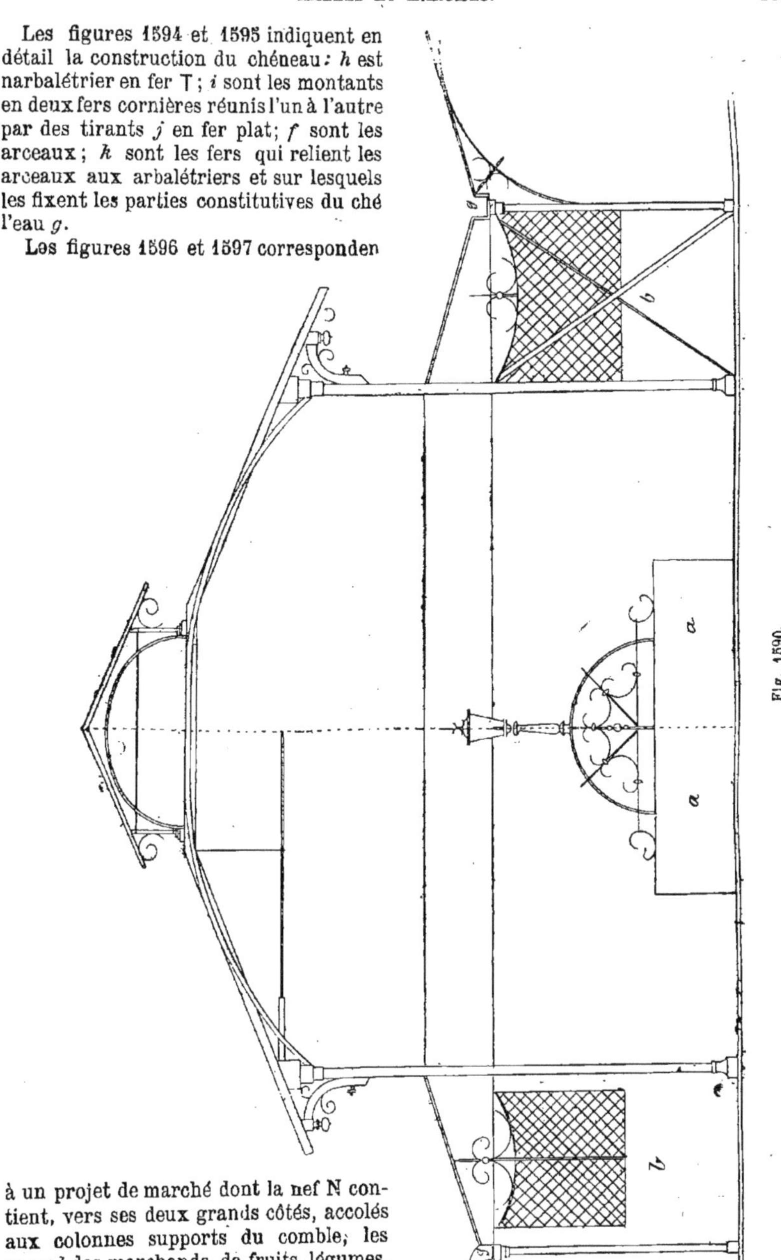

Fig. 1590.

à un projet de marché dont la nef N contient, vers ses deux grands côtés, accolés aux colonnes supports du comble, les cases l des marchands de fruits, légumes, et celles m des marchands de poissons, volailles, etc..; au milieu est réservé le passage n; les constructions annexes qui flanquent les bas-côtés laissent entre les boutiques o des bouchers et des charcutiers un passage couvert n.

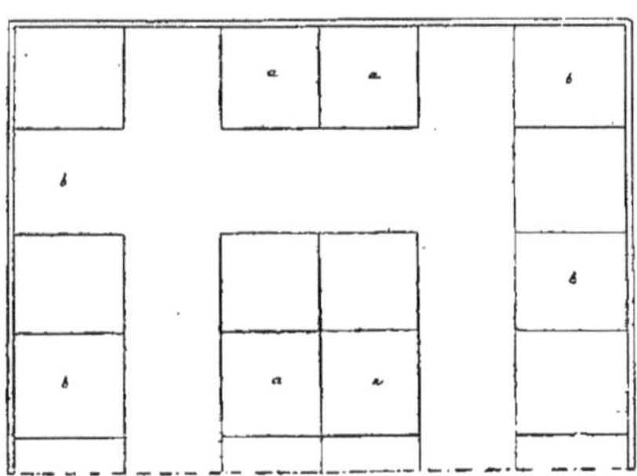

Fig. 1591.

Dans la figure 1598 la toiture des constructions annexes est d'une inclinaison inverse à celle des annexes (*fig.* 1596 et 1597), ce qui permet de diminuer sensiblement la hauteur du comble de la nef N.

Dans les figures 1596 et 1597 le chéneau g est extérieur aux annexes; à la figure 1598, il est soutenu par les colonnes de la halle, au bas de la toiture des annexes. Dans la figure 1599 qui est une modification de la figure 1598, le passage p des bas-côtés supporte en son milieu le chéneau g comme à la figure 1593.

Fig. 1592.

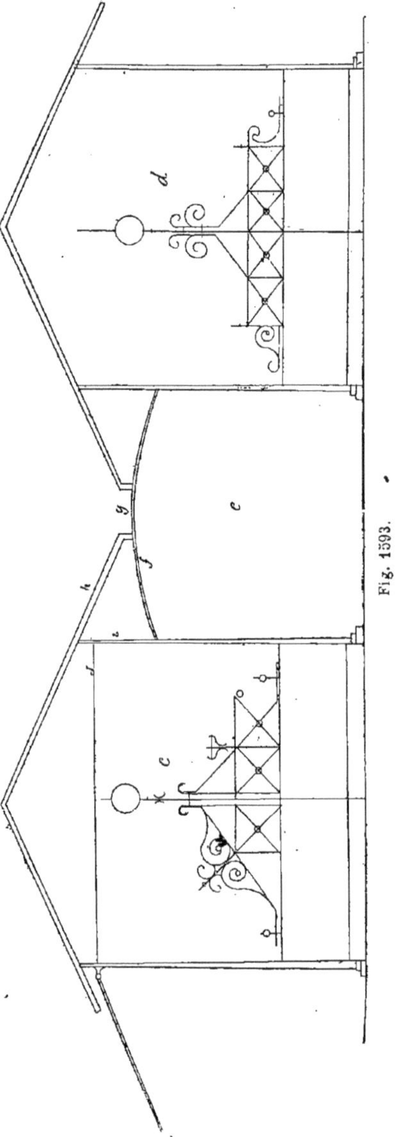

Fig. 1593.

918. Nous arrivons à la disposition des petits abris couverts et fermés pour mar-

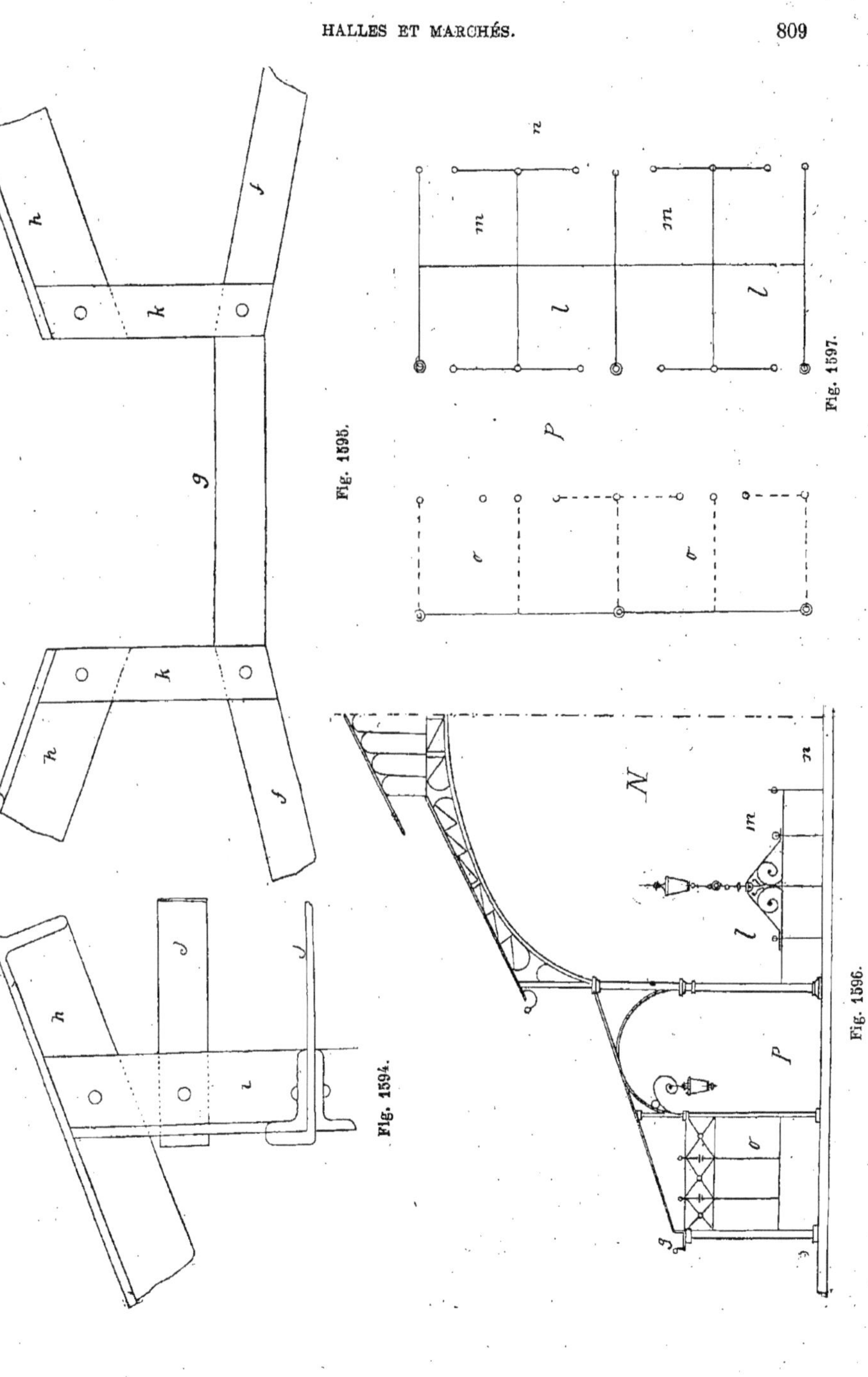

Fig. 1594.

Fig. 1595.

Fig. 1596.

Fig. 1597.

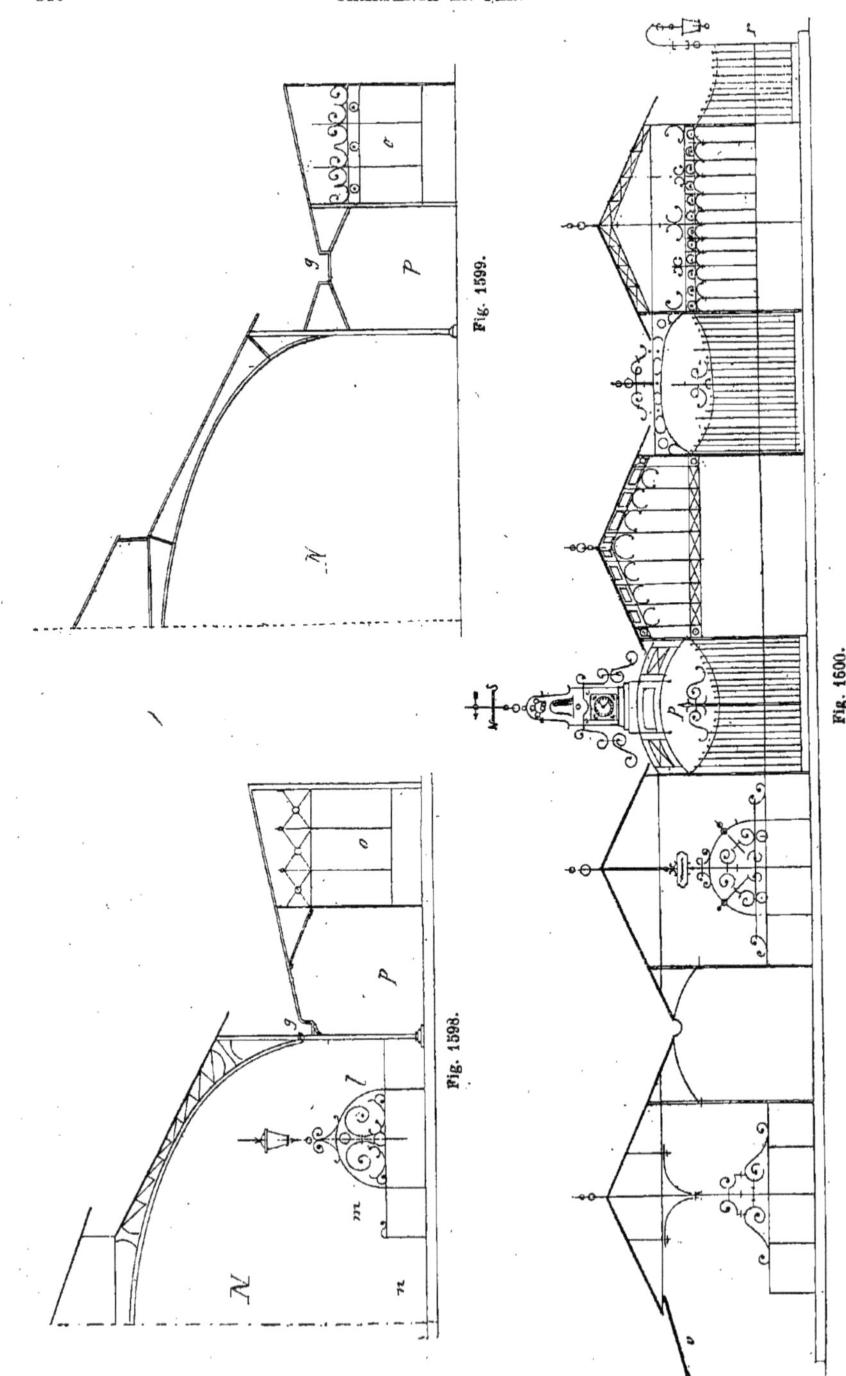

Fig. 1598.

Fig. 1599.

Fig. 1600.

chés des figures 1600 et 1601, disposition qui permet d'agrandir le marché à volonté et en tous sens. C'est un ensemble de quatre boutiques doubles en façade, présentant 25 mètres de largeur couverte sur 23 mètres de longueur ; sur la couverture du passage longitudinal *p* nous avons supposé un clocheton avec horloge ; les autres passages supportent les chéneaux. Enfin les boutiques se clôturent par de simples auvents ou par des grillages.

919. En prenant pour base une superficie de 0m.04 centimètres carrés par habitant et admettant le cours du fer à

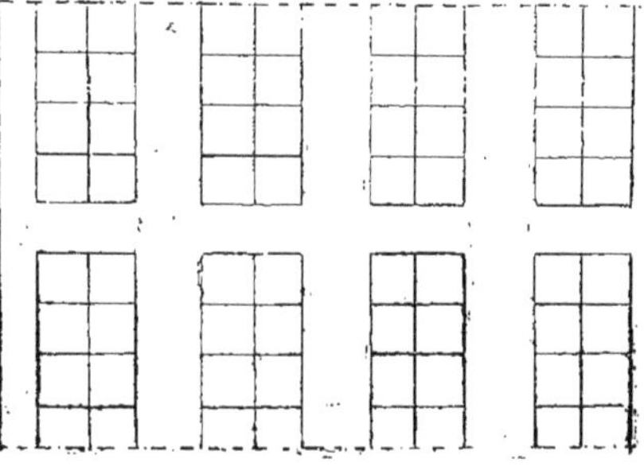

Fig. 1601.

20 francs les 100 kilogrammes. On peut établir comme suit le prix des halles et marchés système Baudrit :

920. Pour une halle de 12 mètres sur 20 mètres, soit une superficie de 240 mètres carrés à bas-côtés pour bouchers et charcutiers :

1° Système mixte (sans fondations) le mètre superficiel. .	85 fr.
2° Système mixte (avec fondation) le mètre superficiel. 90 à	100 —
3° Avec marquise, clocheton et horloge, le mètre superficiel. .	106 —
4° Le même travail qu'au n° 1 mais tout en fer, plus-value,	20 %
5° 34 boutiques, l'une 100 fr., soit le mètre superficiel. . . .	15 fr.
6° Le même travail fer et bois (moins-value)	5 —
7° Comme prix de revient les fondations peuvent être estimées le mètre superficiel. .	5 —

921. Pour abri couvert pouvant s'élargir et s'allonger à volonté de 18 mètres de largeur sur 22 mètres de longueur, soit 396 mètres carrés, nous aurions les chiffres suivants :

1° Métallique (la volige seulement en bois) le mètre superficiel sans fondation	30 fr.
2° 60 boutiques à 100 fr., soit le mètre superficiel.	15 —
3° Même travail, fer et bois. .	10 —
4° Comme prix de revient, les fondations estimées 1 000 francs, soit le mètre superficiel. . .	2 50

5° Les chéneaux sont comptés au n° 1 de 0m,30 (bois et zinc) remplacés par des gouttières sans pentes, versant directement leurs eaux, aux intersections des passages dans des vasques en pierre ou en fonte, moins-value de 5 francs par mètre superficiel.

Différents types de marchés.

1er Exemple.

922. Comme premier exemple, nous donnons (*fig.* 1602) un type de halle simple construite à Tulle d'après le système Baudrit, nous ne reviendrons pas sur cette disposition dont nous avons parlé précédemment.

2e Exemple.

923. La figure 1603 nous indique une halle ouverte ou marché comme on en voit encore aujourd'hui dans certaines villes de province.

Ce genre de halle consiste en un espace rectangulaire entouré sur les grands côtés d'un mur de soubassement S surmonté de grilles G, et sur les petits côtés de deux pignons L en maçonnerie solidement maintenus par des contreforts intérieurs P.

De larges portes placées dans ces pignons permettent l'accès des voitures dans la halle. Afin d'augmenter la stabilité de ces pignons on exécute en retour des murs D.

Sur les soubassements S, construits en petits matériaux et recouverts de dalles en pierre, on place une série de colonnes en fonte C espacées de 5 mètres d'axe en axe. Ces colonnes reçoivent des poutres en fonte K, en forme d'arcades supportant la couverture et appropriées à la décoration de la halle.

Sur le milieu des faces longitudinales se trouvent de grandes ouvertures O′ rendant facile l'accès de la halle.

La charpente métallique est, dans cet exemple, un comble Polonceau à une contrefiche se composant, comme tous les combles de ce système, de deux arbalétriers A, d'une bielle ou contrefiche B,

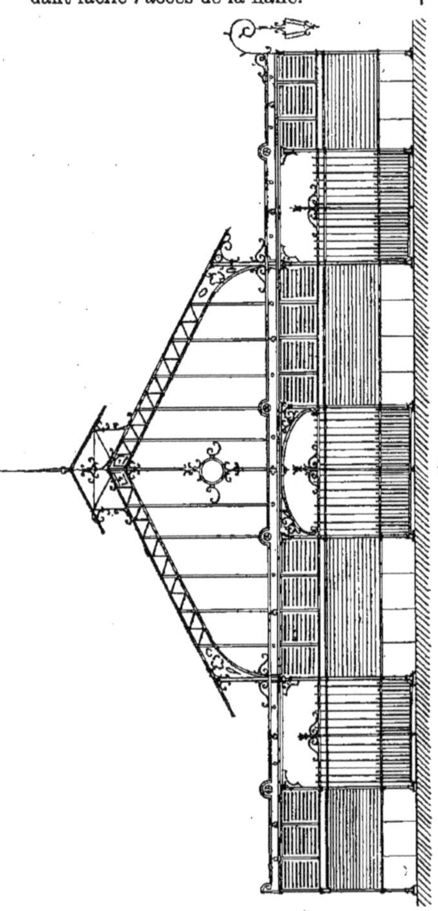

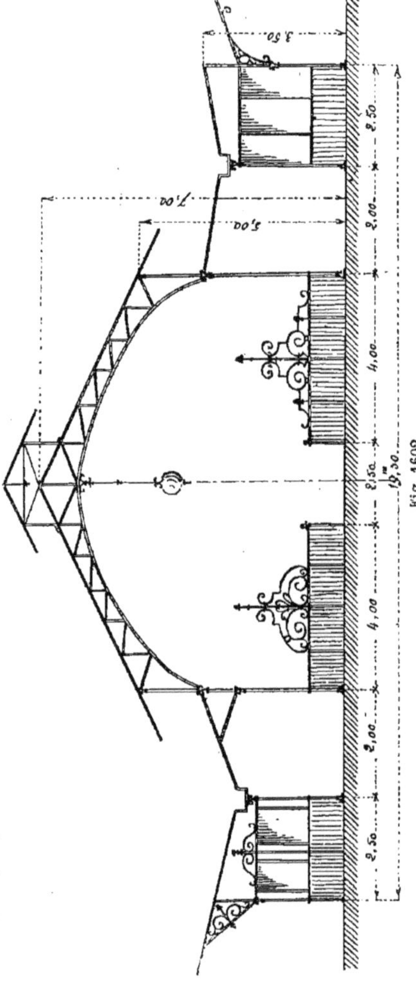

Fig 1602.

d'une série de tirants T, et d'une aiguille pendante J.

La couverture de ce genre de construction est le plus souvent faite en tuiles.

Le chéneau, en forme de gouttière pendante, fait saillie au dehors et est recouvert d'un lambrequin.

3e Exemple.

924. La figure 1604 nous représente encore un exemple de halle ou marché servant pour ainsi dire de transition entre la halle que nous venons d'étudier (*fig.* 1603) et le marché complètement fermé, tel qu'on l'exécute aujourd'hui dans Paris et dans les principales grandes villes.

Nous donnons de cette disposition une demi-élévation et une demi-coupe. Comme dans l'exemple précédent, il existe encore un mur de soubassement S, de $0^m,90$ à 1 mètre de hauteur, supportant tous les $4^m,50$ une série de colonnes en fonte C; entre deux colonnes on place une porte P de $1^m,30$ de largeur, le reste de l'espace étant fermé par un muret en briques de peu d'épaisseur et présentant des dessins faits avec des briques de différentes couleurs. Ces murets en briques sont, aux 2/3 de la hauteur des colonnes, couronnés par une crête en fer forgé.

A la partie supérieure des colonnes se trouvent des arcades en fonte D avec consoles supportant le chéneau K.

La couverture Z est faite en zinc, le comble est surmonté d'un grand lanterneau largement aéré.

La partie droite de la figure nous montre une demi-coupe transversale avec l'indication des fondations. Chaque colonne Q fortement chargée repose sur un massif Y, lui-même soutenu par une série de pilotis L; d'une colonne à l'autre on a exécuté des voûtes renversées V consolidant le tout.

La charpente métallique est formée de poutres en treillis R dont nous avons vu des exemples dans l'étude des combles. Le chéneau F n'offre rien de particulier à signaler.

4e Exemple.

925. Comme quatrième exemple, nous donnons (*fig.* 1605 et 1606, 1607 et 1608) les détails d'un marché fermé construit à Paris (marché des Martyrs) suivant les types encore employés aujourd'hui.

La figure 1605 nous montre en croquis une partie du plan de ce marché qui a $34^m,30$ de largeur intérieure sur une longueur de 42 mètres. Il est construit au-dessus du sol comme l'indique le perron à double entrée E. Cet escalier donne accès à un grand palier au centre duquel se trouve en *f* le bureau de l'inspecteur.

En *a*, contre les murs mitoyens, on a placé des cheminées de ventilation servant en façade de motif décoratif.

En *g* est le bureau du receveur, en *h* se trouve le logement du gardien composé d'un petit bureau avec vue sur le marché, et d'une chambre à coucher avec armoires.

Les marchands sont installés soit dans les cases simples R, soit dans les cases doubles T; chacune de ces cases a $1^m,80$ de profondeur sur $1^m,80$ à 2 mètres de largeur. Elles sont séparées par des passages B de 2 mètres de largeur.

En K nous avons indiqué la canalisation; en C les colonnes intérieures portant la charpente métallique et en D les colonnes placées en façade.

La figure 1606 montre l'élévation en bout du marché, et nous indique comment la façade-pignon se relie avec les deux maisons à loyer M.

Comme nous le voyons, le dessous du perron P est utilisé pour l'établissement de deux boutiques F et G. En J se trouvent les portes donnant accès aux sous-sols et aux W.-C.

En Q est indiqué le soubassement en pierre; en Z, le mur de remplissage en briques; en Y, une marquise vitrée servant à abriter le perron et ses abords; en L, des lames de persiennes servant à produire l'aération; enfin, en V, une large partie vitrée servant à l'éclairage du marché.

La figure 1607 nous donne une coupe transversale sur le marché avec l'indication de la charpente qui est ici un comble Polonceau à trois contrefiches de chaque côté.

La figure 1608 représente une partie de la coupe longitudinale. En F, la coupe des boutiques sous le perron; en S, les sous-sols réservés aux marchands pour y placer les marchandises exigeant des endroits frais; en N, l'indication des égouts desservant le marché.

Comme nous pouvons le remarquer, ce marché étant adossé à deux maisons à loyer ne peut prendre du jour et de l'air que par les murs-pignons et par le haut: c'est évidemment un inconvénient; il serait préférable et surtout plus salubre d'avoir les marchés installés de manière

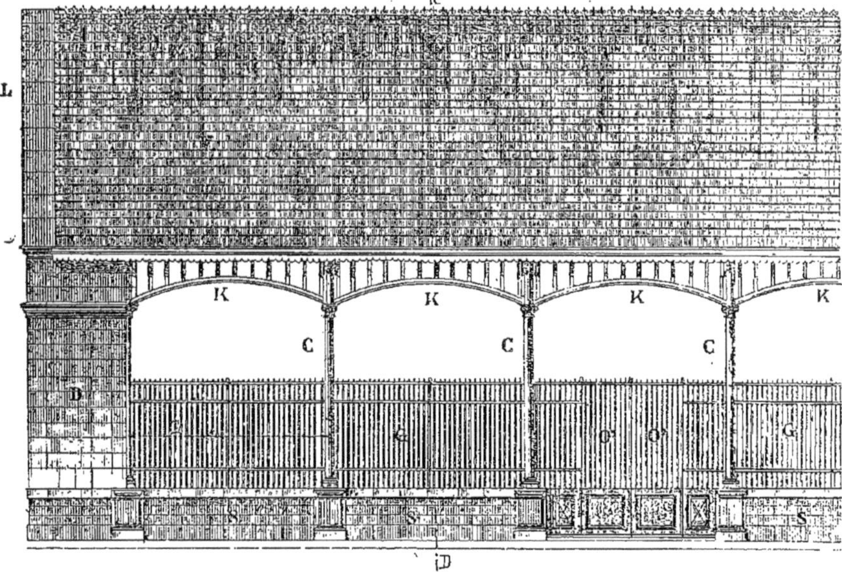

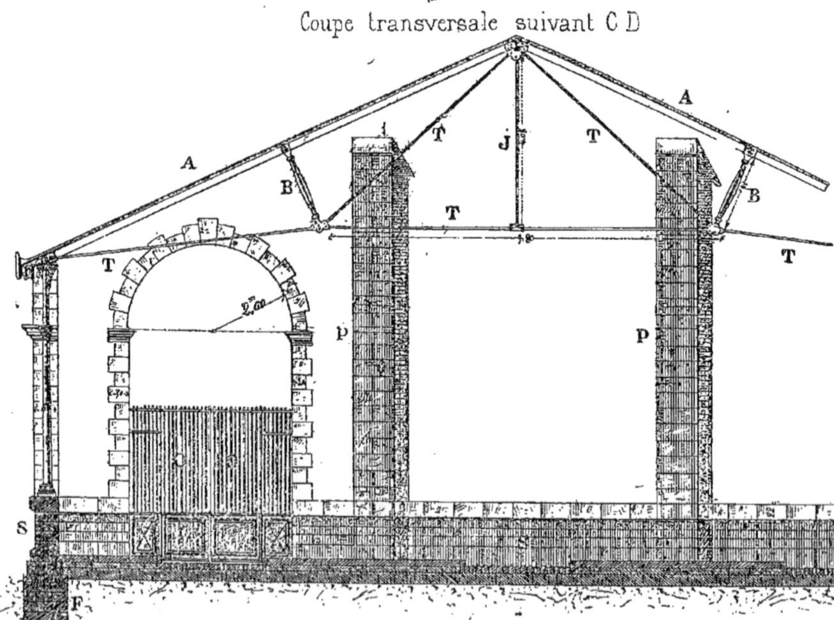

Fig. 1603. — Élévation et coupe transversale.

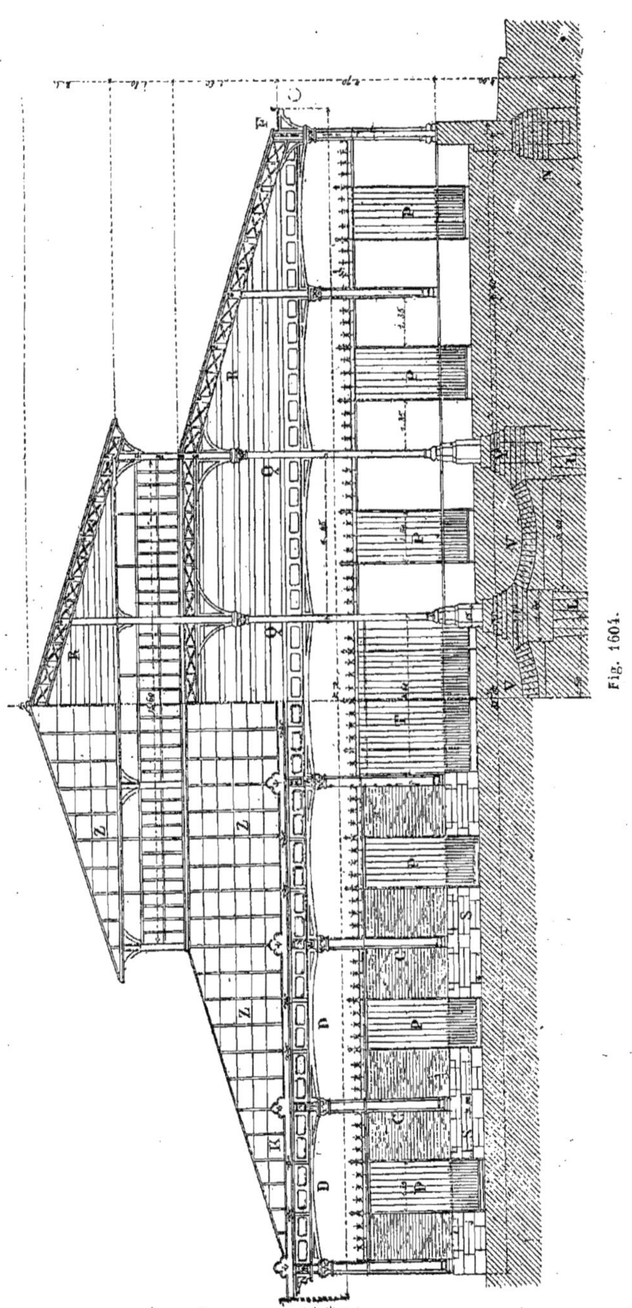

Fig. 1604.

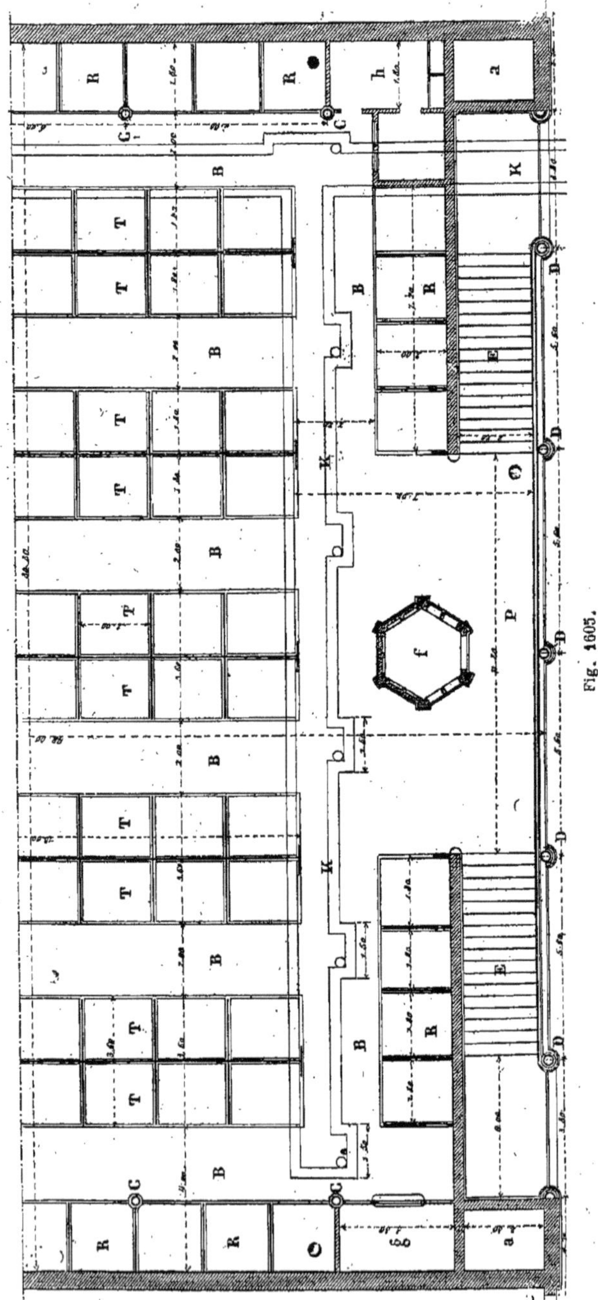

Fig. 1605.

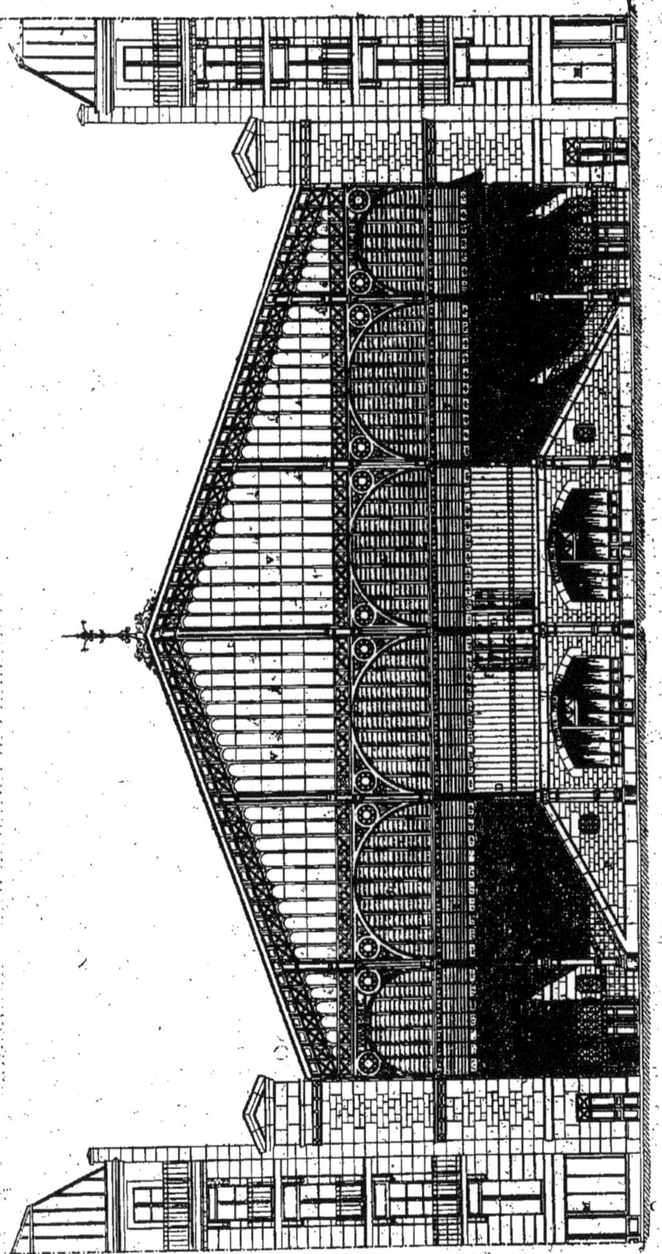

Fig. 1606.

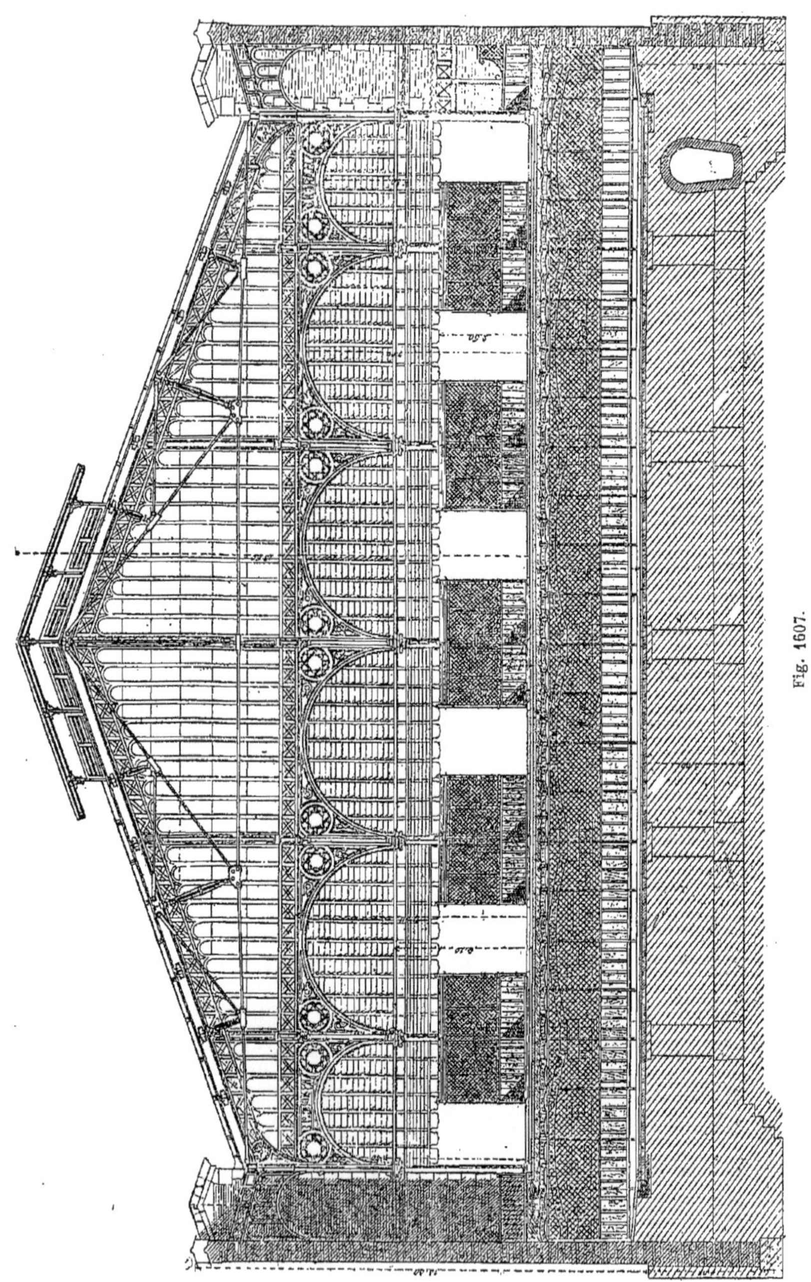

Fig. 1607.

Fig. 1608.

à pouvoir prendre le jour et l'air sur toutes les faces.

5° Exemple.

926. Comme cinquième et dernier exemple de halles et marchés nous donnons (*fig.* 1609) une partie de l'élévation et une demi-coupe transversale du marché Saint-Honoré construit à Paris.

Comme cet exemple représente le type courant des marchés modernes construits dans les grandes villes nous l'étudierons avec plus de détails.

La partie de l'élévation indiquée en croquis nous montre en S un soubassement en pierre reposant directement sur le trottoir T et ayant la même hauteur que la base carrée des colonnes

Ce soubassement reçoit un remplissage en briques ordinaires B souvent disposées en dessins variés obtenus avec des briques de différentes couleurs ou émaillées.

Ces murets ou remplissages B sont surmontés de caissons en fonte D; sur ces

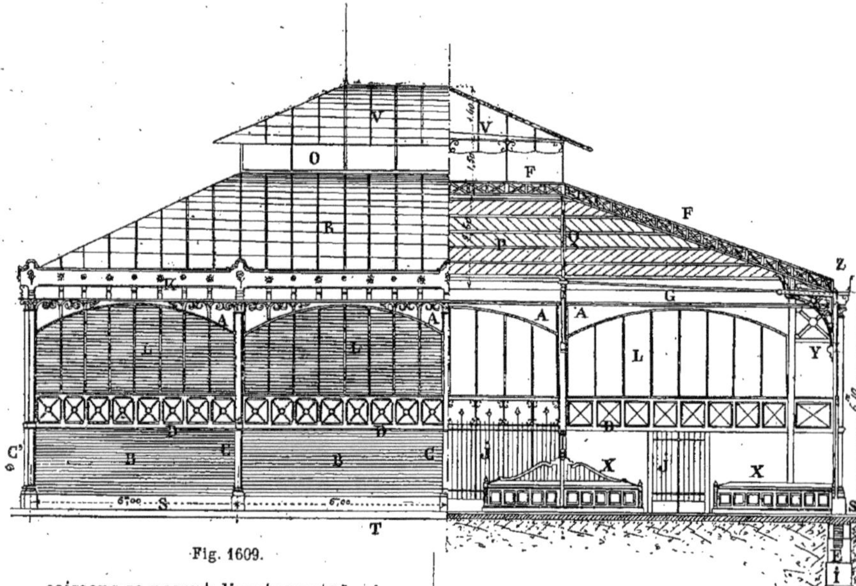

Fig. 1609.

caissons se posent directement des lames de persienne L assurant une ventilation régulière de l'intérieur du marché. Ces lames se terminent à des arcs en fonte A venant retomber sur les colonnes C et C' supportant le chéneau K et la couverture R.

En O, un vide sépare la couverture d'un lanterneau V qui peut être vitré ou couvert en zinc.

La partie droite du croquis nous représente une demi-coupe transversale dans laquelle nous remarquons que chaque ferme F est composée d'un trapèze, dont le côté horizontal supérieur et les arbalétriers sont en treillis et le tirant inférieur G, en fer rond, est suspendu par deux tiges ou bielles Q.

Une console Y relie chaque pied de ferme à la colonne correspondante.

En Z nous avons indiqué le chéneau métallique dont nous verrons plus loin le détail.

En P se trouve représenté un parquetage apparent en sapin ou en pichpin ciré d'un aspect très agréable.

En J les grilles d'entrée placées soit dans l'axe, soit sur les côtés des pignons.

En X les emplacements réservés aux

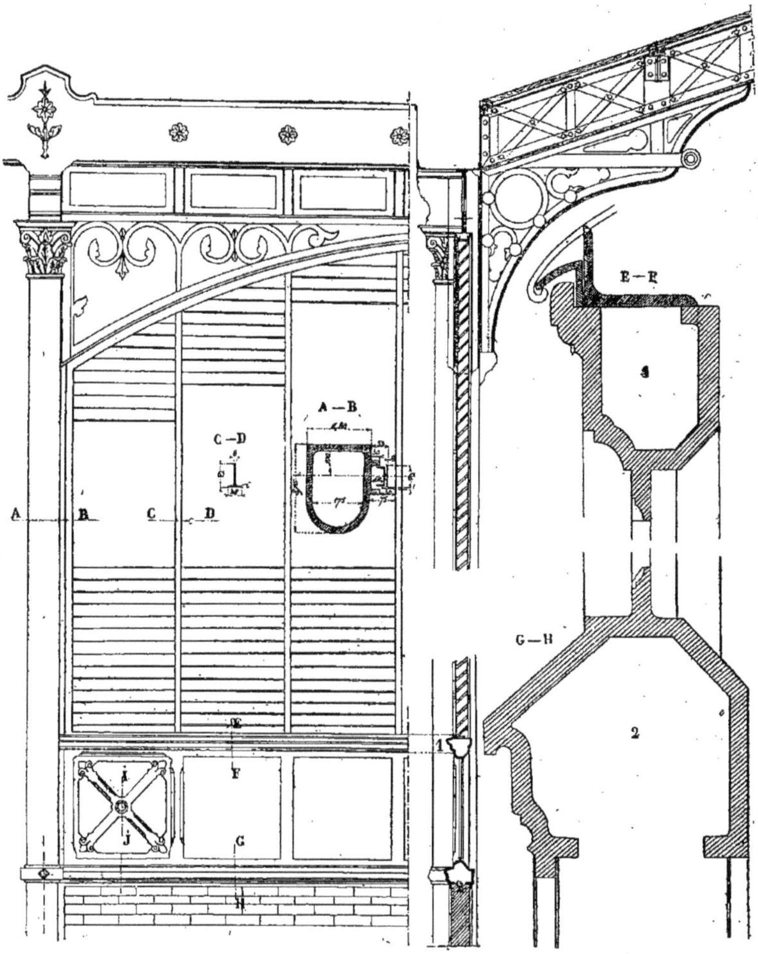

Fig. 1610.

marchandes, dispositions identiques à ce que nous avons déjà indiqué pour d'autres marchés.

En I l'indication des fondations des colonnes ; ces fondations se composent d'un massif de béton N surmonté de libages en pierre ; d'une colonne à l'autre un arc en briques E.

Dans cet exemple les colonnes sont espacées de 6 mètres d'axe en axe.

La longueur totale du marché est de 38^m,80 ; sa largeur est de 21^m,25.

Entre les stalles des marchandes on a

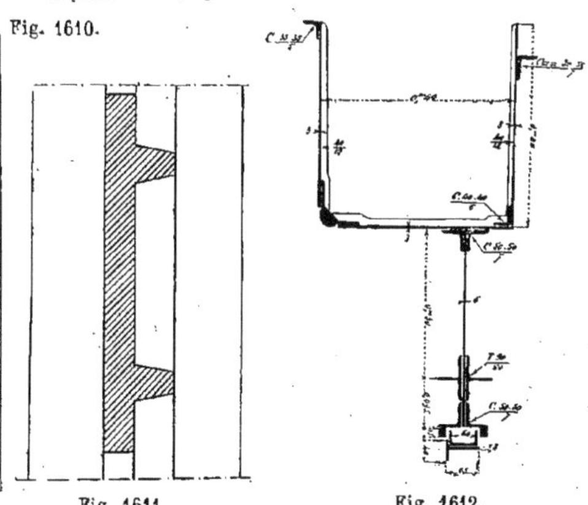

Fig. 1611. Fig. 1612.

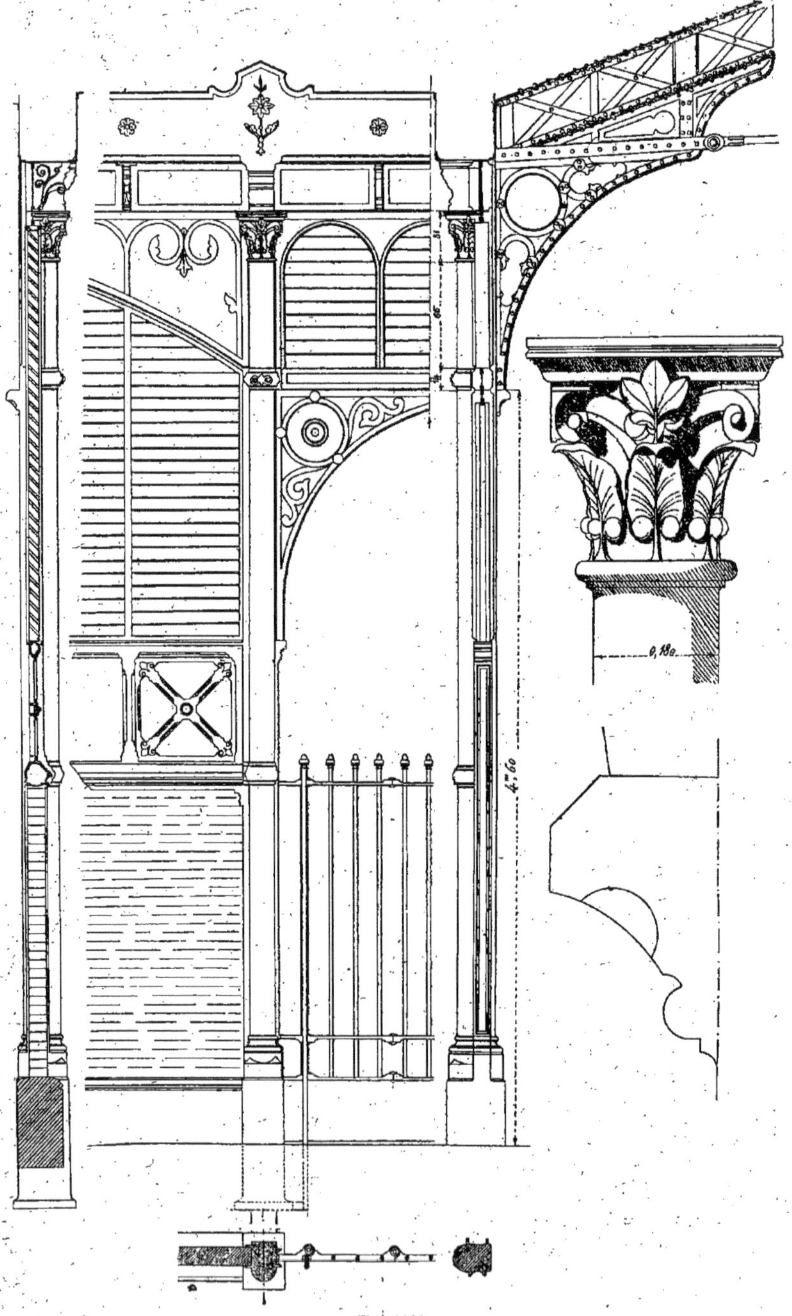

Fig. 1613.

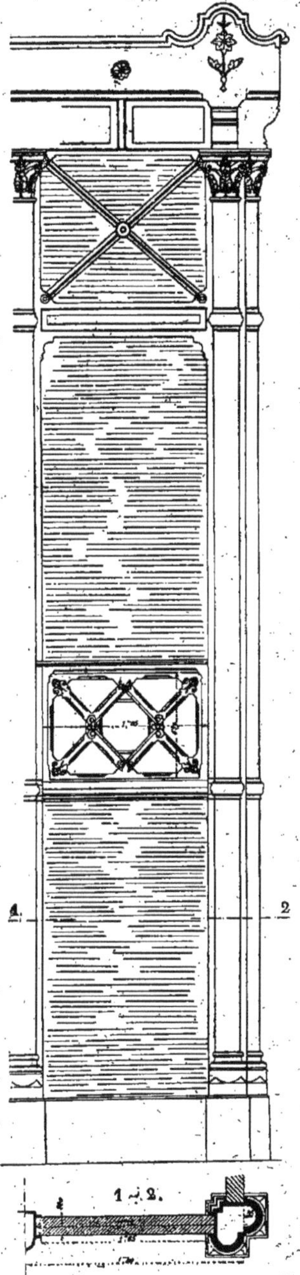

Fig. 1614.

ménagé un passage de 2 mètres réservé au public.

Détails d'exécution.

927. Dans un marché les détails d'exécution étant très nombreux nous nous contenterons d'indiquer les principaux.

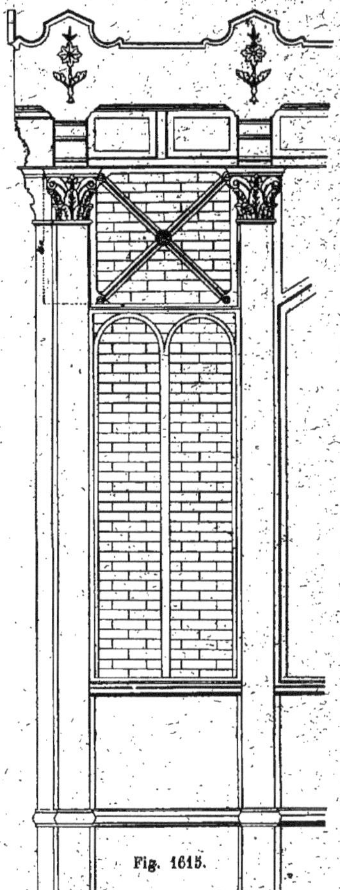

Fig. 1615.

La figure 1610 nous donne un détail complet et à grande échelle des caissons D de la figure 1609 ; le détail (coupe CD) des fers supportant les lames de persiennes ; la coupe AB sur une colonne courante avec les principales cotes des fers et la section de la colonne.

Enfin, comment se fait la retombée de

chaque ferme sur les colonnes courantes. La figure 1611 complète ces indications en nous montrant une coupe suivant IJ de la figure 1610.

En (1) et en (2) nous représentons, à plus grande échelle, le détail des rives en fonte couronnant le soubassement en briques et recevant les fers des lames de persiennes.

Dans la coupe EF nous voyons le

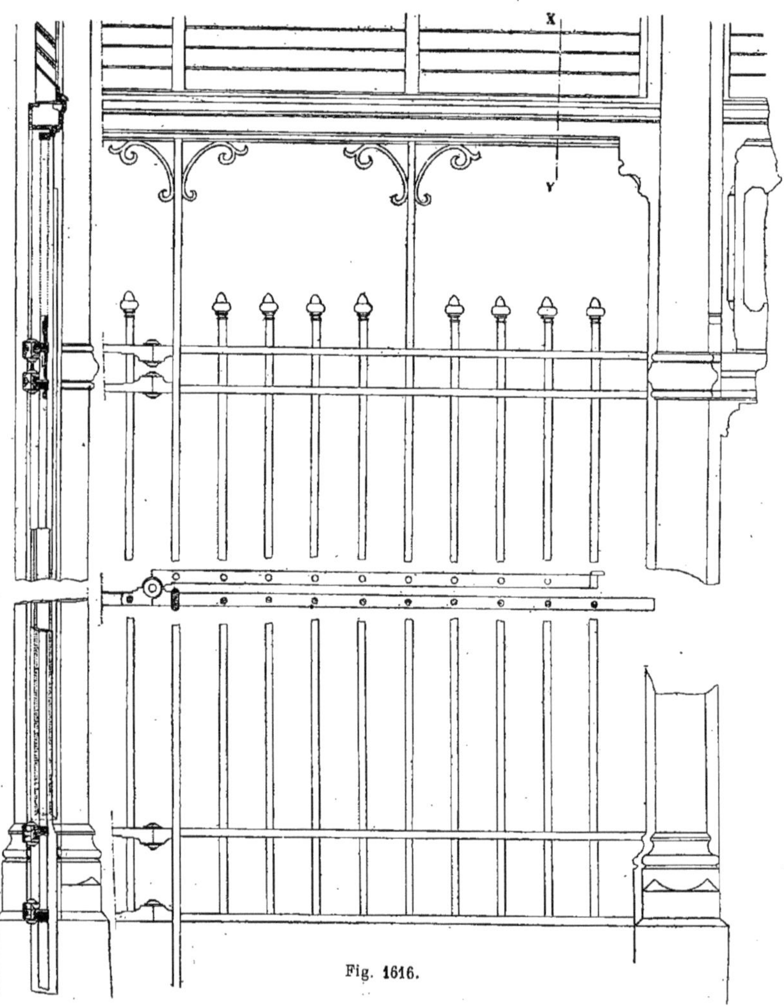

Fig. 1616.

moyen employé pour rejeter au dehors les eaux venant tomber sur le haut des caissons. La figure 1612 nous représente à grande échelle le chéneau Z en tôle et cornières de la figure 1609 avec l'indication de la poutre placée au-dessous et le départ des lames de persiennes.

Cette figure complètement cotée rend

suffisamment compte de la disposition sans que nous ayons besoin de nous y arrêter plus longuement.

La figure 1613 nous indique le détail complet d'une porte d'entrée du marché avec l'indication de la grille dont nous donnerons le détail dans ce qui va suivre.

Dans cette figure, nous représentons à plus grande échelle le détail du chapiteau des colonnes et le profil des cor-

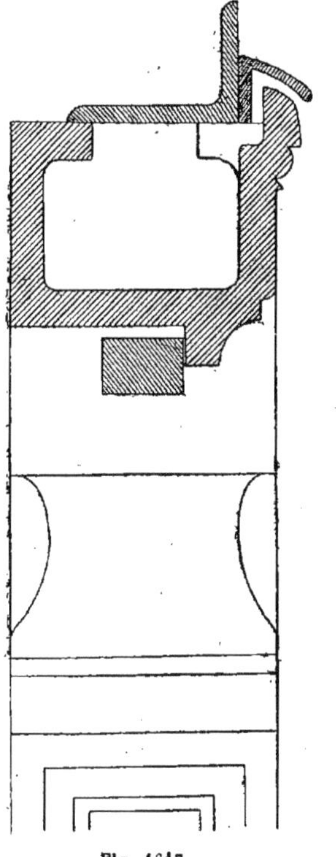

Fig. 1617.

beaux en fonte recevant la retombée des arcs en fer.

Dans ces détails, les quelques cotes indiquées sont suffisantes pour se rendre compte des proportions à donner aux diverses parties.

La figure 1614 nous représente la disposition adoptée pour les colonnes d'angle. Le plan coupe 1 — 2 fait parfaitement comprendre la disposition. Les remplissages en briques de 0m,22 d'épaisseur sont indiqués en coupe.

La figure 1615 nous reproduit la disposition d'une colonne d'angle et d'une autre colonne décorative placée à peu de distance. Comme le montre ce croquis, il y a dans toute la hauteur un remplissage en briques logé dans une ossature métallique.

La figure 1616 nous indique la disposition des grilles.

La figure 1617 nous montre à grande échelle une coupe suivant XY de la figure 1616.

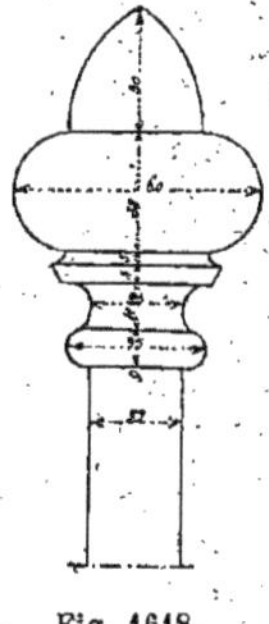

Fig. 1618.

La figure 1618 nous donne le détail des barreaux des différentes grilles; ces barreaux sont, comme nous le voyons, for-

Fig. 1619.

més de fers ronds de 22 millimètres de diamètre, surmontés d'ornements en fer dont le croquis (*fig.* 1618) nous donne le détail et les principales cotes. La distance d'axe en axe des barreaux est de 0m,170 environ.

Enfin, pour terminer ces détails, nous donnons (*fig.* 1620) le croquis des petites entrées des faces transversales avec l'in-

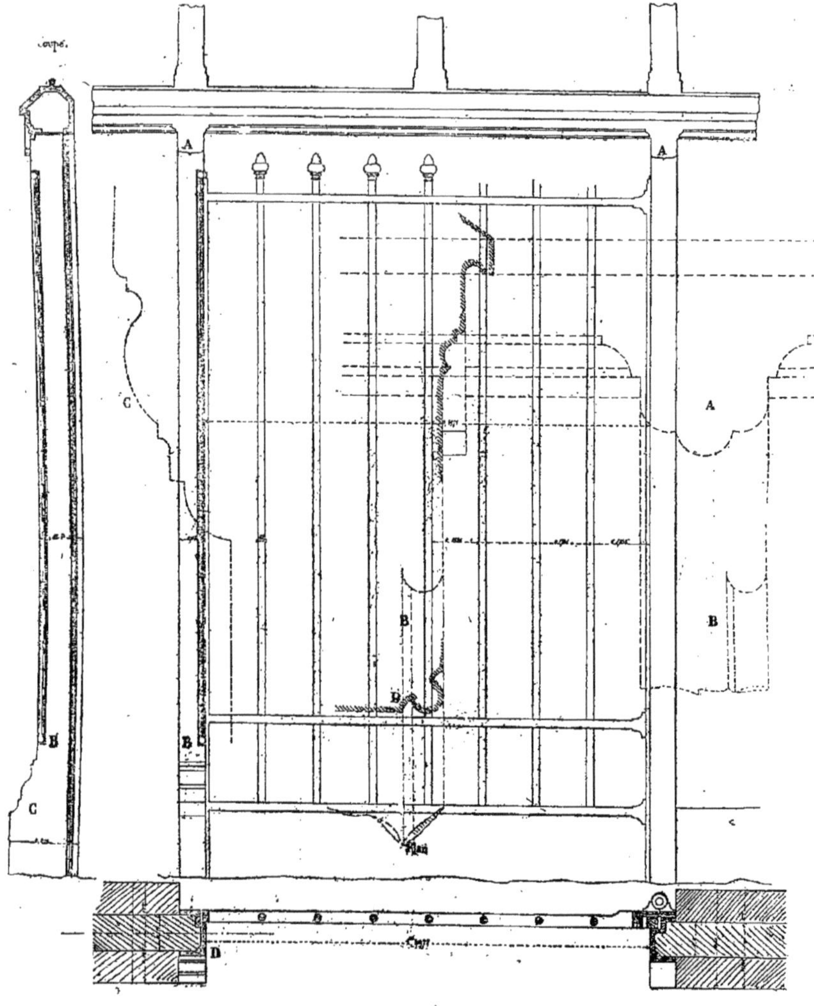

Fig. 1620.

dication des divers profils à plus grande échelle et représentés par des lettres de repère; la figure 1619 donne le détail de la petite console sous les petites arcades; c'est une modification de celle qui a été étudiée précédemment.

TABLE DES MATIÈRES

DE LA CHARPENTE EN FER

Introduction.............................. 1

CHAPITRE PREMIER

§ I. — *Définitions et notions générales.*
Classification des fers employés dans le commerce.............. 3
Fontes.............................. 11

§ II. — *Outillage du charpentier et du serrurier*........................ 19
I. — Forgeage.................... 17
II. — Dressage.................... 25
III. — Traçage.................... 29
IV. — Usinage.................... 33
Montage............................ 56

CHAPITRE II

§ I. — *Des assemblages.*
I. — Définitions et notions générales.................... 82
II. — Assemblages des pièces métalliques par soudure, brasure, etc.................. 82
III. — Assemblages proprement dits par boulons, rivets, etc... 84

§ II. — *Différents types d'assemblages métalliques.*
Assemblage des pièces en fer...... 102
Classification des assemblages métalliques...................... 102
Assemblage de la fonte........... 138

CHAPITRE III

PLANCHERS EN FER ET PANS DE FER

§ I. — *Planchers en fer.*
I. — Définitions et notions générales 139
II. — Différents moyens employés pour entretoiser les solives en fer I................ 143
III. — Différentes manières de faire les hourdis entre les solives 149
IV. — Dispositions diverses des planchers en fer.......... 157
V. — Différents types de planchers en fer.................. 178
VI. — Planchers en fer composés de poutres et de solives....... 201
VII. — Planchers d'usines et de bâtiments industriels.......... 206
VIII. — Planchers avec poutres en forme de caissons......... 218
IX. — Planchers en fer sur plan octogonal................... 222
X. — Planchers pour réservoirs... 225
XI. — Disposition des planchers en fer dans un terrain irrégulier.................. 227
XII. — Détails de la pose d'un parquet ou d'un carrelage sur un plancher en fer...........
XIII. — Ferrures employées dans les planchers en fer.......... 235

Stabilité des planchers en fer.

I. — Définitions et notions générales.................... 236
II. — Centre de gravité.......... 244
III. — Moments d'inertie.......... 249
IV. — Valeurs des coefficients R à introduire dans les calculs. 264
V. — Valeurs diverses des moments fléchissants μ des pièces droites.................. 267
Valeurs des variables dans l'étendue de chaque travée 276
Evaluations des charges sur les poitrails............... 290
Calcul des solives en fer d'un plancher ordinaire......... 293
Tableaux de résistance des poutres en tôle et cornières. 299

§ II. — *Pans de fer.*
I. — Définitions et notions générales.................... 14
II. — Noms des différentes pièces qui composent un pan de fer 315
III. — Dispositions diverses des pans de fer.................... 316
IV. — Dispositions spéciales pour les baies et les cages d'escaliers. 331
V. — Dimensions généralement adoptées pour les pans de fer 332
VI. — Ferrures employées dans la construction des pans de fer. 332
VII. — Remplissage des pans de fer. 333

CHAPITRE IV

DES ESCALIERS EN FER ET EN FONTE

§ I. — *Escaliers en fer.*
I. — Définitions et notions générales.................... 333
II. — Principaux termes employés dans l'étude et dans la construction des escaliers..................... 334
III. — Dimensions et proportions des marches............. 342
IV. — Différentes formes des marches d'escaliers en fer..... 342
V. — Escaliers très simples........ 348
Plan incliné. — Echelle. — Echelle de meunier........ 348
VI. — Différents types d'escaliers en fer.................. 351
I. — Définitions et notions générales............... 351
II. — Escaliers à limon..... 351
III. — Escaliers à crémaillère 368

VII. — Rampes et mains courantes des escaliers en fer........ 373
VIII. — Calculs et stabilité des escaliers en fer.............. 374
§ II. — *Escaliers en fonte.*
I. — Définitions et notions générales.................... 381
II. — Différentes formes de marches dans les escaliers en fonte..................... 381
III. — Différents types d'escaliers.. 383

CHAPITRE V

COMBLES ET FERMES MÉTALLIQUES

§ I. — Définitions et notions générales........ 387
§ II. — Noms des différentes pièces composant une ferme............ 388
§ III. — De la hauteur des combles. Pentes à leur donner suivant la nature de la couverture............ 392
§ IV. — Diverses dispositions des combles......................... 392
I. — Combles à surfaces planes. 396
II. — Combles à surfaces courbes 398
III. — Combles divers.......... 398
§ V. — Etude des appentis............ 393
§ VI. — Combles à deux pentes.......... 416
I. — Combles sur pignons ou combles sans fermes..... 416
II. — Combles sur fermes....... 417
III. — Fermes de combles avec contrefiches............ 451
IV. — Fermes diverses......... 479
V. — Combles à deux versants inégaux. — Etude des sheds................. 505
Observations relatives à l'emploi des chéneaux en fonte dans les combles à pentes égales et dans les sheds.............. 542
Exemple de calcul pour le choix d'un chéneau et de ses tuyaux de descente................ 551
Disposition du vitrage dans les combles sheds.............. 551
Combles brisés ou combles à la Mansard.................... 553
Autres dispositions de combles d'habitation................. 563
§ VII. — Combles spéciaux en fer pour maisons de campagne........... 566
Observations sur le montage des fermes métalliques........... 572
Contreventement des fermes.... 576
Principaux assemblages employés dans les combles métalliques. 580
Principaux moyens de fixer les chevrons sur les pannes...... 582
Assemblages des tôles ondulées sur les pannes.............. 584
Principaux assemblages des pannes sur les arbalétriers...... 585
Assemblages des arbalétriers.... 591
§ VIII. — Construction des hangars en fer.. 615
Notes sur les combles-voûtes, système A. Baudrit............ 642
§ IX. — Croupes et noues dans les combles en fer...................... 672
I. — Définitions et notions générales........................ 672
II. — Croupes droites.......... 674
III. — Croupes biaises.......... 681
IV. — Noues et noulets.......... 681
§ X. — Combles métalliques n'ayant plus pour base un rectangle....... 684
Combles roulants............... 689
Combles en arc................ 708
Dômes......................... 710

CHAPITRE VI

STABILITÉ ET RÉSISTANCE DES FERMES MÉTALLIQUES

§ I. — Définitions et notions générales. 712
§ II. — Différents efforts à considérer dans l'établissement d'un comble... 716
I. — Poids des diverses couvertures..................... 717
II. — Poids de la charpente..... 718
III. — Charges accidentelles..... 719
§ III. — Différentes pièces d'un comble à soumettre au calcul.........
I. — Chevrons................ 720
II. — Pannes................. 722
III. — Arbalétriers............. 724
IV. — Tirants. — Entraits et faux-entraits................ 726
V. — Contrefiches, supports, etc. 728
VI. — Boulons................. 728
§ IV. — Répartition des forces dans les fermes les plus simples......
I. — Appentis................ 729
II. — Ferme simple, deux arbalétriers et un tirant......... 729
III. — Ferme avec faux-entraits. 732
IV. — Ferme avec contrefiches.. 732
V. — Comble à la Mansard..... 732
VI. — Poutre armée à une contrefiche posée sur deux appuis de niveaux différents 734
VII. — Poutre armée à trois contrefiches posées sur des appuis de niveaux différents 735
VIII. — Fermes américaines..... 747
IX. — Combles en arc......... 742
Notes sur les arcs.......... 749
Expériences sur la résistance des arcs. — Détails et description de l'appareil 753
Poutres armées.......... 755
§ V. — Calculs des supports verticaux destinés à porter les fermes métalliques.................
1° Colonnes en fer et en fonte. — Leur résistance........... 759
2° Pilliers en fer ou en fonte.... 774
3° Poutre de diverses formes.... 775
§ VI. — Calcul des fermes. — Exemples numériques................ 776
Note sur l'emploi de la statique-graphique.................. 797

CHAPITRE VII

HALLES ET MARCHÉS

Définitions générales............ 801
Halles et marchés économiques.. 804
Différents types de marchés..... 811

Tours, imp. Deslis Frères, rue Gambetta, 6.

www.ingramcontent.com/pod-product-compliance
Ingram Content Group UK Ltd.
Pitfield, Milton Keynes, MK11 3LW, UK
UKHW020259200726
13857UKWH00001B/31